中国水力发电工程学会电网调峰与抽水蓄能专业委员会 组编

抽水蓄能电站工程建设文集 2021

CHOUSHUI XUNENG
DIANZHAN GONGCHENG
JIANSHE WENJI 2021

中国水利水电出版社
www.waterpub.com.cn
·北京·

图书在版编目（CIP）数据

抽水蓄能电站工程建设文集. 2021 / 中国水力发电工程学会电网调峰与抽水蓄能专业委员会组编. -- 北京 : 中国水利水电出版社, 2021.10
ISBN 978-7-5226-0042-0

Ⅰ. ①抽… Ⅱ. ①中… Ⅲ. ①抽水蓄能水电站－水利工程－文集 Ⅳ. ①TV743-53

中国版本图书馆CIP数据核字(2021)第202151号

书　　名	**抽水蓄能电站工程建设文集 2021** CHOUSHUI XUNENG DIANZHAN GONGCHENG JIANSHE WENJI 2021
作　　者	中国水力发电工程学会电网调峰与抽水蓄能专业委员会　组编
出版发行	中国水利水电出版社 （北京市海淀区玉渊潭南路 1 号 D 座　100038） 网址：www. waterpub. com. cn E - mail：sales@waterpub. com. cn 电话：（010）68367658（营销中心）
经　　售	北京科水图书销售中心（零售） 电话：（010）88383994、63202643、68545874 全国各地新华书店和相关出版物销售网点
排　　版	中国水利水电出版社微机排版中心
印　　刷	清淞永业（天津）印刷有限公司
规　　格	210mm×297mm　16 开本　33.25 印张　1053 千字
版　　次	2021 年 10 月第 1 版　2021 年 10 月第 1 次印刷
印　　数	0001—1000 册
定　　价	**230.00** 元

凡购买我社图书，如有缺页、倒页、脱页的，本社营销中心负责调换

序

实现碳达峰碳中和，构建清洁低碳、安全高效能源体系，是党中央、国务院作出的重大决策部署。构建以新能源为主体的新型电力系统，是实现碳达峰碳中和的最主要举措。2020年12月12日，习近平总书记在气候雄心峰会上发表重要讲话时表示，到2030年，中国风电、太阳能发电总装机容量将达到12亿kW以上。风电和光伏等新能源具有随机性和波动性，且不具备传统发电机的机械转动惯量，高占比新能源的接入，使电力系统安全可靠运行面临巨大的挑战。抽水蓄能电站是目前唯一技术成熟可靠且经济的大规模储能电源，具有启停速度快、跟踪负荷敏捷、工况转换灵活、可大规模储能等特点，在电力系统中具有调峰、填谷、调频、调相、储能、事故备用和黑启动等功能与作用，是电力系统安全可靠运行的重要支撑，是构建以新能源为主体的新型电力系统的重要组成部分。

截至2020年底，我国建成投运的大中型抽水蓄能电站32座，总装机容量3149万kW，约占全国电力总装机容量22亿kW的1.43%；核准在建的抽水蓄能电站38座，总装机容量5373万kW，均处于世界第一。我国抽水蓄能电站在2021年又将迎来一个投产发电的新高潮，安徽绩溪抽水蓄能电站最后一台机组在2021年1月投产；吉林敦化和浙江长龙山抽水蓄能电站首台机组在2021年6月相继投产，额定水头分别达到655m和710m，居于世界前列，将我国抽水蓄能电站技术水平提高到一个新高度；预计年内山东沂蒙、黑龙江荒沟、河北丰宁抽水蓄能电站也将陆续投产发电。

为推进新型电力系统构建和促进抽水蓄能开发建设，国家发改委和国家能源局近期陆续出台了一系列政策和措施。2020年12月印发了《关于开展全国新一轮抽水蓄能中长期规划编制工作的通知》，2021年又陆续发布了《关于推进电力源网荷储一体化和多能互补发展的指导意见》《关于进一步完善抽水蓄能价格形成机制的意见》《关于加快推动新型储能发展的指导意见》《关于进一步完善分时电价机制的通知》《关于鼓励可再生能源发电企业自建或购买调峰能力增加并网规模的通知》等。随着新政策和措施的落地，将会更进一步促进抽水蓄能建设开发，我国抽水蓄能电站发展前景广阔。

中国水力发电工程学会电网调峰与抽水蓄能专业委员会，是我国抽水蓄能建设方面的全国性学术性组织，立足于服务行业技术进步，促进技术交流与合作。这次出版的《抽水蓄能电站工程建设文集 2021》，收录了近期抽水蓄能电站规划与建设管理、工程设计、机电设备制造与试验、工程施工、运行与维护等方面的论文 107 篇，内容丰富，对提高我国抽水蓄能开发建设和运营管理水平、推动技术进步，将发挥积极的作用。

期待抽水蓄能电站建设在构建我国新型电力系统中发挥更大作用，为实现碳达峰碳中和的目标做出更大贡献。

电网调峰与抽水蓄能专业委员会

编者的话

本书由中国水力发电工程学会电网调峰与抽水蓄能专业委员会（以下简称专委会）组稿，是专委会出版的第26部抽水蓄能学术年会论文集，共收录论文107篇，约100万字。

本书包括规划与建设管理、工程设计、机电设备制造与试验、工程施工、运行与维护等5个专题。内容涵盖了我国抽水蓄能电站建设和管理领域各个专业的研究探索与经验总结，内容广泛，资料翔实，希望对从事抽水蓄能工程规划、设计、科研、施工和运行管理人员具有指导和借鉴意义。

本次征文共收到文章近200篇，限于篇幅，同时为使内容精炼，在编辑过程中，对一些相同作者、相似内容以及介绍相同工程的文章做了适当合并和删减，特在此向读者说明。

今年我们仍推选出10篇优秀论文，并将在学术交流年会上对作者进行表彰。秘书处对各委员单位及个人支持论文集征稿工作，积极组稿、投稿表示感谢！

中国水力发电工程学会 电网调峰与抽水蓄能专业委员会 秘书处

2021年10月北京

目录

机电设备制造与试验

工　程　施　工

运 行 与 维 护

规划与建设管理

抽水蓄能电站可行性研究工作浅析

刘　超　杨志义　郭佑国

（安徽桐城抽水蓄能有限公司，安徽省安庆市　231400）

【摘　要】抽水蓄能电站可行性研究工作的质量直接影响电站投资决策水平、后期基建及建成后运行管理。做好可行性研究工作，对提高抽水蓄能电站投资效益，保障电站建设、运行安全高效意义重大。本文通过整理总结参与的某个电站可研工作经验，指出抽水蓄能电站可研地勘、专题报告编审等工作注意事项，并给出意见建议，为今后抽水蓄能电站可研工作开展提供参考。

【关键词】抽水蓄能电站　可行性研究

0　引言

抽水蓄能电站具有调峰、调频、调相、储能、系统备用和黑启动等多种功能，在保障电网安全、促进新能源消纳、助力碳达峰、碳中和中发挥着重要作用。抽水蓄能电站可行性研究工作是项目核准前重要环节，其质量直接影响电站投资决策水平、后期基建及建成后运行管理。做好可行性研究工作，对提高抽水蓄能电站投资效益，保障电站建设、运行安全高效意义重大。目前可研阶段单个专题研究较多，但对可研各阶段工作要点以及各专题逻辑关系的系统研究较少。本文以某个电站可研工作为基础，从可研阶段地质勘察、各专题研究及可行性研究报告等方面入手，系统分析了可研不同阶段工作要点及注意事项，研究了各专题之间逻辑关系，为今后抽水蓄能电站可研工作开展提供参考。

1　可研阶段地质勘察管理

抽水蓄能电站可研阶段地质勘察工作主要包含地质测绘、钻探、洞探、物探、测试、天然建筑材料勘察等。勘察工作应坚持统一标准，统一技术要求。首要工作是开展场区工程地质测绘，查明场区内地形地貌、地层岩性组成和分布、地质构造特征和分布、水文地质条件和物理地质现象等。范围包括上、下水库区、输水发电系统、永久公路等。

各单位工程勘察工作，必须是在充分搜集、分析和利用已有勘察资料的基础上，依据审查意见和勘察任务书要求，结合工程具体特点，合理布置勘探工作，编制相应的工作计划和要求，经审批后实施。承担工程物探和岩（土）物理力学性质试验的部门或单位，应按工程项目和时间要求，提交相应的成果报告。

可研阶段工程地质勘察工作一般包含方案比较和选定方案两个阶段进行，在方案比较阶段，配合设计方案的论证，以初步查明各设计方案建筑物场址基本地质条件为主，初步分析评价各比较方案的主要工程地质问题，并从工程地质角度提出方案比选建议。在选定方案的基础上，查明建筑物的工程地质条件及工程地质问题。可研阶段工程地质勘察工作的重点是在上、下库之间比较选择工程地质条件较优的输水发电系统，特别是地下厂房和高压岔管、尾水隧洞位置的选择。要进行上、下游方案比较论证，主要根据地质测绘、钻孔、地质探洞开挖结果及相关试验工作进行，选定方案后，需对推荐方案做进一步勘探试验，查明其工程地质条件。

抽水蓄能电站可研阶段勘察工作可充分利用规划选点和预可行性研究阶段既有勘察成果。当坝址（线）、进出水口等选择余地不大时，考虑结合可比选的方案，按可研精度一次进行；当选择范围较大时，在枢纽布置格局比选专题报告审查之后，可对选定的方案加密钻孔以达到可研阶段精度要求。

2 可研阶段专题编审管理

2.1 “三大专题”

抽水蓄能电站可研阶段“三大专题”指枢纽布置格局比选、正常蓄水位选择及施工总布置规划这三个专题。在可研阶段起到了确定电站建设规模及等级、枢纽布置格局及征地范围的作用，是其他专题开展的基础。

（1）枢纽布置格局比选。枢纽布置格局比选专题是可研阶段需要编审的第一个专题，也是确定电站整体布局，为后期其他专题开展奠定基础的关键性专题。抽水蓄能电站枢纽建筑物由上水库、下水库、输水系统、地下厂房及开关站等组成。本阶段根据预可研阶段的主要审查意见，通过现场查勘、测绘以及进一步的工程地质勘察工作，对枢纽布置格局开展进一步的比选工作，这些工作主要包括：对上水库库址（坝址）进行比较、对下水库库址（坝址）进行比较、对输水发电系统平面布置方案进行比较、对地下厂房开发方式进行比较。在开展枢纽布置格局比选的过程中，不仅要针对单个建筑物选取不同布置方案，更要考虑各建筑物不同布置方案之间的组合形式，对每种组合形式进行充分比较论证。

（2）正常蓄水位选择。在确定了枢纽布置格局比选方案以后，方可开展正常蓄水位选择专题研究工作。它是确定征地范围线的主要依据。

正常蓄水位选择主要受三大因素影响：一要确定调节性能和装机规模，根据电站所在电网要求确定调节性能，调节性能高所需的调节库容就相应较大，对应的正常蓄水位就高一些。同样调节性能要求下，装机规模越大，所需的调节库容就越大，正常蓄水位也会高一些。这点可充分利用电站建设必要性专题的研究成果；二要充分分析库区地形地质条件，其是限制正常蓄水位的主要因素之一；三要考虑死水位和机组运行要求，一般情况，在蓄能量相同条件下，死水位越高，需要的正常蓄水位也越高，水位变幅较小，对机组稳定运行比较有利，但水库坝体所需的工程量就会增加。同理，死水位越低，需要的正常蓄水位也相应降低，此时水位变幅较大，对机组稳定运行不利，但坝体工程量相应会减少。综合考虑上述因素，拟定可行的正常蓄水位方案，并经过技术经济比较选择合理的正常蓄水位方案。

（3）施工总布置规划。遵循因地制宜、因时制宜、有利生产、方便生活、易于管理、安全可靠、经济合理的原则。施工总布置规划力求协调紧凑，节约用地，尽量利用荒地、滩地、坡地和水库淹没区，少占耕地和经济林地；最大限度地减少对当地群众生产、生活的不利影响。施工总布置宜采用“大集中、小分散”的方式，施工生产生活区应相对集中布置在上、下水库两个区域内，并应与上、下水库的交通及场内主要道路布置相结合，尽量沿道路干线两旁布置。

2.2 其他重要专题

三大专题审查完成，征地范围确定后即可开展其他专题编审工作，其中征地移民、环保水保专题具有工作量大、涉及范围广、周期长的特点，需要特别关注。

（1）征地移民。可研阶段征地移民工作包含实物指标调查实施细则编制、取得“停建令”、实物指标调查确认、移民安置规划大纲编审及移民安置规划报告编审等，是可研阶段耗时长、人力物力投入大、群众工作复杂的一项工作。做好移民安置工作对可研报告顺利取得批复、电站顺利建设并验收起到关键作用。征地移民工作涉及群众利益，要坚持搬得出、稳得住、逐步能致富的原则。征地移民工作要坚持以人为本，保障移民的合法权益，满足移民生存与发展的需求；采取前期补偿、补助与后期扶持相结合的办法，使移民生活达到或者超过原有水平；顾全大局，服从国家整体安排，兼顾国家、集体、个人利益；节约利用土地，合理规划工程占地，控制移民规模；可持续发展与资源综合开发利用、生态环境保护相协调；因地制宜，统筹规划；实事求是、客观科学、依法依规等。

（2）环保水保。随着环境污染的加剧，国家层面对环保水保工作不断重视，各种政策法规相继出台。如何满足国家对环保水保要求，在可研阶段顺利取得批复，在工程建设阶段落实环保水保措施是决定项目能否顺利开展的重要因素。通过环境影响、水土保持等报告书的编制，掌握工程涉及区域的环境现状，分析工程选址的合理性，预测评价工程活动对评价区域环境造成的各种影响，制定技术经济可行的环保水保措施及监测计划，明确各方的环保水保任务和职责，从环保水保的角度论证工程建设的可行性显得尤为重要。

在环境影响评价及项目实施期间，及时掌握国家最新政策法规，避免由于对最新政策法规掌握不足、不及时使项目报批及建设实施处于被动状态。及时跟踪掌握环保部门对生态红线的划定，在红线划定之前将项目建设区涉及的生态红线调出不仅可以减少后期环评工作，甚至决定了项目是否能顺利核准建设。对于已落定在项目建设区的生态红线，及时掌握其使用、调整规则，避免其成为项目建设的制约因素。

2.3 各专题逻辑关系解析

可研阶段共涉及了20余项专题的编制与审查，各专题在编审时序上往往有其内在联系。重视专题间的内在联系，把握各专题编审时间节点才能使可研阶段各专题编审工作顺利推进。在时序上枢纽布置格局比选是第一个需要开展的专题，确定电站总体布局，进而推进电站正常蓄水位、工程安全预评价及防震抗震等专题开展。通过已确定的枢纽布置、正常蓄水位，结合项目现场地形地貌及工程建设总体安排，编制完成施工总布置规划，确定项目征地范围线，为后期“停建令”取得、实物指标调查确认及考古文物、防洪评价专题开展奠定基础。在实物指标调查确认完成，移民安置方案得到当地政府确认后，开展移民安置规划大纲的编审工作，进而完成移民安置规划报告的编审工作。水土保持、环境保护、用地预审及项目选址等专题均可在征地范围确定后尽早开展。各专题逻辑关系如图1所示。

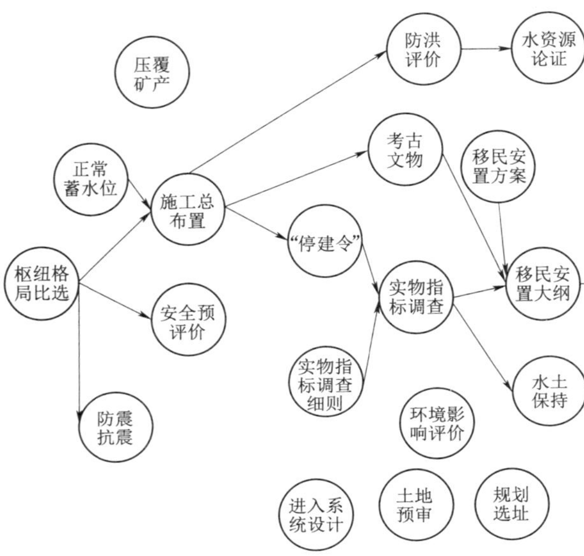

图1 各专题逻辑关系图

3 可行性研究报告

可研报告不仅是对前述专题报告内容的归纳总结，更是从电站建设的必要性、水文、工程地质、工程规模、工程布置及建筑物、机电及金属结构、消防、施工、征地、环保水保、劳动安全、节能降耗、经济等方面全面论证电站建设的可行性及合理性为建设方提供投资决策依据，为建设主管部门提供项目审批依据。做好可研报告编审工作是可研阶段工作中的重中之重。

可研报告应在遵循国家有关政策、法规及批准的预可行性研究报告的基础上进行编制。可行性研究报告中推荐采用的新材料、新工艺、新结构和新设备应进行技术经济论证。

4 结论

抽水蓄能电站可研工作不仅是对预可研既有工作的深入分析论证，更是通过20余个专题对电站建设的可行性及合理性所进行的全面分析论证，其深度和广度都远大于预可研研究成果，是决定电站建设与否的关键环节，要做好以下工作：

（1）坚持建设单位主导、勘察设计等技术单位支持、评审单位把关、政府部门审批的原则。

（2）重视前期地勘工作，前期地勘成果直接影响枢纽布置格局，进而影响其他专题结论，是确定可研成果的关键因素。前期地勘工作内容不详实可靠，就无法真实选择较优枢纽布置方案，导致建设实施过程中工程变更，影响项目安全及效益。

（3）重视“三大专题”报告的编审工作，“三大专题”报告编制过程中，建设单位与设计单位要深度交流，建设单位要将建设需求详尽的告知设计单位，设计单位在方案比选的时候要多与建设单位沟通，集思广益，尽可能将有关问题解决在方案比选期。在报告审查时，要充分听取专家意见，并组织研究论证。

（4）重视移民安置、环保水保专题编审工作。一方面其往往是可研进展的关进项目，决定可研进度；另一方面其直接影响后期移民安置、环保水保工作开展及相应的专项验收。

（5）重视各专题间的逻辑关系及编审时序，避免由于前序专题未按时完成影响到后序专题进展。

（6）在可研报告编制时，应遵循安全可靠、技术可行、结合实际、注重效益的原则。

参考文献

[1] DL/T 5020. 水电工程可行性研究报告编制规程 [S]. 北京：中国电力出版社，2007.

[2] 郑樑. 水利项目环境影响评价工作关注重点 [J]. 能源与环境，2021.

[3] 王迪. 大中型水利工程征地移民质量控制措施 [J]. 珠江水运，2021.

抽水蓄能在构建新型电力系统中的机遇和挑战

陈国华　徐　伟　冯东磊

（国网新源建设有限公司，北京市　100053）

【摘　要】本文介绍我国为实现碳达峰和碳中和目标首提构建以新能源为主体的新型电力系统，说明我国抽水蓄能作为目前最成熟的大规模储能方式，具有有效解决新能源消纳等的优势，分析我国抽水蓄能在新形式下面临的机遇和挑战并存的局面，并提出结论。

【关键词】“双碳”目标　新型电力系统　机遇　挑战

1　引言

由于发展阶段差异，不同于发达国家作为气候变化协议的缔约国，如美国，早在 2007 年即按《京都议定书》等气候协议已实现碳达峰，而我国作为一个发展中国家，且为全球第二大经济体，在 2009 年超越美国成为世界第一能源消费大国，由于多煤少油缺气的资源禀赋，低碳经济转型的难度大。经过艰难的全球气候谈判，我国在 2020 年承诺力争在 2030 年达到碳达峰，2060 年实现碳中和（也称“双碳目标”），意味着我国实现碳中和的时间，将远远短于发达国家所用的时间，同时也反映我国目前面临着实现碳中和的速度比其他发达国家更快、力度更大、任务更重和挑战更大的严峻局面，也更凸显政府加强顶层设计，完善政策体系以落实“双碳”目标的极端重要性。抽蓄已有 100 多年的发展历史，是目前全球各种电力系统储能技术中最经济、最成熟的大规模储能方式，已成功解决我国新能源大规模发展的瓶颈问题，2021 年 3 月 15 日，我国首提构建以新能源为主体的新型电力系统，在实现“双碳”目标新形势的今天，抽蓄电站对构建我国新型能源系统、优化电网电源结构、缓解电网调节压力、提高各地“风光电”等新能源消纳起着重要的作用，我国的抽蓄事业发展因此迎来了机遇和挑战并存的局面。

2　落实“双碳”目标的总体思路和主要举措

2.1　强化规划引领，服务“双碳”目标

《国民经济和社会发展第十四个五年规划和 2035 年远景目标纲要》明确提出：要“加快抽蓄电站建设和新型储能技术规模化应用”，同时，要求构建现代能源体系，提升清洁能源消纳和存储能力。2021 年 3 月李克强总理在政府工作报告强调，落实 2030 年应对气候变化国家自主贡献目标，加快发展方式绿色转型，协同推进经济高质量发展和生态环境高水平保护。“十四五”期间，单位国内生产总值能耗和二氧化碳排放分别降低 13.5％和 18％。

2.2　做出决策部署，落实“双碳”目标

2021 年 3 月 15 日，中央财经第九次会议，对推进“双碳”目标做出部署，把“双碳”目标纳入生态文明建设整体布局，提出实施可再生能源替代行动，深化电力体制改革，构建以新能源为主体的新型电力系统。这里所指的新能源是指传统、常规能源之外的各种能源形式，包括尚未大规模利用、正在积极研究开发的能源。

2.3　完善抽蓄价格形成机制的主要举措

2021 年 5 月，《关于进一步完善抽水蓄能价格形成机制的意见》（以下简称《意见》）（发改能源〔2021〕633 号）健全抽蓄电站费用分摊疏导方式。《意见》保持了政策的延续性，建立容量电价纳入输配电价回收的机制，完善价格形成机制的决策部署，进一步完善抽蓄价格形成机制，以促进抽蓄电站加快发展，构建以新能源为主体的新型电力系统。

3 抽蓄发展机遇和挑战并存

3.1 机遇

（1）以风电、光伏为主的新能源的迅猛发展。我国已是全球风电设备制造大国，也是全球最大太阳能光伏发电设备制造国，我国的风光电装机容量已位居世界第一，据国家能源局2021年1月20日公布的数据：截至2020年底，风光电累计装机为530000MW。为加快实施能源领域2030年碳达峰行动，我国通过政府推进，政策引导，市场运作，促进可再生能源高质量、大规模、高比例、市场化发展，强化实施可再生能源替代行动，大力提升新能源消费和存储能力，健全完善全社会共同开发利用可再生能源的体制机制和政策体系，有力推动新能源从能源绿色低碳转型的生力军成长为完成“双碳”目标的主力军。构建新型电力系统意味着传统的以煤炭为主的一次能源转化为以新能源为主的新型电力系统。

（2）风光发电将进入倍增阶段。2020年12月习近平主席在气候雄心峰会向国际社会承诺：至2030年，我国的风光电装机总量将达到1200000MW。这意味着在短短的10年将有700000MW的巨大发展空间。据全国能源信息平台2020年12月25日信息：非化石能源占比将在2040年左右超过50%，成为我国能源供应的主体，2060年非化石能源占一次能源比重有望达到约80%，而非化石能源主要为风光电。在短时间内，完成前所未有的巨量的风光电并网发电，将有力保障能源安全和应对气候变化两大目标任务。我国政府承诺的“十四五”期间非化石能源占一次能源消费比重将达到25%左右，这必然导致目前非化石能源中可以大规模发展的最主要的是风电和光伏，抽蓄作为已成功解决我国风光电能等新能源发展瓶颈最有效的储能技术，将迎来前所未有的跨越式发展机会。

（3）我国电力企业实力大增。2001年，我国当时仅有国家电力公司上榜全球500强，但在2020年，我国已成为上榜电力企业数量最多的国家，达7家，其中承担风光电上网的国家电网公司全球排名第三、中国排名第二，成为全球电力行业中唯一进入榜单前10名的企业，系全球最大的公用事业企业、规模最大的电网和电网技术领先的创新型企业，已成为具有全球影响力的国际化企业，拥有助力我国新型电力系统构建的强大科技实力。作为大国经济的脊梁，国企、央企占据抽蓄电站投资主体的绝大部分，具备加快抽蓄项目开发，构建新型能源系统的条件。

（4）抽蓄发展迅猛，发展空间巨大。“十三五”期间，我国抽蓄电站平均利用小时约2764h，较“十二五”增长95.7%。在国家电网目前的经营区高达26个省（自治区、直辖市），正因为抽蓄发挥了关键作用，新能源利用率从83.7%提高至97.1%，目前我国抽蓄电站在运装机31790MW、在建装机52430MW[1]，是全球抽蓄电站规模最大的国家，考虑我国核电装机仅占据国内发电总装机的4.9%[2]，随着华龙一号为代表的第三代压水堆的推广，核电面临的机遇比预想还要大。与核电配套使用既科学又经济的抽蓄电站，在目前新形势下，又增加了更多的发展机遇。

（5）抽蓄在新型电力系统的重要作用。

1）电力系统储能方式分类及占比。可再生能源发电占比不断快速提升，给电网带来前所未有的挑战。由于储能技术能最大程度解决新能源消纳的问题，因此，储能行业得到国家的大力支持，蓬勃发展。电力系统的储能技术主要分为物理储能（如抽蓄）、电磁储能（如超导储能）和电化学储能（如锂离子电池）三种方式。抽蓄机组单机容量可以达几十兆至几百兆，但随着科技快速发展，电化学储能发展势头迅猛，各种储能技术不断突破，抽蓄以外的其他储能方式已在国内外一些项目形成规模，近年来，化学电池100MW级储能电站/系统已在国内外建成运营。据前瞻网2020年10月22日的信息表明，截至2019年底，全球已投运仅次于抽蓄的电化学储能，累计装机规模9520.5MW，储能占比5.2%。

2）抽蓄储能技术在电力系统中的优势。抽蓄在电力系统中具有六大功能（调峰、调频、调相、储能、系统备用和黑启动）。新型电力系统“双高”形态（高比例清洁能源、高比例电子设备接入）、“双新”特征（新设备、新技术广泛应用）和“双峰”（迎峰度夏、度冬，早高峰、晚高峰）考验将日益突出，抽蓄电站具备“源网荷储”全要素特性，具有“五大技术经济优势”（容量大、工况多、速度快、可靠性高、经济性好）和在保障大电网安全、促进新能源消纳、提升全系统性能中发挥“三大基础作用”，有着显著的基础性、综合性、公共性特征。启停便捷、反应迅速、技术成熟、经济合理，抽蓄机组已在近年来成为表现优异的系统备用电源。因此，抽蓄在新型电力系统构建中，现在和将来的很长一段时间将为最佳的且相比于化学储能又是最安全的储能方式。

3.2 挑战

(1) 抽蓄装机低于规划，抽蓄建设任重道远。《电力发展“十三五”规划》提出抽蓄电站装机达到40000MW目标，但截至2020年，我国抽蓄装机刚刚超过30000MW，过去十年，我国抽蓄规划装机先后两次下调，却依然没完成目标[4]，同时，抽蓄占电源总装机比重仅为1.4%。落实“双碳”目标，新能源占比将加速提升，在风光电将进入倍增阶段，不少国内外权威机构预测，2050年全球接近70%的电力贡献来自新能源。倍增的风光电上网，需要新型电力系统发挥电网大规模配置资源的能力，扩大新能源消纳范围，在全球减排严峻形势下，将来其他行业的化石能源消费需求将转移至电能消费，这将推动电力需求持续上涨。预计2030年全社会用电量达11.8万亿kW·h，2040—2045年趋于饱和（年均增速低于1%），2060年达15.7万亿kW·h，预计2030年、2060年电气化水平分别达到35%和70%以上。为此，抽蓄电站建设必须加快，才能提高系统灵活调节能力，应对倍增的新能源大规模并网带来的电力平衡、电量消纳、电网安全控制等诸多新的挑战。

(2) 科学协调项目建设与生态保护的关系。目前，在新能源集中开发地区和负荷中心争取到系统需求强、建设条件优、技术经济指标好、无开发制约因素的优质有效开发资源已越来越难，部分区域抽蓄项目的建设已接近生态红线区。东中部水电开发率达80%以上，待开发点集中在远离负荷中心的西南地区，要处理好生态保护、库区移民、外送通道等问题，成本显著提高，开发有较大不确定性。这需要国家统一规划，上级主管部门协调并做出决策，考虑到抽蓄事业的发展是强化落实党中央构建新型电力系统的战略决策，科学辩证地处理抽蓄项目建设与生态保护的关系，权衡利弊，是发展好抽蓄的先决条件。

(3) 混合所有制改革是解决制约抽蓄发展的关键因素之一。落实“双碳”目标将直接导致抽蓄工程建设投资猛增，抽蓄电站具有建设周期长、投资规模大、工程难度高等特点，涉及发展大业，百年大计，属于资本密集型的大型基础设施工程投资项目，但我国目前绝大部分在建大型抽蓄电站由国企投资建设，探索并有效建立多元市场化投资机制，积极实施混合所有制改革，推进抽蓄业务股权多元化改革，积极引入社会资本、民营资本参与抽蓄建设是一个必须加快的工作，这既能激发国有企业发展活力，又可推动做强做优做大国有资本，培育具有全球竞争力的世界一流企业。

(4) 抽蓄储能面临其他储能技术的竞争。抽蓄占据国内储能技术的主导优势，其他储能虽占储能比例小，但在国内外发展势头良好，技术突破较多，且已实现产业化应用，极其重要的是，国内外储能行业的投资主体多样，甚至制造业巨头普遍看好化学储能的市场前景，社会资本踊跃投资，一旦政企推进整合式创新，获得颠覆性技术突破，必将出现突飞猛进的发展。2016年6月国家发改委、国家能源局联合发布《能源技术革命创新行动计划（2016—2030）》，2016年12月，国家发改委通过《可再生能源发展“十三五”规划》等一系列政策，加快先进储能技术创新应用和发展。抽蓄在与其他储能技术竞争的情况下，如何开展科技创新、引进先进机组设备和技术，保持其他储能技术不可比拟的优点，从而适应能源转型发展的新需求和新局面是目前面临的主要挑战之一。

(5) 抽蓄的发展问题。抽蓄的缺点在于除抽蓄电站站址选择的影响因素多、适用抽蓄电站站址储备不足等外，常规抽蓄机组在功率响应速度上较一些其他储能技术有一定差距。按此间行业专家的预测，2020—2040年，电力供应成本将波动上升，为满足新增用电需求和“双碳”目标，各类电源尤其是新能源高速发展，电力投资将保持较高水平，预计在每年需1万亿元。从新能源并网消纳的系统成本看，电量渗透率超过15%后进入快速增长临界点，2025年、2030年、2035年新能源系统成本（不包含新能源场站成本）分别为0.14元/(kW·h)、0.20元/(kW·h)、0.31元/(kW·h)，是2020年的2.3倍、3.3倍、5倍。因此，上述因素将推动整个电力系统的供电成本呈波动上升趋势，而如电池储能等目前的高成本有望在近年随着技术革命，科技创新而大幅下降，这将对抽蓄形成强有力的竞争。

4 结论

综上所述，笔者得出以下结论：

（1）纵观气候谈判历年来的艰难和冗长，笔者有理由认为中国政府有可能进一步提高减排力度，因此，以新能源为主的新型电网系统的新能源比例只增不减是大概率事件，抽蓄企业应培育战略思维，抓住抽蓄迅猛发展带来的机遇并积极应对面临的挑战，同时，提高历史思维，洞察其他储能颠覆性技术革命，技术创新发展带来的激烈竞争而导致国家对抽蓄政策的调整，以战略眼光，加强抽蓄电站管理现代化，加快技术进步，同时推进国内外先进抽蓄设备技术的开发、应用和引进，进而实现从技术引进到技术赶超的跨越，为实现新型电力系统提供坚强支撑。

（2）构建新能源为主的新型电力系统是中国政府首次提出的重大举措，人类历史上尚没有先例，也就没有成熟的建设经验或深刻的教训可借鉴，应对新形势下的挑战，抽蓄企业既要有物理和技术的创新变革，更需要机制、体制和发展理念上的开拓进取。

（3）“十四五”期间，“可再生能源＋储能”将实现跨越式发展，抽蓄具有超大容量、系统友好、经济可靠、生态环保等成熟技术优势，但受新形势下各种因素的制约，尤其是历史上政策调整导致的容量电费疏导难题，抽蓄事业在迎来发展与机遇共存的局面之时，挑战将大于机遇。因此，目前抽蓄所在的单位大都为电网企业，因此，电网企业应大力发展“数字新基建”，一如继往秉持创新驱动和开放，在数字技术与电网技术融合发展，在电网全环节推进数字化转型，是实现电网企业战略目标的关键所在。

（4）政府构建新型电力系统的决策，系中国政府落实“双碳”目标这一重大战略决策而新作出的举措，根据提高国家自主贡献减排力度，以顶层设计方式落实国际减排承诺，预计政府将进一步进行颁发各种实施细则，抽蓄企业必须密切注视国家政策动向，把握产业趋势，高瞻前瞩，不仅立足当前，更要着眼长远，加强战略谋划和前瞻布局，更好地服务新型电力系统的构建。

参考文献

［1］ 翟剑．“十四五”新能源集中区新增开工抽水蓄能规模近一个三峡电站［N］．科技日报，2021.03.19.

［2］ 王怡，谢文川．实现“3060”目标，发展核电势在必行［N］．中国电力报，2021.03.10.

［3］ 王轶辰．抽水蓄能产业发展迎新机［N］．经济日报，2021.05.24.

［4］ 姚美娇．“十四五”抽水蓄能装机占比应明确［N］．中国能源报，2021.01.14.

抽水蓄能项目可行性研究阶段技术专题管理研究和探讨

秦晓宇

（国网新源控股有限公司，北京市 100761）

【摘 要】为积极适应加快发展抽水蓄能的客观需要，本文对项目可行性研究阶段前期技术专题的工作依据、工作流程进行总结，提出完善组织协调方法和管理程序工作建议，以期能够不断促进项目前期工作质量、效率的提升。

【关键词】抽水蓄能 前期阶段 技术专题

0 引言

我国在第七十五届联合国大会上作出“碳达峰、碳中和”郑重承诺，在气候雄心峰会上提出2030年我国风电、太阳能发电总装机容量达到12亿kW以上的具体目标。未来相当长的一段时期，我国电力工业发展将紧密围绕构建以风电、太阳能新能源为主体的新型电力系统的工作重心。作为新型电力系统重要组成部分，加快推进抽水蓄能的开发建设成为必要的措施选项。

项目前期是抽水蓄能开发建设的第一个阶段，其中项目业主要负责组织开展预可行性研究和可行性研究工作。本文对项目业主在可行性研究工作中需要关注的技术专题及相关行政审批要求进行总结，提出工作建议。

1 抽水蓄能发展背景

2020年12月，国家能源局部署启动全国新一轮抽水蓄能中长期规划编制工作。2021年4月，国家发展改革委印发完善抽水蓄能价格形成机制的有关意见，相关文件和工作成果将在政策层面为促进抽水蓄能高质量可持续发展提供重要的支撑。

2021年3月，国家电网有限公司先后发布“双碳”行动方案和加快抽水蓄能开发建设六项重要举措，提出努力当好能源清洁低碳转型的引领者、推动者和先行者，以坚持开放合作、创新驱动、专业服务和高效利用为原则，积极推进抽水蓄能开发建设。

抽水蓄能项目的早核准多开工目标已经在行业内形成共识。可行性研究成果作为项目开发技术经济方案论证和投资决策重要依据，在项目开发建设全过程具有基础性地位。为了高质量积极推进项目开发建设，对项目前期，特别是可行性研究工作的管理内容、特点进行总结具有现实的意义。同时，我国抽水蓄能经历十年快速发展期，仅“十三五”期间全国范围内就有23个抽水蓄能项目完成可研工作并取得核准，为总结提炼项目可研管理经验提供了大量的样本。本文专门针对项目前期可研管理过程中需要项目业主关注的技术专题的工作依据、工作流程和工作经验进行整理，并对需要项目业主重点关注的技术管理和协调事项进行总结分析。

2 抽水蓄能可研阶段技术专题管理

经统计，抽水蓄能项目可研阶段，在设计单位完成主要地勘（一般以完成厂房位置的平洞、钻孔和试验为标志）工作后，项目业主需要直接组织、协调或参与的技术专题有二十一项，包括：枢纽布置格局比选、正常蓄水位选择、施工总布置规划、实物指标调查工作细则、建设征地移民安置规划大纲、建设征地移民安置规划报告、建设用地压覆矿资源评估、建设工程文物调查评价、地质灾害危险性评估、安全预评价、职业病危害预评价、防震抗震研究设计、防洪评价（含水工程）、取水许可（含水资源论证）、水土保持方案、环境影响评价、接入系统设计、工程安全监测设计、节能评估专题等。

上述专题是编制项目可行性研究报告的基础，部分专题需根据国家法律法规，编制专项论证报告后提交行政主管部门审批或备案，部分专题需根据规程规范，编制专项设计报告经技术评审后纳入项目可研总计设计方案。相关成果为项目业主组织编制可行性研究报告，并为投资决策提供依据，为行政主管部门开展项目全过程监管提供依据。

2.1 枢纽布置格局比选专题

DL/T 5020《水电工程可行性研究报告编制规程》规定：对于规模巨大、条件复杂的工程，为保证坝址选择工作的质量，可增加选坝阶段，对坝址进行技术经济综合比较论证，经审查选定坝址后再开展下阶段工作。

本专题报告是结合预可行性研究报告及其审查意见，根据可研阶段的地质勘察成果，进行方案比选，确定枢纽总体布置方案。

枢纽布置格局专题是项目可行性研究阶段，衔接先期地勘工作和后续设计工作的第一个综合性技术专题，对项目总体方案设计起到至关重要的作用。项目单位应高度重视，把握本专题涉及的重点、难点、敏感问题，对设计方案的技术合理性、经济可行性进行综合性评估。

2.2 正常蓄水位选择和施工总布置规划专题

《大中型水利水电工程建设征地补偿和移民安置条例》（国务院令第679号修订）规定：工程占地和淹没区实物调查工作开始前，工程占地和淹没区所在地的省级人民政府应当发布通告，禁止在工程占地和淹没区新增建设项目和迁入人口，并对实物调查工作作出安排。

目前，设计单位依据《水电工程可行性研究阶段正常蓄水位选择专题报告编制暂行规定》和《水电工程可行性研究阶段施工总布置规划专题报告编制暂行规定》（水电规科〔2007〕0036号）规定，开展正常蓄水位选择和施工总布置规划专题论证，编制正常蓄水位选择专题报告和施工总布置规划专题报告。

正常蓄水位专题报告和施工总布置规划专题报告，共同确定项目工程占地和淹没区范围。两专题报告审定后，为省级人民政府，发布禁止在工程占地和淹没区新增建设项目和迁入人口通告（“停建令”），以及项目单位组织开展项目实物指标调查和移民安置规划设计提供依据。

2.3 实物指标调查工作细则专题

《大中型水利水电工程建设征地补偿和移民安置条例》（国务院令第679号修订）规定：实物指标调查工作开始前，工程占地和淹没区所在地省级人民政府应当发布通告，禁止在工程占地和淹没区新增建设项目和迁入人口，并对实物指标调查工作作出安排。

根据各省水电工程建设征地补偿和移民安置管理工作要求，项目单位申请“停建令”时，应附经过审查（一般省移民管理部门或县级人民政府组织审查）的实物指标调查工作细则（以下简称“调查工作细则”）。

2.4 建设征地移民安置规划大纲

《大中型水利水电工程建设征地补偿和移民安置条例》（国务院令第679号修订）规定：由项目法人编制移民安置规划大纲，按照审批权限报省、自治区、直辖市或者国务院移民管理机构审批。

取得“停建令”后，项目单位组织设计单位会同地方政府完成实物指标调查，取得文物调查意见和无重要矿产资源压覆证明，完成建设征地移民安置规划大纲编制，按程序报省人民政府审批。

2.5 建设征地移民安置规划报告

《大中型水利水电工程建设征地补偿和移民安置条例》（国务院令第679号修订）规定：已经成立项目法人的，由项目法人根据经批准的移民安置规划大纲编制移民安置规划；没有成立项目法人的，项目主管部门应当会同移民区和移民安置区县级以上地方人民政府，根据经批准的移民安置规划大纲编制移民安置规划。大中型水利水电工程的移民安置规划，按照审批权限经省、自治区、直辖市人民政府移民管理机构或者国务院移民管理机构审核后，由项目法人或者项目主管部门报项目审批或者核准部门，与可行性研究报告或者项目申请报告一并审批或者核准。

根据省人民政府对项目建设征地移民安置规划大纲的批复，项目业主组织完成建设征地移民安置规划报告编制，按程序报省人民政府移民管理机构审核。

2.6 建设用地压覆矿资源评估专题

《国土资源部关于进一步做好建设项目压覆重要矿产资源审批管理工作的通知》（国土资发〔2010〕137号）规定：建设项目选址前，项目单位应向省级国土资源行政主管部门查询拟建项目所在地区的矿产资源规划、矿产资源分布和矿业设置情况。不压覆重要矿产资源的，由省级国土资源行政主管部门出具未压覆重要矿产资源的证明。确需压覆重要矿产资源的，项目单位应委托具有相应资质的地质勘察单位编制建设项目压覆重要矿产资源评估报告。

项目单位应组织设计单位，取得不压覆重要矿产资源证明，或委托其完成矿产权评估，并取得省级主管部门审批，作为编制建设征地移民安置规划大纲和报告的依据。

2.7 建设工程文物调查评价专题

《中华人民共和国文物保护法》（2017年修订）规定：进行大型基本建设工程，项目单位应当事先报请省人民政府文物行政部门组织从事考古发掘的单位在工程范围内有可能埋藏文物的地方进行考古调查、勘探。

项目单位应组织设计单位，按有关行政管理要求，申请进行调查，对必须保护的文物古迹，提出保护措施，计算费用，并取得相关主管部门意见，作为编制建设征地移民安置规划大纲和报告的依据。

2.8 地质灾害危险性评估专题

《地质灾害防治条例》（国务院令第394号）规定：在地质灾害易发区内进行工程建设应当在可行性研究阶段进行地质灾害危险性评估，并将评估结果作为可行性研究报告的组成部分；可行性研究报告未包含地质灾害危险性评估结果的，不得批准其可行性研究报告。

项目业主应组织设计单位委托有资质单位开展地质灾害危险性评估，委托专家进行技术审查，并将评估报告和审查意见向国土资源主管部门备案。

2.9 安全预评价专题

《中华人民共和国安全生产法》（2014年修订）规定：生产经营单位新建、改建、扩建工程项目（以下统称建设项目）的安全设施，必须与主体工程同时设计、同时施工、同时投入生产和使用。安全设施投资应当纳入建设项目概算。

项目单位委托有相应资质的安全评价机构进行安全预评价，编制安全预评价报告，委托技术审查机构对评价报告进行技术审查。

2.10 职业病危害预评价专题

《中华人民共和国职业病防治法》（2018年修订）规定：建设项目可能产生职业病危害的，项目单位在可行性论证阶段应当进行职业病危害预评价。

根据《建设项目职业病危害风险分类管理目录（2012年版）》（安监总安健〔2012〕73号）规定，项目业主应委托开展职业病危害预评价，编制预评价报告，组织评审，编制工作过程书面报告，公示相关成果。

2.11 防震抗震研究设计专题

《中华人民共和国防震减灾法》（2008年修订）规定：重大建设工程和可能发生严重次生灾害的建设工程，应当按照国务院有关规定进行地震安全性评价，并按照经审定的地震安全性评价报告所确定的抗震设防要求进行抗震设防。

NB 35057—2015《水电工程防震抗震设计规范》强制性条文规定：大中型水电工程均应按本规范开展防震抗震设计，进行地震设防；地震基本烈度在Ⅶ度及以上的大型水电工程和坝高大于70m、地震地质条件复杂的中型水电工程，可行性研究阶段应开展防震抗震设计，编制专题报告。

2.12 防洪评价（含水工程）专题

《中华人民共和国防洪法》（2016年修订）和《中华人民共和国水法》（2016年修订）规定：建设水

工程，应当符合防洪规划要求和流域综合规划，应取得水行政主管部门签署的符合防洪规划（流域综合规划）要求的规划同意书。2016年根据国务院文件要求，水行政主管部门的洪水影响评价报告审批和水工程建设规划同意书审核已合并为洪水影响评价审批。

2.13 取水许可（含水资源论证）专题

《中华人民共和国水法》（2016年修订）和《建设项目水资源论证管理办法》（2017年水利部第49号令修正）规定：直接从江河、湖泊或者地下取用水资源的单位和个人，应当按照国家取水许可制度和水资源有偿使用制度的规定，向水行政主管部门或者流域管理机构申请领取取水许可证。建设项目水资源论证报告书技术审查意见和审定后的报告书是审批取水许可申请的重要依据。2016年根据国务院文件要求，水资源论证报告审批和取水许可合并为取水许可审批。

2.14 水土保持方案专题

《中华人民共和国水土保持法》（2010年修订）规定：在山区开办可能造成水土流失的生产建设项目，生产项目单位应当编制水土保持方案。《开发建设项目水土保持方案编报审批管理规定》（2017年修订）规定：凡从事有可能引起水土流失的开发项目单位，必须编报水土保持方案。核准制项目，在提交项目申请报告前完成水土保持方案报批手续。

2.15 环境影响评价专题

《中华人民共和国环境保护法》（2014年修订）和《中华人民共和国环境影响评价法》（2018年修订）规定：建设对环境有影响的项目，应当依法进行环境影响评价。未依法进行环境影响评价的建设项目，不得开工建设。根据《建设项目环境影响评价分类管理名录》（2018年修订），抽水蓄能项目应当编制环境影响报告书。

2.16 工程安全监测设计专题

《水电站大坝运行安全监督管理规定》（2015年国家发展改革委第23号令）规定：大坝安全监测系统、泄洪效能和防护设施、应急电源等安全设施与大坝主体工程同时设计、同时施工、同时投入运行。《水电站大坝安全监测工作管理办法》（国能发安全〔2017〕61号）规定：监测系统的设计应当由大坝主体工程设计单位承担。

DL/T 5020—2007《水电工程可行性研究报告编制规程》规定："对于坝高70米以上的高坝或者监测系统复杂的中坝、低坝，应提出枢纽工程安全监测系统设计专题报告"。

2.17 节能评估专题

《中华人民共和国节约能源法》规定：国家实行固定资产投资项目节能评估和审查制度。不符合强制性节能标准的项目，项目单位不得开工建设。

国家发展改革委《不单独进行节能审查的行业目录》（发改环资规〔2017〕1975号）规定：抽水蓄能电站项目单位可不编制单独的节能报告，可在项目可行性研究报告或项目申请报告中对项目能源利用情况、节能措施情况和能效水平进行分析。节能审查机关不再单独进行节能审查，不再出具节能审查意见。

3 加强抽水蓄能可研阶段技术专题统筹管理

抽水蓄能项目可行性研究阶段技术专题管理是一项综合性工作，政策性强、涉及专业广、投入要素多、管理责任重、协调难度大，对项目单位管理能力提出了较高的要求。为了保证工作质量、提高工作效率，建议项目单位在工作中关注下列事项。

3.1 加强总体工作方案策划

项目单位在可行性研究工作启动时，可结合项目特点和企业管理要求，编制前期管理总体方案，重点对项目进度管理、技术管理、质量管理、内外部组织协调进行总体策划，同时对计划、预算、合同、档案等工作事项进行统筹安排。

3.2 加强工作统筹

一是加强与行政主管部门汇报，结合行政审批事项管理要求，提前统筹好专题报告编制、报审工作。

二是加强与地方政府、设计单位、专题外委单位的沟通，协调工作进度，确保工作质量，及时发现和解决在方案论证、审查、行政报批过程发现的问题。

三是加强企业内部管理部门间的沟通协调，及时在前期专题中落实企业在建设、运行、安全管理方面的要求。

四是加强技术专题间的组织协调。按专题间技术逻辑关系加强专题进度的组织协调。加强环境敏感因素的排查，加强水工、施工、规划专业与环保、水保、征地移民专项工作的协调，明确设计边界条件，优化设计方案。

3.3 加强基础管理

一是做好前期工作档案管理。对报告（图纸）送审稿、审定稿、审查会议通知、审查意见、政府批件、会议纪要等相关文件及时整理归档。

二是做好技术管理台账。对在审查、审批意见中明确的需在下一阶段开展的设计、报审、报批、报备、验收等事项进行记录整理。

三是加强专题合同管理。严格依据合同约定组织专题编制、审查、报批的程序。

4 结束语

抽水蓄能项目前期既不是简单的勘察设计，也不是单纯的跑文办件。从全寿命周期角度，项目前期工作的质量对项目成败、实施难易、建成效益发挥有着极为关键的影响。根据以往工作经验，从启动可研阶段地勘工作到完成可研报告编制，一般需要两年到两年半的时间。其间项目业主要会同地方政府和设计单位协调解决大量管理问题、技术难题。

当今面临繁重发展任务，项目业主要积极研究和适应政策、市场环境变化，在国家和行业政策框架下，在坚持成熟可靠管理路线和技术路线的基础上，发挥强大的管理统筹优势和技术支撑体系优势，不断促进管理理念、管理程序的优化完善，加强项目管理质量要求和进度要求的协调统一，为抽水蓄能行业健康有序发展贡献力量。

参考文献

[1] 张春生，姜忠见．抽水蓄能电站设计［M］．北京：中国电力出版社，2012.

[2] 邱彬如，刘连希．抽水蓄能电站工程技术［M］．北京：中国电力出版社，2008.

[3] 索立生，刘宁．水工设计手册 第二卷 规划、水文、地质［M］．北京：中国水利水电出版社，2014.

[4] 索立生，刘宁．水工设计手册 第三卷 征地移民、环境保护与水土保持［M］．北京：中国水利水电出版社，2014.

[5] 彭土标．水力发电工程地质手册［M］．北京：中国水利水电出版社，2011.

[6] 华向阳，王涛．浅析抽水蓄能电站前期工程文件归档与管理［C］//中国水力发电工程学会电网调峰与抽水蓄能专业委员会，抽水蓄能电站工程建设文集 2011.

[7] 费万堂，刘殿海，王玉成．关于抽水蓄能电站前期工作的思考［C］//中国水力发电工程学会电网调峰与抽水蓄能专业委员会，抽水蓄能电站工程建设文集 2014.

[8] 杨跃斌，曹路．南方区域抽水蓄能电站项目前期管理实践［C］//中国水力发电工程学会电网调峰与抽水蓄能专业委员会，抽水蓄能电站工程建设文集 2015.

论以常蓄混合式水电站型式开发水电资源

刘新鹏
（新疆伊犁河流域开发建设管理局，新疆维吾尔自治区乌鲁木齐市 832000）

【摘 要】 本文以习近平新时代中国特色社会主义思想、新发展理念为指导，从如何提高水力发电工程设施、设备、水资源综合利用功能，拓展水力发电可逆性利用功能，充分发挥水能资源开发综合效益的角度，论述将常规水电开发方式转变为以常蓄混合式水电站型式为主要开发方式的水电发展模式，为推动能源生产电力化，电力生产清洁化，为新时代更好的开发利用水电资源提供新思路。文章以新疆玛纳斯河山区水电开发由常规水电站型式开发方式转变为常蓄混合式水电站型式开发方式为例，论述常蓄混合式水电站的可行性、优越性，创新水电发展模式、使之为实现新时代国家水资源的高质量、高效益、高水平综合利用，为实现2030年前碳达峰、2060年前碳中和目标发挥更加重要的作用。

【关键词】 常蓄混合式水电站 可逆性利用功能 转变开发模式 优越性 综合效益

1 引言

新疆电力系统是以火电为主的电源结构，火电装机容量严重过剩，年利用小时数低，调峰成本高，环境压力大；新疆的风电、光电发展很快，存在弃风、弃光，风电、光电消纳问题；疆电外送正在加速推进。新疆水电资源总量远不及火电、风电、光电，规模较大水电站多位于周边地区，如何更好地利用新疆有限的水电资源为实现碳达峰和碳中和发挥重要，需要深入思考研究。天山北坡的河流都是典型的内陆季节性山溪性小河流，按常规水电站型式开发水电资源，都是中、小型水电站，而且多是小型水电站，对满足当前和将来区域大规模能源电力平衡与安全作用不大。天山北坡由于资源特性，造成火电集中、规模独大，重化工产业密集，区域性环境污染问题严重，尤以石河子、奎屯地区为甚，漫长的冬季几乎见不到太阳。天山北坡实现碳达峰和碳中和难度大，如果按常蓄混合式水电站型式开发天山北坡众多山溪性河流的水电资源，可以大大优化天山北坡各流域水资源配置，在安全、高效率提供大规模清洁、优质、廉价的能源电力电量、容量的同时，对天山北坡电力系统消纳风、光清洁能源、促进疆电高效率、高质量外送，为促进区域碳达峰和碳中和、促进新疆生态文明建设、经济建设、社会发展，发挥更加重要的关键性作用。

2 常蓄混合式水电站

在进行河流水电规划设计、开发时，或者老水库电站增容改造时，充分利用水力发电水体的带能作用及其可逆性，将具有中、高水头，调节性能较好的水电站水库作为上库，再利用已规划或已建设的下游水库、反调节水库作为下库，或者把合适的两个上下游水库用用长压力隧洞连接，把机组部分或全部设计成可逆式抽水蓄能机组，这样的水库电站可以充分增加装机规模，同时具有常规水电站和纯抽水蓄能电站的全部功能。利用电网的峰谷差，在自身常规发电的同时，吸纳电网多余清洁电能和电网多余容量，根据需要灵活地进行正向逆向、由水能到电能和由电能到水能的往复生产过程，实现局部或整体电力系统电量容量的平衡、安全稳定运行，这样就形成了常蓄混合式水电站。在理论界也称混合式抽水蓄能电站，由于是在常规水库电站基础上拓展水力发电可逆性利用功能，常规水库电站调蓄供水发电是主要基础功能，抽水蓄能发电是重要拓展功能，可以成为新水电开发、老水库电站改造主要开发模式，故称常蓄混合式水电站。常蓄混合式水电站年发电量由常规径流发电电量和抽水蓄能发电电量两部分组成。由于利用了已有的上游、下游水库，只是增加了装机容量，工程投资增加不多，而发电量和容量效益可以大幅度增加。常蓄混合式水电站集合了常规水电站和纯抽水蓄能电站的优点，装机容量规模受水文径流条件的影响减小，主要由水头和日调节蓄能库容以及地形条件是否满足工程布置来确定规模。这样，装机容量规模可以大于常规水电站的设计装机规模，常蓄混合式水电站发电设备年利用小时数高于同等规模的常规水电站、或纯抽水蓄能电站，经济技术指标明显优化。

3 玛纳斯河山区干流已规划水电站采用常蓄混合式水电站开发的思路

玛纳斯河干流山区水电专业规划早已完成，对于天山北坡电网来讲，按照常规式水电规划，总规模较小、技术经济指标不甚优良，项目建设至今没有开展。为了提高玛纳斯河山区河段水电资源、工程、设备综合效益；为早日实现区域碳达峰和碳中和，促进新疆能源革命、生态文明建设发挥更重要的作用。建议将已规划的三座高水头蓄水式中型水电站采用常蓄混合式水电站型式开发，装机容量和发电量可以大幅度增加，从根本上优化水电站的经济技术指标。这样玛纳斯河山区干流常蓄混合式水电站的装机容量可达到 270 万 kW，使原来只能建常规中型水电站的水电资源也能够发挥大型水电站及纯抽水蓄能电站的调峰蓄能作用。

(1) 玛纳斯河是天山北坡流入准葛尔盆地最大的河流，玛纳斯河流域位于天山北坡经济带中心地带，地缘优势显著。葛洲坝集团通过自治区玛管处委托自治区水电设计院对玛纳斯河干流山区水电资源进行常规式水电专业规划。此次规划，玛纳斯河干流肯斯瓦特水利枢纽以上河段规划有 3 座梯级水库电站，总装机容量 39.5 万 kW，年总发电量 11.95 亿 kW·h，总投资 32.26 亿元。

(2) 玛纳斯河干流山区按常规式水电专业规划中，最上游呼斯台水电站，装机容量 18 万 kW、水头 390m、为 175m 高坝不完全年调节大型水库，总库容 13200 万 m^3、调节库容 9600 万 m^3。喀拉萨依水电站装机容量 12.5 万 kW、水头 280m、为 60m 中坝日调节中型水库，总库容 380 万 m^3、调节库容 120 万 m^3。哈熊沟水电站装机容量 9 万 kW、水头 180m、为 65.5m 中坝日调节中型水库，总库容 910 万 m^3、调节库容 210 万 m^3。哈熊沟水电站尾水注入已建成的肯斯瓦特水库（总库容 18800 万 m^3、调节库容 12400 万 m^3），三座水电站都属于高水头水电站。这些规划水电站上、下游之间设计水位是相互衔接的，因此，规划水利工程布置、结构形式不需要大的改动，只需增加发电洞压力管直径、水道断面积，增大引水量、扩大装机容量，把常规水轮发电机组改为抽水蓄能可逆式水泵水轮电动发电机组，按照设计装机容量需要的常规、蓄能发电日调节库容，将具有日调节性能中坝进行加高，就能形成三座大型梯级常蓄混合式水电站。年抽水蓄能发电时间：每天抽水按 7～8h 计、年运行时间 2120h，每天发电按 5～6h 计、年运行时间 1500h。

(3) 工程布置形式，呼斯台水库是流域山区控制性、不完全年调节大型水库，又是呼斯台水电站的上库，一库两用；喀拉萨依中坝日调节中型水库既是呼斯台水电站的下库，又是喀拉萨依水电站的上库，一库三用；哈熊沟中坝日调节中型水库既是喀拉萨依水电站的下库，又是哈熊沟水电站的上库，一库三用；利用已建成肯斯瓦特水库作为哈熊沟水电站的下库，肯斯瓦特水库本是玛纳斯河出山口控制性大型年调节水库，实现一库二用。呼斯台水库、肯斯瓦特水库都是高坝年调节大型水库，无须改变规划直接利用；喀拉萨依水库、哈熊沟水库是中坝日调节中型水库，既是上库、又是下库，两座水库按蓄能调峰日调节库容加高大坝，两座电站水库可以充分满足径流日调节和蓄能调峰联合运行、独立运行的库容要求；两座日调节蓄能水库库容虽然增大，一定比四座日调节纯蓄能水库造价低廉。三座梯级大型常蓄混合式水电站最下游利用已建成肯斯瓦特水库作为末端下库，新修三座水库又是一库多用，虽然发电洞长、距高比大，扩大规划发电洞压力管直径、水道断面积也是经济高效的。呼斯台水库是龙头、控制性水库，从根本上改善三座水电站防洪、防沙、防冰运行条件，必须先行建设。

4 对玛纳斯河干流已规划水电站的优化方案

按照不同开发规模，可以按四个方案规划设计或者分期建设。

4.1 方案一

3座水库电站规划总装机容量55万kW，呼斯台水电站25万kW，喀拉萨依中水电站万18kW，哈熊沟水电站12万kW。采用原规划水电站的发电流量作为抽水流量确定装机容量，不增加规划发电洞压力管直径、水道断面积，中坝日调节中型水库独立运行需要增加蓄能调峰库容最大约170万m^3，土建工程按蓄能电站厂房、尾水设计，把常规水轮发电机组改为抽水蓄能可逆式机组、扩大装机容量，通过对抽水蓄能可逆式机组水泵水轮发电机市场调查及工程估算，规划投资可能增加15%，投资增加为39.45亿元。3座水库电站总装机容量55万kW，年总发电量22.42亿kW·h，消纳风电、光电、电网低谷电量11.66亿kW·h。投资增加15%，装机容量增加39.2%，发电量增加87.6%。丰水期洪水流量发电量可以明显增加。

4.2 方案二

3座水库电站规划总装机容量135万kW，呼斯台水电站60万kW，喀拉萨依中水电站万45万kW，哈熊沟水电站12万kW。独立运行需要增加两座中坝日调节中型水库坝高、各自增加相应蓄能调峰库容最大约400万m^3，增加规划发电洞压力管直径、水道断面积，土建工程按蓄能电站厂房、尾水设计，把常规水轮发电机组改为抽水蓄能可逆式机组、扩大装机容量。3座水库电站总装机容量135万kW、装机容量增加242%，年总发电量39.87亿kW·h、发电量增加234%。消纳风电、光电、电网低谷电量28.62亿kW·h。出库水量除去生态基流、排沙流量、一般洪峰流量可以全部用于常规发电。

4.3 方案三

3座水库电站规划总装机容量270万kW，呼斯台水电站120万kW，喀拉萨依中水电站万90万kW，哈熊沟水电站60万kW。独立运行需要增加两座中坝日调节中型水库坝高、各自增加相应蓄能调峰库容最大约800万m^3，增加规划发电洞压力管直径、水道断面积，土建工程按蓄能电站厂房、尾水设计，把常规水轮发电机组改为抽水蓄能可逆式机组、扩大装机容量。3座水库电站总装机容量270万kW、装机容量增加391%，年总发电量60.12亿kW·h、发电量增加403%，消纳风电、光电、电网低谷电量57.24亿kW·h。出库水量除去生态基流、排沙流量、较大洪峰流量可以全部用于常规发电。

4.3 方案四

玛纳斯河哈熊沟下游红沟河段河床与河岸有700m的高差，可以考虑将喀拉萨依水电站和哈熊沟水电站合并一级开发，更加经济高效，同时有利于保证生态基流。喀拉萨依水电站可以规划水头为460m，按前三个方案合并为一座水库、一个电站，装机容量分别为30万kW、75万kW、150万kW，年总发电量分别为12.4亿kW·h、21.87亿kW·h、31.12亿kW·h，消纳风电、光电、电网低谷电量分别为6.36亿kW·h、12.9亿kW·h、31.8亿kW·h。喀拉萨依水电站和哈熊沟水电站合并一级开发减少一座中型大坝、一座调压井、一座厂房尾水系统，建设投资、运行成本进一步降低。

5 采用常蓄混合式水电站型式开发玛纳斯河水电资源的显著优越性

上述四个方案显示的是采用常蓄混合式水电站型式开发玛纳斯河山区水电资源，开发河段的可以建设的装机容量规模和基本工程方案，都具有可行性，可以研究比选。可以看到，常规水电规划，总装机容量只有39.5万kW，年总发电量11.95亿kW·h；采用常蓄混合式水电站型式规划开发建设，总装机容量可以达到270万kW、装机容量增加391%，年总发电量60.12亿kW·h、发电量增加403%，消纳风电、光电、电网低谷电量57.24亿kW·h。

5.1 常蓄混合式水电站综合效益显著

从水电资源的开发、利用方面看，常蓄混合式水电站克服了常规水电站以及纯抽水蓄能电站许多局限性，结合了他们的优点，综合效益显著。

(1) 按照常规水电站的规划设计方法，一般情况下，大、中型河流可以建设大、中型水电站；中、小型河流只能建设中、小型水电站，主要由年径流量决定规模。按照常蓄混合式水电站规划设计方法，只要水头和库容条件具备，中、小河流也可以建设大、中型的常蓄混合式水电站，主要由水头、日调节库容决定规模。上库与下库水位衔接紧凑，使河流河段的水能资源开发利用更加充分。河流季节性越强越需要开发常蓄混合式水电站，使季节性较强，经济技术指标不太好的水电资源也具有开发价值。在一条河流上按常蓄混合式水电站梯级开发或改造水库电站，还可以实现流域内上下游水量的逆分配；水量丰富的下游也可以向水量小、缺水的上游逆向补水，这种功能意义非常，可以深入研究。建设一座常蓄混合式水电站，相当于建设一座更大规模的常规水电站、一座纯抽水蓄能电站，一座可以逆向供水的大型扬水站，一举多得、一役而多役济。

（2）为了更多地利用季节性电能，目前规划、设计常规水电站的装机规模越来越大，造成水电站的年利用小时数降低，枯水期水电站机组容量大量闲置，在汛期仍然长时间失去调峰能力。把水电站部分或全部工作容量和全部备用容量、重复容量、空闲容量设计成可逆式常蓄混合式抽水发电机组，并且扩大装机容量，发电泄洪能力增强，设备利用利用率提高，设备利用小时数仍然比较高；克服了常规水电站因季节性容量增加，发电年利用小时数降低的问题，汛期也能增加调峰时间。水电站发电扩大了装机规模使水电站丰水期发电量增加的同时，低谷发电量减少、高峰发电量增加、优质电能增加，既增加电能电量效益又增加电力容量效益。

（3）常蓄混合式水电站扩大了装机容量，水电站的发电泄洪能力增大，有利于减少泄洪设施投资；提高了季节性水量及洪水电能的利用率，有利于减小洪水危害、化灾为利，提高洪水的资源化利用程度；有利于水库防洪安全并减轻高速水流对泄洪设施的冲刷磨损破坏，减少运行维护费用；有利于水库合理安排泄洪、冲沙；有效解决安全泄洪与蓄水发电的矛盾。对于多沙河流、高水头水电站，常蓄混合式水电站扩大装机规模，单机容量增大，机组转速降低，有利于减轻机组泥沙磨损。

（4）纯抽水蓄能电站运行基本不影响生态基流。常蓄混合式水电站规模较大，年发电量由常规径流发电电量和抽水蓄能发电电量两部分组成。生态基流对发电量影响很小，常蓄混合式水电站较常规水电站更能保障生态基流稳定下泄。水库合理安排泄洪、冲沙与河道保护生态淹灌结合，根据河道林、草用水需求，有计划定期适时适量进行河道淹灌，更有利于保护和促进河道生态环境改善，还能减轻或避免自然洪峰对河道生态破坏。

（5）纯抽水蓄能电站是在水源条件满足的情况下，必须有较高的水头才能建设，一般纯抽水蓄能电站的经济水头在330～600m，距高比越小越好。同样的库容、输水管道及蜗壳直径，水头越高，装机容量越大，单位千万造价越低。反之，水头越低，容量越小，单位千万造价越高，就不能建设纯抽水蓄能电站，纯抽水蓄能电站的建设选址就受到一定的限制，造价也比较高。纯抽水蓄能电站自身不产出电能，只是将电力系统低谷容量转移为高峰容量，设备年利用小时数也很低，完全依附于电网。纯抽水蓄能电站的运行规律每天基本是一样的，运行方式主要为日循环，以日调节削峰填谷运行为主。常蓄混合式水电站只要库容满足，高、中、低水头，大、中、小型规模可以都可以建设；既可以自身产出电能，又能将电力系统低谷容量转移为高峰容量；还可以利用上游控制性年调节大型水库灵活实行多年调节、年调节、季调节、月调节、周调节、日调节，充分发挥日、周、月、季、年、多年循环等多种循环周期运行方式的作用。

（6）常蓄混合式水电站使水库、水利设施对水资源时空调控能力、供水能力提高。使水电站的调峰、填谷发电运行用水在时间上和水量上不再干扰其他行业的正常用水，使电力生产与农业灌溉、工业用水、人民生活等用水关系和谐相处。

（7）目前水电开发都面临着移民征地难，移民征地成本高的问题，采用常蓄混合式水电站型式开发水电资源，移民征地面积、难度增加不多，电站规模、经济效益大幅度提高，可以提高移民征地的经济承受能力。

（8）从国际、国内的发展经验看，一座水库电站就是一个景区景点。采用常蓄混合式水电站型式开发玛纳斯河山区水电资源，有利于改善玛纳斯河山区的交通条件，有利于开发山区丰富的旅游资源、矿产资源，有利于山区农、牧民的脱贫致富，从而促进旅游业、工矿产业的发展，有利于保护生态环境。

（9）国内已开发的常规水库水电站，许多已运行了30年以上，工程和设备已达到运行年限，面临加固更新改造。按照常蓄混合式水电站的型式对这些水电站进行技术改造，将全部或部分机组改造成蓄能机组，电站的装机规模扩大，设备利用小时数提高，水库功能扩大，使老旧水库电站焕发出新的功能、实现更高的经济、社会效益。近年新建的常规水库水电站将来面临加固更新改造，利用已建成水库电站改扩建常蓄混合式水电站，不仅建设成本低，而且基本不增加土地使用面积，与电力系统的联系不变，征地、移民、环保、入网手续容易办理，有利于缩短工期，快速发展。这对于2030年前实现碳达峰、2060年前实现碳中和具有关键作用，故常蓄混合式水电站发展潜力巨大。

5.2 玛纳斯河采用常蓄混合式水电站效益巨大

玛纳斯河采用常蓄混合式水电站型式开发水电资源，对于优化天山北坡电力系统电源结构、电网安全稳定、清洁能源消纳、提高供电质量，作用巨大。

天山北坡经济带是新疆最发达的区域，天山北坡电力系统电源结构以火电为主，区域内的河流都属于季节性很强的山溪性河流，水电资源开发利用程度低，调峰能力弱。如果这些河流以常蓄混合式进行开发，可以大幅度提高水能资源的利用率，增加消纳风电和光伏发电电量的能力，电网的调峰能力和电网运行的安全可靠性可以得到加强，有助于疆电外送。

(1) 常蓄混合式抽水蓄能电站可以使电能实现动态储存。电力生产的特点是发、供、配、用同时一次完成，具有整体性、同时性和随机性相统一的特点，这个意义上说电能是不能储存的。抽水蓄能电站兼有发电与储能的特性，既是电源点、又是电力用户，抽水蓄能电站是一种具有储能功能的发电方式。常蓄混合式抽水蓄能电站具有的多年、年、季、月、周、日可逆式调节性能，可以使电能实现动态灵活储存，是已知储能技术中规模最大、应用最广、耐久性最长的电力储能系统。抽水蓄能经济性较好，按同等条件连续充放电时间计算，抽水蓄能单位投资成本是化学储能的30%～50%，寿命是其3～5倍，常蓄混合式抽水蓄能电站的经济性更好。可以广泛应用于调峰填谷、调频、紧急事故备用、大面积停电后系统自恢复以及为系统提供备用容量等方面，发挥着不可替代的重要作用，是电网安全、经济运行的有效调控手段。国家为了促进能源生产电力化、电力生产清洁化、电力系统安全稳定，大力支持各种储能产业和纯抽水蓄能产业的发展，其他储能产业的发展面临着规模、造价、使用耐久性等瓶颈难题，常蓄混合式水电站比其他储能方式和纯抽水蓄能电站更具有突出的优势。玛纳斯河采用常蓄混合式水电站型式开发水电资源具有充分的可行性，可以形成巨大的储能基地，为清洁能源替代，疆电外送，创造有利条件。

(2) 常蓄混合式水电站和纯抽水蓄能电站是大规模优质电能的加工厂。天山北坡经济带是一个属于火电为主的电力系统，东西两端还在大规模开发风能、太阳能发电，发展潜力巨大。抽水蓄能电站的运行，可以使火电机组少参与或不参与电网调峰，提高火电机组的设备利用率和利用小时数，降低火电机组单位煤耗成本，使火电机组发挥更好节能减排效益。新兴可再生能源，如风电、光伏发电具有间歇性、不可预测、不易调节的固有特点，是典型的优质能源劣质电。由于其高度的不稳定性，这类间歇性能源大规模直接接入电网，会对电网的安全稳定性带来冲击。风电和光伏发电等清洁能源必须借助大规模储能技术的消纳和协同，才能大规模接入电网，并发挥其优质能源的绿色优势。因此，采用常蓄混合式水电站型式开发玛纳斯河山区水电资源，就可以集中消纳风电和光伏发电等清洁能源并进行深加工、精加工，使之成为优质电能。电力系统中常蓄混合式水电站、纯抽水蓄能电站装机容量达到合适的比例，就可以在短期内逐步实现可再生清洁能源对化石能源的替代，从而实现能源革命，从根本上改善天山北坡的生态环境，使天山北坡天更蓝，地更绿，水更清。

(3) 常蓄混合式水电站和纯抽水蓄能电站可以成为电网运行管理的工具，是确保电网安全、经济、稳定的支柱。一个电力系统是否先进，电源结构是否合理、电网是否安全可靠，有无抽水蓄能电站是一个重要标志。抽水蓄能电站具有调峰填谷、开停机迅速、调频、调相、调整负荷灵活、事故备用、黑启动等诸多功能，可以大幅度提高电网输变电设备双向往复输电利用率。抽水蓄能电站可以形成对电网的强有力支撑，提高电网稳定运行水平，提高供电质量；促进火电在基荷、腰荷运行，增加设备年利用小时数，提高火电、热电联产节能降耗减排效益；是特高压输电的安全保障，是智能电网的有机组成部分。

电力系统中常蓄混合式水电站容量充足，丰水期全容量常规径流连续调峰发电，为火电、热电联产大型机组提供了检修容量，有利于火电等其他电源机组的充分、合理检修与长期高效稳定发电运行。采用常蓄混合式水电站型式开发玛纳斯河山区及天山北坡水电资源，天山北坡电网可以成为先进、安全、可靠、高效的电力系统。

5.3 采用常蓄混合式水电站型式开发水电资源有利于跨流域调水

在调水工程建设过程中无论是新开发项目、还是老水电站改造采用常蓄混合式水电站，可以提高调水工程取水点的位置，充分发挥常蓄混合式水电站逆向供水功能，取水点以上的水量可以调取，取水点下游的水量也可以调取，实现既多调水又多调电；有利于缩短长距离输水隧洞的长度、节省工期与投资。调出区采用常蓄混合式水电站开发、改造水电站，不仅提高逆向供水能力，还可以降低调出区因水量调出、水量减少产生的损失，具有弥补收益损失功能；受水区水电站开发、改造采用常蓄混合式水电站可以提高正向供水能力和供水的灵活性、可靠性，可以大幅度提高综合效益；还可以在长距离调水输水隧洞工程完工通水前提前蓄能发电、发挥效益，在每年停止调水的时段也能够独立蓄能发电。特别是跨流域调水工程多处于边远地区，电力送出、消纳困难，采用常蓄混合式水电站型式开发，不仅节约大规模电力送出投资，而且既有利于送水又有利于送电，把更多的水和电同时输送到需要的区域，提高跨流域调水工程的综合效益，使项目更具有可行性。

5.4 国家产业政策明确，抽水蓄能水电站主要由国家电网公司投资建设经营

目前，为促进储能产业发展，国家也鼓励社会投资建设经营抽水蓄能水电站。但是，政策配套和价值收益实现，在执行、落实方面仍然需要实践探索，非电网企业经营抽水蓄能水电站，实现价值收益困难很多。常蓄混合式水电站经济效益、综合效益优于一般常规水电站、纯抽水蓄能电站，容易吸引电网公司积极参与投资，这样更有利于常蓄混合式水电站电量、容量收益的实现，有利于实现抽水蓄能水电站的经济价值和社会效益。只有水利部门与电网公司联合规划、投资、建设，联合经营相关水利事业、电力产业，电网实现廉价储能调峰、维护电网安全可靠稳定，水利行业实现廉价高效供水、发挥公益性优势，才能有利于推进常蓄混合式水电站的高速度、高质量、高效益发展。只有水利、电力行业携手联合、相互促进、共同发展，才能消除偏见、打破行业壁垒，才能真正实现电网公司降低供电、调峰、储能成本，实现高质量、高效益、安全稳定供电；才能实现互动、双赢式“以电养水”良性循环运行，解决水利行业公益性负担过重，经营、生存举步维艰的难题。才能促进实现碳达峰和碳中和，推动能源革命、生态文明建设。

6 关于常蓄混合式水电站需要进一步研究的问题

（1）根据当前国内、国际不同电网电源最优组合的研究成果和实践经验证明，欲求电网实现安全、经济、高效，必须配有10%左右份额的抽水蓄能机组容量，以火电为主的电网，抽水蓄能电站的比例以8%～15%为优。日本抽水蓄能机组容量占水电总装机容量的80%，美国抽水蓄能机组容量占水电总装机容量的60%。我国在未来以风能、太阳能、生物质能等清洁能源为主的碳达峰、碳中和形势下，常蓄混合式水电站、纯抽水蓄能电站在电力系统应有的合理比例则需要系统研究，进一步实践来确定。

（2）有很多常蓄混合式水电站存在长距离发电引水洞，需要深入研究沿程水头损失增加带来的技术经济问题；长距离发电引水洞在发电蓄能往复运行过程中的水力特性变化，水击、水锤等引起安全稳定问题；由于常蓄混合式水电站发电蓄能输水往复运行，从上库到调压井长距离发电引水洞按水平连通管设计优化问题；调压井在蓄能逆向输水运行的功能作用，其合理的结构形式和规模研究。上述有些问题在已经运行和在建的水电站已有经验和研究成果需要总结推广。

（3）抽水蓄能可逆式水泵水轮机组的发电效率低于常规水轮机发电组，虽然相差不多，不影响可行性，毕竟存在损失，需要研究清楚。

（4）国家发展改革委2021年5月7日发布《关于进一步完善抽水蓄能价格形成机制的意见》（以下简称《意见》）。《意见》的实施对调动各方面积极性，促进抽水蓄能电站加快发展、充分发挥综合效益创

造了有利的条件。常蓄混合式水电站电量、容量价格若能按《意见》政策执行，常蓄混合式水电站一定能够高速发展，国家如何给予电价政策支持，这方面需要政府部门与理论界共同研究。

7 结语

（1）采用常蓄混合式水电站的型式开发玛纳斯河山区水电资源，符合科学发展观，符合新时代创新、协调、绿色、开放、共享新发展理念，能够促进水利水电事业高质量发展。要实现能源生产电力化，电力生产清洁化，常蓄混合式水电站和纯抽水蓄能电站具有为以电为中心转变能源消费方式的桥梁作用，以水力发电为桥梁，组成水电、风电、光电、其他电源优质高效的清洁能源电力系统，解决“一煤独大”的能源格局，消除电力系统“源网荷储”各个环节的矛盾，有利于解决能源、水利、生态环境发展不平衡、不充分的矛盾和问题。采用常蓄混合式水电站型式开发水电资源，使水利水电工程的水资源、水体，库盘、土地，库容、空间，水头、落差等自然资源和大坝、水闸、水道、厂房，机电设备、金属结构、输变电设备等工程设施、设备资源以及人力资源的利用效率大幅度提高。还可以拓展水力发电可逆性利用功能，实现流域内上下游水量的逆分配，有利于流域内、跨流域水资源的科学合理配置，从而提高水利水电工程“一库多利，一水多用，一物多能”的综合利用功能，实现水利水电工程由被动发挥功能向主动发挥功能，由重要功能发挥向综合功能全面发挥的两个转变。当前，已经进入后水电时代，我国剩余的水电资源不多了，采用常蓄混合式水电站的型式开发水电资源，是水电资源创新开发、高效率利用的重要方法和途径，有利于实现 2030 年前碳达峰、2060 年前碳中和目标，展现新时代水电发展的时代特色。

（2）我国抽水蓄能机组关键技术和成套设备制造实现了从无到有、从弱到强的根本性跨越，打破了国外企业在这一领域的长期垄断；设备的主机、核心部分已经实现全部国产化；设备水平基本达到发达国家设备水平，设备参数也已经优于部分发达国家；设备造价比进口大幅度下降，同规模蓄能机组造价已经与常规机组相差不大；400m 水头段可逆式蓄能机组造价在 500 元/kW 以内，与同规模常规机组相差不到 100 元/kW。国内抽水蓄能机组关键技术的进步和造价成本的降低，有利于常蓄混合式水电站的建设与发展。按照常蓄混合式水电站的型式开发水电资源，也为我国抽水蓄能机组关键技术和成套设备制造产能提供更加广阔的市场空间，使大国重器抽水蓄能水电设备制造在实现碳达峰、碳中和中发挥更加重要的作用。

（3）抽水蓄能电站已有 130 多年的历史，常蓄混合式水电站在国外、国内也不是新鲜事物，只是没有作为主要开发模式、大规模运用。近些年有许多专家、学者从不同角度和深度研究、分析、论证了常蓄混合式水电站的必要性、可行性、优越性。国外、国内已经运行的常蓄混合式水电站，虽然规模不大，都发挥了很好的综合效益。常蓄混合式水电站从理论到实践，无论在工程技术上、还是运行管理上和生产经营上的难题，都没有超过目前常规水电站和纯抽水蓄能电站存在的难度，因此，十分有利于充分发展。目前，我国待开发的水电资源已经不多了，且处在边远、落后地区，这些地区风、光资源非常丰富，按常蓄混合式水电站型式开发更是十分必要的。我国江河水能理论蕴藏量 6.94 亿 kW、技术可开发量为 5.42 亿 kW、经济可开发量为 4.02 亿 kW，居世界第一，也是常规式开发的极限可开发量，经济可开发 4.02 亿 kW 常规水电站在未来碳中和状态下能源、电力系统中作用也达到极限。按常蓄混合式水电站型式开发待开发的水电资源，按照常蓄混合式水电站的型式对已建中高水头、水库水电站进行技术改造，我国水电资源常规式技术可开发量 5.42 亿 kW 不仅可以全部开发利用、利用容量还可以大幅度超过常规式理论蕴藏量，开发规模还可以扩大 2～3 倍以上、到达 10 亿～15 亿 kW 以上，与纯抽水蓄能电站共同发力，可以在较短的时间内，满足加快碳达峰、碳中和清洁能源替代、能源电力安全稳定所需容量、电量需求。这样，水力发电在未来碳中和状态下的能源、电力系统中，仍然发挥不可替代的关键作用。

（4）上善若水，水利万物而不争，常蓄混合式水电站对于“源网荷储”各个环节，在用水、发电、供电、用电全过程中只补不争、化劣为优，支持帮助它们充分发挥自身优势，无论在时间上还是空间上只做对电网、其他类型电源、用电户、用水户有利的事，常蓄混合式水电站全面具备水的优秀品质，在影响范围内坚强自觉地维护能源电力系统的健康。常蓄混合式水电站型式开发模式可以成为今后水电资源开发利用的主要开发方式，有利于促进地方、区域水资源、水生态、水环境、水灾害等水问题的系统治理，实现国家珍贵水资源的高质量、高水平综合利用。我国是多山国家，不缺乏大小河流、山川沟壑、峡谷落差，无论是老水库电站改造，还是新开发水库电站，采用常蓄混合式水电站型式开发水电资源与其他清洁能源相配套，由风、光、常规水电等清洁能源来满足电力系统电量数量需求，由常蓄混合式水电站、纯抽水蓄能电站来满足电网安全稳定电力容量需求。这样，在保证电力系统安全稳定的同时，一定能实现清洁能源替代化石能源，实现能源绿色低碳发展，实现 2030 年前碳达峰、2060 年前碳中和目标，把我国建设成环境友好型社会，党中央提出建设美丽中国的伟大理想一定能实现。

以上观点和思路是主笔者从事三十多年水利水电工程实践、思考研究形成的一些粗浅的想法，写作水平低，表述不系统，供同行们参考，希望能够抛砖引玉，有很多疏漏、偏颇之处恳请批评指正。

参考文献

[1] 梅祖彦，赵士和. 抽水蓄能电站百问 [M]. 北京：中国电力出版社，2002.

[2] 邱彬如，刘连希. 抽水蓄能电站工程技术 [M]. 北京：中国电力出版社，2008.

抽水蓄能电站BIM建设管理信息系统设计、开发及应用

熊保锋　潘益斌　傅新芬　张　帅　熊燕梅
（中国电建华东勘测设计研究院有限公司，浙江省杭州市　311122）

【摘　要】本文以永泰抽水蓄能电站为例，结合当前水利水电工程建设期的管理现状，针对水利水电工程特点，充分采用BIM技术、移动互联网技术等，建立了BIM建设管理信息系统，系统包括工程数据中心、业务应用及在线服务。从结构化业务表单、可视化数据分析、移动化应用程序等方面，全面实现参建各方协同工作与数据共享。系统全面应用至今已1年以上，运行良好，从土建施工到机电安装，实现了抽蓄电站建造全过程信息化管控，赋能工程实体质量提升，打造数字化抽蓄电站精品工程。

【关键词】抽蓄电站　BIM　建筑信息模型　水利水电工程　数字化

1　引言

永泰抽水蓄能电站（以下简称“永泰抽蓄”）位于福建省福州市永泰县白云乡，靠近电力负荷中心，主要服务于福建电网，承担电力系统调峰、填谷、调频、调相及紧急事故备用等任务。电站安装4台单机容量为30万kW的可逆式水泵水轮机组，总装机容量120万kW，设计年发电量12亿kW·h，年抽水耗电量16亿kW·h，工程总投资67.30亿元。电站为Ⅰ等大（1）型工程，主要由上水库、下水库、输水系统、地下厂房及地面开关站等建筑物组成。地下厂房位于上下水库之间的山体内。

工程2011年5月列入福建抽水蓄能站点选点规划，2014年11月福建省发改委同意启动前期工作，2016年8月通过福建省发改委核准，同年12月18日开工建设，预计2022年11月实现第一台机组投产发电，2023年12月工程完工。

永泰抽蓄在建设期间参与单位众多，涉及设计、施工、监理、管理等诸多单位，管理的人、机、材复杂且掺杂了大量不确定性因素，加之工程施工期较长、季节性较强、技术较复杂，需要协调的关系较多，工程规模和投资大，项目的进度、质量、安全、投资等管控复杂。传统的多部门多层级的工程信息共享与决策模式随着项目建设的推进、信息的积累与更新，信息的碎片化及孤岛化问题将逐步显现，信息管理重复工作量大，所需的人力成本高，最终给工程建设管理带来挑战[1,2]。

针对上述问题，在永泰抽蓄建设期间，通过统一的数据标准体系和通信标准，建立一套BIM建设管理信息系统，提高工程各类数据的集成及信息共享性能，消除信息孤岛，满足工程建设期内业主单位、监理单位、施工单位及设计单位的工程管理需求，实现基于BIM模型和数字化、信息化技术的工程设计、进度、质量、投资、安全等全方位工程建设的数字化管控。

2　系统设计及开发

系统设计符合以下7项原则：①符合水利水电工程现有工作模式；②信息及时采集、传递和集中管理；③系统功能完备；④专业化数据处理和分析；⑤使用简单、操作便捷；⑥便于升级与维护；⑦系统安全可靠。

系统由两大部分构成，即工程数据中心和业务应用及在线服务。工程数据中心是实现数据存储、共享和流转的基石，用于管理、存储和控制项目相关的信息，为业务系统提供工程信息服务，同时，工程数据中心也是系统的基础框架，其通过相关技术确立了系统集成的规范和接口，为业务系统的集成奠定基础。业务应用及在线服务是构建在基础框架之上的结合水电工程项目实际需要提供的业务应用和信息服务。

基于施工 BIM 模型，结合工程现场需要，BIM 系统共设置 11 个功能模块，从土建施工到机电设备安装对工程整体进行数字化管控，实现参建各方协同工作与数据共享，致力于打造数字化抽蓄电站精品工程。

永泰抽蓄 BIM 建设管理信息系统 2019 年 6 月开始进行系统功能调研及现场需求对接，同年 11 月开始陆续上线各功能模块（见图 1），目前所有 11 个功能模块均已开发完成，分别是综合展示、数字化工程、进度管理、质量管理、技术管理、安全管理、物资管理、安全监测、大屏管理、系统设置和个人办公。其中质量管理、安全管理、物资管理结合移动端进行使用。系统开发进度如图 2 所示。

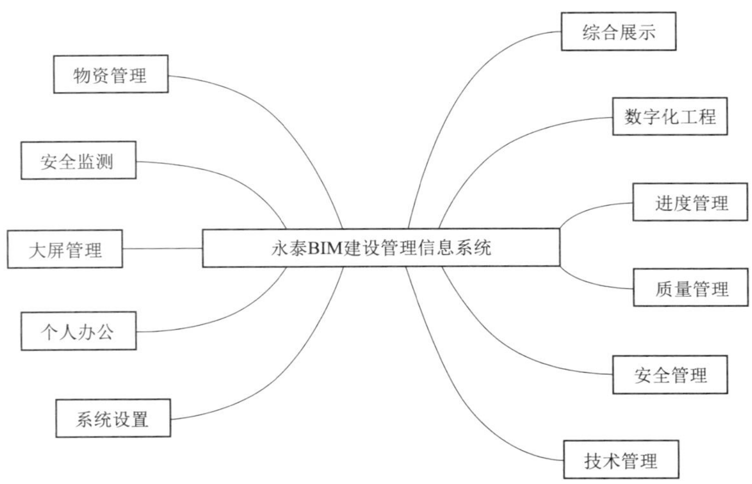

图 1　系统功能模块设置

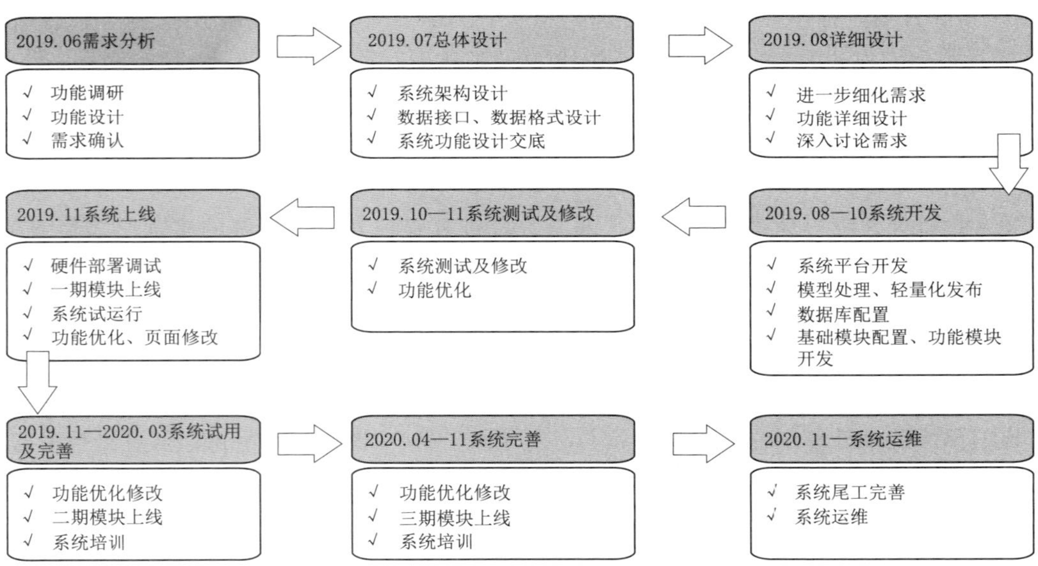

图 2　系统开发进度

建设管理信息系统各模块功能设计[1,3,4]如下：

（1）综合展示模块作为 BIM 系统的首页，主要展示工程相关的形象照片、工程动态、大坝浇筑进度、机电设备安装进度、质量管理统计数据等信息，如图 3 所示。

（2）数字化工程模块将工程相关的技术管理、质量管理、安全管理等信息与工程三维模型进行关联，包括“数字化枢纽”“数字化开挖”“数字化机电”和“工程影像”四个二级模块，如图 4 所示。

（3）质量管理模块：通过数字化技术，将数字化质量管理精细到工程最小颗粒度“单元工程级”，将工程质量管理“纵向到底”的理念落地。工程质量管理模块基于施工 BIM 三维模型，实现工程建设过程中的工程部位、施工工序（如开挖、支护、混凝土工程等）质量验评工作的“无纸化”管理，包含质量验评表单的结构化、质量验评管理流程、基于移动设备的现场验评、质量验评档案上传归档、基于BIM模型的质量信息展示等功能。

（4）进度管理模块：提供数据填报和数据抓取的多数据来源入口、具有二维形象进度展示和三维进度展示两种方式，可视化展示工程建设面貌，通过实际施工进度与计划施工进度的对比分析，提升项目管理中的进度管控水平[5,6]，如图5所示。

（5）安全管理模块：主要包括隐患管理、安全统计和安全资料共三个子模块。其中，隐患管理子模块用于对安全隐患进行填报和跟踪处理，实现隐患整改流程监控（闭环管理）；安全统计子模块以饼状图、柱状图、折线图等图表的形式展示隐患总计、隐患趋势、隐患分布等内容；安全资料子模块用于参建各方将安全制度、应急预案、安全月报等安全资料整理汇总后，按类别发布至平台中。

（6）技术管理模块：包含业主发文、监理发文、设计文件、施工发文、技术资料和资料检索六个二级模块。主要实现业主文件、监理文件、设计文件、施工文件、技术资料等多种类别的文件报审、流转及管理功能，并支持对已上传文件的全文检索。相关参与方均可实时跟踪流程，结合多方批注意见查看审签记录，提高文件流转、报审的工作效率。流转完成的文件可一键导出，自动生成文件报审表，辅助文件归档。

（7）物资管理模块：包括需求计划、入库出库、台账分析和统计分析共四个子模块。其中，需求计划子模块用于甲供物资需求计划的填报及审批；入库出库子模块用于甲供物资到货信息的填报及审批；台账信息子模块用于需求计划、入库出库子模块中填报数据的整理与汇总；统计分析子模块用于计划采购与实际采购量的对比分析。

（8）安全监测模块：以BIM模型为基础对象，将工程安全监测信息处理系统的关键信息进行整合，实现基于BIM模型采用三维导航方式的安全监测信息的查询，包括监测仪器情况统计、监测仪器当前读数、监测数据过程曲线、监测仪器属性信息、报警事件提醒等，如图6所示。

（9）大屏管理模块借助业主营地大屏对外展示工程形象、工程新闻及党建信息。

（10）系统设置模块：主要用于系统运维有关的后台服务，如合同管理、组织结构管理、用户管理、权限设置、栏目管理、数据管理、应用操作日志等丰富的后台管理功能，仅限系统管理员使用。

（11）个人办公模块：该模块用于公共信息的发布和当前登录用户的任务处理，其中公共信息发布仅供专人发布公司新闻、通知、公告等。个人任务用于当前登录用户处理和查看流程。账户设置用于当前登录用户的密码修改。

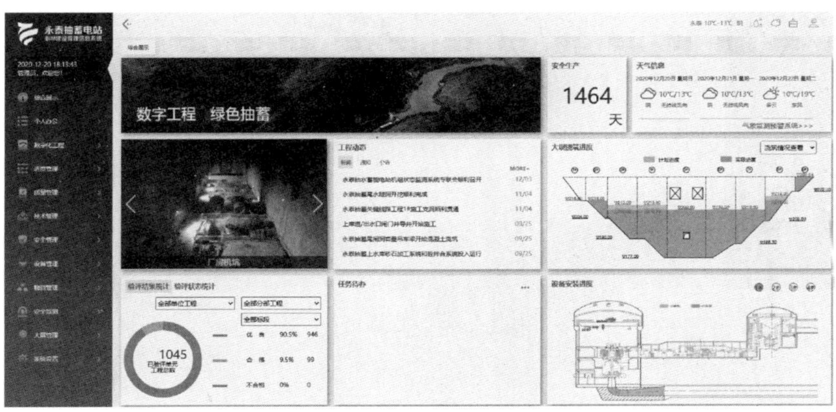

图3　系统首页（综合展示模块）

3　系统应用情况

截至2021年5月，永泰抽蓄BIM系统上线至今运行平稳，显著提升工程管理水平，有效消除信息的碎片化和孤岛化问题，并保证了工程数据的唯一性，节约了工程管理成果。各模块应用情况的量化数据

图 4　数字化枢纽

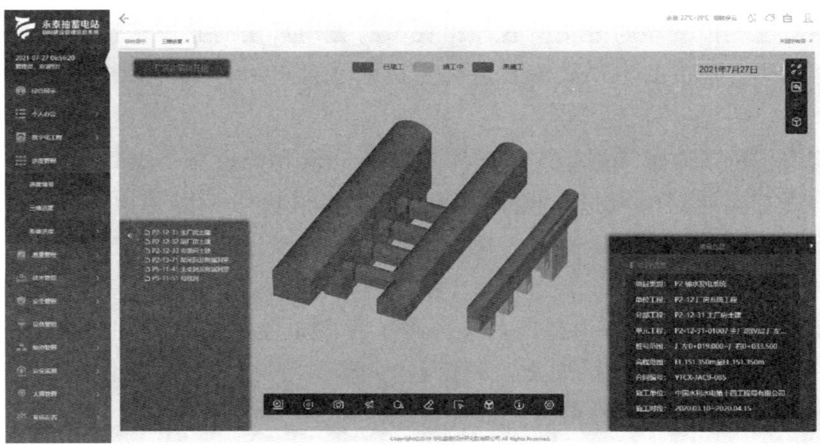

图 5　进度管理模块

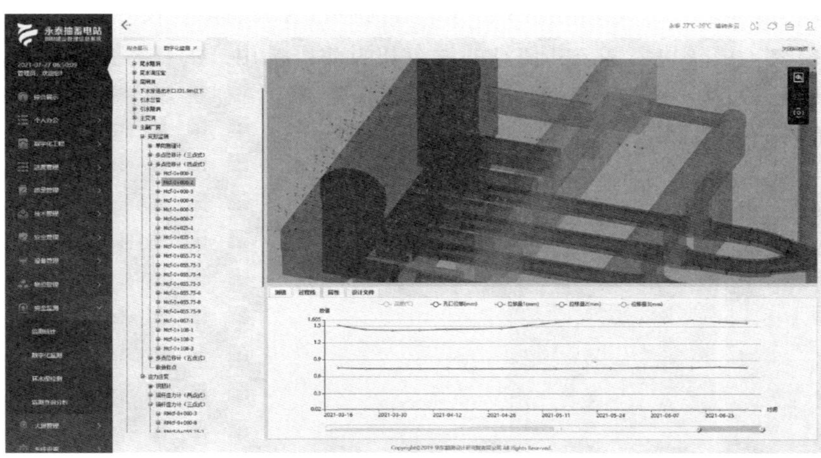

图 6　安全监测模块

如下：

（1）质量管理模块：累计完成 1793 个单元工程验评。

（2）进度管理模块：累计填报 522 项周进度。

（3）安全管理模块：累计完成 776 项安全隐患管理。

（4）技术管理模块：累计完成 2769 份施工报审；累计完成 648 份监理发文；累计完成 991 份设计发文。

（5）物资管理模块：累计生成 74 条物资需求计划，累计完成 1521 项甲供物资入库出库流程。

（7）安全监测模块：系统已接入 19 大类共 747 只监测仪器监测数据及 5 大类环水保检测数据。

（8）大屏管理模块：已累计录入 11 条工程大事件，13 条工程形象，3 条党建影像资料，3 条工程新闻，4 条党建新闻。

（9）系统用户统计：累计录入 14 个项目部共 450 位用户。

4 总结与展望

结合永泰抽蓄电站工程特点，充分采用 BIM 技术、网络技术、物联网技术、移动互联网技术等，建立了 BIM 建设管理信息系统，从结构化业务表单、可视化数据分析、移动化应用程序等方面，全面实现参建各方协同工作与数据共享。系统全面应用至今已 1 年以上，运行良好，从土建施工到机电安装，实现了抽蓄电站建造全过程信息化管控，赋能工程实体质量提升，打造数字化抽蓄电站精品工程。

随着工程的推进，为满足工程运维期全生命周期管理的需求，需在建设管理信息系统的基础上，研发建设永泰抽蓄全生命周期管理平台，建设以数据共享为基础，以智能控制为手段，以自动化、互动化、人性化为基本特征，本质安全、高效可靠、绿色环保、和谐友好的现代化电站。

参考文献

［1］ 王诗玉，杨建州，王宁波. 基于 BIM 技术的抽水蓄能电站智慧建设管理［J］. 人民黄河，2019，41（6）：152-155.

［2］ 王胜军. 抽水蓄能电站建设项目设计管理研究［D］. 北京：华北电力大学（北京）华北电力大学项目管理，2015.

［3］ 赵贺来，付杰. 水电站工程 BIM 引擎系统研究及应用［J］. 水力发电，2019，45（11）：117-120，134.

［4］ 杨益，段自力. 安徽桐城抽水蓄能电站 BIM 技术应用［J］. 中国水利，2020（10）：69.

［5］ 贾朋，李振波. 基于 BIM 抽水蓄能电站施工进度可视化仿真的研究与探讨［J］. 科技创新与应用，2018（30）：70-72.

［6］ 王胜军. BIM 4D 虚拟建造在施工进度管理中的应用［J］. 人民黄河，2019，41（3）：145-149.

以色列 Kokhav Hayarden 抽水蓄能电站主要工程地质问题

赵国斌[1] 倪卫达[2,3] 廖 卓[2,3] 许小路[2,3] 郭如杰[2,3]

(1. 水电水利规划设计总院，北京市 100000；
2. 中国电建集团华东勘测设计研究院有限公司，浙江省杭州市 311122；
3. 浙江华东工程建设有限公司，浙江省杭州市 310014)

【摘 要】 在建的 Kokhav Hayarden 抽水蓄能电站是以色列即将投产的第二个抽水蓄能电站，布置在约旦河谷西岸。受死海转换断裂影响，场址区地质构造复杂，工程地质问题突出，给工程建设造成极大的挑战。本文介绍了与区域构造背景和水文地质条件相关的几个主要工程地质问题，分析了主要原因，提出了应对措施。在总结项目实施经验的基础上，提出了海外水电项目地质工作的思考。

【关键词】 以色列 抽水蓄能电站 工程地质 应对措施 海外水电项目地质工作

1 Kokhav Haryaden 抽水蓄能电站概况

以色列 Kokhav Haryaden 抽水蓄能电站（以下简称 KH 项目）位于以色列中北部，是以色列即将投产的第二个抽水蓄能电站项目[1]。电站位于约旦河谷西岸，站址南距 Bet She'an 市 15km，北距 Tiberia 市约 25km。2008 年完成 KH 项目的规划选址，2013 年开始 EPC 总承包国际招标。该项目性质属私人投资，业主由以色列多家公司联合组成，资金来源于银行财团融资，中国电建集团作为 EPC 总承包商负责工程设计和施工，美华集团（MWH）担任融资银行财团的技术顾问，德国 Fitchner 公司担任咨询工程师。

电站采用一洞两机布置，设计装机 340MW，由上、下水库、输水发电系统及地面开关站等建筑物组成，其中上水库布置于 Kokhav Haryaden 山头，地面高程约 210m，下水库布置于约旦河谷西侧，地面高程 −214m，天然落差超过 400m。上、下水库均为人工开挖而成，无天然径流补给，总库容约 3×10^6 m^3，地下洞室群位于 Belvoir 国家地质公园山体内，由引水隧洞、调压室和高压竖井、压力管道、地下厂房、主变室、尾水调压室和尾水隧洞组成。

受制于国家地质公园的环境保护要求，项目勘察工作在地面测绘的基础上，主要工作量集中于上、下水库，输水系统沿线仅在引水隧洞、尾水隧洞等浅埋洞段开展了少量钻探和试验工作，地下洞室群工程地质条件评价依据为深度为 552m 的钻孔 A 揭露的地质信息，故而地下洞室群地层分布、断裂构造发育情况等关键工程地质条件均未能查清，增加了工程设计和施工风险。

本文介绍了站址区区域构造及断层发育情况、地下厂房轴线调整、尾水调压井溜渣孔坍塌以及尾水隧洞土洞段涌水几个主要的工程地质问题和应对措施，分析了主要原因，并结合作者的海外水电项目地质工作实践，提出了一些思考。

2 区域构造稳定性差

KH 项目布置于约旦河谷西岸，死海转换断裂（Dead Sea Transform，简称 DST）沿约旦河谷南北向展布，该断裂为活动性走滑断裂，走向 SN，走滑速率达到 4～5mm/年[2]，活动特征具有明显的分带性，区域内断层构造分布及地应力场受其控制。根据以色列国家地震规范，50 年超越概率 10%对应的地震动峰值加速度为 0.249g，超越概率 2%时为 0.38g。可见，工程所在区域构造稳定性差。

以色列国家地质资料表明，工程区内发育 Ein－Bira、Belvoir 和 Jordan 断裂三条潜在发震断层，其中 Belvoir 呈弧状展布，与引水隧洞和尾水隧洞大角度相交[3]。勘察和施工期间并未针对断层分布情况进行详细的调查工作，仅根据区域地质资料认为 Belvoir 断层将会与引水隧洞及尾水隧洞相交，实际揭露情况来看断层在洞内的出露位置存在较大误差。图 1 和图 2 为 Belvoir 在两洞段的揭露情况。

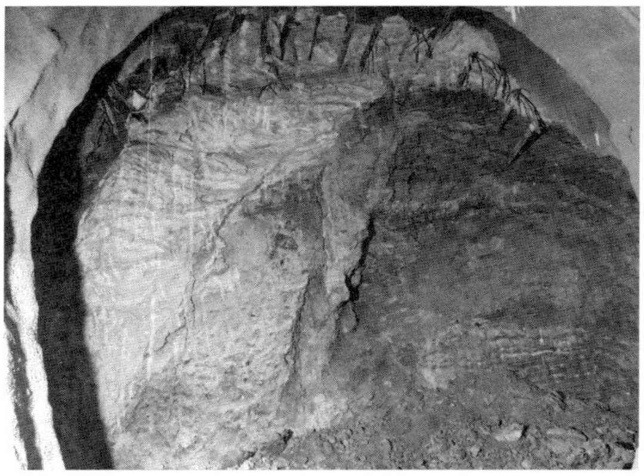

图 1 引水隧洞揭露的 Belvoir 断层

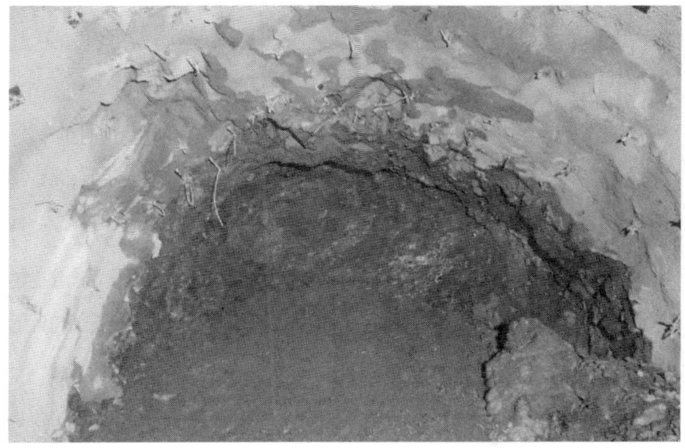

图 2 尾水隧洞揭露的 Belvoir 断层

3 地下厂房轴线调整

地下洞室沿线断层带的分布具有很大的不确定性，勘察期并未对其进行详细调查，而施工中实际开挖揭露断层近 30 条，其中较大规模和对洞室稳定产生影响的断层带主要集中分布在地下厂房区域，引起的主要工程地质问题包括：f16 断层导致地下厂房轴线调整，f11、f12、f14 断层组合引起尾水调压井溜渣孔孔壁坍塌等。

断层 f16 最早在紧急电缆洞开挖过程中揭露，产状为 N30°～60°E NW∠70°～∠75°，为左旋压钮性断层，总宽度为 10～15m，其中，断层中心带为 2～5.3m，上盘影响带宽度为 2～4.5m，下盘影响带为 1～6.5m，断层中心带为碎粉岩、碎裂岩，两侧断层泥厚度为 5～10cm（如图 3 所示）。原设计地下厂房轴线为 SN 向，紧急电缆洞走向为 EW 向，断层 f16 与两者的夹角在 45°。

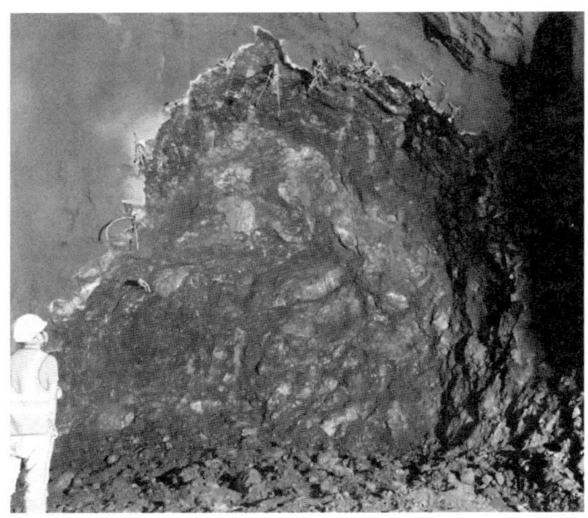

图 3 断层 f16 出露情况

断层 f16 规模较大，断层带岩体条件较差，影响原厂房北侧拱顶和端墙稳定，经专题论证后采取避让的措施对厂房轴线进行了调整。调整后为进一步查明厂房及周边区域的地质条件，采用水平钻孔和 TSP 预报的综合措施对该区域范围内的地层分布、断层发育情况进行了探测。按照动态化设计的原则，地质工程师及时分析开挖揭露地质情况，更新地质模型，有效地控制了设计和施工风险。

4 尾水调压井溜渣孔坍塌

4.1 尾水调压井工程地质条件

尾水调压井井深 130m，分布于高程－162.0～－292.0m 范围内，开挖直径 17m。结合周边地下洞室开挖揭露地质条件，井身段地层岩性主要为致密玄武岩与气孔、杏仁状玄武岩，下部发育含绿脱石玄武岩，局部发育含凝灰质玄武岩及凝灰岩、角砾岩地层，岩层多呈薄层且互层状发育，层面多呈缓倾角状。井身段地下水不发育。按照 RMR 围岩分类方法，井身段围岩类别以Ⅲ类为主，局部Ⅳ类，断层中心带部位存在Ⅴ类岩体。

4.2 溜渣孔坍塌情况

尾水调压井原设计采用反井钻形成溜渣孔后正向开挖，溜渣孔孔径1.4m。在井身段开挖溜渣孔过程中孔壁发生坍塌，坍塌物质以块石为主（如图4所示），见有少量细颗粒土层。为避免孔壁继续坍塌，采用C15混凝土进行了回填，结合不同高程的混凝土回填量，并经钻孔验证，基本确定了孔内坍塌位置及规模，如图4中阴影部分所示。各区域特征分述如下：

图4 溜渣孔坍塌情况

（1）坍塌区域A：位于f12下盘，受f12断层影响，坍塌范围往东侧延伸，影响高程范围－198.75～－202.65m，深度约3.9m，坍塌空腔往北延伸，最大坍塌空腔7.14m，未超出井壁永久结构；

（2）坍塌区域B：为最大的坍塌区域，位于f14下盘，受f14与错动带C1的影响，影响高程范围－244.7～－251.8m，深度7.1m，坍塌空腔往北延伸为主，最大空腔15.42m，超出了井壁永久结构；

（3）坍塌区域C：位于错动带C1与火山碎屑岩相交部位，影响高程范围－254.1～－255m，深度约1m，坍塌空腔往北延伸为主，最大空腔14.27m，超出了井壁永久结构。

4.3 坍塌原因分析

在综合分析井身段地层分布的基础上，结合钻孔揭露地质条件，认为孔壁坍塌原因主要包括以下几个方面：

（1）构造因素：断层f11、f12和f14与缓倾角层面或结构面组合形成不稳定块体；

（2）岩性因素：井身范围内分布的缓倾角凝灰岩或角砾岩地层以及含绿脱石玄武岩地层岩石强度低，且存在遇水软化、失水崩解的特性，施工用水降低了井壁岩体稳定性；

（3）扰动因素：溜渣过程中对本就处于临界状态的孔壁扰动较大，是造成井壁坍塌的直接原因。

4.4 应对措施

为确保尾水调压井施工安全，采用正井法开挖代替反井钻溜渣开挖，由门机吊运出渣。同时，采用地质雷达对平台以下空腔进行超前探测，每次探测保证不小于5m的搭接长度，确保开挖平台下部有足够厚度的岩体支撑，地质雷达测试工作由当地公司GEOTEC完成。

5 尾水隧洞土洞段涌水问题

5.1 土洞段基本地质条件

尾水隧洞土洞段需穿越Lisan组Marl土层（分布于约旦河谷，形成于12000～70000年，可译为“含炭质泥岩”）、Marl土层和含砾石黏土互层发育、含砾石黏土三种地层单元，其中Marl土层土体呈饱和状态，可塑、局部软塑状，为高含水率、高液限黏土，土体抗剪强度较高，渗透系数为$10^{-7}\sim10^{-8}$cm/s，为极微透水地层；含砾石黏土土层中块石分布不均，块径不一，渗透系数$10^{-4}\sim10^{-5}$cm/s，具中等透水性。

涌水洞段主要发生在Marl土层和含砾石黏土互层发育和含砾石黏土土层中，单孔和多孔抽水试验结果表明含砾石黏土层渗透系数在$1.12\times10^{-4}\sim6.25\times10^{-4}$cm/s，影响半径大于68m，利用古德曼公式与大岛洋志公式基于均质含水体水文地质模型评估隧洞的单宽渗漏量为33.38～42.07m^3/(d·m)，事实证明评估误差较大。

5.2 涌水情况描述

尾水隧洞土洞段涌水发生于含砾石黏土层与Marl土层层过渡洞段（图5为涌水发生部位掌子面土层

分布情况），在对掌子面进行喷射混凝土覆盖后，进行管棚钻孔时左侧拱肩部位钻孔出现了涌水、涌泥现象（图6表示了涌水孔位置），管棚安装完成后，右侧拱肩钻孔出现了涌水，最大涌水量约 $12m^3/h$，出水由清转浑，并有砂粒和泥块带出（如图7所示）。

图5 涌水洞段典型掌子面（桩号 0+365.7）

图6 涌水涌泥钻孔位置（掌子面桩号 0+365.7）

5.3 水文地质模型分析

在涌水发生后，为确保隧洞开挖安全，通过设置地面排水井进行地下水抽排以达到降低地下水位和洞内涌水量的目的。然而，效果并不理想，出现了相邻排水井抽水过程中互不干涉，不能实现地下水位同步下降，洞内涌水量无明显减小等情况，说明该区域内水文地质条件较为复杂。推测该区域范围局部存在贮水性能好、透水性强的粗粒土层，受微透水地层影响局部存在承压水含水层，且水力联系存在不统一的现象。

图7 掌子面排水孔出水（掌子面桩号 0+365.7）

分析认为，尾水隧洞土洞段处于湖相沉积（黏性土地层）与坡洪积（粗粒土为主）地层交错发育形成的交互相沉积环境中（地层分布如图8所示），地下水的分布规律符合山前洪积扇中的一般规律。自山坡向约旦河谷的过渡地段，土层具有明显的分带性，岩体透水性及补给条件表现为由好到差，地下水埋深由大到小，这与土洞段 Marl 土层向含砾石黏土地层洞段开挖过程中地下水出露情况事实相符。

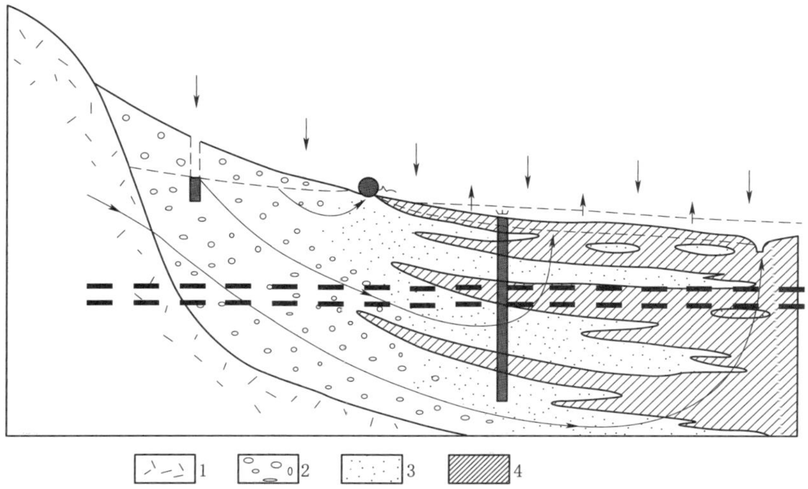

图8 尾水隧洞土洞段地层分布情况（黑色虚线为洞线示意图，该图摘自王大纯等人著《水文地质学基础》，略有修改）

5.4 应对措施

施工过程中基于上述分析，最终确定了以洞内排水为主，同时加强超前支护和系统支护，顺利完成了土洞段的开挖。具体方案为：①在拱顶和掌子面设置超前排水孔，并严格做好反滤措施，以达到提前排水，降低水头压力的目的，同时要避免发生渗透破坏影响洞壁稳定；②对流量较大的排水孔采用双液注浆进行封堵，防止不同渗透通道的互联互通及发生渗透破坏；③缩小涌水洞段的超前支护管棚间距和已开挖洞段的钢拱架支护间距，并加强洞内与地表监测工作。

6 海外水电项目地质工作的思考

KH 项目是我国水电企业进入海外发达国家市场的首个 EPC 总承包水电项目，前期勘察工作量不足，地质工程师缺乏针对当地地质条件的理论和经验储备，导致对项目的地质风险识别不足，对设计审批和施工进度产生了影响。结合作者海外水电项目地质工作，有如下体会：

（1）应充分了解国内外水电项目勘察工作的差异，熟悉国际工程地质成果的表达方式，全面综合分析地质风险。

与国内水电项目相比，勘察阶段设置不同、勘察工作制约因素多等客观条件限制项目勘察工作量不足，给全面认知地质条件造成障碍。国外地质工程师勘察期间多重视试验、检测手段，并采用概率统计的方法分析评价岩、土体强度参数，重视地质参数的可追溯性。工程地质报告的表述和表现形式多样，与国内习惯做法存在差异，使得对评价依据认知不足，有时甚至导致误判。为此，我国地质工程师在评价海外项目地质条件时，应全面系统的分析已有工程地质资料，包括地质报告和相关测试资料，并利用文献、国家网站等公开信息作为参考综合评价地质风险，为决策提供依据。

（2）海外项目实施过程中项目业主和咨询工程师的认可尤为重要。地质工程师要掌握国际通用做法，例如，在投标阶段要充分利用国际通用规范，如欧盟 EN 系列规范、美国 ASTM、EM 系列规范，国际 ISO 标准等，掌握并熟练应用国际工程师认可地质参数和地质条件评价方法，如 Hoek 等人提出的 Rocscience 系列软件，用于地下洞室围岩类别评价的 Q 系统、RMR 系统，利用风险矩阵进行地质风险分析等。在项目实施阶段，地质工程师要全程参与地下工程的施工及设计，综合分析开挖揭露的地质信息，及时更新地质模型，为地下洞室动态设计提供依据。

（3）海外项目地质工作标准化有助于提高工作效率。无论在项目投标和实施阶段，都应该高度重视地质工作过程中的标准化工作。项目实施阶段应与业主确认相互认可的工作流程，制定统一的报告模板，这样不仅有利于提高工作效率，对于地质信息的掌握和准确、及时分析也有很大好处。例如 KH 项目实施过程中要求开挖循环完成后立即开展地质素描，2h 之内提出围岩等级，24h 之内提交地质素描报告，且每 50m 提供一次阶段总结报告，为此，地质项目部利用 Excel 表格编制了统一的地质信息管理和报告编制模板，能够及时、准确地给项目业主和设计提供地质信息。

总之，国际工程 EPC 总承包模式要求地质工程师必须具备敏锐的判断能力、良好的语言能力，能在短时间内充分认识地质条件，识别地质风险，及时为设计专业提供合理、可靠的地质参数，同时设计专业也要从理念和方法上和国际接轨，重视工程地质专业，充分发挥地质工程师的优势，才能尽最大可能地保证项目的顺利实施。

参考文献

[1] 赵国斌，廖卓，徐辉，等. 海外抽水蓄能电站对工程地质的要求与挑战 [M]. 抽水蓄能电站工程建设文集 2016，北京：中国电力出版社，2016：187-194.

[2] O. V. Lunina. Fault Systems and Stress Fields in the Southern Dead Sea Rift [J]. Geotectonics. 2005，39 (2)：143-155.

[3] 赵国斌，刘加进，郭如杰，等. 死海转换断裂活动性及对工程的影响评价 [M]. 第七届全国水工抗震防灾学术交流会论文集，北京，2019，10：406-416.

抽水蓄能电站站址评价体系要素分级评定研究

肖兴恒[1] 唐小芬[2] 史小勇[1]
(1. 中国三峡建工(集团)有限公司,四川省成都市 610041;
2. 长江三峡技术经济发展有限公司,湖北省宜昌市 443133)

【摘 要】 社会资本投资抽水蓄能电站,如何选择出一个合适的抽水蓄能电站站址进行开发,本研究以46个抽水蓄能电站站址基本资料为基础,拟定15个要素,分成A、B、C、D四个等级,通过分析各等级的要素与单位千瓦投资要素的相关性,形成"抽水蓄能电站站址选择要素评定分级表""抽水蓄能电站站址选择要素分级评定分析图表",并进行反馈分析,进一步确认抽水蓄能电站选址要素分级评定的可行性、直观性,实用性。

【关键词】 抽水蓄能 站址 要素 分级 研究

1 概述

抽水蓄能电站建成后,改善系统内核电、煤电机组运行条件,提高清洁能源电力的利用率,减少电力系统燃料消耗,促进节能减排和环境保护。抽水蓄能电站承担电网调峰、填谷、调频、调相和紧急事故备用等任务,可有效缓解电网调峰矛盾,增加电网紧急事故备用容量,增强电力保障能力,提高电力系统安全可靠性和供电质量,同时改善电力系统运行经济性。随着新能源工程建设,光伏、风电等新能源建设规模越来越大,需要更多抽水蓄能电站与新能源工程配合,发挥抽水蓄能电站的储能优势。根据国家有关文件精神,在做好生态环境保护、移民安置和确保工程安全的前提下,通过业主招标等方式,鼓励社会资本投资常规水电站和抽水蓄能电站。非电网企业参与开发抽水蓄能电站,如何决策?这就需要给企业决策者们一个科学、直观的判别方法,以便于决策者宏观决策。

2 评价要素选择

通过分析46个抽水蓄能电站站址基本资料,从8个方面选择15个要素进行分析,这些要素是:水文地质条件(包含地貌要素、地质要素、气候要素和水源要素);施工条件(包含交通要素、供电要素和供水要素);天然建筑材料料源条件;生态环境条件;征地移民条件;区域电网条件;枢纽布置条件(包含距高比要素、机组选型要素、单位千瓦投资要素)和投资及收益要素。并将站址要素条件分好、较好、一般和较差四个等级,并分别定义为A级、B级、C级和D级。

2.1 水文地质条件

地貌因素、地质因素、气候因素和水源因素,除气候因素外,其余三个因素对工程建设投资均有相当程度的影响。上下水库等地面工程受地形地貌的影响较大,同时上下水库防渗体也受工程地质条件的影响,地下输水系统和地下厂房洞室群受地质因素影响最大。抽水蓄能电站一般不消耗水,但上下水库,输水系统等与电站运行水体关系密切部位的渗漏和水面蒸发是电站水量损失的主要途径,因此,电站运行期在水量损失一定程度后,电站必须进行补水以确保电站正常运行,并发挥最佳作用。大多情况下,上水库布置在高程较高的山顶部位,水库坝址控制流域面积有限,上水库水源条件基本上不理想,施工期和初期蓄水期上水库所需水量是从其他水源点抽水。对于上、下水库均有补水条件,特别上水库具有补水条件,这样不但可以减少电站运行期补水抽水量,而且在施工期也能极大缓解施工用水问题。

气候条件包括晴、雨、风、湿度、温度等,干旱少雨地区建设抽水蓄能电站水源条件较差,多雨地区虽然水源条件较好,但径流量较大时工程防洪度汛要求较高。风力较大的地区对施工设备,永久运行露天设备安全防范要求较高,对新浇混凝土保温保湿不利。但总体上看,气候条件对工程建设投资影响不显著。

2.2 施工条件

截至 2019 年末，中国公路里程达到 501.25 万 km，高速公路已经达到 14.96 万 km，可以基本覆盖全国城市人口达 20 万人以上的城市和地级行政中心；中国铁路运营总里程 13.9 万 km，其中高铁 3.5 万 km，一些站址附近还有水运码头。在对外交通足够发达的时代，是否有省级公路、国家级公路或铁路从站址附近经过，场内上下水库是否有简易道路连接或到达，是否需要修建上下水库连接道路对工程投资影响较大。

抽水蓄能电站工程建设需要电力等级一般为 110kV 变电站接引或 35kV 变电站接引。工程施工期用水量总体上不大，由于机组有水调试是采用发电工况开始，在机组有水调试之前需要保证上水库除充满死库容外还要蓄够满足首台机组有水调试的足够水量。

2.3 天然建筑材料料源条件

站址天然建筑材料，对于柔性大坝如堆石坝，主要考虑挖填平衡，特别上水库考虑山顶部位水土流失，黏土资源缺乏，较少采用黏土心（斜）墙防渗体，防渗体主要采用钢筋或沥青混凝土面板，沥青混凝土心墙等。因此，天然建筑材料对工程建设投资影响最大的是混凝土骨料来源，工程附近有储量充足、质地和级配较好的天然骨料的站址非常少，同时人工骨料技术日益发达，成本基本可控，使用人工骨料情况比较普遍。

2.4 生态环境条件

我国生态环境总体比较脆弱，生态安全形势十分严峻，因此，国家专门要求划定生态保护红线，将生态保护红线作为编制空间规划的基础，强化用途管制，严禁任意改变用途，杜绝不合理开发建设活动对生态保护红线的破坏。工程区如果涉及自然保护区、世界文化和自然遗产地、风景名胜区、森林公园、地质公园、饮用水水源保护区等环境敏感区域，那么通过专题论证，是否能将工程范围从这些保护区域划出，如果不能划出，工程站址就不成立，如果工程站址对这些保护区会产生一些影响，则需要办理相应的行政许可。工程区内有国家、省级重点保护植物，需要采取有效措施对保护植物进行移栽；工程区内有国家、省级重点保护动物，需要采取相应措施（如告知牌、宣传教育）禁止猎食。

2.5 征地移民条件

根据国家有关文件精神，要加强用地审查，严格控制非农建设占用基本农田。各地凡涉及基本农田位置调整的土地利用总体规划修改，应报国家批准。列入规划项目清单的建设项目占用规划预留的基本农田的，可不再补划基本农田，但必须完成补充耕地任务。对占用基本农田的征地补偿标准、耕地开垦费标准不得低于当地征地补偿、耕地开垦费的最高标准。抽水蓄能电站上下水库面积有限，一般受工程影响迁移人口较少。

2.6 区域电网条件

根据电力调峰平衡原则，各类电源调峰能力各不相同，煤电、火电、核电、光伏发电基本不参与电网调峰，常规水电站和气电调峰能力为开机容量的 100%，抽水蓄能电站为 200%。抽水蓄能电站可利用其“调峰”“填谷”双倍容量功能，充分发挥电网“储能器”的作用。长距离、大容量送电对电网安全稳定运行、对受端电网的紧急事故备用容量提出了更高的要求。小容量煤电机组逐步退役，电网内建设大容量煤电机组和单机容量达百万千瓦级以上的核电机组，这样，大机组跳闸引起的事故风险将大大增加。抽水蓄能电站具有运行灵活、启动迅速、跟踪负荷能力强的特点，有利于减轻大机组跳闸引起的事故风险，保证核电和电网的安全稳定运行。输电线路一般由电网公司负责建设，建设费用不计入电站工程建设成本，但输电线路建设成本在市场化条件下可能对电站上网电价有影响。

2.7 枢纽布置条件

抽水蓄能电站工程枢纽布置一般包括：上水库、水道系统、地下厂房洞室群、机电系统和下水库，上、下水库与库址所在地形地质关系密切，水道系统、地下厂房洞室群与其所处的部位的地质条件关系较为密切。

距高比为抽水蓄能电站枢纽布置中上、下水库进/出水口在平面上的距离与其在立面上两者的高差之比值。抽水蓄能电站工程距高比较大的站址意味着上、下水库进/出水口平面位置较远，即输水系统相对较长，这样输水系统工程投资就相应较大。

机电系统成本主要与机组本体关系最为密切。对抽水蓄能电站适用的机型有多级混流可逆式水泵水轮机、组合式水泵水轮机和单级混流可逆式水泵水轮机等机型。单级混流可逆式水泵水轮机具有结构紧凑、厂房土建工程量较小的优点，单机出力已突破450MW，扬程已达到778m。国内使用较多的机型为单级混流可逆式水泵水轮机，单机出力300MW的用得较多，300MW以上的用得较少，目前国内使用的单机出力最大为350MW，拟采用的单机出力最大为425MW。机组选型除决定机组本体制造成本外，还影响地下厂房洞室群的规模（如厂房的长、宽、高等），同时装机规模也影响上下水库库容的规模。

当前在自然条件满足工程建设条件情况下，主要以电站工程单位千瓦投资评价电站建设的经济性、通过经济指标评价一个电站站址优劣，随着站址勘探设计工作不断深入，单位千瓦投资会发生一些变化，全面了解工程基本情况，分析了解枢纽布置优化空间，在准确掌握投资可控性方面能起到关键作用。

2.8 投资及收益

财务评价是根据国家现行的财税制度及有关规定，分析测算电站直接发生的财务效益和费用，考察其盈利能力、清偿能力等财务状况，以判断电站的财务可行性。上网电价包括上网容量价格和上网电量价格，抽水蓄能电站的容量价格和电量价格采用个别成本法和可避免成本法分别测算。电量电价按当地燃煤机组标杆上网电价（含脱硫、脱销、除尘等环保电价）；容量电价按照弥补抽水蓄能电站固定成本及准许收益的原则核定。

清偿能力分析：采用个别成本法，控制资本金财务内部收益率8%，电站整个计算期内累计未分配利润大于零，工程在偿债还贷后资产负债率趋于0，说明该项目财务风险较低，偿还债务能力较强。

3 要素分级评定条件设置

一般情况下，一个电站站址自然条件相对稳定，单位千瓦投资受影响因素较多并且直接影响投资者收益。因此希望通过所拟定要素的条件设置，使得主要要素之间相关性较好，在同等级上占比大致与单位千瓦投资要素一致。作为宏观控制要求，同等级单位千瓦投资要素与其他各要素占比一致率在90%以上可以认为相关性好，一致率在80%～90%，可以认为相关性较好，一致率70%～80%可以认为相关性一般化，低于70%，相关性就较差。

3.1 初步拟定要素分级设置分析

将46个站址资料分为已审查通过、推荐（含备选）、放弃站址三组进行分别分析，通过计算各要素在A、B、C、D各级站址数的占比百分数，再将各级各要素占比百分数与对应级的单位千瓦投资占比百分数比较。通过三组进行分别分析后，然后将三组合并起来，再将各级各要素占比百分数与对应级的单位千瓦投资占比百分数比较。

初步拟定要素分级设置条件已审查通过站址要素占比征地移民要素主要集中在D级，占68.5%，天然建筑材料要素全部集中在C级，占100%，说明该两个要素分级条件设置不够合理，需要调整。推荐（含备选）站址要素占比，D级气候要素占比较高（46.7%），C级天然建筑材料要素占比也较高（73.3%）。

三组站址占比汇总，单位千瓦投资与各要素相关系数在0.56～0.98，其中单位千瓦投资与机组选型、距高比、天然建筑材料、供电、交通、地质相关系数大于0.8，相关性较为密切。

3.2 要素分级条件设置调整分析

调整后的要素分级设置条件已审查通过站址选址要素主要分布在B、C级，占比情况为C级有8个要素相关系数大于0.7；B级有9个要素相关系数大于0.8。推荐（含备选）站址要素也主要分布在B、C级，占比情况为C级有5个要素相关系数大于0.8；B级有7个要素相关系数大于0.8。放弃站址要素主要分布在D、C级，占比情况为D级有3个要素相关系数大于0.7，C级有7个要素相关系数大于0.8。

三组站址要素占比汇总，单位千瓦投资与各要素相关系数在 0.65～0.99，相对于调整之前的 0.56～0.98 有所提高。通过分析确定了抽水蓄能电站站址选择要素评定分级表（见表 1），其中重要要素为单位千瓦投资、机组选型、距高比、天然建筑材料、施工交通、施工供电、地质等。

表 1　　抽水蓄能电站站址选择要素评定分级表

序号	项目		评定分级				备注
			D	C	B	A	
1	水文地质	地貌	地势平坦，无沟道河道、洼地可利用。山体单薄，垭口较多	沟道型，虽无足够的控制流域面积但三面环山，山体有垭口，需要修建副坝或加强防渗处理工作的	沟道型，虽无足够的控制流域面积但三面环山，山体雄厚；洼地型，通过开挖围填成库	河道型并有足够控制流域面积；已有水库改造型	
2	水文地质	地质	洞室Ⅲ～Ⅳ类围岩	洞室Ⅲ类围岩	洞室Ⅱ～Ⅲ类围岩	洞室Ⅱ类围岩以上	有区域性地质结构需专题研究
3	水文地质	气候	年降雨量小于500mm，年平均气温低于10℃，全年最低温度低于－10℃	年降雨量500～1000mm，年平均气温10～15℃，全年最低温度－10℃	年降雨量1000～1500mm，年平均气温15～20℃，全年最低温度－5℃	年降雨量大于1500mm，年平均气温20℃，全年无负温天气	
4	水文地质	水源	上水库坝址无年径流量，下水库运行期需采用泵站补水	上水库坝址年径流量小于75万m^3，下水库运行期能实现自流补水	上水库坝址年径流量75万～150万m^3，运行期能实现部分上水库自流补水，或上水库能够通过低扬程泵站补水	上水库坝址年径流量150万m^3以上，运行期能实现上水库自流补水	
5	施工条件	交通	对外交通不便，上下库连接道路桥（隧）占比大于10%	50km范围内有高速公路站点、80km范围内铁路站点，有县道从站点附近经过，场内上下水库需要修建洞桥段小于10%道路连接	30km范围内有高速公路站点、50km范围内铁路站点，有县道从站点附近经过，上下水库有简易道路到达	20km范围内有高速公路站点、30km范围内铁路站点，有省道从站点附近经过，场内上下水库有简易道路连接	
6	施工条件	供电	自备电源为主，或50km范围内有35kV变电站	50km范围内有110kV变电站	30km范围内有110kV变电站	10km范围内有110kV变电站	
7	施工条件	供水	下水库水源为泵站取水，上水库使用泵站提水扬程500m以上满足施工期（初期蓄水）用水	下水库有水源，上水库使用泵站提水扬程300m以上满足施工期（初期蓄水）用水	下水库有水源，上水库使用泵站提水扬程300m以下满足施工期（初期蓄水）用水	上、下水库有天然来水满足施工期（初期蓄水）用水	
8	天然建筑材料		无天然骨料料源、工区附近无石料场作人工骨料料源	无天然料骨料源、工区附近有质地可用的石料场作人工骨料料源	有储量一定的质地可用的天然骨料、有质地可用的工程开挖料或工区附近质地较好的石料场作人工骨料料源	有储量充足、质地和级配较好的天然骨料、有质地较好的工程开挖料作人工骨料料源	
9	生态环境		对国家级生态保护区有影响，有一级需要保护的动、植物	不在国家级生态保护红线内，涉及省级生态保护红线，有二级需要保护的动、植物	不在国家级、省级生态保护红线内，不影响国家级生态保护红线但对省级生态保护区有影响，有低级别需要保护的动、植物	不在生态保护红线内，不涉及国家重点保护动植物种类	在国家级生态保护区内站址有可能被一票否决

续表

序号	项目		评定分级				备注
			D	C	B	A	
10	征地移民		耕地或种植草地、林地、园地，有水利水电等设施，搬迁安置人口大于 600 人和生产安置人口大于 1000 人，有一级需要保护的文物古迹	旱地或种植草地、林地、园地，有水利水电等设施，搬迁安置人口小于 600 人和生产安置人口小于 1000 人，有二级需要保护的文物古迹	荒地或草地，或种植草地、林地、园地小于 2000 亩，搬迁安置人口小于 300 人和生产安置人口小于 500 人，有低级别需要保护的文物古迹	荒地，不涉及搬迁安置人口和生产安置人口，无需要保护的文物古迹	工程占用耕地为基本农田而又无法调换的站址将被一票否决
11	区域电网		距离负荷中心大于 200km，距离需要接入变电所大于 100km	距离负荷中心在 150～200km 范围，距离需要接入变电所在 75～100km 范围	距离负荷中心在 100～150km，距离需要接入变电所在 50～75km 范围	距离负荷中心小于 100km，距离需要接入变电所小于 50km	
12	枢纽布置	距高比	＞12	8～12	4～8	≤4	
13		机组选型	单机容量大于 450MW	单机容量 350～450MW	单机容量 250～350MW	单机容量小于 250MW	
14		单位千瓦投资/元	＞6370	5370～6370	4370～5370	≤4370	
15		投资及收益	≤6%	6.0%～6.5%	6.5%～7.0%	＞7.0%	

4 结语

采用要素分级法对抽水蓄能选址进行相关性评价，通过 15 个要素按 A、B、C、D 四级分别设置，在初步拟定各个要素对应各级条件下，对 46 个抽水蓄能电站选址情况以各要素与单位千瓦投资要素相关性进行初步分析。在分析过程中发现 7 个要素分级设置条件不太合理，并进行了相应的调整。调整后，通过进一步分析认为各要素分级条件设置基本合理，并确定影响电站选址的重要要素为：单位千瓦投资、机组选型、距高比、天然建筑材料、施工供电、施工交通和地质条件 7 个要素。并通过各电站站址条件进行反馈分析（案例见表 2），进一步确认研究成果的可信性、直观性、实用性，成果可供非电网企业决策者宏观决策，也可供专业单位初选站址时参考应用。由于收集的资料有限，也希望能在实际应用中使要素分级条件设置得到进一步改进提高。

表 2　某抽水蓄能电站站址选择要素分级评定分析图表

序号	项目		D	C	B	A	评定级别
1	水文地质	地貌			■		B
2		地质 *			■■		B
3		气候			■		B
4		水源		■			C
5	施工条件	交通 *			■■		B
6		供电 *			■■		B
7		供水		■			C
8	天然建筑材料 *				■■		B
9	生态环境				■		B
10	征地移民				■		B
11	区域电网					■	A

续表

序号	项目		D	C	B	A	评定级别
12	枢纽布置	距高比 *			■■		B
13		机组选型 *		■■			C
14		单位千瓦投资 *			■■		B
15		投资收益		■			C
16	总体评述		从评定分布图表看，工程建设条件重要要素基本处于 B 级，工程单位千瓦投资为 B 级，与各要素匹配正常，当前工程预算投资可控，不会有大幅波动。在现行政策条件下，投资收益有保障				可投资

注 * 代表重要要素，■■—重要要素表示，■—普通要素表示。

参考文献

[1] 肖兴恒，夏世发. 呼和浩特抽水蓄能电站工程 [M]. 北京：中国水利水电出版社，2017.

[2] 国发〔2014〕60 号. 关于创新重点领域投融资机制鼓励社会投资的指导意见 [N].

[3] 环办生态〔2019〕49 号. 生态保护红线勘界定标技术规程 [S].

[4] 环办生态〔2017〕48 号. 生态保护红线划定指南 [S].

[5] 国土资发〔2009〕167 号. 于划定基本农田实行永久保护的通知 [N].

创新监理管理模式——数字化技术在抽蓄电站建设监理中的应用

付 旋 文 臣

（中国水利水电建设工程咨询北京有限公司，北京市 100024）

【摘 要】我国现阶段的建筑行业正处于从以前的粗放式管理的生产模式向精细化管理的生产模式转变的关键时期，对建筑业的转型升级工作已经到了关键时刻，所以首先必须要从思想上入手，摒弃落后的管理观念，同时在技术上要进行全面的革新，只有技术创新，建筑行业才能走过生产效率低下的“寒冬”期。本文主要描述了 BIM 技术、数字监控系统等数字化技术在抽水蓄能电站建设监理中的应用概述，提升监理管理效率和质量，助力抽水蓄能电站建设。

【关键词】BIM 技术 数字化 监理 抽水蓄能电站 管理

0 引言

在信息化时代的大背景下，传统的施工监管模式已经难适应这种信息化高速发展，将 BIM 技术、云技术等数字化技术应用到抽水蓄能电站建设监理中来提高施工质量、安全、进度、投资、文件资料管理水平是大势所趋。本文主要介绍了 BIM 技术、数字监控系统等数字化技术在抽水蓄能电站建设监理中的应用。

1 BIM 技术在抽水蓄能电站建设监理中的应用

咨询公司尝试开发由监理单位独立搭建运维的 BIM 系统，该系统以监理单位为项目管理主体，针对水电建设监理过程控制特点搭建，对于监理管理水平的提升具有重要意义。BIM 技术在抽水蓄能电站建设监理中的应用依托安徽金寨抽水蓄能电站开发完善，主要工作是基于设计图纸，进行精细化三维建模和多方位互联应用，形成金寨工程三维可视化系统，建立 BIM 协同管理平台，搭设现场服务器，将施工现场各项信息输入，形成关联数据库，准确地反映到三维模型中。BIM 协同系统管理平台主要分为五大模块，包括施工进度控制模块、施工质量控制模块、施工安全控制模块、工程投资控制模块、档案与信息管理模块见图 1，随着工程的进展情况不断更新各模块，实施现场管控及系统迭代优化。

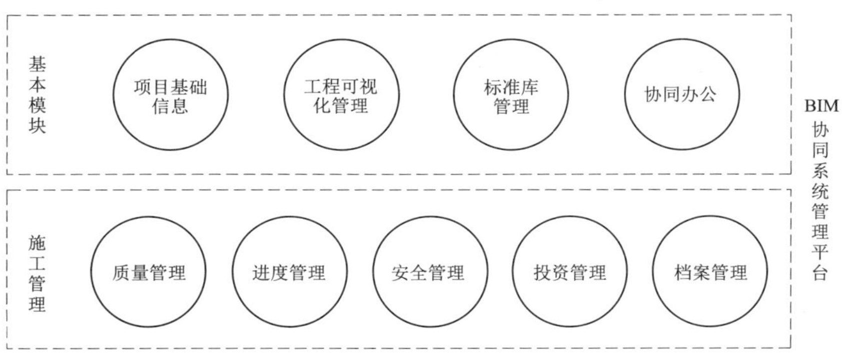

图 1 BIM 协同系统管理平台框架

1.1 质量管理

基于 BIM 的工程项目质量管理，将工程项目的原材料试验检测、验收评定资料、测量成果等质量管理数据加载到三维模型上，将抽象的、平面的质量管理形象化、立体化，使管理人员能够通过三维模型直观地获取与工程相关的质量数据，在可视化三维系统下，融合各专业系统数据，形成工程质量动态管理的全过程（见图 2）。

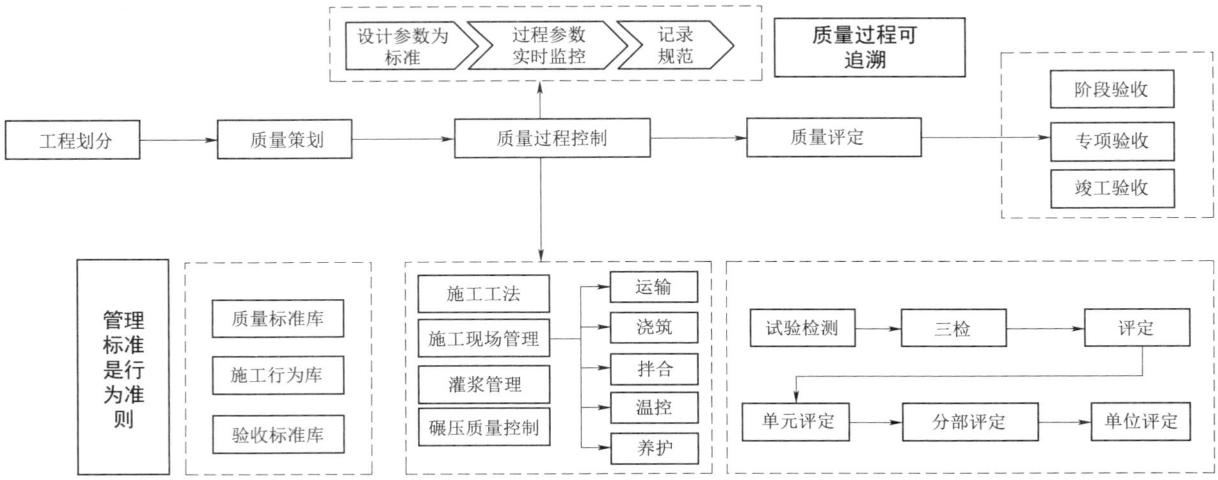

图 2　质量管理平台框架

质量管理的功能特点主要有：

（1）质量验收管理针对各质量特性数据摘选录入，实施统计分析。

（2）系统会依据工程划分，对录入的数据进行逐级统计。

（3）可按需求适时提取施工质量数据信息，为监理工作提供辅助，引导施工质量纠偏工作。

（4）以单元工程编号为关联标准，确保数据与模型编号的唯一性。

（5）质量验评数据与三维模型自动关联，可在信息数据模型实时演示质量状况，验评结果分布情况。

（6）可以通过点选单元模型便捷地查看与此模型相关的所有质量数据。

1.2　安全管理

结合最新安全管理标准化“8 项核心要素”搭建施工安全控制模块，以施工监理阶段安全管理控制为主要目的。施工安全控制模块包括目标职责、制度化管理、教育培训、现场管理、风险管控和隐患排查治理、应急管理、事故管理及持续改进。除安全管理标准化“8 项核心要素”，施工安全控制模块增加职业健康、节能减排、环境保护三项业务。

安全管理的功能特点主要有以下几点：

（1）针对制度化文件进行批量管理，包括适用性判定，版本更新并自动生成更新记录，历史记录可查询。并有效地将制度化文件统一进行管理，提高了文件管理、更新工作效率。

（2）吸取监理部“一岗双责管理平台”工作经验移植开发，实现一岗双责与隐患排查治理工作相结合。

（3）增加安全隐患自动统计汇总、一岗双责绩效统计汇总，进一步推进安全管理一岗双责实施。

（4）可动态掌握显示安全生产投入情况，侧面确保现场安全措施到位，加强安全生产管理。

（5）安全生产验收数据与安措费结算数据共享，实现了工作互联互动，提高了信息传递效率，有效降低了信息损耗。

1.3　进度管理

通过 BIM 技术与进度计划相链接，对工程各个施工部位进行模型剖分，实现精细化模型处理，通过三维模型颜色区分等形式直观、精确的显示工程的形象进度（见图 3）。

开发预警功能，例如针对地下洞室，开挖与支护之间间距滞后超过 30m 进行预警；开挖后超过 7 天未支护进行预警。

将关键施工节点、进度计划、资源配置情况等信息录入数据库，对于资源配置情况进行人员、设备网格化管理。建立开挖台账输录系统，每天录入台账数据，导入 BIM 数据库中，通过计划工期与实际施

(a) (b)

图 3 施工形象

工进度对比，实现进度对比分析；并对进度滞后的原因分析录入。

1.4 投资管理

投资管理囊括了合同结算管理中的结算、变更、索赔、计日工、安措费的管理内容。

(1) 工程量结算复核。统计合同清单工程量、设计工程量、BIM 模型工程量、完成工程量及结算工程量，对开挖支护、大坝填筑、混凝土浇筑等进行精细化建模，同时统计计算相应的工程量，并与对应的清单工程量、设计图纸量进行对比。

(2) 工程变更管理。若发生设计修改通知、施工方案调整或其他工程变更时，对工程变更各工作流程适时录入，即：施工单位申报、监理单位审核及建设单位审批进度，以及未申报原因、审核中发现的问题等信息及时录入或导入。每月推送 1 次（必要时可缩短）信息，提高变更处理工作效率。

(3) 月结算支付。利用已建立的计量台账和月结算支付台账，对工程月结算支付实施动态管理控制。适时对结算支付与投资计划分析对比分析，结算支付与合同工程量清单分析对比，完工工程量与合同工程量清单对比分析。从而指导监理投资控制各项工作。

(4) 预警管理。对于技术核定单是否及时转化为设计修改通知单、经济类变更文件及索赔文件是否及时申报，超过期限进行预警提醒。对于实际结算工程量超过清单、设计工程量进行预警提醒。

1.5 档案与信息管理

对金寨电站三维可视化模型进行编码、关键技术参数属性添加，形成全信息三维可视化模型。基于 BIM 技术整理金寨电站建设期间主要工程技术资料及监理文件（施工过程文件等）和监理记录（监理日志、旁站记录、数码影像资料等），建立三维模型之间、三维模型与工程档案（包括图纸、规范、图片、视频、文档、进度、报告、报表记录等）之间的关系。

实现工程建设信息、图纸档案资料、技术文献、规程规范、手册的三维快速查询和关联检索。档案管理系统收集金寨电站建设过程中所有需要归档的文档资料，系统按照项目档案管理要求进行标准化的组卷立项工作并按照规范做好文件记录的录入工作。

档案管理系统的实现主要包括以下功能模块：档案组卷、工程文件、档案清单、档案借阅查阅（见图 4）。

并实现根据来文单位类型，按照标准文件接收审阅流程进行现场流转、审阅。系统根据录入数据自动生产电子阅办签或核查意见单，有效提高了文件传阅处理效率。收发文流程相关联，作为文件资料管理系统核心功能，将原有的收文、发文相互独立的状态打破，提高文件处置效率，同时，也进一步促进无纸化绿色办公。

2 其他数字化技术应用

抽水蓄能电站建设规模大，施工条件复杂，技术难度大。传统管理手段具有人为干扰大、管理粗放、施工质量难以控制等问题。咨询公司为适应工程管理的数字化、智能化趋势，在“互联网＋”背景下，结合监理自主开发的 BIM 系统，引入借助数字化大坝系统，利用 GPS/北斗全球定位系统，结合自动控制

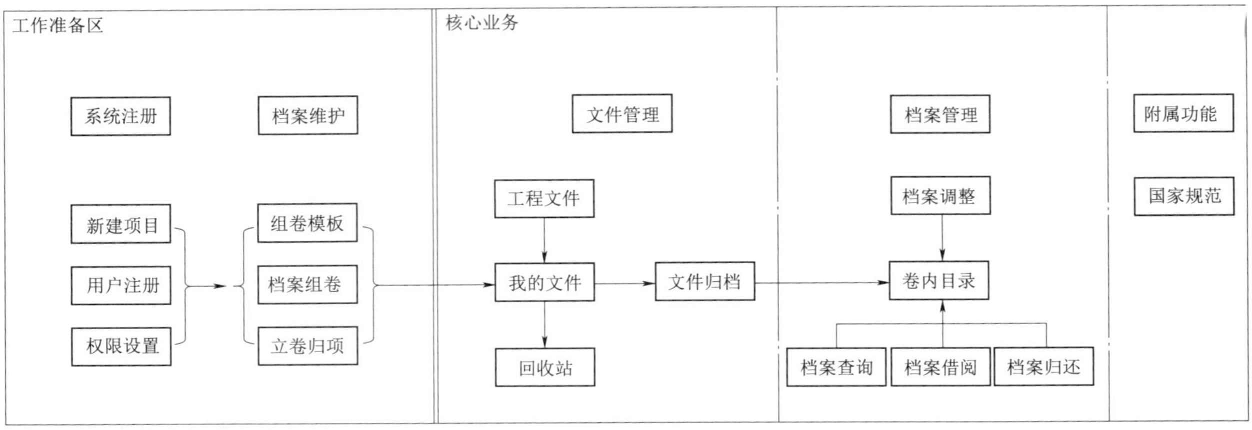

图4 档案与信息管理框架

技术及信息控制技术，实现了对大坝主体工程碾压过程的远程、移动、高效、及时监控，以及流程管理等功能（见图5）。由于数字化大坝系统受人为干扰少，监控形象直观，采集数据客观真实，施工数据作假嫌疑在先进技术面前无处遁形，成为监理控制的有效措施和手段。

人和设备是施工安全控制的核心要素，是动态控制因素，也是比较难以控制的，多数安全事故都是因为人的不安全行为和物的不安全状态导致的，因此如何有效实施对人和设备的控制，是每个工程管理的重难点所在。为解决这个问题，咨询公司在BIM系统的基础上在监理工作中借助引用基建智能管控系统（图6），实现了对监理人员、施工人员和设备信息的实时有效管理。利用手机APP应用系统，将所有

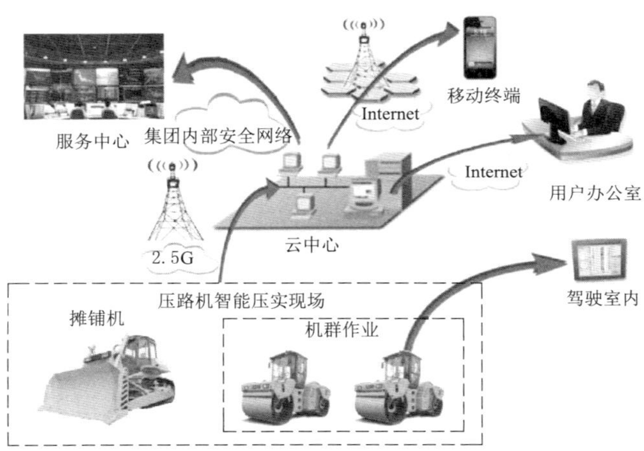

（a）

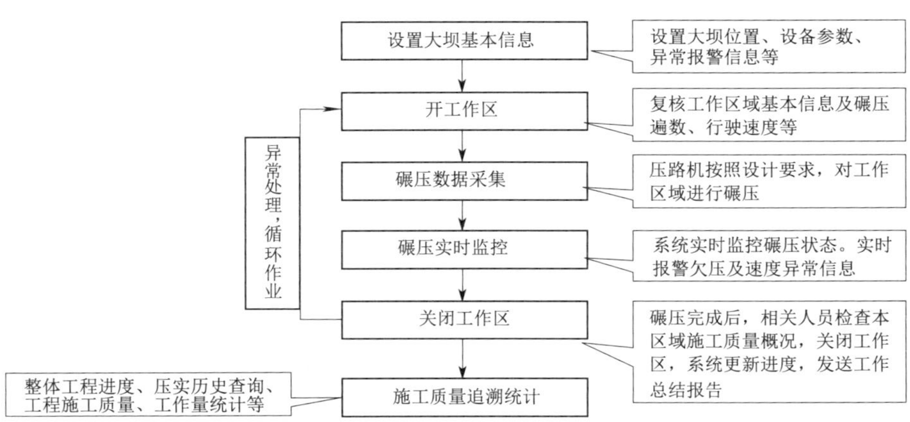

（b）

图5（一） BIM系统＋数字化大坝系统

(c)

图 5（二） BIM 系统＋数字化大坝系统

人员和设备的基本信息录入 APP 系统，对其实施动态管控；在安全帽上张贴二维码，随时供他人扫描查看监理人员有关信息；监理要求施工单位将技术方案内容编入二维码，供扫描查看，方便了管理，还减少了纸张浪费，节能环保（见图 6）。

(a)

(b)

(c)

图 6 智能管控系统

智能管控系统实现了监理对施工人员及设备等相关信息的随时查询功能，是风险预控的有效手段，大大降低了安全隐患发生概率，积极作用较为明显和突出。

3 结语

通过数字化技术的实施与应用，对施工监理阶段现场工作进行动态管控和信息化管理，有利于提高监理工作效率，提升监理服务水平。

数字化技术的应用在项目提高管理水平、缩短工期、增加项目效益、保证工程质量等多方面发挥了重要作用。但是我国的数字化技术比如BIM应用还处于刚刚起步阶段，在工程的实际应用中仍然存在标准不统一、人才紧缺、应用不全面等一些问题，需要解决。展望国家相关政府组织尽力制定健全的BIM技术法律法规，完善相关标准政策，全面推广BIM技术应用。

由于数字化技术学习门槛较高，不仅要求较强的专业技术知识，还要具备较高的组织管理能力，所以目前建筑行业内大部分人才只能完成基础的使用填报工作，部分经过培训能够建模，能将模型实施到工程建造过程中的技术人员还比较紧缺。

参考文献

[1] 王波，马国栋，文臣，等. BIM技术在抽水蓄能电站建设监理工作中的应用[A]. 中国水力发电工程学会电网调峰与抽水蓄能专业委员会. 抽水蓄能电站工程建设文集2018[C].

长龙山抽水蓄能电站监控系统网络结构分析

汪伟铤[1] 胡行健[2] 方军民[2]
（1. 浙江宁海抽水蓄能有限公司，浙江省宁波市 315000；
2. 华东天荒坪抽水蓄能有限责任公司，浙江省杭州市 310000）

【摘 要】本文以长龙山抽水蓄能电站计算机监控系统的结构为例，通过对比几种常用网络结构的特点和适用情况，分析了该电站计算机监控系统网络结构的优缺点、系统功能及主要设备硬件配置。

【关键词】计算机监控系统 网络结构 长龙山抽水蓄能电站

1 系统组成

长龙山电站计算机监控系统按照“无人值班（少人值守）”原则设计，在厂房外面的中控室实现对电站的集中监视和控制。本电站采用开放的分层、分布式体系结构，由电站控制级、现地控制单元级和独立光纤硬布线紧急操作装置等设备组成，电站网络结构采用冗余光纤快速交换式以太环网结构，电站控制级设备及现地控制级设备均直接接入局域网络，网络设备为适合于电站环境的1000MB/s级工业以太网交换机。

1.1 电站控制级

电站控制级设备分别设置在中控楼的中控室、计算机室、通信机房。电站控制级设备主要有：2台主计算机服务器；2台历史数据服务器；3台操作员站；1台工程师工作站；1台培训工作站；2台远动工作站；1台厂内通信工作站；1台生产实时信息系统厂站侧服务器；1台语音电话告警工作站；1套电力监控系统安全防护设备；1套组合液晶屏；1套卫星同步时钟系统；1套中控楼UPS电源设备；1套地下厂房UPS电源设备；事故总装置；AVC；同步相量测量装置。

电站控制层完成对电站所有被控对象的监视和控制。电站控制层主要有数据采集与处理、实时控制和调节、参数设定、监视、记录、报表、运行参数计算、通信控制、系统诊断、软件开发和画面生成、系统扩充（包括硬件、软件）、培训仿真和运行管理等功能。

1.2 现地控制级

现地控制级设备包括：机组现地控制单元LCU1－6、公用设备现地控制单元LCU7、主变洞现地控制单元LCU8、500kV开关站现地控制单元LCU9、中控楼现地控制单元LCU10、上库现地控制单元LCU11。

现地控制单元对电站控制级有相对独立性，它们能脱离电站控制级直接完成生产过程的实时数据采集及预处理、单元设备状态监视、调整和控制等功能。现地控制单元应能对所管辖的生产过程进行完善的监控，它们经过输入、输出接口与生产设备相连，通过通信接口接到网络总线上，与电站控制级交换信息。

1.3 独立光纤硬布线紧急操作装置

独立光纤硬布线紧急操作系统由地下厂房发电机层的水淹厂房紧急按钮箱、中控室电站紧急停机按钮控制柜、LCU7/LCU10/LCU11内的点对点光端机及专用的PLC组成，可实现机组紧急停机、球阀、导叶、上下库闸门紧急关闭等功能。

2 常用网络拓扑结构

目前以工业以太网为基础的抽水蓄能电站计算机监控系统网络结构主要有双星形网络结构、双环形网络结构和混合形网络结构，其结构优势各有差异，主要体现在网络结构的复杂性、高效性、可靠性和经济性等几个方面，使用最多的抽水蓄能电站计算机监控系统网络结构形式为双环形网络结构。

2.1 双星形网络结构

星型结构是一种辐射式互联结构，通常以中央节点为中心，其余下层节点均单独连接至中央节点。双星形网络结构是在单星形网络结构的基础上发展而来的，在同一个网络系统中，设置2套完全独立的单星形结构，所有网络节点均冗余设置2台交换机，每个下层节点设置的2台交换机分别连接至对应的中心节点。所有终端设备均同时连接至下层节点的2台交换机上，从而解决了单星形网络结构没有冗余功能的根本缺陷，网络系统可在单点故障时可靠运行。

双星形网络结构简单，传输效率高，具有设备和链路的完全冗余配置，但网络自愈时间较长（10s级），适合控制对象相对集中的电站，相比于单星形网络可靠性更高，投资成本也更大。

2.2 双环形网络结构

环形结构是将中心节点和各下层节点串连成环。双环形结构是在一个网络系统中同时设置了两套完全独立的单环形网络，所有节点均冗余设置两台交换机，所有终端设备均同时连接至两台下层节点交换机上，可允许同时出现3处故障（包括链路故障和网络设备故障）。

双环形网络结构具备较高的设备和链路冗余，网络可靠性级别超过了双星形网络，每个单环网络自愈时间较短（100ms级），适合控制对象相对分散的电站。环网结构无需将各下层节点直接连接至中心节点，因此与双星形网络相比，该结构在链路长度、网络设备端口数、投资额上均具有一定的优势。同时，信息流在环网中是单向流动的，简化了两个节点间的路径选择控制。由于信息源在环路中是串行地穿过各个节点，当环中节点过多时，将影响信息传输速率，使网络的响应时间延长。

但双环形网络存在组网施工和维护困难的问题，且对分支节点故障定位较难。尤其是电站初期的施工安装阶段，在未完成所有现地控制单元施工前，就有部分设备投入运行调试，因此需采取临时跳线措施，构建完整的环形网络。运行维护时期，现地控制单元检修前必须采取临时跳线措施，避免出现网络中断的事故。

2.3 混合形网络结构

混合形网络结构是结合了双星形网络和双环形网络的各自优点，而形成的一种新型网络结构。

根据抽水蓄能电站设备位置分布特点，在中控楼、地下厂房设置主交换机，通过双环网络连接，有更好的网络自愈能力。其余现地控制单元分别设置现地交换机，通过双星形网络连接当地的双环形网络主交换机，有更高的传输效率。混合形网络结构充分保证了电站控制层和现地控制层设备之间网络连接的可靠性，提高了终端设备的传输效率，又便于组网施工和运行维护，但是投资成本高，网络结构复杂。因此，双环形网络在实际应用中要比混合形网络更加广泛。

3 监控系统结构

3.1 结构配置基本原则

（1）系统结构配置应充分体现分层分布和开放性、可移植性和可扩充性。

（2）在满足运行可靠和各监控功能的前提下，可优化现地控制层配置，以体现简单、可靠，便于维护。

（3）电站控制级作为电站的控制核心，应重点强化其配置和功能以及数据的处理、存储能力。

（4）在保证系统可靠性和实时性的前提下，监控系统内外设备信息交换尽量采用数字化、网络化通信，并以以太网和现场总线为主要的网络形式，尽量减少控制电缆及其带来的隐患和安装维护工作量，同时增加信息交换量，增强通信能力。但对于开机主要条件和涉及电站运行安全和事故的量，应保留硬布线连接。

3.2 网络结构分析

长龙山抽水蓄能电站共有6台机组，11个现地控制单元，控制对象较为分散，分别位于地下厂房、中控楼和上库，从控制对象的数量、运行要求和网络可靠性考虑，双环形网络结构已经满足应用需求。虽然混合形网络结构在性能上更优越，但考虑其高额的成本和复杂的网络结构，该电站设计采取双环形网络结构，通信协议为 TCP/IP 网络协议，其网络拓扑图如图 1 所示。电站控制层的设备通过两回双绞线实现从主机到 2 台主交换机的连接，现地控制单元均冗余设置 2 台工业交换机，分别与两台主交换机连入 2 套完全独立的单环形网络。

以机组现地控制单元为例，每组现地控制单元冗余配置 2 套 PLC 主机箱，每套设备含有 1 个 CPS（电源模块）、2 个以太网模块和一个 CPU（控制器模块）。2 个以太网模块分别与 2 台工业交换机相连。2 个 CPU 与各 PLC 扩展机箱的 CRA（RIO 分站模块）与形成单环网结构，用于传输 DI（开入数字量）、DO（开出数字量）、AI（开入模拟量）、AO（开出模拟量）、SOE（中断量）、RTD（温度量）等数据。该单环网中一点中断时会报警，两点中断会触发 PLC 看门狗直接跳机。2 个 CPU 之间还连有一路同步光缆，起到监控组态程序同步配置的作用。触摸屏单回连入 CPU，属于现地监视和控制机组的人机交互设备。CPC（通信控制器）通过 RS－485 接口接受监控系统外其他设备的数据，并将数据分别传输给 2 台工业交换机。

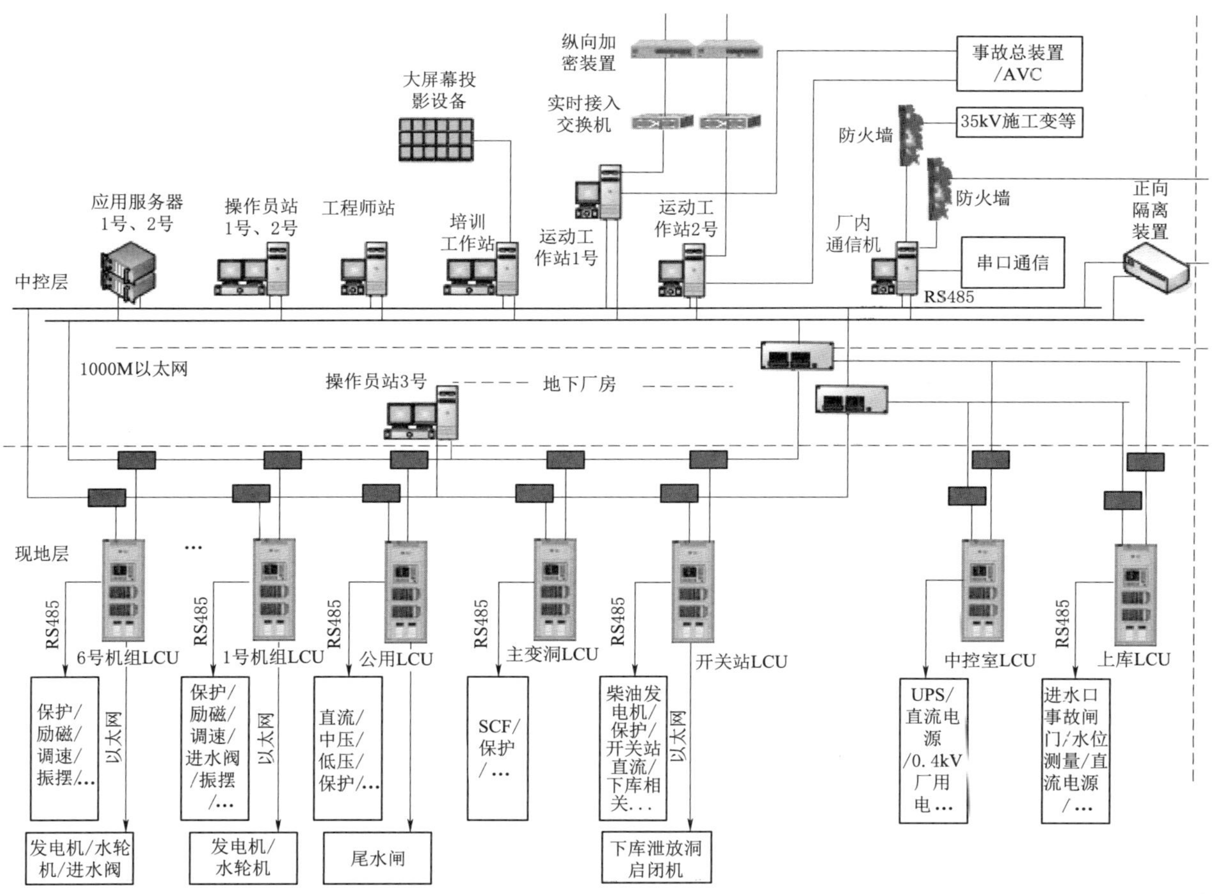

图 1　长龙山监控系统网络拓扑图

3.3　实际应用效果

长龙山抽水蓄能电站第一台机组于 2021 年 6 月 25 日成功发电，通过电站监控系统近一个月的运行情况来看，双环形网络结构确保监控系统运行稳定，可靠、操作方便，达到了设计要求。

该计算机监控系统在实际运行过程中，能满足对长龙山抽水蓄能电站监视、调节、控制的功能要求，同时满足系统实时性、可靠性、可维护性、可用性、可扩充性、可改变性及安全性等方面的要求。计算机监控系统的软、硬件配置在满足数据传输实时性的基础上，做到全数据传输，实现“调控一体化”。

4 结束语

抽水蓄能电站计算机监控系统网络结构选择是一个综合、复杂的工作，需根据电站的规模、运行要求、控制对象的数量、设备分布情况等因素综合考虑，同时还要兼顾不同网络结构的复杂性、冗余切换速度、经济性价比等因数。合理构建监控系统网络结构，将是电站长期高效稳定运行的关键。

参考文献

［1］ 张宏武．工业以太网常用网络拓扑结构特点比较［J］．内蒙古电力技术，2006．

［2］ 国网新源控股有限公司组编．抽水蓄能机组及其辅助设备技术．计算机监控系统［M］．北京：中国电力出版社，2019．

抽水蓄能电站基建工程安全系统模型的分析与研究

张宇鹏　马　越　马喜峰

（河北抚宁抽水蓄能有限公司，河北省秦皇岛市　066000）

【摘　要】我国抽水蓄能电站建设已进入高峰期，由于抽蓄电站基建工程难度大、周期长、工艺复杂等特点，使得抽水蓄能电站建设的安全管理难度较大，需要通过安全系统工程的方法对其进行研究。本文对抽水蓄能电站基建工程安全系统进行了深入研究，建立起了结构清晰的4层级系统模型，为抽水蓄能电站基建工程中的安全系统工程研究提供了研究对象，为后续安全系统科学研究奠定了基础。

【关键词】抽水蓄能电站　基建工程　安全系统模型　安全学　系统学

1　引言

抽水蓄能电站作为以新能源为主题的新型电力系统的重要组成部分，对于保障电力供应、确保电网安全、促进新能源消纳、推动构建清洁低碳安全高效的能源体系、更好服务碳达峰、碳中和，具有十分重要的意义[1]。近年来，我国抽水蓄能电站建设已进入高峰期。然而，抽水蓄能电站基建工程具有资金密集、施工难度大、施工周期长、大型施工机械设备多、施工工艺复杂、参与人员多、工程占地范围大、爆破与高空作业等危险作业较多的特点，安全管理难度较大[2]。因此，使用安全系统工程方法对抽水蓄能电站基建工程进行科学研究，已迫在眉睫[3]。

安全系统工程是一门以安全学和系统科学为理论基础，通过系统工程原理对安全工程进行研究的学科。经过多年的发展，安全系统工程的理论已较为完善，形成了预先危险性分析、故障类型和影响分析、危险性和可操作性研究、事件树分析、事故树分析等典型方法论，并构成了安全系统工程的理论与研究方法体系[4]。

以上方法的研究对象，即系统工程的研究对象，便是系统。系统是由相互作用和相互依赖的若干组成部分（元件或子系统）结合成的具有特定功能的有机整体。在使用安全系统工程的研究方法之前，工程系统的明确是必不可少的。如果没有对一个系统工程细致剖析，得到其子系统与元件，并厘清其关联关系，那后续的研究就无从谈起。就像画家掌握了所有绘画技巧，但绘画对象却是一团混沌，则最终的作品也却不会画得精准。因此，明确一项工程的系统构架与组成，是一切安全系统分析与研究的前提，是极为关键的一步。

因此，本文从安全系统工程的原理出发，剖析抽水蓄能电站基建工程安全系统的结构，为抽水蓄能电站基建工程安全系统研究明确研究对象，奠定研究基础。

2　抽水蓄能电站基建工程安全系统的一级、二级子系统构成分析

抽水蓄能电站基建工程安全系统可分为两个一级子系统，分别为综合安全管理子系统和专项安全管理子系统，结构示意图如图1所示。通过对以上两个子系统的进一步梳理，抽水蓄能电站基建工程安全系统的一级子系统又由若干二级子系统构成。

2.1　综合安全管理一级子系统

该一级子系统由以下二级子系统构成，包括安全管理组织机构、安全生产责任制、安全规章制度、安全会议、安全风险和隐患排查双重管控、安全检查、安全教育培训、资质管理、分包管理、安全生产费用管理、安全策划、水保与环保管理、职业健康与劳动保护管理、应急管理，结构示意图如图2所示。

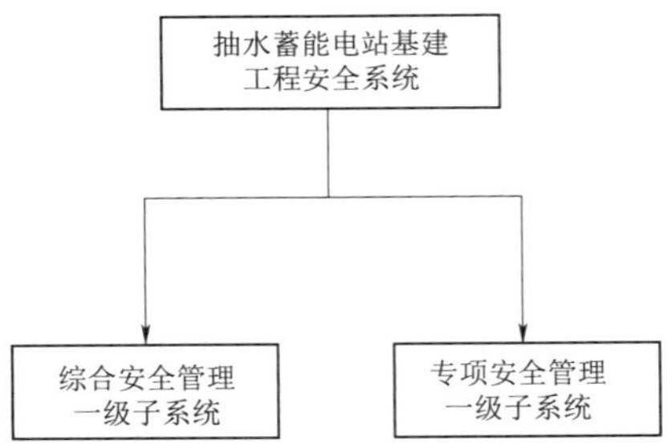

图 1 抽水蓄能电站基建工程安全系统构成示意图

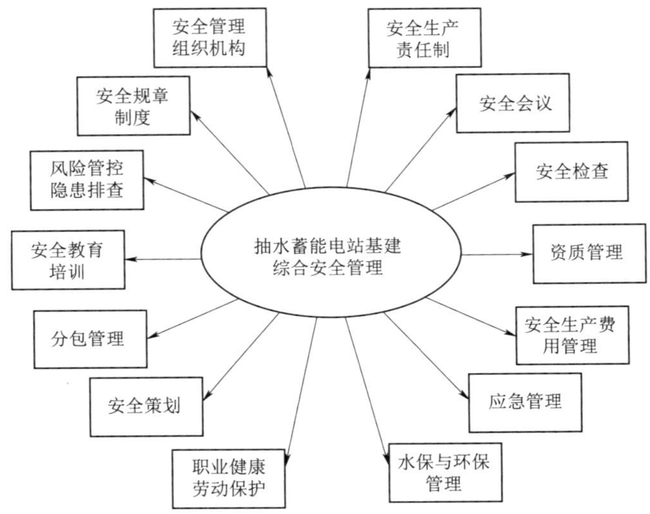

图 2 抽水能电站基建工程综合安全管理一级子系统构成示意图

2.2 专项安全管理一级子系统

该一级子系统由以下二级子系统构成，包括施工现场安全防护、场内交通安全管理、施工用电、施工机械设备管理、特种设备及特种作业人员、脚手架及高空作业、危化品管理、起重作业、消防管理、有限空间作业、安全文明施工设施标准化、安全标志、安全保卫、防汛管理、安全工器具使用与保存，结构示意图如图 3 所示。

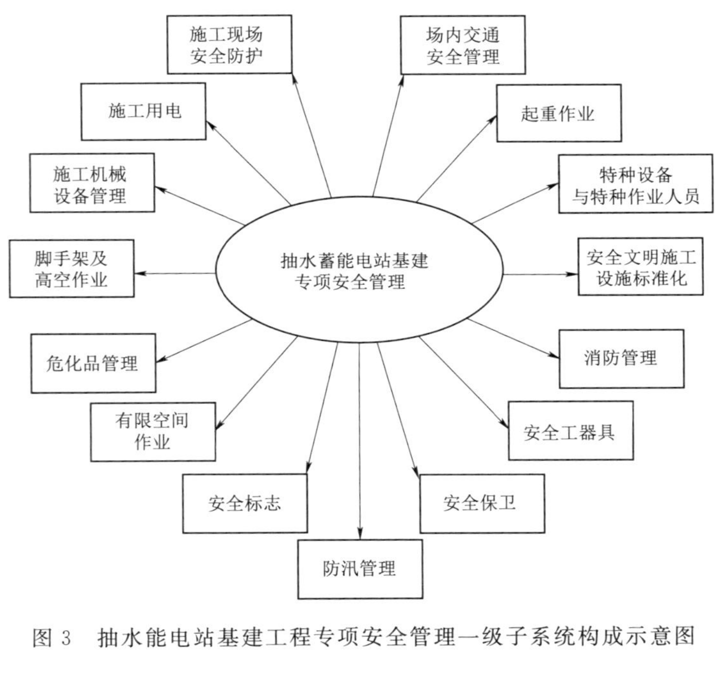

图 3 抽水能电站基建工程专项安全管理一级子系统构成示意图

3 抽水蓄能电站安全系统二级子系统的元件结构分析

抽水蓄能电站安全系统二级子系统由元件构成，元件是系统的最小单元。由于部分子系统在工程应用中已没有继续细分的必要，通常情况，会对这一部分子系统的元件构成进行省略。而另一部分子系统，仍由多个具有明确界面划分的元件组成，因此，这部分子系统的元件构成不可省略，需进一步细分研究。对需要进一步细分的二级子系统进行解构，得到其元件组成如下：

①安全管理组织机构：安全生产委员会、安全保证体系、安全监督体系、安全人员配置；②安全生产责任制：安全目标管理、安全责任清单；③安全规章制度：法律、法规、标准规范；④应急管理：应急组织机构、应急预案与现场处置方案、应急培训及演练、应急物资储备、事故事件管理；⑤施工现场安全防护：设备防护、个人防护、环境安全防护；⑥场内交通安全管理：载具管理、道路管理、运输通行管理；⑦施工用电：人员管理、用电设计审批、电源管理、用电电器管理；⑧施工机械设备管理：安装拆卸、审查检验、运行维护；⑨特种设备及特种作业人员：特种设备、特种作业人员；⑩脚手架及高处作业：脚手架施工方案、脚手架搭拆、脚手架使用、高处作业人员、高处作业防护；⑪危化品管理：火工品及炸药、爆破作业过程管理、其他危化品储存与管理；⑫起重作业：技术措施与方案、起重过程管理、起重设备；⑬消防管理：组织体系、施工现场消防、动火作业；⑭有限空间作业：个人防护、检验检测；⑮安全文明施工设施标准化：安全文明施工设施制作、安全文明施工设施布设、安全文明施工设施维护管理；⑯安全保卫：封闭设施、安保机构与人员、安保措施；⑰防汛管理：防汛组织体系及责任、防汛日常管理、防汛物资。

以上二级子系统的结构图见图 4～图 20。

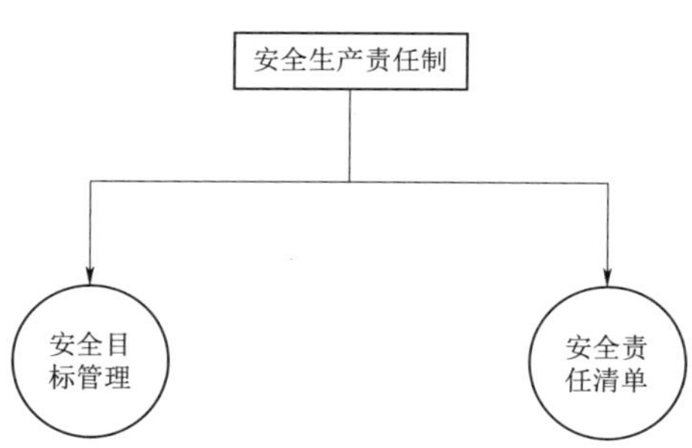

图 4　安全生产责任子系统结构图

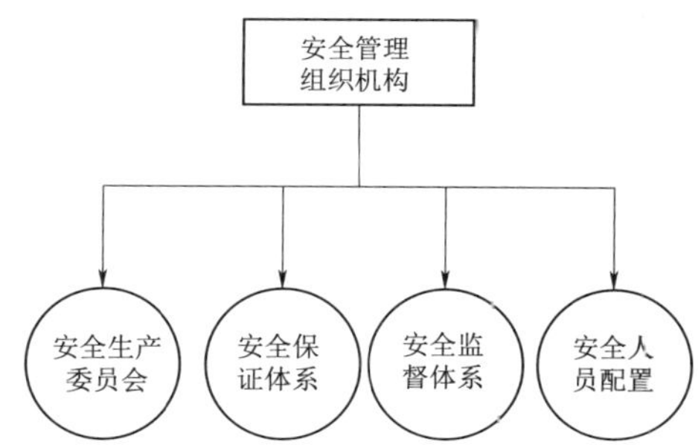

图 5　安全管理组织机构子系统结构图

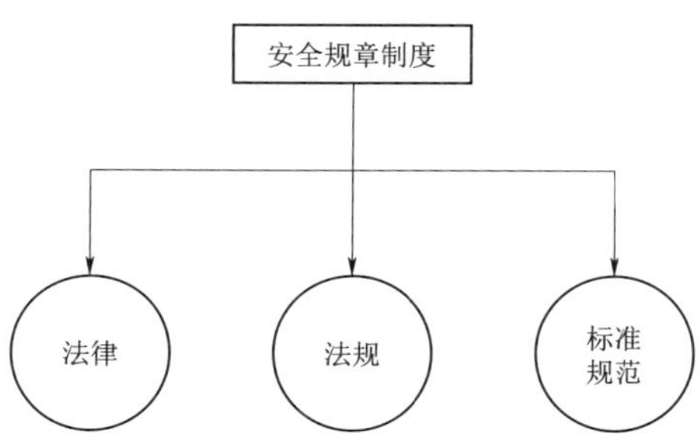

图 6　安全规章制度子系统结构图

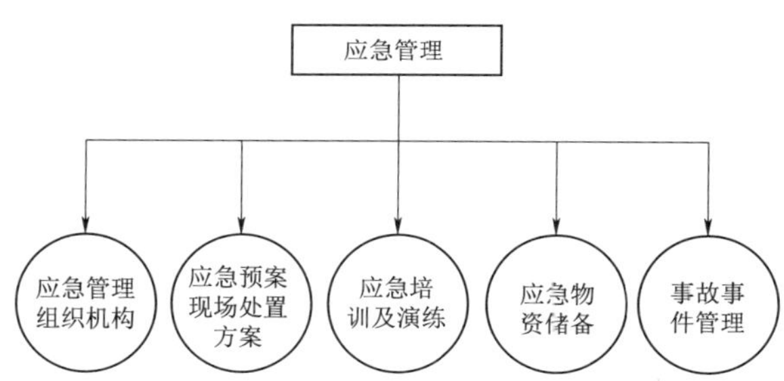

图 7　应急管理子系统结构图

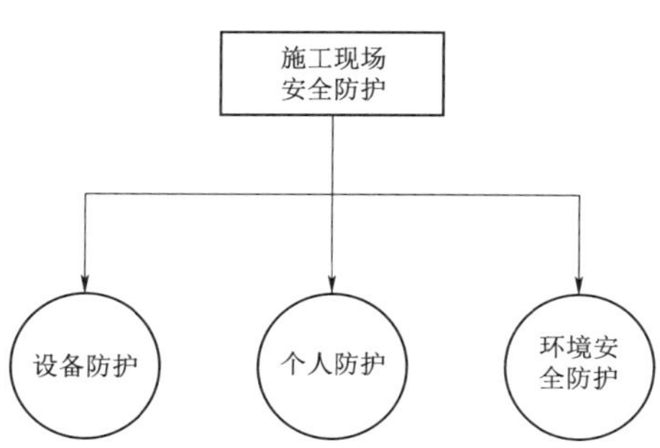

图 8　施工现场安全防护子系统结构图

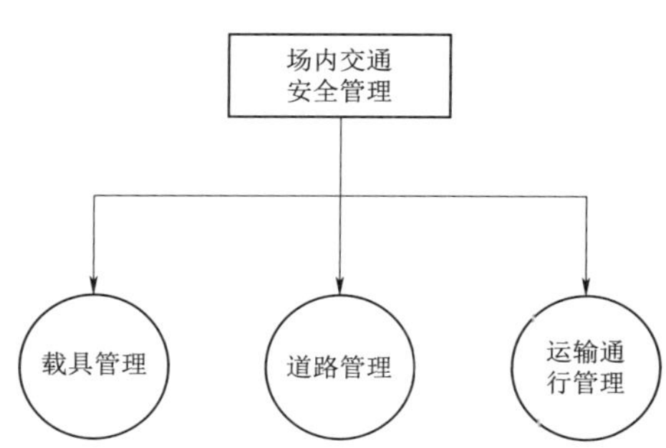

图 9　场内交通安全管理子系统结构图

4　抽水蓄能电站基建工程安全系统模型建立

经过对抽水蓄能电站基建工程安全系统的分析，该系统结构已得到完整展现，即由 2 个一级子系统、

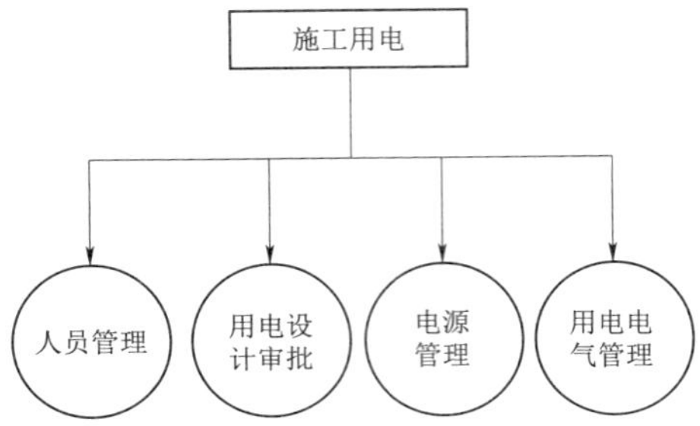

图 10 施工用电子系统结构图

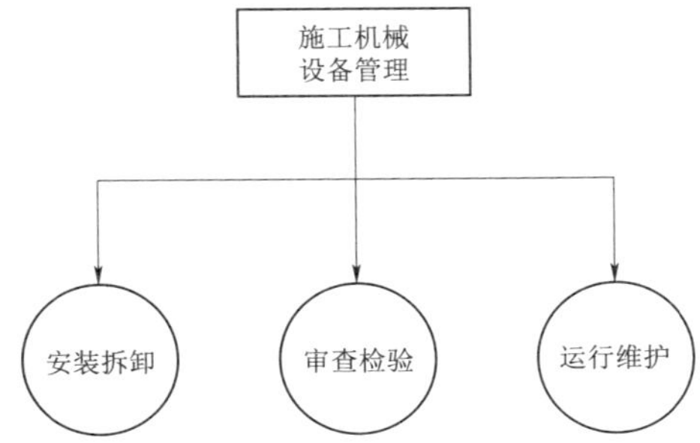

图 11 施工机械设备管理子系统结构图

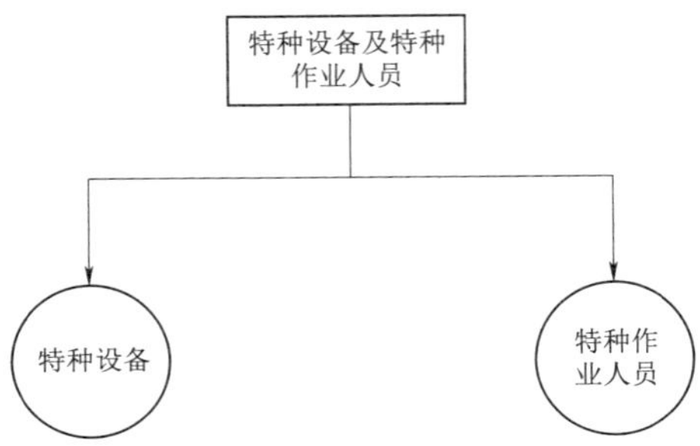

图 12 特种设备及特种作业人员子系统结构图

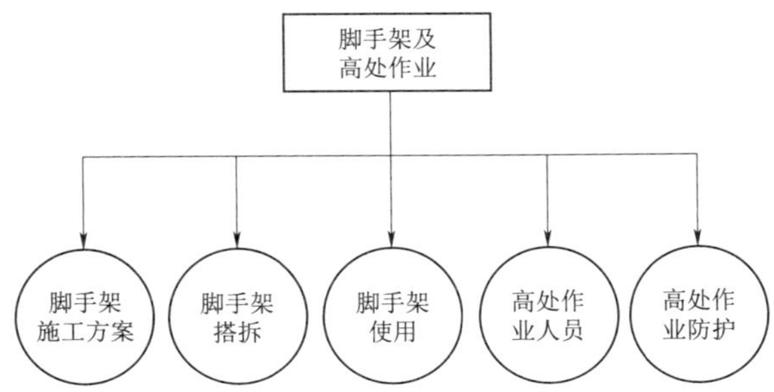

图 13 脚手架及高处作业子系统结构图

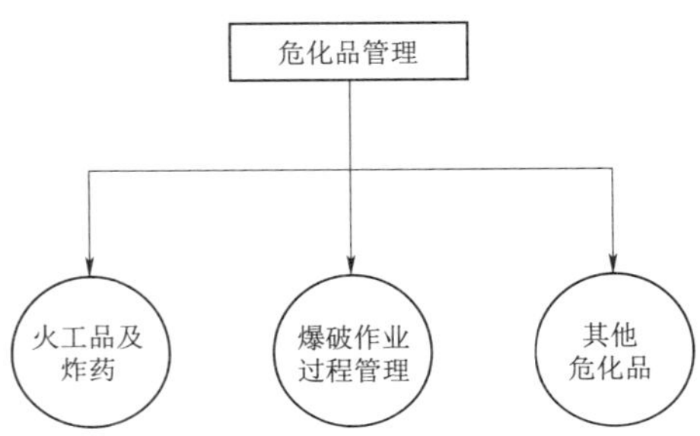

图 14 危化品管理子系统结构图

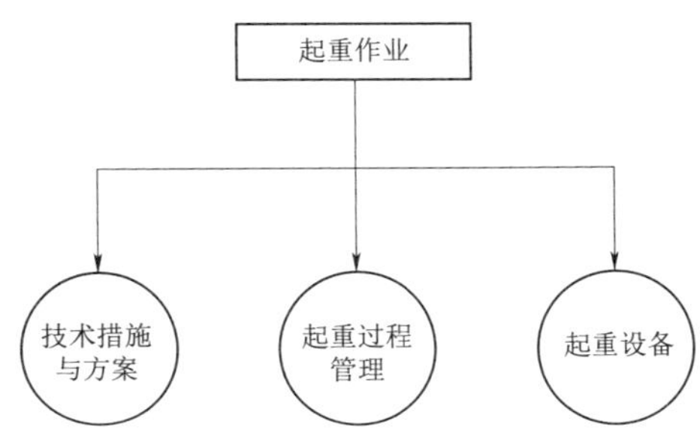

图 15 起重作业子系统结构图

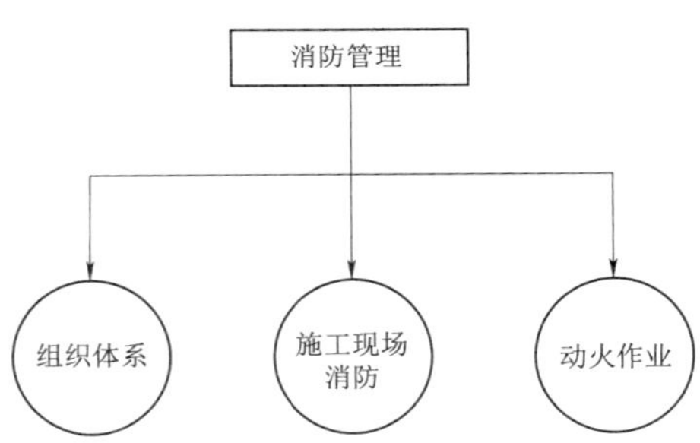

图 16 消防管理子系统结构图

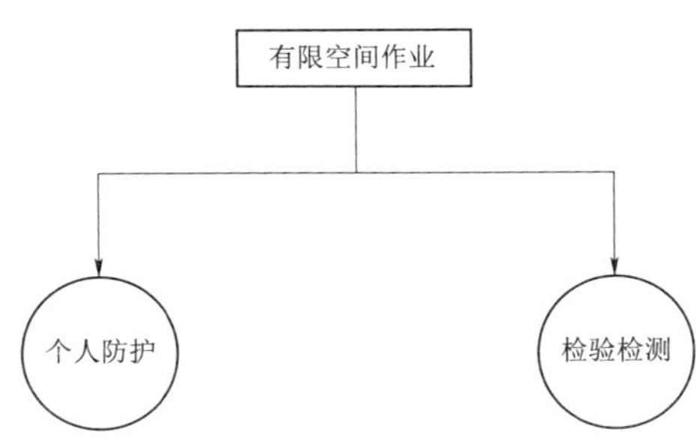

图 17 有限空间作业子系统结构图

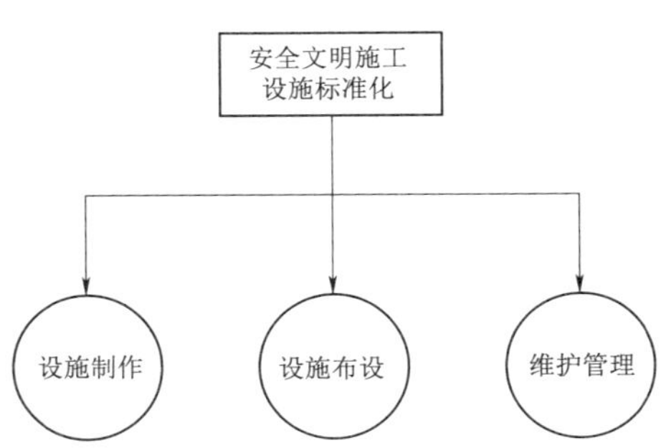

图 18 安全文明施工设施标准化子系统结构图

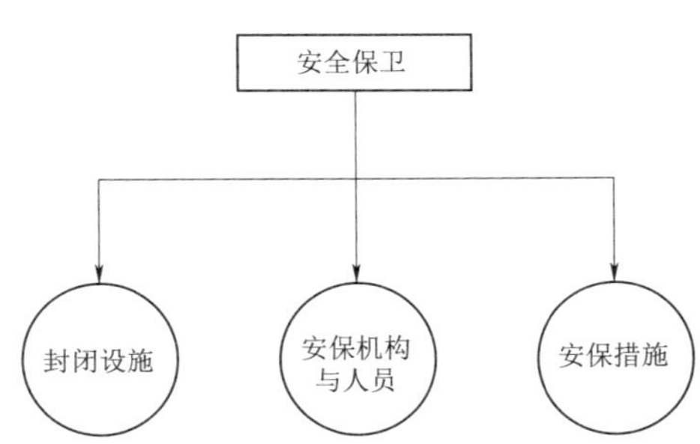

图 19 安全保卫子系统结构图

29个二级子系统、54个元件构成，按照层级展开顺序，建立其树模型结构，如图21所示。其中，系统（或子系统）由矩形表示，元件由椭圆形表示。T—抽水蓄能电站基建工程安全系统；A1—综合安全管理；A2—专项安全管理；B1—安全会议；B2—安全管理组织机构；B3—安全策划；B4—安全风险和隐患排查双重管控；B5—安全生产责任制；B6—安全检查；B7—安全教育培训；B8—资质管理；B9—安全规章制度；B10—安全生产费用管理；B11—分包管理；B12—应急管理；B13—职业健康与劳动保护管理；B14—水保与环保管理；B15—施工现场安全防护；B16—场内交通安全管理；B17—施工用电；B18—施工机械设备管理；B19—特种设备及特种作业人员；B20—脚手架及高处作业；B21—危化品管理；B22—起重作业；B23—消防管理；B24—有限空间作业；B25—安全文明施工设施标准化；B26—安全标志；B27—安全保卫；B28—防汛管理；B29—安全工器具使用与保存；C1—安全生产委员会；C2—安全保证体系；C3—安全监督体系；C4—安全人员配置；C5—安全目标管理；C6—安全责任清单；C7—法律；C8—法规；C9—标准规范；C10—应急组织机构：C11—应急预案与现场处置方案：C12—应急培训及演练；C13—应急物资储备；C14—事故事件管理；C15—设备防护；C16—个人防护；C17—环境安全防护；C18—载具管理；C19—道路管理；C20—运输通行管理；C21—人员管理；C22—用电设计审批；C23—电源管理；C24—用电电器管理；C25—安装拆卸；C26—审查检验；C27—运行维护；C28—特种设备；C29—特种作业人员；C30—脚手架施工方案；C31—脚手架搭拆；C32—脚手架使用；C33—高处作业人员；C34—高处作业防护；C35—火工品及炸药；C36—爆破作业过程管理；C37—其他危化品储存与管理；C38—技术措施与方案；C39—起重过程管理；C40—起重设备；C41—组织体系；C42—施工现场消防；C43—动火作业；C44—个人防护；C45—检验检测；C46—安全文明施工设施制作；C47—安全文明施工设施布设；C48—安全文明施工设施维护管理；C49—封闭设施；C50—安保机构与人员；C51—安保措施；C52—防汛组织体系及责任；C53—防汛日常管理；C54—防汛物资。

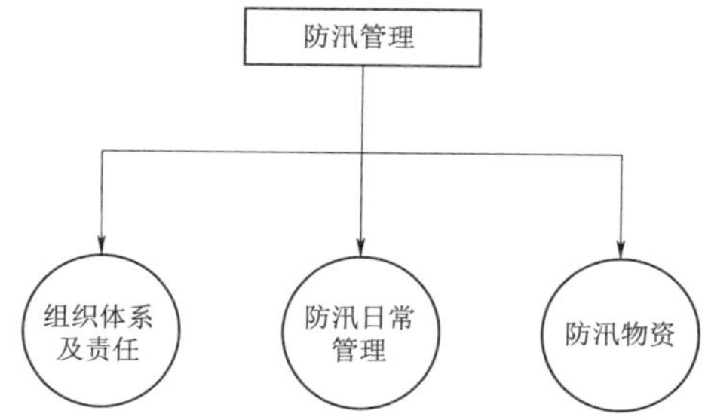

图20　防汛管理子系统结构图

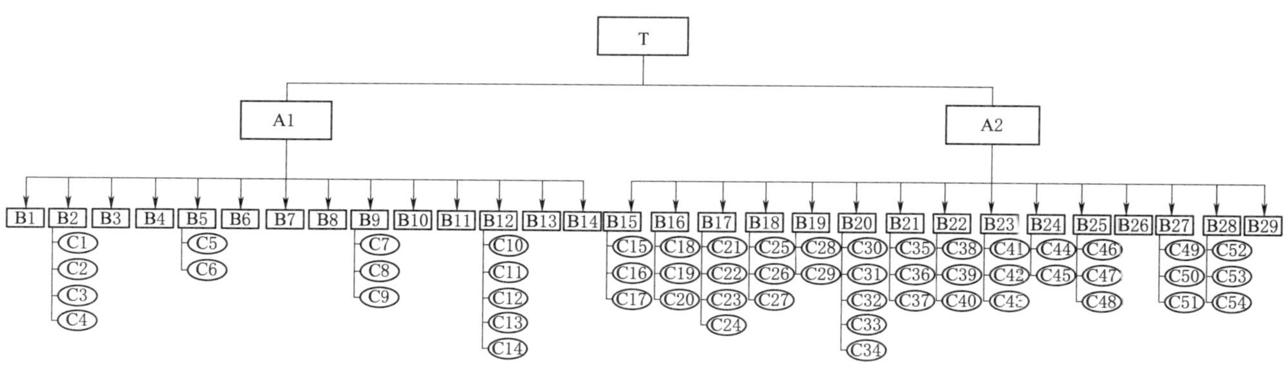

图21　抽水蓄能电站基建工程安全系统树模型结构图

5　结论

本文对抽水蓄能电站基建工程安全系统的组成与结构进行了深入地研究，由上至下将该系统划分为4个层级，其中一级子系统2个、二级子系统29个、元件54个，建立了完整的系统模型，明确了各层级系统元素的纵向关联关系；完成了该系统的树模型结构图绘制，为抽水蓄能电站基建工程安全系统的研究提供了直观清晰的系统呈现。以上研究清晰地构建了抽水蓄能电站基建工程安全系统，为安全系统工程研究方法在抽水蓄能电站基建工程中的应用提供了研究对象，为抽水蓄能电站基建工程安全系统的科学研究奠定了基础。

参考文献

[1] 凌海涛，陈尊杰. 抽水蓄能电站基建项目安全性评价实践和探索［C］//中国水力发电工程学会第二届抽水蓄能技术发展青年论坛暨电网调峰与抽水蓄能专业委员会 2018 年年会.

[2] 温家华，王凯，张程. 抽水蓄能电站建设单位安全管理研究［J］. 项目管理技术，2015（6）：109－113.

[3] 张大庆，李蓉. 浅析做好抽水蓄能电站安全管理创新的具体实践［J］. 赤峰学院学报：汉文哲学社会科学版，2013（S1）：110－111.

[4] 张景林. 安全系统工程［M］. 北京：煤炭工业出版社，2002.

水质预测分析方法进展及在抽水蓄能电站中的应用前景

金 弈 董磊华 张志广 黎一霏
（中国电建集团北京勘测设计研究院有限公司，北京市 100024）

【摘 要】本文对水电水利工程和水环境治理工程的水质预测和满足水环境需水的生态流量计算方法进行了分析，研究出一种考虑排污口位置影响的中小型河段纳污能力核算方法，并对水质预测计算方法在抽水蓄能电站中的应用前景进行了分析。

【关键词】水质预测方法 抽水蓄能电站 水电水利工程 水环境治理工程 生态流量 纳污能力

水电水利工程（抽水蓄能电站）、水环境治理工程都需要开展水质预测。但水电水利工程（抽水蓄能电站）的坝下水质预测必须要和满足水环境需水的生态流量计算结合起来。水电水利工程（抽水蓄能电站）在初期蓄水和运行期，坝下会出现减脱水问题，需要通过下放生态流量来解决，为保证坝下的水质达标，就要结合水质预测计算满足水环境需水的生态流量。本文主要对水质预测分析方法进展及在抽水蓄能电站中的应用前景进行分析。

1 现有规范中的水质预测计算方法

1.1 地表水环境导则中的水质计算模型

在 HJ 2.3—2018《环境影响评价技术导则 地表水环境》中，针对地表水影响的水质预测和满足水环境需水的生态流量计算，都提出要采用数学模型方法计算，其中提出“8.4.2.1……采用 7.6 的数学模型方法计算水环境需水”，即计算满足水环境需水的生态流量要采用地表水环境影响预测的水质预测方法，在水环境影响预测的边界条件中，提出“7.10.1 设计水文条件确定要求……河流不利枯水条件宜采用 90%保证率最枯月流量或近 10 年最枯月平均流量”，导则附录 E 中给出河流纵向一维水质计算模型如下：

$$C_{\mathrm{L}}=C_{\mathrm{O}}\exp\left(-\frac{KL}{u}\right) \tag{1}$$

式中 C_{L}——流经 L 河段后的污染物浓度，mg/L；

C_{O}——上游来水中的污染物浓度，mg/L；

K——污染物衰减系数，d^{-1}；

L——河段长度，m；

u——水流速度，m/s。

公式（1）是水质预测的基本模型，可以通过计算结果分析评价控制断面水质达标情况，但在遇到预测河段有多个污染源排入时计算较为繁琐，在计算控制断面超标污染削减难以快速准确解决，可以通过计算满足水环境需水的生态流量的数学模型来解决。

1.2 技术指南中的水质计算模型

NB/T 35091—2016《水电工程生态流量计算规范》中提出计算满足水环境需水的生态流量按 HJ 2.3 执行，但在 HJ 2.3—2018 中没有给出明确的计算水环境需水的数学模型方法。经过研究，发现在“关于印发《水电水利建设项目河道生态用水、低温水和过鱼设施环境影响评价技术指南（试行）》的函”（环评函〔2006〕4 号）附件——《水电水利建设项目河道生态用水、低温水和过鱼设施环境影响评价技术指南（试行）》（以下简称指南）里提出的方法，相当于通过计算纳污能力来计算满足水环境需水的生态流量，满足计算河段纳污能力的流量既为满足水环境需水的生态流量。纳污能力计算公式为

$$M=C_s(Q_o+Q_p)-C_oQ_o\exp\left(-\frac{KL}{u}\right) \tag{2}$$

式中 M——河段剩余纳污能力，g/s；

C_s——下游断面的水环境质量标准，mg/L；

Q_o——上游来水流量（或泄放的生态流量），m^3/s；

Q_p——河段污水流量，m^3/s。

经研究，公式（2）没有考虑污水的排污口位置及污染物的降解量，致使河段剩余纳污能力计算值偏大，以至于计算得出的满足水环境需水的生态流量偏小。

1.3 国标中的纳污能力水质计算模型

GB/T 25173—2010《水域纳污能力计算规程》提出了，“5.4.1 计算河流水域纳污能力，应采用 90% 保证率最枯月平均流量或近 10 年最枯月平均流量作为设计流量。”“5.4.2 季节性河流、冰封河流，宜选取不为零的最小月平均流量作为样本，按 5.4.1 的规定计算设计流量。”该规程附录 A 给出了纳污能力计算模型：

$$M=(C_s-C_L)(Q_o+Q_p) \tag{3}$$

经研究，公式（3）没有考虑排污口的位置，没有计算清楚污水的降解情况，需要改进。

2 满足水环境需水的生态流量计算方法创新研究

经研究，金弈、董磊华等人提出了“一种考虑排污口位置影响的中小型河段纳污能力核算方法”（国家专利申请号：202110122141.0），计算包括以下步骤：

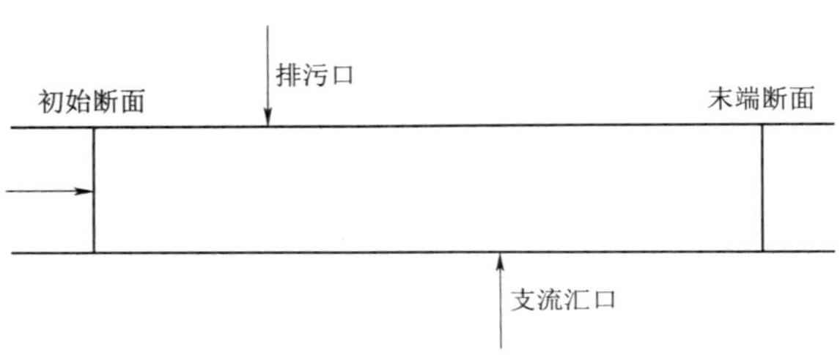

图 1 中小型河段纳污能力计算概化图

第一步，对计算的中小型河段进行概化作图（见图 1），标示出河段的初始断面、排污口、支流汇口、末端断面节点；

第二步，根据概化后的中小型河段图，测量出计算河段长度 L、排污口到河段末端的距离 x；并根据排污口的污染物排放资料，确定废污水排放流量 Q_p 和排污口的污染物负荷量 m；

第三步，根据河段 90%保证率流量值或近 10 年最枯月平均流量，确定初始断面的流量 Q_0，采用初始断面的平均流速作为断面的平均流速 u；

第四步，根据河流的经验污染物降解系数确定污染物的衰减系数 K，或根据上、下游断面水质浓度监测值 C_A、C_B，计算衰减系数 K：

$$K=\frac{u}{x}\ln\left(\frac{C_A}{C_B}\right) \tag{4}$$

第五步，确定初始断面的污染物浓度 C_0，根据末端断面所在水功能区的水质目标确定水质目标浓度 C_s；

第六步，根据第三、第四、第五步中确定的参数，计算河段的剩余纳污能力 M：

如图 2 所示，当污染物排污口不规则地分布于河段内的不同断面时，河段的剩余纳污能力 M 按照公式（5）计算。

$$M=C_s(Q_0+Q_p)-C_0Q_0\exp\left(-K\frac{L}{u}\right)-\sum_{i=1}^{n}m_i\exp\left(-K\frac{x_i}{u}\right) \tag{5}$$

式中 m_i——第 i 个排污口的污染物负荷量，g/s；

x_i——第 i 个排污口到河段末端的距离，m。

$$Q_p=\sum_{i=1}^{n}q_i \tag{6}$$

$$m_i=q_ic_i \tag{7}$$

式中 q_i——第 i 个排污口污水排放量，m^3/s；

c_i——第 i 个排污口污染物浓度，mg/L。

第七步，剩余纳污能力 M 加上排污口的污染物负荷量 m，即得到河段纳污能力 W：

$$W=M+m \tag{8}$$

$$m=\sum_{i=1}^{n} m_i \tag{9}$$

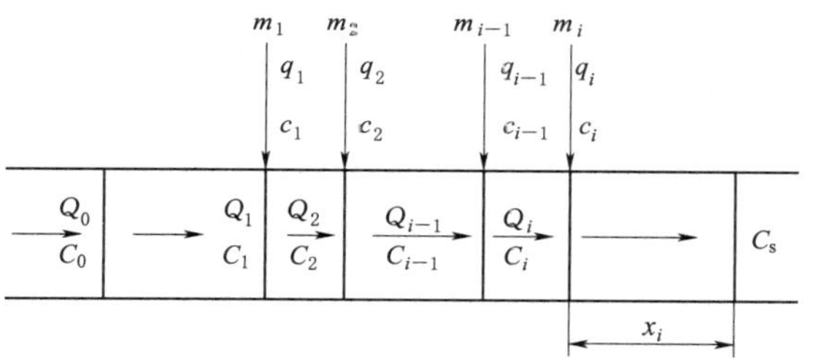

图 2 河段排污口不规则分布示意图

所述第五步中，初始断面的污染物浓度 C_0 与初始断面上游的污染物排放总量及排放时段有关，如果初始断面水质现状监测值低于水质目标值，水质现状监测值反映未来水质变好的趋势，C_0 取初始断面的水质现状监测值；如果初始断面水质现状监测值高于水质目标值，说明现状水质超标，为了反映未来水质变好的趋势，C_0 取初始断面的水质目标值。

所述第六步中，$M\geqslant 0$，说明 Q_0 能够满足维持河段水环境质量，设计流量 Q_0 为维持河段水环境质量、满足水环境需水的生态流量；$M<0$，说明河段的污染物排放总量已经超过了河段的纳污能力，还需要选取大于 Q_0 的流量且计算到 $M=0$ 时，此时的流量为维持河段水环境质量、满足水环境需水的生态流量。

3 水环境治理中的水质预测方法

公式（5）是保证河段考核断面达标的计算公式。在水环境治理中，通常要求全河段水质达标，与控制断面水质达标的计算模型还是有区别的，需要进行改进。在 2017 年广州车陂涌水环境治理工程的水质预测中，开展了相关的计算，并在随后的科研项目中开展了相关的研究。如果只预测计算水质超标情况，采用公式（1）逐步推导可以满足要求，如果需要预测满足水环境需水的生态流量计算，则需要在公式（5）的基础上进行改进。

4 水质预测分析方法在抽水蓄能电站中的应用前景

上述公式都可用于抽水蓄能电站的河流水质预测和满足水环境需水的生态流量计算里，尤其是现有的标准规范没有给出满足水环境需水的生态流量计算模型，需要根据公式（5）来计算。首先要根据河流水质控制要求是要求控制断面水质达标还是全河段水质达标，选择合适的计算公式。抽水蓄能电站建设在山区，一般情况下污染源较少，水质预测计算工作量相对少一些，一般选择控制断面水质达标的水质计算模型。但如果建设在集中式饮用水水源地上游，有时会遇到要求坝下影响河段水质达标的情况，此种情况就应选择相应的计算模型，相应满足水环境需水的生态流量泄放量就会加大。

5 结语

通过上述分析，得到以下结论：

（1）水电水利工程（抽水蓄能电站）为保证坝下减脱水河段的水质达标，就要结合水质预测计算满足水环境需水的生态流量。

（2）目前的标准规范中没有给出明确的计算水环境需水的数学模型方法，经研究，可以通过计算纳污能力来计算满足水环境需水的生态流量。

（3）目前的标准规范中关于纳污能力的计算模型存在问题，通过研究提出了准确计算纳污能力的计算方法，并申请了专利。

（4）水环境治理中通常要求全河段水质标准，相应的水质预测计算模型应在保证河段考核断面达标的计算模型上进行改进。

（5）本文提出的水质预测和满足水环境需水的生态流量计算方法，在抽水蓄能电站中也适用，具体计算中应根据河流水质控制要求选择合适的计算方法。

梯级水光蓄协调优化控制策略探讨

单鹏珠　阎应飞　王　雁
（南瑞集团有限公司（国网电力科学研究院有限公司），江苏省南京市　211106）

【摘　要】多能互补是解决我国能源发展中“三弃”问题的有效方法，西南地区梯级水电资源丰富，同时有大量的新能源光伏站完成投产。针对光伏的波动性间歇性，利用梯级水电的连续库容和水电机组的快速调节能力可提高区域电网的消纳能力。本文详细介绍了梯级水电、光伏及抽蓄协调优化控制系统的结构配置、功能设计，并提出了梯级水光蓄的协调优化控制策略。

【关键词】多能互补　梯级水电站　光伏电站　协调优化控制

0 引言

大力开发可再生能源已成为我国能源发展的重要战略举措。我国《电力发展“十三五”规划》中明确提出“全面推进分布式光伏发电建设，推动多能互补、协同优化的新能源电力综合开发”。然而，由于规划、管理、技术等方面的原因，我国可再生能源的“弃水弃光弃风”问题十分突出。我国西南地区梯级水电资源丰富，利用梯级水电与光伏进行互补联合发电，对于减少可再生能源弃电，提高新能源发电的经济价值，建设清洁低碳、安全高效的现代能源体系具有重要的现实价值和深远的战略意义，符合国家能源的整体发展战略[1,2]。当前，对于多能互补的研究主要集中于电源侧的水风光互补和用户侧的风光柴储互补两方面，对于梯级水电站群结合变速抽蓄机组与风光新能源的互补实时控制研究相对较少，尚无实用化的工程示范项目投入运行。

本文根据四川小金流域梯级水电与美兴光伏电站的实际运行情况，建立梯级水电与光伏的联合运行控制数学模型，利用梯级水电和变速抽蓄机组的快速调节能力平抑光伏出力波动，提出梯级水光蓄协调优化控制策略。

1 调节方式

梯级水光蓄的联合运行控制应充分考虑水光出力的互补特性，在满足电网调度对示范区负荷需求的同时，实现梯级流域各电站的安全经济运行。

1.1 调节方式

梯级水光蓄联合运行采取主从运行和多级调节方式[3]。

主从运行是指梯级水电站与光伏电站并网组网的运行方式。在这种运行方式下，梯级水电站支撑区域电网，区域电网的频率与电压依靠水电站维持，光伏电站并网运行，其输出功率随光照辐射及温度等因素影响。梯级水光蓄联合运行接受调度功率指令，在保证光伏出力不受限制的情况下，通过梯级水电站机组的优化控制，平抑光伏出力的波动。

多级调节是指梯级水光联合运行的功率调节由梯级木坡、杨家湾和猛固桥电站，独立运行的变速抽蓄机组作为快速调节电源，不同运行方式下各调节电源所承担的功能各不相同。

1.2 调节策略

1.2.1 梯级电站木坡、杨家湾和猛固桥

小金示范工程中梯级木坡、杨家湾和猛固桥电站不仅存在电力的平衡约束，也存在水量的平衡约束，且存在动态联合振动区，因此在梯级水光蓄联合运行控制中是最基本和最复杂的控制环节，承担光伏波动的低频分量的平抑。

1.2.2 春厂坝电站和变速抽蓄机组

变速抽蓄机组安装在春厂坝电站，在梯级水光蓄联合运行中作为快速调节电源[4]，承担光伏波动的高频分量的平抑；春厂坝电站不属于梯级流域，与其他电站没有水力联系，因此主要是作为备用调节电源。

1.2.3 美兴光伏电站

美兴光伏电站是梯级水光联合控制中的波动电源，联合运行控制的重要目的就是平滑光伏的出力波动，本项目中美兴光伏电站不做出力限制，其出力的平滑功能由梯级水电和变速抽蓄机组共同平抑。

2 系统结构

梯级水光联合运行控制系统运行于 NARI IMC 一体化平台[6]，人机界面主要包括控制系统参数监视、运行控制、报表查询、报警、调试工具和组态工具；底层后台包括光伏逆变器控制、抽蓄机组控制、水电机组控制、联合控制及优化算法，光伏控制、抽蓄控制和水机控制分别承担不同控制对象的内部约束和控制实现；联合控制实现对区域多能源控制对象的联合控制及优化运行；优化算法为控制系统提供准实时的优化策略表，优化算法可供选择。

该系统部署 2 台应用服务器和 2 台数据服务器，分别承担高级应用功能和数据采集处理功能。高级应用即为梯级水光蓄联合运行控制，数据采集处理主要是处理各水电站、抽蓄机组和光伏电站的实时数据，同时具备历史数据存储功能。该系统拓扑结构如图 1 所示。

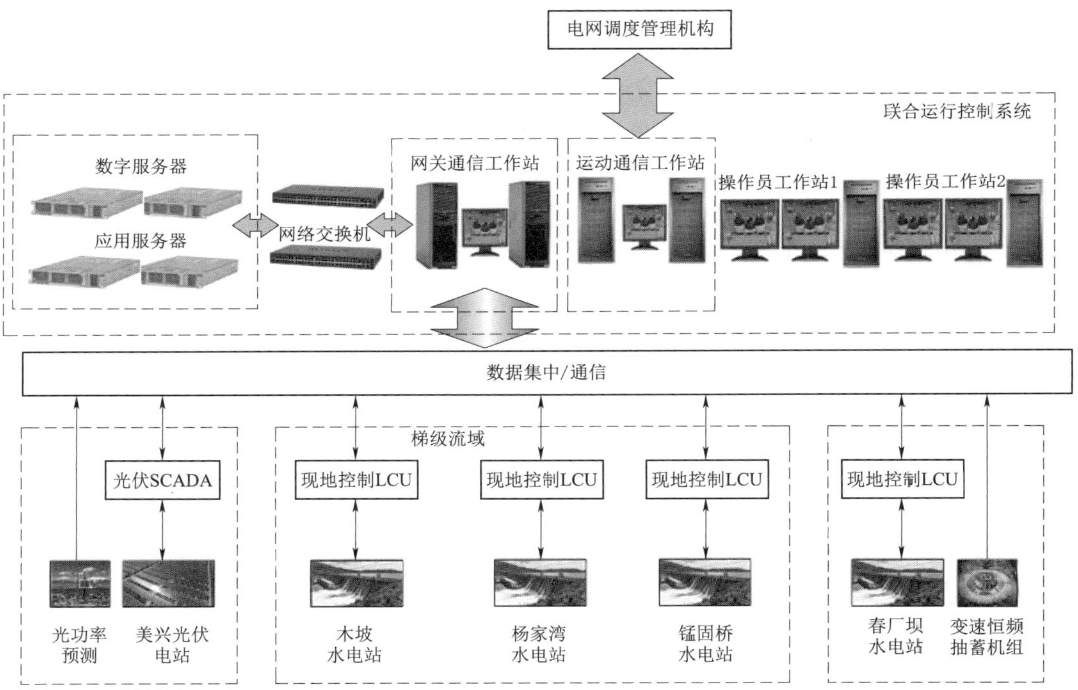

图 1 运行控制系统总体结构图

3 控制模型

梯级水光蓄联合运行控制的目标是通过对梯级水电和抽蓄机组出力的控制调节，平抑光伏出力引起的区域送出功率的波动，在确保联合运行出力满足调度要求准确率和其他约束条件的同时，使梯级水电机组保持较为经济的运行方式。

梯级水光蓄联合运行控制主要由光伏平滑控制和梯级水电机组优化控制两部分构成。光伏平滑控制采用智能滤波算法[7]，分离光伏出力波动的高低频分量，低频分量由梯级水电机组平抑，高频波动分量由抽水蓄能机组平抑；梯级水电机组优化则综合考虑光伏低频波动平抑和系统二次调频要求，采用成熟的动态规划算法，优化给定总出力下的各电站蓄放水次序、机组成组运行方式等，使梯级水电机组的总耗水最小。

3.1 目标函数

$$\begin{cases} F = \min[P_{SET} - (P_{PV} + P_{EDC} + P_{FSC})] \\ G = \min(Q_{MP} + Q_{YJW} + Q_{MGQ}) \end{cases} \tag{1}$$

式中 P_{SET}——电网调度下发的梯级水光蓄总有功出力指令；
P_{PV}——光伏实时有功发电出力；
P_{FSC}——全功率可变速抽水蓄能机组实时有功发电出力；
P_{EDC}——梯级水电站实时总有功发电出力；
Q_{MP}——出力调节时段内木坡水电站发电流量；
Q_{YJW}——出力调节时段内杨家湾水电站发电流量；
Q_{MGQ}——出力调节时段内猛固桥水电站发电流量。

3.2 主要约束条件

梯级水光蓄联合运行的主要约束有电力约束、水力约束和安全约束等条件。

（1）功率平衡：

$$P_{SET} = P_{PV} + P_{EDC} + P_{FSC} \tag{2}$$

$$P_{EDC} = P_{MP} + P_{YJW} + P_{MGQ} + P_{CCB} \tag{3}$$

式中 P_{SET}——电网调度下发的梯级水光蓄总有功出力指令；
P_{PV}——分布式光伏实时有功发电出力；
P_{FSC}——全功率可变速抽水蓄能机组实时有功发电出力；
P_{EDC}——梯级水电站实时总有功发电出力；
P_{MP}——木坡水电站实时有功发电出力；
P_{YJW}——杨家湾水电站实时有功发电出力；
P_{MGQ}——猛固桥水电站实时有功发电出力；
P_{CCB}——春厂坝水电站实时有功发电出力。

（2）水量平衡：

$$V_{i,t+1} = V_{i,t} + (q_{i,t} - Q_{i,t})\Delta t \tag{4}$$

式中 $V_{i,t}$、$V_{i,t+1}$——i 电站 t 时段初、末水库蓄水量；
$q_{i,t}$——i 电站 t 时段内的平均入库流量；
$Q_{i,t}$——i 电站 t 时段内的平均出库流量；
Δt——t 时段时长，本研究中取 $\Delta t = \tau$，τ 为流量滞时。

（3）流量平衡：

$$Q_{i,t} = Q_{i,t}^{fd} + S_{i,t} \tag{5}$$

$$q_{i,t} = Q_{i-1,t-\tau} + q_{i,t}^{qu} \tag{6}$$

式中 $Q_{i,t}^{fd}$——i 电站 t 时段内的平均发电流量；
$S_{i,t}$——i 电站 t 时段内的平均弃水流量；
$q_{i,t}^{qu}$——i 电站 t 时段内的平均区间来水流量；
$Q_{i-1,t-\tau}$——$i-1$ 电站 $t-\tau$ 时刻的出库流量，本研究取 $t-\tau$ 至 t 时刻（即 τ 时段）内的平均值。

（4）水电站水位：

$$\underline{Z}_i \leqslant Z_{i,t} \leqslant \overline{Z}_i \tag{7}$$

式中 $\overline{Z}_{i,t}$——i 电站的水库正常高水位；
Z_i——i 电站 t 时刻的水库水位；
$\underline{Z}_i$——i 电站的水库死水位。

（5）水电站或梯级流域联合振动区：

$$\overline{N}_{i,t} \leqslant N_t \leqslant \underline{N}_{i+1,t} \tag{8}$$

式中 $\overline{N}_{i,t}$——t 时刻水电站或梯级流域联合振动区 i 上限；

N_t——t 时刻水电站或梯级流域实时总有功功率；

$\underline{N}_{i+1,t}$——t 时刻水电站或梯级流域联合振动区 $i+1$ 下限；

$\underline{N}_{i,t}$，$\overline{N}_{i,t}$——t 时刻水电站或梯级流域联合振动区 i 的上、下限。

水电站或梯级流域的联合振动区是各运行电站 t 时刻发电机组的有功可调区间组合，取决于电站或机组台数、电站水头及机组固有振动区。

4 控制策略

4.1 梯级水位控制策略

为防止梯级流域电站运行中水位过高导致弃水或过低以至水库拉空，在电站死水位 Z_D 与正常蓄水位 Z_N，之间设置一个水位控制范围 $[\underline{Z}_D, \overline{Z}_D]$、$[\underline{Z}_N, \overline{Z}_Z]$。如果实时水位 Z 满足 $\underline{Z}_N \leqslant Z \leqslant \overline{Z}_Z$，则认为进入了高水位运行区；如果 $\underline{Z}_D \leqslant Z \leqslant \overline{Z}_D$，则水位进入死水位运行区；如果 $\overline{Z}_D \leqslant Z \leqslant \underline{Z}_N$，则认为水位处于正常水位运行区。

（1）常水位控制。工程上，大型梯级流域各电站水库库容较大，大多为年调节甚至多年调节水库，其水位在梯级总出力调节过程中保持不变或者变化幅度很小，对于水库水位变化平缓的梯级电站，采用流量平衡进行厂间负荷分配，使得上下游各电站水库水位保持平缓上升或平缓下降的运行状态，维持各电站水库水位尽可能处于较高水位。

（2）动水位控制。对于小型梯级流域，各电站的库容相对较小，为周调节、日调节甚至是径流式，其水位在梯级总出力调节过程中变化较为明显。考虑水库的安全运行及出力的实时调节，在库水位进入高水位/死水位运行区，或者进入高水位/死水位的趋势趋向加快时，需要对各电站的出力进行重新分配，将水位拉回至常水位，或者降低进入高水位/死水位的趋势，因此采用动水位控制策略，使梯级电站通过厂间负荷的重新分配和机组调节，使电站的水库水位尽可能地靠近其可运行区的中间值，达到返回可运行区的目的。

4.2 平滑控制策略

平滑控制是对光伏电站由于云层遮挡、组串逆变器故障或其他原因引起的出力波动，或者是区域负荷产生波动时，通过对梯级流域水电站及抽蓄机组进行出力的快速补偿，以达到平滑区域输出功率，促进新能源消纳的目的。

平滑控制的目标是将光伏功率中快速波动的部分，即高频分量由抽水蓄能机组补偿；波动缓慢的部分，即低频分量由梯级水电机组补偿。对于光伏功率中高频和低频分量的筛选和提取采用滤波算法，在本文中采用简单的低通滤波方法进行工程算例仿真测试，软件保留其他智能滤波算法的输入接口。

光伏发电功率 P_{PV} 由不同波动频率的功率分量叠加而成，通过滤波后滤去高频率的功率波动分量，获得波动平缓的功率分量 P_{LFP}；高频功率波动分量由抽蓄机组进行平抑。

$$P_{FSC} = P_{PV} - P_{LFP} \tag{9}$$

式中 P_{PV}——光伏发电功率；

P_{LFP}——光伏功率滤波后的低频波动分量；

P_{FSC}——抽蓄机组输入功率。

光伏快速平滑控制策略还包括：

（1）平滑调控功率限制。光伏的高频波动分量由抽蓄机组平抑时，若需调控的功率超过抽蓄机组额定功率，则限制调控功率至抽蓄机组额定功率；若调控功率小于抽蓄机组额定功率，则由抽蓄机组进行光伏功率的平抑。

（2）平滑调控死区限制。为防止光伏高频波动分量对抽蓄机组进行频繁调节，设定光伏高频波动调节死区，只有高频波动分量超过该调节死区时，才由抽蓄机组进行调控。

（3）平滑调控方向限制。与储能电池特性不同，抽水蓄能机组由于存在转动惯量和机组安全问题，不能在调节周期内进行快速的方向转换，也就是快速由发电（抽水）转换至抽水（发电），因此抽蓄机组在进行功率调控时，若出现调控功率正负切换，则对此调节进行闭锁限制。

4.3 安全闭锁策略

为保证联合运行控制系统的安全稳定运行，系统支持以下安全保护闭锁。

4.3.1 通信中断

若某厂站与联合运行控制系统通信中断时，该厂站侧 AGC 或机组功率调节将保持当前功率调节状态，厂站侧 AGC 由集控控制切换为电站控制；通信恢复后，厂站侧 AGC 手动切换至集控控制。若该厂站在通信中断后出力偏离最优发电过程，则由系统在后期对其发电过程进行修正。

4.3.2 事故停机

若某厂站机组出现机械事故导致机组停机时，该机组出力将自动转移至该厂站其他机组；若该电站备用调节容量不能承担事故机组出力，则由系统自动将该机组出力转移至其他电站机组。

若某厂站机组出现电气事故导致机组停机时，该机组出力将自动转移至其他电站机组。

4.3.3 振动区躲避策略

水电机组大多存在振动区，机组在振动区运行时，水轮机运行工况较差，不利于设备的健康运行。水电站多台机组成组运行时，通过系统的优化计算可躲避多数振动区，从而保证水电机组的高效安全运行。

5 结语

本文介绍了梯级水光蓄联合运行控制系统的运行方式、系统结构和控制模型，并提出了梯级水电、光伏和变速抽蓄的协调优化控制策略，梯级水光蓄的联合优化运行可以平抑光伏波动引起的出力变化，提高示范区域电力系统的稳定性，提升梯级水光蓄联合送出的电能质量。

参考文献

[1] 王永真，张宁，关永刚，等．当前能源互联网与智能电网研究选题的继承与拓展［J］．电力系统自动化，2020，44（4）：1-7.

[2] 邓振辰，谢越韬，肖晋宇，等．大规模水光互补远距离外送工程经济性研究与案例分析［J］．水力发电，2019，45（12）：105-108，122.

[3] 刘飞，王娟，彭飞，等．黄河上游青海境内梯级水电配合新能源消纳运行方式分析［J］．西北水电，2019，4：5-11.

[4] 单鹏珠，陈杰，陈龙，等．广蓄 B 厂上位机系统改造技术研究［J］．电网与清洁能源，2015，31（10）：106-111.

[5] 单鹏珠，张柏，李勇，等．张河湾抽水蓄能电站 AVC 子站系统设计及应用实现［J］．电网与清洁能源，2017，33（4）：137-142.

[6] 郑健兵，花胜强．智能水电厂一体化管控平台关键技术研究［J］．水电与抽水蓄能，2017，3（13）：24-28.

[7] CHEN Lei，WANG Jun，SUN Zhang，et al. Smoothing Photovoltaic Power Fluctuations for Cascade Hydro-PV-Pumped Storage Generation System Based on a Fuzzy CEEMDAN［J］. IEEE Access，2019，7：172718-172727.

对分账模式下工程款结算和人工费支付方式的研究

李海超
（内蒙古赤峰抽水蓄能有限公司，内蒙古自治区赤峰市 024300）

【摘 要】《保障农民工工资支付条例》对农民工工资支付形式、周期和日期进行了规定，着力规范了总承包单位向农民工支付工资的代发行为，预防总承包单位、分包单位或包工头拖欠农民工工资。同时条例也将多个相关部门纳入进民工保障体系中，并要求建设单位建立民工工资分账制体系，及时向民工工资专用账户拨付人工费，保证人工费用拨付周期不得超过1个月。本文作者结合实际工作经验，对该条例中工资支付形式、周期与工程款结算做以浅析，和大家进行交流探讨。

【关键词】 分账制 支付周期 工程款结算 人工费支付

1 《保障农民工工资支付条例》出台的背景

根据国家统计局发布的《农民工调查监测报告》，我国目前有近3亿农民工，他们常年在外打工，成为推动我国社会现代化建设的重要力量，而在外打工，他们最关注的就是是否能及时发放工资。然而长期以来，由于项目资金不到位，导致拖欠工程款与拖欠农民工工资的事情频频发生；加上建设市场秩序不规范，违法分包，层层转包，挂靠承包等违法违规行为仍十分常见；施工企业自身用工不规范等，更是助长了签订阴阳用工合同或者不签订用工合同等行业乱象，使得民工权益更加得不到保障，每到年底，农民工回家过年时却没钱，因为拖欠民工工资的情况时常发生，在民工讨薪的过程中，发生了不少极端事件，甚至是付出血的代价。

基于上述问题，为实现根治欠薪的目的，国家出台了《保障农民工工资支付条例》，将各部门多年实践探索的有效措施上升为法律规范，为保障民工权益提供了制度支撑和法律保障。

2 《保障农民工工资支付条例》出台后对民工工资支付的影响

（1）在该条例出台前，民工工资发放是没有明确责任主体的，民工工资的发放大多是层层下发，建设单位只承担向施工单位拨付工程款和监督民工工资发放工作的义务，即建设单位将工程款含民工工资支付给施工总承包单位，总承包单位将工程款含民工工资逐一分发至各分包单位，最后由分包单位或者包工头将工资支付给民工，工资要经过多层流转才能最终发放到工人手中，民工拿到工资的时间被无限的拉长，而且在每个环节里，各单位都只对自己的下一层级负责，施工单位认为拿不到工程款可以作为拖欠工资的理由，分包单位也同理，没人对民工负主体责任。

（2）该条例的实施，规定了各责任主体，对建设单位和施工单位有较大影响。其明确规定了支付农民工工资的形式必须是货币，不得使用剩余施工设备和剩余施工材料等抵顶工资；提出施工单位需要进行民工用工实名制登记，与民工签订书面用工协议，并设置专人进行管理；开设农民工工资专用账户，专款用于民工工资发放，存储工资保证金专项用于支付为所承包工程提供劳动的农民工被拖欠的工资，实行施工总承包单位“工资代发”制度，直接缩短了民工拿到工资的时间。

而建设单位则有义务在开工前落实好项目资金，防止施工过程中施工资金链断裂，不能及时拨付工程款和发放民工工资；需要提供工程款支付担保用于特定情况下承担农民工工资清偿；重点是实行工程款和民工工资分账制管理，约定工程款计量周期、工程款进度计算办法以及人工费用拨付周期，按照合同约定及时拨付工程款，人工费及时足额拨付至民工工资专用账户，需要对施工单位民工情况深度介入，足够了解，加强对施工总承包单位是否按时足额支付农民工工资的监督。条例出台后，民工工资发放不再是民工第一层级管理人的事情，而是形成了多方配合，多层次监督的局面。

3 优化结算链条，保证人工费用拨付周期

3.1 人工费支付与工程结算同步进行，缩短结算时间

《保障农民工工资支付条例》实施后，要求建设单位实行分账制，即需要将工程款支付至施工单位项目部账户，人工费支付至民工专户，走两步结算审核，将增加了相关部门做结算的工作量，可能会导致人工费支付至民工专户的时间超期。针对以上问题，为缩短结算时间，在实际工作中摸索出一种方便简洁的方式，对结算流程进行了优化调整，将民工工资支付融入工程款结算流程中，走一遍结算流程，分账支付。

（1）首先充分了解《保障农民工工资支付条例》相关要求后，业主单位、施工单位、监理单位共同协商，制定出一套适合实际操作的新的结算流程。具体操作如下：一是先编制工程款结算报表，施工单位在每月 20 日左右及时联合监理和建设方完成对当月已完工程量的确认，编制结算报表，同步准备工程款结算签证单、验收材料等相关支持性资料，为结算留有足够的时间；二是及时编制人工费结算表，在当月月初，总承包单位的劳资专员及时联系劳务分包单位或现场民工管理人，完成民工上月考勤考核，按照实际出勤天数和合同约定的民工工资标准核算出上月人工费；三是将民工工资结算报表汇总至工程款结算报表，汇总并签订一份结算报表，两张支付审批表，同步进行流转审核、会签，最后由财务分账支付，节省时间。

（2）其次为保证当月结算进度，在保证结算支持性资料具有指向性、可追溯性的前提下，以编号、编码、验收台账等形式简化结算支持性资料，减少支持性资料的收集、复印、整理时间；还将结算申请及审核表格，内容固化，格式调整为一张表格，实现一个单位只流转一次，减少多次跑签的时间。通过上述方式，能够将工程款和人工费同步结算，保证人工费支付时间不超过 30 天。

3.2 做好人工费支付，监督施工总承包单位代发情况，最大限度保障民工合法权益

建设单位在做好分账制，保证按时向民工专户支付民工工资的同时，还应加强对施工总承包单位按时足额支付农民工工资的监督，监督施工总承包单位按照条例约定实行工资代发的情况，规范工资代发行为及流程：由分包单位做好民工工资支付台账后，交付给施工总包单位，总承包单位需二次核实，确认无误后，将人工费结算汇总至工程款结算报表中，待民工工资到账后，由银行根据工资发放表进行民工工资支付。待民工工资支付流程结束，总承包单位将民工工资支付凭证交给分包单位，分包单位留存，还需将民工工资支付凭证复印件给建设单位备案，建设单位核对施工单位民工专户银行流水、民工工资发放台账、民工工资发放确认表是否一致。使得民工工资发放责任明确，流程完整闭合，建设单位、施工总承包单位和分包单位任何一方都不能推脱责任，置身事外。

4 结论

人工费支付与工程结算同步进行，极大限度地保证了民工工资按时发放的时间要求，同时也减轻了施工单位的资金压力，多方面降低拖欠农民工工资的风险，最大限度地保障民工的合法权益。

参考文献

[1] 徐宵健．农民工工资支付法治化问题研究——基于对〈保障农民工工资支付条例〉的解读［J］．山东工会论坛，2021.

[2] 李潇锋．《保障农民工工资支付条例》对不同主体的权利和义务规定［J］．四川劳动保障，2020.11.

[3] 王锐．《保障农民工工资支付条例》规范工资支付行为浅析［J］．劳动保障世界，2020.

[4] 杨小春．如何保障农民工工资依法及时发放——简谈《保障农民工工资支付条例》的施行［J］．中国人力社会保障局，2021（2）：52-53.

浅谈水电工程施工阶段投资控制

严亚丽

（中国水利水电建设工程咨询西北有限公司，陕西省西安市 710075）

【摘 要】工程投资控制作为监理“四控制、两管理、一协调”的一项重要内容，其重要性不言而喻。本文笔者根据多年水电工程监理工作经验，对施工阶段监理投资控制工作进行了分析与总结，对水电工程建设期投资控制有一定借鉴意义。

【关键词】施工阶段 投资控制 影响因素 管控措施

水电工程投资控制，包括项目投资决策阶段、设计阶段，发包阶段、施工阶段和竣工阶段，贯穿于项目建设的全过程。水电工程项目的重要特征之一就是建设周期较长，每个阶段因为自身特点、持续时间、不可复制性等出现各种不可预见因素，进而对工程投资控制构成偏差或干扰。基于投资控制贯穿于项目建设各个阶段，因而视其为一个连续的过程和一项系统工程。在坚持全面控制原则的基础上，更为重要的是针对各阶段特点实施有重点和针对性的动态跟踪控制，在此基础上实现工程建设投资的全过程和全方位控制。

据有关资料显示，不同阶段针对工程投资的影响程度大不相同。在前期投资决策和设计阶段，主要工作包括设定投资目标以及实现目标的方案比选，花费时间及费用支出较少，但对项目全寿命周期成本的影响最大，影响项目投资的可能性高达75%～90%。在项目施工阶段，对于项目总体投资影响程度降低，但此阶段是工程投资实际投入最为密集的阶段。相对于工程前期决策及规划设计阶段，施工阶段的投资控制则意味着“真金白银”，相关措施是否有效以及管控是否到位，直接决定前期设定目标体系能否实现。根据笔者多年从事水电工程施工监理经验，通过分析影响施工阶段投资的主要因素，有针对性采取正确的预控措施，力求实现工程投资最终目标。

1 施工阶段影响投资的主要因素

水电工程具有建设周期长、影响投资控制因素众多等特点，它不仅受到现场地质、水文、季节气候更替及其他自然因素影响，同时涉及对外交通、材料价格波动、社会公共事件等外来因素，众多不确定性构成施工阶段投资控制的体系性风险。除此之外，还有可能受到业主及其他参建者等各种利益纠葛因素影响。在各种复杂因素影响下，水电工程建设过程本身就是一项动态变化直到最后形成实体的过程，也是与自然、与社会相互适应的过程。

1.1 影响投资的主要因素首先是设计变更和工程量变化

在项目可研阶段，由于诸多因素所限，容易导致前期勘探工作不足，基础资料收集不全，使工程地质、水文资料等达不到理想的标准与精度，不能全面客观的反映工程实际情况。近年来，由于外部环境等因素影响，加之前述工程勘察及其他准备工作深度不够，水电工程建设普遍存在边施工边设计的状况。由于前期勘察、设计等准备工作深度受限，施工过程根据实际揭露的地质情况进行调整修改，设计变更导致前期确定的投资控制目标出现偏差。这种现象突出表现在开挖及支护工程中，主要涵盖原始地形的复核、土石分界变化和支护形式的改变等方面。随着地质情况不断揭露，开挖及支护方案逐渐成熟，涉及工程投资愈发变得清晰和趋于稳定。当工程施工从开挖转序到混凝土浇筑时，前述相关不确定因素逐渐消失，对工程投资影响也会相应变小。所以工程投资大的偏差一般都发生在开挖支护施工阶段，也是实施投资控制的关键所在。

1.2 影响投资的另一方面是各种风险事项导致的费用增加

工程施工存在各种风险事项或不确定性，其中包含大量不可抗力事件。不可抗力是指承包人和发包人在订立合同时不可预见，在工程施工过程中不可避免发生并不能克服的自然灾害和社会性突发事件，如地震、海啸、瘟疫、水灾、骚乱、暴动、战争和专用合同条款约定的其他情形。水电工程施工最常见的自然灾害有超标洪水，特大暴风暴雨暴雪台风等，导致施工围堰被冲毁，导流洞、厂房等边坡坍塌，施工现场遭遇泥石流等。2003 年的“非典”和 2020 年的“新冠”疫情，就是典型的社会突发不可抗力事件。因不可抗力事件发生的抢险费用、工程损坏修复费用、恢复施工清理费用以及防疫增加的费用等，必然会引起工程投资增加。如果影响较大，还可能会造成工期延误。在工期延误的情况下如果需要按合同工期完成，还会产生必要的赶工费用。除上述较为典型的不可抗力事件外，还包括异常恶劣的气候条件及不利于施工的物质条件（例如承包人在施工场地遇到的难以预测的自然物质条件、非自然的物质障碍和污染物，包括地下和水文条件等），也对工程施工阶段的投资控制构成直接影响。

1.3 非承包商原因引发的索赔事件

索赔是工程施工阶段经常发生的一种现象。水电工程建设周期较长，客观情况复杂多变，尤其是自然和社会的因素引起突发事件的可能性较大。由于现场施工条件、气候影响以及施工进度计划的调整，诱发合同条款、规范、标准文件和施工图纸等对应实际情况出现较大偏差，在工程建设过程中不可避免出现索赔，引起投资变化。

2 施工阶段投资控制的管控措施

针对上述施工阶段可能影响工程投资的因素，有针对性地提出以下应对措施和建议。

2.1 加强工程计量与支付管理

水电工程施工计量控制的关注重点一般放在开挖阶段。基于前述水电工程施工特点，坝基开挖过程中容易暴露出设计图纸工程量与实际工程量的偏差。为准确反映施工实际情况，监理单位牵头对原始地形的测量及复核工作尤为重要。比较好的做法是，由承包人、监理及业主三方联合测定，再由监理和业主进行独立抽测的方式进行确定。同时将测量成果与设计文件标示的地形进行比较。如超出规范规定范围，需经设计确认，以保证实际开挖量的准确性。

在工程施工实践中，设计图纸提供的开挖土方、石方工程量都是暂估量。在原始地形测量复核完成后，土石方总量基本上可以确定下来，但土石比例还需要在开挖过程中通过土石分界来最终确定。由于土方及石方开挖单价相差甚远，所以土石分界（比例）对工程投资影响较大，也是业主和承包方关注的重点。除此之外，针对不同项目情况，尤其是采取当地材料填筑的堆石坝工程，可能还存在剥离料与有用料分界、有用料与无用料分界，甚至还存在不同填筑料之间在开挖过程中的分界问题，这些分界变化可能都会引起工程投资的偏差。如料源较为复杂的堆石坝工程，其料源管理对于工程投资控制非常重要。建议成立由设计、业主、监理、承包人参建四方共同组成的料源小组，及时对料源情况进行确认和统计，从源头上抓好这项工作。

另外，通过“计量双签”等有效手段控制工程量签证，严把结算关，避免超结现象发生。承包人申报结算的工程量，必须有设计文件（设计图纸、设计通知单等）、监理通知、业主指令等作为结算依据，且必须经监理工程师验收合格、符合支付计量要求的已完工程量，按合同约定的计量方法进行量测，进而按合同清单中的项目单价进行结算支付。

2.2 加强变更管理与控制

由于变更是影响投资的主要因素，所以对变更的管理工作应该前移。在工程设计及重大变更方案出台前，扎实、充分的技术经济论证被视为投资控制的关键。设计或者变更方案确定并正式成文后，对应工程投资情况即已明朗。其后过程的控制仅侧重于单价审核和工程计量的准确性等方面，只要把握好原则，对投资变化基本上不会有大的影响。

施工图纸或设计通知单等设计文件下发后，监理工程师应及时督促承包人对照合同清单，有新增项目的及时申报变更，在申报变更同时，可以同时进行设计施工图纸与合同清单投资对比分析。监理工程师在审核包括费用在内的工程变更时，应严格以合同为依据，按照合同报价基础取费进行单价审核。

2.3 针对不可抗力事件导致工程投资变化的管控

不可抗力事件发生后，发包人和承包人均应采取措施尽量避免和减少损失的扩大。任何一方没有采取有效措施导致损失扩大的，应对扩大的损失承担责任。面对不可抗力事件造成的后果，项目参建各方尤其是承包方，应及时认真统计所造成的损失，收集证据，为后续费用处理提供依据。关于不可抗力事件导致人员伤亡、财产损失、费用增加和（或）工期延误等后果，在国内水电工程施工合同条款中一般有明确约定，由合同双方按共同分担的原则进行处理：①永久工程，包括已运至施工场地的材料和工程设备的损害，以及因工程损害造成的第三者人员伤亡和财产损失由发包人承担；②承包人设备的损坏由承包人承担；③发包人和承包人各自承担其人员伤亡和其他财产损失及其相关费用；④承包人的停工损失由承包人承担，但停工期间应监理人要求照管工程和清理、修复工程的金额由发包人承担；⑤不能按期竣工的，应合理延长工期，承包人不需支付逾期竣工违约金。发包人要求赶工的，承包人应采取赶工措施，赶工费用由发包人承担。但也有合同例外，不能一概而论。

2.4 建立索赔及投资风险预测管控清单，强化事前控制

根据施工合同实施不同阶段，定期对合同履行情况进行对比和分析，及时发现或预测可能出现的合同争议和索赔事件，形成索赔与投资风险预测管控清单。通过笔者在老挝南欧江某水电工程的工程实践，监理工程师提供的预测管控清单中，针对可能发生索赔事件、事件描述、可能引发费用、工期索赔及需采取的相关措施进行分析汇总，进而采取主动控制手段强化事前管理，取得了良好效果。预测管控清单为实施事前控制奠定了基础，可以在施工过程中重点关注、提前规划，尽量减少各种风险事件导致索赔事件的发生。在合同纠纷难以避免的情况下，监理工程师通过强化过程管理，做好过程记录，也在很大程度上促进索赔事件和合同争议的顺利解决。多年工程监理实践表明，充分重视风险预测及事前控制，有些索赔事项或风险可以通过其他手段化解，从而将经济损失降低到最低程度。大量合同争议事项的处置也离不开过程记录准确详实和事实清晰，通过监理工程师专业、尽职的工作，促使索赔事件和合同争议事项得到公平公正地解决，赢得业主和承包方双方满意的良好效果。

2.5 建立完善预控工程量台账，深化投资分析

预控工程量台账以合同清单为基础，以设计文件为依据，主要包括设计图纸工程量、设计通知单变更工程量、经四方确认的地质缺陷工程量、按监理或业主指令完成的其他工程量等。预控工程量台账是以目前已有设计图纸及变更通知单为依据编制的。施工过程实际情况发生变化，相关内容依据设计通知单实时动态更新。所以预控工程量不是固定值，将随着工程设计不断深入同步变化调整。在工程施工尚未全部完成前，预控工程量仍将处于动态调整的过程，主要依据施工过程是否发生变更或增减工作内容。随着工程设计深度不断加深，施工过程的不断进展，预控工程量清单将会愈加清晰，工程投资将会趋于稳定，最终可达到与竣工工程量一致的效果。

通过预控工程量管理台账，定期进行投资分析，将当期实际投资与目标值进行比较，可较为准确地分析当期投资情况。同时有助于监理工程师随时掌握投资增减变化，做到心中有数。针对投资控制出现的偏差，及时、准确分析出投资变化的原因，便于采取有效措施加以控制，以保证工程投资目标的实现。

3 结语

施工阶段是工程建设的重要阶段，是将设计理念变成实体产品的整个过程。结合我国水电工程现行建设体制，监理作为参建者身份一般出现在项目建设实施阶段，也就是施工阶段。监理工作重点一般都放在安全、质量和进度控制上，对投资的关注度相对较低。经过近年来的发展变化来看，建设单位越来越重视资金计划的使用与控制，投资控制工作的重要性也越来越突显出来。笔者根据多年水电工程监理工作经验，对施工阶段投资控制工作进行了分析与总结，希望能够给大家提供参考意见。

松花江流域集控中心建设与发展论证

鲁春梅
（松花江水力发电有限公司吉林白山发电厂，吉林省吉林市 131400）

【摘 要】本文依据现在流域集控中心的建设情况，研究通信技术、计算机技术的发展，分析《国网东北分部绿源水力发电公司流域集控中心建设工程计算机监控系统实施方案》，论证松花江流域集控中心建设的必要性和可行性。

【关键词】流域集控 监控系统 数据采集 现场控制

0 引言

大渡河流域、雅砻江流域和澜沧江流域都已经建设了流域集控中心，白山发电厂计算机监控系统也实现了远程监控。本文研究流域集控，在白山发电厂计算机监控系统的基础上，实现松花江流域集控，然后逐渐接入敦化、蛟河抽水蓄能电站，形成松花江流域集控群。

1 流域集控中心发展情况

1.1 流域集控中心建设情况

自 1998 年白山发电厂建设一流水电厂开始，东北的水电站开始探讨、研究计算机监控系统，主要是实现“无人值班、少人值守”，创建一流水电厂。白山发电厂第一代计算机监控系统开始建设，主要是在桦甸市集中控制白山一期、白山二期和红石电站，形成一厂两站三地集中控制模式。

随着国家水电建设的发展，在大渡河流域、雅砻江流域和澜沧江流域逐渐形成“流域规划、梯级开发”局面，流域集控逐渐产生，同时提出“流域集控、无人值班，少人值守”原则，最终实现智能水电站。

1.2 松花江流域开发建设情况

东北主要的两大流域——松花江流域和鸭绿江流域已基本开发建设完成，尤其是松花江流域形成了松江河发电厂（小山、双沟、石龙电站）、白山发电厂（白山一期、白山二期、白山三期和红石电站）和丰满发电厂，并在建设敦化抽水蓄能电站、蛟河抽水蓄能电站，具备流域集控的条件，形成松花江流域集控群（如图 1 所示）。

2 松花江流域集控中心建设

松花江流域集控中心主要开发以下系统：计算机监控系统、水调系统、电量采集系统、工业电视系统和五防系统，下面主要论述计算机监控系统。

2.1 设计原则

（1）计算机监控系统的硬件性能和软件功能及数据库容量满足松花江流域电站的接入，同时保留扩展能力，考虑后期敦化抽水蓄能电站、蛟河抽水蓄能电站的信息接入，能根据系统负载变化灵活升级、扩充硬件和调整软件功能。

（2）系统模块的建设符合电力监控系统安全防护相关规定，保证白山发电厂、松江河发电厂和丰满电厂生产一区、二区独立性，抗攻击性。

（3）由于白山发电厂现地单元是北京水科院开发，松江河发电厂现地单元是辽宁电科院开发，其他电厂可能还会有其他单位开发的第三方软件，所以要求集控中心计算机监控系统支持各种应用软件及功

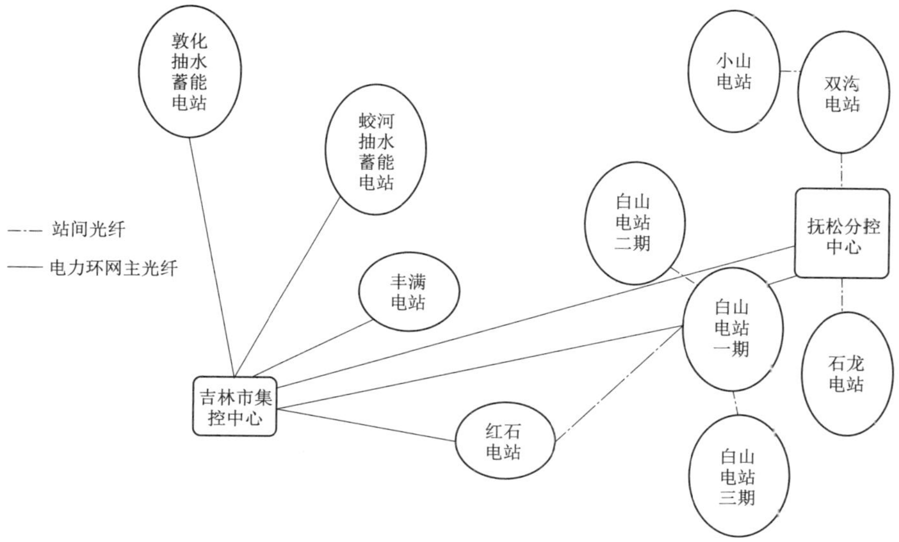

图1 松花江流域电站集控框架示意图

能的开发应用，支持第三方软件在系统上无缝集成和可靠运行，支持数据网络通信，并能方便地与其他系统通信。

(4) 系统高度可靠、冗余，其本身的局部故障不应影响现场设备的正常运行。

2.2 主要任务

对松花江流域梯级各电站发电设备进行远程自动监视，并按东北电力系统调度要求及梯级各电站的运行要求，具备对梯级各电站的相关设备进行自动控制管理，确保远程集控模式下梯级各电站所有机电设备安全、可靠运行。

2.3 监控结构

2.3.1 系统总体结构

松花江流域集控中心计算机监控系统架构将分为三个层次：

(1) 集控层：通过主备用通道构成整个松花江流域监控的主干网。在该主干网上连接流域集控中心、流域电站的计算机监控系统的网络交换设备和计算机设备。丰满发电厂、松江河发电厂已经接入东北电力骨干通信网，可以直接接入白山发电厂集控中心。

(2) 厂站层：为控制各个电站设备控制构成的控制子网，也就是流域各电站内部的计算机监控系统网络，通常为100M/1000M的工业以太网。白山发电厂、松江河发电厂和丰满发电厂建设结构略有不同，但接入不受影响。

(3) 现地层：现地设备控制层，可采用现场总线或工业以太网。现在白山发电厂、松江河发电厂和丰满发电厂都是PLC控制单元。

2.3.2 监控系统应具备的控制调节方式

松花江流域集控中心建设，将延续当前的调控模式，同时集控中心计算机监控系统控制调节保留如下常规方式：电网调控方式、集控调控方式、厂站调控方式。

控制、调节权限按厂站层、集控层的顺序从高到低，控制、调节的权限通过切换开关或软功能键切换，应有相应的闭锁条件。当由于故障使得梯级电站与集控中心联系中断时，可通过电站控制室的操作员站或现地LCU对电站机组进行控制。

2.4 主要功能

2.4.1 数据采集和处理

(1) 数据采集：

1) 自动采集对各梯级电站进行监视控制所需的各梯级电站的信息，至少包括实时运行数据、实时计算数据、历史数据和记录数据等。

2）自动接收东北电网调度机构下达的各梯级电站调度计划（水库调度、发电调度、防洪调度等）及各种命令信息。

3）自动接收优化东北调度系统制订的各梯级电站调度计划（水库调度、发电调度、防洪调度等）及各种命令信息。

4）接收操作员手动输入的数据信息，判断数据是否在合理区间后执行。

5）集控中心与各梯级电站之间数据采集方式在满足智能集控发展需要下具备支持IEC 61850规约功能。

（2）数据处理：

1）运行数据存盘，历史数据保存，形成各类历史数据，保证数据的连续。可利用存储载体进行数据备份。

2）进行趋势分析量的记录。

3）事件顺序记录及处理。

4）事故追忆和相关量记录。

5）有关数据的计算。

6）各梯级电站主/辅设备、继电保护和自动装置运行有关参数统计和记录。

7）生成各梯级电站各类运行报表。

8）各梯级电站分时电量记录和各梯级电站有功功率、无功功率总加记录。

9）对采集到的各梯级电站的各种数据进行分析和处理，并向电网调度机构传送。

2.4.2 自动发电控制（AGC）

自动发电控制，由东北调度直发至电站，在电站侧分配实施，增加AGC控制方式，固定负荷下达或者频率调整。

2.4.3 监视对象

松花江流域集控中心操作员能够通过计算机监控系统人机接口设备对各梯级电站监控对象进行监视。监视的量包括但不限于以下：

（1）各梯级电站进水口和枢纽泄洪的金属结构和相应建筑物的运行状态、参数和运行操作的监视。

（2）各梯级电站主要设备、开关站设备及主要辅助设备、公用设备的运行状态和参数、运行操作的实时监视。例如：母线电压、频率、有功功率、无功功率、输电线路潮流、有过负荷可能的线路电流、一些重要的非电量、水位、越限报警、状变等。状态变化分为两类，一类为自动状态变化，即由自动控制或保护装置动作而导致的状态变化；另一类为受控状态变化，由计算机监控系统的命令所引起的状态变化。

（3）监视机组开、停机过程。在显示器上显示过程的主要操作步骤，当发生过程阻滞时，在显示器上显示阻滞原因，并将机组自动转换到安全状态或停机。其他各种自动过程监视。

（4）各梯级电站计算机监控系统运行状态、运行方式及系统状况监视。

（5）通信通道监视，计算机监控系统应能监视通信通道（包括交换机、路由器、光纤等），对冗余通道应能自动或手动切换。

（6）集控中心操作员监视的手段多样化，例如：屏幕显示数据、文字、图形、曲线和表格等；事故或故障的音响、语音、电话报警；大屏幕显示、打印输出等。

3 松花江流域集控中心其他系统建设

松花江流域集控中心的建设要以计算机监控系统为基础，逐渐融入水调系统、电量采集系统、工业电视系统和五防系统。由于水调系统、电量采集系统、工业电视系统和五防系统多为第三方开发，计算机监控系统主要是南瑞和北京水科院开发，水调系统、电量采集系统、工业电视系统和五防系统的融入还需要一些工作。

白山发电厂、松江河发电厂和丰满发电厂都已经形成了成熟的水调系统和电量采集系统，可以先在流域集控中心建设水调系统，在融入计算机监控系统。

工业电视系统和五防系统各梯级电站应用不一，开发单位较多，可以在以后的系统改造是逐步统一，再融入计算机监控系统。

4 结论

通信技术的高速发展，保证了远程数据传输实时性；计算机技术的发展，保证了数据处理的准确定。随着各大流域集控中心的建设与投入，流域集控中心的建设技术基本成熟，松花江流域在白山发电厂计算机监控系统的基础上，可以逐渐接入松江河发电厂、丰满发电厂，敦化抽水蓄能电站等，逐渐形成松花江流域集控中心，实现松花江流域电站集中监控。

5 松花江流域集控中心建设未来展望

随着松花江流域集控中心的建设，白山发电厂、松江河发电厂、丰满发电厂和敦化抽水蓄能电站、蛟河抽水蓄能电站以及后续建设的清洁能源电站都可以在吉林市集中控制，实现“多元开发、集中监控”的局面，电站实现“无人值班、少人值守”，最终实现“无人值守”目标。打破电厂管理壁垒，最后利用适量的精干、专业的职工实现所有电站运行与维护。

关于保障农民工工资支付的思考与实践

张 亮
（内蒙古赤峰抽水蓄能有限公司，内蒙古自治区赤峰市 024000）

【摘 要】 2020年5月1日《保障农民工工资支付条例》施行以来，建筑企业如何依法维护农民工权益，怎样保障农民工工资支付，受到国家、社会的广泛关注，本文在当今形势下，对农民工工资支付进行思考，结合芝瑞电站农民工管理情况，对农民工工资支付的重点、难点进行分析，归纳总结一系列落实民工工资支付条例的相关管理经验。

【关键词】 建筑企业 农民工 工资支付 条例

1 保障农民工工资支付的意义

随着社会主义现代化建设的推进，抽水蓄能行业大规模发展，越来越多的项目陆续开工，有效拉动了内需，创造更多的就业岗位，本应是拉动国民经济的有效措施，但是，在工程建设项目管理环节中的种种问题，还是不可避免造成拖欠民工工资的现象。十八大以来党和国家高度重视保障农民工工资支付问题，研究出台了《保障农民工工资支付条例》（以下简称《条例》），以立法为手段，以根治欠薪为目的，坚持源头治理、防治结合，建立健全欠薪零容忍的制度体系。近年来，随着国家、社会对于工程建设领域关注点的变化，对保障农民工工资支付管理提出更高要求，农民工是推动我国工程建设的重要组成力量，他们付出辛勤劳动必须及时、足额的获得劳动报酬。

2 关于参建各方的责任与义务的思考

从《条例》来看，农民工工资支付管理分为三级管理：分级监管，分包单位对民工工资管理和发放付直接责任总承包单位对分包单位付监督责任，并在发生拖欠工资时，由总承包单位负责先行发放；建设单位则是监督总承包单位，及时支付工程款，作为民工工资支付的源头保障。

建设单位应当向施工单位提供工程款支付担保，按照合同约定及时拨付工程款，并将人工费用及时足额拨付至农民工工资专用账户，加强对施工总承包单位按时足额支付农民工工资的监督。以项目为单位建立保障农民工工资支付协调机制和工资拖欠预防机制，督促施工总承包单位加强劳动用工管理，妥善处理与农民工工资支付相关的矛盾纠纷。发生农民工集体讨薪事件的，建设单位应当会同施工总承包单位及时处理，并向项目所在地人力资源社会保障行政部门和相关行业工程建设主管部门报告有关情况。

施工总承包单位应当按照有关规定开设农民工工资专用账户，专项用于支付该工程建设项目农民工工资，在工程项目部配备劳资专管员，建立用工管理台账，对分包单位劳动用工实施监督管理，掌握施工现场用工、考勤、工资支付等情况，审核分包单位编制的农民工工资支付表。按照有关规定存储工资保证金，专项用于支付为所承包工程提供劳动的农民工被拖欠的工资，分包单位拖欠农民工工资的，由施工总承包单位现行清偿，在依法进行追偿。

分包单位对所招用农民工的实名制管理和工资支付负直接责任，按照与农民工书面约定或者依法制定的规章制度规定的工资支付周期和具体支付日期编制书面工资支付台账，足额支付工资。

3 农民工工资支付难点分析

3.1 建设单位工程款结算办理周期较长

大部分基建项目结算办理周期为两个月，承包单位根据上月完成工程量提报结算材料，当月经监理单位、业主单位审核无误后，25日前报下月预算，下月25日前完成支付。所以结算时段距支付时段相差至少一个月，不能保证及时发放上月工资。

3.2 施工总承包对分包队伍管理不到位

结算管理方面，施工总承包单位没有按月对劳务分包队结算，劳务分包队伍没有垫付能力，导致无法及时发放农民工工资。人员管理方面，施工总承包单位对进场人员信息更新不及时，进退场时间不清楚，导致民工工资申请金额不足。监督管理方面，缺少监督手段，由于劳务分包队刻意隐瞒，拖延农民工工资发放，将民工工资挪作他用。

3.3 分包队伍管理水平不足

管理人员办理结算手续慢，导致农民工工资发放不及时；工资发放管理混乱，通过手机软件转账、现金发放、他人代领等方式众多；现场人员流动性大，没有有对进、退场的农民工及时统计备案，导致工资发放不足；不按用工合同约定金额发放工资，拖欠农民工工资，最后工作结束一次性发放。

3.4 农民工维权意识不强

一方面，农民工大多受教育程度不高，对现行的工资支付政策、对自己的合法权益不了解，也缺少了解的渠道；另一方面，农民工大多常年跟着一个包工头，有内部达成的口头协定，对用工合同并不在意，所以当拖欠民工工资发生时，不懂得依法维护自己合理获得劳动报酬的权利。

4 农民工工资支付管理措施

4.1 缩短结算周期，确保民工工资支付及时性

根据芝瑞电站实际操作经验，将结算流程进行优化，对当月完成工程量及时进行签证确认，并对投资进行动态跟踪，在25日前完成下月投资统计，并完成上报下月预算，有效将结算周期缩短一月，确保30日内将当月农民工工资支付至农民工工资专用账户。

4.2 推行施工总承包单位代发制

经过实际对农民工工资发放情况的检查证明，每个分包队伍内部利益分配复杂，施行代发制是保障农民工工资及时、足额发放的关键，要求分包队伍进场前必须为每位农民工办理银行卡，施工总承包单位单独设立农民工工资专用账户，对所有劳务分包队伍农民工工资进行代发，将农民工工资支付与劳务分包队伍的结算单独开，既可以通过银行流水监督民工发放情况，也避免分包队伍后挪用、拖欠民工工资，切实保障农民工工资支付到个人。

4.3 指导分包队伍建立、完善农民工用工管理体系

对《条例》进行宣贯，首先及时对进场农民工进行实名制登记、备案，根据进场人员订立农民工用工合同，及时更新农民工工资支付台账，做好农民工工资发放记录。最终做到进场人数与合同数量一致，合同数量与申请支付人数一致，申请支付人数与实际银行流水一致，建立环环相扣的循环式印证体系。有效提高对农民工工资发放情况的掌控力，保证农民工工资和支付准确度。

4.4 检查农民工工资发放情况

每季度对农民工工资发放情况进行检查，不定期抽查，核对农民工资料信息的王确性、准确性；用工合同工资支付周期、方式、标准等关键信息是否齐全；银行流水是否按照合同约定进行工资发放，记录检查问题、提出整改意见，施工总承包单位最终对整改情况形成反馈报告。

5 结论

芝瑞电站对《条例》的落实重视程度较高，条例施行以来，一直在发现问题、解决问题的过程中进行管理方式的改进与提高，无论是缩短结算周期，提质增效，还是厘清、建立整套农民工用工管理体系，都为农民工工资支付条例的落实提供了实践经验。

工 程 设 计

光纤光栅监测系统在抽水蓄能电站水道系统中的应用

崔海波　刘宝昕　王永晖
（中国电建集团北京勘测设计研究院有限公司，北京市　100024）

【摘　要】抽水蓄能电站采用光纤光栅监测系统进行水道系统应力应变及温度监测，与常规监测方式相比，可简化水道监测系统，节省大量的监测电缆，方便施工期观测，同时为后期工程监测自动化系统局域网提供的通信通道，降低监测子系统间的组网难度，节省了工程投资。

【关键词】抽水蓄能电站　水道系统　光纤光栅　监测　自动化

1　引言

抽水蓄能电站水道系统常位于山体内，贯通上、下水库与地下厂房，其工程特性决定了电站建筑物空间分布范围广、距离远、高差大。安全监测采用常规电类传感器，通常每支仪器需要一根专用电缆，电传信号容易受干扰及衰减，传输距离有限，对于水道系统，需设法将监测电缆就近引出；水道系统监测站常设置在上水库进/出水口、施工支洞封堵段外、地下厂房周圈廊道、调压井井口、下水库进/出水口等部位，不能集中观测；若要建立自动化监测系统，则施工支洞封堵段外、调压井井口以及地下厂房周圈廊道的监测站，因位于地下或深山，其供电和数据传输将十分困难，甚至部分传感器无法实现自动化监测；另外在上水库、下水库和地下厂房之间建立自动化监测系统专用通信线路也存在困难。光纤光栅监测系统较好地解决了上述问题，一定程度上改善了抽水蓄能电站水道监测系统的状况，也为自动化监测系统的建立提供了便利。

2　光纤光栅传感系统概述

2.1　光纤光栅传感器

常见的光纤传感器技术主要有几种：法布里-帕罗空腔光纤传感技术、布拉格光纤光栅（FBG）传感技术、低相干涉光纤传感技术、拉曼散射分布式光纤传感技术和布里渊散射分布式关系传感技术。这些光纤传感器技术均是通过光纤传感器将被测物理量转化为光信号，对光信号某一特征量进行测定，根据该特征量与被测物理量的特定关系，计算得出被测物理量的精确变化量。光纤传感器通过光信号实现物理量的监测，与常规电测传感器相比，具有传输距离远、抗电磁干扰能力强、耐腐蚀、防雷等优势，逐渐在工程监测中得以应用，见表1。

表1　　常规电类传感器和FBG光纤光栅传感器性能对比

类　型	常规电类传感器	FBG光纤光栅传感器
信号传输距离	0.1～2km	35km
损耗	—	0.20dB/1km（优质单模光纤）
传感器供电要求	需供电	无
绝缘要求	高	无
抗电磁干扰能力	一般	极好
耐腐蚀	一般	很好
防雷	差	极好

光纤光栅传感器是一种点式光纤传感器，传感器的两块光栅组合形成莫尔条纹，如图 1 所示。被测物理量变化引起光栅移动，光栅的移动距离通过光电检测系统对移过的莫尔条纹进行计数、处理后自动测量出来。传感器安装埋设方式与常规电测类传感器基本相同，两端出纤的光纤光栅传感器可从任一端进行测量，并可多支传感器串联后进行远距离传输，不但使仪器的成活机会提高了一倍，还成倍的减少了传输介质的数量，并且突破了常规电测类传感器传输距离的瓶颈，可进行动态测量，成本也相对低廉。并具有常规电测类传感器所不具备的优势，尤其为抽水蓄能电站水道系统监测提供了新的选择。

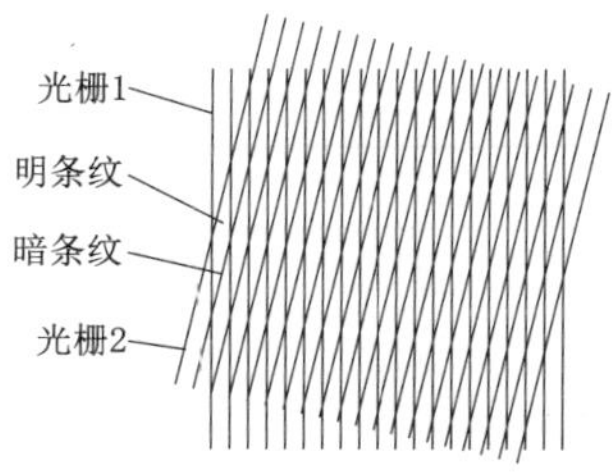

图 1 莫尔条纹图形

2.2 光纤光栅监测系统

光纤光栅监测系统主要由宽带光源、信号传输光纤、光纤光栅传感器、信号解调等组成[1]。其工作流程是宽带光源产生的光波作为载波经入射光纤传输到传感器，光波的某些特征参量在传感器内被外界物理量所调制，含有被调制信息的光波经出射光纤传输到光电转换部分，经调解后得到被测物理量的大小和状态。

抽水蓄能电站水道光纤光栅 FBG 监测系统，考虑了施工期临时观测、充水调试期动态自动观测、电站监测自动化系统局域网通信等，系统典型布置包括：至少一台计算机、若干 FBG 监测传感器、多通道光纤光栅解调仪、单模多芯铠装主干光缆和单模单芯铠装连接光缆等[2]，如图 2 所示。

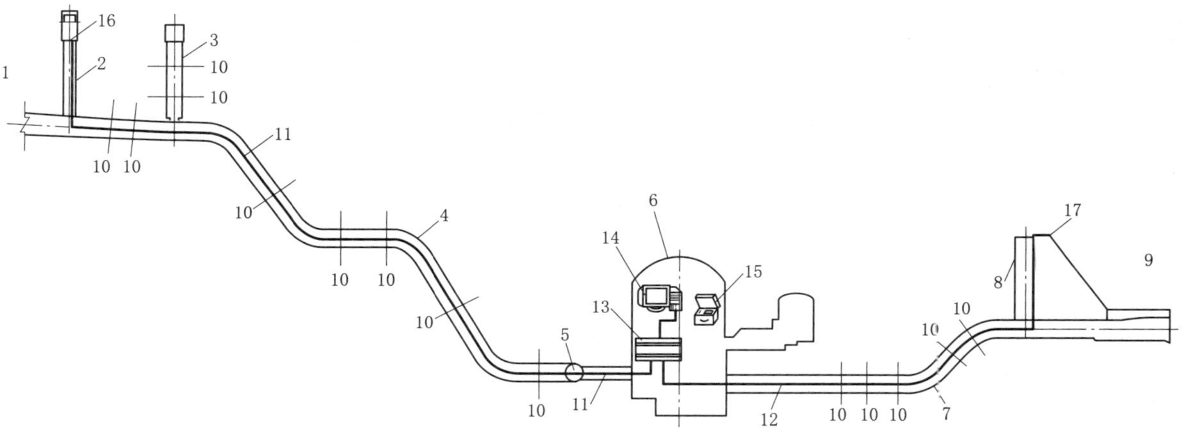

图 2 抽水蓄能电站水道监测系统典型布置示意图

1—上水库；2—上水库闸门井；3—引水系统调压井；4—引水系统；5—岔管；6—地下厂房；7—尾水系统；8—下水库闸门井；9—下水库；10—水道系统监测断面，布置 FBG 光纤光栅传感器；11—引水系统主干光缆；12—尾水系统主干光缆；13—多通道光纤光栅解调仪；14—计算机；15—便携式光纤光栅解调仪；16—至上水库监测室；17—至下水库监测室

3 工程实例

3.1 工程简介

某抽水蓄能电站为Ⅰ等大（1）型工程，总装机容量 1200MW，额定水头 521m。电站枢纽主要由上水库、水道系统、地下厂房系统、下水库工程组成。水道系统总长 2.3km，由上水库进/出水口、引水隧洞、引水调压井、高压管道、尾水隧洞和下水库进/出水口组成，引水系统采用一管两机方式，尾水系统采用一洞一机方式，直进直出厂房。

3.2 监测项目及仪器类型

尽管光纤光栅传感器技术上已较为成熟，但在抽水蓄能电站水道系统鲜有应用，因此，该工程谨慎地在应力应变和温度类监测项目上选用了光纤光栅（FBG）传感器。

水道系统监测部位包括引水隧洞、引水调压井、高压管道、尾水隧洞及上下库进/出水口，监测断面衬砌类型包括钢筋混凝土衬砌和钢板衬砌，设置的监测项目及仪器类型汇总，见表2，另外结合排水廊道对水道的外水压力及渗流量进行了监测。

表2　水道系统安全监测项目及仪器类型汇总表

序号	监测类别	监测项目	仪器类型	备　注
1	变形	围岩内部变形	振弦式	
		接缝变化	振弦式	
2	渗流	渗透水压力	振弦式	
		地下水位	—	测压管
		渗流量	—	量水堰
3	应力应变和温度	钢板应力	FBG	
		混凝土应力应变	FBG	
		温度	FBG	
		钢筋应力	FBG	
		锚杆应力	FBG	
		压应力	振弦式	
4	环境量	调压井水位	压阻式	

3.3　断面设置及仪器接入

水道系统围岩以Ⅱ、Ⅲ类为主，局部穿越断层、破碎带等部位为Ⅳ～Ⅴ类围岩，安全监测选择围岩条件相对较差和有代表性的部位设置监测断面。监测断面分布于1号和2号引水系统的上平段、调压井、上斜井、中平段、下斜井、下平段、岔管段，1号和3号尾水系统的下平段、斜井段，3号和4号尾水闸门井。水道系统共布置监测断面33处，子断面合计58个，共布置光纤光栅（FBG）传感器369支。具体详见表3。

表3　A电站水道系统监测断面及仪器数量统计表

工程部位	主断面/(处/个)	辅助断面/(处/个)	电类传感器/(点/支)	FBG传感器/(点/支)
1号引水系统	11/23	4/4	112/177	160/184
2号引水系统	6/15	1/1	72/109	79/92
1号尾水系统	2/4	3/3	30/42	36/40
3号尾水系统	3/5	3/3	32/51	47/51
4号闸门井	0	0	2/8	2/2
合计	22/47	11/11	248/387	324/369

对于光纤光栅（FBG）传感器，按监测断面逐个进行串接后，再与主干光缆的光纤进行“U”形熔接。每根光纤最多可接入传感器的数量，根据光纤光栅解调仪的带宽所能容纳传感器的最小带宽的数量确定；传感器的最小带宽基于工作带宽，并考虑传感器缓冲区带宽及制作误差带宽最终确定。该工程采用的光纤光栅解调仪的带宽为40nm，经综合考虑传感器占用的最小带宽按2nm考虑，每根光纤最多可接入20支传感器，对于含温补光栅的传感器则只接入10支传感器。

3.4　主干光缆芯数及敷设线路

3.4.1　确定主干光缆芯数

主干光缆采用单模多芯铠装光缆，每条需监测的隧洞设置一根。主干光缆芯线数根据所在隧洞的传感器数量、每根光纤拟接入的传感器数量、隧洞设置监测断面的个数、每个断面传感器的数量初定，并考虑有效利用光纤光栅解调仪的通道数以及留足备用芯线、统一主干光缆芯数等因素最终确定。以本工程 1 号引水系统为例，通常确定主干光缆芯数有三种方式：

方式一：根据 FBG 传感器总数量确定。本工程 1 号引水系统 FBG 传感器数量最多，为 184 支，考虑温补光栅，每根光纤按最多可接入 10 支传感器计算，则主干光缆需要 19 根光纤。该方式确定了光缆的最少芯线数，可充分利用接入光纤的解调仪通道，但监测断面间调配的工作量大，不利于施工和管理，除非解调仪通道资源紧张，一般仅作为参考，不作为最终结果。

方式二：根据 FBG 传感器监测断面个数确定。本工程 1 号引水系统共有监测断面 27 个，其中布置有 FBG 传感器的监测断面有 21 个，断面内 FBG 传感器不足 5 支的有 2 个，5～8 支的 13 个，10～15 支的 3 个，15～20 支的 2 个，22 支的 1 个，按每根光纤最多接入 10 支传感器，不考虑断面间共用光纤，则主干光缆需要 28 根光纤。该种方式确定了光缆较为宽裕的芯线数，便于施工和管理，但对于接入传感器数较少的光纤，难免浪费了解调仪的通道资源。

方式三：在方式二的基础上进行优化调配。一是对于传感器数量（或余数）均少于 5 支的两个监测断面可共用 1 根光纤；二是对于传感器数量（或余数）之和小于 10 的两个监测断面可共用 1 根光纤。按前者调配，则主干光缆可优化为 25 芯。调配后，解调仪通道资源得以高效利用，施工和管理也较为方便。

在上述计算方式的基础上，考虑为监测自动化系统提供通道以及统一采购降低费用等原因，本工程 1 号和 2 号引水系统、1 号尾和 3 号尾水系统均采用 32 芯主干光缆。

3.4.2 主干光缆敷设线路

分别沿 1 号引水系统和 2 号引水系统各设置一条 32 芯主干光缆，上水库端分别从上水库两个进出水口闸门井引出，最终引至上水库值班房监测室，厂房端分别经高压支管沿地下厂房上游边墙最终引至副厂房监测室。

分别沿 1 号尾水系统和 3 号尾水系统各设置一条 32 芯主干光缆，下水库端分别从下水库 1 号、3 号尾水闸门井引出，沿左岸库顶公路电缆沟引至拦河坝值班房监测室，厂房端分别经 1 号、3 号尾水管沿地下厂房下游边墙最终引至副厂房监测室。

3.4.3 兼顾监测自动化系统局域网通信

水道系统光纤光栅监测系统主干光缆的敷设线路，除了满足水道系统监测外，同时兼顾监测自动化系统局域网通信。本工程监测自动化系统设置三个监测管理站，分别位于上水库值班房监测室、地下厂房副厂房监测室和下水库值班房监测室，与水道光纤光栅监测系统主干光缆的两端在同一房间。自地下副厂房监测室至下水库值班房监测室和上水库值班房监测室，各有两根光纤光栅监测系统的 32 芯主干光缆连通，均可提供至少 2 芯光纤供监测自动化系统组网使用。

3.5 观测

系统配备便携式光纤光栅读数仪，方便施工期对未接入主干光缆的 FBG 传感器进行人工观测。FBG 传感器接入主干光缆后，通过中速光纤光栅解调仪，在计算机上即可实现施工期的自动观测。

光纤光栅监测系统除可进行常规的静态监测外，还可进行动态连续监测，如获取水道系统充放水、机组调试、机组甩负荷试验等快速工况过程中的连续监测数据，从而捕捉到瞬间极值，以判断水工结构在快速工况下是否安全。

4 监测成果

在 1 号机组甩 100％负荷过程中，利用光纤光栅监测系统获取了高频次的动态监测数据。图 3 是 1 号机组甩 100％负荷过程中截取的 5 分钟内岔管主管监测断面 7 个钢板应力测值的过程曲线。对常规电类传感器来计是难以实现的。

图 3 给出 1 号机组甩负荷全过程钢板应力变化情况，监测频率设置为每 5s 采集一次，从图中可以看出，钢板应力在机组甩负荷后出现第一次极大值和极小值后，其相应峰值即逐渐衰减，在经过约 40s 后逐渐回复到甩负荷前的应力状态，甩负荷过程中钢板应力值最大波动幅度约 10MPa。

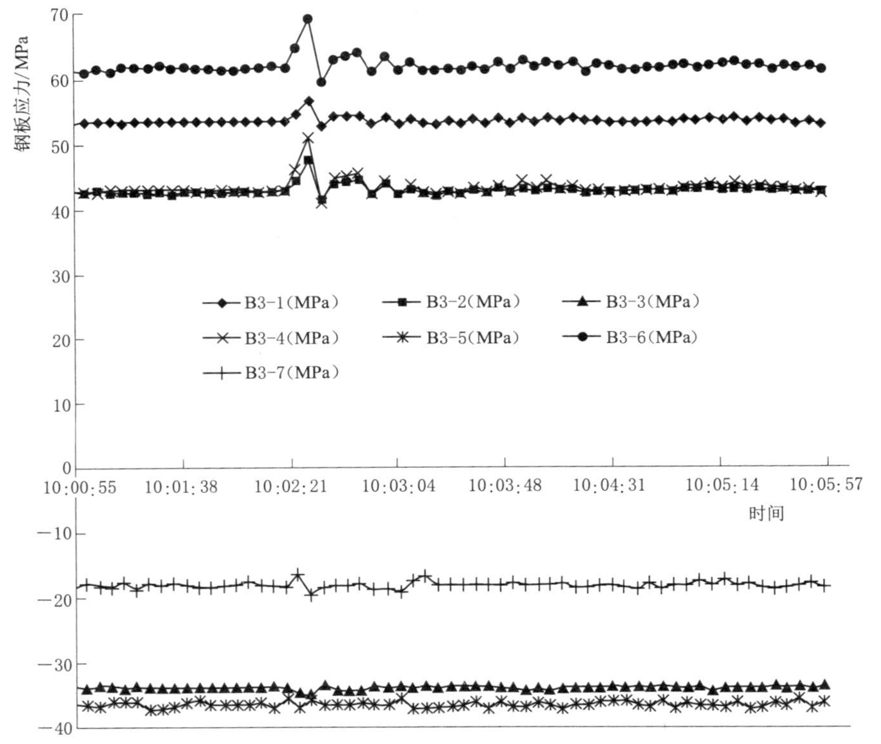

图 3　1 号机组甩 100%负荷过程中岔管主管钢板应力变化过程曲线

5　结语

（1）光纤光栅监测系统应用于抽水蓄能电站水道系统，并兼顾监测自动化系统局域网通信，较常规监测方式，节省了大量的监测电缆，简化了水道监测系统，降低了监测子系统间的组网难度，节省了工程投资。

（2）采用光纤光栅传感器，突破了常规电类传感器传输距离的瓶颈，其传输距离远远超出了抽水蓄能电站水道系统的长度，该光纤光栅监测系统模式可以应用到其他蓄能电站。

（3）水道光纤光栅监测系统能够在施工期及早实现静态和动态自动监测，在水道系统初次充水过程中、机组调试及甩负荷过程中，方便进行高频次或连续动态监测，能够捕获瞬间极值，对于监控结构安全具有重要意义。

参考文献

[1]　水电水利规划设计总院. 水工设计手册 第 11 卷 水工安全监测［M］. 2 版. 北京：中国水利水电出版社，2013：33－34.

水库沥青混凝土面板智能喷淋冷却系统关键技术研究与应用

阳春树[1]　赵　铁[1]　刘　岩[2]
（1. 中国电建集团北京勘测设计研究院有限公司，北京市　100024；
2. 内蒙古呼和浩特抽水蓄能发电有限责任公司，内蒙古自治区呼和浩特市　010050）

【摘　要】 本文针对水库沥青混凝土面板智能喷淋冷却系统特点，经过工程调研，在总结国内外水库沥青混凝土面板喷淋冷却系统技术水平的基础上，进行多方案技术研究，提出一种能适应水库特别是抽水蓄能电站水库水位变幅大、库周较长要求，且智能化程度和安全可靠性高、节能环保的喷淋冷却系统，并在呼和浩特抽水蓄能电站上水库喷淋冷却系统中成功应用，可为同类工程提供借鉴。

【关键词】 沥青混凝土面板　智能　喷淋冷却　研究　应用

0　引言

水库面板上的沥青混合料，夏天阳光直射时，其表面温度可达到70℃以上。国内外沥青混凝土面板工程大多发生过斜坡流淌现象，有的沥青混凝土面板工程斜坡流淌情况极为严重，以至于不得不铲除面板，重新修建。因此，为防止沥青混凝土面板在高温季节发生流淌，需设置夏季喷淋降温保护系统，利用水的流动及蒸发带走热量，降低面板表面温度，系统解决水库沥青混凝土面板夏季高温斜坡流淌的问题，提高沥青混凝土面板的热稳定性，保障面板安全。

1　工程概况

呼和浩特抽水蓄能电站位于内蒙古自治区呼和浩特市东北部的大青山区，气候严寒，装机容量1200MW，为Ⅰ等大（1）型工程。枢纽由上水库、输水系统、地下厂房系统、下水库等建筑物组成，主要建筑物为1级。

上水库正常运用洪水标准为200年一遇，非常运用洪水标准为1000年一遇，抗震设防类别为甲类，采用基准期100年超越概率2%的地震水平峰值加速度0.374g设计、基准期100年超越概率1%的地震水平峰值加速度0.437g校核。上水库极端最高气温35.1℃，极端最低气温－41.8℃，最冷月平均气温－15.7℃，年冻融循环次数140次。库区为宽缓的谷地和浑圆山丘，库盆经开挖筑坝后形成，包括面板堆石坝、库盆和排水系统，采用沥青混凝土面板全库防渗，正常蓄水位1940m，死水位1903m，总库容690万m^3。

2　智能喷淋冷却系统研究与应用

2.1　沥青混凝土面板喷淋冷却系统智能化研究与应用

水库沥青混凝土面板喷淋冷却一般对喷淋系统实行定时启闭，有的电站设定喷淋系统启停时间为温度较高的12：30—15：30，夏天定时喷淋3h，不能按照沥青混凝土面板实际温度情况进行分区域控制，整个系统处于全开全停状态，不仅可能错过面板高温时段，还对水资源和电力资源造成很大程度的浪费。

呼和浩特抽水蓄能电站智能喷淋冷却系统采用间歇性运行、自动控制的方式，通过在上水库混凝土防浪墙上设置两套红外探测仪，随时监控沥青混凝土面板温度，当红外测温探头测出面板表面温度超过开启温度时，自动启动加压泵、打开电动蝶阀对面板进行喷淋降温保护；当面板温度降至关闭温度后，自动停止加压泵、关闭电动蝶阀。在每个喷头前分别设置了隔离球阀，使喷头更换或检修时有效与喷淋冷却系统隔离，保证系统仍能正常运行，且可根据面板表面温度局部开启或关闭面板局部区域的喷头，使喷淋冷却系统只在温度过高的区域运行，而对温度较低的面板区域停止喷淋。在喷淋水池水位降至启泵水位时，水池水位计发出信号自动启动取水泵向喷淋水池补水，当喷淋水池水位升至停泵水位后，自动关闭取水泵。

2013—2016 年沥青混凝土面板喷淋冷却系统按开启温度 55℃、关闭温度 35℃运行，2017 年后根据面板情况调整为开启温度 50℃、关闭温度 35℃运行。2017 年 7 月 1 日—8 月 19 日，喷淋冷却系统自动开启 106 次，每次运行时间为 3～5min，环库周边每个喷头出水量大致相当，喷淋降温效果很好，未发现封闭层和防渗层有任何流淌迹象。由于每次喷淋时间较短，电站未设定分区运行方式。运行记录表明，面板的高温时段与气温的高温时段并不完全一致，如 2017 年 8 月 5 日，在 11：10：51、11：44：00、12：15：56 时面板喷淋冷却系统开启三次，历时 2～5min 后关闭。

智能喷淋冷却系统可根据沥青混凝土面板表面温度的情况，及时自动分区开启或关闭喷淋冷却系统的水源和电源（图 1），既可确保沥青混凝土面板的降温效果，又可减少不必要的水资源和电量浪费，同时减少了运行人员巡视水库的工作量。

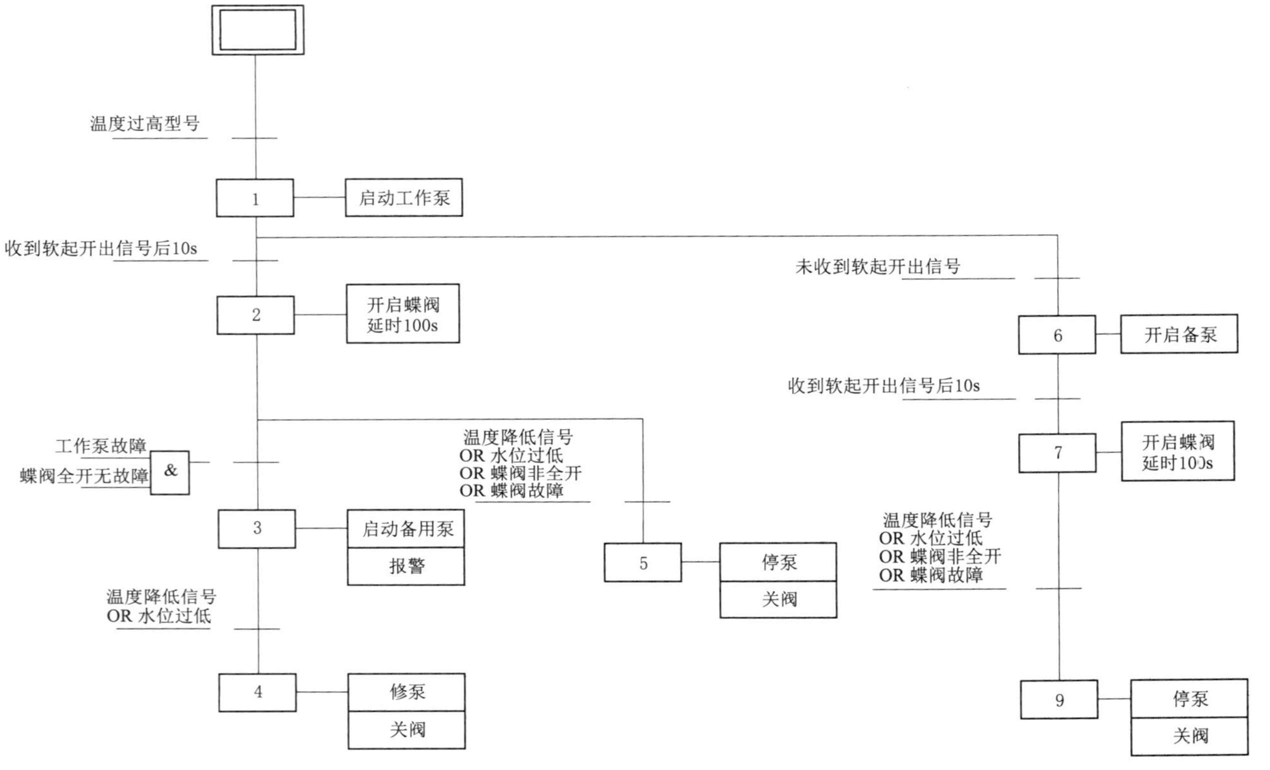

图 1 喷淋加压系统控制逻辑

2.2 喷淋冷却系统引用水量计算

为有效降低沥青混凝土面板表面温度，喷淋水应在面板表面形成一层水膜，而水膜在流动过程中还有蒸发损失。因此，面板喷淋冷却系统引用水量为喷淋形成水膜的水量与蒸发损失的水量之和。

喷淋形成水膜的水量根据沥青混凝土面板喷淋范围、水膜的厚度和流速、喷淋时间确定。喷淋范围考虑夏季水库正常运行可能无水覆盖的全部面板表面积，即从上水库死水位 1903—防浪墙底高程 1942.563m 的面板表面积。

$$Q_1 = LAVT \tag{1}$$

式中 Q_1——环库喷淋所需水量，m^3；

L——水库库周长，m；

A——水膜厚度，m。影响水膜厚度的主要因素有降雨强度、坡面长度、坡面坡度和坡面的粗糙程度，一般取 $A=0.5mm$；

V——水膜流速，m/s；

T——喷淋时间，s。

呼和浩特抽水蓄能电站上水库库顶全长为1818.37m，水膜按厚度0.5mm、流速40mm/s计，则喷淋形成水膜的每小时所需水量为131m^3。

喷淋蒸发损失的水量根据蒸发面积、平均蒸发量和蒸发系数、喷淋时间确定。

$$Q_2=SHCT$$

式中　Q_2——蒸发损失水量，m^3；

S——库盆坡面蒸发面积，m^2；

H——平均蒸发量，mm/h；

C——蒸发系数。

上水库坝坡面蒸发面积不考虑运行期水库水位升降变化，取最大库盆坡面蒸发面积12.629万m^2。平均蒸发量按蒸发量最大的6月计，为0.421mm/h。考虑到沥青混凝土面板表面温度是气温的1.6～2.0倍，且喷淋时间在白天气温最高时，蒸发系数取2.0。则喷淋蒸发损失的每小时水量为106.3m^3。

喷淋冷却系统采用每天间断性喷淋方式，平均每天累计喷淋时间为3h，引用水量为711.9m^3。综合考虑设计引用流量取250m^3/h。

2.3　面板冷却喷淋系统喷头的选择

早期建成的水库沥青混凝土面板喷淋系统，一般采用沿环库周防浪墙布置一圈喷淋环管，同时在环管上钻直径约5mm的孔的做法，运行时靠加压泵给环管增压，使水流沿小孔流出，达到向沥青混凝土面板洒水的目的。由于抽水蓄能电站水库的库顶周长较长（表1），且采用各小孔连续喷水的方式，导致库周靠近加压泵区域的水压较大，通过小孔的流量较大，而远离泵房区域水压逐渐减小，远端小孔甚至只能形成点滴状，对沥青混凝土面板冷却效果不佳。

后期建成的电站有将用于消防水喷淋的灭火喷雾喷头和农业灌溉中常用的微喷灌喷头引入水库沥青混凝土面板喷淋冷却系统，虽管道压力下降速度有所缓解，但喷头连续喷水的方式造成近端水压大而远端水压不足，喷淋效果不理想。同时由于抽水蓄能电站上水库一般地势较高，风速较大，灭火喷雾喷头和微喷灌喷头流量较小，也影响其在面板喷淋冷却系统中的应用。

为解决喷淋水压问题，有的抽水蓄能电站甚至沿库周布置2个或3个泵站，通过增加泵站来维持库周喷淋总管的压力，对改善喷淋效果起到了一定作用，但由于电站库周普遍较长，局部还是出现压力不够、喷淋效果不佳的情况，且投资增加较多，运行维护复杂。

表1　国内外部分抽水蓄能电站沥青混凝土面板库顶周长和库坡面积统计

序号	电站名称	所在国家	库顶周长/m	库坡面板面积/万m^2
1	京极上水库	日本	—	15.6
2	沼原上水库	日本	—	5.7
3	小川丸上水库	日本	—	19.0
4	金谷上水库	德国	3370	19.1
5	拉姆它坤上水库	泰国	2170	18.5
6	天荒坪上水库	中国	2321	18.2
7	西龙池上水库/下水库	中国	1731/664	10.2/6.8
8	张河湾上水库	中国	2843	20.0
9	宝泉上水库	中国	2315	16.6
10	呼和浩特上水库	中国	1818	14.37

通过研究、对比分析和现场试验，将绿化灌溉用的间断喷灌喷头（图2）应用于水库沥青混凝土面板喷淋冷却，减小了水泵近端喷头的压力消耗，解决了水库喷淋环管远端水压不足导致的喷淋效果不佳的

问题。

另外，每个喷淋喷头前分别设置了隔离球阀，使系统能根据沥青混凝土面板表面监测温度，局部开启局部区域的喷头，使喷淋冷却系统只在温度过高的区域运行，而停止对温度较低的区域喷淋，也有利于解决喷头压力不足的问题。

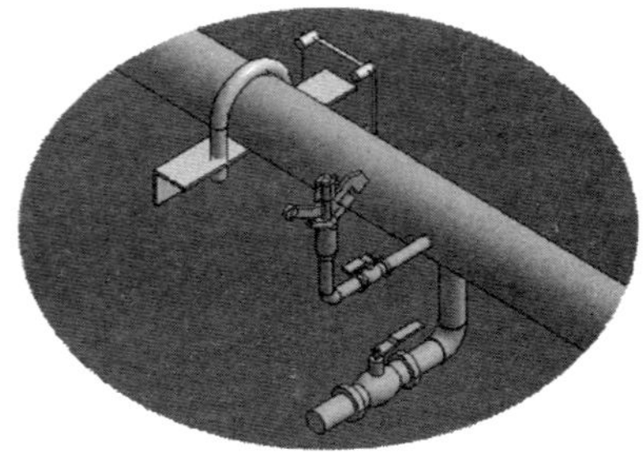

图 2 喷淋喷头

2.4 利用现有水工结构大大简化系统配置

由于抽水蓄能电站上水库一般所处高程较高，通常没有天然径流量或天然径流量很少，且从库外找喷淋水源较为困难。有的电站收集沥青混凝土面板和进/出水口的渗漏水作为喷淋水源，需在库底设置集水及排水系统，库周的低洼位置修建蓄水池，并需将水库的渗漏水引至此蓄水池中，整个喷淋水源的系统结构较复杂，工程投资增加较多，且水源的可靠性较差。

本研究通过从水库的引水闸门井内设置 2～3 台井用潜水泵取水作为喷淋水源，相当于直接取用库水，该水源可靠性高，且潜水泵的运行条件较好，使用寿命延长，检修方便。同时充分利用了工程现有的建筑物结构，节约了大量投资。

由于电站水库面积均较大，喷淋所需水量通常达到 200～300m^3/h，有的甚至高达 400～500m^3/h。如呼和浩特抽水蓄能电站上水库环库喷淋所需总流量为 250m^3/h。因此，若直接利用井用潜水泵从闸门井内提水供给，井用潜水泵的流量太大，不仅投资增加且不利于水泵及电源系统的安全稳定运行，故本系统需在水源泵和喷淋喷头之间设置一个蓄水池，既可通过延长工作时间以减小对泵流量的要求，也可为喷头提供更为均衡的工作压力，增强喷淋效果；同时，在水池蓄水的情况下，水源泵的检修不影响喷淋冷却系统的运行，提高了系统的安全性。

抽水蓄能电站为保证水库建筑物的施工进度，在施工过程中一般会设置规模较大的施工供水水池，以满足高峰期的施工用水，施工供水水池的建设费用较高，而当水库建成后，施工水池常被弃置。如呼和浩特抽水蓄能电站上水库设置的施工供水水池，建设费用约 500 万元，本研究通过合理安排建筑物的施工进度，在高峰期施工用水后改造施工供水水池作为喷淋水池，重复利用，节省了工程投资。

2.5 不同扬程补水泵的组合解决水泵运行环境差的问题

水库沥青混凝土面板喷淋水源，一般来源于蓄能水库的库水或水库的渗漏水，直接或间接从水库内提取，这是较为简便且水源保证率较高的方式。与常规水电站相比，抽水蓄能电站的库容要小得多，但水库的水位变幅较大，通常达到 20～30m，有的甚至高达 40m（表 2）。

表 2　国内外部分抽水蓄能电站沥青混凝土面板水库水位变幅统计

序号	电站名称	所在国家	水库水位变幅/m
1	京极上水库	日本	45.0
2	沼原上水库	日本	40.0
3	小川丸上水库	日本	28.0
4	盐原上水库	日本	23.0
5	奥多多良木上水库/下水库	日本	25.5/28.5
6	金谷上水库/下水库	德国	24.7/24.7
7	拉姆它坤上水库	泰国	40.0
8	迪诺维克上水库	英国	34.0
9	天荒坪上水库	中国	42.2
10	西龙池上水库/下水库	中国	25.5/40.0
11	张河湾上水库	中国	31.0
12	宝泉上水库	中国	31.6
13	呼和浩特上水库	中国	37.0

水库水位的大变幅对取水泵的扬程变化范围提出了较高的要求，由于运行区域常偏离最优工况较远，水泵运行工况恶劣，严重影响设备使用寿命，有的甚至远远超出水泵的扬程设计范围。以呼和浩特抽水蓄能电站为例，上水库的水位变幅达37.0m，而计算的喷淋补水泵总扬程为48.0～85.0m，单一型号的水泵很难满足如此大的水源水位变幅要求，因此选择了两种扬程的泵型，通过各自的扬程覆盖来满足上水库不同水位时喷淋冷却系统的补水要求。

2.6　实现了对喷淋水量的测量

工程建设中缺少水库沥青混凝土面板喷淋水量的计算方法，现有的技术标准也没有对水库沥青混凝土面板喷淋冷却系统设置的相关规定。水库沥青混凝土面板智能喷淋冷却系统应用后，其喷淋水量具有可测量性，在面板喷淋时能精确地测出喷淋的水量，根据水库周长，很容易算出面板单位长度上喷淋所消耗的水量，从而为沥青混凝土面板喷淋水量的计算方法和技术标准编制提供基础数据。

3　新技术应用效果

水库沥青混凝土面板喷淋冷却系统（图3）在呼和浩特抽水蓄能电站上水库沥青混凝土面板施工完成后，已经历了8年以上运行考验，目前无任何损坏及故障发生，应用效果良好。

河北张河湾抽水蓄能电站上水库沥青混凝土面板在后期改造中应用了智能喷淋冷却系统技术研究成果，已经历了6年运行考验，自动运行情况良好，大大减少了面板喷淋冷却系统的运行维护工作量。

这种水库沥青混凝土面板喷淋冷却系统技术可在水利水电工程中大力推广使用，也可为其他喷淋冷却、灌溉工程、混凝土养护工程等提供借鉴，具有很高的应用和推广价值。

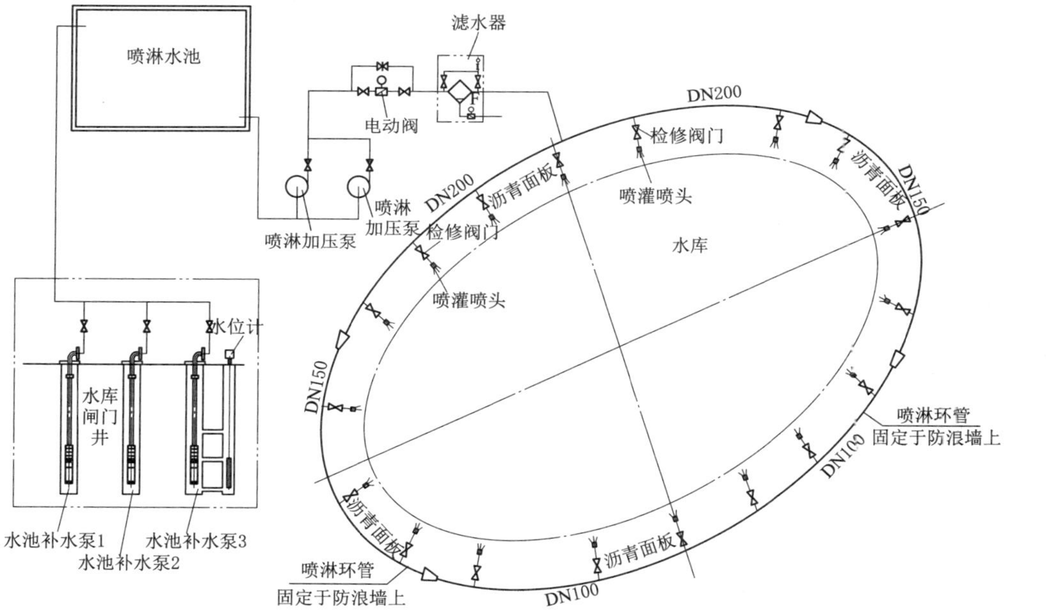

图3　水库沥青混凝土面板智能喷淋冷却系统

参考文献

[1]　刘增宏，郝巨涛. 宝泉抽水蓄能电站上水库沥青混凝土面板防渗层斜坡流淌试验研究［C］//中国水利学会第四届青年科技论坛论文集，2008.

[2]　岳跃真，张继昌，郝巨涛，等. 南谷洞水库大坝沥青混凝土防渗斜墙修补加固［J］. 水利水电技术，2006（1）.

[3]　郝巨涛，丁德全，黄昊，等. 半城子水库沥青混凝土面板坝的现状及相关问题探讨［J］. 水力发电，2006（5）.

[4]　强祖德，顾建国. 天荒坪抽水蓄能电站上水库沥青混凝土防渗护面夏季喷淋降温保护系统［J］. 华东水电技术，2000.

高地震烈度面板堆石坝抗震设计安全评价标准探讨

胡翰军

（中国电建集团华东勘测设计研究院有限公司，浙江省杭州市 311122）

【摘 要】土石坝的抗震设计方法及相应的抗震安全评价标准，目前国内外并未形成统一认识。在计算方法上，不论是中国的抗震设计规范还是美国的设计规范，在低地震烈度时一般可以采用拟静力法或 Newmark 法；在高地震烈度时，则一般需采用动力法。对于动力法，中美的规范中均未明确安全评价标准。本文主要通过一个典型工程案例分析，讨论高地震烈度下面板堆石坝的抗震安全评价标准。

【关键词】高地震 面板堆石坝 安全评价标准

1 土石坝抗震计算方法及安全评价标准

目前国内外对大坝的抗震要求基本可以概括为：小震不坏，中震可修，大震不倒。我国的水电工程抗震设防标准一般分两级，为设计地震和校核地震，分别对应小震—中震、大震。国际大坝委员会的设防标准也分两级，为 OBE（Operating basis earthquake）和 SEE（Safety evaluation earthquake），主要对应小震、大震。国内外规范中对设计地震和校核地震只提出设防标准的不同，并未明确不同的安全评价标准，例如中国规范中对甲类设防的建筑物提出了 50 年超越概率 10％和 100 年超越概率 2％的抗震设防标准，除了在设计地震工况用拟静力法计算坝坡稳定时，提供了安全系数标准外，未提出两个设防等级中的大坝抗震设计具体评判指标。一般面板堆石坝的抗震安全评价标准主要从坝体永久变形、防渗体系完整性、坝坡抗滑稳定等方面进行评价。

1.1 坝体永久变形评价标准

根据中国水电工程顾问集团公司科技项目《强震区高面板坝动力反应特征与震损机制及抗震安全评价标准研究》的结论，一般考虑采用坝顶震陷量作为大坝的变形控制指标。通过研究分析国内外 125 座土石坝经受地震后的震陷率 δ，建议以坝顶震陷率小于 0.6％～0.8％作为面板堆石坝的地震变形控制标准。NB 35047—2015《水电工程水工建筑物抗震设计规范》条文说明中基本沿用了这一标准。

而美国垦务局土石坝规范中建议通过有限元计算对坝顶超高进行复核，即认为如果坝体预留超高足够，超过坝顶震陷值，不产生漫坝，则认为是安全的。

1.2 防渗体系安全评价标准

混凝土面板是面板堆石坝防渗系统的重要组成部分，面板及其接缝的变形过大，将导致库水渗漏增大，如果渗漏处筑坝材料间不满足有关反滤准则，大坝可能发生渗透破坏，甚至溃决。目前国内外规范中均未规定面板坝防渗体的应力及变形控制标准。国内一般面板坝工程抗震分析中，一般要求静动力叠加后，面板的最大压应力和最大拉应力不应超过混凝土的动抗压强度和动抗拉强度限值。但 DL/T 5016—2011《混凝土面板堆石坝设计规范》允许混凝土面板浇筑前堆石体挡水，前提是堆石体满足抗滑稳定和渗透稳定要求。实际运行中不少工程面板出现裂缝、错位等破坏，虽然增大了渗漏量，却很少因此造成重大事故。可见，面板坝在大坝设计和施工合理的情况下，即使混凝土面板及其止水结构遇到地震产生破坏，短期内并不影响大坝安全。

1.3 坝坡抗滑稳定性评价标准

对于地震烈度较低的工程，中美规范里都可以采用拟静力法，主要的区别在于地震动态分布系数以及坝坡抗滑稳定安全系数的选取。

美国垦务局土石坝规范里推荐采用的 Newmark 法及其衍生出来的方法，主要采用危险滑面的累计滑动位移进行评估。一般认为产生失稳的位移为 2ft，也有采用 3ft 作为安全评价标准。

国内动力法抗滑稳定性评价标准根据有关研究成果，主要包括：对于动力时程线法，最小安全系数 $Fs<1.2$ 的累积时间大于 2s，则认为坝坡存在失稳的可能性，需要进行加固处理。（也有要求最小安全系数 $Fs<1.0$ 的累积时间大于 1s）。

2 工程分析实例

2.1 工程简介

某抽蓄上水库面板堆石坝坝高约 70m，下游坡面高约 140m。其中面板堆石坝筑坝材料拟采用上库库盆开挖料，部分为较软岩。大坝典型剖面如图 1 所示。坝顶高程 552.50m，河床趾板底部高程 477.70m，最大坝高 74.8m（趾板至坝顶），坝顶长约 600m，宽 12.00m，水库正常蓄水位 550.60m。大坝上游坝坡 1∶1.5；下游坝坡 520.6m 马道以上 1∶1.7，以下 1∶1.6。在下游坝坡 520.6m、490.6m、460.6m 高程处各设一条 3.0m 宽的马道。

根据地震危险性评价报告，坝址区域 500 年一遇（50 年超越概率 10%）基岩地震动峰值加速度为 $0.37g$，10000 年一遇（100 年超越概率 1%）地震动峰值加速度为 $0.85g$。

2.2 计算参数

趾板和混凝土面板均采用线弹性模型，弹性模量和泊松比分别为 $E=28\text{GPa}$，$v=0.167$；动力计算时，根据 EM-1110-2-6053，混凝土动态弹性模量取为静态模量的 1.15 倍，即 32.2GPa；阻尼比取 0.05。

坝基和坝肩岩体亦采用线弹性模型计算，其弹性模量和泊松比分别取为 $E=10\text{GPa}$，$v=0.2$；动力计算时，阻尼比为 0.05。

根据上库岩性和岩石的均值抗压强度，参考类似坝料的强度变形试验结果进行分析。

2.3 计算结果

2.3.1 坝坡稳定分析

（1）拟静力法：

1）中国标准。采用简化 Bishop 法，根据我国 NB 35047—2015《水电工程水工建筑物抗震设计规范》规定的动态系数，地震惯性力按照条块自重和动态分布系数计算。计算结果如图 1 和图 2 所示。

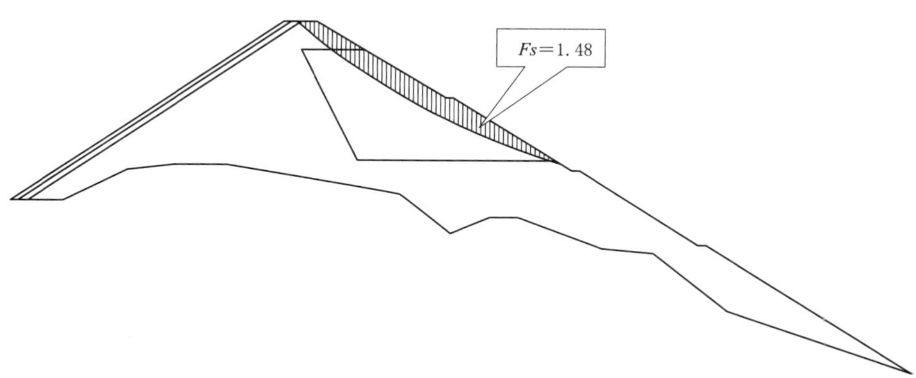

图 1 重现期 500 年地震时最危险滑弧位置及相应的安全系数

2）美国标准。根据美国规范，采用 Spencer 法计算了坝坡的抗滑稳定安全系数。参考混凝土结构稳定分析规范“Stability Analysis of Concrete Structures（EM 1110-2-2100）”的要求计算重现期 500 年和 10000 年时的抗滑稳定安全系数。EM 1110-2-2100 规定，动态系数等于 OBE 或 MDE 对应的有效峰值加速度（EPGA）的 2/3。EPGA 根据重现期 500 年和 10000 年的短周期（0.3s）反应谱加速度值分别为 $0.55g$ 和 $1.45g$ 除以 2.5 取值，取相应的动态系数分别为 0.147 和 0.387。计算结果如图 3 和图 4 所示。

从结果可以看出，由于美国动态系数法计算未考虑输入加速度沿坝高的放大效应，故最危险滑弧位

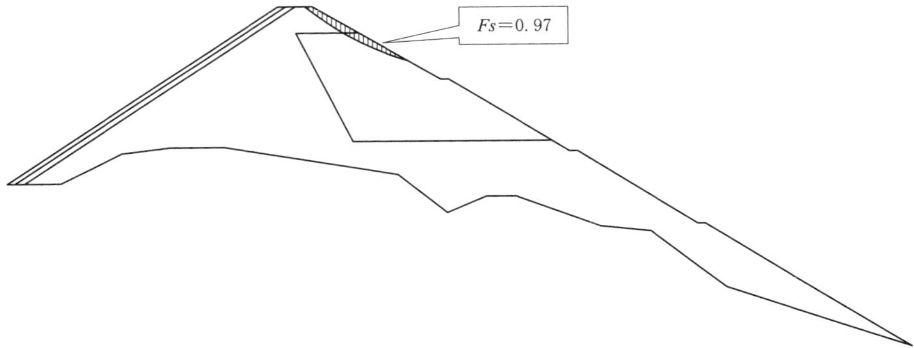

图 2 重现期 10000 年地震时最危险滑弧位置及相应的安全系数

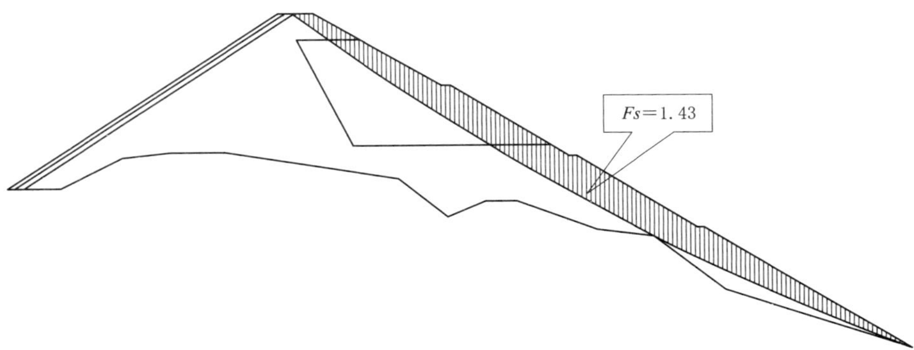

图 3 Spencer 法计算的重现期 500 年地震时最危险滑弧位置及相应的安全系数

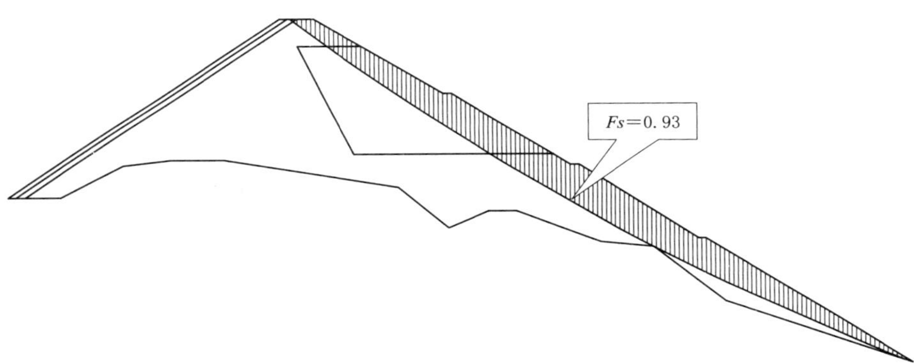

图 4 Spencer 法计算的重现期 10000 年地震时最危险滑弧位置及相应的安全系数

置始终比较深，几乎贯穿整个下游坝坡；相反，中国规范考虑了加速度的放大效应，故地震作用下最危险滑弧位置一般发生在坝坡的较高部位，随着输入峰值加速度的增加而进一步上移。此外，在两种重现期的地震荷载作用下，美国规范计算的坝坡抗滑稳定安全系数均略低于按照中国规范计算的结果：重现期 500 年和 10000 年地震时，中国规范计算的最小安全系数为 1.48 和 0.97，美国规范计算结果则为 1.43 和 0.93，比我国规范值低 5%左右。可见，两种规范的计算结果差异是比较小的。

需要说明的是，美国动态系数法的计算结果主要取决于动态系数的取值，动态系数的取值则取决于 EPGA，但兵团的不同规范中对其取值方法的规定尚未统一，如 EM 1110－2－6053 中规定取周期 0.2s 所对应的反应谱加速度值除以 2.5 作为 EPGA；EM 1110－2－2100 中规定取周期 0.3s 所对应的反应谱加速度值除以 2.5 作为 EPGA，且两者均针对混凝土结构。目前，尚未在兵团规范中发现针对土石坝工程的 EPGA 取值规定。

（2）美国标准中的 Newmark 法。利用 Newmark 法计算滑块位移时试算了 4 个可能滑弧。如图 5 和表 1 所示。

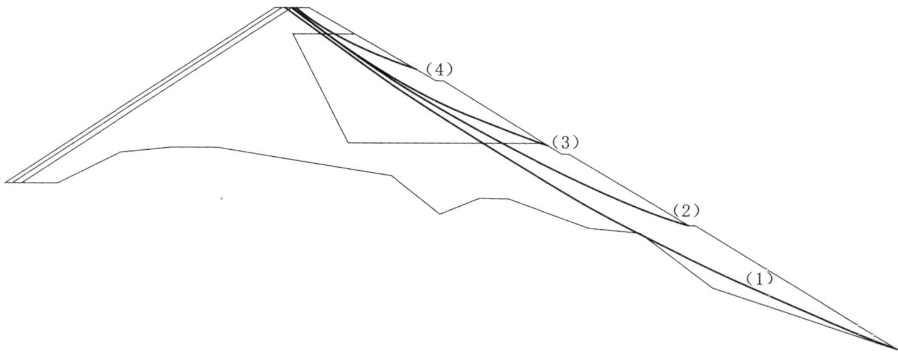

图5　试算的滑裂面和滑动体

表1　不同滑弧的滑动位移计算结果

滑弧编号	屈服加速度/(m/s²)	重现期500年			重现期10000年		
		最小安全系数	最大平均加速度/(m/s²)	滑块位移/cm	最小安全系数	最大平均加速度/(m/s²)	滑块位移/cm
(1)	3.43	1.48	2.32	0.0	0.90	4.61	0.8
(2)	3.64	1.27	3.76	0.0	0.67	7.34	10.5
(3)	3.71	1.05	4.69	0.3	0.40	9.51	32.2
(4)	4.20	0.89	7.10	7.6	0.20	15.97	158.6

万年一遇地震地震时，1号，2号和3号滑弧的永久位移最大值为32.2cm，小于垦务局规范值3ft，但4号滑弧的永久位移达到158.6cm，已经超过了规范允许值。上述计算结果表明，万年一遇地震时，坝顶部位发生浅层滑坡的可能性大，这一结论比较符合工程实际。

（3）动力时程线法。表2列出了有限元时程法计算得到的安全系数$Fs<1.2$的累积时间，南京水利科学研究院曾建议将安全系数$Fs<1.2$的累积时间达到2s作为评价极限抗震能力评价的标准，按照这一标准，坝坡稳定控制的极限抗震能力应略高于0.80g，这一结果与拟静力法计算结果基本一致。

表2　有限元时程法计算结果

a_h		0.40g	0.45g	0.50g	0.55g	0.60g	0.65g	0.70g	0.75g	0.80g	0.85g
有限元时程法 $Fs<1.2$ 持时/s	1号	0.0	0.0	0.0	0.0	0.0	0.0	0.0	0.0	0.04	0.08
	2号	0.0	0.0	0.14	0.18	0.20	0.22	0.24	0.26	0.28	0.36
	3号	0.20	0.28	0.36	0.50	0.62	0.76	0.86	0.92	0.96	1.12
	4号	0.36	0.52	0.72	0.89	1.10	1.38	1.66	1.82	1.98	2.22

2.3.2　坝体有限元应力应变分析

面板堆石坝静动力有限元计算结果见表3。

表3　静、动力计算主要结果汇总

计算条件		静力计算		动力计算	
		竣工期	蓄水期	重现期500a	重现期10000a
加速度放大倍数	坝轴向	—	—	3.12	2.41
	顺河向	—	—	3.15	2.59
	竖直向	—	—	3.47	3.01
坝轴向水平位移	向右岸/cm	—	—	5.5	12.0
	向左岸/cm	—	—	5.5	10.5

续表

计算条件		静力计算		动力计算	
顺河向水平位移	向上游/cm	8.6	2.3	12.6	26.9
	向下游/cm	16.5	19.9	12.7	28.9
坝体沉降	沉降量/cm	43.7	45.1	30.7	65.5
	沉陷比/震陷比	0.67%	0.69%	0.47%	1.0%
坝体应力	大主应力/MPa	1.14	1.20	—	—
	小主应力/MPa	0.39	0.41	—	—
	应力水平	0.70	0.64	—	—
面板轴向位移	向右岸/cm	—	0.8	—	—
	向左岸/cm	—	1.0	—	—
面板挠度	垂直面板/mm	—	12.7	—	—
面板轴向应力	压应力/MPa	—	1.42	4.05	6.32
	拉应力/MPa	—	−0.27	−2.94	−5.05
面板顺坡向应力	压应力/MPa	—	3.76	10.21	20.05
	拉应力/MPa	—	−1.84	−9.69	−20.34
周边缝位移	剪切/mm	—	3.0	10.3	23.9
	沉陷/mm	—	16.2	20.9	37.9
	张拉/mm	—	15.5	28.9	60.0
垂直缝位移	张拉/mm	—	2.5	18.7	32.2

根据计算结果，坝体沉降在万年一遇地震时达到65.5cm，约为1%坝高（坝轴线处），超过0.8%。但小于正常蓄水位以上坝顶超高，不存在库水漫坝的风险。

万年一遇地震时面板的顺坡向拉应力远远超出了混凝土抗拉强度，面板将开裂。但考虑垫层料挡水，可认为大坝并不存在溃坝风险。

3 结语

对于地震烈度很高的面板堆石坝工程，在最大可信地震作用下，确保大坝不倒，建议的抗震安全评价标准如下：

（1）动力计算中不评价面板动应力，允许混凝土面板出现破坏，允许面板、趾板接缝破坏，但需确保坝料满足反滤关系，确保垫层、过渡层不失稳，满足垫层料挡水条件。

（2）动力计算不考虑坝顶震陷率限制，重点是保证坝顶在震陷、坝坡局部失稳情况下，仍然有足够的坝顶超高和坝顶宽度，不发生漫坝。

（3）必须关注坝坡的动力稳定，防止靠近坝顶的坝坡出现渐进式滑动，导致出现坝顶超高不足，影响大坝安全。从坝坡稳定的分析结果来看，各分析方法的结论基本一致，即在靠近坝顶的下游坝坡存在失稳的风险，但具体评判指标还需要更多的工程实例来不断改进。

基于现场测试的抽蓄电站厂房结构振动分析及“3M”振动控制设计标准研究

王鸿振　张春生　江亚丽　郭德昌

（中国电建集团华东勘测设计研究院有限公司，浙江省杭州市　310000）

【摘　要】大型抽水蓄能电站具有机组运行水头高、容量大、转速高等特点，在水力、机械和电磁等复杂振源综合作用下，其厂房结构振动特性与常规电站具有较大的差异。本文首先对国内多个大型抽水蓄能电站厂房结构开展振动测试和分析，总结振动变化和分布规律；在常规电站厂房振动控制要求的基础上，引入不同工况、不同部位以及不同评价参数的衡量体系，构建了系统化的振动控制设计标准。该设计标准对大型抽蓄电站厂房结构的抗振设计工作具有明确的指导意义和校核作用，并可为现运行的大型抽蓄电站厂房结构振动进行全面评价，为解决振动问题提供技术指导和参考。

【关键词】厂房结构　振动控制　现场测试　多部位

1　概述

我国早期建成的大型抽水蓄能电站，如广蓄一期、张河湾、十三陵等，大多都在厂房振动问题上遇到了一定的问题和挑战[1,2]。与常规水电站相比，抽水蓄能电站具有以下特点：①双向运行，可逆式水泵水轮机在做水轮机运行和做水泵运行时，旋转方向相反；②频繁启停，抽水蓄能电站在电网中承担着调峰调频的重要作用，会有频繁的启停需要，个别电站可能达到一天启停几十次；③过渡过程复杂，抽水蓄能电站在进行工况转换时，会经历比较频繁且复杂的过渡过程，过程中涉及电气、机械及水力等因素的综合影响。在上述特点作用下，抽水蓄能电站会产生比常规水电站运行时更为剧烈的振动，对整个电站的机组及厂房结构的抗振设计都提出了更严格的要求[3]。这决定了在抽蓄电站厂房在结构上存在以下特点：①机墩和风罩结构厚度大，整体刚度较大[4]；②抽水蓄能电站水头高，蜗壳承受的内水压力大，均采用金属蜗壳与外包混凝土的组合结构；③抽水蓄能电站的尾水管结构水头一般较高，尺寸相对较小。

综上所述，在抽水蓄能电站厂房设计中，厂房结构振动是一个不容忽视的关键技术问题，直接影响电站的正常运行，应开展深入研究。本文通过总结多个大型抽水蓄能电站实测的厂房结构振动特性，结合不同部位、不同工况以及不同的需求，提出了多部位（Multi-sites）—多工况（Multi-conditions）—多参数（Multi-parameters）的“3M”振动控制设计标准。

2　实测大型抽蓄电站厂房振动分析

2.1　测试概况

为了对大型抽水蓄能电站厂房结构的振动特性有比较全面准确的认识，对国内6个在运行的大型抽水蓄能电站（单机容量均在150MW以上）的厂房进行测试和分析，各电站基本参数见表1。振动测点主要布置在厂房内的风罩、机墩、各层楼板等结构，采用振动速度传感器。

表1　振动测试电站汇总[4,5]

序号	电站	额定容量/MW	额定转速/(r/min)	序号	电站	额定容量/MW	额定转速/(r/min)
1	天荒坪	6×300	500	4	响水涧	4×250	250
2	宜兴	4×250	375	5	蒲石河	4×300	333.3
3	洪屏	4×300	500	6	仙居	4×375	375

2.2　厂房结构振动特性分析

首先，对各个电站开展不同发电工况下振动规律分析，如图 1 所示。

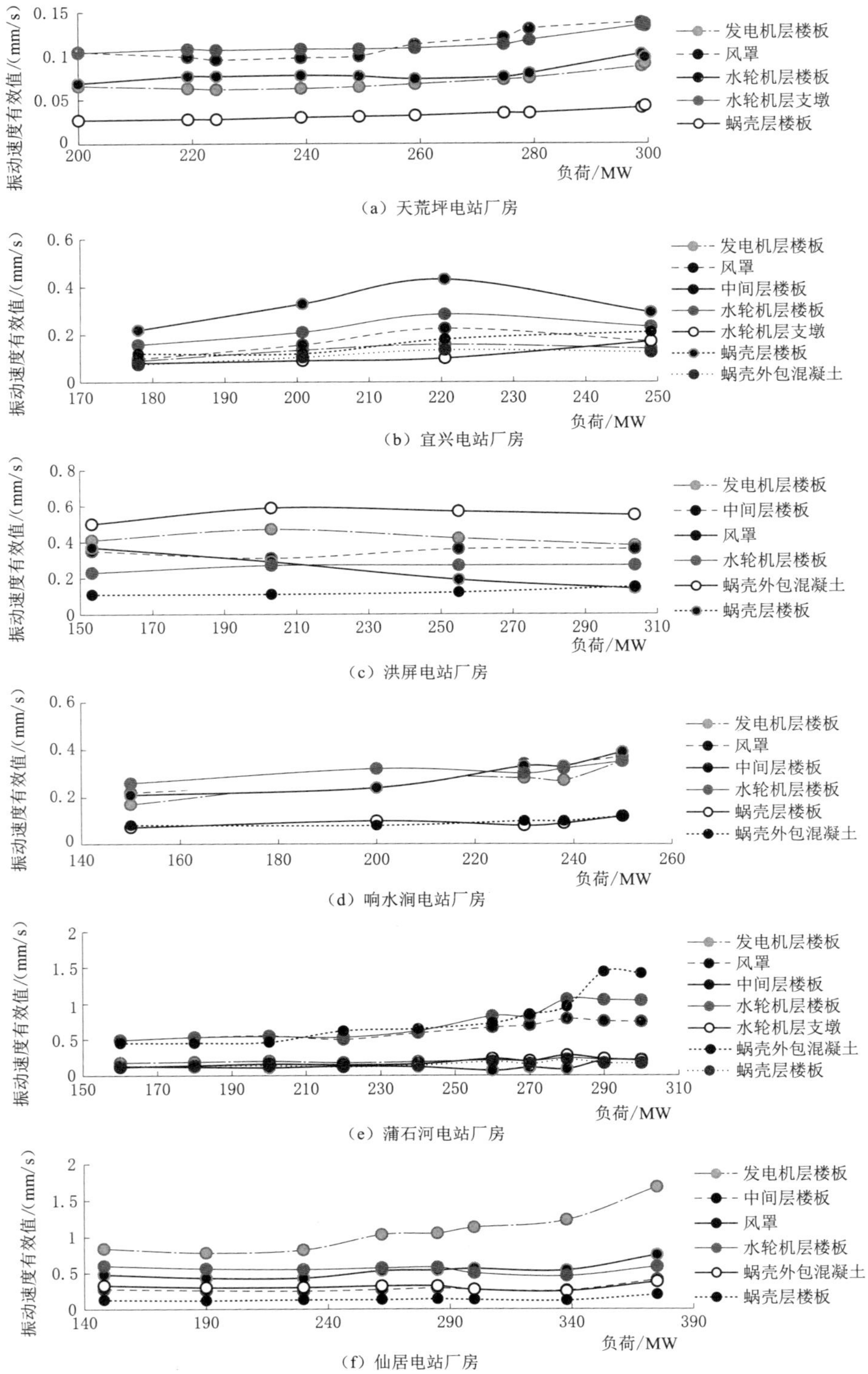

图 1　部分大型抽蓄电站厂房结构振动速度随发电负荷的变化曲线

由于各电站厂房的实际运行情况和厂房结构形式等有所差异，其测点布置并不完全相同。但从整体规律上仍可看出：①所有测点在各工况下振动速度有效值均在 2mm/s 以内，绝大部分测点的振动速度有效值在 1mm/s 以内；②在不同负荷的发电工况下，厂房各测点振动总体变化比较平稳，呈现一种随机组功率增大而缓慢增大的趋势；③从厂房结构各部位来看，各电站的振动强度分布规律不尽相同，不存在一个显著的普适性分布规律；④从各电站的对比来看，天荒坪电站的振动最小，各部位的振动速度有效值均在0.2mm/s以下；洪屏、响水涧和宜兴电站的厂房结构振动基本相当，各部位振动速度有效值均在0.6mm/s以下。蒲石河和仙居电站的厂房结构振动相对比较显著，前者的风罩、水轮机层楼板以及蜗壳外包混凝土等结构的最大振动速度有效值均在0.6mm/s以上，且蜗壳外包混凝土在满负荷运行时超过了1mm/s；仙居电站的发电机层楼板振动比较大，振动速度有效值最大达到了1.68mm/s（满负荷发电工况）。

提取上述各电站各部位的振动速度主频，与各机组的转频和叶频进行对比见表2。

表2 各电站厂房结构振动速度主频

序号	电站	主频/Hz	转频/Hz	叶频/Hz	序号	电站	主频/Hz	转频/Hz	叶频/Hz
1	天荒坪	225，75	8.333	75	4	响水涧	75	4.167	37.5
2	宜兴	168.75	6.25	56.25	5	蒲石河	100	5.555	50
3	洪屏	150	8.333	75	6	仙居	112.5	6.25	56.25

从表2可以发现：各电站厂房结构振动速度主频主要为叶片通过频率，即叶频及其倍频和三倍频，表明厂房结构振动受水力振源因素的影响比较显著[6]。

对于抽水工况下的振动情况，以天荒坪电站为例对厂房结构的振动进行测试，并计算其振动速度有效值如图2所示。

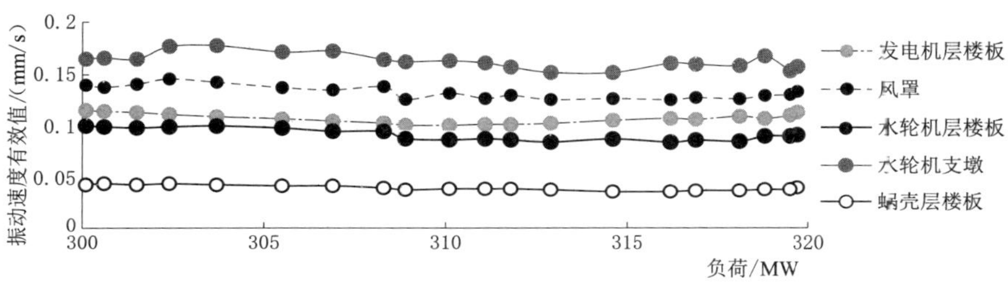

图2 天荒坪电站厂房结构振动随抽水功率的变化曲线

从图中可以看出，天荒坪电站在进行抽水时振动总体变化比较平稳。从振动速度有效值大小对比来看，抽水工况和发电工况振动基本相当，没有显著的差异。

3 多部位—多工况—多参数的“3M”振动控制设计标准

3.1 现行厂房振动控制标准

目前对于厂房结构的振动控制，我国水利水电行业在NB/T35011—2016《水电站厂房设计规范》中有以下规定：

（1）机墩结构的自振频率与强迫振动频率之差与自振频率之差应大于20%，或强迫振动频率之差与机墩强迫振动的比值应大于20%，防止共振。

（2）机墩强迫振动的最大振幅应满足：竖向振幅在标准组合时不大于0.15mm；水平横向和扭转振幅之和在标准组合时不大于0.2mm。

当前振动控制标准仅是基于振动结构承载要求，提出了机墩部位的错频要求和振幅限值，比较简化。随着我国水电事业的发展，大型抽蓄电站接连建成，厂房结构的振动问题越来越复杂，该标准已逐渐难以满足现阶段的厂房结构振动控制需要。

3.2 振动控制设计标准探讨

结合大型抽水蓄能电站厂房结构的振动特点，在设计和分析过程中，建立系统化的振动控制标准，需要考虑以下三个方面的需求：①振动结构的承载能力，包括强度、稳定性和耐久性等，体现了结构在振动荷载作用下的安全性；②振动结构对生产过程的影响，主要体现为厂房结构的振动需满足其内部的水轮发电机组、电气装置等设备的正常运行；③振动结构对人体的影响，即从人体健康角度满足工作人员在厂房的舒适性要求。

根据上述需求，本文结合实测大型抽水蓄能电站厂房结构的振动特性，提出多部位（Multi - sites）—多工况（Multi - conditions）—多参数（Multi - parameters）的“3M”振动控制设计标准。具体如下：

（1）多部位（Multi - sites）。首先，根据大型抽水蓄能电站厂房的结构特点和功能需求，将厂房结构部位分为：①以机墩、风罩和蜗壳外围混凝土为代表的核心承载结构，这部分结构直接承受机组和水力荷载的作用，振动特性常更多体现振源荷载特性；②以楼板、立柱、边墙等为代表的辅助功能结构，这部分结构不直接承受振源荷载作用，而是受到核心承载结构的振动传递，同时该部分结构是工作人员的主要活动场所。两种结构在厂房中的作用不同，应分别采用相应的控制标准。核心承载结构和辅助功能结构的分区示意如图 3 所示。

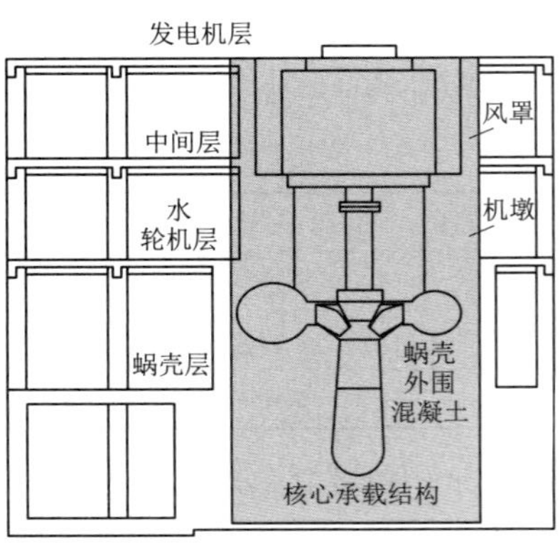

图 3 核心承载结构和辅助功能结构分区示意图

（2）多工况（Multi - conditions）。根据抽水蓄能电站的运行工况，可将厂房振动控制的工况分为如下：①正常运行工况；②飞逸工况；③过渡过程工况。其中过渡过程工况的运行时间一般较短，从正常运行工况到飞逸工况，荷载频率随着转速增大而逐渐增大，时间跨度为 10～20s。根据研究经验，水电站厂房振源作用大小一般与转速的平方成正比，过渡过程工况的动荷载可由正常运行工况和飞逸工况的荷载进行插值计算得到，见式（1）。

$$p_d = p_1 + (p_2 - p_1)\left(\frac{r - r_1}{r_2 - r_1}\right)^2 \tag{1}$$

式中 p_d——过渡过程工况中任意转速 r 对应的动荷载幅值，N；

p_1——正常运行工况下转速 r_1 对应的动荷载幅值，N；

p_2——飞逸工况下转速 r_2 对应的动荷载幅值，N。

对于核心承载结构，其振动情况关系到厂房结构安全，必须对正常运行、飞逸以及过渡过程三种工况下的振动进行控制；同时，由于飞逸工况和过渡过程工况运行时间相对较短，其振动限值则可按照荷载的变化规律相应予以放宽，见式（2）。

$$U_2 = U_1\left(\frac{r_2}{r_1}\right)^2,\ U_d = U_1 + (U_2 - U_1)\left(\frac{r - r_1}{r_2 - r_1}\right)^2 \tag{2}$$

式中 U_1——正常运行工况下核心承载结构的振动位移限值，可按 NB/T 35011—2016《水电站厂房设计规范》取为竖向振动 0.15mm，水平振动 0.2mm；

U_2——飞逸工况下核心承载结构的振动位移限值，mm；

U_d——过渡过程工况中任意转速 r 时对应的振动位移限值，mm。

同理，对于飞逸工况和过渡过程工况的振动速度有效值的控制标准，也可按式（2）进行类比计算。

对于各层楼板等辅助功能结构，荷载工况的变化对其影响并不显著，且飞逸工况、过渡过程工况的历时较短，可以对振动位移和速度不做考虑。

对于抽水工况和发电工况的差异，从前文实测可以发现两者没有显著差异，可不作区分。

（3）多参数（Multi - parameters）。衡量振动强度的主要参数包括振动位移、振动速度和振动加速度。对结构而言，大部分标准以振动位移幅值和振动速度作为评价标准，尤其以振动速度作为评价指标较普遍，因为振动速度直接代表了结构的振动能量水平；对布置在楼面上的仪器和设备而言，一般也采用振动速度作为评价指标；而在对人体健康的影响上，则普遍以振动加速度或以振动加速度为基础换算得到的噪声等级为评价指标，具体指标可参照《关于人体承受全身振动的评价指南》（ISO2631）进行取值。此外，在进行计算和分析时，对于振动位移，可取幅值作为控制参数；对于振动速度和加逗度，应取有效值作为控制参数。

对于大型抽水蓄能电站厂房的核心承载结构，建议以振动位移和振动速度作为振动控制参数；对于楼板等辅助功能结构，则以振动速度和振动加速度作为振动控制参数。

同时，对于抽蓄电站厂房结构，一般转速较常规电站更大，必须考虑适当提高其固有频率与主要振源荷载的错开度要求；这其中对于主要振源主频，除了机组转频外，还应将叶频纳入考虑范围。

3.3 “3M”振动控制设计标准建议

根据上述分析，提出大型抽蓄电站厂房结构振动控制设计标准见表3。

表3　　大型抽蓄电站厂房结构振动控制设计标准

<table>
<tr><th>部位</th><th>工　况</th><th>振动位移幅值
/mm</th><th>振动速度有效值
/(mm/s)</th><th>振动加速度有效值
/(m/s^2)</th><th>固有频率错开度
/%</th></tr>
<tr><td rowspan="3">核心承载结构</td><td>正常运行</td><td>0.15</td><td>1</td><td rowspan="3">—</td><td rowspan="3">与机组转频和叶频错频30%</td></tr>
<tr><td>飞逸</td><td colspan="2" rowspan="2">按式（2）计算</td></tr>
<tr><td>过渡过程</td></tr>
<tr><td rowspan="3">辅助功能结构</td><td>正常运行</td><td>0.15</td><td>1</td><td>0.1</td><td rowspan="3">与机组转频和叶频错频30%</td></tr>
<tr><td>飞逸</td><td>—</td><td>—</td><td>0.9</td></tr>
<tr><td>过渡过程</td><td>—</td><td>—</td><td>—</td></tr>
</table>

表3中所有振动位移、速度和加速度数据均是对于单个方向的振动信号进行控制，在厂房结构抗振设计计算分析时，所有三个方向（顺河向、横河向和竖直；或切向、径向和竖直）的振动均应满足上述振动控制标准。表中楼板等结构的振动加速度标准主要参考人体健康相关振动控制标准以及天荒坪等抽蓄电站的厂房振动标准研究经验进行取值。

4 结论

（1）目前国内运行良好的大型抽蓄电站厂房结构各部位振动速度有效值一般可控制在1mm/s以内。

（2）厂房结构振动总体呈现一种随机组负荷增大而缓慢增大的趋势，满负荷运行工况一般振动比较显著，是正常运行的控制工况；水泵抽水工况和发电工况下的振动情况基本相当，不存在显著差异。

（3）不同抽蓄电站厂房结构振动存在一定的差异。天荒坪电站在设计过程中，采用了比较全面的振动控制设计标准，从实测数据可以看出，其抗振性能显著优于其他测试电站。

本文在提出振动控制标准建议时，借鉴了建筑、机械等其他行业的人体健康振动控制标准；与抽蓄电站厂房的以水力因素为主的振源机理和传递路径尚存在着一定的差异，其在理论上的适用性还有待进一步研究。

参考文献

[1] 张春生，姜忠见. 天荒坪抽水蓄能电站技术总结［M］. 北京：中国电力出版社，2007.

[2] 唐拥军，梵玉林. 张河湾抽蓄电站运行时过大厂房振动分析与处理［J］. 水电能源科学，2019，37（5），149-152.

[3] 尚银磊. 大型抽水蓄能电站厂房振动相关问题研究［D］. 北京：中国水利水电科学研究院，2016.

[4] 陈婧，马震岳，戚海峰，等. 宜兴抽水蓄能电站地下厂房结构振动响应分析［J］. 水电能源科学，2009，27（3），81-84.

[5] 张军，伍鹤皋，刘建，等. 洪屏抽蓄电站地下厂房对不同频域压力脉动的振动响应［J］. 中国农村水利水电，2016，（6），155-160.

[6] 崔琦. 大型抽水蓄能电站地下厂房结构振动测试与分析［D］. 武汉：武汉大学，2019.

大型抽水蓄能电站地下厂房开挖爆破技术研究与实践

刘　蕊　余　健
（中国电建集团北京勘测设计研究院有限公司，北京市　100024）

【摘　要】 大型地下厂房洞室工程具有大跨度、高边墙、洞室交叉口多等特点。本文通过对大型抽水蓄能电站地下式厂房的施工程序、施工方法、施工工艺、爆破设计及关键技术的精细化管控，地下厂房开挖面不平整度、半孔率、超欠挖均满足规范要求，其成果为同类型地下厂房制定最优的设计及施工方案提供了工程实例和技术经验。

【关键词】 抽水蓄能电站　地下厂房　开挖技术　实践

1　工程概况

某抽水蓄能电站为大（1）型Ⅰ等工程，规划 6 台单机容量 300MW 竖轴单级混流可逆式水泵水轮机组，总装机容量 1800MW，枢纽建筑物由上水库、输水系统、地下厂房、下水库等组成。地下厂房采用中部布置方式，由主机间、安装间和副厂房组成，呈“一”字形布置。地下厂房开挖尺寸 214.5m×27.5m(26m)×55.3m。主机间分五层布置，分别是发电机层、母线层、水轮机层、蜗壳层、尾水管层。

地下厂房区山脊走向整体为 NE 向，山体较雄厚，两侧地形较完整，无横向深切沟谷发育，围岩整体稳定性较好。厂房围岩为微新花岗岩，岩体内裂隙轻度—中等发育，主要以陡倾角为主，局部有少量缓倾角裂隙发育，岩石类别主要以Ⅲ类为主，部分为Ⅱ类，断层带为Ⅳ类。地下厂房区地下水主要为基岩裂隙水，从揭露情况看，地下水不丰富，围岩多干燥，局部潮湿，仅局部沿结构面有滴水现象，基岩裂隙水渗水量随季节变化不明显。

2　施工程序

2.1　开挖分层分区

地下厂房开挖根据施工通道、地质条件及施工机械设备的选型，并按照相关规程规范要求，最大限度发挥配置的机械设备性能，保证合理利用施工通道，满足工程主体工期的原则进行分层，主厂房开挖由上至下共分 7 层。

2.2　开挖施工程序

地下厂房开挖采用钻爆法由上至下分层施工，总体按照平面多工序、立面多层次、浅层分块、薄层开挖、先洞后墙并严格控制爆破工艺的技术原则实施。第Ⅰ层采用中导洞领先，两侧边拱扩挖错距跟进的施工顺序，周边采用光面爆破的方法开挖。第Ⅱ～第Ⅵ层采取中部梯段爆破，两侧保护层预裂爆破或光面爆破开挖，中部拉槽前先对边墙轮廓线及预留保护层进行双预裂爆破，减小梯段爆破对高边墙的影响。第Ⅶ层在尾水支管开挖至主厂房下游边墙后，采用城门洞型断面继续向主厂房上游边墙掘进开挖[1]。地下厂房开挖分层及通道见表 1。

3　施工方法

（1）第Ⅰ层开挖。地下厂房顶拱层开挖以水平掘进方式通过厂房顶部通风洞贯入，以中导洞延伸进入顶拱层掘进开挖，整体行进方向由左端墙至右端墙单向掘进方式。顶拱层分部位开挖法以中导洞摸顶领先，两侧边拱扩挖渐近错距跟进的施工顺序，分部分区域错距“之”字形推进方式实施。地下厂房左端墙利用中导洞钻爆台车采用从通风洞布设水平孔及顶拱径向辐射孔进行光面爆破；右端墙均采取径向辐

表 1 地下厂房分层开挖特性表

项目	分层序号	高程/m	层高/m	施工通道
地下厂房	第Ⅰ层	1008.5～998.0	10.5	利用通风洞作为施工通道
	第Ⅱ层	998.0～986.0	10.0	前期利用通风洞作为施工通道，后期利用进厂交通洞作为施工通道
	第Ⅲ层	986.0～979.6	8.9	前期利用进厂交通洞作为施工通道，后期利用母线洞作为施工通道
	第Ⅳ层	979.6～973.6	6.0	利用母线洞作为施工通道
	第Ⅴ层	973.6～967.6	6.0	前期利用母线洞作为施工通道，后期利用厂房下部施工支洞作为施工通道
	第Ⅵ层	967.6～960.7	6.9	利用厂房下部施工支洞作为施工通道
	第Ⅶ层	960.7～953.2	7.5	利用尾水支管作为施工通道

射孔进行光面爆破。厂房顶拱层开挖采用手风钻钻水平孔，设计边线光面爆破，中导洞和两侧扩挖正常循环进尺均控制为 3.0m。

（2）第Ⅱ层开挖。地下厂房Ⅱ层采取两侧预留保护层，中间梯段爆破，三角岩台区一次性光面爆破切割成型。为减小爆破振动对岩锚梁部位围岩的影响，在梯段爆破与保护层的分界线采用施工预裂，中部拉槽分 2 层开挖，两侧保护层分 3 层开挖，保护层开挖层高是在保证岩锚梁岩面整体完整以及混凝土浇筑要求而确定的。第一层中部拉槽$Ⅱ_1$层向安装场侧梯段爆破推进 30m 后开始进行边墙第一层保护层$Ⅱ_{1-1}$层开挖，第二层中部拉槽$Ⅱ_2$层向安装场侧梯段爆破推进 30m 后开始进行边墙第二层保护层$Ⅱ_{2-1}$层开挖，最终形成中部拉槽推进，两侧保护层滞后 30m 跟进的开挖程序。$Ⅱ_{2-1}$层稳步推进后，开始第三层保护层$Ⅱ_{2-2}$层开挖，滞后$Ⅱ_{2-1}$层 30m 并同步跟进，当$Ⅱ_{2-2}$层锚喷支护完成后方可进行岩台保护层$Ⅱ_{2-3}$层开挖。

（3）第Ⅲ层开挖。厂房Ⅲ层分 3 块进行开挖施工，中部采用深孔梯段爆破开挖，两侧预留保护层，以减小梯段爆破对洞室围岩及岩锚梁混凝土的影响。中部拉槽采用预裂爆破及梯段爆破，保护层开挖沿设计边线采用垂直预裂爆破。开挖设计边线的垂直预裂爆破孔采用手风钻钻孔，中部拉槽采用 ROC－D7 型液压钻机辅以手风钻造孔，沿厂房轴线方向分段进行爆破。本层开挖时，安装场底板预留 1.5m 保护层采用手风钻钻孔。

（4）第Ⅳ层开挖。厂房Ⅳ层分 3 块进行开挖施工，中部采用深孔梯段爆破开挖，两侧预留保护层。中部拉槽采用预裂爆破及梯段爆破，保护层开挖沿设计边线采用垂直预裂爆破。开挖设计边线的垂直预裂爆破孔采用手风钻钻孔，梯段爆破采用 ROC－D7 型液压钻机辅以手风钻造孔，沿厂房轴线方向分段进行爆破。

（5）第Ⅴ、Ⅵ层开挖。厂房第Ⅴ、Ⅵ层开挖前，引水支管段开挖采用“先洞后墙”的施工方法，先由引水支管层进入厂房工作面 1～3 个开挖循环。厂房第Ⅴ、第Ⅵ层各分 3 块进行开挖施工，中部采用深孔梯段爆破开挖，两侧预留保护层。梯段爆破采用 ROC－D7 型液压钻机辅以手风钻钻孔，保护层及预裂爆破采用 YT－28 手风钻钻孔。

（6）第Ⅶ层开挖。第Ⅶ层开挖在尾水支管开挖至主厂房下游边墙后，沿各尾水支管轴线分别从厂房上游边墙至下游边墙进行斜坡道槽挖施工，本层开挖时，底板预留 1.5m 保护层。两侧未能开挖至机坑岩埂边墙的部位作为保护层，后续在主厂房上部底板开挖完成后，采用预裂爆破控制。机窝临时断面采用 YT－28 型手风钻钻爆开挖，机窝预留保护层采用预裂爆破或水平、竖直光爆，炮孔采用 YT－28 型手风钻钻孔。

4 施工工艺

4.1 测量放样

洞室爆破开挖的首道工序为孔位的测量放样，测量精度是总体开挖质量控制的基础和前提，因此施工时应配备专业测量技术人员及测量仪器。

（1）测量工序。洞内测量利用洞口导线控制点在洞口设置精度控制点；再利用洞口导线控制点进行测量，洞内的开挖控制点进行测量设置，即增加测回次数，对一个点在不同的条件下进行多次观测，并利用弦线偏角法和进口已联测的大地坐标系统相互进行控制。

（2）孔位放样。造孔前由测量人员根据设计开挖断面，采用红外线激光定位技术进行放样，通过逐孔放点精确测设所有周边孔开孔点位置，每个周边孔的坐标应提前计算确定。采用隔孔放点方式给每两个周边孔点位测设一个后视点，用于钻工进钻时校正炮孔的孔位偏差、高差以及孔斜，后视点距离掌子面约 2m，且后视点必须注明实际超挖值，以便钻工参照该值控制钻杆钎尾与设计轮廓线的相对距离，防止出现过大的外插角。

4.2 钻孔工艺

钻孔工艺是开挖成型质量控制的最关键环节，而钻孔质量受孔位、孔径、孔深、孔斜、孔向等因素的综合影响，钻孔必须满足“平、直、齐、准”要求[2]。

（1）开孔精度控制。开钻的掌子面受爆破作用岩面一般都为有角度的斜面，钻头在斜面开钻容易打滑使开孔方向产生偏差，导致与下排炮开孔位置无法平顺相接。因此，当掌子面开孔岩面不平整时，应由多人从各方位对钻孔位移进行有效约束确保开孔精度，尽量减小开孔方向的偏差；同时对局部凹凸不平影响钻头开孔的岩面进行修凿平整，确保钻杆沿设计的孔向进钻，精确控制开孔位置。

（2）钻孔方向控制。钻工时如果无法有效控制钻机的位置，钻杆尾部与孔内钻杆不在一条直线上，钻杆在钻头与钎尾的双重约束下将产生弯曲；其次钻进压力过大迫使钻杆出现挠度在旋转作用下也会造成钻杆和炮孔轴线不在同一直线上，钻杆出现弯曲的弧度偏向一侧孔壁形成“飘孔”。因此，为了有效控制钻孔方向，钻工在造孔过程中应该将钎杆尾部对准后视点，保证开孔点、后视点及钻机卡钎器三点在同一直线上，用以保持钻孔方向角度不发生偏斜，确保钻杆在炮孔轴线方向推进，同时严格控制钻孔推进压力，尽量减小钻孔方向偏差。

（3）钻孔外插角控制。在实际钻孔过程中，由于手风钻尾部的消音罩需占用大约 10cm 的空间，导致钻杆尾部无法紧贴岩面处于设计开挖线上，而掌子面开钻时必须按照设计轮廓线开孔，使得钻工在进钻时必须考虑一定的外插角，因此炮孔出现偏斜孔底产生超挖是必然的，并且上排炮孔底部是下排炮的开钻位置，孔底合理超挖为下排炮开孔创造了空间。

4.3 装药工艺

（1）装药参数。为达到高质量的爆破效果，周边孔必须选用不耦合装药方式，空气间隔为爆破形成的爆轰冲击波提供了缓冲空间，有效衰减了作用于孔壁上的爆轰波能量，降低爆炸时孔壁上的压力峰值，从而在炮孔内形成准静压状态，这是轮廓爆破实现的必备条件[3]。合适的周边孔不耦合系数使爆炸后作用于炮孔岩壁的压力低于围岩抗压强度，而高于抗拉强度。通过经验和实践证明，当不耦合系数为 2.0 左右时，缓冲作用最佳，爆破效果最好。周边孔选用 2 号岩石乳化炸药，标准 ϕ25mm 药卷，其不耦合系数 $D=42/25=1.68$，满足光面爆破参数要求。

（2）装药结构。线装药密度表示炮孔内装药部分单位长度的药量，相同的线装药密度在不同的装药结构下，其光爆效果不同。周边孔采用 ϕ25mm 乳化炸药空气柱间隔装药，当单孔药量不变时，如果空气间隔偏大，孔内单个药包药量过大，爆轰能量集中，会对孔壁围岩造成拉伸破坏；反之如果空气间隔偏小，孔内单个药包药量过小，必然加大药卷加工难度和成本，因此需要选择科学合理的装药结构。对于均质性较好或岩石硬度较大岩体，空气间隔可取 10～20cm。

（3）爆破网络。爆破联网采用导爆管（索）串联或并联形成爆破网络，周边孔内采用导爆索串联确保齐发爆破，孔外采用导爆索并联成爆破网络，同段并联，不同段串联，爆破网络由孔外非电毫秒导爆管击发并控制起爆顺序，与其余孔位形成微差毫秒爆破。

5 爆破设计

为最大限度提升爆破效率及开挖成型质量，减小爆破对围岩振动破坏，厂房开挖前必须进行爆破设计。爆破设计的目的是根据围岩地质条件和掘进掌子面尺寸，设计最优孔深、孔距、掏槽型式、装药结构及起爆顺序等爆破参数，实际施工中，爆破设计参数应依据地质条件和爆破效果及时进行动态调整优化[4]。

5.1　顶拱层爆破设计

厂房顶拱层开挖施工均采用周边孔光面爆破，不耦合间隔装药，底部加强装药；掏槽孔、崩落孔、底孔不耦合连续装药，导爆索、非电导爆管敷设起爆网络，爆破顺序为掏槽孔→辅助孔→崩落孔→周边孔及底孔。考虑Ⅲ类围岩一般进尺在3.0m左右，故钻孔深度取3.0m，地下厂房顶拱层爆破设计参数见表2。

表2　　地下厂房顶拱层开挖爆破设计参数表

开挖部位	孔名	段别	钻孔参数				装药参数			
			孔径/mm	孔深/cm	孔距/cm	孔数/个	药径/mm	单孔药量/kg	线装药密度/(g/m)	装药结构
中导洞	掏槽孔	ms1	42	200	60	10	32	1.2	600	连续
	辅助孔	ms3	42	350	60	10	32	2.4	686	连续
	崩落孔	ms5～ms13	42	300	80	112	32	2.0	667	连续
	底孔	ms15	42	300	85	15	32	2.2	733	连续
	周边孔	ms15	42	300	50/70	23/26	25	0.7/0.9	270/300	间隔
两侧边拱	崩落孔	ms1～ms11	42	300	85	70	32	1.6	533	连续
	底孔	ms13	42	300	80	11	32	2.2	733	连续
	周边孔	ms13	42	300	50	27	25	0.7	270	间隔

5.2　岩锚梁爆破设计

为保证岩锚梁开挖质量，在岩锚梁施工前，通过爆破工艺性试验确定最优爆破参数和适宜的开挖分层分区分段，用于指导岩锚梁开挖施工。光面爆破孔采用YT－28手风钻钻孔，孔位、孔斜、孔向、孔深采用样架严格控制，钻孔孔径42mm，净孔距34cm，堵塞长度25cm，选用ϕ25mm药卷纵向切半，增大不耦合系数，再横向切段，减小装药集中度，形成不耦合间隔装药结构。为避免岩锚梁上拐点处装药集中，竖向孔与斜向孔底部5cm不装药。岩锚梁竖向孔及斜向孔装药结构如图1和图2所示。

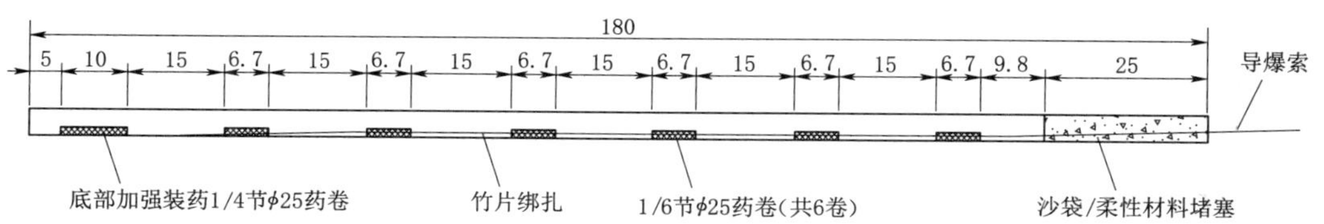

图1　地下厂房岩锚梁竖向光爆孔装药结构（单位：cm）

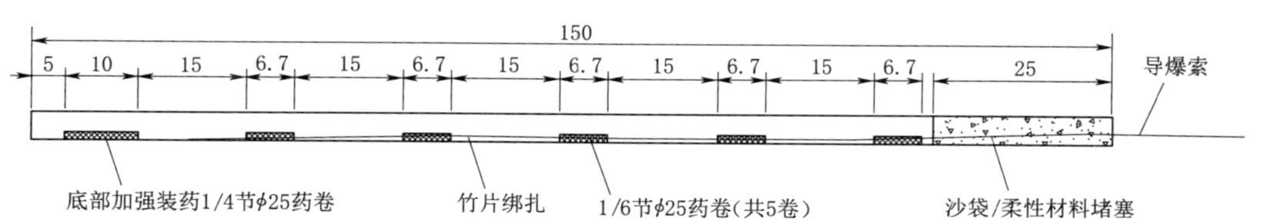

图2　地下厂房岩锚梁斜向光爆孔装药结构（单位：cm）

5.3　中部梯段爆破设计

地下厂房Ⅲ～Ⅶ层采用中间拉槽两侧预留保护层的开挖方法，设置周边和拉槽两道预裂缝，中间拉槽采用单孔单响微差挤压深孔梯段爆破。梯段爆破设计参数：孔径90mm，孔间排距3.0m×2.5m，孔深7.5m，药卷ϕ70mm，堵塞2.0m，拉槽排炮循环进尺10m。为满足高边墙质点振动速度小于7cm/s的要求，控制爆破最大单响药量不超过40kg，段位间延时不小于70ms，中部梯段爆破布孔联网如图3所示。

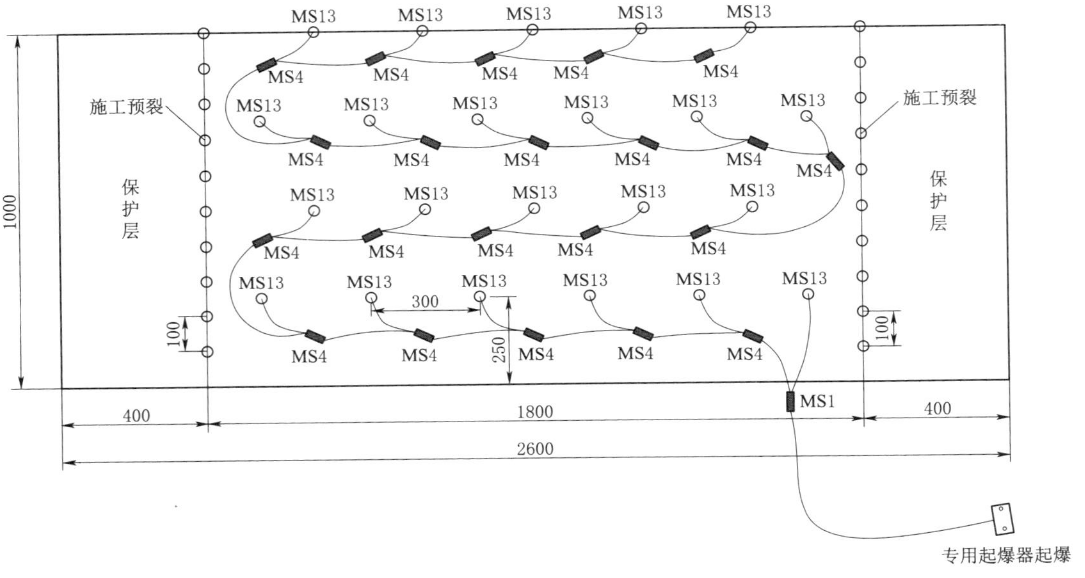

图 3　中部拉槽典型断面布孔网络（单位：cm）

6　关键技术

6.1　爆破振动控制

地下厂房开挖过程中爆破产生的冲击波以应力波的形式向外传播，岩体在爆炸动力的瞬间冲击荷载作用下，引起岩体介质中质点振动，当质点振动速度超过极限值时，将导致混凝土开裂、锚喷支护脱落及围岩松弛圈加深等结构破坏[5]。因此必须研究地下厂房开挖过程中爆破振动波的传播规律，据此制定开挖爆破控制措施。地下厂房分层开挖中应采用预裂爆破技术在边墙提前形成结构缝，阻隔振动波传播，有效衰减洞室围岩及岩锚梁等重要结构上的振动，既能保证开挖轮廓面成型规整，又能使围岩、岩锚梁及喷混结构得到有效保护。

6.2　围岩松弛圈控制

大型地下厂房围岩在爆破后应力将重新分布，局部进入塑性受力状态，导致岩体地层松动，岩体强度和弹性模量降低，导致承载能力下降，在洞室周围形成一定厚度的松弛圈。松弛圈范围大小将影响厂房的稳定与安全，同时也是锚杆设计参数的重要依据。松弛圈的厚度除受厂房形体尺寸、岩层地质条件等客观因素影响外，可采取合理的施工技术措施进行有效控制，例如对洞壁采用轮廓控制爆破，选择合理的爆破参数、钻孔工艺及装药结构，锚喷支护跟进，洞壁预留保护层，可减小松弛圈的范围。施工过程中适时采用声波法对围岩松弛圈厚度测试，据此评价厂房围岩的稳定性、设计支护参数和施工方案的合理性。

6.3　岩锚梁精细化控制

岩锚梁开挖前应借鉴类似工程的施工经验，通过现场爆破试验调整和优化爆破参数，并采取控制爆破技术，以达到上拐点直墙、斜岩台和下拐点直墙三面炮孔三线合一的开挖效果。岩锚梁岩台顶部及保护层竖直光爆孔、岩台斜向孔必须采用样架确保钻孔在同一平面内且互相平行。岩台开挖时要进行适当技术超挖，以保证岩台不出现欠挖，且有利于后续岩锚梁钢筋安装及混凝土浇筑。为防止岩锚梁下拐点开挖爆破成型出现掉块或超挖现象，影响开挖整体成型质量，对岩锚梁下拐点采用锚杆或型钢焊接贴壁围护等措施加强支护。施工时为防止岩台保护层开挖后由于应力释放导致揭露的岩体裂隙有扩张趋势甚至碎裂掉块，且岩石长期裸露容易风化产生片帮、顺层滑落等风险，故在岩台保护层开挖揭露后及时对边墙喷素混凝土进行临时封闭，可以有效防止岩台保护层临时边墙岩面在爆破后产生松弛卸荷及周边爆破振动对岩锚梁岩层形成再次扰动破坏。

7 结论

大型地下厂房洞室工程具有大跨度、高边墙、洞室交叉口多等特点，而地下厂房作为抽水蓄能电站的核心枢纽建筑物，直接影响电站蓄水发电的直线工期和安全稳定运行。本文通过对大型抽水蓄能电站地下式厂房的施工程序、施工方法、施工工艺、爆破设计及关键技术的精细化研究与管控，地下厂房开挖面不平整度、半孔率、超欠挖均满足规范要求，实现开挖轮廓成型规整，地下厂房整体爆破开挖质量达到预期效果，充分说明了地下厂房的开挖规划和工艺参数的选择是科学合理的，其成果为国内大跨度地下厂房制定最优的设计及施工方案提供了工程实例和技术经验，可确保厂房安全快速施工，有效降低工程成本，为类似工程的施工提供借鉴和参考，具有较好的推广应用前景和工程实践意义。

参考文献

[1] 刘承训. 水电站竖井式半地下厂房开挖技术 [J]. 江淮水利科技，2014，(3)：24-25.
[2] 李明华，尹浩. 干河泵站工程地下厂房开挖施工 [J]. 云南水力发电，2013，29 (3)：38-40.
[3] 任少铭，曾志全. 小湾水电站地下厂房开挖技术 [J]. 水力发电，2008，34 (8)：43-45，52.
[4] 杨平，王雪红. 自一里水电站地下厂房开挖施工 [J]. 水利水电施工，2010，(5)：18-20.
[5] 李善忠，杨天吉，曾浩. 龙滩水电站地下厂房开挖技术 [J]. 水力发电，2005，31 (4)：57-59.

软土地层大断面深竖井开挖支护设计

王颂翔　张珑腾　沈　明　陈　凌　郑齐峰　汪剑国
（中国电建集团华东勘测设计研究院有限公司，浙江省杭州市　311122）

【摘　要】抽水蓄能电站进出水口闸门竖井一般布置于基岩内，可根据地质条件采用传统的锚喷支护。某抽水蓄能电站，进出水口和闸门竖井均位于软土地层，闸门竖井高度较高。由于软土稳定性较差，开挖后持续变形较大，传统的开挖支护措施难以满足大断面深竖井的开挖稳定及安全需要。工程采用围护桩结合混凝土圈梁的支护系统，经有限元计算对竖井开挖支护步序进行全过程模拟及分析，验证支护系统及土体的稳定。采用该支护系统，可显著提高软土地层下深竖井开挖的施工进度及安全，可为类似工程提供借鉴。

【关键词】抽水蓄能电站　大断面竖井　软土地层　有限元分析　开挖支护

1　概述

抽水蓄能电站进出水口闸门竖井一般布置于基岩内，鲜有电站工程的闸门竖井布置在软土地层。针对竖井的开挖支护设计，国内抽水蓄能电站的常规做法是采用锚喷支护，或结合地质条件，局部采用刚性支撑，以保证施工期的开挖稳定。此类做法，适用于布置于基岩中的竖井。软土具有含水量大、强度低、灵敏度高，易发生触变和流变。对于处于软土地层的深竖井，竖井开挖将影响井身外围土体的原始应力状态，其不稳定性主要同地面沉降、井身中下部水平变形、井底竖向变形等直接相关，且其变形具有空间效应和时间效应。由于土层的结构性和整体变形特点，普通的喷锚支护对深井的支护作用不大，而钢拱架的支护刚度有限，较难抵抗深井变形，因此，常规支护方案对于软土地层的深竖井开挖并不适用。

国外某抽水蓄能电站的闸门竖井位于上水库进出水口下游侧，该部位为黏土及砾石黏土地层，结合结构设计需要，闸门竖井设计开挖直径为 11.3m，高 29.6m。在闸门竖井开挖支护设计前期，曾对传统的喷锚支护结合刚性支撑方案，进行过计算分析和研究，计算显示竖井开挖后变形较大，且存在收敛困难的问题。参考深基坑的支护方法，拟采用围护桩竖向支撑结合钢筋混凝土水平支撑的支护系统。井圈外布置钻孔灌注桩，桩直径 1m，环向间距 1.2m，围护桩长 34.5m，深入闸门井井底约 5m；闸门竖井采用正井法开挖，开挖进尺 2.5m，完成每层开挖后设置环向钢筋混凝土圈梁，圈梁及桩体之间的软土开挖面采用喷混凝土 10cm 封闭。其开挖支护典型平面布置图如图 1 所示。

2　工程地质条件

根据地质测绘及开挖揭露信息，闸门井位于第四系坡积（Q4dl）和残积（Q4dl）成因的含砾石黏土地层中，下覆基岩为上玄武地层的致密玄武岩。地层从上至下分为层①黏土、层②含砾黏土和层③玄武岩。层①黏土，褐色—红褐色，干燥，坚硬，含有部分碳酸盐，局部含有 1%～3%的细砾和粗砂，厚度 11.1m。层②含砾石黏土，褐色、红褐色，中密—密实，块石含量 15%～25%，块石块径一般小于 1.0m，最大可见 1.1m，次磨圆状—次棱角状，岩性以玄武岩为主，厚度约 40.6m，闸门井及顶部边坡主要位于层①和层②。层③为致密玄武岩，青灰色、灰色，岩块强度高，完整性差，位于闸门井底部以下约 9m。该工程部位及附近无明显的断层等地质构造，无地下水揭露。闸门井软土层主要地质参数见表 1。

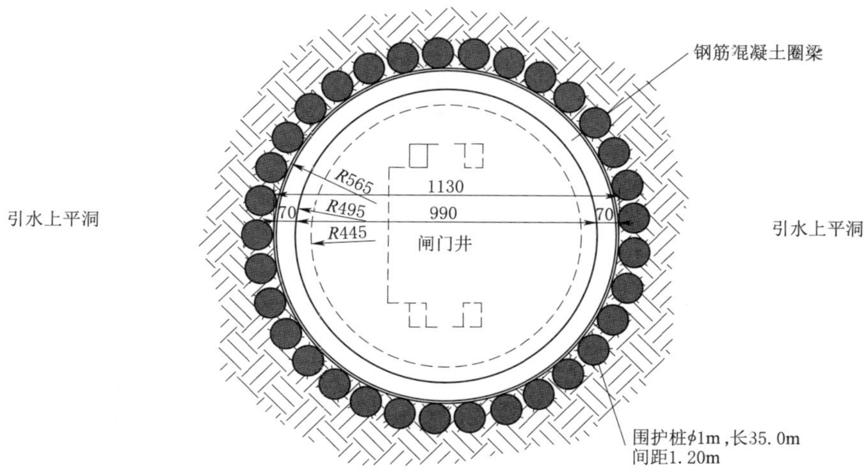

图 1　闸门竖井开挖支护平面布置图

表 1　闸门井土体参数

地层	容重/(kN/m³)	黏聚力/kPa	摩擦角/(°)	弹性模量/MPa	泊松比
黏土	18	9.4	17.6	17.5	0.385
含砾黏土	18.5	11	18	22.5	0.36

3　有限元计算分析

3.1　模型建立

根据闸门竖井的体型参数，在岩土分析有限元软件 Plaxis 中建立了有限元模型。模型采用轴对称极坐标，建立软土地层、围护桩及加强梁模型，根据开挖支护施工方案，逐步分析每层开挖的井身变形、围护桩及加强梁受力。模型底部及右侧采用固端全约束，顶部不约束，左侧边界线为闸门竖井中心线，亦为模型极坐标对称轴，黏土及含砾黏土采用土体硬化模型进行模拟。

3.2　开挖支护步序模拟

有限元计算分析，将全过程模拟竖井开挖施工步序，并对竖井开挖过程中对顶部平台边坡的稳定影响，竖井逐步下挖过程中围护桩、圈梁的受力分析，以及竖井底部平洞掌子面范围内桩身破除等进行模拟。

围护桩及竖井的开挖施工步序（见图 2），主要如下。

（1）开挖形成竖井顶部施工平台；

（2）钢筋混凝土围护桩钻孔施工；

（3）围护桩顶部冠梁混凝土浇筑；

（4）竖井分层开挖，开挖进尺 2m，环向加强圈梁紧跟掌子面浇筑；

（5）开挖至竖井底部，在上、下游隧洞掌子面布置玻璃纤维锚杆，顶部施工超前支护管棚；

（6）完成竖井开挖后，向上下游破除上平洞范围内的围护桩，上平洞两侧布置土锚索，进行上平洞开挖支护。

3.3　计算参数

混凝土采用 C30，其抗压强度为 29.5MPa，钢筋采用 3 级钢，屈服强度 400MPa；土锚索设计吨位 70t。

3.4　计算工况

工况 1：闸门竖井分层开挖至井底，破除第 6 层圈梁，以计算第 5 层圈梁的环向应力变化及整体稳定性；

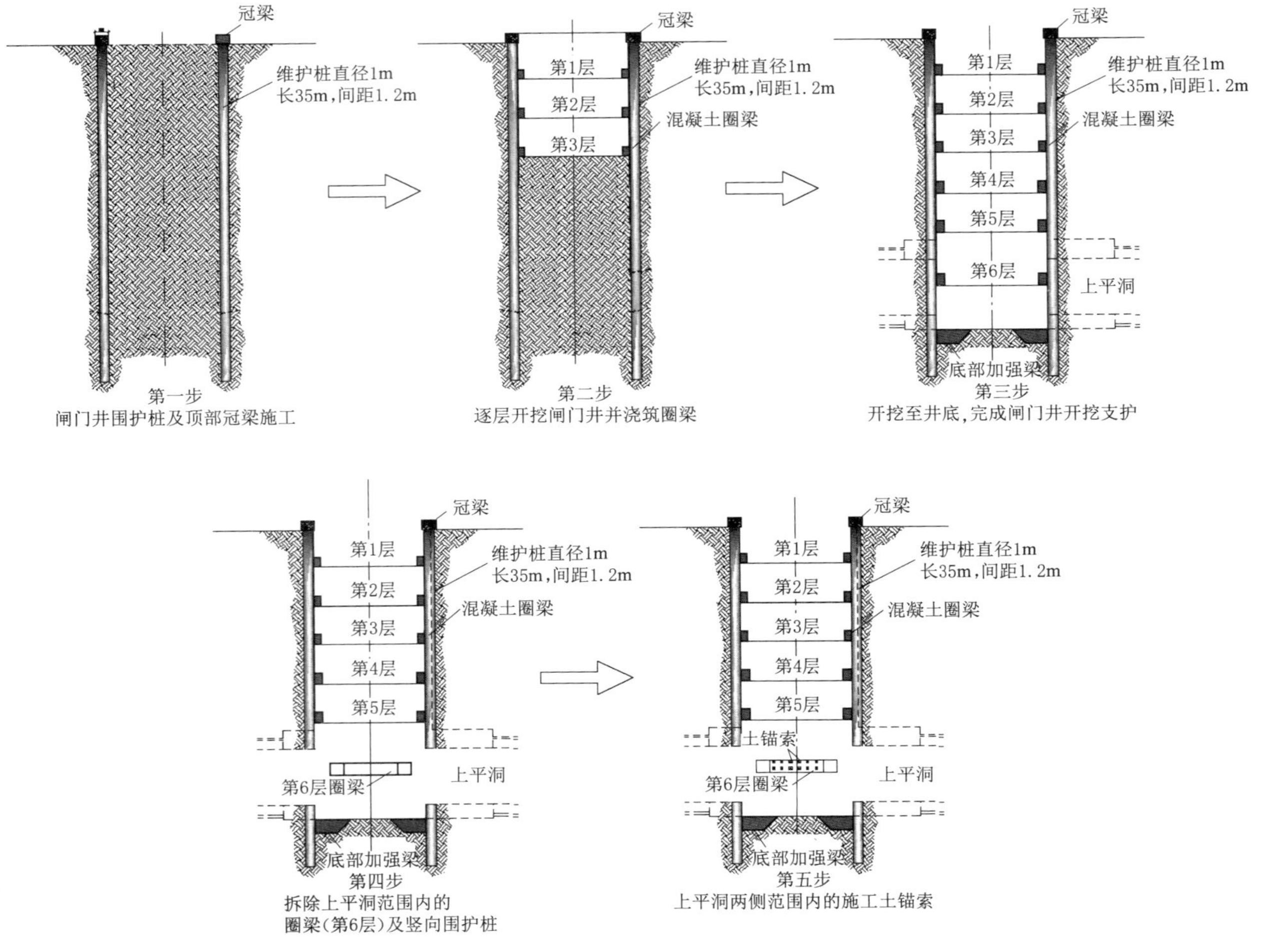

图 2　闸门竖井开挖支护施工步序

工况 2：闸门竖井分层开挖至井底，破除第 6 层圈梁，安装引水平洞顶部的土锚索，破除引水平洞范围内的围护桩，以计算支护整体稳定性。

4　计算成果与分析

4.1　围护桩计算成果

根据表 1 中的开挖支护方案分别建立有限元模型并提取有限元计算结果，得到工况 1 情况下围护桩的弯矩、剪力结果见表 2、表 3 和水平位移如图 3 所示。

表 2　　**工况 1 围护桩弯矩计算结果**

高程范围	最大弯矩/(kN·m)	荷载系数	设计荷载/(kN·m)	钢筋参数	弯矩承载力/(kN·m)	安全系数
0～11m	747	1.35	1008	20Φ28	1542	1.53
11～20.4m	1167	1.35	1575	20Φ32	1928	1.22
20.4～31.5m	1327	1.35	1792	20Φ32	1928	1.08
31.5～34.5m	998	1.35	1348	20Φ32	1928	1.43

表 3　　**工况 1 围护桩剪力计算结果**

高程范围	最大剪力/kN	荷载系数	设计荷载/kN	钢筋参数	弯矩承载力/kN	安全系数
0～15m	399	1.35	539	Φ14@150	617	1.14
15～23.5m	801	1.35	1081	2×Φ16@150	1342	1.24
23.5～34.5m	399	1.35	539	Φ14@150	617	1.14

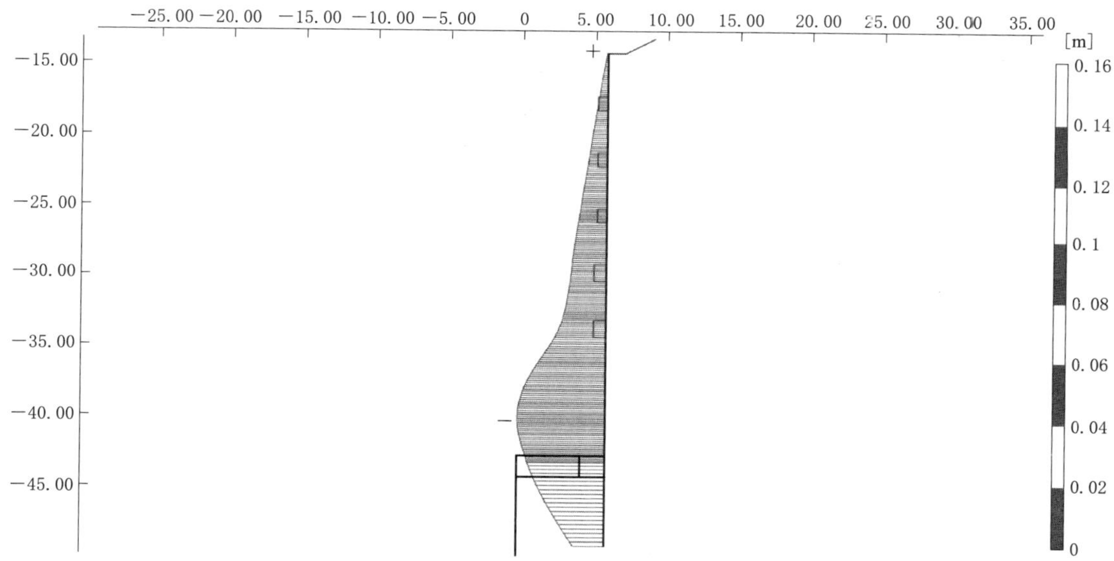

图 3 工况 1 围护桩位移变形图

根据工况 1 计算所示，围护桩根据高程不同，最大设计弯矩分别为 747kN·m、1167kN·m、1327kN·m、998kN·m，最终选择配筋 20Φ28 和 20Φ32 两种配筋形式。围护桩最大位移为 3.06cm，出现在上平洞掌子面范围内，根据设计要求，围护桩的水平位移不得大于开挖深度的 1/350，经计算，允许位移为 8.2cm，故围护桩整体稳定性满足要求。

根据工况 1 的配筋情况，复核工况 2 围护桩的围护桩的弯矩、剪力，其结果详见表 4、表 5。

表 4 **工况 2 围护桩弯矩计算结果**

高程范围	最大弯矩/(kN·m)	荷载系数	设计荷载/(kN·m)	钢筋参数	弯矩承载力/(kN·m)	安全系数
0～11m	742	1.35	1002	20Φ28	1542	1.54
11～20.4m	1428	1.35	1928	20Φ32	1928	1.00
20.4～31.5m	1423	1.35	1921	20Φ32	1928	1.01
31.5～34.5m	1124	1.35	1542	20Φ32	1928	1.25

表 5 **工况 2 围护桩剪力计算结果**

高程范围	最大剪力/kN	荷载系数	设计荷载/kN	钢筋参数	剪力承载力/kN	安全系数
0～15m	399	1.35	539	Φ14@150	617	1.14
15～23.5m	655	1.35	884	2×Φ16@150	1342	1.52
23.5～34.5m	326	1.35	440	Φ14@150	617	1.40

从工况 2 结算结果可知，围护桩的配筋设计满足要求。但同时也可看出，在移除上平洞范围内的圈梁后，相应区域的围护桩弯矩明显增大，因此，为保证闸门井围护桩的安全稳定，上平洞与闸门井交叉口范围内侧面边墙布置土锚索，预应力 350kN，每侧各布置两排，其计算模型如图 4 所示。

土锚索受力详见表 6，由计算结果可知，锚索结构受力满足要求，同时能进一步约束围护桩的水平位移变化，进一步保证井身稳定性。

表 6 **工况 2 土锚索计算结果**

预拉荷载/kN	锚索变形受力/kN	总荷载/kN	荷载系数	设计荷载/kN	锚索抗拉强度设计值/kN	安全系数
350	75	425	1.35	574	670	1.17

4.2 圈梁计算结果

结合工况 1 和工况 2 的计算结果，本章节选择圈梁应力最大的工况进行配筋设计，结果圈梁详见表 7

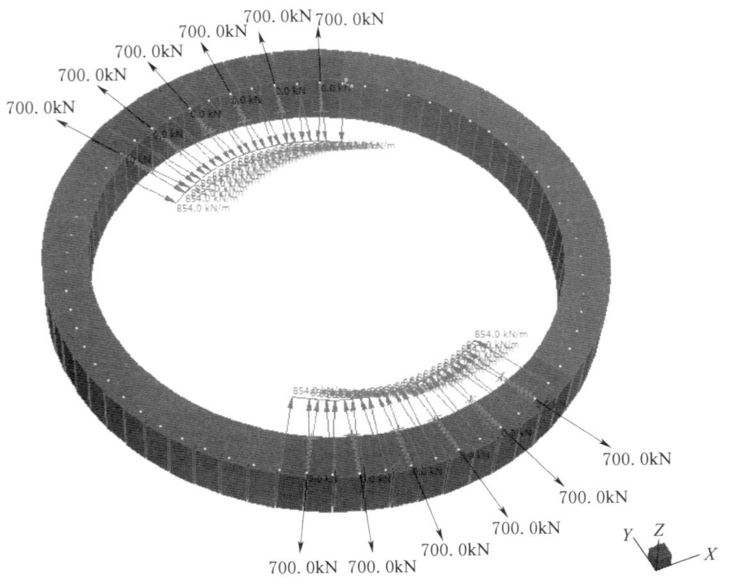

图 4　围护桩土锚索布置图

所示：

表 7　　工况 2 围护桩弯矩计算结果

圈梁尺寸/cm	最大弯矩 /(kN·m)	最大轴力 /kN	最大剪力 /kN	钢筋参数	抗剪钢筋	抗剪安全系数
70×100	167	7140	787	7+7Φ20	Φ16@30cm	1.13
90×120	536	17872	1191	20Φ32	Φ16@20cm	1.12

闸门井完全位于黏土及砾石黏土层内，地下水位线较低，闸门井开挖支护完毕后底部土体由于失去覆重而产生向上变形，由计算可知，变形最大值位于井底中心线，约为 19.1cm，如图 5 所示。因此，在现场实际施工时，井底保留一部分土层不开挖，待变形稳定后向下继续开挖 1.5m，采用混凝土回填处理，以提高底部整体稳定性，降低闸门井底部不均匀变形。

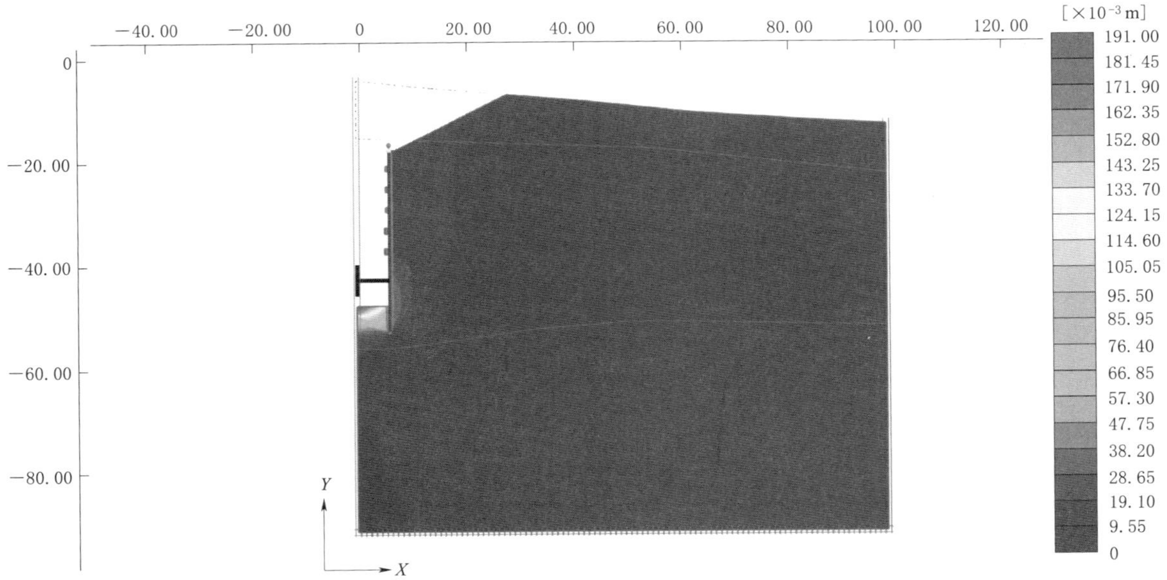

图 5　闸门井底部变形

5 结语

通过对软土地层的闸门竖井进行有限元分析计算表明，采用钢筋混凝土围护桩与圈梁的支护设计，可有效提高软土地层的大断面竖井开挖稳定性，同时有别于传统的锚喷支护，在闸门井开挖前，可先施工围护桩，利用围护桩进行井身支护。前期围护桩施工 64 天，井身开挖 45 天完成，土锚索施工 30 天。显著提高了施工进度，降低施工各环节的相互干扰。本工程的实践，为类似工程的软土地层大断面竖井的开挖支护提供了新的设计思路。

参考文献

[1] DL/T 5057—2009 水工混凝土结构设计规范 [S].

[2] 赵志杰，赖佑贤. 巴帕南水闸基坑软土开挖方案 [J]. 甘肃水利水电技术，2007.

[3] 王卫东，王浩然，徐中华. 基坑开挖数值分析中土体硬化模型参数的试验研究 [J]. 岩石力学，2012.

[4] SCHANZ T，VERMEER P A，BONNIER P Ct The Hardening Soil model：formulation and verification [C]// Beyond 2000 in Computational Geotechnics — 10 years of PLAXIS. Amsterdam：[S. n.]，1999：281 - 296.

沥青混凝土面板防渗层配合比及静动力学性能试验研究

李令闯[1] 何文波[2] 马智法[3]

（1. 中水东北勘测设计研究有限责任公司，吉林省长春市 130061；
2. 新疆阜康抽水蓄能有限公司，新疆维吾尔自治区乌鲁木齐市 830032；
3. 中水东北勘测设计研究有限责任公司，吉林省长春市 130061）

【摘 要】 本文以垣曲抽水蓄能电站可研阶段沥青混凝土防渗面板为研究背景，开展了沥青混凝土防渗层配合比的研究工作，提出了推荐的配合比并对推荐配合比做了静、动三轴试验研究，得出了推荐配合比沥青混凝土的静、动力参数指标。

【关键词】 沥青混凝土 配合比 三轴试验

1 引言

沥青混凝土作为防渗材料在水利工程中已得到较广泛的应用，近年来，随着国内抽水蓄能电站的建设，沥青混凝土面板已成为工程的主要防渗形式。在室内试验研究中，为工程建设提出一个性能优良、经济合理的沥青混凝土面板材料配合比，是一项至关重要的工作。本试验以垣曲抽水蓄能电站可研阶段沥青混凝土防渗面板为研究背景，原采用工程当地开挖的矿料、新疆克拉玛依的水工Ⅱ号沥青为原材料，开展沥青混凝土防渗层配合比研究工作，提出推荐配合比及各项指导参数。对于推荐配合比的沥青混凝土做静、动三轴试验研究，得出推荐配合比沥青混凝土的静、动力参数指标。

2 防渗层沥青混凝土配合比设计及性能研究

沥青混凝土配合比参数主要包括：沥青含量、矿料级配，其中矿料级配参数包括最大骨料粒径 D_{max}、级配指数 r 和填料含量 F。根据 DL/T 5411—2009《土石坝沥青混凝土面板和心墙设计规范》总结的配合比经验，本试验研究骨料最大粒径为 16mm，级配指数拟定为 0.24、0.33、0.43，矿料含量为 10%、12%、14%，油石比为 7.2%、7.5%、7.8%，具体配合比设计见表 1。

表 1 防渗层沥青混凝土配合比初选试验配合比汇总表

配合比编号	级配指数	填料含量/%	筛孔/mm 16	13.2	9.5	4.75	2.36	1.18	0.6	0.3	0.15	0.075	油石比/%
			通过率/%										
1	0.43	12	100	92.2	80.4	60.2	45.2	34.1	26.1	19.9	15.4	12.0	7.5
2	0.33	12	100	93.5	83.2	65.0	50.3	38.8	29.8	22.5	16.6	12.0	7.5
3	0.24	12	100	94.5	85.7	69.3	55.2	43.5	33.7	25.2	18.1	12.0	7.5
4	0.33	10	100	93.3	82.9	64.2	49.2	37.4	28.2	20.7	14.8	10.0	7.5
5	0.33	14	100	93.6	83.6	65.8	51.5	40.2	31.4	24.2	18.5	14.0	7.5
6	0.33	12	100	93.5	83.2	65.0	50.3	38.8	29.8	22.5	16.6	12.0	7.2
7	0.33	12	100	93.5	83.2	65.0	50.3	38.8	29.8	22.5	16.6	12.0	7.8

沥青混凝土配合比初选试验开展不同矿料级配指数、不同矿粉含量、不同油石比的孔隙率、弯曲性能、斜坡流淌等试验，推荐初选的配合比，经低温抗裂性等试验验证推荐防渗层沥青混凝土最终配合比。试验方法依据 DL/T 5362—2018《水工沥青混凝土试验规程》执行。

2.1　级配指数对沥青混凝土性能的影响

根据研究和工程运用经验，初选油石比 $B=7.5\%$，填料含量 $F=12\%$，根据不同级配指数，组成 3 种配合比，根据级配指数 $r=0.43$、0.33、0.24 对应筛孔 2.36mm 的通过率 $P_{2.36}=45.2\%$、50.3%、55.2%。不同级配指数的沥青混凝土试验拟定 3 种配比。测定不同的配比参数条件下试件的密度和孔隙率，斜坡流淌试验和小梁弯曲试验结果见表 2。

表 2　不同级配指数沥青混凝土试验结果

配合比编号	级配指数	理论密度 /(g/cm³)	密度 /(g/cm³)	孔隙率 /%	48h 流淌值 /mm	弯曲强度 /MPa	最大弯拉应变 /%	挠跨比 /%
1	0.43	2.434	2.402	1.32	1.49	2.13	4.21	4.4
2	0.33	2.433	2.397	1.47	0.47	2.19	3.88	4.0
3	0.24	2.432	2.392	1.65	0.39	2.22	3.67	3.8
技术要求		—	—	≤2.00	≤0.80	—	≥3.00	—

由表 2 中试验结果可得出如下结论：

(1) 斜坡流淌试验的试件孔隙率在级配指数为 0.43、0.33、0.24 时满足技术要求。级配指数为 0.43 时斜坡流淌值不能满足技术要求。

(2) 当油石比为 7.5%、矿粉含量为 12%时，小梁弯曲试验结果显示级配指数为 0.43、0.33 以及 0.24 的沥青混凝土弯曲应变均大于 3.0%，级配指数增大沥青混凝土弯曲应变也相应增加。弯曲应力均在 2MPa 左右。

(3) 根据孔隙率、斜坡流淌及弯曲试验结果，级配指数为 0.33 时混凝土的性能良好。

2.2　填料含量对沥青混凝土性能的影响

根据以上的试验结果，选择级配指数为 0.33，油石比拟定 7.5%，采用不同填料含量 F 为 10%、12%、14%，组成 3 种不同填料含量的配合比进行试验，

不同填料含量的沥青混凝土试验拟定 3 种配比，测定不同配比参数条件下试件的密度和孔隙率，斜坡流淌试验和小梁弯曲试验结果见表 3。

表 3　不同填料含量沥青混凝土试验结果

配合比编号	填料含量 /%	理论密度 /(g/cm³)	密度 /(g/cm³)	孔隙率 /%	48h 流淌值 /mm	弯曲强度 /MPa	最大弯拉应变 /%	挠跨比 /%
4	10	2.433	2.399	1.40	0.41	10	1.87	3.02
2	12	2.433	2.397	1.47	0.47	12	2.19	3.88
5	14	2.433	2.394	1.59	1.65	14	2.35	4.11
技术要求		—	—	≤2.00	≤0.80	—	≥3.00	—

由表 3 中试验结果可得出如下结论：

(1) 填料含量为 10%、12%的沥青混凝土斜坡流淌值均满足小于 0.8mm 技术要求，填料含量为 14%的沥青混凝土斜坡流淌值不满足小于 0.8mm 技术要求。

(2) 三种填料含量弯曲应变平均值均满足大于 3.0%要求，其中填料含量为 10%配合比弯曲应变均值接近 3.0%。3 组配合比的弯曲强度相差不大。

(3) 综合对比孔隙率、斜坡流淌及弯曲性能，当级配指数为 0.33、油石比为 7.5%时，填料含量为 12%的配合比性能较好。

2.3　油石比对沥青混凝土性能的影响

由以上试验结果，选择级配指数为 0.33、填料含量为 12%。油石比拟定为 7.2%、7.5%、7.8%组成 3 种不同的配合比进行进一步试验。

不同油石比的沥青混凝土试验拟定 3 种配比，测定不同配比参数条件下试件的密度和孔隙率，斜坡流

淌试验和小梁弯曲试验结果见表4。

表4 不同油石比沥青混凝土试验结果

配合比编号	油石比	理论密度/(g/cm³)	密度/(g/cm³)	孔隙率/%	48h流淌值/mm	弯曲强度/MPa	最大弯拉应变/%	挠跨比/%
6	7.2	2.433	2.394	1.61	0.34	1.97	2.89	3.0
2	7.5	2.433	2.397	1.47	0.47	2.19	3.88	4.0
7	7.8	2.433	2.401	1.33	1.21	2.43	4.23	4.3
技术要求		—	—	≤2.00	≤0.80	—	≥3.00	—

由表4中试验结果可得出如下结论：

(1) 油石比为7.2%、7.5%的沥青混凝土斜坡流淌满足技术要求，油石比为7.8%的沥青混凝土斜坡流淌值为1.21mm，不满足技术的要求。级配指数为0.33，填料含量为12%时，油石比为7.2%、7.5%、7.8%时的孔隙率均值满足≤2%的要求，马歇尔试件的孔隙率随着油石比的增加而减小。

(2) 在级配指数、填料含量不变的情况下，在本试验中弯曲应变随着油石比增加呈增加的趋势，油石比为7.2%时的弯曲应变最小。油石比为7.2%和7.5%的弯曲强度相差不大，油石比为7.8%时的弯曲强度较大。

(3) 试验结果显示油石比为7.5%时混凝土性能较好。

3 初定防渗层沥青混凝土推荐配合比及性能验证试验

3.1 初定防渗层沥青混凝土推荐配合比

根据防渗层沥青混凝土试验结果，从防渗性、斜坡热稳定性、柔性考虑，初定推荐防渗层沥青混凝土配合比为2号配合比，即级配指数=0.33、填料含量=12%、油石比=7.5%。

3.2 沥青混凝土低温抗裂试验

沥青混凝土低温开裂现象是普遍且具有危害性的，沥青混凝土的低温抗裂性能极其重要，沥青混凝土冻断试验是研究其低温抗裂性能的重要手段。根据技术要求，防渗层沥青混凝土需满足－25℃不被冻断。对4号、5号、6号、7号配合比及推荐的2号配合比进行冻断试验。5组冻断试验结果见表5。

表5 冻断试验结果

配合比编号	级配指数	填料含量	油石比	冻断应力/MPa	冻断温度/℃
2	0.33	12	7.5	2.95	－35.0
4	0.33	10	7.5	3.12	－35.0
5	0.33	14	7.5	3.43	－35.0
6	0.33	12	7.2	3.16	－28.5
7	0.33	12	7.8	2.91	－35.0

本试验中2号、4号、5号、7号配合比冻断试验试件未断裂，限于设备条件到－35℃终止试验，表中2号、4号、5号、7号配合比数值为－35℃对应的温度应力值；6号配合比在－28.5℃断裂。

由试验结果可得出如下结论：

(1) 2号、4号、5号、7号配合比的沥青混凝土试件在－25℃温度时均未断裂，满足技术要求。对其继续降温进行试验，到－35℃时试件仍未断裂，由于试验条件限制，降温到－35℃时终止试验。试验结果表明2号、4号、5号、7号配合比的沥青混凝土具有良好的抗低温冻裂性能。

(2) 6号配合比冻断温度为－28.5℃。

3.3 沥青混凝土柔性挠度试验和拉伸试验

沥青混凝土的一个重要性能是具有较强的基础变形适应能力，可采用国外一直以来采用的圆盘试验来评价沥青混凝土的变形能力是否足够。拉伸试验用于测定沥青混凝土的拉伸强度和拉伸应变，是反映沥青混凝土柔性的重要指标。

对2号、4号、5号、6号、7号配合比沥青混凝土做圆盘试验和拉伸试验，根据技术要求，试件需满足在25℃条件下，沥青混凝土圆盘试件中心挠跨比达≥10%不漏水；在5℃条件下，沥青混凝土圆盘试件中心挠跨比达≥2.5%不漏水。沥青混凝土在2℃条件下拉伸应变应≥1.5%。试验结果见表6。

表6　圆盘试验和拉伸试验结果

配合比编号	级配指数	填料含量	油石比	圆盘中心挠跨比(5℃)/%	圆盘中心挠跨比(25℃)/%	轴向拉伸强度/MPa	轴向拉伸强度时应变/%	拉伸变形模量/MPa
2	0.33	12	7.5	10.35	15.83	2.12	3.19	66.46
4	0.33	10	7.5	9.91	15.01	2.36	3.01	78.45
5	0.33	14	7.5	11.64	15.87	2.03	3.32	61.17
6	0.33	12	7.2	5.67	10.42	2.51	2.98	84.45
7	0.33	12	7.8	12.31	17.95	1.99	3.43	58.13

注　表中结果为试件漏水时圆盘中心挠跨比。

圆盘试验结果表明，5组配合比编号的柔性试验均满足技术要求。推荐配合比沥青混凝土在5℃条件下，当挠跨比达到10.35%时试件开始漏水。在25℃条件下，当挠跨比达到15.83%时试件开始漏水。圆盘试验表明，推荐配合比防渗层沥青混凝土具有良好的柔性。

拉伸试验结果表明，5组配合比的拉伸应变均≥1.5%，满足技术要求。对比2号、4号、5号配比的试验结果可知填料含量增加拉伸应变相应增大；对比2号、6号、7号配比的试验结果可知油石比增大拉伸应变相应增大。推荐配合比的拉伸应变为3.19%。

3.4　沥青混凝土水稳定性能试验

水稳定性能试验是用于测定沥青混凝土浸水后抗压强度的变化，评定沥青混凝土的水稳定性。技术要求水稳定系数大于0.9。对2号、4号、5号、6号、7号配合比的沥青混凝土进行水稳定性能试验，试验结果见表7。

表7　沥青混凝土试件水稳定试验结果

配合比编号	级配指数	填料含量	油石比	密度/(g/cm³)	孔隙率/%	抗压强度(浸水试件)/MPa	抗压强度(20℃恒温试件)/MPa	水稳定系数
2	0.33	12	7.5	2.397	1.67	1.53	1.47	1.05
4	0.33	10	7.5	2.399	1.40	1.59	1.64	0.97
5	0.33	14	7.5	2.394	1.59	1.57	1.44	1.09
6	0.33	12	7.2	2.394	1.61	1.51	1.41	1.07
7	0.33	12	7.8	2.400	1.33	1.47	1.30	1.13

由以上试验结果可知，5组配合比沥青混凝土水稳定系数大于技术要求的0.9，满足DL/T 5411—2009《土石坝沥青混凝土面板和心墙设计规范》的要求，其中推荐配合比水稳定系数为1.05。

3.5　沥青混凝土渗透性能试验

采用常水头法对制备的马歇尔试件进行渗透试验。技术要求渗透系数≤10^{-8}cm/s，常水头渗透试验温度为20℃，对2号、4号、5号、6号、7号配合比沥青混凝土进行渗透试验，试验结果如表8所示。

试验结果表明，5组沥青混凝土的渗透系数满足技术要求。

3.6　推荐防渗层沥青混凝土配合比

通过对2号、4号、5号、6号、7号配合比沥青混凝土的试验验证可知，2号配合比沥青混凝土具有良好的抗渗性、柔性、抗裂性、热稳定性能，可以作为防渗层沥青混凝土推荐配合比。推荐配合比见表 9。

表 8　　沥青混凝土渗透试验结果

配合比编号	级配指数	填料含量	油石比	密度 /(g/cm^3)	孔隙率 /%	渗透系数 /(cm/s)
2	0.33	12	7.5	2.400	1.37	3.3×10^{-10}
4	0.33	10	7.5	2.399	1.40	7.7×10^{-10}
5	0.33	14	7.5	2.395	1.56	6.1×10^{-9}
6	0.33	12	7.2	2.394	1.60	8.6×10^{-9}
7	0.33	12	7.8	2.401	1.32	2.9×10^{-10}

表 9　　防渗层沥青混凝土推荐配合比

配比编号	级配指数	筛孔/mm										填料含量 /%	油石比/%
		16	13.2	9.5	4.75	2.36	1.18	0.6	0.3	0.15	0.075		
		通过率/%											
2	0.33	100	93.5	83.2	65.0	50.3	38.8	29.8	22.5	16.6	12.0	12	7.5

4　推荐配合比沥青混凝土三轴试验

4.1　沥青混凝土静三轴试验

沥青混凝土静三轴试验的主要目的是测定沥青混凝土三向受力状态下的抗剪强度和变形参数，提供沥青混凝土邓肯张 E～B 模型计算参数。对 2 号配合比沥青混凝土进行静三轴试验，试验得到的 2 号配合比沥青混凝土静三轴非线性模型参数见表 10；莫尔圆和剪切强度破坏线如图 1 所示。

表 10　　沥青混凝土静三轴试验结果

试验温度/℃	ρ_d /(g/cm^3)	C /kPa	Φ /(°)	k	n	k_b	m	R_f	G	F	D	K_{ur}
10.5	2.377	329.8	31.4	650	0.2	2800	0.23	0.6	0.48	0.03	0.56	1235

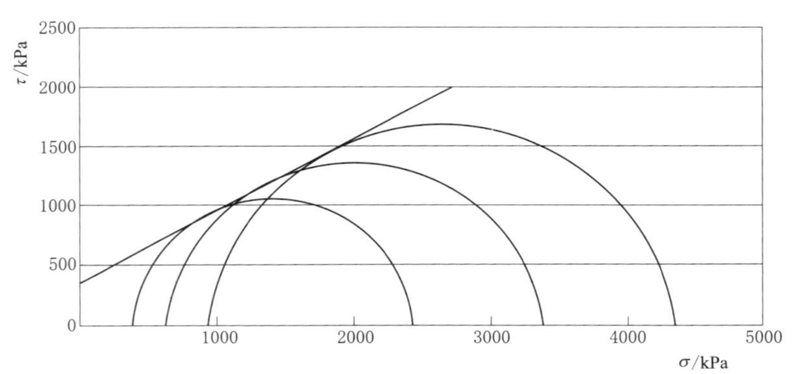

图 1　莫尔圆和剪切破坏强度线

4.2　沥青混凝土动三轴试验

沥青混凝土动三轴试验的主要目的是测定沥青混凝土的动弹性模量和阻尼比等动力特性指标，为动力分析提供动力参数。试验选择应力比为 1.5，共三级围压，分别为 300kPa、500kPa 以及 700kPa。每一围压做 3 个试件的试验，每个试件分 5 级以上逐级递增动应力进行试验。

试验得到的动三轴结果见表 11，阻尼比见表 12。

表 11　动三轴试验结果

温度/℃	应力比	围压/kPa	E_{dmax}/MPa	σ_{dmax}/MPa	模量系数 k	模量指数 n	G_{dmax}/MPa	参考应变 γ_r/(10^{-3}%)
10.5	1.5	300	3030.3	0.32	15501	0.528	1654	10.7
		500	3846.2	0.53			1463.5	13.9
		700	4761.9	0.74			1153.1	15.5

表 12　阻尼比结果

温度	应力比	围压/kPa	阻尼比	平均阻尼比
10.5	1.5	300	0.09	0.09
		500	0.10	
		700	0.08	

5　结束语

本文对防渗层沥青混凝土配合比进行了试验研究，提出了推荐的配合比参数，并对推荐配合比进行了静、动力学试验研究，得出了其静、动力学特性参数。给出了可供工程参考的设计控制指标。本文对沥青混凝土的动静力学参数进行了试验研究，但只是一个初步的探索，今后的研究可以从沥青混凝土的耐久性进行着手，通过数值模拟或者试验研究的方法对其弯曲蠕变和弯曲疲劳等耐久性参数进行进一步的深入研究。

参考文献

[1]　DL/T 5362—2018 水工沥青混凝土试验规程 [S].

[2]　DL/T 5411—2009 土石坝沥青混凝土面板和心墙设计规范 [S].

[3]　曹腾腾. 从应变角度研究沥青混凝土面板防渗层不同条件下的变形性能 [R]. 西安：西安理工大学，2014.

全库盆外露土工膜防渗水库设计

罗书靖[1,2]　徐　辉[1,2]　陈国良[1]　张　弦[1]

（1. 中国电建集团华东勘测设计研究院有限公司，浙江省杭州市　310058；
2. 浙江省抽水蓄能工程技术研究中心，浙江省杭州市　310058）

【摘　要】土工膜作为一种新型防渗材料，被越来越多的使用到抽水蓄能水库项目中。国内部分抽水蓄能项目将土工膜使用在库底作为防渗层，目前国内还没有全库盆使用外露土工膜作为防渗层的案例。本文主要结合以色列K抽蓄项目介绍全库盆外露土工膜防渗水库设计，全库盆外露土工膜防渗水库在材料选型、防风锚固、排水排气、焊接及质量检查等方面有其独有的特点，可为后续相关工程提供参考。

【关键词】土工膜　全库盆防渗　防风锚固　焊接　渗漏量

1　引言

由于土工膜生产水平和施工工艺的提高，采用土工膜进行土石坝防渗近年来得到了较大的发展，国内外已经普遍接受了这种新型的防渗材料和技术[1]。土工膜防渗主要有适应变形能力强，防渗性能好，节省工程投资，施工工期短等特点[2]。由于这些突出的特点，近年来土工膜也被广泛地使用在抽水蓄能水库中作为防渗层。如国内已建成的泰安抽蓄、溧阳抽蓄、洪屏抽蓄及在建的句容抽蓄均在水库库底使用了土工膜作为防渗层。由于工程规模、投资、防渗性能要求、变形协调要求等差异，国外抽蓄电站更倾向于全库盆均使用土工膜防渗，如日本今市抽蓄上水库、以色列 Gilboa 抽蓄上、下水库等项目。

土工膜暴露在阳光下抗紫外线能力和抗老化性能较差，国内抽蓄电站基本将土工膜设置在库底，部分项目还使用了覆盖保护层，国内抽蓄电站水库还没有使用全库盆土工膜的案例。据国际大坝协会统计，在国外使用 PVC 土工膜作为防渗层的水库项目约有 156 个，其中有 80 个项目是使用了外露土工膜，占统计水库的约 60%[3]。

以色列 K 抽蓄电站位于以色列北部、约旦河以西。电站枢纽主要由上水库、输水系统、地下厂房系统、下水库和开关站等组成，总装机容量为 344MW。上水库地面高程为海拔 179～216m，为半开挖半填筑形成的水库，最大库容 320 万 m^3。上库为均质土坝，坝顶高程 209.1m，库底高程 184.6m，最大坝高 30m，上游坝坡坡比为 1∶3.5，下游坡比 1∶2.5/1∶3.3，全库盆采用 PVC 外露土工膜防渗，边坡排水排气层为 TENAX HD401 土工网格，库底排水层为碎石排水层。

2　防渗膜材质选择

随着技术的进步，越来越多种类的土工膜被使用在工程项目中，目前使用在水利工程中的土工膜种类有 PVC、PE、EPDM、LLDPE、CSPE 等。目前最广泛使用的土工膜材料主要是 PVC 土工膜和 PE 土工膜两种[2]。从已有的工程案例中土工膜使用多年后的物理性质变化试验资料中可以看出，只要采取适当的工程措施，或在制造过程中加炭黑或其他抗老化剂，可增强抵抗紫外线的能力，聚合物土工膜都具有较长的使用寿命。

截至 2010 年，在国际大坝协会统计的 106 个使用外露土工膜的水库中，有 80 个项目使用了 PVC 土工膜[3]。PVC 土工膜有如下优点：①因添加有增塑剂，柔性较好，铺设施工便利，对复杂形状适应性强。②PVC 土工膜在使用特殊的增塑剂和防紫外线表面涂层后能大幅提高土工膜的耐久性。③PVC 土工膜延展性能好，铺设后平整度较好不易形成褶皱，受水库水位消落影响较小。鉴于上述特点，PVC 土工膜适合作为外露土工膜应用在水库项目中作为防渗层。

以色列K抽蓄电站选用土工膜为PVC复合土工膜，膜厚2mm，混纺了500g/m² 的无纺土工布。该土工膜使用了特殊的增塑剂及防紫外线表面涂层，土工膜在外露情况下抗紫外线能力和抗老化性能也得到了极大的提高，按照ASTM规程在交替干湿循环过程中，其加速老化测试满足要求，使用寿命可以达到40年以上。测试得到土工膜峰值抗拉强度≥22kN/m，极限拉伸率≥250%。

3　防风锚固

抽蓄电站库盆外露土工膜除了材质本身抗老化、抗紫外线能力外还需要考虑土工膜的防风锚固、膜下排水排气措施。水库在空库或者水位较低时，较大风速情况下，风吸力作用可能引起边坡土工膜隆起，导致土工膜过大变形或者机械锚固及焊接处撕裂破坏，因此对于外露土工膜而言，锚固结构至关重要。土工膜常规的锚固有机械锚固、压覆锚固、焊接锚固等。以色列K抽蓄电站库盆的坝顶位置土工膜与防浪墙采用了机械锚固，边坡坡面上采用了锚固槽压覆锚固，库底土工膜为1m深的死水位压覆锚固。

土工膜锚固在防浪墙竖直面底部位置并尽可能地靠近拐角处，可以避免土工膜因受热膨胀而隆起。土工膜边缘采用50mm×3mm的不锈钢扁钢压覆在膜表面，通过M10的膨胀螺栓固定在防浪墙混凝土上，膨胀螺栓的间距为21cm，机械锚固如图1所示。

坡面土工膜采用压覆锚固，将土工膜压覆条带压覆在坡面预先开挖的槽内，再将作为防渗层的外露土工膜热熔焊接在压覆条带上。由于水库土坡坡面开挖的锚固槽边壁凹凸不平，且不规则，需要在槽内一侧边壁设置砂浆找平层，压覆土工膜条带铺装在槽底及砂浆找平层上较平顺，不易脱空。压覆土工膜条带的施工工序可分为坡面开挖锚固槽→槽边现浇砂浆找平层→沿槽铺设土工膜压覆条带→整平土工膜压覆条带→回填并分层碾压密实→整平清理坡面6个步骤，如图2所示。

（a）防浪墙土工膜机械锚固　　（b）锚固实施完成后面貌

图1　土工膜与防浪墙机械锚固

锚固槽的间距及槽的尺寸需根据防风设计确定，通常设计中需考虑进行4个方面的验算，并取安全系数最小的值作为锚固安全系数。4个方面的验算如下：①土工膜材质抗拉强度验算；②土工膜与压覆膜条带的热熔焊接强度验算；③压覆材料自重抗力验算；④土工膜压覆条带抗拔出能力验算。以色列K抽蓄电站上水库设计风速为27m/s，最大风速为40.4m/s，经过复核计算在水库顶部1/3范围锚固槽的间距为8m，底部2/3范围锚固槽的间距为16m，锚固槽的尺寸为宽×高（1.05m×0.5m），水库坡面外露土工膜锚固条带如图3所示。目前，国际规范中对锚固安全系数尚无明确规定，但在实际应用中多采用1.5。

4　土工膜排水排气

土工膜本身可以认为是一种不透水材料，但是土工膜在生产制造、焊接或施工铺设过程中难免会产生一些缺陷或穿刺孔洞。对抽水蓄能电站水库而言，库水位频繁变化，需要考虑在土工膜的底部设置排水层用于引排渗漏水，避免可能出现的渗漏水反向顶托土工膜[4]。另外由于土工膜铺设在水库的表面，施工过程中铺设不平整或者库水位变化过程中膜下的未及时排走的空气会聚集在一起形成鼓包现象，需设置排气层引排土工膜底部的气体。

（a）坡面开挖锚固槽

（b）槽边现浇砂浆找平层

（c）沿槽铺设土工膜压覆条带

（d）整平土工膜压覆条带

（e）回填并分层碾压密实

（f）整平清理坡面

图 2　土工膜压覆条带施工工序

图 3　水库坡面外露土工膜锚固条带

以色列 K 抽蓄电站库盆边坡上的使用 TENAX HD401 土工网格作为排水排气层，该材料的厚度为 6mm，包含了一层 3D 排水网格和一层 150g/m^2 的土工布。土工网格在水库坡面上铺设快捷方便，不需要单独的锚固系统便能保持自稳，TENAX HD401 土工网格细部图如图 4 所示。虽然该土工网格较薄，但单宽排水能力在 1∶3.5 的坡面上能达到 0.77L/s，在相同坡比情况下，其排水能力相当于 30cm 厚的二级配碎石垫层的排水能力。同时，由于坡面使用的土工网格空隙较大，排气能力较好。水库坡面上铺设的土工网格如图 5 所示。考虑到库底需大面积的开挖整平，设置了 30cm 厚的二级配碎石层作为排水排气层，土工膜直接铺设在碾压整平的碎石层上。

5　焊接及质量检测

以色列 K 抽蓄电站选用的 PVC 土工膜幅宽为 2m，坡面间距为 16m 的锚固槽需要 8 幅土工膜焊接而成，如图 6 所示。图中编号①～编号③的土工膜为单边预留焊接条带土工膜，编号④为双边预留焊接条带

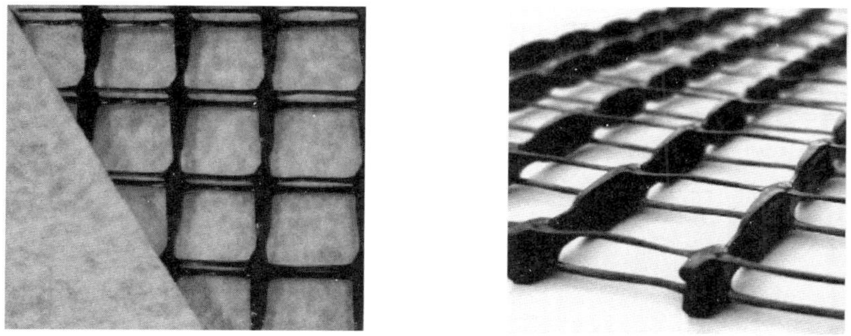

图 4 HD401 土工排水网格

图 5 水库坡面 HD401 土工排水排气网格铺设

土工膜，土工膜的铺设及焊接顺序为①到④。两幅土工膜结合位置均使用双缝焊接工艺，双缝焊接的质量较好，可靠性高。按照 ASTMD-7177-15 要求进行充气测试，确保焊接质量满足要求。充气检测的原理是对双焊缝中间的空腔，通过把其两端用热风枪密封，将空腔体插入进气嘴，打气加压，检验是否漏气，焊接质量检测方便快捷。

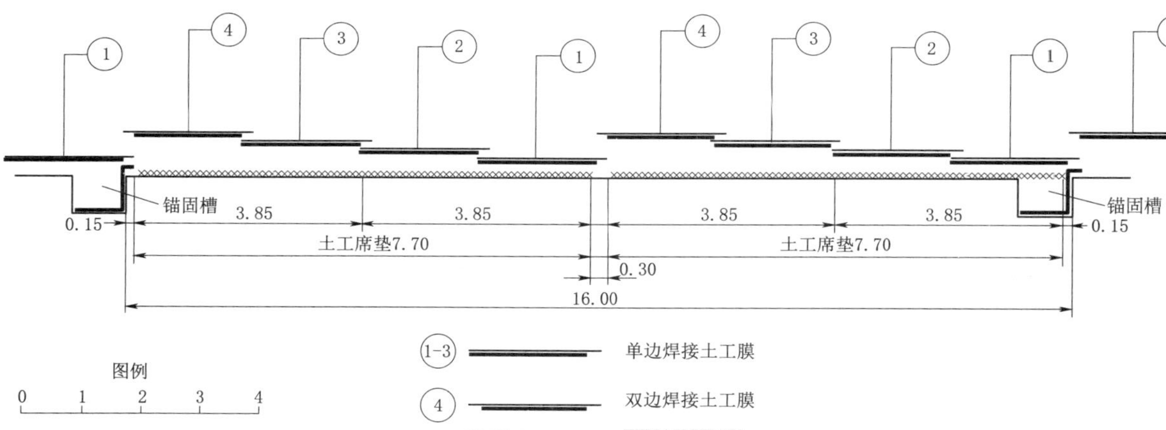

图 6 坡面土工膜安装示意图

双缝焊接土工膜的搭接长度为 100mm，每条缝的焊接宽度不小于 10mm，预留检查腔体宽度为 10mm，土工膜双缝焊接示意图如图 7 所示，土工膜双缝焊接及充气质量检测如图 8 所示。

6 渗漏量估算

一般抽水蓄能电站的库盆日渗流量按不超过库容的 1/2000 控制，这个控制标准较为粗略，没有考虑到每个电站的具体特点。依据国内外已建成上水库无径流补给、全库防渗的渗流控制工程的实例，防渗做得好的工程，基本可控制在日渗流量不大于 0.2‰～0.5‰的总库容范围以内[5]。

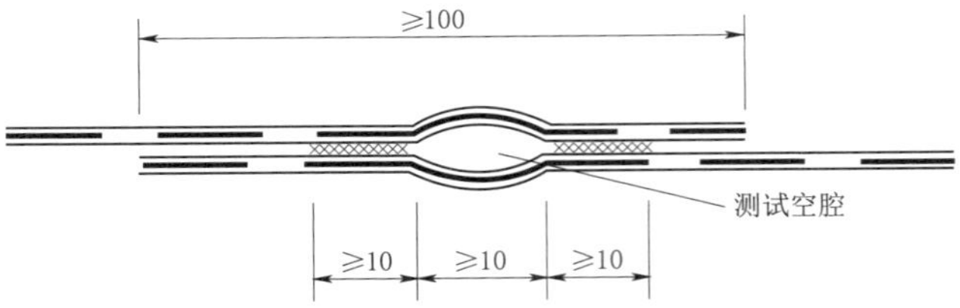

图 7 双缝焊接示意图

以色列 K 抽蓄电站采用全库库盆土工膜防渗，土工膜的渗漏量按照美国垦务局土坝设计规程进行设计[6]。其原理是假定土工膜在 $4000m^2$ 范围内由于制造、安装缺陷会出现若干个孔洞，在质量完美情况下会出现 1 个以内的孔洞，质量很好情况下会出现 1～4 个孔洞。出现小孔（$10mm^2$）是大概率情况，一般用于渗漏量估算，

(a) 土工膜分幅铺设 (b) 双缝焊接设备

(c) 土工焊接后表观情况 (d) 充气测试

图 8 土工膜双缝焊接及质量检测

出现大孔（$100mm^2$）为极端情况，一般用于膜下排水层排水能力设计。在本项目实际设计时考虑土工膜较极端的工况，假定土工膜在 $4000m^2$ 范围内出现 2.5 个大孔，设计得到的整个水库渗漏量为 141L/s，日渗流量为总库容的 0.38‰，估算渗漏量满足抽水蓄能全库盆防渗水库渗流控制标准。为验证土工膜生产、安装质量能否满足预期渗漏量标准，以及便于后期维护，土工膜下还设置了完善的分区渗漏监测系统，实时监测土工膜的运行情况。

7 结论

（1）PVC 土工膜具有柔性较好，铺设施工便利，对复杂形状适应性强，使用特殊的增塑剂和防紫外线表面涂层后能大幅提高土工膜的耐久性等特点，在抽水蓄能电站水库中作为外露防渗层有较好的适用性。

（2）水库外露土工膜在空库或者水位较低时，风吸力作用有可能使得边坡土工膜产生隆起甚至撕裂破坏，需要针对性的设计锚固系统将土工膜固定在水库坡面及坝顶。

（3）对抽水蓄能电站水库而言，库水位频繁变化，需要考虑在土工膜的底部设置排水层用于引排渗漏水，避免可能出现的渗漏水反向顶托土工膜。以色列 K 抽蓄电站坡面使用的土工网格和库底使用的二级配碎石层起到了较好的排水排气作用。

（4）以色列 K 抽蓄电站使用的土工膜双焊缝焊接及充气检测是土工膜防渗水库常用的焊接工艺和检测手段。双缝焊接的质量较好，可靠性高，充气检测焊接质量方便快捷。

(5) 根据美标规范复核计算了以色列 K 抽蓄电站在较不利工况下的渗流量，估算渗漏量满足抽水蓄能全库盆防渗水库渗流控制标准。完善的膜下分区渗漏监测系统可真实反馈土工膜运行情况，能有效评价施工质量，并有助于后期运行维护。

参考文献

[1] 索丽生，刘宁. 水工设计手册. 第二版. [M]. 北京：中国水利水电出版社，2014.
[2] 束一鸣，陆忠民. 土工合成材料防渗排水防护设计施工指南 [M]. 北京：中国水利水电出版社，2020.
[3] International Commission on Large Dams Bulletin 135. Geomembrane sealings systems for dams (design principles and review of experience) [Z]. 2010.
[4] 陈国良，罗书靖，唐杰. 抽水蓄能电站全库盆土工膜防渗设计研究 [J]. 大坝与安全，2019，6.
[5] 张春生，姜忠见. 抽水蓄能电站水库防渗设计 [M]. 北京：中国电力出版社，2012.
[6] U. S. Department of the Interior Bureau of Reclamation. De - sign standard No. 13，Embankment dams [S]. 2014.

面板坝新型止水结构防渗Ω膜的研究与应用

吴森华　王志宏　徐文仙

（中国电建集团华东勘测设计研究院有限公司，浙江省杭州市　311222）

【摘　要】面板堆石坝垂直缝、周边缝等止水结构采用传统的橡胶盖片结构型式存在盖板周边压不密实、异型搭接困难，与混凝土裂缝修补表面封闭措施无法形成整体，通过采用防渗Ω膜结构解决上述问题，更有效的保护塑性填料、增强表层防渗体系的整体性，提高防渗效果。

【关键词】面板堆石坝　垂直缝　周边缝　表面止水　防渗Ω膜　聚脲

1　引言

混凝土面板堆石坝由于采用当地天然筑坝材料筑坝，具有施工方便、经济性好、适应性强等优点，同时通过在库盆内开挖大坝填筑料可增加有效库容，目前该坝型在我国抽水蓄能电站中得到广泛的应用。对于抽水蓄能电站，一般水库集水面积不大，特别是上水库集水面积更小，库水基本通过从下水库抽水获得，若坝体渗漏量过大，将会影响电站的经济效益甚至工程运行安全，因此对混凝土面板坝防渗体系的要求也越来越高。而对于混凝土面板堆石坝，大坝混凝土面板间的垂直缝、面板与趾板间的周边缝等部位的接缝止水往往是薄弱环节，接缝位置处底部的铜止水如果遭到变形破坏或留有缺陷，表面的柔性止水结构就显得尤为重要。

混凝土面板坝垂直缝、周边缝等接缝的表面止水通常采用在塑性填料表面设置橡胶盖板＋压条锚固，这种结构型式存在盖板周边压不密实、异型搭接困难，也无法与裂缝修补封闭层形成整体。尝试采用性能更优、防渗效果更好、施工技术更简便的表面止水结构型式，对于保证混凝土面板堆石坝防渗体系可靠、运行安全非常重要。

2　传统型表面止水的问题

混凝土面板堆石坝垂直缝、周边缝等表面止水结构，塑性填料的保护大部分采用橡胶盖片，并在两侧设置钢材压条、螺栓等锚固系统，在工程实践中发现存在很多不足之处。

（1）保护盖片一般较厚重，在斜坡上施工难度较大，施工强度高，质量不易保证。

（2）盖片与塑性填料直接接触，内侧易被其腐蚀，使用时间长了性能下降明显，无法达到原设计要求，经常用不了几年就要更换。

（3）盖片材料较厚较硬，适应塑性填料变形的能力较差，由于混凝土面的不平整性，接触面不容易贴合紧密，侧面容易形成渗漏通道。

（4）钢材压条＋螺栓的锚固系统施工中不易做到紧贴塑性填料鼓包，当鼓包运行期发生变形时，鼓包的稳定性不佳，影响流动止水效果。

（5）由于混凝土的施工通常高低不平，扁铁锚固系统通常不能把板材有效地压固到混凝土表面，起到物理挤压密封的效果。

（6）外露的锚固系统在寒冷地区容易遭受冰冻灾害，形成表面止水冰冻破坏。

（7）保护盖板的现场连接施工通常需硫化或热塑焊接连接，不仅工效低，施工质量还不容易控制。

（8）保护盖板的异型接头连接部位，整体成型的加工成本高，现场连接质量难以控制。

3 防渗Ω膜技术

3.1 防渗Ω膜的结构型式

防渗Ω膜是一种应用于混凝土面板接缝部位表面止水的新型结构，由塑性填料防渗体系和表层的防渗Ω膜防渗体系联合组成。表层的防渗Ω膜防渗体系是在施工现场复合而成的形似Ω的薄膜，由防渗耐腐内膜、特种高强纤维材料、复合防渗涂层、粘结涂层、嵌入式抗剥离锚固体系复合而成。防渗Ω膜结构如图1所示。防渗Ω膜的主要性能指标见表1，防渗Ω膜配套的聚脲弹性涂料主要技术指标见表2，防渗Ω膜配套的聚脲弹性涂料耐老化试验结果见表3。

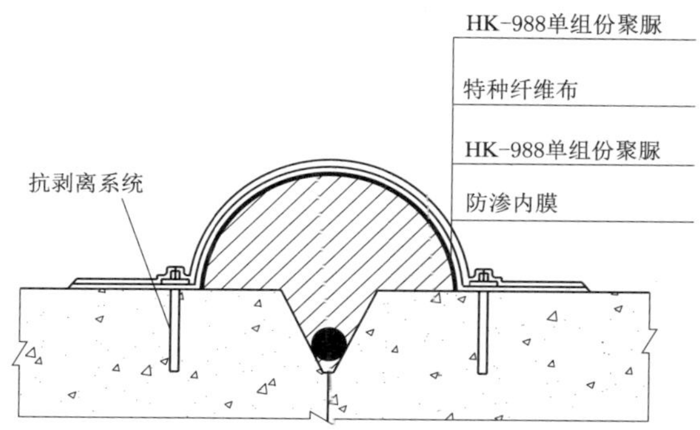

图1 防渗Ω膜结构图

表1 防渗Ω膜的主要性能指标

序号	试验项目		碳纤维聚脲复合	普通纤维聚脲复合
1	断裂强力/(N/cm)	径向	≥1000	≥200
		纬向	≥1000	≥200
2	断裂伸长率/%	径向	≥150	≥300
		纬向	≥150	≥300
3	撕裂强力/N	径向	≥400	≥160
		纬向	≥400	≥160
4	不透水性，8h无渗漏/MPa		≥2.0	≥2.0
5	低温弯折/℃		无裂纹	无裂纹
			−35	−35
6	热空气老化（80℃×168h）	断裂拉伸强度保持率/%	≥80	≥80
		扯断伸长率保持率/%	≥70	≥70

表2 防渗Ω膜配套的聚脲弹性涂料主要技术指标

项目	技术指标	项目	技术指标	项目	技术指标
拉伸强度/MPa	≥15	硬度/邵A	≥50	固含量	≥80
扯断伸长率/%	≥300	附着力（潮湿面）/MPa	≥2.5	密度/(g/mL)	1.05±0.2
撕裂强度/(kN/m)	≥40	吸水率/%	<5	颜色	与面板颜色相近

表3 防渗Ω膜配套的聚脲弹性涂料耐老化试验结果

老化时间 t/h	拉伸强度/MPa	性能变化率/%	伸长率性能/%	变化率/%
0	17.22	0	354.67	0
672	15.59	9.47	335.54	5.39
1388	14.88	13.59	331.01	6.67
1889	14.60	15.21	332.33	6.30

3.2 防渗Ω膜的技术特点

防渗Ω膜通过现场施工复合成型，形成Ω形状的薄层膜结构，适应接缝及塑性填料的变形能力更强。

防渗Ω膜通过化学技术粘结涂层与物理技术嵌入式抗剥离锚固体系的有机结合，提高了塑性填料大鼓包施工时的质量稳定性，更适应面板堆石坝工程大库高坝的接缝止水施工。为提高表面防渗涂层的耐久性，设置了防渗耐腐内膜阻止塑性填料对表面防渗保护材料的腐蚀。为提高表层防渗涂层的抗撕裂性能，加入特种高强纤维材料在现场施工复合成型。防渗Ω膜通过现场施工复合形成防渗涂层，在异型结构、转弯、折角等特殊部位都能形成连续完整的防渗涂层，实现了塑性填料表面封闭层的完整性，弥补了传统方案异形接头加工困难、硫化或热塑焊接质量不可控等不足。防渗Ω膜通过现场施工复合，适应混凝土基面不平整性，使塑性填料表面防渗保护层与混凝土基面间完全粘结，不存在传统盖片的空隙缺陷问题，同时加入嵌入式抗剥离锚固体系，解决部分鼓包变形严重部位可能存在的表面防渗保护层与混凝土面的剥离问题。

4 金寨工程中应用

4.1 需要解决的问题

金寨工程上、下水库混凝土面板堆石坝，原设计的大坝垂直缝、周边等接缝表面止水系统采用SR塑性填料+三元乙丙橡胶防渗保护盖板+不锈钢钢压条+不锈钢锚固螺栓的型式。由于该工程上游垫层区施工期表面固坡方式采用了翻模固坡，虽然施工过程中采取了一系列工程措施，但混凝土面板的裂缝数量比同类采用常规碾压砂浆固坡的大坝要多。因此，需要考虑将混凝土接缝表面止水方案和裂缝修补方案结合起来，充分发挥表面封闭保护层的作用。

4.2 防渗Ω膜技术的应用

考虑到金寨工程的大坝混凝土裂缝修补采用化学灌浆+聚脲封闭的方案，而垂直缝、周边缝采用防渗Ω膜技术，不仅可以解决传统表面止水盖片封闭保护层的缺点，还使裂缝修补的表面封闭层与接缝止水的表面封闭保护层整体衔接，形成连续的表面封闭体系。为降低运行期的大坝面板的检修频率，在死水位以下大坝面板混凝土表面系统涂刷一道聚脲封闭层。这样整个大坝上游面表面封闭层连成整体，大大提高了大坝表面止水防渗的可靠性及防渗效果，同时该防渗Ω膜结构可以直接在现场复合成型，施工方便，更便于运行期的维修。防渗Ω膜系统部分施工工序如图2所示。

（a）塑性填料机械成型

（b）防渗Ω膜第一道刮涂

（c）高强纤维材料复合

（d）抗剥离锚固系统

图2（一） 防渗Ω膜系统部分施工工序

（e）抗剥离锚固系统复合前清理　　（f）防渗Ω膜止水成型效果

（g）防渗Ω膜止水系统与面板混凝土表面封闭层形成整体

图2（二）　防渗Ω膜系统部分施工工序

5　结语

防渗Ω膜在金寨工程中的应用，是结合了仙居、鱼背山等工程表面止水施工及混凝土裂缝修补中的类似问题，通过对混凝土面板堆石坝结构缝表面止水结构型式、大坝面板及趾板混凝土裂缝修补的表面封闭措施的研究与改进，使表面止水封闭层形成一个整体的防渗系统。特别对于混凝土结构不规则、表面不平整部位具有很强的适应性。目前金寨工程上水库已经开始蓄水，防渗Ω膜技术＋裂缝修补聚脲封闭方案对坝体防渗体系起到很好的加强和补充，解决了混凝土缺陷处理的盲区，同时对裂缝发展也起到预防作用。后续可以考虑进一步研究气温对塑性填料变形的影响，使表面封闭层和填料更好地结合，减少鼓包变形造成的影响，使鼓包表面更加平整美观，充分发挥结构的性能。抗剥离锚固系统可区分南北方不同气候条件，进一步研究改进加入条件。由于该结构的使用时间有限，后续需要继续跟踪材料和结构型式的耐久性。

基于生产运维探讨抽水蓄能电站地下厂房优化布置

万正喜　范建强　方军民
（华东天荒坪抽水蓄能有限责任公司，浙江省安吉县　313302）

【摘　要】本文基于抽水蓄能电站多年生产运维经验，探讨更加有利于生产运维检修人员工作，在保证电站安全、技术、施工、经济的前提下，有关防水淹、防火、交通、通风、防潮、逃生、降噪声以及工作便利等方面的地下厂房布置优化。

【关键词】抽水蓄能电站　地下厂房　优化布置　探讨

1　引言

自 20 世纪 90 年代起，我国陆续建成投运了一批大型抽水蓄能电站，在电力系统充分发挥了稳定器、调节器、平衡器和储能器的重要功用。我国在抽水蓄能电站的运行和维护上积累了一些有益的经验，但在实际运维检修管理过程中，也发现作为重要工作场所的地下厂房，在布置方面还可以进行优化。抽水蓄能电站当前正处于建设和投运高峰期，如何从电站的设计入手，在保证电站安全、技术、施工、经济的基础上，更多考虑运维人员工作的安全、健康、便利以及提高工作效率方面的需求，优化地下厂房布置，值得探讨。

2　自流排水洞及交通洞布置

由于水头高、吸出高度较大，一般地下厂房均具有较大的埋深，深处地下，属于相对密闭空间。一旦发生水淹厂房或者火灾，各类人员（运维检修人员、外单位检修工作人员、保安人员、参观学习人员等）生命将受到极大的威胁，因此，防水淹、防火灾以及逃生是非常重要的问题。

2.1　防水淹厂房

设计单位会在机组选型、压力钢管选择、调保计算以及厂房排水系统上对防止水淹厂房进行充分考虑和计算，相关制度标准也有规定。但从俄罗斯萨扬水电站以及我国抽水蓄能电站水淹厂房的实例来看，相关设备一旦发生严重事故，高压水将在两三分钟内水淹厂房并摧毁重要设备，厂房水淹将进一步导致设备交流和直流系统接地或者短路，进而造成关键设备的跳闸、误动或者拒动，最后只能通过关闭上下库进出水口闸门来实现截流，但延时较长。所以，在地下厂房的布置上应注意以下 3 点：

（1）应尽量考虑设置自流排水洞。如果地形条件满足，小于 5km 排水廊道均应考虑设置。自流排水洞能减少集水井开挖以及排水系统设备的购置和运行相关费用，维护量小，关键是能延缓水位上升速度，为地下厂房工作人员争取宝贵的逃生时间。发生水淹厂房后，无须采取水泵排水措施，为后续事故处理赢得主动。部分抽水蓄能电站自流排水洞参数见表 1。

（2）应在确保交通洞口防洪安全和洞线展布允许纵坡的前提下尽量降低交通洞口高程。没有设置自流排水洞的抽水蓄能地下厂房与地面沟通一般有 3 个洞室：交通洞、通风及安全洞、高压电缆洞。由于通风、施工和地面开关站布置等原因，通风及安全洞、高压电缆洞洞口高程相对较高，但如果交通洞洞口高程较高，一旦发生水淹厂房，上述 3 个洞口只能作为出水口，对人员的逃生极为不利；洞口高程较低的交通洞（或其他施工支洞）能作为水淹厂房时一定高程的排水口，能有效延缓水位上升，对人员逃生极为有利。

（3）应重点考虑提高地下厂房渗漏排水交流、直流电源系统的布置高程。渗漏集水井一般布置在主厂房蜗壳层或尾闸洞，为提高渗漏排水交流、直流电源系统的供电可靠性，一般采取单独配置，但其布置高程应引起足够的重视。布置高程较低，一旦水淹厂房，其交流、直流配电系统被淹而造成跳闸或误动的概率很大，排水泵停转，即使上下库闸门能较快落下，也会造成事故的进一步扩大。因此，渗漏排水系统交流、直流控制盘布置在主变洞较高位置较为合理。条件允许，布置在地面更佳，但应考虑电缆电压降在合理范围。

表 1　部分抽水蓄能电站自流排水洞参数

电站	排水能力或者设计排泄能力	入口高程/m	出口高程/m	断面尺寸	长度/m
天荒坪	$9.34m^3/s$	214.4	150.0	3.0m×2.8m	4204.0
回龙	$10000m^3/d$	431.0	429.1	进口端 2.2m×2.8m 出口端 3.4m×3.5m	878.0
仙游	$2750m^3/h$	272.0	250.0	3m×3m	953.0
宝泉	设计过流量 $5m^3/s$； 最大过流能力 $20m^3/s$	138.1	128.0	3.0×2.8m	2552.5
西龙池	$3474m^3/h$	711.9	698.6	2.5m×3m	1232.9
长龙山	$10m^3/s$	114.5	104.0	3.0m×3.0m	3290.0

2.2 火灾排烟

封闭式地下厂房，通风防火和消防排烟设计十分重要。排烟系统的补风一般引自交通洞或其他进风洞的自然风。如果主厂房，尤其是发电机层以下区域，发生较大火灾时，持续产生的浓烟很容易快速地弥漫整个地下厂房，甚至是通过通风系统进行扩散，而排烟系统排出所有烟雾又需要一定的时间。如果逃向地面的通道均充满烟雾，很容易导致逃生人员窒息。

应合理降低交通洞洞口高程，有如下两个好处：

(1) 有利于地下厂房发生火灾情况下，增加交通洞新鲜空气补风量，逃生人员逆风而行，安全系数大。但如果交通洞洞口高程与排烟洞口高程接近，交通洞将明显减少新鲜空气进风量。紧急情况下，如果排烟风机没有启动，交通洞甚至可能变成排烟通道，逃生人员的安全将受到极大威胁。

(2) 降低交通洞洞口高程，交通洞和通风洞洞口高程差产生的通风回路（烟囱），能使火灾情况和施工期厂房的排烟问题得到一定改善。

3 运维人员工作环境布置

3.1 通风

总体上讲，地下厂房进风通道越短，进出风口高程差越大，通风效果越好。

地下厂房新风一般引自通风洞、交通洞及通风支洞，排风一般分别经下游侧母线洞或副厂房顶排至排风竖井、经总排风机房排出厂外。但在实际生产过程中，主厂房发电机层以下楼层和主副厂房较低楼层通风效果不良，长期工作在上述区域的检修工作人员容易产生胸闷现象，不利于安全生产和人员健康。因此，应考虑地下厂房蜗壳层施工支洞作为新风风源，形成全覆盖的通风风路，提高厂房舒适度。

值得一提的是，机组水车室作为一个重要的检修工作场所，只有一个进出口，作业空间相对密闭，且气味较重，空气较难形成新风通道，不利于运维人员长期作业健康。在设计过程中，在保证机墩强度的情况下，可以考虑在水车室底部机墩上设置一个通气孔，并适当加大水车室进出口截面积，可以改善水车室作业环境。天荒坪抽水蓄能电站机组采用中拆方式，水车室相对敞开，检修条件相对良好。

3.2 降噪声

地下厂房内过大的噪声对长期工作的运行和检修人员身体健康产生影响。地下厂房噪声来源主要有气动噪声、机械振动噪声和电磁谐振噪声等，机组在运行过程中情况尤为突出。其中，机械振动（含自激振动）造成的共振噪声难以把控，部分电站存在厂房共振现象较为严重的问题，虽然理论上要避免激振频率的范围与自然频率重叠，但在地下厂房建设过程中还需进行实例研究。在设计方面应作专题研究，并注意下列事项：

（1）将部分噪声源布置在远离发电机层及厂房值班工作室的地方。如将高压气机、空调冷却系统、污水处理系统等噪音源。

（2）在设备选型过程中注意提出噪声需求。如在选型时提出冷却风机、机械刹车吸尘器、空压机等设备的最高噪声参数限制，并选取噪声较小的冷却方式（水冷、油冷等）。

（3）要下大力气重点进行现场共振噪声较大的案例分析和防控措施，比较和研究不同单位振动噪声实际情况。

（4）要进一步研究机组运行产生振动的原因，除机组安装或质量异常（机组轴线偏移、设备松动、磁极匝间短路或不对称等）外，设计单位还应重点对生产厂家提出发电机的气隙不均和电磁谐振现象以及水轮机选型和涡带产生的振动等方面的要求，限制产生过大振动。

3.3 防潮

南方每年雨季较长，空气湿度较大，对设备（尤其是二次元器件）和厂房人员均有不利影响，应予以高度重视。所有地下厂房洞壁均应设有防潮隔层，所有排水沟应避免直接裸露。厂房湿度控制的相关技术比较成熟，设计上应考虑覆盖范围和数量。

4 运维工作便利性布置

工程建设终究是为生产运行服务，项目可行性研究设计时，地下厂房的布置应结合工程实际特点充分考虑水电站生产运维工作的便利性需求。

4.1 交通

地下厂房的布置方式直接影响其交通洞的布置位置和长短，从而决定运维人员进出厂房的交通方式。相比较而言，一般情况下，尾部布置的厂房靠近地表，厂房的交通、出线等辅助洞室的布置较方便，更加有利于运维检修人员进出地下厂房。

在满足地形地质条件和厂房枢纽布置情况下，如果技术经济比较结果在一定的范围内，可综合考虑，缩短交通洞长度，以便于人员快速（步行）进出交通洞。条件允许，可设置垂直电梯从地面直接进出地下厂房，尽量避免必须依靠机动车辆才能进出厂房的情况，提高进出地下厂房便利性，能极大提升工作效率，提高运维人员赶赴地下厂房进行紧急事故处理的成功率。

4.2 地下厂房辅助服务设施

（1）电梯。当前抽水蓄能电站在人力资源上基本按照“无人值班，少人值守”的新型企业进行配置，人员相对较少，工作强度较大，外委人员较多。为提高效率，应设置足够的电梯。仅在主副厂房设置一部电梯远远不能满足运维检修工作需求，尤其是对有 6 台机组的地下厂房。应考虑在主厂房紧邻安装场的机组段下游侧设置一部电梯，既方便人员和小型材料上下，又能有效解决机组检修时检修区域用围栏封闭而导致主厂房各层通道隔断问题。设计过程中，还应考虑在主变洞、尾闸洞、上库进出水口闸门楼等各设置一部电梯。

（2）卫生间。在每年近 6 个月的检修期里，承担检修任务的外来单位人员较多，地下厂房卫生间不足，不利于检修人员工作，也不利于企业文明形象。可在主副厂房、主变洞副楼、安装场副楼等处适当增加。

（3）更衣间。避免大量检修人员在检修现场更换工作服，有损现代化企业文明生产形象，可考虑在主变洞二层、副厂房或者安装场副楼等地方设计必要的空间。设计过程中还应考虑必要的、适当的工具间和其他服务设施。

4.3 维护检修便利布置

从抽水蓄能机组多年运行情况来看，发电机及机组导轴承，特别是推力轴承，发生故障的次数较多，且各类技术规程有较严格的维护要求，因此，选择悬式机组，将推力轴承和上导轴承设置在发电机层，对检修工作极为有利，检修维护工作区域空间相对敞开，尽量减少密闭空间作业。

对水轮机检修来讲，如果采用上拆方式，水轮机检修时需要拆除发电机转子、机架、顶盖等相关设备，将极大增加工作量，检修工期也会较大增加，增加一些不必要的人力、物力和财力。选择中拆方式，需要增加中间轴，将增加厂房开挖量，且机组大轴摆度控制难度增加。选择下拆方式设计值得思考。

另外，蜗壳层设备及管路较多，检修空间相对拥挤，因此在管路布置上可以进行优化。在蜗壳层下设置管路廊道较为科学，能有效提升蜗壳层检修维护空间。

无论是下拆方式还是蜗壳层人行通道设置，均涉及厂房机组机墩结构计算和刚度计算，设计时应根据蜗壳混凝土分担的内水压力、机组荷载、结构自重、各层楼板传递来的荷载等进行计算。天荒坪抽水蓄能电站机墩结构形式能提供必要的算例。

5 结语

在满足枢纽布置、地质地貌、施工和安全质量等技术要求前提下，地下厂房的设计应妥善解决防淹、防火、交通、通风、防潮、逃生、降噪声以及工作便利等生产运维实际工作需求。值得重点指出的是，一般情况下，尾部式地下厂房具有较长的引水隧洞和较短的尾水隧洞，地下厂房靠近地表，厂房的交通、出线、通风以及人员疏散通道等辅助洞室的布置及施工运行比较方便，应结合地质条件、工程布置、施工条件等情况进行综合选择。机组选择悬式、下拆方式比较有利于检修维护。

我国抽水蓄能电站通过二十多年大规模的建设和运营，已经积累了较多的建设管理和运维检修经验，应继续通过不断完善工程设计，以服务地下厂房生产运维检修工作为导向，优化厂房布置，使每一个项目都成为精品工程。

参考文献

［1］ DL/T 5208—2005 抽水蓄能电站设计导则［S］.

［2］ 梅祖彦. 抽水蓄能发电技术［M］. 北京：机械工业出版社，2000.

［3］ 张春生，姜忠见. 抽水蓄能电站设计［M］. 北京：中国电力出版社，2012.

［4］ 李世东. 抽水蓄能电站规划设计中值得注意的问题［J］. 水力发电，1998（2）：26－28.

复杂地质条件下海外抽水蓄能电站厂房上部结构静动力特性研究

洪佳敏 王锦锋 姚新刚
（中国电建集团华东勘测设计研究院有限公司，浙江省杭州市 311122）

【摘 要】 海外某抽水蓄能电站地质条件复杂，为避免围岩变形对地下厂房混凝土结构可能造成的不利影响，工程中拟将地下厂房球阀层以上的混凝土结构与周围岩体脱开。本文运用三维有限元分析方法对地下厂房混凝土结构的受力特性进行研究，模拟分析了各类工况下厂房结构的位移分布与静动力特性。分析成果验证了混凝土结构与周围岩体脱开的可行性，并按照欧洲标准为厂房上部结构的配筋设计提供了参考。

【关键词】 地下厂房 结构设计 静动力特性 有限元计算

1 引言

海外某抽水蓄能电站地下厂房区域地质条件复杂，岩体力学强度较低。为避免围岩变形对厂房结构可能造成的不利影响，工程中拟将地下厂房球阀层以上的混凝土结构与周围岩体脱开，在岩体与混凝土结构的空隙中填充软垫层材料，从而避免围岩变形对混凝土边墙的挤压作用。为了评估该方案的可行性，需要开展各类工况下地下厂房结构的有限元力学模拟，从而获取厂房结构的静动力特性，为地下厂房的结构设计提供参考依据。

该抽水蓄能电站位于某大型河谷附近，主要用于调峰、调频、事故备用、电压调节、无功负荷及黑启动等。该抽水蓄能电站的地下厂房内安装两台立轴式机组，单机容量为 170MW，总装机容量为 340MW，蜗壳内部最大设计水压为 6.35MPa。主副厂房洞的开挖尺寸为 82.2m×18.0m×42.0m（长×宽×高）。地下厂房机组段结构从高至低分为 5 层，即操作层、发电机层、水轮机层、球阀层和尾水管层。机组段与安装间设结构缝，两台机组间无结构缝。操作层下方的侧壁均为混凝土墙。

2 计算模型

2.1 有限元模型

以该抽水蓄能电站地下厂房机组段结构为分析对象，模型沿厂房纵轴线方向的长度为 41.5m，宽度为 18m。模型高度为集水井底部至操作层高程，总高度约 25m。计算模型采用笛卡尔直角坐标系，其 X 轴为水平方向，沿厂房纵轴线指向北侧为正，Y 轴为铅垂方向，向上为正；Z 轴为水平方向，指向下游为正；坐标系原点取在 1 号机组水轮机安装高程中心处。楼板、墙体采用壳单元模拟，梁、柱采用梁单元模拟，大体积混凝土采用实体单元模拟。地下厂房机组段结构整体模型的计算网格如图 1 所示。

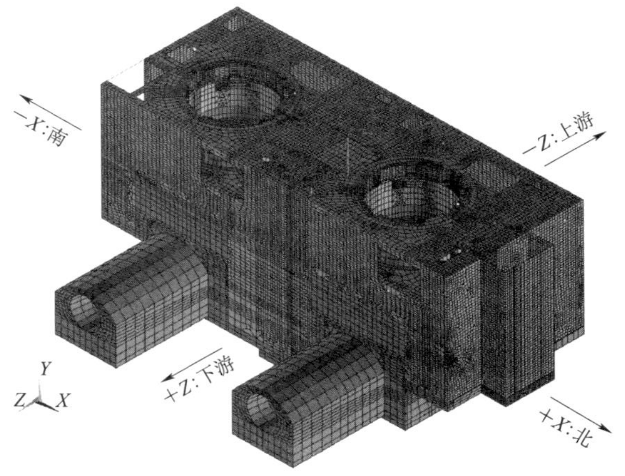

图 1 地下厂房机机段结构整体模型的计算网格

2.2 计算方案

抽水蓄能电站厂房结构在运行过程中可能经历多种工况，在此基础上确定计算方案，见表 1。其中 S1、S2 为地震工况，M1 为正常运行条件下的模态分析工况，厂房结构在地震作用下的响应采用振型分解反应谱法模拟。

表 1　计算方案及作用组合

编号	工　况	设计状况	作用与作用效应				
			结构自重	机组荷载	楼板荷载	内水压力	地震荷载
A1	额定工况	长期工况	√	√	√	√	—
A2	转轴顶起	短期工况	√	√	√	√	—
A3a	转子短路（荷载取最大值）	偶然工况	√	√	√	√	—
A3b	转子短路（荷载取最小值）	偶然工况	√	√	√	√	—
A4a	定子误同步（荷载取最大值）	偶然工况	√	√	√	√	—
A4b	定子误同步（荷载取最小值）	偶然工况	√	√	√	√	—
A5a	最大水推力（荷载取最大值）	偶然工况	√	√	√	√	—
A5b	最大水推力（荷载取最小值）	偶然工况	√	√	√	√	—
S1	地震工况（额定＋地震动响应）	偶然工况	√	√	√	√	√
S2	地震工况（额定—地震动响应）	偶然工况	√	√	√	√	√
M1	模态分析（正常运行）	长期工况	—	—	—	—	—

2.3　静力荷载

静力工况下机组段厂房结构所受荷载主要包括楼板活荷载、机组荷载、蜗壳与尾水管内的水压力等。其中楼板活荷载见表 2，各工况下的机组荷载见表 3。蜗壳内的最大水压力为 6.35MPa，尾水管内的最大水压力为 1.09MPa。

表 2　楼 板 活 荷 载

位　置	高程/m	荷载/(kN/m²)	位　置	高程/m	荷载/(kN/m²)
操作层楼板	−275.50	25	水轮机层楼板	−283.50	50
发电机层楼板	−280.10	25	球阀层楼板	−289.85	25

表 3　各工况下的机组荷载　单位：kN

工　况	下 机 架 基 础			定 子 基 础			上机架基础	
	径向力	切向力	竖向力	径向力	切向力	竖向力	径向力	切向力
额定工况 A1	585	28	36	−485	453	1478	−246	−85
转轴顶起 A2	−830	0	688	20	−43	1316	261	−52
转子短路 A3a	1214	130	76	−872	818	1554	−448	−138
转子短路 A3b	−46	−106	76	724	−774	1554	296	68
定子误同步 A4a	0	0	36	−1195	1278	1458	322	−178
定子误同步 A4b	0	0	36	−1195	1278	1458	−45	8
最大水推力 S1	416	0	36	−52	−106	2006	398	−96
最大水推力 S2	416	0	36	26	−106	2006	−266	38

2.4　地震作用

采用振型分解反应谱法模拟地震作用下厂房结构的动力响应。设计反应谱参照欧洲标准（Eurocode 8）确定，设计反应谱曲线如图 2 所示。模态组合采用 CQC 方法，三向地震作用（包含水平与竖直方向）采用 SRSS 方法进行组合。组合后的地震作用再与额定工况下的结构响应进行组成，从而得到 S1 与 S2 两种地震工况。

2.5　计算参数与边界条件

该抽水蓄能电站地下厂房结构采用 B40 混凝土。采用线弹性模型进行模拟计算。混凝土动态弹性模量取为静态弹性模量的 1.15 倍。考虑楼板、墙体等混凝土构件在运行期开裂的影响，弹性模量的折减系数在静力工况下取 0.33，在动力工况下取 0.50。计算所采用的材料参数见表 4。

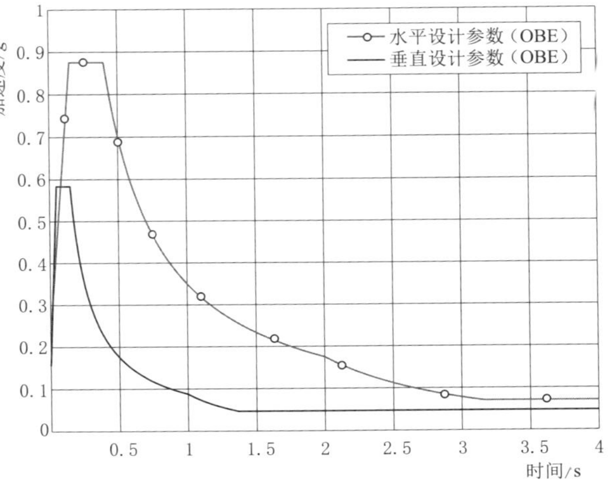

图 2　设计反应谱曲线

计算采用的边界条件如下：

（1）厂房结构底部与围岩的接触面视为固定边界。

（2）考虑到地下厂房球阀层以上的混凝土结构与周围岩体脱开，因此厂房结构的上游、下游、北侧和南侧边界视为自由边界，不施加任何约束。

（3）机组段结构有结构缝的部位视为自由边界。

（4）静力和动力分析采用相同的边界条件。

表 4　　材料参数表

参　　数	楼板、墙体等混凝土构件	大体积混凝土	钢　　材
弹性模量/GPa	9.4（静力） 16.215（动力）	28.2（静力） 32.43（动力）	210
泊松比	0.2	0.2	0.3
密度/(kg/m^3)	2500	2500	7850

3　计算成果分析

3.1　整体结构

图 3 给出了额定工况（A1）条件下厂房混凝土结构的位移分布特征。结果显示，厂房上部结构的位移较下部大体积混凝土结构偏大。这是由于厂房下部大体积混凝土结构的刚度较高，且受底部岩体的位移约束影响较大，因而位移较小。相比之下上部结构失去了周围岩体的支撑作用，且板、梁、柱、墙等混凝土构件的结构刚度相对较低，因而位移较大。此外，虽然两台机组间并未设结构缝，但 1 号、2 号机组中心横剖面的位移分布基本相同。额定工况（A1）条件下厂房混凝土结构的最大位移为 8.17mm，位于两台机组中间的操作层楼板处。

3.2　楼板

表 5 给出了各类工况下各高程楼板的最大竖向位移。结果显示，额定工况（A1）条件下各层楼板的竖向位移最大。这是由于额定工况 A1 属于长期工况，该工况下楼板活荷载的分项系数较大。图 4 给出了额定工况（A1）条件下各层楼板的竖向位移分布。由图可见，最大竖向位移为 8.17mm，出现在两台机组中间的操作层楼板上，能够满足欧洲标准（Eurocode 2）的挠度限值要求（最大位移≤跨度/250＝15.8mm）。

表 5　　各种工况下各高程楼板最大竖向位移　　单位：mm

各高程楼板	A1	A2	A3a	A3b	A4a	A4b	A5a	A5b	S1	S2
操作层楼板	8.17	5.78	4.88	4.85	4.84	4.86	4.84	4.87	2.91	6.12
发电机层楼板	7.82	5.53	4.66	4.64	4.64	4.65	4.63	4.65	2.91	5.85
水轮机层楼板	6.63	4.49	3.83	3.83	3.82	3.82	3.82	3.83	2.62	4.50
球阀层楼板	3.69	2.65	2.21	2.21	2.21	2.21	2.20	2.21	1.60	2.54

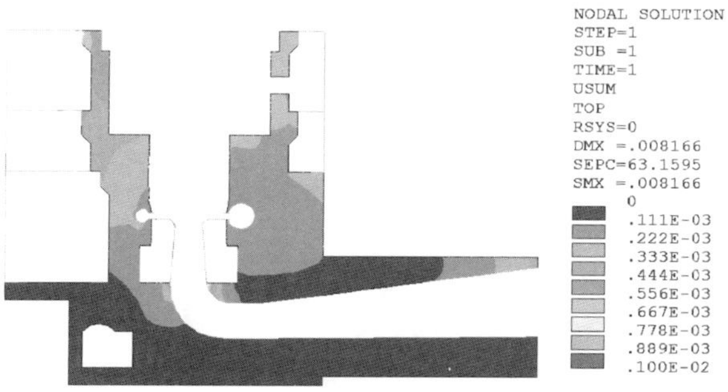

(a) 1号机组中心横剖面

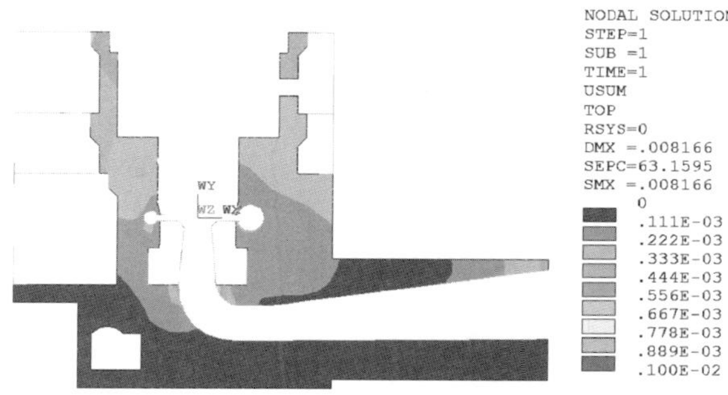

(b) 2号机组中心横剖面

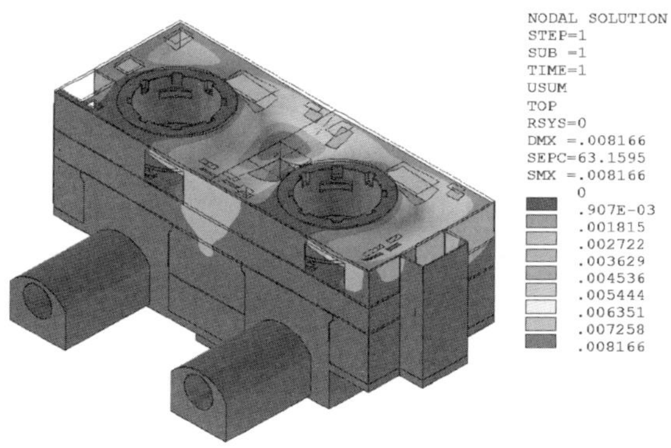

(c) 整体分布

图 3 额定工况（A1）条件下厂房混凝土结构的位移分布特征（单位：m）

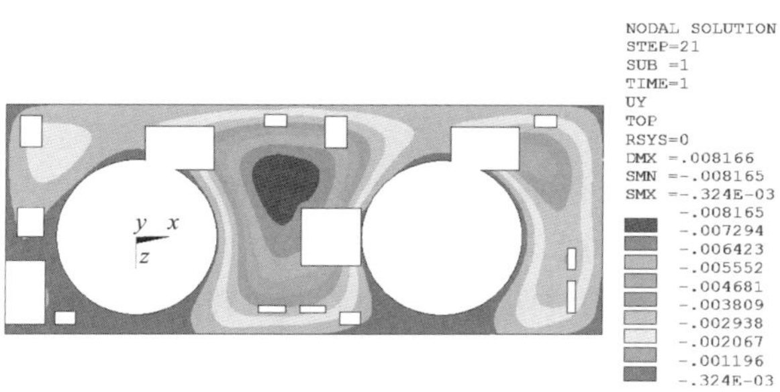

(a) 操作层楼板

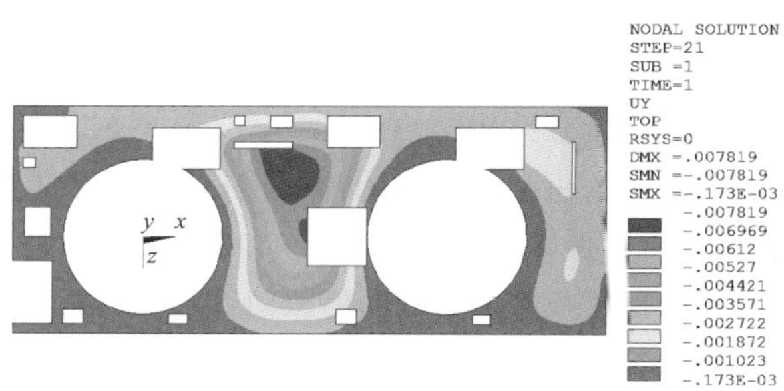

(b) 发电机层楼板

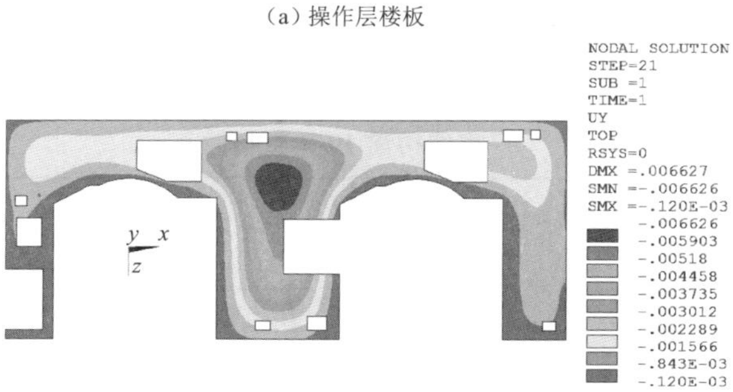

(c) 水轮机层楼板

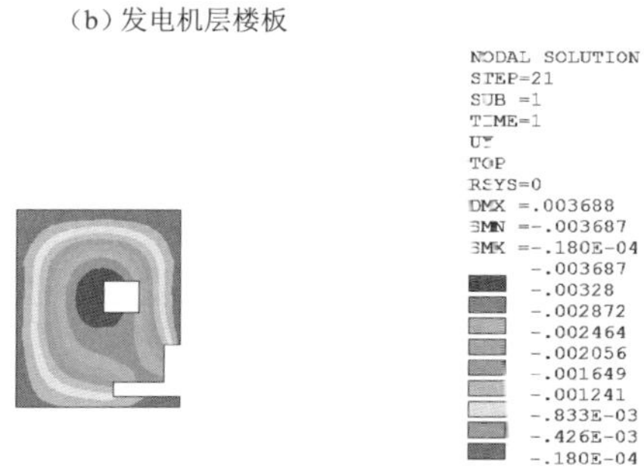

(d) 球阀层楼板

图 4 额定工况 A1 条件下各层楼板的竖向位移分布（单位：m）

3.3 墙体

该抽水蓄能电站操作层下方的侧壁均为混凝土墙体。当混凝土墙体外表面与围岩脱开后，墙体失去围岩的支撑作用，所受内力会相应增大。图 5 给出了各工况下混凝土墙体的内力分布。由图可知，在楼板活荷载的作用下，各层楼板相邻处墙体的竖直向弯矩较大。此外，下部墙体所受的竖直向压力总体较上部偏大。根据上述内力结果，选取墙体的内外侧配筋为 Φ25@200，并相应绘制各工况下墙体的轴力-弯矩图（N－M 图），如图 6 所示。图 6 中的包络线给出了 Φ25@200 配筋所能承受的内力分布范围。由图 6 可见，各工况下墙体各单元的轴力-弯矩（N－M）点均位于包络线内，这表明 Φ25@200 的墙体配筋能够满足各工况下的承载力要求。

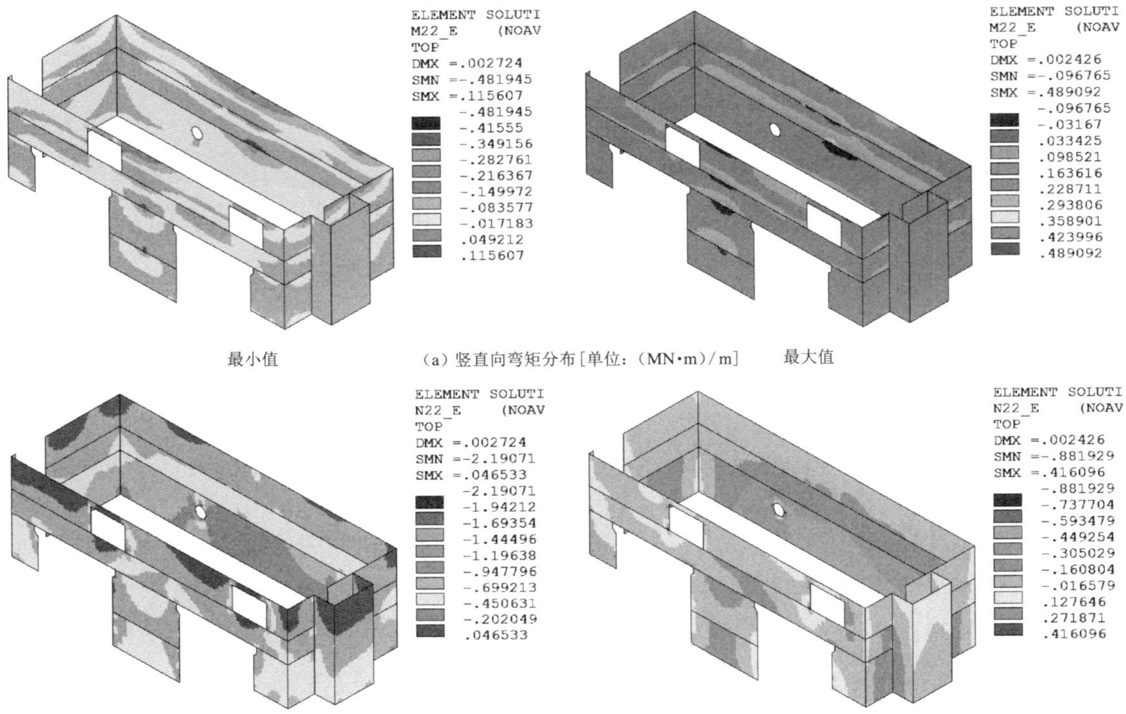

（a）竖直向弯矩分布［单位：（MN·m）/m］

（b）竖直向轴力分布（单位：MN/m）

图 5 各工况下混凝土墙体的内力分布

3.4 模态分析

模态分析给出的厂房结构前 10 阶自振频率见表 6，其中前 4 阶振型如图 7 所示。结果显示，厂房结构的前 10 阶自振频率为 12.30～20.92Hz，其中第 1 阶振型为厂房上部结构沿上下游方向的振动，第 2 阶振型为操作层楼板沿竖直方向的振动，第 3 阶振型为厂房上部结构绕两台机组中心的扭转振动，第 4 阶振型为厂房上部结构沿厂房轴线方向的振动。总体上，前 4 阶振型基本为厂房上部结构的整体振动。经校核，厂房结构前 10 阶自振频率与厂房内激振频率（3.3Hz、10Hz、90Hz、180Hz、200Hz）差异较大，正常运行时厂房结构产生共振的可能性较低。

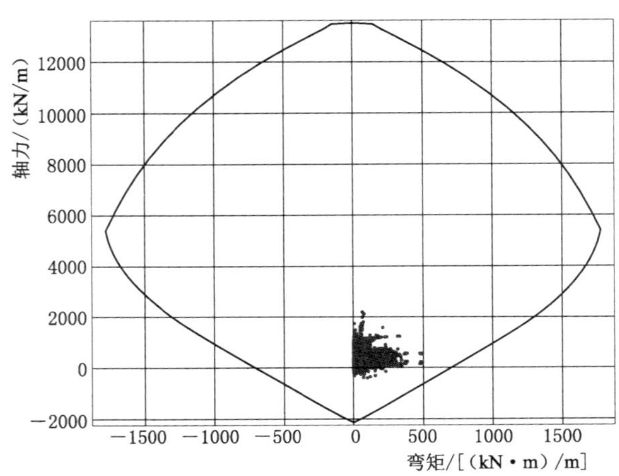

图 6 各工况下墙体的弯矩-轴力图

表 6 厂房结构前 10 阶自振频率

阶数	自振频率/Hz	阶数	自振频率/Hz
第 1 阶	12.30	第 6 阶	17.93
第 2 阶	14.64	第 7 阶	19.05
第 3 阶	14.98	第 8 阶	19.73
第 4 阶	15.80	第 9 阶	20.15
第 5 阶	17.61	第 10 阶	20.92

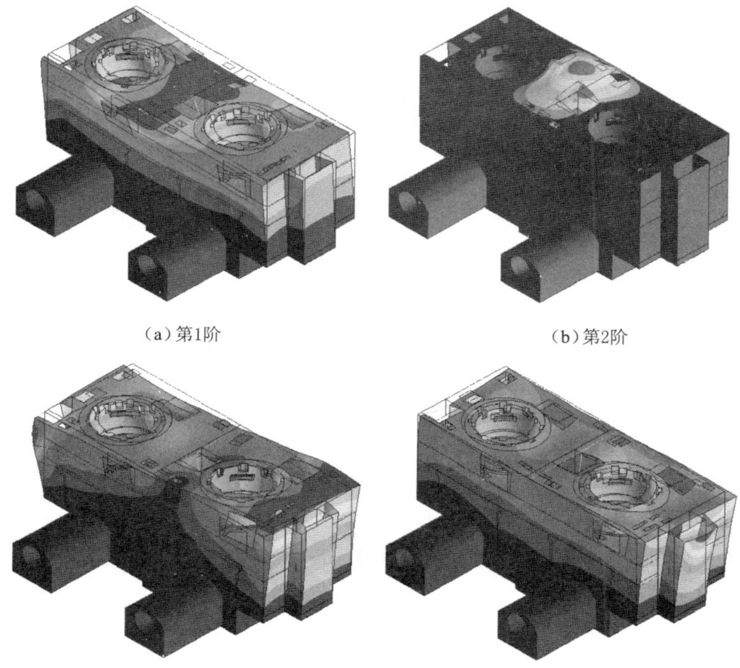

（a）第1阶　（b）第2阶

（c）第3阶　（d）第4阶

图 7　厂房结构前 4 阶振型图

4　结语

本文根据海外某抽水蓄能电站的实际工程需要，建立了地下厂房整体结构的三维有限元模型，对厂房上部结构进行受力特性研究，得到以下结论：

（1）考虑地下厂房球阀层以上的混凝土结构与周围岩体脱开后，地下厂房混凝土结构在各工况下的受力特性均能满足工程需要。

（2）各工况下，地下厂房上部结构的最大位移出现在操作层楼板中心处，最大位移为 8.17mm，能够满足欧洲标准的挠度限值要求。

（3）考虑地下厂房球阀层以上的混凝土结构与周围岩体脱开后，地下厂房四周的墙体结构在各工况下所受内力有所增大，经合理配筋后能够满足工程需要。

（4）厂房结构前 10 阶自振频率与厂房内激振频率差异较大，正常运行时产生共振的可能性较低。

参考文献

[1]　张智敏. 水电站蜗壳传力机制与厂房流激振动特性研究 [D]. 武汉：武汉大学，2019.

[2]　傅丹. 考虑厂坝相互作用的坝后式电站厂房结构特性及抗震研究 [D]. 武汉：武汉大学，2015.

[3]　姚新刚，徐良华，高炼，等. 响水涧抽水蓄能电站地下厂房静力特性分析 [J]. 浙江水利水电学院学报，2016，28 (5)：24 - 28.

[4]　邬俊，杨忠良，刘加进. 苗尾水电站厂房上部结构静动力分析 [J]. 人民长江，2016，47 (S2)：52 - 55，125.

[5]　苗毓海，陈婧. 瀑布沟水电站地下厂房机墩组合结构刚度分析 [J]. 水利与建筑工程学报，2013，11 (4)：110 - 115.

[6]　欧阳金惠，耿峻，许亮华，等. 某大型抽水蓄能电站厂房强烈振动原因分析与减振措施研究 [J]. 水利学报，2019，50 (8)：1029 - 1037.

某抽水蓄能电站上水库面板止水结构研究

高玺炜　于思雨　孙思佳　李柏平　王冠军
（辽宁蒲石河抽水蓄能有限公司，辽宁省丹东市　118216）

【摘　要】本文从某抽水蓄能电站上水库大坝面板止水结构存在严重破坏现象的事件，详细分析破坏发生的原因和对策，提出了寒区面板顶部止水结构破坏类问题的解决办法和防护措施。

【关键词】东北地区　面板止水结构　切除　修补　手刮聚脲　新止水结构

1　引言

某抽水蓄能电站地处东北地区，上水库大坝面板止水结构表面采用三元乙丙橡胶板封顶，在冬季结冰后受水冻胀力、冰推力和冰拨力反复作用的影响，在水位变化区易发生沉头螺栓拨出、部分压板扭曲甚或脱落，进而外覆防护橡胶盖板发生撕裂、柔性嵌缝材料与缝面剥离、面板接缝完全裸露等现象。经充分调研分析讨论，选取试验段面板止水结构改为手刮聚脲方式，通过试验期的巡检分析，试验段的手刮聚脲面板止水结构运行正常，大坝安全监测数据稳定。某抽水蓄能电站采用手刮聚脲的止水形式替代原有面板止水结构，在原面板止水填料的基础上，切除原有橡胶板，对原有破损、变形的SR止水材料进行修补，采用手刮聚脲形成新止水结构。

2　故障经过

某抽水蓄能电站于2014年5月对面板止水结构进行调查，调查结果表明破坏的范围集中在库水位变化区内，破坏的部位出现在表面止水盖板的连接处，而且均发生在下片止水盖板的上端端口。库水位变化区内共有82处接缝破坏，其中扁钢锈蚀严重，部分扁钢甚至扭曲脱落，部分沉头螺栓被拔出，垂直缝破坏主要发生在高程380.5m和369.5m段，水位变化区存在接缝开裂翘起现象，逆向搭接缝破坏严重，GB填料存在错动现象，个别区域有对接和顺向连接破坏。现场破坏照片如图1～图8所示。具体破坏情况如下：

（1）高程380.5m处的面板垂直缝所有接头均已破坏，部分垂直缝存在多处接头破坏现象，接头开裂翘起高度一般5～7cm，平均为5.8cm，其中19号面板开裂翘起可达15cm，盖板割开后，可见内部充水，橡胶棒和铜止水未见异常。

（2）高程369.5m处的面板垂直缝所有接头均已破坏，部分垂直缝存在多处接头破坏现象，接头开裂翘起高度一般5～6cm，平均为5.1cm，最大开裂翘起可达10cm。

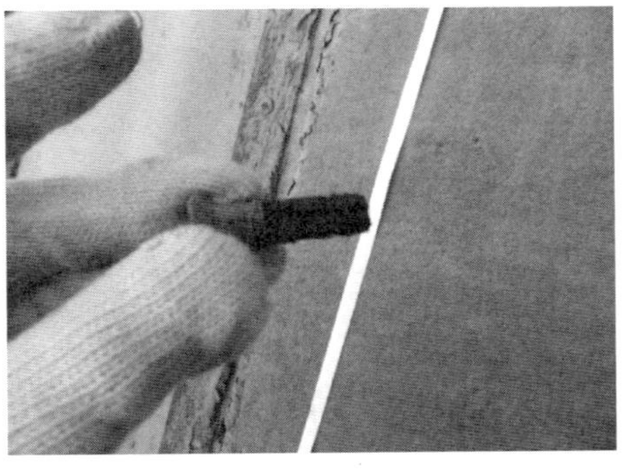

图1　沉头螺栓螺纹锈蚀消失

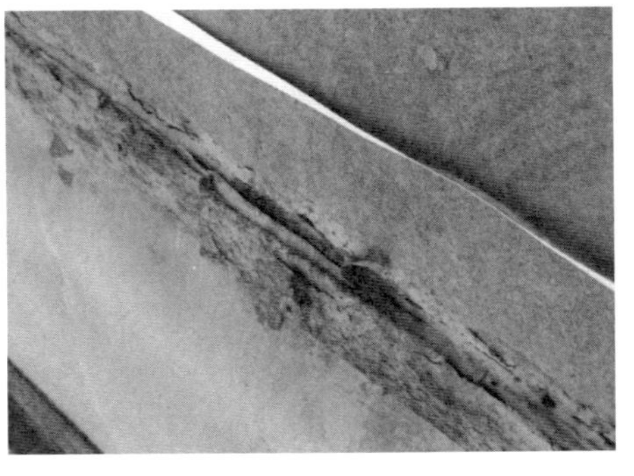

图2　沉头螺栓脱落、扁钢锈蚀

图 3　周边缝沉头螺栓脱落、扁钢掀翻

图 4　周边缝橡胶止水现状

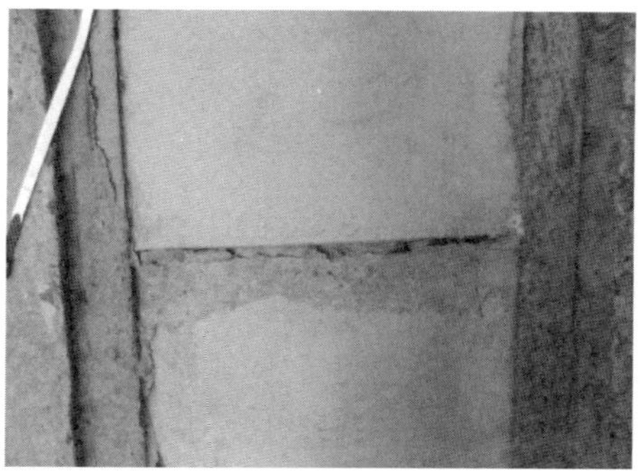

图 5　对接接缝

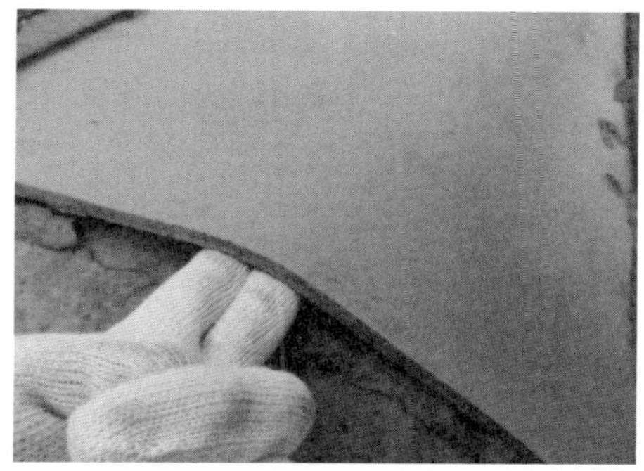

图 6　顺茬搭接处缝隙

图 7　戗茬搭接（高程 375.00m 以上）

图 8　戗茬搭接（高程 365.00～375.00m）

（3）面板周边缝共有 10 处接头开裂翘起，止水盖板上部扁钢扭曲脱落，部分沉头螺栓被拔出。

（4）面板混凝土质量整体较好，但 17 号面板处存在孔洞，孔洞尺寸为 12cm×17cm，深可达 10cm。

3　缺陷分析及处理

3.1　原因分析

上水库面板止水结构表面采用三元乙丙橡胶板封顶，但其与面板混凝土结合部位受两种材料性能差异的影响，普遍存在混凝土浇筑质量不良，抗绕渗水压力降低的情况，尤其是橡胶止水带接头处。当面板接缝在大坝运行过程中产生张开、沉降、剪切变形时，变形缝中部和底部的止水板、片随之出现位移，难以控制面板底部（或中部）止水性能的劣化。

基于调查结果及相关工程实例，分析得知止水结构随着水库投入运行后，沉头螺栓等锚固件因材料性能原因在高湿度环境下，很快产生锈蚀并迅速劣化，使得沉头螺栓与混凝土间的锚固力严重降低甚至脱落失去作用；冬季结冰后，由于电站上水库水位变幅较大，浮冰附着在面板止水结构上，导致上水库面板止水结构受水冻胀力、冰推力和冰拨力反复作用的影响，在水位变化区易发生沉头螺栓拨出、部分压板（扁钢或角钢）扭曲甚或脱落，进而发生外覆防护橡胶盖板发生撕裂、柔性嵌缝材料与缝面剥离、面板接缝完全裸露等现象。因此，导致止水结构破坏的主要因素为：①沉头螺栓等锚固件锈蚀；②冻胀力、冰拨和冰推力等因素；③橡胶防护盖板的抗撕裂、抗击穿性能和耐老化性能。

3.2　处理过程

某抽水蓄能电站采用手刮聚脲进行上水库大坝面板止水结构表面防护的修补施工，面板坝接缝盖板搭接破坏表面修补方案如图 9 所示。

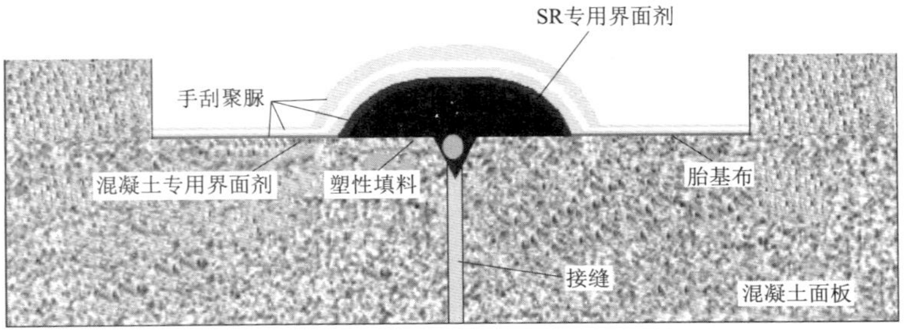

图 9　面板坝接缝盖板搭接破坏表面修补方案示意图

具体施工方法：

（1）破坏部分止水结构处理：拆除破坏部分止水，包括原橡胶板、扁钢、膨胀螺栓等。

（2）沿板面接缝两侧打磨混凝土表面，打磨后用水冲洗表面的灰尘、浮渣，并用刷子清理干净，待水分完全挥发后，对混凝土表面局部孔洞用找平腻子填补，待腻子固化后，混凝土表面平整、坚固、无孔洞。

（3）切除、修补破损，在老旧 SR 止水表面涂刷专用界面剂，待专用界面剂表干后，进行 SR 修补，粘贴牢固后进行塑形，如图 10 所示。

（4）混凝土表面清理干净后涂刷混凝土界面剂，涂刷厚度要求薄而均匀，无漏涂现象。待界面剂沾手不拉丝后进行涂刷单组分手刮聚脲（间隔 5h）。

（5）涂刷第一遍手刮聚脲，待聚脲表干后（4～6h）再刷第二遍聚脲（涂刷前检查聚脲表干情况），待第二遍聚脲固化后刷第三、第四遍，粘贴 1 层胎基布，最后再涂刷两遍单组分聚脲，涂刷厚度至看不到胎基布为止（见图 11 和图 12）。后序涂刷应在前一道涂刷表干后进行，直至厚度达到设计要求，涂刷聚脲朝一个方向涂刷，不要来回涂刷，涂刷要均匀，施工间隔时间在 24h 之内，确保各层之间的粘接。

图 10　修复 SR 止水

图 11　铺盖胎基布

（6）保证接缝处聚脲与混凝土面板之间的搭接宽度大于 20cm。

（7）在涂刷单组分聚脲施工过程中，如果遭遇到大风和下雨，必须立刻停止施工，用帆布、塑料布等防护材料对聚脲涂层进行遮盖保护，待雨停后，擦干净单组分聚脲涂层上的附着物，并涂刷界面剂后方可继续涂刷聚脲施工。聚脲涂刷完工后，确保 12h 内不要有水浸泡，常温养护 24h 即可。

图 12 手刮聚脲

4 暴露问题和防范措施

4.1 暴露问题

由本案例可知，若水电站地处东北区域，寒冷地区面板坝冬季运行条件严酷，在冰拔、冰胀等因素影响下，水位变幅区以上部位部分面板止水结构易出现破损。若顶部止水受到破坏或丧失功用，底部（或中部）止水在水压力和冰冻影响下极易受损，坝体防渗性能降低，对大坝的安全运行和使用寿命产生不利影响。

4.2 防范措施

根据寒区面板顶部止水结构破坏机理，优选表层防护材料，优化防护层结构形式，降低冰胀力、冰推力和冰拔力作用，提高面板顶部接缝止水的抗渗性和抗冰冻性能，可以延长寒冷地区混凝土面板坝接缝止水结构使用寿命，保证止水结构充分发挥其整体止水效能，保证坝体长期安全有效运行。

海水抽水蓄能电站设计关键技术问题研讨

滕 军[1] 吴新平[1] 吴林波[1] 吴秋芳[1] 李定林[2] 章 鹏[2] 陈 满[2]
（1. 广东省水利电力勘测设计研究院有限公司，广东省广州市 510635；
2. 南方电网调峰调频发电有限公司，广东省广州市 510635）

【摘 要】 配合国家海洋发展战略，采用新技术、新方法，提出海水抽水蓄能资源普查及选址原则，攻克海水抽水蓄能电站设计关键技术，以形成支撑工程建设、运营的成套关键技术方案，填补我国海水抽水蓄能资源利用空白。

【关键词】 海水抽水蓄能电站 资源评估 水工建筑物设计 机电设计

1 引言

海水环境对电站造成的污损、腐蚀和海水渗漏或溢出对环境的威胁，超出现行抽水蓄能行业的设计标准；海浪的激烈波动造成蓄能机组尾水水位变化大，对电站和机组安全稳定性和经济运行形成挑战。

目前，日本、德国、希腊、英国、美国、印度尼西亚等诸多国家针对海水抽水蓄能电站，围绕解决海水环境对电站建筑物和机电设备的影响及环境等问题都开展了一系列科学研究。在海水抽水蓄能规划、设计及集成应用关键技术方面，1999 年日本在冲绳建成世界上第一座海水抽水蓄能电站，希腊正在开展规划。我国已在 2014 年完成沿海地区蓄能资源开发潜力的评价，但仍未形成一套针对海水抽水蓄能站点的选址及设计方法。

为持续推动智能电网技术创新、支撑能源结构清洁化转型和能源消费革命。从基础研究、重大共性关键技术研究到典型应用示范全链条布局，实现智能电网关键装备国产化，2017 年，国家重点研发计划“海水抽水蓄能电站前瞻技术研究”通过立项，拟突破海水环境对电站设计形成的瓶颈，对海水抽水蓄能电站前瞻设计的共性关键问题开展深入的研究与实证。

2 资源评估与选址原则研究

海水抽水蓄能电站的站址选择需关注工程所在地的新能源规模、电源结构、产业发展、社会风险和工程区建设条件等。

2014 年，国家能源局组织开展了全国海水抽水蓄能资源普查。成果见表 1。

表 1 全国海水抽水蓄能电站资源站址成果表[1]

项目	范围	单位	辽宁省	山东省	江苏省	浙江省	福建省	广东省	海南省	广西壮族自治区	合计
资源站址	海岸站址	个	10	14	2	46	51	31	17	3	174
	海岛站址	个	0	3	1	25	5	26	2	2	64
资源站址装机容量	海岸站址	MW	1229	2294	588	6499	10136	10150	5550	1000	37446
	海岛站址	MW	—	52	63	2677	435	1310	70	30	4637

经复查统计，从 8 省（自治区）海水抽蓄站址资源来看，装机规模在 500MW 以上的海岸型站址仅有 21 个，大多分布在广东、福建和浙江 3 省。根据 3 省陆上常规抽水蓄能最新选点规划报告成果，常规蓄能站点的资源储备丰富，不乏条件较优的常规站址资源等待开发。因此，从建设条件、装机规模、投资

和开发阻力来看，海岸型海水抽水蓄能电站难以与常规抽蓄电站竞争。因此，研究海水抽水蓄能电站须从海岛型站址入手。

海岛型抽水蓄能站址建设规模虽然不大，但由于距大陆较远，有一定的负荷需求和发展，具备与新能源形成充分的风光储互补网络结构，可结合常规能源和当地未来发展预测，具备打造智能微型电网的条件[2]。

为此选择了珠海大万山岛作为代表性站点，作为科学研究的基础。大万山岛站址基本参数见表2。

表2 大万山岛站址基本参数表

项　目	上　库	项　目	上　库
装机规模/MW	10×2	最小毛水头/m	99.90
正常蓄水位/m	120.4	最大净水头/m	120.39
相应库容/万 m^3	46.12	最小净水头/m	99.79
死水位/m	100.0	最大扬程/m	120.45
死库容/万 m^3	1.91	最小扬程/m	99.94
调节库容/万 m^3	44.2	最大扬程/最小净水头	1.207
消落深度/m	20.4	平均毛水头/m	113.93
最大毛水头/m	120.39	满发小时数/h	6

3 水工建筑物设计关键问题研究

3.1 上水库

海水抽水蓄能电站上水库的布置方案、结构型式、防渗型式等的设计需考虑：海水的强腐蚀性对大坝及库盆防渗的选材提出了更高要求；大坝布置及防渗结构须考虑生物附着问题及可检修性，避免因生物附着降低系统的整体效率；库盆及大坝防渗结构上要求实现更严格的防渗效果。设计方案是采用有优异的防渗性、柔性、耐老化性能的CM/EPDM防水卷材与强度高且有一定柔性的PE防水卷材相结合方案[3]，该新型双层热复合防水卷材可以实施焊接，施工工艺简单，防渗效果优异。根据研究成果，新型耐海水复合防渗土工膜防渗等级均达到P12或以上，具有优异的耐水性、耐盐性、耐候性和机械性能，可以在工程中得到应用。

海水抽水蓄能电站相比常规抽水蓄能电站，水库大坝规模较小，且上水库集雨面积较小，可不设置专门的泄水建筑，结合电站调度，利用输水建筑物下泄洪水，一方面节省投资，另一方面避免因泄洪产生的环境污染问题。

由于海水抽水蓄能电站站址多处在热带风暴的活动范围，易受风暴潮及台风等的侵袭，为此开展上库水位壅高计算方法，确定坝顶高程的设计原则，不仅具有重要的科学意义，对工程设计也有实际指导意义。"海水抽水蓄能电站前瞻技术研究"针对海水抽水蓄能电站上水库在台风作用下的波浪特征及壅高问题，在风浪水槽中开展了断面模型试验研究，并开展了相应的风暴潮及台风浪数值模拟分析，台风浪数值模拟结果与试验结果反映出来的风浪特征基本一致，表明建立的数值模拟方法可为后续海水抽水蓄能电站上库库水壅高计算分析提供有力的技术支撑。

3.2 输水系统

相比于常规抽水蓄能电站，工作介质的不同将使海水抽水蓄能输水系统的布置方案产生差异：以藤壶为例，藤壶在流速约为5m/s时就会产生附着，在流速1～2m/s时更容易附着；输水系统在压力管道的布置上必须考虑防海生物附着问题及可检修性，避免因微生物附着降低系统的整体效率；输水系统压力管道的结构上要求实现更严格的防渗效果。

海岛型抽水蓄能电站位于离岸海岛上，考虑离岸海岛淡水及天然建材等资源匮乏，输水系统压力管道以及进出水口结构型式的设计理念应适应特殊的施工条件。

考虑输水系统压力管道的结构上要求实现更严格的防渗效果，压力管道要求采用不透水衬砌。钢筋混凝土衬砌由于存在隧洞内海水外渗带来的地下水环境污染问题，不建议在海水抽水蓄能电站引水管道中使用。

课题研发的无锡自抛光防污涂料防污防腐涂层配套附着力不小于7MPa，与环氧树脂基防腐底漆具有优良的配套性；在厦门海域36个月的浅海挂板实验表明（见图1），所制备的无锡自抛光涂料具有良好的机械性能、附着强度和优良的防污性能（防污效率≥90%），达到了预期的防污效果。为了达到绿色环保、高效的防污，需要综合采用电化学的防污技术。电解防污方法操作简便、自动化程度高，相对安全可靠，配合防污涂料使用，可以达到良好的协同防污的效果。

裸钢板　　　　防腐防污涂层配套体系

图1　实海浸泡3年后的裸钢板对照与防腐防污涂层配套体系

3.3　尾水围护

为了保证抽水蓄能电站的安全、经济运行，其首要条件之一即是需要保证其下水库具有相对稳定、安全的进/出流条件。对于以广袤的海域作为下水库的海水抽水蓄能电站，受外海潮汐、波浪等的影响，下水库水体波动较大，难以满足电站机组取水平稳和安全稳定运行的要求，因此需对下水库进/出流区域进行适当的围护。海水抽水蓄能电站尾水围护结构的首要功能是在满足进流要求的同时具备足够的消波、防浪功能，即满足尾水围护区内水面波高限值要求；其次围护结构设置还需兼顾考虑防漂浮物（含海生物）、防泥沙要求；再次，需保证围护结构包络区域有适宜的水深、范围与形状，以满足取水进流、排水出流消能要求，同时也满足外型结构稳定性要求（减少围护结构周缘的波能集中）；最后，需尽量减少围护结构附加水头损失以及满足典型海生物保护、通航等要求。

本科研项目依据初步筛选的尾水围护结构基本型式，开展了不同波浪条件下结构防浪掩护效果、透浪特性等水工模型试验研究工作。在初步分析（试验）结果基础上针对2～3种典型结构、布置方式进行深入优化研究，模拟研究不同波浪条件下围护结构的防浪掩护效果、透浪特性，并对其进行必要的优化以满足下水库取水条件（有效波高不大于0.5m）。与此同时，开展必要且适宜的围护结构过流能力（局部阻力）试验研究，给出优选结构型式的局部阻力系数等。

4　机电设计关键技术研究

4.1　可变速机组研究

风光储一体化微电网结构中，风电和光伏出力具有随机性、间歇性等特点，对电网供电的稳定性、连续性和可靠性都提出了更高的要求。选择可变速海水抽水蓄能机组，在水泵工况下也能调节轴入力，为风力发电机出力波动带来系统频率不稳定问题提出了一个解决方案，还可提高电力系统暂态稳定响应速度，满足风电并网对快速响应的要求。

水泵水轮机转速变化范围取决于电力系统要求并由水泵水轮机转轮设计确定，也与交流励磁系统的容量选择有关。研究选取海水抽水蓄能电站10MW可变速机组额定转速为500r/min，转速变化范围±8%。

“海水抽水蓄能电站前瞻技术研究”中，根据设计院提出的开发技术条件，哈动国家水力发电设备工程技术研究有限公司对10MW水泵水轮机进行了水力开发和模型试验。第三方试验结果表明，水轮机工况原型最优效率93.82%，水泵工况原型最优效率93.17%，满足项目申报指南的要求；在额定水头以下可以在30%～100%相应水头最大负荷运行。在驼峰区裕度满足2%和无空化条件下，最小扬程功率调节幅度为35.6%。该可变速水泵水轮机水力性能达到国内领先水平。

该科研还设计制造了10MW交流励磁发电电动机及3种变流器样机，进行了发毛电动机及IGCT变流器、IGBT变流器、IEGT变流器的联调试验。试验表明，10MW可变速交流励磁发电电动机常规检查、运行要求、最大转矩和电磁参数、温度和效率达到技术指标；IGCT变流器、IGBT变流器、IEGT变流器，能够发电机空载建压、并网、解列，电动工况起动、并网、解列，能够通过同步点；10MW电机及其变流器，能够保持定子电压为额定频率50Hz、电能质量达到要求、能够进行发电和电动两种运行模式，实现可变速、有功功率调节、无功功率调节的功能。

4.2 海洋环境下机组的运行稳定性

水泵水轮机在海洋环境下运行，将受到台风、潮汐、洋流等产生的波浪的影响。海洋的波浪扰动对于机组的稳定运行带来挑战，虽然尾水围护可削减部分的波浪扰动，为了改善水泵水轮机的运行环境，减轻系统波动，采用频率能自动调节，运行范围更广的可变速抽水蓄能系统是必要的。

为消除上述不利因素对真机运行的影响，需事前监测潮位的变动范围，在水力设计、模型试验实施基础上，在高波浪时尾水口选择合适的水深确保尾水水位，设计时利用可变速机组的特点平滑化处理发电工况及电动工况，缓和台风、潮汐、洋流等产生的波浪对真机有效落差、水力机械运行影响等，并在实证平台进行实验验证。

"海水抽水蓄能电站前瞻技术研究"中，参照大万山站址枢组布置设计构建了具备波浪扰动条件的可变速抽水蓄能机组实证平台（见图2），研究优化海水抽水蓄能电站安全稳定性以及经济性运行策略，验证样机集成设计的性能、功能及设计的合理性。

图2 基于波浪扰动的可变速机组实证平台

实证平台与10MW机组采用正态比尺，比尺为1∶4。按照1∶4比尺换算，实证装置模型机组的额定转速为1000r/min，水头（扬程）变化范围为24～32.5m，电机额定功率为78.1kW。

模型装置研究表明，随着下游波浪扰动幅值的增大，尾水管压力受下游水位周期性的强迫振荡后幅值逐渐超过下游波浪扰动幅值。按照模型比尺换算，原型电站下游引水口所允许的波浪扰动幅值应小于1.8m，这为尾水围护结构的布置设计提供了理论依据。

4.3 机组过流部件及海水管路系统的防护设计

与淡水抽水蓄能电站不同，由于水泵水轮机过流部件、水力机械辅助系统在海水环境下运行，容易发生腐蚀，影响设备的安全、稳定和高效运行，海水中的海生物容易附着在金属结构表面，影响过流部分、管路系统的过流条件。过流部件及管路系统的防腐、防污是海水抽水蓄能电站需要解决的关键技术问题。

海水抽水蓄能机组过流部件由蜗壳、固定导叶、活动导叶、转轮和尾水管等部件组成。相较于其他类型的海洋环境运行的金属结构，海水抽水蓄能机组的金属过流部件结构和材质构成，以及流道内流体流动具有很强的特殊性。

海水管路系统的特点是用材主要为金属材料、结构复杂精密、管路数量众多，腐蚀与污损对辅助系统的危害非常明显。必须制定合适的防护方案应对不同的腐蚀与污损风险。水力机械辅助设备防腐防污应当根据自身的设计特点，针对不同的环境条件，利用合适的工程设计，选取相对比较经济合理的防腐防污方案。

4.4 含盐高湿环境下厂房通风空调设计

与常规抽水蓄能电站不同的是，海水抽水蓄能电站环境中空气盐雾含量高于陆地，大气环境具有含盐高湿的特点。电站厂房通风散热需要把大量的含盐高温高湿空气送入厂房，会加速室内设备的腐蚀。通风设计关系到电站运行状态和寿命，分析和设计符合海洋环境的通风空调系统是海水抽水蓄能电站建设的一项重要任务。目前我国海岛抽水蓄能电站还处于概念设计阶段，考虑为减少地面开挖，保护海岛环境，避免海洋环境对厂房的影响。

在含盐高湿空气环境下，大量室外含盐空气进入厂内，易造成严重的设备腐蚀危害。开展空气除盐技术研究，为基于盐雾净化的地下厂房通风设计提供基础。

通过研究含盐高湿环境相适应的通风空调设计技术，达到既满足厂房设备运行和人员舒适的温湿度指标要求、又能够严格控制进入厂内空气的盐分、降低设备腐蚀风险，并最大限度降低环境保障系统的运行能耗、实现节能。

5 结语

建设海洋强国是我国崛起的国家大战略。构建安全稳定、面向海洋应用的基于储能与可再生能源联合运行的区域电网，是战略实施的重要能源保障。

定速淡水抽水蓄能已是我国电网大容量储能应用的首选，在未来建设以新能源为主体的新型电力系统的进程中，研究可变速海水抽水蓄能是解决海岛及沿海大规模可再生能源消纳、支撑海洋资源开发的重大技术发展方向。

参考文献

[1] 钱钢粮. 我国海水抽水蓄能资源站点综述 [J]. 水电与抽水蓄能，2017，23 (1)：1-6.

[2] 张羽，卢真建，吴林波，等. 基于不同组网情况下大万山岛海水抽水蓄能电站合理装机规模分析 [J]. 广东水利水电，2019 (9)：81-86.

岩溶地区某抽水蓄能电站防渗方案设计

雷显阳 王樱畯 王爱林 孙檀坚

（中国电建集团华东勘测设计研究院有限公司，浙江省杭州市 311122）

【摘 要】 近年来，我国的抽水蓄能电站设计、施工技术水平有了较大的发展，通过几十年大量的工程实践，我国积累了丰富的抽水蓄能电站工程建设经验。但对岩溶地区抽水蓄能电站库盆防渗的研究并不多，本文依托某抽水蓄能电站下水库防渗方案，研究岩溶地区库盆防渗型式选择、库盆防渗及黏土铺盖组部结构设计，探讨岩溶地区库盆防渗注意要点，为其他类似工程库盆防渗型式选择及设计提供指导或参考。

【关键词】 岩溶地区 防渗方案 沥青混凝土面板 黏土铺盖

1 引言

抽水蓄能电站的水库均存在一定的库盆渗漏问题，需要采取相应的工程措施进行处理，因此形成了各种防渗方案。从国内外的工程实践来看，除现成的水库外，新建水库的防渗型式主要为垂直防渗和表面防渗型式，或者多种防渗型式的组合。

抽水蓄能电站库盆一般存在贯穿性的裂隙密集带、胶结差的断层破碎带、倾向库外的软弱结构面或透水岩层，有的甚至建在岩溶发育区，往往形成通向库盆外的主要渗漏通道。

岩溶地区的库区岩溶发育受地形、地貌、地层岩性、地质构造及地下水活动的控制，岩溶发育情况、溶洞大小及规模等较难查清，库盆渗漏往往成为水库勘测、设计研究的重难点问题，对库盆防渗方案的选择起决定性作用。

2 工程概况

某抽水蓄能电站位于江苏省某市境内，为日调节纯抽水蓄能电站，装机容量1350MW（6×225MW），日蓄能量607.5万kW·h，多年平均抽水电量18亿kW·h。工程主要建筑物由上水库、输水系统、地下厂房、开关站和下水库等组成。

下水库（坝）位于姊妹桥溪高家边村至上孟村之间的河段，水库区长约2km。两岸地形不对称，山顶高程98～150m，支沟发育，受沟谷切割，库岸线成锯齿形，凹凸不平。

库（坝）区出露的地层较为齐全，岩性复杂多变，从震旦系上统灯影组（Z_2dn）到白垩系上党组（K_1s^2）地层均有出露。白云岩、灰岩为可溶性岩组，岩溶中等发育，泥岩砂岩，粉砂岩，属非可溶岩组。下水库侵入岩为闪长玢岩（$\delta\mu_5^{3(1)}$），普遍蚀变，以岩基、岩脉的形式产出，岩脉呈北西—近东西向，宽窄不一。

下水库正常蓄水位为81.0m，有效库容1588万m^3，死水位65.0m，大坝为沥青混凝土面板堆石坝，最大坝高36m，坝顶长度700m，坝顶高程87.0m，水库采用“库岸沥青混凝土面板＋半库盆黏土铺盖”防渗型式，其中沥青混凝土面板防渗层厚10cm，整平胶结层厚8cm，黏土铺盖厚2.5m，库盆开挖及黏土回填高程为64.0～65.0m。

3 防渗方案研究

3.1 库盆渗漏特点

下水库库区为山涧谷地，库盆总体近东西向展布，库周山体较为宽厚，尤其南库岸山体厚实，北库岸支沟发育，库尾为宽缓垭口地貌，根据下水库的地形特征及水库渗漏条件，将下水库区分成6个区。

地质勘察表明：左岸 A 区不存在水库渗漏问题，仅近坝老虎坝沟东岸为角砾灰岩，岩溶中等发育，库岸地下水位和岩体相对隔水层埋深大，存在水库渗漏问题；北库岸 B 区岩体透水性弱，库岸不存在渗漏问题；右岸 C2 区山体厚实，右岸坝前段库岸基岩为白云岩类岩石，中厚层状，岩溶中等发育，存在岩溶渗漏通道；右岸 C1 区进/出水口以西库段残坡积粉质黏土透水性小，为较好的防渗体；近右岸库底 D1 区覆盖层厚度薄，且下伏基岩为弱风化灰岩，断层发育，存在岩溶垂直渗漏问题；D2 区下部岩体以微透水为主，为良好的隔水岩层。因此近坝东库岸、南库岸及库底应进行防渗处理。

3.2　防渗方案选择

为解决东库岸、南库岸及库底的岩溶渗漏问题，可采用表面防渗、垂直防渗两种型式。

若采用垂直帷幕防渗方案，帷幕应深入到相对隔水层顶板或最低地下水位线以下 5m，下水库大坝坝基及南库岸底部可靠的相对隔水层顶板埋藏较深，而且岩溶发育规律非常复杂，深部岩溶防渗处理风险高、施工难，垂直帷幕防渗不确定因素多，工程量难以控制。因此，近坝段及库底均采用表面防渗型式。

下水库防渗型式拟定 3 个方案进行比较。

方案一：库岸沥青混凝土面板＋库底黏土铺盖。

方案二：库岸钢筋混凝土面板＋库底土工膜。

方案三：库岸钢筋混凝土面板＋库底黏土铺盖。

(1) 方案可靠性。下水库库区属岩溶地区，岩溶较发育，采用表面防渗效果更好，施工质量较易控制，安全可靠，也利于运行期检查、维修。因此，从安全可靠性方面分析，3 个方案均较可靠。

(2) 施工条件。3 个方案的主要差别为库岸沥青混凝土面板与钢筋混凝土面板、库底土工膜与黏土铺盖的比较。沥青混凝土面板施工方便，无接缝，防渗性能好，基础变形适应性好。下水库库盆地形平缓，库盆开挖 700 多万 m^3 土石料，其中可用作防渗的黏土料达 100 多万 m^3。从弃渣量上看，库底黏土铺盖有效利用库盆底部开挖土料，弃渣量较小。利于环境保护及水土保持。各方案下水库施工进度及工期基本相同。方案一采用沥青混凝土面板防渗，需专门设置沥青砂石加工及混凝土生产系统，系统布置较常态混凝土系统略复杂。

(3) 投资比较。方案三投资最为节省；方案二与方案三相比，方案三充分利用了当地材料黏土，比方案二节省 2191 万元；而沥青混凝土面板投资高于钢筋混凝土面板，方案三比方案一节省 1206 万元。各方案投资差额在 1206 万～2191 万元。

(4) 运行条件。方案一与方案三相比，沥青混凝土具有良好的柔性，适应变形能力强，其损坏后易修补。同时，沥青混凝土面板无接缝，渗漏量小，已建天荒坪、张河湾等电站的沥青混凝土面板日渗漏量约为总库容的万分之一，而混凝土面板防渗方案渗漏量大，一般为水库总库容的 1/3000 之一左右，且修复困难。方案一运行条件优于方案二、方案三。

(5) 综合比较。虽然库岸沥青混凝土面板＋库底黏土方案投资稍贵，但其运行期渗漏量小，安全可靠性高，沥青混凝土具有良好的柔性，适应变形能力强，其损坏后易修补，同时考虑到与上库库岸防渗方案采用同一种型式，可便于工程的施工布置及运行管理，本工程下水库库盆防渗方案选定方案一，即库岸沥青混凝土面板＋库底黏土方案。

3.3　防渗方案设计

下水库库盆坝前及南库岸为岩溶发育区域，库盆采用库周沥青混凝土面板＋半库盆黏土铺盖的防渗型式。

3.3.1　*库岸防渗设计*

面板是库岸的主要防渗体，库岸沥青混凝土面板，与大坝面板设计一致。面板承受的最大水头约 20m，采用简式结构，表面封闭层厚度 2mm，防渗层厚度 10cm，整平胶结层厚度 8cm。

整平胶结层下铺 0.8m 厚的碎石垫层，其作用一是支撑面板并将其上面的荷载传递至基岩，其次是及时排走面板的渗漏水，采用开挖的新鲜、弱风化白云岩。垫层按照半透水料设计，最大粒径 80mm，粒径小于 5mm 的颗粒含量为 25％～40％，小于 0.075m 的颗粒含量小于 5％，连续级配，渗透系数为 1×

$10^{-3} \sim 1 \times 10^{-2}$ cm/s。

下水库南库岸有大面积的岩脉出露，岩脉暴露于地表后易崩解。为防止或减少边坡开挖后岩脉的崩解，下水库在库岸开挖后的岩脉边坡上，要求及时喷素混凝土 10cm 厚覆盖。

3.3.2 库底防渗设计

库底黏土铺盖厚度 t 根据下式计算：

$$t \geqslant \frac{\Delta h}{i_n}$$

式中 Δh——铺盖任意点的水头差值，m；

i_n——铺盖允许水力坡降。

下水库正常蓄水位 81m，黏土底高程 61m，黏土承受水头为：$\Delta h = (81-61)\text{m} = 20\text{m}$。根据《土料试验报告》渗透变形成果，小值均值得出的临界坡降为 18.1，设计渗透坡降安全系数取值 2.2，得出设计允许坡降为 8.2，取 $i_n = 8$。计算得 $t \geqslant 2.5$m，选取黏土铺盖厚为 2.5m。

下水库库底黏土铺盖顶高程 63.5m，黏土铺盖上部布设 0.5m 厚的石渣保护层，库底黏土铺盖层厚 2.5m。南库岸及坝前库底黏土防渗平面面积约为 35 万 m^2。

黏土铺盖要求压实度不小于 98%，最优含水率按平均 20.8%控制，允许偏差－2%～3%。铺盖黏土大于 5mm 颗粒含量不超过 30%，0.075mm 以下的颗粒含量不应小于 15%，且小于 0.005mm 颗粒含量不小于 8%。

3.3.3 库岸与库底防渗体连接设计

库岸沥青混凝土面板与库底黏土铺盖采用接触性黏土连接，沥青混凝土面板表面刷 5mm 厚水泥浆形成光滑表面，以确保结合紧密，接触性黏土厚度为 0.5m，与混凝土面板接触的最短长度为 5m，控制接触段水力坡降不大于 5.0。

接触性黏土要求压实度不小于 98%，黏土含水量高于最优含水量＋1%～＋3%，黏土不宜含砾，若含砾要求最大砾径小于 50mm，5～50mm 含量小于 20%，施工时砾石不得集中，不得靠近混凝土接触面。接触性黏土大于 5mm 颗粒含量不超过 10%，0.075mm 以下的颗粒含量不应小于 60%，且小于 0.005mm 颗粒含量不小于 30%。

3.3.4 黏土齿槽设计

库底黏土铺盖边缘延伸至岩溶分布区域以外 20～30m，并布置黏土齿槽，齿槽开挖至 58m 高程，宽 5m，两侧开挖坡比 1∶1，基础布置两排固结灌浆，间排距 2m×2m，深入基岩 5m，黏土齿槽内先铺一层厚 20cm 的接触性黏土，然后回填黏土，分层碾压密实。

3.4 黏土铺盖厚度敏感性分析

下水库防渗设计时，在库底一定范围内铺设了一层厚度为 2.5m 的黏土铺盖。现针对黏土铺盖 2m、2.5m、3m 厚度进行敏感性分析。计算时选取下水库水位高程 76.30m。这个水位值选取的是死水位与校核洪水位的平均值超高 2m。不同黏土铺盖厚度的水库渗漏量见表 1。

表 1 不同黏土铺盖厚度的水库渗漏量

铺盖厚度/m	2.0	2.5	3.0
渗漏量/(m^3/d)	4462.67	4377.54	4258 05

在黏土铺盖范围一定的情况下，随着铺盖厚度的减小，渗漏量相应增加。黏土铺盖厚度为 2m 时，相比于 2.5m 厚渗漏量增加约 2%，渗漏量相对于库容量较小。因此，施工图阶段将黏土铺盖厚度由 2.5m 调整为 2m 厚，节省了黏土量约 20 万 m^3，节省了投资和工期。

4 结语

岩溶地区库盆由于溶洞大小、溶洞规模及发育程度很难准确查清，常采用表面防渗型式，土工膜防渗、黏土铺盖等防渗型式效果均较好，需结合工程实际，选择经济、安全的水库防渗型式。

沥青混凝土面板有良好的防渗性能，渗透系数小于 10^{-8}cm/s，能够适应较差的地基地质条件和较大的水位变幅，且能快速修补，修补完24h以后即可蓄水。近年来，沥青混凝土面板普遍采用简式结构和厚层碾压，主要缘于摊铺和碾压设备的飞速发展。随着国产沥青品质的提高，目前工程采用的沥青材料已不需从国外进口，沥青混凝土面板仅比混凝土面板投资高出15%左右，其竞争性大大提高。

采用黏土铺盖进行防渗时，需注意黏土铺盖与周边结构的搭接型式，接触面设置接触性黏土，同时进行精细化施工，确保不发生接触破坏。黏土齿槽可采用固结灌浆进行封闭，并考虑足够的渗径。黏土铺盖厚度在结合工程经验的基础上，可根据渗流计算进行相应的复核，以得出更经济、合适的铺盖厚度。

参考文献

[1] 郝巨涛，刘增宏，瞿扬．沥青混凝土防渗面板与黏土铺盖之间接触渗透性能的试验研究［J］．岩土工程学报，2007（12）：1800－1803.

[2] 王樱畯，李金荣．天荒坪抽水蓄能电站上水库设计特点及技术发展［J］．水电与抽水蓄能，2018，4（5）：20－25.

[3] 郝巨涛，刘增宏，汪正兴．我国沥青混凝土防渗工程技术的发展与展望［J］．水利学报，2018，49（9）：1137－1145.

[4] 岳跃真，渠守尚．抽水蓄能电站沥青混凝土防渗护面的技术综述［J］．水力发电，2008，（10）：45－47.

[5] 王樱畯．抽水蓄能电站库盆黏土铺盖防渗设计［C］//中国水力发电工程学会混凝土面板堆石坝专业委员会2012年学术年会暨高土石坝抗震和变形特性研究技术研讨会，2012.

[6] 刘耀华，潘翔．宝泉抽水蓄能电站黏土铺盖防渗施工技术［J］．施工技术，2010，39（6）：19－21.

长龙山电站推力轴承的结构与安装工艺

徐文彬 晁新刚 黄彦庆 杜郑洁 王 桓 汪伟铤
（浙江宁海抽水蓄能电站，浙江省宁海县 315600）

【摘 要】 本文介绍了长龙山抽水蓄能电站推力轴承的结构与安装工艺，为后续类似的工程施工提供参考与借鉴。
【关键词】 抽水蓄能 推力轴承 结构 安装工艺

1 工程概况

长龙山电站位于浙江省安吉县天荒坪镇境内，电站内安装6台单机容量为350MW的可逆式水泵水轮机组（其中4台500r/min DEC机组，2台600r/min VHS机组）。

目前电站一号机已完成机械部分安装，本文根据电站实际工程进度，浅谈DEC机组推力轴承的结构及其安装工艺，一号机采用立轴悬式结构，其发电机为“一根轴结构”，转子支架与转子轴为整体锻造结构。

2 推力轴承结构介绍

在大型水轮发电机组中，推力轴承作为最重要的组成部分之一，承受转动部分的重量以及轴向水推力，支撑转动部分并确定其高程，保证转子和定子间的轴向位置在合适的范围内。

2.1 推力轴承结构分类

发电机推力轴承结构具体包括推力头、镜板、推力瓦、瓦支撑，以及油箱、油冷却器等主要部件。推力瓦按照材料有钢坯+巴氏合金瓦面、锡青铜瓦和钢坯+氟塑料瓦面等多种。推力瓦的支撑形式依据机组型式大小可采用弹性油箱支撑、弹性垫支撑、刚性支撑、弹簧族支撑、弹性圆盘支撑与双支点弹簧轴支撑等多种成熟的支撑形式。

2.2 长龙山推力轴承结构

长龙山电站机组结构为悬式结构，推力轴承位于发电机转子轴上端部，由推力头、镜板、推力轴承瓦及其支撑等组成。推力轴承及其附属部件结构详见图1。

推力轴承瓦放置在上机架中心体上部油槽内，推力轴承瓦采用巴氏合金瓦，推力轴承瓦和托瓦设计数量均为12块，通过键及连板连接固定，运行过程中随轴旋转的推力头与固定静止的镜板之间建立油膜进行降温、润滑并传递轴向力。

推力轴承采用多点弹簧束支撑结构，每块推力轴承瓦下面设计66件弹簧装配，弹簧更用弹簧挡块进行固定，托瓦之间用间隔块隔开，弹簧束布置在上机架中心体上平面的推力基础环上。

轴承的总载荷能力为800t，正常运行瓦温低于75℃。推力轴承弹簧布置详见图2。

推力瓦内径1050mm，厚度50mm，外径2300mm，重90.7kg。推力轴承瓦与托瓦之间设计有径向止口，用于限制推力轴承瓦的内移。推力头与镜板通过螺栓与销连接，镜板安装内径为1050mm、外径为2300mm，镜板厚180mm，重4615kg。推力头设计套轴内径为870mm、最大外径2250mm，厚810mm（不含与镜板

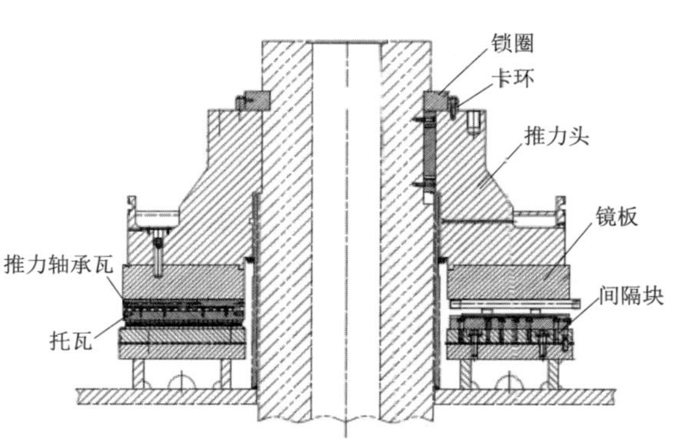

图1 推力轴承及其附属部件结构图

配合的20mm止口)，重10986kg。

3 推力轴承安装工艺

3.1 安装前准备工作

推力轴承安装在上机架预装结束吊出机坑后进行。

(1) 搭设全封闭遮盖棚。根据上机架的外形用脚手架来搭设，选用耐火帆布遮盖，避免灰尘及其他外界杂物污染推力轴承。

(2) 清理、准备好推力轴承安装的安装工具。

(3) 部件现场清扫、检查。将推力轴承配件运至安装场地，对所有部件进行清扫，检查高点并除去毛刺，对所有组合螺孔、销钉孔进行清理。检查各推力轴承瓦、托瓦瓦面是否存在磨损划痕。检查推力轴承弹簧装配，清扫间隔块、弹簧挡块并去除毛刺。检查并清理推力轴承座把合面，其表面均应清洁、干净，无任何高点以及毛刺。

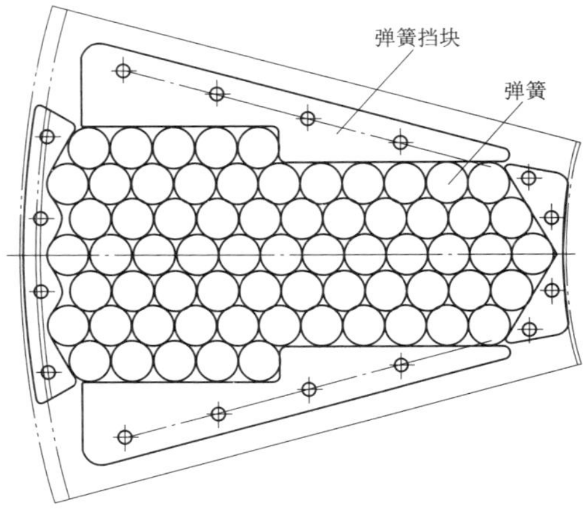

图2 推力轴承弹簧布置图

3.2 推力轴承座安装

(1) 检测上机架推力基础环水平不大于0.02mm/m。

(2) 检查并处理推力轴承座以及上机架上的推力基础环把合面，其二者表面均应清洁、干净，无任何高点、毛刺。

(3) 推力轴承座吊装。通过桥机缓缓吊装就位，至推力基础环上并用螺栓把紧，螺栓把合力矩为800N·m。

(4) 调整推力轴承座上平面水平，使其不大于0.08mm/m。

3.3 推力轴承装配

(1) 研配推力瓦和托瓦，要求推力轴承瓦和托瓦间接触面积大于85%。检查推力轴承瓦与托瓦上的键之间的滑动灵活性，推力轴承瓦在径向方向上应能来回滑动灵活，不得有卡阻现象，否则应对键进行研磨处理。

(2) 实测全套推力轴承瓦厚度，每块瓦测量4个点，要求全套推力轴承瓦厚薄偏差小于0.03mm。实测推力轴承瓦与托瓦夹紧后的厚度，每块瓦测量四个点，要求全套推力轴承瓦与托瓦组装后的厚薄偏差小于0.06mm。

(3) 抽查不少于20%弹簧装配的高度，要求在(52.3±0.02) mm范围内。

(4) 检查、调整推力轴承座上表面水平，要求水平度不大于0.08mm。

(5) 安装间隔块，利用内六角圆柱头螺钉将间隔块按编号固定在推力轴承座上，螺钉把紧力矩为250N·m。用0.05mm塞尺检查，将塞尺塞入间隔块与推力轴承座的接触面间隙，塞入深度不超过5mm，若超过则需加工间隔块。

(6) 安装弹簧挡块，并在弹簧挡块之间布置弹簧装配。检查、调整弹簧装配与各弹簧挡块之间间隙，要求内径方向弹簧挡块紧靠弹簧装配，外径方向弹簧挡块及两侧弹簧挡块和弹簧装配应有约(1.0±0.1) mm间隙。

(7) 按编号安放托瓦和推力轴承瓦。调整托瓦进出油边与间隔块之间的间隙值为1.0~1.1mm，若不满足要求，应调整间隔块与推力轴承座把合螺栓间隙，如仍不能满足要求应加工间隔块。

(8) 用精密水准仪测量各推力轴承瓦上平面的高差，要求每块瓦测量4个点，所有测点的高差一般不大于0.10mm。

(9) 安装连接板。连接板与推力瓦和托瓦的径向与轴向之间均存在间隙，检查连接板上平面与推力瓦和托瓦之间的轴向间隙不小于2mm，连接板下平面与推力瓦和托瓦之间的轴向间隙为2mm。连接板安装见图 3。

(10) 复查托瓦进、出油边与间隔块之间的间隙应为 1.0～1.1mm。

(11) 安装双缝喷油装置。测量、调整双缝喷油装置，要求其与托瓦进油边、出油边间隙在 3.0～3.1mm 的范围内，同时要确保其与镜板之间的间隙在 5.0～5.1mm 的范围内。

(12) 所有紧固螺栓均要清洗干净并用螺纹锁固胶锁定。

(13) 上述步骤完成，进行详细记录，并在推力瓦表面均匀涂抹透平油，用干净的塑料布进行遮盖，做好成品防护工作。

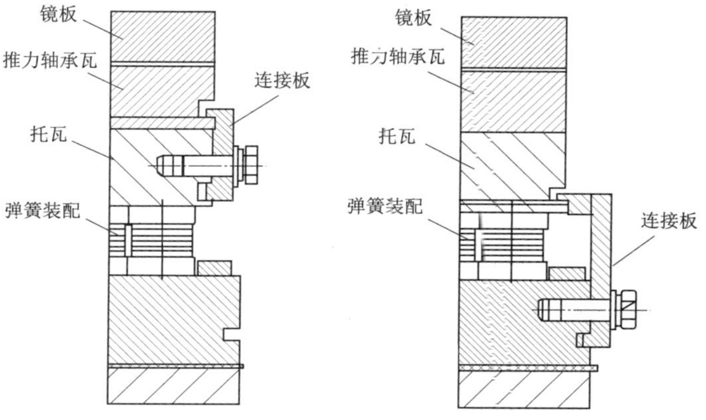

图 3　连接板安装示意图

3.4　推力头安装

推力头在上机架正式安装前完成预装工作，并在水发连轴机组转动部分整体形成后进行热套。

3.4.1　预装

(1) 工位布置。在机组段区域，用 4 个钢支墩按镜板分布圆布置工位，钢支墩上布置成对楔子板，垫入加垫木板及毛毡进行防护。

(2) 将镜板、推力头摆放到工位上，使用无水乙醇清洗镜板，并仔细清理推力头表面、各配合面、键、推力头上与主轴的配合面、推力头与镜板的把合面以及其键槽，除去其表面的锈蚀、毛刺等。

(3) 吊装镜板，检查镜板水平，要求不大于 0.02mm/m。

(4) 镜板与推力头组合。在镜板指定位置安装销钉；推力头上安装专用吊装工具，使用 4 个手拉葫芦，吊起并调平至 0.02mm/m；推力头升至镜板上方，缓慢下落推力头，同时对准销钉孔，直到推力头落到镜板上，使用 0.02mm 塞尺检查镜板与推力头组合面不能通过，安装沉头螺栓将推力头与镜板固定，测量两者同心度。

(5) 复测镜板水平，要求不大于 0.02mm/m。

(6) 整体吊出推力头、镜板。

(7) 上述步骤完成后，进行详细记录，并在镜板、推力头表面均匀涂抹透平油，用干净的塑料布进行遮盖，做好成品防护工作。

3.4.2　推力头热套

(1) 清理推力头各配合面、推力头表面、推力头与镜板的把合面以及其键槽和键，除去其表面的锈蚀、毛刺等；预装卡环和锁圈，要求在主轴卡槽内卡环可以应灵活转动，同时锁圈套装到卡环上无阻塞感。

(2) 采用悬挂钢琴线的方法，在相互垂直的两个方向上，测量主轴垂直度并利用制动器调整其垂直度，要求其主轴垂直度应不大于 0.02mm/m，以便于推力头套装。

(3) 镜板与推力头调平。将镜板、推力头吊起，调整其水平度至小于 0.02mm/m，调整推力头键槽方向与大轴一致；将键装入大轴键槽内；将推力头落于支墩上，但不松钩，在支墩上利用楔子板调整推力头上水平面，保证其在 1mm 内，同时加垫隔热材料。使用内径千分尺再次测量冷态下推力头内径，并在此基础上加 0.5mm，将千分尺锁定，作为推力头加热后膨胀量检查依据。

(4) 在推力头四周布置保温棚，安装加热块于推力头上，同时布置加热电源。

(5) 安装推力头热套加热装置，检测装置是否可以正常使用，同时验证其绝缘性良好。

(6) 开启加热器，使推力头整体升温。推力头热套加热时，将其温升速率控制在 5～8℃/h，并要求推力头热套温度一般不应超过 100℃，同时，加热过程中，应在控制加热时间的基础上，将加热器分批逐次投入，应定期测量、记录推力头温升及内径。加热完成后，正常情况是推力头内径比主轴外径大0.30～0.50mm，以便推力头套装。

(7) 内径合格后，迅速吊装推力头，将其置入转子轴。当桥机将推力头吊起一定高度后，重新调整推力头水平，保证其水平不大于0.02mm/m。

(8) 推力头热套到指定位置后，立刻将卡环、锁圈安装就位，并用提供的拔推力头专用工具对称、均匀把紧拉紧螺杆，把紧力矩为2000N·m（保证各把紧螺栓力矩值一致），使推力头上平面与锁圈、卡环下平面贴紧，检查锁圈上、下受力面的间隙，用0.02mm塞尺无法通过。在推力头冷却过程中，须每隔30min用力矩扳手把紧拔推力头专用工具的拉紧螺杆，直至温度降至40℃以下，以保证锁圈的受力均匀。

(9) 推力头温度恢复室温，此时拆除拔推力头专用工具，重新检查锁圈上、下受力面的间隙，应满足厂家要求。

4 结语

推力轴承作为承受水轮发电机组转动部分全部质量的关键部件，对其安装的精度有着极高的要求，其安装质量会直接决定包括机组轴线调整以及后续的机组运行情况的好坏，本文简要介绍了长龙山电站推力轴承的结构和其安装工艺，可为具有相似结构的悬式机组的推力轴承安装提供参考。

参考文献

[1] GB/T 22581—2008 混流式水泵水轮机基本技术条件 [S].

[2] 国网新源控股有限公司. 水电厂运维一体化技能培训教材：高级 [M]. 北京：中国电力出版社，2015.

[3] 华东天荒坪抽水蓄能有限责任公司. 天荒坪电站运行20周年总结 [M]. 北京：中国电力出版社，2018.

[4] 李浩良. 抽水蓄能电站典型故障处理点评 [M]. 北京：中国电力出版社，2017.

[5] 李浩良，孙华平. 抽水蓄能电站运行与管理 [M]. 杭州：浙江大学出版社，2013.

[6] 冯伊平. 抽水蓄能运维技术培训教程 [M]. 杭州：浙江大学出版社，2016.

[7] 张健，郑源. 抽水蓄能技术 [M]. 南京：河海大学出版社，2011.

深厚覆盖层中大断面竖井开挖支护设计

鲍利发 余雪松 吴喜艳 陈 鹏
(华东勘测设计研究院有限公司，浙江省杭州市 311122)

【摘 要】 深厚覆盖层中井挖施工是工程设计中经常会遇到的问题。深厚覆盖层中大断面土质竖井围岩稳定性差，施工期安全问题突出，对开挖方案和支护设计要求高。本文以某抽水蓄能电站深厚覆盖层中大断面土质竖井为例，基于实际地质条件，从支护设计、开挖方案两方面综合采取措施对围岩变形进行有效控制，并通过数值分析手段验证了开挖、支护设计方案的合理性和有效性。工程实践取得的经验可供工程设计人员参考。

【关键词】 深厚覆盖层 大断面 竖井 支护设计 开挖方案

1 工程概况

某抽水蓄能电站装机容量1400MW，为Ⅰ等大（1）型工程。为满足地下厂房洞室群的通风需求，在通风兼安全洞靠近副厂房侧布置有直通地表的排风竖井，排风竖井井口场地高程490.0m，竖井总高240.3m，井口段位于覆盖层中，Ⅴ类围岩段高约55m。排风竖井采用圆形断面，覆盖层段开挖断面直径8.6m，净断面直径6.8m。

2 基本地质条件

据钻孔揭露，排风竖井地表覆盖层分布广，主要为崩坡积含碎石粉质黏土，厚度为30～35m，结构稍密—中密，土质不均匀，碎石含量一般10%～35%。基岩岩性为晶屑熔结凝灰岩，岩石风化较深，全风化层厚度一般20～35m。强风化层薄或缺失，下伏弱风化岩层，岩体较完整。排风竖井高程490.0～435.0m段为覆盖层及全风化层，围岩类别为Ⅴ类，其中490.0～460.0m段为崩坡积含碎石粉质黏土，460.0～435.0m段为全风化晶屑熔结凝灰岩。地下水位埋深浅，埋深为5～10m，竖井多位于地下水位以下，地下水较丰富。

3 支护设计

排风竖井净直径为6.8m，井口上部55m深Ⅴ类段开挖直径8.6m，洞身断面相对较大。地下水位埋深浅，井壁稳定性差，需开展针对性的支护设计。经工程类比，排风竖井Ⅴ类段采用超前支护＋系统喷锚＋钢筋混凝土衬砌的复合支护型式。设计在提出支护措施的同时，也明确了施工措施要求，需严格执行薄层开挖、随层支护、二次支护及时跟进。从设计和施工两方面统筹、协同考虑，只有合适的支护措施与科学的施工方法相结合才能确保土质Ⅴ类竖井段的顺利开挖。

（1）超前支护：490.0～466.0m高程段竖井采用微型钢管桩超前支护，布置Φ108×8mm@600mm、$L=24$m的热轧无缝钢管。钢管桩利用进口场地作为施工平台，无须额外的开挖。钢管前端呈尖锥状，尾部焊接Φ16加劲箍，管壁四周钻Φ16mm注浆孔。施工时微型钢管桩沿竖井开挖线周圈外以1～2°外插角打入围岩。微型钢管桩注浆材料采用1∶1水泥浆，注浆压力1MPa。钢管桩注浆，在防渗的同时也可增加桩身的刚度和强度，浆液入渗扩散到土体内，对井壁附近土体也起到一定的加固作用。钢管桩注浆可以起到防渗、加固和增加桩身刚度的三重作用。在注浆钢管桩顶部通过混凝土锁口井圈将钢管桩连成整体，可以显著增强超前预支护结构的整体性。

受制于竖井施工作业空间限制，超前微型钢管桩仅利用进口场地平台支护一个循环，466.0～435.0m高程段采用自进式注浆锚杆进行超前支护，锚杆参数Φ25@600mm，$L=4.5$m，外扩角10°，搭接长度

1.5m。井身段采用自进式锚杆可在井壁上以较大外扩角直接施工，不需要对井壁扩挖形成搭接工作间，避免临时扩挖带来的施工期安全风险。

（2）系统喷锚支护：预喷 50mm 厚 C30 素混凝土；型钢井圈（Ⅰ18 工字钢），间距 0.6m，250mm 厚挂网喷混凝土；系统锚杆采用自进式中空注浆锚杆 Φ25@1.2m×1.2m，$L=4.5$m，入岩 4.0m，锚杆外露段和钢拱架就近焊接，并锚入衬砌混凝土中。通过喷混凝土层将支护锚杆、钢筋网片、型钢井圈形成整体，协同受力，共同作为竖井施工期的支护结构。

（3）衬砌结构：全断面钢筋混凝土衬砌厚 0.6m，衬砌内外双层双向配筋，环向钢筋 Φ20@200mm，竖向钢筋 Φ16@200mm。

（4）排水系统：截排水也是开挖支护设计的重要内容之一。距离井口场地开口线以外 5～8m 布置混凝土截水沟，洞口场地沿坡脚布置排水边沟，防止地表水及施工用水下渗，影响结构安全。井壁设置系统排水孔 Φ50@3m×3m，$L=5.0$m，环向布置 Φ50 软式透水管@3m。井内布置抽水泵及时抽排渗水，同时要求临时集水坑设置竖井中心位置，尽量远离井壁，避免渗水劣化井壁土体的物理力学参数。

4 开挖施工方案

排风竖井Ⅴ类段采用正井开挖，井壁岩土体本身的自稳时间短，施工控制要点为：严格控制循环进尺，初期支护应及时封闭成环，二次衬砌应及时跟进。

锁口井圈及微型钢管桩（24m）施工/超前锚杆（Φ25@600m，$L=4.5$m）→土方井挖→喷 C30 素混凝土土 50mm→系统锚杆（Φ25@1.2m×1.2m），排水孔（Φ50，$L=5$m）→Ⅰ18 钢拱架@600mm→系统挂网→喷 C30 混凝土 250mm→C25 衬砌混凝土 600mm。

统筹开挖工效及支护的及时性，土方井挖每循环进尺不超过 1m。土井段开挖期间喷锚支护紧跟掌子面，衬砌混凝土随挖随衬，未衬砌井身高度不大于 3m。为提高衬砌施工效率，采用定制的圆弧形组合钢模板，标准节高 2m。衬砌钢筋和模板利用锚杆外露段固定，模板底部临时支撑在下部未开挖的井底。拆模时间不小于 7d，拆模后利用混凝土与井壁的摩擦力以及外露锚筋克服混凝土自重。

5 有限元计算分析

5.1 计算模型

依据排风竖井工程区地质资料、开挖支护设计方案，建立竖井开挖、支护、施工三维有限元仿真分析精细化模型。

模型采用以八节点六面体等参数单元为主的空间实体单元模拟地层与混凝土结构，采用杆单元模拟支护锚杆与衬砌配筋，并在杆单元与实体单元之间施加位移协调约束条件。微型钢管桩及注浆加固体通过提高加固范围内岩土体力学参数的等效方式模拟，经等效折算后相关区域的物理力学参数见表 1。

表 1　物理力学参数表

项　目	变形模量/GPa	泊松比	凝聚力/kPa	内摩擦角/(°)
覆盖层	0.04	0.350	22	24.0
全风化	0.05	0.330	15	26.0
弱风化	9.00	0.300	850	42.0
微风化	16.00	0.300	1600	51.3
C30 喷混凝土	30.00	0.167	—	—
C25 衬砌混凝土	28.00	0.167	—	—
钢材	200.00	0.300	—	—
微型钢管桩注浆加固体	2.20	0.300	55	30.0

5.2 无支护条件下计算成果分析

无支护条件下土质竖井段开挖完成后围岩在水平方向上的位移主要表现为径向收缩，在横剖面内，自开挖边界至围岩深部，径向位移量值逐渐减小，在纵剖面内，自上而下，径向位移量值总体呈现出逐渐增大的变化特征，但受到下部弱风化岩体的约束，土质围岩底部以上较小区域内的水平径向位移相对较小。水平径向收敛最大值为－500mm，位于高程 446.0m 处的土质围岩开挖边界处；在竖直方向上，井周土质围岩总体向下沉降，相对于水平径向位移，竖向位移量值较小，最大值为 48mm。

在开挖卸荷作用下，土质竖井径向、环向与竖向应力水平均有较为明显的降低，符合无支护条件下的应力分布规律。

由于土质竖井段围岩力学参数较低，在开挖施工过程中，在高程 487.0m 以下的土质竖井围岩中出现了在竖直方向上有着不同径向开展深度的塑性破坏区，自上而下，塑性区径向开展深度总体呈现出逐渐增大的变化特征，但土质竖井底部以上较小区域，由于受下部弱风化岩体的约束，塑性区分布深度有所减小。塑性区径向开展深度在 463.0～436.0m 时较大，最大值约为 4.2m。

无支护条件下井壁围岩的变形量值大，开挖断面大幅度缩径，收敛变形达 5.8%，超出了《岩土锚杆与喷射混凝土支护工程技术规范》（GB 50086—2015）中允许的地下洞室周边允许相对收敛值范围 0.2%～0.8%；变形量值大随即导致井周应力水平明显下降，同时塑性破坏区径向开展深度最大达 4.2m。总体而言，计算分析表明无支护条件下围岩稳定差，极有可能发生产生的较大范围屈服失稳破坏，计算结果符合一般工程认识。

5.3 有支护条件下计算成果分析

按前述支护方案，支护后最大水平径向收敛位移发生在高程 438m 处的土质围岩开挖边界处，量值为－18.7mm，竖井最大周边相对收敛约为 0.43%，在 GB 50086—2015《岩土锚杆与喷射混凝土支护工程技术规范》允许的地下洞室周边允许相对收敛值范围 0.2%～0.8%内。有支护条件下井周土质围岩水平径向位移分布相较于无支护条件下，水平径向位移量值有大幅度减小。

支护后各向应力水平均因开挖卸载有所降低，但降低幅度小于无支护条件下，原因在于施工过程中支护结构的施作有效限制了井周土质围岩的卸荷水平。

支护后塑性区径向开展深度不超过 1.4m，相较于无支护条件下，塑性区径向开展深度大幅度减小，表明设计开挖支护方案可有效限制因土质围岩强度不足导致的大范围屈服破坏。

土质竖井段围岩内所布置的系统锚杆总体处于受拉状态，系统锚杆的拉应力量值总体呈现出自上而下逐渐增加的变化规律，与土质围岩径向位移分布规律一致。在设计开挖支护方案下，系统锚杆拉应力最大值为 157.1MPa，小于杆体的设计屈服强度，处于线弹性变形状态。

混凝土支护结构水平径向位移最大值为－0.56mm，位于高程 439.0m。与土质围岩相比，混凝土支护结构的水平径向位移量值很小，表明土质围岩的径向收缩主要是支护前的地应力释放导致的，由于支护及衬砌结构的刚度相较于土质围岩而言大，故支护后的土质围岩径向位移增量相对较小。混凝土支护结构环向整体处于受压状态，环向压应力最大值为－3.06MPa，远小于强度等级为 C25 的衬砌混凝土抗压强度设计值 11.9MPa。

设计支护方案下，分层开挖过程中变形、应力、塑性区分布、开展无突变；围岩变形、应力、塑性区的分布规律与无支护条件下基本一致，但量值上明显减小；系统锚杆受拉，处于线弹性变形阶段，混凝土衬砌结构水平径向收缩，环向压应力远低于抗压强度设计值，支护及衬砌结构安全可靠。总体而言，数值计算表明拟定的开挖、支护设计方案安全、可靠，能很好的确保围岩整体稳定。

6 实际施工情况

完成进口场地平台开挖后，随即进行场地硬化，施工用于超前支护的微型钢管桩。钢管桩注浆采用孔口封闭全长一次性灌浆，桩间分两序灌浆。由于上部的含碎石粉质黏土及全风化晶屑熔结凝灰岩较为密实，在井口部位压力 1MPa 的条件下，平均吸浆量约 72kg/m，可灌性一般。为了尽量减少地下水的影响，排风竖井安排在枯水期施工，加之进口周圈的钢管桩注浆，施工过程中井壁土体主要以潮湿状为主，偶见线状流水，没有发生地下水集中出露、劣化土体影响井身稳定的情况。

上部土质竖井段采用正井开挖，井口场地硬化后布置矿用绞车，采用洋马30小型挖掘机开挖装渣，人工配合修边开挖至设计轮廓面。出渣从井口采用吊罐吊桶向上出渣，15t自卸车运至弃渣场。由于吊罐出渣、衬砌的及时施工对开挖工效影响较大，上部55m深土质竖井段开挖支护及衬砌施工历时近6个月，月平均进尺约9.2m。由于系统喷锚支护紧跟掌子面，钢筋混凝土及时更近，施工期各监测断面实测的收敛值小于10mm，与理论计算值相符性较好。

7 结语

某抽水蓄能电站排风竖井井口段覆盖层深厚，岩土体物理力学参数低，围岩稳定性差，加之开挖断面尺寸和深度较大，施工期安全风险较为突出。

土井设计施工的重点是变形控制，具体工程措施需综合地质条件、支护设计、开挖方案等各种因素，需要设计、施工的一体化统筹考虑。基于实际工程地质条件，设计针对性地提出了“超前支护＋系统喷锚＋钢筋混凝土衬砌”的复合支护方案，同时施工工序上严格要求薄层开挖、随层支护、二次支护及时跟进。通过分序实施的超前支护结构、施工期支护结构、钢筋混凝土井壁协同受力，最终确保了土质竖井在不同施工阶段的安全、稳定。

数值计算分析表明，在设计开挖支护方案条件下，围岩变形、应力、塑性区分布受控，支护及衬砌结构安全可靠，拟定的开挖支护方案合理，有效地控制了变形和塑性区开展。实际施工情况也验证了所采取的系列工程措施能切实保证大断面土质竖井的安全、高效施工。

参考文献

[1] 王永峰. 土质洞开挖及支护施工技术的研究与应用[J]. 电网与清洁能源，2009，25（7）：85-88.
[2] 郭晓华，陈艳梅. 土质隧洞施工控制环节[J]. 甘肃水利水电技术，2013，46（1）：50-52.

基于提高抽水蓄能电站安全性的尾闸液压启闭机及控制系统设计研究

沈燕萍 胡梦溪
（中国电建集团华东勘测设计研究院有限公司，浙江省杭州市 311122）

【摘 要】本文根据抽水蓄能电站尾水事故闸门的布置和功能，围绕其可靠性对提高抽水蓄能电站安全运行的作用，分析总结了尾水事故闸门液压启闭机及其控制系统的优化设计，并探讨了取消液压缸活塞杆锁定功能的可能性。

【关键词】尾水事故闸门 液压启闭机 安全性 防水淹厂房 闸门意外坠落监测装置 闭锁

1 引言

抽水蓄能电站机组吸出高度大，安装高程较低，承受下库的水头较高，与机组流道相连接的阀门及管道承压大，厂内大部分供水水源引自下库，一旦与流道相连接的管道和阀门出现泄漏，将会带来水淹厂房的风险，因此一般会在尾水管道机组取水口后设置一道事故闸门。该事故闸门在机组导叶及其上游进水阀关闭的情况下静水启闭，当机组辅助系统供水管或阀出故障时，可及时动水关闭，切断下库来水，防止事故扩大，提高抽水蓄能电站安全性。

将尾水事故闸门布置在专门开设的尾闸洞内是国内抽水蓄能电站较为常用的一种布置形式，一台机组尾水管出口设一扇闸门，闸门检修平台同时也是启闭机安装平台，设在下库正常蓄水位以下几十米，闸门采用闸阀式，门槽顶部设压盖封水，采用液压启闭机操作。尾水事故闸门按照承受下水库水头设计，不能承受上库水头，为了安全，与机组进水阀之间存在严格的闭锁关系。

尾水事故闸门的可靠运行对提高抽水蓄能电站安全性起着重要作用，本文分析总结了近几年抽水蓄能电站工程中对尾闸液压启闭机及控制系统进行的设计研究，包括防水淹厂房事故扩大功能、闸门意外坠落监测装置结构改进、与机组球阀安全、可靠的闭锁、增加闸门行程检测装置故障报警信号等。

2 防水淹厂房事故扩大功能设计研究

2.1 防水淹厂房事故扩大功能关键技术点

为了防止机组供水系统爆管或者机组顶盖螺栓断裂时尾水倒灌进入厂房，尾水事故闸门需要尽快关闭，切断水流。尾水事故闸门液压启闭机在液压回路设计中应保证能快速闭门满足防水淹厂房事故扩大要求及工作电源的可靠性或工作电源丢失情况下也能关闭闸门。

根据尾水事故闸门利用水柱闭门的特点，液压系统采用差动回路，闭门时有杆腔油液直接排回无杆腔，无杆腔和有杆腔容积差部分油液可由液压泵组或者高位油箱补充，目前两种方案在抽水蓄能电站中都有应用。

2.2 泵控补油闭门方案

采用泵控补油的闭门方案如图 1 所示。事故闸门关闭时各换向阀和液压泵电动机组需要得电，为了避免液压缸无杆腔出现真空而产生气穴和气蚀现象，闭门速度取决于无杆腔补油速度，即闭门速度取决于液压泵额定流量。本方案要求同时具备交流电源和直流电源，为保证供电，设有两路交流电源和两路直接电源，交流电源一路来自保安引，另一路来自主变洞公用引，而且紧急闭门时的水位信号来自安装在蜗壳层和尾水管层的水位计，因此液压启闭机的工作电源一般可以得到保证。

2.3 高位油箱补油闭门方案

采用高位油箱补油的闭门方案如图 2 所示。事故闸门关闭时无须启动液压泵电动机组，只需换向阀 1 和换向阀 2 电磁铁得电即可，闭门速度不受液压泵流量限制，通过调整二通节流插装阀的开口大小即可改变闭门速度，与泵控补油方案相比闭门速度不受液压泵流量限制，且只需直流电源无须交流电源，即在工作电源丢失的情况下也能快速关闭闸门。

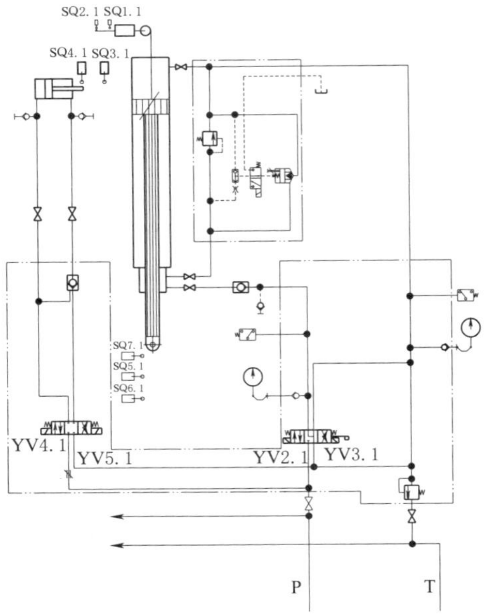

图 1 泵控补油闭门回路

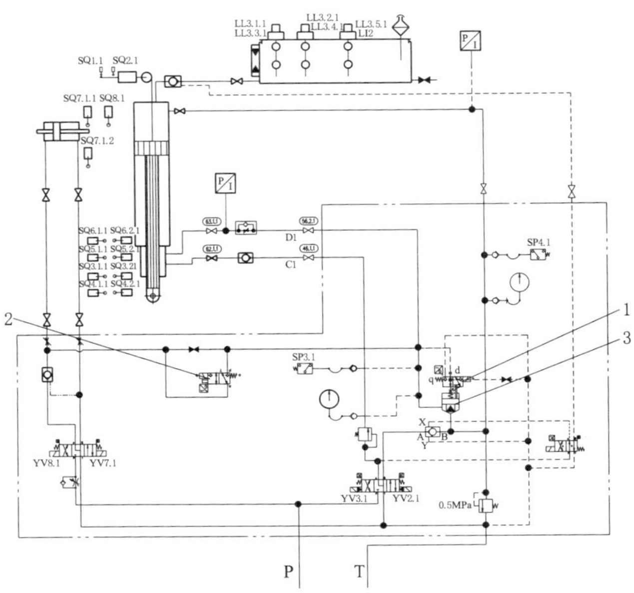

图 2 高位油箱补油闭门回路

1—换向阀；2—换向阀；3—二通节流插装阀

根据高位油箱的设置数量不同高位油箱补油方案又可分为每套液压缸设置一只高位油箱和所有液压缸共用一只高位油箱两个方案。独立高位油箱方案的高位油箱布置在液压缸边上的检修架顶部，补油直接独立，方便检修维护。高位油箱按照无压油箱设计，要避免因充油过量而承受压力，因此对高位油箱上的液位计可靠性要求较高，布置在检修架上的高位油箱容易受闸门振动影响，液位计存在震脱的风险，因此液位计设置数量和电气控制程序中要考虑避免补油箱充油过度问题。共用高位油箱方案的油箱容积需满足所有尾水事故闸门同时闭门要求，因此油箱外形尺寸比较大，布置在尾闸洞洞壁上，不受闸门震动影响，但需用空中长管路连接到每套液压缸上，与独立高位油箱方案相比检修维护比较困难。

3 关于尾水事故闸门全开信号保证措施的研究

3.1 尾水事故闸门全开信号作用

尾水事故闸门按挡下水库水头设计，由于抽水蓄能电站上库水位比下库水位高达几百米，因此尾水事故闸门在运行过程中需避免承受上库水头，其启闭操作与机组进水阀的启闭操作设置了闭锁，即进水阀处于全关位置，尾水事故闸门才能开启或关闭；尾水事故闸门处于全开位置，才能操作进水阀。此外，当尾水事故闸门由全开位意外下落时，需发出信号，操作进水阀提前于尾水事故闸门关闭。因此尾水事故闸门控制系统需给机组进水阀操作程序提供闸门全开信号，正常情况下，全开信号应长期保持，一旦丢失，机组进水阀关闭程序将无法执行，因此尾水事故闸门全开信号的可靠性非常重要。

3.2 尾水事故闸门全开信号保证措施

尾水事故闸门需给机组进水阀提供两种控制信号，一种是闸门全开信号，另一种是闸门意外坠落信号。全开信号表明闸门处于全开状态即可，并非闸门设计全开位置，因为尾水事故闸门即使开启到设计全开位置，也会因液压系统泄漏逐渐自动下滑，导致全开信号丢失，因此可将活塞杆锁定到位信号作为闸门全开信号。

机组运行期间，尾水事故闸门由液压启闭机持住处于全开状态。为了尾水事故闸门发生意外坠落时能给机组进水阀提供紧急关闭信号，在门槽顶盖上设置了专用的尾水事故闸门坠落监测装置。如图3所示，其结构原理是行程开关触杆装在活动杆上，活动杆下端装有配重块，当尾水事故闸门全开时，装在闸门顶主梁腹板上的顶杆将活动杆顶到最高位，当尾水事故闸门意外坠落时，在配重块的作用下活动杆下降，触杆触碰行程开关发出信号。

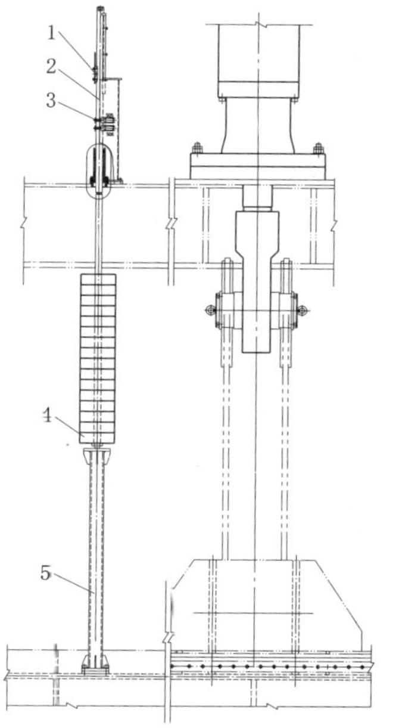

图3 闸门意外坠落监测装置

1—行程开关触杆；2—活动杆；3—行程开关；4—配重；5—顶杆

3.3 全开信号保证措施的优化设计研究

3.3.1 尾水事故闸门全开信号可靠性优化

尾水事故闸门全开信号取自活塞杆锁定到位信号，由于液压缸受闸门震动影响，锁定缸锁定到位信号有丢失的可能，存在机组进水阀关闭程序无法执行的问题。因此非常必要再设定一个可靠的尾水事故闸门全开信号开关，经过设计研究对比最简单的方案是将行程开关安装在尾水事故闸门意外坠落监测装置上，开关型式为一开一闭型，尾水事故闸门开启过程中触杆碰到行程开关，开关回路导通，表明尾水事故闸门一直处于全开状态，尾水事故闸门关闭过程中，触杆碰到行程开关，开关回路断开。

3.3.2 尾水事故闸门意外坠落监测装置优化

配重块安装在活动杆下端，对活动杆的受力较为有利，但也存在安装调试和维护检修不方便等问题，万一配重块散落流道，还可能影响机组的安全运行。

为提高安全性，在近几年的抽水蓄能项目设计中，已将配重块安装在活动杆顶端，并将活动杆的导向由滑动形式改成滚动形式，改变密封圈形式以减小摩擦阻力，增加橡胶垫吸收冲击能量。优化后的结构已经在多个项目中得到应用，安全性高，效果良好。

4 尾水事故闸门自动复位可靠性优化设计研究

4.1 尾水事故闸门自动复位功能

尾水事故闸门由液压启闭机长期持住在孔口上方，因液压系统不可避免的内泄漏，闸门会自动下滑，当行程检测装置检测到闸门下滑一定距离时，发出复位信号，控制系统按开启闸门程序自动将闸门提升至下滑前位置。

4.2 尾水事故闸门自动复位功能可靠性分析

闸门自动复位功能失效，将会使闸门继续下滑直至关闭，对于抽水蓄能电站尾水事故闸门来说，这种情况是绝对要避免出现的，因此尾水事故闸门液压缸内设置了活塞杆机械锁定装置，这是针对闸门自动复位功能失效的一种应对措施。闸门自动复位功能失效主要有两个原因：一是液压系统故障或者管路泄漏，无法提升闸门，在控制程序中设定闸门自动复位时间，如延时未复位到下滑前位置，停机并发出报警信号，提示工作人员进行检查并维修；二是行程检测装置故障，无法提供自动复位信号，闸门自动复位失效且无法报警提示检修，当前电气控制程序设计中均未考虑此种原因。

4.3 提高尾水事故闸门自动复位功能可靠性措施

行程检测装置故障，闸门下滑到设定位置时，因没有复位信号，液压系统不执行自动复位程序，也不发出报警信号，闸门会继续下滑。根据分析研究，针对行程检测装置故障原因导致闸门自动复位失效问题，可以在闸门自动复位设定位置更低点的位置设一个控制信号，将此开关信号作为闸门再次自动复位的控制信号，同时闸门控制系统发出报警信号，提示行程检测装置故障，运行人员可以及时发现问题并对其进行维修。此控制信号可以安装在闸门意外坠落监测装置上，布置在闸门自动复位设定位置和闸门全开信号行程开关位置中间。

5 尾水事故闸门液压启闭机活塞杆锁定功能的必要性

尾水事故闸门自动复位功能的可靠性经过优化设计后，基本不会出现闸门自动复位功能失效问题，即使因为液压启闭机原因出现闸门非正常关闭，闸门意外坠落监测装置上的行程开关会发出信号紧急关闭机组进水阀，因此活塞杆锁定功能的必要性已不是很大。

采用高位油箱补油闭门方案下动水关闭闸门时，因液压泵提供不了动力，只能依靠有杆腔持门压力对活塞杆进行脱锁，虽然已经在天荒坪抽水蓄能和长龙山抽水蓄能中得到成功应用，但在水淹厂房时，最关键是确保闸门能及时关闭。有杆腔持门压力毕竟有限，万一脱锁出现问题，存在无法闭门问题，即使采用泵控补油闭门方案也有可能存在脱锁故障问题。

抽水蓄能电站尾水事故闸门有其特殊性，正常工况要防止及监测闸门意外坠落，当水淹厂房事故时又要确保紧急关闭，两个工况之间存在对立统一关系。在设有闸门意外坠落监测装置和闸门自动复位可靠性提高的前提下，可满足正常工况下的要求，为确保水淹厂房时能及时可靠关闭闸门，建议可取消活塞杆锁定功能。

6 结语

本文根据抽水蓄能电站尾水事故闸门的布置和功能，围绕其可靠性对提高抽水蓄能电站安全运行的作用，分析总结了尾水事故闸门液压启闭机及其控制系统的优化设计，并探讨了取消液压缸活塞杆锁定功能的可能性。

（1）防水淹厂房事故扩大要求下的闭门回路设计，分泵控闭门回路和高位油箱闭门回路两种方案，高位油箱方案可在没有工作电源情况下利用直流电动水关闭闸门，且闭门速度不受液压泵流量限制。

（2）对尾水事故闸门全开信号保证措施进行研究，优化闸门意外坠落监测装置结构，提高该装置的安全性，保证闸门全开信号的可靠性，在闸门意外坠落监测装置上增加一组行程开关作为闸门全开信号。

（3）为提高闸门自动复位可靠性，考虑行程检测装置故障导致闸门自动复位失效可能，采用在闸门意外坠落监测装置上增加一组行程开关，将此信号作为闸门再次自动复位信号及行程检测装置报警信号。

（4）对液压缸活塞杆锁定功能必要性探讨。正常工况和水淹厂房工况对尾水事故闸门的要求不一样，目前设计已能保证正常工况时防止和监测闸门意外坠落，为确保水淹厂房时能及时可靠关闭闸门，建议可取消活塞杆锁定功能。

参考文献

［1］ 陈源，胡清娟，蒋明东，等. 大型抽水蓄能电站防水淹厂房事故演算与风险分析［J］. 水力发电，2019，45（4）：84-87.

［2］ 李兵. 闸门异常下滑监测装置结构改造研究［J］. 水电站机电技术，2020，43（8）：45-48.

［3］ NB/T 10072—2018 抽水蓄能电站设计规范［S］.

易县抽水蓄能电站上库东沟渣场方案优化

高 轩 贺一轩 曹伟男 宋禹锐 安维中
(保定易县抽水蓄能有限公司，河北省保定市 074200)

【摘 要】 渣场是水利水电工程的重要组成部分，渣场的布置和排水对工程至关重要。本文结合易县抽水蓄能电站现场地形条件，对上库东沟渣场进行设计优化，降低了渣场高程，减小了弃渣运输安全风险，并节约了投资。

【关键词】 渣场 抽水蓄能电站 方案优化

1 工程概况

河北易县抽水蓄能电站位于河北省保定市易县境内，下水库坝址位于梁格庄镇柴厂村，站址距易县公路里程22km，距保定市公路里程76km，距石家庄市公路里程200km，距雄安新区公路里程94km，距北京市公路里程120km。

易县抽水蓄能电站为Ⅰ等大（1）型工程，电站装机容量1200MW，安装4台单机容量300MW的立轴单级混流可逆式水泵水轮机。电站上水库正常蓄水位636.0m，正常蓄水位以下库容845万m^3，死水位606.0m，死库容43万m^3，调节库容802万m^3；下水库正常蓄水位271.0m，正常蓄水位以下库容912万m^3，死水位245.0m，死库容103万m^3，调节库容809万m^3，电站额定水头354m[1]。

2 东沟渣场优化背景

东沟渣场布置在上水库西北侧东沟内，主要堆放上水库库盆、上水库进/出水口、引水闸门井等部位的开挖弃渣。可研阶段东沟渣场规划堆渣容量为745万m^3，最终堆渣量为650.50万m^3，规划渣体顶面高程为705m，设计最大堆渣高度约135m[1]；招标设计阶段，根据上水库库盆开挖填筑设计优化进行土石方平衡，东沟渣场规划堆渣容量为659万m^3，最终堆渣量为602.78万m^3，规划渣体顶面高程为696m，设计最大堆渣高度约126m[2]。

东沟渣场规划堆渣高度达135m，施工布置困难，保证出渣强度的风险较大，不利于施工安全和节约能源。为降低东沟渣场渣顶平台高程，减小弃渣运输安全风险，针对东沟渣场布置进行设计优化。

3 渣场布置优化方案

3.1 优化方案总体原则

设计优化方案综合考虑现场实际施工需求、土石方平衡规划、有用料回采利用等因素，结合环境保护、水土保持要求进行，并遵循以下原则：

(1) 工程区距离北京、保定等“京津冀”中心城市以及雄安新区较近，是大气污染防治的重点区域，施工场地设施选址应充分考虑环保、水保要求，整体体现文明施工形象，避免造成不良的社会环境影响。

(2) 工程上水库区域分布有明长城遗址，施工场地布置应考虑长城遗址空间分布对其的影响。

(3) 根据工程开挖料利用要求，合理规划上水库开挖施工程序、渣场堆弃工艺，分区堆存，既创造条件使有用料便于回采利用，节约资源，同时使有用料和弃渣料运输顺畅、运距短。

3.2 土石方平衡规划

为充分利用工程开挖料，减少弃渣量，上水库坝体填筑料及库底回填料优先利用库内开挖石料；施工场地及道路等临建工程考虑自身挖填平衡及综合利用等因素，不计入渣场规划进行土石方平衡；考虑到表土剥离主要来源于枢纽工程区，因此可将表土剥离量从土方弃渣中扣减，计为土石方调配利用量。综上分析，东沟渣场弃渣共 520.92 万 m^3（松方）。

3.3 方案拟定

若将东沟渣场拦渣坝轴线位置向下游移动，渣场布置利用坝后及东沟两块空间，形成“东沟＋坝后压坡”的堆渣模式，则存在下列问题：

(1) 排水系统布置困难。渣场布置占压东沟主沟道，沟道汇流面积增幅 80%；且渣体左侧与坝体贴合，采用明排则在渣体或坝体上修建，难以实现；采用暗排，涵洞距离长、上覆弃渣厚度大，投资大且后期不好运行维护[3]。

(2) 弃渣与坝体填筑施工干扰大。

(3) 施工场地利用空间受限。

综上所述，东沟渣场布置应从空间上与坝体隔离开来，形成独立的弃渣场。结合工程渣场布置条件及土石方平衡规划，并考虑移民安置所需土地复垦要求，经综合分析，拟订方案如下：

方案一：渣场布置在东沟右侧支沟内，不占压东沟主沟道，便于排水设施布置，同时，将渣体与坝体从空间上隔离开来，减少施工干扰。

方案二：渣场布置在东沟主沟内，占用东沟左、右侧支沟，同时，将渣体与坝体从空间上隔离开来，减少施工干扰。

3.4 方案比较

3.4.1 方案一

东沟渣场规划堆渣容量为 529.39 万 m^3，设计最大堆渣高度约 100m，对应的渣体顶面高程为 670m，渣体顶面积为 11.12 万 m^2，设计堆渣坡比为 1∶2.2。

渣场坡脚设置混凝土重力式拦渣坝，渣场右侧岸坡上设置钢筋混凝土排洪渠，矩形排洪渠设计断面尺寸 3.5m×(2.0～3.0) m（宽×高），排洪渠总长 867m。左侧岸坡在渣顶平台范围内设置钢筋混凝土排洪渠，将坡面汇水引至渣体上游，经右侧排洪渠排向渣体下游，矩形排洪渠设计断面尺寸 2.5m×2.5m（宽×高），排洪渠总长 700m；渣坡范围内设置钢筋混凝土排洪渠，矩形排洪渠设计断面尺寸 2.0m×(1.5～2.0) m（宽×高），排洪渠总长 667m。

沟底清表后，沿沟底填筑排水褥垫满足渣体排水要求；在渣场马道内侧设置混凝土排水沟，矩形排水沟断面尺寸为 35cm×50cm（宽×高），排水沟总长 1421m。

3.4.2 方案二

东沟渣场规划堆渣容量为 537.17 万 m^3，设计最大堆渣高度约 83m，对应的渣体顶面高程为 643m，渣体顶面积为 14.26 万 m^2，设计堆渣坡比为 1∶2.2。

渣场坡脚设置混凝土重力式拦渣坝；渣场右侧岸坡上设置钢筋混凝土排洪渠，矩形排洪渠设计断面尺寸 3.5m×(2.0～3.3) m（宽×高），排洪渠总长 722m；左侧岸坡在渣顶平台范围内设置钢筋混凝土排洪渠，将坡面汇水引至渣体上游，经右侧排洪渠排向渣体下游，矩形排洪渠设计断面尺寸 3.5m×2.5m（宽×高），排洪渠总长 760m；渣坡范围内设置钢筋混凝土排洪渠，将冲沟和山坡上的来水引至渣体下游，矩形排洪渠设计断面尺寸 3.5m×(2.0～2.5) m（宽×高），排洪渠总长 1290m。

沟底清表后，沿沟底填筑排水褥垫满足渣体排水要求；在渣场马道内侧设置混凝土排水沟，矩形排水沟断面尺寸为 35cm×50cm（宽×高），排水沟总长 1858m。

3.4.3 方案比较

各方案主要技术指标及工程投资估算见表 1。

通过对两个渣场规划方案的水土保持工程措施投资等综合比较，选择渣场规划方案一为推荐方案。两方案综合比较意见如下：

(1) 方案一比方案二渣场防护投资少。

(2) 方案二渣场布置占据东沟左、右侧支沟，流域汇流面积增加，增加渣场防护投资。

表 1　各方案主要技术指标及工程投资估算表

项　目		方　案　一	方　案　二
主要技术特性	规划容量/万 m^3	529.39	537.17
	最终弃渣量/万 m^3	520.92	520.92
	最大堆渣高度/m	100	83
	渣顶高程/m	670	643
	堆渣顶面积/万 m^2	11.12	14.26

（3）方案二渣顶平台面积大，沟谷方向距离较长，增加了排水系统布置难度。

4　结语

本文以易县抽水蓄能电站上库东沟渣场作为典型工程，进行渣场设计方案优化，降低了堆渣高度及堆渣难度，节约了投资。通过方案对比优化可知：土石方平衡分析时，施工场地及道路等临建工程尽量考虑挖填平衡和综合利用，减少弃渣量，降低堆渣高程和堆渣难度；沟道型渣场避免跨多沟堆放，减小汇流面积，降低排水难度；渣场布置方案应结合实际情况进行多方案对比优化。

参考文献

[1]　中国电建集团北京勘测设计研究院有限公司．河北易县抽水蓄能电站可行性研究报告［R］．北京：中国电建集团北京勘测设计研究院有限公司，2017.

[2]　中国电建集团北京勘测设计研究院有限公司．河北易县抽水蓄能电站招标设计报告［R］．北京：中国电建集团北京勘测设计研究院有限公司，2019.

[3]　贾洋海，童焕初，张翼，等．洪屏抽水蓄能电站下库 4＃弃渣场排洪设施设计探讨［J］．亚热带水土保持，2012，24（3）：61－63.

一起尾水闸门吊轴检测装置缺陷原因分析及处理

宗树冬　高从闯　章存建　陈忠宾
（江苏国信溧阳抽水蓄能发电有限公司，江苏省溧阳市　213334）

【摘　要】尾水闸门是抽水蓄能电站十分重要的金属结构设备，是机组下游的事故保护及检修挡水设施。吊轴检测装置作为检测尾闸下滑的设备，其重要性不言而喻。本文结合某水电站发生的尾水闸门吊轴检测装置异常脱落缺陷，从设计结构上分析吊轴检测装置异常脱落的原因，总结该设计型式存在的问题及隐患，研究新的结构配置方式，提出后续改造设想，彻底解决吊轴检测装置异常脱落、零部件掉落流道的风险。

【关键词】抽水蓄能　尾闸　吊轴检测装置　改造

1　引言

抽水蓄能是目前技术最为成熟的大规模储能方式，具备调峰调频、削峰填谷、紧急事故备用等功能，抽水蓄能电站的建成投产在构建新发展格局、保障能源电力安全、促进清洁能源消纳、实现碳达峰和碳中和目标、促进大气污染防治中具有十分重要的战略意义。

某水电站尾水系统采用一洞三机布置形式，每台机组设置一台尾水闸门（以下简称尾闸），共 6 台。电站尾闸是用来阻隔尾水，防止尾水倒灌，事故时快速下落隔断下库水源，对机组的安全稳定运行起着至关重要的作用。尾闸在正常运行过程中处于全开位置，为防止闸门异常下滑，每台闸门在顶盖上设置一套吊轴检测装置。某电站在调试期间发生吊轴检测装置脱落的缺陷，为防止类似缺陷发生，本文重点对吊轴检测装置设计结构进行研究，提出优化改造方案。

2　尾闸吊轴检测装置简介

某电站每台尾闸设置一套吊轴检测装置，安装在闸门顶盖上预留的孔洞处。装置由镀陶瓷中心轴、导向块、接近板、连接杆、配重块、衬套、支架、接近开关等组成。支架上设置有下滑 280mm、下滑 400mm 两个位置开关，具有检测尾闸下滑的作用。

尾闸正常运行过程中，闸门在全开位置，吊轴检测装置的重量通过支架二支撑在闸门门叶上；尾闸下落时，吊轴检测装置在配重块作用下随闸门下落，由导向块卡在衬套上，与支架二分开；当闸门异常下滑时，吊轴监测装置上的接近板会触发位置开关动作，远方控制室及现地控制柜发出声光报警，并将信号传至计算机监控系统，机组及球阀紧急关闭。改造前的吊轴检测装置见图 1。

3　缺陷发生及原因分析

机组调试期间，尾闸正常关闭过程中出现吊轴检测装置卡涩，闸门下落而吊轴检测装置未及时跟随，吊轴检测装置突然瞬间下落，导向块把合螺栓断裂，配重块、连接杆、中心轴掉落闸门门叶，下库尾水自衬套口进入尾闸室。

现场检查确定缺陷直接原因为装置动作过程中发生卡涩，具体原因如下：①中心轴采用表面镀陶瓷设计，与密封圈摩阻力较大，与衬套发生卡涩；②中心轴发生偏移，导向块与支架硬接触发生卡阻。正常情况下，导向块落于衬套上，由 3 颗 8.8 级 M10×30 的内六角螺钉承重，而导向块与衬套接触面积小，吊轴检测装置卡涩后突然下落，配重块重量过大，对把合螺栓产生很大的剪切力，导致螺栓全部断裂，

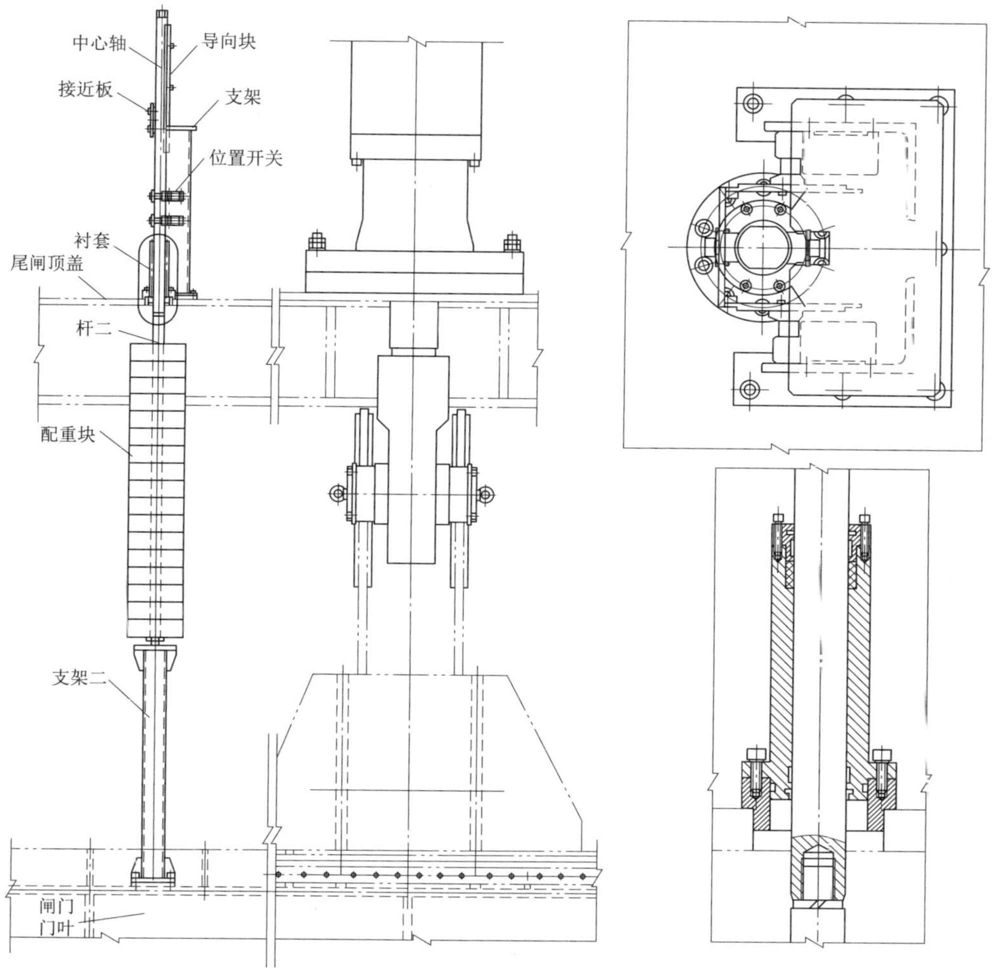

图 1　改造前的吊轴检测装置示意图

装置整体脱落。

配重块的重量须克服密封圈的摩阻力和水压上浮力，设计使用的 17 块配重块重量约为 575.3kg，远大于实际使用需求 396.55kg。

4　现场处置方案及效果

缺陷发生后，第一时间关闭下库进出水口闸门，进行尾水流道放空，采取措施排除尾闸室积水。同时制定吊轴检测装置具体处理方案：

(1) 重新制作一套吊轴检测装置，包括上压盖、衬套、中心轴、垫板等。

(2) 中心轴采用镀铬工艺，减小了装置运行时卡涩的可能性。

(3) 中心轴顶部增加轴套及吊耳，导向块与中心轴增加一件抗剪销，见图 2。

(4) 支架进行现场剪切，防止导向块与支架发生卡阻，见图 3。

(5) 吊轴顶部采用焊接形式增设轴套，防止吊轴整体脱落进入尾水。

(6) 将配重块由 17 块调整为 14 块，总重量约为 473.78kg。

现场处理完成后进行闸门启闭试验，吊轴检测装置运行平稳、无卡阻，接近开关信号动作正常，基本解决了装置异常脱落的问题。

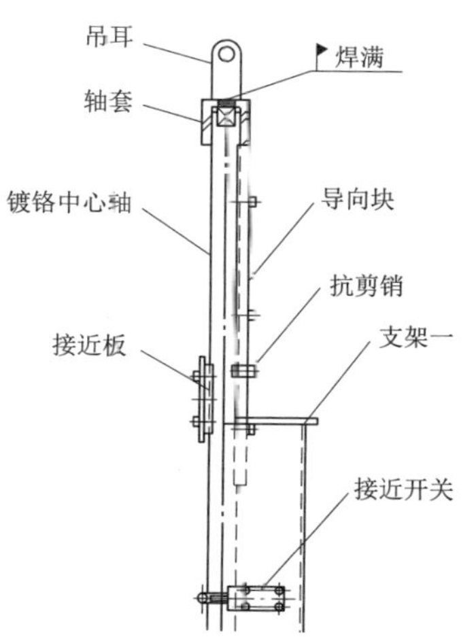

图 2　新增轴套及抗剪销示意图

5　后续改造设想

某水电站尾闸吊轴检测装置为传统设计方式，存在一定的隐患，可从结构设计方面进一步改造优化：

（1）吊轴检测装置运行时易发生卡涩，如闸门发生异常下滑，位置开关无法准确动作，机组运行存在安全隐患。

（2）吊轴检测装置配重块为水下布置形式，配重块数量多，流道内水流波动易引起损坏，导致装置整体脱落，尾水倒灌。此外，配重块等零部件落入流道中影响机组的安全运行。

5.1　方案设想

为避免此类问题发生，消除安全隐患，最直接有效的方式是将配重块等零部件安装位置上移至吊轴检测装置顶部，改造后的吊轴检测装置见图 4。具体改造方案如下：

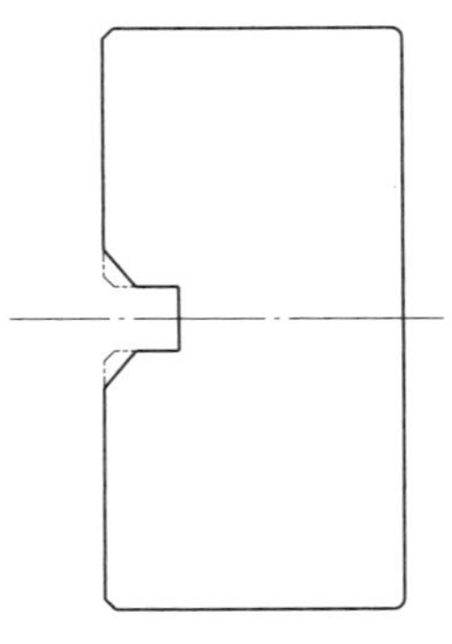

图 3　支架剪切示意图

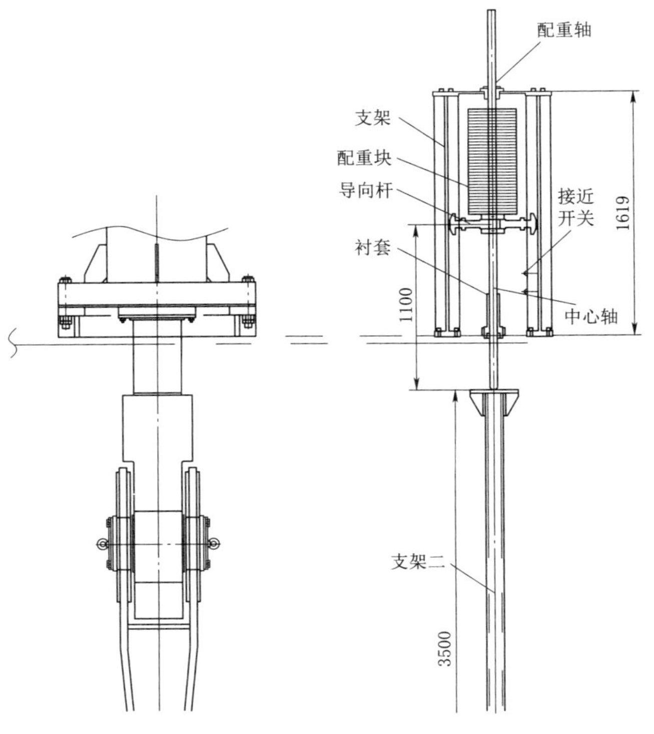

图 4　改造后的吊轴检测装置示意图

（1）闸门门叶上支架二高度由 1850mm 增加至 3500mm，同时增加支架立柱壁厚和加强筋长度，提高支架结构强度。

（2）上部支架对称布置，双 U 形结构，顶部安装连接板，连接板上装配配重轴导向套，与衬套配合，减小装置运行时偏移的可能性。

（3）增大配重块直径，减小厚度，使用配重轴安装于上部支架内。

（4）中心轴采用不锈钢镀铬工艺，长度 1100mm，通过轴套与配重轴连接，保留原衬套。

（5）导向块由纵向改为横向布置，安装于中心轴和配重轴的轴套上，导向块两侧安装滚轮进行导向，减小装置运行时卡涩的可能性。

（6）位置开关接近板安装于导向块上，下滑 280mm 和 400mm 接近开关安装于上部支架。

本方案在水下零部件仅保留支架二，导向块由原来的纵向变为横向，配重块移至装置上部。正常运行时，吊轴检测装置落在支架二上，由闸门门叶承重。尾闸下落，吊轴检测装置落在衬套上，环形受力，由闸门顶盖承重，从根本上解决装置异常脱落、配重块掉落流道的问题。

5.2　可行性计算分析

为进一步验证该方案的可行性，对所配置的配重块、中心轴进行了复核计算，计算情况如下。

5.2.1　基本参数

闸门设计水头：88.35m，闸门校核水头：152m。

底部峰值水压：$P=1.5\text{MPa}$。

中心轴直径：$d=50\text{mm}$，长度 $L=1600\text{mm}$。

工作行程：$H=400\text{mm}$。

5.2.2　配重块重量复核

峰值水压上浮力：

$$P_1=P\times\frac{\pi d^2}{4}=1.5\times\frac{\pi}{4}\times50^2=2943.75(\text{N}) \tag{1}$$

密封件摩阻力：

$$P_V=f\pi\Delta P_d\,dh_dk_d=0.2\times3.14159\times1.5\times50\times(25+15\times2+10\times2)\times0.2=942.48(\text{N}) \tag{2}$$

式中　P_V——密封圈与活塞杆之间的摩阻力，N；

f——密封圈摩擦系数，0.05～0.2，取 0.2；

ΔP_d——活塞杆密封圈两侧压力差，MPa，取 1.5MPa；

d——活塞杆外径，mm；

h_d——活塞杆密封有效高度，mm；

k_d——活塞杆密封圈摩擦修正系数，压紧型密封圈：$k\approx0.2$。

配重块设计重量 $M>\dfrac{P_1+P_V}{g}=\dfrac{2943.75+942.48}{9.8}=396.55\text{kg}$ 即可满足要求。

选用 HT200 材质单重 11.49kg 配重块 35 块，总重量为 402.15kg。

5.2.3　中心轴压杆稳定性复核

根据欧拉公式计算压杆临界载荷：

$$F_{cr}=\frac{\pi^2EI}{(\mu L)^2}=\frac{\pi^2\times20600}{(2\times1100)^2}\times\frac{\pi\times50^4}{64}=12887.67(\text{N}) \tag{3}$$

式中　E——材料的弹性模量；

I——截面对中性轴的惯性矩；

μ——长度因数，一端固定一端自由，$\mu=2$。

压杆安全稳定因数：

$$n=\frac{F_{cr}}{F}=\frac{F_{cr}}{G}=\frac{F_{cr}}{m\times g}=\frac{12887.67}{402.15\times9.8}=3.27>n_{st} \tag{4}$$

式中　G——物体的重力，N；

m——物体的质量，kg；

g——常量，一般取 9.8N/kg。

金属压杆 $n_{st}=1.8\sim3.0$，中心轴稳定性满足要求。

6　结语

本文详细分析了某水电站尾闸吊轴检测装置脱落缺陷的原因，总结该设计存在的问题及隐患。通过对吊轴检测装置配重块安装位置进行改造研究，将水下部件调整至水上安装，经过复核计算满足使用要求，可从根本上彻底解决吊轴检测装置脱落的问题，避免配重块掉落尾闸门槽进而进入流道的风险。

机电设备制造与试验

T抽水蓄能电站大容量高转速发电电动机设计制造可行性分析

赵　政　马　源　王婷婷

（中国电建集团华东勘测设计研究院有限公司，浙江省杭州市　311122）

【摘　要】 T抽水蓄能电站的发电电动机额定容量472.2MVA、额定转速500r/min，具有一定的设计制造难度。本文从机组机械制造难度、转子外缘离心力、推力轴承、通风设计、电磁参数等多方面进行分析比较，论证其设计制造的可行性。

【关键词】 发电电动机　大容量　高转速　可行性

1　引言

自20世纪70年代至2020年年底，世界上100多座大型抽水蓄能电站的400多台大容量、高转速空冷发电电动机在建及投产运行。随着科技的进步，设计、制造水平的提高，发电电动机历经半个多世纪的发展，逐步在向大容量、高转速方向发展世界上大容量、高转速空冷发电电动机的容量/转速如图1所示。

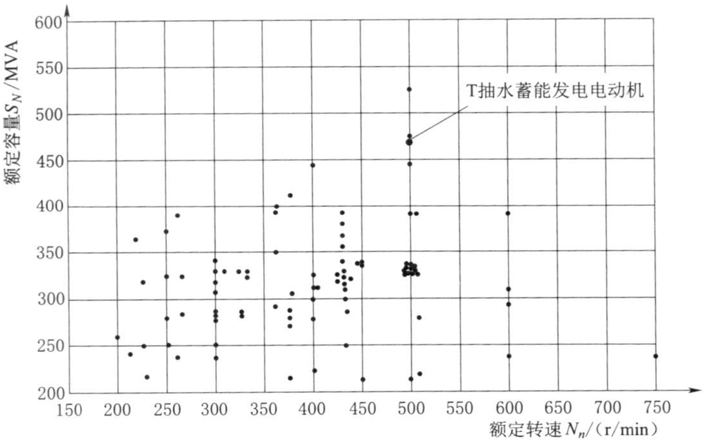

图1　世界上大容量、高转速空冷发电电动机容量/转速图

T抽水蓄能电站现正处于可行性研究阶段，其发电电动机单机额定容量为472.2MVA，额定转速为500r/min，是目前我国已建、在建抽水蓄能电站中单机容量最大的发电电动机；在世界上，该容量仅次于同样500r/min的已建抽水蓄能电站神流川和葛野川的发电电动机，居世界第三。

与常规水轮发电机相比，抽水蓄能电站发电电动机具有以下特点：

（1）双向旋转。其通风设计、轴承设计独特。

（2）频繁起停，产生交变的热应力和机械应力。

（3）负荷爬坡快。据资料，英国迪诺维克抽水蓄能电站的发电电动机负荷爬坡率约达18.3MW/s，广州Ⅱ蓄能电站发电电动机的负荷爬坡率为20MW/s，美国希望山抽水蓄能电站的发电电动机要求达35MW/s，仙游抽蓄的已达40MW/s。

（4）过渡过程复杂，多工况运行，特别是甩负荷、紧急工况转换等。

（5）需有专用的启动设备。现大、中型发电电动机基本采用静止变频启动装置。

对于大容量高转速发电电动机，频繁启停及双向旋转带来的交变应力和疲劳问题均很严峻。对于T

抽蓄电站发电电动机，其容量-转速综合指标已达到世界先进水平，在飞逸工况下转子线速度已接近200m/s。下面从机械制造难度、转子外缘离心力、推力轴承制造难度、通风设计、电磁参数选择等方面进行分析比较，论证其设计制造的可行性。

2 T抽蓄发电电动机设计制造难度分析

2.1 机械制造难度分析

通常发电电动机的机械制造难度以其额定容量与飞逸转速的乘积来表征。

全球范围典型的大容量、高转速发电电动机的机械制造难度比较见表1。

表1 全球范围典型的大容量、高转速发电电动机的机械制造难度比较

序号	电站名称	额定容量 S /MVA	额定转速 N_n /(r/min)	飞逸转速 N_f /(r/min)	设计制造难度（$S\times N_f$）/（MVA·r/min）
1	神流川（日本）	525	500	755	396375
2	阳江	444	500	797.5	354090
3	葛野川（日本）	475	500	740	351500
4	T抽水蓄能电站	472	500	725	342200
5	长龙山（福伊特）	389	600	870	338430
6	长龙山（东电）	389	500	740	287860
7	小丸川（日本）	310	600	920	285200
8	Reisseck Ⅱ（奥地利）	240	750	1142	274080

注 阳江机组飞逸转速：额定转速×1.45×1.1。

由上表可以看出，T抽水蓄能电站发电电动机的机械设计制造难度在世界范围内位居前列。

2.2 转子外缘离心力比较

对于大容量，高转速的发电电动机，转子系统的设计是重点难点之一，转子外缘在飞逸工况时存在巨大的离心力。常规巨型水电机组与发电电动机飞逸转速时转子外缘1kg（质量）物质产生的离心力（kgf）的比较如图2所示。

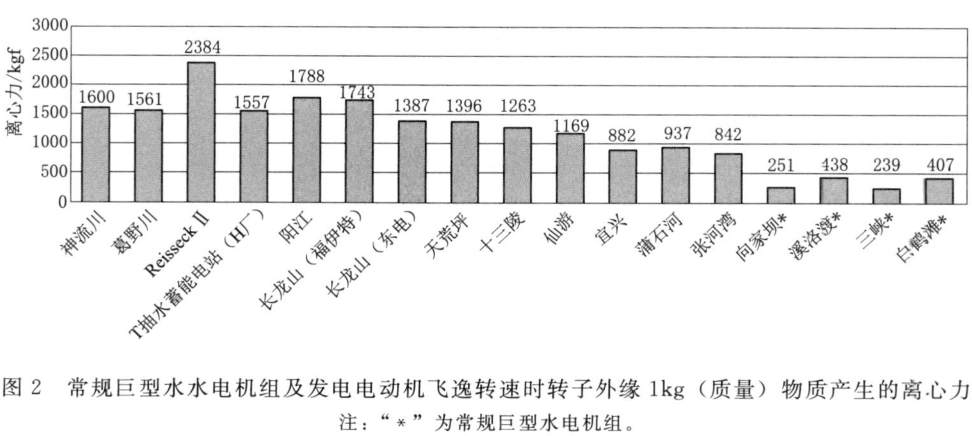

图2 常规巨型水水电机组及发电电动机飞逸转速时转子外缘1kg（质量）物质产生的离心力

注：“*”为常规巨型水电机组。

由图2可知，一些大容量高速发电电动机在飞逸工况下的离心力远大于常规巨型水电机组之值，因此在转子结构及材料选择中应予以高度重视。图2显示，T抽蓄电站发电电动机的离心力水平在可控范围内。

2.3 推力轴承制造难度比较

推力轴承制造难度可以推力负荷与额定转速的乘积来表征。典型大容量、高转速空冷发电电动机推力轴承制造难度比较见表3。表2从P、V值角度表征推力轴承参数。

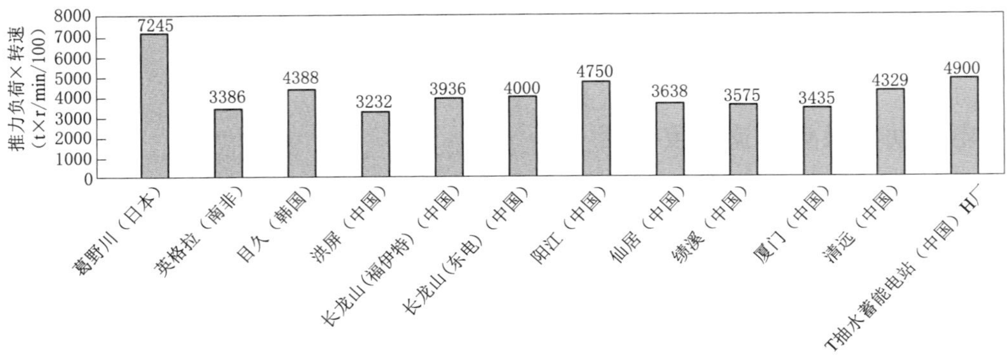

图3　典型大容量、高转速空冷发电电动机推力轴承制造难度图

表2　典型大容量高速发电电动机推力负荷及 *P*、*V* 值

序号	电站名称	额定容量/功率 /(MVA/MW)	机组型式	额定转速 /(r/min)	推力负荷 /kN	比压 P /MPa	平均速度 V /(m/s)	PV 值 /[(MPa·m)/s]
1	葛野川（日本）	475/403.75	半伞	500	14200	3.9	52.4	204.4
2	英格拉（南非）	373/336	半伞	428.6	7742	2.95	46.5	137.2
3	目久（韩国）	343/308.7	半伞	450	9555	3.0	44.9	134.7
4	广蓄Ⅰ（中国）	333/300	半伞	500	5890	3.1	55.24	171.2
5	广蓄Ⅱ（中国）	334/300	悬式	500	7360	3.58	43.1	154.2
6	天荒坪（中国）	333/300	悬式	500	5890	4.245	30.5	129.6
7	敦化（中国）D厂	389/350	悬式	500	7835	2.89	43.85	126.73
8	长龙山（福伊特）（中国）	389/350	悬式	600	6429	2.52	53.41	134.6
9	长龙山（东电）（中国）	389/350	悬式	500	7840	2.76	43.85	121
10	阳江（中国）	444.4/400	悬式	500	9310	2.76	46.34	128
11	厦门（中国）	389/350	半伞	428.6	7854	2.54	45.22	115
12	清远（中国）	355.6/320	半伞	428.6	9898	3.9	49.5	193.1
13	西龙池（中国）	333/300	半伞	500	9261	4.1	44.77	183.6
14	T抽水蓄能电站（中国）H厂	472/425	悬式	500	9604	2.85	46.34	132.1

从图3及表2可知，T抽水蓄能电站的发电电动机之推力轴承具有一定的设计制造难度，但在可控的经验范围内，设计中还应特别关注大容量高转速悬式机组的推力轴承设计及对定子设计的影响等。

2.4　通风制造难度比较

抽水蓄能机组一般转速高、体积小，起停及工况频繁转换，同时还需具备正、反转的能力，这给电机通风系统的设计带来一定的困难。

典型大容量发电电动机定子内圆表面单位损耗值统计见表3。

表3　典型大容量发电电动机定子内圆表面单位损耗值统计表

序号	电站名称	额定容量 /MVA	额定功率 /MW	额定转速 /(r/min)	冷风带走的损耗 /kW	定子内圆表面单位损耗/(W/cm²)	通风方式	备注
1	广蓄Ⅰ	334	300	500	4084**	8.82	外加风机	最大功率326.7MW
2	宝泉	334	300	500	3332	7.7	磁轭风沟	

续表

序号	电站名称	额定容量/MVA	额定功率/MW	额定转速/(r/min)	冷风带走的损耗/kW	定子内圆表面单位损耗/(W/cm²)	通风方式	备注
3	大河内	350	318.5	360	4493 * *	9.17		最大功率359.45MW
4	奥清津Ⅱ	355	302	428.6	3772 *	6.67	外加风机	
5	敦化	389	350	500	3666	7.72/7.53	磁轭风沟	东电/哈电
6	长龙山	389	350	600	4645	7.61	外加风机	
7	今市	390	351	428.6	4387.5 *	8.02	外加风机	
8	奥多多良木Ⅱ	400	360	360	4500 *	8.2	磁轭风沟	
9	阳江	444	400	500	4174	7.77	磁轭风沟	
10	YECHEON	445	400	400	5000 *	8.74		
11	T抽水蓄能电站	472	425	500	4435	8.2	磁轭风沟	H厂按阳江折算
12	葛野川	475	403.75	500	5047 *	8.75	磁轭风沟	

注 “*”为假定值，按1.25%P_N计；“* *”为假定值，按1.25%P_{max}计。

由表3可知，T机组的定子内圆表面单位损耗估算为8.2（W/cm²），尚处于空冷机组制造能力范围内。

2.5 发电电动机电磁设计方案分析

电磁负荷决定了发电电动机的利用系数及运行参数和性能。电磁负荷的选取对电机设计具有至关重要的影响。作为电磁负荷的重要参数，槽电流、电负荷、热负荷等的合理选择尤为重要。大容量、高转速发电电动机槽电流、电负荷、热负荷等的比较见表4。

表4　大容量、高转速发电电动机槽电流、电负荷、热负荷等的比较

序号	电站名称	额定容量/MVA	额定转速/(r/min)	槽电流/A	电负荷/(A/cm)	热负荷/(A/mm² · A/cm)
1	广蓄Ⅰ	333	500	7128	882	2824
2	广蓄Ⅱ	334	500	5357	931	3510
3	西龙池	334	500	5346	766	2742
4	长龙山（东电）	389	500	6237	893.4	2350
5	长龙山（福伊特）	389	600	4991	810	3102
6	敦化（哈电）	389	500	6237	895	2497
7	阳江	444	500	6423	887	2497
8	厦门	389	428.6	6237	978	3090
9	T抽水蓄能电站（H厂）	472	500	6816	928	2501
10	葛野川	475	500	5079	696	
11	神流川	525	500	5613	769	

经表4可以看出，T抽水蓄能机组的槽电流、电负荷及热负荷均处于合理取值范围。

3 结语

综上分析比较，T抽水蓄能电站发电电动机组设计制造具有一定难度，但在现有技术及经验范围之内，设计制造是可行的。后续电机设计制造中应关注下列要点：

（1）飞逸时转子外圆巨大的离心力，转子结构设计及材料选择。

（2）长定子铁芯情况下的定子铁芯、转子磁极、磁轭等的压紧难度。

（3）定子内圆表面单位面积损耗很大，应研究通风设计，以最小风量达到最佳的冷却效果。

（4）为取得较好的电磁参数，额定电压可能提高至 20kV，关注定子绕组散热、热老化、电晕等问题。

（5）分析研究可逆式机组高速/重载推力轴承支撑结构、润滑参数、冷却方式。

（6）重载、交变推力荷载对悬式机组定子设计的影响。

（7）定、转子部件的疲劳问题。

（8）大容量、高速机组的振动问题。

（9）其他相关问题，如大容量机组电站的系统可调性问题等。

参考文献

［1］ 国网新源控股有限公司. 抽水蓄能机组及其辅助设备技术　发电电动机［M］. 北京：中国电力出版社，2019.

［2］ 赵政. 抽水蓄能电站发电电动机国产化［J］. 大电机技术，2010（1）：5-9，18.

［3］ 赵政. 发电电动机的安全稳定运行［J］. 大电机技术，2011（3）：13-16.

抽水蓄能电站相序切换及其相关问题探讨

方军民 游光华 万正喜 朱中山
（国网新源华东天荒坪抽水蓄能有限责任公司，浙江省安吉县 313302）

【摘 要】抽水蓄能电站机组为一机双向运行的发电电动机，其相序切换涉及多个设备多个专业，设计与应用的可靠程度直接关系设备运行的安全性与可靠性。本文对抽水蓄能机组电气一次回路和电气二次回路相序切换设计与实施及其相关的保护控制系统对相序切换的实施解决方案展开探讨。

【关键词】抽水蓄能 相序切换 闭锁 控制 保护

1 引言

抽水蓄能机组为一机双向运行的发电电动机，既要作为发电机工况运行，又要作为电动机工况运行。两个工况下机组的转向是相反的，即发电机工况和电动机工况的机端电压相序是相反的。为此，机组出口主母线需设置相序切换点，以满足不同工况运行时与电力系统相序一致的要求。如果配置有背靠背启动方式，每台机的启动母线上还需设置相应的相序切换点。

抽水蓄能电站不仅要求一次相序切换设备本身的操作要可靠，对于与其相关的保护与控制系统设备的设计与监视控制也要非常合理完善，才能避免因设备误动或拒动而产生异常跳闸或设备损坏事故。

2 一次回路相序切换

根据现已投产二十多年的数个大型抽水蓄能电站的运行经验，考虑到静止变频装置（简称 SFC）启动方式的可靠性非常高，一个电站如果配置 2 套 SFC 已能完全满足全站多台机组抽水方向启动的需要，为此再考虑将背靠背启动作为机组抽水方向启动的备用启动方式的必要性不强。如某大型抽水蓄能电站总装机 6 台 300MW，机组额定转速 500r/min，配置 2 套 SFC，单台 SFC 容量为 22MW，投运至今 21 年来，因两台 SFC 同时故障、检修或改造等原因而停运后，用背靠背方式作为机组抽水方向启动的次数为零。而且，相对 SFC 启动方式来说，背靠背启动方式涉及的联闭锁回路更多、逻辑更复杂。如增加背靠背启动功能，不仅至少增加数台拖动闸刀及其控制电缆等电气设备投资，还增加了大量的电气二次控制保护接线、软件处理、维护与试验等工程量。为此，现阶段的典型设计是，如果电站配置 2 套 SFC，则不再配置背靠背启动功能。在电站仅配置 1 套 SFC 时，才配置背靠背启动功能。

下面对抽水蓄能电站不配置背靠背启动功能和配置背靠背启动功能两种设计进行案例对比，说明一次相序切换点的设置。

不配置背靠背启动功能的抽水蓄能电站，每台发电机出口主母线上，发电机出口开关（简称 GCB）和升压主变压器（简称主变）之间设置一次回路换相点。

不仅在每台发电机出口主母线上，GCB 和主变之间设置一次回路换相点（通常由五极换相闸刀实现相序切换），还需在抽水方向工况启动母线上，每台 GCB 靠机端侧设置第二个一次回路换相点，通常由被拖动闸刀实现相序切换。

2.1 SFC 输出回路相序切换

SFC 作为抽水蓄能机组抽水方向启动的驱动设备，通常由可控硅整流器和逆变器组合成一套换流器组，以实现机组启动所需电源从工频交流一直流一变频交流（0～52.5Hz）变换的要求。其中，可控硅逆变器作为 SFC 换流器直流一变频交流转换环节经启动母线设备与发电机定子三相连接，其输出电流可以是 ABC 和 CBA 两个可选的相序。为此，不论启动母线至发电机机端的连接回路设置换相点与否，只要正确设置与之对应的 SFC 输出电流相序即可实现抽蓄机组抽水方向转动的启动要求。

虽然 SFC 能随机配置其输出电流的相序，但一套 SFC 与多台机组的配合，仍要求每台机被拖动母线与公用启动母线回路至 SFC 输出回路的连接必须是唯一固定的，为此 SFC 输出电流的相序也即固定不变的。

SFC 逆变器至发电机机端（含两者间的 SFC 输出回路和启动母线上相关设备）连接回路上的设备较多、布置复杂、间隔距离长，设备安装过程中较易造成相别连接错误。为此，在 SFC 首次启动机组转动前，应通过 SFC 至发电机定子间的一次通流试验验证该回路的三相连接相序是否正确，否则将在 SFC 启机时致使机组反转。

2.2 换相闸刀的操作控制

抽水蓄能电站单台机组容量普遍较大，发电机出口主母线的额定负荷电流通常达到 1 万 A 甚至更大。考虑大容量闸刀设备的制造成本，作为发电机出口主母线回路的大电流通流设备，换相闸刀通常由 5 个单相闸刀组合而成，而不是两组独立的三相闸刀组成。换相方式通常为 A－C/C－A 两相换相，B 相为公共相。布置在发电机出口与主变低压侧之间的换相闸刀两侧分别与主变和 GCB 相连接，任意一对换相极同时误合闸，均将导致主变低压侧相间短路而造成设备损坏事故（如 A 相和 C－A 相同时合闸即 A/C 相短路，C 相和 A－C 相同时合闸也一样）。为此，换相闸刀各相之间的合闸联锁显得尤为重要。

换相闸刀发电方向 ABC 相序合闸与抽水方向 CBA 相序合闸之间的互锁，以及合闸与分闸之间的互锁典型设计，如图 1 所示。本设计案例的显著优点是，通过双稳态状态自保持继电器 K1（其功能逻辑相当于 RS 双稳态触发器）的应用，使得换相闸刀合闸时只能选中 ABC 相序或 CBA 相序其中的一个相序，完全从逻辑关系出发在硬件回路上实现可靠的联锁，杜绝发生换相闸刀异常合闸的短路事故。

3 二次回路相序切换

3.1 同期装置电压回路相序切换控制

抽水蓄能机组 GCB 的同期操作包含发电方向和抽水方向两个电压相序下的调控，故 GCB 两侧电压回路必须选择其中一侧进行换相，换相点可以选择在机端侧也可以选择在主变侧，两者没有根本的区别。但相序切换的相别选择（AB/BC/CA）应与一次回路换相相别保持一致，否则，如果相别选择错误，一二次相量存在＋/－120°相位差，将导致机组非同期并网。

需要特别说明的是，假同期试验时，录波器的两组电压采样信号均应接在电压信号源端。否则，如果接线位置选择不合理的话，会影响试验的完整性与正确性。

假设假同期试验录波器接线中机组电压和系统电压测量点选在同期电压选择与换相继电器之后的情况，录波器电压信号无法真实反映电压互感器二次侧电压源端的相位与幅值，该试验方法无法检测出电压选择或换相继电器接线错误而导致的相序或相位错误，也无法反映出电压选择或换相继电器接点压降偏大时对试验数据造成的误差影响等异常情况。尤其在发生前一种异常情况下，如果假同期试验不能有效的验证，在真同期时开关并网合闸时刻将导致机组非同期并网，从而造成严重的设备损坏事故。

3.2 发变组保护装置电流/电压采样信号相序切换控制

抽水蓄能电站发电机与升压主变压器的继电保护装置配置尤其要关注相序切换问题。其中，主变保护装置涉及相序切换的主要是主变差动保护主变机组出口侧电流相序。机组保护装置涉及相序切换的主要是差动、负序过负荷、复合电压过流、失磁、失步、发电逆功率、抽水低功率、电制动电流不平衡（低频负序过流）、电压相序监视等与电流相序或电压相序或两者均有关的保护。保护装置相序切换的方法根据保护功能配置方式的不同，有的是在 CT、PT 测量环节统一完成换相，有的是在装置内各个保护逻辑配置程序里单独完成换相。不论哪一种配置设计，换相触发条件通常要求以发电机出口换相闸刀两个方向的合位信号通过逻辑处理后实现。

首先应注意的是，与上述同期装置相序切换一样，保护装置相序切换的相别选择（AB/BC/CA）应与一次回路换相相别保持一致，否则，如果相别选择错误，一二次相量存在＋/－120°相位差，将导致保

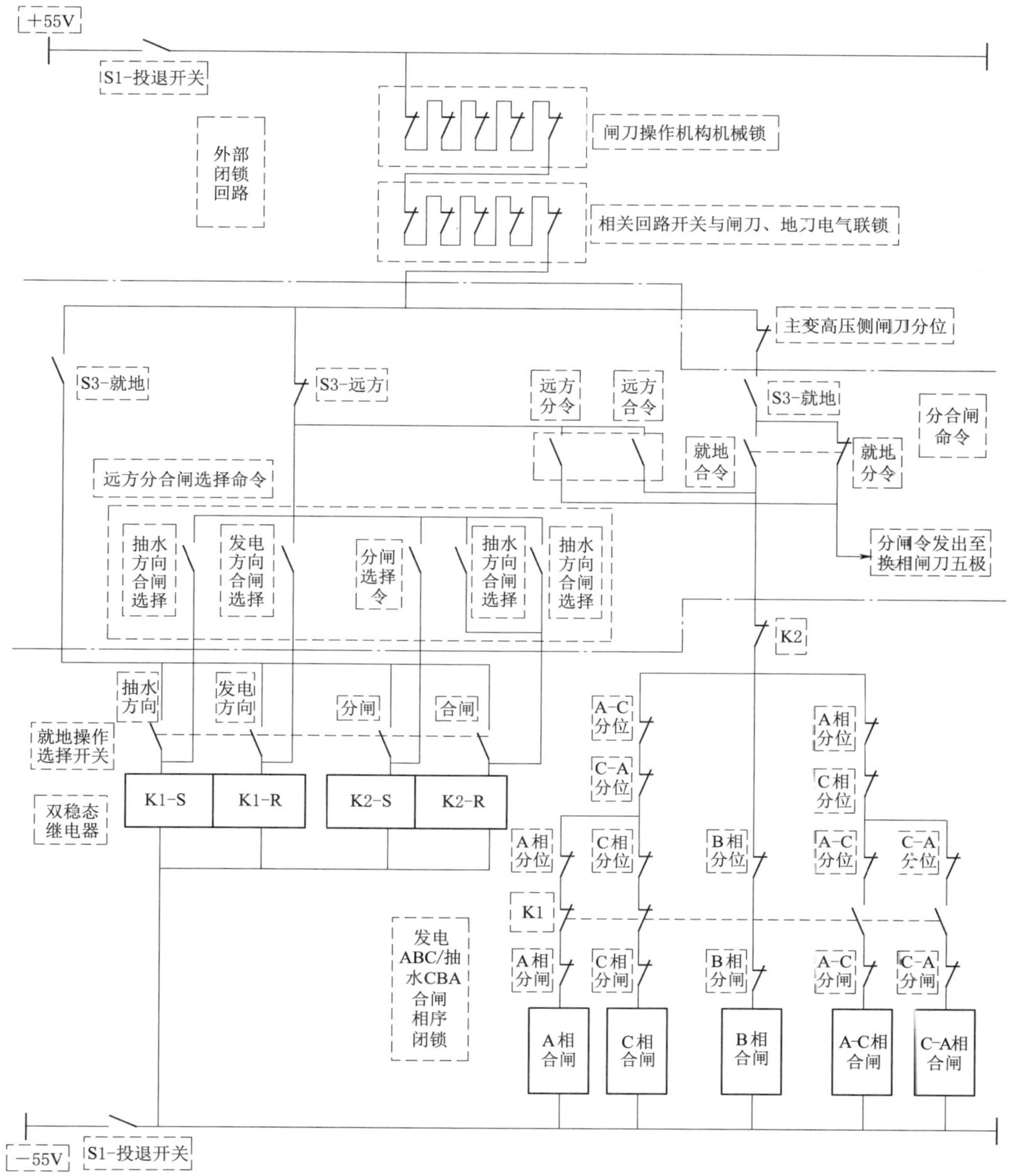

图 1　换相闸刀分合闸联锁典型回路图

护误动。

其次，为了确保换相的可靠性与正确性，防止单一开入信号错误导致保护误动或拒动，作为换相触发条件的换相闸刀发电方向合位和换相闸刀抽水方向合位信号，在保护装置配置程序内均应再取换相闸刀分位信号与其进行逻辑组合处理。下面以换相闸刀发电合位信号为例，列举 3 种不同处理方法进行逻辑分析。如图 2 所示，(a) 为单一信号直通型逻辑，存在误动或拒动的可能，应杜绝使用；(b) 为双信号防误型逻辑，能更可靠地防止单信号点异常导致保护装置误判，需要开入信号连续存在，能全程真实反映信号源状态，但存在信号异常拒动的风险；(c) 为双信号互锁记忆型逻辑，用 RS 触发器进行逻辑处理，不需要开入信号连续存在，能记忆并锁存最近一次信号切换状态，几乎不存在信号误动或拒动风险，是较为理想的一种处理方法。如换相闸刀发电位和换相闸刀非分位时输出换相闸刀发电位信号并保持，在换相闸刀非发电位和换相闸刀分位时复归换相闸刀发电位信号并保持。同理，此方法也完全适用于保护装置闭锁与允许信号逻辑处理。

另外，考虑到机组停机电制动过程中，换相闸刀通常处于分位，为了确保电制动电流不平衡（低频

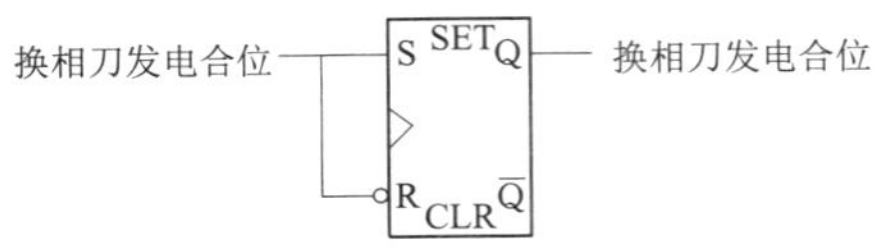

(a) 单一信号直通型逻辑

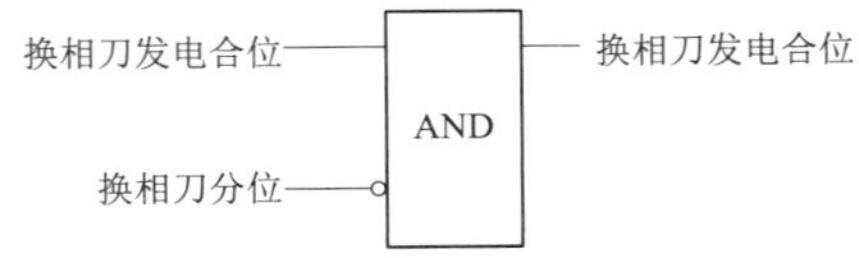

(b) 双信号防误型逻辑

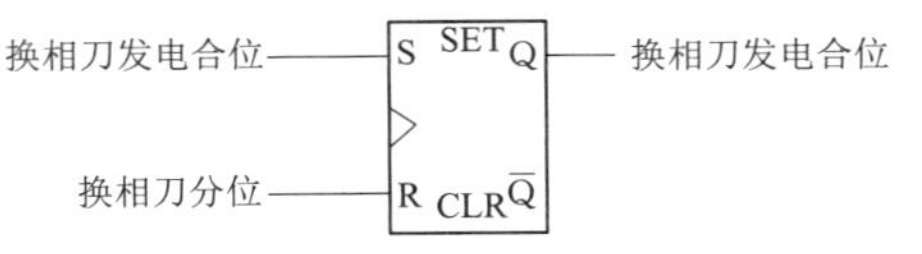

(c) 双信号互锁记忆型逻辑

图 2　发变组保护开入信号处理典型逻辑图

负序过流）保护的正确换相，要求换相触发信号逻辑处理时实现机组转向记忆功能，其典型逻辑处理案例如图 3（a）所示。并应实现在保护装置开入环节同时收到换相闸刀两个方向的合位信号时输出异常报警功能，其典型逻辑处理案例如图 3（b）所示。

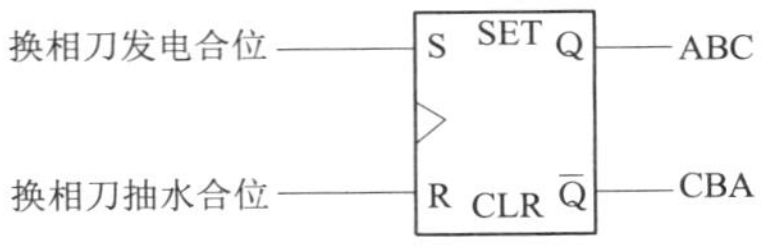

(a) 换相触发信号典型逻辑

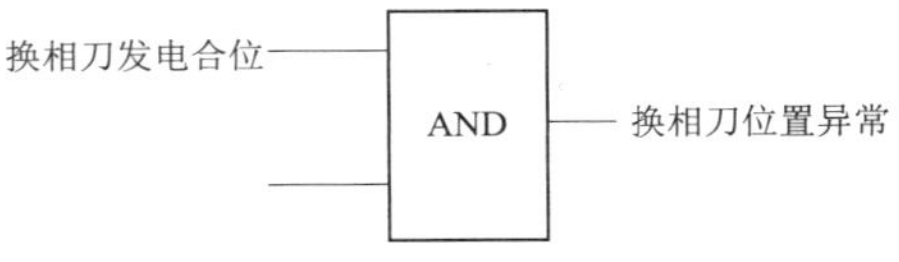

(b) 换相闸刀信号异常报警典型逻辑

图 3　发变组保护换相信号处理典型逻辑图

4　结语

抽水蓄能机组日常且频繁地在发电工况和抽水工况来回切换运行，发电电动机出口一次相序正向和反向频繁切换，为此应采取可靠的措施保证换相闸刀、SFC、同期装置和发变组保护装置等相关换相执行与控制保护设备可靠动作，以防止设备短路、机组非同期并网、机组启动失败、保护装置误动或拒动等电力系统事故或故障。本文提及的相关设计思路与应用案例不一定是最优的，但却是从多个大型抽水蓄能电站的长期运行经验与不断技术改进过程中总结提炼出来的，相信对相关专业人员会有一定的借鉴与帮助。

参考文献

[1]　李浩良，孙华平．抽水蓄能电站运行与管理［M］．杭州：浙江大学出版社，2013．

某大型抽水蓄能电站板式冷却器的使用与维护

卢　彬　李永杰　李　勇　黄　嘉　高艳娜
（河北张河湾蓄能发电有限责任公司，河北省石家庄市　050300）

【摘　要】本文介绍了某大型抽水蓄能电站板式冷却器的使用与维护概况，从设备原理及结构入手，介绍板式冷却器的优缺点，详细讲解了板式冷却器的维护拆卸过程和回装步骤以及在密封回装时的注意事项。板式冷却器为大修维护标准项目，该总结为各类板式冷却器在以后的运行和维护管理方面提供了实际借鉴。

【关键词】板式冷却器　回装　维护

1　引言

张河湾抽水蓄能电站是一座日调节纯抽水蓄能电站，共安装 4 台立轴单级混流可逆式水泵水轮机组，机组单机容量 250MW，总装机容量为 1000MW。以 1 回 500kV 线路接入河北南部电网，承担系统调峰、填谷、调频、调相及事故备用等任务。我厂发电电动机生产厂家为日本富士，型号为 GDH7057S－09。发电电动机为立轴、半伞式、三相、50Hz、空冷、可逆式、同步发电电动机。发电电动机有发电（G）、抽水（P）、发电调相（GC）、抽水调相（PC）、停机（SS）5 种稳定工况，另外还设有拖动（BTB）、黑启动（BS）、线路充电（LC）等特殊工况。机组发电方向（发电、发电调相、线路充电工况）运行时，机组旋转方向为顺时针，机组抽水方向（抽水、抽水调相工况）运行时，旋转方向为逆时针。

2　设备简介

张河湾电厂发电机上导轴承、下导及推力轴承冷却器均采用日本日阪制作所板式冷却器，其中上导冷却器 1 台，型号为 LX－096B－KNUJ－39，下导及推力冷却器 2 台，型号为 UX－396E－YNUP－157，如图 1 和图 2 所示。

图 1　下导及推力冷却器

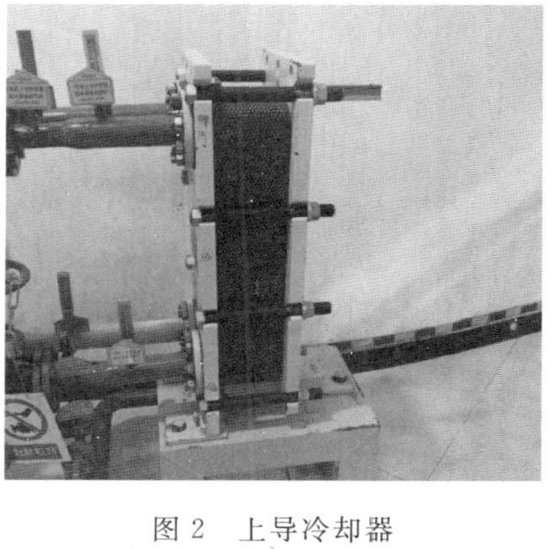

图 2　上导冷却器

板式换热器是一种通过将冲压加工形成波形的金属板叠合形成流路，使不同温度流体在此交互流动，介以导热板使得两种不同温度流体进行热交换的机器。其主要作用是进行热交换，通过强迫油循环水冷却轴瓦运行过程中产生的热量，使轴瓦运行在规定的温度范围内。

3　下导及推力冷却器优缺点

现针对下导及推力冷却器做具体介绍。张河湾公司下导及推力轴承采用一个油盆，其油量为 7500L，采用自身泵外循环冷却，配置两台下导及推力冷却器，下导及推力冷却器采用日版制作所板式冷却器，型号为UX-396B-YNUP-157，单台冷却面积为75.95m²，如图3所示。其具有传热系数高、压降小、结构紧凑、质量轻、占用空间小、面积和流程组合方便、零件通用性强、不易串液、油混水风险低等特点。其优点如下：

(1) 传热系数高，由于不同的波纹板相互倒置，构成复杂的流道，使流体在波纹板间流道内呈旋转三维流动，能在较低的雷诺数（一般$Re=50\sim200$）下产生紊流，所以传热系数高，一般认为是管壳式的3～5倍。

(2) 对数平均温差大，末端温差小在管壳式换热器中，两种流体分别在管程和壳程内流动，总体上是错流流动，对数平均温差修正系数小，而板式换热器多是并流或逆流流动方式，其修正系数也通常在0.95左右，此外，冷、热流体在板式换热器内的流动平行于换热面、无旁流，因此使得板式换热器的末端温差小，对水换热可低于1℃，而管壳式换热器一般为5℃。

(3) 占地面积小，板式换热器结构紧凑，单位体积内的换热面积为管壳式的2～5倍，也不像管壳式那样要预留抽出管束的检修场所，因此实现同样的换热量，板式换热器占地面积约为管壳式换热器的1/5～1/8。下导及推力冷却器铭牌如图4所示，冷却面积为75.95m²。

(4) 容易改变换热面积或流程组合，只要增加或减少几张板，即可达到增加或减少换热面积的目的；改变板片排列或更换几张板片，即可达到所要求的流程组合，适应新的换热工况，而管壳式换热器的传热面积几乎不可能增加。张河湾公司上导冷却器一开始选用29片换热板，在机组长时间运行过程中存在冷却器容量不足，油温及瓦温均高于70℃现象，在2019年，张河湾公司通过增加10片换热板，有效降低了上导瓦温及油温，具有结构简单，易操作的特点。

(5) 不易串液，油混水风险低，板式换热器密封槽设置泄液液道，油水介质不会串通，即使出现泄露，介质总是向外排出。除非导热板严重腐蚀穿透，不存在油混水风险。冷却器泄液液道如图5所示。

(6) 维护量小，板式换热器在大修周期内可通过外观检查及换热量稳定时，不需拆解维护，大大减轻了设备维护量。

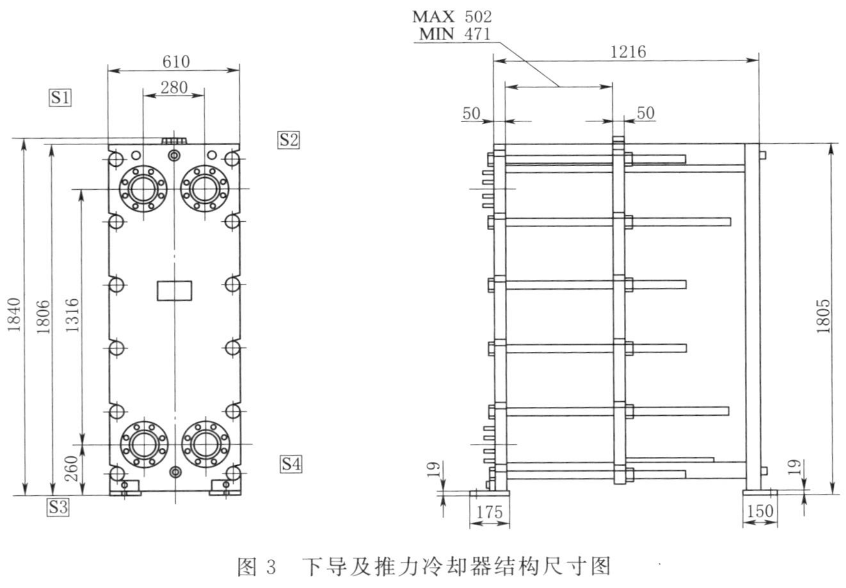

图3 下导及推力冷却器结构尺寸图

板式冷却器同样存在一定缺点，现总结如下：

(1) 易堵塞由于板片间通道很窄，一般只有2～5mm，当换热介质含有较大颗粒或纤维物质时，容易堵塞板间通道。在冷却器检修拆解检修过程中，张河湾公司发现其冷却通道存在杂物，同时过水侧有大量泥污附着，对冷却效果有一定影响。

(2) 工作压力不宜过大，介质温度不宜过高，有可能泄露。板式换热器采用密封垫密封，工作压力

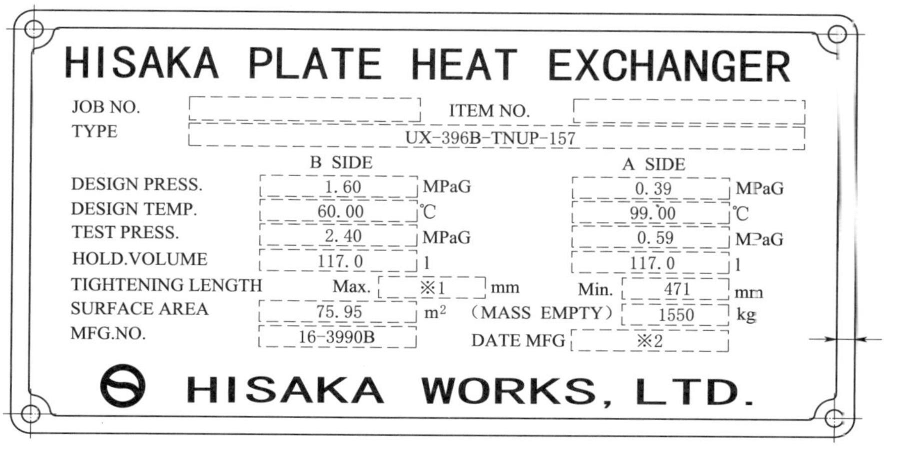

图 4　下导及推力冷却器铭牌

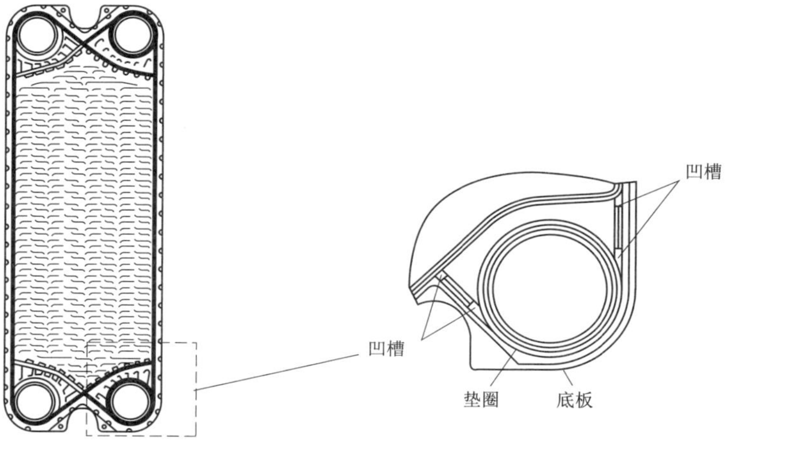

图 5　冷却器泄液液道

一般不宜超过 2.5MPa，介质温度应在低于 250℃以下，否则有可能泄露。

4　板式冷却器的拆解与回装步骤

（1）拆除冷却器管路连接和基础螺栓。

（2）在冷却器上方挂 3t 链条葫芦起吊冷却器，由于上方吊点偏离较大，同时设置横向链条葫芦控制吊起后移动方位。冷却器拆除如图 6 所示。

（3）将冷却器移动至吊物孔下方通过桥机和移动式起重拖车将其搬运至主变交通洞。

（4）拆除冷却器拉紧螺栓，在冷却片上编号，取下清洗即可。冷却器拉紧螺栓拆卸如图 7 所示。

（5）冷却片回装时按原位置回装，注意正反面。

（6）冷却器拉紧螺栓紧固时有顺序要求，按顺序压紧至指定行程即可。

（7）冷却器打压试验，过水面按照工作压力 0.8MPa 的 1.25 倍即 1MPa 打压无渗漏，过油面打压 0.2MPa 无渗漏。

（8）按照原方法回装冷却器即可。

其中需要注意的主要为：①冷却器的压紧行程在冷却器铭牌上有标注，拆解前需测量原有压紧量，回装时作为参考，若更换密封，则依据原有压紧量压紧，若未更换密封，则需要在原有压紧量的前提下再次压紧 2～3mm，但不得超过最小压紧量。②冷却器的拉紧螺栓拆解有专用棘轮扳手，拆解过程中应严格依据厂家说明书中的拆解顺序施工，防止造成冷却器紧固程度不一致，压紧板变形等情况。

图6　冷却器拆除中

图7　冷却器拉紧螺栓拆卸

5　板式冷却器的清扫检查

冷却器解体后，对其换热片进行检查，发现其过水侧集聚一层污泥，过油侧有少量杂质，无其他异常情况，随后开始对换热片的正式清洗，以下为具体施工步骤：

（1）将换热片逐片分离，并编号，用一字改锥逐片分离，注意不要损坏换热片。

（2）用高压水枪冲洗换热片，水源为地下厂房围岩渗水，散热片注意放置平整，冲洗后挂回原位置。过水侧污泥如图8所示，高压水枪冲洗换热片如图9所示。

（3）对换热片未冲洗掉杂质进行进一步清理，采用铜丝刷、百洁布、白布等清除表面顽固水垢，拆除密封条，对其密封面进行清扫。手工清除顽固水垢及锈蚀如图10所示。

（4）对换热片清扫情况进行验收，要求无水垢、无锈蚀、表面光洁。高压水枪清洗过后锈蚀及水垢情况如图11所示。

（5）若拆解清洗后未在第一时间回装，则需要对冷却片做好防护，防止冷却片表面氧化。

图8　过水侧污泥

图9　高压水枪冲洗换热片

图10　手工清除顽固水垢及锈蚀

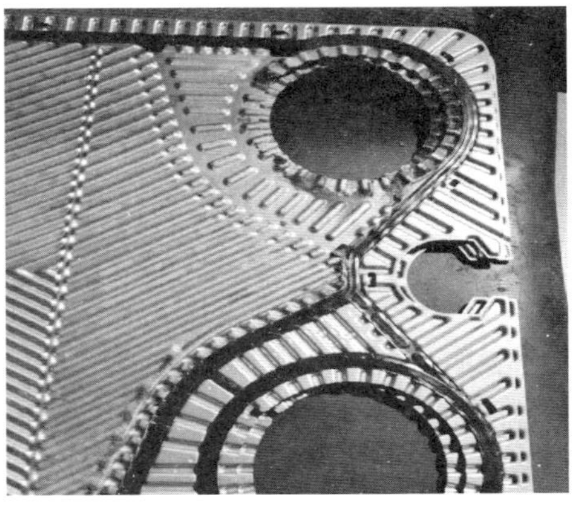

图11　高压水枪清洗过后锈蚀及水垢情况

清扫换热片采用了超声波清洗装置，超声波清洗需将换热片在高压水枪冲洗过后放入超声波清洗池，清洗后效果良好，满足清扫要求，下导冷却器单台换热片为157片，超声波清洗大大加快了换热片清扫进度，是普通人力的7～8倍，极大了方便了清扫作业。

6　冷却器密封的更换

上导冷却器密封为卡扣式紧固，安装时只需将密封卡进换热片专用卡槽即可。图12为换热片更换密封，下导及推力冷却器为胶水粘黏式，需要专用胶水将密封粘在密封槽内，此类型冷却器所用胶水为S－1型胶水，需从原厂家购买，此种胶水具有粘接紧固，固化后为软性材质，对密封及换热片无伤害。此次更换密封为张河湾公司初次更换大型板式冷却器密封，具有一定的参考意义。

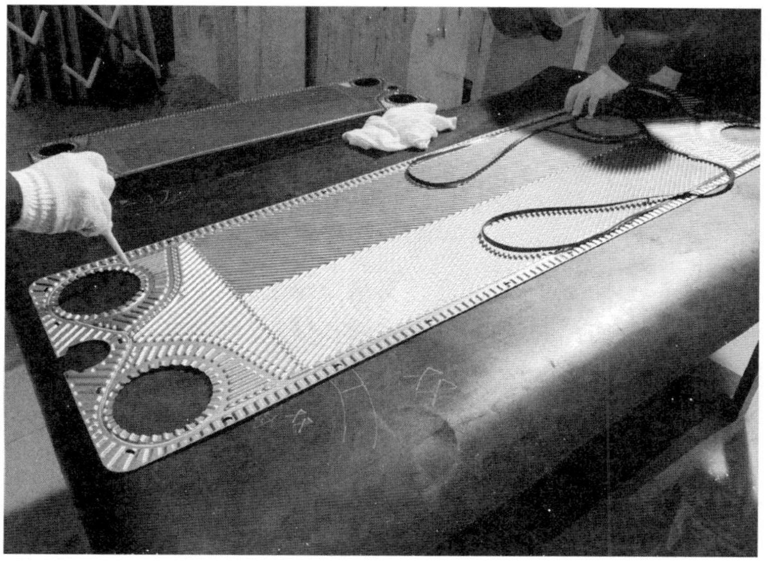

图12　换热片更换密封

7　结语

张河湾电站在板式冷却器检修工作中积累总结了丰富的实践经验，对兄弟电站同类型冷却器的维护、检修工作，有较强的借鉴意义和参考价值。此项工作不必过度依赖厂家的技术支持，既缩短了板式冷却器的维护周期、降低了维护成本、提高了维护质量，也锻炼了运维人员的技术水平。

参考文献

[1]　刘大恺. 水轮机（第三版）[M]. 北京：中国水利水电出版社，1997.

[2]　Q/GDW 1544—2015 抽水蓄能检修导则 [S].

[3]　梅祖彦. 抽水蓄能发电技术 [M]. 北京：机械工业出版社，1999.

500kV GIS PT 铁磁谐振过电压分析及控制措施

梁逸帆　危　伟　夏向龙　方军民
（国网新源华东天荒坪抽水蓄能有限责任公司，浙江省安吉县　313302）

【摘　要】 本文介绍了长龙山电站 500kV GIS 设备概况以及两次倒送电发生 PT 铁磁谐振的具体过程，根据仿真计算，简单分析了两次谐振发生的原因，提出了几个预防谐振的措施，并根据实际从中选取了最合适的方案。

【关键词】 母线 PT　铁磁谐振　过电压　控制措施

1　引言

长龙山电站装机规模 2100MW（6×350MW），以 500kV 一级电压，2 回出线接入 500kV 妙西变电站。水电站采用西安西电开关电气有限公司（简称“西开”）生产的 550kV SF_6封闭式组合电器（GIS）开关设备，其型号为 ZF8A－550/Y5000－63，是西开融合瑞士 ABB 以及日本三菱技术而开发的一种新型超高压、大容量 SF_6气体绝缘金属封闭开关设备。断路器型号为 LW13A－550/Y5000－63，采用卧式双断口结构，带并联均压电容，无分合闸电阻；电压互感器型号为 JDQX－500V，为常规电磁式。电站 GIS 设备从 2020 年 7 月开始安装调试，2020 年 11 月成功完成了耐压试验和局放试验，2020 年 12 月进行了 500kV 倒送电。

2　事件经过

2.1　第一次谐振

2020 年 12 月 19 日下午，电站正在进行 500kV 倒送电倒闸操作，如图 1 所示，龙妙 5P02 线 5052 开关、500kV 母联 5012 开关以及长妙 5P01 线 5051 开关均合上，500kV 双母线均带电运行，其中长妙线 5051 开关与Ⅰ母相连，50511 闸刀合闸，龙妙 5052 开关与Ⅱ母相连，50522 闸刀合闸。14：00，接到调度令，准备开始操作。14：05，中控室拉开龙妙线 5052 开关。14：08，中控室拉开 500kV 母联 5012 开关，监盘发现 500kVⅡ母 C 相相电压显示为 234kV 左右，A、B 两相感应电压正常（均为 30kV 左右），14：10，中控室拉开长妙线 5051 开关，现场检查 3 个开关机械指示、电气指示均显示三相在拉开位置，监盘发现 500kVⅡ母 C 相电压依旧显示为 234kV 左右，A、B 两相感应电压正常。500kVⅠ母三相感应电压均正常，现场人员检查发现 500kVⅡ母 C 相 PT 的振动及声音较为明显，其余两相无振动。现场讨论初步判断为谐振，将相关情况向调度说明后申请合上 500kV 母联 5012 开关，监控显示Ⅱ母 C 相电压降至正

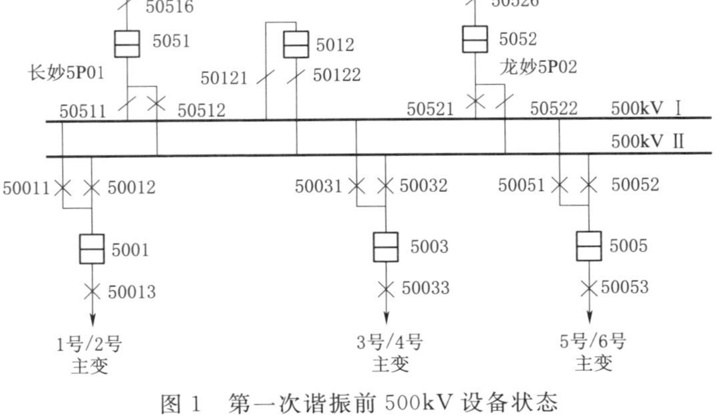

图 1　第一次谐振前 500kV 设备状态

常（30kV左右），Ⅰ母感应电压C相瞬时升高至91.65kV又恢复至30kV，其余两相均正常，进一步检查发现Ⅱ母C相PT的二次侧消谐装置空开处于分闸状态。

2.2 第二次谐振

2021年2月1日上午，电站进行500kV停电操作，初始情况如图1所示，操作前现场检查确认500kVⅠ母/Ⅱ母各PT的阻尼线圈两个空开均合上，PT振动、声音正常，500kV合环运行，母线及线路电压均正常。7：08，中控室拉开5051开关，7：10，中控室拉开5012开关，监盘发现500kVⅠ母C相电压显示为295kV左右，A、B两相感应电压正常（均为30kV左右），现场检查发现500kVⅠ母C相PT的振动及声音较为明显，且其二次侧消谐装置空开跳开。7：14，中控室拉开5052开关，监控显示500kVⅡ母三相感应电压均正常，监盘发现500kVⅠ母C相电压依旧显示为295kV左右，A、B两相感应电压正常，现场检查500kVⅠ母C相PT的振动及声音未减弱。7：15，现场操作人员合上500kVⅠ母C相PT二次侧消谐装置空开后，Ⅰ母C相电压恢复正常，现场PT振动及异音消失，谐振现象消除。

3 PT谐振原因及仿真计算

电力系统中存在着许多电感和电容元件，如电力变压器、互感器、发电机、消弧线圈、电抗器等均可视作电感元件。而线路导线对地及相间电容、补偿用的电容器组、高压设备的杂散电容均可作为电容元件。当系统进行操作或发生故障时，这些电感，电容元件可形成各种振荡回路。

3.1 PT谐振的仿真计算

依据长龙山500kV GIS变电站的具体电气结构和运行工况，西开厂家利用电磁暂态仿真软件，建立了500kV GIS变电站铁磁谐振的数值仿真计算模型。依据电网运行经验，系统中切空载母线操作时最易发生铁磁谐振，仿真分析了500kV GIS在系统中切空载母线操作时，暂态激发下可能出现的铁磁谐振，得出了如下结论：

（1）系统在双母线不分段运行方式时（母联断路器5012在合闸位置，全厂负荷通过长妙5P01线和龙妙5P02线两回出线送至妙西变电所），母联断路器5012进行分合闸操作时，未引起铁磁谐振。

（2）当系统Ⅰ母带Ⅱ母运行时，母联断路器5012分闸操作切除空载母线Ⅱ时，系统被激发出现频率为17Hz的分频铁磁谐振，即三分频谐振。振荡中出现的过电流，对VT绕组有严重威胁建议采用适当的措施进行抑制。

（3）当系统Ⅱ母带Ⅰ母运行时，母联断路器5012分闸操作切除空载母线Ⅰ时，系统被激发出现频率为17Hz的分频铁磁谐振，即三分频谐振。振荡中出现的过电流，对VT绕组有严重威胁建议采用适当的措施进行抑制。

3.2 PT谐振的原因分析

如图2故障录波图所示，在开关拉开后，500kVⅡ母A相和C相都产生了谐振现象，经过几个周期后，C相发展成了三分频谐振，而A相的谐振得到了有效抑制并恢复正常。出现上述现象的原因是：A相PT二次侧消谐电阻处于有效接入状态，而C相由于二次侧消谐装置空开跳开，消谐装置处于未接入状态。由此我们判断，厂家已经考虑到了谐振问题，并且从图2中A相以及图3中A相的波形可以看出，其采用的在二次侧并联消谐装置的措施是有效的。通过将两幅图中的A相与C相对比，再结合仿真计算的结果，我们得出结论：谐振发生的原因是5012断路器分闸时，母线PT由于操作过电压的影响下，铁芯饱和了，其电感迅速降低，与断路器端口的电容等非线性元件组成了LC振荡电路，产生了铁磁谐振，而谐振未能有效抑制的原因是PT二次侧的消谐装置未有效接入。

3.3 PT二次侧消谐装置空开跳开的原因分析

消谐装置原理电路图如图4所示，消谐装置是并联在电压互感器二次回路中具有饱和特性的铁芯电抗器，其工作原理为在额定频率下，消谐装置阻抗很高。但在低频电压时，因磁通增大而饱和，加上频率下降，阻抗降低，使得电抗器电路电流增大，可以迅速衰减震荡幅值，降低系统铁磁谐振时的过电压和过电流，从而破坏谐振条件。

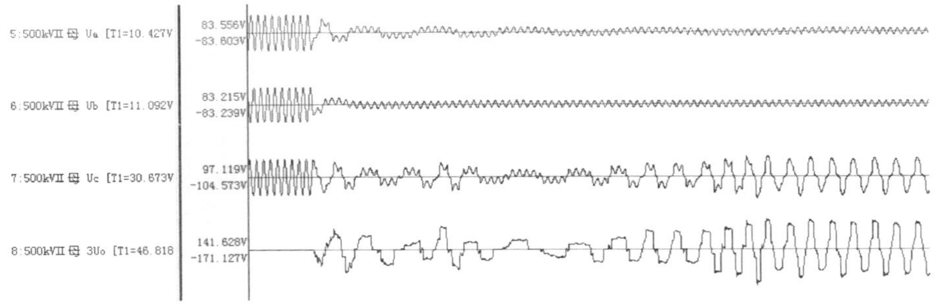

图 2 第一次谐振录波图

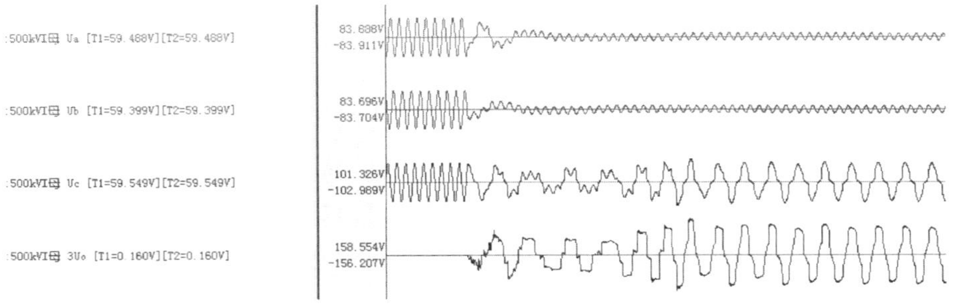

图 3 第二次谐振录波图

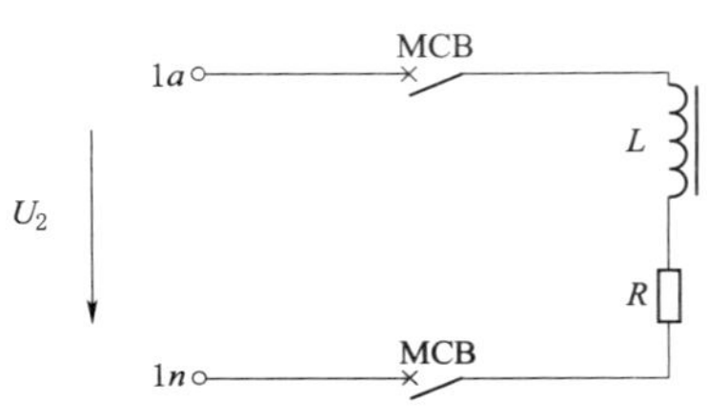

图 4 消谐装置原理电路图

空气断路器（MCB）可接通、承载、分断正常情况下的电流，也可在规定的非正常情况下，为线路提供过载和短路保护，以确保操作的安全可靠。在消谐装置中，MCB 主要用于实现电抗器线圈的接入与断开，即在 PT 检修、试验时通过 MCB 可以方便断开消谐装置，试验完成后重新合闸即可。

PT 消谐装置 MCB 开关意外跳开可能有以下原因：

（1）MCB 开关过流保护。在第一次谐振发生后，厂家派出技术人员对Ⅱ母 C 相的消谐装置进行了测试，结果显示其并未发生短路，且电阻与出厂值相符。在 2 月 1 日第二次谐振发生时，合上 MCB 开关后谐振消失。如果出现谐振过电流情况，则 MCB 无法合闸，说明 MCB 在谐振期间无过电流。

（2）MCB 开关机械故障。第一次谐振发生后，检查发现Ⅱ母 C 相二次侧的两个空开全都跳开，该 MCB 开关为 ABB 公司成熟产品，ABB 厂家判断两个同时出现机械故障且发生在一相产品上的概率非常低。

（3）MCB 开关受外力引起的分闸。据 ABB 厂家介绍，该类开关脱扣器脱扣型式采用热磁式，无减震措施，且本电站内母联断路器 5012 与母线 PT 位置接近，存在 MCB 开关受断路器操作时的振动影响而分闸的可能性。

4 解决方案

（1）增强 MCB 开关抗震动能力。在 MCB 安装导轨支座处增加缓冲垫，增强 MCB 开关抗振动能力，同时将 MCB 开关由 C 类更换为 D 类（且容量增大），增强 MCB 开关耐受冲击电流能力。该方案较为容易实现，但 MCB 开关抗振动能力未经现场验证，仍有意外分闸风险，故不予采用。

（2）取消 MCB 开关，采取直接连接方式。消谐装置配置的 MCB 开关，是为了方便现场检修、试验时分开 PT 本体与消谐装置的连接而设置的，取消 MCB 开关，采用拆接线的方式亦可实现，因此可以取消 MCB 开关，改为采取滑块式桥接端子连接方式。该方案可以保证消谐装置的可靠接入。

（3）更换母线 PT。更换新的 PT，选用励磁特性更好、PT 的铁芯更加不容易饱的电压互感器。该方案工程量较大，需要厂家重新进行设计计算，制作新的电压互感器。

PT抗饱和能力与准确度的矛盾性：在厂家设计新的PT时，通常会遇到PT抗饱和能力与其准确度的矛盾性问题，根据通过PT铁芯的磁通密度计算公式：$B=\frac{E}{4.44fN_1S}$（E为一次侧感应电动势；f为频率；N_1为一次绕组匝数；S为铁芯截面积），在f、E、S不变的情况下，一次绕组匝数N_1与磁通密度B成反比，即匝数越多，磁通密度越小，PT越不容易饱和，折算到二次侧时理论与实际的电压差越大，PT的准确度越低。因此，在重新设计时，若想提高PT的抗饱和能力，必须要适当地降低对精度的要求。

经过多方的研究讨论，结合电站仍处于建设期，最终长龙山电站采用更换PT的方案，从根本上解决铁磁谐振的问题。

5 结语

谐振过电压是危害电网安全运行的隐形杀手，我们要充分认识它的危险性。本文从两次案例中，简单分析了消谐措施在实际运行中碰到的一个问题。在电站GIS系统设计阶段，一定要进行母线PT谐振的仿真计算，选用励磁特性好的PT，同时，在设计消谐方式时，要充分考虑实际运行中可能发生的情况，确保消谐措施在必要时能起到关键性作用。

参考文献

[1] 张太林，任文韬. 500kV GIS母线PT谐振原因分析及预防［J］. 电力安全技术，2017，19（10）：9-12.

[2] 戴宪滨. 电磁式电压互感器铁磁谐振及消谐方法的分析［J］. 电气开关，2010，48（1）：4-5，8.

河南天池抽水蓄能电站中压厂用电系统接地方式设计分析

曹永闯　秦连乐　徐志壮　赵　颖　宗怀远

（河南天池抽水蓄能有限公司，河南省南阳市　473000）

【摘　要】目前国内水电站中压厂用电系统通常采用中性点不接地方式，近年来已发生多起由单相接地故障发展为相间短路故障导致火灾的严重事故。本文结合近年国内水电站中压厂用电系统接地方式研究成果，通过对河南天池抽水蓄能电站中压厂用电系统可研阶段和招标设计阶段的接地方式对比分析，结合电站实际情况，最终确定采取高压厂用变压器低压侧中性点经低电阻接地的形式，确保电站的安全稳定运行。

【关键词】抽水蓄能电站　中压厂用电系统　接地方式　低电阻接地

1　引言

目前国内水电站中压厂用电系统通常采用中性点不接地的方式，但中性点不接地系统发生单相接地故障时非故障相需要承受过电压，对绝缘造成压力，且水电站中压系统电缆出线回路多、线路长，一旦电容电流过大，电弧难以自熄灭，导致系统出现更严重的弧光过电压，并可能诱发火灾，导致事故扩大[1-2]。

2　可研阶段设计方案

2.1　设计方案

电站可研阶段中压厂用电系统 10kV 母线共分为 3 段，母线之间通过断路器联络，其中Ⅰ、Ⅲ段母线电源引自 1 号、3 号主变低压侧，Ⅱ段母线从施工变电站的Ⅰ、Ⅱ段母线分别引 1 回外来电源。厂用高压变压器变比为 18/10.5kV，接线组别为 Y/△接线。正常情况下，由 2 台高压厂用变压器自 18kV 降至 10kV，供电站的全部厂用负荷；外来 2 回 10kV 备用电源接入Ⅱ段母线，作为备用工作母线。当全厂厂用电源失去时，通过外来电源供电，确保厂用电供电。

根据 GB/T 50064—2014《交流电气装置的过电压保护和绝缘配合设计规范》要求，不直接连接发电机、由电缆线路构成的 6～20kV 系统，当单相接地故障电容电流不大于 10A 时，可采用中性点不接地方式[3]。根据 NB/T 35067—2015《水力发电厂过电压保护和绝缘配合设计技术导则》要求，3～20kV 不直接连接发电机的系统和 35kV、66kV 系统中性点宜采用不接地方式[4]。参照上述标准设计，可研阶段设计方案为中压系统中性点不接地方式。

2.2　母线电容电流计算

本电站中压厂用电系统接线简洁，3 段母线均布置于地下厂房主变洞内，但中压系统除上库供电回路有部分架空线外，全部进线、馈线回路均由电缆构成，且电缆辐射范围广，涵盖电站上水库、下水库、施工变电站、业主营地等多个区域，电容电流不易控制，初步估算 10kV 3 段母线电容电流见表 1。

由于电站地下厂房 10kV 开关柜布置位置距坝区各供电区域的距离较远，电缆长度超过 1km，为满足供电容量和电压降要求，电缆截面较大，导致 10kV 母线电容电流较大，其中 10kV Ⅰ段和Ⅲ段母线电容电流已超过 10A，超出单相故障情况下可带故障运行的安全电流范围，一旦发生单相故障，故障点电弧难以迅速自熄，电弧可能导致设备损坏和事故扩大，这种情况下中压系统不接地已失去了其带故障运行的意义[5-6]。

表 1 10kV 3 段母线电容电流估算汇总表

母线段	回路名称	回路容量/kVA	回路电流/A	电缆规格/mm^2	电缆长度/m	回路电容电流值/A	母线电容电流值/A
Ⅰ段	仓储区箱变	315	17.3	3×35	2100	2.54	18.75
	1 号照明变	500	27.5	3×25	165	0.19	
	1 号下库进出水口变	800	44.0	3×70	2380	2.88	
	1 号开关站变	500	27.5	3×25	880	1.19	
	1 号下库溢洪道变	315	13.7	3×50	3550	6.10	
	营地Ⅰ段	3000	164.9	3×70	2750	4.72	
	1 号厂高变	8000	439.9	3×120（两根）	196	0.48	
	1 号机组自用变	800	44.0	3×25	134	0.16	
	1 号公用变	2500	137.5	3×70	175	0.27	
	3 号机组自用变	800	44.0	3×25	180	0.22	
Ⅱ段	外来电源	1000	54.5	3×185	2440	6.00	6.15
	保安变	800	44.0	3×25	130	0.15	
Ⅲ段	2 号照明变	500	27.5	3×25	160	0.19	16.76
	2 号下库进出水口变	800	44.0	3×25	1700	2.05	
	2 号开关站变	500	27.5	3×25	870	1.17	
	营地Ⅱ段	3000	164.9	3×70	2740	4.71	
	2 号上库配电盘	630	124.3	3×70	2550	4.38	
	2 号厂高变	8000	439.9	3×120（两根）	290	0.71	
	2 号机组自用变	800	44.0	3×25	154	0.19	
	2 号公用变	2500	137.5	3×70	170	0.26	
	4 号机组自用变	800	44.0	3×25	202	0.24	
	检修配电变	800	44.0	3×25	160	0.19	
	下库区照明变	100	5.5	3×35	1980	2.67	

注 1. 上库充水泵在机组流道检修时运行，运行次数非常少，故不计入其电容电流。
2. 10kVⅡ段的两回外来电源不会同时运行，故电容电流只计 1 回。

3 招标阶段优化设计方案

3.1 设计方案

根据 Q/GDW 46 10023—2018《水电站厂用电系统接地方式技术导则（试行）》的指导意见，当单相接地故障电容电流大于 7A 时，应采用中性点经低电阻接地方式，保护动作于跳闸。结合天池抽水蓄能电站厂用电系统设计情况，对现有中压厂用电系统进行优化，在地下 10kV 系统设置小电阻接地装置，中压厂用电系统以大电流接地方式运行。现提出优化方案如下：

方案一：采用主变中性点经低电阻接地方式。即将高压厂用变压器的接线组别采用△-Y 接线，高压厂用变压器低压（10kV）侧中性点经低电阻接地。该方案需在 2 台高压厂用变压器低压（10kV）侧各增加 1 台低电阻柜。

方案二：采用 10kV 母线增设接地变及接地电阻方式。该方案不改变高压厂用变压器的连接组别，在 10kV 厂用电系统母线上增设曲折型联结接地变压器以引出中性点接入电阻器。该方案需在Ⅰ、Ⅲ段 10kV 母线上各增加 1 面 10kV 高压开关柜作为接地变。

3.2 技术经济比较

上述各方案技术经济比较汇总详见表 2。

表2　中压厂用电接地方式优化方案技术经济比较表

方案	方案一	方案二	可研阶段中压厂用电系统方案
接地方式	低电阻接地		不接地
方案优点	①避免了电弧的重燃—熄灭—重燃的振荡过程，从而限制了过电压的升高，将过电压限制在一个较低的水平（在运行相电压的2.8倍以下），可以改善设备运行条件； ②可以获得快速选择性继电保护所需的足够电流，采用接地保护继电器能快速灵敏动作，及时切除故障线路，避免事故进一步扩大，且继电保护简单		①发生单相接地故障时，不形成短路回路，接地电容电流小； ②当单相接地故障电流较小时，故障点电弧可以迅速自熄，熄弧后绝缘可自行恢复，自动地清除单相接地故障，可以带故障运行一段时间，为故障的排除提供了时间，供电可靠性较高； ③单相接地电流小，对临近通信线路干扰也小
方案缺点	①当发生单相接地故障时，无论是永久性的还是非永久性的，均作用于跳闸，线路的跳闸次数增加，影响了厂用设备的供电可靠性； ②由于接地点的电流较大，当零序保护动作不及时或拒动时，将使接地点及附近的绝缘受到更大的危害，导致相间故障发生； ③当电缆发生单相接地时，接地故障电流较大，对通信电子设备干扰相对大		①当电容电流不大时，接地电弧可以自熄灭，发生单相接地故障时非故障相承受大约1.73倍过电压，仍会对系统的绝缘造成压力； ②当接地电容电流较大时，短路点电弧无法自熄灭，会出现间歇性电弧或持续电弧，容易诱发火灾，导致事故扩大，并会出现弧光过电压，过电压倍数最高可达3.5倍。设备绝缘水平薄弱的地方容易被击穿，发生相间短路甚至三相短路； ③存在保护选线困难，灵敏度不高等问题。当厂用电系统采用不接地方式，而相应的保护仅动作于信号，其安全性较低。容易发生单相接地故障未及时处置，进而发展成相间短路，导致火灾事故，造成重大经济损失
对电站设计的影响（技术比较）	①需增加2台电阻柜招标采购； ②地下厂房需增设2台电阻柜布置。设备外形尺寸较小，约为1.25m×1.2m×1.7m（长×宽×高），可布置于主变洞10kV高压开关柜室； ③高压厂变接线组别由Y-△接线变更为△-Y接线	①需增加2面10kV高压开关柜和2套成套接地柜设备的招标采购； ②地下厂房需增加2面10kV高压开关柜和2套成套接地柜布置。2面10kV高压开关柜可分别与原设计的Ⅰ、Ⅲ段10kV高压开关柜同列布置。成套接地柜外形尺寸较大，约为2.7m×1.5m×2m（长×宽×高），主变洞10kV开关柜室有布置空间，可以布置	
对电站设计的影响（经济比较）	①高压厂变接线组别变更：0万； ②接地电阻柜2套： 3×2=6万； ③二次设备：20万； ④总计：26万	①高压开关柜2面： 8×2=16万； ②成套接地柜2套： 10×2=20万； ③二次设备：20万； ④总计：56万	

4　结语

天池抽水蓄能电站厂用电系统设计中，其高压厂用变压器数量及容量均有备用，单台高压厂用变压器可以短时带全厂负荷运行，重要负荷的配电变压器也均有备用或者采用双电源供电。当发生故障时，可迅速切除故障，利用备自投实现电源的自动切换，因而厂用电系统没有带接地故障运行的必要性。

且天池电站电缆线路供电覆盖区域广，线路长度较长，一旦发生单相接地故障则绝缘难以自恢复，若仍带永久性单相接地故障继续运行，易引发相间故障，扩大事故范围，必须迅速切断电源。低电阻接地可以使接地故障的检测手段大为简单、可靠，准确快速切除故障，同时也可降低过电压水平，减小单相接地发展成相间短路的概率，防止事故扩大[7-8]。

而天池抽水蓄能电站目前为在建电站，厂用变压器、10kV 高压开关柜都尚未招标采购，中压厂用电接地方式改为经低电阻接地方式，从厂用电接线、场地布置和继电保护配置等各方面均具备变更条件，方案可行。其中方案一需增加投资较少，经济性较好。

综上所述，推荐方案一。即高压厂用变压器的接线组别采用△/Y 接线，高压厂用变压器低压（10kV）侧中性点经低电阻接地。正常情况下，每台厂高变分别带一段负荷独立运行，当其中一路厂高变电源消失时，则根据备用电源动作逻辑完成电源自动切换。相应的，在厂高变中性点及各 10kV 馈线回路配置合适变比的零序 CT，同时在厂高变及 10kV 馈线保护中设置零序电流保护，一旦发生接地故障，保护立即动作，跳开相关的断路器。

参考文献

[1] 王维俭. 电气主设备继电保护原理与应用（第二版）[M]. 北京：中国电力出版社，2002.

[2] 要焕年，曹梅月. 电力系统谐振接地 [M]. 北京：中国电力出版社，2000.

[3] GB/T 50064—2014 交流电气装置的过电压保护和绝缘配合设计规范 [S].

[4] NB/T 35067—2015 水力发电厂过电压保护和绝缘配合设计技术导则 [S].

[5] 刘雪峰，王志强. 对中压系统中性点接地方式的探讨 [J]. 电力设备，2007 (11)：59-61.

[6] 刘长武，刘书玉，张鑫，等. 大型抽水蓄能电站中压厂用电系统接地方式的抉择 [J]. 水电与抽水蓄能，2018，4 (3)：23-30.

[7] 张鑫，任刚，刘长武，等. 水电站中压厂用电系统接地方式研究 [J]. 水电站机电技术，2018，41 (8)：28-32.

[8] 弋东方. 中压电网中性点接地方式选择综述 [A]. 中国电机工程学会. 全国电网中性点接地方式与接地技术研讨会论文集 [C]. 中国电机工程学会：《电力设备》杂志社，2005：6.

长龙山抽水蓄能电站500kV GIS VFTO的计算与预防

潘益锋　万正喜　荆成明　钱中伟
（国网新源华东天荒坪抽水蓄能有限责任公司，浙江省安吉县　313302）

【摘　要】电站在500kV的例行操作中不可避免存在着快速暂态过电压VFTO，本文以天荒坪曾因VFTO出现的GIS避雷器计数器频繁动作所做措施以及长龙山电站为VFTO所作的有关试验作为切入点对VFTO产生机理作一简单介绍，并对长龙山电站后续操作提供一些建议。

【关键词】GIS　VFTO　仿真计算

1　VFTO简介

在GIS隔离闸刀及断路器例行操作中，会产生多种暂态现象，形成波头仅5～20μs，并叠加有高频振荡的过电压，这现象称为VFT，这种过电压称为VFTO（Very Fast Transient Over - voltage）。

GIS隔离闸刀的开、合，实质上是开、合一段短线或母线的电容电流，由于隔离闸刀触头的分离速度较慢，且灭弧性能差，在开、合过程中很容易产生重击穿或预击穿，每次击穿，产生一个高频过电压。这种快速暂态过电压频率极高，1～10MHz，波头3～20μs，幅值低于3p.u.。

VFTO产生的主要原因一是GIS管道的泄漏电阻接近无穷大，残余电压较高，而隔离闸刀运动速度太慢（7～10个周波）、电源电压与管道残余电压差值超过隔离闸刀断口间耐受电压时，电弧不断重燃和熄灭，重复几百次以上；二是被开断和合闸的GIS管道很短，行波的折反射进程很快，过电压的频率极高、波头很陡，范围在3～100ns。不管合闸，还是分闸，只要有重燃现象都会产生这类特快速瞬态过电压，过电压幅值也较高，大多数情况下最高过电压峰值在1.5～2.5p.u.，极少数甚至可能超过3.0p.u.。

VFTO的暂态频率和陡度都已超出标准规定的1.2～50μs的范围，现有避雷器也难以保护，测量和试验难度也很大，以至于在现场80%工频耐压试验后，仍然出现VFTO击穿事例，对电气设备，特别是变压器绝缘产生不利影响。

2　电站概况

2.1　天荒坪电站概况

华东天荒坪抽水蓄能电站（以下简称天荒坪电站）安装有6台立轴、单级、可逆式水泵水轮机一发电电动机组，单机容量300MW。电厂设有两回500kV输电线路接入瓶窑变电站，以辐射方式与华东电网相联，在电网中担任调峰/调频、调相以及事故备用任务。

电站主接线采用不完全单母线双分段方式，机组与主变压器采用一机一变单元接线方式，接线方式简单清晰。

电厂500kV GIS是由瑞士ABB公司生产的全封闭式SF气体绝缘GIS系统。与常规配电装置相比，SF气体绝缘配电装置具有结构紧凑、占地面积小的优点。

自天荒坪电厂500kV GIS系统投入运行以来，在正常的倒闸操作中，对带电测闸刀进行分合闸操作时，会产生操作过电压，导致该单元的避雷器计数器动作；而开关的分、合闸操作，竟没有出现避雷器动作现象。为避免出现该操作过电压，造成对设备的不良影响，天荒坪电厂经华东网调协商同意，于2000年提出开关带电冷备用状态。顾名思义，“开关带电冷备用”即开关拉开，带电侧闸刀保持合闸位置，非带电侧闸刀拉开位置。这一状态的出现，极大减少了操作过电压的出现。

2.2 长龙山电站概况

长龙山电站安装6台单机容量为350MW的可逆式发电电动机组。500kV系统主接线采用双母线接线方式，以500kV电压等级接入华东电网，通过两回500kV输电线路接入妙西变电所。长龙山电站发电电动机与变压器组合方式为单元接线，每2个单元接线构成一组联合单元。电站承担华东电网调峰、填谷、事故备用、调频、调相等任务。电站500kV GIS采用的是西安西电开关电气有限公司的LW13A－550气绝缘金属封闭开关设备。

与天荒坪电站相比，长龙山电站500kV结构更复杂，设备更多，在实际操作中操作过电压也不可避免存在，只是其大小多大，是否会引起避雷器的动作，这些需要经过计算得出。

3 长龙山电站VFTO计算

3.1 计算概述

本次计算由西安西电开关电气有限公司运用EMTP（Electro Magnetic Transient Program）进行仿真模拟计算。对集中参数元件，用近似的梯形积分法则来处理。分布参数（输电线路）用Bergeron法（特征线法）来处理，具体计算模型不在此进行叙述，只在此介绍仿真计算中的操作方式与最后结论。

3.2 操作方式

长龙山电站主接线如图1所示。

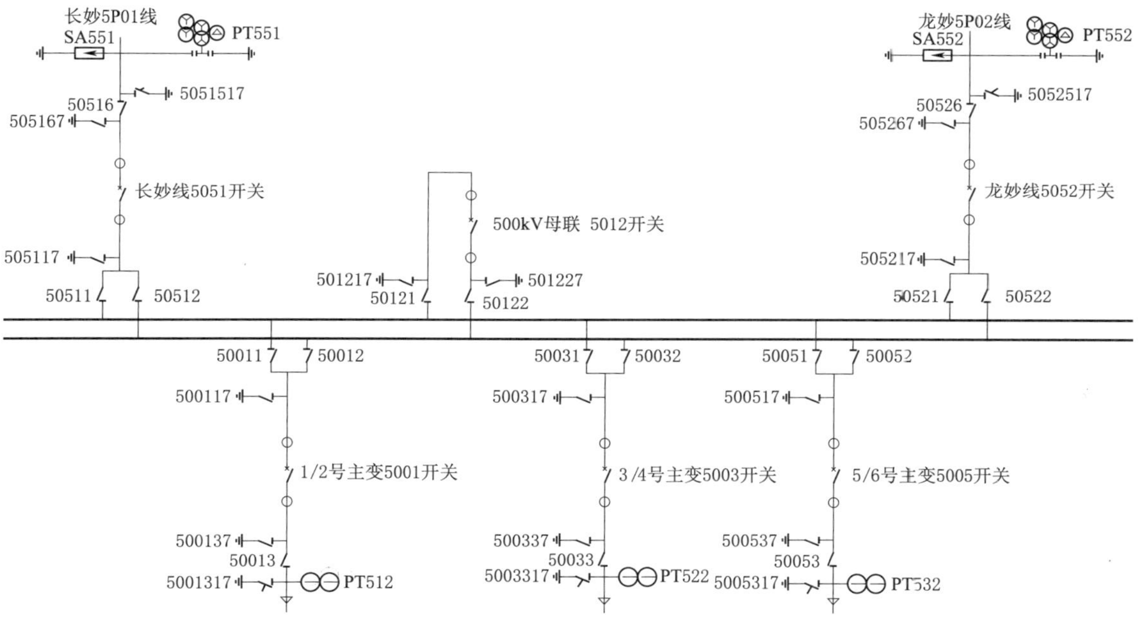

图1 长龙山电站主接线图（地面GIS）

3.2.1 主变侧隔离开关操作

此12种操作方式主要是操作断路器与变压器之间的隔离开关，每种操作方式都是断路器断开后，开合操作变压器侧隔离开关，此时断路器与隔离开关之间的管道上有$550\times\sqrt{2}/\sqrt{3}=449$kV(1.0p.u.)的残余电荷，仿真模拟存在最大残余电荷的情况下，各个位置产生的VFTO幅值。操作方式1～12如图2所示。

（1）2号主变运行，拉开其高压侧闸刀50026。

（2）1号主变运行，拉开其高压侧闸刀50016。

（3）4号主变运行，拉开其高压侧闸刀50046。

（4）3号主变运行，拉开其高压侧闸刀50036。

（5）6号主变运行，拉开其高压侧闸刀50066。

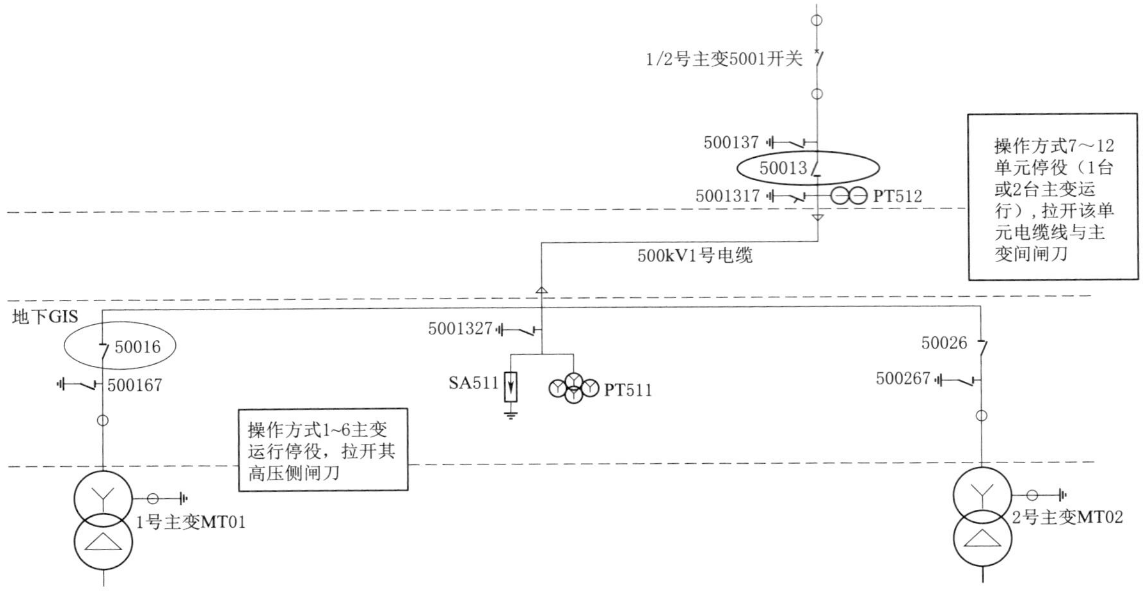

图 2 长龙山主接线图（地下 GIS 一单元）

（6）5 号主变运行，拉开其高压侧闸刀 50056。

（7）1 号、2 号主变运行，拉开 1 号电缆线 50013 闸刀。

（8）2 号主变运行，拉开 1 号电缆线 50013 闸刀。

（9）3 号、4 号主变运行，拉开 2 号电缆线 50033 闸刀。

（10）4 号主变运行，拉开 2 号电缆线 50033 闸刀。

（11）5 号、6 号主变运行，拉开 3 号电缆线 50053 闸刀。

（12）6 号主变运行，拉开 3 号电缆线 50053 闸刀。

3.2.2 母线侧隔离开关操作方式

此 13 种操作方式一般为线路或变压器侧用于切换母线或者进行检修时产生的工况，每种运行方式均是要操作的隔离开关所在的间隔断路器断开后，开合隔离开关，此时断路器与隔离开关之间的管道上有 $550\times\sqrt{2}/\sqrt{3}=449$kV（1.0p.u.）的残余电荷，仿真模拟存在最大残余电荷的情况下，各个位置产生的 VFTO 幅值。操作方式 13～16 如图 3 所示。

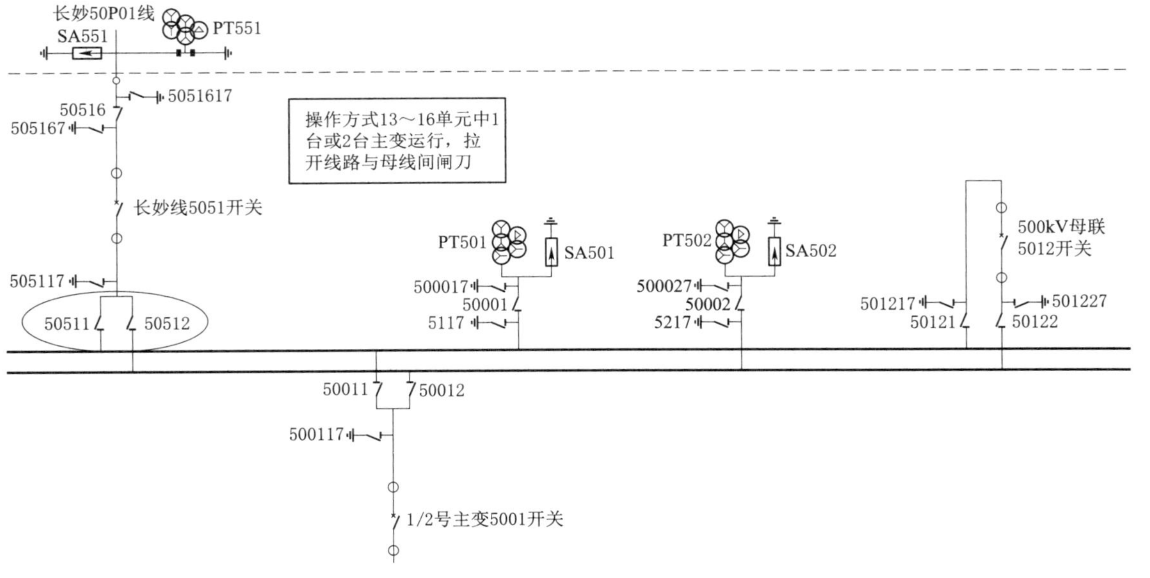

图 3 长龙山主接线图（5P01 出线）

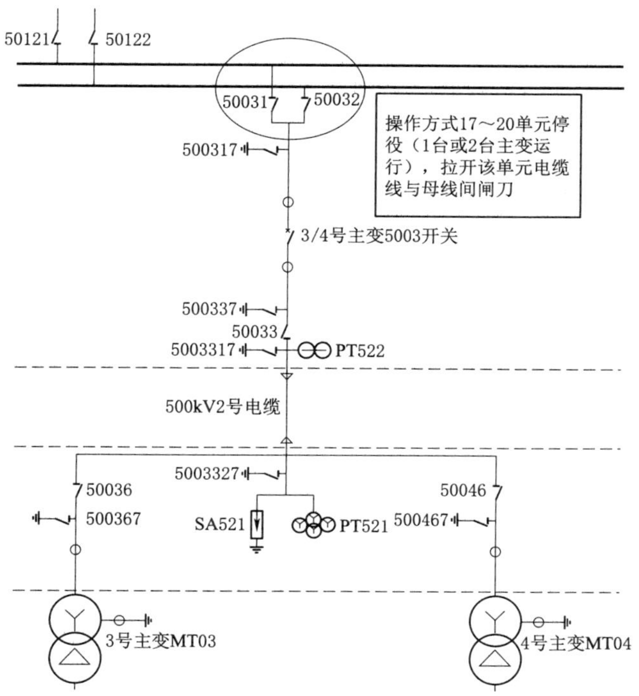

图 4　长龙山主接线图（GIS 二单元）

（13）2 号主变运行，拉开长妙线 5051 开关Ⅰ母侧 50511 闸刀。

（14）1 号、2 号主变运行，拉开长妙线 5051 开关Ⅰ母侧 50511 闸刀。

（15）1 号主变运行，拉开长妙线 5051 开关Ⅱ母侧 50512 闸刀。

（16）1 号、2 号主变运行，拉开长妙线 5051 开关Ⅱ母侧 50512 闸刀。

操作方式 17～20 如图 4 所示。

（17）5 号、6 号主变运行，拉开 5003 开关Ⅱ母侧 50032 闸刀。

（18）6 号主变运行，拉开 5003 开关Ⅱ母侧 50032 闸刀。

（19）3 号、4 号主变运行，拉开 5005 开关Ⅰ母侧 50051 闸刀。

（20）4 号主变运行，拉开 5005 开关Ⅰ母侧 50051 闸刀。

操作方式 21～25 如图 5 所示。

（21）3 号、4 号、5 号、6 号主变运行，拉

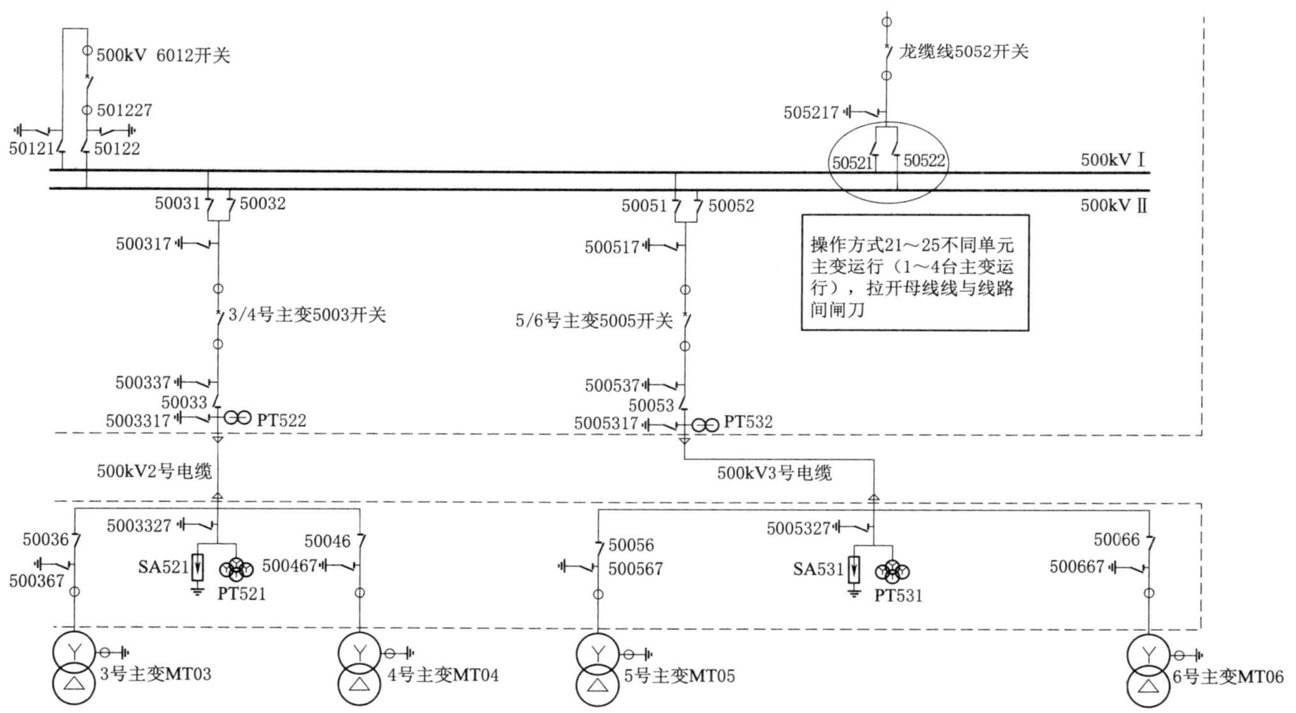

图 5　长龙山主接线图（GIS 二、三单元）

开龙妙线 5052 开关Ⅰ母侧 50521 闸刀。

（22）4 号、5 号、6 号主变运行，拉开龙妙线 5052 开关Ⅰ母侧 50521 闸刀。

（23）4 号、5 号主变运行，拉开龙妙线 5052 开关Ⅱ母侧 50522 闸刀。

（24）5 号、6 号主变运行，拉开龙妙线 5052 开关Ⅱ母侧 50522 闸刀。

（25）4 号主变运行，拉开龙妙线 5052 开关Ⅱ母侧 50522 闸刀。

在上述所示的 25 中隔离开关操作方式下，对长龙山电站的 VFTO 进行了计算，计算时按电源电压与负荷侧残余电荷（1.0p.u.）极性相反时重燃从严考虑。对回路中的变压器、GIS 开关（隔离开关和断路器）、电压互感器、避雷器、出现套管和电缆上的电压均进行了测量，得到各操作方式下最大电压峰值见表 1。

表 1　　各操作方式最大电压峰值表

操作方式	测量点/kV					
	变压器	GIS 隔离开关	电压互感器	避雷器	出线套管	电缆
1	924	1257	**958**	1193	—	**1016**
2	879	1242	**935**	1134	—	**1005**
3	881	1238	**940**	1142	—	**1001**
4	935	1249	**982**	1181	—	**1032**
5	901	**1206**	**961**	1107	—	**1027**
6	926	1217	**976**	1162	—	**1029**
7	834	**1209**	**933**	1141	—	1162
8	903	1247	**935**	1138	—	1164
9	852	**1191**	**927**	1128	—	1150
10	894	1233	**925**	1141	—	1167
11	826	**1173**	**924**	1122	—	1142
12	902	1232	**926**	1135	—	1164
13	**802**	**1184**	1085	**937**	—	**1005**
14	**774**	**1149**	1051	**891**	—	**926**
15	**782**	**1175**	1062	**924**	—	**991**
16	**751**	**1124**	1053	**916**	—	**976**
17	**724**	**1195**	1118	**969**	**1124**	**1020**
18	**743**	**1212**	1131	**1015**	**1126**	**1037**
19	**722**	**1207**	1141	**996**	**1113**	**1028**
20	**764**	1231	1148	**1036**	1199	**1047**
21	**734**	1224	1116	**983**	—	**1016**
22	**731**	1220	1113	**1028**	—	**1031**
23	**782**	1255	1226	1079	—	1095
24	**798**	1243	1225	1082	—	1063
25	**777**	1285	1170	1122	—	1134
最大值	935	1285	1226	1193	1199	1167
平均值	821.64	1215.92	1038.44	1068.08	1140.5	1057.12
过电压倍数	2.08	2.86	2.73	2.66	2.67	2.60

注　表中加粗部分为低于平均值的数值

3.3　计算结论

（1）从图 6、图 7、表 1 中可以明显看出变压器电压在操作方式 1～12 时偏高，而电压互感器确正好相反；GIS 开关电压峰值整体变化平稳，但是在 25 处于一个峰值；避雷器与电缆在操作方式 7～12 时处于高位，在 13～22 时明显下降，后 3 种操作方式时又回升。

（2）25 种操作方式下计算出的 VFTO，最大过电压峰值为 1285kV，最大 VFTO 出现在操作方式 25 中 50522 闸刀上。

（3）GIS 雷电冲击耐受电压值为 1675kV，裕度要求为 15%，VFTO 最大数值与雷电过电压相比较，

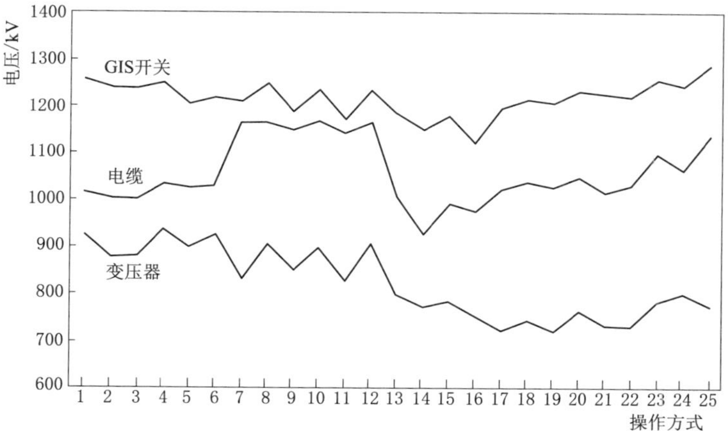

图 6　变压器、电缆及 GIS 开关最大电压峰值折线图

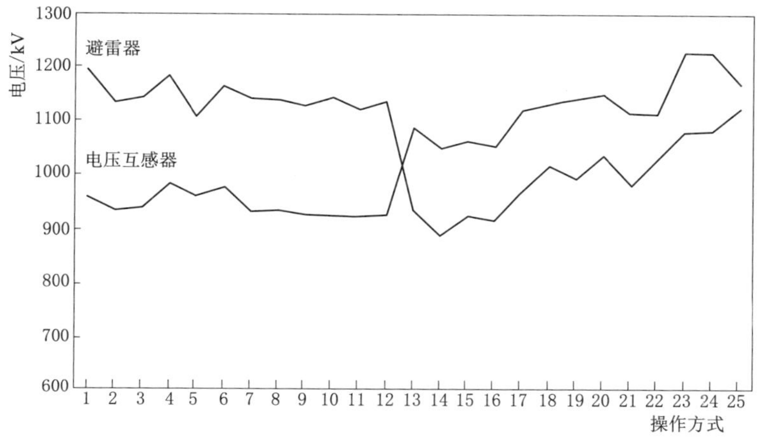

图 7　避雷器、电压互感器最大电压峰值折线图

裕度为 30.4%，高于雷电冲击的绝缘裕度 15%的要求，所以 GIS 绝缘水平满足要求。

（4）变压器入口处的 VFTO 最大值为 935kV，出现在操作方式 4 上；最大频率约为 50MHz，出现在操作方式 24 上。操作变压器高压侧闸刀时，特别是方式 1～6，此类的操作方式是操作电缆与变压器之间的隔离开关，在正常隔离操作时是无法避免的。

（5）对各个操作方式在避雷器上所产生的最大电压峰值进行比较，发现其在主变侧隔离开关进行操作时较高，在母线侧隔离开关进行操作时显著下降，从此看来，长龙山电站对于“带电冷备用”这一状态使用是非必需的。

（6）从图表中可以看出，23～25 各项除变压器外其余皆处于一个高位，特别是 25，所以建议尽量避免 25 这种类似的操作方式，此类型操作方式为仅有一台变压器供电，其余线路断开，操作出线上母线侧的隔离开关，此时线路相对较短，母线侧隔离断口较多，过电压可以发生多次折反射，产生过高的 VFTO 幅值。在长龙山 1 号主变送电后，若要拉开 50511/50512 或 50521/50522，就会出现此种操作方式。

4　结语

500kV GIS 操作出现 VFTO 一直是各大电站头疼的难题，天荒坪电站对于 VFTO 的应对措施虽然简单有效但是对于长龙山更加复杂的主接线应有一套自己的应对措施，最近几年大力新建的抽水蓄能电站主接线更与长龙山电站相近，虽然长龙山电站经过模拟计算 GIS 绝缘水平满足要求且本文也对今后运行操作提出了一些建议，但不排除经过长时间运行后，VFTO 引起绝缘损坏从而造成事故的发生。所以对于 VFTO 还是要时刻保持警惕之心，特别是文中所论述产生 VFTO 较大的操作方式尽可能避免甚至不操作。对于 VFTO 是否还存在更好的处理办法，则还需要今后各位有识之士共同努力。

参考文献

[1] 李浩良，孙华平. 抽水蓄能电站运行与管理 [M]. 杭州：浙江大学出版社，2013.

[2] 陈天翔，王寅仲，温定筠，等. 电气试验（第三版）[M]. 北京：中国电力出版社，2016.

长龙山 GIS 一次设备安装简介

王　桓　黄彦庆　晁新刚　徐文彬　杜郑洁　汪伟铤
（浙江宁海抽水蓄能电站，浙江省宁海县　315600）

【摘　要】本文通过结合长龙山地面 GIS 安装过程及相关验收标准，简要地介绍了 GIS 一次设备安装过程中部分环节的安装流程及所需注意问题。

【关键词】长龙山　GIS　安装　SF_6

1　引言

长龙山抽水蓄能电站位于浙江省安吉县天荒坪镇境内，装机容量 2100MW。GIS 分为地上 GIS 与地下 GIS 两部分。地上 GIS 室采用双母接线方式，共 6 个断路器间隔，2 个保护间隔，2 条主母线及 2 回出线。本体设备装配方式为户内，断路器断口为双断口、带并联电容，布置采用双母线接线形式，且设备额定电压 550kV，额定电流 5000A。GIS 设备由西安电气设备厂制造并提供现场安装技术指导。

2　安装前现场准备

2.1　基础检查及定位

开工前应根据设计院图纸对现场画点定位，并用卷尺进行点位检查。点位确认无误后，使用墨斗划出各间隔中心线、主母线的中心线。同时，根据设计承认图，使用卷尺进行基础尺寸检查并记录测量数据，使用经纬仪及钢板尺进行基础水平高度检查并记录测量数据。基础检查标准见表 1。

表 1　基础检查标准

序号	检　测　项　目	合　格	优　良
1	相邻间隔标高偏差	≤5mm	≤4mm
2	同相标高偏差	≤2mm	≤1.5mm
3	各组中相与其他设备 x、y 轴线偏差	≤5mm	≤4mm
4	同组间 x、y 轴线偏差	≤1mm	

2.2　现场环境控制

环境控制在 GIS 安装中至关重要。GIS 设备由于其占地面积小、受外界影响小、运行维护量少、可靠性高等优点，被广泛应用于电力系统中。但因其为采用绝缘气体作为灭弧介质的密闭设备，也导致了其如果发生故障，检修工作困难较大，所以在安装过程中应严格控制安装环境的灰尘及空气水分含量。根据西开厂家提供文件，设备现场组装过程中应保证现场清洁程度达到防尘级百万级 35000pc/L（每 m^3 中大于等于 0.5μm 的颗粒数少于 35000000）。现场温度应在 10～30℃。现场相对湿度不大于 80%。由于地上 GIS 主体为室内设备，不考虑风速及大雾等情况。

为保证现场环境，长龙山电站在地上 GIS 安装通风设备以保证现场干燥。在地上 GIS 设备室配备温湿度计及尘埃粒子计数器，每日 3 次测量。在装配区入口派专人看管，禁止非工作人员出入，进入装配区人员更换工作鞋或戴鞋套，防止外来人员鞋底携带金属微粒进入设备。由于长龙山地上 GIS 设备室在山中，季节为夏末秋初，工期紧张需夜间作业，应保证现场环境密封良好，防止蚊虫夜间因趋光性进入安装设备内部。

现场施工时，施工前半段由于地面 GIS 外部道路未完成施工，灰尘较大，导致现场颗粒度不达标，每日进行现场清扫可有效减少颗粒度。与当天工作前打扫相比前一天工作结束后进行打扫，现场颗粒度控制效果更明显。当空气颗粒度数值超标过多无法自然降低时，决定采用洒水降尘的方法，在降尘期间将未安装设备做好密封防止水汽进入。施工后半段进入秋季，长时间的阴雨天气导致安装现场湿度超标，最高达到 90%，现场紧急启用备用烘干设备对安装现场进行加热，并在对接面增设温湿度计，时刻保证现场施工环境达到标准。在一般情况下不建议使用洒水降尘的方法，该方法可能导致现场设备受潮，后期微水试验不通过，在现场安装环境控制中，空气湿度应比灰尘受到更多的关注。良好的安装环境可以提高后期微水及耐压试验的通过率。

3 设备零部件清理

3.1 触头及导体

触头及导体为 GIS 设备内导电设备，应保证此类部件表面无划痕及凸起，否则在后需耐压试验中可能发生尖端发电导致设备损坏。

3.1.1 检查

目视检查并用手触摸导体、触头表面是否划痕与毛刺。针对表面着漆的导体与屏蔽罩，手摸检查油漆粒痘，感到光滑不划手即可；有掉漆块直径大于 2mm 的点，需补漆。

3.1.2 清理及修整

GIS 导体表面为镀银层，为去除镀银面的氧化层，先用百洁布轻轻打磨镀银面，再用产品擦拭纸浸上乙醇擦干净导体镀银面和导体、触头的内、外表面。

若导体较长时，内部不易清理，可用一细长杆在端部用白涤良布包缠成约导体内径大的布团、浸上乙醇进行导体内部清理，也可以用白涤良布包缠成约导体内径大的布团，两端用大于导体一半长度的白布带连成，在布团浸上乙醇进行导体内部清理。

若导体有轻微的碰伤、擦伤及其他伤痕刮手，则需用百洁布将不良部位打磨至光滑。当导体表面有微小凹陷，应将凹陷四角修至光滑，再进行清理作业。

3.1.3 临时保护及存放

清理完毕，经目视确认无灰尘附着，方可进行安装，安装时滑动导电接触面涂敷 VP980。

一般导体清理过后重新放归设备内部，并利用运输盖板或洁净塑料布密封保存。如清理后的零件，因故无法立即安装，需在导体两端套上保护套，并用塑料布将导体触头等盖好备用。防止导体在安装前再次受到污染。

3.2 绝缘件

绝缘件主要包括绝缘盆子及连接法兰处密封用 O 形圈。

绝缘盆子作为 GIS 内部触头及导体的支撑，同时兼具着保证 GIS 金属外壳不带电的作用。绝缘盆子有密闭及连通两种类型，密闭型盆子作为 GIS 内部气室分隔点。盆子清理时，应先用产品擦拭纸浸上乙醇擦拭盆式绝缘子的绝缘部分，再擦拭盆式绝缘子的导体部分，保证没有灰尘堆积。同时，目视检查并用手触摸盆子，检查表面有无划伤、毛刺和缺陷。若发现缺陷应及时更换，防止后续耐压试验时放电击穿。现场工作中应着重观察工作人员的擦拭手法，按先高压侧后低压侧的顺序擦拭，否则将造成灰尘自高向低的形成一条直线，影响盆子的绝缘性能。

O 形圈采用同样的方法检查，从设备上换下的 O 形圈不得再次使用，应用刀割断后扔入专用垃圾桶内，防止乱扔后重复使用。

4 设备就位

4.1 断路器就位

由于长龙山固定的底板与支架底座全部采用化学锚栓固定方式，现场断路器在就位前支腿底板需在现场开孔，开孔位置可以按照现场土建水泥中钢筋的位置进行微调，开孔间距须符合设计要求，开孔完成后才进行设备就位。底板开孔不允许在设备装配区，若不可避免，则需要建立封闭区域进行底板开孔，防止产生金属异物，影响装配区域环境。

将基准间隔断路器单元的A、B、C三相分别用两条12m/10t锦纶带吊起，放在划线基础上。调整断路器水平位置，要求断路器中心与所划基础中心线重合。随后通过加垫片的方式调整断路器水平高度。断路器就位安装验收标准见表2。

表2　断路器就位安装验收标准

序号	检测项目	合格	优良
1	高度偏差	≤2mm	≤1mm
2	各相间 x、y 轴与GIS室 x、y 轴线偏差及其他设备 x、y 轴线	≤5mm	≤4mm
3	同组间 x、y 轴线偏差	≤1mm	
4	同相法兰间距离与设计值偏差	±1mm	
5	同组法兰间距离与设计值偏差	±1mm	
6	调整垫铁检查	不超过3片为宜，总厚度不应大于10mm	
7	固定检查	牢固，力矩符合要求后，螺帽上做标记	

断路器就位后应按标准严格验收，后续其他设备元件安装均以断路器位置为基础，尤其是主母线部分的安装，若偏差过大，仅靠调节波纹管是无法弥补的。

4.2　电流互感器及隔离开关就位

电流互感器及隔离开关就位相对简单。首先检查带电流互感器的隔离开关气室内气压，排放带电流互感器隔离开关中的氮气，拆下隔离开关与电流互感器的运输盖板。

清理内部零部件，包括：清理断路器的绝缘盆子、触头支撑，清理电流互感器壳体下法兰面；用吸尘器、酒精清理电流互感器内部、绝缘盆子和连接法兰面表面，清理导体镀银面、检查并清理O形圈。

清理过后，在断路器的绝缘盆子上装配触头支撑，螺钉涂紧固胶乐泰241，将螺钉紧固到标准力矩值，并打标记。随后将镀银面涂好VP980润滑脂的导体插入触头中。

最后吊装CT及隔离开关，在吊装过程中使用定位销或定心螺母进行定位。对接完成后，对角紧固两个螺栓，然后拆掉定位销和定心螺母，依次紧固其他螺栓到标准力矩值，并打标记。紧固螺栓时，注意应两人同时对角依次紧固。

4.3　母线就位

与之前步骤类似，首先对母线内部零部件进行清理。由于主母线部分零件很长，在导体拆装时应借助导体小车进行，禁止直接拆装，否则将导致导体与壳体碰撞发生变形。清理时应注意，钻入母线筒内人员必须穿连体服，戴头套，防止清理人员将毛发留在母线筒内。

母线支架就位后，进行主母线的吊装。将触头支撑安装在绝缘盆子上，螺钉涂紧固胶乐泰241，将螺钉紧固到标准力矩值，并打标记。导体镀银面涂敷VP980润滑脂。在绝缘盆子或法兰面的密封槽中装入O形圈，法兰面按要求进行清理。将母线单元吊起和本体对接，导体插入触头支撑中。主母线单元对接时，使用定位销和法兰连接工装进行定位、连接。对接过程中，如两母线间位置有微小偏差可通过调节普通四角波纹管进行轴向调整。

导体在对接过程中可采用木块临时支撑，待对接成功紧固前取出，切勿忘记。对接完成后，对角紧固两个螺栓，然后拆掉定位销和法兰连接工装，依次紧固。

5　抽真空及充气

5.1　换吸附剂

GIS设备在运输过程中为保持内部干燥，除断路器充一定 SF_6 气体外，其他部件均充入微正压的干燥氮气，同时安装吸附剂。在抽真空前应先更换设备内的吸附剂，在吸附剂更换后2h内进行抽真空工作，保证吸附剂在设备运行过程中有效。长龙山现场吸附剂为分子筛。

5.2 抽真空

利用真空泵对设备进行抽真空，真空度抽到 67Pa 后，再继续抽 30min 以上。在抽真空过程中，若真空泵停止运转，应当立即关闭真空泵上的阀门，检查并确定真空泵的油是否逆向流动。抽真空后，静置 30min 测量真空度 A，经过 5h 再测量真空度 B，要求其两者差值小于 67Pa，然后进行充气。

抽真空室可能出现真空度不下降的情况，此时应停止真空泵的运转，检查抽真空管路的密封性，找出漏点并对相应设备进行更换。

5.3 充 SF_6

充气前应对充气管路进行检漏及清理，保证充气管路无异物。随后进行充气，充气过程中需控制相邻气室压差不大于 0.3MPa，应采取交替阶梯升压方式：对真空状态气室开始充气，气室气压升至 0.2MPa（表压）时停止。待相邻气室气压达到 0.2MPa（表压）以上时，再对该气室补充 SF_6 气体至 0.5MPa（表压）时停止。若气室额定气压不高于 0.5MPa（表压）时，直接补充至额定气压。对于额定气压高于 0.5MPa（表压）的气室，待相邻气室气压达到 0.3MPa（表压）以上时，对该气室补充 SF_6 气体至额定气压。通过气室的表计监测气室气压，到达额定气压时立即停止充气。此种做法主要是为保护绝缘盆子，上文说过密封式绝缘盆子是相邻两个气室的隔离点，当相邻两个气室的气压过大时可能导致绝缘盆子的开裂。

充气时还应注意 SF_6 气体的充气速度，速度过快会导致充气管路内部温度降低使得水蒸气液化甚至结冰。连续充气时，当发现 SF_6 气瓶内气体较少，可以使用加热带或热水对气瓶加热以加快 SF_6 的汽化，但禁止用火焰加热气瓶。同时，当 SF_6 气瓶内气压降至 0.2MPa 时必须停止充气，更换新的 SF_6 气瓶。

6 结语

长龙山 GIS 安装工程已经结束，后续的微水、检漏及耐压等试验一次通过，也证明了此次安装质量良好。在安装过程中对关键点的把控起到了至关重要的作用，只有严格执行标准，才能保证设备在后续的运行中的安全。

参考文献

[1] GB/T 22581—2008 混流式水泵水轮机基本技术条件 [S].

[2] 国网新源控股有限公司. 水电厂运维一体化技能培训教材：高级 [M]. 北京：中国电力出版社，2015.

[3] 华东天荒坪抽水蓄能有限责任公司. 天荒坪电站运行 20 周年总结 [M]. 北京：中国电力出版社，2018.

[4] 李浩良. 抽水蓄能电站典型故障处理点评 [M]. 北京：中国电力出版社，2017.

[5] 李浩良，孙华平. 抽水蓄能电站运行与管理 [M]. 杭州：浙江大学出版社，2013.

[6] 冯伊平. 抽水蓄能运维技术培训教程 [M]. 杭州：浙江大学出版社，2016.

抽水蓄能电站设备用油选型优化研究及应用

柳艳红

（南方电网调峰调频发电有限公司检修试验分公司，广东省广州市 511440）

【摘 要】 本文针对抽水蓄能电站同类设备选油不一、油品种类繁多、部分设备选油不当等问题，基于油品种类最少化、设备润滑更优化、用油成本更低化的原则，围绕设备选用油依据和油品性能指标对比对油品进行选型优化。通过优化整合，抽水蓄能电站油品种类由20多种减少为3种，并全部进行了国产化替代，大大提升设备润滑管理水平，为电站带来较大经济效益。

【关键词】 抽水蓄能电站 润滑 选型优化

1 引言

抽水蓄能电站与润滑相关的设备主要是水泵水轮机—发电电动机，水轮机调速器系统，球阀、尾闸、机械刹车液压系统，空气压缩机等。润滑油与这些设备的润滑、冷却、密封和能量传递密切相关，因而对这些设备的可靠运行起着重要作用。

南方电网调峰调频发电有限公司在运抽水蓄能电厂有5座，机组装机容量为24×300MW＋3×200MW，由于各机组投运年限不同、设备厂家不同、用油选油方式不健全，导致企业同类设备选油不一、油品种类繁多、部分设备选油不当等。机组同类型设备使用多种油品，不仅设备维护不方便，而且采购和存储占用资源多，润滑管理难度大，油品选型不当的设备也存在安全隐患等。2020年，公司通过对在运电站设备用油进行选型优化，识别出选型不当油品6种，油品种类由20多种优化整合为3种，并全部进行了国产化替代，大大提升设备润滑管理水平。

2 选型优化原则

油品选型优化主要是从公司目前在用油品中选择一款或多款油品进行某一类油品的替代，而替代油品的选择依据需考虑使用设备的关键程度、油品使用的广泛程度、油品价格等因素，这种选型优化的原则简单概括就是从目前设备在用油品中择“优”进行替代。同时考虑到目前设备在用油品中进口品牌油品的占比较大，有的油品型号使用还不是很广泛，未来可能会采购困难，因而进行油品国产化的替代，即从国产大品牌中选择使用成熟的产品进行替代。

油品选型优化按照同性能、黏度等级油品的品牌单一化，油品黏度等级最少化，同类设备的用油统一和规范化，满足工况要求下降低用油性能等级，为部分设备选择更合适油品、替代油品尽可能选择目前在用油品这6项原则来进行，目的是实现油品种类最少化、设备润滑更优化和用油成本更低化，详情如图1所示。

3 优化实施方案

选型优化主要围绕设备选用油依据和油品的性能指标对比和这两条主线来进行，即先通过设备选用油的标准来计算出可选油品的条件，再通过现有或者新引进油品的技术指标对比，从中选择出最优的替代油品。此外，必要时还可参考其他水电站类似设备的用油情况，从而进一步验证替代的可行性，具体方法如图2所示。

抽水蓄能电站设备按照润滑类型来划分的话，大致可分为三类，第一类是水轮发电机，其润滑点是各滑动轴承；第二类是水轮机调速器、尾闸系统、球阀系统、机械刹车系统，这些系统本质上都是液压

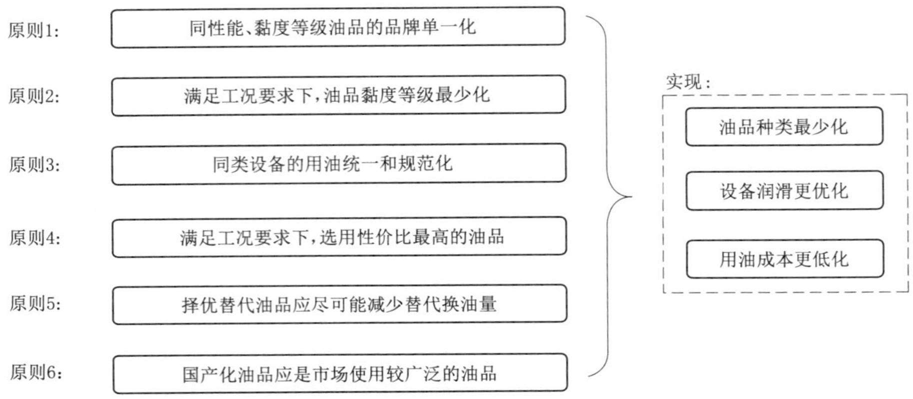

图 1　选型优化原则

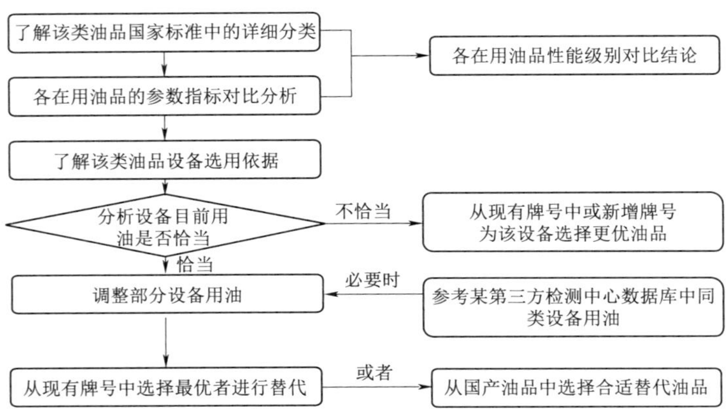

图 2　选型优化方法

系统，润滑油主要起能量传递作用；第三类是空气压缩机，其润滑点是活塞缸套、传动部件等。下文以抽水蓄能电站两类主要用油设备水轮发电机及调速器对油品的选型优化实施过程为例进行具体阐述。

3.1　水轮发电机润滑油选用依据

水轮发电机由水轮机和发电机组成，抽水蓄能电站水轮发电机为立式安装，主要润滑点包括上导轴承、下导轴承、推力轴承、水导轴承，都为滑动轴承类型，水轮机轴承选油参考见表 1。

表 1　　水轮机轴承选油参考

水轮机型式		转速/(r/min)	润滑部位	用　油　名　称
卧式		1000 以上	径向轴承 推力轴承	L－TSA32 防锈汽轮机油
		1000 以下		L－TSA46 防锈汽轮机油
立式	大型	1000 以下	推力轴承 导向轴承	L－TSA46、68 防锈汽轮机泊
	中、小型			L－TSA46 防锈汽轮机油

注　参考资料来源于《润滑设计手册》。

各电站水轮机均为立式安装，主机功率在 300MW 左右，转速≤500r/min，对照表 1 选油参考，推力轴承和导向轴承宜选用“L－TSA46 防锈汽轮机油”。

3.2　调速器润滑油选用依据

调速器是水轮发电机关键的控制系统，对水轮机导叶开度进行控制。水轮机调速器本质上是一个液压系统，主要由油箱、油泵、阀、执行单位构成，润滑油主要起能量传递的作用。调速器系统润滑油黏度等级的选择可参照液压系统黏度的选择，详见表 2，其主要依据液压泵类型、工作压力、运行油温等参数决定。结合各电站调速器系统上述参数，对照表 2 确定调速器系统油品适宜黏度的选择为 ISO VG32、46。

表 2 调速器油品黏度等级的选择

液压泵类型	工作压力/MPa	黏度等级（40℃）	
		运行油温：<50℃	运行油温：50～80℃
叶片泵	<7.0	32、46	46、68
	>7.0	46、68	68、100
齿轮泵	<7.0	32、46	46、68
	>7.0	46、68	68、100
径向柱塞泵	<7.0	32、46、68	100、150
	>7.0	68、100	100、150
轴向柱塞泵	<7.0	32、46	68、100
	>7.0	46、68	100、150

注 参考资料来源于《工业润滑油选用指南》。

由于调速器本质上是一个液压系统，因而其润滑油品类别最恰当的是液压油，而在实际工作过程中，由于调速器与水轮发电机是各蓄能电站两大最关键的系统，日常维护最频繁，且用油量较大，如果调速器选用与水轮发电机一致的油品，则具有以下优势：①减少现场用油错误情况的发生；②减少润滑器具混用的情况；③提高油品采购上的经济性。

基于上述考虑，对调速器系统选用与水轮发电机相同油品进行可行性分析如下：①油品黏度等级统一问题：从以上论述中可知，调速器润滑油黏度选择为 ISO VG32、46，推力轴承和导向轴承润滑油黏度选择为 ISO VG46，因而选用与水轮发电机油品一致的黏度等级是可行的；②油品类别统一问题，调速器最适宜的是液压油，水轮发电机选用的是汽轮机油。实际上，液压油与汽轮机油的差别并不是很大，液压油具有更好的抗磨性能，汽轮机油具有更好的抗氧化性能，对于一个液压系统而言选择液压油的优势是对泵和阀的抗磨损保护更好，但事实上这个差别很小，一方面是因为这种抗磨损保护并不是时刻都需要，另一方面很多汽轮机油里面也含有抗磨剂（如 ZDDP），因而实际应用场合，并没有看到使用汽轮机油的液压系统泵和阀的磨损就明显偏高的情况。目前各电站大部分调速器均使用汽轮机油，现场未反馈调速器系统泵和阀的磨损情况存在明显异常。

此外，DL/T 1975—2019《水轮机调节系统用油维护规程》中也规定：水轮机调节系统用油宜选用 L-TSA 汽轮机油，其品牌、规格品种、牌号、质量等级宜与机组轴承润滑用油一致。根据了解，在水电行业中调速器选用与水轮发电机一致的情况较为普遍。因此确定水轮机发电机与调速器统一选用 L-TSA46 防锈汽轮机油。

3.3 油品性能指标对比

针对主机系统水轮发电机和调速器目前用到 8 种油品的和拟国产化替代的 2 种油品开展新油和运行油全面性能检测，具体检测项目见表 3。结合各油品检测发现问题、某第三方检测中心油品试验大数据分析、油品价格、混油试验等多个方面的因素进行综合考虑，最终挑选出综合表现占优的一款国产油品作为择优替代方案的备选油品。

表 3 新油和运行油检测项目

序号	检测项目	检测方法	序号	检测项目	检测方法
1	外观	DL/T 429.1	8	抗乳化性（54℃）	GB/T 7605
2	色度	GB/T 6540	9	水分	GB/T 7600
3	运动黏度 40℃	GB/T 265	10	泡沫性	GB/T 12579
4	闪点	GB/T 3536	11	空气释放值（50℃）	SH/T 0308
5	颗粒污染等级	DL/T 432	12	旋转氧弹值（150℃）	SH/T 0193
6	酸值	GB/T 264	13	抗氧剂含量	ASTM D6971
7	液相锈蚀	GB/T 11143（A 法）	14	铁谱分析	SH/T 0573

4 油品优化整合后带来的效益

经过优化整合，公司下属抽水蓄能电厂设备用油由20多种减少为3种、汽轮油、液压油、压缩机油各1种），并全部进行了国产化替代。润滑油品整合优化将给公司的生产、管理带来直接和间接经济效益，具体表现如下：

（1）减少购买润滑油成本。

（2）提升电厂机组润滑管理水平，降低设备故障率。

（3）减少了润滑油品牌数量及型号，便于采购、存储及降低现场错用风险。

（4）减少后期设备运维成本，方便设备的润滑磨损状态监测。

（5）提高监测数据的价值，通过大数据分析为检修策略的制定提供参考依据。

（6）便于检测标准的统一，利于设备维护管理。

5 结语

抽水蓄能电厂使用的油品较多，特别是部分油品需要进口，实施油品优化整合及国产化替代，对提高设备润滑可靠性、提升油品管理效益具有重要意义。

参考文献

[1] 吴晓铃. 润滑设计手册 [M]. 北京：化学工业出版社，2006.

[2] 王先会. 工业润滑油选用指南 [M]. 北京：中国石化出版社，2014.

[3] 李轲，刘俊. 火电厂设备用油品优化方法探讨 [J]. 润滑与密封，2016，41（10）：138-140.

[4] 杨新强. 润滑油优化与监测在设备管理中的作用 [J]. 中国设备工程，2015（4）：46-49.

[5] 王沛沛，李轲，毛文江. 火电厂油品优化整合探讨 [J]. 润滑与密封，2016，41（1）：138-140.

[6] 凌英，李秋秋，张文. 电厂用汽轮机油代用方案研究 [J]. 润滑与密封，2011，36（11）：115-117，121.

浅谈某电站中性点不接地系统三相电压不平衡原因及处理方法

杜文军 沈青青 戴 森 吴杨兵
(国网新源浙江仙居抽水蓄能有限公司，浙江省台州市 317300)

【摘 要】 倒闸操作 3kV 应急排水母线时，母线三相对地电压存在不平衡现象，造成 RS-606 数字式 TV 监控及电压并列装置接地故障报警常发。

【关键词】 电压不平衡 接地故障报警

1 引言

浙江仙居抽水蓄能电站装设了 1 套 3kV 应急排水系统，该系统为中性点不接地系统方式，在对 3kV 应急排水系统母线空载合闸操作时，三相对地电压不平衡 RS-606 数字式 TV 监控及电压并列装置报接地故障报警。查阅装置采样二次电压值 $U_A=55.27\angle 0°V$、$U_B=60.97\angle -128°V$、$U_C=65.03\angle 119.6°V$、$3U_0=10.031\angle 148.4°V$，然而 3kV 应急排水系统线电压基本平衡，其二次线电压值 $U_{AB}=102.5V$、$U_{BC}=102.3V$、$U_{CA}=102.3V$。本文主要阐述三相对地电压不平衡引起数字式 TV 监控装置接地故障报警可能原因分析及处理方法。

2 引起监控装置接地故障报警原因

当 RS-606 数字式 TV 监控及电压并列装置检测到零序电压超过整定值后装置报接地故障报警，一般引起监控装置接地故障报警主要分为以下 3 类：

(1) 一次设备发生单相金属性接地或高电阻接地故障、电压互感器（PT）一次保险熔断。

(2) 基波谐振、分频谐振、高频谐振。

(3) 对地等效电容不平衡造成中性点位移。

2.1 单相金属性接地故障

以 A 相金属性接地故障为例，当发生 A 相接地故障时，接地相电压降为零，其他两相电压升高为线电压等效向量图，如图 1 所示。

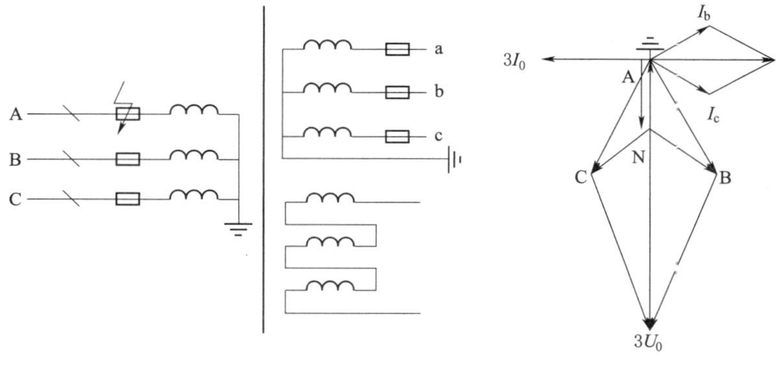

图 1 金属性单相接地故障开口三角向量图

从图 1 向量可得出故障相、非故障相电压关系

$$\begin{cases}\dot U_{Ad}=0\angle 0^\circ\\ \dot U_{Bd}=\sqrt{3}U_B\angle -150^\circ\\ \dot U_{Cd}=\sqrt{3}U_C\angle 150^\circ\end{cases}\tag{1}$$

式中　$\dot U_{Ad}$、$\dot U_{Bd}$、$\dot U_{Cd}$——单相接地故障后 A、B、C 相对地电压，V。

根据公式（1）发生单相接地故障时 PT 二次侧开口三角零序电压 $3\dot U_0$ 为

$$3\dot U_0=\sqrt{3}\dot U_{Bd}=\sqrt{3}\sqrt{3}\dot U_B\tag{2}$$

因为 3kV 母线电压互感器（PT）变比为（$3/\sqrt{3}$）/（$0.1/\sqrt{3}$）/（0.1/3），根据公式（2）对于中性点不接地系统发生单相金属性接地故障时，电压互感器（PT）二次侧开口三角产生 100V 零序电压，监测装置并发出接地故障报警。当发生 A 相不完全接地时，即通过高电阻或电弧接地，这时故障相的电压降低（未降至 0V），非故障相的电压升高，电压幅值大于相电压，但达不到线电压（$U<\sqrt{3}U_n$），此时电压互感器（PT）开口三角产生 0～100V 零序电压，监测装置并发出接地故障报警。

2.2　电压互感器（PT）一次保险熔断

以 PT 一次侧 A 相熔丝熔断为例，当系统过电压或雷击过压导致熔丝熔断，此时熔断相电压降为 0，非熔断相电压不变。断相后造成三相电压不平衡，二次侧开口三角处产生约为 33.33V 零序电压（如图 2 所示），监测装置并发出接地故障报警。

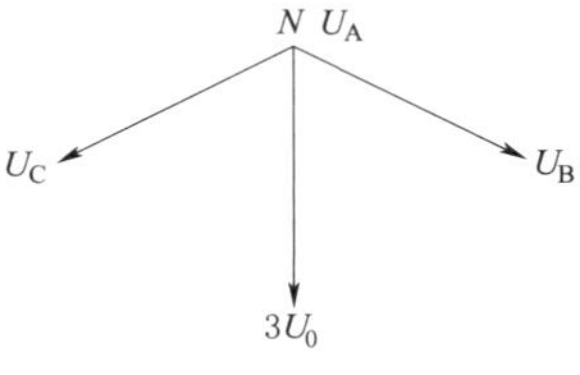

图 2　PT 一次保险熔断开口三角向量图

2.3　谐振

考虑电压互感器（PT）对地的感抗及 3kV 母线对地电容，对只带电压互感器（PT）的空母线突然合闸，会导致电压互感器（PT）出现励磁涌流，引起 PT 铁芯饱和，促使其三相对地导纳不对称造成三相电压不平衡，同时发生铁磁谐振。铁磁谐振分为基波谐振、分频谐振、高频谐振。

当电源对只带有电压互感器的空母线突然合闸时易产生基波谐振。基波谐振现象是：一相（两相）电压降低，但不为 0；一相（两相）电压升高，超过线电压（不超过 3 倍相电压）。除基波以外的谐振也会造成电压不平衡产生零序电压，其分频谐振现象是：三相电压同时升高或依次轮流升高，电压升高一般小于 2 倍相电压，中性点产生零序电压；高频谐振现象是：三相电压同时升高，高于线电压，一般小于 3.5 倍相电压，中性点产生零序电压，此外，发生铁磁谐振时线电压一般不会改变。

2.4　对地电容不平衡

在任一供电系统中，线电压三角形构成一个坚固对称线电压三角，但它对于某一基准点（比如大地）的相对电位是由各相对地导纳来确定的，在中性点不接地系统中，起这个作用的是对地电容（其对地电导一般很小，可以忽略不计）。假设 3kV 应急排水系统与大地之间的电容量对称，且该系统属于中性点不接地系统，所以各相对地电容电流之和等于 0，用 $\dot U_{AE}$、$\dot U_{BE}$、$\dot U_{CE}$ 表示三相对地电压，则得

$$\dot U_{AE}\omega C_A+\dot U_{BE}\omega C_B+\dot U_{CE}\omega C_C=0\tag{3}$$

式中　ω——角频率，rad/s；

C——电容，F。

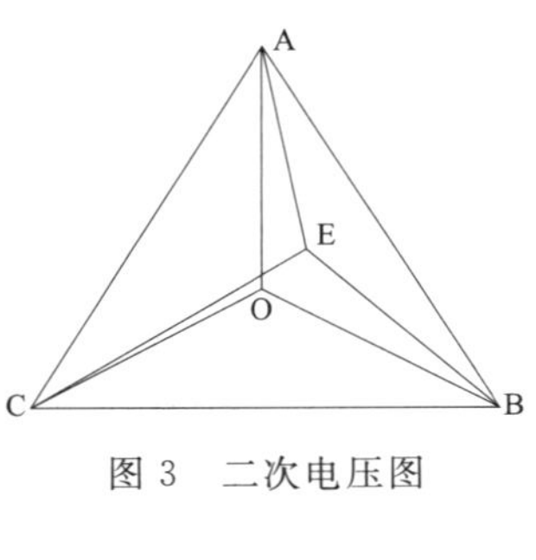

图 3　二次电压图

如图 3 所示，任意选一点 E，并假定此点 E 处于大地零电位上，则三相对地电压为 $\dot U_{AE}$、$\dot U_{BE}$、$\dot U_{CE}$，而中性点 O 的电压 $\dot U_{AO}$、$\dot U_{BO}$、$\dot U_{CO}$，其中性点与大地之间的电压 U_{OE} 之间的关系为

$$\begin{cases}\dot U_{AE}=\dot U_{AO}+\dot U_{OE}\\ \dot U_{BE}=\dot U_{BO}+\dot U_{OE}\\ \dot U_{CE}=\dot U_{CO}+\dot U_{OE}\end{cases}\tag{4}$$

把公式（4）代入公式（3）得

$$\dot{U}_{AO}\omega C_A+\dot{U}_{BO}\omega C_B+\dot{U}_{CO}\omega C_C+\dot{U}_{OE}(\omega C_A+\omega C_B+\omega C_C)=0 \tag{5}$$

根据中性点定义得

$$\dot{U}_{AO}+\dot{U}_{BO}+\dot{U}_{CO}=0 \tag{6}$$

因此，从公式（5）、公式（6）中可以看出，如果三相对地电容值不相等，U_{OE}将不等于 0，导致三相电压不平衡产生零序电压。

3 接地报警原因确认及解决方法

用二次基准相电压 57.74V 比较装置采样二次电压值 $U_A=55.27\angle 0°$V、$U_B=60.97\angle -128°$V、$U_C=65.03\angle 119.6°$V，U_A电压值下降至 0.95 倍，U_B电压上升至 1.05 倍，U_C 上升至 1.13 倍，该现象不符合中性点不接地系统单相接地故障及谐振引起的三相不平衡产生零序电压接地报警特征。对现场 3kV 母线每相对地电容测量 $C_A=0.015$uf、$C_B=0.012$uf、$C_C=0.01$uf，发现存在三相电容不平衡，根据上述公式（5）其不平衡导致中性点电位轻微偏移产生零序电压，而线电压基本维持不变。

为了消除三相对地电容不平衡产生零序电压接地报警的影响，可以使用以下方法：

（1）在中性点接一个较大的接地电容器（不接地系统电导忽略不计），由于三相对地电容较小，中性点位移电压的大小主要由接地电容 C_N决定，加大 C_N中性点位移电压变小，但是 C_N不能过大，要控制单相接地容性电流要小于接地电弧自行熄灭电流。

（2）根据现场对地电容实测可知，它们之比为 1∶0.8∶0.67，通过在三相各并接一个较大的接地电容器将各相对地电容之比减小，促使三相电容基本平衡。

4 结语

本次接地故障报警原因是对地电容不平衡导致零序电压偏高，然而在中性点不接地系统三相电压不平衡产生因素众多，如 PT 保险熔断、单相接地故障、谐振以及电容不平衡等，若对于接地故障报警认识不足或判断错误，会影响设备安全稳定运行，甚至扩大事故。

参考文献

［1］ 于永源，杨绮雯. 电力系统分析（第三版）［M］. 北京：中国电力出版社，2007.

［2］ 焦海艳. 浅谈 10kV 三相电压不平衡的原因及处理办法［J］. 低碳技术，2017（11）：163-164.

长龙山抽水蓄能电站500kV主变压器安装介绍

崔 雄 黄彦庆 晁新刚 叶宇杰 杜郑洁 王 桓

（浙江宁海抽水蓄能电站，浙江省宁海县 315600）

【摘 要】 本文重点讲述长龙山抽水蓄能电站主变压器安装施工中重点质量管控注意事项。

【关键词】 抽水蓄能 主变压器 安装质量控制

1 引言

长龙山抽水蓄能电站主变压器为保定天威保变电气股份有限公司制造的6台油循环水冷420MW、500kV电力变压器，布置在主变洞内；低压侧与离相封闭母线连接，高压侧与地下550kV SF_6封闭式组合电器（GIS）开关设备连接。

安装范围包括6台变压器及其附属设备的现场安装、电气试验、验收和系统调试、试运行等工作。本文将着重介绍其施工过程设备安装和电气试验部分内容重点把控注意事项。

2 主变压器就位过程质量控制

（1）在主变压器的就位过程中，在确保变压器运输进厂过程中不受冲击外，首要保证在变压器的就位工作前，重点做好前期落点以及变压器基础埋板施工，重点落实：

1）严格控制基础埋板加工质。

2）主变运输前及时测量基础埋板高程验收。

3）对于验收过程发现的问题，应及时跟踪并处理，确保尽可能减少对施工进度的影响。考虑到主变落位后自重会造成埋板变形，可要求施工单位对主变底板与基础埋板之间加垫平钢板处理，厂家出具加垫钢板通知单，明确加垫钢板要求和钢板焊接标准。

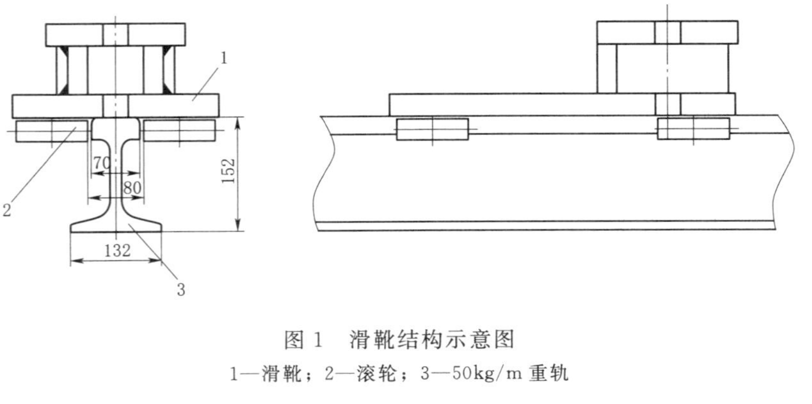

图1 滑靴结构示意图

1—滑靴；2—滚轮；3—50kg/m重轨

（2）卸车就位施工中具体操作：

1）采用枕木、钢墩搭设井字架。在变压器4处顶点用4个100t电动液压千斤顶顶升变压器，当逐渐升至大于钢轨100mm置入推移钢轨及主动、被动滑靴，滑靴结构如图1所示。

2）将推移轨道垫实，保证轨道全长上轨面高差≤50mm。将变压器降至滑靴上。用16t电动液压推杆将变压器从液压板车上推至基础台上方。

3）变压器推移至纵中心与基础台纵中心重合时，拆除推移装置。再将变压器顶升，拆除滑靴及钢轨，下降变压器至基础台上。

（3）卸车就位施工总结事项：

1）电动液压推杆操作时需注意主变一定程度倾斜以及滑轨就位正确，否则容易导致推杆推动困难，持续加压后钢轨断裂等完全隐患。现场施工中出现推杆加压至 80MPa 仍推动困难，最终导致钢轨断裂，现场认为主变未顶升至足够高度和推杆设备老旧为主要问题。

2）在就位过程中施工人员应始终保证保持变压器平衡，直到变压器到达预定的安装位置，如果变压器没有达到预定的安装位置，需要用千斤顶等工具慢慢将变压器调整到位置。变压器卸车推移如图 2 所示。

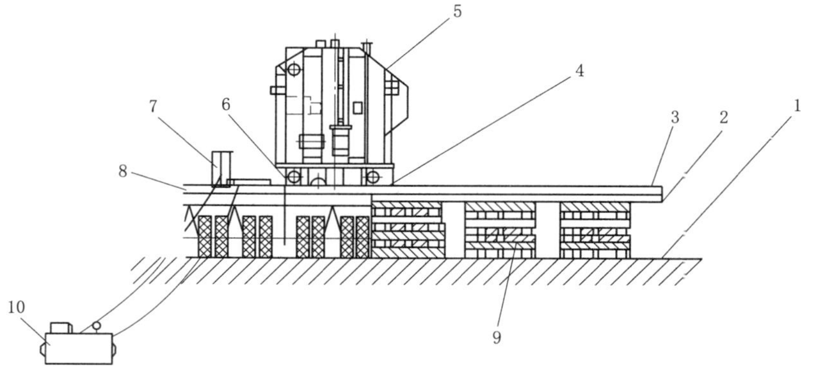

图 2　变压器卸车推移示意图

1—地面；2—钢箱梁；3—钢轨；4—被动滑靴；5—变压器；6—主动滑靴；
7—电动液压顶推器；8—汽车平板；9—枕木；10—泵站

3　变压器附件安装施工及质量控制

3.1　油枕的安装质量控制

3.1.1　安装过程

根据出厂时的标记，安装及校正油枕托架，把连接本体上的油管固定好，油枕相关附件装好之后，采用汽车吊的方式枕吊到本体顶部与油管连接好，固定在油枕托架上。

3.1.2　注意事项

（1）安装时注意托架是否倾斜，不然安装油枕后会出现整体倾斜导致与低压侧套管距离过近。

（2）压力释放阀要在完成油泄漏试验后才装上。压力释放装置的安装方向应正确，避免喷油口朝向邻近设备。

（3）套管升高座的安装质量控制。根据套管安装使用说明书对升高座和套管进行外观、尺寸及必要的试验检查，并由现场厂家人员认可，主变联合单元要求相邻主变高程差值为±10mm，其最终高程控制在高压升高座的上法兰面，注意主变就位前对高程差控制。

3.2　套管安装

（1）在高压、低压套管的安装前，应首先严格检查各套管瓷器，瓷器上有裂缝、破损均不得安装，装配前，用软布擦去表面尘土和油污，保证套管表面的清洁程度符合标准，高压套管起吊如图 3 所示。

（2）拆开高压升高座上的视察窗盖板，按图 4 所示，吊装到相应的图示位置，将 500kV 可卸式引线中的引线接头与套管下端的接线板联结好，安装后必须检查其连接可靠性，不得出现扭断和松脱现象。

（3）如图 5 所示，然后使套管继续下落就位，同时将引线多余部分送回 500kV 可卸式引线的均压管。保证均压球和套管之间的等位联线均置于均压球内部。

（4）低压套管下部接线端子与引线之间的联结如图 6 所示，接线板的导电接触面必须平整光滑。

3.3　中性点套管的安装

起吊方法如图 7、图 8 所示。在套管的就位过程中，保持套管与升高座法兰周边的间隙适当，防止碰

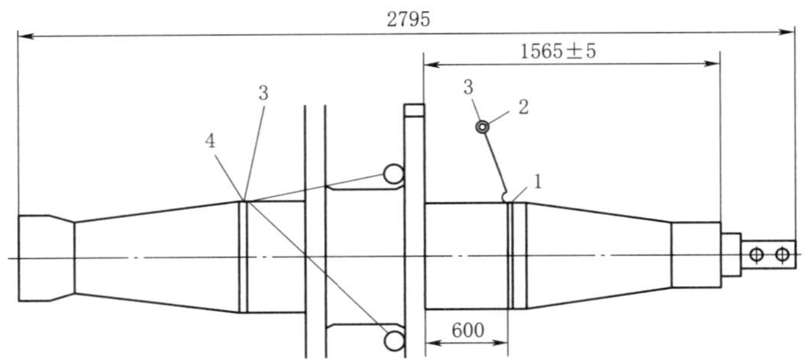

图 3　高压套管起吊示意图

1—尼龙绳套；2—手起吊葫芦；3—至吊钩；4—尼龙绳将 4 根钢丝绳绑牢

坏套管瓷件。套管垂直安装时，可使用它本身的油膨胀系统，也可通过拧去取油塞，使套管内的油与变压器相连接，变压器真空注油结束后，拧去油塞，排去套管内部的空气。

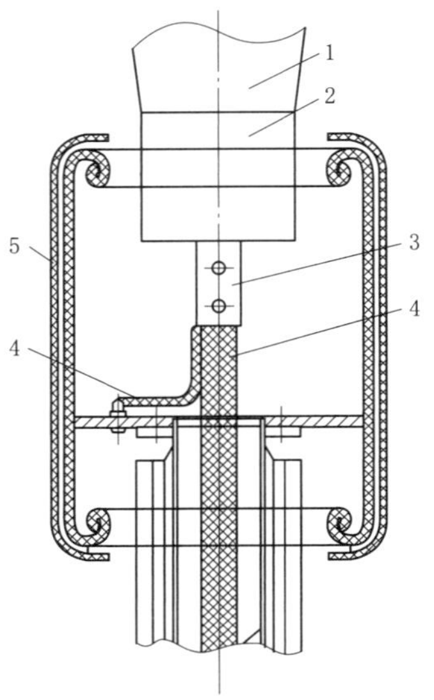

图 4　均压球与套管之间安装

1—套管瓷件；2—套管端部金属；3—接线片；4—等电位联线；5—均压球线

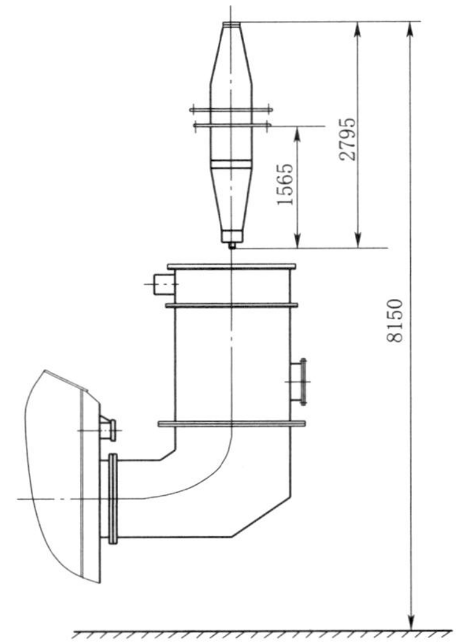

图 5　高压套管吊装示意图（单位：mm）

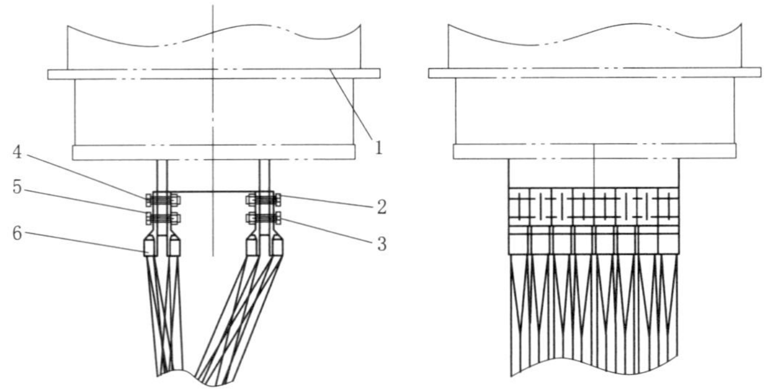

图 6　低压套管接线示意图

1—套管；2—垫圈；3—碟簧；4—不锈钢螺栓；5—螺母；6—引线

3.4　冷却系统的安装质量控制

在安装冷却系统的过程中，重点工作内容有：

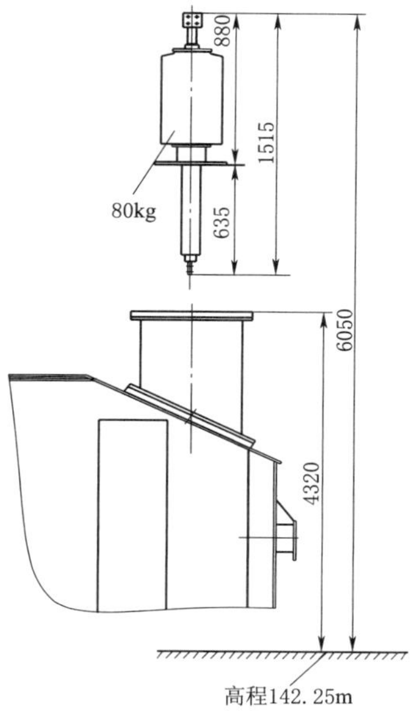

图 7　高压中性点套管吊装示意图

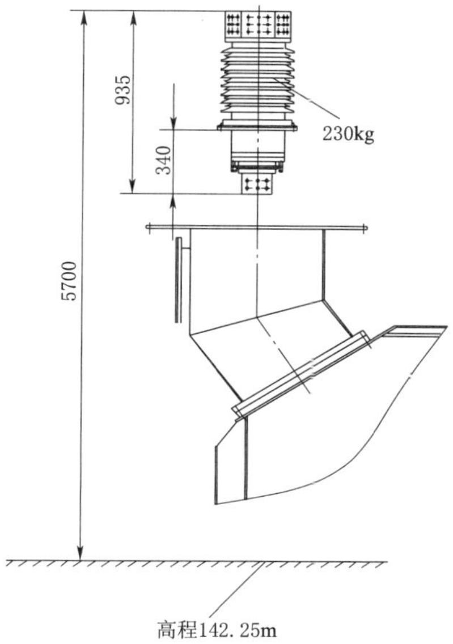

图 8　低压套管吊装示意图

（1）安装前检查保证各个阀门开闭功能正常，没有锈迹，散热片要进行反复冲洗，防止散热片中的异物进入变压器本体。

（2）对冷却系统的密封性进行测试，冷却器油回路应施加不低于 0.5MPa 的压力进行密封试验，持续 10h，应无渗漏；水压力试验压力应不小于设计压力的 1.5 倍，持续时间 30min，应无任何变形及渗漏。

4　真空注油

变压器及附件安装完毕后对变压器进行抽真空后注油，注油过程中注意事项：

（1）抽真空时真空泵启动后需实时观察气压降低速率判断主变气密性是否正常，若气压无法下降对主变螺栓加打紧力矩后继续观察真空表读数。

（2）变压器油经检验合格后才能注入变压器中，变压器油运输进厂中注意油罐破损导致的气密性降低而进入水分，从而使后续需要多次热油循环才能符合相关标准。注油后，静置时间应符合国家标准规定且不少于 72h，静置后应将变压器内的残余气体排尽。变压器油经过充分的静置时间后进行热油循环，循环后的变压器油要取样送专业机构进行化验。

5　结语

本文重点讲述了主变现场安装施工中质量管控细节问题，通过安装规程与现场实际安装经验结合，对现场出现问题与解决方案对主变安装进行总结探索优化施工方案。

参考文献

[1]　国网新源控股有限公司. 水电厂运维一体化技能培训教材：高级 [M]. 北京：中国电力出版社，2015.

[2]　华东天荒坪抽水蓄能有限责任公司. 天荒坪电站运行 20 周年总结 [M]. 北京：中国电力出版社，2018.

[3]　李浩良，孙华平. 抽水蓄能电站运行与管理 [M]. 杭州：浙江大学出版社，2013.

[4]　冯伊平. 抽水蓄能运维技术培训教程 [M]. 杭州：浙江大学出版社，2013.

某抽水蓄能电站顶轴滑转子松动分析与处理

陈弘昊[1] 李 展[2] 杨 昭[2] 裴 军[2]

(1. 南方电网调峰调频发电有限公司深圳蓄能发电有限公司，广东省深圳市 518137；
2. 南方电网调峰调频发电有限公司检修试验分公司，广东省广州市 510000)

【摘 要】 近年来，高水头、大容量、高转速抽水蓄能机组技术不断取得新的突破，在技术创新过程中发电机、水轮机也出现了一系列隐患和缺陷。本文结合某抽水蓄能电站双机甩负荷后发生的顶轴滑转子松动缺陷，系统介绍了该缺陷背景、原因分析过程及处理方案，以期为后续电站提供参考。

【关键词】 顶轴滑转子 发电电动机 抽水蓄能

1 引言

某抽水蓄能电站装机容量为1200MW，单机容量为300MW，为立轴半伞式结构，额定转速428.6r/min，其发电电动机顶轴采用聚酰亚胺薄膜的轴绝缘结构。滑转子与顶轴良好配合是机组安全稳定运行的重要条件[1-3]。在双机甩负荷试验后，该电站机组发生上导摆度增大情况，严重影响机组安全运行。

其顶轴结构主要由轴、滑转子、中间环、绝缘材料及键等组成。滑转子与中间环连接采用紧量配合，两者之间为聚酰亚胺薄膜，配合紧量（双边）为1.412～1.584mm。中间环与顶轴采用紧量配合，同时还安装切向键的结构，配合紧量为0.08～0.193mm，切向键选用紧密连接的极限偏差，其结构如图1和图2所示。

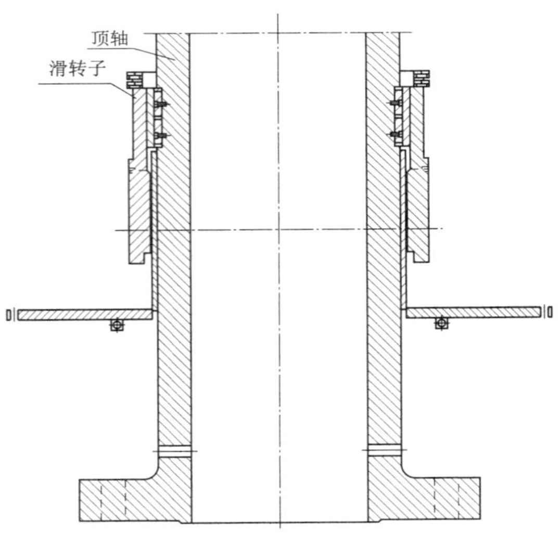

图1 顶轴示意图

图2 顶轴现场图

机组在运行过程中，在发电机轴两端产生轴电压，轴两端都接地后便会形成轴电流，为防止轴电流腐蚀轴瓦，在机组顶轴上设置绝缘层，防止产生轴电流。顶轴位置设置轴绝缘，转子下方设置轴电流互感器，互感器下端设置接地电刷，轴电流防护示意如图3所示。

2 上导摆度变大现象

该电站于安装调试期间，进行双机甩100%负荷试验。在进行双机甩100%负荷后，其中1台机组上导轴承摆度明显增大。双机甩负荷试验前，该故障机组发电空转工况上导摆度为 0.186mm；机组进行双机甩负荷 100%试验后，该故障机组发电空转工况上导轴承摆度达到 0.418mm，具体双机甩 100%负荷试验前、后发电空转况振摆数据对比如图 4 和图 5 所示。

根据该故障机组双甩 100%负荷前数据可知，上导摆度配重角 84°（264°－180°）与上机架振动配重角 256°已完全相反，相差近 180°，因此通过配重已无法同时降低上导摆度及上机架振动。同时，根据该故障机组双甩 100%负荷后机组低转速振摆情况，机组轴线需进行调整。双机甩 100%负荷试验后低转速振摆数据如图 6 所示。

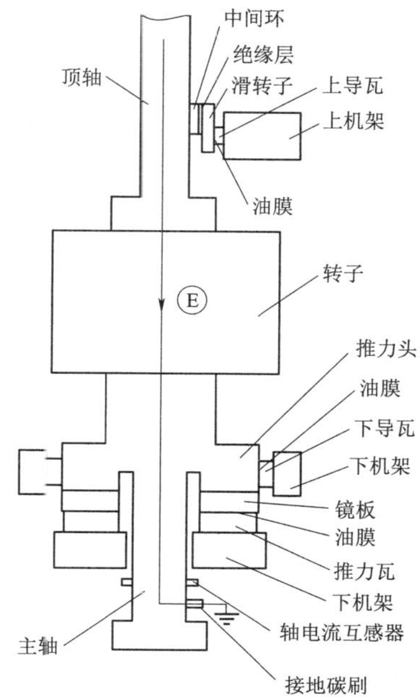

图 3　轴电流防护示意

3　原因分析

3.1　初步原因

由于该故障机组进行双机甩 100%负荷后，上导轴承摆度明显增大，故现场分别对上导瓦间隙、转子磁轭副键松动情况进行检查，同时对该机组轴系进行盘车检查。

（1）上导瓦间隙。该机组发电机上导瓦单边设计间隙为 0.25mm，对比现场测量数据，所测得总间隙基本满足 0.50mm 的设计要求，部分间隙小于 0.50mm，因此，可判断上导瓦间隙不是影响上导轴承摆度增大主要原因。上导瓦间隙数据如表 1 所示。

通道名称	通频值	1X幅值	1X相位	平均工作位置
上导X向摆度	186	72	197	1859
上导-Y向摆度	144	45	356	1935
下导X向摆度	132	21	337	1884
下导-Y向摆度	146	11	19	1929
水导X向摆度	197	45	113	1854
水导-Y向摆度	162	27	204	1742
轴向位移1	0.65	0.19	8	-1.10
轴向位移2	0.90	0.20	135	-1.23
轴向位移3	0.91	0.17	223	-1.03
上机架X向水平振动	1.27	0.74	136	-
上机架-Y向水平振动	1.12	0.72	221	-
上机架Z向垂直振动	0.79	0.17	90	-
下机架X向水平振动	1.26	0.01	38	-
下机架-Y向水平振动	1.21	0.04	5	-
下机架Z向垂直振动	1.06	0.06	205	-

（a）机组摆度

通道名称	通频值	1X幅值	1X相位	平均工作位置
尾水管出口压力脉动	0.6%	-	-	731
蜗壳差压	0.1%	-	-	8.3
尾水差压	0.0%	-	-	75.0
上机架X向水平振动	84	48	228	-
上机架-Y向水平振动	79	45	325	-
上机架Z向垂直振动	33	11	214	-
下机架X向水平振动	25	1	186	-
下机架-Y向水平振动	21	2	0	-
下机架Z向垂直振动	27	4	292	-
顶盖X向水平振动	27	5	215	-
顶盖-Y向水平振动	33	6	304	-
顶盖Z向垂直振动	31	4	177	-
定子铁芯X向水平振动	43	14	185	100Hz成分:
定子铁芯Y向水平振动	78	11	281	100Hz成分:
定子铁芯Z向垂直振动	28	1	281	100Hz成分:

（b）机组振动位移

图 4　双机甩 100%负荷试验前发电空转工况振摆数据（故障机组）

表 1　　**上导瓦间隙实测数据**

瓦号	1	2	3	4	5	6	7	8
测量间隙/mm	0.20	0.35	0.38	0.35	0.30	0.10	0.08	0.10

（2）磁轭副键松动情况。转子磁轭采用环形钢板结构，磁轭与转子支架连接，采用复合键结构，如图 7 所示，凸键与转子支架之间带有一定的紧量，在厂内安装；副键在磁轭侧切向打紧；磁轭凸键与磁轭之间加垫片，保证机组在 1.1 倍额定转速时，转子支架与磁轭不发生分离。

因此，现场对磁轭副键重新进行打紧，测量磁轭副键露出前后高度，以检查其是否松动，具体数据如表 2 所示。从测量数据分析，我们可以发现：在测量误差范围内，大部分磁轭副键均未发生松动，只有

通道名称	通频值	1X幅值	1X相位	平均工作位置
上导X向摆度	418	348	224	1698
上导-Y向摆度	423	345	316	1728
下导X向摆度	185	77	200	1826
下导-Y向摆度	199	68	301	1814
水导X向摆度	144	43	233	1868
水导-Y向摆度	113	35	299	1767
轴向位移1	0.85	0.22	4	-0.84
轴向位移2	1.08	0.35	102	-0.93
轴向位移3	1.11	0.22	230	-0.68
上机架X向水平振动	1.88	0.83	185	-
上机架-Y向水平振动	1.72	0.85	298	-
上机架Z向垂直振动	1.26	0.23	152	-
下机架X向水平振动	1.33	0.18	198	-
下机架-Y向水平振动	1.22	0.11	351	-
下机架Z向垂直振动	1.32	0.11	96	-

机组：#4机组　时间：2018-10-25 11:20:58　转速：428.5r/min　有功：-0

（a）机组摆度

通道名称	通频值	1X幅值	1X相位	平均工作位置
尾水管出口压力脉动	0.4%	-	-	734
蜗壳差压	0.0%	-	-	-0.1
尾水差压	0.0%	-	-	75.0
上机架X向水平振动	111	52	275	-
上机架-Y向水平振动	128	54	22	-
上机架Z向垂直振动	53	15	235	-
下机架X向水平振动	33	12	283	-
下机架-Y向水平振动	29	7	80	-
下机架Z向垂直振动	35	7	191	-
顶盖X向水平振动	29	4	7	-
顶盖-Y向水平振动	33	4	104	-
顶盖Z向垂直振动	34	3	358	-
定子铁芯X向水平振动	87	16	261	100Hz成分:0
定子铁芯Y向水平振动	64	14	320	100Hz成分:0
定子铁芯Z向垂直振动	32	1	240	100Hz成分:0

励磁电流：0A　工况：稳定运行

（b）机组振动位移

图 5　双机甩 100% 负荷试验后发电空转工况振摆数据（故障机组）

数据表

通道名称	通频值	1X幅值	1X相位	平均工作位置
上导X向摆度	359	371	238	1738
上导-Y向摆度	357	367	330	1763
下导X向摆度	149	149	263	1839
下导-Y向摆度	145	144	354	1830
水导X向摆度	14	9	184	1848
水导-Y向摆度	14	10	293	1864
轴向位移1	0.66	0.10	11	0.33
轴向位移2	0.90	0.14	113	0.26
轴向位移3	0.86	0.09	202	0.49
上机架X向水平振动	0.08	0.04	0	-
上机架-Y向水平振动	0.08	0.02	0	-
上机架Z向垂直振动	0.11	0.04	0	-
下机架X向水平振动	0.07	0.01	0	-
下机架-Y向水平振动	0.06	0.03	0	-
下机架Z向垂直振动	0.07	0.02	0	-

机组：#4机组　时间：2018-10-26 16:27:34　转速：63.6r/min　有功：-0.

（a）机组摆度

数据表

通道名称	通频值	1X幅值	1X相位	平均工作位置
尾水管出口压力脉动	0.1%	-	-	725
蜗壳差压	0.0%	-	-	7.1
尾水差压	0.0%	-	-	75.0
上机架X向水平振动	4	4	0	-
上机架-Y向水平振动	4	2	0	-
上机架Z向垂直振动	5	4	0	-
下机架X向水平振动	2	1	0	-
下机架-Y向水平振动	4	3	0	-
下机架Z向垂直振动	3	2	0	-
顶盖X向水平振动	3	2	0	-
顶盖-Y向水平振动	3	1	0	-
顶盖Z向垂直振动	2	1	0	-
定子铁芯X向水平振动	26	5	90	100Hz成分:0
定子铁芯Y向水平振动	27	6	270	100Hz成分:0
定子铁芯Z向垂直振动	17	2	0	100Hz成分:0

（b）机组振动位移

图 6　双机甩 100% 负荷试验后低转速振摆数据（故障机组）

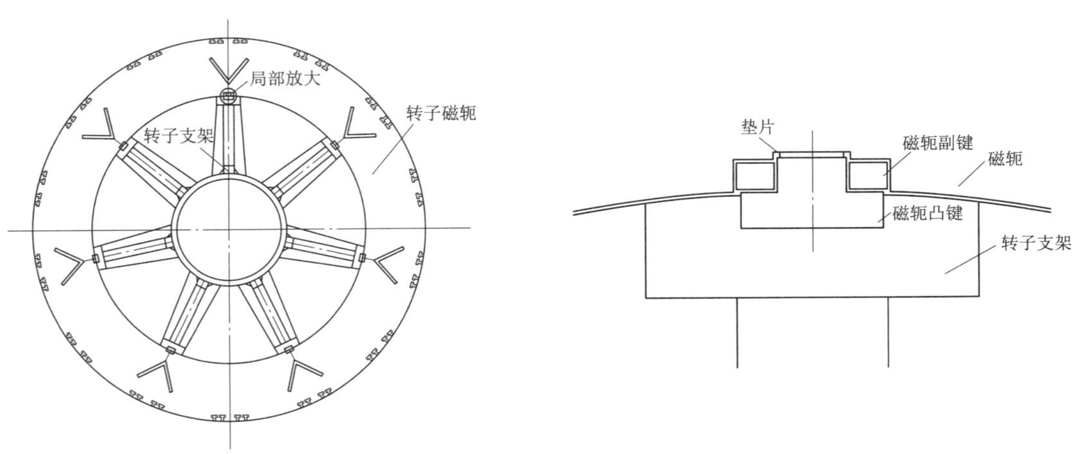

图 7　磁轭复合键结构

4 处磁轭副键发生轻微位移（大于 0.50mm），因此，磁轭副键并不是影响上导轴承摆度增大主要原因。

表 2　磁轭副键松动测量数据

立筋编号	1 号		2 号		3 号		4 号	
单位/mm	左侧	右侧	左侧	右侧	左侧	右侧	左侧	右侧
打紧前	29.30	29.29	28.00	29.40	28.95	28.89	29.85	28.00
打紧后	29.30	29.19	27.85	29.40	28.90	28.80	28.55	28.00
位移量	0.00	0.10	0.15	0.00	0.05	0.09	1.30	0.00
立筋编号	5 号		6 号		7 号			
单位/mm	左侧	右侧	左侧	右侧	左侧	右侧		
打紧前	27.90	29.35	29.10	29.75	28.00	29.70		
打紧后	27.40	29.20	29.10	29.10	28.00	29.20		
位移量	0.50	0.15	0.00	0.65	0.00	0.50		

（3）顶轴轴线（刚性盘车）。在排除上导瓦间隙、磁轭副键松动等可能原因之后，现场对机组轴线进行刚性盘车检查，同时为检查滑转子是否松动，在顶轴及滑转子各布置 8 个测点，具体百分表布置位置如图 8～图 10 所示。其中测点 1、测点 2 位于顶轴上部，测点 3～测点 6 位于滑转子，测点 7、测点 8 位于顶轴底部（测点 1、测点 2、测点 7、测点 8 为非精加工面）。在进行机组刚性盘车时，也对下止漏环中心、推力头水平及顶轴水平进行测量。顶轴刚性盘车摆度见表 3。

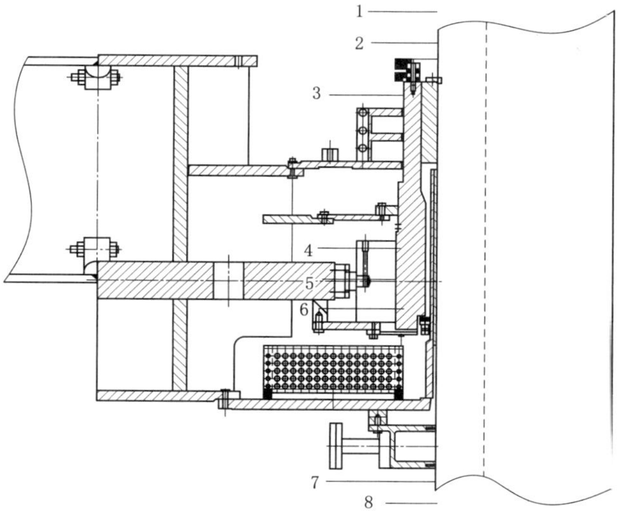

图 8　测点示意图

表 3　顶轴刚性盘车摆度

测点位置		1～5	2～6	3～7	4～8	合成摆度/mm	摆度角/(°)
全摆度/mm	测点 1	−0.11	0.06	0.20	0.22	0.228	−150.72
	测点 2	−0.16	0.00	0.14	0.24	0.226	−133.21
	测点 3	−0.13	0.10	0.24	0.26	0.276	−153.82
	测点 4	0.02	0.03	0.01	0.00	0.026	127.14
	测点 5	0.12	0.01	−0.06	−0.15	0.141	55.71
	测点 6	0.16	−0.08	−0.17	−0.21	0.226	33.89
	测点 7	0.01	0.09	0.20	0.18	0.197	−172.19
	测点 8	−0.11	−0.12	0.15	0.18	0.187	−120.85

图9 测点1～测点6

图10 测点7、测点8

从机组刚性盘车数据可以发现：上导最大全摆度为0.28mm，且不同高度（共8测点）测点摆度数据不一致，测点3～测点6均为精加工面摆度数据，但摆度值及摆度角均不相同；下止漏环中心、水导摆度、推力头水平及顶轴水平数据均满足要求。

同时，结合顶轴滑转子结构，滑转子与中间环之间存在绝缘层，存在紧量不足的可能，可初步判断顶轴滑转子松动是导致甩负荷后上导摆度增大的原因。

3.2 最终原因确定

为了确定上导摆度增大的最终原因，顶轴吊出后返回主机厂进行分解，拆除滑转子以及中间环，对绝缘层、中间环等进行检查。滑转子与中间环、中间环与顶轴之间存在两处紧量，顶轴滑转子与中间环之间采用绝缘材料确保紧量，中间环与顶轴之间采用钢对钢结构确保紧量，分别对两处紧量进行分析。

（1）顶轴滑转子与中间环紧量分析。表4、表5分别为拆卸过程中对绝缘层外圆尺寸及绝缘层厚度的测量数据，图11和图12分别为绝缘层拆卸前后外观。

表4 绝缘层外圆尺寸 单位：mm

理论尺寸	上	中	下	平均
ϕ1197.15	1196.70	1196.95	1196.53	1196.73

表5 绝缘层厚度数据 单位：mm

理论尺寸	1	2	3	测量点平均值
1.075	1.10	1.15	1.11	1.12

图11 绝缘层拆卸前

图12 绝缘层拆卸后

绝缘层厚度测量数据表明，绝缘层未发生变化，拆卸前其外观完好，未发生明显损坏。针对6050聚酰亚胺薄膜绝缘材料进行性能测试，材料的拉伸强度为160～180MPa，材料的压缩模量为340MPa。结合厂家有限元分析结果也表明：绝缘材料的强度足够，能够满足机组安全稳定运行，其计算结果见表6。

表6 绝缘层有限元分析计算结果

工况	额定工况		甩负荷工况	
位置	中间环与滑转子紧量为0.08mm	中间环与滑转子紧量为0.193mm	中间环与滑转子紧量为0.08mm	中间环与滑转子紧量为0.193mm
承受应力/MPa	21.0	21.2	72.3	81.6

（2）中间环与顶轴紧量配合分析。将中间环（带滑转子）从顶轴上拆下后，对顶轴与中间环配合表面进行检查。顶轴与中间环配合表面没有研伤现象，下端配合面配合效果略好于上端配合面，上端配合面个别位置无配合痕迹。中间环与顶轴配合面示意如图13所示，顶轴配合面如图14所示。

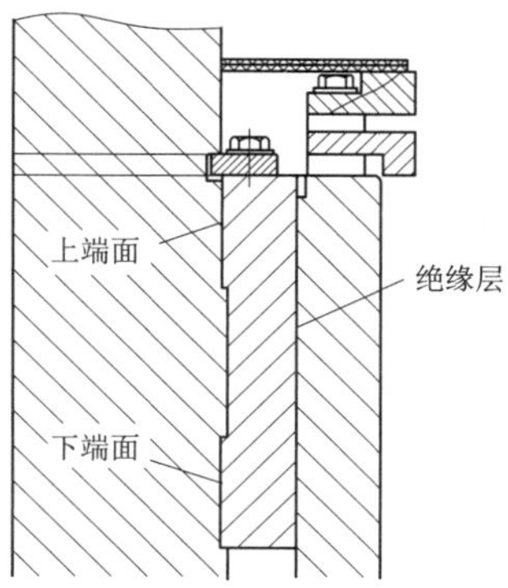

图13 中间环与顶轴配合面示意图

图14 顶轴配合面

按照配合位置进行统计，中间环与顶轴配合尺寸如表7所示。对比中间环与顶轴配合数据，我们可以发现：中间环与顶轴配合紧量偏小，局部满足图纸要求，个别位置已出现间隙，下端配合紧量比上端略好，整体紧量比图纸要求值略小。

表7 中间环与顶轴配合尺寸

位置	1-1	2-2	3-3	4-4
上环	0.18	−0.02	−0.11	−0.02
下环	0.07	−0.09	−0.13	−0.05

注 正值代表间隙，负值代表紧量

采用三维有限元法对中间环与顶轴之间的紧量进行分析计算，中间环与顶轴配合公差为0.08～0.193mm，分别按两种极端工况进行分析计算。

当中间环与顶轴紧量为0.08mm：分离面积占中间环上部接触面积40%；下部分离区域占下部接触面积15%。

当中间环与顶轴紧量为0.19mm：上部分离面积约占中间环上部接触面积的8%；下部不存在分离区域。

（3）小结。通过对上述两处紧量的分析，可以发现：上导轴承摆度增大原因在于滑转子发生松动倾斜，而滑转子发生松动倾斜主要是由于中间环与顶轴配合紧量偏小，上端面基本无紧量。机组在过速过程中，受侧向力的作用，中间环与顶轴部分位置发生了分离，从而使顶轴滑转子发生了松动倾斜，理论上停机过程中顶轴滑转子能够复位，但可能出现某个位置研死，未能恢复到原位置，导致机组轴线发生变化。另一甩负荷机组上导摆度未明显增大原因可能为：其中间环与顶轴实际配合公差正好处于上限，导致中间环与顶轴还未发生分离。

4 处理方案及效果

4.1 处理方案

根据原因分析结果，导致滑转子倾斜的原因是中间环与顶轴配合紧量偏小，因此，处理方案重点在于增加中间环与顶轴配合紧量。处理方案如下：

（1）更换中间环，中间环留有足够的余量与顶轴和滑转子进行配加工。增大中间环与顶轴的配合段长度，中间环上端配合段轴向长度由36mm，增加至90mm，下端配合段轴向长度由80mm，增加至90mm；增加中间环与顶轴的配合紧量，紧量采用双边0.30～0.35mm。

（2）拆卸后，对上导滑转子的内圆进行修复，满足形位公差要求。

（3）聚酰亚胺薄膜绝缘层减少为4层，中间环与滑转子之间的紧量保持不变，仍为1.41～1.58mm。

（4）上导滑转子热套后，对滑转子外圆进行加工修复，形位公差满足图纸要求。

4.2 处理效果

故障机组完成改造后，分别完成单机甩50%、75%及100%负荷试验，上导摆度数据在甩负荷前后无明显变化。机组甩100%负荷前后发电工况运行上导摆度数据如表8所示。

表8 机组甩100%负荷前后发电工况运行振摆数据

参　数	通频值	1X幅值	1X相位	备　注
上导 X 向摆度	69	63	14	甩100%负荷前
上导 $-Y$ 向摆度	68	62	101	
上导 X 向摆度	68	63	12	甩100%负荷后
上导 $-Y$ 向摆度	72	62	97	

其余机组均按上述方案完成改造，目前各机组运行情况稳定，振摆、瓦温数据正常。

5 结语

（1）本文详细介绍上导摆度增大原因的查找过程，合理解释了滑转子松动的根源在于中间环与顶轴配合紧量偏小。

（2）在确定滑转子松动原因之后，提出了解决方案：一是增大中间环与顶轴配合紧度；二是增加中间环与顶轴配合段长度。

（3）采用该结构优化方案后，机组上导摆度正常，证明了该结构优化方案的可靠性，也为后续类似机组提供有益借鉴。

参考文献

[1] 陆柳艳．乐滩电厂水轮发电机顶轴滑转子松动问题分析及处理［J］．红水河，2016（5）：111－114．

[2] 吕油库，覃举宋．右江水电厂2#机组上导轴承摆度不规则原因分析及临时处理措施［J］．广西水利水电，2010（5）：43－46，50．

[3] 何伟，周军长，曾玉好，等．水轮发电机下导滑转子松动原因分析及处理［J］．水电与抽水蓄能，2020，6（2）：74－76，97．

抽水蓄能电站主变压器空载合闸励磁涌流抑制分析

牛云龙　李　欣　康晓义　姜沛东　段乐乐
（河南国网宝泉抽水蓄能有限公司，河南省辉县市　453600）

【摘　要】本文分析了抽水蓄能电站主变压器在空载合闸时励磁涌流产生原因及所产生的不平衡电流对电网和设备稳定安全运行造成的危害。利用仿真工具 Simulink 建立仿真模型，根据仿真结果并结合抽水蓄能电站主变压器实际运行情况对抽水蓄能电站主变压器空载合闸时的励磁涌流抑制进行了分析。

【关键词】主变压器　空载合闸　励磁涌流

1　引言

随着电网规模的持续扩大和风力发电、光伏发电等新能源发电在电网中的比例不断增大，抽水蓄能电站在电网中起到的调峰调频作用愈发重要，作为抽水蓄能电站主设备之一的主变压器，其安全稳定运行对抽蓄电站发挥调峰调频、新能源消纳等功能起到关键作用。抽蓄电站主变压器稳定运行时空载励磁电流很小，但在变压器空载合闸时，因铁心磁通饱和等因素的影响，造成变压器产生幅值较高的冲击电流。尤其是在抽蓄电站主变压器检修期间，经过高压预防性试验后，抽蓄电站主变压器绕组铁心内存在有数量较大的剩余磁通，此时对主变压器进行空载合闸极易产生励磁涌流现象。励磁涌流其最大幅值能够达到额定空载电流 6～8 倍[1]，在抽蓄电站主变压器主保护的差动保护回路中形成明显的不平衡电流，可能造成保护装置误动作，并对后续事故分析造成干扰。

近年来国内外学者及电力行业从业人员对大型电力变压器空载合闸时产生的励磁涌流抑制进行了深入研究分析。文献［1］提出了基于变压器绕组等效电感的励磁涌流辨别方法，并在电磁仿真软件 Maxwell 中建立有限元分析模型，验证了漏磁检测对变压器初始剩磁估算的准确性；文献［2］提出了一种优于二次谐波判别方法的电流波形分布特征励磁涌流识别方法；文献［3］主要阐述了作为产生励磁涌流最主要原因的变压器铁芯剩磁的测量与削弱，并采用直流换向的方法进行快速有效的去除变压器铁芯中的剩磁，有效地减小了励磁涌流的危害。

本文首先通过铁心饱和情况下变压器空载合闸时铁心磁通的表达式，表明了变压器铁心磁通的构成以及励磁涌流衰减时长的影响因素。然后利用 MATLAB 中的仿真工具 simulink 搭建大型电力变压器空载合闸仿真模型，并对仿真结果进行频域分析。最后对常见的变压器励磁涌流抑制方法进行分析比较，提出了消除变压器铁芯剩磁是最为有效的抑制抽水蓄能电站主变压器空载合闸励磁涌流产生的方法。

2　励磁涌流产生原因及危害

2.1　励磁涌流产生原因

变压器铁芯磁通饱和是空载合闸时励磁涌流产生的主要原因[2]。以单相变压器为例分析空载合闸时铁芯中磁通的变化情况，单相变压器的绕组及铁芯结构示意如图 1 所示，其中 U_1、U_2 是单相变压器一次侧、二次侧电压；i_1 是单相变压器一次侧电流；φ 是单相变压器铁芯磁通。

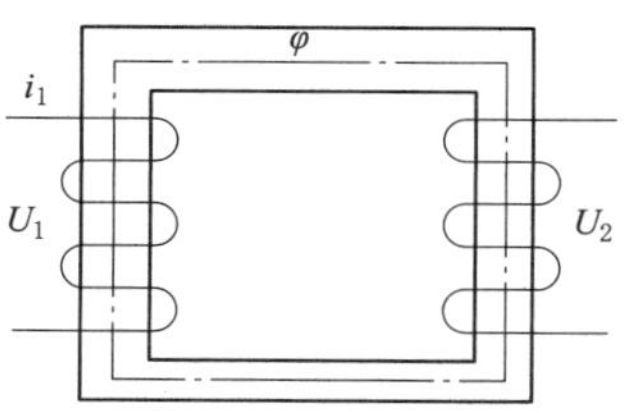

图 1　单相变压器的绕组及铁芯结构示意图

设变压器铁芯中初始剩磁为 φ_0，r_1 为变压器一次测电阻，N_1 为变压器一次侧绕组匝数，单相变压器空载合闸时，一次侧电压方程可以表示为

$$N_1 \frac{\mathrm{d}\varphi}{\mathrm{d}t}+r_1 i_1=\sqrt{2}U_1\cos(\omega t+\partial) \tag{1}$$

其中，∂ 是空载合闸瞬间电网电压相角。根据公式 $L_1=\frac{N_1\varphi}{i_1}$ 可得，将公式（1）转变为

$$N_1\frac{d\varphi}{dt}+\frac{N_1r_1}{L_1}\varphi=\sqrt{2}U_1\cos(\omega t+\partial) \tag{2}$$

对公式（2）求解微分方程可得：

$$\varphi=\varphi_1\cos\left(\omega t+\alpha-\arctan\frac{\omega L_1}{r_1}\right)+(\varphi_0-\varphi_1\sin\alpha)e^{-\frac{r_1}{L_1}t} \tag{3}$$

其中，由于 r_1 远远小于 ωL_1，所以 $\arctan=\frac{\omega L_1}{r_1}\approx\frac{\pi}{2}$，因此变压器空载合闸是的铁芯磁通表达式可以简化为：

$$\varphi=\varphi_1\cos\left(\omega t+\alpha-\frac{\pi}{2}\right)+(\varphi_0-\varphi_1\sin\alpha)e^{-\frac{r_1}{L_1}t} \tag{4}$$

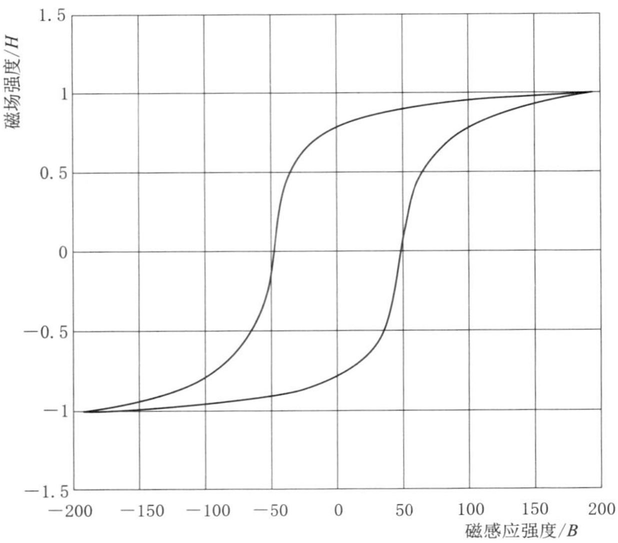

图 2 铁磁材料磁滞回归曲线

所以，由公式（4）可知，变压器空载合闸瞬间的铁芯磁通由稳态磁通 φ_1 和暂态磁通组成，暂态磁通由铁芯剩磁和合闸电压相角决定。铁磁材料因其具有高导磁率的特性，而被广泛应用于大型电力变压器的铁芯材质。除了高导磁率的特性外，铁磁材料本身还具有磁滞效应，在铁磁材料被反复磁化退磁的过程中，铁磁材料的磁感应强度总是落后于磁场强度的变化，这种现象称为磁滞效应。变压器铁芯采用的铁磁材料具有的磁滞效应导致在变压器铁芯中存在剩磁[3]。某种变压器使用的铁磁材料磁滞回归曲线如图 2 所示。

2.2 励磁涌流危害

变压器空载合闸时产生的励磁涌流危害主要由下列几点：①励磁涌流中含有大量谐波，容易对电网中其他运行设备造成谐波污染；②励磁涌流幅值较大，产生的电动力造成变压器内部油流涌动，使得瓦斯继电器误动作[4]；③在变压器绕组/铁芯及其他金属部件中产生大量的热量，减低变压器性能和使用寿命[5]；④励磁涌流造成的冲击会使得绕组间固定部件振动变大造成部件松动；⑤不平衡电流造成变压器保护装置误动作[6]。

3 励磁涌流仿真分析

3.1 励磁涌流仿真模型搭建

利用 Matlab 中仿真工具箱 Simulink 建立抽水蓄能电站主变压器空载合闸仿真模型，搭建的仿真模型如图 3 所示。

仿真模型中参数设置如下：变压器绕组形式为 Yn/D，变压器额定变比 500kV/18kV，额定容量 360MW，设置变压器初始铁心饱和，初始剩磁设置为 0.9pu（采用标幺值表示）；三相电源模块电压幅值设置为 500kV，A 相相角设置为 0°；三相断路器初始状态设置为断开，断路器动作时间设置 0s。仿真工具 simulink 仿真算法设置：仿真

表 1 仿真模型中变压器参数设置

变压器参数名称	参数值
高压侧等效电阻	0.6439Ω
低压侧等效电阻	0.0012269Ω
励磁电阻	503.125Ω
励磁电感	99.462L
空载电流	9.2376A

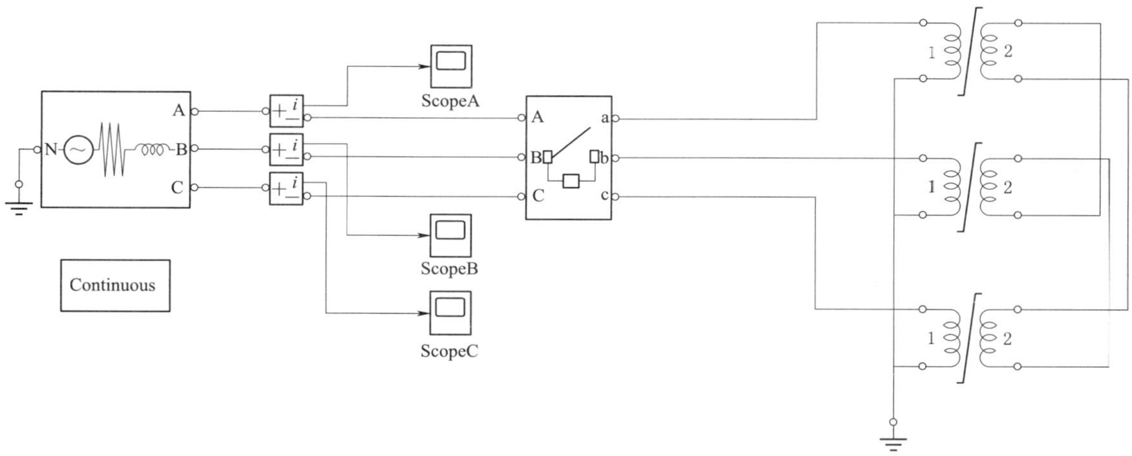

图 3　变压器空载合闸仿真模型图

采用 ode23t，仿真时间设置为 1.0s。根据华中地区某大型抽水蓄能电站主变压器实际参数设置仿真模型中变压器参数见表 1。

3.2　仿真结果分析

根据 3.1 节所搭建的变压器空载合闸仿真模型及仿真参数设置，变压器空载合闸三相电流波形如图 4 所示。

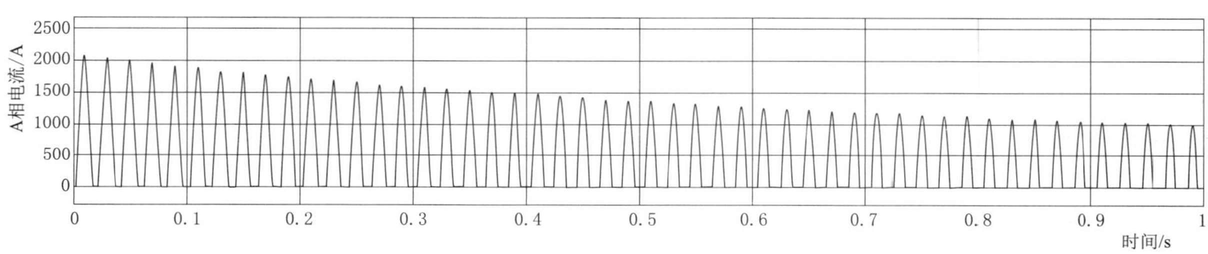

（a）变压器A相电流波形图

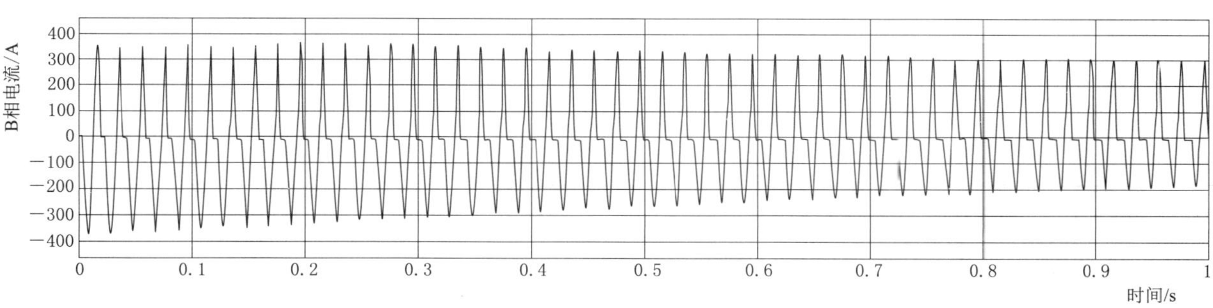

（b）变压器B相电流波形图

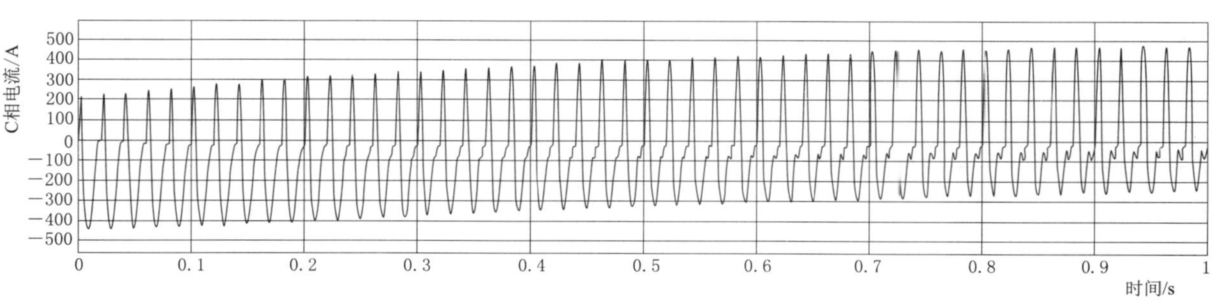

（c）变压器C相电流波形图

图 4　变压器空载合闸三相电流波形图

由图 4 所示可知，当变压器空载合闸时发生励磁涌流。①变压器三相电流波形将会产生明显的畸变；②电流幅值相比于变压器正常空载电流幅值将会大幅增大；③变压器三相电流波形明显偏向时间轴一侧，且三相电流波形出现明显的间断；④B、C 两相电流幅值相对于 A 相电流幅值较小，且分布于时间轴两侧，出现了对称性励磁涌流。利用电力系统分析工具 Powergui 中的快速傅里叶变换（Fast Fourier Transform）对 A 相电流波形就行频谱分析，分析结果如图 5 所示。

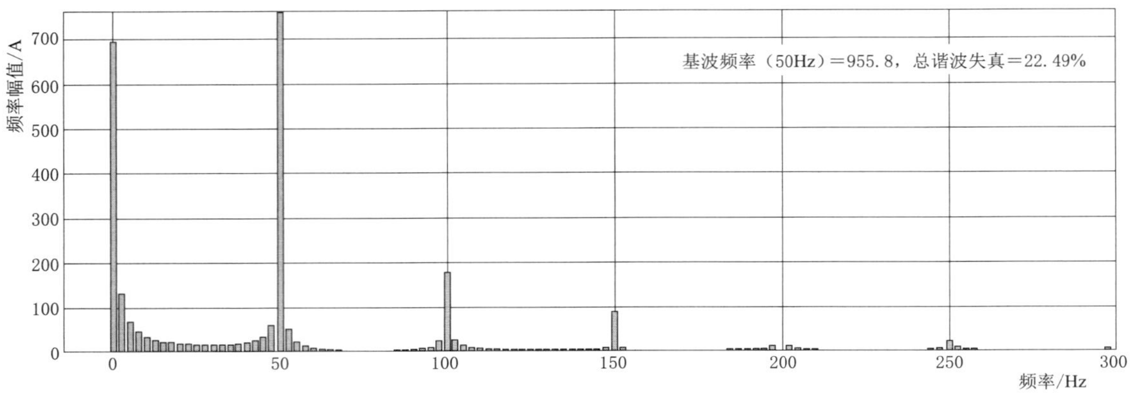

图 5 A 相电流波形频谱分析

由图 5 可知，发生 A 相电流信号的总谐波失真（Total Harmonic Distortion）达到 22.49%，其中直流分量、二次谐波、三次谐波含量比例较大，直流分量幅值 695.9A、二次谐波幅值 176.6A、三次谐波幅值 88.81A。由本文 2.1 节公式（4）可知，合闸瞬间电网电压相角对于变压器铁芯磁通具有较大的影响，为研究分析不同初始合闸电网电压角度情况下，变压器空载合闸时励磁涌流情况，在仿真模型中改变三相交流电源 A 相的合闸角度。不同初始合闸角三相电流峰值见表 2。

表 2 不同初始合闸角三相电流峰值表

合闸初始角度/(°)	A 相电流峰值/A	B 相电流峰值/A	C 相电流峰值/A
0	2230.2	443.2	479.3
30	2146.0	1013.0	410.4
60	1731.1	1671.1	368.3
90	1086.2	2086.0	398.4
120	379.8	2172.2	1720.3

由表 2 可知，由于电网正常运行时电压和变压器绕组的三相对称性，因此变压器空载合闸电网电压初始角度不管如何，变压器三相均会出现幅值较大的励磁涌流[7]。因此改变变压器合闸初始电压角度并不能很好的较少合闸瞬间变压器铁芯的初始磁通，因而对于抑制变压器空载合闸励磁涌流的产生起不到很好的作用。

通过改变仿真模型中变压器铁芯初始剩磁的大小，以 A 相为例，分析不同初始剩余磁通情况下，A 相电流幅值大小及直流分量幅值。具体分析结果见表 3。

表 3 不同初始剩磁 A 相电流幅值及总谐波失真表

初始剩磁/标幺值表示	A 相电流幅值/A	直流分量幅值/A
0.1	1110.0	277.8
0.3	1352.0	361.4
0.6	1716.0	515.2
0.9	2230.0	695.9

由表3可知，随着变压器铁芯初始剩磁量不减少，励磁涌流带来的绕组电流幅值增大和直流分量增大将会减少，减少变压器空载合闸前铁芯的初始剩磁是抑制变压器励磁涌流产生的有效方式方法。

4 结语

由变压器铁芯磁通计算公式及 Simulink 仿真结果可知，抽蓄电站主变压器空载合闸时，导致励磁涌流产生的原因主要有：一是变压器绕组铁芯存在剩磁；二是变压器空载合闸时电网电压相角。由于抽蓄电站主变压器空载合闸时电网电压相角不可控性和电网电压三相对称性，改变空载合闸瞬间电网电压合闸角度不易实现且无法有效抑制抽蓄电站主变压器励磁涌流的产生，通过消磁机等消磁方法减少变压器铁芯初始剩磁就成为减少变压器空载合闸励磁涌流产生最直接有效的方法。

参考文献

[1] 孔颖硕. 变压器励磁涌流分析与抑制方法研究 [D]. 南京：东南大学，2015.

[2] 王雪，王增平. 基于波形时域分布特征的变压器励磁涌流识别 [J]. 电工技术学报，2012，27 (1)：148-154.

[3] 戈文祺. 电力变压器铁芯剩磁的仿真、测量与削弱 [D]. 天津：河北工业大学，2014.

[4] 赵永彬，陆于平. 基于磁通对称特性的变压器励磁涌流判别新算法 [J]. 电工技术学报，20C7，22 (12)：66-71.

[5] 边铁. 基于希尔伯特黄变换的变压器励磁涌流识别新原理 [D]. 保定：华北电力大学，2009.

[6] 张小钒，兰生. 变压器励磁涌流的识别方法综述 [J]. 电气开关，2016，54 (3)：1-6.

[7] 李富强，刘秀成，李东霞，等. 基于虚拟磁通与差动电流特性识别变压器励磁涌流 [J]. 电力系统自动化，2004，28 (23)：45-49.

宝泉抽水蓄能电站1号机定子线棒端部绝缘垫块松动原因分析及处理

康晓义　蔡元飞　霍献东

（河南国网宝泉抽水蓄能有限公司，河南省新乡市　453636）

【摘　要】发电机定子垫块在机组运行中用于防止定子线棒振动、下沉、变形，在保障定子安全稳定运行方面起着重大作用。本文从宝泉公司发现1号机组定子端部垫块松动故障着手，就故障原因、处理工艺研究以及后期事故防控等方面逐次展开深入细致的论述，对于同类型发电机组定子端部垫块的处理有较大的借鉴意义。

【关键词】蓄能电站　定子　端部垫块　松动　处理工艺

1　引言

宝泉抽水蓄能电站位于河南省辉县市薄壁镇，全厂安装4台单机容量为300MW的立轴单级混流可逆式水泵水轮发电机组，总装机容量1200MW，属日调节纯抽水蓄能电站。在电网中承担调峰、填谷、调频、调相及事故备用等任务。

宝泉公司定子绕组采用单匝、双层叠绕组，每个线棒应采用罗倍尔换位方式，以减少附加损耗和股间温差，为了防止定子绕组下沉，在上端部每隔6个绕组设置一块防沉垫块；为了防止槽楔移动，在每个绕组上、下端部都设置有一个略短的槽楔，并进行绑扎；为了保持同层绕组上、下端部之间的距离，每2个绕组之间均匀地分布3个垫块；另外在全部绕组上端部设置有两根绑箍，防止绕组由于离心力的作用径向移动。各类垫块保证了定子绕组在频繁起动和各种工况下以及非正常运行情况下不产生振动、位移和变形。

2　缺陷概述

2017年9月，宝泉公司在1号机组C级检修期间，对发电机定子检查时，发现线棒端部绝缘垫块存在11处松动、位移和脱落现象。其中，1处防沉垫块位移，3处斜边垫块脱落，7处斜边垫块绑带松动，详情如图1所示。

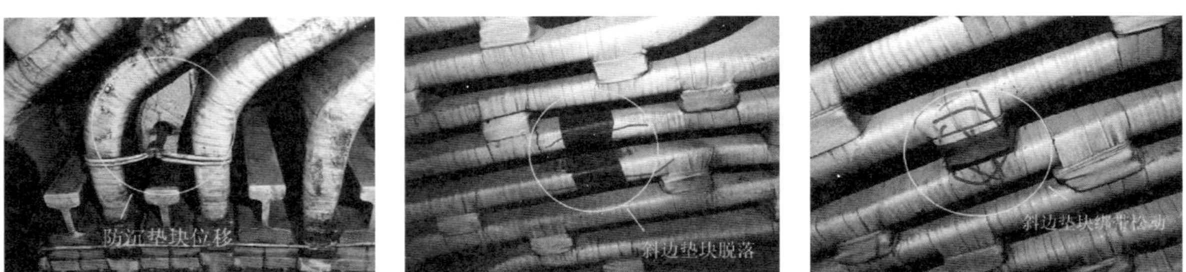

图1　缺陷垫块照片

对松脱的绝缘垫块进行进一步检查发现：个别的间隔垫块在去除绑扎带后是活动的，与线棒存在间隙；个别聚酯毡无浸渍树脂痕迹；拆下的绑扎带大部分未充分浸渍树脂，甚至根本未浸渍树脂；部分绝缘垫块处存在树脂流出现象。

3　故障原因分析

根据现场检查情况来看，垫块松动因素有如下几种：①发电机定子绕组安装期间，间隔垫块厚度与线棒之间的间隙不匹配，安装不紧；②个别的聚酯毡在安装时，没有浸渍树脂；③间隔垫块绑扎带上的树脂没有充分浸渍透，强度不够；④树脂的配比不正确，导致绑扎带固化状态不完全，有流胶现象。以上因素导致绝缘垫块在发电机启动运行过程中在定子线棒振动作用下出现松动，在此过程中由于绑扎带没有充分浸渍树脂或绑扎带固化不完全，最终垫块将绑扎带切断或挣开，形成了我们看到的情况。而本次故障的根本原因应根本原因为施工工艺不良。

定子端部垫块松动会诱发定子线棒的振动、下沉等问题，进一步发展会引起严重的电气事故。文献［1］中近年各种数据表明，由于定子绕组端部振动而造成固定件松脱、绝缘磨损或线棒疲劳引起绝缘击穿的事故多有发生。本次发电机定子绝缘垫块松动发现比较及时，线棒还未收到损坏，但必须尽快处理。

4 缺陷处理及工艺

定子线棒绝缘垫块的处理工艺直接关系到定子运行安全，所以对定子绝缘垫块的绑扎工艺有着极高的标准要求。国内因为绑扎工艺不良导致定子运行缺陷的故障比较普遍，例如文献［2］提到的定子端部电晕故障，就是因为该型号机组斜边垫块存在绑扎未完全按照工艺要求实施，在绑扎的玻璃纤维带边缘与线棒表面、斜边垫块之间存在大量气隙，且绑扎的玻璃纤维带存在扭曲、开口、边缘翘起的现象，在复杂的高电场作用下，尖端毛刺更容易形成局部畸变强电场，从而更易造成斜边垫块处产生电晕现象。为做好本次缺陷处理，具体处理工艺工序介绍如下。

4.1 定子清扫

用带电清洗剂对定子表面及通风沟槽等部位进行全面清扫，确保表面无污物残留。

4.2 定子绕组端部垫块处理

4.2.1 标记

间隔垫块脱落和即将脱落处，必须重新安装，用粉笔或油性笔标记。

4.2.2 定子铁芯和绕组的防护

为防止被半导体树脂或漆污染，在拆除间隔垫块和绑扎带之前，定子线棒及其端部、绝缘盒应遮盖起来。

4.2.3 恢复间隔垫块

恢复间隔垫块首先应在所有已经确认要改善的间隔垫块，拆除玻璃丝带，可用凿子帮助拆除玻璃丝带，但应掌握不能损伤线棒绝缘；尽可能直接打开玻璃丝带；取出间隔垫块，去除留在线棒上的玻璃纤维拆除即将脱落的间隔垫块；拆除玻璃丝带并打磨表面至光滑。其次需对垫块表面进行制备，线棒表面用手工打磨光滑，如图 2 所示；有外部边缘应打磨光滑，制备完成如图 3 所示；表面的防电晕带应轻微打磨；间隙太大应使用 LL16 漆或有半导电胶泥的玻璃丝带进行填充并在下一步工作前打磨光滑，如图 4 所示。

图 2 表面手工打磨处理

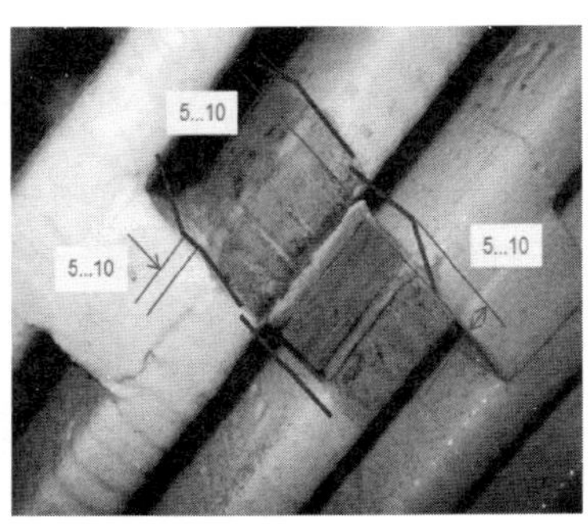

图 3 表面制备完成

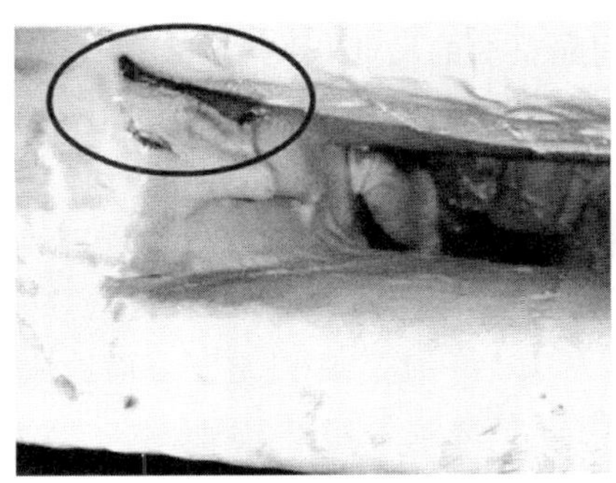

图 4 间隙太大的部位

制备完成后，需根据每一处情况来调节间隔垫块的厚度。垫块调整用一层聚酯毡，应很容易用手塞入（不用手锤），如图 5 所示；如果需要，用刀将间隔垫块剥开，减薄间隔垫块的厚度，如图 6 所示。在此过程中应注意：垫块表面覆盖有半导电漆，由于剥开后须重新涂刷可导致的厚度不足，可用不同厚度的垫片来增加垫块的厚度，如图 7 所示。

图 5　聚酯毡调整

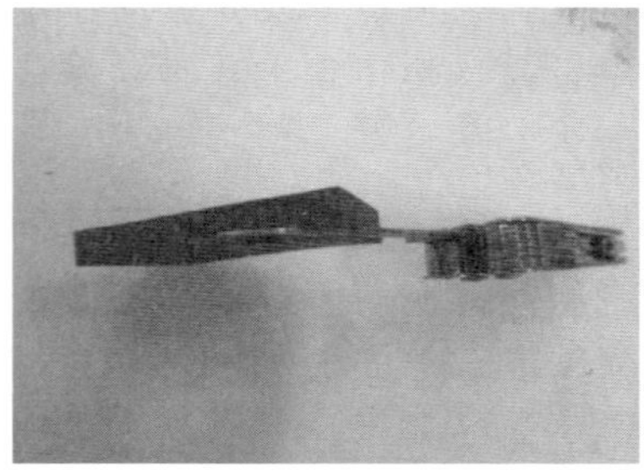

图 6　间隔垫块切割

图 7　不同厚度的间隔垫块

间隔垫块的厚度调整后，将进入安装间隔垫块工序，此时应按下列流程开展：①按标准配制 EP214，同时要经常搅拌避免沉淀；②在 EP214 中浸泡聚酯毡大约 10min，如图 8 所示，期间要揉捏聚酯毡，用手挤出聚酯毡上多余的树脂，并以 U 形裹包在垫块上，塞入线棒端部中间。为确定聚酯毡是否被浸泡透，可取一块聚酯毡在中间切开，断面应没有白色。如果垫块采用多于一块，在塞入时会有错位的潜在危险，会引起尖角，因此垫块必须在线棒中重新排列整齐。需特别注意，间隔垫块不可以在任一侧上伸出，在安装之后它必须与线棒齐平，如图 9 所示。

间隔垫块安装完成后就进入了垫块绑扎环节，为保证垫块绑扎质量绑扎间隔垫块必须在聚酯毡内的半导电树脂固化前完成，可先用干净的玻璃丝带进行预绑扎以确定玻璃丝带的长度，用绑扎带来缚住间隔垫块，绑扎用 0.30mm×20mm 玻璃丝带，包起始第一层时应尽量重叠，随后半叠包，使用穿针围绕线棒绑扎，玻璃丝带必须拉紧，绑扎时半导电树脂能涂刷在玻璃丝带的两面，使绑扎前的玻璃丝带应完全浸透，如图 10 所示。

图 8　浸泡聚酯毡

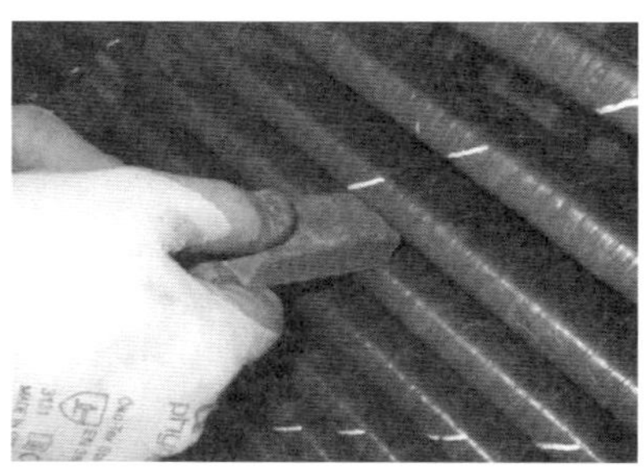

图 9　间隔垫块安装

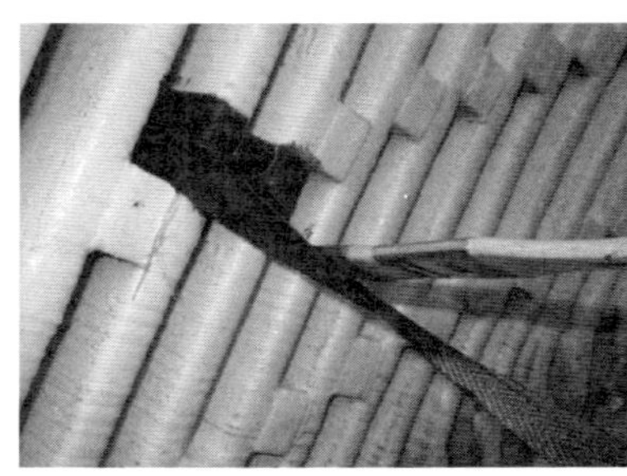

图 10　玻璃丝带绑扎

绑扎玻璃丝带时应保证没有漆瘤或皱褶，线棒表面必须平整。垫块必须用玻璃丝带完全覆盖。根据间隔垫块的尺寸，在到下一步之前必须重叠 1～2 层，40mm 宽的垫块至少需要 3 层。绑扎完成后，清洁半导电树脂的所有残留物，如图 11 所示。

在环氧树脂的固化期间（环氧树脂应该是黏性的，但不完全硬化），必须剪掉过量的玻璃丝带。在环氧树脂固化后（至少 24h），绑带应用砂纸打磨平滑。去除玻璃纤维带上的尖端，以防止伤手和定子绕组上的可见放电。打磨完成后应是一个平滑面，最终效果如图 12 所示。

最后一道工序是定子表面涂漆。涂刷 GK128 表面底漆，室温固化 24h。涂刷 DK222 表面漆室温固化 24h，最终效果如图 13 所示。

4.2.4　修后试验

为了确保定子垫块处理质量，在修后开展定子绕组绝缘电阻、直流耐压和泄漏电流以及转子绕组的绝缘电阻，同时开展了定子端部振动模态试验以判断线棒固有频率是否避开两倍工频的共振区，留存模态试验结果供后期试验比照。

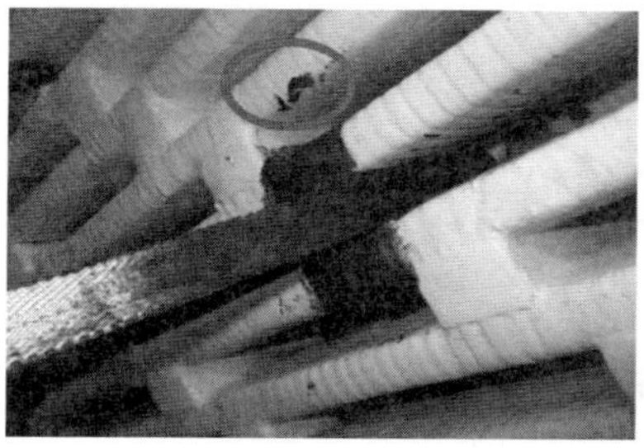

图 11 清除所有树脂残留物

图 12 重新绑扎完成后的间隔垫块

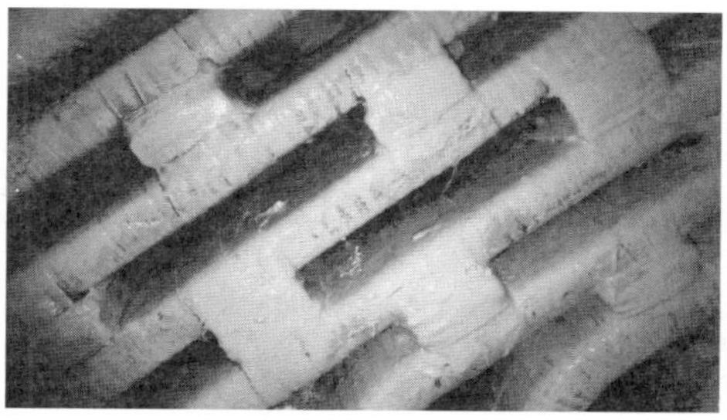

图 13 表面涂漆完成后的定子线棒

5 结语

定子线棒端部垫块在定子安全稳定运行中有着非常重大的作用，定子线棒端部垫块如果出现松动会导致定子线棒振动加剧，诱发线棒产生低频振动，导致主绝缘损坏、线棒变形等问题，而垫块松脱还可能划伤定转子绝缘导致重大电气设备事故发生，考虑到抽水蓄能电站同时具备发电和抽水双重功能，对定子线棒的可靠固定提出了更高的要求，所以设备投运后电厂运维人员应定期开展定子线棒垫块紧固情况检查，及时发现并处理松动的垫块，同时，应加强主机设备相关安装及检修工艺的培训和施工质量的管控，确保设备安装及检修后质量优质，符合设计要求。

参考文献

[1] 黎帅，童浪兴．发电机定子端部支架及绑扎松动的原因分析和对策［A］．江西省机电工程学会．2012年江西省机电工程学会年会论文集［C］．江西省电机工程学会：江西省电机工程学会，2012：4.

[2] 李燕敏，刘绍勇．某电站大型水轮发电机定子端部电晕分析及处理［J］．水电与新能源，2018，32（12）：50－52，67.

浙江长龙山抽水蓄能电站1号主变压器首次启动试验概述

韦志付　方军民　何张进　吴军锋　李栋梁

（国网新源华东天荒坪抽水蓄能有限责任公司，浙江省安吉县　313302）

【摘　要】主变压器启动试验是投用前最重要的试验项目，本文详述浙江长龙山电站1号主变及其附属一次、二次设备系统方式、试验流程安排、试验项目、试验结果等内容，针对试验过程中的经验和教训进行总结和分析，为类似项目主变压器启动提供可供参考的项目组织和实施的工作思路。

【关键词】主变　冲击　核相　保护校验

1　引言

浙江长龙山抽水蓄能电站位于浙江省安吉县境内，全厂共配置6台主变压器（以下简称主变），均为保定天威保变电气股份有限公司生产。主变压器采用420MW、（525±2×2.5%）/18kV、三相、50Hz、强迫油导向循环水冷、双绕组、铜线、无载调压升压变压器。对于新建设备，需通过启动试验检验一次、二次设备性能，如保护极性校验和核相、保护带负荷校验、主变空载冲击等。

2　主变启动准备工作

主变启动前，已完成1号电缆线、1号主变及其所属的一次、二次设备建设工作。同时完成1/2号主变5001开关一次通流试验及保护联动试验，以及1号主变绝缘油试验，测量主变绕组及套管直流电阻，校核主变分接头电压比，测量主变铁芯及夹件绝缘电阻，测量主变绕组、套管绝缘电阻、吸收比或激化指数，主变中性点及低压侧绕组交流耐压试验，主变绕组变形监测，主变绕组及套管长时感应电压等试验均已完成。

同时，主变启动前相关管理规程、规范已完成编制及印发，如完成《主变》《主变保护》《高压电缆》等规程，及主变着火和生产经营区域火灾等预案的编写、发布工作。另外1号主变及其附属设备、1号电缆线等典型操作票编写及1号主变相关区域设备命名及贴牌等先期工作均已完成。

3　主变启动前设备状态调整

本次1号主变启动工作包括1/2号主变5001开关，500kV 1号电缆，1号主变及其一次、二次设备。如图1所示，500kV母联5012开关、长妙线5051开关、龙妙线5052开关、长妙5P01线路、龙妙5P02线路间隔的站内设备、500kV Ⅰ母，500kV Ⅱ母为已带电设备。500kV 2号电缆，500kV 3号电缆，1号机及其相关附属设备，1号厂变，1号SFC不在本次启动试验范围内，需可靠隔离。另外，主变冷却水系统、主变消防水系统涉及在建设备，也需做隔离措施。隔离情况如下：

一次部分，500kV侧：3/4号主变5003开关、5/6号主变5005开关均改为检修状态；2号主变高压侧50026闸刀拉开，2号主变高压侧500267地刀合闸；同时500kV 2号、3号电缆地面侧快速地刀5003317和5005317合上并锁上。1号主变低压侧：1号机被拖动闸刀SBI11拉开；1号机电气制动开关EBB01拉开；启动母线Ⅰ段地刀EI717合上，1号励磁变低压侧开关ECB01拉开并摇至隔离位置。为防止试验设备上的地刀，如1号主变低压侧地刀、2号主变高压侧地刀、500kV高压电缆线快速地刀等误合，已将这些地刀和快速地刀锁于分位。

另外，因全厂机组处于在建状态，无法做零起升压试验，为带负荷校验1号主变差动保护、1号电缆短线保护、500kV母差保护（1/2号主变5001开关CT部分），在1号主变低压侧1号发电机组分支、1

号主变低压侧1号厂变分支、1号主变低压侧1号SFC分支分别临时接入电容器，负荷共计36.0MVar。同时执行以下措施：拆除1号发电机定子出口软连接原电缆，拆除SFC1 1号机侧输入开关ICB81输出侧原电缆，拆除1号厂变开关SCB01输出侧原电缆，且将所拆除电缆三相短路并可靠接地，并将该区域封闭。

主变冷却水系统隔离情况：1号主变冷却水包括空载冷却水和负载冷却水，负载冷却水取自1号机技术供水系统，1号主变与2号主变空载冷却水系统共用3台空载冷却水泵。主变冷却水排至本机组尾水侧或其他机组尾水侧。因1号机尚处于建设期，1号主变启动后处于空载状态，做以下隔离措施：关闭1号主变冷却器负载冷却水隔离阀；关闭2号主变空载冷却水进口阀；关闭1号主变冷却水排水阀（排至其他机组侧）。

主变消防水系统隔离情况：主变消防供水取自全厂公用供水系统，与2号～6号主变、1号SFC输入/输出变压器共用一条输水管路。因2号～6号主变、1号SFC输入/输出变压器处于建设期。故作下列隔离措施：关闭1号SFC输入变水喷雾灭火雨淋阀进水隔离阀；关闭1号SFC输出变水喷雾灭火雨淋阀进水隔离阀；关闭1/6号机水喷雾灭火供水环管1/2主变隔离阀。

同时需执行二次安全措施，防止其他设备的安装调试工作引起保护误动，影响本次试验。如将1号主变保护跳1号机回路解除，2号主变高压侧CT回路短接，1/2号机组保护跳5001开关回路解除等措施。

主变启动试验前一天，以上安全措施全部完成，并将1/2号主变5001开关改为冷备用状态，1号主变改为冷备用状态，1号电缆线保护、1号主变保护均改为跳闸状态，5001开关保护停用状态。

4 主变启动试验实施

4.1 1号主变首次充电

试验前将长龙山电站500kV母联5012开关、1/2号主变5001开关过流保护执行临时定值，时间为0.1s，作为试验系统的保护，将龙妙线5052开关改为冷备用、500kV母联5012开关改为热备用（500kV Ⅱ母停役）。第一步将1号主变改为运行，再将1/2号主变5001开关从冷备用改为500kVⅡ母热备用，即50013、50012闸刀合闸。同时将5001开关母差流变端子分别恢复接入500kV第一套母差和第二套母差回路。

第二步通过500kV母联5012开关由500kVⅠ母对500kVⅡ母充电，然后通过1/2号主变5001开关对1号主变首次充电。5001开关合闸约49ms后跳闸，1号主变首次充电录波图如图2所示。

现地检查分析，系主变启动前保护传动试验时，500kV 1号电缆线差动保护地上A柜锁存继电器K11励磁，且未及时复归，导致5001开关合闸约49ms后跳闸。

原因分析：1/2号主变A组保护或1/2号主变B组非电量保护动作开入（地下），地面B01/B02或B05/B06开出跳5001开关线圈1信号，K101/K102或K105/K106励磁，如图3所示。

K101/K102或K105/K106励磁后，锁存继电器K11励磁并保持（需手动复归），如图4所示。

锁存继电器K11励磁后保持常励（需手动复归），跳闸压板21CLP1/21CLP2/21CLP3投入后，出口跳5001开关A/B/C相跳圈，如图5所示。

手动复归锁存继电器K11，其他检查无异常，再次通过1/2号主变5001开关对1号主变充电，1号主变充电正常，如图6所示。

1号主变充电成功，对1号主变本体及其附属设备，1号电缆线检查均正常。

4.2 同电源核相

此时1号主变已带电，且属于同电源。1号主变启动前，500kV地面GIS设备已完成启动并正常运行。因此在本次同源核相时，以500kV Ⅰ母PT为基准，分别校核1号电缆地面侧PT、1号电缆地下侧PT相位，然后再以1号电缆地下侧为基准，校核1号发变组保护故障录波器相位。同电源核相接线原理如图7所示，以A相为例，用万用表分别测量Ⅰ母母设柜500kV Ⅰ母PT绕组1与待核采样电压之间的电压差，来推算待核采样电压的相别，若电压差幅值为零，则被此待核采样电压的相别为A相。

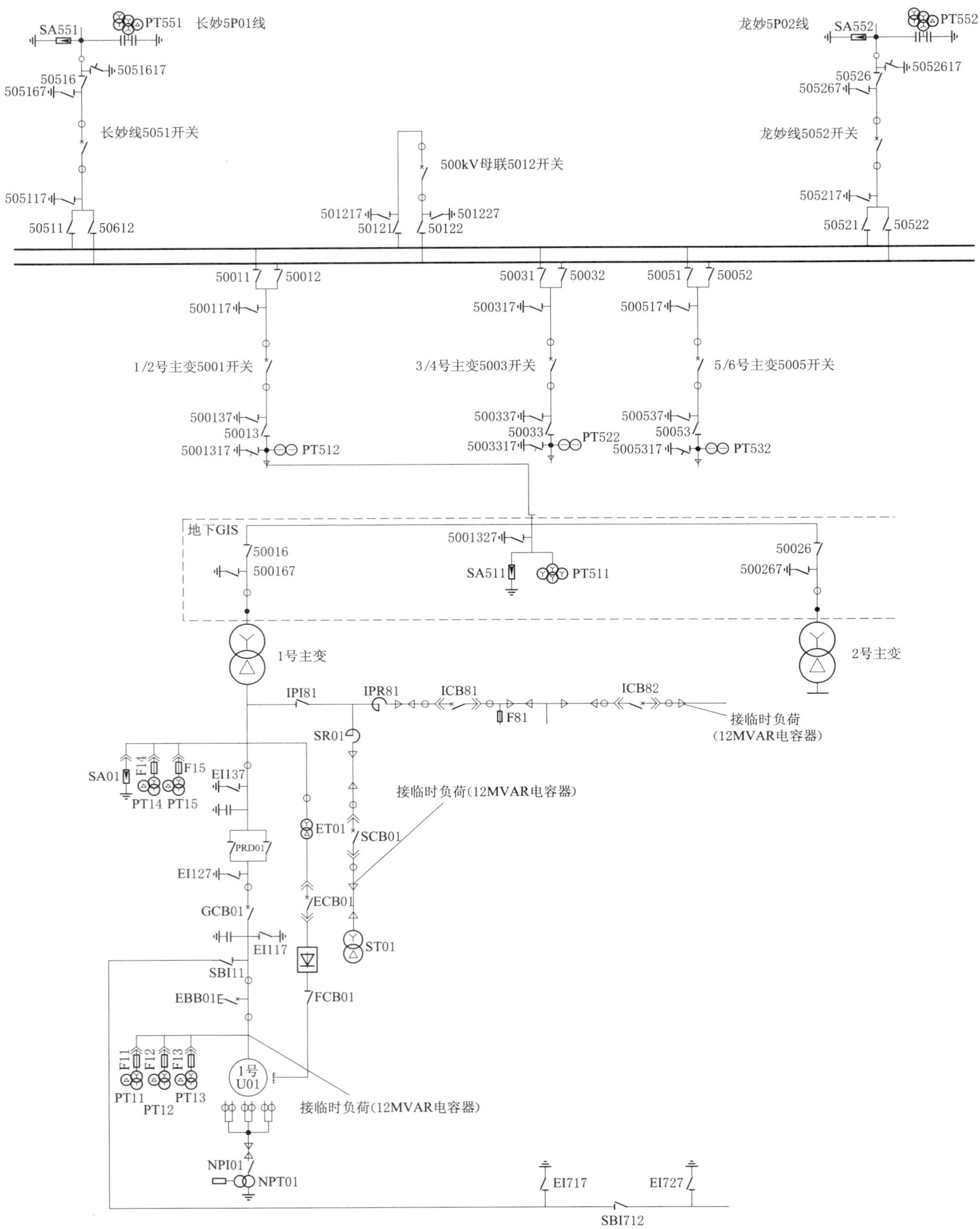

图 1　1 号主变一次部分隔离情况

部分测量数据见表 1，500kV Ⅰ母母设柜 PT 绕组 1 采样电压 A 相与 1 号/2 号发变组地下联合单元就地控制柜采样电压 A 相的电压差为 0V，则 1 号/2 号发变组地下联合单元就地控制柜采样电压 A 相的相位正确。500kV Ⅰ母母设柜 PT 绕组 1 采样电压 A 相与 1 号/2 号发变组地下联合单元就地控制柜采样电

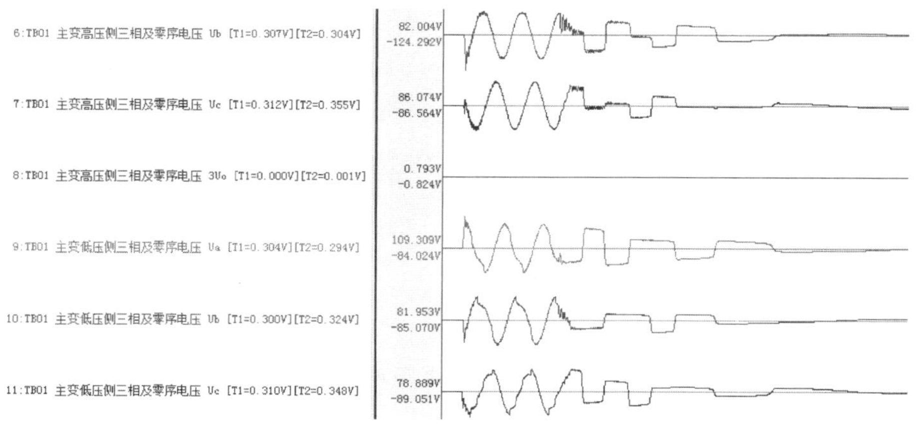

图 2　1 号主变首次充电录波图

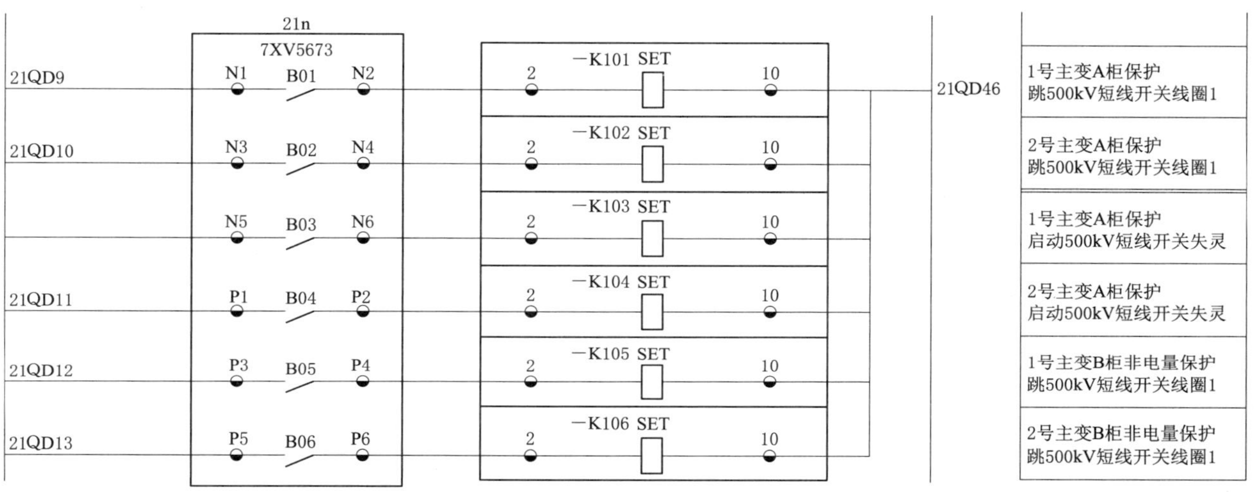

图 3　1 号短线保护原理图（1）

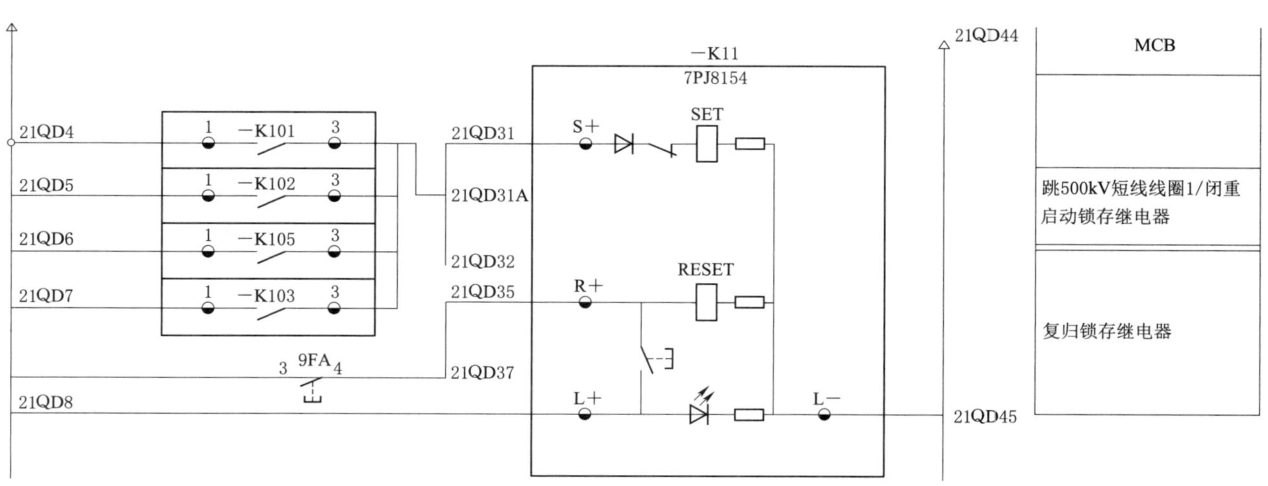

图 4　1 号短线保护原理图（2）

压 B 和 C 相的电压差为 102V 左右，与 1 号/2 号发变组地下联合单元就地控制柜采样电压差为 59.16V，符合相电压与相间电压的比例关系，进一步验证了 1 号/2 号发变组地下联合单元就地控制柜采样电压 A 的相位正确。

通过同样方法，判断 500kV 1 号电缆地面侧、500kV 1 号电缆地下侧、主变低压侧采样电压的相位均

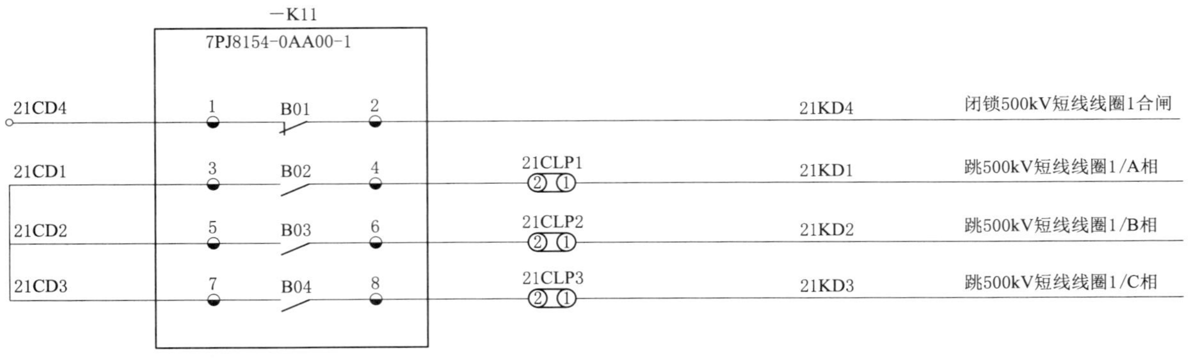

图 5　1 号短线保护原理图（3）

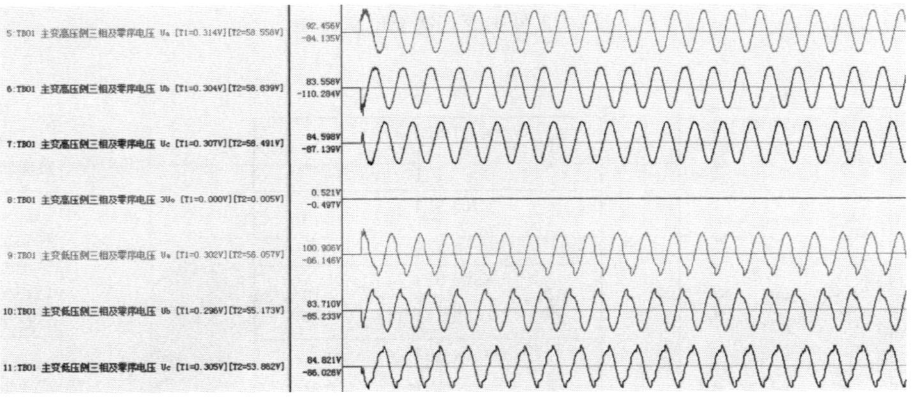

图 6　1 号主变首次充电成功录波图

正确。部分测量数据见表 1。

表 1　　500kV Ⅰ母 PT 与 1 号电缆地下侧 PT 同电源核相

核相测量值/V		Ⅰ母母设柜 500kV Ⅰ母 PT 绕组 1				备　注
		A 相	B 相	C 相	N 相	
1 号/2 号 发变组 地下联合单元 就地控制柜	A 相	0.01	102.30	102.50	59.12	1 号电缆地下侧 PT 绕组 1
	B 相	102.50	0.03	102.40	59.09	
	C 相	102.60	102.50	0.06	59.20	
	N 相	59.16	59.13	59.16	0.05	
发变组 地下联合单元 就地控制柜	A 相	0.01	102.40	102.50	59.18	1 号电缆地下侧 PT 绕组 2
	B 相	102.40	0.01	102.30	59.05	
	C 相	102.50	102.40	0.01	59.16	
	N 相	59.13	59.03	59.11	0.01	
发变组 地下联合单元 就地控制柜	A 相	0.04	102.50	102.30	59.12	1 号电缆地下侧 PT 绕组 3
	B 相	102.40	0.03	102.40	59.04	
	C 相	102.50	102.30	0.03	59.19	
	N 相	59.14	59.05	59.14	0.01	

4.3　保护带负荷校验

此时 1 号主变处于空载状态，在确认盘柜采样电压相位正确的前提下，需手动投入主变低压侧 36MVAR 临时负荷，然后以电压相位为基准对盘柜内采样电流的极性进行校验，也称带负荷校验。采用伏安相位表，接线原理如图 8 所示，以 A 相为例，伏安相位表的红笔插采样电压 A 相的端子，黑笔插采样电压 N 相的端子，将电流钳卡住待校验的采样电流 A 相，测量电流超前电压的相角来判断电流的极性

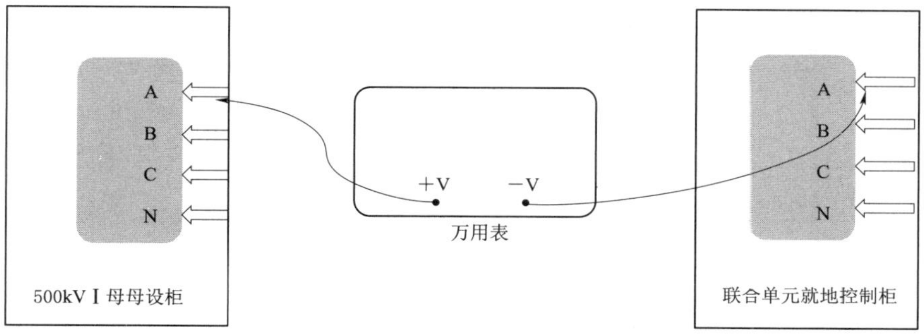

图 7　同电源核相接线原理

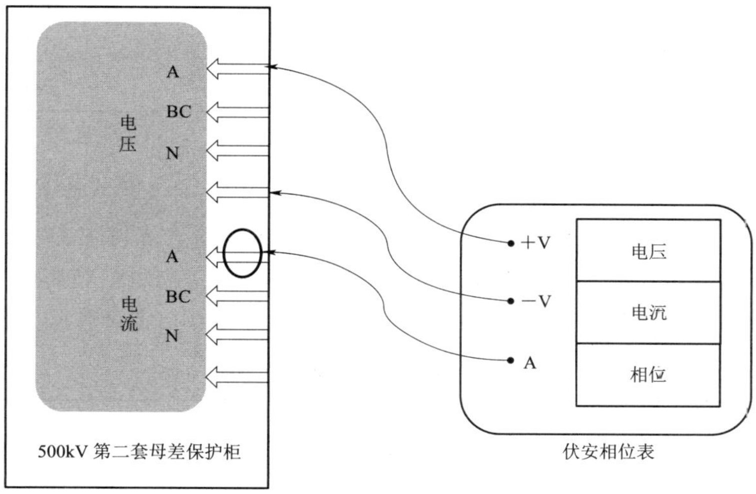

图 8　保护带负荷校验接线原理

正确与否。

表 2 记录部分 500kV 第二套母差保护带负荷校验的数据，其中 500kV 第一套母差保护 5051/5012 支路 CT 变比为 4000/1，5001 支路 CT 变比为 3000/1，500kV 母差第一套保护大差差动电流计算方法如公式（1）所示：

$$\dot{I}_{差动电流}=\dot{I}_{5051}+\dot{I}_{5001}=0 \tag{1}$$

式中　$\dot{I}_{差动电流}$——所校线路差动电流向量值，A；

$\dot{I}_{5051}$——5051 开关测点差动电流向量值，A；

$\dot{I}_{5001}$——5001 开关测点差动电流向量值，A。

如表 2 数据，实测电流幅值相同、相位互差 180°，说明极性正确。500kV 第二套母差保护小差电流测量与此相同，继续测量 B、C 相采样电流与 A 相采样电压的相角判断出 A、B、C 三相采样电流极性正确。

表 2　500kV 第二套母差保护带负荷

电流回路	实测电流值（I－UA）		大差差流/A	Ⅰ母小差差流/A	Ⅱ母小差差流/A
	幅值/mA	相角/(°)			
5051 A	12.9	113	A：0.000	A：0.000	A：0.000
5051 B	12.7	355			
5051 C	12.4	234			
5051 N	0.3	—			

续表

电流回路	实测电流值（I－UA）		大差差流/A	Ⅰ母小差差流/A	Ⅱ母小差差流/A
	幅值/mA	相角/(°)			
5012 A	12.8	293	B：0.000	B：0.003	B：0.000
5012 B	12.6	175			
5012 C	12.3	54			
5012 N	0.4	—			
5001 A	16.9	293	C：0.000	C：0.000	C：0.000
5001 B	16.7	175			
5001 C	16.3	54			
5001 N	0.4	—			

4.4　1 号主变冲击试验

保护带负荷校验完成后，长龙山电站通过 1/2 号主变 5001 开关对 1 号主变进行冲击试验，共冲击主变 4 次，每次间隔不少于 10min。并通过主变高压侧保护 B 组 CT 钳表取得主变冲击暂态电流，主变高压侧套管末屏（暂态特性较好，相较于 PT 信号，不经电磁感应，不受电磁饱和影响）取得暂态电压信号。此时通过电压过冲系数和励磁涌流倍数两组数据衡量主变抗冲击能力。实验数据见表 3。

表 3　　1 号主变 500kV 侧合闸实验数据

序号	操作开关	电压过冲系数			励磁涌流倍数		
		500kV 侧					
		A	B	C	A	B	C
1	5001 开关	1.04	1.27	1.01	7.13	干扰	6.74
2		1.06	0.96	1.39	2.32	1.14	2.87
3		1.07	1.35	1.34	5.76	1.76	3.66
4		1.02	1.57	1.27	2.57	1.29	3.04

注　1. 电压过冲系数：相对地过电压峰值与稳态相电压峰值之比。
2. 励磁涌流倍数：励磁涌流峰值与额定电流峰值之比。

主变冲击过程中，计算得最大电压过冲系数为 1.57，励磁涌流倍数最大为 7.13 倍，数据正常，符合要求，1 号主变高压侧励磁涌流波形如图 9。

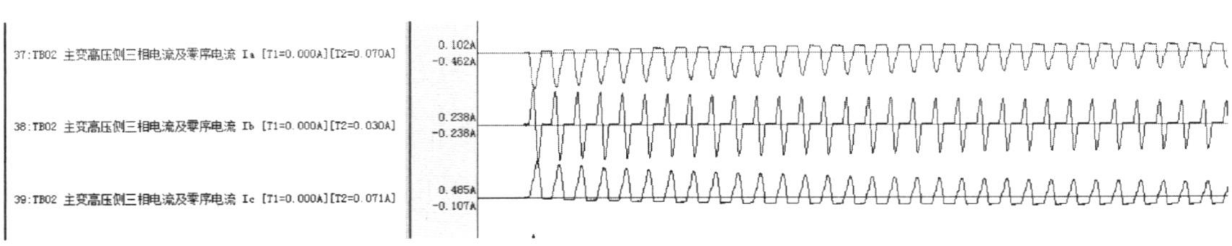

图 9　1 号主变高压侧励磁涌流波形图

1 号主变在冲击过程中，主变低压侧避雷器 A/C 两相均未动作，B 相避雷器动作一次，1 号主变本体及 500kV 1 号电缆绝缘状态完好。

上述试验完成后，长龙山抽水蓄能电站 1 号主变顺利投入 24h 试运行。

5　结语

本文详细阐述了长龙山抽水蓄能电站首台主变压器首次启动所涉及的实验前准备、启动试验内容以及启动过程中遇到的问题，并给出解决问题的思路。为抽水蓄能电站首台主变启动提供一种可供参考的启动试验方案。

参考文献

[1] 李浩良，孙华平. 抽水蓄能电站运行与管理［M］. 杭州：浙江大学出版社，2013.

[2] 陈天翔，王寅仲，温定筠，等. 电气试验（第三版）［M］. 北京：中国电力出版社，2016.

基于TDLAS技术的多组分SF_6分解产物检测技术研究

刘章进[1] 郑松梧[2] 张明清[3]
（1. 湖南五凌电力科技有限公司，湖南省长沙市 410000；
2. 白市水电厂，贵州省黔东南州 556699；
3. 三板溪水电厂，贵州省黔东南州 556700）

【摘 要】 在电力系统中充SF_6绝缘电气设备故障监测与预警一直困扰着广大电力工作者，研究国内外SF_6分解产物检测方法。比对近红外与中红外吸收光谱检测技术的优缺点，提出近红外TDLAS技术检测的技术方案。分析待测气体最强吸收谱线的吸收系数，吸收光程和电路信噪比对精度的影响，优化设计系统。提出SF_6分解气体检测系统解决方案，实现对H_2S、HF、CO、CO_2四种气体测量。数据分析表明，H_2S检测下限达到1μL/L、HF检测下限达到0.5μL/L、CO检测下限达到5μL/L、CO_2检测下限达到2μL/L，表明该系统满足电力行业的需求。

【关键词】 SF_6分解产物 TDLAS 数字锁相 长光程怀特池

1 引言

SF_6电气设备（气体绝缘组合电器GIS，气体绝缘变压器GIT，长距离气体绝缘管线GIL，气体绝缘断路器GCB，电缆GIC等）因其有非常好的绝缘、灭弧特性，并且具有占地面积小、运行安全可靠、检修周期长等突出优势而广泛应用于输配电设备领域，其工作电压覆盖35kV到1000kV的所有等级。目前SF_6电气设备已经占有绝对优势并且还有扩大其应用范围的趋势。SF_6电气设备是电力系统的基本组成部分，其工作状况直接关系到电力系统的安全经济运行。

作为电能输送枢纽的SF_6电气设备中流过的电流往往高达数千A，当如此高的电流流过接触电阻过大处时，会产生不正常发热，引发设备产生局部故障。SF_6电气设备内部出现早期潜伏性绝缘故障时，常伴随不同形式和强度的放电或者局部过热等物理现象。进而使SF_6发生不同程度的分解，在金属和水分的参考下会产生多种固态和气态的分解产物。因此，检测SF_6气体分解产物是绝缘电气设备故障诊断和预警的手段，成为当前研究热点。

本文介绍了一种近红外可调谐半导体激光吸收光谱的SF_6分解气检测技术，针对H_2S、HF、CO和CO_2四种气体同时检测，提供高精度测量关键技术和解决方案，可对SF_6电气设备内部故障进行检测，提供故障信息，并可对故障进行预报警。

2 SF_6分解产物检测现状分析

SF_6在放电条件可能分解或与其他物质反应产物有SOF_4、SO_2F_2、SOF_4、SOF_2、SO_2、CF_4、HF、H_2S、S_2F_{10}、CO、CO_2等十几种。近年来国内多家研究机构尝试通过SF_6热分解模拟试验等方式，获得SF_6在不同故障温度下分解产物组分和规律。也有通过它统计学获得不同故障情况下出现分解特征气体的概率，以此建立各故障模式下的分解特征气体参考范围，建立分解产物与设备故障的对应关系，为运行开关设备内部故障类型判断提供依据。

目前国内针对SF_6分解气体的故障特性研究已经开始逐步开展，但是国内尚处在用分析仪器的实验室研究，针对分解产物精确检测技术研究较少。针对当前先进的SF_6分解气组分检测技术分为中红外和近红外波段，中红外是气体分子谱的基频“指纹区”，吸收强烈，容易实现高浓度检测。但主要存在两个关键问题：首先SOF_2、SO_2、CF_4、S_2F_{10}和SF_6等气体在中红外区域7.6～7.9μm光谱交叉干扰，以SF_6作为高浓度背景气体时，采用中红外宽谱光源配合窄带滤波片方式，受到滤波片参数限制，难以实现准确测量；其次，采用中红外量子级联激光器作为光源，精确对准气体分子谱振转能级在中红外区域的基频特征谱线，实现对多种气体组分的高精度测量，但缺点是中红外量子级联激光器价格昂贵。近红外光谱区域为分子振/转能级的泛频带，吸收弱于中红外区域，通过长光程怀特池（10m）和可调谐半导体激光吸收技术测量可以完美的解决微量 SF_6 分解产物的检测。

3 微弱信号检测关键技术

SF_6 电气设备在局部放电发生时，产生对故障类型判断有价值的 SF_6 分解产物 H_2S、CO、HF、CO_2 在近红外有较强吸收谱线。吸收谱线的选择影响系统的激光器波长、检测精度等。

输出光强 I 与输入光强 I_0 之间满足比尔-朗伯定律：

$$I(\nu)=I_0(\nu)\exp[-\alpha(\nu)PCL] \tag{1}$$

式中 $\alpha(\nu)$——气体在频率 ν 处的吸收系数，cm^{-1}/atm；

P——压强，atm；

C——吸收气体的体积浓度百分比，%；

L——为总的气体吸收光程，cm。

最终经过吸收后探测器得到的信号为

$$s(x)=I(x)\left|\frac{\alpha_0 CL}{1+[x_0+m\cos(\omega t+\psi)]}\right. \tag{2}$$

式中 S——探测器检测到的信号；

L——吸收光程，cm；

C——吸收气体的体积浓度百分比，%；

α——吸收系数。

从公式（2）可以看出，探测器获得的信号 S 与气体浓度 C，吸收光程 L，以及吸收系数 α 成正比，意味着提高检测精度需要从光路上选择吸收系数强的谱线，提高吸收光程，提升电路信噪比等。

3.1 吸收谱线选择

查询 HITRAN 数据库，绘制 H_2S、CO、HF 和 CO_2 光谱曲线。可以得到 3 种气体在近红外区域特征吸收峰较多。从中选择吸收线强度较强、与其他气体无交叉的谱线。

根据 HITRAN 数据库中数据选择谱线，获得特征组分线强、特征波长、谱线自身加宽系数，对 4 种待测气体的谱线参数总结如表 1 所示。

表 1　SF_6 分解气体特征组分红外吸收谱线

特征组分	波数 /cm^{-1}	谱线强度 /[$cm^{-1}/(cm^{-2}\cdot mol)$]	空气加宽 /(cm^{-1}/atm)	自身加宽 /(cm^{-1}/atm)
CO	6377.406	$2.221e^{-23}$	0.0606	0.066
H_2S	6336.617	$1.402e^{-22}$	0.0826	0.158
HF	7823.819	$7.618e^{-20}$	0.085	0.633
CO_2	6983.019	$6.025e^{-23}$	0.0753	0.102

从表 1 可以看出，在近红外波段是各种气体分子的泛频吸收带，因此吸收强度 S 都比较微弱，根据表 1 数据计算吸收系数 α 公式如下：

$$\alpha(v)=\frac{NS}{\gamma\pi} \tag{3}$$

式中 N——为单位压强、单位体积内的气体分子密度，$mol\cdot cm^{-3}/atm$；

L——吸收光程，cm；

S——谱线强度；

γ——吸收线的半高半宽。

吸收线的半高半宽 γ 为

$$\gamma = \gamma_{self} p_{self} + \sum_{n} \gamma_{air} p_{air} \tag{4}$$

式中　γ_{self}——为自展宽系数，cm^{-1}/atm；

P_{self}——被测气体压强，atm；

γ_{air}——空气展宽系数，cm^{-1}/atm；

P_{air}——空气压强，atm。

其中，γ_{self}和 P_{self} 自展宽系数与压强，$\gamma_{air} P_{air}$ 是空气展宽系数与压强。将表 1 数据带入公式（3）可以推导得到 3 种气体的吸收系数分别为 CO：0.00136、H_2S：0.00452、HF：0.82343、CO_2：0.00263。可以看出 CO 气体吸收系数最弱，同样吸收光程和浓度下，可实现 CO 检测精度最差。

3.2　TDLAS 技术原理

TDLAS 意思为可调谐半导体激光吸收光谱。因为激光的单色性好，光功率谱密度很高，TDLAS 技术采用的光源是可调谐二极管激光光源，具有很好的可调谐特性。利用该技术的可调谐半导体激光器发出单一窄带的激光频率扫描某一条气体吸收线，激光器发出光波的频率与其注入的驱动电流成正比。将激光器发出的激光频率（或波长）稳定在被测气体的吸收峰后，通过改变注入电流实现电流调谐频率使其逐渐扫描过气体的吸收峰。气体对其进行“选频”吸收后，光强会相应地衰减，在探测器接收端分析衰减量，得到气体浓度。应用较广的激光器是分布反馈式 DFB（Distributed Feedback）半导体激光器。这种激光器的线宽小于 10MHz，远小于传统的红外光源，可在较小的范围内改变激光的频率，便于选择出待测气体的吸收峰，减少其他背景气体的干扰。

基于 TDLAS 技术的方法测量气体浓度时，探测器接收到的光强信号相比于大的背景信号来说是很小的，不利于直接测量浓度。为提高其灵敏度和精确度，往往会加入正弦波调制技术对光源的注入电流进行调制，再经过后端的锁相放大器（主要利用相敏检波技术）进行谐波检测提取谐波信号，会大幅度地滤除噪声及背景信号干扰，分离出有用信号，提高信噪比和仪器探测的灵敏度。波长调制光谱技术的原理如图 1 所示。

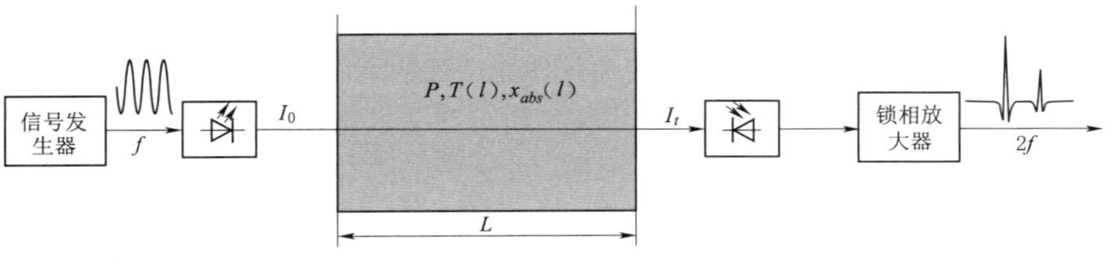

图 1　波长调制光谱技术的原理图

波长调制光谱技术的工作原理为：激光器的波长不仅在一定范围内扫描，还同时被一个频率为 f 的高频正弦信号调制，光电探测器接收被待测气体吸收后的透射光，并将调制后的光信号转化为电信号，送入锁相放大器，同时给锁相放大器输入参考信号，就可以对输入的调制信号进行解调，其中可以根据解调出的二次谐波（Second Harmonics，简称 $2f$）信号确定气体的浓度。

激光器注入电流受正弦信号调制后，同时产生激光的频率调制 FM 和光强度调制 IM，但是 FM 和 IM 之间有一个相位偏移。另外，激光器的出射光强随注入电流非线性变化：

$$I_0(t) = \overline{I}_0[1 + i_0\cos(\omega t + \psi_1) + i_2\cos(2\omega t + \psi_2)] \tag{5}$$

式中　$\overline{I}_0$——激光器在 $\overline{\nu}$ 处的平均光强；

i_0——线性（1f）强度调制幅度，mA；

i_2——非线性（2f）强度调制幅度，mA；

ψ_1——FM/IM 相位偏移；

ψ_2——非线性 IM 的相位偏移。

吸光度 $\alpha(\nu)=\alpha[\bar{\nu}+a\cos(wt)]$ 是关于 wt 的周期偶函数，将其展开傅里叶余弦级数如下：

$$-\alpha[\bar{\nu}+a\cos(wt)]=\sum_{k=0}^{\infty}H_k(\bar{\nu},a)\cos(kwt) \tag{6}$$

式中，$H_k(\bar{\nu},a)$ 由下式计算：

$$H_0(\bar{\nu},a)=-\frac{P\chi_i L}{2\pi}\int_{-\pi}^{\pi}\sum_j S_j\phi_j(\bar{\nu}+a\cos\theta)\mathrm{d}\theta \tag{7}$$

$$H_k(\bar{\nu},a)=-\frac{P\chi_i L}{\pi}\int_{-\pi}^{\pi}\sum_j S_j\phi_j(\bar{\nu}+a\cos\theta)\cos k\theta\mathrm{d}\theta \tag{8}$$

由上式可以看出，若一定的应用条件下线型函数不发生变化时，H_k 正比于气体浓度 χ_i 和光程 L 的乘积。

WMS 技术中，采用相敏检测技术获取谐波信号，以抑制电路噪声。通过锁相放大器解调 $2f$ 信号，X 分量 [detector signal×cos(2wt)] 和 Y 分量 [detector signal×sin(2wt)] 为：

$$X_{2f}=\frac{G\bar{I}_0}{2}\left[H_2+\frac{i_0}{2}(H_1+H_3)\cos\psi_1+i_2\left(1+H_0+\frac{H_4}{2}\right)\cos\psi_2\right] \tag{9}$$

$$Y_{2f}=-\frac{G\bar{I}_0}{2}\left[\frac{i_0}{2}(H_1-H_3)\sin\psi_1+i_2\left(1+H_0-\frac{H_4}{2}\right)\sin\psi_2\right] \tag{10}$$

式中 G——光电检测系统的增益。

$2f$ 信号的绝对量值为：

$$R_{2f}=\sqrt{X_{2f}^2+Y_{2f}^2} \tag{11}$$

3.3 微弱信号检测

为提高系统检测精度，除上述谱线选择，选择较大吸收系数谱线外，还需要提升系统弱信号检测能力，即提高锁相检测电路的增益带宽和信噪比。数字锁向检测示意如图 2 所示。

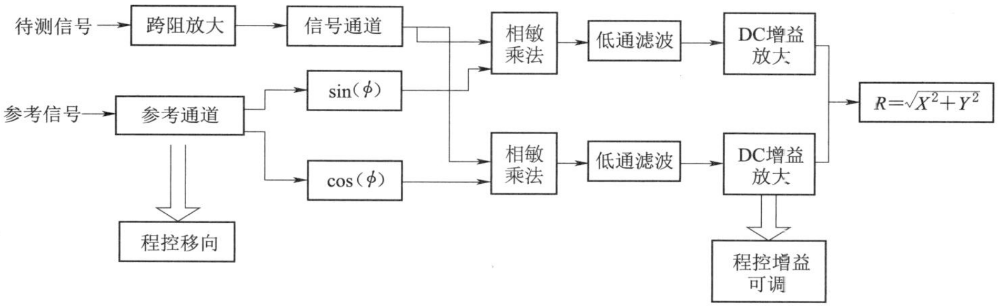

图 2 数字锁相检测示意图

锁相检测利用待测信号和参考信号的互相关检测原理实现对信号的窄带化处理，能有效地抑制噪声，实现对信号幅度的检测和提取。采用 FPGA 自己产生的数字信号，提供给锁相的参考端，提供两通道的数字锁相输出，输出信号为一次谐波信号和二次谐波信号。

系统采用 FPGA 产生正弦、锯齿和直流偏置信号并叠加，通过差分 DA 芯片输出。将上述调制信号加载在激光器获得调制的波长输出，经过气体吸收后的光信号经过探测信号转换成电信号，如图 3 所示。

首先将电信号经过带通滤波器处理，以取出窄带宽内的微弱信号。再将信号通过 AD 进入 FPGA 进行数字锁相计算，该数字锁相的低通滤波器的带宽为系统的解调带宽，该滤波器的带外抑制能力决定了系统对抗带外干扰的能力，所以说该数字滤波器的性能对系统极为关键。为了能在 FPGA 中实现最终的设计要求，本系统设计了两个 IIR 低通滤波器级联进行级联。第一级滤波器的信号输入频率和 ADC 采样率一致，第二级滤波器的输入频率是 ADC 采样率分频的结果，如图 4 所示。

要实现高灵敏度检测，电路的设计上需要更低截止频率的低通滤波器。按照表 2 计算，采用的 3 阶 RC 滤波器滚降为 18dB/OCT，时间常数 RC 为 10ms，截止频率 $\omega=1/c=100\text{Hz}$，根据表 2 为锁相滤波器

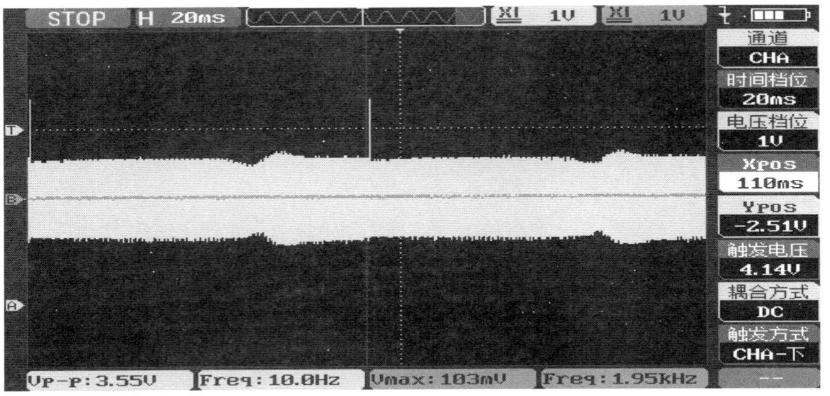

图 3 怀特池经过高通滤波后的原信号

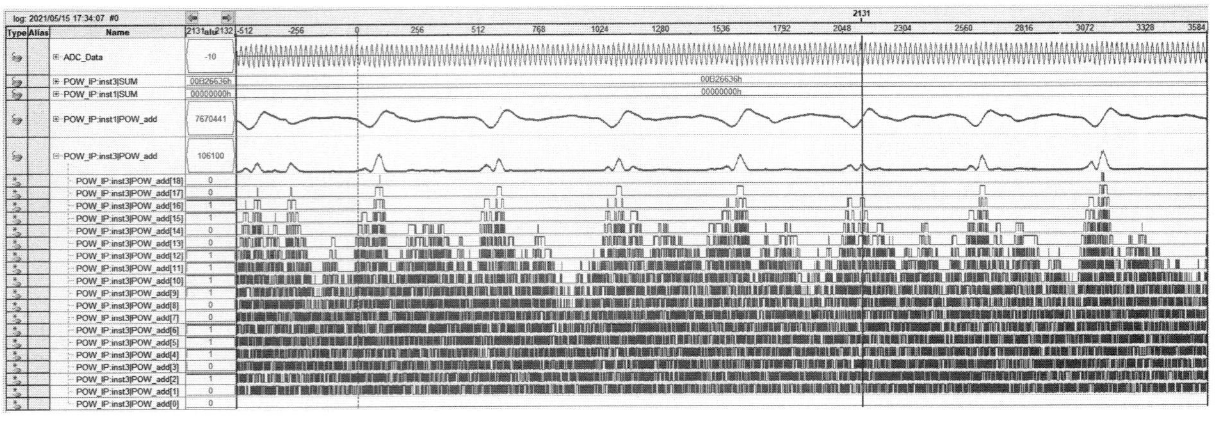

图 4 FPGA 解调后的一次谐波和二次谐波

滚降与时间常数的关系，则带宽 W 为 9.3Hz。如采用 24dB 滚降，即四阶 RC 低通，时间常数为 100ms，低通截止频率 10Hz。带宽 B 为 0.78Hz，信噪比相对 3 阶 RC 带宽 9.3Hz 提高了 12 倍。

表 2 锁相滤波滚降时间与时间常数关系

滚降/(dB/OCT)	噪声等效带宽
12	1/8
18	3/32
24	5/64

3.4 系统参数设计

上述研究表明，为提高检测精度，需选择强吸收系数谱线，增加吸收腔长，并且延长电路系统积分时间，增加时间常数。因此，为满足 DL/T 1205—2013《六氟化硫电气设备分解产物试验方法》中对 3 种气体检测精度的要求，设计系统吸收光程长度≥10m。通过提高系统锁相积分时间从 30～100ms，可提高精度，并降低对长腔的依赖。因此设计系统吸收腔长大于 40m，腔镜反射率覆盖 1300～1600nm，锁相积分时间 100ms。

4 基于红外光谱吸收的 SF_6 分解在线检测系统

系统原理是基于长光程吸收的激光吸收光谱检测技术。通过波长调制获得谐波信号来实现气体浓度检测。三个不同波长的激光器，发出与 HF、H_2S 和 CO 三种气体特征吸收谱对应的波长，进行吸收检测。激光输出线宽 4MHz 远小于被测气体单吸收谱线宽度，从根本上避免了气体交叉干扰的问题。SF_6 气体分解产物检测系统的组成如图 5 所示。

系统由 4 个激光器与驱动模块、4 个正交矢量锁相检测模块、长光程怀特池、二次电源、浓度反演 ARM 单元 5 部分组成。其中，正交矢量锁相检测模块（数字锁相技术）包括：FPGA 控制电路、DDS 输出放大、高速 DAC 实现正弦锯齿与直流偏置的叠加、前置放大电路、带通滤波器、AD 6 部分组成。

FPGA发出波长调制信号，将叠加了高频正弦信号的锯齿波加到激光电流上，控制激光器波长输出。激光光束经过气体吸收后进入探测器，探测器实现光电转换，输出的电信号被正弦信号的倍频信号相敏相乘，通过锁相检测就得到与气体浓度相关的谐波信号。

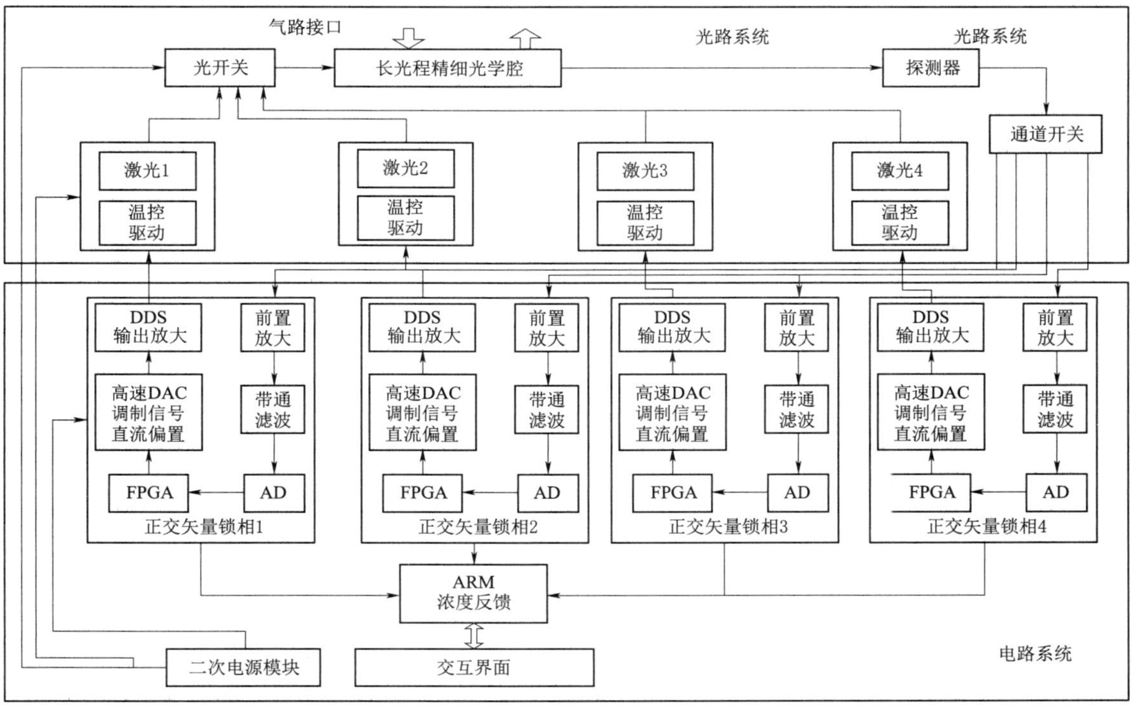

图5　SF_6气体分解产物检测系统组成示意图

在室温和常压下，对不同浓度的H_2S、CO、HF和CO_2四种待测气进行浓度检测，获得二次谐波幅值信号随时间变化数据如图6所示。

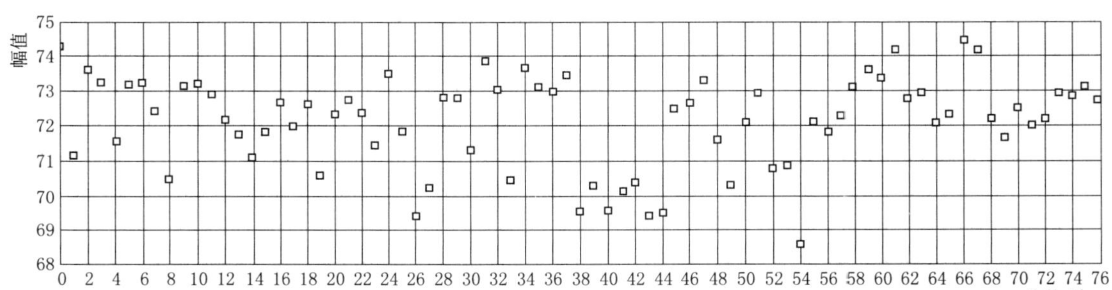

（a）72ppmCO浓度连续测量值

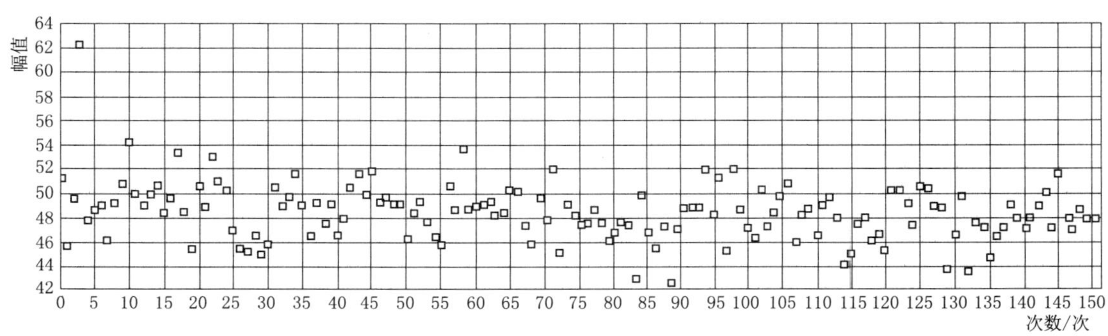

（b）48ppmCO_2浓度连续测量值

图6（一）　分解气组分（H_2S、HF、CO、CO_2）浓度检测结果

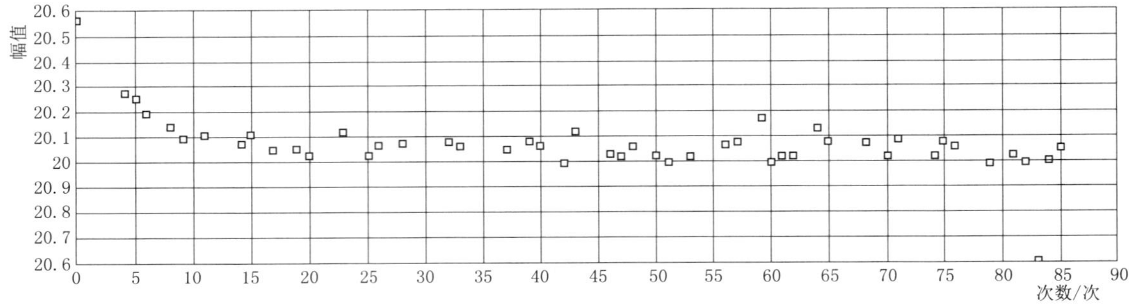

（c）20ppmH_2S浓度连续测量值

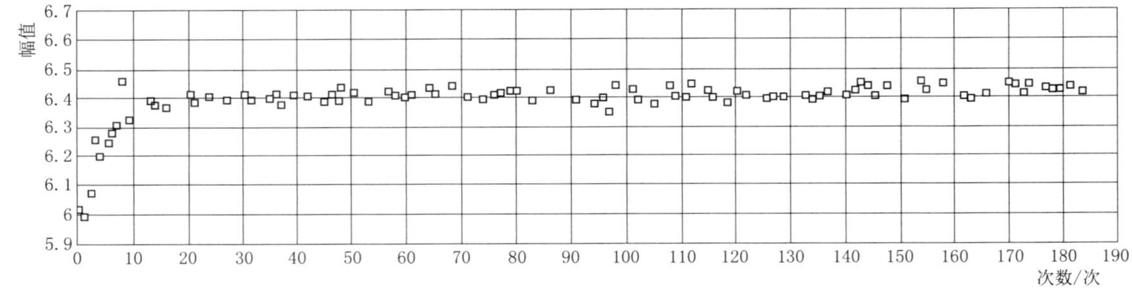

（d）6.4ppmHF浓度连续测量值

图 6（二） 分解气组分（H_2S、HF、CO、CO_2）浓度检测结果

5 结语

本文介绍了一种基于TDLAS技术的SF_6气体分解产物检测方法，该方法精度高、重复性好，适用于SF_6气体分解产物在线和离线检测。在室温和常压下，对不同浓度的H_2S、CO、HF和CO_2四种待测气进行浓度检测，获得二次谐波幅值信号与气体浓度呈线性关系，测量精度能满足电力行业对SF_6气体分解产物检测的要求。

参考文献

［1］ 曹天书．TDLAS气体检测中二次谐波的锁相放大器的研究［D］．长春：吉林大学，2013．

［2］ 余志祥，续晋江．TDLAS技术在SF_6放电分解物CO检测中的应用研究［J］．科学咨询（科技·管理），2013（8）：62-63．

［3］ 刘景旺．DFB激光器的调谐动态特性及测量方法研究［D］．天津：天津大学，2012．

［4］ 胡雅君，赵学玒，张锐，等．波长调制技术中光强调制对二次谐波线型的影响研究［J］．光学学报，2013，33（1）：296-304．

抽水蓄能电站主变压器差动保护相位校正及零序电流补偿分析

孙伟翔　陈　磊　刘园丽　秦晓康　王利国　许修乐　邱雪俊
（华东琅琊山抽水蓄能有限责任公司，安徽省滁州市　239004）

【摘　要】本文针对抽水蓄能电站常见的主变压器接线方式，阐述了主变压器差动保护的原理以及因不平衡电流而需要的相位校正。根据不同相位关系，具体分析了 Y 型和△型的校正方法。对于电站运行期间变压器的零序电流补偿问题，本文分别从 Y 侧和△侧对存在的零序电流分量进行分析，并提出补偿方法。最后通过生产应用实例说明零序补偿对变压器差动保护的影响，为后续生产应用提供了参考。

【关键词】零序电流　差动保护　变压器　Y -△

1　引言

在抽水蓄能电站中，主变压器是重要的电气元件之一，是电站电量上网和下网的必经元件，电站主变压器的稳定运行是维系电站安全的必要条件。根据电力系统继电保护的要求，任何电力设备均不得无保护运行[1-3]。根据变压器结构特点，设置了电气量和非电气量保护。其中电气量的主保护为差动保护，主要用于反映变压器内部绕组、套管及其引出线相间短路故障，可以实现全线速动，具有很高的灵敏度。对于差动保护而言，是通过电流互感器（Current Transformer）分别采自变压器低压侧、高压侧的电流来进行整定计算，利用平衡差流来保证变压器正常运行或者区外故障时不误动，区内故障可以可靠、灵敏动作。诸多专家对变压器差动保护的研究已取得了很多成果：文献［4］和文献［5］通过对 CT 变比、励磁涌流等方面分析了差流平衡问题；文献［6］和文献［7］对差流平衡提出了不同的校正方法；文献［8］对变压器差动保护的零序电流补偿进行了分析。本文以抽蓄电站常见的 YNd11 三相变压器为例，首先对变压器差动保护的基本原理进行了阐述。由于变压器绕组连接方式的不同，使得一、二次侧存在相位差，根据不同的绕线方式分别分析了 Y 型和△型接线的校正方法以及变压器差动保护零序分量的补偿问题。最后结合生产应用实例对零序电流补偿案例进行了详细分析。

2　变压器差动原理

差动保护原理的基础依然符合基尔霍夫定律，如图 1 为 Y -△型变压器接线。如图 2 则为双绕组变压器差动保护区内、区外单相接线结构，其中，电流互感器 TA1、TA2 分别装设在变压器两侧，当区外发生故障时 $\dot{I}_1'=\dot{I}_2'$，所以 $\dot{I}_k=\dot{I}_1'-\dot{I}_2'=0$；当区内发生故障时 $\dot{I}_1'=-\dot{I}_2'$，所以 $\dot{I}_k=\dot{I}_1'-\dot{I}_2'\neq 0$。

3　变压器差动保护相位校正

变压器高、低压侧电流相位关系，从图 3 中可知，由于不平衡电流 $\dot{I}_{ua}$、$\dot{I}_{ub}$、$\dot{I}_{uc}$ 的存在，致使差动回路中高、低压侧所对应的相间会存在相位差，即电流 $\dot{I}_{AY}$、$\dot{I}_{BY}$、$\dot{I}_{CY}$ 分别超前电流 $\dot{I}_{a\triangle}$、$\dot{I}_{b\triangle}$、$\dot{I}_{c\triangle}$ 30°。针对 Y 侧向△侧的相位校正，保持△侧三相线电流相位不变，将 Y 侧三相线电流向△侧顺时针旋转 30°，从而达到相位校正后两侧线

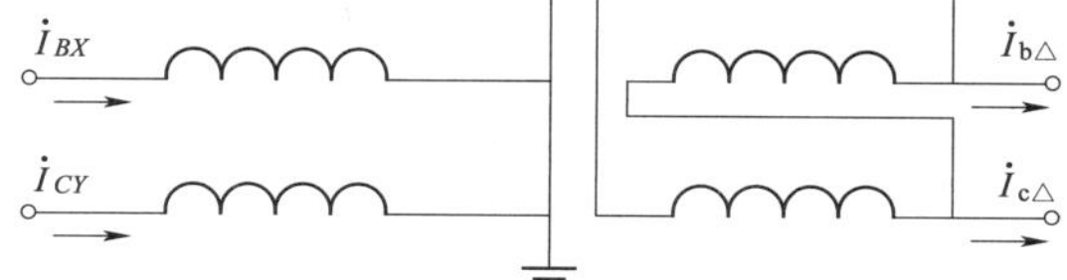

图 1　Y -△型变压器接线图

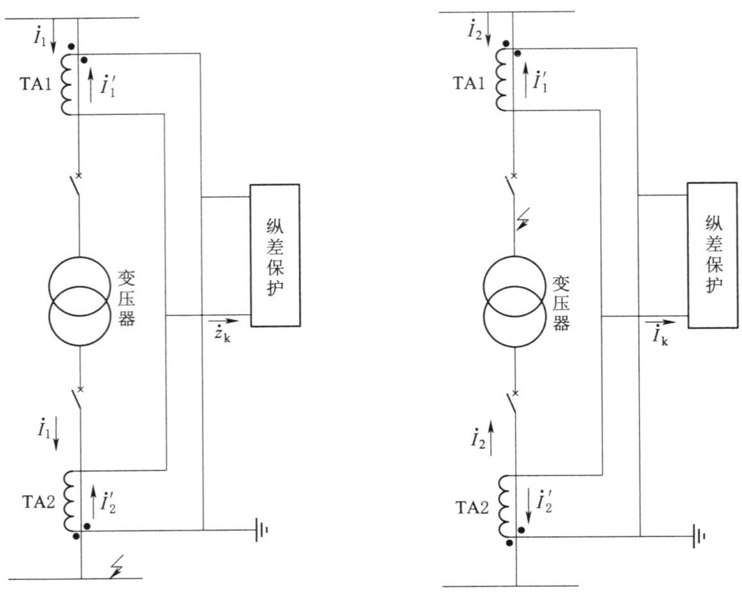

(a) 区外故障差流方向

(b) 区内故障差流方向

图 2 双绕组变压器差动保护不同故障点差流方向

电流相位相同。在常规保护中，将变压器△侧三个电流互感器接成 Y 型，而将 Y 侧三个电路互感器接成△，为了使 Y 侧电流互感器变比相同，还需将 Y 侧电流互感器变比扩大$\sqrt{3}$倍（即二次侧电流缩小$\sqrt{3}$倍），校正关系如公式（1）所示。

$$\begin{bmatrix}\dot{I}''_{AY}\\ \dot{I}''_{BY}\\ \dot{I}''_{CY}\end{bmatrix}=\frac{1}{\sqrt{3}}\times\begin{bmatrix}1 & -1 & 0\\ 0 & 1 & -1\\ -1 & 0 & 1\end{bmatrix}\times\begin{bmatrix}\dot{I}_{AY}\\ \dot{I}_{BY}\\ \dot{I}_{CY}\end{bmatrix} \tag{1}$$

对于△→Y 的相位校正方式，保持 Y 三相线电流相位不变，将△侧三相线电流向 Y 侧旋转调整 30°，关系如公式（2）。

$$\begin{bmatrix}\dot{I}''_{a\triangle}\\ \dot{I}''_{b\triangle}\\ \dot{I}''_{c\triangle}\end{bmatrix}=\frac{1}{\sqrt{3}}\times\begin{bmatrix}1 & 0 & -1\\ -1 & 1 & 0\\ 0 & -1 & 1\end{bmatrix}\times\begin{bmatrix}\dot{I}_{a\triangle}\\ \dot{I}_{b\triangle}\\ \dot{I}_{c\triangle}\end{bmatrix} \tag{2}$$

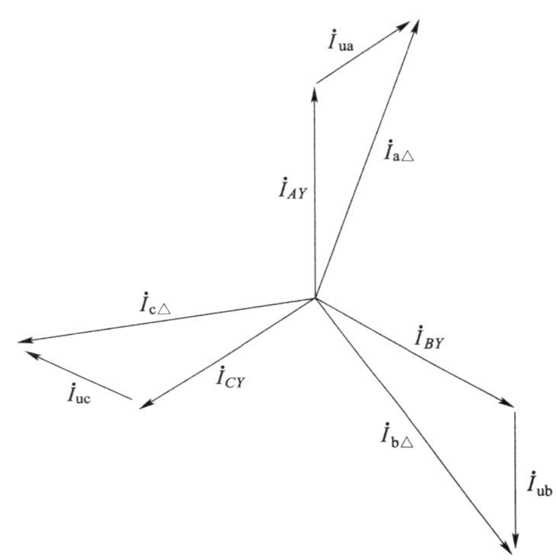

图 3 变压器高、低压侧电流相位关系

4 零序补偿对差动保护的影响

由于变压器高、低压侧 Y-△接线结构的影响，当在 Y 侧进行相位校正时，由于三相零序电流大小相等、方向相同，由公式（1）可以看出，校正后所流入差动保护元件的电流将不存在零序电流，在区内发生单相接地故障时，这种补偿使差动保护不误动，但灵敏度降低了。选择在△侧进行相位校正时，为了防止 Y 侧零序电流致使差动保护误动作，则应采取在 Y 侧进行零序电流补偿的措施。

当区外发生单相接地故障时，变压器 Y 侧可能存在零序电流分量，而△侧各相电流则均不会存在零序分量。对于 YNd11 型接线的变压器，Y 侧中性点直接接地运行，采用 A 相为故障相举例，Y→△相位校正方式，将 Y 侧差流按正序、负序、零序展开：

$$\begin{bmatrix}\dot{I}_{Acd}\\ \dot{I}_{Bcd}\\ \dot{I}_{Ccd}\end{bmatrix}=\begin{bmatrix}1 & -1 & 0\\ 0 & 1 & -1\\ -1 & 0 & 1\end{bmatrix}\times\begin{bmatrix}\dot{I}_{AY}\\ \dot{I}_{BY}\\ \dot{I}_{CY}\end{bmatrix}=\begin{bmatrix}(1-a^2)\dot{I}_1+(1-a)\dot{I}_2\\ (a^2-a)\dot{I}_1+(a-a^2)\dot{I}_2\\ (a-1)\dot{I}_1+(a^2-1)\dot{I}_2\end{bmatrix} \tag{3}$$

$$\begin{bmatrix}\dot I_{AY}\\ \dot I_{BY}\\ \dot I_{CY}\end{bmatrix}=\begin{bmatrix}1 & 1 & 1\\ a^2 & a & 1\\ a & a^2 & 1\end{bmatrix}\times\begin{bmatrix}\dot I_1\\ \dot I_2\\ \dot I_0\end{bmatrix} \tag{4}$$

△→Y 的相位校正方式，将 Y 侧差流按正序、负序、零序展开有：

$$\begin{bmatrix}\dot I_{A\text{cd}}\\ \dot I_{B\text{cd}}\\ \dot I_{C\text{cd}}\end{bmatrix}=\begin{bmatrix}\dot I_{AY}\\ \dot I_{BY}\\ \dot I_{CY}\end{bmatrix}=\begin{bmatrix}\dot I_1+\dot I_2+\dot I_0\\ a^2\ \dot I_1+a\ \dot I_2+\dot I_0\\ a\ \dot I_1+a^2\ \dot I_2+\dot I_0\end{bmatrix} \tag{5}$$

式中 $\dot I_1$、$\dot I_2$、$\dot I_0$——A 相对应的正、负和零序分量；

a——相量算子 $e^{j120°}$。

由公式（3）可知，Y 侧相位校正后差流中的零序分量已经被过滤，但是公式（4）中△侧差流中存在零序分量，需要进行零序补偿，以防止保护误动。

当 YNd11 型变压器低压侧发生接地故障时，变压器两侧均不会存在零序电流分量，所以只需考虑高压侧差动保护区内和区外发生接地故障时的情况（在此仅考虑区外故障）。如图 4 所示，D1 为区外接地故障。当△侧相位校正时，需要考虑对 Y 侧进行零序电流补偿。

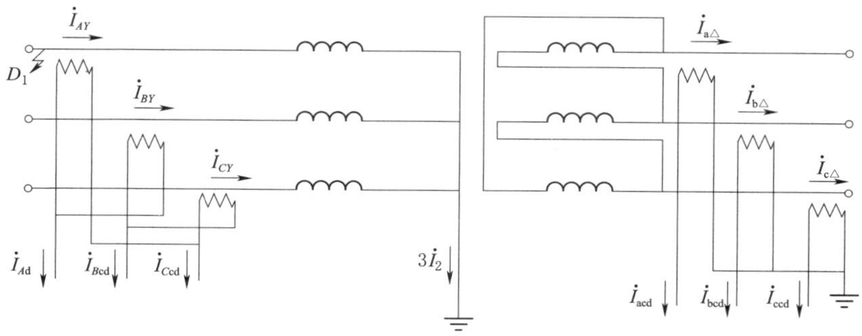

图 4 YNd11 型变压器差动保护区内外接地故障图

由式（4）可知，在等式右侧对零序电流分量减去即可完成补偿。对差流的零序分量选择中性点零序电流 $3\ \dot I_{m0}$，所以对区外发生接地故障时的零序电流补偿（过滤）可采用如公式（6）。

$$\begin{bmatrix}\dot I_{A\text{cd}}\\ \dot I_{B\text{cd}}\\ \dot I_{C\text{cd}}\end{bmatrix}=\begin{bmatrix}\dot I_{AY}\\ \dot I_{BY}\\ \dot I_{CY}\end{bmatrix}=\begin{bmatrix}\dot I_1+\dot I_2+\dot I_0\\ a^2\ \dot I_1+a\ \dot I_2+\dot I_0\\ a\ \dot I_1+a^2\ \dot I_2+\dot I_0\end{bmatrix}-\frac{1}{3}\begin{bmatrix}3\ \dot I_{\text{m0}}\\ 3\ \dot I_{\text{m0}}\\ 3\ \dot I_{\text{m0}}\end{bmatrix}=\begin{bmatrix}\dot I_1+\dot I_2\\ a^2\ \dot I_1+a\ \dot I_2\\ a\ \dot I_1+a^2\ \dot I_2\end{bmatrix} \tag{6}$$

△侧相位校正方式下，通过加入中性点零序电流进行补偿的方法，一方面实现了区外接地故障时的差流平衡，另一方面如果 Y 侧中性点不接地运行，区内接地故障形成的差流则为 3 个序分量的完整叠加，不会影响差动保护的灵敏度，如果 Y 侧中性点接地运行，则区内接地故障形成的差流会额外多出 1 个零序电流分量，从而提高了差动保护的灵敏度。

5 零序补偿对差动保护的影响实例分析

在实际生产应用中，变压器差动保护装置通常会在高压侧将零序分量过滤或者补偿掉，防止保护因为区外故障引起误动。对于因零序分量未补偿而造成的差动保护动作实际案例分析如下。

2020 年国内某抽水蓄能电站 7 号机抽水工况稳态运行，主变差动保护 A 套动作，7 号机事故停机。故障前正常运行情况下，该抽蓄站与其二期电站共用开关站主接线为双母线分段运行。7 号发变组接在母线Ⅱ段上。当一条母线上 2 台机同时发电时，二期电站主变中性点直接接地，抽蓄站主变中性点不接地。

抽水工况运行时，抽蓄站主变中性点直接接地，二期电站主变中性点不接地。7 号机跳闸前，该抽蓄站 6、7 号机处于抽水稳态工况运行，6 号、7 号主变中性点直接接地。

故障发生后该抽蓄站 7 号主变高压侧断路器 2207 跳闸，机组出口断路器 1307 跳闸，7 号机组停机。经查询该机发变组保护 A 屏显示"主变差动保护动作""低功率保护动作"；保护 B 屏"低功率保护动作"，故障录波器有录波记录。线路保护均有启动，线路故障录波器存在录波记录。对其主变保护装置的录波进行分析，故障录波如图 5 所示。

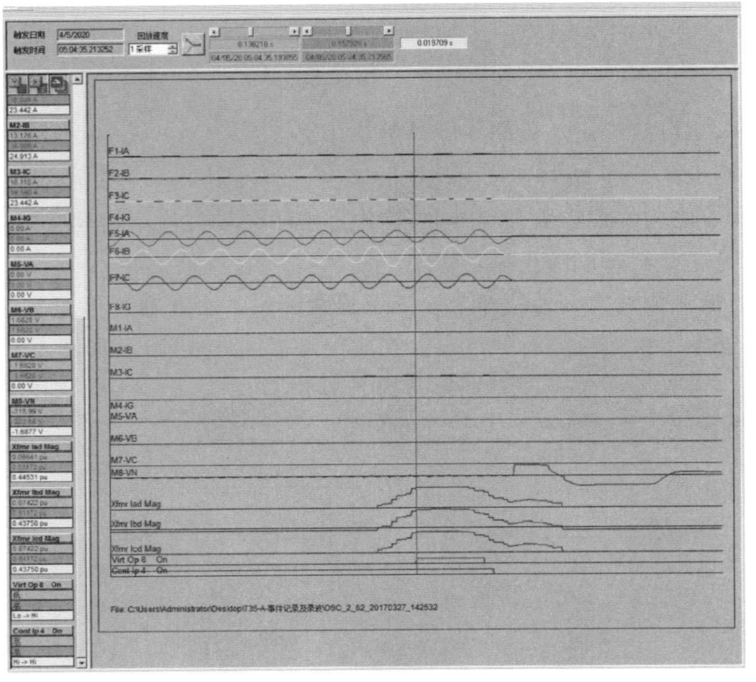

图 5　主变差动保护动作故障录波

该机 A 套主变差动保护差流整定值为 0.3pu，保护 A 相、B 相、C 相差动电流分别为 0.445pu、0.438pu、0.438pu，满足保护动作条件，致使主变差动保护动作。

结合机组和线路录波，如图 6 和图 7 所示，发现主变高压侧相电流突变明显，出现了较大零序电流；主变低压侧电流突变不明显，高低压侧同一相电流之间相位未发生较大变化，分析为区外故障。

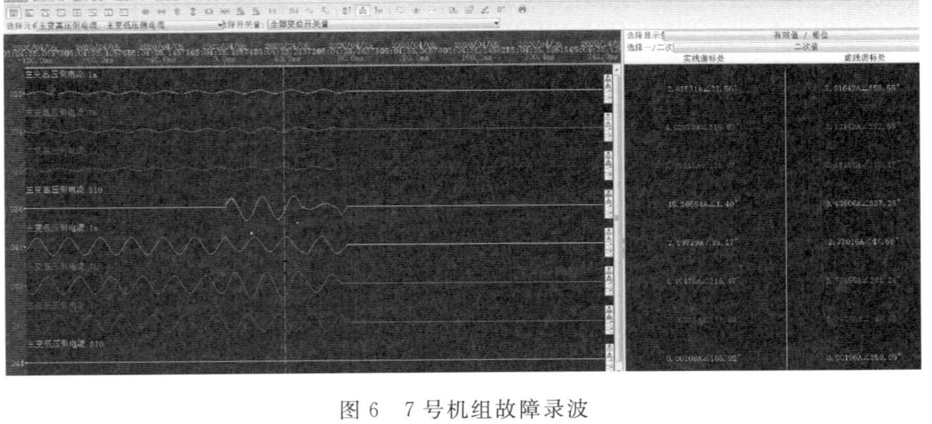

图 6　7 号机组故障录波

对机组及主变进行检查，均未发现异常情况。联系网调得知，在该站主变差动保护动作时，其相邻线路发生了单相接地故障。经过一系列检查，发现该电站主变差动保护的零序电流补偿功能选择未投入，所以当保护区外发生接地故障时，直接致使主变差动保护误动。当选择投入零序电流补偿功能后，再次

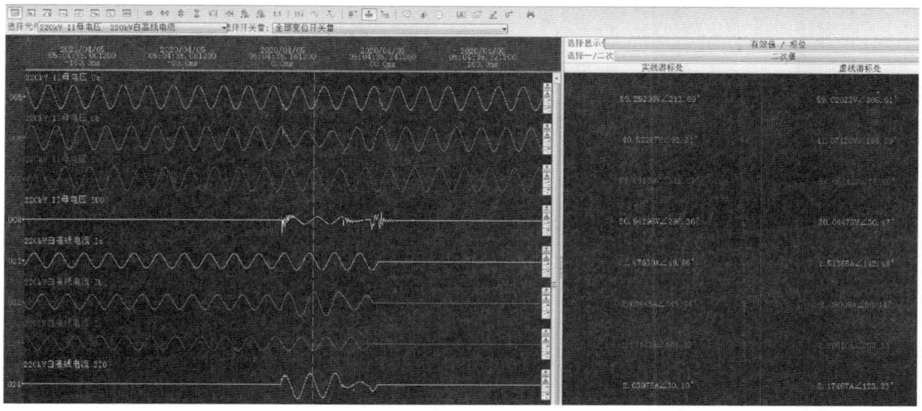

图 7 线路保护录波

校验，运行正常。

6 结语

本文首先对变压器原理及抽水蓄能电站变压器常用接线方式进行了分析，然后针对变压器的 Y 型和△型存在的不平衡电流进行相位校正，Y 侧相位校正不需零序电流补偿即可达到各侧差流相位一致和区外接地故障差流平衡；而△侧相位校正必须进行零序电流补偿，才能同时达到各侧差流相位一致和区外接地故障差流平衡。最后结合生产实例阐述了零序电流补偿的重要性，为后续生产应用提供了参考价值。

参考文献

[1] 陈志文. Y_0/△-11 变压器差动保护相位校正及零序电流补偿问题分析 [J]. 现代电力，2010，27 (1)：26-29.

[2] 邓帅，杜乾. 变压器比例差动保护星角补偿方法综述 [J]. 安徽电力，2018，9 (3)：46-49.

[3] 兰生，张小凡. 基于多判据的变压器差动保护方法 [J]. 电力系统保护与控制. 2015，43 (23)：125-131.

[4] 张兆云，陈卫. 一种广域差动保护实现方法 [J]. 电工技术学报. 2014，29 (2)：297-303.

[5] 蔡云峰，徐洋，潘琪. 基于自定义模式的变压器纵差保护 PSCAD 仿真 [J]. 电力系统保护与控制，2015，43 (3)：118-122.

[6] 赵曙伟. 变压器差动保护的补偿算法分析 [J]. 技术交流，2017，45 (10)：95-100.

[7] 毕大强，王祥珩，杨恢宏，等. 变压器差动保护中电流相位补偿方式的分析 [J]. 电力系统自动化，2006，30 (18)：33-37.

[8] 金宇，刘慧俊. 变压器差动保护采用不同相位补偿算法时差动回路电流大小比较 [J]. 华东电力，2013，41 (9)：1916-1919.

长龙山抽水蓄能电站500kV开关遥控与同期策略解析

付 帅 方军民 胡行健

（国网新源华天荒坪抽水蓄能有限公司，浙江省安吉县 313302）

【摘 要】 本文对长龙山抽水蓄能电站500kV开关遥控策略做出说明，通过开关合闸闭锁、同期检测、对象选择、电压判断等多个方面解析了同期装置、同期检测继电器和监控系统现地控制单元等如何正确可靠地实现500kV开关遥控操作的诸多细节。并提出电站500kV开关合闸仅需配置同期检测装置，而无须配置同期调节功能的论点，以供相关专业人员参考。

【关键词】 500kV开关 遥控闭锁 同期装置

1 引言

浙江长龙山抽水蓄能电站（以下简称“长龙山电站”）位于浙江省安吉县境内，总装机容量2100MW(6×350MW)，共两条线路（即长妙5P01、龙妙5P02）以500kV电压等级分别经妙西变电站两台变压器连接的两条母线接入华东电网，受华东网调调度，承担调峰、填谷、调频、调相、事故备用等任务。长龙山电站500kV开关站接线为双母线结构（如图1所示），共6个500kV开关（5051、5052、5012、5001、5003、5005）。500kV开关遥控分/合闸操作包含中控室操作员站经开关站继保楼现地控制单元9（简称LCU9）控制的远方遥控操作，和LCU9触摸屏就地遥控操作两种方式，两者均经LCU9远方/就地控制方式切换开关相应位置接点闭锁。开关分闸无其他闭锁（除GIS本体开关操作机构、SF_6气压等闭锁外）。500kV开关遥控合闸逻辑由LCU9实现，6个开关共用一套同期装置，任一开关每次遥控合闸均启动同期装置。

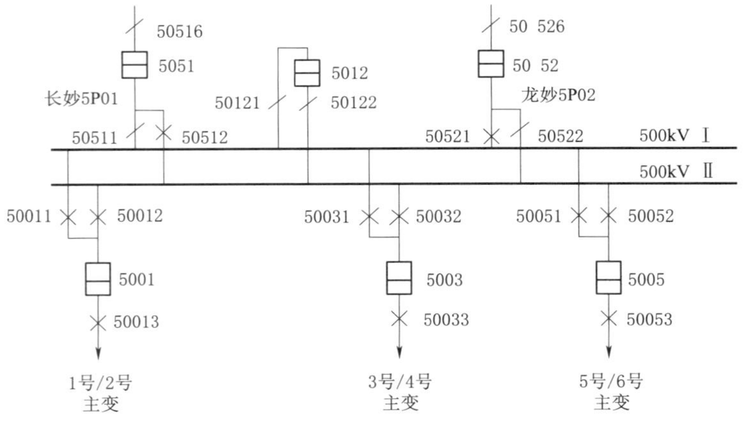

图1 长龙山电站500kV开关站接线图

2 500kV开关遥控合闸闭锁

5051/5052/5012开关作为同期点，遥控合闸分为同步合闸（两侧有压）和无压合闸（至少一侧无压）两种情况，两者均启动同期装置，由LCU9和同期装置经逻辑与定值判断后输出对应开关合闸命令。

5001/5003/5005开关为非同期点，遥控合闸仅有无压合闸（至少一侧无压）一种情况，但仍然启动同期装置，由LCU9和同期装置经逻辑与定值判断后输出对应开关合闸命令。

500kV开关遥控合闸闭锁逻辑为，开关的两侧闸刀合闸（双母线结构根据调度要求选择其中一条母线），开关两侧对应的PT绕组空开合闸，开关的合闸回路无断线，开关的控制方式为远方，开关合闸的电机电源合闸等条件均满足。这些闭锁条件不仅由LCU9软件程序闭锁方式实现，还由GIS现地控制柜硬布线回路实现，已达到防止开关误合闸的双重闭锁。

3 500kV开关同期装置配置

长龙山电站500kV开关共用一套同期装置，包括主/备关系的两台同期装置和相互独立工作的两只同期检查继电器。同期装置选用ABB的SYNCHROTACT6，该数字式同期装置用途主要用于发电机的自动同期及并列，同步线路或异步线路、输电线路和母线（包括分接头匹配和不带电线路的自动同期），以及作为同期监测装置（同期检查），用于监测包括不带电线路在内的自动或手动同期。优先启动主用的同期装置1，备用的同期装置2仅在同期装置1故障或同期超时后启动。同期检查继电器选用悍客的HMP2-TQR.12，带检无压开入控制的同期检查继电器。5051/5052/5012开关合用同期检查继电器1，5001/5003/5005开关合用同期检查继电器2，通过同期对象选择继电器进行回路切换。

同期装置共两个通道，通道1包含测量、电压匹配和频率匹配（即调压和调频功能）、同期条件监视、同期命令生成4个功能块。通道2包含测量、同期条件监视两个功能块。通道1的同期命令（CMD）和通道2的同期释放（CH2 REL）分别发送到单独的同期继电器，两个继电器的输出接点在内部串联（如图2所示）。实际上，500kV开关同期仅执行同期检测功能，无法进行电压调节和频率调节，故将通道1的电压匹配和频率匹配功能块停用。

同期检查继电器作为完全独立于同期装置工作的同期闭锁装置，用于防止同期装置故障或无调节导致非同期合闸。其定值整定略宽于同期装置，其输出接点串联与同期装置的同期合闸命令回路（如图3所示）。即一次开关同期操作包括同期装置通道1、同期装置通道2以及同期检查继电器三道关卡的条件检测，同期检测功能非常可靠。

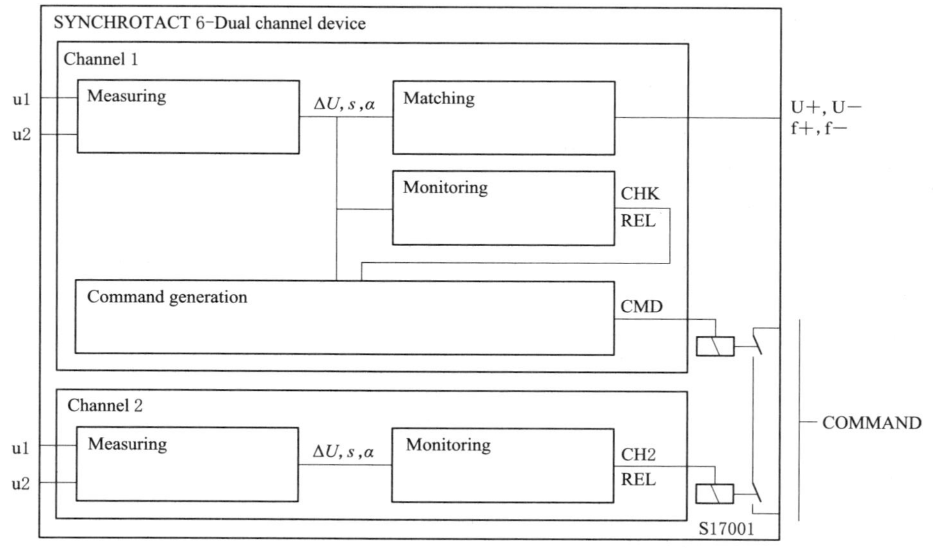

图2 同期装置功能示意图

4 500kV开关遥控合闸控制

500kV开关遥控合闸由同期装置和同期检查继电器同期检测，并经LCU9逻辑处理后输出对应开关合闸命令。6个500kV开关共用一套同期装置，两台同期装置各有6个定值组对应6个开关（同期对象：1=5051，2=5052，3=5012，4=5001，5=5003，6=5005），由同期对象选择信号完成定值组切换（如图4所示）。

作为同期点的5051/5052/5012开关遥控合闸，分为同期合闸（两侧有压）、无压合闸（至少一侧无

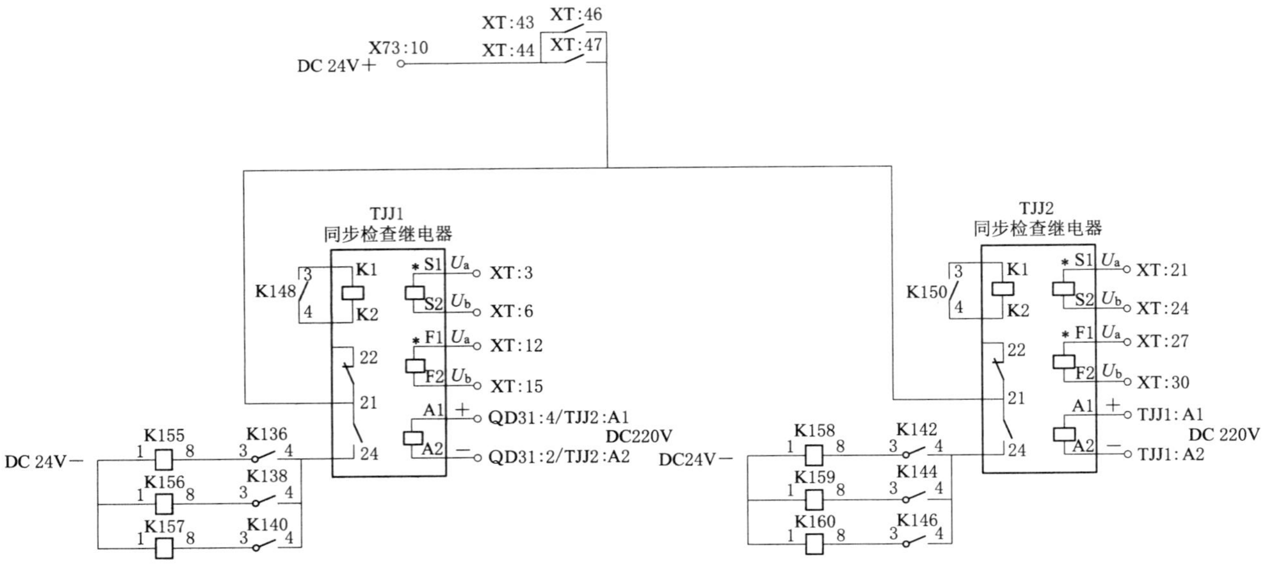

图 3 同期合闸命令输出回路原理图

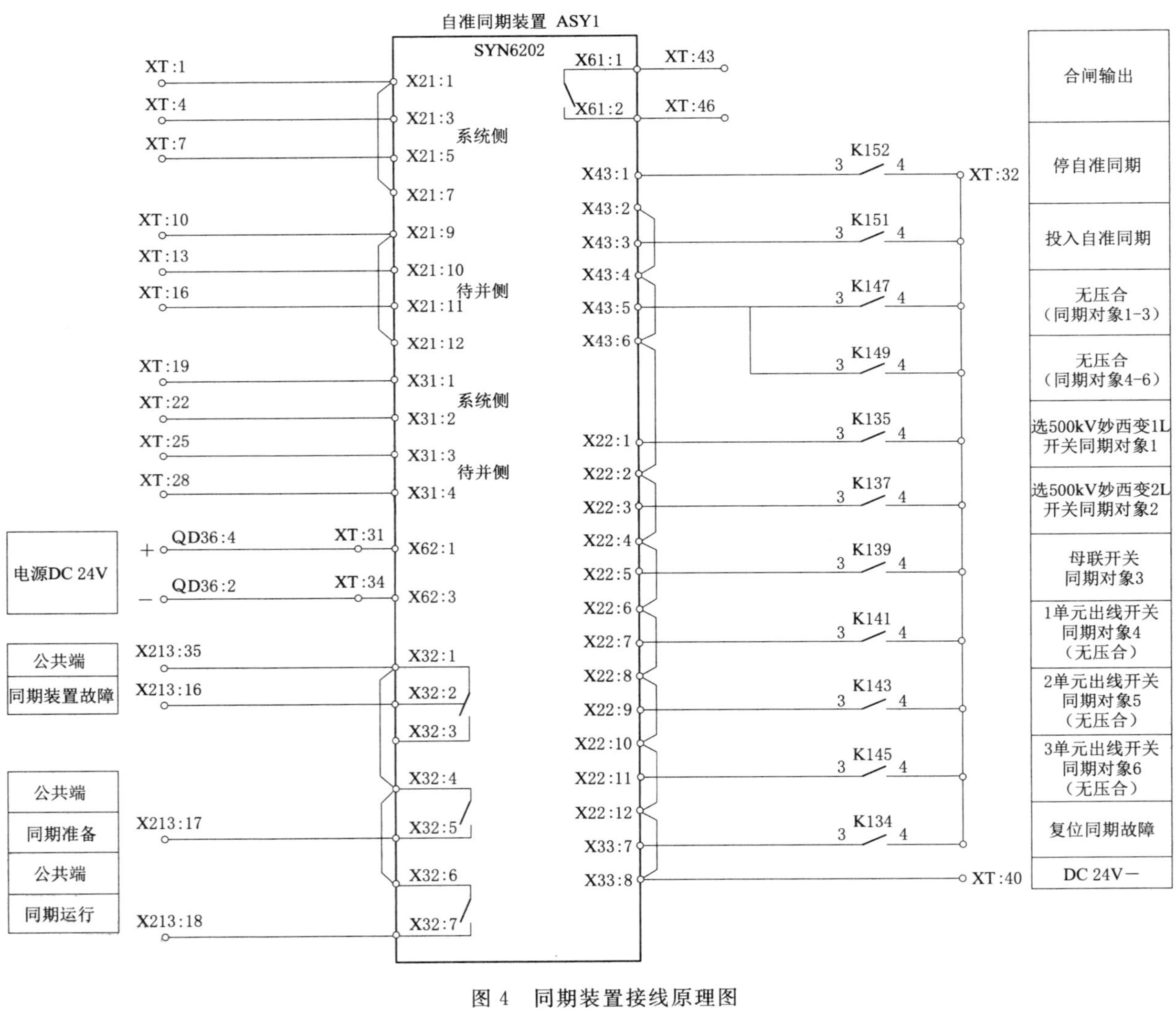

图 4 同期装置接线原理图

压）两种情况，两者均启动同期装置。5001/5003/5005 开关遥控合闸，仅有无压合闸（至少一侧无压）一种情况，仍然启动同期装置。

线路开关 5051/5052，系统侧电压为对应线路 PT 三相，待并侧电压为一母或二母 PT 三相（由开关母线侧闸刀状态决定，两闸刀均合位的特殊情况下约定取一母电压）。系统侧有压/无压判断，开关量信号取自出线场线路 PT 端子箱内电压继电器常闭接点，任一继电器失磁即送出无压信号，两个继电器均励磁无压信号消失即判为有压。一母（或二母）有压/无压判断，母线 PT 三相电压模拟量信号经 LCU9 变送器 4－20mA 信号转换送至 LCU 卡件，经逻辑判断而得：三相电压均大于 70%则为有压，否则判为无压。同期装置根据开关两侧电压有压/无压判断后进行同期模式选择。母联开关 5012，系统侧电压为一母 PT 三相，待并侧电压为二母 PT 三相。

联合单元开关 5001/5003/5005 遥控合闸在 LCU9 未进行无压条件判断，开关两侧 PT 单相电压模拟量信号送至同期装置，通过同期装置无压合闸功能实现无压条件检测。系统侧电压为一母或二母 PT B 相（由开关母线侧闸刀状态决定，两闸刀均合位的特殊情况下约定取一母电压），待并侧电压为对应电缆侧 PT B 相。

除上述 LCU9 逻辑判断外，任一开关遥控合闸启动同期装置后，同期装置再进行逻辑判断：根据所选同期开关两侧电压模拟量信号和同期模式选择信号进行开关两侧有压、无压判断。接受 LCU9 送出的无压合信号后同期装置即选为无压合闸模式，否则选为同步合闸模式。同期装置在无压合闸模式下检测开关任一侧电压小于 40%则为无压，否则闭锁合闸命令输出。同期装置在同步合闸模式下检测开关任两侧电压在 80%～120%范围内为有效，否则闭锁合闸命令输出。

5 结语

通过同期装置和开关站现地控制单元的合理配置，长龙山电站 500kV 开关遥控合闸控制策略是非常可靠的，可正确地实现各开关的同期合闸或至少一侧压的非同期合闸。现该系统已经投入运行，其各项功能满足电站运行要求，相关装置功能配置策略可供相关专业人员参考。

另外，500kV 开关遥控合闸只需同期检测功能，不必要配置调节功能，且在 500kV 线路倒送电前已完成一次与二次系统核相工作，长龙山电站至妙西变电站两条线路长度基本相等、参数基本相同，且接入妙西变电站的两台变压器布置在相同合环运行的两条母线上，故 500kV 开关同期合闸时开关两侧的电压、频率、相角差值是非常小且为固有不可调的。为此，仅配置同期检查继电器已完全满足开关同期合闸检测闭锁与允许的要求，只要该继电器性能稳定、冗余配置并做好开关合闸本身的可靠联闭锁，同期调节装置是可以取消的。

参考文献

[1] 李浩良，孙华平. 抽水蓄能电站运行与管理 [M]. 杭州：浙江大学出版社，2013.

洪屏抽水蓄能电站500kV电缆C相本体单相接地故障分析及处理

韩　钊　周霖轩　陈　明　黎　平
（江西洪屏抽水蓄能有限公司，江西省靖安县　330600）

【摘　要】本文针对一起因500kV电缆绝缘屏蔽与铝护套局部电气接触不良导致电缆击穿事件，详细介绍了事件经过、故障处理及成因分析。故障处理后电缆运行情况良好，该电站对事故处理全过程进行了总结，并提出了针对性防治对策，可为行业内相关单位设备运维、改造提供参考。

【关键词】高压XLPE电缆　阻水缓冲层　烧蚀　差动保护

1　事件发生前运行方式

屏梦线线路运行，屏梦线开关5051、1号电缆线开关5001、2号电缆线开关5003运行，1/2/3/4号主变压器空载运行，1号、2号、4号机停机稳态，3号机组检修，厂用电分段运行。

2　事件经过

2019年4月10日23时03分，2、4号机组停机稳态，1号机组按负荷计划发电后转停机稳态，开关站短线1保护A母差动作，开关站短线1保护B母差动作，开关站1号电缆线开关5001A/B/C相分闸位置动作，1号、2号机组电气事故停机。

监控报文：

23：03：48　开关站短线1保护A母差动作

23：03：48　开关站短线1保护B母差动作

23：03：48　开关站1号电缆线开关5001A相分闸位置动作

23：03：48　开关站1号电缆线开关5001B相分闸位置动作

23：03：48　开关站1号电缆线开关5001C相分闸位置动作

23：03：49　开关站1号电缆多点接地检测装置报警动作

3　故障处理

3.1　情况梳理

（1）4台机组为停机稳态，4台主变为空载运行态，监控未出现机组、主变相关报警，由于短线保护为PCS-915型装置，开关站至厂房通过FOX-41装置传送命令（光纤传输），初步怀疑FOX-41装置收发令不正常导致保护误动。

（2）根据监控报文，两套保护装置同时动作，基本可排除二次回路故障导致保护动作的情况，可能为一次设备接地故障。

3.2　问题排查

（1）首先对1号短线保护A、B柜进行现场检查，FOX-41装置无收发令点亮，说明不存在由于收发令不正常引起的动作，且保护装置已动作，可排除误动可能。

（2）根据保护装置报文信息，短线差动保护启动值为0.2A，C相电缆两侧（GIS地面、GIS地下）采样点最大电流差值达4.73A，基本可判断C相接地故障。

（3）根据故障录波信息，如图 1 所示，保护启动时，C 相电流明显增大达到 5.13A（额定电流为 0.33A），C 相电压降低为 0，A、B 相电压正常，出现零序电流、电压，A、B 相电流幅值、相位相等，零序电流相位与 C 相电流同相，5001 开关跳闸后，500kV 母线 C 相电压恢复正常，为典型单相接地故障波形，可确定为 C 相接地故障，一次侧故障电流为 11700A。

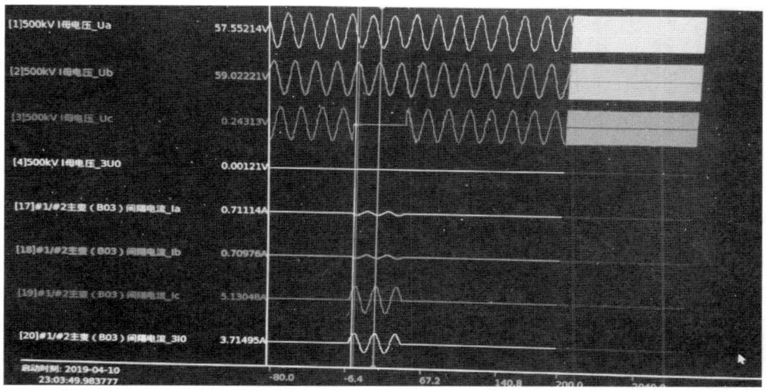

图 1　500kV 母线电压和 1 号电缆线电流故障波形

3.3　确定故障点

（1）分析 500kV 主接线电流互感器（TA）及保护配置，1 号电缆线差动保护范围为 5001 开关母线侧 40TA 至 1 号、2 号主变压器高压侧 30TA，对应至一次设备，故障范围为 5001 开关母线侧至 1 号、2 号主变高压侧及 1 号电缆线，如图 2 所示。

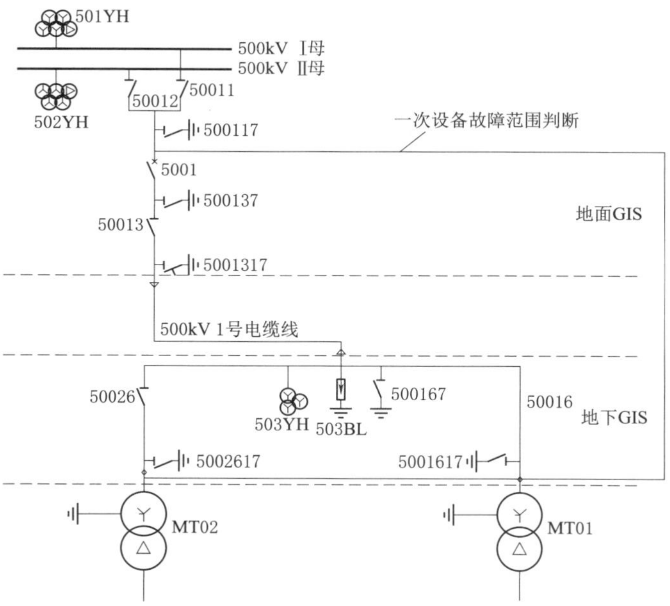

图 2　一次设备故障范围

（2）故障范围内开展故障排除：

1）开展故障范围内 GIS 全部气隔 SF_6 气体成分分析，未发现微水、二氧化硫、氟化氢数据超标情况。

2）开展 5001 开关至地面 GIS 电缆垂直终端绝缘电阻测试，结果为：A 相对地，489GΩ；B 相对地，500GΩ；C 相对地，531GΩ。初步排除地面 GIS 设备存在直接接地故障。

3）开展 500kV 1 号电缆绝缘电阻测试，A、B 相对地绝缘电阻大于 30GΩ，C 相对地绝缘电阻，2.7MΩ，初步确定 C 相存在单相接地情况。

4）开展电缆故障测距找寻故障点，分别从 1 号电缆线地面侧快速地刀 5001317 C 相和 1 号电缆线地下侧地刀 500167 C 相分两个方向进行电缆故障测距。测距结果发现：地面至地下侧故障点定位约 82.1m，地下至地面侧故障点定位约 875m。两个方向定位距离基本一致。进一步检查发现故障定位点处电缆外护套存在约 1cm 破损痕迹，如图 3 所示。最终确定 500kV 1 号电缆线 C 相主绝缘、屏蔽层、铝护套、外护套击穿接地。

5）剖开 500kV 1 号电缆线 C 相电缆定位故障点外护套后，有明显焦糊味，电缆主绝缘、绝缘屏蔽层、铝护套均击穿烧损。

3.4 处理步骤

（1）确认故障点后，初步确定采取制作电缆中间接头的方式进行故障消除。因电缆接地短路瞬间能量巨大，大量碳粉尘窜入电缆外护套和电缆铝护套之间，需继续开断电缆至无异常段后才可进行中间接头制作，如图 4 所示。

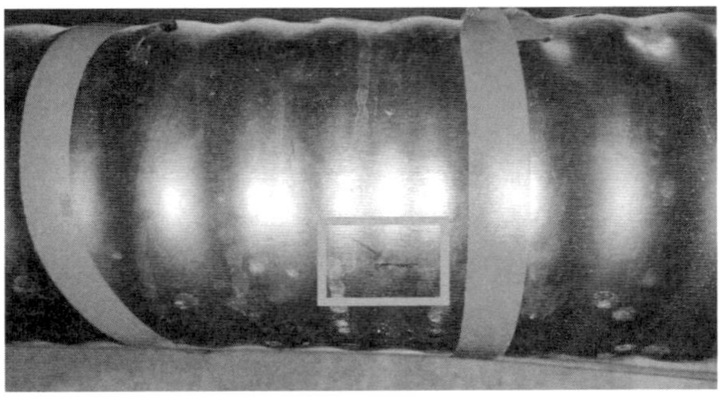

图 3 故障点外护套破损图

图 4 1 号电缆线外护套与铝护套受污损

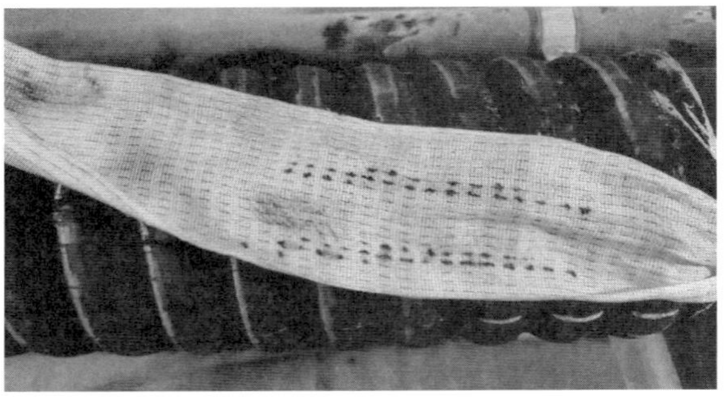

图 5 1 号电缆线金属丝带放电烧灼痕迹

（2）C 相故障点两侧电缆开剥、打磨过程中发现故障点往地下 GIS 侧 1.8m 处，发现电缆金属丝带、半导电阻水带上存在大量放电烧灼痕迹，如图 5 所示。据此，制作中间接头的方式将无法保证电缆日后的长期稳定运行。对 1 号电缆故障相（C 相）其余电缆段，随机抽取 3 段电缆进行解剖检查，发现电缆护层编码 47m 处和 183m 处均存在金属丝带烧蚀点，且部分伤及绝缘屏蔽层，如图 6 所示。

（3）对故障电缆进行检测，最终确定本次故障原因为电缆金属丝布、阻水缓冲带存在质量问题，在长期运行下发展劣化，引起绝缘屏蔽层与铝护套之间局部过热或局部放电，对绝缘屏蔽产生烧蚀直至破坏绝缘屏蔽层，从而造成电缆主绝缘击穿故障。另两相也存在绝缘击穿的风险，确定对 500kV 1 号电缆线三相全部更换。

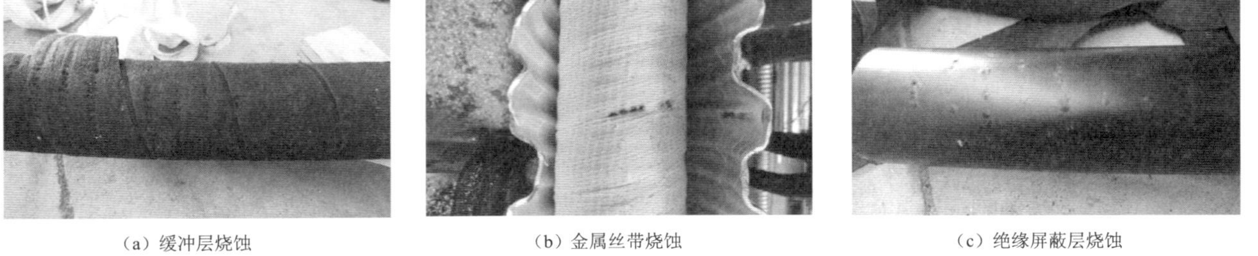

（a）缓冲层烧蚀 （b）金属丝带烧蚀 （c）绝缘屏蔽层烧蚀

图 6 1 号电缆线 C 相非故障段金属丝带放电烧灼痕迹

(4) 更换电缆的处理过程：

1) 紧急采购 500kV 1 号电缆线及电缆终端。

2) 对原 1 号电缆三相本体、电缆终端及电缆附件进行拆除，电缆分割成小段从 500kV 电缆洞运出。

3) 拆除 500kV 电缆洞 1 号电缆线防火封堵、测温光纤等，为新电缆敷设准备。

4) 电缆到货后完成 1 号电缆线三相敷设上架。

5) 地面及地下电缆终端的现场安装。

6) 防火封堵、测温光缆等附属设备回装。

7) 新电缆安装完成后开展交接试验，包括电缆主绝缘交流耐压试验、局放试验、外护套直流耐压、外护套绝缘电阻试验等，试验各项指标满足规范要求。由于 2 号电缆线处于带电运行状态，为减少停电范围，电缆耐压试验采取从 1 号电缆线地面侧终端加装斜 15°高压试验套筒作为加压端，A、B、C 三相电缆分别进行耐压，加压至 1.1U_0 下保持 5min，检查无异常后升至 1.7U_0 耐压 60min，然后降压至 1.5U_0 进行局放试验。

8) 电缆终端与 GIS 导体恢复连接、充 SF_6 气体以及静止后测微水含量。

9) 新电缆送电运行正常。

4 原因分析

该电站 500kV 电缆为高压 XLPE 电缆，由电缆导体、导体屏蔽、绝缘层、绝缘屏蔽、缓冲层（阻水带＋金布）、铝护套、沥青、外护套组成，电缆结构如图 7 所示，电缆参数见表 1。

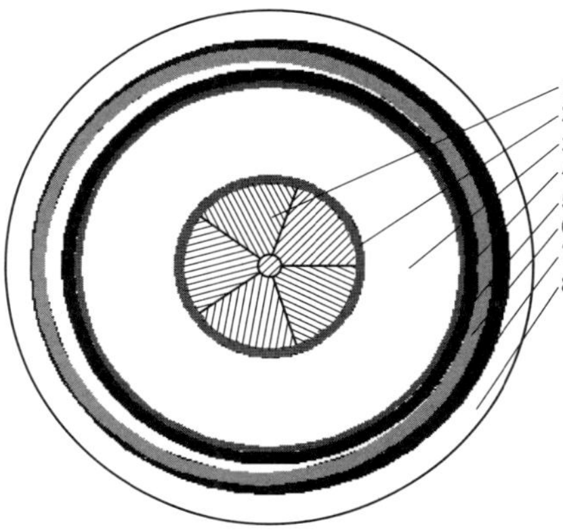

图 7 电缆结构

表 1 电缆参数表

<table>
<tr><td colspan="2" rowspan="2">结　　构</td><td colspan="2">1×800mm²</td></tr>
<tr><td>厚度</td><td>外径</td></tr>
<tr><td rowspan="2">导　体</td><td>—</td><td>—</td><td>35.0±1.0</td></tr>
<tr><td>包带</td><td>0.2/1</td><td>35.8±1.0</td></tr>
<tr><td colspan="2">导体屏蔽</td><td>2.0</td><td>39.8±1.0</td></tr>
<tr><td colspan="2">绝缘</td><td>34.5</td><td>108.8±1.5</td></tr>
<tr><td colspan="2">绝缘屏蔽</td><td>1.5</td><td>111.8±1.5</td></tr>
<tr><td rowspan="3">缓冲层</td><td>半导电丁基带</td><td>1×0.25</td><td rowspan="3">125.8±3.0</td></tr>
<tr><td>半导电阻水带</td><td>3×2.0</td></tr>
<tr><td>半导电金属丝带</td><td>1×0.5</td></tr>
<tr><td colspan="2">皱纹铝护套</td><td>2.9</td><td>140.0±3.0</td></tr>
<tr><td colspan="2">外护套</td><td>6.0</td><td>152.0±3.0</td></tr>
<tr><td colspan="2">外半导电层</td><td>0.2</td><td>152.4±3.0</td></tr>
</table>

通过对故障电缆的理化检测，发现电缆的缓冲层（阻水层＋金布）、铝护套、主绝缘、绝缘屏蔽已烧蚀严重，是造成电缆接地故障的直接原因。

电缆绝缘屏蔽和铝护套之间可能存在局部的电气接触不良现象，而二者间的电气接触与半导体阻水带与金布组成的缓冲层的导电性有关；为了验证二者相关性，进行了阻水带电阻测试试验。

故障电缆缓冲层为阻水带与金布的组合，金布的作用是使电缆阻水带与铝护套紧密接触。经测试，金布厚度为 0.3mm，其中金属丝直径为 0.18mm。对比不同制造商的金布，故障电缆的金布金属丝数量较少。初步判断电缆金布对电缆绝缘屏蔽与铝护套之间绝缘可能有较大影响。

为进一步验证此判断，测试了无金布和有金布条件下的阻水带电阻值。先选取非故障段的外层阻水带，并随机选择两个位置进行测试。

表2　非故障段的外层阻水带电阻值测试结果

非故障段阻水带	无金布	有金布
位置1	0.1258kΩ	1.0075kΩ
位置2	0.0936kΩ	0.3188kΩ

测量结果（表2）表明，加金布的条件下，阻水带的电阻值增加3倍以上。由此可以得出，500kV 1号电缆线本体C相主绝缘、屏蔽层、铝护套、外护套击穿故障的原因为电缆铝护套与绝缘屏蔽层接触不良，造成接触不良的原因与该电缆缓冲层中金布结构有关，由于金布中金属丝直径小于金布的平均厚度，在不同紧密程度的情况下易导致电缆绝缘屏蔽与铝护套局部电气接触不良，产生烧蚀，最终导致击穿。

5　防治对策

（1）加强电缆线的多方面检测（红外成像巡检、X射线检查、接地电流现地测量、局放检测等）。

（2）增加巡检频次以及专业巡检频次。

（3）针对现有的输变电在线检测装置，优化配置以及设备健康状态评估。

（4）增设500kV电缆智能红外巡检装置，增设预警功能。

（5）强化电站设备主人的专业技术水平。

（6）完善电站运检规程，特别是对电缆的巡检内容加以完善。

6　结语

500kV电缆击穿在国内尚属首例，该电站在事故发生后迅速完成故障查找、原因分析，并研究制订处理措施，最终顺利完成了电缆线更换工作。新电缆送电后运行情况良好，该电站对事故处理全过程进行了总结，并提出了针对性防治对策，可为行业内相关单位设备运维、改造提供参考。

参考文献

[1]　杨东. 500kV国产XLPE电缆选型及应用实践[J]. 水电与抽水蓄能，2020，6（6）：113-116，120.

[2]　欧阳本红，李文杰，刘英，等. 高压XLPE电缆阻水缓冲层烧蚀机理[J]. 高电压技术，2021.

宝泉抽水蓄能电站顶盖和座环把合螺栓预紧安全系数提升方案的分析与探讨

贾瑞卿　康晓义

（河南国网宝泉抽水蓄能有限公司，河南省辉县市　453636）

【摘　要】本文以改善宝泉抽水蓄能电站顶盖和座环把合螺栓预紧安全系数为目的，结合电站机组顶盖、座环的把合螺栓结构和特性，通过分析蓄能机组不同典型工况下对把合螺栓的预紧力要求以及当前设备技术条件的限制因素，参考原主机厂家推荐的最新技术手段，提出不同的顶盖和座环把合螺栓预紧安全系数改善方案并展开分析探讨，推荐出较合理的方案。

【关键词】蓄能电站　顶盖　把合螺栓　预紧安全系数

1　引言

宝泉抽水蓄能电站装备4台单机容量为300MW的立轴单级混流可逆式水泵水轮发电机组，总装机容量1200MW，属日调节纯抽水蓄能电站，在电网中承担调峰、填谷、调频、调相及事故备用等任务。与一般的水轮发电机相比，抽水蓄能电站机组存在启停机及工况转换频繁的特点，为保证各工况尤其是异常工况下机组运行安全性，蓄能电站需对球阀、顶盖、大轴等水轮机关键部位的把合螺栓开展定期校核。

由于抽水蓄能电站在我国发展起步较晚，目前国内并没有针对抽水蓄能机组关于重要部位把合螺栓校核的标准，生产中还主要依据的标准为GB/T 15468—2020《水轮机基本技术条件》中4.2.2.7和GB/T 22581—2008《混流式水泵水轮机基本技术条件》中4.2.2.6，条款中的规定：当要求有预应力时，预紧力应不小于正常工况和过渡工况下连接对象的最大工作荷载折算到螺栓轴向荷载的2.0倍，螺栓的工作综合应力在正常工况和过渡工况下不大于螺栓材料屈服强度的2/3，在特殊工况下不大于螺栓材料屈服强度的4/5，螺栓预紧过程中最大综合应力不得超过材料屈服强度的7/8，且各螺栓之间的预紧力测量值偏差不得超过设计值的±5%。对顶盖和座环把合螺栓的预紧力取值按机组水头范围划分。宝泉电站机组最大水头570m，对应的顶盖螺栓预紧力系数为2.0。按照该标准电站在进行顶盖与座环把合螺栓校核时发现其预紧安全系数不满足标准要求，本文针对该问题，结合当前机组结构和特性，通过分析不同典型工况下顶盖把合螺栓的受力，提出不同的顶盖和座环把合螺栓预紧安全系数提升方案并展开分析探讨，推荐出较合理的方案。

2　设备概况

2.1　顶盖与座环连接结构简述

宝泉电站机组顶盖与座环连接机构如图1所示，机组顶盖为双法兰结构，通过80根螺栓与座环进行连接，其中顶盖下法兰直接与座环接触，顶盖螺栓下端固定在座环上的螺纹孔内，螺母安装在顶盖上法兰处，设计为通过液压拉伸器拉伸螺栓的方法进行顶盖螺栓的预紧安装。在顶盖上、下法兰之间焊接有40根立筋进行加固支撑，现有连接螺栓材质为42CrMo4，顶盖法兰材质为Q345C，座环材质为S500Q Z35。

2.2　根据国网新源控股有限公司的文件要求，顶盖把合螺栓最小预紧应力技术要求

（1）紧应力系数≥2倍的工作应力。

（2）螺栓断面平均应力小于2/3的螺栓屈服强度。

（3）夹紧力系数不得小于工作载荷的0.6倍。

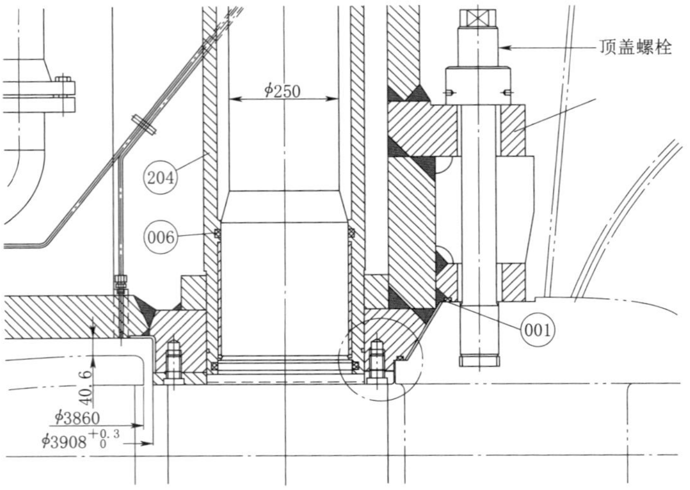

图 1 宝泉抽水蓄能电站机组顶盖与座环连接示意图

2.3 典型工况介绍

根据顶盖有限元计算结果，本文重点就机组水轮机、水泵、零流量、双机甩负荷、转轮升压 5 类工况开展数值研究，其中零流量工况指机组由抽水调相转抽水过程中转轮造压完成后导叶开启前的情况，转轮升压工况指是指飞逸工况下，在无叶区形成的压力上升（转轮进口前）的情况。

2.4 超级螺母介绍

超级螺母的结构示意如图 2 所示，主螺纹用于安置预紧器在螺栓或螺柱上并靠在硬质垫圈及承载面上。一旦安置到位，螺栓或螺柱的实际张紧通过简单的手动工具来拧紧环绕着主螺纹一圈的顶锥螺钉来实现。顶锥螺钉均匀地传递预紧力到主螺纹上，从而也传递到连接件上，主螺纹被纯张力锁紧。

超级螺母避免了液压拉伸时的螺栓拉伸回弹系数，因此螺纹孔在安装过程中避免 1.40～1.55 倍的残余应力，适合已有螺纹孔的预紧应力的提升，如座环顶盖把合螺栓预紧应力提升。

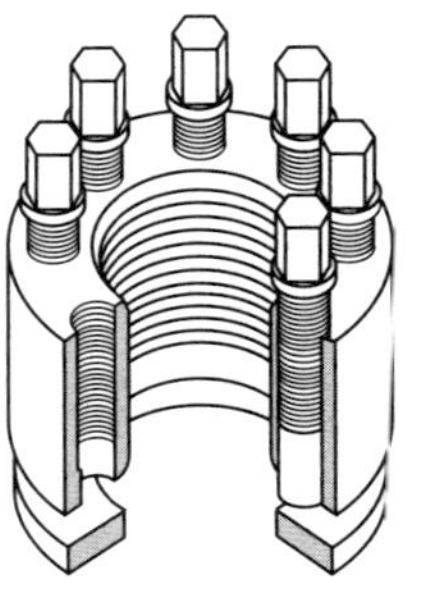

图 2 超级螺母结构示意图

3 当前预紧力情况各校验参数情况

顶盖把合螺栓在各工况下的工作应力及与当前预紧应力 350MPa 的比值见表 1。

表 1 顶盖把合螺栓预紧应力 350MPa 下的校验参数

计算工况	水轮机	水泵	零流量	双机甩负荷	转轮升压
螺栓工作应力/MPa	200	201	237	106	287
实际预紧应力下的综合应力	362	362	364	356	368
实际预紧应力下的综合应力 Ys	0.400	0.403	0.400	0.396	0.410
实际预紧应力/工作应力	1.754	1.740	1.480	3.317	1.220
夹紧力系数	0.815	0.802	0.541	2.378	0.281

注 表格中 Ys 为螺栓屈服强度。

从表 1 可以看出，在当前 350MPa 预紧应力下，所有工况下，2.2 条中的（1）项除双机甩负荷工况外均不满足，而（2）项均满足。除此之外，（3）项在零流量及转轮升压工况下不能满足。

4 提升顶盖把合螺栓预紧力方案

4.1 现有螺栓材料最大预紧下参数分析

现有螺栓材料为 42CrMo4，Ys＝650MPa，即采用液压拉伸器拉伸时最大拉伸应力为 569MPa（7/

8Ys)，因此现有螺栓能达到的最大残余预紧应力为 408MPa（拉伸系数为 1.393），当前的实际预紧应力 350Mpa，最大拉伸力为 488MPa。因此，当前螺栓材料在采用液压拉伸器拉伸的情况下，理论上可以拉伸到 569/1.393=408MPa。采用 408MPa 预紧时，各工况下比值见表 2。

表 2 顶盖把合螺栓预紧应力 408MPa 下的校验参数

计 算 工 况	水轮机	水泵	零流量	双机甩负荷	转轮升压
螺栓工作应力/MPa	200	201	237	106	287
实际预紧应力下的综合应力	422	422	424	415	428
实际预紧应力下的综合应力 Ys	0.440	0.469	0.470	0.461	0.480
实际预紧应力/工作应力	2.044	2.029	1.725	3.867	1.422
夹紧力系数	1.112	1.097	0.793	2.935	0.490

从表 2 可以看出，当前螺栓材料下采用液压拉伸器提高预紧力，在正常工况、双机甩负荷工况下满足 2.2 条的所有要求，零流量工况满足 2.2 条的（2）、（3），转轮升压工况下满足 2.2 条的（2）。

然而，宝泉项目的顶盖法兰采用的是双法兰结构，该结构如果仍然采用液压拉伸器的方式来增加预紧力，对法兰会带来很大的风险。在拉伸过程中，上法兰的根部综合应力高达 310MPa，超出了材料的屈服极限（285MPa）。液压拉伸器拉伸过程中双法兰结构的应力分布如图 3 所示。

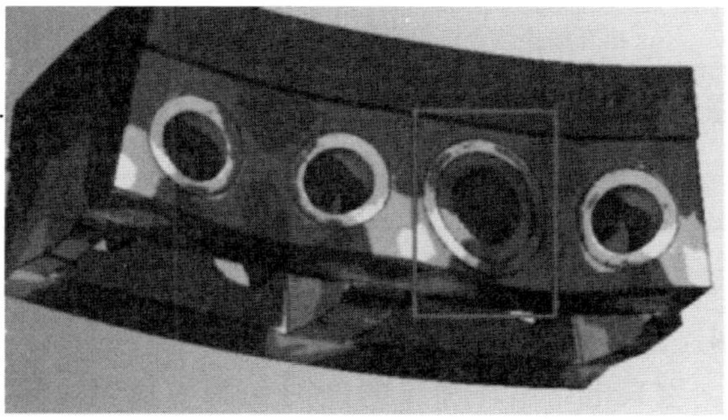

图 3 液压拉伸器拉伸过程中双法兰结构

4.2 在保证顶盖安全情况下螺栓最大预紧数据分析

根据主机厂家提供数据，在保证顶盖双法兰结构安全的情况下，顶盖把合螺栓极限预紧力为 390MPa，在该预紧力的情况下，螺栓受力见表 3。

表 3 顶盖把合螺栓预紧应力 390MPa 下的校验参数

计 算 工 况	水轮机	水泵	零流量	双机甩负荷	转轮升压
螺栓工作应力/MPa	200	201	237	106	287
螺栓计算预紧应力/MPa	329	332	390	174	473
计算把合螺栓综合应力/MPa	343	346	406	181	493
单个螺栓的预紧力/kN	1610	1622	1908	851	2314
把合螺栓预紧应力/MPa	390				
把合螺栓综合应力/MPa	404	404	406	397	410
预紧应力/工作应力	1.96	1.94	1.65	3.70	1.36
夹紧力系数	1.02	1.01	0.72	2.77	0.43
综合应力/材料屈服强度	0.621	0.622	0.625	0.611	0.631

从表 3 可以看出，在使用原设计的螺栓材料（42CrMo4）的情况下，双机甩负荷的工况下满足 2.2 条的所有条件，正常及零流量工况下满足（2）、(3)，转轮升压工况下满足 2.2 条的（2）。

顶盖把合螺栓极限预紧力为 390MPa 情况下，如果采用液压拉伸方式需最大拉伸力为 390×1.393=543.27MPa，采用超级螺母最大拉伸力为 390MPa，可见使用超级螺母在预紧力施加过程中有更大的余度，能更有效避免顶盖法兰变形。

此种方式能够基本满足正常水轮机、正常水泵、双机甩负荷工况下校验参数要求，但如需进一步提升顶盖螺栓预紧力，则必须考虑改变顶盖法兰结构和螺栓材质方可实现。

4.3 改变顶盖结构及螺栓材质方案数据分析

根据主机厂家推荐，采用超级螺母同时更换螺栓材质，并更换顶盖（改为单法兰结构），同时更换螺栓的材料（Ys900MPa），原有的制约提升预紧力的因素将不存在。由最恶劣工况转轮升压下的工作应力为287MPa，得出顶盖螺栓预紧应力应为574MPa，在该预紧力的情况下，螺栓受力见表4。

表4 顶盖把合螺栓预紧应力574MPa下的校验参数

计算工况	水轮机	水泵	零流量	双机甩负荷	转轮升压
螺栓工作应力/MPa	200	201	237	106	287
螺栓计算预紧应力/MPa	399	402	473	211	574
计算把合螺栓综合应力/MPa	413	416	489	218	593
单个螺栓的预紧力/kN	1951	1966	2312	1032	2805
把合螺栓预紧应力/MPa	574				
把合螺栓综合应力/MPa	587	587	590	581	593
预紧应力/工作应力	2.87	2.85	2.43	5.44	2.00
夹紧力系数	1.94	1.92	1.49	4.51	1.07
综合应力/材料屈服强度	0.653	0.653	0.655	0.645	0.659

从上表可以看出，在任何工况下均满足2.2条的所有条件。

4.4 座环螺纹校核

宝泉电站座环螺纹的剖面如图4所示，座环的材料为S500Q Z35，Ys＝440MPa，UTS＝540MPa。根据图纸BQN020XX-11-201-0407-F，座环螺纹有效啮合深度为110mm。

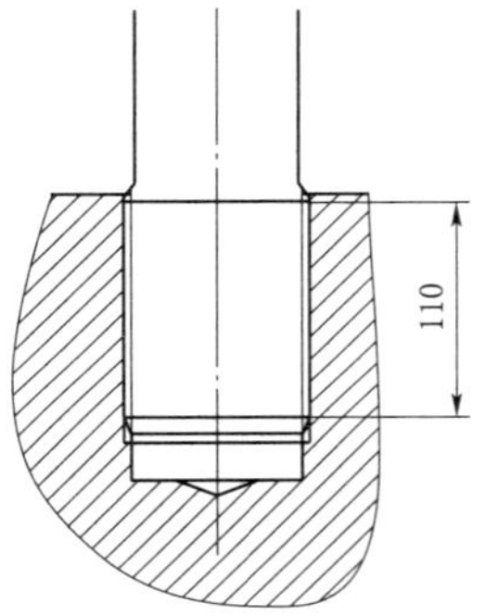

图4 宝泉抽水蓄能电站座环螺纹剖面图

当螺栓材料为42CrMo时，UTS＝900MPa，2者的UTS比值为：900/540＝1.67。根据通用水电设计要求，螺纹最小长度与螺栓直径之间的比值为1.13，即最小啮合螺纹长度为：102mm。当前螺纹深度完全满足390MPa的预紧应力。

当螺栓材料为Ys＝900MPa，UTS＝1000MPa时，2者的UTS比值为：1000/540＝1.85。根据通用水电设计要求，螺纹最小长度与螺栓直径之间的比值为1.22，即最小啮合螺纹长度为：110mm。当前螺纹深度下，螺纹可以承受900MPa×0.8＝720MPa的最大螺栓预紧力（通用水电按最大拉伸应力不超过0.8Ys设计）。使用液压拉伸器的情况下，螺栓残余预紧应力为720/1.393＝516MPa（转轮升压工况下的1.8倍）依然不能满足所有校核参数。

使用超级螺母的情况下，螺栓残余预紧力可以实现2倍转轮升压下工作应力的2倍，即574MPa。综上，现有座环螺纹可以满足各工况下提升螺栓预紧力的要求，无须扩孔。

4.5 改善方案预选择

综合前面分析，限制顶盖螺栓预紧力提升的第一因素是顶盖法兰的屈服极限，在不更换顶盖前提下，最大改善数据见表3，双机甩负荷的工况下满足2.2条的所有条件，正常水轮机、正常水泵在预紧应力接近工作应力2倍情况下，其他条件也完全满足。零流量工况下满足（2）、（3），转轮升压工况下满足2.2条的（2），考虑到转轮升压工况只有在机组紧急停机过程中球阀和导叶全部拒动情况下才会发生，其发生概率极小，该方案可在最小成本下基本满足各工况下国标的要求。

当然也可考虑在上面方案基础上对双法兰结构进行改良，比如考虑增加顶盖双层法兰间的筋板就是不错的构想，但顶盖双层法兰间的筋板设计宽度为75mm，增加筋板时的现场焊接难度非常大，很可能会带来顶盖的变形。同时，由于顶盖法兰上设计有8个定位销孔，以及主轴密封的排水管路设置在2个顶盖螺栓之间，因此，在顶盖双层法兰间均匀增加筋板的措施也无法实现。

所以如果必须满足国标要求，则必须更换顶盖，并采用超级螺母同时更换顶盖螺栓材质，经济成本巨大，同时如上所述更换为单法兰顶盖时，由于水轮机底环与座环均为预埋件，还需考虑新顶盖与水轮机底环、座环的同心定位，顶盖螺栓孔与原座环螺栓孔的同心定位、新顶盖上导叶套筒与底环导叶套筒的同心定位等技术问题，现场施工的规模和难度都将大幅提升。

5 结语

本文针对宝泉电站顶盖和座环把合螺栓预紧系数不满足国标要求的问题，结合电站机组顶盖、座环、连接螺栓结构和特性，通过分析蓄能机组不同典型工况下对把合螺栓的预紧力要求以及当前设备技术条件的限制因素，参考原主机厂家推荐的最新技术手段，提出不同的顶盖和座环把合螺栓预紧安全系数改善方案并展开分析探讨，推荐出较合理的方案。文献［1］认为蓄能电站顶盖螺栓的预紧荷载不小于连接部分设计荷载的 1.5 倍即可保证水泵水轮机顶盖连接螺栓的安全要求。文献［2］认为在计算、校核水轮机顶盖刚强度的另一极端工况“转轮引起的升压工况”这是一种一般不可能发生的情况。一般的设计制造厂商只是将其作为复核螺栓刚强度时才予以计算的工况，而不是以此作为顶盖螺栓预紧安全系数时考虑的工况。综合国内研究，兼顾安全性与经济性平衡，作者认为不改变顶盖结构，选用超级螺母，将顶盖把合螺栓极限预紧力设为 390MPa 是宝泉电站最佳的顶盖把合螺栓预紧安全系数提升方案。

参考文献

［1］ 文树洁，常喜兵，李浩亮，等. 对大型抽水蓄能机组顶盖螺栓预紧力的探讨［A］. 中国水力发电工程学会电网调峰与抽水蓄能专业委员会. 抽水蓄能电站工程建设文集 2019［C］// 中国水力发电工程学会电网调峰与抽水蓄能专业委员会：中国水力发电工程学会电网调峰与抽水蓄能专业委员会，2019：7.

［2］ 何少润，陈泓宇，杨昭，等. 浅谈对大型抽水蓄能机组顶盖螺栓预紧力的认识［J］. 水电与抽水蓄能，2018，4（1）：11－14，31.

抽水蓄能发电电动机重点技术问题

顾坤鹏

（中国电建集团北京勘测设计研究院有限公司，北京市 100024）

【摘 要】发电电动机组因其正反转、启停频繁、工况转换频繁、高转速等运行特性，给机组结构和稳定带来特殊问题。本文即针对此重点技术问题给予介绍分析。

【关键词】发电电动机 磁极 主绝缘 推力轴承 通风冷却 计算机仿真分析

目前国内主流抽蓄机组容量在300MW左右，额定电压在18kV左右，转速范围在275～600r/min。其主要特点有正反转、启停频繁、工况转换频繁、高转速。这些特点影响发电电动机的重点技术问题，在于推力轴承、主绝缘、磁极固定、机组结构、通风冷却、振动稳定分析、计算机仿真分析等。

1 推力轴承相关问题

1.1 推力轴承与导轴承

目前主机厂家推荐的抽蓄机组推力轴承结构多采用分块扇形巴氏合金瓦、弹簧簇支撑（也有采用单波纹弹性油箱支撑）、外置油冷却器＋电动泵冷却润滑方式。

弹性金属塑料瓦采用聚四氟乙烯塑料表层，其整体硬度和弹性模量较低、烧瓦不易修复、高水头机组停机困难、寿命较低。高转速抽蓄机组很少用。

1.2 轴承防油雾措施

推力轴承时有发生甩油和油雾，造成发电机定子线棒、转子绕组、阻尼绕组的污染；堵塞定子通风通道，使机组发热量增加；油污对绝缘造成腐蚀，加速老化，极易产生线圈接地故障；在发电机机架、地面等结构形成油污层，对机坑环境影响恶劣，影响安全维护。解决思路是改进密封结构、增大油槽内部空间、增加吸油雾装置等措施。

有厂家认为不能从根源上避免油雾，也很难将油雾完全封堵在轴承室，只有采取措施将其吸收净化。常见的防油雾措施有：

（1）梳齿密封。应用最广泛，但是仅有梳齿密封则效果不佳。

（2）迷宫密封。治理甩油油雾的效果较好。但是加工精度较高，容易出现安装误差。

（3）接触密封。如接触式双层塑料刷型密封，与主轴基本无间隙。

（4）空气密封。其原理是把油槽内部的油雾主动吸出、排出，经过气封腔、收集器回流到油槽。该装置效果较好。

1.3 喷淋式冷却低损耗轴承技术

机组正常运行时，自动降低推力轴承油槽中的油位，使推力头在低油位运行，同时由自动喷淋系统向轴承面喷洒润滑油保证轴承转动润滑，来降低轴承油阻力损耗，可使机组效率提高约0.4%。而油槽内油搅拌量减小，产生油雾也相应减少。

2 绝缘技术

现代大型发电机主绝缘材料普遍使用环氧玻璃粉云母带，以粉云母为基料，补强材料为玻璃布或涤纶纤维毡，胶接剂为环氧树脂黏接剂体系，耐热等级多为B级、F级。

主绝缘的电气性能和机械性能取决于主绝缘的固化工艺和参数，而其固化的工艺参数又是由绝缘带内所含的胶接剂决定的。根据绝缘带内的黏接胶的含量，目前主绝缘用的云母带可分为多胶粉云母带（含胶量为32%～40%）和少胶粉云母带（6%～8%）。两者的绝缘固化成型工艺有很大区别，有液压和模压两种方式。

用于云母制品的胶黏剂的发展主要经历了虫胶漆、沥青漆、醇酸漆、环氧桐油酸酐胶、环氧聚酯漆及有机硅漆等。绝缘的主要成分是云母，胶黏剂不仅是影响绝缘电气、机械性能、耐热等级的主要因素，还决定主绝缘的固化成型工艺。

初加工的定子线棒绝缘内会残留空隙。真空压力浸漆绝缘固化工艺（Vacuum Pressure Impregnating，VPI）是将绝缘线棒预烘、去潮、冷却，再置于真空环境中，排除线棒绝缘内部的空气和挥发物。同时依靠黏接胶剂重力和线圈毛细管作用，利用干燥压缩空气或惰性气体，对解除真空后的浸渍黏接胶剂施加一定压力，使其渗透并充满绝缘内层。

各主机厂家，分别采用少胶VPI绝缘、VPR多胶绝缘、EWB弹性注胶等方式。耐热等级为F级（最高允许温度为155℃，绕组温升限值为100K）。

3 磁极及固定

发电电动机高速正反转，转子各部件将承受正反向交变离心力，在循环变化亿万次后，这种交变力很可能使金属部件疲劳变形乃至断裂损坏。尤其在遭受突发大力矩作用时，如甩负荷飞逸转速，往往发生事故。据估算，转子飞逸转速时单个磁极的离心力可达20万～30万。

金属的疲劳极限一般是其极限拉伸强度的40%～60%，也是其弹性极限的75%～85%。在交变应力时，应力值达到约50%静态应力限值时，金属就开始损坏。存在交变应力转子的部件有磁极绕组、磁极引线、阻尼绕组、连接螺栓、槽楔等。

3.1 问题剖析

（1）抽蓄转子磁极引线断裂故障（2017年3月）。

（2）抽蓄5号机组磁极事故，磁极连接片烧毁或断裂（2008年5月）。

（3）抽蓄磁极挡块开裂。

（4）抽蓄发电机磁极绝缘框架设计选材不合理产生裂纹（2015年）。

（5）抽蓄磁极线圈开裂，磁极支撑拉紧螺栓塑性变形，磁极间支撑变形（2005年3月）。

（6）抽蓄单机甩100%负荷磁极甩出事故（2008年10月）。

磁极托板损坏导致磁极线圈出现较大的径向变形，磁极线圈的受力状况恶化，原本极小的切向力迅速增大，是线圈断裂的直接原因。

对于磁极托板的损坏，厂家认为主要是材质强度问题，其次是机组磁极在托板上开槽特殊的冷却方式，削弱了托板受力能力。

整改措施：一是将原磁极绝缘托板分为两部分，下层为金属结构固定在磁极铁芯上，上层为绝缘结构；二是采用塔形磁极，并在磁极间设一道撑块。

（7）抽蓄双机甩100%负荷磁极线圈甩出（2009年10月）。

机组甩负荷后，转速急剧上升，产生巨大的离心力，转子线圈向极靴侧挤压，在发电机磁极间没有挡块支撑的情况下无法承受双机甩负荷产生的离心力，逐渐产生变形和甩出，与定子铁芯和线棒发生接触、摩擦，导致定子单相接地短路→相间接地短路→三相接地短路，最终造成设备损坏。事故结论：

1）设计考虑裕度不足，支撑磁极离心力的极靴尺寸偏小。

2）制造、装配误差相对偏大，磁极线圈套装质量要求不高。

3）磁极线圈整体性和延展性较强，变形后易整体外翻。

4）缺少遏制磁极线圈外突发展和外翻的制约结构。

整改措施：一是磁极铁芯改造增加极靴尺寸；二是在磁极之间增加绝缘支撑挡块。

（8）抽蓄工况转换磁极损坏（2011年6月）。

因监控系统流程问题，导致机组电气制动时励磁变过流，发电机内部瞬间产生较大的电磁力矩，使转子磁极相对脆弱部分（线圈挡块）受到扭力作用，螺栓断裂。

(9) 抽蓄磁极引线铜排断裂（2012 年 10 月）。

磁极在安装时引线连接部位存在应力，机组长期运行过程中因振动、电磁力等因素的影响，磁极引线逐渐产生裂纹，最终在运行中引线裂纹部分两端放电拉弧并使引线熔化。原因分析：磁极主绝缘材料本身存在质量问题，经过长时间运行后，造成绝缘薄弱点破坏，最终形成稳定的接地通道。

(10) 抽蓄磁极连接片烧断（2011 年）。

磁极连接片长时间受热应力与机械应力作用有变形趋势，磁极连接为硬连接，不能补偿由此造成的变形，一旦发生不均匀的位移，就会对连接处造成接触电阻增大，并逐渐过热、熔化，从而导致了事故产生。

3.2 技术改进措施

(1) 磁极应采用有同类机组成功运行经验或经全面设计计算验证的可靠结构。

(2) 磁极的整体设计应能承受运行时的振动、热变形，飞逸时的离心力及电气短路、频繁起停等所产生的作用力，不发生变形、裂缝和滑动。

(3) 磁极结构宜选用弧形或塔形向心式，且线圈的侧向固定优先采用围带式支撑结构，加强磁极线圈靠磁轭处的匝表面绝缘。

(4) 磁极应采用双鸽尾、多 T 尾或类似的结构固定在磁轭上。磁极铁芯在工厂组装，应采用由拉紧螺杆紧固的高强度薄钢板制成，压板材料应采用锻钢。

(5) 磁极线圈应采用无氧硬铜排拼焊成型结构，其纯度不得低于 99.95%。磁极线圈外侧数匝宜采用银铜合金以提高线圈的硬度。铜排形状设计时应考虑增大散热面，线圈的绝缘为 F 级。

(6) 磁极线圈接头结构及极间连接应十分可靠，采用柔性连接或其他抗疲劳结构。如 U 形连接、Ω 形连接、彩虹形连接等。确保连接线的柔度，能有效吸收和补偿需要频繁起动的磁极连接线接头的振动和位移量，降低疲劳断裂的风险。

(7) 应高度重视机械可靠性。各种结构应进行承受运行时的振动、热变形、飞逸时的离心力及电气短路等所产生的作用力的相关计算，还应进行离心加速度等疲劳试验。

3.3 研究建议

(1) 精确研究高转速部件及事故多发部位疲劳分析和各种工况应力分析。

(2) 研发使用新材料，试验选定转子及其附件的刚度、强度及柔韧度。如采用记忆性材料，恢复有害变形。

(3) 提高安装工艺水平。试验推广机器人自动化安装工艺，减少人为误差，提高安装质量和精度。

(4) 抽蓄机组磁极可借鉴高速汽轮机隐极技术的材质、结构设计、固定方式。

(5) 研究需结合实物试验。

4 机组结构

4.1 磁轭钢板

高转速抽蓄机组在甩负荷、飞逸工况时，转子离心力成指数级增长，转子结构与材质的刚度和强度分析愈发重要。抽蓄机组工况转换频繁，要避免转子各部件产生交变应力导致的疲劳断裂。

磁轭关系着磁路、GD2、通风和稳定。其结构主要分 3 种：整体实心磁轭、叠片磁轭和整圆厚钢板磁轭（刚性磁轭）。整体实心磁轭主要用于高转速、小容量机组；叠片磁轭适用于中低转速、中低容量机组；整圆厚钢板磁轭适用于大容量、高转速机组（≥500r/min）。

整圆厚钢板磁轭刚度更好，安全可靠性更高；避免了叠片磁轭制造安装过程中出现的变形、错牙等问题。目前较多高转速机组即设置 8～10 个磁轭段，每个磁轭段为数控加工整体环形锻件，锻件厚度约 300mm。

4.2 机架

机架要满足机组的不同受力工况，减小振动摆度，还要降低机组的热膨胀影响。机架支臂多采用辐射状、“井”字形、斜支臂等方式。斜构件结构在大型常规水轮发电机中应用广泛，包括上下机架斜支臂、定子机座斜脚板和转子支架斜支板等，但斜支臂不利于逆向稳定，目前较少用于发电电动机。辐射状机架是抽蓄机组的典型方式。

4.3 机座连接结构

随着机组正常运行或增容，定子线棒也相应发热膨胀，传导至定子铁芯产生径向热膨胀，在机座固定式基础上的定子铁芯会翘曲变形，反过来又破坏线棒绝缘。

有的厂家将定子机座焊接在可滑动式底板上，底板与基础间有油膜，允许定子铁芯径向热膨胀，降低定子铁芯的热应力；有的厂家采用分体式弹性定位筋，机座既能适应定子铁芯热膨胀，又能减小定子铁芯的振动；有的厂家将铁芯两端均采用小齿压板杠杆式压紧、上下小齿压板不随机座膨胀移动，以避免铁芯翘曲。

4.4 关于伞式悬式

传统观点认为悬式适用于高转速机组（500r/min），其效率较半伞式略高，造价也高些。目前的主流观点以蓄能机组稳定为上，效率次之，众多厂家和蓄能电站已经不以转速来分定半伞式和悬式，机组结构主要取决于厂家设计制造经验。现阶段额定转速 428.6r/min 及以下机组形式采用半伞式居多。

5 通风系统

空冷式机组电气参数良好，额定点效率高，过载能力强，适应频繁启机。发电电动机普遍采用空冷式，机组的通风系统和风道布局要满足正反转工况，而机组的高转速，也有利于冷却风循环。针对线负荷高、槽电流大（>7000A）的机组，通风系统尤为重要。

研究的重点是，通过对通风散热面积、供风量、各风道风量分布、风速变化、风道损耗等方面的研究，来确保和提高机组冷却效果，使大部分冷却风进入定转子气隙和铁芯通风槽，以达到最佳冷却效果。还要考虑转子高转速对于通风散热的有利性。

各厂家在通风设计中，均采用 CFD（Computational Fluid Dynamics）分析软件，即计算流体动力学。CFD 法存在两个问题，其一是算法对精度的影响，其二是边界条件取值困难。因此，较高指标机组的通风系统，不仅要仿真分析，还要进行模型试验。

机组现场性能试验也包括通风系统试验。需测量总风量、各通道风量、风压、定子温升。实测指标如不甚理想，或机组运行期发现问题，则需采取改善风道结构、减少涡流、减少漏风跑风、增大风机功率来增加风压和通风量、合理增大冷却器面积、采用高传热冷却器等措施。

6 振动稳定分析

抽水蓄能机组产生振动的部位主要有上机架、下机架、顶盖、转动部件。产生振动的因素有水力、机械、电磁等因素。水力因素有水力不平衡、尾水管压力脉动、卡门涡、空腔气蚀等。机械因素有转子动平衡差、机组轴线不正、导轴承缺陷等。电磁因素有定子短路、转子绕组短路、不平衡负载、气隙不均匀等。而主要因素是水力方面。

根据相关资料，对于国内已投运 300m 水头段抽水蓄能电站，机组振动均为水力原因。如宜兴电站曾出现机组导水机构自激振动。黑麋峰电站在较低负荷下尾水管内低频成分较多，转轮与导叶间相互干涉的作用传导到尾水管。蒲石河电站顶盖、机架振动及压力脉动的主振频率大多为低频。张河湾电站则出现无叶区动静干涉引起的机组及厂房振动。

水轮机振动虽然不会直接造成发电电动机机损坏事故，但是长期振动产生的交变应力，对发电机不利。

（1）轴承损耗增大。机组振动会改变轴承油膜均匀厚度状态，使轴承发热量增加，导致轴承损耗上升或烧瓦事故。

（2）滑环与电刷磨损增大。机组振动产生电刷对接触面压力的波动，加快磨损程度。

（3）发电机部件松动。振动传至机架及其基础，使紧固螺栓松动、基础混凝土破坏。

（4）机组部件疲劳损坏。往复振动带来交变应力，对于金属部件和绝缘材料而言，交变应力达到足够多次循环之后即开始损坏。这里的足够多次一般取一亿次，对于机组而言很容易达到。

7 有限元软件应用

（1）在机组设计过程中，各厂家均采用基于有限元分析的软件。针对发电电动机开展分析的重点方面有：

1）定子铁芯、线槽、绕组及端部等重点部位的电磁场分析和涡流发热损耗分析。

2）转动部件刚强度、疲劳度和轴系稳定分析计算。

3）定转子三维温度场分析。

4）整机及局部 CFD 通风系统分析。

有限元分析（Finite Element Analysis，FEA）广泛适用于电、热、力等工程计算。发电电动机采用有限元分析，对于减少电磁损耗、减小部件疲劳隐患、提高风路效率、保证机组稳定等方面，可以做到精准设计。

（2）有限元法将求解域看成是由许多称为有限单元的小互连子域组成，利用数学近似方法对真实物理系统进行模拟，用有限数量的未知量去逼近无限未知量的真实系统。是以变分原理和剖分插值为基础的一种数值计算方法。首先利用变分原理把所要求解的边值问题转化为相应的变分问题，即泛函的极值问题。然后利用剖分插值将变分问题离散化为普通多元函数的极值问题。最终归结为一组多元的代数方程组，解之即得边值问题的数值解。有限元法基本步骤为（求解二维拉普拉斯电磁场为例）：

1）将求解域离散化为有限个单元。编制各单元节点。单元越小计算精度越高。如图 1 所示，将电磁场的场域 D 剖分为有限个互不重叠的三角形单元。

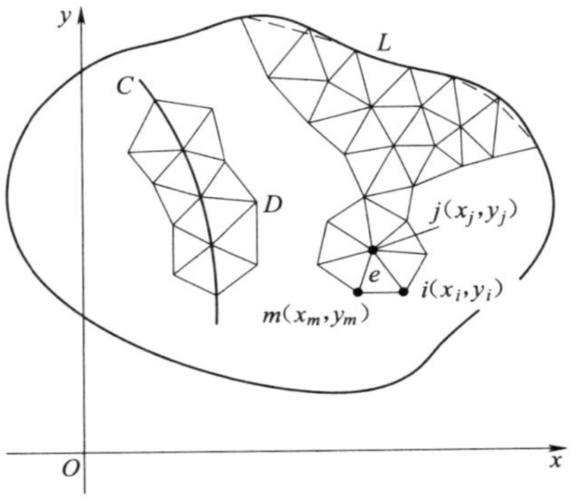

图 1 有限元计算用图

2）线性插值。在单元内，列出对于节点（x,y）的插值函数。

$$\phi(x,y)=\alpha_1+\alpha_2 x+\alpha_3 y \tag{1}$$

3）单元分析（变分过程离散化）。利用汤姆孙定理，和拉普拉斯场第一类边界问题求解公式，列出单元节点电场强度泛函。

$$J(\phi)=\iint_D \frac{\varepsilon}{2}\left[\left(\frac{\partial\phi}{\partial x}\right)^2+\left(\frac{\partial\phi}{\partial y}\right)^2\right]\mathrm{d}x\,\mathrm{d}y=\min \tag{2}$$

$$\phi\big|_{L_i}=u_i(s) \tag{3}$$

4）获得离散域的总矩阵方程，即整个域内包括所有节点的多元线性代数方程组。

$$\sum_{j=1}^{n_0} k_{ij}\phi_j=[k]\{\phi\}=0 \tag{4}$$

5）利用已知的边界节点电位值（边界条件）推求域内各节点电位值。

（3）有限元法在实际机组设计中的关注重点。

1）宜适度加密有限元网格划分、提高分析计算精度，准确反映材料材质、连接误差。

2）材料的破坏与失效、裂纹扩展等仅靠线性理论已不足，需考虑材料的塑性、蠕变效应，进行非线性分析。

3）工程实际往往是多种场问题的耦合体，如机组定子的结构场与温度场，需进行不同场的有限元分析结果交叉迭代求解。

4）有限元模拟结果，需结合真实试验验证。

8 结语

国内抽水蓄能电站经过近 20 年的高速发展，发电电动机的设计、制造、安装、运维能力，也日臻成熟完美。发电电动机是整体的系统工程，在材料、试验、仿真分析、安装工艺等方面的综合研究将是确保发电电动机质量的有效前提。

抽水蓄能电站球阀与尾闸间液压闭锁回路设计浅析

王 乐 杨伟坡 邹明德
（南方电网调峰调频发电公司检修试验分公司，广东省广州市 511400）

【摘 要】为保证设备安全运行，抽水蓄能电站常在球阀液压控制系统及尾闸液压控制系统间设置可靠的液压闭锁。在液压闭锁本质的基础上，从闭锁对象角度对液压闭锁回路进行了分类，总结了各类液压闭锁回路的特点及应用场所，进而分析了抽水蓄能电厂球阀与尾闸间常用液压闭锁回路的特点及设计关键点。

【关键词】抽水蓄能电站 球阀与尾闸间液压闭锁 闭锁回路设计

1 引言

抽水蓄能机组具有发电、抽水、调相等功能，启动迅速、工况转换快，在电力系统中可起到调峰填谷、调频调压和事故备用的作用。抽水蓄能电站多为高水头、地下式电站[1]，为适应上游水库的高水头，电站机组进水阀常采用球阀；而下游侧尾水水头较低，尾水事故闸门（以下简称尾闸）常采用平板闸门。同时，球阀和尾闸的开启和关闭通常采用液压操作。布置在尾水系统上的平板式闸门为单向受压设计，无法承受来自上水库的高水头，为防止尾闸处于关闭状态时而开启球阀，从而造成尾闸压损事故，需在球阀与尾闸液压控制系统间设置闭锁[2]。为保证闭锁的可靠性，通常同时设置液压闭锁[3-4]和电气闭锁[5-6]。

2 液压回路闭锁的本质及类型

液压回路由液压元件和油管路组成，液压元件通过自身的机械运动（内部或外部）来实现对其相连管路中介质的流向、压力和流量的控制[7-8]。笔者认为按照某种闭锁逻辑对液压元件的这种控制进行干涉就是液压回路闭锁的本质，其实就是液压元件基本控制功能上的一种二级控制（液压元件本身的控制逻辑为一级控制，在一级控制的基础上加入的控制逻辑为二级控制，如闭锁控制逻辑）。从闭锁对象角度，笔者将液压闭锁分为两大类，一是元件型液压闭锁，二是端口型液压闭锁。

元件型液压闭锁是指通过对液压元件的机械运动进行干涉来实现对液压元件控制功能的闭锁。其中，液压元件的机械闭锁通过机械的方式将闭锁逻辑作用于液压元件，如图 1（a）中，将闭锁逻辑转化为程序导轨的运动，直接闭锁换向阀 1 阀芯的运动，实现对换向阀 1 控制功能的闭锁；液压元件的电气闭锁将闭锁逻辑转化为电气信号作用于液压元件，如图 1（b）中，将闭锁逻辑转化为电气信号，通过控制换向阀 2 线圈励磁或失磁，实现对换向阀 2 控制功能的闭锁；液压元件的液压闭锁将闭锁逻辑转化为液压信号作用于液压元件，如图 1（c）中，将闭锁逻辑转化为液压信号作用于换向阀 3，对换向阀 3 阀芯运动进行闭锁，实现对换向阀控制功能的闭锁。

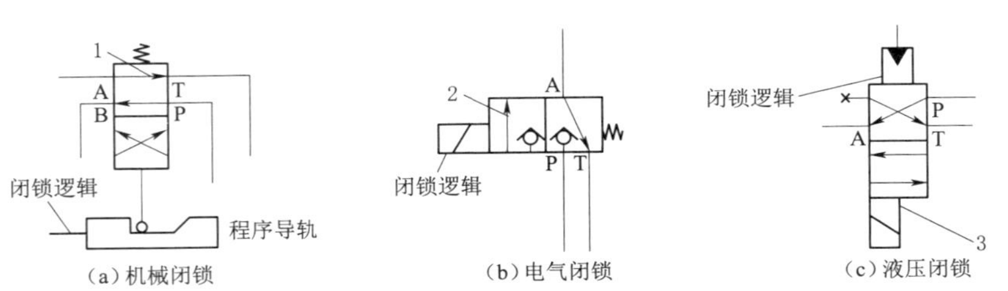

图 1 元件型液压闭锁原理图

端口型液压闭锁是指在液压元件端口的管路上对管路中的介质状态进行干涉，实现对液压元件控制功能的闭锁。可以在液压元件供油路上进行闭锁，如图 2（a）中，将闭锁逻辑转化为引导阀 4 的阀芯运动，直接作用于换向阀 5 的 P 口供油路上，实现对换向阀 5 控制功能的闭锁；也可以在液压元件回油路上进行闭锁，如图 2（b）中，将闭锁逻辑转化为引导阀 6 的阀芯运动，直接作用于换向阀 7 的 T 口回油路上，实现对换向阀 7 控制功能的闭锁；还可以在液压元件操作油路上的闭锁，如图 2（c）中，将闭锁逻辑转化为引导阀 8 的阀芯运动，直接作用于换向阀 9 的 B 口操作油路上，实现对换向阀 9 控制功能的闭锁。

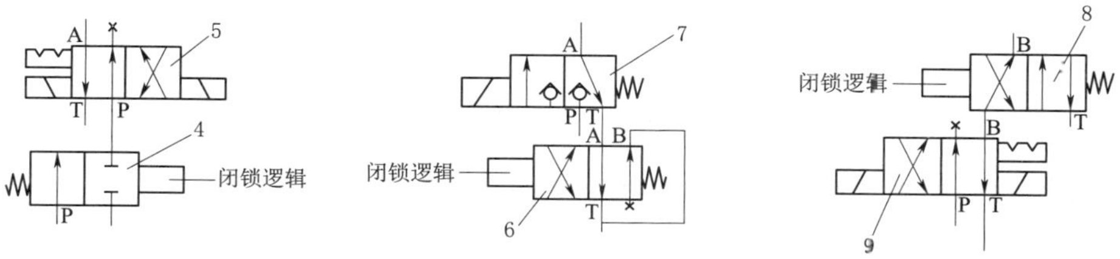

（a）供油路上　（b）回油路上　（c）操作油路上

图 2　端口型液压闭锁

3　液压回路中液压闭锁的特点

3.1　元件型液压闭锁的特点

（1）液压回路简单。闭锁逻辑直接作用在液压元件上，一般不需要引导阀来传递闭锁关系，可实现液压回路的简单化设计。

（2）闭锁型式单一。元件型液压闭锁直接对液压元件的机械运动进行闭锁，液压回路设计时会受到液压元件机械运动型式的限制。

（3）控制功能受限。因需为闭锁逻辑的输入提供端口（电气闭锁除外），受闭锁的液压元件控制能力会受到一定限制，故该种闭锁方式常应用于单输出端口的液压元件控制功能的闭锁。

3.2　端口型液压闭锁的特点

（1）闭锁型式多样。受闭锁的液压元件常有几个端口，可以为闭锁设计提供多个方向，使闭锁型式多样化。

（2）闭锁空间不受限。端口型液压闭锁可以在液压元件端口连接管路的任何位置闭锁，大大减小闭锁回路设计的空间限制，甚至可以实现远距离闭锁。抽水蓄能电厂球阀与尾闸液压闭锁就常采用这种方式。

（3）液压回路复杂。端口型液压闭锁必需设置引导阀来传递闭锁逻辑（有时需设置多个引导阀），使液压回路设计相对较复杂。

4　抽水蓄能电厂球阀与尾闸间常用的液压闭锁回路设计

4.1　“尾闸关闭液压闭锁球阀开启”液压闭锁回路设计

抽水蓄能电厂球阀为高压阀门，在设计“尾闸关闭液压闭锁球阀开启”逻辑时，需保证球阀能可靠关闭，故常在球阀开启控制的动力油路上（供油路或操作油路）设置闭锁，属于端口型液压闭锁。一般设计两级引导阀，一级引导阀将尾闸门叶位置信号转换为液压信号、二级引导阀将液压信号转换为机械信号对球阀开启/关闭控制换向阀的油路进行闭锁。如图 3 所示，粗线为球阀开关控制换向阀 1 的供油管，在该管路上设置二级引导阀 2、在尾闸处设置一级引导阀 3；如图 4 所示，粗线为球阀开关控制换向阀 3 的操作油管，在该管路上设置二级引导阀 4，在尾闸处设置一级引导阀。

该种闭锁方式设计时必须保证一级引导阀供油的稳定性和可靠性，否则可能出现闭锁失误，导致机组跳机事故，故一级引导阀供油常取自液压系统储能罐后。

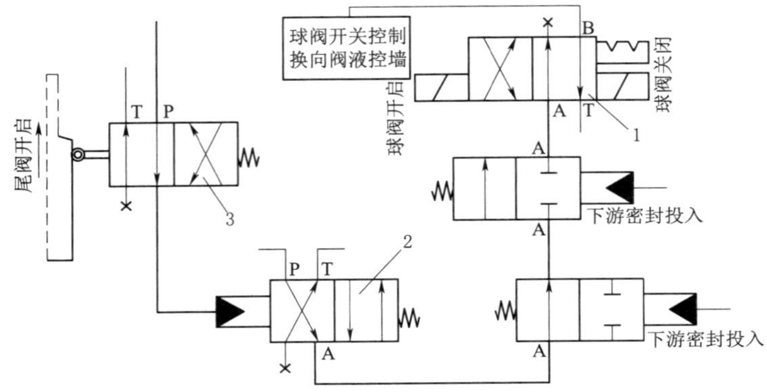

图 3 某电厂尾闸关闭液压闭锁球阀开启原理图

4.2 “球阀开启液压闭锁尾闸关闭”液压闭锁回路设计

抽水蓄能电厂尾闸正常关闭方式常为静水关闭，靠尾闸门叶自重下落关闭，此时液压系统不提供关闭动力，油液只起到缓冲作用。故常在尾闸关闭控制换向阀回油路上设置球阀开启液压闭锁尾闸关闭逻辑，属于端口型液压闭锁。如图 5 所示，粗线为尾闸启闭控制换向阀 1 的回油管，在该管路上设置引导阀 2，闭锁尾闸关闭；有时也直接在尾闸启闭液压阀上设置闭锁，属于元件型液压闭锁。如图 6 所示，粗线为球阀位置引导阀 3 的操作油管，直接作用于尾闸启闭插装阀 4 阀芯上，实现闭锁。前者需设置引导阀将球阀位置信号转化为机械运动，在尾闸关闭控制换向阀回油路上实现闭锁；后者也需设置引导阀将球阀位置信号转化为液压信号，直接作用于尾闸启闭换向阀阀芯，实现闭锁。

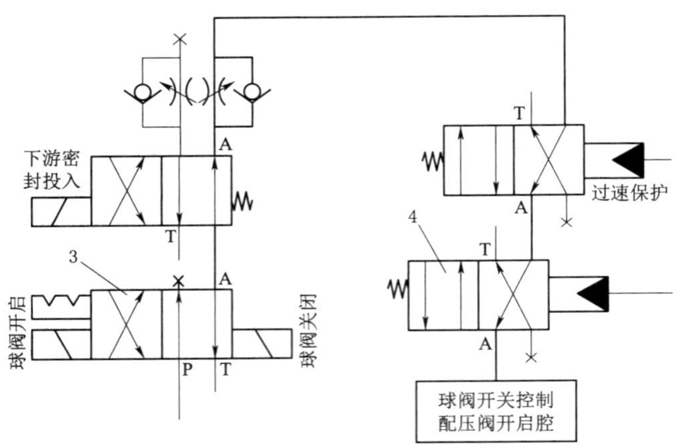

图 4 某电厂尾闸开启液压闭锁球阀关闭原理图

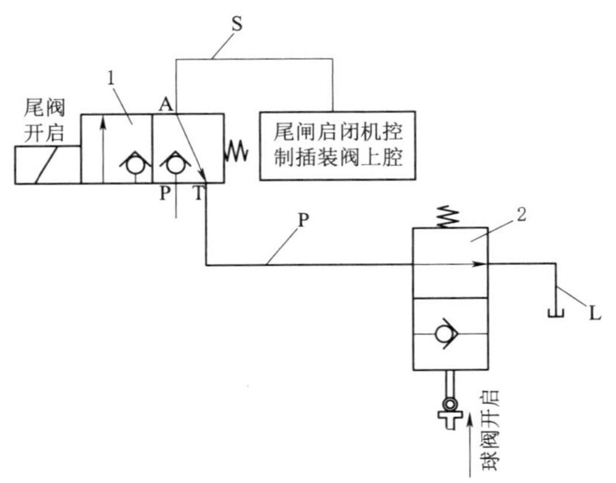

图 5 某电厂球阀开启液压闭锁尾闸关闭原理图

以图 5 为例，第一种液压闭锁实现的关键是：在球阀开启时，尾闸启闭控制换向阀 1 与引导阀 2 间的管路 P 油压足够，否则换向阀 1 操作油管 S 仍可排油失压，如果导致操作油管 S 所连接的尾闸启闭换向阀也能排油失压，闭锁就会失败。故该闭锁回路设计时，应尽可能缩短管路 P 的长度或采用较小管径的管路或通过加装单向阀提高管路 P 的初始压力[7-8]，以保证操作油管 S 所连接的尾闸启闭换向阀无法排油失压。

如图 6 所示，第二种液压闭锁实现的关键是：球阀开启时，引导阀 3 闭锁用的操作油管必须供油压力充足且稳定、可靠。这就要求闭锁回路设计时，需保证引导阀 3 供油回路能稳定、可靠地提供压力油。实际设计时，可将引导阀 3 供油管从油压系统储能罐后取油；同时，由于尾闸启闭插装阀 4 控制端口只有一个（即阀芯上部），尾闸启闭控制换向阀操作油路 Q 也会引至该处，故设计时还需考虑闭锁油路 R 与操作油路 Q 如何交汇，以避免球阀开启时，尾闸启闭控制换向阀故障导致换向阀操作油路 Q 排油，造成液压闭锁失效。设计时，考虑到闭锁油路 R 与操作油路 Q 关系为“或”，可采用梭阀 5 连接两管路。

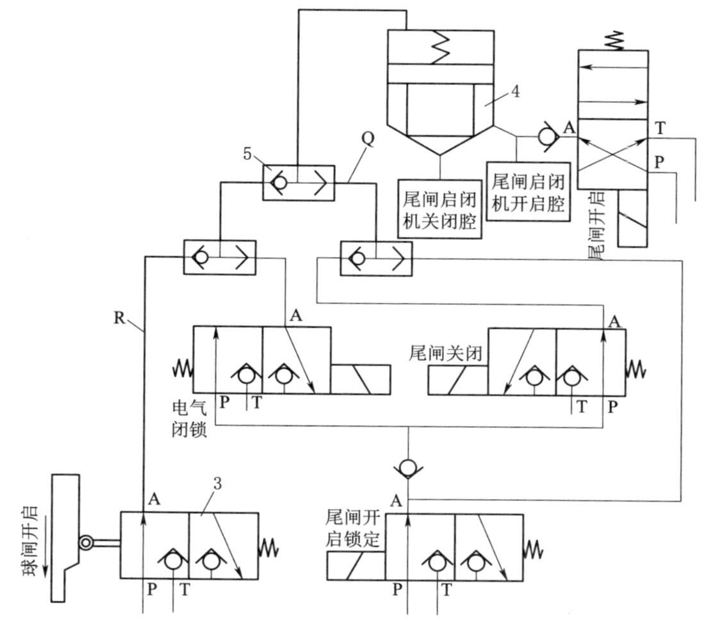

图 6　某电厂球阀开启液压闭锁尾闸关闭原理图

5　结语

本文从抽水蓄能电厂球阀与尾闸间的液压闭锁出发，介绍了液压闭锁回路的本质、总结了液压闭锁回路的类型及其特点，并详细分析了抽水蓄能电厂球阀与尾闸间几种常见的液压闭锁回路。如果掌握了这些内容，在抽水蓄能电厂球阀与尾闸间液压闭锁回路设计阶，就有助于根据实际情况（空间、结构等因素）设计出合适、可靠的液压闭锁回路，同时，也有利于后续液压闭锁回路的维护保养、故障原因排查等。

参考文献

[1]　梅祖彦. 抽水蓄能发电技术［M］. 北京：机械工业出版社，2000.

[2]　DL/T 5208—2005 抽水蓄能电站设计导则［S］. 北京：中国电力出版社，2005.

[3]　刘鹏龙，张旭，张红方. 抽水蓄能机组主进水阀与尾水事故闸门的安全联锁控制［J］. 水电站机电技术，2016，39（10）：44－45，66.

[4]　陶云冬. 清远抽水蓄能电站尾水事故闸门设计特点［J］. 吉林水利，2016，（7）：16－18.

[5]　王康生，莫旭晶，洪云来，等. 洪屏抽水蓄能电站尾闸系统调试过程问题处理与分析［C］//抽水蓄能电站工程建设文集，2016.

[6]　万麟. 蒲石河抽水蓄能电站启闭机监控系统设计［J］. 水电厂自动化，2011，32（1）：34－36.

[7]　张利平. 液压阀使用、原理及维护［M］. 北京：化学工业出版社，2005.

[8]　官中范. 液压传动系统（第 3 版）［M］. 北京：机械工业出版社，1997.

复杂水力系统过渡过程仿真计算软件国产化及实践

李高会[1,2]　胡万飞[1,2]　陈顺义[1,2]　陈祥荣[1]　崔伟杰[1]

（1. 中国电建集团华东勘测设计研究院有限公司，浙江省杭州市　311122；

2. 浙江省抽水蓄能工程技术研究中心，浙江省杭州市　311122）

【摘　要】 高精度水力过渡过程仿真计算在水电站和抽水蓄能电站的设计中十分重要，同时也面临很多问题。本文进行了复杂水力系统水力过渡过程数值仿真技术的研究，介绍复杂水力系统的特性，首先阐述了结构矩阵法为基础的数值模拟理念和思路，接着对复杂元素精细化的处理，例如差动式调压室高精度仿真、狭长型调压室上室模拟及抽蓄机组特性曲线独特性插值的关键技术进行分析，最后结合具有特长引水系统的锦屏二级水电站、复杂尾水系统的白鹤滩水电站以及机组特性复杂、工况繁多的仙游抽水蓄能电站 3 种类型的电站真机原位试验、反演或计算分析应用情况进行说明，供其他工程参考。

【关键词】 复杂水力系统　水力过渡过程　软件开发　应用

1　引言

由于线路故障、断路器跳闸等原因，甩负荷过渡过程在水电站运行过程中常有发生。当其发生时，输水系统中水压大幅增加、机组转速急剧增加，可能会导致压力管道破裂、调压系统毁损或机组部件破坏等事故，严重情况下甚至会危及整个电站的安全[1]。因此，水电站设计时的一个重要任务就是对各种可能的工况下的输水系统水力过渡过程进行分析，确保电站的安全。科学准确的水力过渡过程计算分析对规避电站事故有重要作用[2]。

水力过渡过程计算分析涉及领域众多，边界条件复杂，且伴随着水电站输水发电系统的复杂化和巨型化[3]，装机规模及单机容量的不断加大，水电站过渡过程研究难度也在增加。此外，抽水蓄能电站的可逆式机组以及复杂的运行工况（一机多用、工况转换迅速、启停频繁、压力脉动剧烈）[4]，使其水力过渡过程的计算分析尤为复杂。一个数学模型正确、计算方法精准、适应工况全面、计算效率高的水力过渡过程的计算软件有着非常重要的工程应用价值。在此背景下，华东院在诸多工程实践的验证基础上开发出了复杂水道系统水力—机械一体化过渡过程软件系统（HYSIM）。

2　水力过渡过程数值仿真软件开发

2.1　结构矩阵法基本原理

仿真软件 HYSIM 采用的是计算速度更快的结构矩阵法。结构矩阵法利用了有压水网系统中压力、流量（H、Q）与结构梁架的应力与位移（F、S）相同的特征，如图 1 所示，将结构分析中所使用的刚性矩阵模型建立方法应用到复杂有压水道系统的数学模型建立，该方法计算水力过渡过程步骤如图 2 所示。

除了计算精度高之外，结构矩阵法还具有诸多优点：结构矩阵法在编程实现时，更为便捷和更容易实现模块化，二次开发对接方便；结构矩阵法利用节点流量为零的思想，构建对角型稀疏矩阵，采用降低矩阵维数和自动变步长的算法求解系统矩阵，计算速度更快。

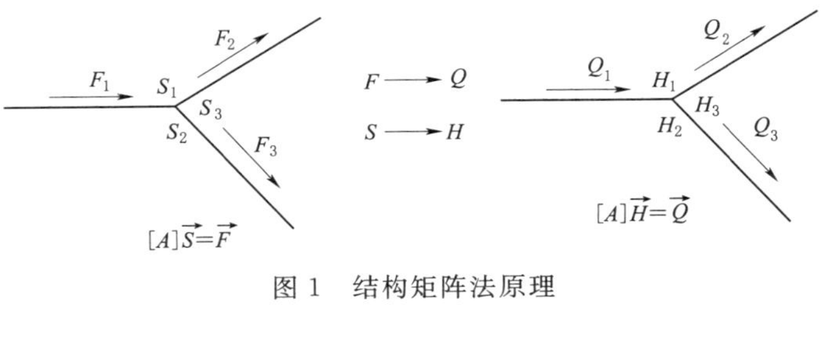

图 1　结构矩阵法原理

2.2　差动式调压室高精度仿真

对于差动式调压室的升管，其断面面积很小，属于细高型调压室，水体在波动中的惯性

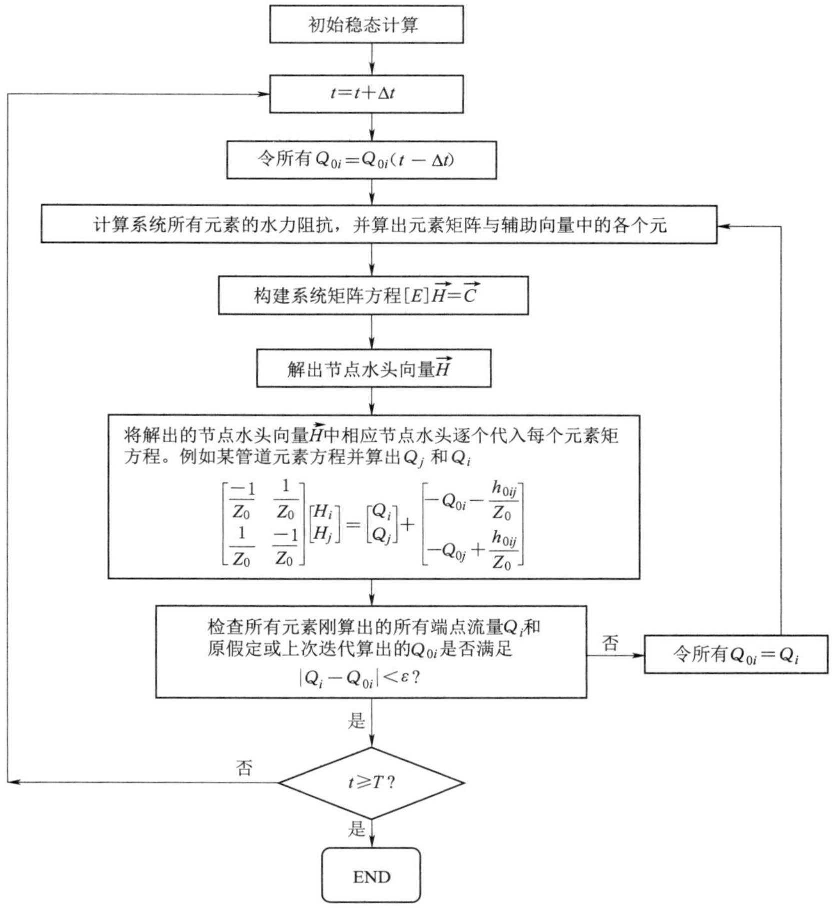

图 2　结构矩阵法流程图

和井壁对运动中水体的摩阻是不应被忽略的。仿真软件 HYSIM 中，差动式调压室的数学模型中特别考虑了水体惯性，并将头井壁对调压室中水体的摩阻计入损失系数 k 中。

运动方程：

$$I\frac{\mathrm{d}Q_s}{\mathrm{d}t}+H_m-H_L+kQ_s|Q_s|=0 \tag{1}$$

式中　$I=\sum_{i=1}^{n}\frac{L_i}{gA_i}$ ——调压室内水体总惯量，是一个变量，是水位的函数；

$k=(k_s+\sum_{i=1}^{n}\beta_i)$ ——调压室内总摩阻系数，也是水位的函数。

2.3　狭长调压室上室模拟

水电站和泵站的引水渠、尾水渠和无压隧洞中有很多明渠非恒定流现象。此外，对于狭长型的调压室上室，也可将其明渠进行处理。一般来说，对于明渠非恒定流的数值计算，常用的方法有有限差分法、特征线法以及 Preissmann 四点差分法。Preissmann 四点差分法满足无条件稳定，在实际计算中，可以任意选取较大的时间步长以加快计算速度，因而应用广泛。

普莱斯曼格式的示意图如图 3 所示。这一格式的特点是围绕矩形网格中的 M 点来取因变量的偏微商来进行差商逼近。网格的距离步长可以是不等距的，而时间的步长一般取等距步长。M 点在时间上距离已知时层 n 为 $\alpha\Delta t$，距未知时层 $n+1$ 为 $(1-\alpha)\Delta t$。α 为权系数，取值范围为 $0\leqslant\alpha\leqslant1$。

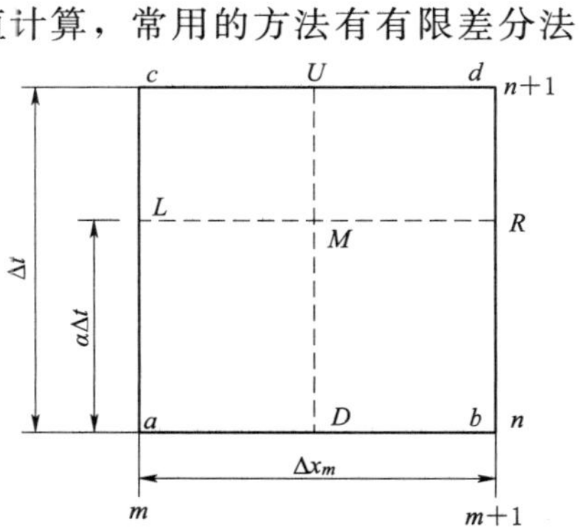

图 3　普莱斯曼（Priessmann）格式示意图

设每一个网格内函数 $f(x,t)$ 呈直线变化，则网格上 L，R，U，

$D4$ 点的函数值用节点 a，b，c，d 的值表示应该为：

$$f_L = \alpha f_m^{n+1} + (1-\alpha) f_m^n \tag{2}$$

$$f_R = \alpha f_{m+1}^{n+1} + (1-\alpha) f_{m+1}^n \tag{3}$$

$$f_U = \frac{1}{2}(f_m^{n+1} + f_{m+1}^{n+1}) \tag{4}$$

$$f_D = \frac{1}{2}(f_m^n + f_{m+1}^n) \tag{5}$$

由此得到 M 点的偏微商的差商逼近公式为：

$$\left.\frac{\partial f}{\partial x}\right|_M \approx \frac{f_R - f_L}{\Delta x_m} = \alpha \frac{f_{m+1}^{n+1} - f_m^{n+1}}{\Delta x_m} + (1-\alpha)\frac{f_{m+1}^n - f_m^n}{\Delta x_m} \tag{6}$$

$$\left.\frac{\partial f}{\partial t}\right|_M \approx \frac{f_U - f_D}{\Delta t} = \frac{f_{m+1}^{n+1} - f_{m+1}^n + f_m^{n+1} - f_m^n}{2\Delta t} \tag{7}$$

圣维南方程中的系数项和非导数项若也用 f 表示，则 f 的值都是采用 M 点值进行计算。即：

$$f_M = \alpha\left(\frac{f_{m+1}^{n+1} + f_m^{n+1}}{2}\right) + (1-\alpha)\left(\frac{f_{m+1}^n + f_m^n}{2}\right) \tag{8}$$

将以上各式代入圣维南方程组即可形成隐式差分格式。对于有 N 个断面的全渠段，未知量有 $2N$ 个，全渠段共有（$N-1$）个网格，则根据前述可以构建 $2\times(N-1)$ 个差分方程。再由上下游边界提供两个边界条件方程，方程数一共也是 $2N$ 个，正好可以求解全部未知量。

2.4 抽蓄特性曲线组合插值技术

水泵水轮机在很大程度上是混流式水轮机变种，但是就水力特性而言，两者有相当大的不同。最明显的一个特征是水泵水轮机的特性曲线具有不稳定区，也即 S 区。在过渡过程计算时，需要进行等开度曲线之间的插值，以寻找水轮机的运行工况点。对于混流式水轮机，采用纵向插值就可以取得较好效果。而对于水泵水轮机而言，由于 S 区的多值性，曲线的垂直性和逆向性，以 N_{11} 为基础的纵向插值方法会造成严重的插值失真。

由于 S 区只占据了整个特性曲线的一小片区域，只在有必要用正交插值的区域内用正交插值，在曲线较平坦区内可以用纵向插值，在曲线很陡的区内可以用横向插值，可以显著提高特性曲线插值速度。这样的插值法也即组合插值法，如图 4 所示。组合插值法的关键是将特性曲线分区，没必要事先把区分好，只是在迭代开始时对小局部的两条曲线的斜率做一个简单的判断就可以决定用哪一种插值方法。

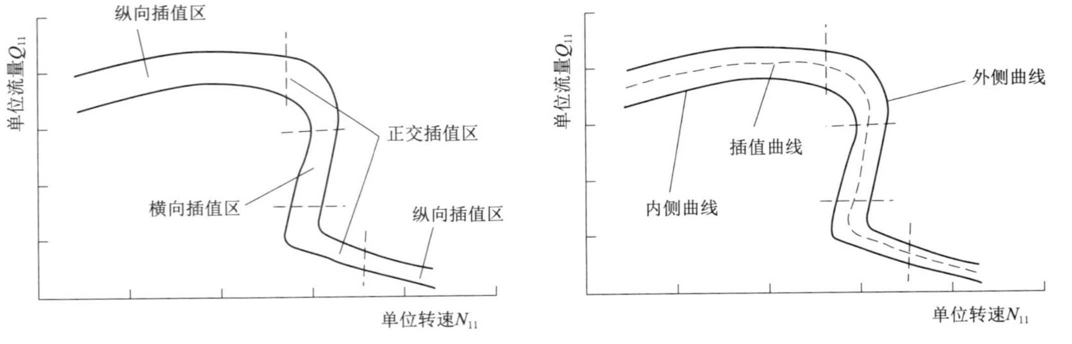

图 4 组合插值法示意图

3 工程实例分析

3.1 锦屏二级水电站——特长引水系统

锦屏二级水电站拥有目前世界上最大的水工洞室群，包括 4 条长度接近 17km 输水隧洞，4 座超大规模的差动式调压室。水力过渡过程计算极为复杂，被誉为“国内过渡过程最复杂的水电工程”。2012 年 12 月底，锦屏二级 1 号引水发电系统首批 1 号、2 号机组分别进行了原型机组甩负荷试验。表 1 为 1 号机组甩 100%负荷试验数值计算结果与实测数据对比，图 5 分别为 1 号机组蜗壳压力和调压室水位计算与实测成果对比。

表 1 **实测极值和计算极值对比**

蜗壳进口最大压力			机组最大转速上升率		
实测/m	数值计算/m	计算误差/%	实测/%	数值计算/%	计算误差/%
368.2	365.2	0.81	37	41	−10.81
尾水管出口最大压力			尾水管出口最小压力		
实测/m	数值计算/m	计算误差/%	实测/%	数值计算/%	计算误差/%
28.8	29.6	−2.78	23.7	22.2	6.33
大井最高涌波水位			大井最低涌波水位		
实测/m	数值计算/m	计算误差/%	实测/%	数值计算/%	计算误差/%
1673.6	1673.1	0.03	1618.2	1618.7	−0.03

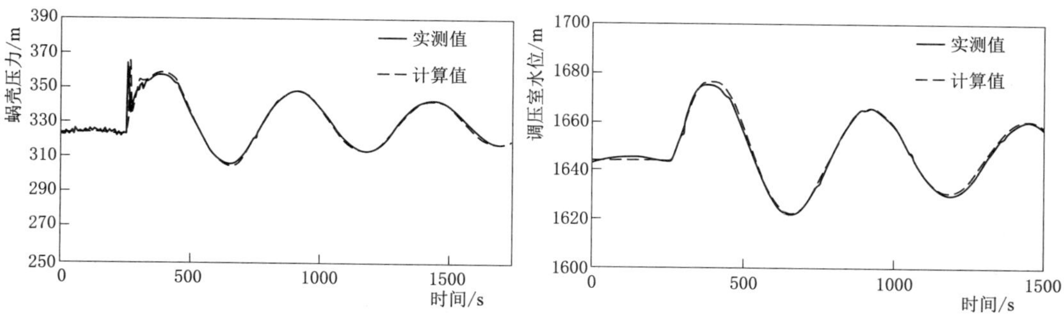

图 5　1 号机组甩 100%额定负荷工况调保参数曲线对比

可以看出，反演计算的结果和现场实测值具有较高的吻合度，机组蜗壳进口压力、上游差动式调压室结构压差和涌波水位等计算误差均在 1%以内，验证了仿真软件 HYSIM 的可靠性。

3.2　白鹤滩水电站——复杂尾水系统

白鹤滩电站总装机容量为 16000MW，左、右岸各布置 8 台 1000MW 混流式水轮发电机组和 4 座巨型阻抗式尾水调压室。为了限制下游调压室的最高涌浪水位，白鹤滩水电站采用了带狭长型上室的调压室形式。在一般简化计算中，常常忽略狭长型上室的明渠效应，将狭长型明渠上室当量成为圆形截面上室，这种简化方便了过渡过程计算，但是却牺牲了仿真精度。为了更真实地反应狭长型上室中的水流状态以及对调压室涌浪的影响，采用明渠型上室的仿真模型进行过渡过程计算，得到调压室上室明渠效应对过渡过程的影响。

两种模型计算成果见图 6。

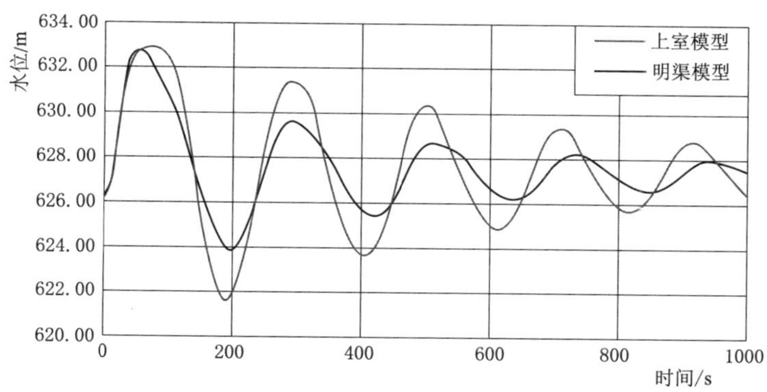

图 6　不同计算模型调压室水位变化过程线

从图 6 中可以看出，是否考虑调压室上室的明渠效应对过渡过程仿真计算有一定的影响，考虑明渠效应时，涌浪最高水位极值小于上室模型，涌浪最低水位极值大于上室模型。考虑明渠效应的涌浪衰减速度远大于将明渠当量成圆形截面上室的处理方法，其原因在于考虑了明渠效应后相当于给调压室增加了阻尼效应。图 7 为位于调压室进口处和中部两点的水深随时间变化过程线，可以看出明渠上室中的涌浪衰减很快，且由于边界处的反射作用，在上室中部水面线形成了一个特殊的缺口形状。对于狭长型调压室上室，水面线的波动过程同调压室水位一样存在明显的周期性，在同一个周期内，和上室明渠经历了充水与排水两个过程。

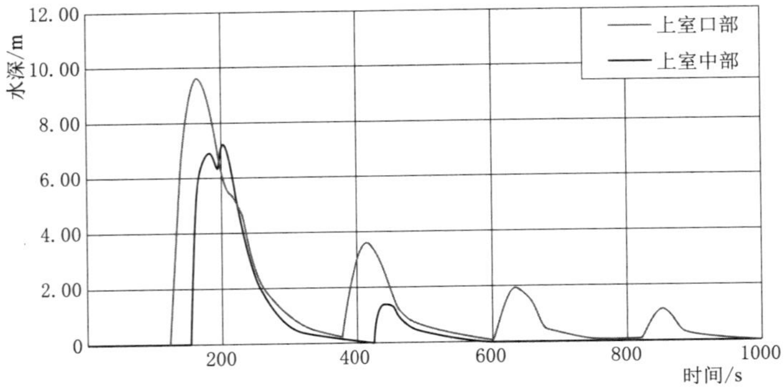

图 7　调压室进口处和中部两点的水深随时间变化过程线

3.3　仙游抽水蓄能电站——工况繁多

仙游抽水蓄能电站总装机容量为 1200MW，包括 4 台单机容量 300MW 的可逆式抽水蓄能机组，输水系统全长约 2061.8m。为了保证运行安全，抽水蓄能电站在电站真正投产之前必须进行甩负荷、抽水断电、水力干扰等一系列的现场试验。

3.3.1　甩负荷试验数值计算与实测对比

在同等边界条件下，双机甩负荷的数值计算与仿真计算对比计算见表 2 及如图 8、图 9 所示。由于该电站采用的是先延时 10s 后 25s 一段直线关闭规律，通过实测发现导叶在延时 10s 时段内压力脉动较大，而在后 25s 关闭过程中压力脉动相对较小，因此在进行压力脉动和计算误差分析时将甩负荷过程分为导叶延时段和导叶快关段，极值情况分别进行对比修正。

表 2　双机同时甩负荷试验实测数据与数值仿真计算结果对比

机组编号	机组蜗壳最大压力/m			
	延　时　段		快　关　段	
	实测	仿真	实测	仿真
1 号	711.64	711.91	708.94	718.84
2 号	—	704.33	711.22	706.12
机组编号	尾水管进口最小压力/m			
1 号	40.78	70.95	56.79	65.46
2 号	42.68	66.24	58.17	64.90

由表 2 及图 8、图 9 可以看出，在不考虑压力脉动的前提下，数值仿真与试验结果具有较好的吻合度。

3.3.2　水力干扰试验数值计算与实测对比

在同等边界条件下，水力干扰试验的数值计算与仿真计算对比计算见表 3 及如图 10、图 11 所示。

表 3　正常运行机组最大输出功率　　单位：MW

试验工况	实测值	计算值	修正值
TestR3	288.13	304.23	15.60
TestR4	363.30	389.82	26.52

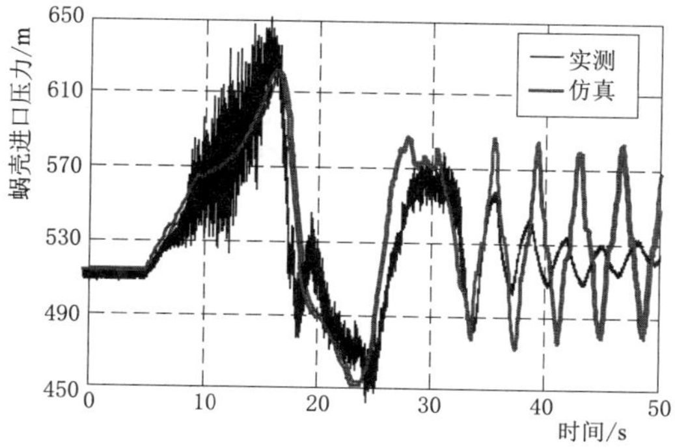

图 8　蜗壳压力计算与实测成果对比

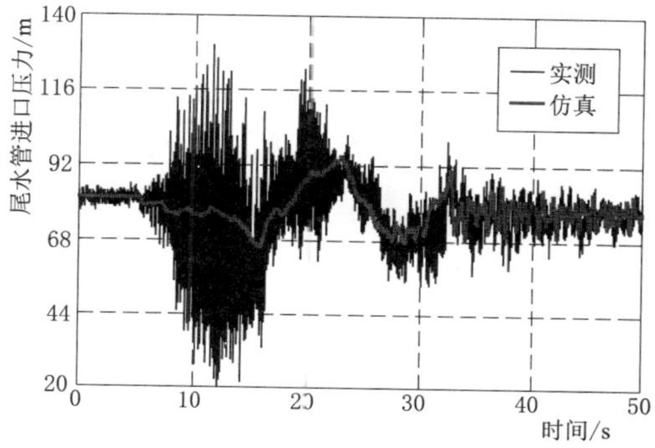

图 9　尾水进口压力计算与实测成果对比

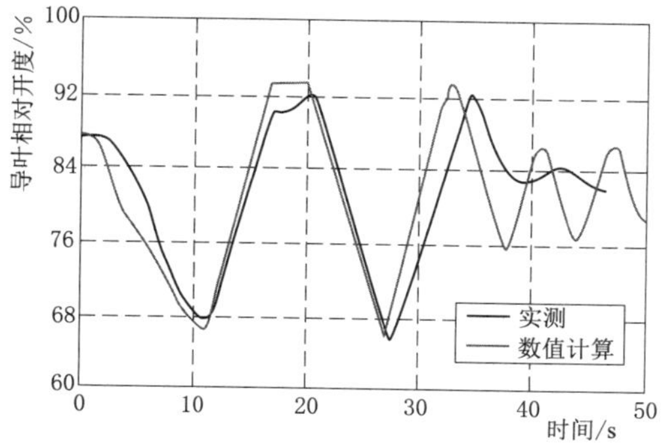

图 10　TestR4 机组导叶相对开度变化过程线

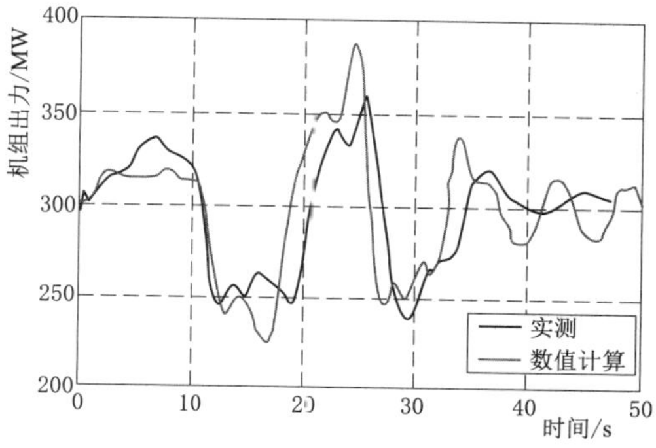

图 11　TestR4 受扰机组出力变化过程线

受扰机组处于功率调节运行模式时，导叶根据出力的增加或者减小进行相应的减小或者增加，尽量保持受扰机组出力的恒定性。数值计算结果和实测结果较为接近且计算值稍大于实测值，其原因主要是由于导叶开度在调整过程中存在一定的迟滞性，但是随时间的变化，数值计算与实测结果基本一致。

4　结语

经多个不同类型水电站工程机组甩负荷原型试验验证，可以说明该软件仿真计算精度较高，能够较好地满足目前复杂水道系统过渡过程数值模拟计算要求。目前该软件系统是国内少数适用于复杂水道系统水电站工程（含抽水蓄能电站）水力过渡过程仿真计算分析的通用软件平台之一，多项技术在国内同类软件平台均属首创，具备较大的推广使用价值。

参考文献

[1]　侯靖，李高会，等. 水力机组过渡过程 [M]. 北京：中国水利水电出版社，2019.

[2]　M. H. 乔德里. 实用水力过渡过程 [M]. 成都：四川省水力发电工程学会，1985.

[3]　陈祥荣，范灵，鞠小明. 锦屏二级水电站引水系统水力学问题研究与设计优化 [J]. 大坝与安全，2007 (3)：1-7.

[4]　杨开林. 电站与泵站中的水力瞬变及调节 [M]. 北京：中国水利水电出版社，2000.

各厂关于水导轴承的经典设计对比

傅含富 晁新刚 黄彦庆 万晶宇

（浙江宁海抽水蓄能电站，浙江省宁波市 315600）

【摘 要】本文重点分析了东芝水电、东方电机、安德里茨等厂家关于水导轴承的油箱结构设计、瓦间间隙调整、防甩油措施、油路循环等设计，并从安装、正常运行等各角度进行优缺点对比。

【关键词】油路循环 瓦间间隙 水导轴承 防甩油

水轮发电机导轴承是立式水轮发电机的重要原件，其主要承受转动机械不平衡力和由于转子偏心所引起的单边磁拉力，其主要作用是使机组轴线在规定数值范围内摆动。导轴承由导轴承瓦、油盆、瓦架和油冷却器等主要部件组成。

1 安德里茨（以天荒坪电站为例）

1.1 油箱安装及渗漏试验

首先安装油箱，将油箱底部下方和大轴连接螺栓固定，完成油箱安装（如图1所示）。

从水导瓦与大轴上方的空隙（原安装水导瓦的位置）注入煤油至静止油位并静置12h，进行渗漏试验。

特点分析：该方案中用煤油做漏油试验并能清理残余煤油，可靠地保证了水导油盆的密封性，并且符合国标要求。但是由于漏油试验注油油位较低，无法对水导瓦支架、水导瓦与水导箱盖所构成的密闭容器的密封性进行检验，也无法保证水导支架与水导瓦之间的盘根的可靠性。

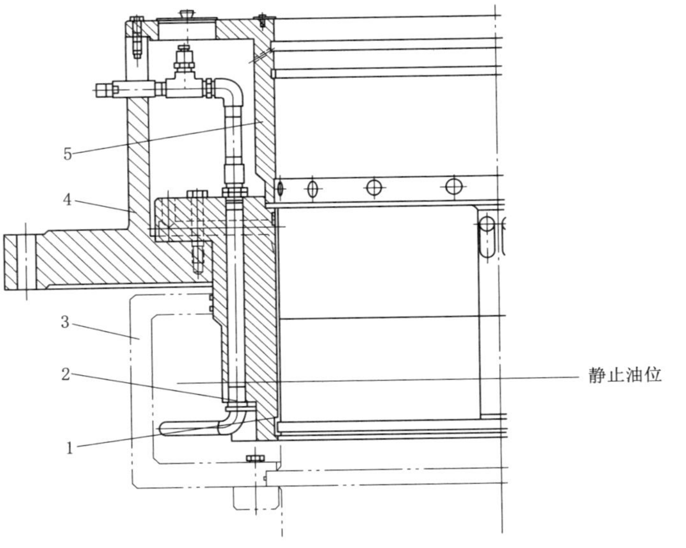

图1 安德里茨水导瓦安装示意图

1—桶式水导瓦；2—毕托管；3—水导油盆；4—水导瓦支架；5—水导油盆盖

1.2 瓦间间隙调整

水导瓦为桶式结构，分为两瓣，通过螺栓组合成整体，通过螺栓直接固定在水导支架上。间隙调整时需拆除瓦架和顶盖间的螺栓，配合使用千斤顶在对称方向作用于水导瓦支架外圈对间隙进行调整，用塞尺测量。

特点分析：由于水导瓦支架与顶盖用螺栓连接，调整间隙范围非常有限，且机组振动会造成螺栓松动，从而影响瓦与大轴间间隙。桶式瓦的结构设计对于间隙的调整相对有利。

1.3 油路循环

由于水导油盆为旋转结构形式，油盆旋转使透平油产生从旋转中心垂直油面（抛物面）向外递增的油压，故油路循环采用了无外加泵的自循环形式。

特点分析：该型结构形式充分利用旋转油盆的结构特点，形成自循环油路，设备量少，占用空间小。

1.4 防甩油措施

水导防甩油的措施主要依靠各部位盘根来阻止运行过程中透平油的渗漏，对盘根的可靠性要求较高。

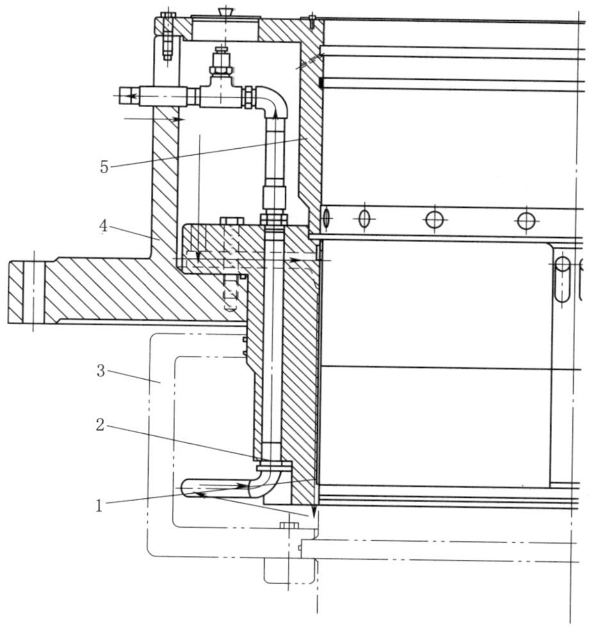

图 2 安德里茨油循环示意图

1—桶式水导瓦；2—毕托管；3—水导油盆；4—水导瓦支架；5—水导油盆盖

2 东方电机（以长龙山电站为例）

2.1 油箱安装及渗漏试验

油箱为固定式结构。轴瓦支撑与轴承座连接螺栓需从下部向上安装，故油箱底板需要在上述结构安装完成后最后安装（如图 3 所示）。

油箱安装完成后注入煤油到正常油位，静置 24h。

特点分析：由于轴瓦支撑与轴承座连接螺栓的预先安装，造成煤油试验后，无法清理轴瓦支撑与油箱底板之间的残余煤油，影响透平油油质。故只能用透平油代替煤油做渗漏试验，但是透平油的渗透性远远比煤油差，24h 的透平油渗漏试验对油盆密封性检验有待考证。

2.2 瓦间间隙调整

东方电机水泵水轮机的导轴承采用分块瓦结构，在轴领的外圆面沿圆周方向平均布置分块瓦轴承，在轴承的背面用楔子板来调整大轴与轴瓦间隙（如图 4 所示）。

首次安装调整时根据盘车数据进行各个轴瓦间隙分配，并计算斜楔提起高度。

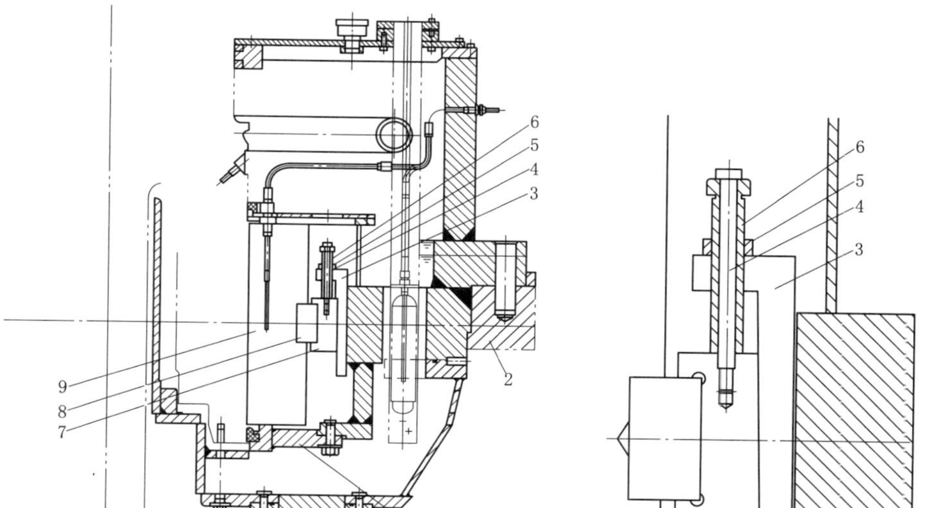

图 3 东方电机水导瓦安装示意图

1—轴瓦支撑；2—轴承座；3—楔子板；4—螺栓；5—螺母；6—调整螺杆；7—推力块；8—特殊挡块；9—轴瓦

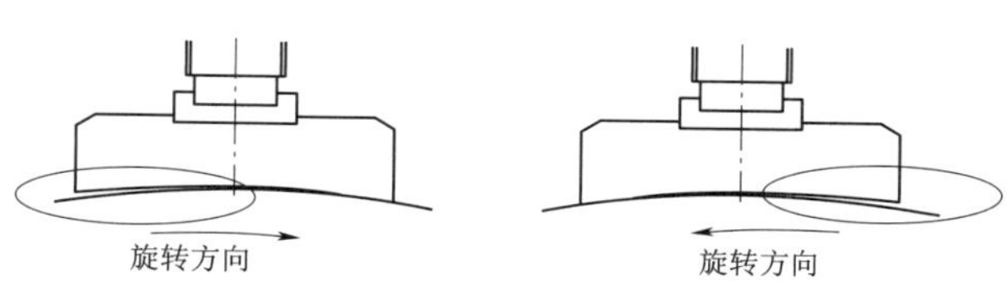

图 4 东方电机及东芝分块瓦支点作用形成的楔子概念图

特点分析：东方电机通过 1：50 斜楔调整轴瓦与大轴间隙调整精度更高，需要保留斜楔高度数据以便后期数据对比调整。轴瓦在调整螺栓前端的支点作用下，分块瓦轴承可稍微转动，容易在轴瓦与轴领之间形成楔形间隙，从而更好地形成油膜。

2.3 油路循环

如图 5 所示，东方电机设计的水导瓦正常情况下大部分浸没在冷却油中，由于采用固定油箱结构，冷却油的循环无法采用自循环结构。但是将进油管布置在两块水导瓦之间，将冷油直接喷淋至瓦间，再利用油泵抽出热油进入外循冷却器、过滤器等设备，形成循环油路。

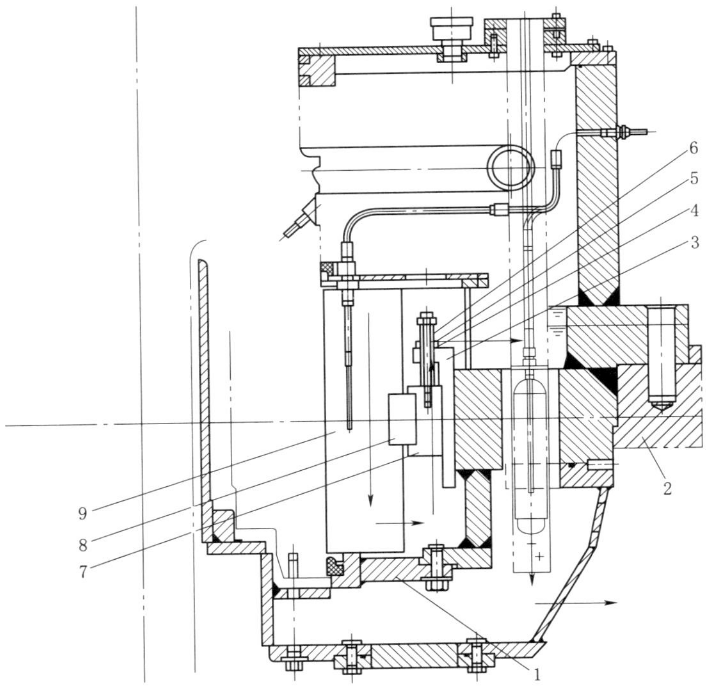

图 5 东方电机油循环示意图

1—轴瓦支撑；2—轴承座；3—楔子板；4—螺栓；5—螺母；6—调整螺杆；7—推力块；8—特殊挡块；9—轴瓦

特点分析：采用进油管路直接将冷油喷淋至瓦与瓦间的结构设计，让进入瓦与瓦间的油具有更高的初始动能，更容易进入大轴与瓦之间，形成油膜。

2.4 防油雾措施

主要通过上端油箱盖的两道密封来阻挡轴领外侧通过大轴轴领爬升的油和油雾。轴领内侧通过非接触式的台阶形隔油盆来阻挡爬升的油和油雾。

特点分析：防甩油措施仅单纯用盘根堵住漏油点，对盘根的可靠性要求高，且无法有效地解决油雾压力升高问题。

3 东芝（以清远电站为例）

3.1 油箱安装及渗漏试验

东芝油箱结构及安装方式与东方电机基本相同。

3.2 瓦间间隙调整

水导轴承的分块瓦由轴承背面的调节螺栓作为支撑。分块瓦和调整螺栓之间设置背面为凹形的垫片，将轴承固定在圆周方向上。

特点分析：东芝水导瓦间隙的调整方式与东电类似，调节过程中都无法直接测量瓦与大轴间隙，东芝利用螺栓的牙距来调整间隙精度难以达到东电 1：50 的斜楔的调整效果。

3.3 油路循环

东芝水导轴承油盆为静止油盆，正常运行油位淹没水导瓦。供回油口分别布置在油箱底部对侧，并在出油口设置一个朝向外侧弯头管，以避免冷油直接流入回油口。油箱底部均匀布置了6个分别由一个横板两个立板组成的搅拌挡板，保证油盆内冷热油均匀混合以进行热量的充分交互。

特点分析：由于东芝的水导瓦进出油口都布置在轴瓦支撑以下，透平油在轴向（上下）的对流仅仅依靠冷热油的温差形成热对流，相比周向的强迫对流循环能力更弱（如图7所示）。

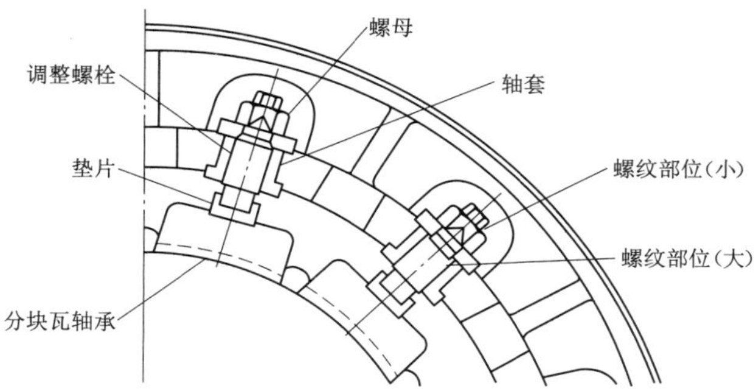

图6　东芝水导轴承平面图

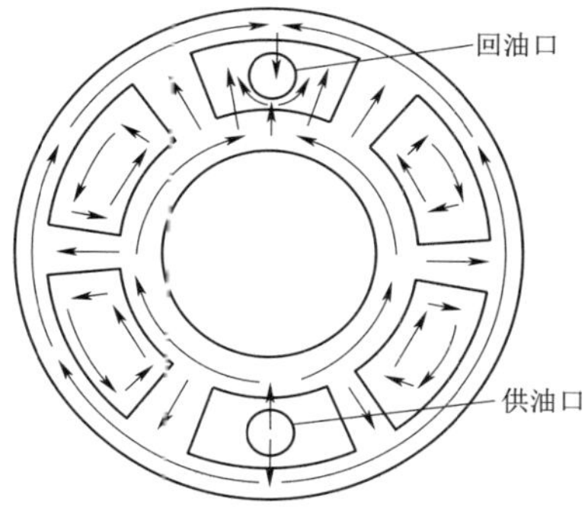

图7　东芝油循环示意图（俯视）

3.4 防油雾措施

东芝油雾对策结构和其作用原理相关概念图。其中轴承盖高度设有余量，这样能够确保足够大的空间防止油雾压力升高。

如图8所示，通过大轴轴领爬升的油经过第一段段差2的抑制后，继续爬升进入轴承盖与大轴的密封间隙3得到了进一步抑制，通过此间隙的油由于第二段段差部位2转动产生的离心力被甩到外侧小室内。被甩出的油回落并存留在小室中，再通过通孔5落回到下侧油箱内。小室上部于大轴间也设置有1mm密封间隙1在抑制油继续爬升的同时也能起平衡油雾压力的作用。

特点分析：东芝的防油雾装置通过小室结构较好地利用了油作为流体的特性形成局部循环，加快了油雾到油的凝集，可以有效地解决油溢出油压升高问题，提高了溢出油与油雾的回收效率。

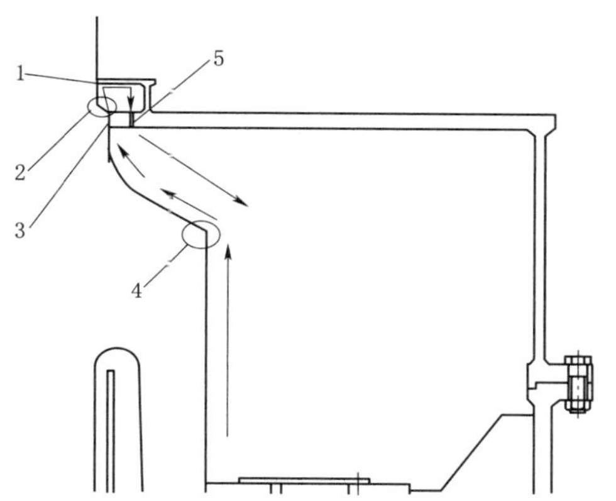

图8　东芝水导油循环防油雾措施图
1—小室与大轴密封间隙（1mm）；2—大轴第二段段差；3—大轴与轴承盖密封间隙（1mm）；4—大轴第一段段差；5—轴承盖上与小室间通孔

4 结语

本文从水导轴承设计及安装方式对各厂进行分析，各具特色。

笔者认为，优秀的水导轴承设计应该具备以下条件：

（1）能形成足够的工作油膜厚度。

（2）瓦温应在允许范围之内。

（3）循环油路畅通，冷却效果好。

（4）大轴摆度在规定数值范围内。

（5）油槽油面和轴瓦间隙满足设计要求。

（6）密封结构合理，不甩油。

（7）结构简单，便于安装和检修。

参考文献

[1] GB/T 22581—2008 混流式水泵水轮机基本技术条件 [S].
[2] 国网新源控股有限公司. 水电厂运维一体化技能培训教材：高级 [M]. 北京：中国电力出版社，2015.
[3] 华东天荒坪抽水蓄能有限责任公司. 天荒坪电站运行 20 周年总结 [M]. 北京：中国电力出版社，2018.
[4] 李浩良，孙华平. 抽水蓄能电站典型故障处理点评 [M]. 北京：中国电力出版社，2017.
[5] 李浩良，孙华平. 抽水蓄能电站运行与管理 [M]. 杭州：浙江大学出版社，2013.
[6] 冯伊平. 抽水蓄能运维技术培训教程 [M]. 杭州：浙江大学出版社，2016.

座环蜗壳安装及保压试验

刘　琛

（中国水利水电建设工程咨询西北有限公司，陕西省西安市　710065）

【摘　要】本文主要介绍绩溪抽水蓄能电站水泵/水轮机座环、蜗壳的安装，包括座环、蜗壳的拼装、焊接、吊装、安装调整及蜗壳水压试验，安装中出线的问题和解决问题方法。

【关键词】座环　蜗壳　安装　焊接　水压试验　绩溪抽水蓄能电站

1　概述

安徽绩溪抽水蓄能电站安装6台单机容量为300MW的立轴单级混流可逆式水泵水轮/发电电动机组。该机组水轮机工况俯视顺时针旋转，水泵工况俯视逆时针旋转，采用两段轴结构，水泵水轮机设水导轴承，水轮机轴与发电机轴之间采用销钉螺栓联接并以此传递扭矩，水轮机轴和转轮之间均采用螺栓联接，采用销柱传递扭矩。为减少工地焊接工程量，并同时考虑运输要求，蜗壳/座环分两瓣到货，蜗壳设有两节凑合节（蜗壳第二节、第十二节）及蜗壳延伸段。导水机构中心线高程233.0m，蜗壳进口内壁直径2.0m，蜗壳进口中心线与机组$Y-Y$轴线的距离为4.4m。蜗壳材质为SX780CF，座环材质为S500Q-Z35，蜗壳最大厚度56.0mm。蜗壳座环总重约为132.98t，其中1/2瓣蜗壳座环（与蜗壳延伸段焊接）运输尺寸为10139mm×4383mm，重量为58.6t；2/2瓣蜗壳座环运输尺寸为10139mm×5141mm，重量为68.5t；蜗壳延伸段运输尺寸为3910mm×2820mm，重量为16.81t。

2　蜗壳座环安装工艺流程

座环蜗壳安装工艺流程，如图1所示。

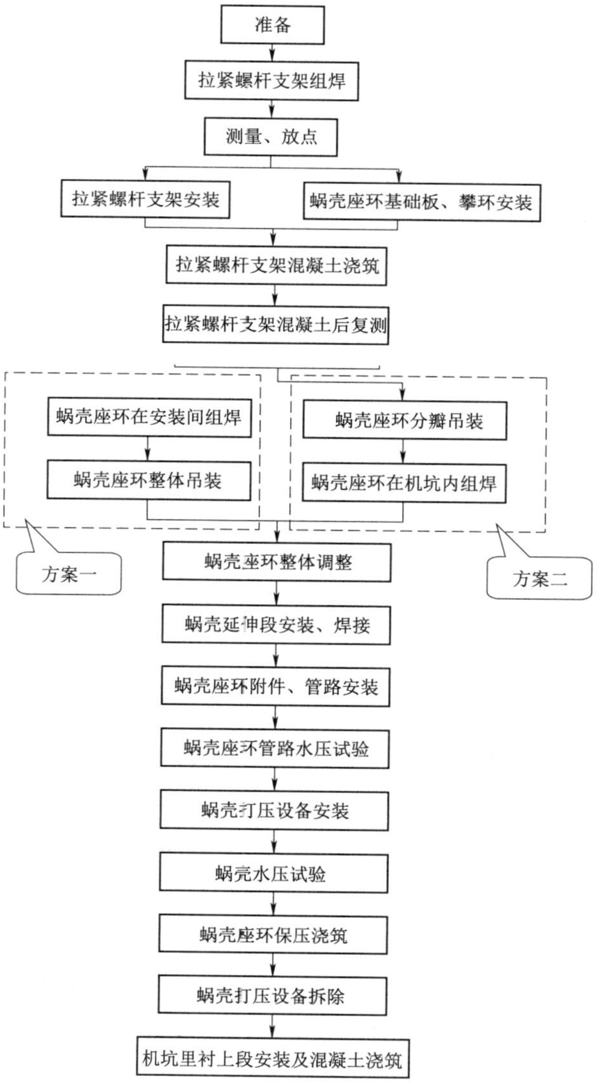

图1　座环蜗壳安装工艺流程

3　拉紧螺杆支架

3.1　拉紧螺杆支架组装、焊接

（1）在安装间将两瓣拉紧螺杆支架放置于预先布置的钢支墩上，利用磨光机清扫组合面毛刺、高点等。

（2）通过桥机组合拉紧螺杆支架，利用千斤顶、压马板等调整拉紧螺杆支架套管的分布圆直径偏差不大于3mm，相邻套管中心的弦距偏差不大于3mm，套管的垂直度不大于5mm。调整合格后，利用骑马板将2瓣拉紧螺杆支架固定。

（3）焊接各组合缝。焊后对组合焊缝进行外观检查，并做检查记录。

（4）焊后复测拉紧螺杆支架套管的分布圆直径偏差不大于 3mm，相邻套管中心的弦距偏差不大于 3mm，套管的垂直度不大于 5mm。

3.2 拉紧螺杆支架吊装、调整、浇筑

（1）吊装前将机组轴线设置到相应的高程，在机组 X、Y 方位设置样架。

（2）在土建 228.0m 高程备仓的同时，根据拉紧螺杆支架直径在 227.33m 高程预埋 8 块钢板，用于拉紧螺杆支架支撑使用。在预埋基础板上布置 8 个钢支墩用于临时支撑调整。

（3）将拉紧螺杆支架吊入提前布置好的钢支墩上，利用千斤顶等工具调整拉紧螺杆支架的中心及方位，偏差不大于±4mm。检查拉紧螺杆支架高程满足设计值，检查拉紧螺杆支架套管的分布圆直径偏差不大于 3mm，相邻套管中心的弦距偏差不大于 3mm，套管的垂直度不大于 5mm。

（4）将磨圆机垫板 A、磨圆机垫板 B 安装并焊接在拉紧螺杆支架上，如图 2 所示。

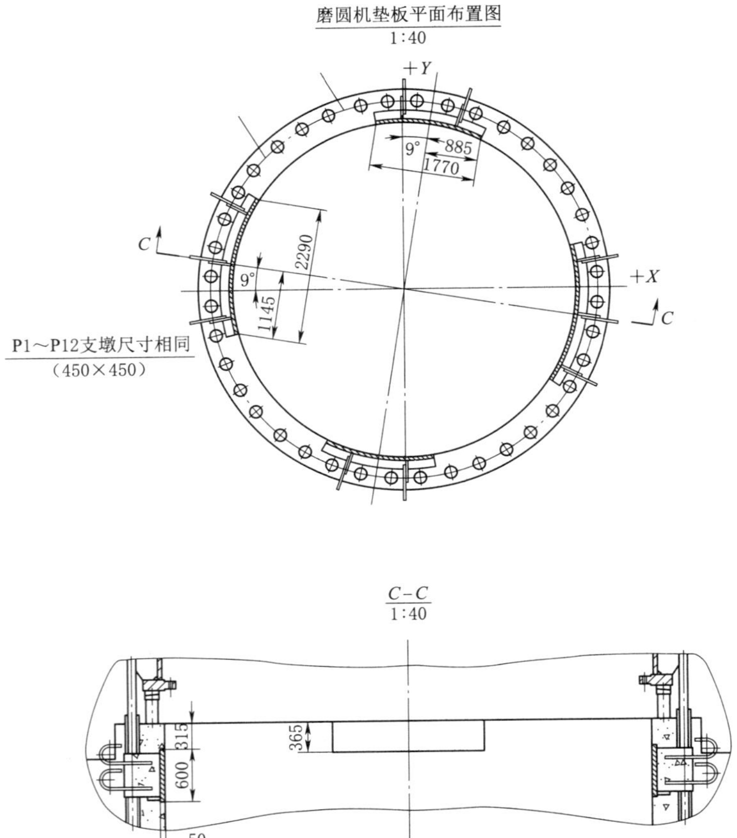

图 2 磨圆机垫板装焊图

4 蜗壳座环拼装

现场 1 号、2 号、3 号机组拟采用方案一蜗壳座环在安装间组合、焊接，整体吊装的施工方案；4 号、5 号、6 号机组拟采用方案二蜗壳座环分瓣吊装、在机坑内组合、焊接、探伤、调整的施工方案。

4.1 蜗壳座环在安装间拼装

（1）在主厂房安装间工位上布置好钢支墩、楔子板。钢支墩布置如图 3 所示。

图中①～⑥号支墩均为 1m 高，⑦～⑩号根据现场使用枕木、千斤顶进行临时支撑。

（2）座环钢支墩上垫楔子板，利用 250t 桥机将蜗壳座环两瓣分别吊至提前布置好的钢支墩上，控制座环分瓣面相隔 500mm。

（3）将座环分瓣面及合缝面两侧 100mm 的范围打磨清理干净并作 PT 探伤检测。

（4）用楔子板和千斤顶调整其中一瓣座环水平至3mm以内，吊另一瓣座环与其组合，穿入定位销和组合螺栓，检查组合面错牙满足要求后预紧组合螺栓。用塞尺检查组合面钝边间隙，应小于0.1mm。

（5）座环组合成整圆后，用千斤顶和楔子板调整座环水平至0.2mm以内并记录座环水平曲线走向。测量座环上、下环板法兰面以及固定导叶中心高程及水平，并做好记录。架设球心梁，测量座环上下环板内径，作为座环焊接变形量的依据。在座环焊缝两侧约100mm位置打上样冲，用游标卡尺测量样冲间距，作为座环焊接收缩量的依据。

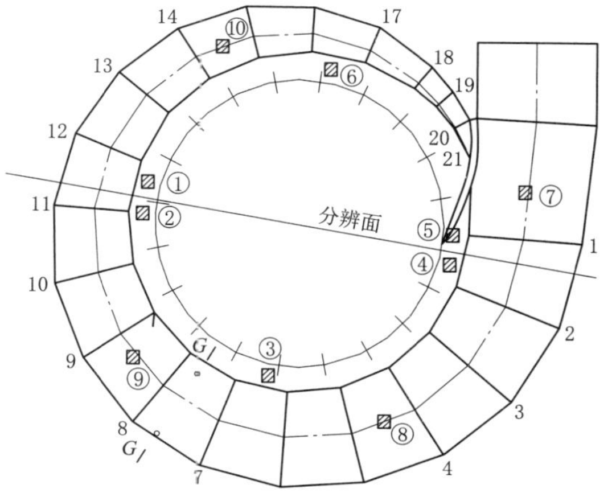

图3 钢支墩布置图

（6）座环焊接结束探伤合格后进行蜗壳凑合节挂装。

（7）蜗壳凑合节挂装前必须清除坡口周边50～100mm的油污、水分、油漆、铁锈等污物，并对坡口表面进行无损检测，确认没有缺陷后再进行挂装。

（8）凑合节挂装后检查焊缝装配间隙，焊缝装配间隙不应超过3mm，如超过3mm则应在根部进行堆焊至间隙不大于3mm后方可进行封底焊。不允许在焊缝以外的地方起弧和电弧擦伤，若有，则必须打磨探伤。检查焊缝错牙，错牙大于2mm的区域须按1∶5过渡打磨。

4.2 蜗壳座环在机坑内拼装

（1）将楔块布置于蜗壳座环支墩上，调整楔块顶面高程比最终的安装高程低2～3mm。

（2）在拉紧螺杆支架下端面焊接托架，将长、短拉紧螺杆穿入拉紧螺杆支架。

（3）将第一瓣蜗壳座环瓣体吊入机坑，将长、短拉紧螺杆穿入相应的座环把合孔中，装上相应的垫圈、圆螺母，调整座环瓣体水平、中心、方位。

（4）将第二瓣座环瓣体吊入机坑，调整该瓣座环与前一瓣体对齐，安装定位销和组合螺栓，检查组合面错牙满足要求后预紧组合螺栓。用塞尺检查组合面钝边间隙，应小于0.1mm。

（5）检查拉紧螺杆支架与拉紧螺杆垫圈的接触面是否存在高点，若存在高点，使用角磨机将高点磨除。将长、短拉紧螺杆穿入相应的座环把合孔中，按图装上相应的垫圈、圆螺母（垫圈安装面检查）。

（6）座环组合成整圆后，用千斤顶和楔子板调整座环水平至0.2mm以内并记录座环水平曲线走向。测量座环上、下环板法兰面以及固定导叶中心高程及水平，并做好记录。架设球心梁，测量座环上下环板内径，作为座环焊接变形量的依据。在座环焊缝两侧约100mm位置打上样冲，用游标卡尺测量样冲间距，作为座环焊接收缩量的依据。

（7）蜗壳挂装、焊接施工同在安装间蜗壳挂装、焊接施工方式一致。

5 蜗壳座环安装

（1）根据各固定导叶中心点确定出固定导叶中心平面，将固定导叶中心面高程值设置在座环上法兰面上。调整千斤顶，使座环上法兰面的高程与设计值的偏差应不超过±2.5mm。

（2）根据预设机组基准线 X、Y 标点挂十字钢琴线。利用千斤顶等工具调整座环的中心及方位。使座环上法兰面上的 X、Y 标记与十字钢琴线重合，单个值的偏差应不超过±4mm，平均值的偏差应不超过±2mm。

（3）标记的座环中心线与座环上、下环板法兰面原则上相互平行的3个平面。在座环中心线的高程、水平调整合格后，复测座环上、下环板法兰面的水平，必要时应重新调整。座环上、下法兰面的水平度应在0.20mm以内。

（4）架设球心器、挂钢琴线来测量座环上、下镗口的圆度，测量座环上、下镗口的同轴度。座环上镗口的圆度应不超过1mm，下镗口的圆度应不超过0.2mm；以座环下镗口为基准，座环上、下镗口的同心度应不超过1mm；必要时应重新调整座环的水平。

（5）调整蜗壳进口中心高程，与设计高程偏差不得大于3mm。

（6）座环的高程、水平、中心及方位调整合格后，座环的圆度、同心度检查合格后，同时蜗壳进口中心高程调整合格后，将相应的座环楔块打紧，按设计伸长值对长、短拉紧螺杆预紧。

（7）将长、短拉紧螺杆支架套管内填充黄油，将长、短拉紧螺杆与拉紧螺杆支架套管上管口用破布进行可靠封堵，并用PVC管将拉紧螺杆支架套管与座环间裸露的拉紧螺杆进行包裹保护，PVC管接缝处应可靠封堵，避免混凝土与长、短拉紧螺杆接触。

（8）复测座环的高程、水平、中心、方位、圆度、同心度及蜗壳进口中心高程应满足设计要求。

（9）根据蜗壳座环地基图及蜗壳座环安装图配割ϕ22钢丝绳，安装铜板、钢丝绳夹及UU型花篮螺丝，并对称预紧花篮螺丝。

6 蜗壳延伸段安装、焊接

（1）座环蜗壳安装加固完成后进行蜗壳延伸段吊装、焊接。

（2）吊装蜗壳延伸段入机坑，放置在蜗壳支墩上。调整蜗壳延伸段到蜗壳中心线$X-X$和$Y-Y$的距离，距蜗壳中心线$X-X$设计距离偏差不大于±6mm，距蜗壳中心线$Y-Y$设计距离偏差不大于±3mm；调整延伸段装配的中心高程及方位，与设计高程偏差不大于±3mm；以蜗壳中心线$X-X$为基准，调整蜗壳延伸段法兰垂直平面度不大于1mm，并做好记录。

（3）调整延伸段装配和蜗壳之间焊缝的间隙，间隙不得大于3mm；调整延伸段装配和蜗壳之间焊缝的错牙，错牙不得大于2mm。对于局部间隙大于3mm的地方，应采用长焊的办法，直至焊缝间隙小于3mm为止；对于局部错牙大于板厚10%且不可调的部位，可采用1∶3焊缝平滑过渡。

（4）复测蜗壳延伸段中心高程及方位、延伸段法兰垂直平面度应满足设计要求。

（5）蜗壳延伸段缝焊接前应按要求用加热板将焊缝预热至要求的温度，焊接过程中焊缝的温度应不低于预热温度，按要求进行必要的焊后热处理，若不连续将焊缝焊完，则焊接中断时必须进行焊后热处理。

（6）焊接工作完成后，测量蜗壳延伸段的中心高程应满足设计要求。

（7）将座环支腿与垫板、垫板与基础板点焊固定；将蜗壳支腿与垫板，垫板与基础板点焊固定。

7 蜗壳水压试验及保压混凝土浇筑

7.1 蜗壳打压设备安装

（1）封水环安装。安装、调整封水环与座环上、下密封面同心，同心度不得大于1.00mm，封水环密封面与座环密封面的间隙不得大于0.20mm。调整合格后，拧紧座环与封水环之间的把合螺栓。

（2）试验闷头的安装。将试验闷头吊装就位，安装双头螺柱和圆螺母，并确保螺栓拉伸值满足技术要求。安装蜗壳打压工具的其余零部件，进行相应管路的连接并进行通流试验和压力试验。

7.2 蜗壳水压试验与保压混凝土浇筑

（1）对蜗壳进行充水，在蜗壳充水过程中，检查蜗壳测压接头、蜗壳排水阀、蜗壳取水口、封水环、封水环管路接头等部位的渗漏情况，应无渗漏。

（2）对蜗壳进行打压试验，在蜗壳加压过程中，检查蜗壳测压接头、蜗壳排水阀、蜗壳取水口等管路接头部位的渗漏情况，应无渗漏。监测座环上、下法兰面水平、中心及蜗壳变形情况，并做好记录。如图4所示。

（3）蜗壳水压试验监测。蜗壳加压前，在座环、蜗壳、封水环上架设百分表，监测蜗壳水压试验过程中的设备形变情况。如图5所示。

（4）蜗壳保压混凝土浇筑监测。蜗壳保压混凝土浇筑过程中，防止座环中心、水平、高程发生位移，在机组轴线方向座环上法兰面、水平方向封水环上架设百分表，浇筑过程中，每30min监测百分表动作

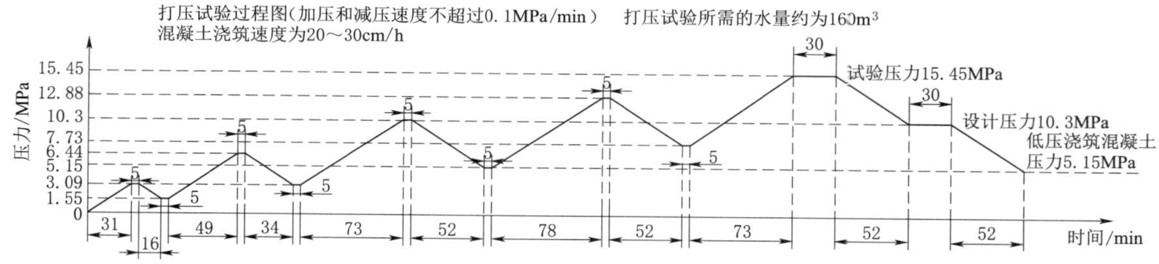

图 4　蜗壳打压流程曲线图

情况。

为防止部件在浇筑混凝土时产生有害变形，混凝土浇筑应分层、分仓。根据监测情况及时对浇筑速度、方位作出调整。

混凝土在浇筑过程中会产生一定的热量，引起水压变化，故需专人在蜗壳保压浇筑过程中全程监测打压设备压力值变化，并及时调整压力至规定值。

为保证蜗壳与相应的混凝土的间隙满足设计要求，在蜗壳混凝土的浇注和养护过程中应严格控制蜗壳内的水压力在要求的范围之内（5.15MPa）。

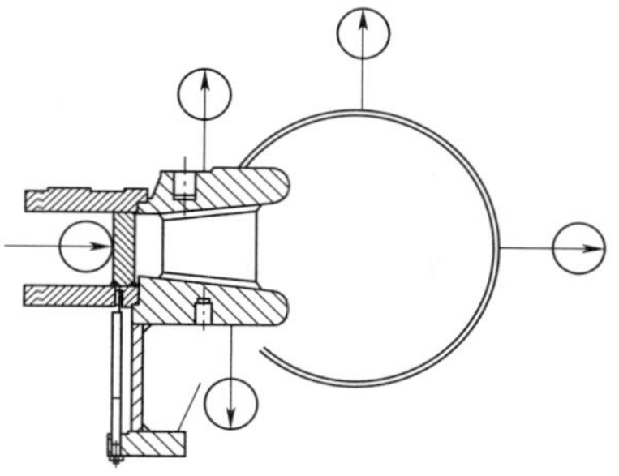

图 5　蜗壳水压试验百分表检测图

参考文献

［1］　东方电机有限公司．绩溪抽水蓄能电站水泵水轮机安装说明书［Z］．

［2］　GB/T 8564—2003 水轮发电机组安装技术规范［S］．

惠蓄机组低水头下水轮机工况启动并网困难问题分析处理

黄晓佳

（惠州蓄能发电有限公司，广东省广州市 516100）

【摘 要】 惠蓄机组水头变化大、转速高、日启停频繁，投产初期低水头下并网困难问题突出，随着异步开导叶功能的投入，使得机组在空载开度的运行特性及水轮机工况低水头下的启动稳定性得到了极大的提高，成功地削弱了“S”特性的影响，解决了机组并网困难的问题。稳定运行期间仍有偶发在低水头下并网超时现象，通过调整机组二级开度限制的设定值，使机组在水轮机工况启动时转速稳定在额定转速，顺利并网。

【关键词】 水泵水轮机 并网 异步开导叶 开度限制

1 背景

惠蓄发电有限公司（以下简称“惠蓄”），水泵水轮机为法国 ALSTOM 工厂生产，主要技术参数见表 1。

从表 1 可以看出，惠蓄机组额定转速高达 500r/min，水轮机工况水头变化较大，最大水头与最小水头差值 57.64m，而广蓄一期（同为 ALSTOM 机组）水轮机工况水头变化仅为 43.18m。惠蓄机组调速器需要在更大的水头变化范围内满足机组的调节需求。由于定转速单级混流式水泵水轮机的水力设计要兼顾水泵工况和水轮机工况的优化组合，其最优转速对水头和扬程的变幅较敏感，过大的水头/扬程变幅即最大扬程与最小水头的比值 H_{pmax}/H_{tmin} 值（惠蓄机组为 1.14），可能造成机组运行中出现水轮机工况空载不稳定、并网困难，空化、振动、噪声等情况加重，造成水泵水轮机水力性能设计困难和运行不稳定[1]。

表 1 惠蓄电厂水泵水轮机主要技术参数

主要技术参数	水轮机工况	水泵工况
额定转速/(r/min)	500	500
飞逸转速（瞬时）/(r/min)	725	725
最大水头/最大扬程/m	553.67	565.00
最小水头/最小扬程/m	496.03	515.10
额定水头/额定扬程/m	517.40	553.00

查看惠蓄机组调试资料，当机组净水头在 532m 以上时，水轮机工况均能并网顺利，当净水头低于 532m 时，并网困难问题突出。

2 并网困难原因分析

惠蓄机组并网过程为：机组由空载 SR 工况转入水轮机发电工况时，程序发出同期授权命令，检同期装置和自动同期装置开始工作，自动同期装置 CSR620 根据发电机和电网频率差、电压差、相角差对调速器发出增减电压脉冲进行频率和相位微调，对励磁发出增减电压脉冲进行电压微调。当满足并网条件时，检同期装置和自动同期装置发出出口断路器合闸命令，出口断路器合闸继电器励磁，出口断路器合闸，机组并网。

并网条件如下：

（1） 发电机出口与主变低压侧电压差 $|\Delta U| \leqslant 5\% U_S$。

（2） 机组和电网的频率差 $|\Delta f| \leqslant 0.20$Hz。

（3） 相角差 $|\Delta\theta| \leqslant 5°$。

根据电压和相角差的测量值分析，排除了电压差及相角差不符合并网条件的可能，并网超时的原因锁定为不满足频率差 $|\Delta f| \leqslant 0.20$Hz。

当机组转速出现波动时，同期装置 CSR620 发出的 V 脉冲与参考频率 50Hz 进行相加后进入 PID 环节，使调速器转速调节继电器 R21、R22 励磁，再通过开度限制模块进行开度限制，最后输出为导叶开度设定值对导叶进行开度控制，从而控制转速使其趋于稳定。在机组调试过程中，通过调整同期装置的参数及改变调速器 PID 参数仍然无法改变机组转速的较大波动。

3 原理分析

当水泵水轮机在低水头下，发电工况起动时，转轮加速到同步转速，导叶处于较小开度，机组处于空载状态。但转轮室内的水流由于旋转产生了很强的离心力，使水流有向外流的趋势，此时水泵水轮机受全特性曲线“S”特性影响，有可能进入反水泵工况。表现为机组转速的来回摆动。水头越低，出现摆动的转速越小，摆动幅度越大，进入不稳定区的范围越大如果压力钢管中的压力有振荡，则进入反水泵工况的可能性就更大，机组转速在空载附近波动而使机组并网十分困难。

关于水泵水轮机在全特性曲线“S”区域不稳定问题，解决的技术手段有 3 种：慢速开启导叶法、快速开启导叶法、预开导叶法（MGV）。针对这一情况，研究机构对机组进入空载状况做过计算机模拟计算，其结果见图 1。

图 1（a）表示导叶在 3s 内快速打开到空载开度过程中压力和流量的变化情况，可见机组流量有很大的振荡，同时蜗壳和尾水管内的压力也有很大波动。图 1（b）表示导叶缓慢开启，在 90s 内开到空载开度，则流量和压力的变化都变得很平缓，机组没有进入反水泵的趋势。由于电网对抽水蓄能机组启动快速和调节灵活的要求，制定合适的导叶开启时间，使机组避开“S”区稳定运行至关重要。

慢速开启导叶法不利于抽蓄电站的事故备用快速响应跟踪负荷的要求；快速开启导叶法水力过程不平稳；而预开导叶法（MGV）很好地兼顾了这两点[2]。国内大多数抽水蓄能电站均采用 MGV 来实现导叶的异步开启。

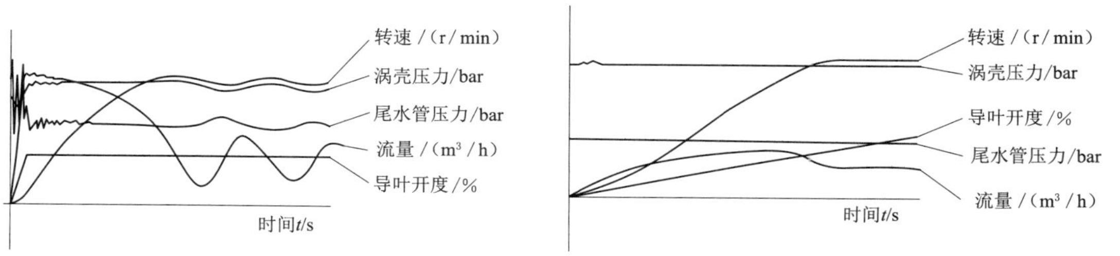

（a）慢速开启导叶法导叶压力和流量的变化情况　　（b）快速开启导叶法导叶压力和流量的变化情况

图 1 水泵水轮机启动的计算机模拟结果

4 惠蓄机组异步开导叶功能介绍

4.1 惠蓄机组调速器介绍

惠蓄机组调速器系统由法国 ALSTOM 工厂提供，采用 NEYPRIC 公司生产的以 PID 调节规律为基础的数字式电液调速器，包括控制单元 UPC、导叶控制单元 SPC、电液转换器、测速装置 T - ADT、压力油罐、集油箱和补气装置等，共有 20 个导叶，采用单导叶控制方式，单个导叶最大开度为 26°，每个导叶有独立的液压控制系统，对导叶的控制非常灵活，惠蓄机组的异步开导叶控制是将 20 个导叶分为两组：一组为 4 个导叶，另一组为 16 个导叶。4 个导叶执行固定

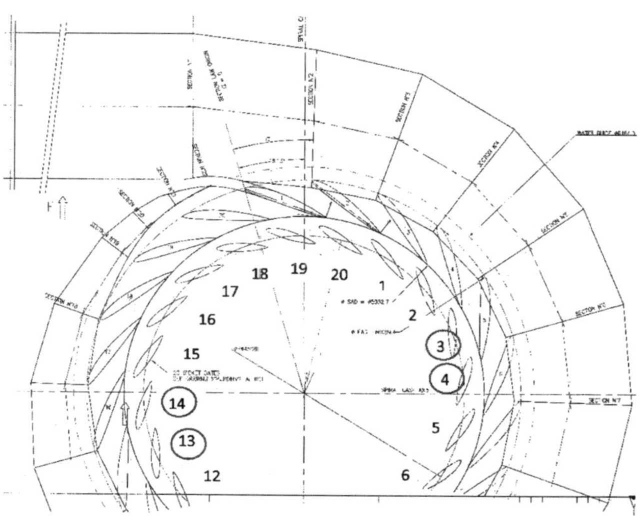

图 2 惠蓄机组执行固定开度导叶位置

开度，16 个导叶进行转速控制，见图 2 圆框所示，4 个执行固定开度的导叶分别为 3 号、4 号、13 号、14 号导叶。

4.2 异步开导叶参数及逻辑设置

经过大量的研究试验，惠蓄电厂 1—8 号机组水轮机工况启动过程异步开导叶的参数设置见表 2。

表 2　惠蓄电厂 1—8 号机组水轮机工况启动过程异步开导叶的参数设置

	1 号机组	2 号机组	3 号机组	4 号机组	5 号机组	6 号机组	7 号机组	8 号机组
进入异步开导叶水头测量值/m	525	525	525	525	525	530	525	525
进入异步开导叶转速设置值/%	78	78	78	78	78	78	78	78

水轮机工况启动，当水头低于设定值 525m，转速大于 78%额定转速时，调速器系统 MGV 功能投入，开始异步开启导叶。MGV 功能在机组 SR 工况、机组 G 工况刚带负荷、G 工况转 SR 工况均可使用。异步开导叶的设定值是将 UPC 最终计算的导叶设定值 LO _ CSC 再进一步处理后的值，即把导叶设定值处理后的值分别发给两组导叶去执行。20 个导叶在 MGV 功能投入时，分为两部分控制：

调节部分：调节部分为 16 个导叶（除了 3 号、4 号、13 号、14 号的其他导叶），此部分受调速器的 PID 调节，根据 PID 计算结果动态调整导叶以调整机组转速/功率。

固定部分：此固定部分为 4 个导叶，3 号、4 号、13 号、14 号导叶，当调速器 MGV 功能投入时时，此部分导叶将固定开到某一个值并维持不变，开度由水头决定。

4.3 异步开导叶试验

对某台机组低水头（511m，异步开导叶水头设定值为 525m）进行试验时，未采用异步开导叶时，机组转频波动较大，远远大于 0.20Hz，见图 3；投入异步开导叶的机组，转速波动可以控制在稳定的 0.20Hz 内，此时转速稳定，各导轴承处振动摆度数值明显减小[3]，见图 4。低水头下空载启动时，调速器采用异步开导叶解决了大部分机组在低水头下并网困难的问题。

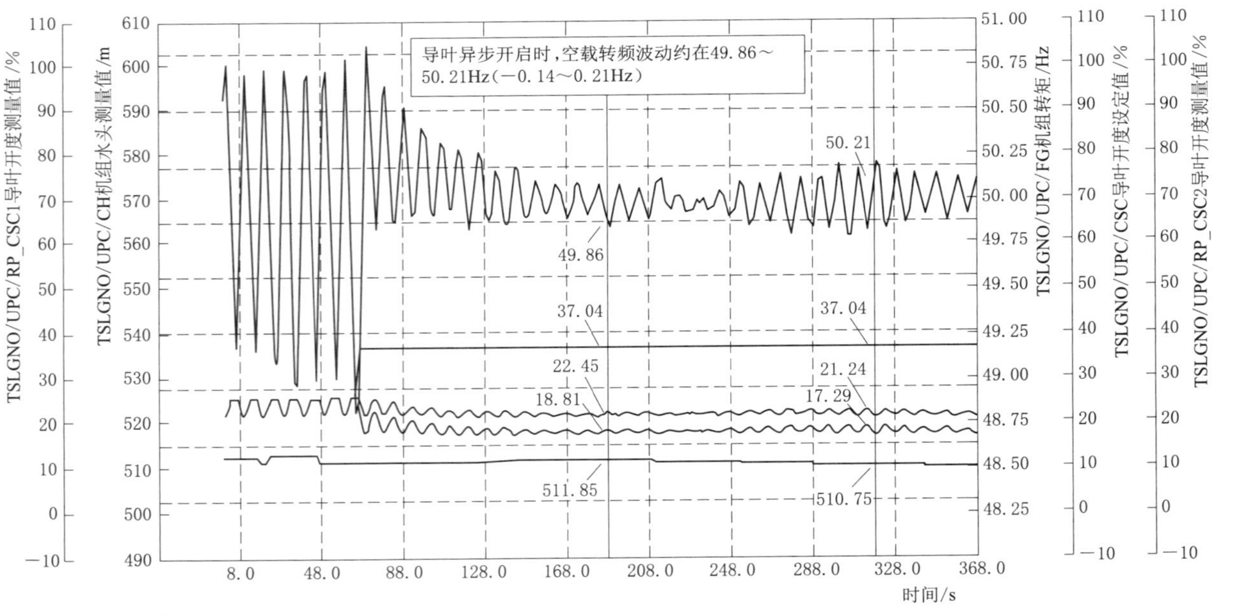

图 3　未采用异步开导叶时机组转速波动曲线

5　导叶开度限制对机组转速的影响

8 号机组 2011 年惠蓄机组投产至今低水头下并网超时问题仍然偶有发生，如 8 号机组在 2011 年至今共计发生 15 起并网超时（大于 200s）事件，平均每年仍发生约 1.5 次。

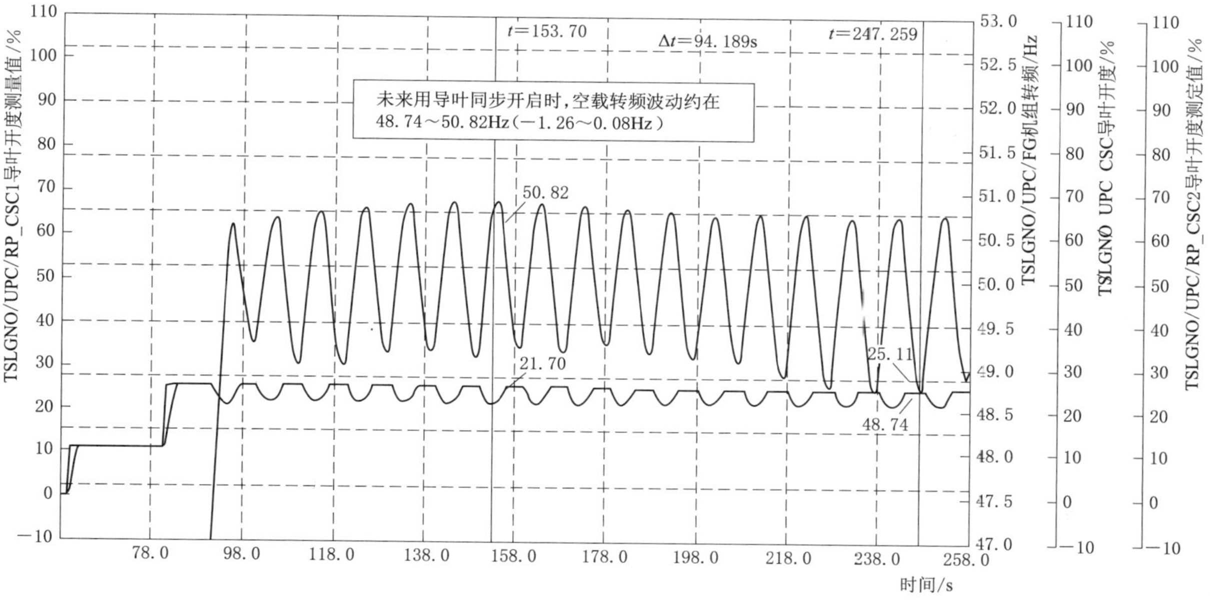

图 4 采用异步开导叶时机组转速波动曲线

从8号机组历年并网困难时的水头值看，并网困难发生在水头525～535m，而异步开导叶的水头设定为小于525m，所以此时机组没有进入异步开导叶，查看机组的转速、导叶开度、水头等数据曲线，导叶开度设定值等于二级开度限制设定值，即开度设定值受到二级开度限制值的限制，影响调速器对机组转速波动的调节。

目前抽水蓄能机组发电工况启动过程，导叶按照程序设定，使用两级开度限制，当转速小于50%时，使用一级开度限制，开度限制值为10%，用于快速启动水泵水轮机；当转速大于50%为时，使用二级开度限制，开度限制为22%左右，调速器调节导叶开度，使机组转速维持在额定转速500r/min附近。二级开度限制的设置一般根据厂家给定的开度限制——水头曲线自动读取，二级开度限制的设置与水头的对应关系见表3。

表3　惠蓄机组导叶二级开度限制的设置与水头的对应关系

水头/m	0	10	509	517	520	524	526	530	535	1000
二级开度限制/%	20.8	26.5	26.0	24.0	22.0	22.0	21.5	21.5	21.5	21.5

通过将调速器控制逻辑中水头在524～535m的二级开度限制设定提高到23%，加大导叶二级开度限制设定值，使调速器能够进一步对转速的波动进行调节，从而解决机组开机时测量水头大于异步开导叶水头设定值时水轮机工况并网困难的问题。

6 结语

惠蓄公司采用异步开导叶和适当调整导叶二级开度限制的方法，成功解决了机组水轮机工况并网过程受“S”特性影响，低水头下出现并网困难的难题，大大提高了机组空载运行的稳定性，使机组水轮机工况能迅速并网，快速响应电网负荷需求，充分发挥抽水蓄能机组的调峰调频及事故备用的重要作用。

参考文献

[1] 张春生，姜忠见. 抽水蓄能电站设计 [M]. 北京：中国电力出版社，2012.

[2] 梅祖彦. 抽水蓄能发电技术 [M]. 北京：机械工业出版社，2000.

[3] 胡楠楠，董超. 异步开导叶对蓄能机组振动影响浅析 [J]. 水电自动化与大坝监测，2010，35 (6).

机组进水阀旁通管路节流孔板气蚀情况分析

张小宇
（南方电网调峰调频发电有限公司检修试验分公司，广东省广州市 511400）

【摘 要】某次机组进水阀大修中发现，旁通管内节流孔板下游侧管段出现了严重的气蚀现象。本文通过建立进水阀旁通管路节流孔板CFD计算物理模型，分析了其发生振动及气蚀的水力原因，提出采用多级偏心孔板模型可有效改善节流效果从而消除气蚀危害的观点。

【关键词】进水阀 旁通管路 节流孔板 气蚀

1 引言

抽水蓄能机组在调相工况运行或抽水工况启动的时候，为减小转轮的阻力矩及功率消耗，尾水被压缩空气压至转轮以下，转轮处于脱水空转状态。为防止此时压缩空气由转轮室进入蜗壳，增加压水用气量，在转轮外侧与导叶间依靠转轮离心力的作用形成一圈圆柱形水幕即水环，用以密封压缩空气不进入蜗壳，保持蜗壳始终充满水。水环过薄起不到密封作用，水环过厚会被转轮撞击和回抛，产生有害的压力脉动，并造成有功消耗的增加，因此水环要保持厚度适中。

为此，某抽水蓄能机组进水阀设计了旁通管路用于水环供水，管路上设置的旁通液压阀仅在机组调相工况运行或抽水工况启动时开启，其他工况进水阀开启前平压则通过工作密封退出后连通上下游实现。旁通液压阀开启后，上游钢管内的压力水经旁通管路内的节流孔板减压后进入蜗壳，使蜗壳压力略高于尾水压力，蜗壳内的水通过导叶端面间隙进入转轮室内，在转轮离心力的作用下于导叶出水面行成水环。水环过厚时由专门设计的位于座环上的水环排水管排水，以保证水环维持在一定厚度。蜗壳内的流量和压力调节，可通过改变节流孔板尺寸和位置来实现。

目前关于节流孔板的设计和分析还没有标准化的要求，在设计过程中通常依据设计者的经验以及一些实验室得出的经验公式。节流孔板设计不当容易造成过度节流，在节流孔板下游发生气蚀现象，引起管道振动和噪声，给抽水蓄能电厂的安全带来不利影响[1]。

2 气蚀情况简介

该进水阀旁通管路内径为194.1mm，壁厚为12.5mm，材料为20号钢，其中装有调节水环的多级孔板节流装置见图1。其中一级标准孔板设计为ϕ112mm的孔，二级、三级、四级多孔孔板设计有4个ϕ53mm的孔，可依据流量需求进行封堵。节流孔板的材质均为0Cr16Ni5Mo，属于低碳马氏体不锈钢。节流孔板依次旋转45°安装，孔板之间设置限位套防止其窜动，限位套材质为20号钢。

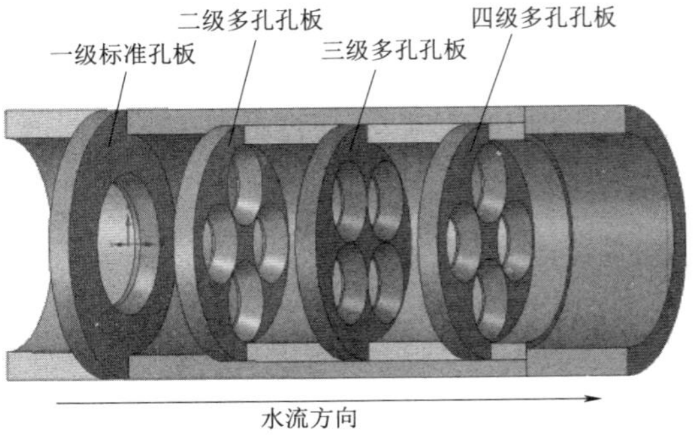

图1 多级孔板节流装置

在一次全厂停水检修中，发现4台机组进水阀旁通管路内出现了严重气蚀现象，节流孔板之间设置的限位套材料出现大面积脱落，节流孔板本身未见气蚀，见图2。现场核查图纸与安装实际发现，机组安装时为水环的厚度，曾对节流孔板进行过调整，封堵了4个孔中的两个。为方便理解，下文将原图纸设计结构称为“四孔节流装置”，现场实际结构称为“双孔节流装置”。

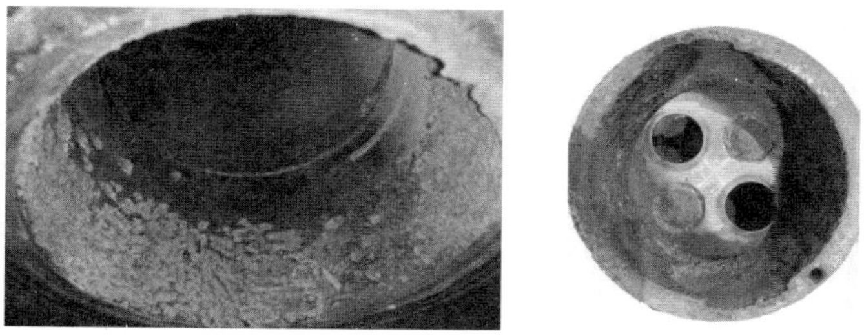

（a）旁通管路内壁凹坑状气蚀　　（b）孔板间限位套材料脱落

图 2　进水阀旁通管路气蚀

3　节流孔板气蚀判定

3.1　CFD 流体仿真分析方法

3.1.1　节流孔板计算设置

对于现场检查发现的严重气蚀现象，本文采用计算流体动力学（CFD）方法对四孔节流装置与双孔节流装置的流体进行流体仿真分析对比，从结构上对发生气蚀的原因进行分析。主要利用 ANSYS Fluent 软件对节流装置进行数值模拟。节流装置前后管道长度各取 200mm，数值求解选取标准的 $k-\varepsilon$ 湍流模型。根据现场实际运行参数，定义边界条件为：入口压力 6MPa，出口压力 1.2MPa，工质为常温的液态水。

3.1.2　流体仿真分析计算结果

四孔节流装置及双孔节流装置纵截面流线分布见图 3、图 4、图 5。从图中可以看出，在各级节流孔板上游流体流速较小，当流经孔板时流速急剧增大，到孔板下游处流速又快速减小。四孔节流装置的最大流速出现在第二级孔板处，为 74.3m/s，第四级孔板后方流态较稳定。而双孔节流装置的最大流速出现在第四级孔板处，为 66.0m/s。由此分析，在节流孔板导致的射流作用下，孔板下游侧形成了较大的涡流，引发了流体的湍流动量损耗，进而可能导致旁通管路振动和气蚀的发生。

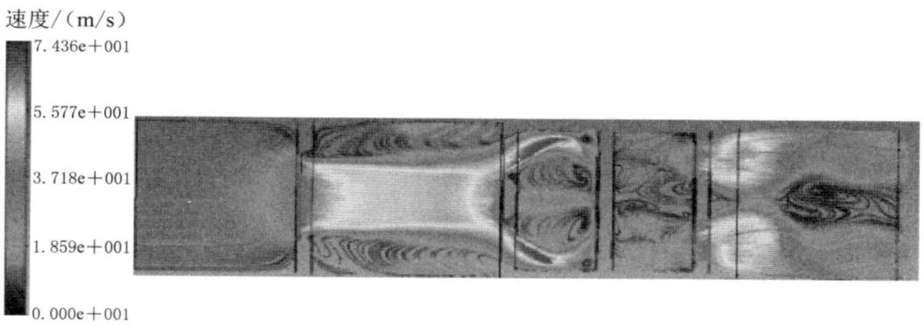

图 3　四孔节流装置纵截面流线分布图

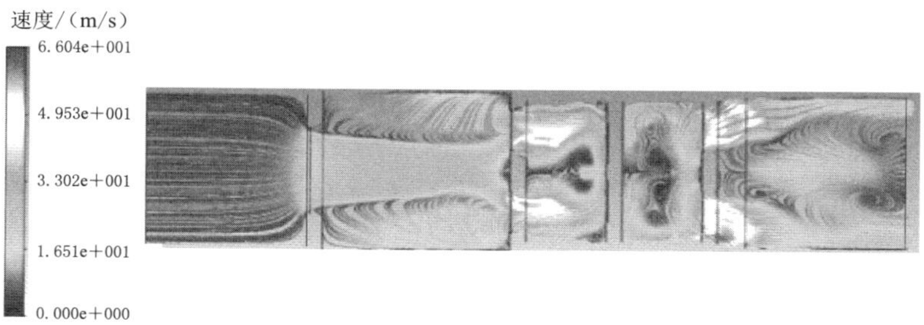

图 4　双孔节流装置纵截面流线分布图

四孔节流装置及双孔节流装置流体压力云图见图 6、图 7。从图中可以看出，四孔节流装置流体经过每级节流孔板后的压降基本相同，约为 1.2MPa，且未产生负压区。双孔节流装置流体流经第一级节流孔板产生的压降较小（<0.7MPa），二级、三级、四级孔板压降基本相同，约为 1.4MPa，且第四级孔板下

图 5　四孔节流装置的流体压力云图

游侧出现了负压区，最低负压为－0.172MPa。该压力低于温度为 25℃时对应的饱和蒸汽压力 0.0031MPa，之后下游压力又恢复到 1.2MPa，大于对应的饱和蒸汽压力，说明在第四级孔板下游侧管路发生了气蚀现象，诱发管路的高频振动和噪声。

图 6　双孔节流装置的流体压力云图

3.1.3　流体仿真分析计算结论

在此工况下，计算出流经四孔节流装置的流量为 $0.369m^3/s$、双孔节流装置的流量为 $0.163m^3/s$。可见在进出口压力参数相同时，对四孔节流装置节流孔板的封堵可有效调节水环的流量，但当时由于未对第一级节流孔板进行孔径调整，导致各级节流孔板压降分配不均匀，使节流装置下游侧发生了气蚀现象。

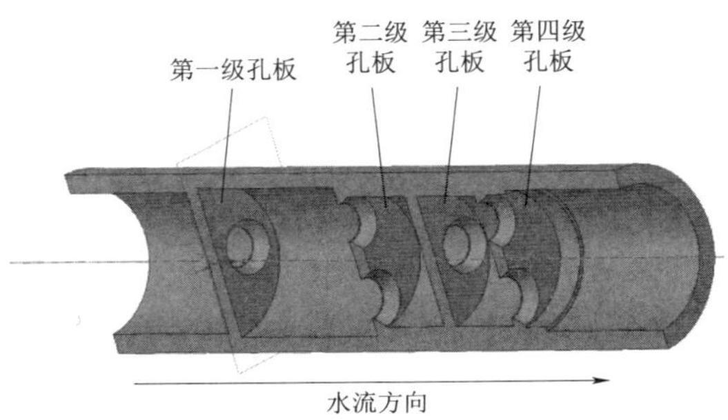

图 7　节流装置管路结构剖面图

3.2　阻塞压差判定方法

评估多级孔板管路是否发生气蚀，还需引入阻塞压差这个概念。当孔板两端的压差 Δp 增大时，经过孔板的流量也会增加，但当压差增大到一定值时，孔板缩流断面的压力 p_{vc} 降到流体饱和蒸汽压力 p_v 之下，由于部分气体气化，流量不再随压差增加而增加，即产生所谓的阻塞流现象，此时孔板两侧的压差即为阻塞流压差，阻塞压差可由式（1）计算得到。孔板两端的压差大于阻塞压差且孔板下游液体压力恢复到饱和蒸汽压力之上，则会发生气蚀[2]。

$$\Delta p_s = F_1^2 (p_1 - F_f p_v) \tag{1}$$

$$F_f = 0.96 - 0.28\sqrt{\frac{p_v}{p_c}} \tag{2}$$

式中　Δp_s——阻塞压差，MPa；

F_1——压力恢复系数，取 0.9；

p_1——进口压力，MPa；

F_f——临界压力比系数；

p_v——设计温度下的饱和蒸汽压力，MPa；

p_c——水的热力学临界压力，取 22.5MPa。

由式（1）、式（2）计算四孔及双孔节流装置的分级压差情况列于表1。从表1中可以看出在节流装置的压降基本相同的情况下，各级孔板的阻塞压差随级数的增加而递减。四孔节流装置与双孔节流装置每级孔板的实际压差均小于阻塞压差，以阻塞压差判定理论上双孔节流装置应该不会发生气蚀。

表1　节流装置分级压差及气蚀情况判定　　单位：MPa

孔板结构	四孔节流装置		双孔节流装置	
	Δp	Δp_s	Δp	Δp_s
第一级	1.20	4.86	0.60	4.86
第二级	1.20	3.89	1.40	4.37
第三级	1.20	2.91	1.40	3.24
第四级	1.20	1.94	1.40	2.10

4　气蚀原因的分析及优化

4.1　气蚀原因分析

（1）在CFD流体仿真分析中发现，由于双孔节流装置孔板压降分配不均，导致孔板流态发生变化，使孔板附近区域形成较大的漩涡、四级孔板下游侧出现的负压区是导致旁通管路气蚀的原因。

（2）从节流孔板阻塞压差判定气蚀的方法判断，旁通管路节流装置在4.8MPa的压降下，无论是采用四孔节流装置还是双孔节流装置，都不会发生明显的气蚀。结合现场实际分析，可能是各级节流孔板之间间距过小、节流孔板安装方式不当，导致孔板实际的阻塞压差小于计算值，从而发生气蚀。

4.2　节流装置结构优化

4.2.1　优化思路及方法

目前双孔节流装置最大流速出现在第四级节流孔板处，使其缩流断面出现了负压，相邻两级孔板之间形成了漩涡。为削弱节流孔板区域流体射流效应，降低各级孔板之间涡流的诱发概率。在保证水环流量满足要求的情况下，可调整第一级节流孔板孔径，增大其压降从而降低第二级、第三级、第四级孔板的最大流速。

李旭东等[3]基于CFD方法研究大压降管路节流特性中综合考虑气蚀危害和涡流因素，建立了多级偏心孔板模型，研究证明了由于偏心孔板结构的逐级导流作用，削弱了节流孔板区域流体射流效应，降低了最大流速，减小了流体局部涡流的尺寸，使流体在孔板间充分流动而改善了节流效果，消除了各级孔板的气蚀危害。

针对此次检查出现的气蚀情况，为减小节流装置的最大流速，消除节流装置下游侧出现的负压，参照多级偏心孔板模型调整节流孔板布置方式，将第一级孔板更换为同第二级、第三级、第四级的双孔孔板，前后各级孔板旋转90°安装，见图8。

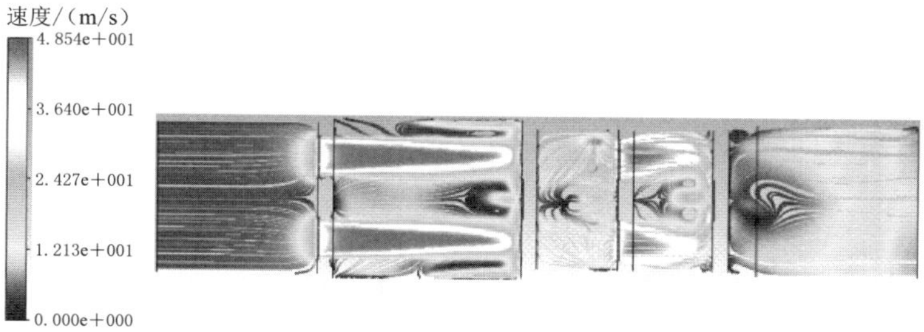

图8　一级、三级孔板纵截面流线分布图

4.2.2　优化结构验证

在与上节模拟计算的相同边界条件下，选取标准的 $k-\varepsilon$ 湍流模型计算得到节流装置的纵截面流线分布见图8、图9。可见采用多级偏心结构后，节流装置的最大流速下降到了48.5m/s，流量下降到了

$0.125m^3/s$。每级孔板的最大流速基本相同，流体局部涡流的尺寸较之前变小。由图 10 压力云图可见每级孔板压降基本相同，解决了原本第一级孔板压降过小的问题，各级孔板下游侧均未出现负压，表明节流装置不会产生气蚀。

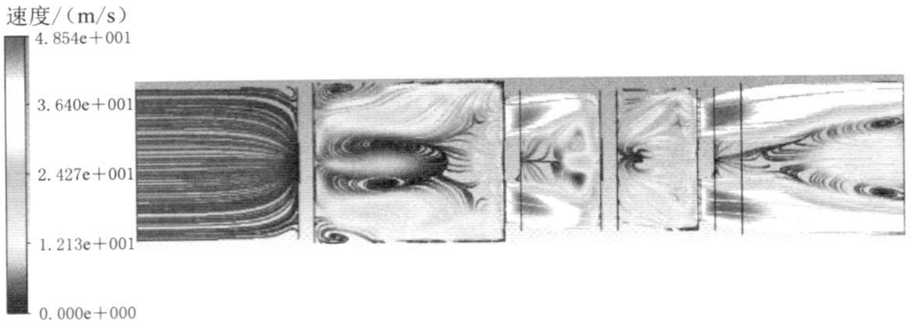

图 9 二级、四级孔板纵截面流线分布图

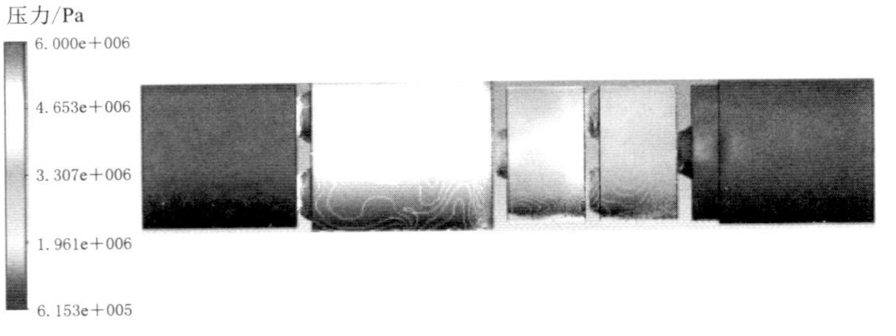

图 10 改进后的节流装置压力云图

5 结语

本文针对抽水蓄能电厂进水阀旁通管路节流装置的气蚀现象进行 CFD 流体仿真分析，发现节流孔板由四孔变为两孔使节流装置的流体流态发生了变化，第四级孔板下游侧出现的负压区是导致旁通管气蚀产生的原因。通过对节流装置进行结构优化，计算验证了多级偏心孔板模型的可行性。对此总结规律如下：

（1）节流装置内采用低碳不锈钢材质的节流孔板未发生气蚀，而低碳钢材料的限位套及旁通管发生了气蚀。可见为防止气蚀的侵害，在成本允许的情况下应选用抗气蚀性能较好的材料。

（2）在节流装置设计阶段，应合理选择多级孔板节流，确保各级节流孔板的压差均小于阻塞压差。

（3）适当提高第一级孔板的压差可以降低节流装置的最大流速，而采用多级偏心孔板模型可以有效改善节流效果从而消除各级孔板的气蚀危害。

抽水蓄能机组进水阀旁通管路是较为薄弱部件，严重的振动和气蚀可能导致水淹厂房的发生。目前国内部分新投运的机组已逐步取消进水阀旁通管路设计，进水阀开启前利用其阀芯工作密封来充水平压，水环供水则通过进水阀阀芯或技术供水取水，也可保证水环的稳定。后续的生产厂家也应考虑取消进水阀旁通管路，从根本上避免该问题。

参考文献

[1] 张毅雄，毛庆，向文元，等. 多级节流孔板在核级管道中的应用 [J]. 核动力工程，2009（4）：71-74.

[2] 陈娟. 节流孔板在发电厂的应用 [J]. 广东电力，2004，17（4）：46-48.

[3] 李旭东，李勇，曾小康，等. 大压降管路节流特性分析及孔板优化设计 [J]. 原子能科学技术，2018，52（5）：808-815.

水泵工况下水泵水轮机压力脉动特性分析

刘天鹏[1,2] 李春辉[1,2] 刘 佳[1,2] 王 野[1,2]
(1. 中水东北勘测设计研究有限责任公司，吉林省长春市 130000；
2. 水利部寒区工程技术研究中心，吉林省长春市 130000)

【摘 要】 水泵水轮机无叶区是机组内部水力因素引起的压力脉动最大的部位，也是机组和厂房振动的主要激振源之一。本文以某抽水蓄能电站机组稳定性试验结果为基础，分析了机组内部压力脉动混频幅值随流量的变化规律，重点关注了无叶区压力脉动分频幅值随流量和倍频的变化规律以及压力脉动特征频率的传播特性，为研究机组和厂房振动诱因提供思路。

【关键词】 水泵工况 蓄能机组 压力脉动 无叶区

1 引言

随着大型抽水蓄能机组的投运，水力激振所引发的稳定性问题日益突出，引起工程技术人员的注意[1]。张飞等[2]以浙江仙居抽水蓄能电站为实例，采用频谱对比分析方法研究了水力激振作用下机组在泵工况下的稳定性；陈婧等[3]通过三峡水轮机模型试验，利用动力时程分析法计算厂房结构在水力激励下的振动反应；另外张河湾、黑麋峰、蒲石河等机组都存在不同程度的水力激振导致的机组振动问题[4-5]。2020年某抽水蓄能电站进行1号机转轮改造，为查明新机组在水力激振作用下的稳定性以及厂房整体和局部构件是否存在局部共振的可能性，对1号机组水力激振源特性进行分析，为转轮优化设计提供依据。

2 机组参数及测点布置

某抽水蓄能电站总装机容量为1200MW，单机容量为300MW，共4台机组。水泵水轮机的主要参数如下：固定导叶和活动导叶均为20个，转轮叶片7个，额定转速333.3r/min。

在模型水泵水轮机上，共设置8个压力脉动监测点，测点位置如图1所示。

3 压力脉动混频幅值变化规律分析

水泵工况时，各测点压力脉动峰峰值随流量的变化规律如图2所示。

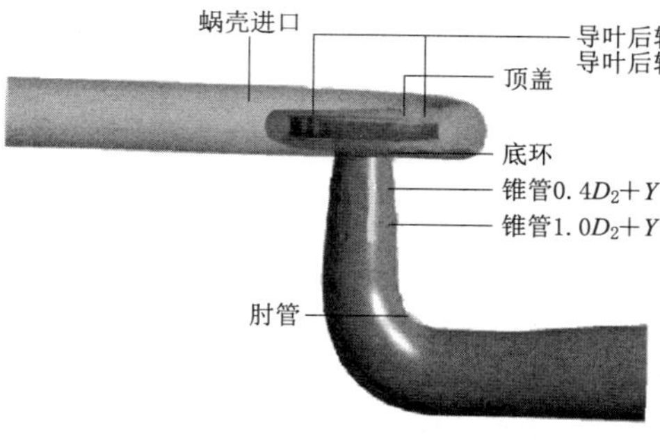

图1 压力脉动测点分布示意图

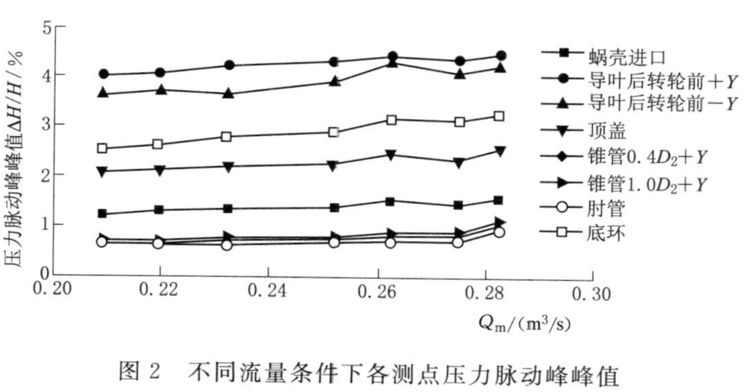

图2 不同流量条件下各测点压力脉动峰峰值

由图2可以看出，各测点压力脉动幅值随着流量的增大略有增加，但是影响并不明显；无叶区（导叶后转轮前）的压力脉动明显高于其他位置；尾水管处的压力脉动小于其他位置，这可能与水泵工况时，尾水管变为进水管有关；各测点的压力脉动峰峰值随流量的变化规律相似。

压力脉动实验流量为水泵正常运行范围内的流量。因此，在水泵正常运行工况下，水泵水轮机的运行较为稳定，基本不会受到流量变化的影响。

4 压力脉动分频幅值变化规律分析

为分析各测点在各个工况下的分频幅值变化规律，由快速傅里叶变换得到各工况相应的频域图，如图 3 所示。图 3 中，Z 轴为压力系数 C_H，单位为%；X 轴为 f/f_n，f 为频率，f_n 为转频，f/f_n 为转频的倍频；Y 轴为不同的工况，即模型流量。

由图 3 可以看出：蜗壳进口频率成分较为复杂，主要频率为 $f/f_n=0.3$、1、7、21，低频（$f/f_n=0.3$）的幅值随着流量的增大先减小后增大，$f/f_n=1$ 的频率幅值随着流量增大没有明显变化，$f/f_n=7$ 和 $f/f_n=21$ 的频率幅值随着流量增大而增大。顶盖处的主频成分较多，整体来看，流量对频率幅值的变化影响不大。导叶后转轮前的主要频率为 $f/f_n=7$、14、21，主频幅值明显高于其他位置，主频幅值受流

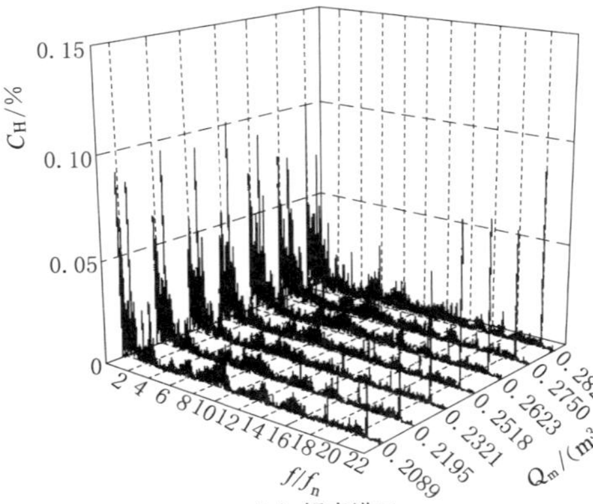

(a) 蜗壳进口

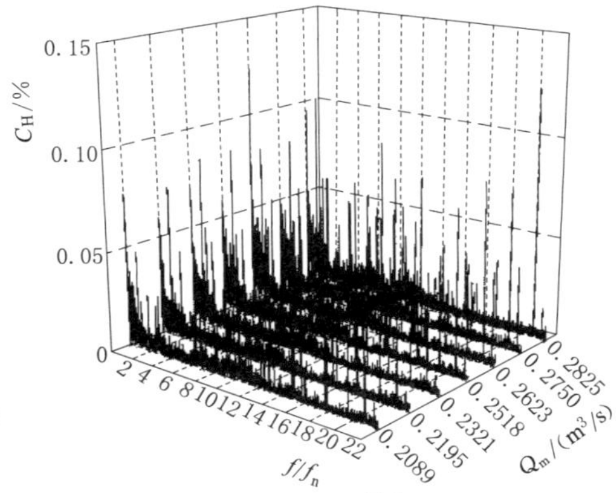

(b) 顶盖

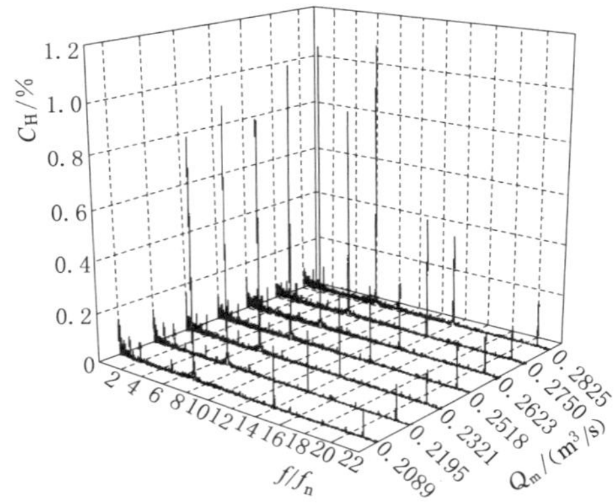

(c) 导叶后转轮前$+Y$

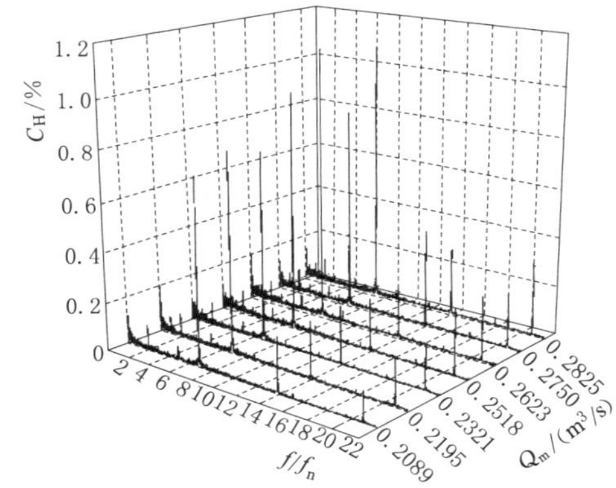

(d) 导叶后转轮前$-Y$

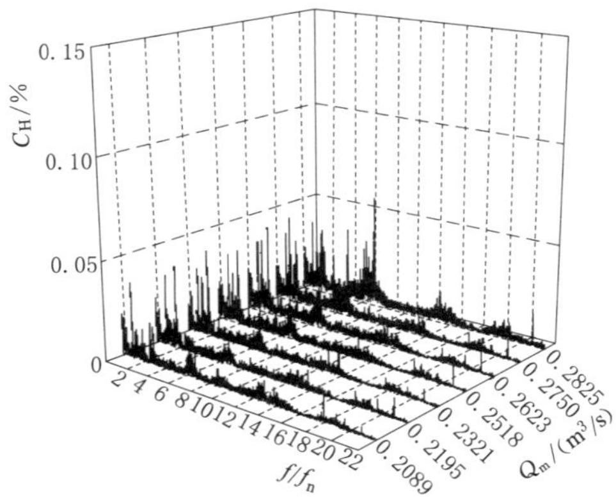

(e) 锥管$0.4D_2+Y$

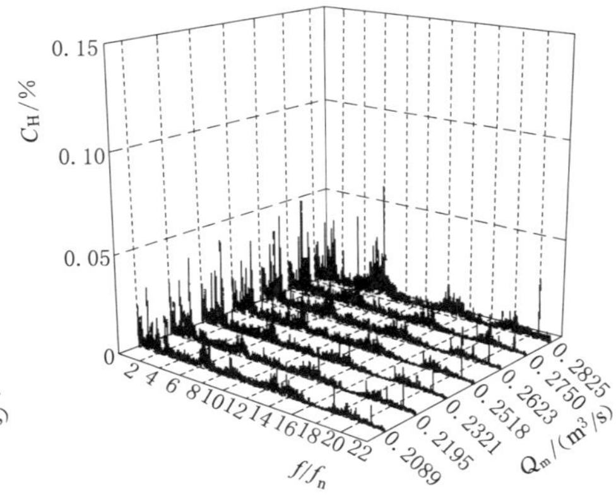

(f) 锥管$1.0D_2+Y$

图 3（一） 不同测点在不同流量时压力脉动频域图

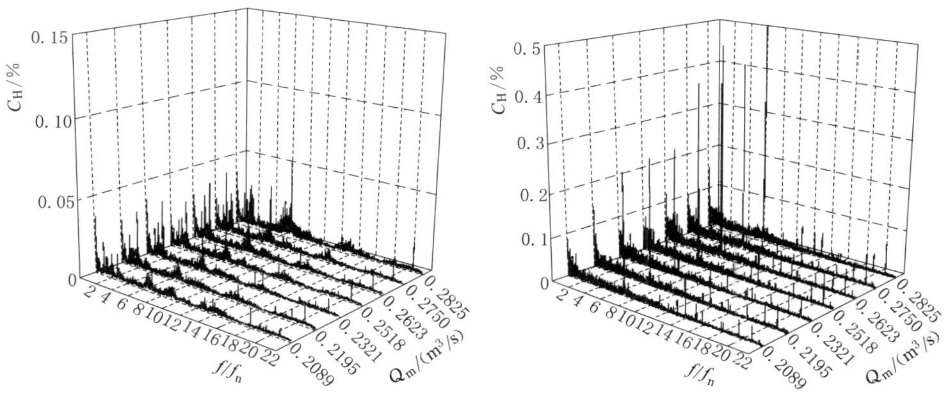

(g) 肘管　　(h) 底环

图 3（二）　不同测点在不同流量时压力脉动频域图

量变化影响较小，大流量处的主频幅值略有增加。锥管处的主要频率为 $f/f_n=0.3$、1、2、6、12，且 $1.0D_2$ 处的主频幅值高于 $0.4D_2$ 处。$f/f_n=0.3$，1 频率的幅值，随着流量的增大变化不明显，$f/f_n=6$ 的频率幅值随着流量的增大逐渐增大。肘管处的主要频率有 $f/f_n=0.3$、1、2、6、12、21，$f/f_n=6$ 的频率幅值随着流量增大而逐渐增大，其他主频幅值随流量变化并不明显。底环处的主要频率为 $f/f_n=0.3$、6，$f/f_n=0.3$ 的频率幅值随着流量增大略有增加，$f/f_n=6$ 的频率幅值随着流量增大而增大，大流量时的幅值最大。

综上可知，水泵在流量 $Q_m=0.2518m^3/s$ 左右的工况运行时，水泵整体的压力脉动幅值相对较小。

5　压力脉动上下游传播特性分析

为分析压力脉动的传播特性，沿流道分布选取 5 个测点，从上游到下游依次为蜗壳进口、导叶后转轮前$+Y$、锥管 $0.4D_2+Y$、锥管 $1.0D_2+Y$、肘管。在沿流道分布的多个测点中，顶盖和底环处的压力脉动为叶轮上冠与顶盖、叶轮底环处的压力，因此不作为流道测点进行分析。

由图 3 可知，各测点的每个负荷下的频域成分基本相似，但是在大沆量和小流量时会有所不同，因此，小负荷下选用 $Q_m=0.2195m^3/s$，大负荷选用 $Q_m=0.2750m^3/s$，分别作为典型工况来分析水泵工况的压力脉动传播特性。图 4 为典型工况下流道不同位置的频域图。

由图 4 可知，典型工况下，主要频率为 $f/f_n=0.3$、1.37、1、2、7、14、21。各主要频率的幅值随着流道位置的变化规律如图 5 所示，可以看出：$Q_m=0.2195m^3/s$ 和 $Q_m=0.2750m^3/s$ 时，主频 $f/f_n=2$、7、14、21 最大幅值均出现在无叶区，并未向上下游传播，因此，无叶区的上下游测点处该 4 种频率幅值较小，这说明转轮叶频倍频的影响仅限于无叶区内。$Q_m=0.2195m^3/s$ 和 $Q_m=0.2750m^3/s$ 时，主频 $f/f_n=1$（转频）在蜗壳进口和无叶区处具有相同的幅值，这说明转频对蜗壳和无叶区都有较大的影响，但是在锥管和肘管处，转频幅值开始减小，这说明在这两个地方，转频的影响变小，转轮的影响变弱，这可能与水泵工况时水流由下游流向上游有关。

$Q_m=0.2195m^3/s$ 和 $Q_m=0.2750m^3/s$ 时，$f/f_n=0.3$ 和 $f/f_n=1.37$ 频率在无叶区和蜗壳进口较大，在锥管和肘管处变小。说明这两种频率形成于无叶区并向上游传播至蜗壳，但是并未向锥管和肘管传播。$Q_m=0.2750m^3/s$ 时，$f/f_n=0.3$ 和 $f/f_n=1.37$ 两种频率向上游传播至蜗壳处且并未衰减，$Q_m=0.2195m^3/s$ 时，$f/f_n=1.37$ 频率向蜗壳传播时，有所减弱，而同样的工况低频 $f/f_n=0.3$ 却未减弱。这说明形成于无叶区的低频更容易向上游传播，幅值并不减弱。

综上，高频（$f/f_n>1$）成分主要形成于无叶区，并且不易向上下游传播，向上游或下游急剧减弱；仅限于无叶区内幅值较高，该频率是由叶片和蜗壳的动静干涉引起的，是其固有特性，不易消除。低频（$f/f_n<1$）成分主要在偏最优工况时，形成于无叶区和锥管，更易向上下游传播，且不易衰减，该频

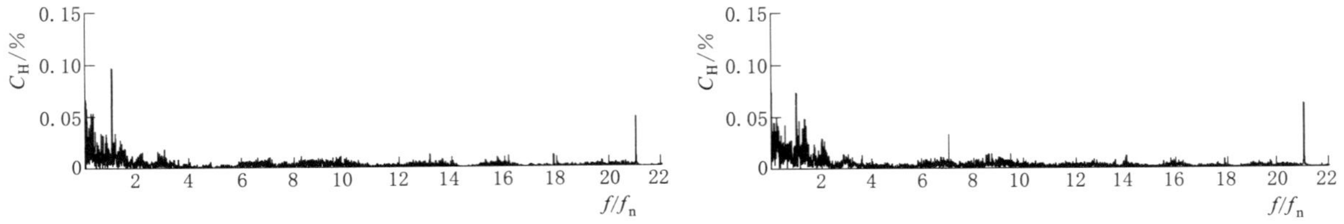

（a）蜗壳进口处$Q_m=0.2195m^3/s$和$Q_m=0.2750m^3/s$

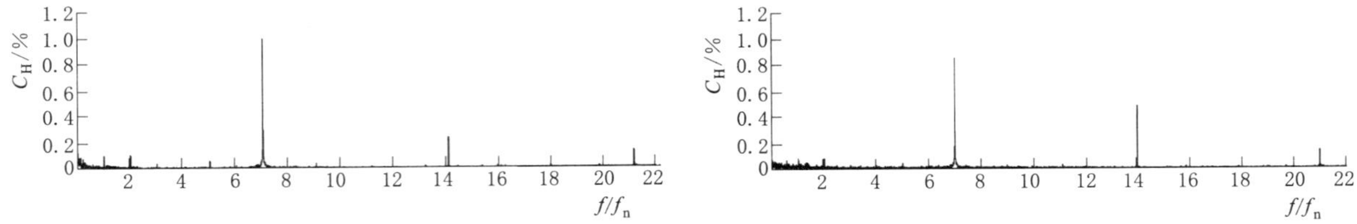

（b）导叶后转轮前＋Y处 $Q_m=0.2195m^3/s$和 $Q_m=0.2750m^3/s$

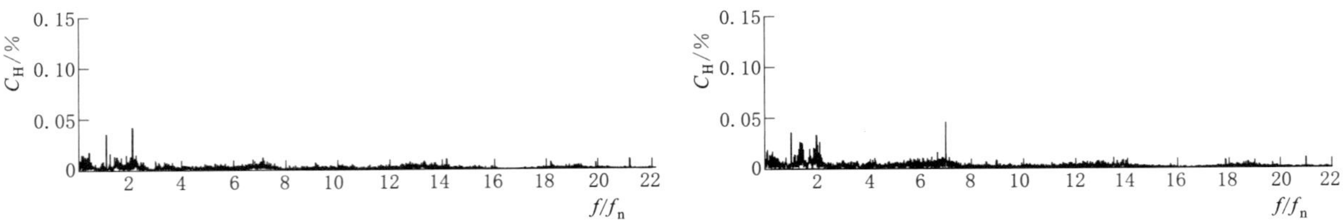

（c）锥管$0.4D_2$＋Y处 $Q_m=0.2195m^3/s$和 $Q_m=0.2750m^3/s$

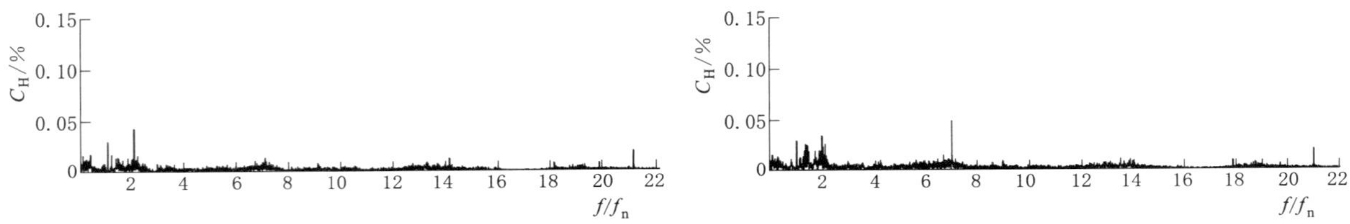

（d）锥管$1.0D_2$＋Y处 $Q_m=0.2195m^3/s$和 $Q_m=0.2750m^3/s$

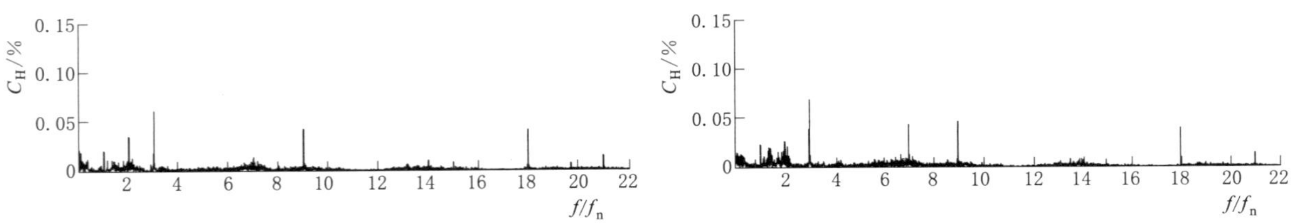

（e）肘管处$Q_m=0.2195m^3/s$和$Q_m=0.2750m^3/s$

图4　典型工况下流道不同位置的频域图

率主要是由流道内的漩涡和二次流引起的。转频（$f/f_n=1$）成分在无叶区最大，对上游蜗壳和下游锥管均有较大的影响，分析是由于转轮的旋转会对这些部位产生动静干涉的作用。

6　结语

通过对水泵水轮机泵工况的不同运行工况下不同位置处压力脉动的计算及频域分析，得到结论如下：

（1）通过比较水泵水轮机泵工况相同工况下不同测点的压力脉动，发现无叶区的压力脉动最大，蜗壳进口和顶盖次之，尾水管处压力脉动最小。

（2）蒲石河水泵运行最优工况为$Q_m=0.2518m^3/s$，相对于最优工况，大流量工况和小流量工况的压

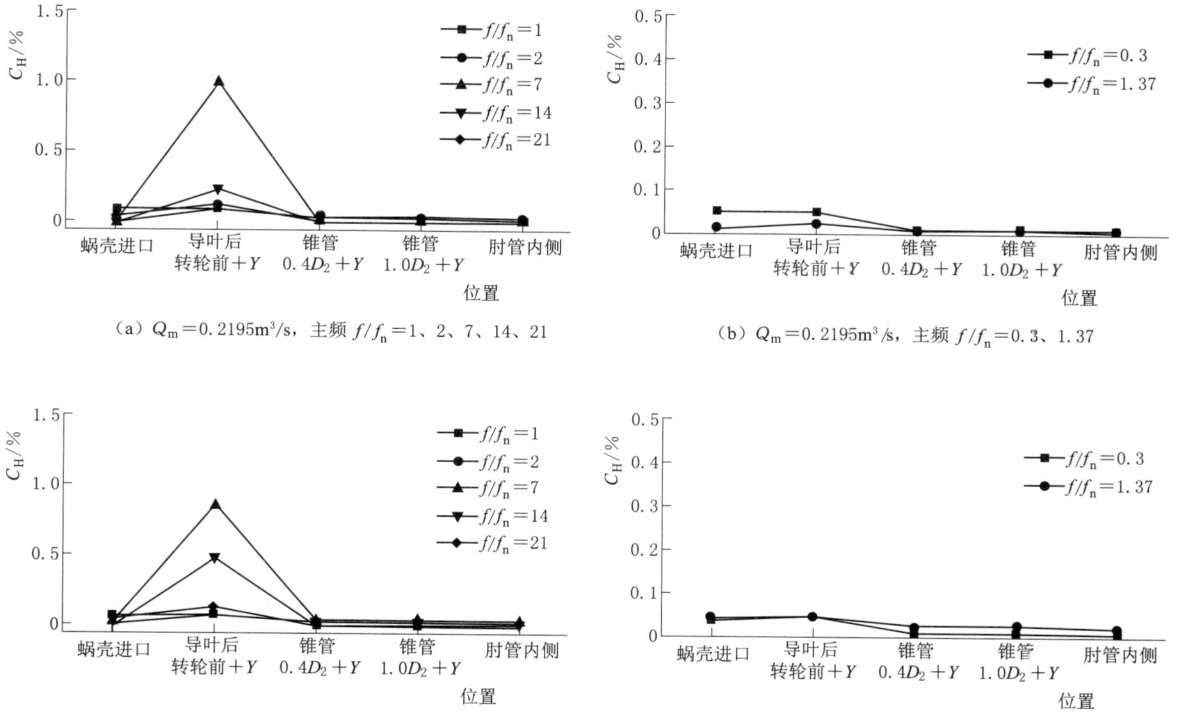

(a) $Q_m=0.2195m^3/s$，主频 $f/f_n=1$、2、7、14、21

(b) $Q_m=0.2195m^3/s$，主频 $f/f_n=0.3$、1.37

(c) $Q_m=0.275m^3/s$，主频 $f/f_n=1$、2、7、14、21

(d) $Q_m=0.275\ m^3/s$，主频 $f/f_n=0.3$、1.37

图 5　典型工况下主要频率的幅值随流道位置的变化

力脉动幅值较大，并且越偏离最优工况压力脉动幅值越大。

（3）水泵工况下无叶区形成的低频向上游传播较远且幅值衰减较小；高频主要形成于无叶区，向上游或下游急剧减弱；锥管和肘管不易形成幅值较大的频率。

漩涡和二次流是产生低频成分的主要因素，因此水泵水轮机应尽量避开偏离最优工况运行，减少流道内出现的漩涡和二次流，减少低频成分的出现，减弱其传播。

参考文献

[1] 张梁，李金伟．水轮机工况下水泵水轮机的无叶区压力脉动特性分析［J］．大电机技术，2017，(1)：60－63.

[2] 张飞，周喜军，孙慧芳，等．水力激振作用下的蓄能机组泵工况稳定性分析［J］．南水北调与水利科技，2017，15 (5)：202－208.

[3] 陈婧，马震岳，刘志明，等．水轮机压力脉动诱发厂房振动分析［J］．水力发电，2004 (5)：24－27.

[4] 王建．水电站水力振源特性分析及 CFD 数值模拟［D］．西安：西安理工大学，2018.

[5] 李琪飞，蒋雷，李仁年，等．水泵水轮机反水泵工况区压力脉动特性分析［J］．水利学报，2015 (3)：350－356.

在役抽水蓄能电站主进水阀轴承孔偏磨问题处理工艺

何张进　曾　辉　姜泽界　马　飞

（国网新源华东天荒坪抽水蓄能有限责任公司，浙江省湖州市　313302）

【摘　要】 抽水蓄能电站的主进水阀常年在不平衡水压下开关动作，存在轴承孔单侧偏磨等风险。以天荒坪电站2号主进水阀为例，主进水阀的轴承孔偏磨严重，导致轴承密封盘根失效，轴承和阀体轴承孔之间漏水量较大，严重威胁机组安全运行，本文详细介绍了主进水阀轴承孔偏磨问题处理工艺。

【关键词】 在役　主进水阀　枢轴　阀体轴承孔　车床

1　引言

天荒坪抽水蓄能电站（以下简称“天荒坪电站”）位于浙江省安吉县，安装有6台单机容量为300MW的可逆式机组，为日调节纯抽水蓄能电站，首台机组于1998年投产。天荒坪电站的主进水阀采用双油压接力器操作，设计压力为887m水柱（8.7MPa），通径2000mm，枢轴轴承采用轴瓦与轴承钢套一体式结构，枢轴轴面上套一层轴套防止轴面磨损，采用热套工艺，结构见图1中的（a），轴承钢套与阀体之间采用间隙配合。处理阀体上轴承孔偏磨问题需要进行枢轴的车削、轴承孔的扩孔以及轴承的换型。在加工过程中，主进水阀活门的固定和调整、阀体轴承孔加工尺寸的计算和校核，是影响加工效果的关键工艺。

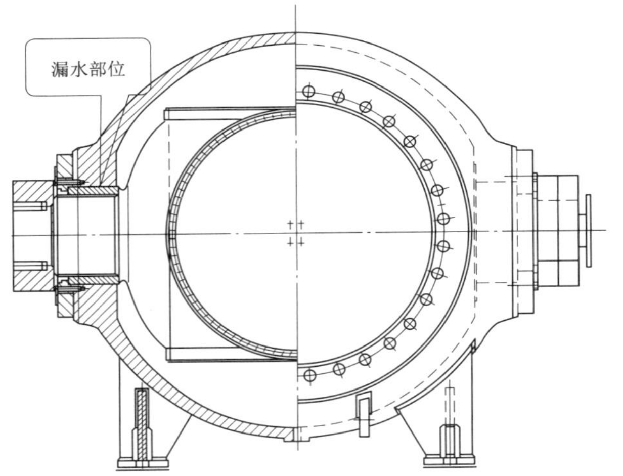

（a）

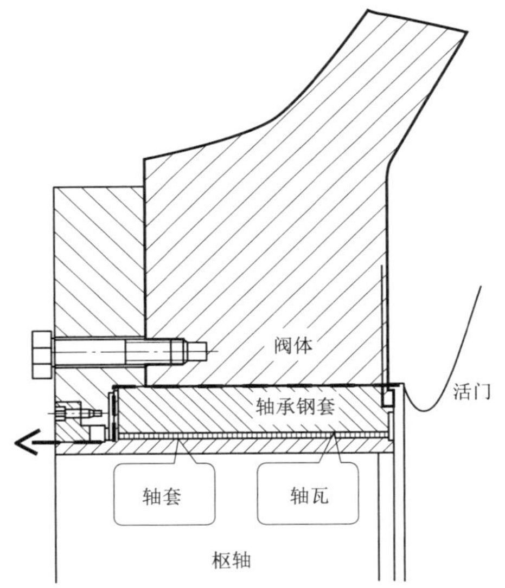

（b）

图1　主进水阀漏水部位

2　主进水阀改造前情况

天荒坪电站主进水阀检修时发现轴承轴套和阀体间存在偏磨间隙，分析偏磨原因为轴瓦磨损或有异物进入轴瓦和轴套之间，导致轴瓦与轴套间摩擦系数变大，当打开/关闭主进水阀时，枢轴跟轴承之间未发生相对转动，而枢轴带动轴承与阀体之间产生了相对转动，轴承异常的转动导致阀体轴承孔内壁偏磨，从而导致轴承和阀体轴承孔之间间隙变大。其中2号主进水阀偏磨最严重，在主进水阀检修密封投入、压力钢管充水的情况下测量主进水阀轴承和阀体轴承孔内壁上游侧间隙，最大间隙为4.9mm，轴承和阀体轴承孔的最小设计间隙是 0.08mm，最大设计间隙是 0.3mm，这说明主进水阀轴承和轴承孔至少偏磨 4.6mm，这将导致枢轴密封安装总间隙变大，枢轴密封容易断裂、挤出，造成密封失效，枢轴大量漏水，漏水流向如图 1（b）中虚线。主进水阀偏磨还改变工作密封的投退距离，若继续磨损将损坏工作密封。

3 主进水阀改造实施

为此，天荒坪电站对主进水阀阀体轴承孔进行扩孔和枢轴表面的车削，更换了枢轴轴承和枢轴轴套，具体步骤如下。

3.1 活门固定

首先将旧的枢轴轴承、轴套拔出，再根据主进水阀阀体和活门尺寸，加工出上下游侧活门固定工装，工装装配之后可将活门和阀体夹紧，防止在主进水阀测量和加工过程中活门与阀体产生相对位移。如图 2 所示，①处的两个垂面（黑色粗线）是工装与阀体的把合面，②处的两个垂面（黑色粗线）是工装与活门的把合面，工装上对应的这 4 个把合面在测量和加工过程中必须保证较高的精度，在装配过程中要确保把合面紧贴，可通过塞间隙校核。

3.2 阀体扩孔尺寸确定

用定位工装将活门固定之后，用内径千分尺测量枢轴与阀体轴承孔内壁的距离。以轴承孔偏磨最严重的 2 号主进水阀为例，如图 3 所示，枢轴 ϕ640 段与阀体轴承孔内壁最大间距 92.4mm，则阀体轴承孔可按照 92.4×2+640=824.8mm 的数据进行加工。为防止测量误差以及确保孔径圆度，可进一步将阀体轴承孔直径扩至 830mm，此数据测量工作在主进水阀上车床之前进行。

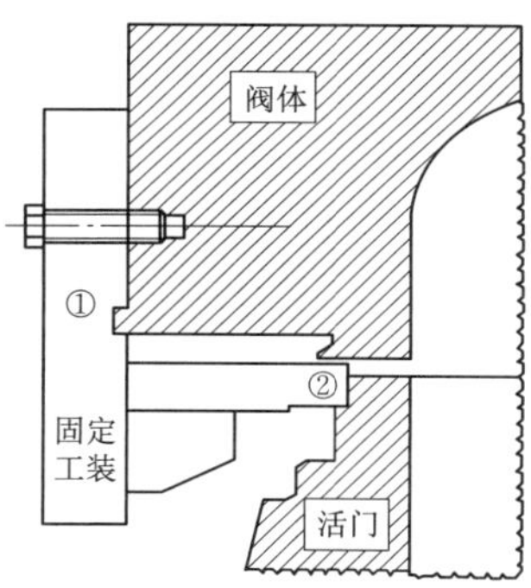

图 2 活门固定工装

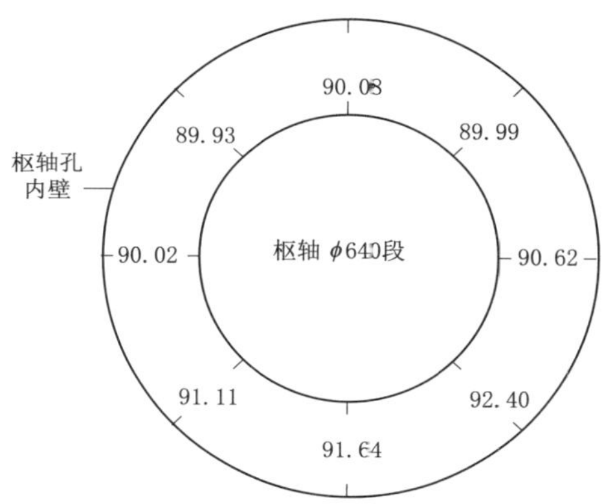

图 3 阀体轴承孔内径数据

3.3 阀体固定

主进水阀上车床转盘时，必须保证主进水阀与车床转盘的可靠固定，且与车床转盘同心，否则会影响加工的圆度。因此根据枢轴及阀体尺寸，加工出图 4 中的同心圆工装，将工装固定在车床转盘上，且保证工装与转盘同心。主进水阀翻身 90°，左侧枢轴朝下右侧枢轴朝上，左侧枢轴 ϕ500 段插进工装 ϕ500 内孔，且严密贴合，才能确保主进水阀与车床转盘同心，同心圆工装的上表面承担主进水阀的重量，具体见图 4、图 5 中的贴合面和受力面。

在主进水阀上车床前后，同心圆工装的位置一定要做好监测，如图 6 所示，在两个垂直方向架设百分表，实时监视工装移动。同时在主进水阀上车床前后，人工分别在 X/Y 方向测量同心圆工装与转盘支墩之间的距离，两次数据进行比较，检查同心圆工装与车床转盘保持同心。

主进水阀重达 80t，且由于 4 只安装底脚的存在，如图 7 所示，导致主进水阀重心不在活门中心线上，且重心位置较高，转盘一旦转动，主进水阀可能会因为离心力的

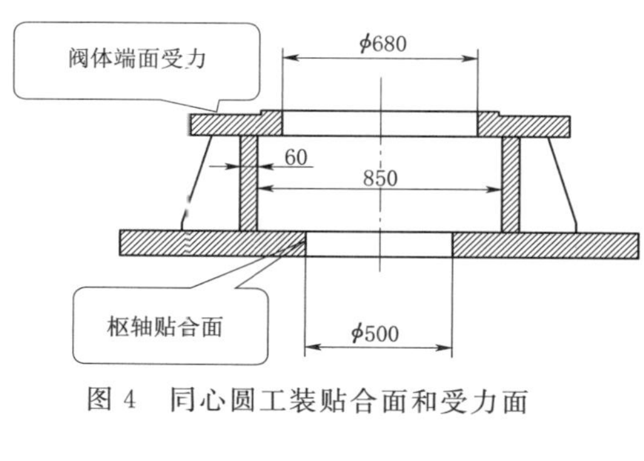

图 4 同心圆工装贴合面和受力面

作用，产生与车床转盘的相对径向位移，同心圆工装也可能因为主进水阀的带动而偏移。通过在主进水阀支撑脚侧面架上千斤顶，并在主进水阀的吊耳处施加配重块和支撑杆，确保主进水阀可靠固定，如图 7 所示。

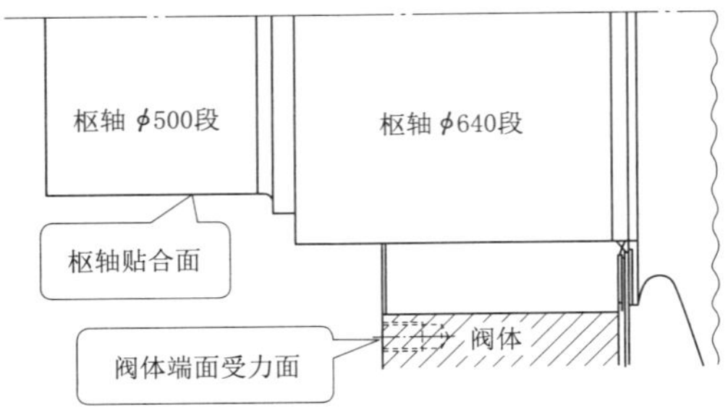

图 5 主进水阀贴合面和受力面

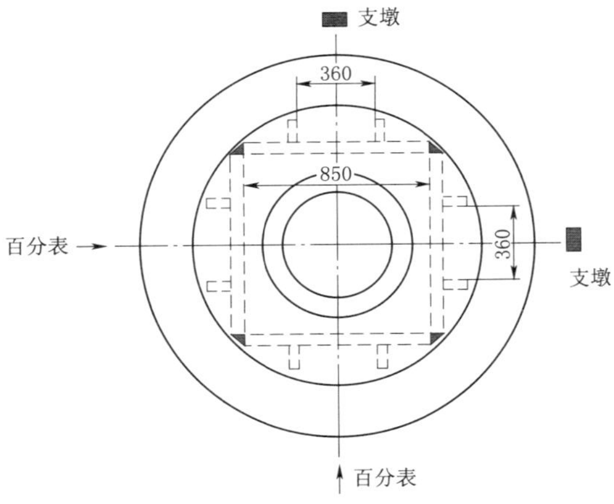

图 6 同心圆工装位置测量

3.4 枢轴同心度加工

测量右侧枢轴 ϕ500 段的同心度，方法是将百分表基座固定在车床刀架上，表头抵住右侧枢轴 ϕ500 段的轴面，转动转盘，观察百分表读数。在右侧枢轴 ϕ500 段先后选取 A、B 两个点分别进行测量，若主进水阀旋转一圈，百分表指针无波动，则可确定枢轴与转盘已同心。测量数据如图 8、图 9 所示。图中“天”指主进水阀顶部排气孔方向，“地”指主进水阀底部排水孔方向，“上”指主进水阀上游方向，“下”指主进水阀下游方向。

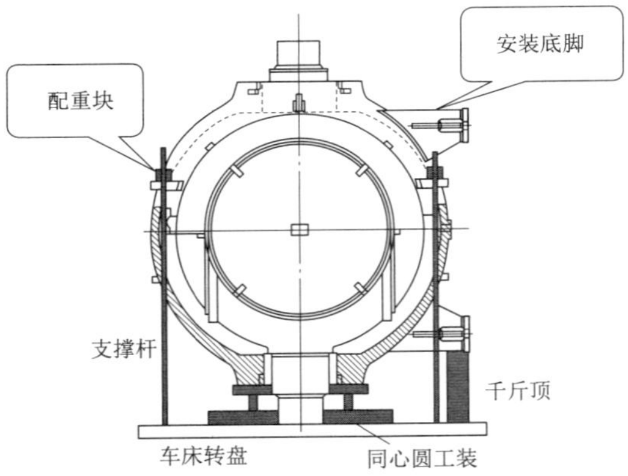

图 7 主进水阀车床固定图

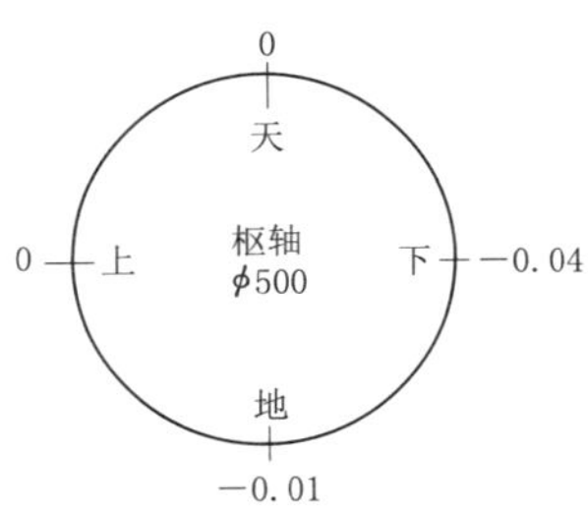

图 8 枢轴 ϕ500 段 A 点处数据

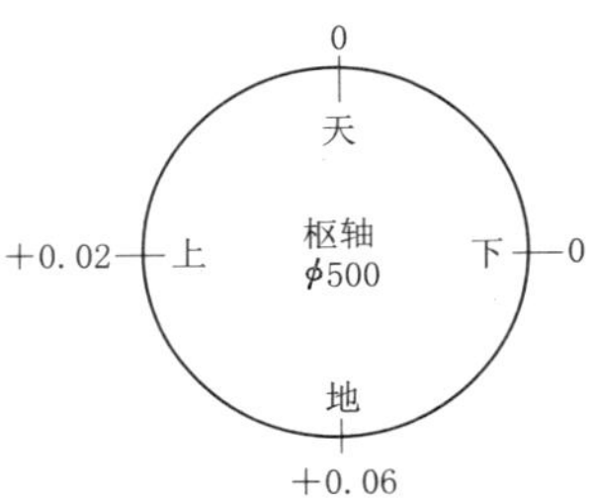

图 9 枢轴 ϕ500 段 B 点处数据

计算结果如下：

枢轴 ϕ500 段 A 点处圆心向上游方向最大偏移：0.04÷2=0.02mm（考虑测量误差等，忽略）。

枢轴 ϕ500 段 B 点处圆心向地方向最大偏移：0.06÷2=0.03mm（考虑测量误差等，忽略）。

由此判断右侧枢轴 ϕ500 段与车床同心。在接下来主进水阀枢轴、轴孔的测量及加工工作中，均以右侧枢轴 ϕ500 段为基准，即在每次测量或加工之前，都需要在右侧枢轴 ϕ500 段上打表校核，保证右侧枢轴 ϕ500 段与车床同心，防止加工过程中基准出现偏差。

测量右侧枢轴 ϕ640 段数据，方法与右侧枢轴 ϕ500 段相同，测量数据如图 10、图 11 所示。右侧枢轴 ϕ640 段 B 点处圆心往下游方向偏移最大，数值为[0.12−(−0.08)]÷2=0.10mm，因此需要将右枢轴 ϕ640 段加工至少 0.20mm，才能保证右侧枢轴 ϕ640 段与枢轴 ϕ500 段同心。

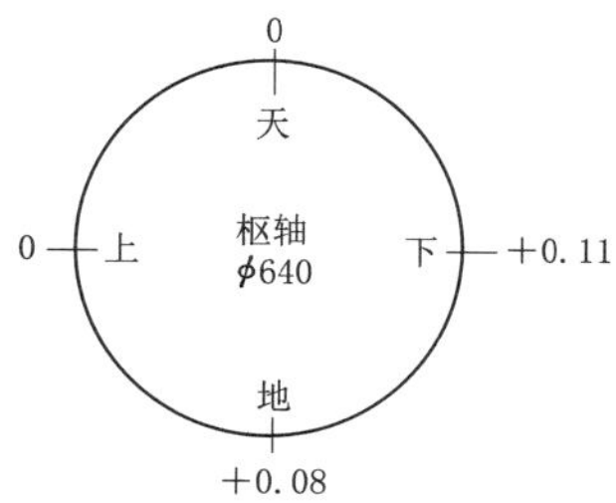

图 10　枢轴 ϕ640 段 A 点处数据

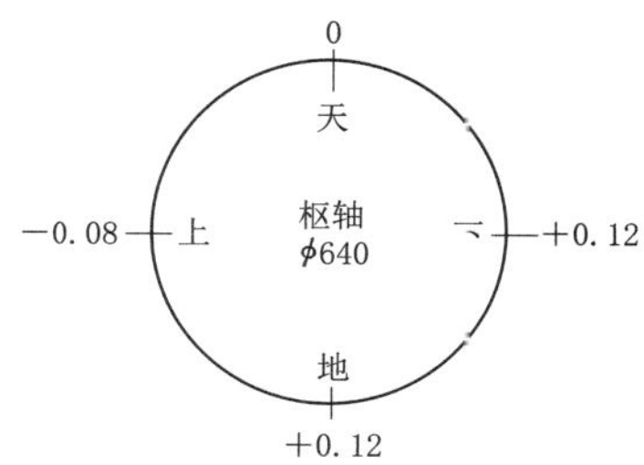

图 11　枢轴 ϕ640 段 B 点处数据

3.5　枢轴端面加工

将百分表基座固定在刀架上，表头抵住图 12 中的右侧枢轴 ϕ640 段端面，转动转盘，检查百分表读数变动，由图 13 可知最高跳动 0.12mm，因此该表面至少加工 0.12mm，才能保证该端面与右侧枢轴 ϕ500 段垂直。

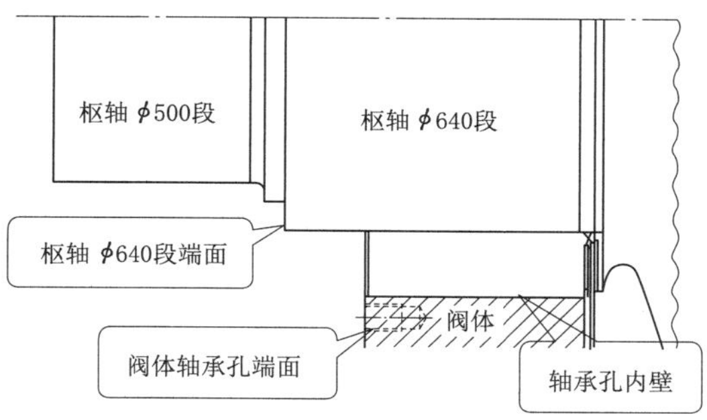

图 12　主进水阀各加工面

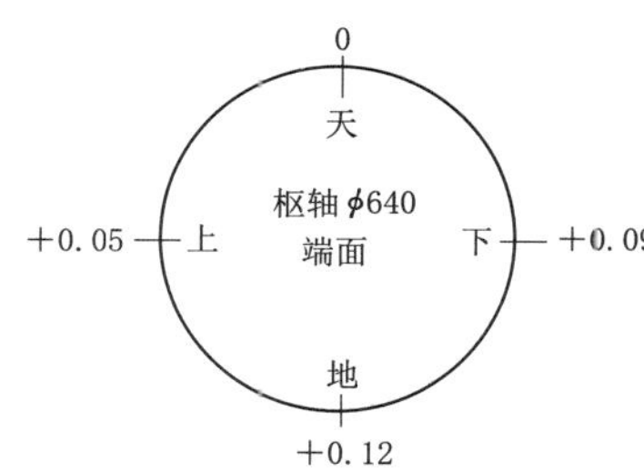

图 13　枢轴 ϕ640 段端面数据

3.6　阀体轴承孔加工

将百分表基座固定在刀架上，表头抵住图 12 中的阀体轴承孔端面，转动转盘，检查百分表读数变动，由图 14 可知最高跳动[0.18−(−0.15)=0.33mm]，因此该表面至少加工 C.33mm，才能保证该端面与枢轴 ϕ500 段垂直。

根据主进水阀上车床前计算出的加工数据，将图 12 中轴承孔内壁直径扩至 830mm。

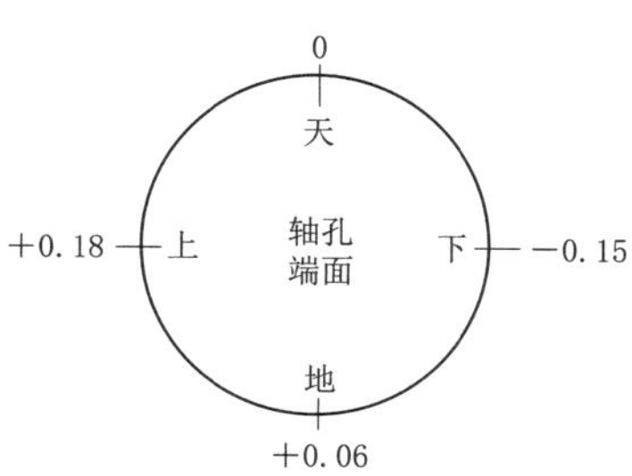

图 14　阀体轴承孔处端面数据

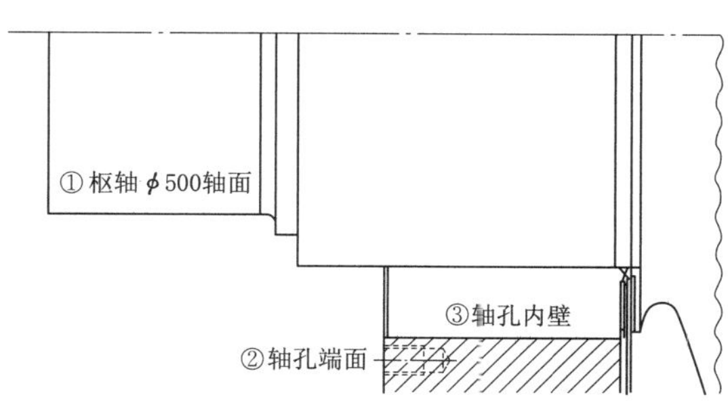

图 15　左侧枢轴加工基准面

3.7　左侧枢轴及轴承孔加工

3.7.1　制定基准

右侧枢轴以枢轴 ϕ500 段为加工基准，为保证一致性，则左侧枢轴及阀体内孔加工时仍沿用此基准。根据同心圆工装与阀体的受力面分析，选取主进水阀右侧加工后的枢轴 ϕ500 段轴面、右侧阀体轴承孔端面以及阀体轴承孔内壁作为主进水阀左侧的加工基准面，如图 15 中的①②③标记的粗线。同心圆工装也需要根据右侧枢轴、轴承内孔加工后的尺寸重新加工。

3.7.2　位置调整

将整个主进水阀翻转 180°，左侧枢轴朝上后，放置于新的同心圆工装上。主进水阀与同心圆工装装配时必须确保主进水阀右侧的 3 个基准面与同心圆工装对应位置紧贴。固定基准后，数据测量及加工方法与右侧枢轴相同。

4 轴承换型

根据加工之后的枢轴、阀体轴承孔尺寸，定制轴承和轴套。为防止后期轴承和枢轴再次转动，导致阀体轴承孔偏磨，在轴承上增设凸台，在轴承盖对应位置增设凹槽，如图 16 所示，轴承盖可通过凸台限制轴承转动。凸台和凹槽轴向之间有 0.5mm 的间隙，保证凸台不与轴承盖轴向接触，防止轴承盖被轴承凸台顶住无法装配到位。

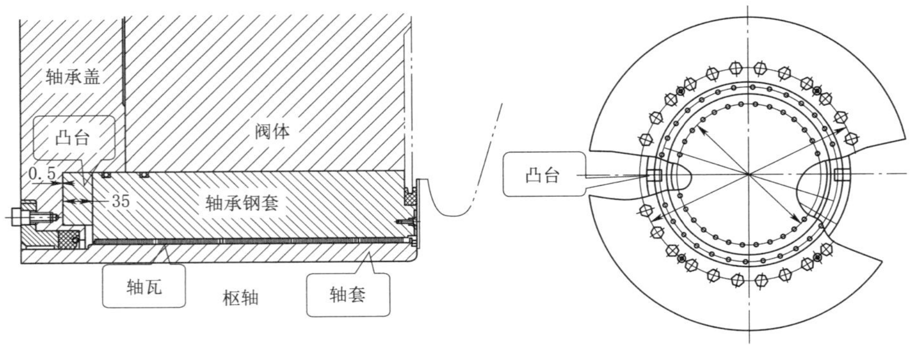

图 16 轴承凸台

5 结语

主进水阀阀体轴承孔扩孔工作中，车床加工是关键，对于主进水阀这种不规则形状且质量大的设备，定基准、调位置需要经过严谨的测量和分析。在此次主进水阀返厂加工之后，通过工作密封退出间隙的测量比对、枢轴位移监测数据比对以及枢轴密封处的渗漏情况观察，验证了天荒坪电站主进水阀升级改造后运行效果良好，达到了改造预期目的，为今后大型水电机械设备的检修提供了范例，具有较好的推广前景。

参考文献

[1] 李浩良，孙华平．抽水蓄能电站运行与管理［M］．杭州：浙江大学出版社，2013.
[2] 陈宏钧．金属切削工艺技术手册［M］．北京：机械工业出版社，2013.

抽水蓄能机组转子磁极故障导致机组横差保护动作原因分析及改进建议

方书博　娄彦芳
（河南国网宝泉抽水蓄能有限公司，河南省新乡市　453636）

【摘　要】本文介绍了一起抽水蓄能机组因转子磁极故障，停机过程中机组横差保护动作事故。本文对横差保护动作原理、整定方法及整改方法进行说明，进一步优化继电保护配合水平，可为系统内同类型保护配置提供参考和借鉴，提高电网安全稳定运行水平。

【关键词】磁极　横差保护　跳闸

1　引言

随着电力系统的快速发展，抽水蓄能机组容量越来越大，抽水蓄能机组具有双向旋转运行、水头高、转速高、启动频繁等特点，在电网中一般承担着调峰、填谷、调频、调相以及事故备用等任务，横差保护作为发电电动机的主保护，其快速、正确动作对机组安全稳定运行及电网安全稳定运行起着至关重要的作用。

2　故障经过

2.1　故障前运行方式

2019 年，某抽水蓄能电站电气主接线如图 1 所示，500kV 一回线出线带电运行；500kV Ⅰ号、Ⅱ号、Ⅲ号母线正常运行；1～4 号机组抽水（带－300MW 负荷）稳定运行。

2.2　保护动作情况

（1）监控出现以下报警信息：

02：14：38　01GAL _ 001VB _ DR01 RUN OUT 1ST STAGE NORMAL ⟶ALARM

1 号机振摆报警。

02：23 ON－CALL 人员现地发现 1 号机转子绝缘降低，转子绝缘在 5390～6309Ω 迅速变化（转子绝缘正常值大于 6500Ω）。

02：26 值守人员向调度申请 1 号机组停机。

02：27：26 经调度同意后，1 号机组手动停机。

02：27：40 895ms 01GEV _ 001JD _ DI _ O UNIT CB 001JD POSITION N－OPEN ⟶OPEN

1 号机出口开关分闸。

02：27：42　587ms　01GTA _ 901XD _ DI _ DET G/M PROT UNIT EMERGENCY ORD N－DET ⟶DET

1 号机横差保护动作，故障电流 0.38A（动作电流定值 0.27A，延时 0s），1 号机由正常停机转紧急停机。

02：41：56 1 号机组达到停机稳态。

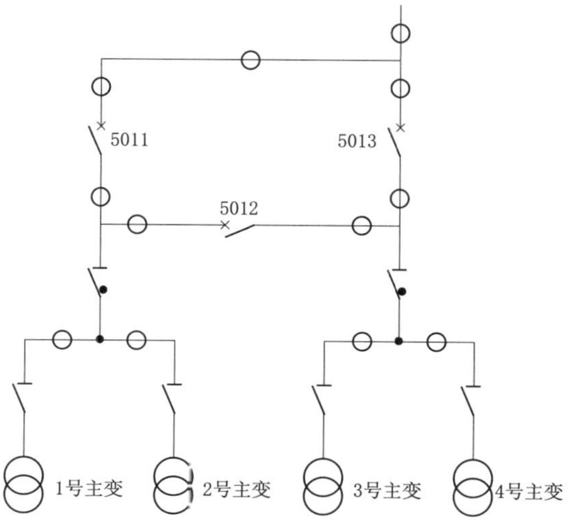

图 1　电气主接线

（2）横差保护定值如下：

GROUP 1 EARTH FAULT

IN> Input　　Measured

IN>1 Function　　DT

IN>1 Current　　270.0mA

IN>1 IDG Is　　1.500

IN>1 Time Delay　0 s

（3）1号机组保护跳闸时故障录波如图2所示，横差保护动作时：

02：27：42　587ms，横差保护动作，通过查看故障录波信息可知，发电机A、B组横差保护均动作，其中A组横差保护动作电流为0.382A，B组横差保护动作电流为0.384A，动作电流大于0.27A，保护正确动作。

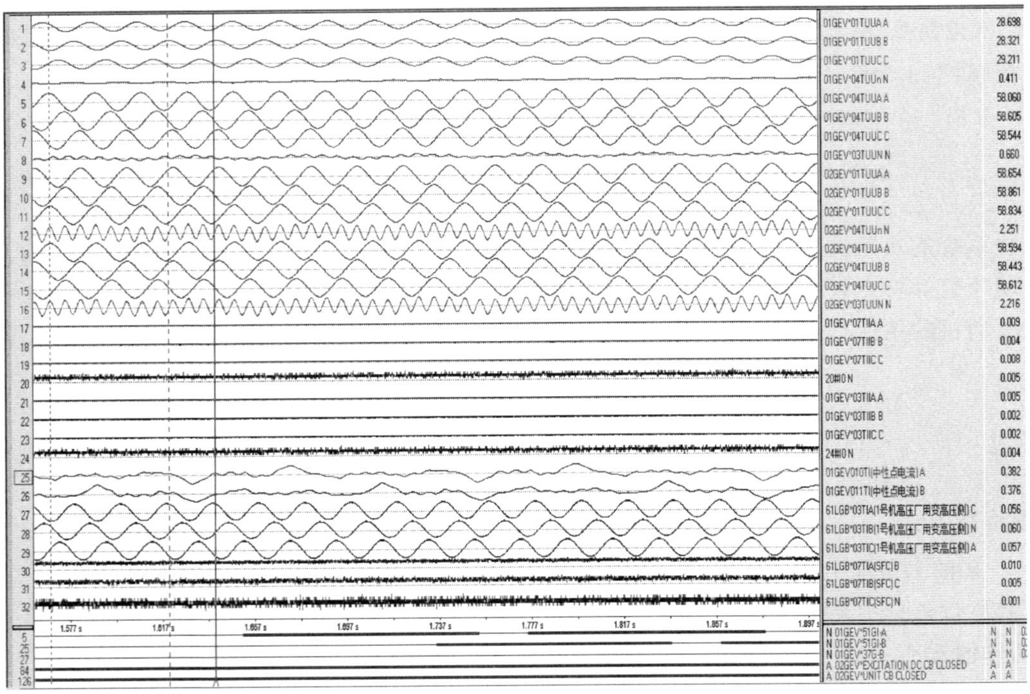

图2　1号机组保护故障录波曲线

3　故障原因分析

机组隔离后检查发现7号与8号磁极连接处8号磁极R角熔断，8号磁极下部R角引线（靠7号磁极侧）存在疲劳机械损伤，导致局部电阻变大、热量积聚，02：10，R角熔断，熔断拉弧瞬间产生的局部过电压造成相邻两个磁极上与熔断点电气距离最近的几匝（靠近极靴侧）击穿，励磁电流路径由正常运行时的7号磁极最外匝线圈——极间U型连接——8号磁极最外匝线圈，变为7号磁极最外匝线圈——7号磁极极靴——7号磁极铁芯——磁轭——8号磁极铁芯——8号磁极极靴——8号磁极最外匝线圈和7号磁极最外匝线圈——7号磁极极靴——8号磁极之间的阻尼环——8号磁极极靴——8号磁极最外匝线圈两个电流回路，此时整个转子回路电阻虽较之前有所增加，但电流回路依然完整，故机组保持正常运行。

此时由于7号、8号磁极外侧两匝线圈已被短路，磁场发生一定的畸变，出现多次轴电流报警（瞬时复归），同时7号线圈外侧角部击穿处开始发热熔化，下导摆度由于磁拉力不平衡开始出现缓慢增大，02：14，出现振摆报警；02：23，ON-CALL人员现地检查发现转子接地保护装置现地控制面板上显示1号机转子绝缘降低，转子绝缘在5390～6309Ω变化（转子绝缘正常显示值大于6500Ω）；02：26，值守人员申请停机，机组执行正常停机流程，02：27：40 895ms出口开关分闸，02：27：41 556ms励磁开关

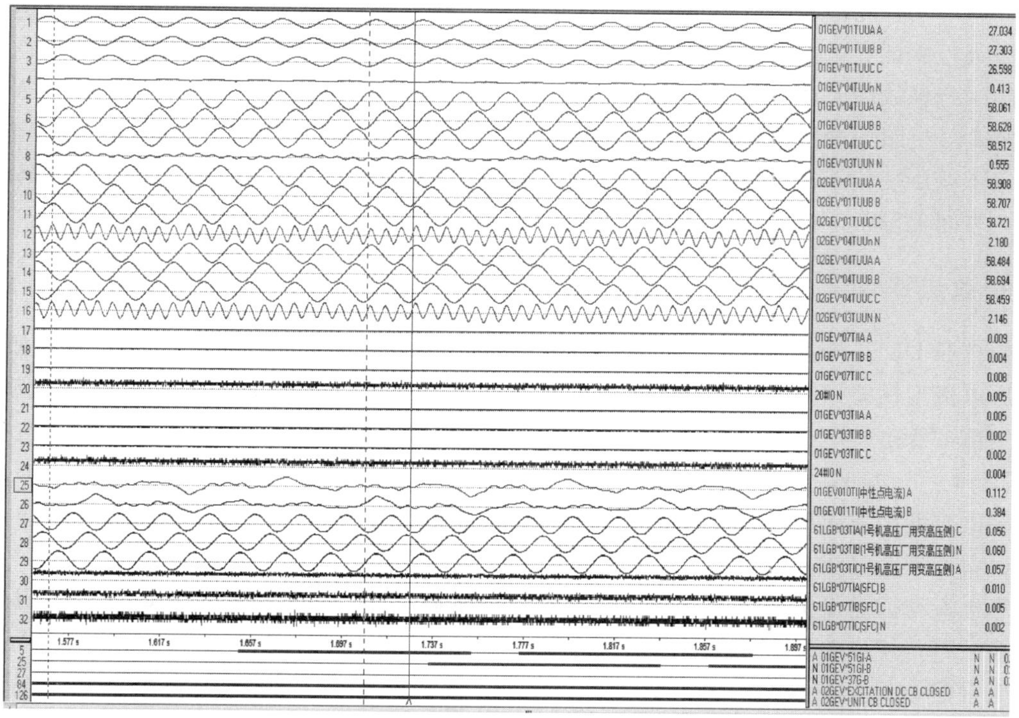

图 3　1 号机 B 组保护故障录波曲线

分闸；

由于转子绕组中的剩磁产生的磁场存在较严重的不平衡，在定子同一相绕组的三个分支中感应电动势不相等，定子绕组内产生环流，02：27：42　587ms，横差保护动作，故障电流 0.38A（动作电流定值 0.27A，延时 0s），1 号机由正常停机转紧急停机。

4　暴露问题

（1）磁极连接线铜排直角平弯弯曲半径为 5mm，铜排厚度为 4.8mm，不满足磁极连接线铜排直角平弯弯曲半径是大于 $2d$（d 为铜排厚度）反措要求。

（2）对 R 角部位的检查手段还仅停留在目视、手摸和正常的预防性试验，未寻求其他检查方法及时发现微裂纹缺陷。

（3）机组设计时，在磁极 U 形连接线的引线夹安装部位周围未设置拉紧螺栓，导致转子磁轭压板与磁轭冲片之间均存在 5～7mm 的间隙。

（4）发电机零序电流型横差保护的整定值偏大，灵敏性差，导致故障初期零序电流型横差保护未及时动作跳闸（故障初期不平衡电流 0.2A 左右）。

5　转子故障处理

（1）更换 7 号、8 号故障磁极。同时，对转子进行检查，在磁极 U 形连接线的引线夹安装部位的边缘，磁轭压板与磁轭冲片之间均存在约 5～7mm 的间隙，且该部位较大面积上无拉紧螺栓。松开磁极 U 形连接线，检查发现 U 形连接线与磁极 R 角引线接触面在自由状态下有 5mm 左右的间隙，按照厂家的方案，在 U 形连接线与磁极 R 角引线间加装厚度约为 5mm 的铜块，接触面分别涂抹导电膏，并按照图纸要求，将 U 形连接和阻尼环软连接的固定螺栓涂抹锁固胶，用力矩扳手按照图纸规定力矩将其打紧。

（2）对 1 号机组定子绕组开展直流电阻、绝缘电阻、吸收比及极化指数、直流耐压和泄漏电流测量试验，对 1 号机组转子绕组开展绝缘电阻、直流电阻、交流阻抗及损耗试验，试验数据合格。

（3）对 1 号机组在发电方向，空载工况手动升速开展动平衡试验，根据机组的振动和摆度数据，对转子进行配重调整，调整完毕后，将配重块进行焊接固定。然后将1号机组抽水工况启动，在抽水方向对动平衡调整结果进行验证，机组振动和摆度满足国标要求。同时，拆除定子空气冷却器对定子进行清扫检查，仅发现转子磁极故障时产生的铜和绝缘材料的屑状颗粒混合物，未发现大块异物。

（4）恢复1号机组安全措施，按照零起升压试验方案对1号机组开展零起升压试验，检查励磁电压、励磁电流和定子电压变化正常。试验结束后，将1号发电电动机再次进行隔离，检查定子和转子，所有部件固定良好，表面无异常，恢复机组安全措施。

6 横差保护改进建议

横差保护按照DL/T 684—2012《大型发电机变压器继电保护整定计算导则》[1]整定方法如下：

（1）零序电流型横差保护高定值段。按发电机中性点连线的互感器TA0用于零序电流型横差保护，动作电流高定值按躲过发电机外部不对称短路故障或发电机转子偏心产生的最大不平衡电流整定，整定值一般为0.2Ign～0.3Ign。

（2）零序电流型横差保护低定值段。低定值具有防止外部短路时误动的技术措施，动作电流需躲过正常运行时最大不平衡电流，可初设为0.05Ign。

（3）零序电流型横差保护动作不设动作延时，但当励磁回路一点接地后，为防止励磁回路发生瞬时性第二点接地故障，使横差保护误动，应切换为带0.5～1.0s延时动作于停机。

该电厂原有横差保护只设置一段，定值0.27In（CT变比In为2000/1，机组额定电流为10713A，0.27×2000/10713=0.05Ign），延时0s跳机，该值为电厂投运时的初设值，满足DL/T 684—2012整定要求，但是后期未实测正常运行时最大不平衡电流，未及时对横差保护定值进行重新校核，导致横差保护未在故障初期准确动作。

横差保护改进建议：

（1）现场测量不平衡电流。

1）机组各种工况、负荷下进行手动录波，将机组并网、解列时设置为自动录波，通过一段时间分析，得出机组正常运行时的最大不平衡电流为80mA。

2）将横差保护用零序CT启动故障录波定值设置为80mA，观察故障录波是否因此启动，若未启动，说明机组正常运行时最大不平衡电流未超过80mA，若故障录波启动，可根据启动时具体数据，将横差保护用零序CT启动故障录波定值抬高，进一步观察分析。

通过一段时间观察分析，可以得出机组正常运行时的最大不平衡电流。

（2）横差保护定值整定。

1）零序电流型横差保护低定值段

$$I_{op,L}=K_{rel}\times I_{unb.max}=2\times 0.08\times 2000=320A$$

式中 Krel——可靠系数，取2；

Iunb.max——发电机实测最大不平衡电流，经实测最大一次值160A。

二次纸In1=320/2000=0.14A（机组额定电流10713A，横差保护低定值约为发电机额定电流的0.03倍）。

横差保护Ⅰ段动作延时。

根据导则：零序电流型横差保护不设动作延时，但当励磁回路一点接地后，为防止励磁回路发生瞬时性第二点接地故障，使横差保护误动，应切换为带0.5～1.0s延时动作于停机。

t1=1s。

2）零序电流型横差保护高定值段。

按躲过外部故障最大不平衡电流整定。

$$I_{op,H}=K_{rel}\times I_{op,L}\times I_{K.max}=1.2\times 0.03\times 5.26\times 10713=2028.6A$$

式中 Krel——可靠系数，取1.2；

Iop,L——横差保护电流低定值倍数 0.026；

IK.max——机端保护区外三相短路时通过发电机的最大三相短路电流；

$$IK.max=1/Xd\times Ign=1/0.19\times Ign=5.26Ign$$

式中 Xd——发电机直轴饱和次暂态同步电抗，0.19。

横差保护Ⅱ段动作延时

T2=0s。

7 结语

横差保护作为发电机内部故障的主保护，其定值应根据发电机实际运行状况进行整定，避免因整定值较大，对发电机内部故障反应不灵敏，对发电机造成严重损坏，因此应进一步完善横差保护定值校核方法，防止事故扩大，确保机组、电网安全稳定运行。

参考文献

[1] DL/T 684—2012 大型发电机变压器继电保护整定计算导则 [S].

宝泉抽水蓄能电站尾闸控制系统升级改造探析

王　啸[1]　刘　锦[2]　贾瑞卿[1]　臧克佳[1]　陈旭东[1]　郭贤光[1]　方书博[1]　郭克敏[1]

（1. 河南国网宝泉抽水蓄能有限公司，河南省新乡市　453636；
2. 西安航天自动化股份有限公司，陕西省西安市　710065）

【摘　要】 尾水事故闸门是抽水蓄能电站的一个重要组成部分，它的正常运行直接影响到机组的安全可靠。本文以宝泉抽水蓄能电站尾水事故闸门控制系统升级改造为例，详细分析了改造前硬件、软件及安装上面临的问题，提出针对问题的改造目标，提炼改造创新方法，总结改造过程经验。此改造已成功应用于宝泉抽水蓄能电站尾水事故闸门控制系统中。

【关键词】 尾水闸门　控制系统　编码器

1　引言

宝泉抽水蓄能电站位于河南省辉县市薄壁镇大王庙以上 2.4km 的峪河上，距新乡市 45km，距焦作市约 30km，与郑州市直线距离约 80km，是一座日调节纯抽水蓄能电站。电站总装机容量为 1200MW，单机容量为 300MW，共四台水泵水轮机组。

每台机组设置一台尾水事故闸门（尾闸），共四台尾水闸门，四台闸门共用一套液压系统。液压系统由一面现地控制柜控制，每个尾水闸门由一面现地控制柜控制。尾闸的启闭由液压启闭机操作，一门一机配置，由各自的 PLC（PLC1～PLC4）控制，四套液压启闭机共用一个泵站，泵站配置一套双机热备 PLC 控制系统。尾闸在尾水管排空或水淹厂房时起到截断下库水源的作用，能承受下库单向水压，为保证机组的过水流道畅通，正常情况下尾闸处于全开位置。

上述设备自 2006 年投运以来，每年安排一次 C 级检修，未进行过技术改造。设备逐步进入老化期，故障频繁，可靠性降低，现对尾闸控制系统开展升级改造研究工作。

2　改造前面临的问题

2.1　备件采购困难

多年来随着产品的更新换代，旧尾闸控制系统主要元器件陆续停产，备品备件采购困难，由此导致设备的正常检修维护不便。

2.2　编码器接线复杂

尾闸编码器老化，机组运行震动大导致接线松动，出现闸门开度信号丢失，闸门意外下滑等误报警。宝泉电站尾水闸门控制系统改造前使用的是二进制编码器，它是将 15 个信号分别用 0，1，…，215－1 来表示，列出这 215 个数字的二进制代码，一个编码表就是用这些代码组成的。15 个信号线加上 1 根电源线，这就要求二进制编码器接线盒必须配置 16 根以上的控制电缆及接线端子。如此烦琐复杂的接线，在机组运行过程中非常容易接线虚接，导致误报警。

2.3　触摸屏失灵

旧盘柜触摸屏投运超 13 年之久，灵敏度下降，操作工程中经常出现失灵和延迟卡顿现象。

2.4　软件版本陈旧、流程有缺陷

旧控制系统使用施耐德 Unity Pro XL V3.0 程序，使用 USB 连接 PC。与市面新控制系统程序无法正常互通。尾闸落地全关位时，由于编码器误差，开度偶尔会大于零，此时程序判断尾闸不在全关位，与实际不符。

3 改造目标

针对以上问题，结合系统的网络性能、CPU 运算速度及存储容量、CPU 时钟频率、CPU 控制功能、主要模块的性能指标，本系统确定选用市面主流产品。施耐德 M580 系列产品，液压油站采用双机热备方式，CPU 型号为 BMEH582040，尾闸控制站 CPU 型号为 BMEH582020，其 CPU 字长为 32 位，该型号 CPU 配置有 1 个 USB、1 个 Ethernet 热备冗余系统端口、1 个 Ethernet TCP/IP 服务端口和 2 个 Ethernet TCP/IP 设备网络，触摸屏选用施耐德 HMIGTO5310 的 10.4″彩色触摸屏。

改造包括控制盘柜、内部卡件、继电器、触摸屏等，编码器选用与原设备同样尺寸的设备，内部使用新型元件，方便安装，简化接线。优化控制程序，采用落底延时、投锁定延时等流程。

4 改造内容

4.1 软件升级

新控制系统程序软件使用市面主流施耐德 Unity Pro XL V11.0，使用网线连接 PLC 上的以太网接口和 PC。调整程序设置，匹配 Windows 10 系统。最大限度方便程序软件的使用更新。

4.2 编码器改造

4.2.1 选用新型号产品

在液压系统的控制下，液压缸内的活塞体内壁做轴向往复运动，从而带动连接在活塞上的连杆和闸门做直线运动，以达到开启、关闭闸门的功能。

旧编码器采用联轴节与液压缸连接，如图 1（a）所示。联轴节所联接的两轴，由于制造及安装误差，承载后的变形以及温度变化的影响等，会引起两轴相对位置的变化，往往不能保证严格的对中。改造后使用的新型编码器不再使用联轴节，使用支架连接，如图 1（b）所示。

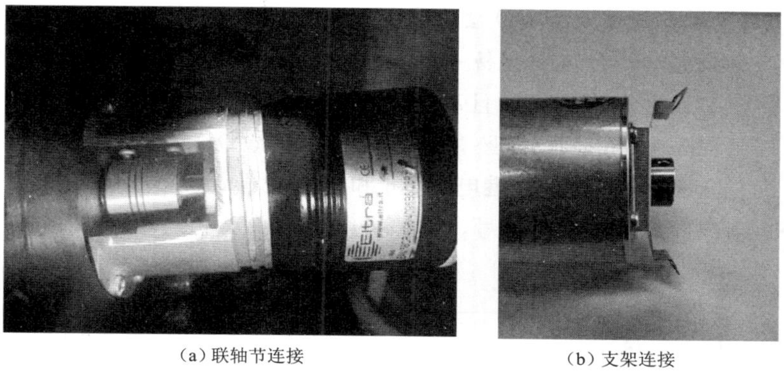

（a）联轴节连接　（b）支架连接

图 1　编码器

4.2.2 开度编码器接线的改造

新编码器选型 SSI 绝对值编码器，SSI 同步串行信号，以 RS422 的物理接口，分为时钟脉冲与数据两部分，接收设备向编码器发送一串时钟脉冲，编码器在接收到时钟脉冲的同步，逐位根据时钟脉冲位数输出编码器数值，包括角度位置、校验信号或编码器工作状态。时钟线和数据线只有 4 根，RS422 接口与供电电源是电隔离的。

二进制编码器和 SSI 绝对值编码器的输入原理接线图如图 2 所示。

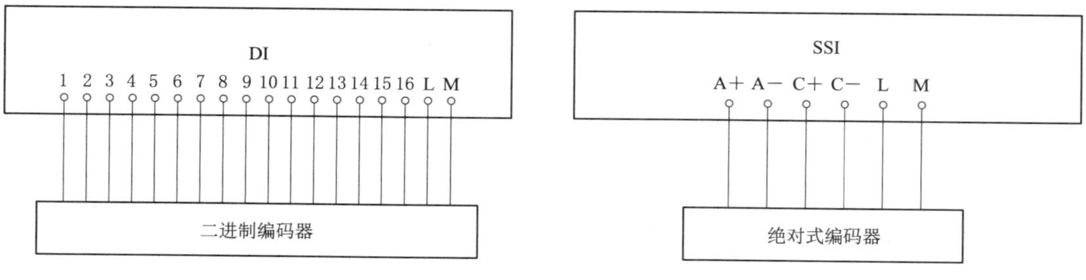

图 2　编码器输入原理接线图

4.2.3 新编码器优势

将编码器更换为精度更高的绝对值型编码器，信号线仅有 6 根，整理方便，可靠性更高。绝对值编码器的每一个固定位置读取的是一个确定的数字码，因此它的每一个位置码值只与编码器的测量起始和终止位置相关，而与中间测量过程无关。因此，当绝对值编码器出现断电异常状况时，它的位置码值会一直保持。

绝对值编码器是一个带有若干个透明和不透明窗口的转动圆盘，通过光接收器进而收集那些间断的光束，光脉冲转换成电脉冲后，由电子输出电路处理，并将电脉冲发送出去。绝对编码器在由机械位置确定的每个位置都是唯一的。它不需要记忆，找到参考点，并且一直在计算。它需要在需要时知道位置，并在需要时读取其位置。这样，大大提高了编码器的抗干扰特性和数据的可靠性。

多圈编码器另一个优点是由于测量范围大，实际使用往往富裕较多，这样在安装时不必要费劲找零点，将某一中间位置作为起始点就可以了，而大大简化了安装调试难度。

4.3 控制程序优化

4.3.1 优化尾闸全关位判断条件

防止尾闸全关位时由于编码器或闸门底橡胶密封弹性造成的误差，程序中设计“闸门下限 K5 _ 9”或开度不大于 3 即为“闸门全关位 KO8 _ 14”。如图 3 所示。

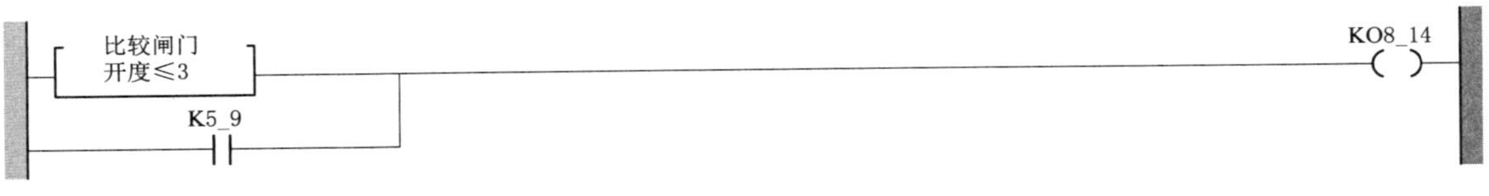

图 3 尾闸全关位逻辑图

4.3.2 增设尾闸下坠 DO 量输出

宝泉电站每台尾闸配备一套吊轴监测装置，该装置可实时反馈尾闸实际位置，保证机组正常运行。由于该装置常年处于水中且动作较少，容易卡涩。从而无法在机械层面上准确反馈闸门位置。鉴于此，在尾闸程序中增设闸门下坠 280mm 和 400mm DO 量输出，如图 4 所示。使用备用继电器 KO18 和 KO19 分别并联在下坠 280mm 继电器 K8 和下坠 400mm 继电器 K9 上。实现吊轴监测装置或编码器模拟量输出任一动作即可送出跳机信号，保护机组及流道安全。

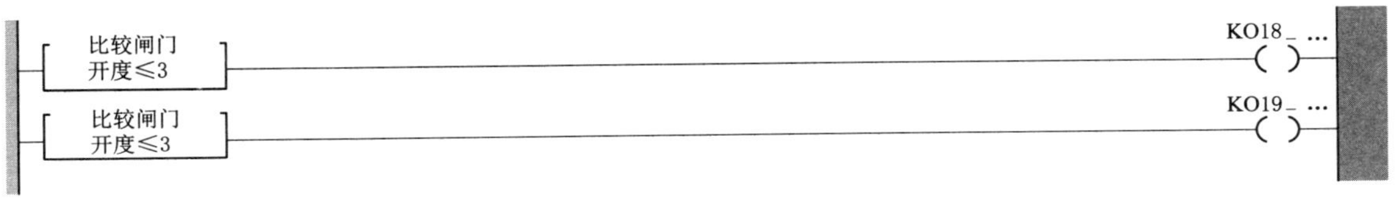

图 4 尾闸下坠逻辑图

4.3.3 优化锁定投入延时时间

机组球阀开启前，尾闸在全开位且尾闸锁定投入信号存在且尾闸在全关位取反，此 3 个信号作为开球阀的必要条件（监控程序）。当尾闸锁定信号丢失时，将会导致机组开机到开球阀流程时超时转停机。为避免锁定异常退出导致机组启动失败，特增加尾闸锁定投入时延时 1s 到“锁定缸锁定位 K6 _ 9”。这样可以充分排空锁定缸无杆腔残压，保证锁定投入的稳定性。如图 5 所示。

5 结语

尾水事故闸门电气控制系统是专业性较强的系统，本次升级改造采用了成熟、性能稳定、市面主流的产品。在选型上采用统一的型号设备可以节省备品备件的储备量，降低后期的维护费用和工作量。通过改造，完善溢流阀启闭逻辑，有效保护油泵及阀组安全运行。增加锁定投退、闸门启闭、充水阀开关时间记录功能，为设备健康状态分析提供准确数据，利于消缺关口前移，降低设备维护难度，提高设备运行可靠性和稳定性。另外，通过改造，系统梳理全厂辅机设备软件使用及缺陷情况，为后续辅机设备改造升级奠定技术基础。

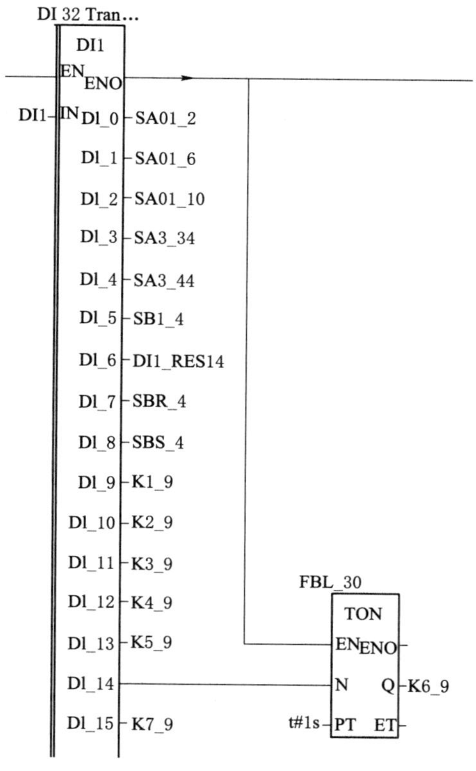

图 5　锁定投入延时图

参考文献

[1]　王兆宇. 彻底学会施耐德 PLC 变频器触摸屏综合应用［M］. 北京：中国电力出版社，2012.

[2]　陈德新. 发电厂计算机监控［M］. 郑州：黄河水利出版社，2008.

静止变频器内循环冷却水回路堵塞故障处理概述

韩时勋　方军民　陆　胜
（国网新源华东天荒坪抽水蓄能有限责任公司，浙江省安吉县　313302）

【摘　要】本文主要介绍了天荒坪公司静止变频器冷却水回路由于去离子树脂罐内滤网破损，造成去离子树脂颗粒流出堵塞内冷却水管路故障的分析排查与处理过程，并根据发现的问题提出改进意见，以供相关专业人员参考。

【关键词】静止变频器　内冷却水　堵塞　去离子树脂

1　引言

天荒坪抽水蓄能电厂总装机容量为1800MW，共有6台可逆式水泵水轮机组，为日调节纯抽水蓄能电厂，承担着华东电网调峰、调频、填谷及事故备用任务，其机组容量大、起停快的特点在华东电网事故处理中发挥着重要作用，同时极大地缓解了华东电网各省市用电紧张局面。

静止变频器是抽水蓄能电厂特有设备，是发电电动机在抽水工况启动过程中将机组由低转速拖动至高转速的重要设备。为防止变频器工作期间过热，专门配置冷却系统。

2　静止变频器冷却系统特点

静止变频器冷却系统主要分为外冷却水系统、内冷却水系统、空气冷却系统。外冷却水系统冷却介质取自水库自然来水，用于冷却内冷却水系统；内冷却系统水为封闭内循环系统，用于直接冷却静止变频器内整流桥、逆变桥可控硅组核心设备，同时冷却空气冷却系统，冷却介质为去离子纯净水，见图1。采用去离子纯净水的目的是为保证冷却水的电导率控制在一定范围内，确保可控硅组正常工作。空气冷却系统用于冷却功率柜内空气，以控制柜内整体温度。

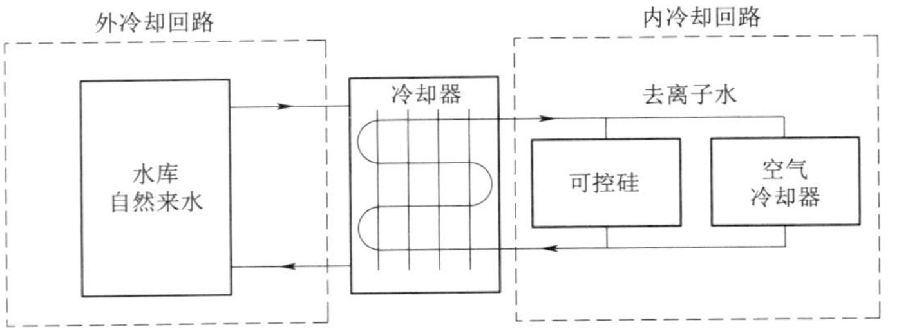

图1　静止变频器冷却系统

内冷却水回路电导率的控制是由一套专门设置的系统来完成。主要组成部分为：冷却水回路、电导率检测仪、水回路控制阀、过滤器、去离子树脂，见图2。

正常工作方式下，由主回路对可控硅组进行冷却。当电导率测试仪检测到去离子水电导率上升，打开支路冷却水阀，去离子水进入去离子树脂罐内，由去离子树脂内的树脂颗粒进行过滤以降低水中电导率。

3　冷却系统存在的问题

静止变频器整体稳定运行已有10年，近期1号静止变频器在热备用状态下出现冷却单元故障报警，经现场检查发现整流桥/逆变桥可控硅冷却水流量由30m^3/h下降到20m^3/h，流量下降明显。

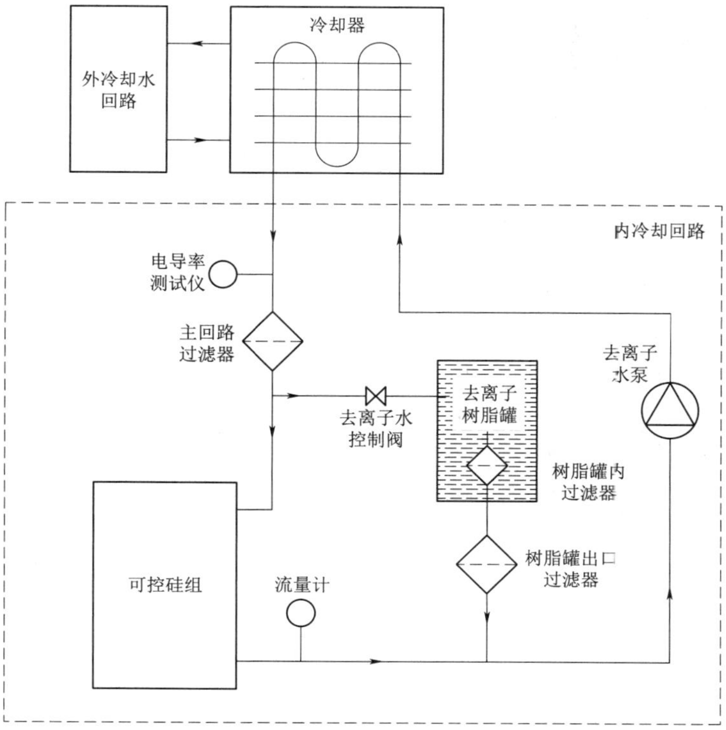

图 2 内冷却水回路

3.1 原因分析

现场对内冷却水回路进行检查、分析，流量下降明显可能原因有：

(1) 流量计故障，指示异常。

(2) 去离子水泵故障，设备老化扬程不够。

(3) 冷却水主回路过滤网堵塞。

(4) 冷却水回路中空气较多，流量指示异常。

(5) 冷却水回路中有杂质堵塞管路。

3.2 针对可能的原因逐一进行排查

(1) 整流桥/逆变桥流量计同时流量指示下降，更换整流桥流量计，启动去离子水泵恢复运行后流量指示较低，排除流量计故障。

(2) 更换去离子水泵，恢复水循环，流量指示较低，排除去离子水泵故障。

(3) 拆开冷却水主回路过滤网检查未见堵塞，同时更换新过滤网，恢复水循环，流量指示较低，排除过滤网堵塞。

(4) 启动去离子水泵进行水循环，打开冷却水管路顶部排气阀进行排气，流量未见好转，排除冷却水管路内存在气体可能性。

(5) 对去离子水进行外部水过滤循环，发现沉淀物中有去离子树脂。经长时间过滤流量由 $20m^3/h$ 上升到 $22m^3/h$。另检查发现去离子树脂罐出口过滤器中有少量去离子树脂颗粒，怀疑冷却水管路内部堵塞。

3.3 确定故障点及故障形成原理分析

(1) 拆下去离子树脂罐出口过滤器并进行清洗，发现有明显去离子树脂颗粒。进一步打开过滤器前置去离子树脂罐，发现树脂罐内水过滤器老化脱落，树脂颗粒沿水管流出，见图 6。

(2) 当 SFC 检测到内冷却水回路电导率上升时，打开去离子水树脂罐水阀，内冷却水进入树脂罐过滤并降低水中离子。由于罐内过滤器已脱落，去离子树脂颗粒未经过滤进入冷却水回路，树脂罐出口过滤器仅阻挡部分树脂颗粒，其余颗粒流入可控硅组冷却水回路快速接头，拆开可控硅组冷却水回路快速接头发现接头堵塞，见图 3、图 4。

图 3　可控硅组冷却回路接头

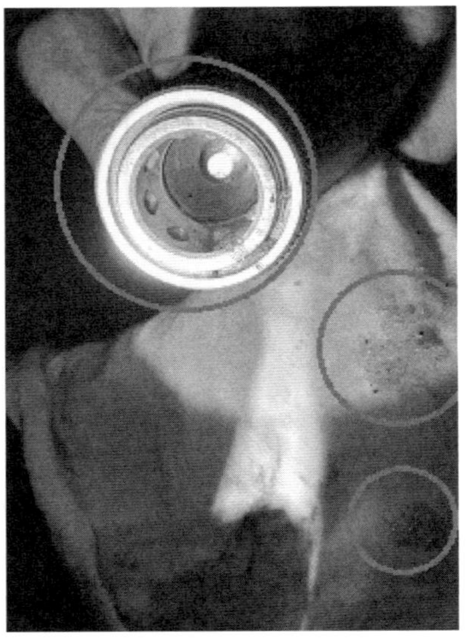

图 4　冷却回路接头被树脂颗粒堵塞（最严重一个）

3.4　故障原因分析

（1）去离子树脂罐内过滤器为塑料材质（图 5），长时间运行老化开裂、脱落（图 6）。

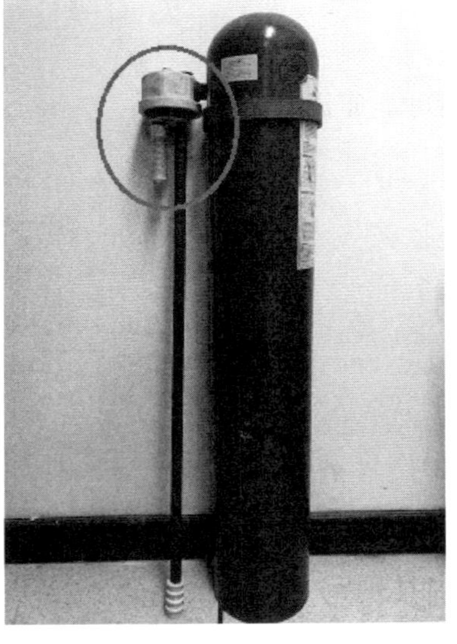

图 5　原去离子树脂罐及过滤器

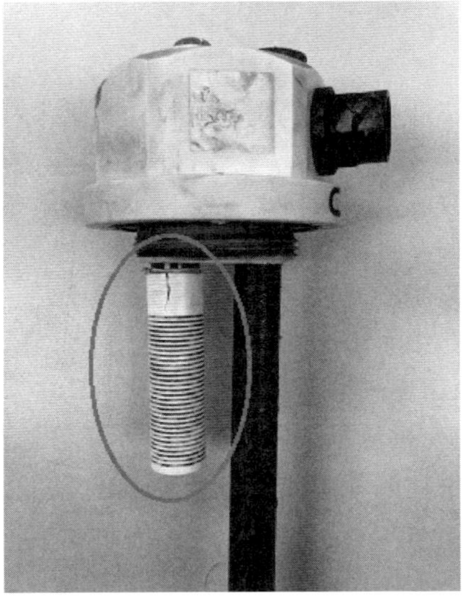

图 6　老化、受力开裂的过滤器

（2）内过滤器连接部分密封材料过多，塑料过滤器长时间受力开裂也是另一个原因，见图 7、图 8。

（3）树脂罐出口过滤器中出现的树脂颗粒未引起重视，未及时进行检查处理。

（4）设备维护工序不完善，检查不到位，未检查到该问题。

4　问题处理与建议

4.1　问题处理

（1）对塑料材质的过滤器做好定期的检查，定期更换。本次整体更换去离子树脂罐，包括罐内过滤器，见图 9。

（2）清洗去离子树脂罐出口过滤器，日常工作巡视做好检查，发现异常颗粒、杂质，及时分析原因，见图 10。

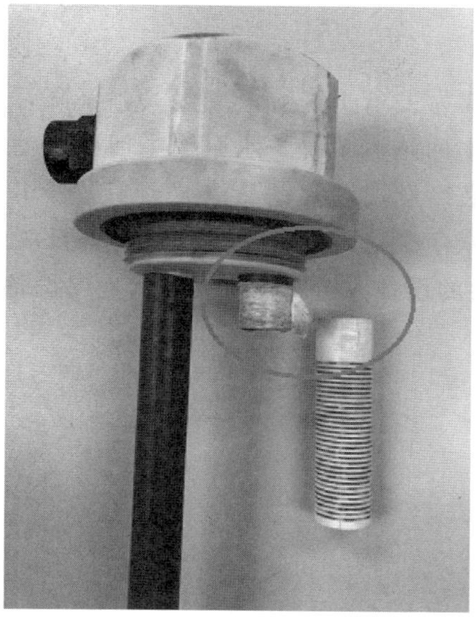

图7　密封材料偏多，过滤器长时间受力开裂

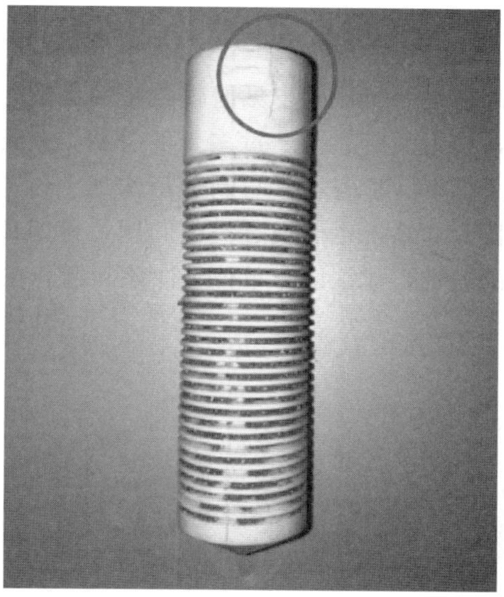

图8　过滤器接口开裂

图9　更换后的去离子树脂罐

图10　清洗后的去离子树脂罐出口过滤器

(3) 过滤器安装密封材料使用应适量，避免材料过多，长时间受应力导致开裂。

(4) 将SFC隔离后，进一步对整流桥/逆变桥共36组可控硅组144个冷却水回路快速接头拆开检查，发现有明显树脂颗粒，见图3、图4。清洗全部接头后，启动水循环流量恢复正常。

4.2　改造建议

本次设备故障点位于静止变频器去离子水回路中树脂罐内的塑料材质过滤器，用于过滤去离子树脂颗粒。由于该过滤器位置小，且安装位置隐蔽。如发生故障，日常巡视，定期维护较难直接发现该问题。针对本次故障提出以下改造建议：

(1) 选用优质塑料提升过滤器材质，强化韧性延长寿命。

(2) 该去离子水过滤系统嵌入在主冷却水系统中，连接方式较为紧密。发生故障时不便于隔离检查。将过滤系统改造成体外循环方式，前后增加阀门，有效隔断水回路，方便拆卸、隔离检查。

(3) 树脂罐出口过滤器透明可视是其优点，可直观发现过滤沉淀出的杂质并及时做出处理，作为第二道过滤防线，需提升过滤效果。

5 结语

本次设备故障是一个比较少见但较典型的问题，表现为去离子水流量突然大幅下降，总体分析原因存在较多可能，如上文所述。经过多天的分析，对冷却水回路流量计、水泵、主回路过滤网、可控硅组等多个环节逐一拆解、检查，并与制造厂沟通、讨论，最终发现该问题具体原因。另外了解到其他行业在用静止变频器冷却系统也出现过类似问题，说明该故障存在一定的普遍性，从侧面反映出冷却系统的设计存在一定的瑕疵，建议用户单位关注该问题。在日后的设备改造中优化设计，确保设备稳定运行。

抽水蓄能机组二次停机控制方法设计及应用

袁二哲　胡旭光　郎林生　徐　伟　景鹏云
（山西垣曲抽水蓄能有限公司，山西省运城市　043700）

【摘　要】 高压油顶起装置是专为立式发电机推力轴承润滑系统而设计，在机组启动和停机时在推力轴承表面喷射高压油，形成油膜润滑负载，以保持推力瓦及镜板间保持液体摩擦状态，避免推力轴瓦出现烧损情况。本文考证了水轮发电机组的几种监控停机流程，创造性地提出了一种二次停机策略，以避免停机过程中的推力轴瓦烧瓦可能性。

【关键词】 高压油顶起装置　二次停机　停机逻辑

1　设计背景

抽水蓄能能电站是目前应用最为广泛的储能电站，也是技术最为成熟的大规模储能技术之一。截至2020年第一季度，抽水蓄能占我国储能方式的93.2%，我国抽水储能装机总规模达到30.29GW。目前的抽水蓄能机组无一例外地采用了立轴方式，为避免发电机组推力轴承在低转速运转过程中因油膜未及时建立发生烧瓦事故，需在机组启机时及停机时优先将高压油顶起系统投入。

在机组开机启辅机时，需由监控发“高压油顶起系统投入”命令，如未检测到“高压油顶起系统投入”反馈信号，则禁止流程继续执行。而机组停机时，停机流程执行过程中，监控系统发“启高顶”命令后，目前的通用做法有3种：第1种是对于高顶是否已投入不做判断，流程继续执行；第2种是对于高顶是否已投入做了判断，但当高顶未投入运行，也无能为力，仍继续走停机流程或启动事故停机；第3种是对于高顶是否已投入做判断，当高顶未投入运行时，在机组达到20%转速时，投入机械制动，但是此种做法存在高速加闸的可能，极为危险。经核实，多数电厂采用的是第1种或第2种方法。

对于以上第2种和第3种做法，当机组停机，高顶未成功投入时，机组推力轴承仍面临烧瓦的风险。经过对监控流程的详尽梳理和理解，特提出一种“二次停机”的办法，即在机组停机流程中增加高顶是否正常投入的判断条件，不满足则退出流程的执行，返回原状态，即“发电空转态”或“抽水态”，监控发“高顶未成功投入，请及处理后再停机”的报文，提供给值守人员，由ON—CALL人员去现场检查，排除故障后，确认高顶已成功投入，油压已建立后，再次点机组“停机”流程。以下以新源公司华中某抽蓄电厂为例，简述此流程的修改及应用。

2　监控逻辑修改过程

对于抽蓄机组发电停机过程，其高顶投入流程见图1。

从流程图中可以看出发电空转到待机的流程执行过程中，监控发“启高顶”命令后，不再判断高顶是否投入，存在高顶未投入烧瓦的重大隐患。

对于抽水停机过程，其高顶投入流程见图2。

从以上流程图中可以看出，抽水转待机的流程执行过程中，监控发“启高顶”命令后，不再判断高顶是否投入，存在高顶未投入烧瓦的重大隐患。

综上，拟采取“二次停机”的策略，当“高顶投入成功”信号未成功上送监控时，人为介入，现场处理后，再次停机，避免停机过程中高顶未成功投入导致烧瓦事故的发生。

对发电空转到待机的PLC流程进行修改，见图3和图4。

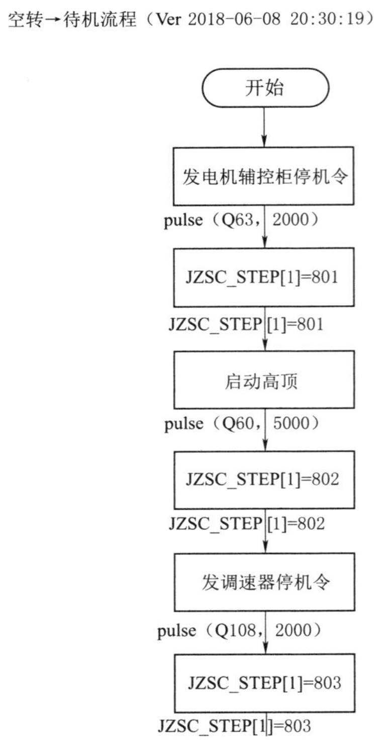

图 1 修改前的发电停机投高顶相关流程

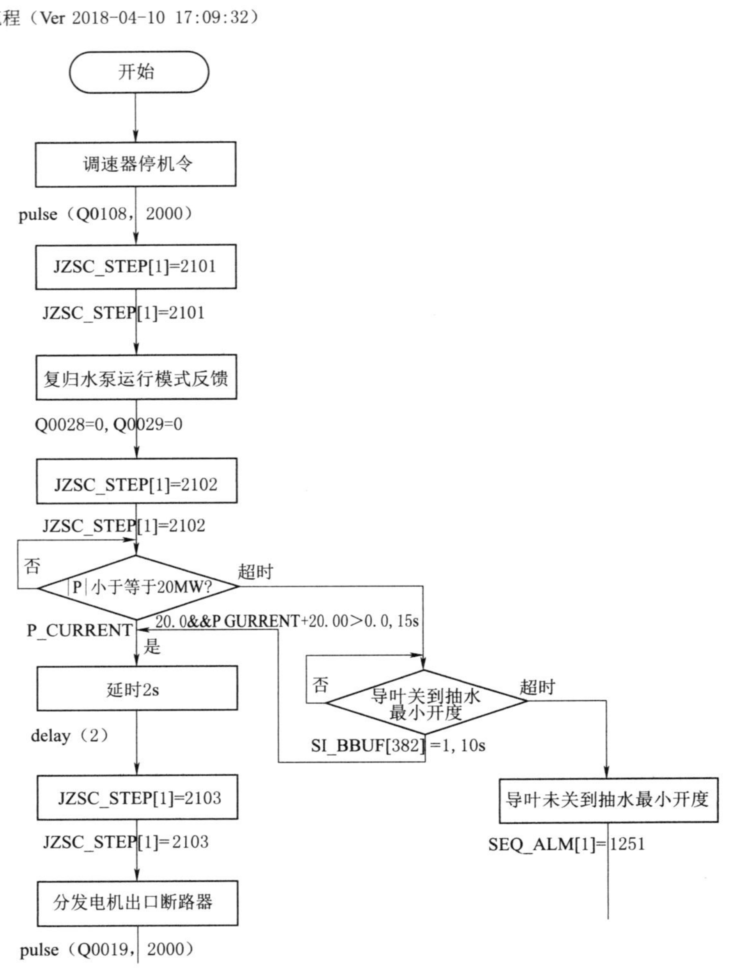

图 2 抽水停机投高顶相关流程

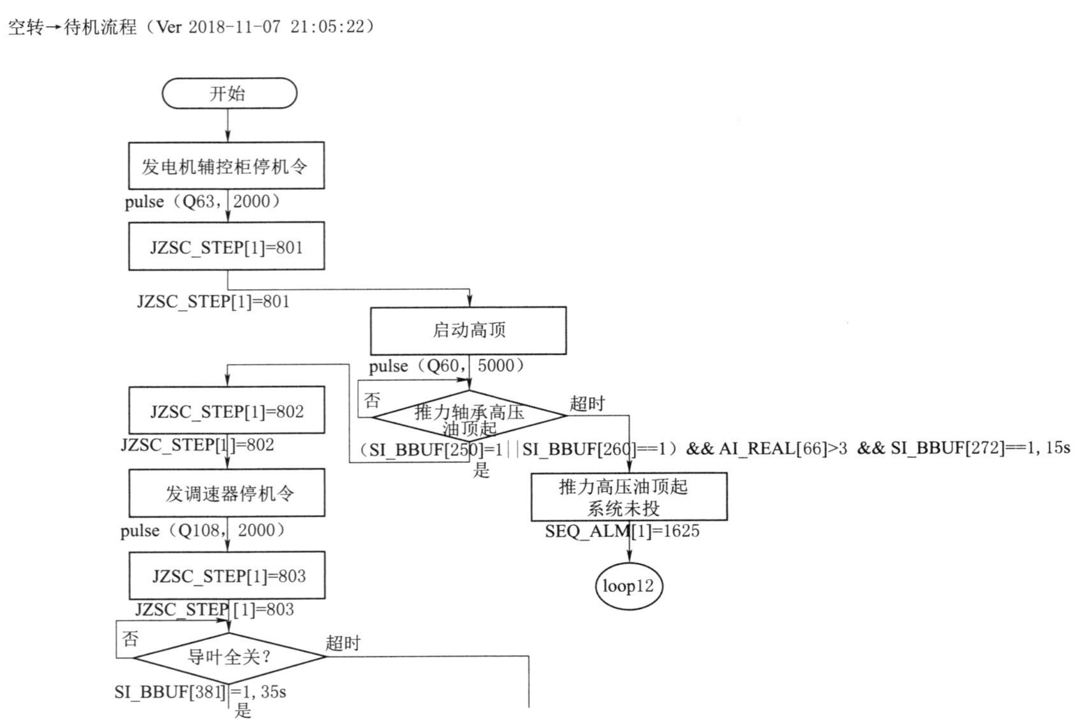

图 3 修改后的发电停机投高顶相关流程

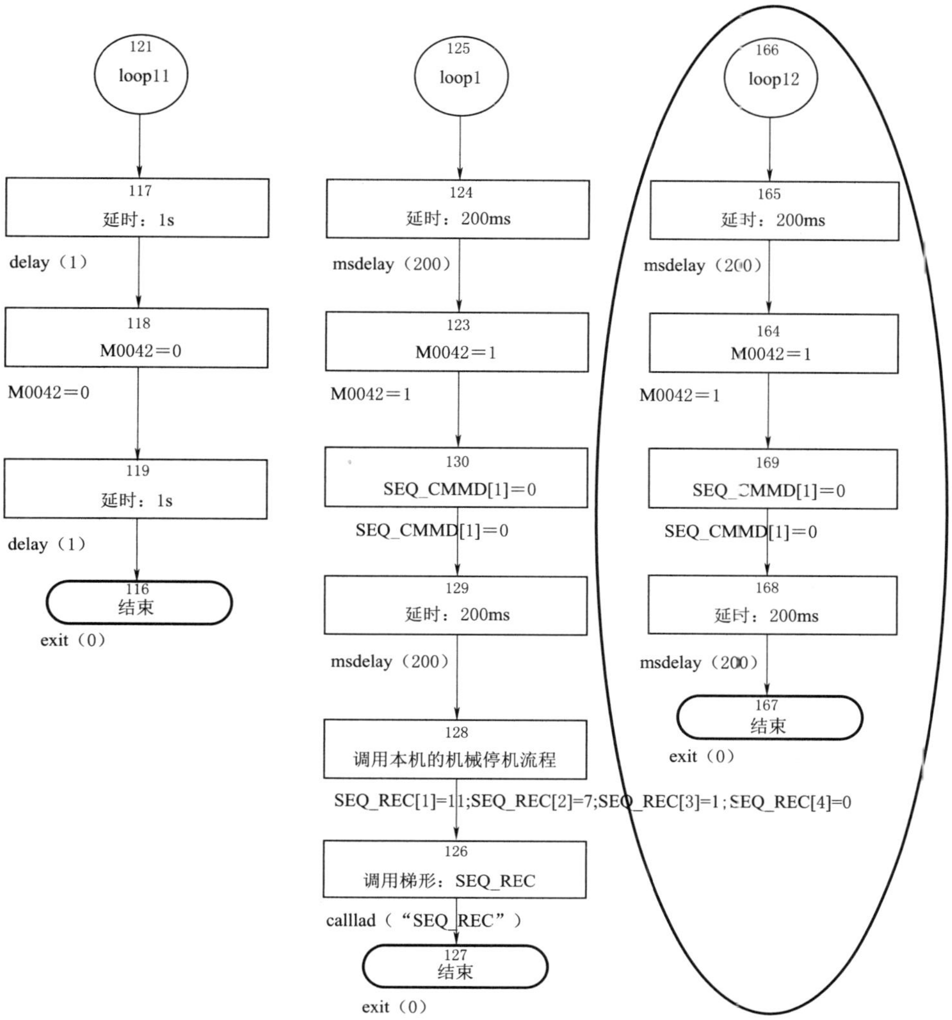

图 4　修改后的发电停机投高顶相关流程

从流程图上可以看出，"启高顶"命令发出后，增加了"高顶投入成功"的判据，其判断条件为：(SI_BBUF[254]==1||SI_BBUF[260]==1)&& AI_REAL[66]>3 && SI_BBUF[272]==1，即为：（交流泵运行或直流泵运行）与（高压油出油管压力>3MPa）与（高压油顶起完成），其超时判断时间为15s，如高顶投入命令发出15s内，未收到"高顶成功投入"综合信号，则流程超时退出，向监控事件表发送"高顶未成功投入，请及时处理后再停机"的报文，终止所有流程，机组重新回到"空转"状态。

对于抽水到停机的PLC流程修改，其PLC逻辑见图5和图6。

图中的红色圈部分为新增加的程序段，抽水停机的投高顶逻辑判断条件与发电停机的一致。

3　试验验证

结合机组定检，按照已审批的异动单，对监控流程进行修改后，以发电"空转"转"待机"流程为例，对上述PLC修改的流程进行验证，第1次停机前，将现地高顶控制方式切至"切除"位置，模拟高顶未正常投入的情况。第2次停机前，将高顶控制方式切回"自动"模式，模拟正常停机。整个试验过程顺利，试验结果达到预期。监控简报的报文如图7、图8所示。若干电厂"停机投高顶失败"处置方式情况统计见表10。

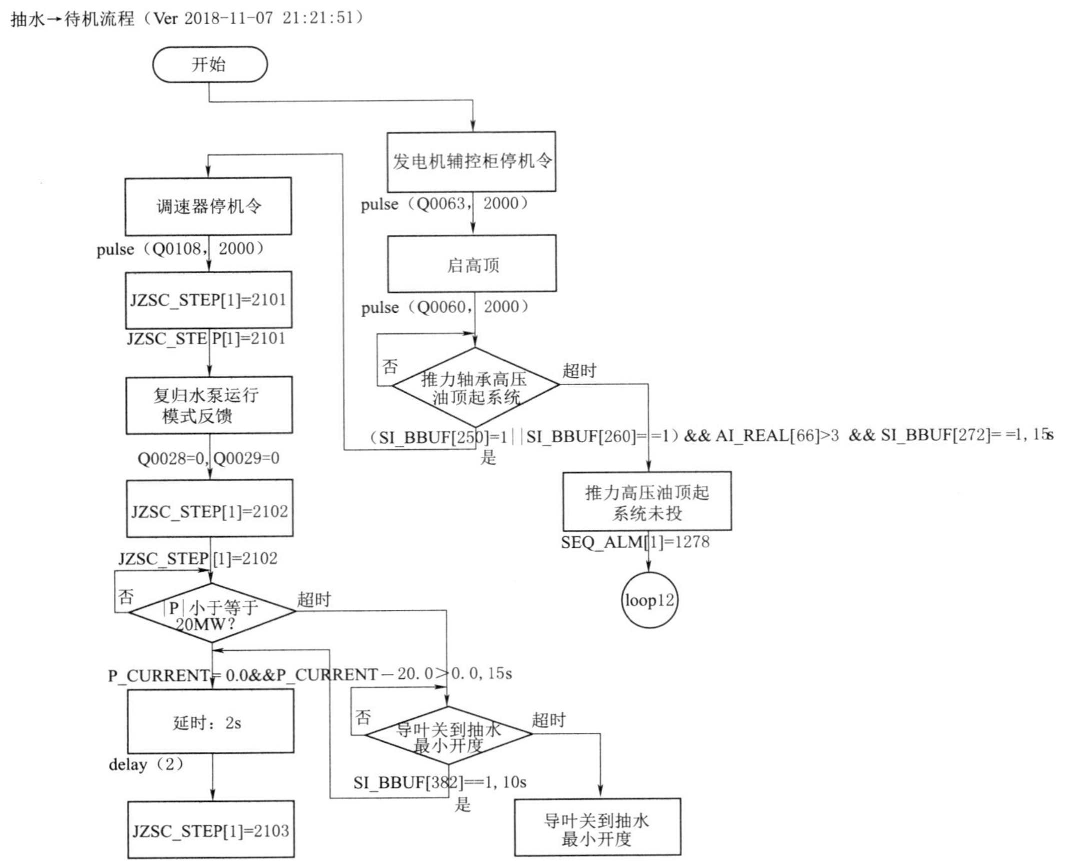

图 5 修改后的抽水停机投高顶相关流程

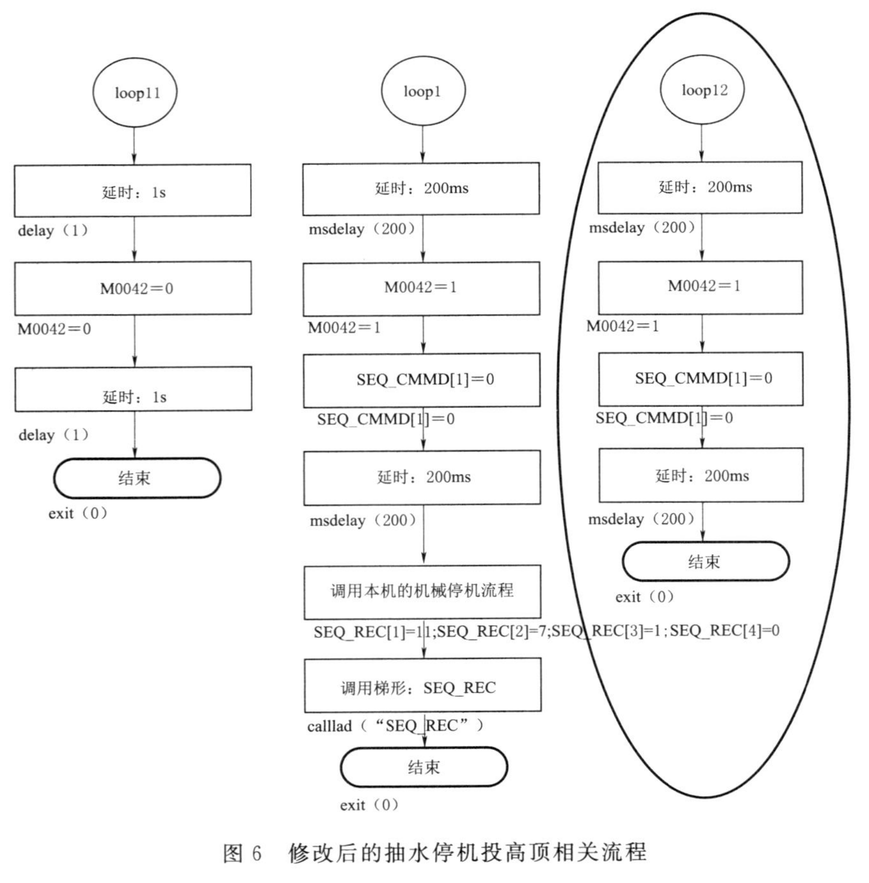

图 6 修改后的抽水停机投高顶相关流程

表 1　　若干电厂“停机投高顶失败”处置方式情况统计

<table>
<tr><td>电厂名称</td><td colspan="2">云南××口（5×360MW）</td><td colspan="2">×石河（4×300MW）</td><td colspan="2">×屏（5×300MW）</td><td colspan="2">××口（3×90MW）</td><td colspan="8">××电站（2×60MW）</td></tr>
<tr><td rowspan="12">高顶未投处置流程</td><td colspan="2">空转—停机</td><td colspan="2">旋转—停机热备</td><td colspan="2">空转（抽水）—旋转—停机热备</td><td colspan="2">发电—停机</td><td colspan="4">异动修改前</td><td colspan="4">异动修改后</td></tr>
<tr><td colspan="2">大于 90%N_r 投高顶</td><td colspan="2">大于 90%N_r 投高顶</td><td colspan="2">大于 95%N_r 投高顶</td><td colspan="2">大于 50%N_r 投高顶</td><td colspan="2">空转—待机</td><td colspan="2">抽水—待机</td><td colspan="2">空转—待机</td><td colspan="2">抽水—待机</td></tr>
<tr><td>高顶正常</td><td>高顶不正常</td><td colspan="2">大于 5%N_r 或高顶压力是否正常或轴承瓦温高（500s）</td><td></td><td>高顶不正常</td><td colspan="2" rowspan="2">高顶正常或高顶不正常
不做判断，流程继续执行</td><td colspan="2">100%N_r 投高顶</td><td colspan="2">100%N_r 投高顶</td><td colspan="2">100%N_r 投高顶</td><td colspan="2">100%N_r 投高顶</td></tr>
<tr><td>继续执行</td><td>流程结束</td><td>高顶正常</td><td>高顶不正常</td><td></td><td>调用（机械事故—旋转）</td><td>高顶正常</td><td>高顶不正常</td><td>高顶正常</td><td>高顶不正常</td><td>高顶正常</td><td>高顶不正常</td><td>高顶正常</td><td>高顶不正常</td></tr>
<tr><td>10%N_r 投机械制动</td><td></td><td>5%N_r 投机械制动</td><td>12%N_r（20%N_r）转速投机械制动</td><td></td><td>再次发令启高顶</td><td colspan="2">大于 15%N_r 投风闸</td><td>继续执行</td><td>不做判断</td><td>继续执行</td><td>不做判断</td><td>继续执行</td><td rowspan="2">人工介入确保正常投入</td><td></td><td rowspan="2">人工介入确保正常投入</td></tr>
<tr><td></td><td></td><td></td><td></td><td></td><td>调用（旋转—停机热备）</td><td></td><td></td><td>5%投机械制动</td><td></td><td>5%投机械制动</td><td></td><td>5%投机械制动</td><td></td></tr>
<tr><td colspan="2" rowspan="6">注意：机组在事故停机流程下且高顶投入异常，由于未投入电制动，机组下降过程比较慢，机组在慢转速时间长，为保机组，主机厂允许在 35% 投入机械制动</td><td></td><td></td><td colspan="2">高顶正常调用（旋转—停机热备）</td><td></td><td></td><td></td><td></td><td></td><td></td><td></td><td></td><td></td><td></td></tr>
<tr><td></td><td></td><td colspan="2">再次判断高顶是否正常</td><td></td><td></td><td></td><td></td><td></td><td></td><td></td><td></td><td></td><td></td></tr>
<tr><td></td><td></td><td>正常</td><td>不正常</td><td></td><td></td><td></td><td></td><td></td><td></td><td></td><td></td><td></td><td></td></tr>
<tr><td></td><td></td><td colspan="2">继续执行</td><td></td><td></td><td></td><td></td><td></td><td></td><td></td><td></td><td></td><td></td></tr>
<tr><td></td><td></td><td colspan="2">5%N_r 投机械制动</td><td></td><td></td><td></td><td></td><td></td><td></td><td></td><td></td><td></td><td></td></tr>
<tr><td></td><td></td><td></td><td></td><td></td><td></td><td></td><td></td><td></td><td></td><td></td><td></td><td></td><td></td></tr>
<tr><td>缺点</td><td colspan="2">有烧瓦及烧损制动环风险</td><td colspan="2">有烧瓦及高速加闸烧损制动环风险</td><td colspan="2">有烧瓦风险</td><td colspan="2">有烧瓦风险</td><td colspan="8">大大降低烧瓦风险</td></tr>
<tr><td>安全指数</td><td colspan="2">* *</td><td colspan="2">* * *</td><td colspan="2">* * * *</td><td colspan="2">* * * *</td><td colspan="8">* * * * * * *</td></tr>
</table>

4 现有若干电厂高顶判断逻辑统计

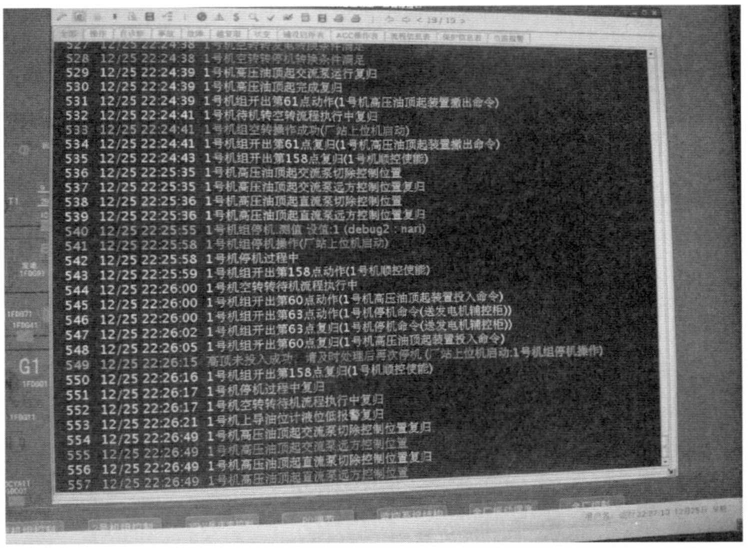

图 7 流程修改后试验时的简报画面 1

图 8 流程修改后试验时的简报画面 2

5 结语

“二次停机”策略的实施，弥补了以往流程执行的错误，能够在正常的停机流程中尽最大可能解决因高顶投入回路断线或投入继电器损坏引起的高顶投入失败问题，也能解决因高压油管路自动化元器件不可靠误报造成的误判问题，此时，人工的及时介入，手动投入高顶，便能及时避免可能的烧瓦事故。但对于高顶高压油回路管路漏油或接头破损的故障，即便人为介入，也是无能为力的，应尽快启动事故停机流程。

参考文献

[1] 秦汉军，孙君光，熊巍. 大型抽水蓄能电站励磁装置国产化研制和应用 [J]. 水电站机电技术，2007 (2)：13-16.

[2] 黄晖，陆继明. 抽水蓄能机组微机励磁控制器的研制 [J]. 大电机技术，2004 (5)：65-67.

[3] 肖先照. 立式水轮发电机推力轴承高压油顶起装置 [J]. 上海大中型电机，2014 (4)：19-21.

浅谈抽水蓄能机组逆功率保护工况判别问题

钱中伟　方军民　荆成明　吴军锋　韦志付　潘益锋
（华东天荒坪抽水蓄能有限责任公司，浙江省安吉县　313302）

【摘　要】 抽水蓄能机组工况种类多，工况转换频繁，工况判别对保护可靠运行至关重要。本文以逆功率保护为例，分析保护装置工况判别存在的问题。同时，结合国内已投运电站的现场运行情况，提出可行的解决方案。

【关键词】 抽水蓄能　逆功率保护　工况判别

1　工况判别对机组保护的重要性

相较常规水电机组只有停机、发电和发电调相 3 种基本工况，抽水蓄能机组具有停机、发电、发电调相、抽水、抽水调相 5 种基本工况，以及黑启动、拖动等特殊工况，工况种类多，转换组合更多。不同工况下，故障的电气特征有所不同，机组保护所应采用的逻辑算法也不同。因此，可靠判别工况对抽蓄机组安全稳定运行至关重要。为保证信号可靠性，目前保护装置工况判别信号输入方式通常有直采一次设备状态信号和通过监控系统采集信号以及混合采集信号等几种方式。

2　逆功率保护中工况判别存在的问题

2.1　逆功率保护概述

抽水蓄能电站水头较高，对调速器系统的控制精度要求高。机组并网后，球阀异常关闭、导叶异常关闭或摆动，以及某些情况下导叶打开速度过慢，可能会造成机组由发电机运行变为电动机运行，吸收电网功率而引起逆功率现象。

逆功率情况下，低水流量的微观水击作用会产生空蚀现象，最终致导叶损伤，对机组造成损害。机组的振动、摆度会增大，对水导瓦、下导及推力瓦会有磨损。而且定子磁场在端部磁密最大，有可能会造成端部发热。因而，应专门设发电机逆功率保护，及时切除此类故障。

2.2　导叶开度作为工况判别的局限性

按照设计，逆功率保护仅在机组发电工况运行投入，在其他工况下闭锁。对抽蓄机组而言，发电工况与发电调相工况开关、闸刀位置完全相同。若要区分这两种工况，还应增加其他条件。一种直观的想法是通过引入导叶开度位置信号来进行判别：当保护装置收到导叶全关信号时，识别机组处于发电调相工况；当收到导叶空载开度以上信号时，识别机组处于发电工况。

此方法以一种简单的方式区分了发电工况与发电调相工况，但在两种工况相互转换时，会出现错判工况的问题。例如，机组在发电稳态运行时，出现导叶误关闭的情况，则保护装置根据工况判别的逻辑条件，识别机组处于发电调相工况，逆功率保护被闭锁，保护拒动，无法实现预期功能。

3　解决方案

针对逆功率保护中，发电工况与发电调相工况难以区分的问题，不同的电站、厂家做了不同的优化。下面结合绩溪电站以及天荒坪电站的保护配置情况，做简要说明。

3.1　绩溪电站逆功率保护配置

绩溪电站机组保护采用南瑞 PCS－985GW－JS 装置，逆功率保护在发电调相工况、抽水工况、抽水调相工况、被拖动机运行工况、拖动机运行工况、电制动工况和断路器分闸状态时闭锁。其具体的工况判别逻辑见表 1。

表 1 绩溪电站机组保护工况判别逻辑

工 况	判 别 逻 辑
发电工况	换相闸刀发电机位置＝1 and 发电机断路器分闸位置＝0 and 发电调相模式＝0
发电调相工况	换相闸刀发电机位置＝1 and 发电机断路器分闸位置＝0 and 发电调相模式＝1
发电启动工况	换相闸刀发电机位置＝1 and 发电机断路器分闸位置＝1
抽水工况	换相闸刀电动机位置＝1 and 发电机断路器分闸位置＝0 and 抽水调相模式＝0
抽水调相工况	换相闸刀电动机位置＝1 and 发电机断路器分闸位置＝0 and 抽水调相模式＝1
拖动机运行工况	拖动开关合闸位置＝1
被拖动机运行工况	被拖动开关合闸位置＝1
电制动工况	电制动开关合闸位置＝1 and 发电机断路器分闸位置＝1
断路器分闸状态	发电机断路器分闸位置＝1

可以看到，绩溪电站不以导叶开度来区分发电工况与发电调相工况。由监控系统发出“发电调相模式”信号，告知保护装置机组处于发电调相模式。这样一来，即使导叶在发电运行时误关闭，因监控不会发出调相模式信号，机组保护装置依旧识别机组处于发电工况，逆功率保护可靠动作。

需要注意的是，此种方法引入了监控信号，保护的可靠性也依赖于监控系统的可靠性以及信号传输回路的可靠性。

3.2 天荒坪电站逆功率保护配置

天荒坪电站机组保护采用安德里茨的 DRS 数字式保护系统。

机组在发电运行时误关导叶和发电调相运行时，前者转轮在水中转动而后者在压缩空气中转动，机组吸收的有功功率大小有较明显的差异。基于此，天荒坪电站逆功率保护在发电和发电调相两种工况下都开放（开放条件仅为换相闸刀发电机方向合位），仅通过保护定值整定来实现逆功率保护可靠动作，而不再进行上述两种工况的区分。

天荒坪电站逆功率保护共设两段：Ⅰ段定值为 $5\% P_n$，延时 2s，动作于报警；Ⅱ段定值为 $12\% P_n$，延时 12s，动作于跳闸。其中 P_n 为发电机额定功率。

该方案中，定值整定需躲过机组正常发电调相运行时的吸收的有功大小。此外，在工况转换过程中，由于压水不完全导致短时间内机组吸收有功增加，跳闸段延时整定需躲过工况转换的过渡时间。所整定的定值需要现场多次试验来验证，以保证保护可靠动作。另外，报警段整定得较为灵敏，仅用于告警提示，以便于值班人员早发现故障，故仅考虑躲过机组正常发电调相运行时的吸收的有功，而无须躲过工况转换过渡过程短时吸收的最大有功。

3.3 机械保护与电气保护相配合

上述方案通过逻辑优化增强了机组继电保护的可靠性。除继电保护外，机组通常还配有机械保护。可通过增设相应的机械保护，来应对不同的异常情况，保证机组安全稳定运行。

以天荒坪电站为例，导叶液压油回路中设有事故紧急关闭阀（简称 SDV）。SDV 投入时，导叶开启侧油回路被切断供油，保证导叶可靠关闭；SDV 退出时，导叶方可开启。正常情况下，该阀门由监控系统发令进行投退。同时，该阀门也可在水机液压柜上直接操作投退。此举虽为运维人员在紧急情况下额外提供了一种干预导叶的手段，但也带来了误操作的风险。针对这种情况，天荒坪电站设置了“SDV 异常关闭”机械保护。当监控未发令投入 SDV，而 SDV 又处于投入位置时，保护将动作于跳闸。

该保护针对一种可能导致机组发电运行下导叶误关闭的情形，设置了专门的保护。实际上，还可以根据逆功率故障的其他特征量增设其他类型的故障检测和保护措施，与机组电气保护相配合，为机组提供更加全面的防护。

4 结语

本文介绍了工况判别对抽水蓄能机组保护装置可靠运行的重要性，并以逆功率保护为例，分析保护逻辑设计上可能存在的问题。然后结合绩溪电站和天荒坪电站的应用实例，提出了可行的解决方案。为在建抽水蓄能电站逆功率保护逻辑设计、定值整定提供一定的参考。

参考文献

[1] 陈俊，常玉红. 抽水蓄能机组及其辅助设备技术继电保护 [M]. 北京：中国电力出版社，2019.

勒诺 CEX 系列灭磁开关在抽蓄电站的应用及维护

夏向龙　方军民　杨柳燕

（国网新源华东天荒坪抽水蓄能有限责任公司，浙江省湖州市　313300）

【摘　要】勒诺 CEX 系列灭磁开关在国内外抽蓄电站中有着广泛的应用。本文探讨了抽蓄电站灭磁开关在日常运维工作中的几例典型案例，对国内抽蓄电站灭磁开关日常维护具有一定的借鉴意义。

【关键词】灭磁开关　抽蓄电站　典型案例

1　引言

灭磁开关在发电电动机运行中起到接通和切断励磁电流的作用。目前国内抽蓄电站灭磁开关采用的是法国勒诺 CEX 系列及 ABB 公司 SACE 系列。其中，CEX 系列灭磁开关因其结构简单、检修维护方便、模块化设计等优点，在国内外电站中有着广泛的应用。

天荒坪抽蓄电站首台机组励磁系统于 1998 年 9 月正式投运，2000 年 12 月 6 台机励磁系统全部投运。由于抽蓄机组启停频繁，灭磁开关经过十多年运行后存在操作机构疲劳迹象。为保证设备安全稳定运行，在 2015—2016 年完成了 6 台机组灭磁开关的更换工作。目前灭磁开关运行良好。

灭磁开关选用的是 CEX2000 型产品。有 3 副主触头（断口），正极一个，负极两个（串联）；有两副常闭辅助触头（并联）。主触头用于励磁输出侧的灭磁与故障跳闸；辅助触头用于灭磁开关跳开时，自动将非线性灭磁电阻并接于转子绕组回路。主触头设置为 3 个断口，是为了提高断路器开断能力，同时提高弧压，以使故障时提高灭磁电阻的放电电流。灭磁开关回路见图 1。

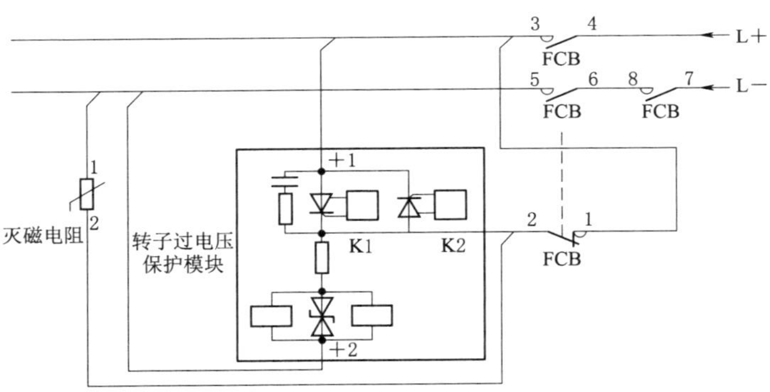

图 1　灭磁开关回路图

勒诺 CEX2000 型灭磁开关主触头断口间开距应保持在 6.0～6.5mm，辅助触头断口间开距应在 5.0～6.5mm。灭磁开关分闸时要求主触头和辅助触头间有 1ms 以上的重叠时间。当励磁系统正常逆变灭磁或紧急跳闸情况下，灭磁开关分闸时，其辅助触头在主触头断开前合上，这样保证将转子回路磁场能量可靠转移至灭磁电阻，减少灭磁开关的拉弧损伤，有助于延长灭磁开关的使用寿命。

2　典型案例

2.1　灭磁开关负极主触头损坏

2.1.1　故障现象

2008 年 8 月，5 号机组在转速降至 50%额定转速时，电制动隔离开关合闸，灭磁开关未合闸，机组因超时导致停机失败。监控显示 5 号机组励磁故障、5 号机组励磁辅助电源故障、5 号机组断路器跳闸监视报警。

2.1.2 处理经过

（1）现场检查发现 5 号机励磁盘控制柜 110V 直流控制电源开关跳开。

（2）检查灭磁开关合闸回路相关继电器、分合闸线圈等元器件及二次回路，未见异常。

（3）检查灭磁开关本体，主触头灭弧罩打开后发现负极的动触头压紧弹簧的固定托板断裂，固定螺丝已经烧化脱落，故障点见图 2。

2.1.3 原因分析

（1）灭磁开关动触头压紧弹簧固定托板断裂是灭磁开关未合的直接原因。由于灭磁开关在合闸到位后即被锁定在固定位置，当灭磁开关合闸不能到位时，由于机构本身的弹簧力作用，灭磁开关会自动弹开而分闸。

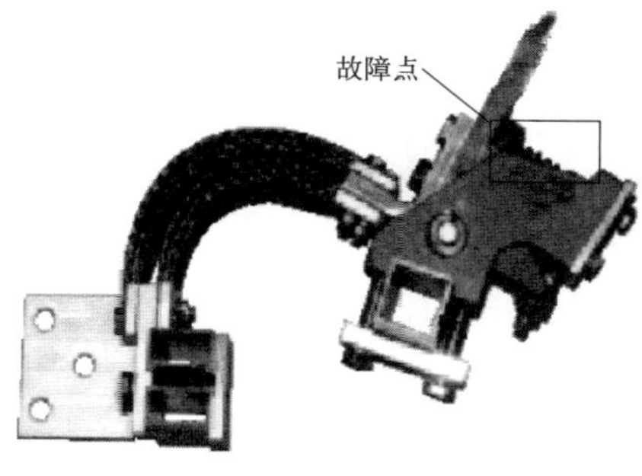

图 2 灭磁开关触头

（2）动触头压紧弹簧固定托板是由铸铝浇铸而成，机械强度不够。灭磁开关在合闸时冲击力极大，经过多年长时间的反复冲击后，铸件可能因为疲劳而断裂，从而造成固定螺丝松动，这样就使主触头固定连接部位由面接触变成点接触，大电流流经固定螺栓并发热进而烧毁螺栓和动触头。

（3）从故障情况分析，灭磁开关上一次合闸冲击后该铝托板可能已断裂，但未分离。此时负极连接螺栓会有一点松动，灭磁开关动、静触头接触面因锁口固定还是比较紧密，因而保证了上次发电运行基本不受影响。但动触头连接部位发热已经非常严重，局部可能烧熔。在机组停机操作后，灭磁开关在分闸时的又一次振动冲击，动触头最终因螺栓烧熔而脱开，导致灭磁开关在电气制动运行时长时间合不上。同时 110V 直流回路过流，引起励磁直流控制电源开关跳开。

2.2 灭磁开关主辅触头搭接时间过长

2.2.1 故障现象

2020 年 5 月，6 号机励磁系统 C 级检修过程中，依据检修要求对灭磁开关进行同步性能试验。试验结果显示，灭磁开关分闸时主触头与辅助触头间的搭接时间不满足大于 1ms 的要求。

2.2.2 处理经过

（1）准备几片不同厚度的金属垫片，将其切割成同样规格，并打磨光滑。

（2）将 L 处螺栓拧下，使软铜连接片与辅助触头金属块断开，这样是为了方便拧松 M 处的两颗螺栓。M 处的螺栓拧松后，将一片薄的金属垫片放进 M 处，垫片上的两颗螺栓涂上螺纹胶后拧紧。

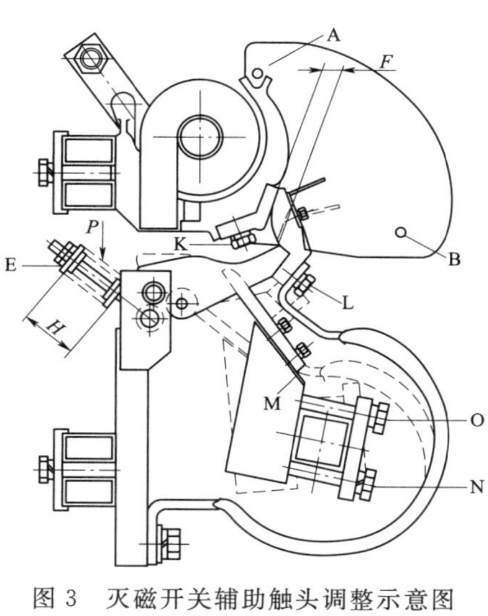

图 3 灭磁开关辅助触头调整示意图

（3）使用塞尺测量断口间开距，满足不低于 5mm 的要求。最后，将 L 处螺栓恢复，对 6 号机灭磁开关进行同步性能试验，检查主触头与辅助触头间的动作时间。反复进行了多次调整及试验后，终于将 6 号机灭磁开关的辅助触头开距调整完毕，使其既满足辅助触头断口间开距在 5.0～6.5mm 的要求，也符合同步性能试验的要求。灭磁开关辅助触头调整见图 3。

2.2.3 原因分析

（1）根据灭磁开关维护手册说明，灭磁开关分闸时主触头与辅助触头间的搭接时间需小于 1ms。试验实测大于 1ms 是由于辅助触头断口间开距过大，延长了其合闸时间而导致。

（2）由于开关分闸过程中，辅助触头闭合时间延后，在主触头断开前，灭磁电阻投入使用的时间减少，可能导致开关主触头分闸时拉弧现象较严重，加深主触头断口间的灼烧程度，使得灭磁开关使用寿命缩短。

2.3　灭磁开关压紧弹簧断裂

2.3.1　故障现象

2010 年 2 月，5 号机发电启动过程中灭磁开关合闸后跳开，机组工况转换失败。监控显示励磁故障、机组开关跳闸报警。

2.3.2　处理经过

（1）对灭磁开关本体，包括操作机构螺丝，主触头弹簧进行检查，未发现异常。

（2）对灭磁开关辅助触点分，合闸命令、信号回路进行检查，发现合闸压板的压紧弹簧断裂，立即对其进行更换。同时更换灭磁开关位置信号双位置继电器。合闸压板压紧弹簧所在位置见图 4。

2.3.3　原因分析

对励磁逻辑进行分析。在灭磁开关合上 0.2s 后，发出励磁运行信号。该信号使灭磁开关合闸命令复位，灭磁开关合闸线圈失磁。保持合闸位置是依靠合闸压板扣牢，此时如果合闸压板没有扣好，由于合闸线圈没有磁力，灭磁开关立即分开。实际情况是灭磁开关合上后 0.849s 才分开，说明此时合闸压板已扣好。

根据以上分析可知，此次故障是由于灭磁开关机构日常运行中本身振动较大且分合次数较多，将合闸压板的压紧弹簧振断后压紧力不够造成脱扣。而且长时间运行后合闸压板端部有一定的磨损。

2.4　灭磁开关辅助接点接触不良

2.4.1　故障现象

2013 年 10 月，5 号机励磁系统 D 级检修过程中，对灭磁开关辅助接点进行常规检查时发现辅助常开接点 2.23/2.24 接触不良，闭合时电阻大于 5Ω。灭磁开关辅助接点见图 5。

图 4　合闸压板压紧弹簧

图 5　灭磁开关辅助接点

2.4.2　处理经过

（1）对相应灭磁开关辅助接点进行更换。

（2）手动合上灭磁开关，检查更换后的辅助接点闭合电阻正常。

2.4.3　原因分析

CEX2000 型灭磁开关辅助接点为裸露式机械弹簧结构。发生故障的辅助接点 2.23/2.24 是常开接点，灭磁开关合上后，弹簧和簧片一直处于压缩状态。长时间使用后，弹簧盒簧片弹性疲劳，且裸露式接点表面易被氧化，灭磁开关长期频繁的合闸操作导致辅助接点接触不良。

3　结语

CEX 型灭磁开关在日常运行中操作频繁，加之运行环境、制造加工等因素的影响，容易导致缺陷的发生。通过加大抽蓄电站日常巡视，制定严格的检修工艺标准，细化类似故障处理流程，完善预案操作性，可有效提高设备的可靠性。本文介绍了天荒坪抽蓄电站灭磁开关历年发生的几例典型案例，为今后国内抽蓄电站同类问题的预防处理提供借鉴。

参考文献

[1] 李浩良，孙华平. 抽水蓄能电站运行与管理［M］. 杭州：浙江大学出版社，2013.

[2] 李基成. 现代同步发电机励磁系统设计及应用［M］. 北京：中国电力出版社，2002.

蓄能电站直流系统蓄电池选型及安装调试的研究

周 霄 许 凯 邓雅文 陈 强 金 垚
（南方电网调峰调频发电有限公司检修试验分公司，广东省广州市 510000）

【摘 要】随着抽水蓄能电站不断发展，直流系统在机组安全稳定的运行中愈发重要，而与直流系统密不可分的便是它作为备用电源的蓄电池。蓄电池作为电力行业必备的电源，其寿命和稳定性备受人们关注。在蓄电池组的使用过程中，往往某个单独蓄电池故障会影响整组蓄电池稳定运行，无法为机组安全稳定运行保驾护航，极有可能造成严重的经济损失。为了保证抽水蓄能机组在运行过程中蓄电池与负荷相匹配，蓄电池的选型则异常重要。而新安装的蓄电池的调试则是进一步检测蓄电池是否存在安全隐患。本文从蓄电池选型和安装调试分析蓄能电站直流系统蓄电池当前存在的问题隐患，为蓄电池运维提供方向。

【关键词】直流系统 蓄电池 核容试验 运行维护

1 概述

针对蓄能电站，当前直流系统蓄电池不仅在充电机为负荷供电时也持续作为电源输出，同时也为机组频繁启停或线路异常时提供短时冲击电流。当下广泛应用于电力行业的蓄电池有阀控式密封铅酸蓄电池，还有磷酸铁锂电池，镍铬电池等，而最为普遍的便是阀控式密封铅酸蓄电池。阀控式密封铅酸蓄电池又分为贫液式和胶体式，贫液式和胶体式蓄电池在性能方面，贫液式蓄电池能应用于大电流放电，针对冲击电流有较高的耐受性，而胶体式蓄电池承受大电流放电能力劣于前者，但在持续性供电方面能力突出。那么胶体式蓄电池更能应用于光伏发电等行业，在经常有机组启停电流冲击的蓄能电站，贫液式蓄电池更能胜任，且蓄能电站蓄电池安装场所一般位于地下，且抽蓄存在湿度大的隐患，蓄电池在选择中需要关注蓄电池气密性和防潮能力以及极柱的爬电情况。

对于蓄电池容量，每组蓄电池带全站直流负荷事故放电时间应不小于 2h[1]，而蓄电池的浮充压差、内阻等参数也作为判断新安装蓄电池是否合格的标准。通过一系列调试试验，排查出蓄电池隐患，方可为蓄能电站正常运行保驾护航。

1.1 蓄电池容量选择

蓄电池容量的选择根据中国南方电网有限责任公司企业标准《抽水蓄能电站设备技术导则》7.1 条规定：“每组蓄电池带全站直流负荷事故放电时间应不小于 2 小时。”停电时间按 2 小时计算。在直流系统充电机无法运行时，蓄电池至少保证为负荷持续 2 小时供电，即容量计算需满足这 2 小时需求。按照 IEEE Standard 485 - 2010 - IEEE Recommended Practice for Sizing of Lead - Acid Batteries for Stationary Applications，直流负荷分为连续负荷、间断性负荷和瞬时性负荷[2]，在计算蓄电池容量时，需要按照不同时间阶段以及蓄电池负荷性质来确定电流，从而计算蓄电池容量。以 220V 直流系统使用 2V 阀控式铅酸蓄电池为例，计算公式及标准参考 DL/T 5044—2014《电力工程直流电源系统设计技术规程》和《电力工程电气设计手册电气二次部分》，以某蓄能电站 220V 直流系统蓄电池容量计算为背景进行以下推导。

（1）蓄电池个数选择：$n=1.05U_n/U_f=104$（个）

（2）蓄电池均衡充电电压选择：$U_C\leqslant 1.10U_n/n=2.33$（V）

（3）蓄电池放电终止电压选择：$U_m\geqslant 0.875U_n/n=1.85$（V）

式中 $U_n=220V$——直流系统标称电压；

$U_f=2.23V$——直流系统单个蓄电池浮充电压；

U_C——单体蓄电池均衡充电电压，V；

U_m——单体蓄电池放电终止电压，V；

n——蓄电池个数，个。

（4）蓄电池容量计算：按阶梯负荷法计算

$$C_C \geqslant C_{cn} = K_K[I_1/K_{C1}+(I_2-I_1)/K_{C1}+\cdots+(I_n-I_{r-1})/K_{cn}] \tag{1}$$

式中 C_C——蓄电池 10h 放电率计算容量，Ah；

C_{cn}——各事故放电阶段计算容量，Ah；

K_K——可靠系数，取 1.40；

K_{Cn}——各事故放电阶段容量换算系数，1/h；

I_n——各事故放电阶段电流，A。

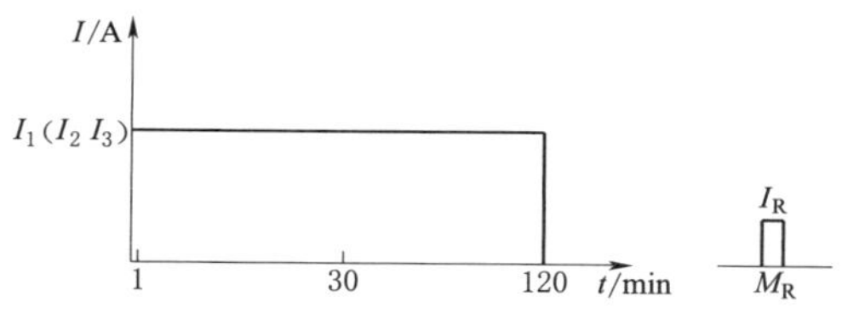

图 1　负荷曲线图

综合考虑连续负荷、间断性负荷和瞬时性负荷实际数据，取负荷曲线参数为：$I_1=36.86$A，$I_2=36.86$A（见图 1）。

按第一阶段放电计算：$C_{C1}=K_K \cdot I_1/K_{C1}$，查 DL/T 5044—2014《电力工程直流电源系统设计技术规程》P61 表 C.3－5：$t=1$min 时，$K_C=1.06$，则 $C_{C1}=48.68$Ah

按第二阶段放电计算：$C_{C2}=K_K[I_1/K_{C1}+(I_2-I_1)/K_{C2}]$ 查 DL/T 5044—2014《电力工程直流电源系统设计技术规程》P61 表 C.3－5：$t_1=60$min 时，$K_{C1}=0.49$，$K_{C2}=0.5$；则：$C_{C2}=105.326$Ah

按第三阶段放电计算：$C_{C3}=K_K[I_1/K_{C1}+(I_2-I_1)/K_{C2}+(I_3-I_2)/K_{C3}]$，查 DL/T 5044—2014《电力工程直流电源系统设计技术规程》P61 表 C.3－5：$t_1=120$min 时，$K_{C1}=0.31$；$K_{C2}=0.313$；$K_{C3}=0.73$；则 $C_{C2}=166.48$Ah

5s 随机负荷取值：$C_R=10.7$Ah 将其叠加在第三阶段：$C_{C3}+C_R=177.2$Ah

由以上计算结果可见：$C_{C3}+C_R>C_{C1}$ 将较大值 177.2Ah 作为蓄电池计算容量。选取 200Ah 蓄电池即可。

2　蓄电池安装

2.1　蓄电池室要求

容量在 200Ah 以上的阀控式密封铅酸蓄电池组应设专用的蓄电池室。对新建变电站两组蓄电池宜分别设置专用的蓄电池室。技改及扩建变电站应对同一蓄电池室内的两组蓄电池组间装设可靠防火间隔。安装在蓄电池室内的蓄电池应采用支架安装，不宜采用组屏安装[1]。

蓄电池室的温度应经常保持在 15～30℃，一般应保持在 25℃左右，并保持良好的通风和照明。为延长蓄电池寿命，可在变电站专用蓄电池室中加装具有防爆性能、能自启动空气调节装置，以保证蓄电池在最佳温度范围内工作。针对蓄能电站，蓄电池室一般位于地下，则无须考虑蓄电池室窗户遮光措施，但蓄电池室需要有良好的通风和散热，并配置测量温湿度装置。

由于蓄能电站蓄电池室往往位于地下，蓄电池室内需要由充足的照明，但普通灯管有破碎爆炸的风险，电缆若为明线敷设有电缆老化掉落的风险，极易引发蓄电池正负极短路，则蓄电池室的照明应使用防爆灯，并至少有一个接在事故照明母线上，室内照明线应采用耐酸绝缘导线，并用暗线敷设。而相应的开关、插座、熔断器应安装在蓄电池室外。蓄电池室应设有专门的检修维护通道，以供检修、维护人员更换电池和清洁时使用。一侧布置蓄电池时，检修通道的宽度不应小于 0.8m，两侧布置蓄电池时，检修通道的宽度应不小于 1m。如图 2 所示，典型蓄电池室照明使用防爆灯，两组蓄电池之间采用防火间隔。

2.2　蓄电池安装前检查

蓄电池安装前应按下列规定进行外观检查：蓄电池外观应无裂纹、无损伤；密封应良好，应无渗漏；安全排气阀应处于关闭状态。蓄电池的正、负端接线柱应极性正确，应无变形、无损伤。透明的蓄电池槽，应检查极板单元严重变形；槽内部件应齐全，无损伤。连接条、螺栓及螺母应齐全[3]。由于蓄能电站蓄电池安装场所一般在地下，且抽蓄存在场所湿度大的隐患，蓄电池在外观检查时需要关注蓄电池气密性和防潮能力。

按照《电网用阀控式密封铅酸蓄电池解体验收作业手册》要求，对于新的一组蓄电池应多生产一只，在当组蓄电池中随机抽取一只进行蓄电池解体试验并出具报告，只有被抽检的蓄电池解体试验合格，方可进行现场安装及相关验收试验。

图 2 典型蓄电池室

2.3 蓄电池安装

在蓄电池安装中主要分为支架安装、蓄电池摆放、蓄电池连接和引出线连接。

（1）支架安装：除了满足上文中支架的要求外，支架与蓄电池之间应设有绝缘间隔，支架与地线连接处应打磨，保证地线与支架金属材料充分接触。

（2）蓄电池摆放：蓄电池摆放应平稳，间距应均匀，单体蓄电池之间的间距不应小于 5mm；同一排、列的蓄电池应高低一致，排列应整齐，前后蓄电池应考虑蓄电池极性连接的情况。

（3）蓄电池连接：连接蓄电池连接条时应使用绝缘工具，并应佩戴绝缘手套，连接条的接线应正确，连接部分应涂以电力复合脂。连接蓄电池之前应检查蓄电池极性，严禁出现蓄电池正负极短接的情况。当螺栓紧固时，应用力矩扳手，力矩值应符合产品技术文件的要求。安装在同一层蓄电池之间宜采用有绝缘护套的连接条连接，不同层的蓄电池间应采用电缆连接，连接电缆要求用阻燃电缆，连接导线应力缩短。

图 3 蓄电池连接图

（4）引出线连接：蓄电池组引出线应采用铠装阻燃电缆，其正极和负极的引出线不应共用一根电缆。由于蓄能电站直流系统充电室和蓄电池室分开，两组蓄电池的引出线电缆应分别铺设在各自独立的通道内，宜避免与交流电缆并排铺设，在穿越电缆竖井时，两组蓄电池电缆应加穿金属套管。蓄电池组与直流柜之间的连接电缆长期允许载流量的电流，应取蓄电池 1h 放电率电流；允许电压降应根据蓄电池组出口端最低计算电压值选取，不宜高于直流电源系统标称电压的 1%，其计算电流应取蓄电池 1h 放电率电流或事故放电初期（1min）冲击放电电流二者中的大者。蓄电池组正、负极引出线电缆不应直接连接到蓄电池极柱上，应连接到蓄电池架上的过渡接线板上[1]。如图 3 所示，蓄电池连接条上配有绝缘护套，而引出线采用铠装阻燃电缆，且正负极电缆分开。

3 蓄电池试验

3.1 蓄电池充电

充电前应检查蓄电池组及其连接条的连接情况，充电前应检查并记录单体蓄电池的初始端电压和整组电压。环境温度应为 5～35℃，蓄电池支架已可靠接地，并测量蓄电池引出线与支架之间的绝缘电阻并记录，绝缘电阻不应低于 0.5MΩ，检查蓄电池室内湿度是否不大于 20%，蓄能电站往往湿度较大，极易引起蓄电池极柱出现爬电现象。一般蓄能电站充电室和蓄电池室间隔一段距离，在敷设引出线至充电机室时有扭伤割破引出线的风险，在充电前，也应测量引出线对地绝缘电阻。

蓄电池在充电前进行以上检查后便可进行蓄电池初充电。充电过程中，室内不得有明火；通风应良好。蓄电池组安装完毕投运前，应进行完全充电，并应进行开路电压测试和容量测试。达到下列条件之一时，可视为完全充电：蓄电池在环境温度5～35℃条件下，以（2.40V±0.01V）/单体的恒定电压、充电电流不大于2.5I10(A) 充电至电流值5h稳定不变时；充电后期充电电流小于0.005C10(A) 时；符合产品技术文件完全充电要求时[4]。

针对新安装蓄电池组，在蓄电池完全充电后应将蓄电池组开路静置24h，再分别测量和记录每只蓄电池的开路电压，开路电压最高值和最低值的差值不得超过20mV（2V蓄电池），50mV（6V蓄电池），100mV（12V蓄电池）。若新蓄电池在到货后开路电压已满足要求，则不需要完全充电静置后再测量开路电压。

针对新蓄电池，一般厂家在发货前会对蓄电池组进行一次充电，则在现场安装后，蓄电池组充电很快就会进入浮充阶段，在充电过程中应有工作人员值守，以防发生蓄电池过载、蓄电池开路等故障，充电期间，环境温度应为5～35℃，蓄电池表面温度不应高于45℃。

3.2 蓄电池核容试验

在蓄电池的众多试验中，最为关键的便是蓄电池的核容试验，试验数据的好坏直接关系到了蓄电池的寿命和质量。针对核容装置目前有发热电阻、逆变回路等核容方式，其中采用发热电阻（如图4所示）消耗电能存在发热温度高，蓄能电站的蓄电池组在核容过程中需要保证核容装置不在蓄电池室内，应注意通风，且核容过程产生的热风不能影响其他装置正常使用，时刻关注蓄电池外壳、核容电缆温度（不能超过45℃）以及核容电流是否存在突变的情况。

图4 发热电阻式核容装置

（1）容量合格的判定：以2V阀控式铅酸蓄电池为例，按照C10电流进行核容，蓄电池核容过程中应每隔0.5h或1h记录蓄电池端电压，当蓄电池电压降至1.80V，则停止核容，核容时间不能超过11.5h。在3次充、放电循环内，放电容量在20℃±5℃时不应低于额定容量，若第一次试验结果为新蓄电池容量低于0.95C10，则认为此蓄电池不合格。若此次试验结果为新蓄电池容量达到1.0C10，则认为此蓄电池组合格。新蓄电池容量在0.95C10～1.0C10时，重复对此蓄电池组进行充放电，蓄电池组在3次充放电内（含容量在0.95C10～1.0C10的充放电）容量达到100%的要求同时不大于115%，且单体端电压差符合要求，则此蓄电池组合格。试验对蓄电池容量数据要求较为苛刻，不仅不允许容量低于要求，而且容量也不能高于115%，容量过高有可能会引起直流系统充电不均衡，超过设定充电时间，而设定容量上限也可以核实是否存在以高容量废旧蓄电池翻新的情况。

蓄电池核容试验后应再进行充电，充电过程起初为大电流均充阶段，在这个阶段是蓄电池出现故障的高发期，应安排工作人员值守。

（2）核容过程中蓄电池电压异常下降：在核容过程中可能会出现蓄电池电压异常下降的情况，此时应该立即停止核容，将蓄电池进行电气隔离，使用万用表测量蓄电池电压是否正常，检查蓄电池连片是否存在松动，蓄电池连片内阻是否偏大的情况，蓄电池接线柱松动氧化导致接触电阻偏大是蓄电池单体电压异常下降的根源[4]。此时需要对连接片进行打磨，并涂上防氧化导电脂。亦有可能是蓄电池内电解液干涸，极板附着物影响极板与电解液充分接触，应使用蓄电池活化仪对蓄电池进行活化，若蓄电池依旧容量不满足要求，则应更换蓄电池（同一厂家统一批次蓄电池）。

3.3 蓄电池内阻测量

初充电和核对性充放电完成后，蓄电池组在投入正常运行前，应对所有单体蓄电池的电压及内阻进行测量，测量完毕后，蓄电池组方可投入运行。蓄电池完全充电时内阻最小，内阻值偏差不大于蓄电池组平均值±10%[3]。

4 蓄电池运维

为了能更快更精准地发现蓄电池故障，应配置相应的蓄电池在线监测装置（如图 5 所示），蓄电池在线监测数据应有蓄电池单体电压，整组电压，蓄电池电流，蓄电池极柱温度，环境温度以及蓄电池内阻。

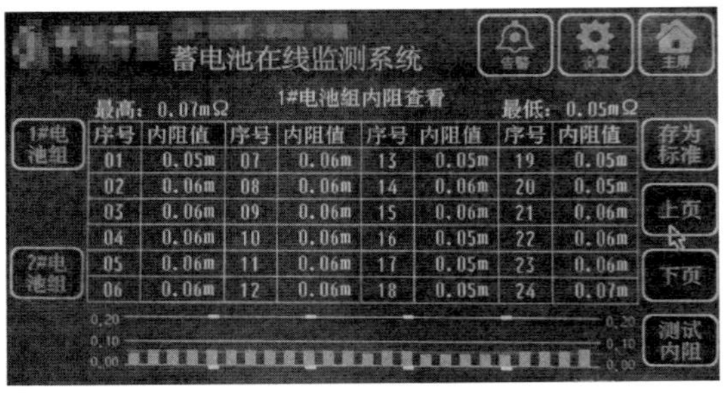

图 5 蓄电池在线监测装置

在蓄电池在线监测的众多数据中，最为重要的是蓄电池电压和温度。蓄电池电压能间接反应蓄电池容量是否充足，而整组蓄电池电压应与直流系统电压匹配，一般设定 2V 单个蓄电池浮充电压为 2.23V。温度监测反应的是蓄电池质量以及环境情况，但当下蓄电池温度和环境温度的测量是采用温度探头的方式，如果存在温度探头虚接以及探头质量不佳，极其容易引发误报警。

另外，在线监测数据中最为苛刻的便是蓄电池内阻和单只蓄电池浮充压差，应满足表 1 的要求。而电压的要求是毫伏级，内阻是微欧级，尤其是内阻的要求最为苛刻。

表 1　　蓄电池内阻及浮充压差

安装运行时间	周　　期	内组电压指标（针对 2V 蓄电池）
电池组初装～3 个月	1 周～3 月一次对内阻和浮充电压巡检	初装时内阻差异应小于 20%，单只电池浮充压差不大于 150mV
第 4～6 个月	1 周～3 月一次对内阻和浮充电压巡检	内阻不大于初装时的 120%±10μΩ，单只电池浮充压差不大于 120mV
第 7～12 个月	1 周～3 月一次对内阻和浮充电压巡检	内阻不大于初装时的 120%±10μΩ，单只电池浮充压差不大于 100mV
第 2～3 年	1 周～3 月一次对内阻和浮充电压巡检	
第 4～5 年	1 周～3 月一次对内阻和浮充电压巡检	内阻不大于初装时的 150%，单只电池浮充压差不大于 120mV
第 6～8 年	1 周～2 月一次对内阻和浮充电压巡检	内阻不大于初装时的 150%，单只电池浮充压差不大于 150mV
第 9 年及以上	1 周～1 月一次对内阻和浮充电压巡检	内阻不大于初装时的 150%，单只电池浮充压差不大于 150mV

容量满足要求，但是单只浮充压差和内阻却早已超标，然而单只浮充压差和内阻数据若不满足，是否整组蓄电池就不能使用？根据某蓄能电厂运行了 8 年以上的蓄电池数据，多组蓄电池在第 4 年内阻与单只浮充压差已经超标，但这些蓄电池依旧服役超过了 8 年。从成本上考虑，1Ah 蓄电池的价格约为 3.5 元，一组 104 只 1600Ah 则大致需要 58 万元。现场实际生产中，直流系统的蓄电池起一个备用电源作用，直流系统有双段配置，还有不同交流电源，甚至还配置多组蓄电池，如果蓄电池能保证容量充足，而内阻及浮充压差超标，工作人员应综合考虑风险与成本，不应局限于标准数据。

5 结语

蓄电池虽然只是作为直流系统的备用电源，但它起到了至关重要的作用，当直流系统发生故障或切换电源过程中，它可以稳定地提供电源。蓄电池从选型到安装试验中的各个数据直接体现了蓄电池的优劣，数据中最为关键的便是蓄电池的容量。当下直流系统对蓄电池的充电方式采用的是整组统一进行充电，虽然有均充浮充的设定，但依旧不能完美让蓄电池电压和容量统一，这种方式只是依赖于同一厂家同一批次蓄电池具有几乎一致的数据。经过几年的使用，蓄电池肯定会逐个出现单只蓄电池浮充电压偏差、内阻等数据不满足标准的情况。如果直流系统对蓄电池的充电方式能设定为针对每个蓄电池进行单独充电，每个蓄电池有单独的配置，那蓄电池的寿命将会得到显著的提高。

参考文献

［1］ Q/GDW 11310—2014 变电站直流电源系统技术规范［S］.
［2］ 张锋利，何苗. 国际水电站工程直流蓄电池选型容量计算［J］. 西北水电，2020（S1）：82.
［3］ GB 50172—2012 电气装置安装工程蓄电池施工及验收规范［S］.
［4］ 程抱贵. 阀控式铅酸蓄电池组放电试验中单体电压异常下降原因分析及处理［J］. 红河水，2020，39（6）：110-113.

调速器测速卡件故障导致机组低压过流保护动作分析及改进建议

娄彦芳　方书博　才　旺　郭克敏　娄　斗　刘祚廷
（河南国网宝泉抽水蓄能有限公司，河南省新乡市　453636）

【摘　要】本文对一起抽水蓄能机组抽水调相转抽水过程中，因调速器测速卡件故障，励磁系统未收到95%额定转速信号，励磁调节模式未正常从电流模式切换至电压模式，PC工况转换过程中励磁电流保持不变，1号机组大量吸收无功功率，低压过流保护动作故障进行分析，对低压过流保护动作原理及与失磁保护配合关系进行说明，优化继电保护配合水平，提高电网安全稳定运行水平。

【关键词】测速卡件　低压过流保护　跳闸　失磁保护

1　引言

随着电力系统的快速发展，抽水蓄能机组容量越来越大，抽水蓄能机组具有双向旋转运行、水头高、转速高、启动频繁等特点，在电网中一般承担着调峰、填谷、调频、调相以及事故备用等任务。低压过流保护不仅是机组的近后备保护，还作为电网的远后备保护，其动作是否正确关系到电网的安全稳定运行。

2　故障经过

2.1　故障前运行方式

2016年1月11日，某抽水蓄能电站电气主接线如图1所示，500kV一回线出线带电运行；500kV Ⅰ号、Ⅱ号、Ⅲ号母线正常运行；1号机组抽水调相转抽水过程中（机组已并网）；2号机抽水带－300MW负荷，2号主变负载运行；3号机组备用，3号主变空载运行；4号机抽水带－300MW负荷，4号主变负载运行。

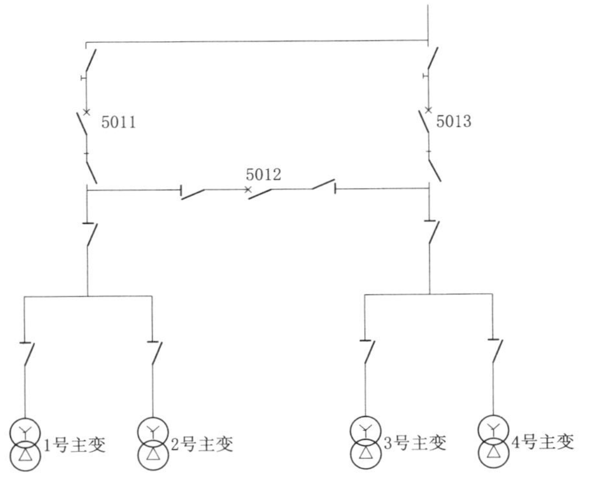

图1　电气主接线

2.2　保护动作情况

（1）2016年1月11日00：54，接河南省调令，1号机抽水调相工况启机，于00：59并网成功。

01：03：02，1号机组在抽水调相转抽水过程中，监控出现以下报警：

01GTA _ 903XD _ DI _ DET　G/M PROT STATION SRRIVE CB TRIP；

01GTA _ 901XD _ DI _ DET　G/M PROT UNIT TRIPPING ORD；

01GTA _ 904XD _ DI _ DET　G/M PROT SFC CB TRIPPING ORD；

01GTA _ 905XD _ DI _ DET　G/M PROT BRIDGE CB TRIPPING ORD；

01GTA _ 906XD _ DI _ DET　G/M PROT OUTGOING CB TRIPPING。

1号机组低压过流保护动作，1号机组在工况转换过程中跳机，2号机抽水工况跳机，500kV出线开关 5011、桥开关 5012、1 号厂变高压侧开关、1 号 SFC 输入开关跳闸。

（2）低压过流保护定值如下：

Backup Function　Volt controlled

Vector Rotation　None

V Dep OC Char　DT

V Dep OC I> Set　1.180 A

V Dep OC Delay　1.500 s

V Dep OC tRESET　0 s

V Dep OC V<1 Set　85.00 V

V Dep OC k Set　250.0e−3

CT 变比：15000/1，额定电流：Ie=Ign/na=0.714(A)

PT 变比：18000/100，额定电压：Ue=Ugn/nv=18000/180=100(V)

低压过电流定值 I=I>Set×0.25=1.18×15000×0.25=4425(A)

低电压定值 V<1Set=85/100×18000/1.732=8833.7(V)

（3）1 号机组保护跳闸时故障录波如图 2 所示，低压过流保护动作时：

三相电流为 Ia=15625.860(A)、Ib=15699.46(A)、Ic=15516.081(A)

三相电压为 Ua=8795.521(V)、Ub=8755.830(V)、Uc=8773.047(V)，电流值超过定值 3.5 倍，电压值超过电压定值，低压过流保护启动。延时 1.5s，低压过流保护出口跳闸。

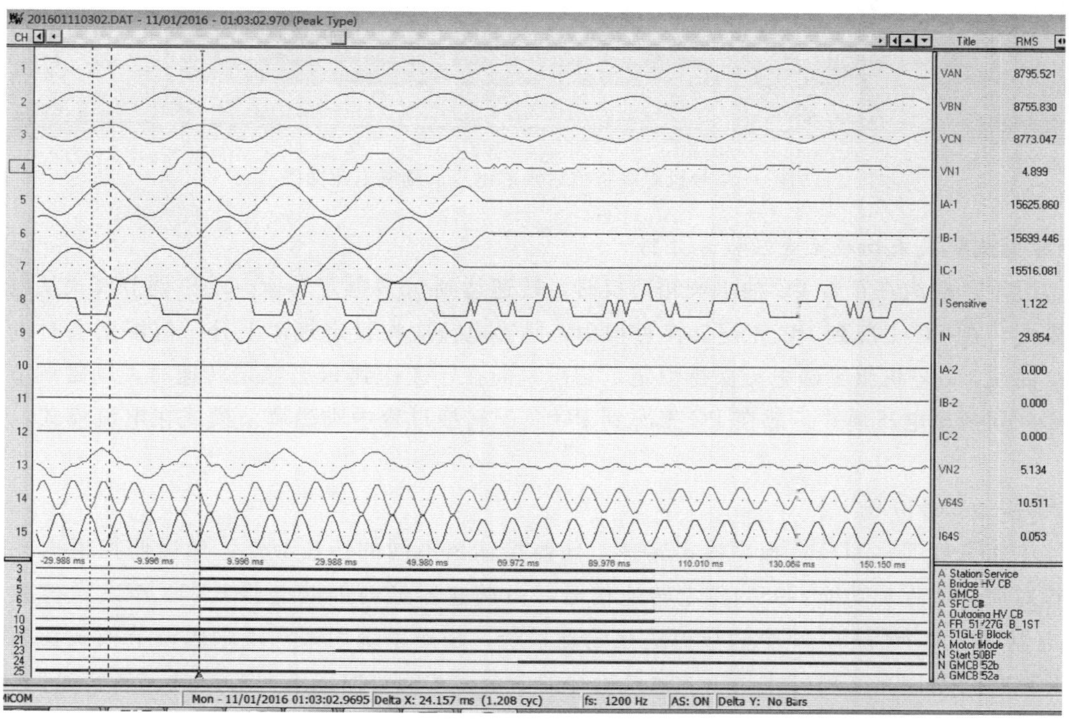

图 2　1 号机组保护故障录波曲线

3　故障原因分析

3.1　故障直接原因分析

3.1.1　故障时励磁电流、励磁电压分析

根据监控历史记录，查看 1 号机组跳机前后发电机定子电压、定子电流、有功功率、无功功率、励磁电压、励磁电流曲线如图 3 所示，在 1 号机 PC 抽水调相工况到 PU 抽水工况转换过程中，有功功率按正

常趋势增加，励磁电流一直保持 PC 抽水调相工况时的励磁电流（960A 左右），励磁电压保持稳定，吸收的无功功率迅速增加，定子电压下降，定子电流上升，直至低压过流保护动作，跳开 1 号、2 号机组及 500kV 开关 5011、5012。

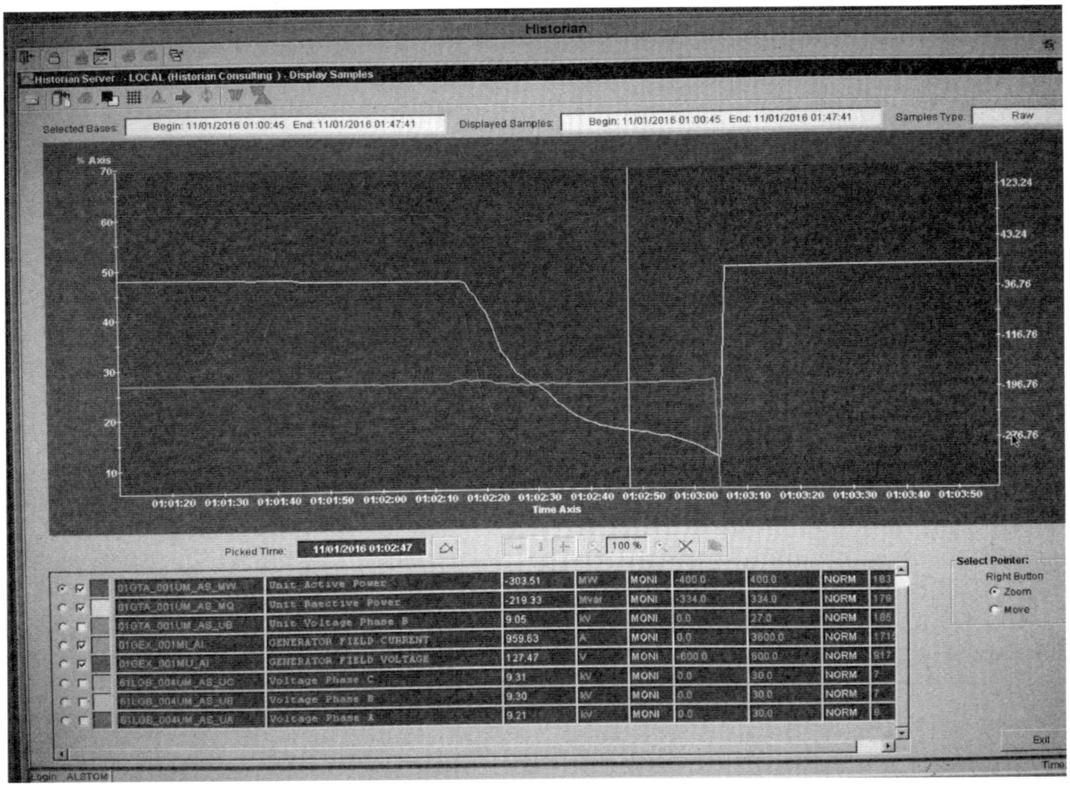

图 3　1 号机组跳机前后励磁电压、励磁电流曲线

3.1.2　*励磁电流模式未切换至电压模式分析*

一般情况下，机组在正常 PC 抽水调相启机时，转速达到 95％额定转速，励磁调节模式从电流模式切换至电压模式，在 PC 工况到 PU 工况转换过程中，励磁电流应按设定规律上升。但根据当时机组的实际情况和历史曲线，1 号机组励磁电流保持恒定，初步判断在转速达到 95％额定转速时，励磁调节模式未正常从电流模式切换至电压模式，故在 PC 工况到 PU 工况转换过程中励磁调节模式在电流模式，励磁电流保持不变。

3.1.3　*95％转速信号分析*

调速器测速卡件 T-ADT，根据机组转速，向监控输出不同的转速节点，然后监控根据不同的信号功能，执行对应的流程和功能。95％额定转速信号，由调速器经内部继电器 RV18 至发送监控，经监控 022XR 继电器送出两个信号，一个信号被送往励磁系统，励磁系统用来实现励磁调节模式切换，另一个信号作用是监控自身用来发出停止高压注油泵运行的命令。查阅监控记录，未查到 95％转速信号。

综合判断调速器测速卡件故障为本次故障的直接原因，调速器测速卡件的 95％额定转速信号回路故障，励磁系统未收到 95％额定转速信号，励磁模式未切换至电压模式，励磁电流未跟随抽水功率的增大而增大，导致机端电压降低，机组大量吸收无功功率，低压过流保护动作。

3.2　故障间接原因分析

（1）该电站每台机组配置低压过流保护，动作出口跳本机组、同一间隔机组及 500kV 开关。作为机组的近后备保护和 500kV 主变压器、500kV 出线的远后备保护，其动作时间应与机组后备保护、500kV 主变压器相间短路后备保护动作时间配合整定。该电站主变高压侧过流保护作为 500kV 出线的远后备保护，动作延时为 3.0s，而低压过流保护延时为 1s，动作时间未与主变压器后备保护配合，导致低压过流保护先于主变高压侧过流保护动作[1]。

（2）本次故障时，1号机机端出现低电压、过电流现象，由图2故障录波曲线可知，发电机从系统吸收的最大无功功率为270MW（机组容量300MW），机组处于低励状态，此时，应由失磁保护动作将机组解列。查阅保护装置事件记录，失磁保护已经启动，因机组失磁保护动作时间按躲过系统最大振荡时间取1.5s。大于低电压过流保护动作时间1s，低压过流保护先于失磁保护动作，导致事故扩大（2号机抽水工况跳闸、500kV开关跳闸）。

根据以上分析可知，低压过流保护动作时间整定错误，是导致本次事故扩大的间接原因。

4 暴露问题

（1）设备长期带电运行，部分元器件出现老化或损坏，出现故障的概率大大增加。

（2）设备维护不到位，未能充分意识到设备故障导致的后果，对设备认知不够，技术掌握不到位。

（3）监控逻辑存在部分不合理设置，如在启机或工况转换过程中，转速信号未正常收到，高压主油泵未正常停止运行，均未发出报警。

（4）低压过流保护定值整定错误，导致事故扩大。

5 故障处理

（1）更换故障测速卡件，对部分长期带电运行或运行寿命较长的元器件，结合定检、检修进行逐步的替代、改造，避免因设备老化或维护不到位造成机组跳机或开关跳闸等严重事件发生。

（2）修改监控程序，对用于投入励磁、停止高压注油泵的95%转速信号，在机组启动过程中，监控如未收到则可直接发出报警，并转入停机流程，避免机组达到稳态后跳开500kV设备。

（3）按照DL/T 684—2012《大型发电机变压器继电保护整定计算导则》4.2.1低压过流保护与主变压器后备的动作时间配合，将低压过流保护动作时间整定为3.5s[2]。

6 结语

因抽水蓄能电站一次接线复杂，运行工况繁多且转换频繁，大量模拟量、开关量参与到机组流程控制，因此应加强自动化元件的日常维护。继电保护作为切除故障的第一道防线和防止故障扩大造成停电事故的最后一道防线，是保证电力设备安全和限制大面积停电最基本、最重要、最有效的手段。应彻底杜绝防止继电保护“三误”事件发生，防止事故扩大，确保机组、电网安全稳定运行。

参考文献

[1] 高春如. 大型发电机组继电保护整定计算与运行技术 [M]. 北京：中国电力出版社，2006.

[2] DL/T 684—2012 大型发电机变压器继电保护整定计算导则 [S].

蓄能电站发变组保护整定校验软件设计与研究

许 凯 陈 强 聂 航 邓雅文

（中国南方电网调峰调频发电有限公司检修试验分公司，广东省广州市 510000）

【摘 要】 本文针对蓄能电站电气主接线的一般方式及特殊的整定条件，归纳出一套通用的等效回路计算模板，在此基础上开发了一套通用型的蓄能电站发变组继电保护定值整定校验软件。该软件采用C＃作为编程语言，实现了对发变组及相关保护定值的快速整定校核，并能生成整定校核报告，提升了保护整定的效率，保证了保护系统的可靠性，具有重要的工程应用价值。

【关键词】 蓄能电站 发变组保护 定值整定校验 软件开发

1 概述

继电保护定值整定校验工作往往需要继保工作人员花费大量时间进行运算，而定值整定校验又是保护满足选择性、速动性、灵敏性、可靠性的重要保障。为了提高蓄能电站继保工作人员整定工作的效率与准确性，需开发出一套能完成蓄能电站发变组继电保护整定工作的专用软件。

在电力系统高度发达与数据分析工具广泛应用中，相应负责整定工作的软件已在一些特定的情景中得到应用[1-3]，但针对蓄能电站的专业整定软件还未有成体系专门的研发成果。已有的整定工作软件大多都是针对某个区域系统或部分功能，特别是输变电方向的应用。而继保类的整定工作对精准度要求十分的高，对每个设备元件参数的变化都十分敏感，同时蓄能电站系统测定值一般由对应的调度机构下发，发变组的电气主接线比较相似，因此蓄能电站继保整定校验是完全可以公式化、模块化，这就为编写蓄能电站继电保护整定工作专用软件提供了必要性与可能性。

本文中开发的专用软件使用 Microsoft Visual studio 开发工具与C＃语言进行窗体应用开发，对蓄能电站发变组及主接线进行公式化建模计算，模块化功能校验，最终设计出一款界面友好，易于操作，运算精准，实用性强的继电保护整定校验软件。

2 主接线等效电路计算

典型蓄能发变组电气一次主接线上的元件依次为主变压器、换相开关、机端断路器、发电机、主变低压侧接有励磁变压器与限流器，限流器分支又有厂高变压器与静止变频器（Static Frequency Convertor，SFC）变压器。典型的蓄能发变组一次电气主接线如图1所示。

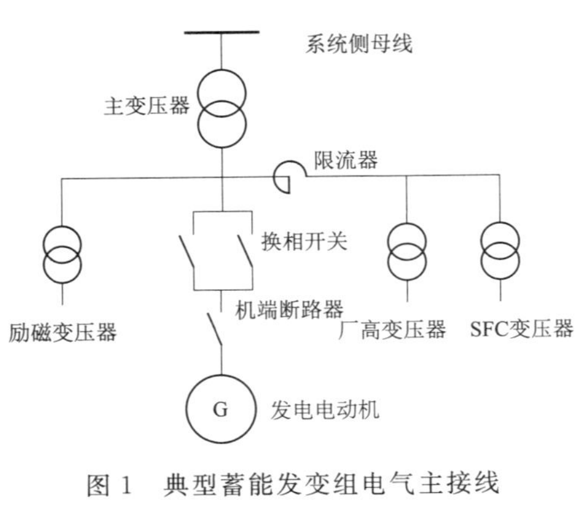

图1 典型蓄能发变组电气主接线

蓄能电站送出线路包括开关站参数已整定于调度下发的参数中，因此发变组整定值需考虑的范围包括主变高压侧断路器以下设备的保护，包括发变组保护、励磁变保护、厂高变保护与SFC变保护。将以上元件的电抗值转换为标幺值，结合调度下发的系统定值，考虑到系统侧送出回路与并列运行机组，可画出全厂等值电路，如图2所示。

对于单套蓄能发变组，其对应的外部电抗应包含两部分，即调度下发的系统电抗与并列运行的其他发变组电抗，称为系统联合电抗。因此单台机组的发变组保护整定用等值电路图可转换如图3所示。

图3中除系统联系电抗需要由调度下发参数加上并列的

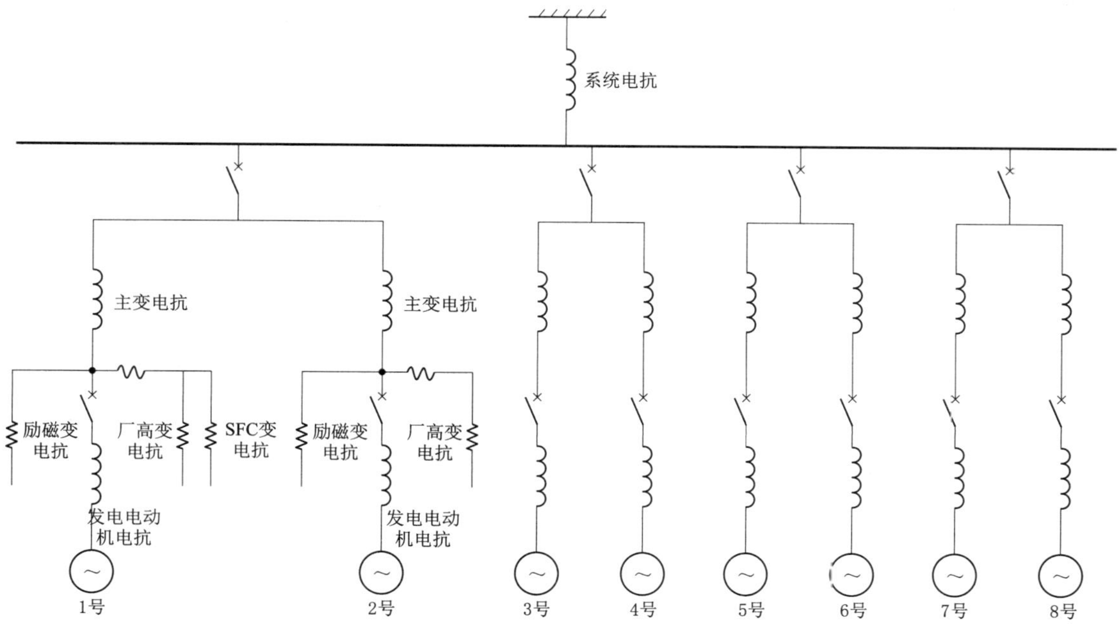

图 2　蓄能电站全厂等值电路图

机组参数计算，其余元件电抗参数相对固定，因此将以上参数作为固定需输入的变量，加上相关规程的计算原则，就可以公式化整定蓄能电站发变组及相关保护定值。在整定检验软件中，设计了等效电路计算功能，分别包含了标幺值计算与单台机组发变组保护整定用等值参数计算来实现等值电路参数换算，同时也能根据蓄能机组的台数来计算最大与最小运行方式下的等效电抗，如图 4 所示。

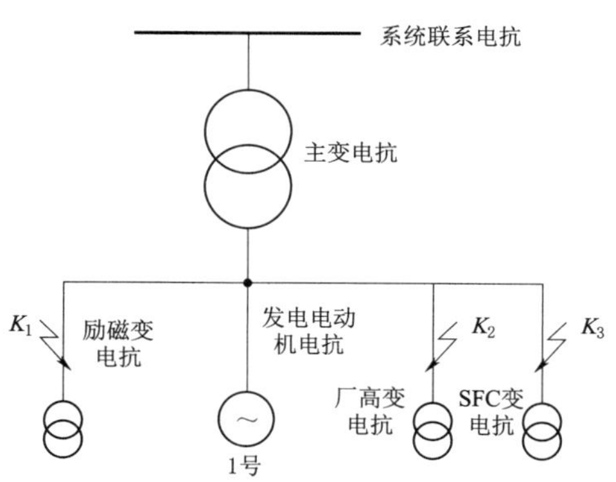

图 3　单台机组发变组保护整定用等值电路图

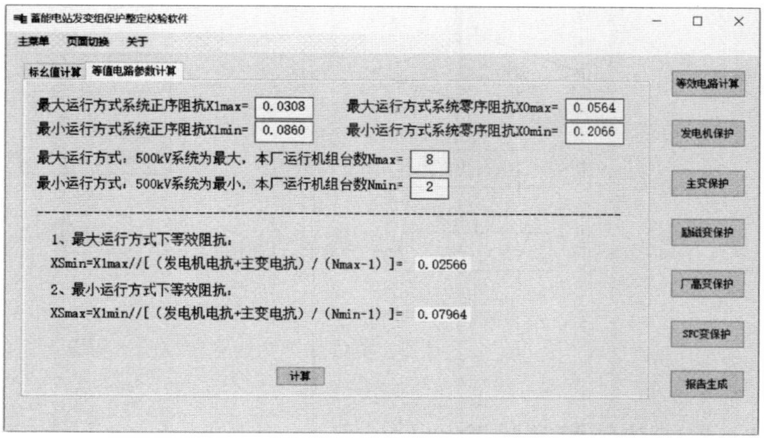

图 4　等值电路参数计算界面

需要特别指出的是在蓄能机组中，主变低压侧不一定会配置 SFC 变，例如惠州蓄能电站中 1 号主变与 3 号主变低压侧配置有至 SFC 变的进线开关，2 号主变与 4 号主变低压侧则未配置。对于 SFC 有两路电源已有足够冗余，软件设计时需要考虑到这一点。软件中对于未配置 SFC 变支路的发变组，可将 SFC 变参数设置为 0，此时 SFC 变相关保护整定校验功能自动取消，不再计算 SFC 相关保护定值，在报告中不再显示此部分内容。

3　保护功能整定校验

保护功能整定校验是软件的主要功能。保护功能所对应的是发变组的特殊故障及异常运行状态，为了保护无功能死区，蓄能机组的保护功能应按照相关规范来配置[4-6]。保护功能相对于常规水轮机组，蓄能机组还有一些特殊故障及异常运行状态，因此也有一些特殊的保护功能，如为了防止泵工况启动过程中吸收系统有功功率不足的溅水功率保护与为了防止机组换向错误的相序保护。蓄能机组需配置保护的整定方法都在规程中有相关规定，因此每种功能都可以公式化形成函数类，无论是单体保护功能校验与在全功能整定报告生成中都可以进行调用。

3.1 单体保护功能整定校验设计逻辑

单体保护功能校验的总体设计思路是先输入必需的参数，如采用互感器的变比。再调用发变组公共的元件参数，如发电机暂态阻抗。然后利用 DL/T 684—2012《大型发电机变压器继电保护整定计算导则》与 NB/T 35010—2013《水力发电厂继电保护设计导则》[7-8] 规定的整定公式，计算出最终的整定值。对于部分功能在规程中有校验定值要求的则需进行灵敏度校验，最终输出整定定值及结果。对于所有的保护整定功能，发变组公共的元件参数是通用的，在编程时将其设置为公共变量，可全局调用，减少输入参数的次数。对于根据相关规程进行的整定计算过程，设置为成函数类，可供后续的全功能整定报告生成整定程序的调用，提高软件运行效率。计算单体保护功能整定校验流程如图 5 所示。

3.2 全功能整定报告生成

对于所有功能都需要整定的情况，单个功能的生成明显是不能满足需求。同时为了方便定值管理，软件中整合了报告生成功能。为了方便修改公共参数，软件设置了生成 Excel 格式的蓄能电站发变组保护整定校验参数表，生成参数表后填入功能整定参数与发变组元件参数，再由软件一次性读取表格中所有参数，再调用与单体整定功能共用的函数类，最终生成 Word 格式的蓄能电站发变组保护整定校验报告（图 6）。

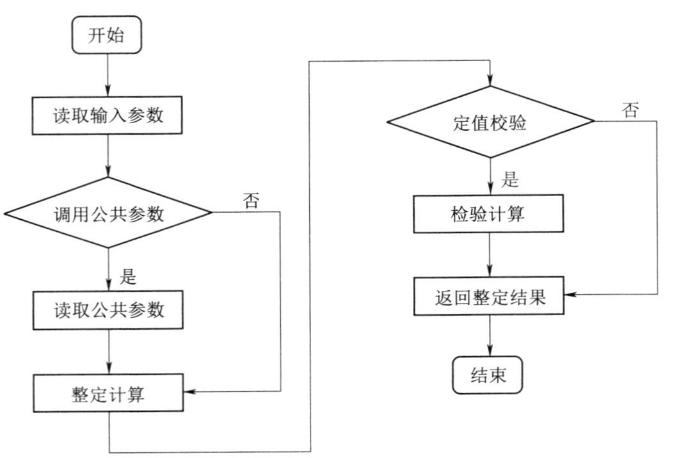

图 5 单体保护功能整定校验流程图

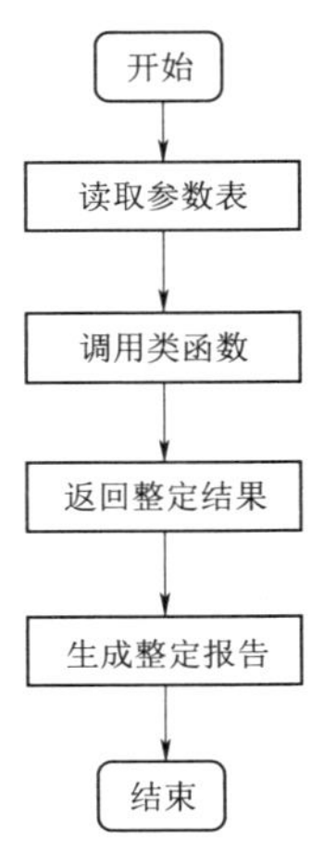

图 6 等值参数计算流程图

4 保护功能整定检验

4.1 单功能算例分析

以某蓄能电站 1 号机组为例，其并列运行的机组有 7 台，即全厂共 8 台机组，系统侧电抗由调度提供，发变组额定参数已知，选取受系统电抗影响的失磁保护进行校验。

失磁保护在选取阻抗圆特性时，在没有特别的防误要求下可以不用考虑机端出口电压闭锁、励磁电压闭锁与无功反向，因此主要需要考虑的定值为发电机暂态电抗与系统联系电抗，联系电抗为从发电机出口母线往系统侧看的等效系统阻抗，即对应于最小运行方式的系统电抗与主变电抗，同时考虑到所取得的 CT 与 PT 变比，软件实现效果如图 7 所示。

软件程序先根据输入的参数与通用参数计算出发电机电抗与系统联系电抗有二次有名值，再根据 DL/T 684—2012《大型发电机变压器继电保护整定计算导则》中整定公式计算得出阻抗圆上边界与下边界定值，如图 7 所示。至此失磁保护定值整定完成。

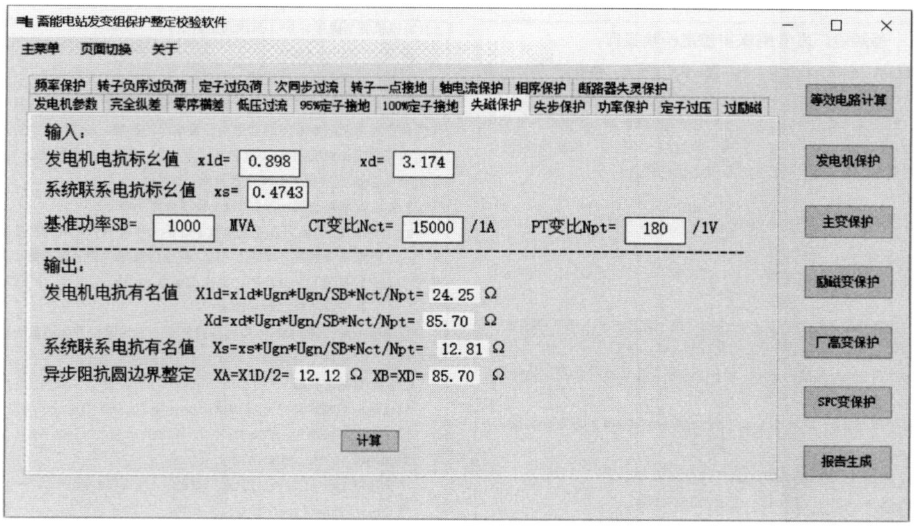

图 7　失磁保护定值整定界面图

对于图 7 得出的定值，可根据异步边界阻抗圆与等有功阻抗圆的相对位置来检验得出定值的有效性。从失磁开始到静稳破坏前，在系统电压 U_S 恒定条件下，机端阻抗的变化轨迹是一个阻抗圆，称其为等有功阻抗圆，如图 8（a）所示，该圆圆心为（$U_S^2/2P$，X_S），其中 P 为对应机组输出功率，X_S 为系统联合电抗。根据图 7 输入数据计算，等有功阻抗圆圆心为（1.663，0.4743），半径为 0.4743。异步边界阻抗圆的整定值根据图 7 的边界定值转化为标幺值，如图 8（b）所示，为（−0.449，−3.174）。从图 8（a）与图 8（b）可以看出，等有功阻抗圆①与异步边界阻抗圆②在阻抗平面上有相交点，且异步边界阻抗圆防误动能力强。

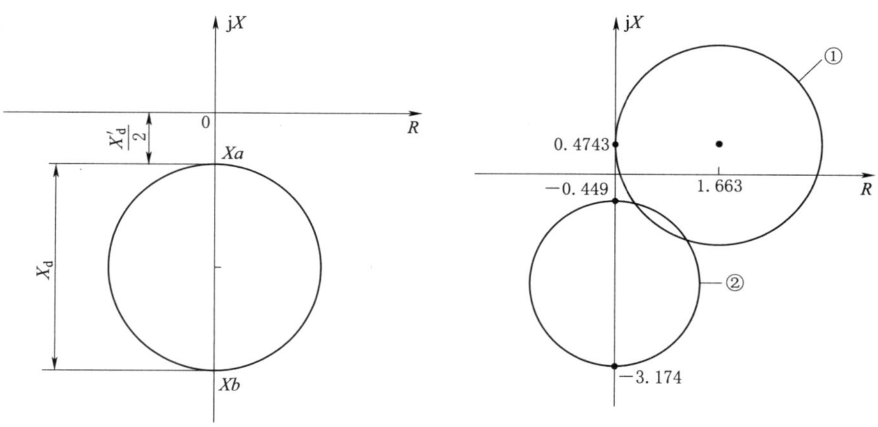

（a）整定的阻抗圆　　（b）等有功阻抗圆与异步边界阻抗圆

图 8　阻抗圆位置

4.2　报告生成

对于需要批量校验功能的情况，在报告生成功能中先生成发变组参数表格，填入发变组及相关的参数，再在报告生成栏读取参数表格，即可生成报告。此部分读取公共参数与单体保护功能校验不同，参数表内数据独立，生成报表不受单体保护整定中的全局参数影响，仅读取发变组参数表格中的数据。生成的报告如图 9（a）与图 9（b）所示。

5　结语

蓄能电站发变组保护整定校验软件具有可视化、通用性、操作性界面友好等优点，在设计中充分考虑到了蓄能电站电气一次回路的一般性及整定条件的特殊性，结合蓄能电站定值检验的特殊需求，梳理

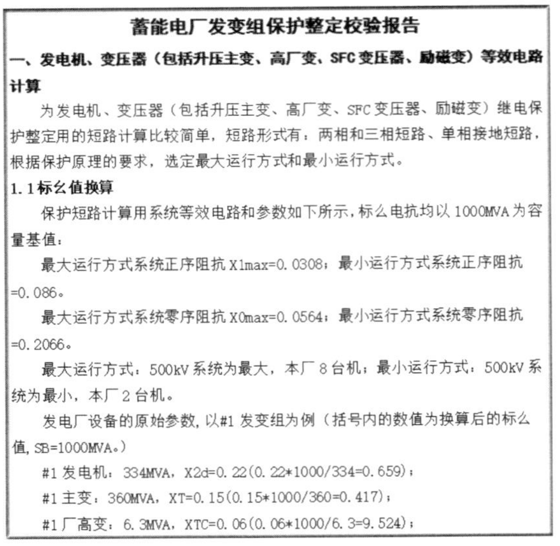

蓄能电厂发变组保护整定校验报告

一、发电机、变压器（包括升压主变、高厂变、SFC变压器、励磁变）等效电路计算

为发电机、变压器（包括升压主变、高厂变、SFC变压器、励磁变）继电保护整定用的短路计算比较简单，短路形式有：两相和三相短路、单相接地短路，根据保护原理的要求，选定最大运行方式和最小运行方式。

1.1标幺值换算

保护短路计算用系统等效电路和参数如下所示，标么电抗均以1000MVA为容量基值：

最大运行方式系统正序阻抗X1max=0.0308；最小运行方式系统正序阻抗=0.086。

最大运行方式系统零序阻抗X0max=0.0564；最小运行方式系统零序阻抗=0.2066。

最大运行方式：500kV系统为最大，本厂8台机；最小运行方式：500kV系统为最小，本厂2台机。

发电厂设备的原始参数，以#1发变组为例（括号内的数值为换算后的标么值，SB=1000MVA。）

#1发电机：334MVA，X2d=0.22(0.22*1000/334=0.659)；

#1主变：360MVA，XT=0.15(0.15*1000/360=0.417)；

#1厂高变：6.3MVA，XTC=0.06(0.06*1000/6.3=9.524)；

（a）整定校验报告参数计算页面

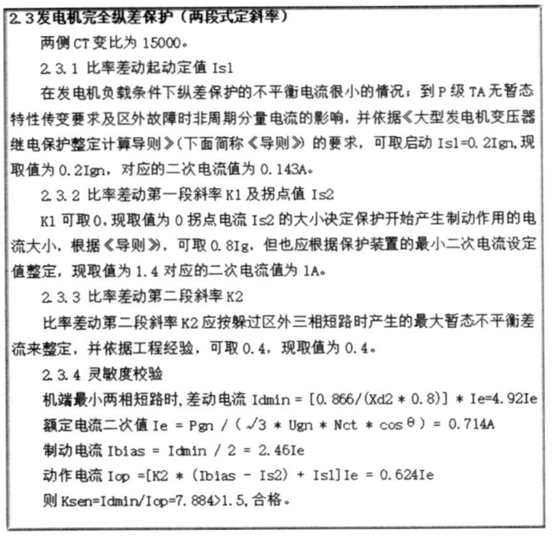

2.3发电机完全纵差保护（两段式定斜率）

两侧CT变比为15000。

2.3.1 比率差动起动定值Is1

在发电机负载条件下纵差保护的不平衡电流很小的情况；到P级TA无暂态特性传变要求及区外故障时非周期分量电流的影响，并依据《大型发电机变压器继电保护整定计算导则》（下面简称《导则》）的要求，可取启动Is1=0.2Ign，现取值为0.2Ign，对应的二次电流值为0.143A。

2.3.2 比率差动第一段斜率K1及拐点值Is2

K1可取0，现取值为0拐点电流Is2的大小决定保护开始产生制动作用的电流大小，根据《导则》，可取0.8Ig，但也应根据保护装置的最小二次电流设定值整定，现取值为1.4对应的二次电流值为1A。

2.3.3 比率差动第二段斜率K2

比率差动第二段斜率K2应按躲过区外三相短路时产生的最大暂态不平衡差流来整定，并依据工程经验，可取0.4，现取值为0.4。

2.3.4 灵敏度校验

机端最小两相短路时，差动电流 Idmin = [0.866/(Xd2 * 0.8)] * Ie=4.92Ie

额定电流二次值 Ie = Pgn / (√3 * Ugn * Nct * cos θ) = 0.714A

制动电流 Ibias = Idmin / 2 = 2.46Ie

动作电流 Iop =[K2 * (Ibias - Is2) + Is1]Ie = 0.624Ie

则Ksen=Idmin/Iop=7.884>1.5，合格。

（b）整定校验报告功能整定页面

图9 整定校验报告

清楚了蓄能电站发变组元件的公共参数与整定参数，结合定值整定技术规范的整定计算原则，提高了保护整定计算的效率，保证了保护整定计算的正确性，完全可以满足每年一度的整定值计算和校核。同时在软件设计的过程中，充分考虑了软件架构的优化，区分了全局变量参数与整定计算参数，并将整定计算过程转化为类函数，增强了软件程序的可读性，也提高了软件运行效率。

经过实际的应用，证明了蓄能电站发变组保护整定校验软件完全能满足蓄能电站定值整定校验的需求，全面提高了蓄能电站保护定值整定工作的管理水平，提高了保护定值整定的智能化程度，对蓄能电站发变组保护装置的安全稳定运行具有重要的意义。

参考文献

[1] 冷贵峰，方胜文，王荣邓，等. 继电保护定值在线整定软件开发与实践 [J]. 电力大数据，2018，12（5）：78-81.

[2] 夏成军，谢奕，邱桂华. 可视化地铁供配电系统继电保护整定软件的开发 [J]. 电力系统保护与控制，2011，39（10）：116-120.

[3] 李昆鹏，现代化煤矿供电系统整定计算软件的研发与应用 [J]. 煤炭科技机电与信息化，2014，40（11）：78-79.

[4] 王昕，井雨刚，王大鹏，等. 抽水蓄能机组继电保护配置研究 [J]. 电力系统保护与控制，2010，38（24）：66-70.

[5] 蔡鑫贵，史继莉. 广州蓄能水电厂机组及主变压器继电保护的配置与运行 [J]. 继电器，2006，34（24）：65-69.

[6] GB/T 32898—2016 抽水蓄能发电电动机变压器组继电保护配置导则 [S].

[7] DL/T 684—2012 大型发电机变压器继电保护整定计算导则 [S].

[8] NB/T 35010—2013 水力发电厂继电保护设计导则 [S].

浅析长龙山电站监控系统程序设计与机组设备的配合

胡行健　范建强　付　帅
（华东天荒坪抽水蓄能有限责任公司，浙江省湖州市　313302）

【摘　要】本文通过对长龙山电站监控系统程序设计的举例，以及对比天荒坪电站的监控系统逻辑，探讨满足控制效果、增强逻辑可靠性的方法。

【关键词】工况流程　顺序控制　跳闸信号　程序逻辑

1　监控系统概况

长龙山抽水蓄能电站位于浙江省安吉县境内，紧邻天荒坪抽水蓄能电站。电站总装机容量 210 万 kW，安装 6 台单机容量 35 万 kW 的可逆式抽水蓄能机组。长龙山电站的监控系统为分布式结构，设备和软件由北京中水科技公司提供。监控系统由电站控制级、现地控制单元级和独立光纤硬布线紧急操作装置等设备组成，网络结构采用冗余光纤快速交换式以太环网结构，电站控制级设备及现地控制级设备均直接接入局域网络。

2　工况转换流程

长龙山电站监控系统的顺控中，机组的稳定工况有停机、空转、空载、发电、发电调相、抽水、抽水调相、黑启动、线路充电，以及暂态工况有停机热备、旋转停机。工况流程结构图如图 1 所示，工况转换控制主流程可由控制子流程组合而成，其中空转和空载工况的设计目的，是为了方便机组投运前和检修后的调试，既可作为流程中转的工况，又可作为调试用稳态工况。

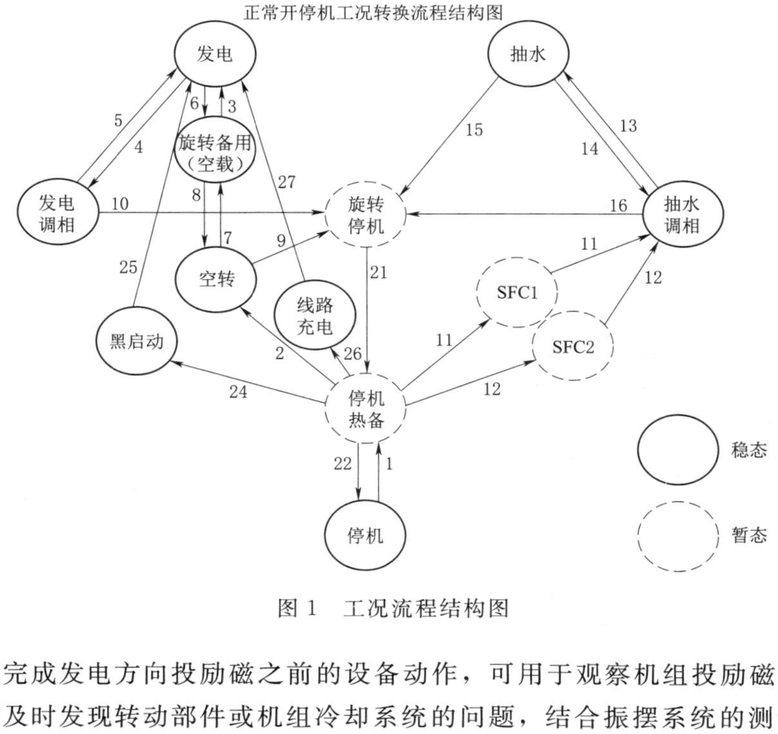

图 1　工况流程结构图

空转工况时机组完成发电方向投励磁之前的设备动作，可用于观察机组投励磁前转动部件、辅助设备等运行情况，方便及时发现转动部件或机组冷却系统的问题，结合振摆系统的测量数据判断是否需要配重（对机组振摆的观察还需结合其他稳定工况的数据），可以进行部分辅助设备的试验，如调速器和球阀系统的油泵主备用切换、冷却水系统各水泵和各冷却单元的配合等。

空载工况是机组在空转态基础上投入励磁，可用于调速器系统空载特性试验、励磁系统并网前的部分试验、同期装置的假同期试验等，也可以观察机组在投入励磁后的振摆情况、冷却水效果。

从空转态和空载态的程序设置上能看出，机组工况转换流程的设计，既要满足设计规范的基本要求，结合各设备的配合情况定义程序，又要方便机组的运行操作、试验操作。

3 顺序控制流程

机组顺序控制流程用于控制各工况转换的设备启停配合，一般由程序触发、监控发令、信号反馈、故障报警等部分组成，设置步骤和步长，按正确的顺序组合，使机组完成启动的目标。当出现异常情况时，可以触发流程中断，使机组正常停机或者跳闸。

以发电启动流程中退机械制动为例，对比已投运电站（天荒坪电站）顺控流程。如图 2 所示，天荒坪电站监控系统顺控“停机暂态转发电”STEP2 中发令“退出机械制动”。由于天荒坪电站机组在停机稳态时机械制动是长期投入的，所以机组启动时退出机械制动的发令较早，在 STEP3：“1 号机换相闸刀执行合闸令”之前，而检测机械制动退出的反馈放在了 STEP4：“主进水阀开启令”之前，而 STEP3 有 40s 的步长，可以等待机械制动的退出。其中“机械制动已退出”信号是由机械制动盘柜通过制动闸退出位置开关接点串联后送给监控系统。

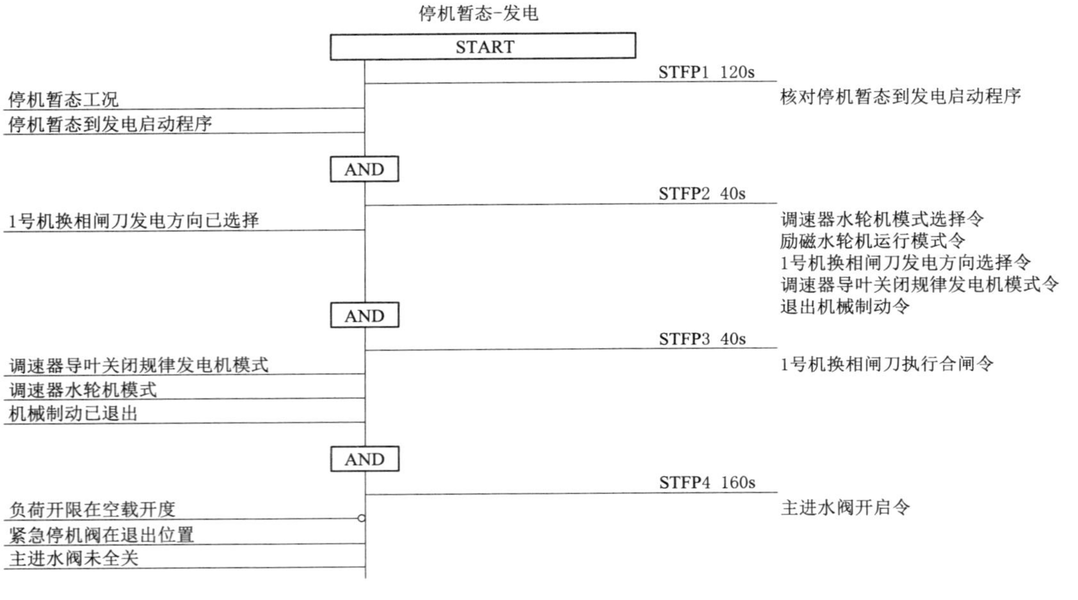

图 2 天荒坪电站顺控流程图局部

如图 3 所示，长龙山电站停机热备→空转工况转换 STEP7 发出退机械刹车指令、反充气投入（即退出腔充压）。长龙山机组机械制动有 8 个制动闸，投入退出信号送至监控系统，由 PLC 逻辑判断，送出机械制动投入或退出位置信号；停机时，机械制动退出。如图 4 所示，设置 STEP7 且延时较长，所考虑的有以下原因：首先，防止启动过程中制动闸的异常投入，在发令开启球阀之前再次发退出机械制动的指令；然后，因为制动闸由监控 PLC 做逻辑判断，万一制动闸有异常投入的情况，发令退出也需要一定的时间，从而决定设置了 90s 的步长。

由此顺控流程的局部可以看出，根据设备结构、I/O（输入输出）接口和设备之间的配合关系，设计相应的顺序流程，并使发令和反馈形成闭环，有利于机组的稳定启停。

4 跳闸信号处理

引起机组跳闸的事故启动源有多种，根据相关标准规范和技术导则，以及后续的联合开发和专题讨

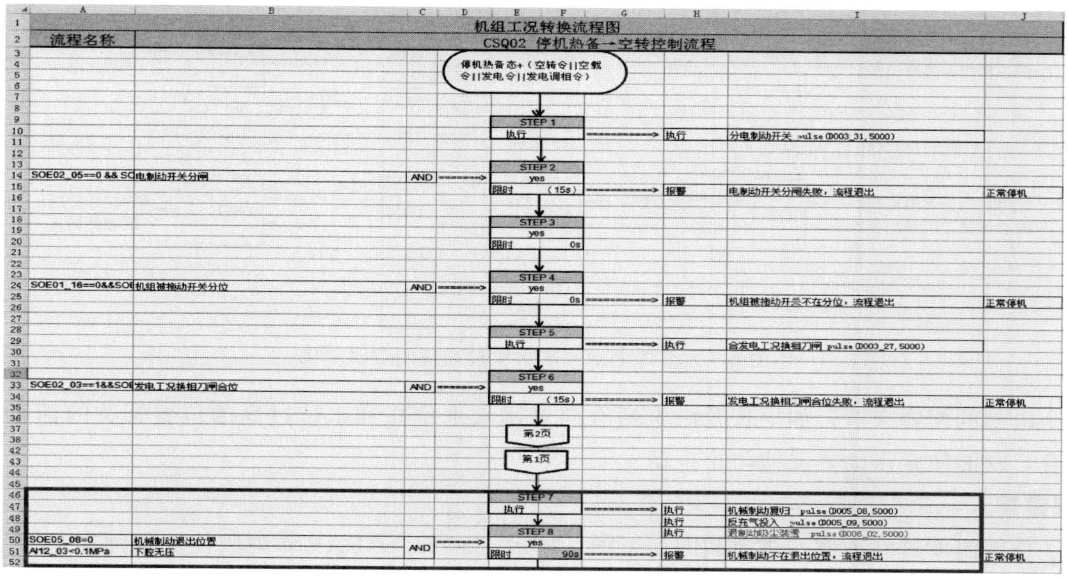

图 3 长龙山电站顺控流程图局部

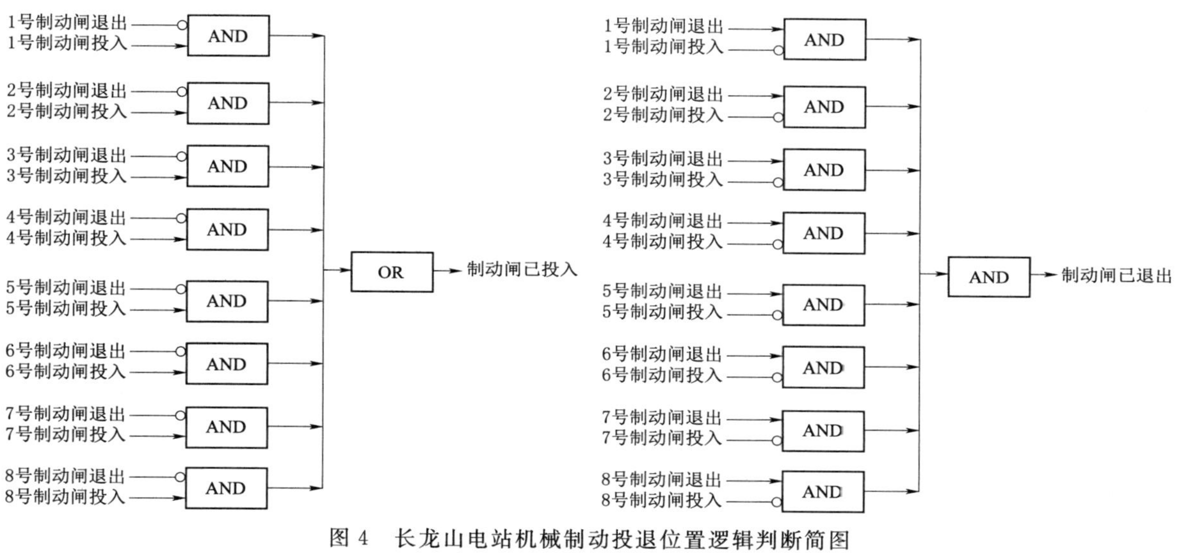

图 4 长龙山电站机械制动投退位置逻辑判断简图

论会，制定出了长龙山电站的事故启动源清单。以下用两种信号的输入来简介逻辑。

4.1 开关量信号输入

以尾水水位过高跳闸为例，逻辑简图如图 5 所示。机组尾水管外设置水位测量浮子和位置开关，其中水位高和水位过高各有一个位置开关和相应接点，送至监控系统。当程序判断为调相稳态（发电调相和抽水调相）或调相启动时（首次充气压水成功后），同时收到尾水水位过高和尾水水位高信号，延时 10s 输出跳闸。尾水水位高的信号作为闭锁，避免误动。

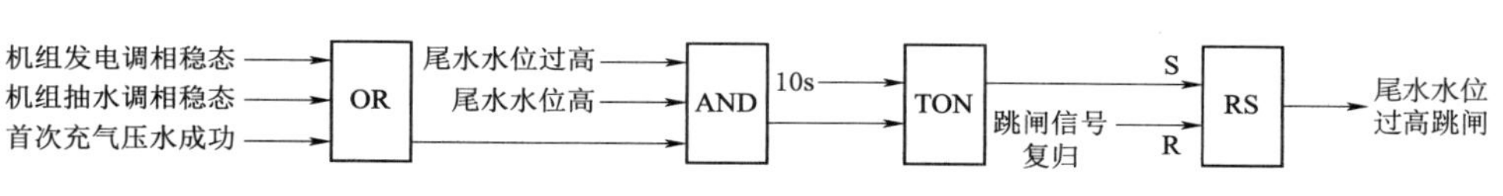

图 5 长龙山电站尾水水位过高跳闸逻辑简图

参考天荒坪电站的逻辑会发现有所不同，逻辑简图如图 6 所示。当机组在调相启动或稳态，监控系统都会输出并励磁相应的继电器，继电器的接点送入跳闸逻辑。尾水水位过高浮子是冗余配置，分别送入两套独立输入输出的跳闸矩阵 A 和 B，防止拒动。尾水水位高浮子不参与跳闸，仅用于调相压水补气阀的开关逻辑。

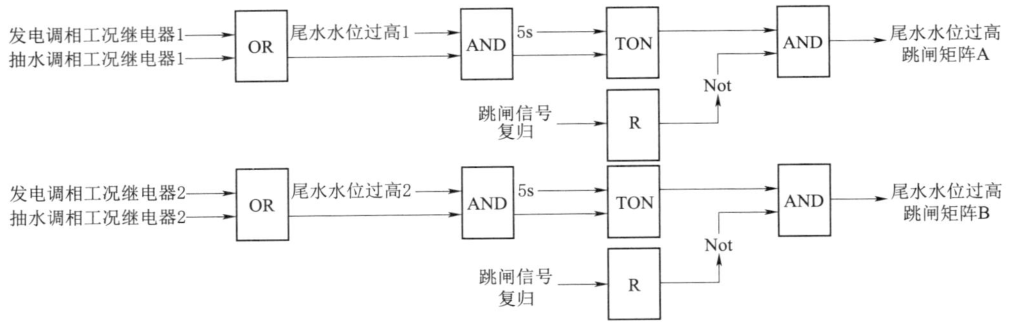

图 6　天荒坪电站尾水水位过高跳闸逻辑简图

从两个电站的配置来看，如果长龙山电站有两对尾水水位高和水位过高的位置开关的话，可以将两种逻辑结合，既能防止误动，又能防止拒动。

4.2　温度量输入

以定子绕组温度过高为例，逻辑截图如下图 7 所示。RTD _ ALARM 为监控工程师在 PLC 逻辑中的自制模块，1 区为数据扫查功能，定时读取变量中定义为定子绕组温度的数据（通过处理测温元件的子模件采集数据并定义变量类型）；2 区为限值的设置，比对后高于限值则输出温度高或者温度过高报警；3 区为 n 选 2 逻辑，当温度过高的数量超过 2 个，则判断定子绕组温度高跳闸并输出信号。

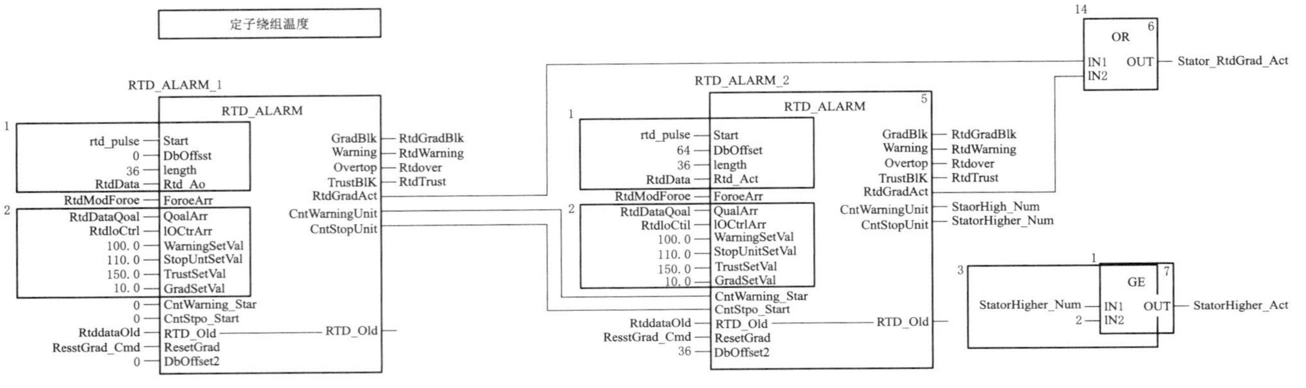

图 7　长龙山电站定子绕组温度报警和跳闸逻辑截图

对比天荒坪电站定子绕组温度高跳闸（GM STATOR WIND. RTD TEMP>）逻辑，如图 8 所示。该逻辑画面由输入输出和各逻辑模块组建：1 区为定子绕组温度信号输入（由温度量处理卡件连接测温元件 RTD 进行数据处理）与跳闸限值比对，高于限值输出信号，并做质量判别，避免故障或者断线的 RTD 出现误报；2 区统计高于限值的测温元件数量，采用 n 选 3 逻辑判断，输出跳闸信号。

由此对比可以看出，温度量数据的采集和判断的程序，是与监控系统自身输入输出模块、逻辑判断模块的硬件相匹配，逻辑相似。

5　结语

综合上述长龙山电站监控系统程序设计的举例，以及对比和借鉴天荒坪电站的监控系统逻辑，可以得出以下结论：监控系统程序的设计以国家标准、行业标准、企业标准为基准，在具体逻辑的设计上需要根据所控制设备的结构和输入输出接口、自动化元器件的配置、监控系统自身硬件的条件等因素，达到控制的目的和效果；设置发令与反馈的闭环、增加闭锁信号等方法，来增强逻辑的可靠性。

参考文献

［1］　GB/T 32894—2016 抽水蓄能机组工况转换技术导则［S］.

［2］　Q/GDW 46 10005—2017 水轮发电机组非电量保护配置及动作逻辑技术导则［S］.

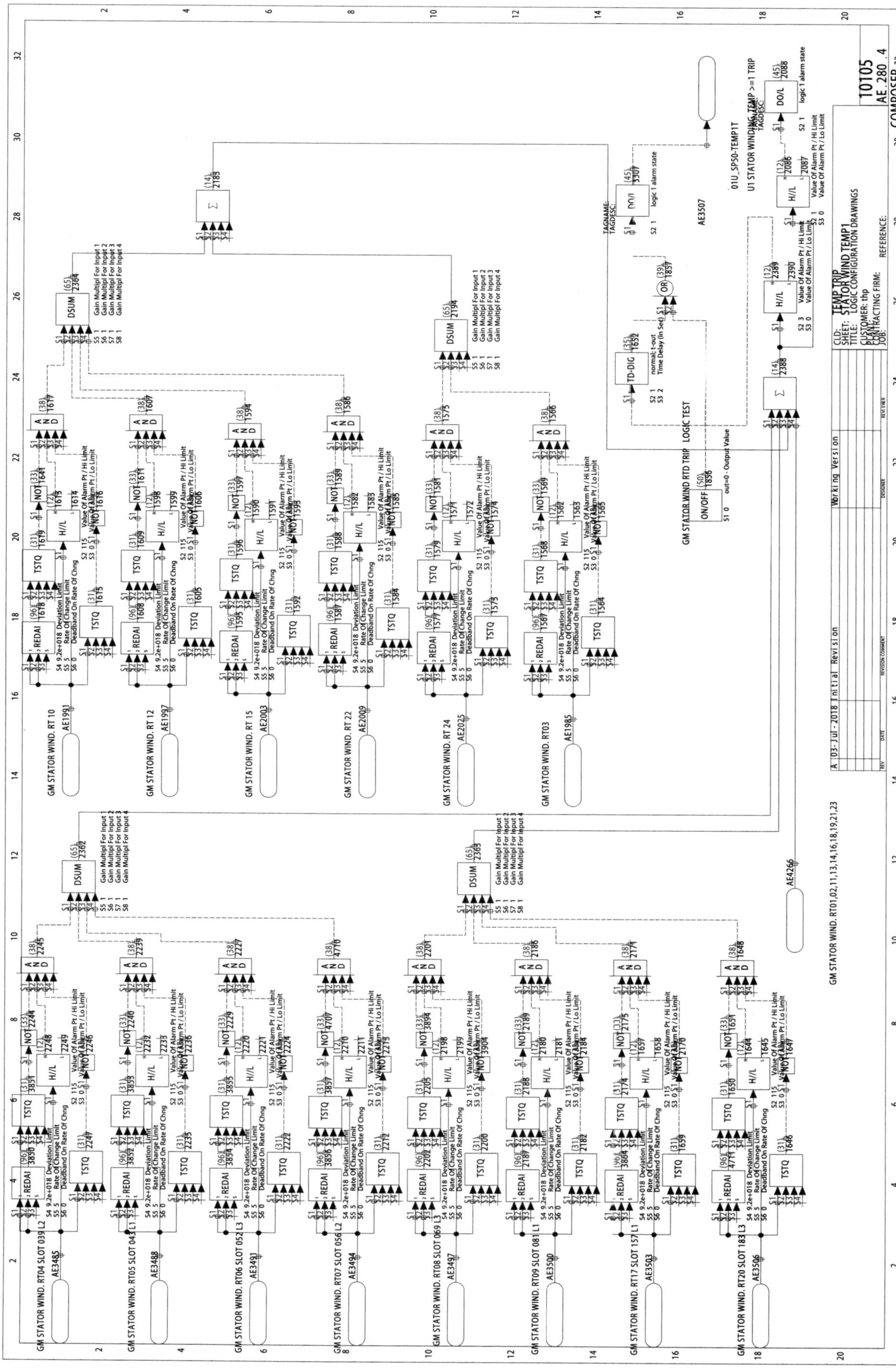

图 8 天荒坪电站定子绕组温度跳闸逻辑截图

某抽水蓄能机组大轴堵板固定螺栓脱落分析及处理

刘 肖 卢 彬 李永红 赵 安
（河北张河湾蓄能发电有限责任公司，河北省石家庄市 050300）

【摘 要】 某抽水蓄能电站2号机组在抽水调相转抽水过程中转子一点接地保护动作，机组电气跳机。经现场检查发现，风洞内有流水声，进到上风洞后发现发电机上端轴励磁母排穿线孔处漏水，经分析认为漏水是尾水管内水从泄水锥板经水轮机轴返至发电机大轴从励磁母排穿线孔处漏出。

【关键词】 抽水蓄能电站 大轴堵板 固定螺栓 脱落

1 概述

河北张河湾抽水蓄能电站位于河北省石家庄市井陉县境内，距石家庄市公路里程77km，是一座日调节纯抽水蓄能电站。该电站总装机容量为1000MW，安装4台单机容量250MW的单级混流可逆式水泵水轮机组，以一回500kV线路接入河北南部电网，在系统中承担调峰、填谷、调频、调相及事故备用任务。

电站2号机组在抽水调相转抽水过程中转子一点接地保护动作，机组电气跳机。经现场检查发现，风洞内有流水声，进到上风洞后发现发电机上端轴励磁母排穿线孔处漏水。水流路径图如图1所示。

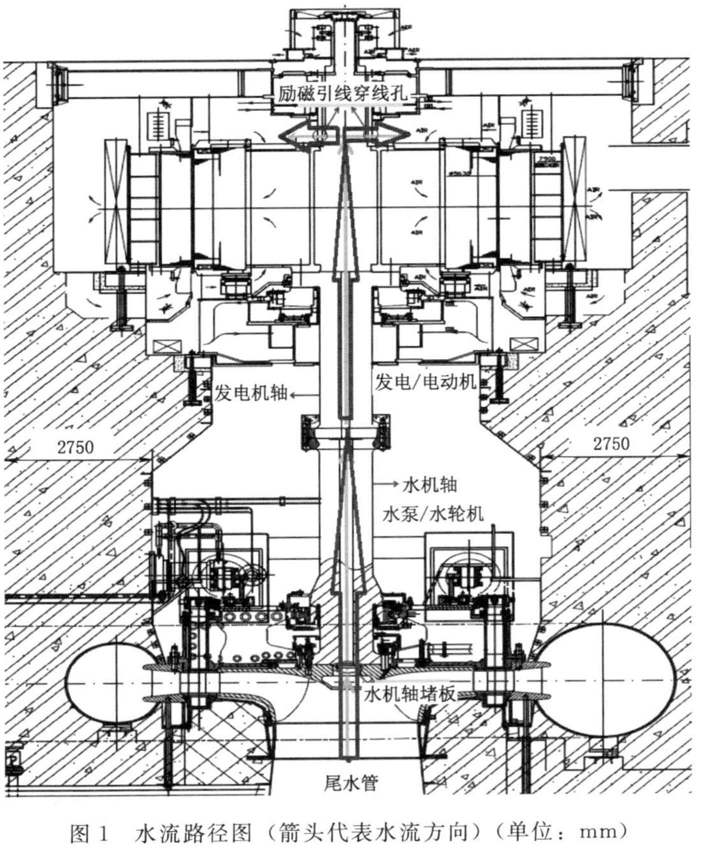

图1 水流路径图（箭头代表水流方向）（单位：mm）

2 故障情况检查

尾水排水后对堵板进行检查，发现其8颗固定螺栓中脱落3颗；固定堵板的螺栓孔螺纹有锈蚀，拆开堵板后发现密封条损坏严重。

3 故障原因分析

3.1 直接原因

从拆下来的水轮机大轴堵板的旧螺栓进行尺寸测量，发现螺栓螺纹处的直径为 15.53mm，依照 GB 5782—2016《六角头螺栓》相关标准，M16 的螺栓螺纹处直径最小为 15.65mm，最大为 16.35mm；而且通过检查大轴上螺纹的情况发现大约有 10～15mm 深的螺纹存在明显损伤缺失。

所以导致堵板螺栓脱落的直接原因是螺栓螺纹处较细，无法保证与大轴螺纹完全可靠咬合，在长期交变应力的作用下损坏大轴螺纹，进而螺栓脱落。

3.2 间接原因

（1）通过测量未脱落的 5 颗螺栓长度为 50mm，小于原设计螺栓标准长度（标准长度为 60mm），这就要求螺栓的螺纹承载的应力变大，再加上螺纹直径偏小，所以易导致螺纹损坏脱落。反映出在之前的检修工作中对设备安装的技术要求及标准掌握不够，未能按照图纸要求安装符合设计长度的螺栓。

（2）对紧固螺栓进行材料检测。经质监局检验，发现该螺栓的材质中锰（Mn）含量严重超标（光谱分析），而镍（Ni）和铬（Cr）含量接近残余量，严重不达标，属于“高锰钢”，不是“304 不锈钢”，导致螺栓的焊接性能变坏、耐腐蚀性能降低、有明显的回火脆性现象，所以无法保证螺栓的点焊质量。

（3）使用的该批螺栓至少是 5 年前采购，由于当时对螺栓的验收工作不够仔细，只要供货商提供螺栓的检测报告则就通过验收并入库，其次由于现场条件不满足，无法对螺栓的化学成分进行分析，所以可能会有不合格的螺栓进入电站。

4 故障处理

4.1 发电电动机方面处理

（1）确认转子励磁引线绝缘低的故障点，将转子励磁引线的软连接打开，分段确定绝缘低的具体部位，最后确认两个软连接之间的铜排部分受潮导致绝缘降低。

（2）将该段铜排的螺栓及绝缘套拆下采用热风枪吹扫并结合无水乙醇清洗。经处理后，该部位的绝缘恢复至 4GΩ。

（3）在水轮机转轮中孔处安装热源风机，向大轴内通热风以烘干大轴中孔。

（4）采用发电机静态励磁干燥方案，在机组零转速时励磁加载小电流，对转子进行升温烘干。

（5）采用投入风洞加热器并空转机组通风的方式（退出机组技术供水系统）对机组的定、转子进一步的甩干及风干。

（6）机组进行零起升流试验，利用定子短路加温的方式对定、转子进一步烘干。

（7）机组进行零起升压试验，验证机组定子绝缘良好。

4.2 水泵水轮机方面处理

（1）水轮机大轴堵板上的旧螺栓孔用丝锥清除内部杂质，清理干净。

（2）经过与 GE 公司咨询确认，新螺栓长度由 50mm 增至 70mm。

（3）堵板密封使用原厂采购的 DIA180mm×7mm 的标准密封圈。

（4）将旧螺栓全部更换成材质为 A2－70 的不锈钢螺栓。

（5）新螺栓回装时涂锁固胶，每个螺栓用力矩扳手预紧，预紧力矩满足 72N·m＋5%的设计要求；螺栓预紧后与水轮机大轴中孔堵板进行点焊，防止螺栓松动。

（6）对水轮机的水导轴承油盆进行清理，更换新透平油并加注至正常油位。

（7）对水泵水轮机的其余部件进行清扫检查，各部件工作正常。

（8）在机组大修中对水轮机和发电机。

5 防治对策

（1）对其他机组水轮机大轴中孔堵板进行了详细的拆卸检查。

（2）优化材质及安装工艺：

1）3台机组的水机轴堵板螺栓全部更换成材质A2-70的不锈钢螺栓。

2）3台机组的水机轴堵板螺栓回装时，均涂抹锁固胶，螺栓力矩均按照主机厂家要求的72N·m±5%进行预紧，螺栓预紧后全部用不锈钢锁片锁紧，防止螺栓松动；将螺栓、螺栓孔进行统一编号，以便后期检查、记录运行情况。

（3）在机组大修期间对水轮机和发电机连轴法兰处进行加工处理，增加一块堵板，进行焊接处理，焊接后进行探伤检查，可以作为防止大轴堵板漏水的第二道屏障，可以确保类似事件不再发生。

6 结语

此案例虽然不常见，但是暴露的螺栓问题存在共性。同时给水机大轴和发电机大轴设计为中空型式的机组提供借鉴意见。同时有以下启发，应结合机组检修及定检对各密封件、连接螺栓进行检查，必要时开展螺栓的金属探伤。同时加强螺栓采购环节的管理：首先要加强验收人员对紧固件相关国标的学习，了解其重要的尺寸参数及化学组成，确保在验收环节更有针对性地进行验收；其次所有紧固件均应通过正规渠道采购正规厂家的产品，除提供厂家的检测报告外还要进行抽检，抽检应由省级以上检测机构进行检测。概括来讲，从设计角度上，水机大轴和发电机大轴不宜设计成中空形式，可以在某个连接处设置堵板，作为防止大轴堵板漏水的第二道保护。另外在日常维护检修过程中应加强对堵板的检查和维护，确认螺栓力矩值满足设计要求，防止堵板脱落。该案例可以为类似设计机组提供借鉴意见。

参考文献

[1] 骆如蕴. 水电站动力设备设计手册［M］. 北京：水利电力出版社，1990.

抽水蓄能电站顶盖螺栓断裂失效原因分析

徐亚鹏　林晨阳子　张　飞
（国网新源控股有限公司抽水蓄能技术经济研究院，北京市　100761）

【摘　要】抽水蓄能电站顶盖螺栓断裂失效问题时有发生，究其原因有很多因素。本文尝试从顶盖螺栓的预紧力设计、高强度螺栓的氢脆敏感性以及疲劳特性 3 个方面进行分析论述。分析推导出了顶盖螺栓预紧力不应小于其工作载荷的 2 倍，介绍了高强度螺栓氢脆断裂失效的基本原理与产生的条件，提出了对疲劳寿命的分析要根据实际工作情况选用一种或多种分析方法和模型进行科学预测。

【关键词】顶盖螺栓　预紧力　氢脆断裂　疲劳

抽水蓄能电站在电网中主要承担削峰填谷、调频调相、事故备用和黑启动等功能[1]，随着"碳达峰、碳中和"目标的提出，抽水蓄能电站将发挥越来越重要的作用[2]。抽水蓄能电站的顶盖和座环之间靠高强度的螺栓连接，是防止水淹厂房的重要保障，顶盖螺栓一旦断裂将造成灾难性的事故[3]。

抽水蓄能电站工况较多，启停频繁，顶盖螺栓受力也较复杂。一直以来对于顶盖螺栓的设计标准存在着一些理解分歧，对于顶盖螺栓的失效分析也往往局限于设计和疲劳方面。本文对顶盖螺栓预紧力的设计进行了推导论证，对顶盖螺栓的制造和服役过程中主要的失效原因氢脆断裂和疲劳进行了论述。

1　顶盖螺栓预紧力过大或过小失效

为保证螺栓的可靠连接，需要对其施加一定的预紧力。预紧力过小，则连接容易松动；预紧力过大，则有可能使螺栓发生塑性变形进而失效[4]。因此，合适的预紧力是防止螺栓发生断裂的前提保证。

螺栓与被连接件受力变形示意图如图 1 所示，图 1（a）表示螺栓与螺母之间没有受力，相互之间没有发生弹性变形，螺栓长度没有变化。图 1（b）表示螺母拧紧状态，螺栓与螺母受到预紧力 F_0 的作用。螺栓被拉长，伸长量为 λ_b；被连接件受到压缩，伸缩量为 λ_m。图 1（c）表示螺栓与被连接件在螺母拧紧的情况下受到轴向工作载荷 F 的作用，在图 1（b）的基础上螺栓伸长量增加 $\Delta\lambda$。根据连接的变形协调条件，螺栓伸长量等于被连接件压缩变形的减少量，因此被连接件在图 1（b）的基础上也伸长了 $\Delta\lambda$。此时，在受到预紧力和工作载荷组成的合力 F_2 作用下，螺栓的总伸长量为 $\lambda_b+\Delta\lambda$，被连接件总伸缩量为

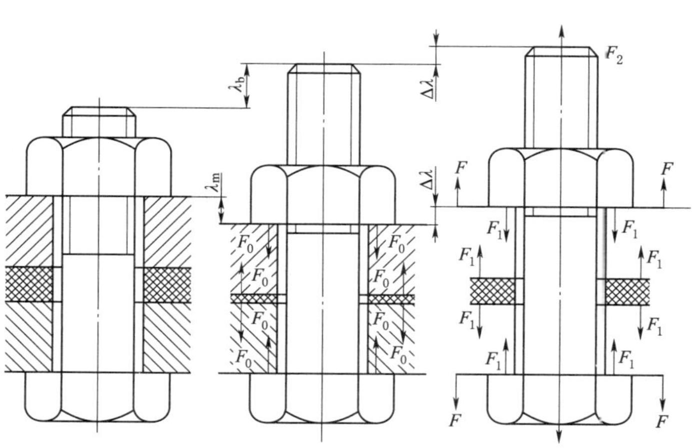

（a）螺母未拧紧　（b）螺母拧紧　（c）承受轴向工作载荷

图 1　螺栓与被连接件受力变形示意图

$\lambda_m-\Delta\lambda$。在施加工作载荷之后螺栓与被连接件均再次发生变形，所以受到的合力 F_2 不等于图 1（b）中的预紧力 F_0 和工作载荷 F 之和，而是等于此时的残余预紧力 F_1 与工作载荷 F 之和。即

$$F_2=F+F_1 \tag{1}$$

螺母拧紧后未受到工作载荷的作用，在未发生塑性变形的情况下，其受力变形图符合胡克定律，如图 2 所示。图 2（a）为螺栓变形图，图 2（b）为被连接件受力变形图，由图 2（a）和图 2（b）合成所得图 2（c）。由此得式（2）和式（3），其中 C_b 定义为螺栓刚度，C_m 定义为被连接件刚度。

$$\tan\theta_b=\frac{F_0}{\lambda_b}=C_b \tag{2}$$

$$\tan\theta_m=\frac{F_0}{\lambda_m}=C_m \tag{3}$$

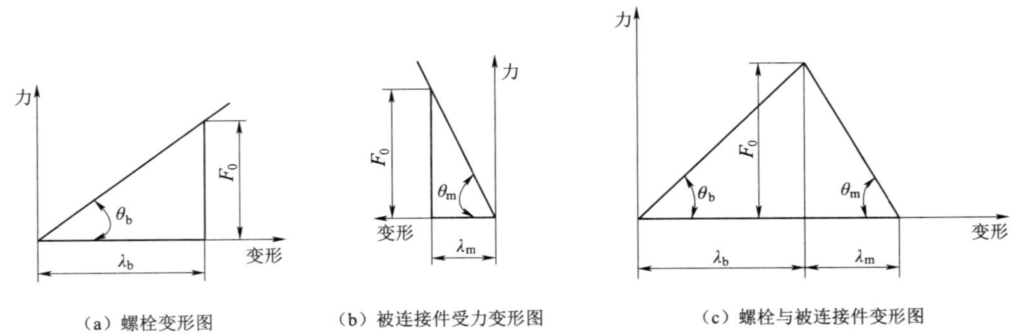

图 2　未受到工作载荷时螺栓与被连接件受力变形坐标图

螺母拧紧后受到轴向工作载荷 F 时，螺栓与被连接件的受力变形图如图 3 所示。由图 3 可得式（4）和式（5）。

$$\Delta\lambda=\frac{F_2-F_0}{C_b} \tag{4}$$

$$\Delta\lambda=\frac{F_0-F_1}{C_m} \tag{5}$$

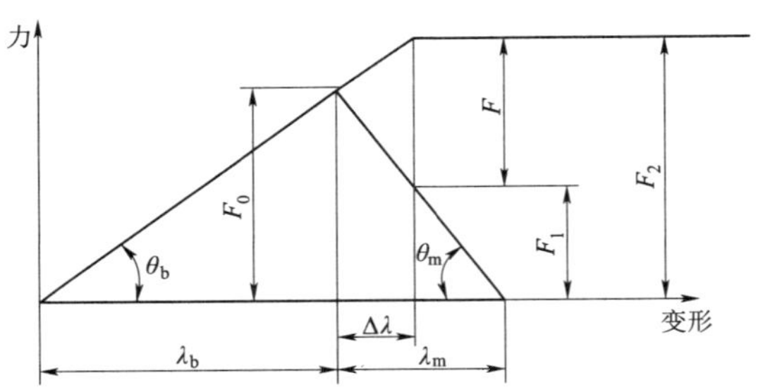

图 3　受到工作载荷时螺栓与被连接件受力变形坐标图

由式（1）、式（4）和式（5）可得式（6）和式（7），其中$\frac{C_b}{C_b+C_m}$为螺栓的相对刚度。

$$F_1=F_0-\frac{C_m}{C_b+C_m}F \tag{6}$$

$$F_2=F_0+\frac{C_b}{C_b+C_m}F \tag{7}$$

为了使连接件之间紧密结合，防止在工作载荷的作用下结合面产生缝隙，必须使残余预紧力 $F_1>0$。根据《机械设计手册》的描述，螺栓受到轴向工作载荷作用时相对刚度参考值和残余预紧力参考值见表 1 和表 2。

表 1　螺栓相对刚度参考值

被连接件所用垫片	金属垫片或无垫片	皮革垫片	钢皮石棉垫片	橡胶垫片
$\frac{C_b}{C_b+C_m}$	0.2～0.3	0.7	0.8	0.9

表 2 残余预紧力参考值

工况	一般连接	变载荷	冲击载荷	有密封性要求
残余预紧力 F_1	$F_1=(0.2\sim0.6)F$	$F_1=(0.6\sim1.0)F$	$F_1=(1.0\sim1.5)F$	$F_1=(1.5\sim1.8)F$

图 4 为某抽水蓄能电站甩 100％负荷时转速与顶盖腔体内各测点压力变化趋势图。从图中可以看出，在短时间内转速、转轮与底环间压力、无叶区压力和顶盖压力都变化非常大，因此可以认为抽水蓄能电站除了在发电和抽水正常工况下受到变载荷的作用，在甩负荷过渡过程中也受到冲击载荷的作用。为保证顶盖螺栓在极端情况下不发生失效，根据表 1 和表 2，抽水蓄能电站顶盖螺栓相对刚度参考值选择为 0.2～0.3，残余预紧力参考值选择为 1.0～1.5。因此，根据式（6）可以得出预紧力 $F_0=(1.7\sim2.3)F$，取中值即为 $F_0=2F$。

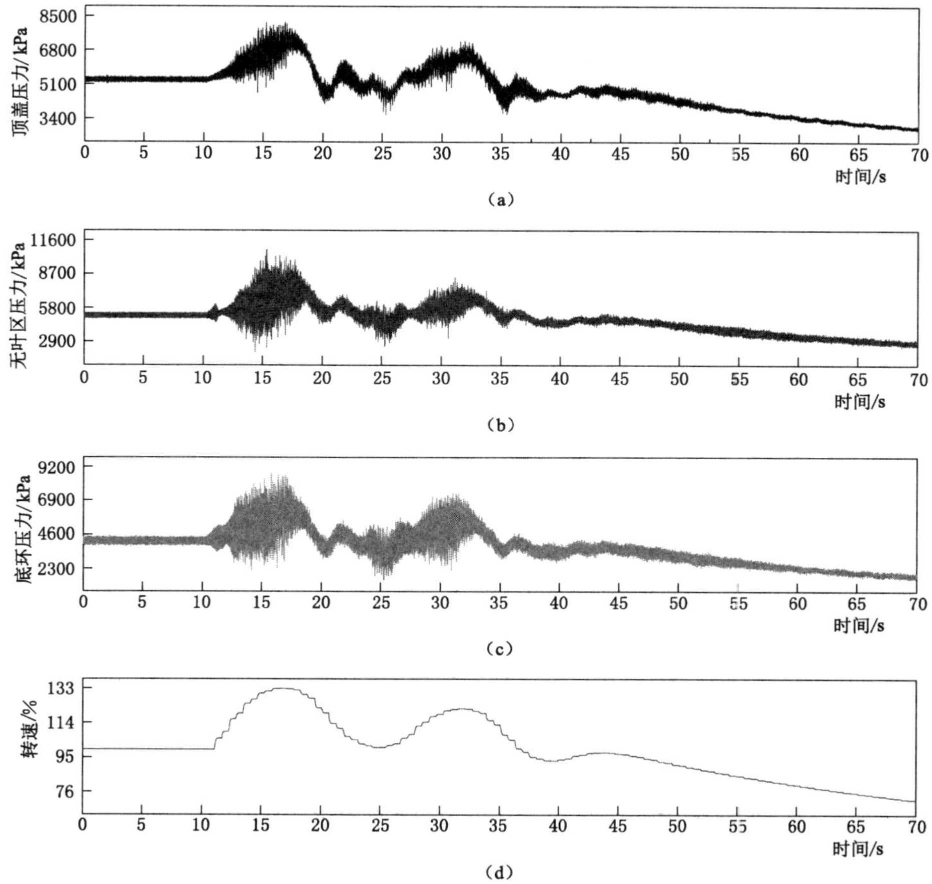

图 4 甩 100％负荷时机组转速与顶盖内各测点压力变化趋势图

在 GB/T 22581—2008《混流式水泵水轮机基本技术条件》4.2.2.6 提到了“当要求有预应力时，螺栓的荷载不应小于连接部分设计荷载的 2 倍”，这句描述中定义比较模糊，不容易理解。在 GB/T 15468—2006《水轮机基本技术条件》中也提到了完全一样的叙述。前者在“规范性引用文件”中引用了后者，所以前者应该是直接照搬了后者的相关论述。而在最新修订的 GB/T 15468—2020《水轮机基本技术条件》4.2.2.7 中修改相关描述为“当要求有预应力时，预紧力应不小于正常工况和过渡工况下连接对象的最大工作荷载折算到螺栓轴向荷载的 2.0 倍”。其描述与本文上述计算分析结果相吻合。

2 高强度螺栓的氢脆断裂失效

抽水蓄能电站所用顶盖螺栓一般都为 8.8 级及以上的高强度螺栓。据有关统计[5]，常温下由于氢脆断裂导致螺栓断裂的占比将近 1/3。氢脆断裂是由于氢原子在金属内发生扩散，由于应力的作用，在晶界或材料缺陷处聚集为分子，产生巨大压力。当这个压力与材料内部残留应力以及外加作用力共同作用下，一旦超过材料的屈服强度，就会发生塑性变形进而导致螺栓断裂。由于氢扩散和富集需要一定的时间，因此氢脆通常表现为延迟断裂[6-7]。

高强度螺栓发生氢脆断裂有两个必备的前提条件。一是螺栓中存在一定的应力；二是螺栓中有一定的氢含量。螺栓中的氢一般来源于周围环境和生产制造环节。在潮湿环境中，螺栓容易被腐蚀，腐蚀反应过程中会有氢生成，部分氢会渗入进金属体内。在材料的制造环节，如酸洗、电镀、发黑处理、磷化处理等过程中也容易造成渗氢。抽水蓄能电站顶盖螺栓长期暴露在潮湿环境中，所用高强度螺栓一般也会经历上述制造过程，并且受到预紧力以及工作载荷的作用，存在拉应力。因此存在氢脆断裂的可能性。

螺栓氢脆的检测方法一般有以下几种：①根据 GB/T 3098.17—2000《紧固件机械性能 检查氢脆用预载荷试验 平行支承面法》进行平行支撑面试验。该试验需在最终制造工序之后 24h 内进行，超过这个时长检测出氢脆的概率会明显减少。②根据 GB/T 24185—2009《逐级加力法测定钢中氢脆临界值试验方法》进行逐级加力试验。该试验可以定量测得螺栓氢脆临界值。③气泡法。将 200 号的硅油加热至 200℃，将试样放置其中加热几分钟，若观察到有连续气泡冒出则可以判定试样中存在一定的氢含量。此方法实施起来较为简单，但只能进行定性分析。

为了避免顶盖螺栓因为氢脆导致断裂失效而引起重大事故，一方面需要加强制造环节的管控，采用一些“去氢”等工艺流程保证螺栓出厂时不含氢。另一方面需要在螺栓服役过程中利用科学的手段加强这方面的技术监督。

3　顶盖螺栓的疲劳失效

疲劳是指材料受到交变应力的作用，在经过一定的循环次数之后形成裂纹进而发生断裂的现象，引起疲劳断裂所需的应力一般都小于材料的屈服强度[8-9]。因此，工程上一些材料的选用尽管设计强度满足要求，在使用当中也会发生失效问题。据有关统计[5]，由疲劳原因引起的高强度螺栓断裂占比将近 2/5。

抽水蓄能电站机组启停频繁，工况复杂，开机和停机过程中顶盖部位振动和稳态时相比也比较大，在发电和抽水稳态工况运行时顶盖腔体内还存在着一定的压力脉动。所以，顶盖螺栓承受着随机性非稳定变应力和稳定性脉动循环变应力，受力情况十分复杂。

图 5 为某抽水蓄能电站顶盖螺栓疲劳断裂的断口形貌图，断口形貌一般可以分为疲劳源区、疲劳裂纹扩展区和瞬断区。疲劳源区通常起源于应力集中区或者材料的缺陷处，经过一定的应力循环之后，开始有微裂纹产生以及扩展，最后发生断裂。

图 5　螺栓疲劳断裂断口形貌图

影响材料疲劳寿命的因素主要有材料本身的性质、外形尺寸、表面质量以及服役环境等。对于疲劳寿命的分析方法有经典的 $S-N$ 曲线、Miner 线性累积损伤准则以及基于断裂力学的 Paris 公式等。对于仅受到等幅交变应力的材料一般可以用 $S-N$ 曲线来预估剩余寿命；对于受到不规律变载荷的材料，采用

Miner法则更为准确一些；Paris公式是用来表征裂纹的扩展速率，它假定材料本身就存在裂纹，通过断裂力学的理论分析以及试验检测方法来判断裂纹是否已扩展到临界尺寸，以此来预测材料寿命，其主要适用于裂纹扩展较慢且有高断裂韧性的材料。

顶盖螺栓的疲劳寿命分析十分复杂，需要运用多种学科的理论知识，根据材料的实际服役情况，选取一种或者多种分析方法和模型才能够更准确地进行预测。

4 结语

（1）通过分析推导，对GB/T 15468中顶盖螺栓预紧力设计值应不小于最大工作载荷折算到螺栓轴向载荷的2倍进行了论证。

（2）氢脆断裂是顶盖螺栓失效的主要原因之一，在制造过程中要进行除氢处理，服役过程中要尽量避免氢的浸入，必要时采用科学的方法进行监督。

（3）顶盖螺栓受力情况复杂，对其疲劳寿命进行评估时，应根据实际情况选用一种或多种方法和模型才能更加准确。

参考文献

[1] 林铭山，LIN，Migshan，等. 抽水蓄能发展与技术应用综述 [J]. 水电与抽水蓄能，2018，4（1）：1-4，22.
[2] 朱怡，刘泊静. 挖掘抽水蓄能潜力 服务低碳转型 [N]. 中国电力报，2021-03-11（2）.
[3] 杨建东，赵琨，李玲，等. 浅析俄罗斯萨扬-舒申斯克水电站7号和9号机组事故原因 [J]. 水力发电学报，2011，30（4）：226-234.
[4] 何宏，程宝建. 螺栓连接的预紧力控制 [J]. 现代冶金，2012，40（4）：41-42.
[5] 陈华锋. 高强度螺栓氢脆断裂失效的表征研究 [D]. 北京：机械科学研究总院，2009.
[6] 贺凯林. 高强度螺栓断裂分析 [J]. 热处理，2020，35（2）：45-47.
[7] 代利强，李增，杨宝成，等. 紧固件氢脆分析与研究 [J]. 农业装备与车辆工程，2019，57（S1）：137-139.
[8] 郝富杰. 概述金属疲劳产生的原因及影响因素 [J]. 山西建筑，2011，37（11）：51-52.
[9] 祝雯霞. 金属构件疲劳破坏机理探析 [J]. 电子测试，2013（9）：126-127.

抽水蓄能变速机组运行范围浅析

喻 冉[1] 王瑞莲[2] 李凌飞[3] 阎 伟[4]

(1. 河北丰宁抽水蓄能有限公司，河北省丰宁满族自治县 068350；
2. 华北水利水电大学，河南省郑州市 450011；
3. 国网新源控股有限公司抽水蓄能技术经济研究院，北京市 100761；
4. 安德里茨（中国）有限公司，广东省佛山市 528051)

【摘 要】 抽水蓄能电站在电力系统中承担着削峰填谷、调频、调相、事故备用等作用，对保障电网平稳运行具有重要的意义。变速抽水蓄能机组通过改变转速，可显著提高其调节性能，也扩大了其运行范围。

【关键词】 变速机组 运行范围 调节性能 优势

1 引言

抽水蓄能机组启停迅速、运行灵活、工作可靠，其良好的调节性能为电力系统提供了坚强的保障。

抽水蓄能定速机组抽水和发电两种工况的最高效率区不重合，通常按照水泵工况为基础进行水力设计，以水轮机工况进行校核，因此水轮机工况的运行范围会偏离最优工况区域；定速机组抽水工况以单一转速运行，无法进行入力调节。由于上述原因，定速机组的调节性能也就受到一定程度的限制。

抽水蓄能变速机组在发电工况下可通过降低转速，向更优工况运行，在运行效率、压力脉动以及空化性能方面更具优越性。变速机组在抽水工况下可通过改变转速，调节入力和流量，具有较好的调节性能。

随着变速机组的引进，抽水蓄能机组在发电工况运行时可通过降低转速，实现向效率更高、压力脉动更小、空化性能更优的工况运行；在水泵工况运行时，通过改变转速则可发挥更好的调节作用。

2 发电工况运行范围分析

根据水轮机的相似规律，可得水轮机的单位转速：

$$n_{11}=\frac{nD_1}{\sqrt{H}} \tag{1}$$

$$Q_{11}=\frac{Q}{D^2\sqrt{H}} \tag{2}$$

式中 n_{11}——单位转速，r/min；
n——转速，r/min；
D_1——转轮公称直径，m；
H——水头，m；
Q_{11}——流量，m^3/s。

根据水轮机相似理论，同系列水轮机在相似工况下其单位转速 n_{11} 及单位流量 Q_{11} 分别相等，同一组 n_{11} 和 Q_{11} 决定了一个相似工况。

因此以 n_{11}、Q_{11} 为变量可表示出同系列水轮机在不同工况下效率 η、空化系数 σ 及压力脉动等的变化规律。在以 n_{11} 为纵坐标、Q_{11} 为横坐标的坐标系中，可描绘出等效率线、等空化系数线和等压力脉动线等，称为综合特性曲线。

通过转轮模型的综合特性曲线可相似地表示出真机运行的规律，从而指导真机运行。

图 1 为某定速抽水蓄能机组的综合特性曲线示意图。从图 1 中可知，当 100%出力时，右下角 A 点为最高效率点，效率约为 91.6%；A 点无叶区 $+X$ 方向压力脉动最小，约为 0.8%；A 点临界空化系数最小，约为 0.05，此点位于最高水头处。A 点为 100%出力时效率最高、无叶区压力脉动最小、空化性能最优的运行工况。

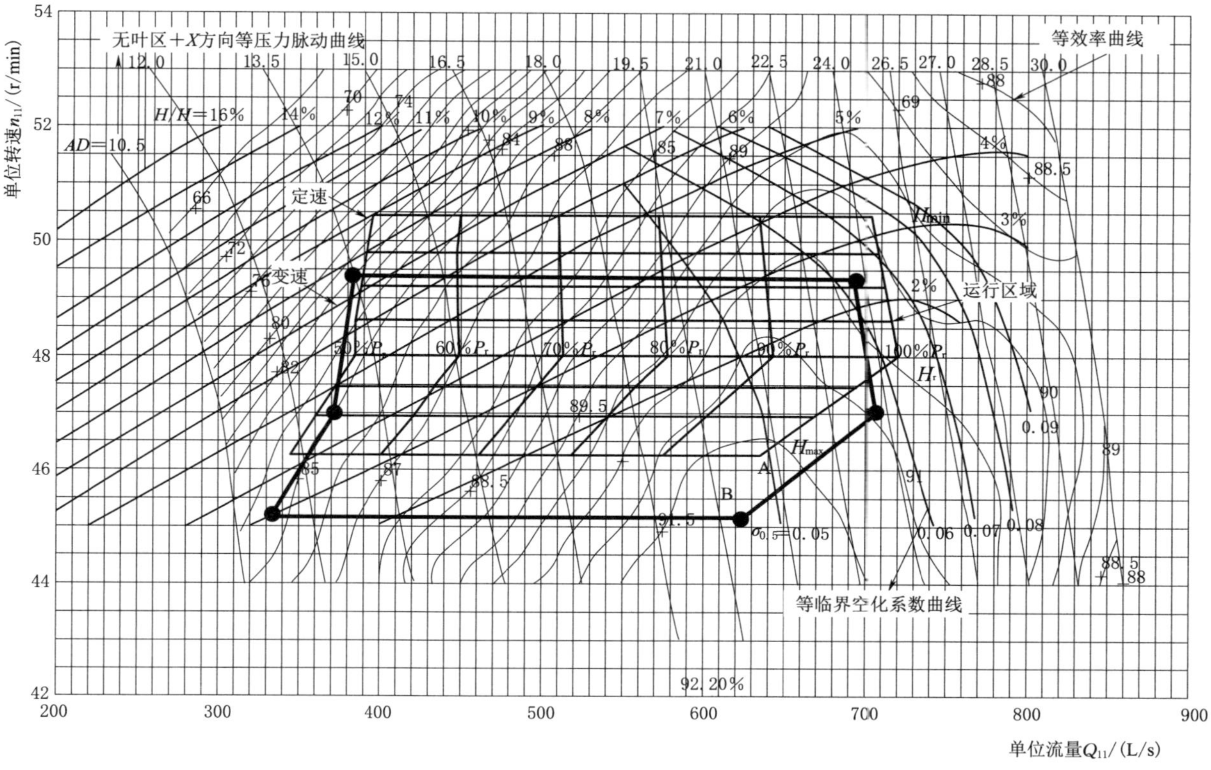

图 1　某抽水蓄能定速机组综合特性曲线示意图

3　发电工况转速与运行范围的关系

由式（1）可知单位转速 n_{11} 与转速 n 成正比，即 n 越小，则 n_{11} 越小。若降低转速，单位转速 n_{11} 变小，图 1 中运行区域整体向下，则意味着运行区域整体向低单位转速区域移动。

机组转速降低后，运行范围将向低单位转速区域移动，黑色框为变逗机组运行范围。从图 2 可知，100%出力时，最优工况由 A 点向 B 点移动，B 点效率更高、无叶区压力脉动更小、空化性能更佳。

在同样出力情况下，降速运行后效率、压力脉动、空化性能均有较大改善，机组的性能显著提升。

水轮机工况常采用低转速运行，这样可使得水轮机在整个运行范围内寻优运行，水轮机运行在高效区，受空化性能和最优运行范围限制水轮机在一定范围内变速运行。

水轮机的变速范围在水泵变速范围内，河北丰宁抽水蓄能电站作为国内第一个引用大型变速机组的项目，其水轮机工况的转速变化范围为－7%～－0.8%。

4　抽水工况运行分析

抽水蓄能机组抽水工况下，机组的入力是指转轮轴端输入的功率，用符号 P 表示，常用单位为 kW。

根据水泵相似定律，几何相似、运动相似、动力相似的两台水泵，符合以下关系。

$$\frac{Q_2}{Q_1}=\frac{n_2}{n_1}\left(\frac{D_2}{D_1}\right)^3 \tag{3}$$

$$\frac{H_2}{H_1}=\left(\frac{n_2}{n_1}\right)^2\left(\frac{D_2}{D_1}\right)^2 \tag{4}$$

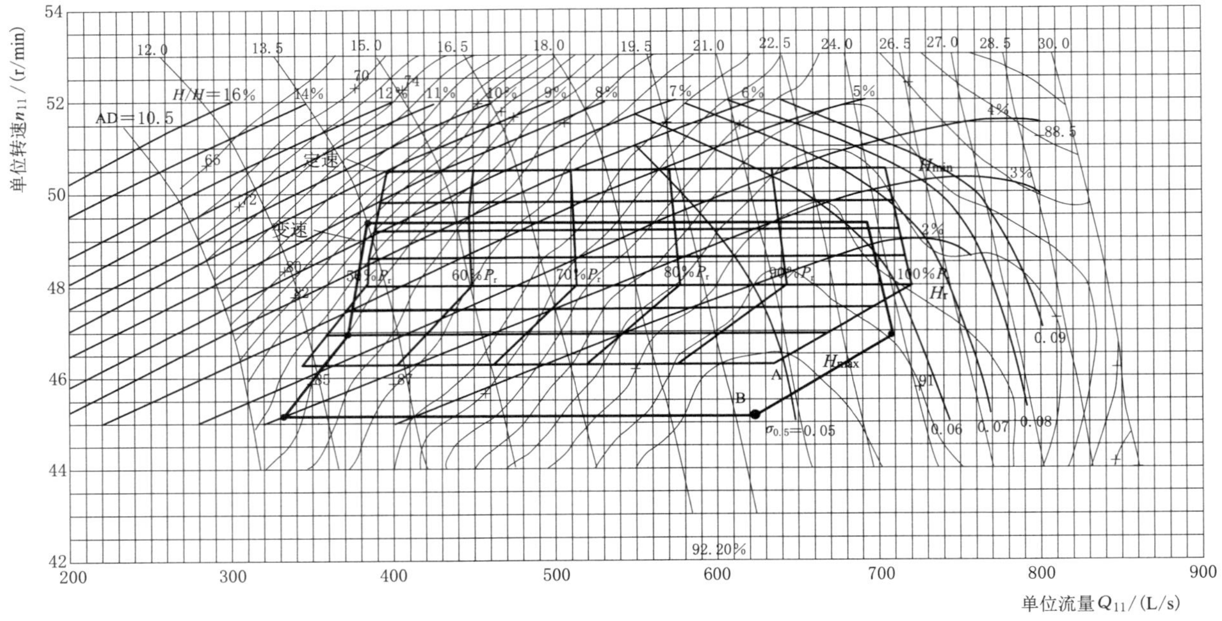

图 2 变速机组运行范围示意图

$$\frac{P_2}{P_1}=\left(\frac{n_2}{n_1}\right)^3\left(\frac{D_2}{D_1}\right)^5\left(\frac{\rho_2}{\rho_1}\right) \tag{5}$$

式中 n_1、n_2——水泵 1、水泵 2 的转速，r/min；

Q_1、Q_2——水泵 1、水泵 2 的流量，m^3/s；

D_1、D_2——水泵 1、水泵 2 的叶片外径，m；

H_1、H_2——水泵 1、水泵 2 的扬程，m；

P_1、P_2——水泵 1、水泵 2 的入力，MW；

ρ_1、ρ_2——水的密度，kg/m^3。

由式（3）、式（4）、式（5）得，水泵抽水时，流量与转速近似成正比，扬程与转速的平方近似成正比，入力与转速的三次方近似成正比。

抽水蓄能机组水泵工况，通过转速较小的改变就会带来入力的较大改变。同时转速的改变会引起流量和扬程的变化，意味着机组的泵水能力的变化。

如图 3 所示，抽水蓄能定速机组水泵工况只能以额定转速 n_r 运行，其运行范围在图 3 曲线所示的包络线上，起止于最大和最小扬程；变速机组通过改变转速实现水泵工况运行范围的扩大，其运行范围在图 3 中灰色阴影区域。通过对比，可知变速机组水泵工况运行范围得到较大拓展。

从图 4 可知，抽水蓄能定速机组水泵工况以额定转速 n_r 运行，随着水位的变化，扬程随之变大，流量变小，机组入力随之被动变小。通过变转速，抽水蓄能机组水泵入力范围、扬程范围和流量范围均得以拓宽。

变速机组则具备其独有的入力和流量调节方式，在某一扬程下，通过改变转速，实现入力变化，机组的入力调节能力大大加强。同时，可通过提高转速，实现流量加大，机组的泵水能力加强，变速机组比定速机组具有更高的经济性能。

抽水蓄能变速机组通过改变转速，其扬程适应范围比定速机组更大，变速机组可适应更大的扬程和流量变幅，运行范围变大。变速机组通过改变转速，其入力和流量调节能力较定速机组更加灵活，变速机组的调节性能和经济性能有力提升。

由于在水泵工况，流量、扬程和入力分别与转速的幂次方近似成正比，而流量、扬程和入力分别有各自的范围，所以水泵转速只能在一定范围内变化。受制于发电电动机容量，水泵水轮机入力不能无限制提高，水泵最大升速有一定限制。同时，由于水泵最小流量时，最小入力不能无限降低，水泵最大降速也有一定限制。

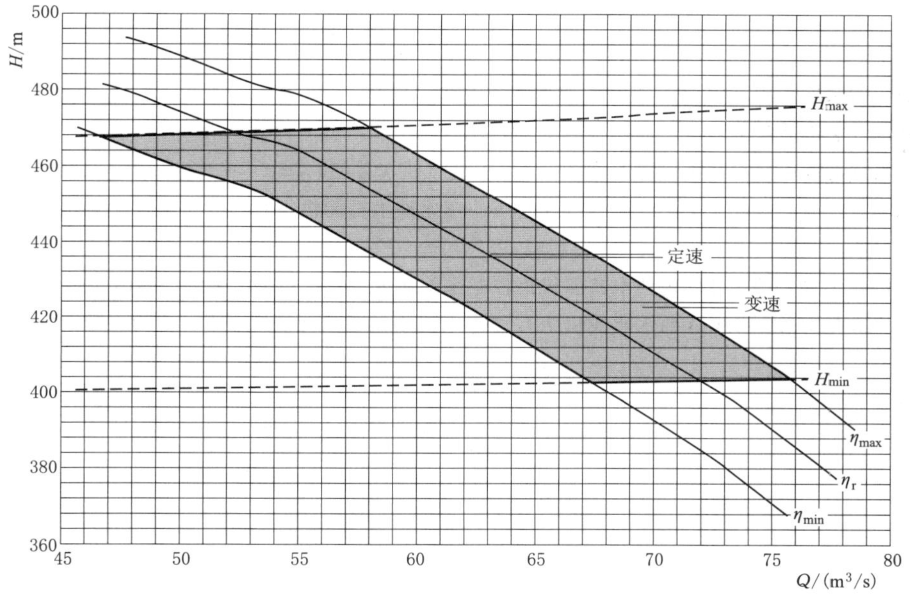

图 3 定速、变速机组水泵特性曲线对比示意图

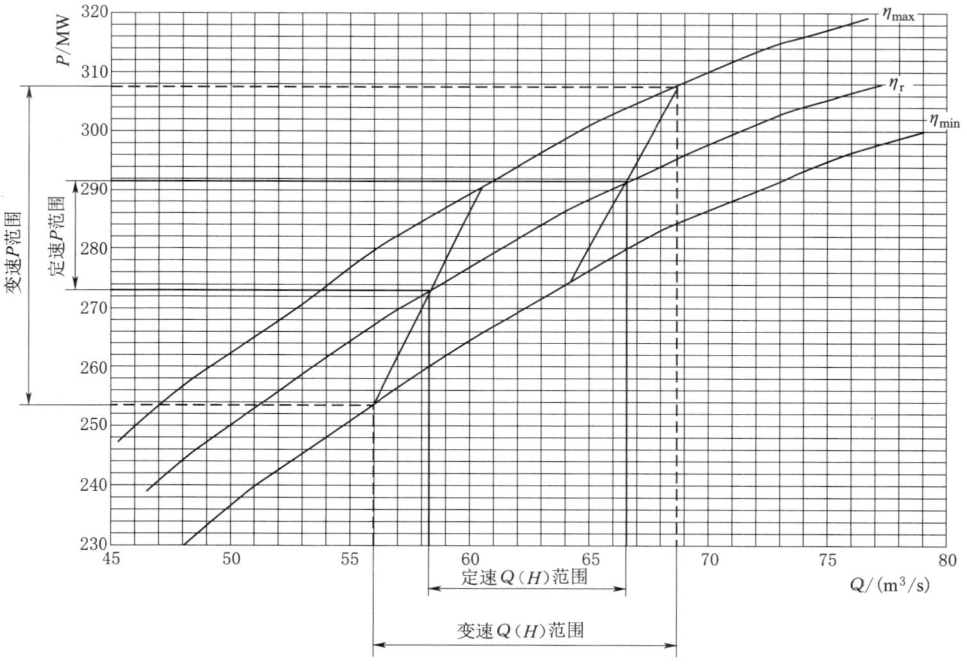

图 4 定速、变速机组水泵入力与流量关系曲线对比示意图

考虑到整个项目成本优化，丰宁项目转速变化范围采用对称设计，水泵工况转速变化范围为－7%～+7%。

5 结语

通过对定速机组和变速机组综合特性曲线分析，可知变速机组发电工况可通过降低转速，使机组向更优工况运行，提高机组综合性能。变速机组抽水工况可通过改变转速，使机组运行范围显著扩大，并使机组调节性能得到有力提升。

抽水蓄能变速机组是应对电网中可再生能源间歇性问题的有效方案之一，随着变速机组的引进，建议相关项目单位尽早开展运行方式研究，使得机组在综合性能最优工况运行，发挥出最高经济性能。

参考文献

[1] 郑源，陈德新. 水轮机 [M]. 北京：中国水利水电出版社，2011.

[2] 程远楚，张江滨. 水轮机自动调节 [M]. 北京：中国水利水电出版社，2010.

[3] 喻冉. 浅谈变频交流励磁抽水蓄能机组的意义 [J]. 水电与抽水蓄能，2015，1 (2)：72-78.

[4] 张高高，姜海军，徐青，等. 基于机组运行特性曲线的变速抽水蓄能机组自适应协调控制方法 [J]. 水力发电，2019，45 (8)：80-84.

[5] 周金邢，姜建国，吴玮，等. 可变速抽水蓄能机组控制系统研究 [J]. 电气自动化，2015，37 (4)：1-3.

[6] 邵宜祥，纪历，袁越，等. 可变速抽水蓄能机组在抽水工况下的自启动方案 [J]. 电力系统自动化，2016，40 (24)：125-130.

江苏溧阳抽水蓄能电站机组调相压水系统典型故障原因分析与处理

魏　力　许　涛　吴茂才　宋明亮
（江苏国信溧阳抽水蓄能发电有限公司，江苏省溧阳市　213300）

【摘　要】本文就江苏溧阳抽水蓄能电站机组调相压水系统几种典型故障进行原因分析，并简要介绍了处理情况，以期为同行业提供参考。

【关键词】抽水蓄能机组　调相　压水　故障　分析　处理

1　概述

溧阳抽水蓄能电站地处江苏省西南部的溧阳市境内，地下厂房内安装了6台由混流可逆式水泵水轮电动发电机组，总装机容量1500MW，额定水头259m，额定转速300r/min，设计工况包括发电、抽水、抽水调相、发电调相、停机等。

电站自2008年开工建设，2017年1月首台机发电，同年10月6台机组全部投产。自投产以来，机组运行安全稳定，启动成功率、等效可用系数、综合转换效率等各项指标良好。电站正常情况运行方式为一抽两发，在迎峰度夏期间为顶早晚高峰，运行方式最大达到了两抽三发。机组启停频繁，运行时间长，调相压水系统的稳定运行对于机组可靠性指标十分重要。在实际运行过程中，调相压水系统也相继出现了压水进气回路漏气、主压水进气液压阀拒动及位置信号丢失、蜗壳均压阀位置信号丢失等故障，对机组充气压水成功率和安全运行造成了一定影响。经过认真分析研究和及时正确处理，相关问题均得到了解决，有效地保障了机组安全可靠运行。

2　机组调相压水系统介绍

2.1　调相压水系统设备组成

溧阳抽水蓄能电站机组及主要辅助设备由哈尔滨电机厂提供，水泵水轮机额定出力255MW，额定转速300r/min，转轮标称直径4740mm。调相压水气源由中压气系统提供，额定压力为8.0MPa，每台机组配备2台压水气罐，并通过总管与7台中压气机相连，总管末端配置1台均压气罐，用来平衡各压水气罐和控制中压空气压缩机的启停，各气罐容量均为10m³。正常运行时两个压水气罐互通，以保证机组压水充气气源，两个气罐的压力从上限到下限能够保证完成两次压水操作。机组调相压水阀包括主压气液压阀、补气液压阀，回水排气阀为两组串联的液压阀。调相压水过程中还需动作的阀门有上下迷宫环供水电动阀、蜗壳均压阀等。尾水管水位测量装置布置于尾水锥管室门口，水位传感器采用磁感应式接点，包括尾水水位过高位置SWX1、压水位置SWX2、压水补气位置SWX3（触发补气）、压水完成位置SWX4（停止补气）等信号接点。

2.2　调相压水系统控制

（1）充气压水控制：调相压水控制系统收到远方启动令后，开出开蜗壳均压阀、上下迷宫环供水电动阀、主压水进气液压阀、压水补气液压阀令，压水至SWX2位置后关闭主压水进气液压阀，压水补气液压阀保持开启，压至SWX4位置关闭，压水完成。此后水位若升至SWX3位置，则开启压水补气阀，继续压水至SWX4位置关闭。

（2）压水失败判据：充气压水命令发出后经过一定延时，如仍收到尾水水位过高（SWX1位置复归）

信号与压水补气 SWX3 位置信号或未收到压水完成位置（SWX4）信号，则压水失败闭锁机组启动。

（3）回水排气控制：调相压水控制系统收到监控充气压水停止令或压水失败后，开出开转轮回水排气阀、关闭主压水进气液压阀、压水补气液压阀、蜗壳均压阀和上下迷宫环供水电动阀令，回水排气经一定延时关闭转轮回水排气阀，回水排气完成。

机组充气压水流程、转轮回水排气流程详见图 1 和图 2。

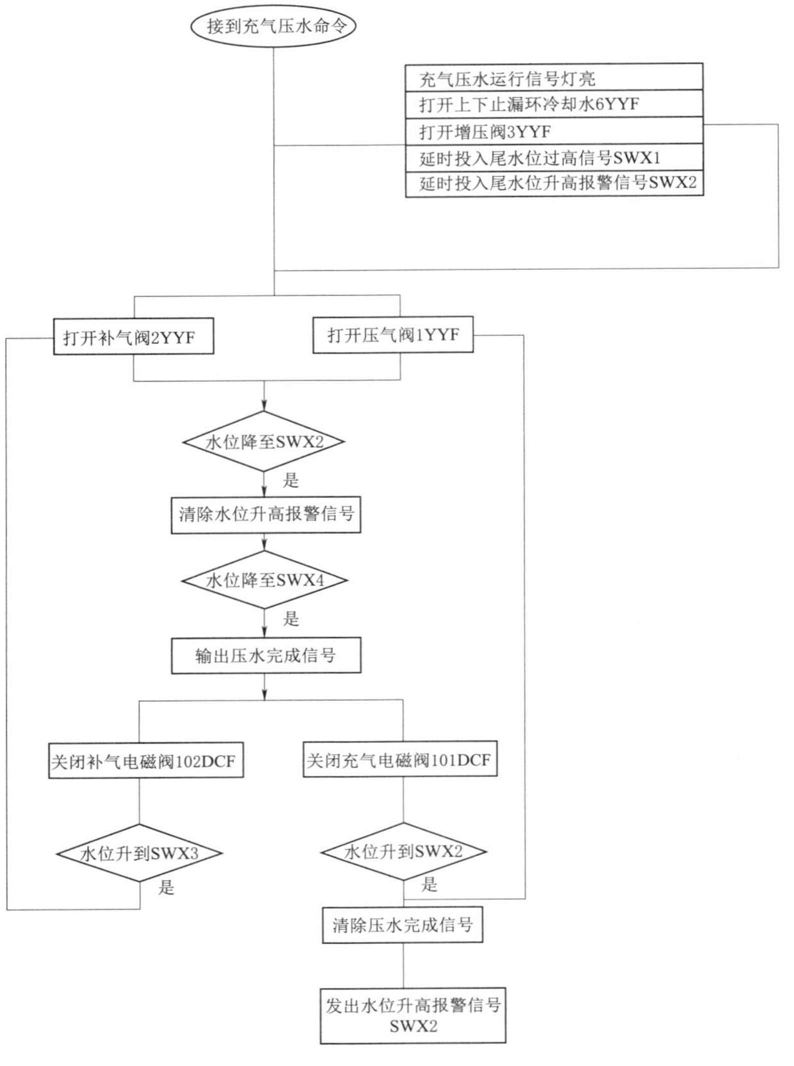

图 1　充气压水流程图

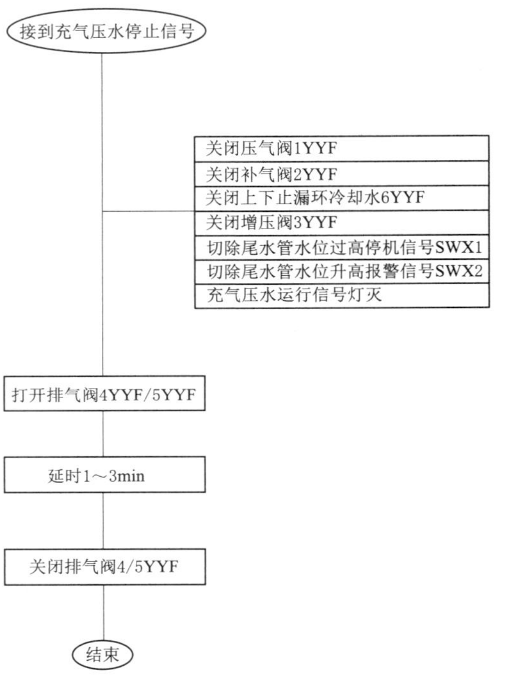

图 2　转轮回水排气流程图

3　调相压水系统几种典型故障

3.1　主压水进气液压阀拒动导致充气压水超时

机组在抽水或调相工况启动时出现充气压水超时报警，机组启动流程退出。检查发现为主压水进气液压阀未动作而造成压水超时，现场经手动压水试验发现主压水进气液压阀拒动，在采取关闭主压水进气液压阀两侧隔离阀并打开补气阀平压的措施后阀门动作正常。手动操动一次后立即启动机组抽水或调相工况均正常。但只要机组停机备用时间稍长（2h）就会出现主压水进气液压阀拒动的情况。根据故障现象，结合试验结果分析，主压水进气液压阀拒动原因为阀的轴承与压紧密封偏紧，长时间单边承受 8.0MPa 压力就会导致开启力矩增大，才会出现首次拒动现象，后续更换新阀门后恢复正常。

3.2 压水进气回路反复出现漏气现象

在 2018—2019 年，2 号机组多次出现机组技术供水流量不稳定现象，判断为修后管路内部存在空气，进行排气后这一现象有所改善，但过一段时间后又再次出现流量降低现象。经过排查发现机组振动有逐步增大的变化，机组运行时蜗壳及尾水进人门处有明显异常声响，且中压空气压缩机启动运行频次增加。综合上述现象，怀疑压水回路存在漏气点，漏出的压缩空气通过尾水肘管进入技术供水、自流供水等系统，造成机组冷却水流量低，影响机组导轴瓦、主变等设备的冷却效果，同时管路内的气体也将对转轮等水机过流部件造成汽蚀危害。

根据分析结果，对压水进气回路设备进行逐一检查，发现主压水进气液压阀密封不严，更换了新的主压水进气液压阀，问题得到了解决。但之后频繁出现主压水进气液压阀密封不严的情况，采取了机组抽水或调相工况启动前手动打开主压水进气液压阀两侧隔离阀，启动成功后再关闭的临时措施，同时开展排查分析，在对调相压水气罐定检时发现气罐内部有锈蚀积水痕迹，其他机组压水气罐则基本完好。结合此现象进行分析后对压水进气回路拆解排查，发现压水进气回路的逆止阀已完全失效，导致尾水通过压水进气管路腐蚀主压水进气液压阀的密封。将主压水进气液压阀和逆止阀一并更换后消除了缺陷。

3.3 主压水进气阀位置信号丢失

机组在抽水方向启动过程中由于主压水进气液压阀位置信号丢失，造成启动失败。现场现象为主压水进气液压阀控制电磁阀关闭端常励磁，阀门关闭令保持，阀门实际在关闭位置，阀门关闭位置信号灯不亮，阀门关闭位置指示不对应。检查发现阀门位置传感器连杆松脱，连杆与阀门转动轴端连接型式为卡槽式（见图 3），受压水过程中振动影响，连杆极易发生松脱，后采用涂抹锁固胶方式加强固定后该故障消除。

图 3 主压水进气液压阀位置反馈连杆

3.4 蜗壳均压阀动作异常

电站投产初期，多台机组蜗壳均压阀发生位置反馈连杆松脱、动作接点不到位现象，经过分析发现反馈连杆为卡槽式连接结构，受到机组振动影响造成松脱，一开始采用与压水进气液压阀相同的处理方式（涂抹锁固胶），但一段时间后仍然会再次出现松脱。经观察发现蜗壳均压阀安装部位为垂直地面方向（主压水进气液压阀为水平方向），阀门反馈连杆更易受机组振动影响，为彻底解决问题，将位置传感器改为触碰式开关（见图 4），目前运行正常。

（a）技改前的蜗壳均压阀位置反馈装置　（b）技改后的蜗壳均压阀位置反馈装置

图 4 蜗壳均压阀位置反馈装置

4 总结

（1）机组抽水方向启动时，应加强监视压水流程，特别关注相关的阀门动作情况，如主压水进气液压阀、压水补气阀、转轮回水排气阀、蜗壳均压阀、迷宫环供水阀等是否可靠动作，水位测量信号是否正常；运行过程中应密切监视主轴密封、上下迷宫环温度变化、机组振摆变化、机组吸收功率上升变化等。

（2）应定期对调相压水相关的阀门进行位置反馈连杆松紧检查和信号核对，确保阀门正确可靠动作。

（3）调相压水系统应备有足够的备品备件，一旦发现漏气现象应及时更换，保证机组安全运行。

（4）机组调相压水运行过程中出现异常时，不能单一地仅对该系统进行分析，而应该系统性地综合分析，比如加强对中压空气压缩机、渗漏排水泵启动次数和运行时间，机组振摆瓦温、技术供水、自流供水流量、水温等运行数据的同比分析，这样更有助于找到问题产生的根本原因，及时正确有效解决问题。

5 结语

本文通过列举溧阳电站机组调相压水系统几种典型故障，结合现场实际情况展开分析，确定了问题原因，制定了合理处理措施，及时消除了故障，提高了机组充气压水成功率，有效保障了机组安全可靠运行。

参考文献

[1] 郑小刚，谷振福. 抽水蓄能机组调相压水的控制 [J]. 水电站机电技术，2009 (32)：5－9.

某抽水蓄能电站调相压水主阀内漏故障分析及处理

秦晓康　张　雷　王大强
（华东琅琊山抽水蓄能有限责任公司，安徽省滁州市　239000）

【摘　要】本文通过对调相压水主阀的布置形式、结构原理等分析，探讨了调相压水主阀内漏的可能原因，并利用差移键的方式，提出对压水阀传动死区进行补偿的改进措施，处理后故障消除，为类似阀内漏处理提供了参考与借鉴。

【关键词】调相压水阀　气动执行器　内漏

1　故障概况

2020 年 4 月 22 日，琅琊山电站夜班巡视人员在机组抽水启动过程时发现，2 号机压水主阀关闭后存在轻微的内漏声响。通过现场观察，压水主阀在关闭状态，手触摸压水主阀本体温度较低，压水主阀本体上有凝结的露珠。

2　调相压水主阀情况介绍

琅琊山电站压水主阀采用 DN100 PN100 的不锈钢球阀，操作方式为气动和手动两种操作方式，阀门布置详见图 1。气动执行器为低压气操作的直动活塞齿板结构，手动机构为蜗轮蜗杆执行机构，压水主阀为不锈钢球阀。自动运行时，手动机构的离合为退出模式，通过气动驱动执行器驱动手动机构，再由手动机构驱动压水主阀的阀杆旋转，从而开启和关闭阀门。需手动干预时，将手动机构的离合投入，通过手轮操作可在紧急情况下人为干预开启和关闭压水主阀。

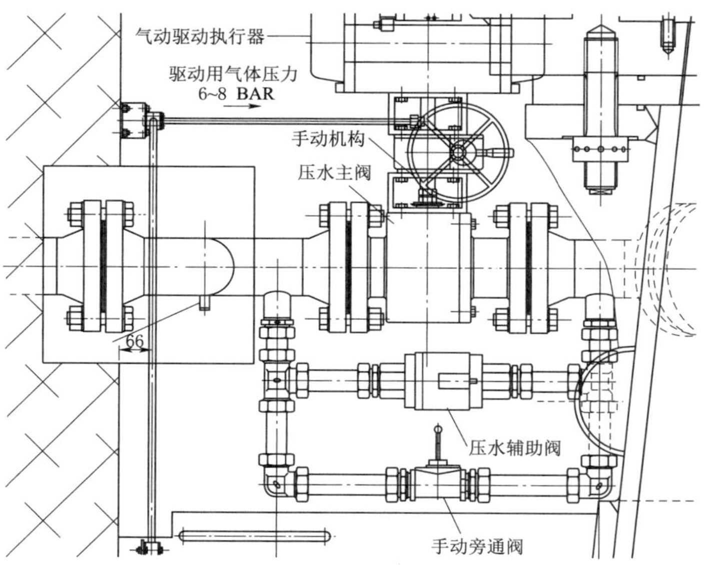

图 1　琅琊山电站压水主阀布置图

3　内漏原因排查

根据现场听到的轻微内漏气声，说明压水主阀内部确实存在内漏；同时通过压水主阀本体温度和阀体上凝结的露珠，说明阀门存在压缩气节流效应及由此，初步分析可能导致阀门内漏的原因如下：

（1）阀门密封破损或球体划伤。因考虑现场分解压水主阀后涉及阀门耐压试验，为缩短处理时间，采取更换新的球阀备件排查故障。更换安装新球阀后，通过手动强制继电器开启和关闭压水主阀，检查压水主阀在关闭状态时仍有内漏现象。故排除压水主阀故障的可能性。

（2）手动机构故障。现场投入手动机构的离合，旋转手轮，压水主阀可正常开启和关闭。拆下手动机构，分解检查内部无异常（图 2），排除手动机构故障的可能。

图 2　手动机构内部结构图

（3）气动驱动执行器故障。通过尝试更换新的启动驱动执行器，故障现象依旧，压水主阀仍不能可靠关闭，排除气动驱动执行器故障的可能。

（4）操作机构存在传动死区。如主阀、手动机构和驱动执行器三者之间存在传动死区，可能导致驱动位移与阀门位移不一致。通过检查气动驱动执行器的榫槽、手动机构的轴头和夹头榫槽、压水主阀的轴头（图 3），配合面没有明显的磨损痕迹，测量相互之间的配合尺寸关系，均存在 0.1～0.3mm 的间隙，该间隙在传动时，会产生传动操作死区。三者通过逐级传动，会将死区叠加放大，导致操作机构执行了全行程 90°，但是阀门却没有旋转 90°，从而使得阀门未完全关闭导致内漏。分析配合间隙增大的原因为机械部件运行十余年，年限较久产生的磨损。

图 3　压水主阀的轴头和手动机构的夹头榫槽

4　暴露的问题及处理改进措施

4.1　暴露的问题

通过此次内漏问题的发现，暴露出检修维护人员在日常维护和检修时对阀门传动机构关注不够，对机械部件磨损的认识不足。另外，现场阀门设备布置形式不尽合理，经传动机构转换后，气动操作机构的位置指示不能代表阀门的实际位置，无法直接观察到压水主阀轴头的实际旋转位置。

4.2　处理措施

由于各个部件的磨损都比较轻微，叠加后死区才变大，考虑到更换整套阀门和气动执行机构成本相对较大，故现场通过更改手动机构的传动键来解决。原手动机构的传动键为平键，通过更换平键为差移键，增大传动的旋转角度，补偿消除传动死区。加工差移键，差动位移 2mm（图 4），更换差移键，重新装配压水主阀、手动机构、气动驱动执行机构。再次强制继电器进行动作试验，开启和关闭压水主阀，阀门动作正常，关闭后不再内漏，故障消除。

图 4　用于补偿传动死区的差移键

4.3　改进措施

将调相压水主阀与手动机构之间的连接支架形式，由封闭式改为敞开式（图 5），方便直接从阀门的轴端位置判断阀门阀杆转动位置，通过初始位置标记，更方便阀门关闭不到位等内漏故障的分析判断。

图 5　改进前后的连接支架形式对比

5　结语

抽水蓄能机组在日常运行中工况转换较为频繁，在油气水等系统上使用了较多的气动、液动或电动等自动阀门设备，运维检修过程中需要加强对这些阀门及驱动机构的动作时间、动作特性、操作力源等内容的关注和分析，超前发现异常，才能有效提高设备运行的安全性和可靠性。

参考文献

[1]　胡立昂，钱力，谷振富，等. 4 号机球阀旁通阀内漏故障分析 [J]. 水电站机电技术，2020，43 (12)：37 - 38.

琅琊山抽水蓄能电站技术供水出口压力低原因分析及处理

许修乐　陈　磊　肖维宝

（华东琅琊山抽水蓄能有限责任公司，安徽省滁州市　239000）

【摘　要】 本文针对琅琊山抽水蓄能电站机组技术供水压力异常降低的问题，做出了故障原因的分析和排查，最终确定是由水库水位降低导致。在经过仔细的比对和分析机组各部位温度后，下调了机组技术供水报警定值，同时对机组的运行和维护提出了新的要求，消除了缺陷的同时保证了机组的安全稳定运行。

【关键词】 抽水蓄能电站　技术供水　压力　水位　定值

1　引言

抽水蓄能电站是电网中不可或缺的一部分，其主要作用是承担调峰、填谷、调频、调相和紧急事故备用。水泵水轮机及发电电动机机组是抽水蓄能电站的核心设备，其特点是启动速度快、启停频繁、运行时间长。为了保证机组的安全稳定运行，机组的各部位均配置了技术冷却供水，若技术供水出现异常，将对机组的运行造成巨大影响。

本文介绍了华东琅琊山抽水蓄能有限责任公司（以下简称“琅琊山电站”）机组运行时出现的技术供水压力异常降低缺陷，通过现场排查比对，分析缺陷原因，然后根据实际情况提出了处理办法，对同类型水轮机在运行时需要关注的要点提出了建议。

2　缺陷概况

琅琊山电站是由华东电网直调的日调节抽水蓄能电站，该电站共有 4 台额定功率为 150MW 的立式可逆式抽水蓄能机组，其中机组的技术供水系统采用单元式供水方式，从每台机组的尾水管引一根 DN400 技术供水管至蜗壳层，经技术供水泵加压并过滤后向各自的机组提供冷却水。供水对象包括发电电动机空气冷却器、各部位轴承冷却器、调速器系统冷却器、上下迷宫环、机组主轴密封、主变冷却系统等。为保证机组稳定运行时的冷却效果，该电站技术供水系统每台机组各配置 2 台技术供水泵和 2 台过滤器，一台主用一台备用。机组运行时技术供水出口压力约为 6.5bar，出口处设置压力开关，当压力低于下限值时，压力开关将信号送至上位机，监控系统会报警并发令并切至备用泵运行。

2019 年 6 月 19 日 0 时及 11 时，4 号机组抽水启动中，技术供水出口压力出现波动，压力约为 6bar；2019 年 6 月 19 日 1 时，1 号和 2 号机组抽水启动过程技术供水泵出口压力也出现了 5.5bar 到 6bar 波动现象。同时监控上位机出现技术供水泵压力低切换报警。

3　故障原因分析与排查

3.1　泵故障导致供压不足

当技术供水泵故障时，取自尾水管的低压水增压不足，进而将导致技术供水出口压力低报警。经过现场试运，4 台机组共 8 台技术供水泵运行电流均正常，试运结果见表 1。此外，由于此压力波动在 4 台机组均出现，根据现场经验，8 台技术供水泵同时故障的概率很低，因此判断技术供水泵运行正常，该原因排除。

3.2　取水口、测压管路或过滤器堵塞

琅琊山电站由于下库水源特殊，水中存在大量贝壳，因此技术供水需经过过滤器过滤后送至负载处，当

表 1　技术供水泵运行电流结果　单位：A

编号		A 相电流	B 相电流	C 相电流
1 号机组	1 号泵	55.7	57.4	55.6
	2 号泵	54.3	56.8	54.9
2 号机组	1 号泵	53.9	55.2	54.1
	2 号泵	54.9	55.9	53.8
3 号机组	1 号泵	55.4	56.1	54.9
	2 号泵	53.9	55.6	54.2
4 号机组	1 号泵	54.2	55.8	54.1
	2 号泵	55.3	57.1	54.9

运行时间较长时，过滤器会出现一定程度的堵塞。此外，若测压回路被泥沙或壳菜堵塞，也可能造成压力测量不准确。

为了排查此原因，该电站将 4 台机组共 8 台技术供水泵的取水口、过滤器和测压回路均拆开检查，检查结果发现各机组均存在不同程度的堵塞情况，但完全清扫后的运行压力依然只有 5.7～5.9bar 不等，由此可以判断管路或过滤器堵塞不是本次技术供水压力降低的根本原因。

3.3　负载流量变化导致压力降低

技术供水的主要冷却对象为水轮机发电机的空冷器，由于此次缺陷发生在 6 月，环境温度逐渐升高，而空冷器的流量是根据温度自动控制的，对比数据发现技术供水出口压力确实有伴随空冷器冷却水流量的升高而降低的情况，因此经过技术人员的分析认为，该缺陷可能是由于负载流量逐渐增大导致技术供水出口压力降低。

针对此情况，该电站进行了深入分析，现场读取空冷器流量和出口压力，另通过监控系统的数据库查找了 2018 年同期的流量和压力做出了对比，结果见表 2。

表 2　2018 年与 2019 年空冷器冷却水流量对比

类别序号		2019 年		2018 年	
		运行压力/bar	流量/(L/min)	运行压力/bar	流量/(L/min)
1 号机组	1 号泵	5.9	6545	6.5	7534
	2 号泵	6.0	6984	6.6	7448
2 号机组	1 号泵	5.6	7131	6.5	8254
	2 号泵	5.7	7361	6.4	8065
3 号机组	1 号泵	5.8	6265	6.3	6979
	2 号泵	6.0	6512	6.6	6832
4 号机组	1 号泵	5.9	6478	6.5	7254
	2 号泵	5.9	6454	6.5	7698

分析该结果可知，虽然故障发生时空冷器冷却水流量较高，但尚未达到 2018 年同期值，而 2018 年的机组技术供水出口压力正常，因此该原因排除。

3.4　测压元件故障或压力开关定值有误

除实际水压降低外，分析此缺陷时也不能忽略测量元件故障的可能性，若测量元件损坏或压力开关定值设置错误也可能会导致机组误报警。将各机组的测压元件拆下检查有无明显故障，再通过仪器对元件进行准确度校验，结果均正常。除此之外，各机组技术供水泵出口压力开关定值设置也无异常，由此可见，该原因可排除。

3.5　其他人为因素

为了防止分析时忽略了一些人为干预的偶发性原因，琅琊山电站相关技术人员查阅了近一年内技术供水系统的缺陷、异动及检修记录，除标准项目外，2019 年年初机组更换了排水阀及主变冷却水逆止阀出现漏水情况可能对本次缺陷有影响，但经过论证后确定此类情况均不会造成四台机组同时出现技术供水压力降低的情况。

3.6　机组尾水压力降低导致进水压力低

排除设备本身和人为因素后，技术人员开始重点关注环境变化对技术供水出口压力的影响。自 2018 年年末至 2019 年年初以来，受降雨量的影响，琅琊山电站的下水库水位不断降低，由 25m 降至 22m 左右，电站内部的尾水调压井水位也随之受到影响。为了确定该水位降低与技术供水出口压力的关系，技术人员对压力曲线和水位曲线进行了联合比对，结果表明，该压力波动与尾水水位波动具有一致性，因此确定该缺陷是有下库水位降低导致的压力降低。相关曲线如图 1 所示。

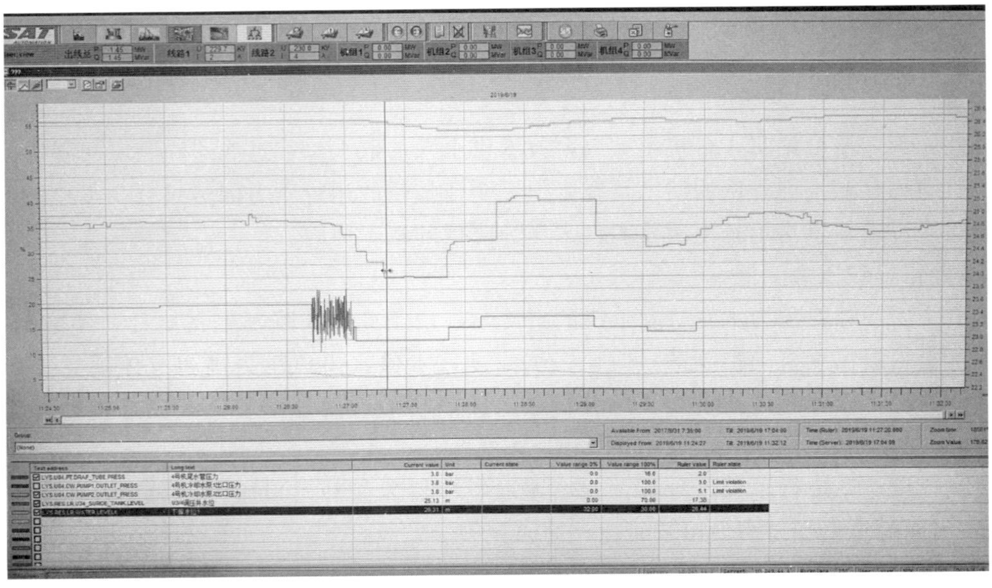

图 1　下库水位与技术供水压力曲线

图中曲线显示：尾水压力 3.1bar，2 号泵出口压力 5.9bar，调压井水位 25.05m；尾水压力 2.0bar，2 号泵出口压力 5.1bar，调压井水位 17.38m，其余机组也有相同趋势，技术供水出口压力与下库水位有正比关系且影响幅度较大，具体曲线此处不一一列出。

自此，经过分析及排查后确定，造成技术供水出口压力降低的主要原因为下库水位的降低引发的尾水调压井水位降低，进而导致技术供水取水压力降低。

4　故障处理

4.1　故障分析及处理

为了在技术供水压力受水位影响期间加强监视，琅琊山电站在每台技术供水泵出口处均新增了一个压力传感器，通过总线通讯接至监控系统现地控制单元。监控系统配套设置了相关变量和报警逻辑，另新增了监控画面，便于值守人员实时关注该压力，同时也便于技术人员拉取压力曲线进行比对分析。监控系统画面如图 2 所示。

除此之外，为了论证该技术供水压力降低后对整台机组的冷却效果的影响，琅琊山电站技术负责人致函生产安装厂家，共同探讨了该压力降低的后果。在厂家的建议下，琅琊山电站技术人员比对了 2018 年和 2019 年同一时期上导、下导、水导、主轴密封等主要位置的温度，从比对结果上来看，2019 年度机组各部位的温度均随季节有规律性波动，相较于 2018 年度同期未发现有升高趋势，温度曲线如图 3 所示（由于机组的导瓦数量较多，各位置只选取其中一块瓦温示意说明）。

基于分析比对的结论，琅琊山电站和发电机生产厂家共同商讨后决定适当调低压力开关定值，将技

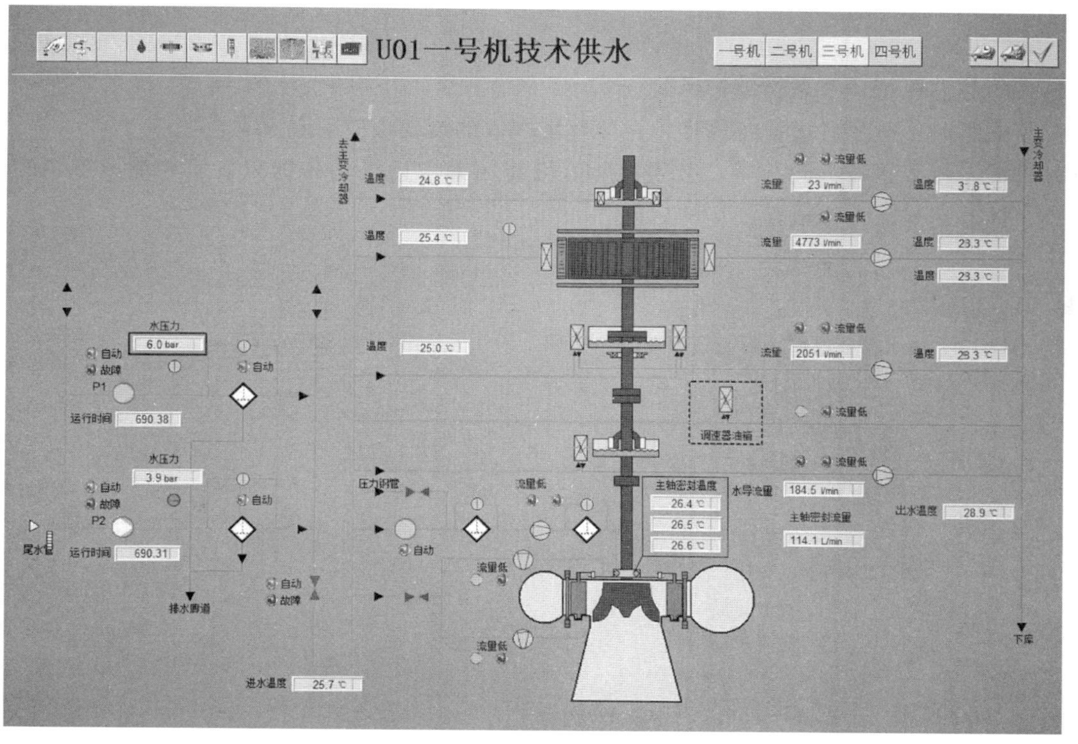

图 2　处理后的监控系统画面

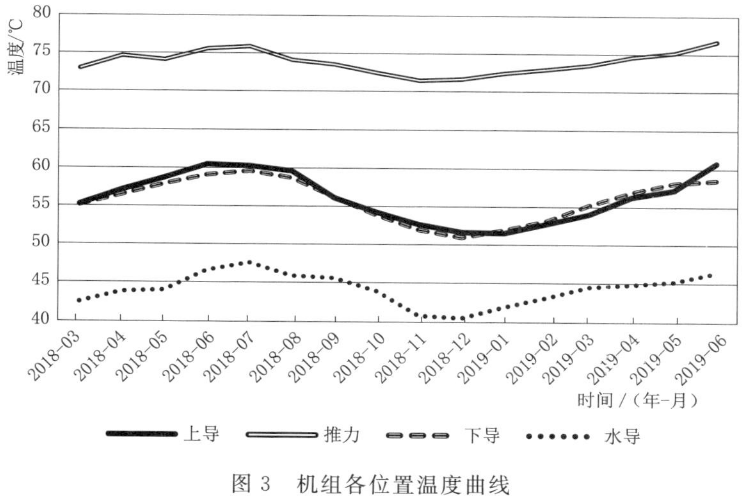

图 3　机组各位置温度曲线

术供水出口压力低报警定值统一修改为 5.5bar，该改动履行了变更的审批手续并登记在生产管理系统中，待该情况改善后恢复。

4.2　运行维护要求

为了保证机组的安全稳定运行，琅琊山电站还对运行维护人员作出了如下安排：

（1）值班人员要密切关注技术供水出口压力和各部位温度，出现异常升高立即汇报并做出相应保证机组正常运行的措施。

（2）巡视人员在机组运行时加强巡视力度。

（3）日常维护或检修时提高技术供水过滤器清扫频率，尽量降低过滤器堵塞对技术供水效果的影响。

（4）相关专业的技术人员定期拉取技术供水出口压力及各部位温度曲线进行分析，有异常趋势时及时反馈讨论，确保机组正常运行。

5 结语

该事件带给我们以下一些运行维护经验：

（1）分析缺陷时不能只考虑设备因素，自然环境因素的改变也应引起重视。

（2）处理涉及机组运行的问题时，必须将所有可能因素和后果均分析完备后才能改变机组参数，不能盲目修改，防止造成非停或机组损坏的后果。

参考文献

[1] 李良浩，孙华平. 抽水蓄能电站运行与管理［M］. 杭州：浙江大学出版社，2013.

浅谈西龙池抽水蓄能电站转轮裂纹分析与修复处理

胡爱军 田 苗 周 鹏 高 申 谢红彪
（山西西龙池抽水蓄能电站有限责任公司，山西省忻州市 035503）

【摘 要】 对于抽水蓄能电站，水泵水轮机转轮是将水能与机械能转换的关键部件。转轮若出现裂纹等缺陷，可能引起机组水力不平衡，机组振动摆度增大，直接关系着机组设备的安全与寿命。西龙池抽水蓄能电站在机组检修期间，检查发现转轮叶片存在严重的裂纹缺陷。本文介绍了该转轮裂纹缺陷的修复处理方法，并分析了转轮叶片发生裂纹的主要原因，对今后的设备检修和维护作为参考与借鉴。

【关键词】 水泵水轮机转轮 叶片 裂纹 修复 原因

1 电站简介

西龙池抽水蓄能电站共装设 4 台容量为 300MW 的竖轴单级混流可逆式发电电动机、水泵水轮机机组，总装机容量 1200MW，机组额定电压 18kV，额定频率 50Hz，额定转速 500r/min，设计年发电量 18.05 亿 kW·h，年抽水电量 24.07 亿 kW·h。电站额定水头为 640m，最大毛水头 694.5m，是国内水头较高的抽水蓄能电站，投入山西电网运行后，主要承担系统的调峰、填谷、调相和事故备用等功能。

西龙池电站水泵水轮机由日本东芝和日立公司供货，主要由主轴、转轮、水导轴承、主轴密封、导水机构、顶盖、蜗壳、座环、底环、尾水管等部件组成。转轮材料是不锈钢 13Cr－4Ni，由上冠、下环、叶片组成。转轮的主要参数见表 1。

表 1 转轮主要技术参数

材 料	不锈钢 13Cr－4Ni	转轮总高度/mm	1120
转轮标称直径 D_1/mm	4285	转轮标称直径 D_2/mm	1940
最大外径/mm	4310	转轮进口高度/mm	293
转轮叶片数	7	转轮重量/t	30
正常允许压力/MPa	150	异常允许压力/MPa	366

2 转轮裂纹的发现

西龙池 1 号机组转轮裂纹出现多次，现对其处理方式进行简要梳理与对比，详见表 2，本文仅对 4 号叶片和 2 号叶片修复进行简要的阐述。

表 2 转轮叶片缺陷及处理

时间/(年-月-日)	缺陷事件描述	简述处理方式
2020－06－03	5 号叶片有延伸到转轮上冠的贯穿性裂纹。可见长度约为 360mm，位于从叶片进口处上冠侧包括焊接 R 部到上冠的位置。5 号叶片的上冠侧高应力区存在外部异物撞痕。如图 1 所示	转轮返厂至东芝水电设备（杭州）有限公司（简称“THPC”）工厂，对裂纹进行气刨去除和补焊修复处理，对转轮叶片进口处的空蚀、撞痕进行打磨去除和补焊处理，并对转轮整体进行热处理，消除残留应力。转轮经必要出厂检查后返回电站

续表

时间/(年-月-日)	缺陷事件描述	简述处理方式
2021-01-22	1号机定检，转轮PT及MT探伤时发现4号叶片进水边头部靠上冠侧焊缝处存在一条长约32mm横向裂纹缺陷，如图2所示	由于上冠及叶片母材材质及设计要求，生产现场不具备且不允许对转轮叶片进水边R角处进行焊接（①作业空间受限；②弱焊接必须进行预热和热处理，消除内部残余应力，使转轮高应力区应力不超过许用应力）。考虑到机组定检工期短，裂纹发生位置在高应力区，决定仅去除裂纹而不进行补焊
2021-03-26	1号机定检，转轮无损检测发现2号叶片进水边与上冠焊缝R角处有两条裂纹，长度分别为2mm和10mm，如图3所示	与4号叶片裂纹处理方式一致，对裂纹缺陷仅进行去除和修形处理，不进行补焊

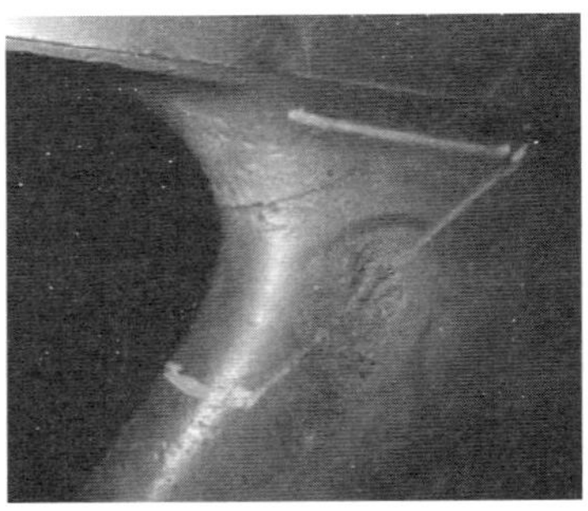

图1 5号叶片裂纹

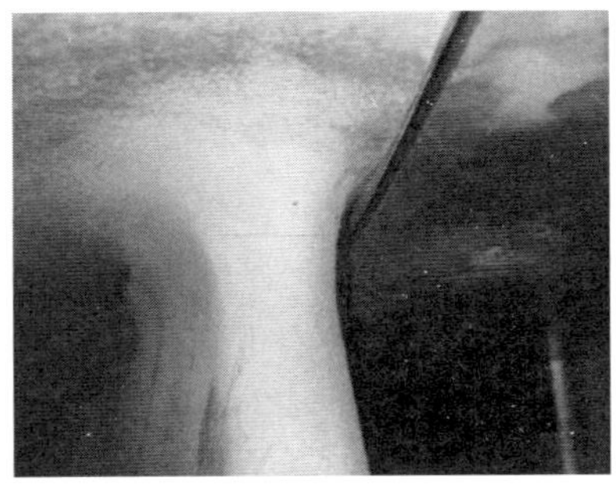

图2 4号叶片进水边裂纹

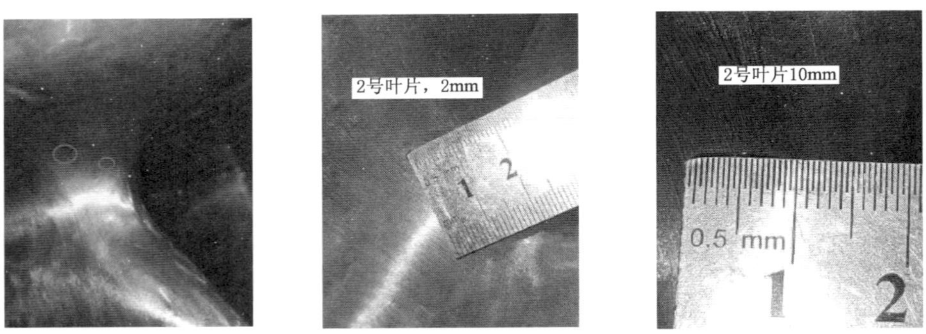

图3 2号叶片裂纹图片

3 转轮裂纹的修复及原因

3.1 转轮修复过程

3.1.1 4号叶片修复过程

（1）2021年1月22日20时30分：使用砂纸及锉刀手动打磨缺陷表面并探伤，缺陷未发生变化。

（2）2021年1月22日23时30分：使用气动磨光机（带抛光片）打磨缺陷，打磨总深度2mm，探伤发现裂纹无变化。

（3）2021年1月23日0时30分：商讨解决办法，认为可以继续打磨至8mm，观察裂纹是否会消失。

（4）2021年1月23日6时：继续打磨裂纹至最大深度约8mm，MT探伤发现裂纹仍然存在，如图4所示。

（5）2021年1月23日14时：按讨论确定的作业方案开始作业。在其余叶片进水边取样制作样板，并继续打磨约6mm，总深度约18mm，探伤结果显示裂纹缺陷仍然存在，但出现变淡情况（见图5）。

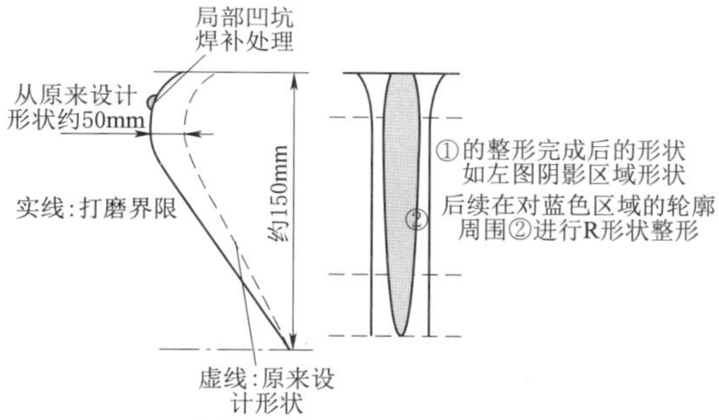

（a）1号转轮4号叶片进水边裂纹打磨示意图

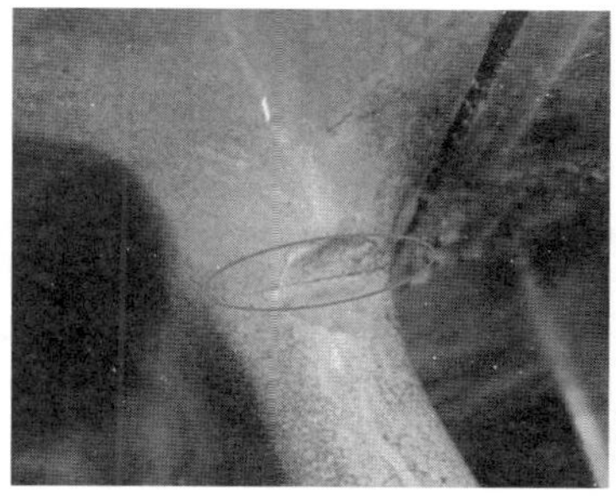

（b）1号转轮4号叶片进水边裂纹（打磨深度8mm）

图 4　1 号转轮 4 号叶片打磨

（6）2021 年 1 月 24 日 3 时：继续打磨 4mm，总深度约 22mm，MT 探伤发现裂纹的形状变为近似直线，长度 12mm，旁边出现疑似夹渣情况，如图 6 所示。

图 5　转轮 4 号叶片裂纹缺陷（打磨深度 18mm）

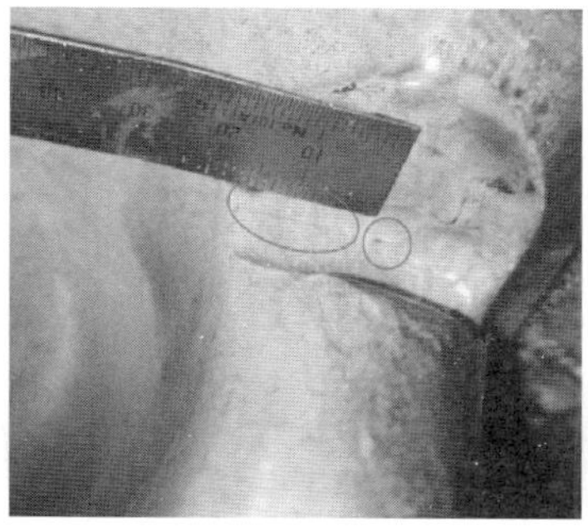

图 6　转轮 4 号叶片裂纹缺陷（打磨深度 18m）

图 7　转轮 4 号叶片裂纹缺陷（C5 倒角）

（7）2021 年 1 月 24 日 6 时：通过会议商定，对 4 号叶片进水边修型，并在裂纹左端打磨 C5 倒角，以便观察裂纹变化趋势。

（8）2021 年 1 月 24 日 9 时：对转轮周围铁屑进行清理，重新对转轮周围各间隙进行防护。

（9）2021 年 1 月 24 日 15 时 30 分：对转轮叶片修型（粗修），并打磨 C5 倒角，观察到裂纹没有向左扩展趋势，长度没有变化，疑似夹杂缺陷消失。转轮 4 号叶片裂纹缺陷（C5 倒角），如图 7 所示。

（10）2021 年 1 月 25 日 14 时 20 分：现场实际情况了解确认，打磨区域画线打磨，如图 8 所示。

（11）2021 年 1 月 25 日 19 时 40 分：进水边 R 角打磨基本成型，如图 9 所示。

（12）2021 年 1 月 25 日 20 时 30 分：R 角处抛光，PT 及 MT 探伤，裂纹缺陷消失；2021 年 1 月 26 日 7 时：4 号叶片精修完成，无损检测合格。抛光精修图片如图 10 所示。

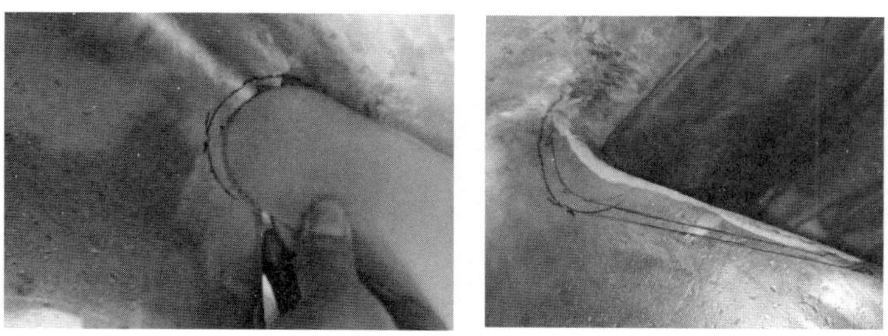

图 8　转轮 4 号叶片裂纹缺陷打磨区域画线

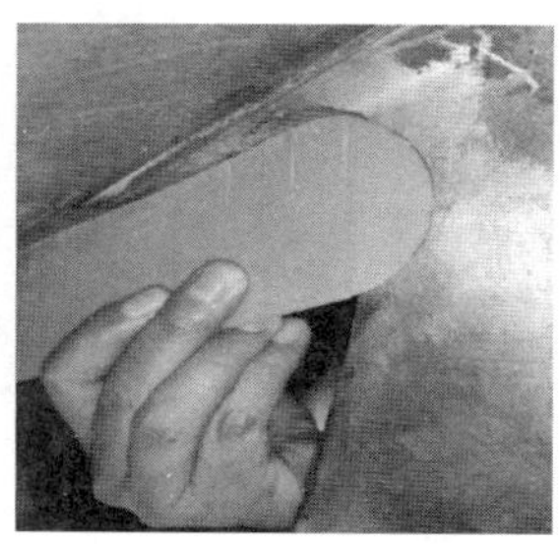

图 9　转轮 4 号叶片 R 角（R30）打磨成型

（13）2021 年 1 月 26 日 10 时 30 分：无损探伤检测（PT 及 MT）合格；使用相控阵检测 4 号叶片进水边 400mm 范围焊缝情况，结果合格。

（14）2021 年 1 月 26 日下午：对转轮内部进行清扫检查，拆除防护。

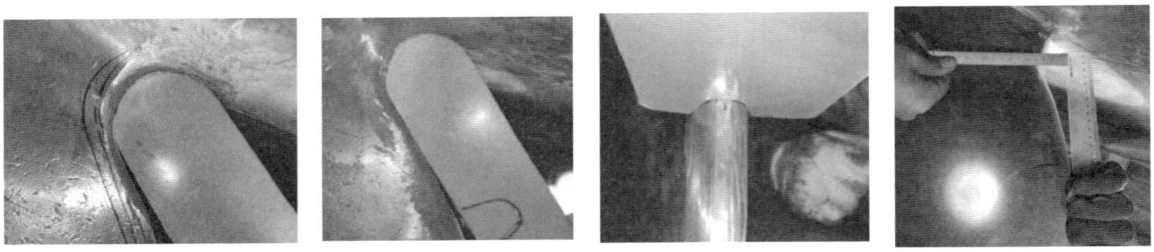

图 10　4 号叶片抛光及精修

3.1.2　2 号叶片修复过程

鉴于 4 号叶片出现过裂纹，并且为机组安全稳定性考虑，在处理 2 号叶片裂纹时，会同时对 4 号叶片及其他叶片进行处理。

（1）对现场情况进行检查，进行安全技术交底，并立刻开展处理工作。

（2）现场按修复要领对 2 号叶片裂痕区域做 PT、MT、VT 检查确认，见图 11。同时对其他叶片也做了 PT、MT、VT 检查。

（3）测量 2 号叶片缺陷方位尺寸记录，见图 12。

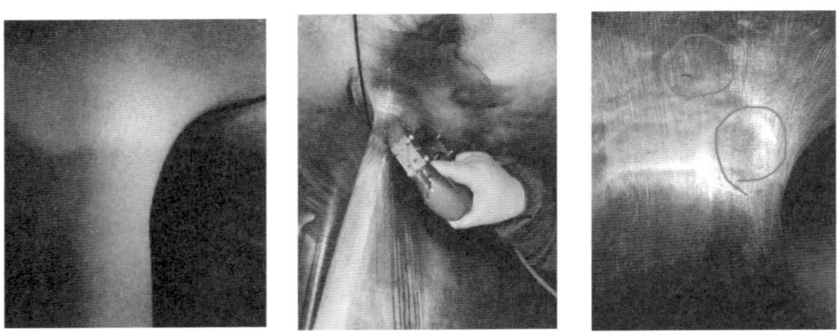

（a）PT检查　（b）MT检查　（c）MT检查磁痕

图 11　2 号叶片裂痕区域检查

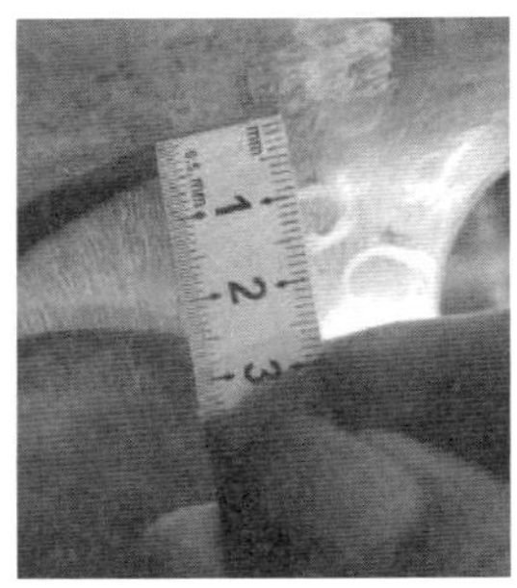

图 12　测量缺陷方位尺寸记录

（4）对 2 号叶片、4 号叶片与上冠连接部进水侧做硬度检查，取 60mm×60mm 范围内，20mm 间距测量硬度（包括叶片端面的压力侧和负压侧），如图 13 所示。同时对其他叶片也做了硬度检查。2 号叶片、4 号叶片具体硬度检查结果见表 3 和表 4。表 3 和表 4 为对所取测量点进行 5 次测量的硬度结果。

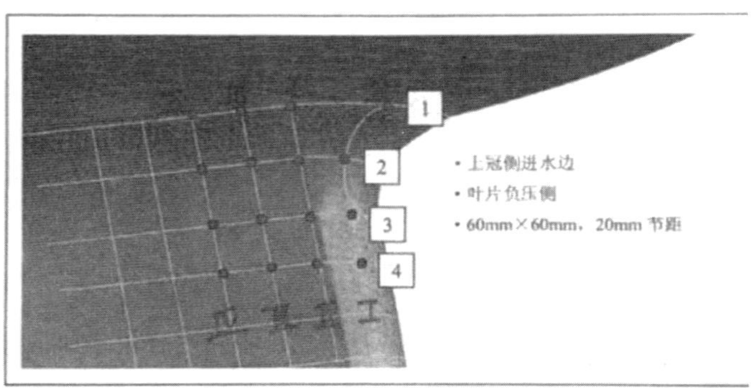

图 13　叶片负压侧硬度测量取点

表 3　　2 号叶片硬度结果

2 号 叶 片																							
Ⅰ						Ⅱ						Ⅲ						Ⅳ					
1	289	312	325	344	302	1	265	310	320	300	330	1	283	316	270	306	304	1	291	270	293	274	292
2	320	324	341	337	352	2	298	275	299	285	304	2	303	306	330	300	280	2	278	293	306	274	293
3	251	292	278	290	280	3	295	301	320	310	338	3	278	307	291	283	306	3	284	306	307	304	288
4	284	271	300	278	291	4	322	298	315	290	296	4	292	307	287	301	311	4	285	292	288	291	300

表 4　　4 号叶片硬度结果

4 号 叶 片																							
Ⅰ						Ⅱ						Ⅲ						Ⅳ					
1	350	348	341	344	335	1	308	312	315	318	304	1	330	305	290	302	295	1	330	308	389	286	301
2	350	370	290	360	302	2	320	290	322	297	300	2	289	282	279	285	290	2	281	278	292	291	290
3	342	300	350	338	360	3	292	304	310	320	298	3	289	295	301	300	289	3	290	278	281	292	272
4	344	333	337	360	302	4	320	330	325	337	315	4	289	280	281	284	290	4	284	288	280	290	282

(5) 对 2 号叶片制作 A－A、B－B 断面样板，见图 14。

(6) 对 2 号叶片上冠侧 R 角处制作修复前印模，见图 15。并且对其他叶片上冠侧 R 角处制作印模。

(7) 对 2 号叶片上冠侧 R 角处裂痕处进行打磨处理，见图 16。

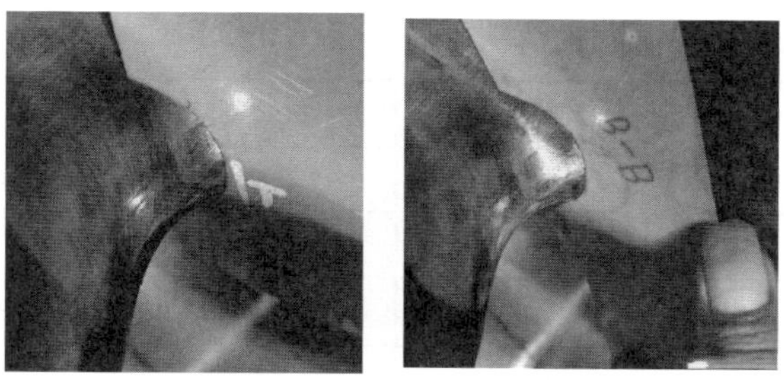

(a) A-A断面样板　　(b) B-B断面样板

图 14　2 号叶片制作断面样板

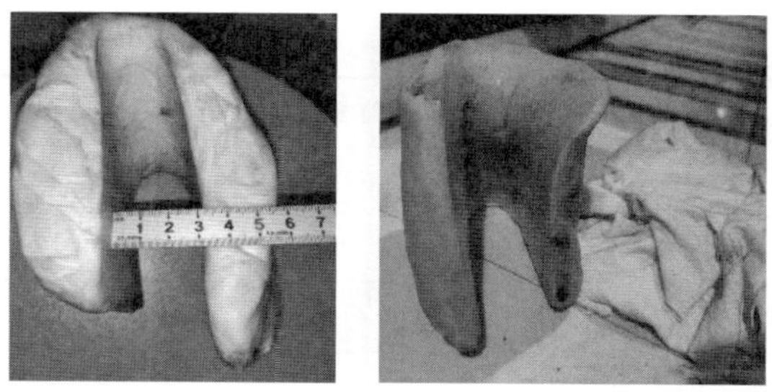

图 15　2 号叶片上冠侧 R 角处制作修复前印模

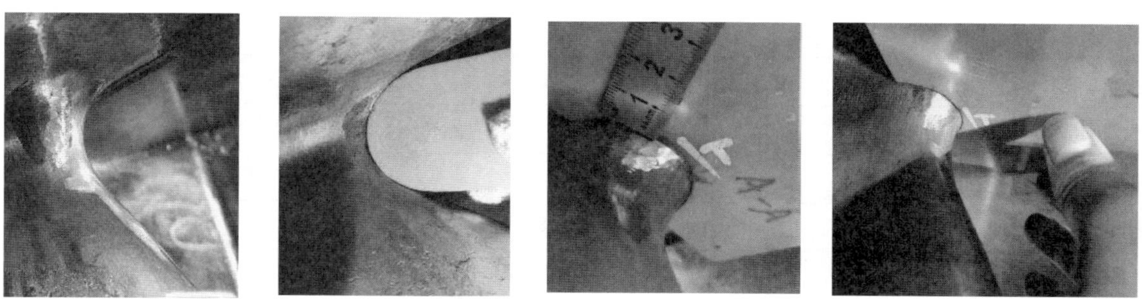

图 16　2 号叶片上冠侧 R 角处裂痕打磨处理

(8) 对 2 号叶片上冠侧 R 角处裂痕打磨处初步修型以及表面抛光，初步 MT 探伤合格。

(9) 对 2 号叶片进水边 R 角精修处理。处理部位打磨形状用样板检查合格，符合作业要领要求。见图 17。

(10) 2 号叶片打磨深度约 2mm，在处理部位处使用 PT、MT 和 UT 探伤，检查确认发现裂纹缺陷确已消除。

(11) 对所有叶片进水侧需 UT 的区域做 UT、MT、PT 检查，检查合格。

(12) 对转轮内部防护进行清理，对作业区域的碎屑进行彻底清扫。

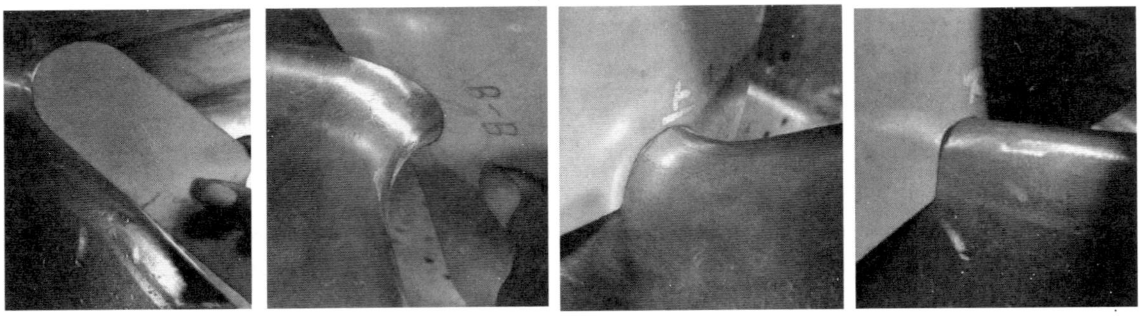

图 17　对 2 号叶片进水边 R 角裂纹缺陷打磨处理

3.2　运行数据对比分析

3.2.1　发电工况数据统计分析

4 号和 2 号叶片修复前后，记录 1 号机组发电工况运行数据统计表。数据见表 5。

发电工况分析结论：

(1) 1 号机组 4 号叶片和 2 号叶片消缺前后机组发电工况运行时，振摆及压力脉动数据对比无明显变化。

(2) 1 号机组在 4 号叶片消缺后，首次发电工况运行时下导 X、Y 方向振摆数据偏大，分析认为机组运行时间较短，下导振摆数值未完全稳定，后续多次运行后与修前数据基本无变化。

表 5　　1 号机组发电工况运行数据统计表

发电工况	4 号叶片修复前 1	4 号叶片修复前 2	4 号叶片修复后 1	4 号叶片修复后 2	2 号叶片修复后 1	2 号叶片修复后 2
负荷/MW	300	300	300	300	300	300
上库水位/m	1474.39	1488.44	1486.00	1477.06	1479.68	1478.53
下库水位/m	830.41	810.49	814.61	828.03	824.58	826.2
导叶开度/%	98.82	96.42	90.30	97.59	96.55	96.50
水导摆度 X/mm	221.2	234.2	239.6	230	232	226
水导摆度 Y/mm	192.3	211.4	211.1	204	203	200
上导摆度 X/mm	150	173.8	171.7	162	169	156
上导摆度 Y/mm	160	147	147	137	144	137
下导摆度 X/mm	26.8	39.3	54	32	32	34
下导摆度 Y/mm	20	28	40.3	21	21	25
顶盖垂直振动 V/mm	13.2	15.9	13.6	12	11	11
顶盖水平振动 H_1/mm	2.5	8.2	7	1	1	3
顶盖水平振动 H_2/mm	2.8	3.7	3.6	2	2	2
转轮上压力 1/MPa	1.2	1.3	1.3	1	1	1
转轮上压力 2/MPa	5.5	5.5	5.5	5	5	5
溅水压力/MPa	5.5	5.5	5.5	6	6	6

3.2.2　抽水工况数据统计分析

4 号叶片和 2 号叶片修复前后，记录 1 号机抽水工况运行数据统计表。数据见表 6。

抽水工况分析结论：4 号和 2 号叶片修复后 1 号机组发抽水工况运行数据正常，振摆及压力脉动数据对比无明显变化。

表 6　　1号机组抽水工况运行数据统计表

抽水工况	4号叶片修复前1	4号叶片修复前2	4号叶片修复后1	4号叶片修复后2	2号叶片修复后1	2号叶片修复后2
负荷/MW	−300	−300	−300	−300	−300	−300
上库水位/m	1474.21	1488.35	1478.93	1479.46	1476.27	1486.9
下库水位/m	830.5	810.68	825.7	824.91	828.95	812.86
导叶开度/%	76.70	71.60	76.00	75.60	77.50	71.00
水导摆度 X/mm	69.8	75.1	65.3	44	44	55
水导摆度 Y/mm	57.4	59.5	54.5	50	51	51
上导摆度 X/mm	146.3	149.3	142.3	145	144	144
上导摆度 Y/mm	128.7	129.5	125.5	124	124	126
下导摆度 X/mm	80.4	81.5	86.5	94	86	86
下导摆度 Y/mm	62.5	63.1	70.2	75	68	68
顶盖垂直振动 V/mm	12.1	12.9	13.9	10	10	11
顶盖水平振动 H_1/mm	4	4.1	3.9	1	1	3
顶盖水平振动 H_2/mm	3.8	3.6	3.7	3	0	3
转轮上压力1/MPa	1.2	1.3	1.3	1.15	1	1
转轮上压力2/MPa	6.1	6.2	6.2	5.47	5	5
溅水压力/MPa	6.1	6.2	6.2	6.12	6	6

3.3　转轮裂纹原因分析

5号叶片返厂修复时，对叶片R角裂纹进行了取样，日本东芝公司及国网山西电科院分别对样块进行了化学成分、金相等分析，发现5号叶片裂纹为疲劳开裂。由于5号叶片的上冠侧高应力区存在外部异物撞痕，认为5号叶片裂纹可能产生的原因为：

（1）异物撞击到高应力区引起了撞伤。

（2）撞伤发生部位产生了拉伸的残余应力。

（3）由于残余应力的影响，该部位的疲劳强度降低。

（4）运行时转轮叶片和活动导叶间的动静干涉（RSI）引起反复应力作用在该部位。

（5）当反复应力的次数超过了疲劳强度已经降低的该部位的疲劳极限时，就发生了裂纹，并且出现进一步的发展。

5号叶片发生的裂纹处发现了以撞痕部位为起点的破坏进展，4号和2号发现的裂纹及缺陷的产生与撞痕没有关系。其发生原因分析可能是：

（1）裂纹发生部位为焊接部。该部位的焊接虽然通过无损探伤检查合格，却存在内在的微小缺陷，而该微小缺陷并未留有被判定属于不合格的记录，或者存在因长期运行产生的微观程度的内在微小缺陷。

（2）对空蚀部进行的补焊及补焊后的热处理所产生的热应力会引起叶片微小的变形，变形引发的应力会作用在该部位。

（3）微小缺陷受应力的作用扩大。

（4）运行中该部位受到转轮叶片和活动导叶间的动静干涉（RSI）引发的反复应力。

（5）以该部位为起点的裂纹露出到表面。

4　相关建议及经验

（1）西龙池电站4台机组转轮叶片进水边均存在不同程度的凹坑，针对凹坑缺陷，结合机组检修对机组流道开展了异物来源的专项排查工作，未发现目前流道存在异物，推测凹坑属于机组投运初期流道内残留异物或混凝土脱落物造成。建议新建电站加强流道异物清理工作和混凝土段流道工程控制工作，防止异物进入流道撞伤转轮，降低机组寿命。

（2）西龙池电站4台机组转轮叶片进水边高度为293mm，空间较小，作业难度大，此前此区域金属监督存在盲区，建议同类型电站加强此区域金属监督。

（3）西龙池电站额定水头640m，属于高水头电站，转轮进水边高应力区应力高。1号机转轮2号叶片和4号叶片进水边裂纹缺陷处理方式可为国内高水头电站作为参考，尤其是当机组检修工期紧张，且作业空间受限，作业现场不具备补焊修复处理的电站，很有参考意义（根据对目前国内主机厂的调研，国内没有此类处理的相关经验）。

（4）西龙池电站1号机组2号叶片和4号叶片进水边裂纹缺陷或跟补焊热处理有很大关系，建议其他电站在采取相应措施消除裂纹缺陷时，应注重把控热处理的效果。

（5）西龙池电站转轮叶片裂纹处理后机组运行数据的收集整理分析的方法，可供其他电站参考。

5 结语

综上所述，水轮机转轮裂纹缺陷严重影响着机组整体的安全运行，山西西龙池抽水蓄能电站水泵水轮机转轮叶片裂纹修复后，每隔一定时间就对转轮裂纹的修复情况进行全面检查。转轮裂纹的修复为机组安全、可靠运行提供了保证，同时也为我国抽水蓄能机组出现同类问题的处理提供了宝贵的借鉴经验。

参考文献

[1] 张健．大型水轮机转轮叶片裂纹产生的原因分析与处理［J］．水电与新能，2015（9）：38－39，42.

[2] 康耀辉．高水头运行对水轮机转轮叶片裂纹影响因素浅析［J］．中国电力教育，2014（4）：264－265.

[3] 胡李杰，张鹤峰．小湾水电站机组转轮裂纹分析及修型处理［J］．吉林水利，2018（7）：32－34.

[4] 马剑滢．混流式机组转轮裂纹原因分析及解决办法［J］．水电站机电技术，2016，39（10）：54－63.

[5] 张荣富．水轮机转轮叶片裂纹的产生原因及对策［J］．南方农机，2016，47（3）：62－63.

天荒坪抽水蓄能电站机组在停机出现异音故障分析

杨众杰[1] 姜泽界[1] 祁立成[1] 晁新刚[2]

(1. 华东天荒坪抽水蓄能有限责任公司，浙江省安吉市 313302；
2. 浙江宁海抽水蓄能有限责任公司，浙江省宁波市 315600)

【摘 要】 天荒坪抽蓄电站运行人员发现1～5号机组在抽水停机关导叶时，从水车室内传出异常声响。运维人员通过对设备进行现场检查，对相关数据进行统计、分析及现场试验后，判断由于导叶关闭时受力较大造成异音，最终通过调整机组开关分断时间，找出导叶关闭最佳时间，成功消除1～5号机抽水停机出现的异音现象，提出了在抽水蓄能机组在确定机组开关分闸时间时应考虑导叶受力情况的分析。

【关键词】 抽水工况停机 异音 机组开关分断时间 导叶受力

1 电站简介

天荒坪电站共安装有6台300MW立轴、单级、混流可逆式机组，其中水泵水轮机及其辅助设备由卡瓦纳公司设计制造，转轮共有9个叶片，机组共装有26个活动导叶，额定水头526m，最大毛水头/扬程610.2m，最小毛水头/扬程518m，工作水头（扬程）为526～610.2m，水轮机额定流量67.7m³/s，水泵最大流量58.8m³/s、最小流量43.0m³/s。

2 故障现象

自2019年8月起，运行人员巡检发现，1～5号机在抽水停机关导叶时，间歇性地听到水车室内传出异常声响，持续2～3s后消失。运维人员查阅机组停机时的振动趋势，并未发现异常。

对产生异音时候的水头进行统计，发现停机水头在573～597m时产生异音的概率最高，见图1。

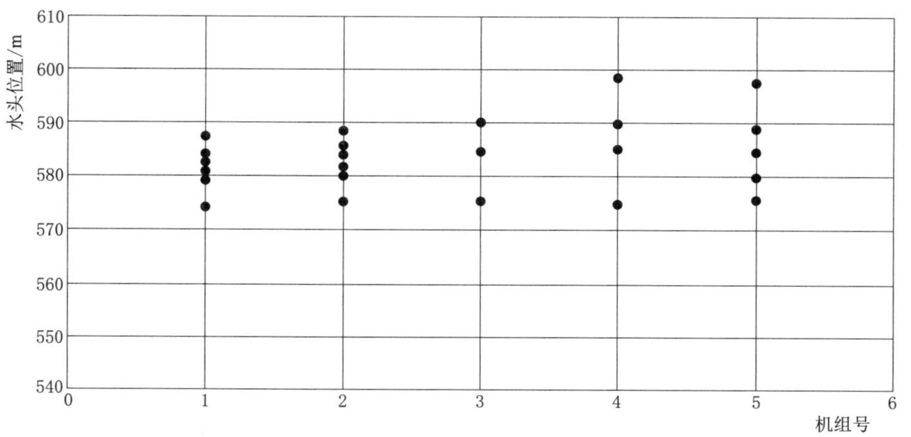

图1 机组停机出现异音情况

3 原因分析

3.1 原因梳理

（1）水车室设备、承压管路故障造成异音。

（2）球阀导叶配合关系不良。

（3）导叶在关闭过程中受力大造成异音。

3.2 原因分析

（1）针对水车室设备、承压管路故障引起异音排除如下：对水泵水轮机相关设备进行检查，水车室内设备均无异常，管路、螺栓等均无松动。持续多日对机组抽水停机是否产生异音进行观察记录，发现机组并非每次都会产生异音。

由此可见，机组设备状况良好且异音的产生具有偶发性，因此异音不是由水车室设备、承压管路故障引起。

（2）球阀导叶配合关系不良引起异音排除如下：在实时系统上检查1～5号机组抽水停机时球阀和导叶的动作情况，并与6号机做对比，见图2。

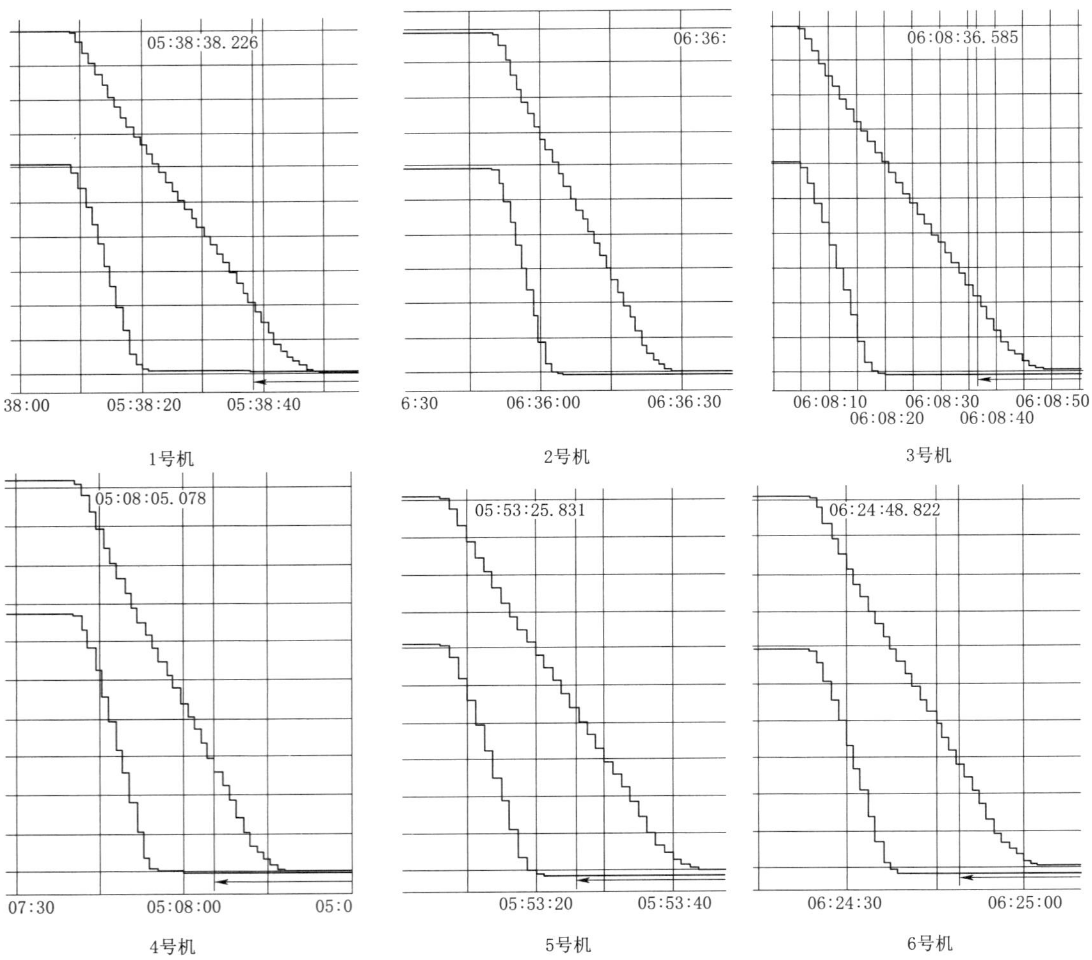

图2　1～6号机抽水停机球阀与导叶配合关系

由图2可知，发生异音的机组与未发生异音的机组在抽水停机时，导叶与球阀的配合关系无明显不同。

（3）导叶在关闭过程中长时间受到较大的力造成异音：机组在停机令发出后，球阀、导叶开始关闭，当导叶关闭至一定开度后，碰到分机组出口断路器（GCB）的触发位置开关（S0020）时，GCB分闸，但此时导叶仍处于关闭过程中。

若导叶在GCB分闸后至全关位置时间过短，则此时水流仍有惯性向上，若此时处于关闭瞬间，可能存在小开度射流，导叶受力较大，产生异音。

若导叶在GCB分闸后至全关位置时间较长，则水流可能由上至下，在导叶关闭瞬间，同样可能产生小开度射流，导叶受力较大，产生异音。

在各个水头下，导叶关闭时的受力情况也会发生变化，因此还需考虑水头变化带来的影响。

以上假设可以通过两种方法进行验证：①改变机组停机水头；②调整导叶关闭过程中 S0020 位置开关定值。通过采取以上两种方式，观察机组异音情况，具体试验分析结果如下。

1）改变机组停机水头。以 1 号、3 号机组为例，通过调整机组停机顺序，改变机组停机水头，发现异音情况发生变化，具体统计情况如表 1 所示。

表 1　　1 号、3 号机组停机水头异音统计表

1 号 机 组		3 号 机 组	
停机水头/m	异音情况	停机水头/m	异音情况
573.85	无	574.78	无
574.31	无	575.29	有
577.42	有	575.65	无
579.31	无	579.44	无
581.52	有	580.43	有
582.78	有	583.25	无
583.63	有	583.71	有
587.33	有	585.63	有
		587.81	有
		591.30	有

根据上表可以发现，机组停机时水头在 580m 及以上，产生异音的概率较大，在 580m 以下，产生异音的概率较小。分析认为水头较高时，导叶在关闭过程中受力较大，更容易产生异音。

2）调整停机 S0020 位置开关。位置开关 S0020 控制着机组开关（GCB）的分合时间，调小 S0020 的定值则 GCB 延迟分闸，反之，则提前分闸。运维人员首先查阅机组相关检查记录可知，1～6 号机组位置开关 S0020（抽水工况分 GCB）定值如表 2 所示。

表 2　　1～6 号机组位置开关 S0020 定值表

U1	U2	U3	U4	U5	U6
101	56	53	86	95	16
2019.03	2019.05	2019.04	2019.05	2019.04	2019.3

6 号机组在现场调查期间从未在抽水停机时产生异音，且由表 2 可知，6 号机组 S0020 定值比其他机组都小，因此运维人员对 3 号机组进行试验，调小 3 号机组 S0020 定值，从而将机组开关分断时间延后，并跟踪各个停机水头段异音情况，试验结果如表 3 所示。

表 3　　3 号机组位置开关 S0020 调整试验及异音统计

日　期	3 号机组停机水头/m	采取何措施	异音情况
2019-08-06	584.45	53mm（原先调试时设定值）	有
2019-10-08	574.35	调整 S0020，53～45mm	有
2019-10-09	581.45	调整 S0020，45～34mm	无
2019-10-10	590.82	调整 S0020，保诗 40mm	有
2019-10-11	594.33	调整 S0020，40～30mm	有
2019-10-12	596.18	调整 S0020，30～18mm	有
2019-10-13	597.32	调整 S0020，18～35mm	无
2019-10-18	567.48	调整 S0020，保持 35mm	无
2020-01-07	596.38	调整 S0020，保持 35mm	无

续表

日　期	3 号机组停机水头/m	采取何措施	异音情况
2020-02-02	597.45	调整 S0020，保持 35mm	无
2020-03-25	597.38	调整 S0020，保持 35mm	无
2020-04-14	596.78	调整 S0020，保持 35mm	无
2020-05-06	597.41	调整 S0020，保持 35mm	无

由表 3 可知，机组开关分断时间设定不合理确实会引起机组抽水停机时产生异音。

4　处理过程

通过以上分析可以发现，要消除机组抽水停机时异音可以改变机组停机水头或是调整 S0020 位置开关定值。考虑到机组停机水头需根据发电量变化，无法进行调整，因此运维人员通过调整 S0020 位置开关定值消除异音。

运维人员对 1～5 号机组位置开关 S0020 定值进行调整，并在调整后对机组抽水停机时是否仍出现异音进行观察，视情况判断是否需要再次调整定值，直至完全消除异音，见表 4、图 3。

为了防止因位置开关 S0020 调整，机组开关 GCB 分断时间改变导致 GCB 分断电流大幅变化，进而影响 GCB 使用寿命，运维人员还对 S0020 调整前后的 GCB 分断电流进行对比，见表 5。

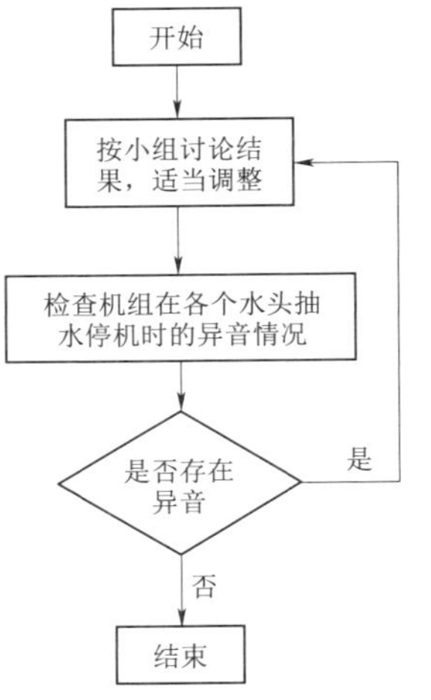

图 3　位置开关调整流程图

表 4　　调整后机组位置开关 S0020 定值表　　单位：mm

机组	U1	U2	U3	U4	U5	U6
调整前	101	56	53	86	95	16
调整后	84	25	35	65	60	16

表 5　　1 号、3 号、4 号机组调整前后分断电流对比

机组	相序	调整前/kA	调整后/kA
U1	I_a	3.039	2.976
	I_b	2.967	2.894
	I_c	3.033	2.930
U3	I_a	3.107	3.197
	I_b	3.075	3.254
	I_c	3.115	3.086
U4	I_a	2.976	2.897
	I_b	3.014	2.934
	I_c	2.934	2.932

以 1 号、3 号、4 号机组为例，查看调整前后 GCB 分断电流对比可知，S0020 调整对 GCB 分断电流的变化影响较小，不会对 GCB 烧蚀系数产生影响，GCB 的寿命不会缩短。

5　结语

目前抽水蓄能机组在发电方向采用先关闭导叶，待导叶关闭至空载开度后再分机组开关，主要是为了避免在分机组开关时，导叶开度大，造成转速上升，同时减少机组开关烧蚀，增加使用寿命。而在抽水方向分机组开关时，在设计时应当对导叶受力情况进行计算分析，初步确定机组开关分断与导叶位置配合关系，同时在机组调试的时候，应当结合理论计算与实际情况，确认各机组最佳分断位置。

参考文献

[1] 李浩良，孙华平. 抽水蓄能电站运行与管理 [M]. 杭州：浙江大学出版社，2013.

[2] 游光华，朱兴兵，赵毅峰，等. 水泵水轮机泵工况停机提前掉电流态分析 [J]. 水力发电学报，2020 (1)：55-63.

工 程 施 工

抽水蓄能电站引水斜井TBM施工关键技术研究

张兴彬[1] 王炳豹[2,3] 张辰灿[4] 杜 藏[1]

（1. 河南洛宁抽水蓄能有限公司，河南省洛阳市 471700；

2. 水能资源利用关键技术湖南省重点实验室，湖南省长沙市 410014；

3. 中国电建集团中南勘测设计研究院有限公司，湖南省长沙市 410014；

4. 内蒙古农业大学，内蒙古自治区呼和浩特市 010018）

【摘 要】 通过分析河南洛宁抽水蓄能电站工程特点及相关地质条件，本文梳理得出了引水斜井采用TBM施工主要的关键技术问题，研究提出了抽水蓄能电站引水斜井应用TBM的布置方案；综合考虑隧洞功能要求、支护及衬砌厚度、围岩变形量等因素，将引水斜井开挖直径确定为7.2m，在高水头的抽水蓄能电站推广适用性较好；综合考虑TBM施工方法对围岩分类评价体系的影响、TBM设备支护能力、规程规范要求以及参考类似工程经验，初步拟定了洛宁电站引水斜井开挖支护参数。

【关键词】 抽水蓄能电站 引水斜井 TBM 开挖支护参数

1 引言

目前国内开工建设的抽水蓄能电站引水系统普遍选择多级斜井或者竖井的布置方案，斜井一般的设计参数为倾角45°～60°，开挖直径6～10m，采用反井钻机形成溜渣孔后钻爆法扩挖的最大施工长度在400m左右，开挖成洞的平整性差，超挖和欠挖问题普遍，施工速度慢，安全性差等。

TBM施工技术在国内水电、水利、铁路、市政等工程领域已得到广泛应用，但是主要是在进行平洞的开挖，国外TBM斜井使用应用成功案例较多，斜井TBM施工始于1968年，目前全球共有85个斜井项目采用了TBM施工，其中有60余个是关于抽水蓄能电站的调压井项目。国内目前抽水蓄能电站采用TBM施工技术应用主要是在排水廊道，引水斜井尚无实施案例，通过TBM施工技术施工引水斜井，可以优化引水系统布置，缩短引水系统长度，同等调节保证设计条件下，厂房位置可以适当向下游移动，可缩短水电站厂房辅助洞室长度，利于缩短厂房勘探平洞长度，提前探明厂房位置地质条件。此外，TBM施工技术作为一种机械化智能化施工技术手段，有利于安全文明施工，在抽水蓄能电站及其地下洞室群中有着广泛的应用前景。目前，依托河南洛宁抽水蓄能电站引水斜井正在积极开展相关试点应用的前期工作。

2 项目概况

洛宁抽水蓄能电站位于河南省洛阳市洛宁县城东南的涧口乡境内，装机容量为1400MW，电站发电额定水头604.00m，连续满发小时数为6h，设计年发峰荷电量11.91亿kW·h，年抽水耗用低谷电量15.88亿kW·h，电站的供电范围为河南电网，工程的开发任务主要是承担河南电网的调峰填谷、调频调相、紧急事故备用、黑启动和新能源消纳等。可研设计阶段引水系统采用1洞2机布置，引水立面采用两级斜井方案，引水上平洞长1711m，洞径6.5m，上斜井直线段267m，洞径6.5m，中平洞424m，洞径6.5/5.6m，下斜井直线段272m，洞径5.6m，引水隧洞上平洞末端设2号施工支洞，中平洞设置3号施工支洞，引水下平洞设置4号施工支洞。

3 工程地质

工程区位于华北地台的华熊台缘凹陷中部。经历了漫长的地质构造演化，并遭受多期的构造变动，工程区存在一些发育不充分且规模较小的断层，节理裂隙较发育，以陡倾角为主，缓倾角节理不发育，节理规模一般较小，断层、蚀变和节理裂隙较为发育。

根据前期勘察设计阶段资料，电站引水系统出露的基岩地层主要为燕山晚期花岗岩类侵入岩体，第四系松散地层主要为冲洪积、残坡积、崩坡积等作用形成的堆积物，花岗岩的组成主要为长石（55%～78%）和石英（15%～40%）。

引水系统沿线地下水类型主要是基岩裂隙水，主要向沿线大鱼沟、赵沟及白马涧排泄；洞室围岩类别以Ⅱ～Ⅲ类为主；微新岩体单轴饱和抗压强度 80～100MPa；厂区应力场以自重应力为主导。最大主应力量值介于 13.45～18.77MPa，测试部位属中～低地应力区，引水斜井沿线埋深为 229～647m，通过自重应力场模拟洞室围岩地应力场，竖向地应力变化范围为 6～17MPa。

4　关键技术研究

通过分析该工程特点及相关地质条件，可以梳理得出引水斜井采用 TBM 施工主要存在以下关键技术问题：①引水斜井布置方案；②引水斜井开挖尺寸拟定及其适用性；③引水斜井开挖支护设计原则。

4.1　引水斜井布置方案

4.1.1　TBM 设备选择和倾角拟定

针对斜井项目，国外使用最多的是敞开式 TBM，直径范围通常为 3～5.8m；其次是扩孔式 TBM，最大直径可达到 10m；而护盾式 TBM 的应用则相对较少，目前使用的最大直径是 4.88m。在现有的案例中，全断面斜井 TBM 直径最大达到了 8m，最小则在 2m 左右，可实现的最大坡度达到了 116%。具体应用案例见表 1。

表 1　国外抽水蓄能电站引水斜井 TBM 应用案例

国家	工程名称	斜井倾角/(°)	斜井长度/m	斜井直径/m	导井直径/m	TBM 掘进方式
日本	下乡抽水蓄能电站	37	485	5.8	3.3	自下而上开挖导井，然后自上而下采用 TBM 扩挖
日本	神流川抽水蓄能电站	48	935	6.6		自下而上全断面钻进，平均开挖速度为 70m/月，最大开挖速度为 115.5m/月
日本	盐原抽水蓄能电站	52.5	438	—	2.3	自下而上开挖导井
日本	葛野川抽水蓄能电站	52.5	745	7	2.7	采用 TBM 自下而上开挖导井，然后自上而下用 TBM 全断面扩挖
日本	小丸川抽水蓄能电站	—	900	6.1	2.7	导井开挖及扩挖都采用 TBM 施工
瑞士	Limmern 抽水蓄能电站	43	1010	5.2	—	
瑞士	大迪克桑斯抽水蓄能电站	30	400	11	—	采用 Lovat 的 TBM 自上而下全断面开挖

从表 1 可以看出，直径超过 7m，一般采用扩孔式 TBM（倾角大于 37°）或者自上而下的全断面 TBM（倾角小于 30°）；直径小于 7m，一般采用全断面 TBM（自下而上开挖），倾角最陡角度为 48°。全断面 TBM 设备和导孔＋扩孔 TBM 设备主要性能指标对比，见表 2。

表 2　全断面 TBM 设备和导孔＋扩孔 TBM 设备主要性能指标对比

序号	项　目	全断面斜井 TBM	导孔＋扩孔 TBM
1	开挖方式	单台设备一次开挖至设计断面	导孔 TBM 由下至上开挖完成后，扩孔 TBM 由上至下二次开挖至设计断面
2	出渣方式	水力溜槽出渣	水力溜槽出渣
3	进尺指标	250m/月	导孔 TBM 进尺指标：375m/月、扩孔 TBM 进尺指标：375m/月
4	TBM 转场	1 次装机、1 次拆机	导孔 TBM 与扩孔 TBM 分别 1 次装机、1 次装机
5	设备造价	低	高

续表

序号	项　目	全断面斜井 TBM	导孔＋扩孔 TBM
6	辅助设备	1套绞车系统、1套渣水分离系统、1套运输系统	2套绞车系统、2套渣水分离系统、2套运输系统
7	出渣	1次出渣倒运	2台 TBM 施工期间，需要分别出渣倒运
8	斜井与平洞连续施工	经过设备改造，可以实现 TBM 连续掘进	仅针对斜井 TBM 施工，斜井与平洞不能实现 TBM 连续掘进

从表2可以看出，导孔＋扩孔式 TBM 设备造价高、设备、拆机转场复杂，而全断面斜井 TBM 设备费用较低，掘进总线路较短，投资较省，施工综合进度更快。

对试验渣料从44°～26°分不同角度进行自溜渣试验（见图1），对溜渣重量、渣料粒径进行分级统计，并计算溜渣时间及流速进行分析。试验结果表明，临界倾角为28°，大于30°倾角时，渣料具备自溜条件，小于等于26°时，渣料不具备自溜条件，需采取辅助措施。

(a) TBM斜井出渣轨道溜渣试验

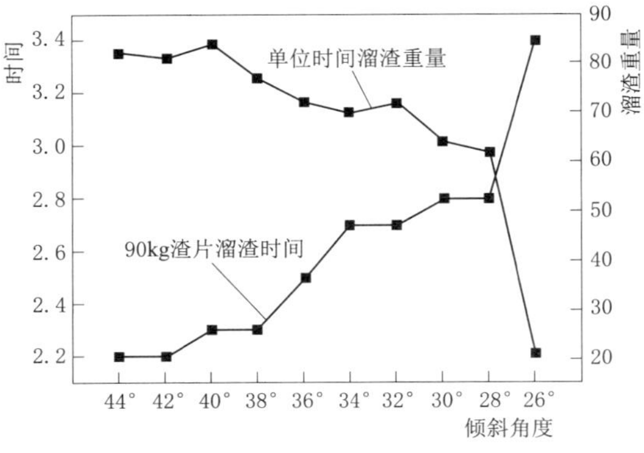

(b) TBM斜井溜渣轨道试验数据

图1　斜井出渣轨道溜渣试验

结合洛宁工程地质特点，将 TBM 开挖洞渣料假定为表面粗糙的硬质岩，出渣轨道（U形钢槽）滑面假定为挡土墙，根据 GB 50007—2011《建筑地基基础设计规范》，摩擦系数 μ 取值为0.65～0.75，取平均值后对应倾角角度为35°。

目前国外自下而上采用 TBM 施工的引水斜井最大开挖直径6.6m，倾角角度为48°。因此国内首次应用 TBM 开挖斜井，倾角宜为35°～48°。

4.1.2　引水斜井布置方案

目前引水系统斜井采用 TBM 开挖主要有两种斜井布置方案：一种是根据电站引水系统立面布置特点，通过调整设计方案适应现有较为成熟的 TBM 施工技术，将引水上下斜（竖）井和平洞，调整为一级斜井布置，开挖断面进行统一，采用自下而上开挖，下平洞设置组装和始发洞室，上平洞设置接收洞室；另一种是采用可变径 TBM 施工，引水隧洞平、立面布置不变，斜井角度和开挖直径保持不变，上下斜井开挖断面统一，TBM 从下斜井掘进到中平洞变径后再进行中平洞和上斜井开挖。两种布置方案见图2。

两种实施方案各有优缺点，考虑到现有斜井 TBM 设备技术要求，并结合洛宁项目的工程特点，洛宁电站引水斜井采用第一种实施方案。引水斜井布置方案优化调整后，1号引水主洞斜井段长约928m，角度约为36°；2号引水主洞斜井段长873m，角度约为39°。

4.2　引水斜井开挖尺寸拟定及其适用性

4.2.1　引水斜井开挖尺寸拟定的原则

根据 NB/T 10391—2020《水工隧洞设计规范》，斜井 TBM 开挖断面应为圆形，断面尺寸应根据隧洞功能要求、支护及衬砌厚度、围岩变形量，并考虑掘进误差、刀头磨损等因素综合确定，且应满足掘进机设备开挖的最小尺寸要求。同时结合洛宁项目特点拟定如下设计原则：①不变径开挖，TBM 开挖断面

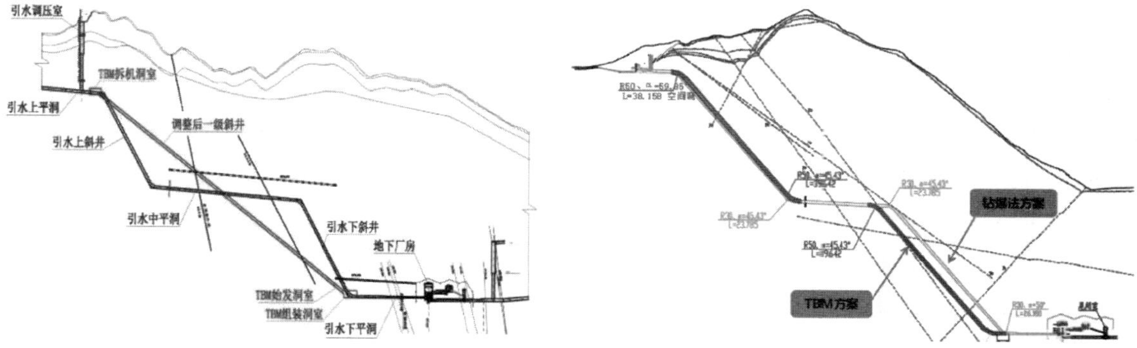

（a）实施方案1　　（b）实施方案2

图 2　引水斜井 TBM 施工布置方案

尺寸应具有一定的适用性；②压力管道水流惯性时间常数 T_w 值应满足调节保证设计要求；③斜井长度较短 TBM 施工引水斜井开挖洞径按照Ⅳ类围岩开挖尺寸进行确定；对于斜井长度较长 TBM 施工引水斜井的开挖洞径按照Ⅲ类围岩开挖尺寸进行确定。

可研设计阶段，引水系统高压洞段采用钢筋混凝土和钢板衬砌。受限洛宁电站目前的场内运输条件，引水斜井钢衬段最大内径不宜超过 5.6m，与可研设计阶段保持一致，同时，引水系统采用一级斜井布置方案，引水主洞长度减小了约 110m，为保证压力管道水流惯性时间常数 T_w 值以及水头损失与招标设计阶段推荐方案基本保持一致，引水斜井混凝土衬砌段内径可小于原招标设计方案 6.5m，但不宜小于 5.6m。

考虑到洛宁电站引水斜井长度较短（小于 1000m），TBM 施工引水斜井开挖洞径按照Ⅳ类围岩开挖尺寸进行确定，同时应保证引水斜井压力钢管安装空间需要。

原钻爆法施工 5.6m 内径钢衬段最大开挖直径 7.36m（Ⅳ类围岩），最小开挖直径 7.0m（Ⅱ类围岩）。采用 TBM 施工开挖断面 7.2m，考虑 TBM 设备扩挖能力，最大开挖直径可以达到 7.3m，从图 3 可以看出，压力钢管安装施工条件与钻爆法施工条件基本相当，Ⅱ类、Ⅲ类围岩段安装条件更优。

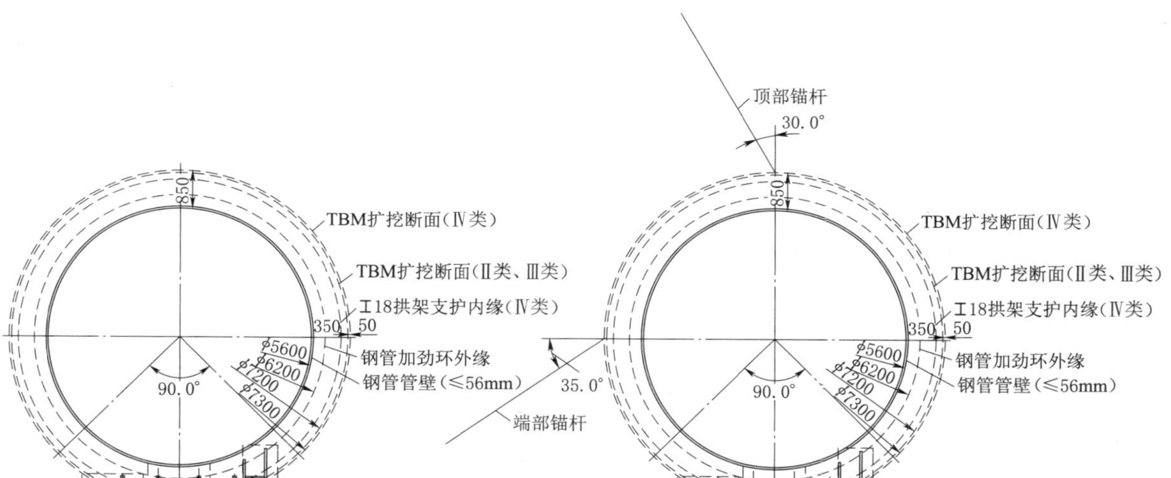

图 3　钢板衬砌段钢管安装及 TBM 施工锚杆支护示意图

根据 GB 50086—2015《岩土锚杆与喷射混凝土支护工程技术规范》表 7.3.10 有关于规定，对于埋深小于 500m 的隧洞，Ⅲ类围岩隧洞、洞室周边允许相对收敛值（拱顶位移实测值与隧道宽度之比）最小值为 0.4%。随着围岩类别和洞室埋深增加，洞室允许相对收敛值是增加的，考虑到洛宁引水斜井围岩类别主要是Ⅱ类、Ⅲ类，因此以埋深 300～500m 的Ⅲ类隧洞允许相对收敛值的下限作为引水斜井围岩变形量的控制值，即 2.88cm（0.4%），综合考虑洞室围岩变形对衬砌结构的影响，掘进误差、刀头磨损，洛宁引水斜井 TBM 设备直径为 7.23m；对于Ⅳ类围岩、埋深较大洞段，TBM 设备的扩挖能力应满足引水斜井设计的要求。

4.2.2 斜井开挖尺寸的适用性

通过搜集整理各抽水蓄能电站发电水头、装机容量、额定流速、引水隧洞直径及流速，进行统计分析，初步拟定得到 TBM 施工下高压管道的经济流速；通过统计不同水头段高压管道设计 T_w 值及其变化规律、根据拟定高压管道经济流速，计算不同水头的电站高压管道直径及长度。统计表明，钢筋混凝土衬砌的隧洞，引水、尾水隧洞经济流速为 3～5m/s，高压隧洞经济流速为 4～7m/s，钢管道经济流速更大，一般在 5～11m/s。考虑到 TBM 施工开挖断面尺寸统一，并适当提高压力管道经济流速，初步拟定 TBM 施工斜井后断面流速为 5.8m/s。

结合目前抽水蓄能电站不同水头、不同装机容量下电站调节保证设计性能，发现水头越高，允许 Tw 值越小，压力管道长度越长。根据初步拟定的 TBM 施工下斜井断面流速以及压力管道运行 Tw 值，对不同水头和装机电站的 TBM 施工下的斜井开挖直径和压力管道长度进行计算，见表 3、图 4。

表 3　不同水头、不同装机容量 TBM 施工斜井开挖直径计算表

流速 /(m/s)	单机容量 /MW	额定水头 /m	额定流量 /(m^3/s)	洞径 /m	开挖直径 /m	T_w /s	压力管道长度 /m
5.8	350	700	56.63	4.54	6.59	1.30	1275
5.8	350	650	60.99	4.71	6.77	1.35	1230
5.8	350	600	66.07	4.90	6.99	1.40	1177
5.8	300	550	61.78	4.74	6.81	1.45	1118
5.8	300	500	67.96	4.97	7.06	1.50	1051
5.8	300	450	75.51	5.24	7.36	1.55	977
5.8	300	400	84.95	5.56	7.71	1.60	897
5.8	300	350	97.08	5.94	8.13	1.65	809
5.8	300	300	113.26	6.42	8.65	1.70	715
5.8	250	250	113.26	6.42	8.65	1.80	631

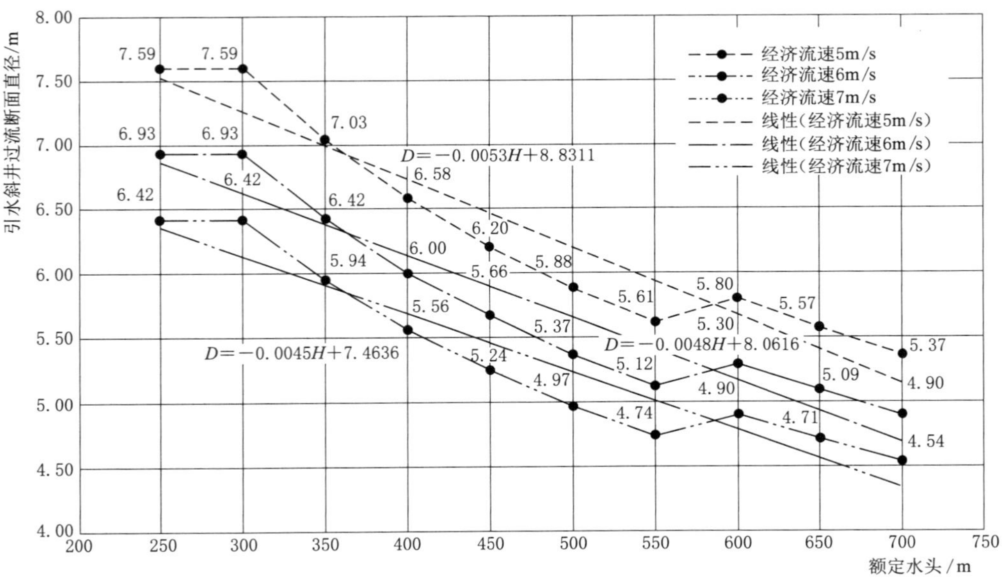

图 4　不同经济流速、不同额定水头引水斜井过流断面开挖直径拟合图

从表 3 可以看出，当电站额定水头在 500m 以上时，斜井开挖直径至少要达到 7.06m，考虑到洛宁目前 TBM 施工下斜井开挖直径为 7.2m，其推广适用性较广，对于 400m 水头段抽水蓄能电站，结合电站

调节保证设计，对输水系统进行设计优化，以满足 7.2m 开挖直径的要求；此外，TBM 设备改造能力也能适应 400m 水头段抽水蓄能电站的引水斜井施工；对于 300m 水头段抽水蓄能电站，引水系统立面采用一级斜井（竖井）布置方式，斜井长度一般小于 400m，应用 TBM 施工经济性较差，不推荐采用 TBM 施工。

从图 4 可以看出，当引水斜井经济流速不同，引水斜井开挖直径差异较大，考虑到 TBM 施工引水斜井投资较高，建议适当提高经济流速，以降低 TBM 施工引水斜井的开挖直径和工程建设成本，同时提高 7.2m 直径的 TBM 设备的适用性。

4.3 引水斜井开挖支护设计原则

4.3.1 基于 TBM 施工的围岩分类评价

目前国内围岩分类主要依据设计前的地质勘探，分析影响围岩的各种因素，分析各种因素下的围岩的稳定性情况，并综合得出围岩分类。传统的围岩分类方法主要是依据岩体力学指标体系来进行分类和研究，主要的评价指标包括构造影响程度、结构面发育情况和组合状态、岩体完整性、岩石强度以及岩体强度应力比等。目前国内围岩分类系统评价指标中尚未引入施工方法的影响。

相关学者研究比较了钻爆法开挖和 TBM 开挖对围岩扰动的影响，认为钻爆法开挖时，炸药爆炸会造成岩石裂纹区，即直接影响区（开挖面附近的第 1 影响区），而 TBM 开挖时就没有这一裂纹区。无论用哪种方法施工，对围岩都会产生一种内应力重新分配而围岩仍完整稳定的区域。但当 TBM 开挖时，岩体中储存的变形能逐步释放，围岩应力应变曲线的连续性和过渡性较好，而采用钻爆法开挖时，开挖边界上的地应力瞬间动态释放，位移和应力都不连续，因此 TBM 开挖时的第 2 影响区（第 1 影响区外围）比钻爆开挖时小，围岩支护成本明显降低。

4.3.2 常规斜井 TBM 设备支护能力

顶拱 180°采用挂网和系统锚杆支护（锚杆长度不超过 3.5m，与岩壁的法向夹角 30°～35°），顶拱 270°采用喷混凝土支护，可以全断面采用型钢拱架支护。通过增加锚杆钻机后可实现顶拱 270°挂网和系统锚杆支护。

4.3.3 常规钻爆法施工斜井支护要求

根据 NB/T 10391—2020《水工隧洞设计规范》要求，Ⅰ类、Ⅱ类围岩，开挖洞径（洞宽）小于 5m 的隧洞可不支护，5～10m 时宜采用喷混凝土支护，大于 10m 的隧洞宜采用锚喷支护。遇有局部不稳定块体时应采用随机锚杆或锚杆束加固。Ⅲ类围岩宜采用挂网锚喷支护；Ⅳ类围岩宜进行钢筋混凝土衬砌，根据隧洞规模和地质条件，经分析也可采用锚喷、挂网或钢支撑等联合支护；Ⅴ类围岩应进行钢筋混凝土或其他永久衬砌，见表 4。

表 4　在建类似工程斜井初期支护参数

电站名称	围岩类别	喷层参数	钢筋网参数	锚杆参数	拱架参数
XJFK 抽水蓄能电站	Ⅱ	喷混凝土 80	—	—	—
	Ⅲ	喷混凝土 100	ϕ6@150×150	ϕ25，L=4500，1500×1500（间距×排距）	—
	Ⅳ	喷混凝土 150	ϕ6@150×150	ϕ25，L=4500，1250×1250（间距×排距）	—
AHJZ 抽水蓄能电站	Ⅱ	喷混凝土 50	—	—	—
	Ⅲ$_1$	喷混凝土 100	ϕ6@150×150	ϕ25，L=4500，1500×1500（间距×排距）（布置在顶拱 180°）	—
	Ⅲ$_2$、Ⅳ	喷混凝土 100	ϕ6@150×150	ϕ25，L=4500，1500×1500（间距×排距）	全断面
	Ⅴ	喷混凝土 150	ϕ6@150×150	ϕ25，L=4500，1000×750（间距×排距）	钢筋拱肋，间距 750
SDYM 抽水蓄能电站	Ⅲ	喷混凝土 100	ϕ8@200×200	ϕ22，L=3000，1500×1500（间距×排距）	—
	Ⅳ	喷混凝土 200	ϕ8@200×200	ϕ25，L=4500，1500×1500（间距×排距）	I20a，间距 1000
	Ⅴ	喷混凝土 200	ϕ8@200×200	ϕ25，L=4500，1500×1500（间距×排距）	I20a，间距 750

续表

电站名称	围岩类别	喷层参数	钢筋网参数	锚杆参数	拱架参数
HNTC电站	Ⅱ	喷混凝土50	—	ϕ22，L=3000，1500×1500（间距×排距）	
	Ⅲ$_1$	喷混凝土100	ϕ2.6@160×160（240°）	ϕ22，L=3000，1200×1200（间距×排距）	
	Ⅲ$_2$、Ⅳ	喷混凝土100	ϕ6@200×200	ϕ25，L=4500，1200×1200（间距×排距）	
	Ⅴ	喷混凝土300/100	ϕ6@200×200	ϕ25，L=4500，1000×1000（间距×排距）	格栅拱架，间距1000

综合考虑TBM施工方法对围岩分类评价体系的影响、TBM设备支护能力、规程规范要求以及参考类似工程经验，初拟洛宁电站引水斜井开挖支护参数，见表5。

表5　初拟洛宁抽蓄引水斜井TBM开挖初期支护参数

围岩类别	喷层参数	钢筋网参数	锚杆参数	拱架参数	开挖直径/m
Ⅱ	顶拱240°范围喷混凝土80	顶拱240° ϕ8@200×200	顶拱240°ϕ25，L=3500，随机	—	7.2
Ⅲ	顶拱240°范围喷混凝土100	顶拱240° ϕ8@200×200	顶拱240°ϕ25，L=3500，1200×1200	—	7.2
Ⅳ	顶拱240°范围喷混凝土200	顶拱240° ϕ8@200×200	顶拱240°ϕ25，L=4500，1000×1000	全断面 I18，间距800	7.3
Ⅴ	顶拱240°范围喷混凝土200	顶拱240° ϕ8@200×200	顶拱240°ϕ25，L=4500，1000×1000	全断面 I18，间距500	7.3

5 结语

（1）通过TBM施工技术施工引水斜井，可以优化引水系统布置，缩短引水系统长度，同等调节保证设计条件下，厂房位置可以适当向下游移动，可缩短水电站厂房辅助洞室长度，利于缩短厂房勘探平洞长度，提前探明厂房位置地质条件。此外，TBM施工技术作为一种机械化智能化施工技术手段，有利于安全文明施工，在抽水蓄能电站及其地下洞室群中有着广泛的应用前景。

（2）综合考虑到斜井TBM开挖出渣效率和TBM设备掘进的安全性，洛宁电站引水斜井倾角宜在35°～48°，洛宁电站引水斜井倾角为36°～39°，TBM设备适用性较好。

（3）当电站额定水头在500m以上时，斜井开挖直径至少要达到7.06m，考虑到洛宁目前TBM施工下斜井开挖直径为7.2m，其推广适用性较广，对于400m水头段抽水蓄能电站，可以适当提高引水斜井流速，结合电站调节保证设计，对输水系统进行设计优化，以满足7.2m开挖直径的要求；此外，TBM设备改造能力也能适应400m水头段抽水蓄能电站的引水斜井施工。对于300m水头段抽水蓄能电站，引水系统立面一般采用一级竖井或一级斜井布置方式，引水斜井长度一般小于400m，引水斜井应用TBM施工经济性较差，不推荐采用TBM施工。

（4）在确定引水斜井初期支护参数时，应综合考虑TBM施工方法对围岩分类评价体系的影响、TBM设备支护能力以及参考类似工程经验。此外，考虑到引水斜井后期需要进行钢筋混凝土或钢板衬砌，初期支护参数应根据工程的具体情况，适当予以减小。

参考文献

[1] 张军，李守巨，宁忠立，等. 抽水蓄能电站引水斜井开挖采用TBM施工的研究［J］. 水电与抽水蓄能，2018，4（2）：1-7.

[2] 刘永奇，张杰，王小军，等. 抽水蓄能电站高压管道斜井采用TBM施工的工程布置方案研究［J］. 水力发电，2020，46（12）：71-74.

[3] 徐艳群，尚海龙，刘传军. 斜井隧道掘进机在抽水蓄能电站施工中的应用［J］. 水电与抽水蓄能，2019，5（5）：

98-101.

[4] 吴煜宇，吴湘滨，尹俊涛. 关于TBM施工隧洞围岩分类方法的研究 [J]. 水文地质工程地质，2006 (5)：120-122.

[5] 李苍松，谷婷，丁建芳，等. TBM施工隧洞围岩级别划分探讨 [J]. 工程地质学报，2010，18 (5)：730-735.

[6] 严鹏，卢文波，陈明，等. TBM和钻爆开挖条件下隧洞围岩损伤特性研究 [J]. 土木工程学报，2009，42 (11)：121-128.

潜水作业在大坝面板三向测缝计安装施工中创新应用

江 涛 马 祥 骆金峰
（湖北白莲河抽水蓄能有限公司，湖北省罗田市 438600）

【摘 要】 莲蓄电站将潜水作业和水工监测仪器安装调试施工这两种不同的技术工作深度融合在一起，通过潜水的方式进入上水库水下 17m 深度，在主坝混凝土面板与趾板之间开展 6 套三向测缝计安装、调试施工作业，用于监测面板相对于趾板的水平、沉降及剪切位移。作业过程中成功克服了水下作业压强大、照明采光不足、视线差、水下施工工具操作困难、作业环境恶劣等重重困难。上水库主坝混凝土面板与趾板之间的位移变形得到科学有效实时监测。该成果应用技术成果丰硕，总结提炼的亮点、创新点多。

【关键词】 潜水作业 三向测缝计安装 技术创新 实用新型专用工具发明

1 引言

莲蓄公司通过潜水方式进入上水库水下深度 17m，在主坝混凝土面板与趾板之间开展 6 套三向测缝计安装、调试施工作业。在充分考虑潜水作业施工安全、作业环境、劳动强度、水下检修工器具选型和诸多不确定性因素的基础上，有效克服了水下作业压强大、照明采光不足、视线差、水下施工工具操作困难、作业环境恶劣等重重困难，项目实施组织策划严密、指挥协调有力、作业工序衔接顺畅、人员配合紧密、安全管控措施得当，上库主坝面板三向测缝计安装潜水施工作业安全顺利完成，达到预期工作目标。

该成果应用技术成果丰硕，总结提炼的亮点、创新点多。将潜水作业和水工监测仪器安装调试施工这两种不同的技术工作深度融合在一起。

2 实施背景

2.1 面临问题分析

（1）莲蓄电站上库主坝为混凝土面板堆石坝，最大坝高 62.5m。水工管理人员无法正常采集上库主坝坝址的实际位移变形量，无法科学分析和掌握大坝的真实安全运行状况，有可能出现大坝渗漏量增大或者大坝变形等危害，产生影响较严重的安全事件。

（2）莲蓄电站上水库库容为 2426m^3，上库正常蓄水位 308m，开展上库主坝混凝土面板与趾板之间安装 6 套三向测缝计施工作业的先决条件是放空上水库，作业人员进入大坝面板与趾板交界处实施作业，但因抽水蓄能电站服务电网调度“随调随启”的业务属性，机组在“非停备”条件下，无法放空上水库。

2.2 潜水作业实施的必要性和紧迫性

莲蓄电站上水库为天然水库，库盆地形地质条件复杂，上库主坝投产运行 13 年，随着近年来抽水蓄能电站机组发电抽水运行频繁，上水库水位随机组启停变幅较大（日最大落差 15m），加之大坝坝址淤积泥沙较多，上库主坝混凝土面板与趾板之间缺乏有效的位移变形监测设施。根据《国家电网公司水电站水工设施运行维护导则》相关要求，须在上水库主坝混凝土面板与趾板之间设置 6 套三向测缝计，用于监测上库主坝面板相对于趾板的水平、沉降及剪切位移，确保上水库主坝混凝土面板与趾板之间的位移变形得到有效监测。确保实时掌握水工建筑物各项监测数据和运行指标，不发生水工建筑物安全事件。

2.3 预期目标

在上水库不放空的条件下，在主坝混凝土面板与趾板之间安装 6 套三向测缝计，用于监测面板相对于趾板的水平、沉降及剪切位移。

3 具体作业步骤

3.1 潜水作业前准备工作

检查潜水作业人员正确佩戴使用有效、齐全、经检验合格的劳动安全防护用品（潜水服、潜水面罩、供氧设备、潜水电话、水深显示仪、水下监控系统、安全绳、安全带、压气压缩机等）。潜水员下水作业前严格检查确认潜水装备、供氧器材、通信设施、可视通话设施配备齐全，确认无误方可下水作业，见图 1。

3.2 施工材料下水

仪器下水前，工作人员在岸上将仪器与电缆一端连接牢固（电缆规格为 $3\times50mm^2$，提前用透明缠绕带将 3 根电缆绑扎在仪器），并用防水绝缘胶布包扎，电缆的另一端与钢丝（长 30m）的一端连接牢靠。将三向测缝计基座支架底部安装 4 个滚动滑轮，用 ϕ14mm 安全绳拴系缓缓放入水下指定高程，其他气动冲击钻、螺丝等零星工具及小部件等全部放入工具袋内，随潜水员一起带入水中，见图 2。

图 1 供氧、供气空压机检查

图 2 三向测缝计下水前组装、检查

3.3 潜水员潜入下水

开启潜水员供气用柴油空压机，潜水员穿上干式潜水服，戴好潜水面罩，连接好空气胶管，戴好潜水深度表，调整空气阀，系好安全绳，安全绳的另一端系在防护栏杆上，通过专用绞盘装置操作安全绳，岸边操作人员通过操控绞盘缓缓放松安全绳，将潜水人员沿混凝土面板斜坡缓缓潜入水下，潜入水下具体工作高程点由潜水人员通过水深仪表自行判断确定，见图 3。

图 3 潜水员在岸上人员辅助下潜入水中

根据混凝土面板坡比 1∶1.4，观测便道高程 309.3m，计算出仪器安全绳长度，将仪器下放至以下指定高程，见表 1。

潜水员手腕佩戴潜水深度表，潜水深度表可查看潜水深度，对上述方式拟定的高程进行复核。根据潜水员到达位置测得水深，当前库水位减水深确定安装高程，见图 4。

表 1 三向测缝计安装位置表

序号	仪器编号	型号规格	位置	安装高程/m	计算仪器绳长度/m
1	J3－1	SX－100	坝右	291.00	31.5
2	J3－2	SX－100	坝右	293.00	28.0
3	J3－3	SX－100	坝右	296.00	22.9
4	J3－4	SX－100	坝左	291.00	31.5
5	J3－5	SX－100	坝左	293.00	28.0
6	J3－6	SX－100	坝左	296.00	22.9

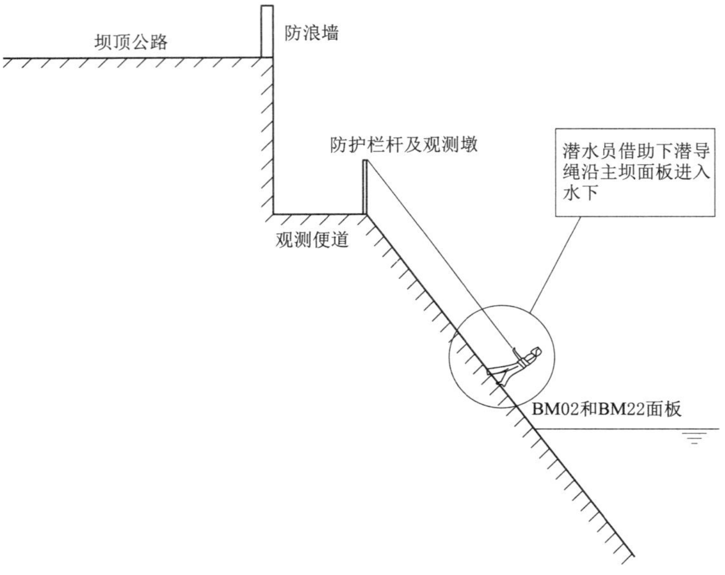

图 4 潜水员入水示意图

3.4 主坝三向测缝计水下安装作业

3.4.1 监测仪器基座安装

监测仪器基座安装点处的场地表面必须平整，周边缝两侧的面积均不低于 1.2m×1.2m 平面，见图 5。

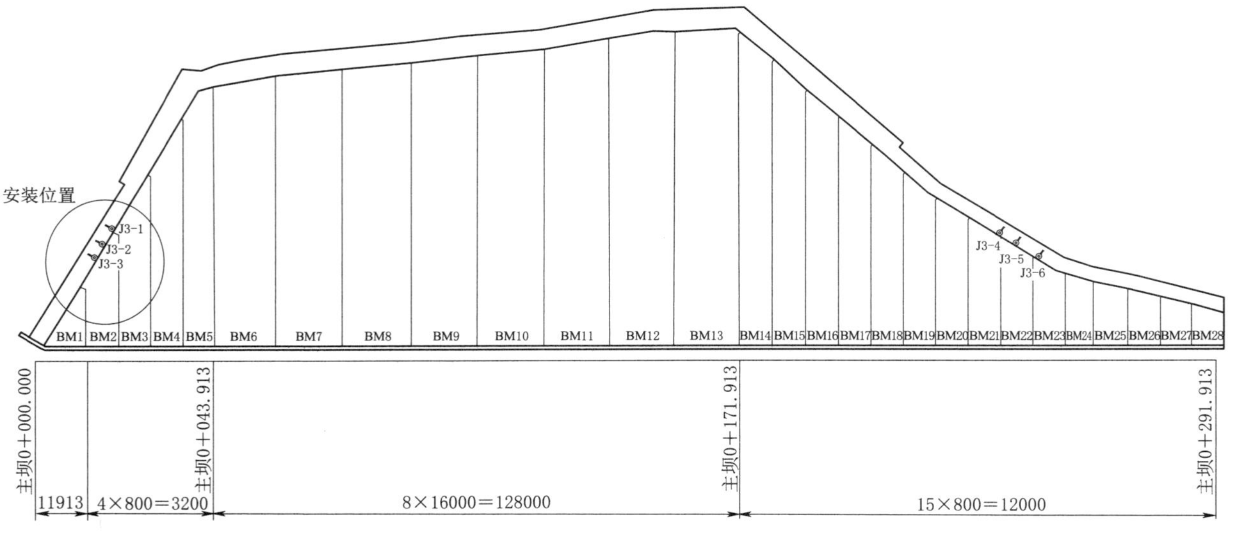

图 5 三向测缝计安装布置图

潜水人员在水下将面板与趾板表层的淤泥和杂物进行有效清除，确保施工场地平整完好。潜水人员在水下将基座的主支架、底座框架 A 与斜撑进行组装，主支架与基座框保持垂直，将连接主支架与底座框架的螺栓拧紧。使用气动冲击钻在面板和坝趾上钻孔，孔深 75mm，将基座的主支架、底座框架通过膨胀螺丝安装固定在面板和坝趾上，孔直径 12mm，确保监测仪器基座各个组成部件与面板、趾板连接固定形成整体，见图 6。

3.4.2 三向测缝计安装

（1）潜水员将三向测缝计的球型万向节与量程调节杆、测缝计连接，调整两球型螺杆的中心距离，距离以从零位起拉出测缝计传递杆 30mm。然后上紧量程调节杆螺螺母以锁定连接杆，见图 7。

图 6 监测仪器基座安装

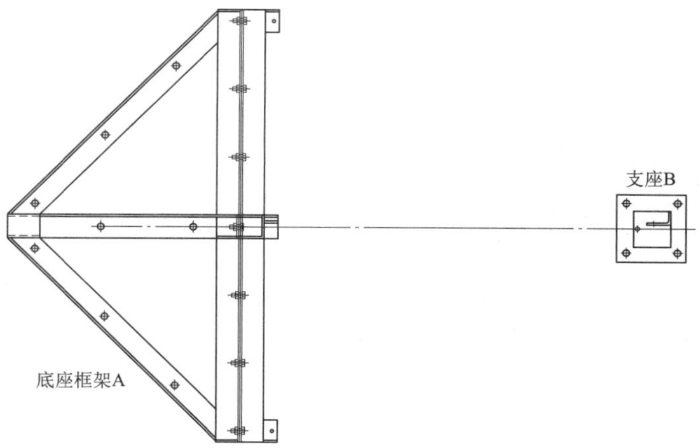

图 7 三向测缝计支架与底座安装平面示意图

（2）潜水员潜入水下指定高程，身体正向面对大坝面板，将底座 A 与支座 B 按图中位置固定于面板上，底座 A 安装固定于面板距离周边缝边缘（左侧）250mm 处位置，支座 B 固定于坝趾距离周边缝边缘（右侧）300mm 处，分别调整好各自的位置，依次用气动冲击钻在固定支座上钻孔，孔深 75mm，底座上的膨胀固定孔直径 12mm，膨胀螺栓全部采用不锈钢螺栓，用螺栓连接固定形成整体，见图 8。

3.4.3 电缆敷设

三向测缝计采用四芯屏蔽电缆连接，根据现场测量及适当预留，四芯屏蔽电缆按照相同颜色芯线将仪器电缆接长，电缆接头采用热缩管密封电缆接头技术，见图 9。

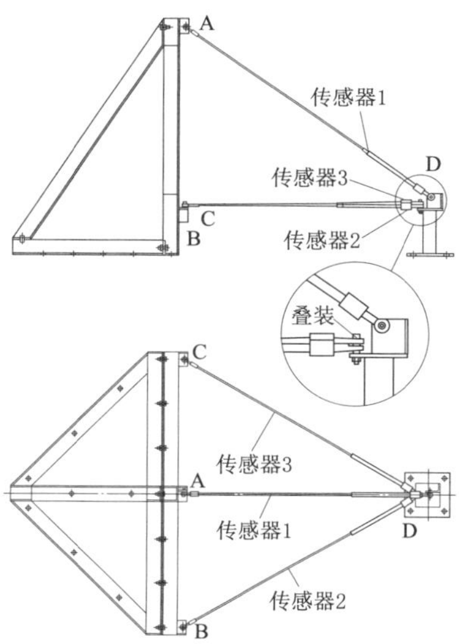

图 8 三向测缝计安装图

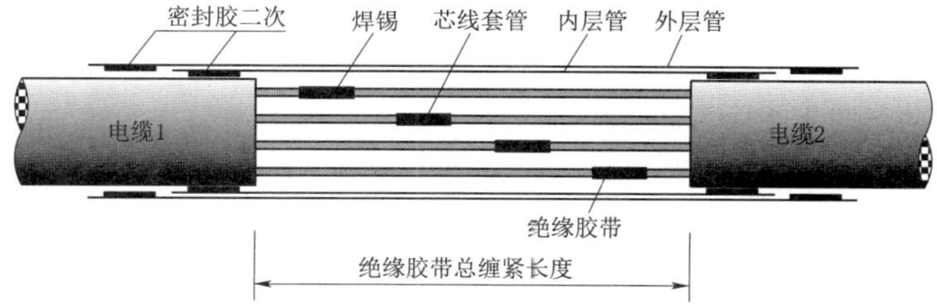

图 9 四芯屏蔽电缆接长

潜水人员通过水下电话通知岸上操作人员仪器及支架全部安装完毕，岸上作业人员通过绳索将5根DN40镀锌钢管缓缓放入水下，将电缆钢管固定在面板中心位置，使用U形不锈钢抱箍将钢管固定在面板上，使用气动冲击钻在固定支座上钻孔、打膨胀螺丝固定牢靠，钻孔深75mm，膨胀螺丝孔直径12mm，见图10。每间隔3m距离安装固定一个抱箍。

钢管布置形式为“9芯1管”，即一根DN40镀锌钢管内穿入3套监测仪器的电缆，钢管在水下的末端部位采用三岔支管（DN25波纹管，同样使用U形不锈钢抱箍将其固定在面板上，钻孔深75mm，膨胀螺丝孔直径12mm）分别与3套监测仪器连接。潜水员将仪器电缆钢丝的另一端全部穿入钢管内。岸上操作人员随即将电缆及其钢丝拉拽出来直至电缆全部进入钢管内部，最后沿坝面穿DN40镀锌钢管敷设至坝顶观测箱。镀锌钢管与大坝顶部的接地网可靠焊接牢固，且不少于4处。

3.4.4 数据测量调试

主坝三向测缝计信号电缆顺利拉上岸后，用万用表对6套（共18支）仪器的输出测量电缆频率、电阻值信号进行测量，均显示正常，未出现仪器电缆回路短路、断路等异常数据，见图11。将此次18支三向测缝计输出信号接入主坝坝顶的数据采集箱，经反复测试、调试，自动化数据采集正常、稳定。

图10 仪器线缆从水下拉入地面

图11 三向测缝计信号电缆测量电阻值正常

4 实施效果

此次上库主坝面板三向测缝计潜水安装施工作业技术成果丰硕，潜水作业过程总结提炼的亮点、创新点归纳为以下3个方面。

4.1 潜水技术与水工检修作业深度融合

成功应用新技术、新工艺，将潜水作业和水工监测仪器安装施工这两种不同的技术工作深度融合在一起，具有突破性技术创新。项目实施组织策划严密、指挥协调有力、作业工序衔接顺畅、人员配合紧密、安全管控措施得当，上库主坝面板三向测缝计安装潜水施工作业安全顺利完成。

4.2 水下施工工具技术优化改造

潜水员在水下使用气动冲击钻对混凝土面板进行钻孔时发现，气动冲击钻的冲击力明显不足，钻孔十分困难。项目人员对气动冲击钻在水下环境作业的工作机理进行研究分析，在冲击钻上原仅有的一根供气管的基础上新增加一根排气管，排气管的末端引出至水面与大气相通。经空压机给水下冲击钻供气后的及时排放至水面大气中，形成“气流闭环回路”，见图12。经技术优化改造后冲击钻在水下作业的动力明显加大，有效保障了水下钻孔施工安全顺利进行。

4.3 实用新型专用工具发明应用

潜水员在水下环境对混凝土面板进行钻孔作业原比陆面环境要艰巨复杂，水下17m的垂直深度，采光条件差、照明不足、水压阻力大、作业条件恶劣，这些不利因素均困扰潜水员正常开展水下钻孔作业，容易发生钻孔选点不准确、钻孔过程偏移等情况。项目人员发明创造了一种可用于水下可见度低的环境下的“钻孔定位尺”（见图 13），该工具由一根长 80cm、宽 3cm、厚 5mm 的钢板制作的，该“钻孔定位尺”上有 4 个螺丝孔，是严格依照三向测缝计安装支架的螺丝孔的分布位置、孔径、间距等数据。潜水员在水下环境施工钻孔时将“钻孔定位尺”笔划在仪器的安装位置，使用冲击钻对准“钻孔定位尺”上的螺丝孔可以精准、顺畅地在面板上钻孔，从而大大提高了施工效率，有效保障了施工工艺质量。

图 12　水下作业气动冲击钻优化改造

图 13　水下作业钻孔定位尺

5　结语

该成果技术适用于已投运抽水蓄能电站在无须放空上水库的条件下，可通过潜水方式完成大坝监测仪器安装作业，该技术创新具有典型性和可推广性。可为其他同类型水电站水工建筑物检修作业提供参考借鉴。

新技术、新工艺的成功应用不是工作的终点，而是高质量、高标准技术革新的新开始。创新无止境，开拓思路、攻坚克难永远在路上！

参考文献

[1]　DL/T 5259—2010 土石坝安全监测技术规范 [S].

[2]　DL/T 5211—2005 大坝安全监测自动化技术规范 [S].

[3]　DL/T 5006—2015 水电水利工程岩体监测规程 [S].

[4]　Q/GDW 11151.3—2013 水电站水工设施运行维护导则　第 3 部分：大坝安全监测系统 [S].

“新意法”在泥灰土隧洞工程中的应用

唐 雄 代 强
（中国水利水电第五工程局有限公司，四川省成都市 610066）

【摘 要】“新意法”（ADECO-RS）是一种可应用于各种地层（尤其是软弱地层）和实现全断面机械化开挖的隧道施工方法，该方法已被意大利等欧洲主要国家的公路及铁路领域广泛采用，近些年推广至中国高速铁路领域，而水电领域应用实例极为少见。本文以中东抽水蓄能电站尾水土洞为例，全面介绍“新意法”在泥灰土隧洞工程中的应用实践，为类似工程设计施工提供参考，并将其推广应用到更广阔的工程建设领域。

【关键词】“新意法” 泥灰土隧洞 应用

1 引言

20世纪70年代中期，意大利的Pietro Lunardi教授对数百座隧道进行理论和现场试验研究，并逐步创立了岩土控制变形分析法（ADECO-RS），该工法中文解释为“新意法”。“新意法”是通过对隧道掌子面超前核心岩土体的勘察、量测，预报围岩的应力-应变形态并将其划分为A、B、C三种类型，据此以信息化设计支护措施，确保隧道安全穿越复杂地层和实现全断面开挖的一种设计、施工指导原则。其核心点：①隧道掌子面前方超前核心围岩的滑动与隧道塌方之间存在着紧密联系，隧道塌方总是发生在超前核心围岩滑动之后；②掌子面超前核心围岩的强度、稳定性及对变形的敏感性在隧道施工中起着决定性作用；③掌子面挤压变形及预收敛变形是导致超前核心围岩土体脱落、剥落和滑动的原因。

与“新奥法”相比，“新意法”是以掌子面超前核心岩土的变形与隧道的稳定性为主要评价目标，设计和施工都是以此为基础进行确定，不但考虑了隧道后方的变形影响，同时考虑前方掌子面的变形对隧道稳定性影响，而“新奥法”则未考虑掌子面超前核心岩土的影响。“新意法”突出了掌子面超前核心岩土的预加固的重要性，其目的是控制掌子面前方岩土体的力学性质，即使在极为复杂的地质条件下，也能满足机械化全断面施工要求，特别是对难以形成自然拱效应的岩土隧道中更能体现其优越性。

2 工程概况

中东抽水蓄能电站项目模式为EPC总承包，电站设计采取“一洞双机”的布置方式，由2台装机容量为172MW的可逆式机组构成，总装机容量344MW。电站由上下水库、输水系统、地下厂房系统及地面开关站等组成。其中尾水隧洞进口位于下库进出水口，隧洞全长1608.013m，土洞段长446.88m，岩洞段1160.549m，开挖支护后直径为6.8m，衬砌后直径为5.8m。

尾水土洞段埋深约6.7～45m，均位于地下水位以下，地下水位距洞顶高差约7.8～28m。尾水土洞段地层主要为湖湘沉积泥灰土（Marl）地层，地层土体呈深灰色、饱和状态，可塑、局部软塑状，为高含水率、高液限黏土，土层力学性质差；薄层分布明显，层间夹粉细砂或石膏，层厚几厘米至十几厘米不等。尾水土洞段泥灰土土体参数详见表1、地质情况参见图1。

表1 中东抽水蓄能电站尾水土洞泥灰土土体参数表

天然密度 /(kN/m³)	渗透系数		抗剪强度CU		承载力 /kPa	压缩模量 E_S/MPa	变形模量 E_0/MPa	泊松比 υ
	水平	垂直	c /(kN/m²)	ϕ /(°)				
16～17	1×10^{-5}～1×10^{-4}	1×10^{-8}～1×10^{-7}	42～45	16～18	150～200	8～10	34～36	0.42～0.45

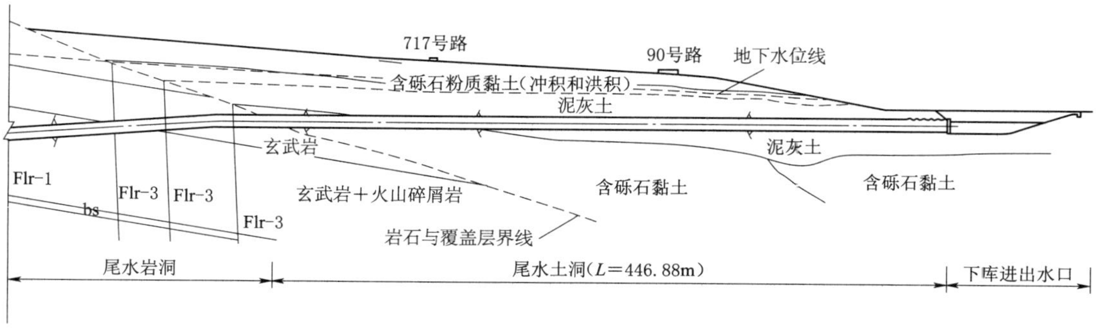

图 1　中东抽水蓄能电站尾水土洞段地质剖面图

3　尾水土洞开挖支护设计

泥灰土较低的土体参数不利于土洞洞壁及掌子面稳定，地层中存在夹层（含黏土质砂或粉细砂层），加之层状分布增加了土体的渗透系数各向异性，在渗透性大的部位有可能发生突水或者涌水。针对不利地质条件，尾水土洞段开挖支护采用“新意法”理念及指导原则分两部分设计：一是洞身开挖支护；二是掌子面超前核心岩土加固。设计支护型式充分了考虑土洞段的超前核心岩土预收敛变形、掌子面的挤压变形、隧洞后方的收敛变形等影响。

3.1　洞身支护设计

尾水土洞开挖横断面为异型断面（断面由上下两个半圆组成，半圆间为不等高的直墙段连接），纵断面为锯齿形断面，隧洞开挖半径为 8.3～8.8m，衬砌后断面为圆形断面，衬砌后断面半径为 5.8m。土洞开挖支护设计包括初喷 5cm 钢纤维混凝土、I 18 钢拱架（间距 50cm）、挂网（ϕ6.5@15cm×15cm）喷混凝土 15～20cm；采用 ϕ108mm 管棚进行超前支护，L=9.0m、e=0.3m、洞口第一排管棚上仰 5°，之后每排均上仰 9°，每排 35 根，管棚间搭接长度 4.5m。详细开挖支护设计参见图 2。

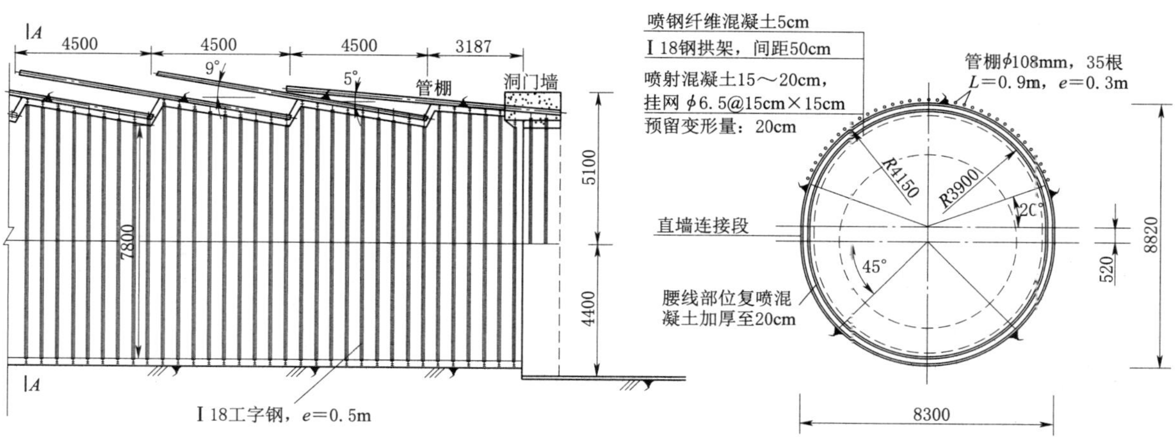

图 2　中东抽水蓄能电站尾水土洞洞身支护纵横剖面图

3.2　掌子面支护设计

为有效地控制掌子面超前核心土体的挤压变形和预防渗透性大的部位有可能发生突水或者涌水，采用玻璃纤维锚杆对超前核心土进行加固防止产生挤压变形，并在掌子面设置系统排水孔进行超前排水。玻璃纤维锚杆 L=15m，直径为 24mm，钻孔直径 13cm，搭接长度为 6m，并灌注水泥浆。系统排水孔孔径为 50mm，L=15m，排距 12m。详细掌子面加固设计参见图 3。

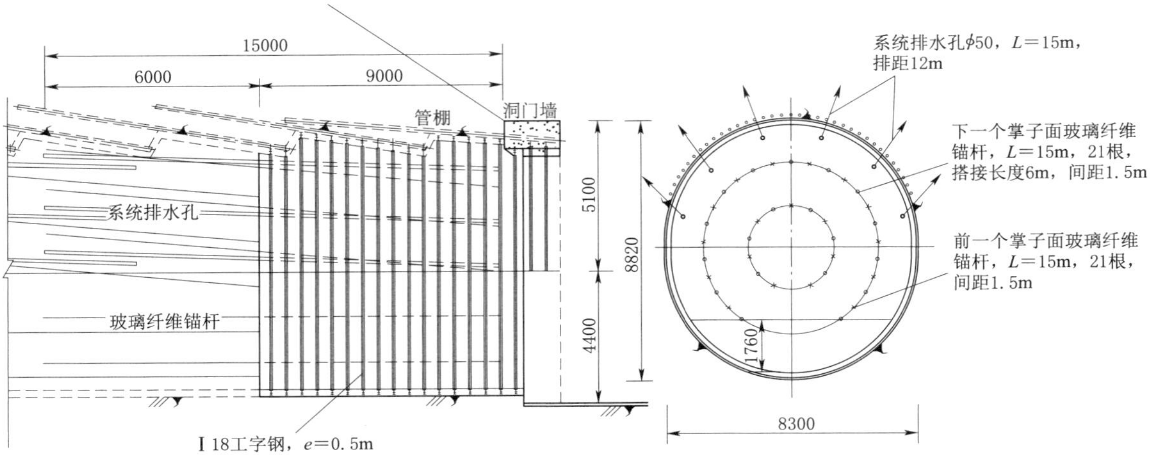

图3　中东抽水蓄能电站尾水土洞掌子面支护纵横剖面图

4　尾水土洞开挖支护施工

4.1　总体施工方案

尾水土洞洞口开挖完成先进行洞门结构混凝土施工并埋设 ϕ150mm 管棚导向管，洞门混凝土强度满足要求后，采用管棚钻机钻管棚孔，人工配合液压叉车或反铲插管、注浆机注浆。管棚施工完成后，进行隧洞掌子面上半部玻璃纤维锚杆施工（受管棚钻机施工高度的限制，玻璃纤维锚杆分上下半洞施工），人工安装并注浆；待上半洞玻璃纤维锚杆孔内浆液终凝后，进行下半洞开挖及玻璃心纤维锚杆施工。

洞顶管棚及掌子面玻璃纤维锚杆施工完成即可进行隧洞全断面开挖，开挖进尺按 1.5m 控制，支 3 榀钢拱架（拱架间距为 0.5m）、挂网、喷混凝土，然后进行下一循环全断面开挖，完成 3 个循环（4.5m）开挖后，回填石渣至半洞再进行管棚施工、上半洞玻璃纤维锚杆施工（开挖 6 个循环 9m 施工一次）、开挖石渣、下半洞玻璃纤维锚杆施工（开挖 6 个循环 9m 施工一次）、全断面开挖支护，依次循环完成土洞开挖及支护的施工方案。

4.2　施工程序及方法

4.2.1　施工程序

尾水土洞开挖及支护施工程序详见图 4。

4.2.2　施工方法

（1）洞门开挖。尾水隧洞进口边坡开挖完成后，受管棚钻机施工高度的影响，先采用 CAT318 反铲进行洞门及隧洞上半洞开挖施工，并预留核心土，确保上半洞掌子面稳定及管棚施工的安全。

（2）洞门结构混凝土施工。洞门开挖完成后，先支 3 榀钢拱架，人工绑扎结构钢筋，并焊接固定 ϕ150mm 管棚导向管，再利用上半洞的核心土，进行支模浇筑混凝土，混凝土振捣时不能触及管棚导向管，防止导向管产生变形位移。

（3）管棚施工。管棚孔采用 HJ－160G 型管棚钻机钻孔，钻杆采用螺旋钻杆，每节钻杆长度为 1.5m；钻孔孔深 9m、孔径为 130mm、上仰角 5°/9°，钻孔顺序为隔孔施工。为防止已成型的管棚孔出现塌孔，已完部分钻孔应及时进行验收，经验收合格后采取人工配合液压叉车插入管棚，然后封堵孔口、注浆。注浆采用 HS－JB1 华式注浆机注浆，人工利用液压平台车作为工作平台接管灌注。为保证后续支护钢拱架能与管棚无缝搭接，施工过程中需采用角度仪等量测设备严格控制钻孔孔位、角

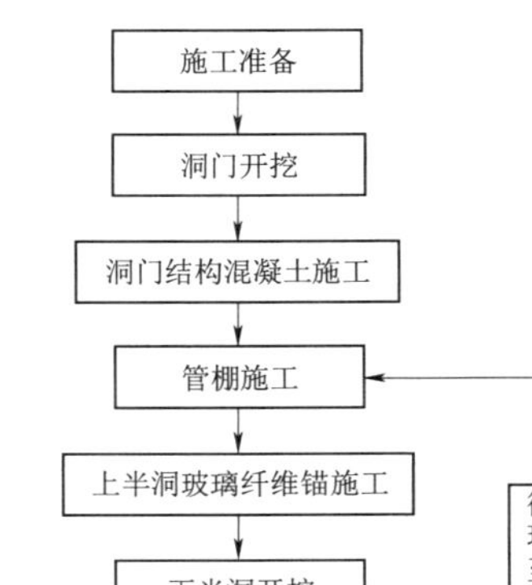

图4　中东抽水蓄能电站尾水土洞开挖及支护施工程序图

度，若出现钢拱架与管棚不能紧密搭接，则采用钢垫板填塞。

（4）玻璃纤维锚杆施工。玻璃纤维锚杆孔同样采用 HJ－160 型管棚钻机钻孔，孔深 15m、孔径 130mm，钻孔完成并验收合格后及时进行插杆、封堵孔口及注浆，为保证玻璃纤维锚杆杆体居中，每根玻璃纤维锚杆间隔约 2.5m 安装一个居中器。施工时特别注意是上半洞玻璃纤维锚杆施工完成后，必须等上半洞玻璃纤维锚杆孔内浆液终凝后才能进行下半洞开挖。系统排水孔的施工原则：在钻孔 15m 的玻璃纤维锚杆孔时，上仰角 1°左右，若锚杆孔内存在渗水，按照设计图施工排水孔，若锚杆孔内无渗水，可取消系统排水孔施工。

（5）隧洞开挖。隧洞全断面开挖循环进尺控制在 1.5m，采用 CAT318 反铲直接开挖，并挖除该循环掌子面玻璃纤维锚杆，为防止产生较大的超挖，结构设计线部位采用小型反铲横挖。

（6）隧洞支护。隧洞支护施工主要包括钢拱架、挂网、喷混凝土等。全断面开挖完成并验收通过后，进行初喷，并封闭掌子面，防止掌子面泥灰土失水后产生掉块而形成安全隐患。钢拱架安装分成 2 个半圆段安装，先在洞口拼接成 2 个半圆段，液压叉车将钢拱架下半圆吊至作业面，人工采用连接筋与上榀拱架连接固定，然后再用叉车将上半圆（含半圆间的连接段）吊到作业面，人工配合叉车连接、固定，依次完成 3 榀拱架安装。拱架安装完成后，挂网施工，网片安装在两榀拱架之间，最后采用 $8m^3$ 混凝土罐车运输喷混凝土料，SPM－500 湿喷台车喷混凝土封闭，混凝土喷护顺序先喷底拱，依次向上喷至顶拱。

（7）石渣回填及开挖。隧洞开挖及支护完成 3 个循环（4.5m）后，采用自卸汽车拉石渣对该 3 个循环下半洞进行回填，回填高度应满足管棚钻机施工高度。当管棚及上半洞玻璃纤维锚杆施工完成后，挖除下半洞回填渣料，满足钻机施工空间即可。因尾水土洞为圆形隧洞，为保证隧洞内施工交通，已完成开挖的洞段随施工作业面需要及时回填石渣，靠近掌子面施工的部位石渣回填及挖除需要反复进行。

4.3 施工监测

尾水土洞已开挖洞段施工过程中除了进行隧洞收敛监测，还增加了掌子面挤出变形量测。收敛监测采用隧道收敛仪进行量测，掌子面变形监测采用全站仪测量，并对掌子面喷混凝土进行检测是否出现裂缝或喷混凝土脱落。通过监测成果显示，隧洞各监测断面收敛值均在 3mm 以内，隧洞掌子面各测点未产生位移，说明尾水土洞开挖施工是安全的，土体是稳定的。

4.4 施工进度

目前，中东抽水蓄能电站尾水隧洞土洞段开挖支护已完成 50m，根据已开挖支护洞段的施工效率，经统计 2 个管棚循环施工时间为 322h，日平均进尺约 0.67m，月进尺约 20m。由本工程采用哈迈 HJ－160 单臂钻机钻管棚及玻璃纤维锚杆孔，而国外“新意法”应用工程多采用双臂钻机，所以施工进度有进一步提升的空间；具体设备选型应由项目工期及成本确定。详细工序时间统计参见表 2。

表 2　　中东抽水蓄能电站尾水土洞开挖工序时间统计表

<table>
<tr><th>序号</th><th>工 序 名 称</th><th>工程量</th><th>工序时间/h</th><th>备 注</th></tr>
<tr><td>1</td><td>隧洞拱顶管棚施工</td><td>35 根，$L=9m$</td><td>70</td><td rowspan="5">超前支护施工，1 个玻璃纤维锚杆循环加固 6 个开挖循环</td></tr>
<tr><td>2</td><td>上半洞玻璃纤维锚杆施工</td><td>11 根，$L=15m$</td><td>35</td></tr>
<tr><td>3</td><td>下半洞回填石渣挖除</td><td></td><td>3</td></tr>
<tr><td>4</td><td>下半洞玻璃纤维锚杆施工</td><td>10 根，$L=15m$</td><td>32</td></tr>
<tr><td>5</td><td>全断面开挖（进尺 1.5m）</td><td></td><td>6.5</td></tr>
<tr><td>6</td><td>开挖面测量验收</td><td></td><td>0.5</td><td rowspan="6">1 个管棚施工循环，3 个开挖及支护循环</td></tr>
<tr><td>7</td><td>开挖面初喷混凝土</td><td></td><td>1.5</td></tr>
<tr><td>8</td><td>支钢拱架＋挂网</td><td>3 榀</td><td>7</td></tr>
<tr><td>9</td><td>复喷混凝土（封闭钢拱架）</td><td></td><td>2.5</td></tr>
<tr><td>10</td><td>全断面开挖及支护（进尺 1.5m）</td><td></td><td>18</td></tr>
<tr><td>11</td><td>全断面开挖及支护（进尺 1.5m）</td><td></td><td>18</td></tr>
</table>

续表

序号	工　序　名　称	工程量	工序时间/h	备　注
12	下半洞回填石渣		2	1个管棚施工循环，3个开挖及支护循环
13	隧洞拱顶管棚施工	35根，$L=9\mathrm{m}$	72	
14	全断面开挖及支护（进尺1.5m）		18	
15	全断面开挖及支护（进尺1.5m）		18	
16	全断面开挖及支护（进尺1.5m）		18	
	合计		322	

4.5 施工资源配置

尾水土洞开挖及支护主要施工设备配置参见表3，主要施工人员配置参见表4。

表3　中东抽水蓄能电站尾水土洞开挖及支护主要施工设备配置表

序号	设备名称	规格或型号	单位	数量
1	管棚钻机	HJ-160G	台	1
2	液压反铲	CAT318	台	1
3	装载机	856H	台	1
4	湿喷台车	SPM500	台	1
5	混凝土罐车	$8\mathrm{m}^3$	台	1
6	自卸汽车	Howo	台	2
7	液压平台车	曼尼通	台	1
8	液压叉车	JCB 540	台	1
9	华式注浆机	HS-JB1	台	1
10	通风机	2×60kW	台	1

表4　中东抽水蓄能电站尾水土洞开挖及支护主要施工人员配置表

序号	人　员　名　称	数量/人	序号	人　员　名　称	数量/人
1	管棚钻机操作手	2	5	自卸汽车司机	2
2	液压反铲司机	1	6	混凝土罐车司机	2
3	装载机司机	1	7	支护工	8
4	湿喷台车操作手	1	8	合计	17

5 结语

“新意法”在中东抽水蓄能电站尾水隧洞土洞段应用实践表明，该工法可以在大断面泥灰土隧洞中实现全断面机械化开挖施工，而且可以有效地控制工程进度、工程质量和施工安全。“新意法”技术理念及指导原则在软弱围岩隧洞和土洞施工中与传统隧洞施工方法相比，在支护结构和原理上都有较大的进步与发展，因此这项技术在国内类似工程领域中推广具有十分重要的意义。

参考文献

[1] 翟进营，杨会军，王莉莉．“新意法”在国外隧道工程中的应用［J］．隧道建设，2007，28（4）：469-475.

[2] 王克忠，朱海斌，孔令民，等．新意法在野猪山隧道施工中的应用研究［J］．浙江工业大学学报，2017，45（3）：237-242.

溧阳抽水蓄能电站尾水调压室在复杂地质条件下的开挖与支护

邢 磊 史永方 吴书艳

（江苏国信溧阳抽水蓄能发电有限公司，江苏省溧阳市 213334）

【摘 要】 根据溧阳抽水蓄能电站两座调压室不同的围岩特性，适时采用适合的施工方法，在保证安全的前提下，保质保量的按期完成了施工任务，对开挖过程中采取一系列有效措施进行总结，对类似工程有一定的参考价值。

【关键词】 溧阳抽水蓄能电站 调压室 施工方法 参考价值

1 工程概况

江苏溧阳抽水蓄能电站地处江苏省溧阳市，枢纽建筑物主要由上水库、输水系统、发电厂房及下水库等 4 部分组成。厂房采用首部式地下厂房，安装 6 台单机容量 250MW 的可逆式水泵水轮发电机组，总容量 1500MW，为一等大（1）型工程。

输水系统布置在上水库左侧，引水和尾水均采用一洞三机供水方式，其中尾水系统主要由尾水支洞、尾水闸门室、尾水岔管、尾水调压室、尾水主洞、下水库出/进水口等组成。尾水调压室共 2 个，分别布置在 2 条尾水主洞上，调压室中心位置偏离尾水主洞轴线 20.0m，由连接管和大井组成。连接管直径 6.0m，竖井段高度分别为 33.35m、32.35m，衬砌厚度 0.6m；大井内径 22m，其中①号尾水调压室大井底板高程－19.000m，顶部平台高程 41.000m，拱顶高程 50.000m，总高度 69.0m；②号尾水调压室底板高程－20.000m，顶部平台高程 42.000m，拱顶高程 51.000m，总高度 71.0m，衬砌厚度 1.0m。

2 地质条件

调压室一带岩性主要为岩屑石英砂岩夹泥质粉砂岩，岩层产状：350°～30°/NE～SE∠25°～35°；强风化下限埋深 60～80m，岩体完整性较差，围岩整体上质量较差。从超前勘探取芯情况来看：①号尾水调压室高程 44m 以下岩性以中厚层～厚层灰绿色岩屑石英砂岩为主，上部以弱风化为主，下部微风化～新鲜。预测整个竖井围岩Ⅲ类占 50%～60%，Ⅳ类占 40%～50%，局部为Ⅴ类；②号尾水调压室高程 44m 以下岩性以中厚层～厚层状灰绿色岩屑石英砂岩为主，夹少量泥质粉砂岩，局部有岩脉分布，上部以弱风化为主，下部微风化～新鲜。地下水位线较低，对围岩影响较小。预测整个竖井围岩Ⅲ类约占 35%，Ⅳ类约占 60%，Ⅴ类约占 5%。

3 施工方案

3.1 穹顶施工方案

针对尾水调压室穹顶部位复杂的地质条件，开挖后及时形成有效的支护以及穹顶超欠挖控制是穹顶开挖的重点。穹顶开挖总体采用“以中导洞进入，两侧以角度划分、分扇区逐步开挖及时进行支护”的施工方法。根据调压室尺寸，将穹顶开挖分为Ⅰ区、Ⅱ区、Ⅲ区进行，首先进行Ⅰ区的中导洞开挖，中导洞开挖断面尺寸与尾调通风洞扩挖后的尺寸 8.7m×7.0m（宽×高）相同，中导洞中心楔形掏槽，中部布置崩落孔，周边采取光面爆破，以保证成形效果，确保施工安全；再进行Ⅱ区的扇区开挖，共分成 16 个扇区，扇区角度 9°，弧长 1.8m，最后进行Ⅲ区的扇区开挖。具体开挖顺序及分区见图 1。穹顶支护施工分为临时支护及永久支护，临时支护采用随机锚杆等；永久支护采用预应力锚杆、普通砂浆锚杆、钢拱肋及 CF30 钢纤维喷混凝土等联合支护的方法。

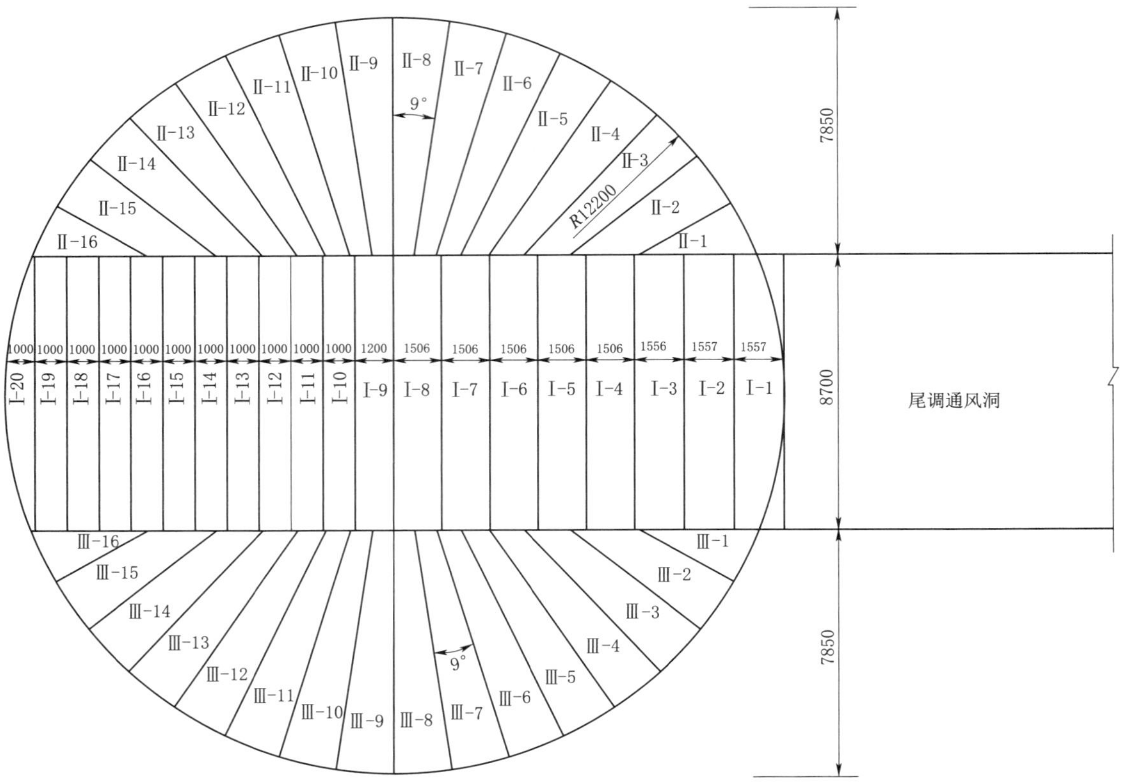

图 1 穹顶开挖顺序及分区图（单位：mm）

3.2 调压室中下部施工方案

为保证施工的安全进行，正式施工前进行了超前探测，根据岩心分析：①号尾水调压室地质状况相对较好，因此采用反井钻机施工的方法先期形成 ϕ1.4m 导井，后对导井进行人工观察及摄像，导井井壁破碎部位较多，为确保施工安全，导井一次扩挖从上至下进行，形成直径 3.4m 的溜渣井，最后再自上而下一次扩挖至设计断面；②号尾水调压室地质状况相对较差，为保证施工期安全，采用“ϕ7.6m 人工正井法”施工并贯通整条竖井，开挖至与下部连接管尺寸相同的断面，其后利用 ϕ7.6m 竖井作为溜渣井自上而下再进行大井的全断面扩挖施工。

3.2.1 ①号尾水调压室施工方案

（1）下弯段及平段施工。连接管弯段和水平段是调压井和尾水主洞连接通道，由于调压井竖井井身开挖采用先导井开挖再扩挖的方法，为满足底部堆渣和出渣要求，将竖井底部进行扩挖施工，将连接管水平段及部分弯管部位开挖断面由圆形调整为城门洞型，并支立拱架至底板部位，并对底板部位置换 C20 混凝土。连接管下弯段及水平段开挖分三区进行，具体见图 2。弯管段开挖从①号尾水主洞桩号 0+30 进入，即从 A 点至 B 点再至 O 点进行Ⅰ区的开挖，采用全断面一次成型法，采用手风钻钻孔，周边光面爆破，根据围岩类别控制每炮进尺在 1.0～1.5m，及时进行钢拱架及锚喷支护。之后进行Ⅱ区的开挖，即从 O 点至 E 点。Ⅲ区的开挖采用岩塞爆破，从上部进行钻爆，底部出渣，采用钢拱架和锚喷的支护手段。

（2）反井钻施工。首先进行 ϕ216mm 导孔施工，钻孔过程中如出现塌孔，采用固结灌浆进行处理，处理完后再进行导孔钻进；导井反拉成 ϕ1.4m 导井。

（3）一次扩挖施工。竖井 ϕ1.4m 导井施工完成后，为避免导井堵塞，将其扩挖成 ϕ3.4m 的导井。扩挖采用吊篮作为施工平台，人工持 YT-28 型手风钻沿井壁钻设辐射孔，爆破孔自下而上全部打完后，再自下而上逐层装药爆破，爆破孔向与水平夹角为 10°左右，炮孔间排距为 0.4m×1.0m。爆破采用分段进行，分段长度为 10～15m。

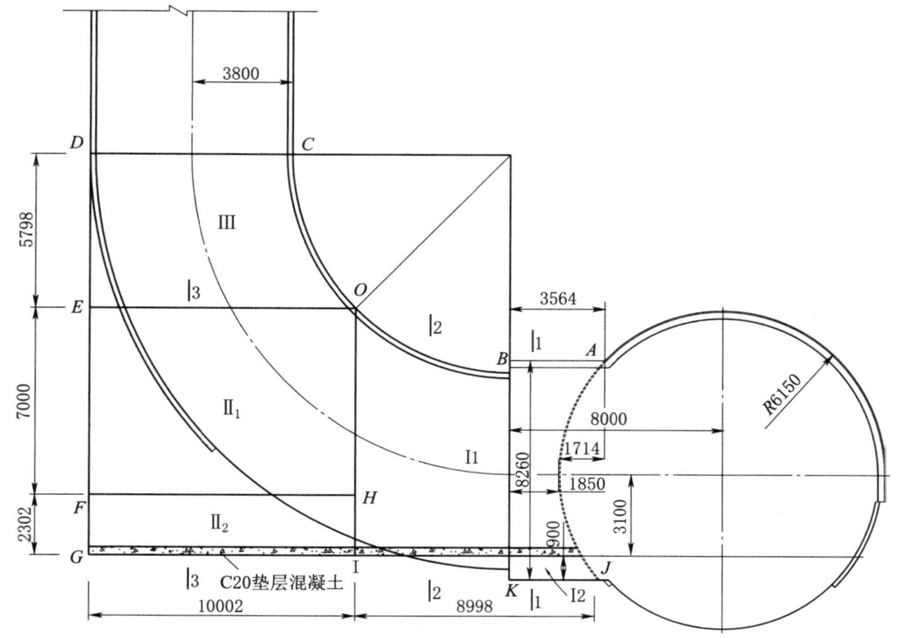

图 2　尾水调压室弯管及水平段开挖程序图（单位：mm）

（4）二次扩挖施工。大井扩挖采用自上向下全断面进行扩挖，竖向按照开挖一个循环支护一个循环，确定其开挖高度为 1.5m 左右。大井扩挖采用手风钻及 100B 钻机钻爆，在井内放置 1 台 0.4m^3 液压反铲，将爆破渣料扒入 ϕ3.4m 导井溜渣井内，然后通过井下的施工平洞装载机装车运出。井内液压反铲等大型设备在爆破时通过 10t 卷扬机及龙门架吊出，防止爆破对其造成的破坏。

连接管竖直段扩挖同样采用自上向下全断面进行，开挖一循环支护一个循环，每次开挖高度按 2.0m 控制，采用人工扒渣。下部采用 3m^3 装载机装 20t 自卸汽车通过尾水主洞、⑥号施工支洞及进厂交通洞运至弃渣场。

3.2.2　②号尾水调压室施工方案

②号尾水调压室根据地质特点，结合现场条件，重点考虑施工安全及施工工期等问题，参建四方经过多次讨论后采用“ϕ7.6m 人工正井法”施工并贯通整条竖井，利用 ϕ7.6m 竖井作为溜渣井自上而下再进行大井的全断面扩挖施工。竖井底部弯管段及水平段开挖施工同①号调压室施工方法。

ϕ7.6m 导井开挖从上至下进行，首先将导井开挖 5m，并将开挖的 5m 井口进行锁口混凝土进行封闭，待混凝土达到一定强度后，进行井口的布置，在井口布置一台 15t 龙门吊进行机械、设备、材料、出渣等的垂直运输；另布置两根悬臂梁通过两台 5t 卷扬提升 ϕ6.9m 大盘，用于底部施工时上部的防护；人员上下吊笼采用 5t 卷扬机通过龙门架提升，因洞内空间限制，在 ϕ7.6m 导井外设挡渣平台、翻渣架，下设集料仓，石渣经转载皮带装车外运。井口布置见图 3 所示。

导井采用自上而下全断面开挖，周边采用光面爆破，每排炮进尺控制在 2.0m 以内，井下采用 0.4m^3 液压反铲装 4m^3 渣罐通过龙门吊提升至井外，利用翻渣杆将石渣倒至集料斗内，再通过皮带机输送装到自卸车内，运至渣场。支护紧跟开挖进行，对于大井范围内的导井采用锚喷等临时支护手段，下部连接段竖井段采用锚喷等系统支护，为保护渣料对井壁的破坏，支立钢拱架，并用混凝土喷平。大井扩挖自上而下全断面扩挖成型，周边采用光面爆破，进尺控制在 1.5m，支护紧跟开挖进行。

4　安全监测

每条调压井设置 3 个永久监测断面，分别安装锚杆应力计、多点位移计、渗压计、混凝土应变计进行施工期及开挖后的永久监测，根据监测数据分析，①号、②号尾水调压室受下卧开挖影响，围岩位移、支护应力均有所增长，但开挖掌子面远离后即开始趋于平缓，其余监测数据未见明显异常。

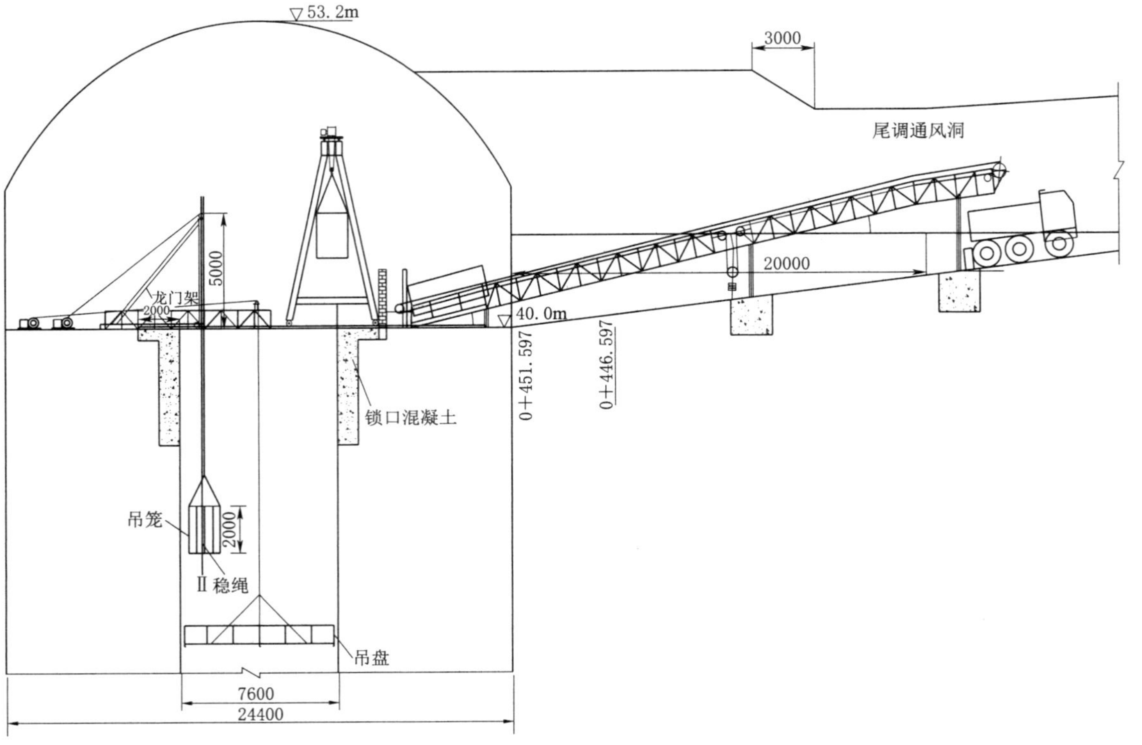

图 3　7.6m 导井井口布置剖面图

5　结语

经过参建各方的齐心协力、通力合作，两座调压室自 2012 年 3 月开始穹顶施工，至 2015 年 5 月全部施工结束，历经 3 年多的时间，可见在此种复杂地质条件下施工的艰难。根据两座调压室不同的围岩特性，适时采用适合的施工方法，在保证安全的前提下，保质保量地按期完成了施工任务，给其他类似工程提供了参考借鉴。

TBM 施工技术在抽水蓄能电站中的应用研究

赵修龙 丁兵勇 杨经卿 谭支超
（中国电建集团华东勘测设计研究院有限公司，浙江省杭州市 311122）

【摘 要】 以在建的缙云抽水蓄能电站为例，分析了 TBM 施工技术在抽水蓄能电站中的适用范围，主要包括引水中平洞排水廊道、地下厂房排水廊道以及进厂交通洞和通风兼安全洞，对适用范围进行较为详细的 TBM 施工线路布置研究，通过上述分析可知，TBM 施工技术在抽水蓄能电站中的应用是可行的，应用前景较为广阔。

【关键词】 TBM 施工技术 抽水蓄能电站 进厂交通洞 通风兼安全洞 排水廊道

1 引言

TBM 全称为全断面岩石隧道掘进机（Tunnel Boring Machine），在公路、铁路及水利工程的隧洞开挖中已广泛应用。TBM 施工技术具有施工开挖速度快，地质条件适用范围广，显著降低地下工程施工安全风险，提升工程质量和本质安全水平，有利于环保和文明施工，缩短工期等优点。抽水蓄能电站地下洞室众多，且较为复杂。其中，排水廊道、自流排水洞等小断面隧洞洞径为 2.5～3m，交通洞、通风洞等大断面隧洞洞径为 8～9m，引水隧洞洞径为 6.5～8m；同时，洞室类型既有平洞，也有斜井或竖井；断面有城门洞形、马蹄形、圆形等，具有洞径差异大、纵坡变化大、单洞长度短、转弯半径小等特点，这些特点都制约了 TBM 在单个抽水蓄能电站中的应用。抽水蓄能电站地下洞室传统施工主要以钻爆法为主，机械化程度低、劳动力投入大、安全风险高、施工工期长、作业面环境差，对现场的施工和管理人员职业健康造成伤害，极易引发安全生产事故。目前，国网新源公司在建项目 30 座，“十四五”期间每年还要开工 4～5 座，形成了抽水蓄能电站群的滚动开发态势，为 TBM 应用创造了条件，可通过洞室结构的标准化设计和各电站建设工期计划的统筹安排，实现 TBM 在多个电站间的接续应用。现阶段我国抽水蓄能电站已处于建设的高峰期，“机械化换人，自动化提效”必将成为今后地下空间开拓的主流方向，TBM 施工技术为国内抽水蓄能电站的设计、施工和建设管理注入创新理念，填补了国内抽水蓄能电站隧洞建设机械化、自动化的空白。

抽水蓄能电站应用 TBM 施工可以考虑的设备有小型 ϕ3.53TBM 以及大型 ϕ9.53TBM，相关基础参数如下：

小型 ϕ3.53TBM 直径为 3530mm，整体总长约 37m，主机长度约 7m，不可分割最大件尺寸为 ϕ3530mm×1710mm（直径×厚），最高件为 ϕ3190mm×2400mm（直径×厚）；洞内装机及拆卸时需要空间 42.5m×8.7m×9.7m（长×宽×高）。

大型 ϕ9.53TBM 直径为 9530mm，整体总长约 85m，主机长度约 15m，不可分割最大件为主驱动，尺寸为 ϕ7100mm×2200mm（直径×厚），最高件为撑紧盾边块，尺寸为 5200mm×3180mm×4300mm（长×宽×厚）；洞内装机时需要空间 80m×13m×21m（长×宽×高），洞外装机时需要场地 50m×16m（长×宽），洞内拆卸时需要空间 40m×13m×21m（长×宽×高），洞外拆卸时需要空间 50m×16m（长×宽）。

本文以在建的缙云抽水蓄能电站为例，介绍 TBM 施工技术在抽水蓄能电站中的适用范围及施工线路布置等。

2 TBM 适用范围

抽水蓄能电站地下洞室主要由输水系统、地下厂房洞室群及施工支洞组成，本节主要根据国内相关工程应用的 TBM 设备参数从枢纽路线布置、施工条件等方面讨论这 3 个系统的洞室 TBM 施工的适用性。

2.1 输水系统 TBM 适用性分析

缙云抽水蓄能电站输水系统采用三洞六机布置，地下厂房采用中部布置方式，输水系统隧洞主要包括引水隧洞、尾水隧洞及引水系统排水廊道。引水隧洞共计 3 条，每条引水隧洞直径 5.0～6.2m，每条长度约 1.1km。若考虑引水隧洞均采用 TBM 设备施工，存在以下几点困难：①引水隧洞直径变化较大，TBM 设备无法实现大范围直径变化，若以最大直径适配设备，则下平洞和支管需要增大混凝土回填量，增大工程投资；②相邻引水隧洞之间间距较小，TBM 较难实现通过转弯连续开挖，需对 3 条隧洞独立开挖，需频繁拆、装，增大工程投资、影响施工进度；③每条引水隧洞有 2 段斜井，3 段平洞，TBM 对斜井和平洞施工需要进行改造才能连续施工，需要在隧洞转弯处开挖辅助洞室，大大增加工程量，影响施工进度。因此，引水隧洞不适合采用 TBM 施工。尾水隧洞也存在类似引水隧洞的困难，也不适合采用 TBM 施工。引水中平洞设置两条排水廊道，排水廊道水平布置于各条中平洞中间，长度均为 550m，首尾超出中平洞。可以在首尾增设转弯段将其连为整体，由于排水廊道首尾超出中平洞，所以增设的转弯段不会与引水隧洞相交，不影响引水隧洞设计。

综上，对引水中平洞排水廊道优化布置和设计，考虑采用小型 ϕ3.53TBM 施工。

2.2 地下厂房洞室群 TBM 适用性分析

地下厂房洞室群主要由主副厂房洞、主变洞、尾闸洞三大主洞室及进厂交通洞、通风兼安全洞、500kV 出线洞、排水廊道等辅助洞室组成。进厂交通洞洞口位于下库库岸公路路边，距下库进/出水口约 210m，全长约 1902.4m，平均纵坡 5.5%，断面开挖尺寸为 8.0m×8.3m（宽×高），从厂房的左端墙垂直进入安装场。通风兼安全洞洞口位于下库库岸公路路边，距下库进/出水口约 580m，全长约 1504.7m，平均纵坡 6.7%，断面开挖尺寸 7.5m×7.0m（宽×高），从厂房的右端墙垂直进入副厂房。500kV 高压电缆出线洞采用"斜井＋平洞"的方式，连接主变洞和地面开关站的 GIS 楼，总长为 875.8m，断面尺寸为 4.8m×7.6m（宽×高），平均纵坡 22.6%。厂房周边布置三层排水廊道，上中下三层分别长 1366m、778m 和 809m，总长接近 3km。

进厂交通洞、通风兼安全洞均用于连通主副厂房洞与厂外地面，两隧洞断面分别为 8.0m×8.3m、7.5m×7.0m，隧洞断面相差不大，可开展适用于 TBM 施工的交通洞、通风洞布置优化研究，使 TBM 掘进由进厂交通洞/通风兼安全洞洞口进，经主副厂房洞，由通风兼安全洞/进厂交通洞洞口出。厂房排水廊道由上、中、下三层组成，根据其功能，可开展厂房排水廊道布置优化研究，实现上、中、下层排水廊道联通，为 TBM 连续施工创造条件。500kV 出线洞断面 4.8m×7.6m，长度 875.8m，开挖施工由开关站进入，采用 TBM 施工则只有进口，没有出口，因此，不适用采用 TBM 施工。

综上，对进厂交通洞、通风兼安全洞、厂房排水廊道优化布置和设计，考虑进厂交通洞、通风兼安全洞采用大型 ϕ9.53TBM 施工，厂房排水廊道采用小型 ϕ3.53TBM 施工。

2.3 施工支洞 TBM 适用性分析

缙云抽水蓄能电站共布置 6 条施工支洞，各支洞特性详见表 1。

表 1　缙云抽水蓄能电站施工支洞特性表

名称	宽×高/(m×m)	长度/m	平均坡度/%	最小转弯半径/m	起　点	终　点
1 号支洞	7.0×6.5	251	0.4	80	上下库连接公路	引水上平洞
2 号支洞	7.5×7.8	1414	5.28	80	上下库连接公路	引水中平洞
3 号支洞	7.8×7.8	803	−3.46	100	进厂交通洞	引水下平洞
4 号支洞	7.0×6.5	116	−3.28	100	3 号施工支洞	厂房下层
5 号支洞	7.0×7.0	512	−4.18	100	进厂交通洞	尾水隧洞
6 号支洞	7.0×6.5	617	−4.66	100	进厂交通洞	尾水隧洞

根据施工支洞的布置，若应用 TBM 施工时有以下难点：①施工支洞长度整体较短，利用 TBM 施工

不利于成本控制；②各施工支洞断面尺寸不一，难以独立配备相关的TBM；③各施工支洞布置位置相对独立，难以连贯施工，TBM需要频繁转场，不利于施工成本控制和TBM设备维护；④施工支洞终点各不相同，但无现成条件满足TBM接收、拆卸要求，需要在施工支洞端部开挖接收洞室，既不利于成本和进度控制也不利于枢纽洞室结构安全。

综上可知，缙云抽水蓄能电站施工支洞均不适合采用TBM施工。

3 TBM施工线路布置

3.1 引水中平洞排水廊道TBM施工线路布置

为适配TBM设备的尺寸，将引水中平洞排水廊道的断面形状调整为直径3.53m的圆形；同时兼顾考虑TBM施工的坡度、转弯半径限制及转场不便的特性，将两条独立布置的排水廊道首尾利用圆弧段连接，如图1所示。调整后排水廊道长1300m，其中组装/拆卸洞段尺寸为42.5m×8.7m×9.7m（长×宽×高），2个始发段尺寸均为8m×3.9m（长×直径），这两种洞段需人工钻爆开挖，TBM掘进洞段总长1241.5m。TBM从始发段出发，沿线路逆时针掘进，最终在2号施工支洞里接收，在安装/拆卸洞内拆卸出场。

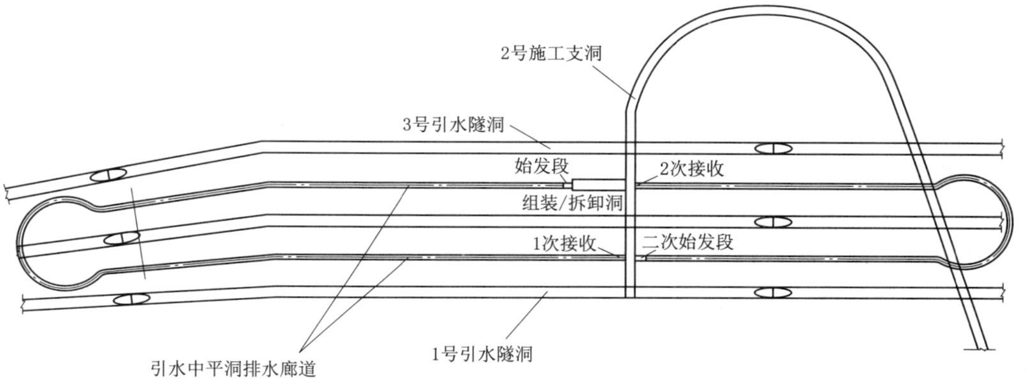

图1 引水中平洞排水廊道TBM施工布置

3.2 进厂交通洞和通风兼安全洞TBM施工线路布置

进厂交通洞与通风兼安全洞相对独立，但均连通主副厂房洞。采用TBM施工时，若两洞室独立施工，需要进行TBM的洞内拆卸和转场工作，会耗费大量的时间和成本，大大降低TBM的施工效率。因此TBM应穿行主副厂房洞，将两洞室连为一体，既节省了转场的时间和成本，又提前开挖了主副厂房洞，调整后的布置见图2。根据两洞室的坡地、转弯半径等条件分析，两洞室均可作为始发洞室；根据洞室开挖的施工进度分析，TBM掘进过程中只进行支护工作，待两洞室开挖完成后进行衬砌工作，掘进方向不影响进度安排；根据两个洞口的场地条件分析，进厂交通洞洞口场地更大，更适合作为安装场地和始发洞室。因此，在进厂交通洞洞口进行TBM安装，在进厂交通洞始发，通风兼安全洞洞口接收。TBM沿现有设计进厂交通洞路线掘进，在到达主副厂房洞之前偏离原进厂交通洞设计线路，上坡掘进至主副厂房洞同时达到通风兼安全洞相同高程，再水平开挖主副厂房洞至通风兼安全洞，进厂交通洞剩余部分人工钻爆开挖。该方案优点在于主副厂房洞内TBM开挖洞室水平布置，且可保持与厂房洞壁一致间距，可当作先导洞，可以节省厂房开挖中导洞的工期；缺点在于进厂交通洞提前爬升段于枢纽无用，进厂交通洞仍需进行人工钻爆开挖至原安装场高程，且原线路通道与爬升通道间距较小，需要加强洞室的衬砌。

3.3 地下厂房排水廊道施工线路布置

为适配TBM设备的尺寸，将地下厂房排水廊道的断面形状调整为直径3.53m的圆形；同时兼顾考虑TBM施工的坡度、转弯半径限制及转场不便的特性，将原地下厂房周围三圈独立布置的排水廊道调整为螺旋连贯布置。

TBM主要掘进路线为：TBM的组装段和始发段位于通风兼安全洞终点与主变排风洞之间，需采用

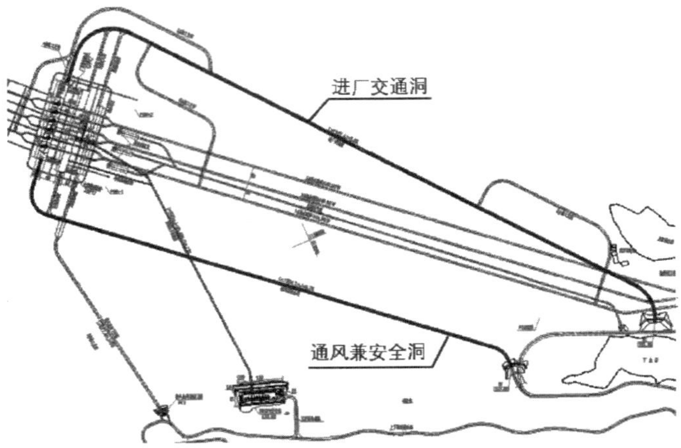

图 2 进厂交通洞及通风兼安全洞 TBM 法平面布置

钻爆法提前施工完成，其中组装洞段尺寸为 42.5m×8.7m×9.7m（长×宽×高），后期该组装洞段可布置地下厂房应急避难场所，始发段尺寸为 8m×3.9m（长×直径），TBM 首先在组装洞段进行组装，随后逆时针沿着地下厂房周围一圈水平螺旋形掘进，转弯半径不小于 30m，在到达主厂房安装场侧附近开始降坡，在掘进至第二层排水廊道后先后与尾闸通风洞、主变进风洞相交，在交叉口之后需重新设置始发洞段再重新掘进，因地下厂房周围排水廊道全长达 2.55km，无法一次性掘进完成，故需在第二层排水廊道后段再次设置组装洞段，该组装洞段设置于主变进风洞及进厂交通洞之间，长度为 52.15m，后期该组装洞段可作为地下厂房交通回旋通道。随后从进厂交通洞交叉口重新降坡掘进，在掘进至第三层排水廊道后与 4 号施工支洞相交，随后掘进至第四层排水廊道后至尾闸洞内集水井中部于集水井进行接收、拆卸，最终经尾闸运输洞和进厂交通洞退场，整体线路为螺旋式连贯下降，其中直线段坡度控制在 5%以内，转弯段坡度控制在 3%以内。

4 结语

(1) 抽水蓄能电站中适用于 TBM 施工的部位主要有引水中平洞排水廊道、进厂交通洞和通风兼安全洞以及地下厂房排水廊道，其中引水系统排水廊道及地下厂房排水廊道适用小型 ϕ3.53 TBM 施工，进厂交通洞和通风兼安全洞适用大型 ϕ9.53 TBM。

(2) 引水中平洞排水廊道 TBM 施工，在现有布置基础上于上下游两端设置半径为 30m 的圆弧段，使之连通成环。TBM 自 2 号施工支洞始发，在排水廊道内组装，逆时针掘进，在 2 号施工支洞内接收，在排水廊道内拆卸、退场。TBM 施工时利用轨道小车运渣至 2 号施工支洞，再由自卸汽车运输出渣。

(3) 进厂交通洞和通风兼安全洞 TBM 施工，TBM 于进厂交通洞洞口组装、始发，由通风兼安全洞接收、拆卸、退场。尾闸运输洞之前的进厂交通洞段 TBM 按现有设计路线掘进，之后沿弧线绕行、爬升至主副厂房洞界面时到达通风兼安全洞高程，水平开挖厂房中导洞，通风安全洞按现有设计线路掘进。尾闸运输洞之前的原设计进厂交通洞段钻爆法施工。TBM 施工时利用自卸汽车运输出渣。

(4) 地下厂房排水廊道 TBM 施工，TBM 于通风兼安全洞分叉出来的主变排风洞向上游岔出组装洞段，TBM 于该洞段内组装出发，逆时针开挖地下厂房周围排水廊道。TBM 依次穿行主变排风洞、尾闸通风洞、主变进风洞、组装洞段、进厂交通洞、尾闸运输洞、4 号施工支洞，最终到达尾闸洞集水井，并于井内接收、拆卸和退场。TBM 施工时利用轨道小车运渣至指定洞室，再由自卸汽车运输出渣。

参考文献

[1] 吕永航. 抽水蓄能电站 TBM 开挖解决方案研究 [J]. 建设监理，2020 (3)：80-82.
[2] 何川. 盾构/TBM 施工煤矿长距离斜井的技术挑战与展望 [J]. 隧道建设，2014，34 (4)：287-297.

[3] 张军，李守巨，宁忠立，等. 抽水蓄能电站引水斜井开挖采用TBM施工的研究 [J]. 水电与抽水蓄能，2018，4 (2)：1-7.
[4] 刘传军. 应用硬岩掘进机抽蓄电站施工更安全更高效 [N]. 国家电网报，2020-05-19 (8).
[5] Ozdemir L，Wang F D，Wang F D. Mechanical Tunnel Boring Prediction and Machine Design [J]. International Journal of Rock Mechanics and Mining Sciences，1978，15 (5)：105.
[6] Rostami J，Ozdemir L. A new model for performance prediction of hard rock TBMs [C]// Proceedings of the Rapid Excavation and Tunneling Conference：Society for mining，metallography & exploration，1993：793-793.
[7] 吕永航. 抽水蓄能电站地下硐室掘进机开挖解决方案研究 [C]//抽水蓄能电站工程建设文集，2019：379-382.
[8] 荆留杰，张娜，杨晨. TBM及其施工技术在中国的发展及趋势 [J]. 隧道建设，2016，36 (3)：331-337.
[9] 邱彬如，刘连希. 抽水蓄能电站工程技术 [M]. 北京：中国电力出版社，2008.
[10] 徐艳群，尚海龙，刘传军. 斜井隧道掘进机在抽水蓄能电站施工中的应用 [J]. 水电与抽水蓄能，2019，5 (5)：98-101.

定向钻机加反井钻机开挖长斜井导井施工技术

潘福营　渠守尚　许　力　王　凯
（国网新源控股有限公司，北京市　100761）

【摘　要】 抽水蓄能电站引水系统大部分都设置有斜井，斜井施工一般是先开挖一导井，再从上至下进行扩挖完成。斜井导井施工安全隐患多、安全风险高，特别是超过 300m 的长斜井，在导井偏斜度控制和安全管理上难度更大，近期一些电站采用了定向钻机与反井钻机联合开挖斜井导井施工技术，钻孔精度高，施工速度快，安全风险低。

【关键词】 长斜井　导井　定向钻机　反井钻机　施工技术

1　概述

抽水蓄能电站工程每条引水系统一般设置有 1～2 段竖井或斜井，相对来说斜井偏多，斜井长度从 100m 多到 400m 多，长龙山抽水蓄能电站斜井长度达到了 435m。斜井施工一般是先开挖一导井，再从上至下进行扩挖完成。由于抽水蓄能电站长斜井具有长度长、角度陡、岩石强度高、围岩地质条件复杂等特点，导井开挖采用人工法、爬罐法、反井钻机法施工存在施工进度慢、无法精准保证钻孔的偏斜度、安全风险高等不同的问题。经过几个项目的工程实践，利用定向钻机的实时纠偏功能先钻导孔，再利用反井钻机反提形成导井，这种施工工艺既保证了长斜井导孔的精度，同时也减少了反井钻机的占用时间，具有安全、施工速度快、钻孔精度高、施工成本低等优点。

2　定向钻机加反井钻机开挖斜井导井施工技术

定向钻机加反井钻机开挖斜井导井施工主要分为七个阶段进行：准备阶段→定向钻先导孔阶段→定向钻“扩孔”阶段→定向钻机撤离→反井钻机就位→反井钻机刀盘反提形成导井阶段→反井钻机撤离。现场施工布置与常规反井钻机施工布置相同。

2.1　钻机选择

2.1.1　定向钻机选择

定向钻机就是采用无线随钻测斜、螺杆钻具纠偏等技术与设备，实现钻孔轨迹可控、按预定方位造斜的旋转式钻机。其选择原则主要有：

（1）定向钻机主要是根据斜井长度和岩石特征选择确定，同时考虑具有占用空间小、安拆搬运便捷等，尽量避免或减少地质技术超挖。

（2）应具备主动钻杆锁止功能，以利于定向。

（3）宜选用转盘型钻机，以减轻劳动强度，提高工作效率。

（4）选用低转速、大扭矩、多头井下动力钻具，不采用单头井下动力钻具。

（5）定向接头上键的尺寸应充分考虑与定向仪上靴的配合，保证接入顺利。

2.1.2　反井钻机选择

反井钻机就是以正向钻出导孔后反向扩孔方式进行作业的旋转式钻机。反井钻机主要控制参数为输出拉力与扭矩。

（1）反井钻机输出拉力主要决定于钻具自重和破岩压力等因素，可用公式（1）估算：

$$Q \geqslant Q_0 = P_1 + P_2 + P_3 \tag{1}$$

式中　Q——钻机最小拉力，kN；

Q_0——计算最小拉力，kN；

P_1——破岩压力，kN；

P_2——钻具重力，kN；

P_3——其他阻力，如动力水龙头自重力、摩擦力，kN。

（2）反井钻机扭矩的大小与钻头直径、岩石性质、钻压等有关，根据经验公式计算：

$$M \geqslant M_0 = f f_1 P_1 \frac{D}{2}\sqrt{h} \tag{2}$$

式中 M——钻机最小扭矩，kN·m；

M_0——计算扩孔扭矩，kN·m；

f——静摩擦系数；

f_1——动摩擦系数；

D——钻头直径，m；

h——破岩刀齿压入深度。

（3）测斜仪器选择。根据信息传输介质的不同，随钻测量系统可分为有线式随钻测量和无线式随钻测量。有线式随钻测量采用中心通缆钻杆作为信号传输通道，无线式随钻测量主要有泥浆脉冲、电磁波、声波、智能钻杆、光纤五种传输方式，考虑定向反井钻井工况，优先选择基于泥浆脉冲原理的测量仪器。

2.2 定向钻机钻导孔施工

2.2.1 先导孔开孔

入钻角度根据导井设计倾角确定，开孔前需用全站仪将钻机进行认真找正，确定开孔点位置、钻机方位、钻机斜度。确定后利用锚杆将钻机底座固定。按仪器操作规程进行传感器安装、地面操作系统连接、下井仪器组装、下井仪器总成与下井钻具连接，设置工具面角、计算工具面角校正值、各传感器位置参数，并输入计算机。

开孔是保证钻孔直线及角度的关键，为确保开孔的角度，在开钻前要预留孔槽，开孔作业采用低钻压、低扭矩开孔，保证开孔精确度。开孔钻具组合：牙轮钻头＋钻铤＋2m 短钻杆，钻压控制在 0.3～0.5t。钻速宜控制在一定低速范围内，一般选取 30～40r/min，泥浆循环泵量 600～800L/min。泥浆相对密度控制在 1.03～1.15，黏度控制在 20～35s。

开孔过程稳定钻杆和普通钻杆间隔使用，使用 3～4 根稳定钻杆后每 15～10m 使用一根稳定钻杆，钻进 100m 后，需取出所有稳定钻杆，测量稳定钻杆的磨损情况，若磨损不一致，则应重新配置。

2.2.2 先导孔钻进

先导孔直径为 ϕ216mm 钻头，钻进时采取满眼钻进。正常钻进钻具组合：牙轮钻头＋钻铤（2～4根）＋高强度钻杆，钻压控制在 15～35kN，转速控制在 50～60r/min，泥浆循环泵量为 990L/min；测斜钻具组合：牙轮钻头＋无磁钻铤＋悬挂短节＋高强度钻杆；定向钻具组合：牙轮钻头＋弯螺杆＋无磁钻铤＋悬挂短节＋高强度钻杆，钻压以控制工具面角为主，转速控制在 0～20r/min，泥浆循环泵量为 990L/min。

钻进过程中，监测工具面角，如果偏离设计方位，转动钻具应进行调整。钻孔轨迹基本参数包括孔深、顶角、孔斜方位角。定向钻井测斜方法主要有陀螺测斜仪法、随钻测斜仪法、电子单点和多点测斜仪法。一般情况下，每钻进一根钻具测斜一次，5～10m 为一个测点。

定向钻井纠偏方法主要有旋转导向技术、钻井液马达技术、地质导向钻井技术、滑动导向钻井技术。孔斜超偏时，加密测点，制定纠偏措施，利用弯螺杆造斜角度进行反向钻进实现纠偏，以及随钻测斜仪进行测量，保证整个长斜钻孔的实现。如偏斜角大于设计数值，可减少定向长度，进行复合钻进。

导孔钻进时连续作业，无特殊情况不要停钻。若必须停钻，应将孔内岩屑冲洗干净，再把钻杆提出 10m 以上，使导孔钻头距孔底一定距离。导孔钻透后，停止泥浆循环，向钻孔加清水稳定转动，直至扭矩变化不大时方可停钻。导孔钻进遇到不良地质段时，应先进行灌浆、注浆处理。

在钻进过程中，应收集并分析泥浆循环携带的岩屑，对钻进前方范围地层情况及岩性提前进行预判。既可以辅助调整导向孔钻进参数设置，又可以为扩孔钻进和爆破扩挖参数的合理控制提供参考。

当发生导孔钻头水眼堵塞、循环液或返渣量明显减少等现象时，应及时提钻处理。距离钻透5m以内时，应密切观察洗井返渣情况，降低钻速，使孔内岩渣充分返回地面，避免因钻孔即将沟通导致大量岩渣在某一时刻集中下泄，引发抱钻。同时，在下平洞钻孔区域布置防护与警戒，防止钻透时混合岩渣的洗井液下泄伤人。

2.2.3 先导孔扩孔钻进

先导孔 ϕ216mm 高精度导孔施工完成后，拆除 ϕ216mm 三牙轮钻头及配套测斜纠偏设备，换接 ϕ295mm 钻头从下至上反扩孔。

反扩孔期间要不断地冲洗孔壁，将岩粉及碎石全部排到井底，井底施工人员按照工长指挥，定时清理积渣，排除污水废水，保持井底满足文明施工要求。

钻进过程中，如发现钻具旋转困难，可能遇到裂隙或岩层塌落，此时应把钻具边旋转边提到一定高度，再慢速向下扫孔，若经反复扫孔，仍无效果时，需要提钻，查明原因进行处理。

2.3 反井钻机施工反导井

2.3.1 反井钻机就位

定向钻机反扩孔 ϕ295mm 导孔完成后，移除定向钻机，安装反井钻机。

反井钻机安装后的钻孔轴线必须与定向钻机所完成的导孔轴线相一致（包括钻孔中心位置、倾角、方位角等），钻机用数显角度仪初步校准主机至设计斜井角度，在主机减速箱上任意做一个微小标记点（标记点尽量接近减速箱中线），把减速箱落到最低位置，用全站仪精确读取标记点的坐标，并做好记录，再把减速箱升到最高位置，读取该标记点的坐标，从上下两个位置所读取的标记点坐标可得主机的导孔开孔角度（设计斜井角度），多次复核校准。

在斜井底部平洞安装反井钻机钻头，低压慢速提升并旋转钻头，直到所有滚刀接触下平洞顶板并开始平稳破岩时完成导井反拉准备。

2.3.2 导井反拉钻进

导井反拉准备完成后，开始提钻钻进，开始用最低转速（5～9r/min）旋转，并慢慢给进、保证钻头滚刀不受过大的冲击而破坏，等刀齿把凸出的岩石破碎掉，再继续给进。钻进过程中不断冲水，保证连续的滚刀冷却。

扩孔钻进时，应设立警戒牌，禁止人员进入下孔口处10m范围内，防止落石砸伤。反拉施工过程中及时将下平洞堆积的岩渣清运走，将积水清除，防止下孔口堵塞。岩渣清运工作进行时应停止反拉作业。

反拉钻进时，发现排渣不畅、钻头激烈晃动、压力不稳、进尺慢等情况时，应短时空转或下钻查明原因，及时处理。发生憋钻时，应及时停止作业，进行处理。发生掉钻时，应停止施工并确保现场人员及设备安全，分析事故原因，根据应急预案进行钻具的卡固、提吊、更换及重新连接等作业。

2.3.3 导井完成

当钻头钻至距基础2.4m时，要降低钻压慢速钻进，并且要认真观察基础周围是否有异常现象，如果有，要及时采取措施处理。放慢钻进速度，直至钻头露出地面。

导井完成后，拆除反井钻机，导井口做好防护设施，清理施工场地，准备斜井扩挖施工。

3 结语

定向钻机加反井钻机开挖斜井导井，在吉林敦化、河北丰宁、安徽金寨、河南天池、浙江长龙山、山东文登等抽水蓄能电站斜井施工中进行了大量的工程实际应用，经统计导孔的偏斜度基本在0.5%以内，具体见表1。

从表1看，定向钻机开挖导孔偏斜率远远优于DL/T 5407《水电水利工程斜井竖井施工规范》中相关规定的钻孔偏斜率应不大于1.0%的标准。

表 1　　部分工程定向钻机开挖导孔偏斜率统计表

项目名称	斜井名称	斜井长度/m	斜井角度/(°)	导孔偏斜率/%
丰宁	4 号引水上斜井	224（导孔长度 199m）	53	0.002
	5 号引水上斜井	224（导孔长度 199m）	53	0.005
	6 号引水上斜井	224（导孔长度 199m）	53	0.269
	5 号引水下斜井	255	53	0.137
敦化	2 号引水上斜井	381	55	0.084
	2 号引水下斜井	194	55	0.15
长龙山	1 号引水下斜井	415	58	0.096
	1 号引水上斜井	435	58	0.056

定向钻机和反井钻机可以同时平行作业，减少了反井钻机的投入，施工成本降低。敦化抽水蓄能电站 381m 长斜井定向钻机先导孔施工平均速度为 13.7m/d，导孔扩孔施工速度为 41m/d，整个导孔施工平均速度为 10m/d。反井钻机导井反提施工平均速度为 8m/d，施工效率高。

因此定向钻机加反井钻机开挖长斜井导井，具有钻孔精度高、施工速度快、施工成本低等优点，该施工工艺先进合理，可以推广应用。

参考文献

[1]　李根，段稳超，刘文禧．长龙山电站 400m 级长斜井定向孔精准贯通实践［J］．人民长江，2019，50（S1）：215－219．

[2]　蒋春钢，刘松涛．两种反井钻机斜井导井施工技术分析．抽水蓄能电站工程建设文集 2018［M］．北京：中国电力出版社，2018．

基于BIM技术的抽水蓄能电站输水系统施工进度管理研究

鲁恩龙　肖玉鑫
（黑龙江牡丹江抽水蓄能有限公司，黑龙江省牡丹江市　157000）

【摘　要】随着我国抽水蓄能电站建设步伐不断加快，传统的进度管理手段越来越无法适应新需要。近年来，BIM技术逐渐成熟，这为抽水蓄能电站进度管理带来了新思路。论文依托荒沟抽水蓄能电站输水系统施工，介绍了利用BIM技术建立模型的过程，分析了基于BIM的抽水蓄能电站输水系统施工进度管理过程，并从技术储备、人员组织、过程管理等方面，对BIM技术在抽水蓄能电站进度管理中的应用进行了总结。

【关键词】抽水蓄能电站　进度管理　BIM

1　引言

抽水蓄能电站工程规模庞大、施工工期长、参建人员多、施工影响因素复杂。随着我国抽水蓄能电站建设高峰期的到来，以及建设单位对工程建设进度越来越严格的要求，以往的进度管控手段越来越无法适应新需要。

BIM（Building Information Modeling）可将建设项目在设计、施工以及运行期的全部信息集中到一个计算机模型，利用计算机模型辅助管理项目，沟通方便、查阅快捷，有助于管理效率的提高。但是在我国抽水蓄能电站建设领域，主要是一些大型设计单位应用了BIM技术，建设、监理、施工以及一些小型设计单位只是偶尔探索性的开展BIM技术应用科学研究。同时，各大设计单位针对BIM的管理体系仍不完善，常常出现一处工程部位利用BIM技术出图后，由于与其他专业难以配合，再次利用CAD等原始方法出图的困境。因此，将BIM技术推广应用到抽水蓄能电站各参建单位以及建设各实施阶段仍有很长的路要走。本文首先依托荒沟抽水蓄能电站输水系统衬砌施工介绍利用BIM技术建模的过程，随后分析基于BIM技术的抽水蓄能电站输水系统衬砌施工进度管理过程，最后对基于BIM技术的进度管理进行总结，以期对抽水蓄能电站工程进度管理提供新的思路。

2　基于BIM的建模过程

2.1　工程概况

荒沟抽水蓄能电站地处牡丹江市，电站装机规模120万kW，输水系统全长约2.88km，从上游向下游主要有以下几部分组成：

（1）引水隧洞：该隧洞位于上水库至引水岔管之间，共有2条，过水断面直径6.7m，其中1号引水隧洞全长1333.73m，2号引水隧洞全长1332.43m，均采用混凝土衬砌。

（2）引水岔管：引水岔管型式为“卜”形，夹角为60°，水流从此一分为二，过水断面直径由6.7m渐变至3.9m，同样为混凝土衬砌型式。

（3）引水支洞：该部位处于厂房与引水岔管之间，共设四条，其中1号、4号支洞长270.65m，2号、3号支洞长282.03m。引水支洞均含钢板衬砌264m，其余为混凝土衬砌型式，过水断面直径均为3.9m。

（4）尾水支洞：该部位处于厂房与尾水岔管之间，共设四条，过水断面直径4.7m，该段长135.96m，尾水支洞均含钢板衬砌76.9m，其余为混凝土衬砌型式。

（5）尾水岔管：该部位是两条尾水支洞交汇的部位，结构与引水岔管类似。过水断面直径由4.7m渐变至6.7m，全部为混凝土衬砌。

（6）尾水隧洞：该部位从尾水岔管一直到下水库，共有2条，1号尾水隧洞全长1048.11m，2号尾水隧洞全长 1070.99m，全部采用混凝土衬砌型式，过水断面直径 6.7m。

2.2　3D 模型的建立

3D 模型的建立工作应由设计单位完成，主要步骤如下：

（1）标高的创建：新建一个项目，首先应该建立该项目的标高。在 Revit 软件打开任意一立面进行标高的绘制。

（2）轴网的创建：轴网分为竖直轴网和水平轴网，单击“建筑”模块上的“轴网”进行创建。

（3）内建模型：抽水蓄能电站建筑物结构较房屋建筑相对复杂，多需要在 Revit 软件自建模型，利用 Revit 软件中“建筑”—“构件”—“内建模型”—“常规模型”，可以建立各种结构物。

由于输水结构多为管状结构，建模过程中多用到 Revit 软件中的“拉伸”“放样”“放样融合”等功能。利用以上功能绘制的局部管路见图 1。

（4）放置构件：除了用“内建模型”新建模型外，也可以利用 Revit 软件中“建筑”—“构件”—“放置构件”来直接添加已经绘制好的构件。

利用“放置构件”多是此类构件在整个模型中比较多，或者是直接绘制较困难，这时，就可以利用 Revit 软件中“族”功能单独绘制构件，新建“族”文件，利用“族”文件绘制构件的过程和上节类似，绘制好后，在整体模型文件中先点击“插入”—“载入族”，再点击“放置构件”，将载入的构件放到需要的位置即可。利用“族”功能绘制的各种构件见图 2。

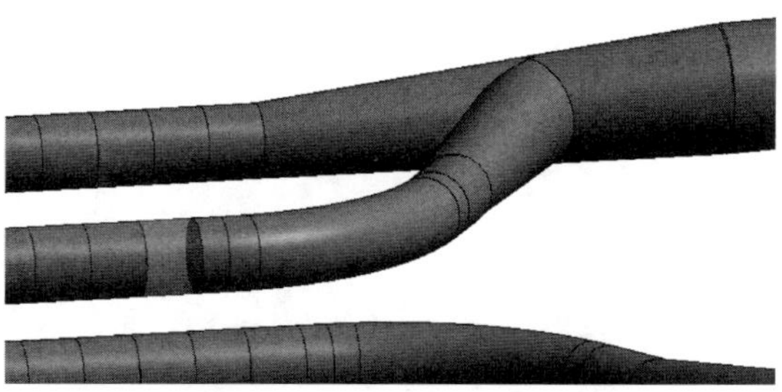

图 1　各种功能建立的管路模型

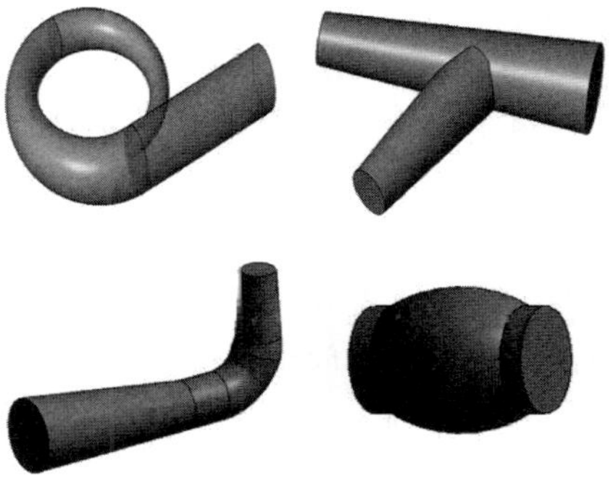

图 2　“族”功能绘制的各种构件

利用 Revit 软件建立的荒沟抽水蓄能电站输水系统 3D 模型见图 3。

2.3　进度数据的创建

输水系统衬砌施工进度计划属于荒沟电站标段进度计划，该工作应由施工单位完成，标段计划需在满足上级总进度计划里程碑的同时，又便于下级年度进度计划编制。进度计划采用 Project 软件进行创建，部分输水系统衬砌施工进度计划如图 4 所示。

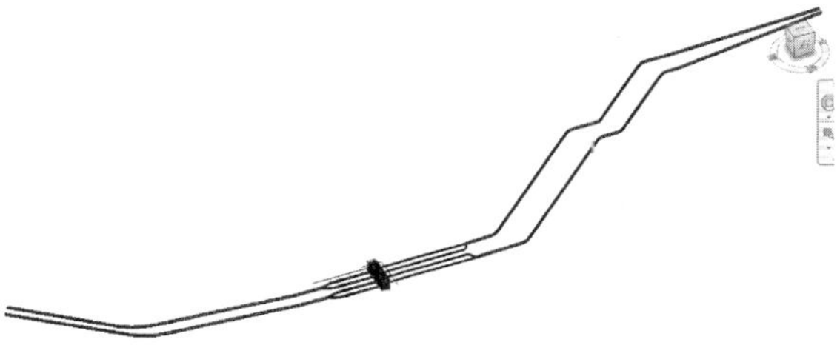

图 3　黑龙江荒沟抽水蓄能电站输水系统 3D 模型

2.4　4D 模型的建立

通过使用 Revit 和 Project 软件，生成了荒沟抽水蓄能电站输水系统建筑信息模型和进度计划，利用 Navisworks 软件将这两者结合，可以生成基于 BIM 的 4D 建筑信息模型指导施工。

（1）导入模型：将 Revit 模型导出为 NWC 后缀的数据文件，此时模型的信息将会以 Navisworks 可识别和读取的方式保存下来，然后通过 Navisworks 打开文件选项打开后缀名为 NWC 的文件。

（2）导入进度计划：导入前要确定 Navisworks 软件中的单元结构与 Project 中的每个任务名称一一对应，导入 Project 生成的进度计划文件结果如图 5 所示。

（3）进度计划和模型的链接：在 Navisworks 软件中点击选择树选项卡，然后点击选择要链接的模型构件。以 1 号引水支洞钢管安装为例，点击模型中的 1 号引水支洞钢管，在进度计划选项中右击“1 号引

图 4　项目施工进度总计划

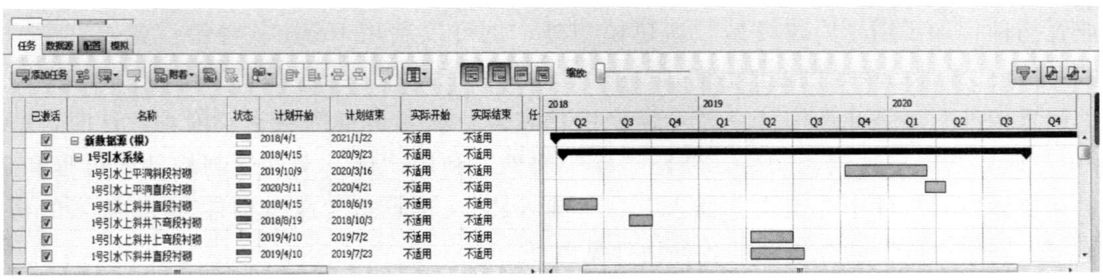

图 5　进度计划的导入

水支洞钢管安装”，然后点击附着当前选择，模型和进度计划链接就完成了。

（4）施工进度模拟优化：选择 TimeLiner 中的模拟选项即可对进度计划进行动态模拟，通过模拟可以检查施工顺利是否正确，或者在某一时间点，施工资源以及施工成本是否合理等诸多问题，随后通过对计划的不断优化，即可获得理想的 4D 模型。模拟施工时的各个阶段图片见图 6。

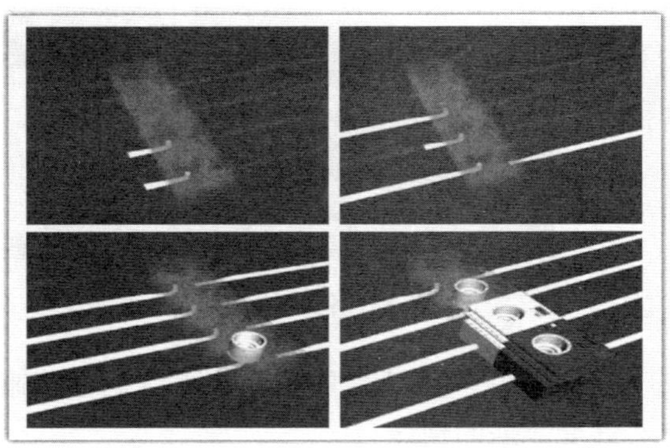

图 6　各阶段施工进度模拟图

3　基于 BIM 的进度管理

在建立抽水蓄能电站输水系统 4D 模型后，便可结合 4D 模型开展基于 BIM 技术的抽水蓄能电站输水系统衬砌施工进度管理，努力发挥 BIM 技术最大的作用。

3.1　进度跟踪

进度跟踪是一个系统工程，在固定的建设工程部位，可以采用设置固定摄像头的方式跟踪建设进展，在不断推进的工作面，可建立工作群，安排专人固定时间拍照或者文字的方式汇报工程建设进展。现场基础数据的采集及系统录入应由建设部位的施工单位负责，数据录入后，可利用 Navisworks 三维模型模拟实际工程形象。信息更新后其他参建单位人员也可通过 BIM 平台查看。

3.2　进度偏差分析

3.2.1　进度情况分析

通过 BIM 开展进度情况分析最大的特点就是可以利用软件进行模型对比分析，Navisworks 软件可以同时显示多个窗口，在屏幕上分别显示实际模型和计划模型，能够清晰发现每个工程部位的进度偏差，也可以通过 Navisworks 软件模拟建造过程，各工作面进度的提前或滞后通过模型中构件出现的不同颜色来提示。

3.2.2　资源情况分析

随着项目的建设，要分析已经消耗的资源是否与进度计划时预计的一致，当资源消耗偏多时，就要查找原因，如果是计划考虑不周，则要及时增加后期计划的资源分配，防止后期资源不足。利用 Project 软件并结合 Navisworks 软件便可完成资源情况的分析。

3.2.3　费用情况分析

建设过程中还要随时检查预算的偏差情况，分析以往发生的费用组成，根据后期的进度计划，预测即将产生费用的走势，如果某一阶段预算可能会超出承受能力，则要相应调整这段时间的进度计划。基于 BIM 的费用情况分析主要根据系统中记录的资源使用数据，并结合资源成本利用 Project 软件完成。

3.3　纠偏与进度调整

利用 BIM 技术找到导致进度偏差的关键问题后，就要采取行动纠正偏差。纠正偏差通常采取的措施有增加人员投入、投入更多的机械设备、改进施工工艺，如果是天气影响的进度滞后，则要想办法克服天气影响，比如制定有效的雨季施工措施、冬季施工措施等。还有一种方法是与设计单位商讨，通过设计变更，将原设计修改为更加方便施工的形式。当所有纠偏方案都无法赶上原进度计划的时候，就只能重新排定各里程碑节点以及进度计划，使其符合现有施工条件。

3.4　进度保证措施

3.4.1　组织保证措施

针对 BIM 技术完善抽水蓄能电站项目进度管理组织机构职责。在原抽水蓄能电站进度管理领导小组工作职责中，增加“推广 BIM 技术应用到抽水蓄能电站进度管理”，明确各参建单位应用 BIM 的范围和责任，同时，电站的各参建单位均应明确应用 BIM 技术的责任部门和责任人，及时传达和落实领导小组制定的各种决策，及时向领导小组反映通过 BIM 平台发现的进度问题。

完善进度计划编制过程。现场进度计划审查时，施工单位要通过利用 BIM 模拟施工过程的方式向大家形象直观地展示，当进度计划变化时，也要相应修改 BIM 平台内容。

建立 BIM 模型检查和考核制度，施工单位定期根据现场施工实际进展更新 BIM 模型，监理和建设单位不定期对施工单位 BIM 模型更新情况进行检查，针对不及时更新 BIM 模型的情况，采取相应的考核措施。

定期举办 BIM 技术培训班，邀请国内 BIM 专家面向电站管理人员培训 BIM 技术，提高管理人员 BIM 制作和阅读的能力。

3.4.2　合同保证措施

编制设计招标文件时，明确需利用 BIM 技术进行工程设计，编制施工招标文件时，要求利用 BIM 技术进行项目管理，并在报价文件中设置“BIM 应用费用”供投标人报价，提供在合同执行过程中 BIM 应用的资金保障。

合理划分标段，每个标段都可以利用 BIM 技术进行独立展示为宜，标段界面选择在 BIM 模型容易分割处，避免因标段界面复杂，交叉作业过多，导致 BIM 模型建立困难。

完善评标办法，要求投标人提供应用 BIM 的能力和业绩证明，并将投标文件对招标文件中 BIM 的相关要求响应程度，作为重要打分指标，确保选择 BIM 技术能力强的承包商。

3.4.3　技术保证措施

要求设计单位提供 BIM 设计成果，组织参建各方共同对设计的 BIM 成果开展审查，提前暴露设计问题，避免施工过程返工。

在审查施工单位编制的技术方案时，要求其结合 BIM 模型进行介绍，该过程中，施工人员可利用设计单位制作好的 BIM 成果调整为技术方案需要的 BIM 模型。这样，与会人员能够更加了解施工方案，探讨问题能够更加有针对性。

在对现场作业人员开展技术交底时，要求利用 BIM 模型展开介绍。抽水蓄能电站建设现场作业人员文化水平普遍较低，利用 BIM 模型和模拟展示，能够使作业人员更加容易理解要做的工作。

3.4.4　安全保证措施

可利用 BIM 模型对现场作业人员进行安全交底，例如，抽水蓄能电站地下洞室错综复杂，光线昏暗，对于新进场人员存在很多危险，可利用 BIM 模型向其展示地下洞室布置熟悉路线，提醒有竖井或基坑的位置，防止掉落，提醒地质构造危险地段，预防坍塌或落石事件。

可利用 BIM 模型设计安全设施布置位置，避免各级人员之间通过口头表达造成的理解误差。

3.4.5 质量保证措施

对于关键部位，可利用 BIM 技术提前建造模型参照施工，避免施工后发现补救难度极大的错误而耽误工期。例如，抽水蓄能电站机组周围大体积混凝土中管路众多，有供水管路、排水管路、消防管路、油管路等，一旦浇筑混凝土后发生管路安装错误或者漏安，将很难处理，提前用 BIM 模型模拟混凝土内管路布置，可保证所有管路安装到位。

可通过 BIM 技术模拟标准施工工艺过程，并制作成视频的形式推广传播，起到更好的规范施工流程，保证质量的作用。

4 实施总结

4.1 BIM 实施的技术储备

首先，BIM 实施需要专业的 BIM 软件人才，目前，国内还没有明确 BIM 从业人员需具备的资格证书，对于抽水蓄能电站进度管理而言，除设计单位，每个参建单位应有 1～2 名具备专业 BIM 技能的人才进行模型编辑，所在单位应鼓励他们考取 BIM 技术相关证书，其他进度管理人员可通过定期开展 BIM 技术培训使其能够读懂 BIM 模型信息即可。其次，BIM 实施需要专业的软件，Revit 以及 Navisworks 软件是众多 BIM 软件中较易上手、功能相对齐全的软件，适合大多数零基础的抽水蓄能电站建设者学习和使用。最后，应用 BIM 进度管控的重要准备工作是 3D 模型的创建，而 3D 模型主要由设计单位完成，目前，国内水利设计单位尚未全部推广 BIM 设计，因此，抽水蓄能电站建设单位在招设计标时，需要在招标文件中明确提出电站主要结构应利用 BIM 技术完成设计。

4.2 BIM 实施的人员组织

抽水蓄能电站进度管理领导小组应在工作职责中明确推广应用 BIM 技术相关内容，明确各参建单位应用 BIM 的范围和责任，设计单位主要是建造 3D 模型，建设单位主要是利用 BIM 技术编制和控制总进度计划，施工单位主要是利用 BIM 技术编制和控制标段计划和年度计划。其次，各参建单位均应明确推广 BIM 技术的分管领导以及应用 BIM 技术的责任部门和责任人，一般责任部门放在工程管理部门。同时，各参建单位的 BIM 专业人员之间要形成一个 BIM 团队，共同促进提高 BIM 技能，共享各方获得的现场进度信息以及各方的 BIM 模型，共同探讨发现现场进度问题并及时向各自单位上级反映。

4.3 BIM 实施的过程管理

为了充分发挥 BIM 技术作用，过程管理中要注意下列几点：

（1）根据不同的计划精度，利用 BIM 技术分级管理。由于抽水蓄能电站规模庞大，安排进度计划时分为总计划、标段计划、年度计划三个层次较为适宜。如有必要，个别工程部位也可制定专门进度计划。各级进度计划均按照前文描述的管理思路进行管理，管理过程中要紧密联系，做到信息一致。

（2）适时运行碰撞检查功能。设计阶段，设计单位各专业完成 3D 模型设计后，要将各专业 3D 模型集成到一个文件进行碰撞检查，碰撞检查可以及时发现不同专业之间设计的矛盾点，对照 BIM 软件的检测报告，设计单位可在出图前，及时修改设计错误。同样，施工单位在施工前也可通过碰撞检查，检查设计图纸是否存在错误，避免返工导致的工期滞后。

（3）利用可视化进度模拟优化进度计划。施工前通过可视化进度模拟，管理人员可检查施工工序衔接是否正确、施工资源安排是否合理、施工成本计划是否合理等，通过不断调整和优化进度计划，最终可以获得进度、资源、成本均比较合理的进度计划。

（4）充分利用 3D 展示功能。BIM 技术的 3D 模型直观形象，可以利用到抽水蓄能电站管理的多个方面，进而起到促进进度提升的作用。在设计单位对参建单位的设计交底时，在施工单位对现场作业人员的技术交底以及安全交底时，结合 3D 模型介绍能够更加清晰明了；在施工单位编制技术方案以及方案审查时，利用3D模型可以更容易考虑全面；在制作标准工艺流程时，利用BIM模拟标准施工工艺过程并制作成视频，能够更好地规范作业流程。

（5）利用4D功能分析偏差。在进度计划执行过程中，定期运行进度计划4D模型，将4D模型时间进度停留到当前时间点，然后通过对比模型显示进度与现场实际进度，便可方便发现现场每个部位的进度执行偏差。随后便可及时采取行动纠正偏差或者修改进度计划。

参考文献

[1] 刘欣，吴奕．抽水蓄能电站建设发展探讨［C］//中国水力发电工程学会电网调峰与抽水蓄能专业委员会，抽水蓄能电站工程建设文集，2019.

[2] 王明明．基于BIM技术的土石坝施工进度管理研究［D］．绵阳：西南科技大学，2017.

[3] 王雨薇，朱记伟，杨党锋，等．基于BIM 5D的建筑工程施工动态管理及资源优化［J］．施工技术，2019，48（6）：249-253.

复杂地质条件下隧洞交叉口开挖支护稳定研究

曹爱武[1,2] 褚卫江[1,2] 吴家耀[1,2] 郑全春[1]
(1. 中国电建集团华东勘测设计研究院有限公司，浙江省杭州市 311122；
2. 浙江中科依泰斯卡岩石工程研发有限公司，浙江省杭州市 311122)

【摘 要】 文章结合工程实际，应用数值模拟研究了复杂地质条件下隧洞交叉口围岩稳定及支护结构安全性。研究结果表明：交叉位置后续隧洞开挖对隧洞变形及结构受力影响明显，围岩变形、塑性区深度、支护结构受力明显增加。通过施加钢拱架、加厚混凝土喷层等局部加强措施，采用“短进尺、强支护”的方案进行后续隧洞施工，减少对交叉位置的扰动，监测数据表明围岩变形及支护结构受力得到了有效控制，保障了该复杂地质条件下隧洞交叉口安全施工。

【关键词】 隧洞交叉口 复杂地质条件 开挖支护稳定 安全施工

1 引言

隧洞为满足交通、施工、运营、防灾救援等功能需求，通常会设置主洞、支洞、斜井、竖井等结构，支洞通常与主洞之间存在一定的连接与交叉，从而形成复杂的隧洞交叉结构[1-2]。由于隧洞交叉位置体型一般不规则，开挖顺序及开挖方法将对隧洞支护结构内力分布产生较大的影响，若隧洞交叉位置受到复杂地质条件的影响，将进一步加大施工难度，隧洞工程地下复杂交叉结构的分析研究，一直以来是隧洞施工及工程安全的重要难题。

较多学者对隧洞交叉位置围岩稳定开展了大量分析研究。赵东平等[3]分析了新建隧洞对既有隧洞的影响，数值模拟研究表明，当新建隧洞在距离隧洞交叉点 10m 以外位置以全断面法爆破施工时，下方既有公路隧洞仅受到较小的影响；瞿万波等[4]利用数值模拟技术研究了洞桩法施工步序对隧洞交叉口衬砌受力的影响；李玉峰等[5]针对工程建设中出现越来越多的交叉隧洞工程，系统研究了施工力学行为、预加固技术、爆破振动影响以及监控量测技术等方面的研究现状与不足，指出今后的研究重点和发展趋势。上述研究表明施工方法对隧洞交叉位置稳定及支护结构受力特征有着较大的影响，同时数值模拟技术是研究复杂隧洞交叉稳定特性的有效手段。

本文依托以色列 Kokhav Hayarden 抽水蓄能电站复杂隧洞交叉结构，该交叉口位置隧洞组成及地质条件复杂，利用 FLAC3D 建立数值分析模型，对复杂交叉结构施工方案、围岩稳定性及支护结构安全性进行了分析，以合理评估隧洞交叉结构的围岩稳定性及支护结构的安全性，保障隧洞交叉段安全施工。

2 工程概况及开挖支护方案

2.1 工程概况

以色列 Kokhav Hayarden 抽水蓄能电站工程主要由上水库、下水库、输水系统、地下洞室群和地面开关站等组成，地下洞室群主要包括主副厂房洞、主变洞、进厂交通洞、紧急电缆洞、母线洞和排水廊道。主副厂房洞和主变洞平行布置，主变洞位于主副厂房洞下游侧，两主洞室间通过进厂交通洞、两条母线洞连接。

地下厂房洞室群平面布置如图 1 所示，为便于地下厂房洞室群建设，洞室群周围共计布置了 1 号、3～6 号 5 条施工支洞，如图 2 所示。由于项目设计阶段勘测资料有限，老进厂交通洞开挖至厂房原位置，在厂房中导洞开挖过程中揭露了一条宽度约为 10m 的断层 F16，此断层将严重影响施工安全及工程工期。

为避开断层 F16，减少已开挖隧洞的调整，对厂房位置进行了移动及旋转，厂房新位置见图 1。相应地，进厂交通洞及施工支洞也需要配合新厂房位置进行调整，因此形成了复杂的隧洞交叉结构。

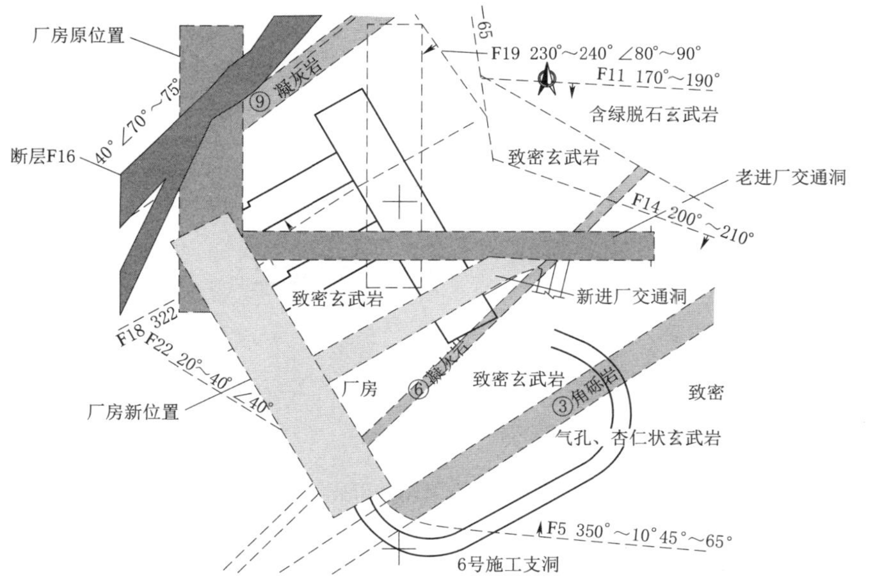

图 1　以色列 K 项目地下厂房洞室群平面布置图

2.2　工程地质条件

该隧洞交叉位置地质条件如图 3 所示，隧洞周围存在致密玄武岩、气孔状玄武岩、凝灰岩等多种岩性及类别的围岩，其中凝灰岩强度较低，交叉位置同时还受到断层 F14 的影响，地质条件较为复杂。

2.3　开挖支护方案

由于多条隧洞交叉，且交叉位置受到软岩地层及断层的影响，后续主变洞及厂房等洞室开挖将进一步对交叉位置产生扰动。因此，采用了专门的施工方案，即对已开挖隧洞局部加强，对后续开挖的新进厂交通洞采取“短进尺、强支护”开挖支护方式，见图 4。

图 2　地下厂房洞室群周边施工支洞分布

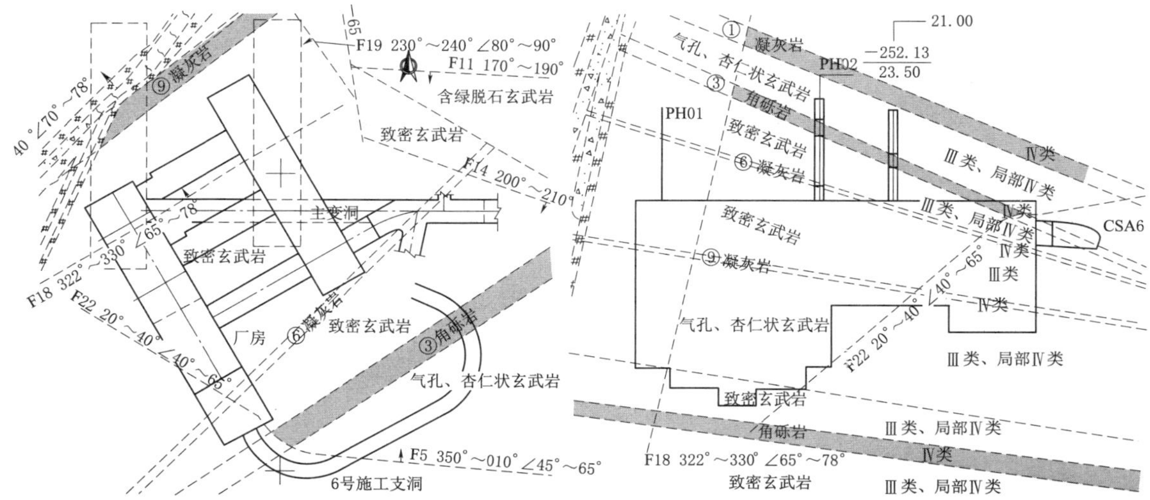

图 3　复杂隧洞交叉结构地质条件

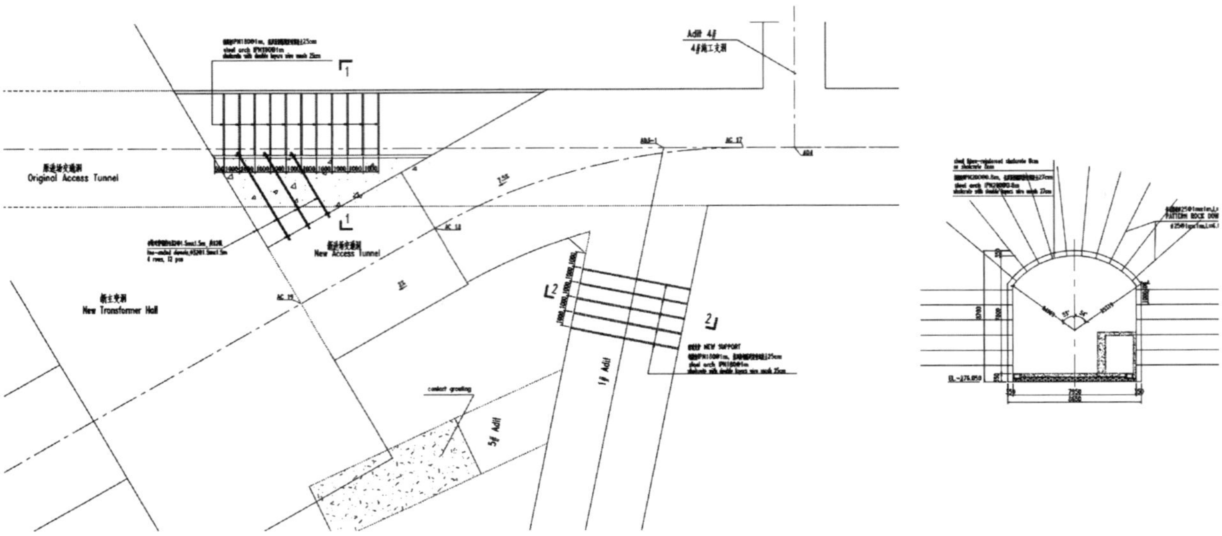

图 4　复杂隧洞交叉结构开挖支护方案

3　复杂地质条件下隧洞交叉口开挖支护模拟及稳定分析

3.1　复杂地质条件下隧洞交叉口开挖支护分析模型

根据该隧洞交叉口结构体型及地质条件，利用 FLAC3D 建立相应的分析模型，见图 5。

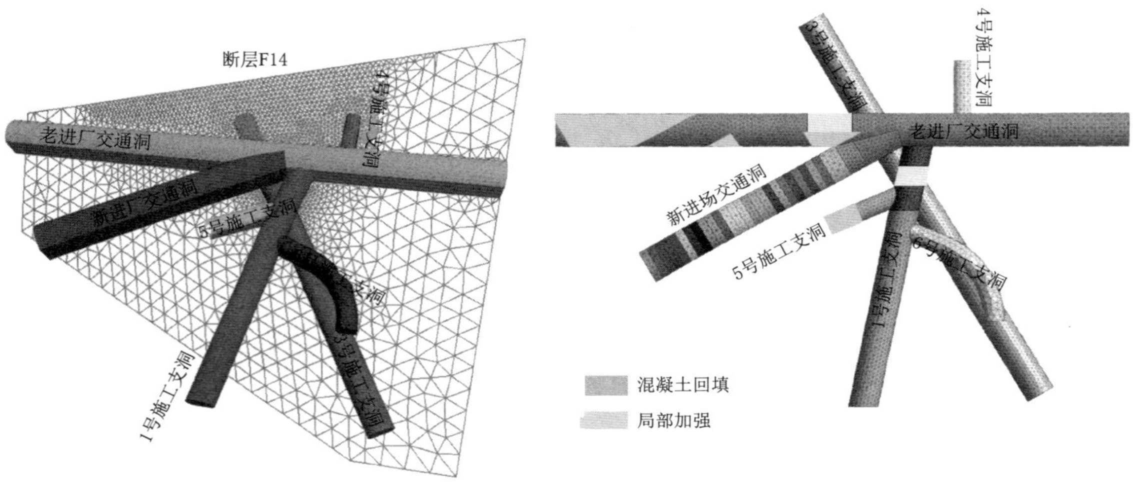

图 5　复杂地质条件隧洞交叉结构开挖支护分析模型

利用数值方法进行隧洞交叉口开挖支护稳定分析过程如下：

(1) 施工支洞 1 号，3～6 号及老进厂交通洞开挖支护模拟。

(2) 进行混凝土回填及局部支护加强模拟。

(3) 新进厂交通洞开挖支护模拟及影响分析。

3.2　复杂地质条件下隧洞交叉口分析结果

根据建立的 FLAC3D 分析模型，对各隧洞开挖支护过程进行了详细地模拟，该交叉口变形及支护受力特征见表 1。对于隧洞交叉口位置，在新进厂交通洞开挖后，需增加 5～10cm 喷层，以防止喷层支护开裂。

复杂地质条件下，监测是保障隧洞安全建设的重要手段。为保障该隧洞复杂交叉口位置施工及运行过程中安全，及时掌握施工过程中隧洞响应及支护结构受力特征，以便进行采取措施，保障施工人员及工程安全。该复杂地质条件隧洞交叉口布置了三个收敛检测断面及一个多点位移计，监测位置及监测数据见图 6。

表 1　交叉口不同开挖支护状态变形及支护受力特征

开挖状态	交叉位置最大变形/cm	交叉位置最大塑性区深度/m	锚杆受力/MPa
施工支洞及老进厂洞开挖后	1.5	4.5	150
局部加强及新进厂洞开挖后	2.5	6.6	200

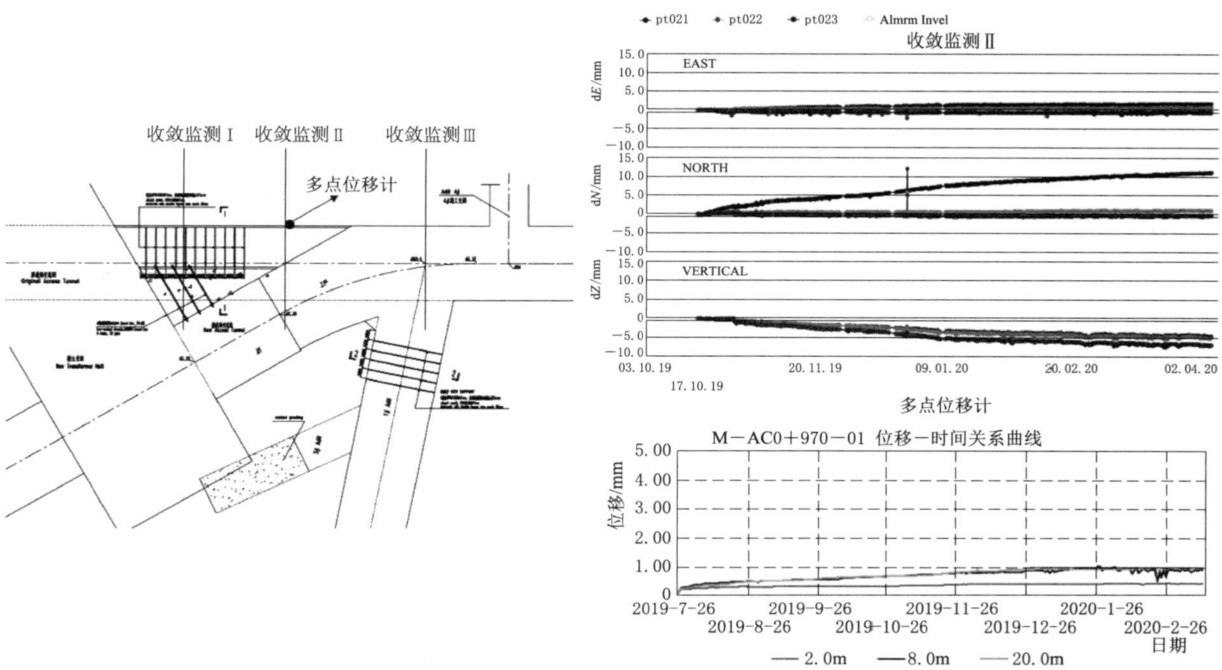

图 6　复杂地质条件隧洞交叉口监测方案

收敛监测数据显示，隧洞开挖完成后变形增长速率小于 0.1mm/d，同时多点位移计监测数据显示该隧洞交叉位置变形已收敛。

结合分析结果及监测数据，可见，在施工支洞开挖完成后，新进厂交通洞开挖前对多条隧洞交叉位置进行支护加强及混凝土回填，新进厂交通洞采用“短进尺、强支护”方式，保障隧洞交叉位置安全。

4　结语

本文以以色列 Kokhav Hayarden 抽水蓄能电站为例，利用 FLAC3D 建立数值分析模型，分析了复杂地质条件下隧洞交叉口开挖支护稳定特性，得出以下结论：

（1）隧洞交叉口位置地质条件复杂，后续隧洞开挖影响大，其安全与否将直接影响施工人员安全及工程能否顺利进行，应制定详细的施工方案，并进行隧洞开挖支护稳定分析及评估。

（2）根据隧洞布置及地质条件，建立 FLAC3D 分析模型，分析结果显示，在对已开挖隧洞进行钢拱架加强、混凝土喷层加厚后，新进厂交通洞开挖后交叉口位置变形及塑性区得到有效控制。

（3）监测数据表明，隧洞开挖完成后变形已基本收敛，进一步验证该复杂地质条件下隧洞交叉口施工方案的合理性及运行的安全性。

参考文献

[1]　卢先荣，杜引光，潘文硕. 公路隧洞火灾逃生原则及横通道设计研究 [J]. 公路，2017，62（12）：302-306.

[2]　张俊. 公路隧洞与辅助通道交叉结构稳定性分析 [J]. 路基工程，2018（6）：167-171.

[3] 赵东平，王明年. 小净距交叉隧洞爆破振动响应研究 [J]. 岩土工程学报，2007 (1)：116-119.
[4] 瞿万波，刘新荣，傅晏，等. 洞桩法大断面群洞交叉隧洞初衬数值模拟 [J]. 岩土力学，2009，30 (9)：2799-2804.
[5] 李玉峰，彭立敏，雷明锋. 交叉隧洞工程设计施工技术研究进展 [J]. 铁道科学与工程学报，2014，11 (1)：67-73.

赛柏斯掺合剂对喷射混凝土性能影响研究

申胜宇[1] 星晓刚[1] 李 冰[1] 毕梓淇[1] 朱海波[2]
（1. 河北抚宁抽水蓄能有限公司，河北省秦皇岛市 066000；
2. 中水东北勘测设计研究有限责任公司，吉林省长春市 130000）

【摘 要】 首次在喷射混凝土中掺入赛柏斯掺合剂，通过室内试验，研究不同赛柏斯掺量对喷射混凝土抗压强度和抗渗性能的影响，试验结果表明，一定掺量赛柏斯产品可提高喷射混凝土抗压强度，同时，掺入赛柏斯掺合剂后，喷射混凝土抗渗性显著提高。研究成果填补了赛柏斯产品在喷射混凝土研究领域的空白，为今后工程应用提供数据支撑。

【关键词】 喷射混凝土性能 赛柏斯掺合剂 抗压试验 抗渗试验

1 引言

地下隧道衬砌结构出现渗水问题，极易诱发隧道坍塌、地表沉降等灾害，造成重大安全事故[1]。在我国大多数工程中，对喷射混凝土的设计只考虑抗压强度，认为喷射混凝土主要承担支护任务，可不做防水设计，导致地下水轻易穿过喷射混凝土直接作用于二次衬砌混凝土，不仅增加二次衬砌等防水结构的工作负荷，而且在施工缝等薄弱部位极易引发渗漏，造成严重的经济损失。对于喷射混凝土性能方面的研究，主要通过掺入矿物掺合料[2]或纳米材料[3]来提高喷射混凝土各方面性能。

赛柏斯掺合剂是一种水泥防渗材料[4]，在普通混凝土中应用良好，可提高混凝土抗渗性能[5]，本文首次将赛柏斯掺合剂应用到喷射混凝土中，研究其对喷射混凝土抗渗性能的影响，填补了赛柏斯掺合剂在喷射混凝土应用领域的空白，同时，为今后抚宁抽水蓄能电站工程应用提供数据支撑。

2 研究现状

对于喷射混凝土性能的影响研究，国内外学者进行了大量研究。陈海霞等对再生骨料喷射混凝土基本性能进行试验，结果表明，再生骨料喷射混凝土回弹率和黏结强度优于天然骨料喷射混凝土，抗压强度、劈裂抗拉强度、弹性模量和密度与超声波速之间明显线性相关[6]；宁逢伟等针对如何改善喷射混凝土的抗渗性，从水胶比、矿物掺合料、外加剂等三方面回顾了抗渗性主要影响因素的研究进展，提出了当前研究中存在的问题和进一步改善建议[7]；方江华等利用正交试验方法，得出了聚丙烯纤维喷射混凝土（PP/SC）最佳配合比，并对其抗渗机理做了研究[8]；东智锋通过室内试验，研究了微硅粉与复合纳米材料对喷射混凝土性能影响，结果表明，两种掺合料能够提高硬化混凝土抗压强度和抗氯离子扩散能力，复合纳米材料不仅可以降低混凝土用水量，同时提高喷射混凝土抗硫酸盐侵蚀性能[9]。

赛柏斯产品是加拿大XYPEX化学公司的专有技术产品，是由波特兰水泥、硅砂和多种特殊的活性化学物质组成的灰色粉末状无机材料。其特有的活性化学物质利用水泥混凝土本身固有的化学特性及多孔性，以水为载体，借助渗透作用，在混凝土微孔及毛细管中传输、充盈，催化混凝土内的微粒和未完全水化的成分再次发生水化作用，并形成不溶性的枝蔓状结晶体，与混凝土结合为整体，从而堵住来自任何方向的水及其他液体流动通道，起到保护钢筋、增加混凝土结构强度的效果[10]。赛柏斯产品在普通混凝土工程中应用良好，在各种基建工程中均有应用[11]，但其对喷射混凝土性能的影响，在国内尚未有人进行过系统研究。依托抚宁抽水蓄能电站工程，通过室内试验，将赛柏斯掺合剂按一定掺量掺入喷射混凝土中，研究掺入前后喷射混凝土的力学性能及耐久性能变化情况，研究成果既填补了赛柏斯掺合剂在喷射混凝土应用领域的空白，同时，研究成果也可为今后抚宁抽水蓄能电站工程应用提供数据支撑。

3 试验方案

3.1 配合比

根据赛柏斯产品工程应用情况，选用0.8%、1.0%、1.2%、1.5%、2.0%共5种不同掺量进行试验，未掺赛柏斯掺合剂的配合比作为对比，同时，为了对比拌和时间对掺入赛柏斯掺合剂后的喷射混凝土性能影响，增加一组掺量1.2%配合比，将拌和时间设置为90s。其中，水泥采用P.O 42.5水泥，碎石粒径5～10mm，砂子细度模数3.1，喷射混凝土设计强度C25，坍落度100mm，采用潮喷法成型。喷射施工时按选定的配合比称量材料，其各种材料配量容许偏差应符合相关规范的规定，配合比见表1。

表1　　喷射混凝土配合比

序号	配合比编号	赛柏斯掺合剂掺量/%	水胶比	砂率/%	材料用量/(kg/m^3)					
					水泥	细集料	粗集料(5～10mm)	水	YT-12速凝剂	赛柏斯掺合剂
1	PHB0.0	0.0	0.48	48	627	668	724	301	31.35	0.00
2	PHB0.8	0.8	0.48	48	627	668	724	301	31.35	5.02
3	PHB1.0	1.0	0.48	48	627	668	724	301	31.35	6.27
4	PHB1.2	1.2	0.48	48	627	668	724	301	31.35	7.52
5	PHB1.2Y	1.2	0.48	48	627	668	724	301	31.35	7.52
6	PHB1.5	1.5	0.48	48	627	668	724	301	31.35	9.41
7	PHB2.0	2.0	0.48	48	627	668	724	301	31.35	12.54

3.2 试验方法

3.2.1 喷射混凝土抗压强度试验

为研究赛柏斯掺合剂对喷射混凝土抗压性能影响，根据DL/T 5181—2017《水电水利工程锚喷支护施工规范》要求，制作喷射混凝土大板试件，将喷射混凝土大板加工成边长为100mm的立方体试件，养护至28d后，按照DL/T 5150—2017《水工混凝土试验规程》进行喷射混凝土抗压试验。

3.2.2 喷射混凝土抗渗试验

根据DL/T 5181—2017《水电水利工程锚喷支护施工规范》要求，制作喷射混凝土大板试件，采用钻机配金刚石钻头钻取混凝土芯，加工成直径150mm、高150mm的圆柱体试件，清除两端面浆膜，待圆柱体试件晾干干燥后，装入抗渗试模，在芯样周围浇筑水泥砂浆，脱模后送入标准养护室养护。到达试验龄期，取出试件，擦拭干净。用密封材料将试件密封于抗渗仪的试模中。

4 试验结果

4.1 赛柏斯掺合剂对喷射混凝土抗压强度影响

各配合比喷射混凝土抗压强度试验结果见表2和图1。由表2的试验结果可知，所有喷射混凝土试件抗压强度均满足设计要求，且富余强度值较高，除掺量0.8%和掺量2.0%的喷射混凝土试件外，其他掺量的喷射混凝土强度均大于空白试件的抗压强度，其中掺量1.0%试件的抗压强度最大，为43.8MPa，与空白试件相比，抗压强度提高27.3%，掺量2.0%试件抗压强度值最小，为32.9MPa，与空白试件相比，强度降低5.2%，说明赛柏斯掺合剂掺量超过2%时，喷射混凝土强度明显降低。由掺量1.2%与掺量1.2%（拌和时间90s）抗压强度试验结果可知，在正常拌和时间下，掺合剂就可以在混凝土中拌和均匀，发挥作用，说明赛柏斯掺合剂适用性较好。

在掺量0.8%、掺量1.0%、掺量1.2%、掺量1.2%（拌和时间90s）、掺量2.0%的5组抗压强度试件中，每组试件抗压强度单值离散性较大，根据规范要求，取中间值作为抗压强度试验结果。在试验过程中，发现部分试件存在气孔较多、不密实等缺陷，见图2，导致部分喷射混凝土试件的抗压强度远低于同组中其他试件，因此可知在喷射混凝土成型时，由于喷射的混凝土拌和物在模板中分布不均，造成内部存在气孔、不密实等缺陷，影响喷射混凝土抗压强度，导致喷射混凝土试验结果离散性较大。

表 2　　喷射混凝土抗压强度试验结果

序号	配合比编号	试样编号	设计指标	抗压强度单值/MPa	抗压强度均值/MPa
1	PHB0.0	HY0	C25	36.0	34.4
				35.1	
				32.0	
2	PHB0.8	HY0.8	C25	43.6	33.8
				33.8	
				29.7	
3	PHB1.0	HY1.0	C25	35.5	43.8
				43.8	
				44.3	
4	PHB1.2	HY1.2	C25	37.1	37.1
				33.1	
				44.3	
5	PHB1.2Y	HY1.2Y	C25	35.4	35.4
				41.9	
				32.3	
6	PHB1.5	HY1.5	C25	40.5	39.5
				40.7	
				37.2	
7	PHB2.0	HY2.0	C25	38.6	32.9
				30.9	
				32.9	

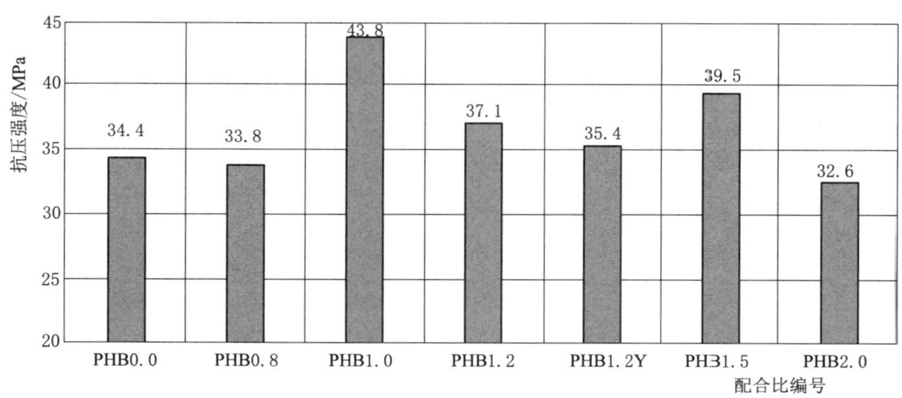

图 1　喷射混凝土抗压强度

4.2　赛柏斯掺合剂对喷射混凝土抗渗性能影响

各配合比喷射混凝土抗渗性能试验结果如表 3 所示。由表 3 可知，喷射混凝土 PHB0.0 试件在达到 1.3MPa 时，2 个试件发生渗漏，根据规范要求，此时未掺赛柏斯掺合剂空白试件抗渗指标为 W12，其他掺量试件在压力升高后，在水泥砂浆和芯样接缝处出现漏水，导致试验提前结束，但总体抗渗性能均高于未掺赛柏斯掺合剂的空白试件，抗渗指标均在 W15 以上，最高可达到 W40（抗渗仪器最大限值），说明赛柏斯掺合剂可明显提高喷射混凝土的抗渗性能。考虑施工成本，从经济性角度出发，进一步对比不同掺量试件的抗渗性能，将掺量 0.8%和 1.0%试件加工成 7.5cm 高度，进行抗渗性能试验，试验结果表明，掺量 0.8%的试件抗渗指标最低可达到 W25，掺量 1.0%的试件抗渗指标最低可达到 W20，抗渗性能均明显强于未掺赛柏斯掺合剂的空白试件。

图 2　掺量 0.8%试件内部情况

5　结语

（1）一定掺量赛柏斯掺合剂对喷射混凝土抗压强度有一定的提高，最高可达 27.3%，赛柏斯掺合剂掺量在 2.0%时，喷射混凝土强度明显降低，说明喷射混凝土抗压强度随赛柏斯掺合剂的掺量的增加而减小，两者呈现抛物线关系。

（2）由掺量 1.2%与掺量 1.2%（拌和时间 90s）抗压强度试验结果可知，在正常拌和时间下，掺合剂就可以在混凝土中拌和均匀，发挥作用，说明赛柏斯掺合剂适用性较好。

表 3　　**喷射混凝土抗渗性能试验结果**

序号	掺合剂掺量/%	配合比编号	试验编号	试 验 结 果	达到抗渗指标
1	0（高 15cm）	PHB0.0	HW0	达到 1.3MPa 时，两个试件渗水，结束试验	W12
2	0.8（高 15cm）	PHB0.8	HW0.8	达到 1.7MPa 时，所有试件未渗水，水泥砂浆与芯样接缝处漏水，结束试验	W17
3	1.0（高 15cm）	PHB1.0	HW1.0	达到 1.5MPa 时，所有试件未渗水，水泥砂浆与芯样接缝处漏水，结束试验	W15
4	1.2（高 15cm）	PHB1.2	HW1.2	达到 4.0MPa 时，已达到仪器加压最大限值，所有试件未渗水，结束试验	W40
5	1.2（90s）（高 15cm）	PHB1.2	HW1.2Y	达到 2.8MPa 时，所有试件未渗水，水泥砂浆与芯样接缝处漏水，结束试验	W28
6	1.5（高 15cm）	PHB1.5	HW1.5	达到 3.3MPa 时，所有试件未渗水，水泥砂浆与芯样接缝处漏水，结束试验	W33
7	2.0（高 15cm）	PHB2.0	HW2.0	达到 2.3MPa 时，所有未渗水，水泥砂浆与芯样接缝处漏水，结束试验	W23
8	0.8（高 7.5cm）	PHB0.8	HW0.8-1	达到 2.5MPa 时，一个试件在表面裂缝处渗水，其他试件未渗水，水泥砂浆与芯样接缝处漏水，结束试验	W25
9	1.0（高 7.5cm）	PHB1.0	HW1.0-1	达到 2.0MPa 时，所有试件未渗水，水泥砂浆与芯样接缝处漏水，结束试验	W20

（3）各种掺量的喷射混凝土抗渗性能均高于未掺赛柏斯掺合剂的空白试件，抗渗指标均在 W15 以上，最高可达到 W40（抗渗仪器最大限值），说明赛柏斯掺合剂可明显提高喷射混凝土的抗渗性能。

（4）掺量 0.8%和 1.0%试件加工成 7.5cm 高度，进行抗渗性能试验，试验结果表明，这两种掺量的试件抗渗性能均明显高于未掺赛柏斯掺合剂的空白试件。

（5）论文首次将赛柏斯掺合剂应用到喷射混凝土中，通过室内试验，对掺入后的喷射混凝土抗压强度及抗渗性能进行了研究，研究结果表明赛柏斯掺合剂掺量在 0.8%～1.5%时，既可提高喷射混凝土抗压强度，又能提高喷射混凝土抗渗性能，填补了赛柏斯产品在喷射混凝土领域应用的空白，为今后工程应用提供数据支撑。

（6）由于抗渗试验水头压力较大，已超过抗渗试验仪器限制水头，同时试件密封性在高压力水头的作用下发生破坏，因此导致无法得到喷射混凝土抗渗试验的最终结果，建议再次进行研究时，可采用其他方法确定掺赛柏斯掺合剂喷射混凝土的抗渗性能。

（7）论文仅对掺入赛柏斯掺合剂后喷射混凝土的抗压强度和抗渗强度进行了研究，未涉及其他耐久性指标，同时，对喷射混凝土微观结构未进行研究，接下来可以进行这两方面的研究，使研究成果更加丰富，更有说服力。

参考文献

[1] 刘印，张冬梅，黄宏伟. 盾构隧道局部长期渗水对隧道变形及地表沉降的影响分析 [J]. 岩土力学，2013，34 (1)：290-298，304.

[2] MALHOTRA V M，CARETTE G G，BILODEAU A. Mechanicalprop-erties and durability of polypropylene fiber reinforced high-volume fly concrete for shortcreteapplications [J]. ACI Materials Journal，1994，96 (2-3)：201-206.

[3] 李德福. 纳米材料对喷射混凝土性能影响研究 [J]. 江西建材，2018，2 (227)：20，24.

[4] 王荠. 赛柏斯结晶材料在混凝土缺陷修补上的应用 [J]. 现代交通技术，2019，16 (01)：1-3.

[5] 刘儒博. 新型防渗材料 XYPEX 在水利工程中的应用 [J]. 杨凌职业技术学院学报，2004，3 (4)：34-35，40.

[6] 陈海霞，张志权，宋学庆. 再生骨料喷射混凝土基本性能试验 [J]. 西安科技大学学报，2020，40 (3)：434-440.

[7] 宁逢伟，蔡跃波，白银，等. 喷射混凝土抗渗性影响因素的研究进展 [J]. 混凝土，2020，(5)：129-135.

[8] 方江华，姜平伟，庞建勇. 聚丙烯纤维喷射混凝土抗渗性能试验研究及机理分析 [J]. 建井技术，2020 (2)：38-44.

[9] 东智锋. 纳米掺合料对喷射混凝土性能影响室内试验研究 [J]. 长江技术经济，2020 (S2)：3.

[10] 方一苍. XYPEX（赛柏斯）的应用 [J]. 中国建筑防水，2010 (S1)：100-106.

[11] 刘儒博. 新型防渗材料 XYPEX 在水利工程中的应用 [J]. 杨凌职业技术学院学报，2004，3 (4)：34-35，40.

句容抽水蓄能电站施工期污废水处理及回用

何新颖　吕阳勇　戴　骏
（江苏句容抽水蓄能有限公司，江苏省镇江市　212416）

【摘　要】抽水蓄能电站建设施工过程中产生的污废水种类多、水量大、悬浮物浓度高，若不经处理直接排放会对施工区生态环境及周边河道水质造成不利影响。如果将抽水蓄能电站生活污水和施工过程中产生的废水进行处理，处理合格后的中水回用于道路降尘、砂石料冲洗、坝面填筑加水、绿化等，就能减少水资源的耗费，节约施工成本，实现污废水零排放，避免对周边水环境的影响。

【关键词】抽水蓄能电站　污废水处理　中水回用　零排放

1　引言

句容抽水蓄能电站位于苏南经济发达地区，紧邻城市，人口稠密，工程区紧邻水源保护地（仑山湖）并处在其上游，并以仑山水库为主要施工水源。因此电站建设的环境保护要求高，必须对电站建设过程中的生活污水及生产废水进行合理有效的处理和处置，降低工程建设对周边水环境的影响尤为重要。

为践行习近平总书记“绿水青山就是金山银山”的绿色发展理念，句容抽水蓄能电站将施工期污废水纳管集中进行处理，分区布置生活污水处理设备，开展了中水回用平衡分析研究，提出了中水回用管路布设方法，对水质情况进行了跟踪检测，避免了臭味、污泥等二次污染，实现了污废水“零排放”。

2　污废水处理及回用措施

2.1　生产废水处理及回用

句容抽水蓄能电站工程施工期废水主要为各地下洞室废水、砂石拌和系统冲洗废水、上下库施工废水等。为了处理生产废水，句容抽水蓄能电站建设废水处理系统，日处理废水能力约 8000m^3，用于集中处理工程建设生产废水。废水经废水管网和排水沟收集后自流至废水处理系统提升泵池，再经泵提升进入调节池，调节池起到均衡水质、调节水量、去除部分 SS 的作用[1]。调节池内设搅拌机，阻止污泥过快沉降。废水从调节池自流至预沉池，经加药沉淀后进入沉淀池进行进一步沉淀，最后自流进入清水池。预沉池和沉淀池底部设有多个排泥阀，定时排泥至污泥池，并定期进行清理污泥。处理后的中水达到 GB/T 18920—2020《城市污水再生利用　城市杂用水水质》标准，可以回用于电站施工。

句容抽水蓄能电站建有一套施工供水系统，由取水泵站、加压泵站和 4 个水池组成，供水管路从各施工供水水池连接到各施工作业面，从仑山水库取水，为工程建设提供施工用水。在回用生产废水前，施工供水全部从水库取水，日均从水库取水 5000 多 m^3。为了将生产废水处理后回用，电站在废水处理系统安装泵与管路，将废水处理系统清水池的水供给施工供水水池，并在道路旁供水管上设置道路喷淋降尘系统，从而将废水回用于砂石拌和系统、上下库等施工作业面，用于道路喷淋降尘、砂石料冲洗、坝面填筑加水等，实现水资源循环利用。利用现有的施工供水系统管路和水池，可以降低中水回用的施工投入成本。定期委托专业检测单位对处理后的中水进行检测，确保 PH、SS、石油类、COD、BOD 等各项指标均满足规范要求，符合中水回用标准。废水处理及回用流程图见图 1，道路喷淋降尘见图 2。

2.2　生活污水处理及回用

句容抽水蓄能电站业主营地、承包商营地以及办公值班等区域之间距离较远，采用分区处理生活污水处理较为合理。在业主营地、承包商营地、办公楼等位置设置污水处理设备，根据住宿和办公人数合理选择污水处理设备的处理能力。食堂的污水经隔油池进入污水处理设备，其他生活污水直接进入污水

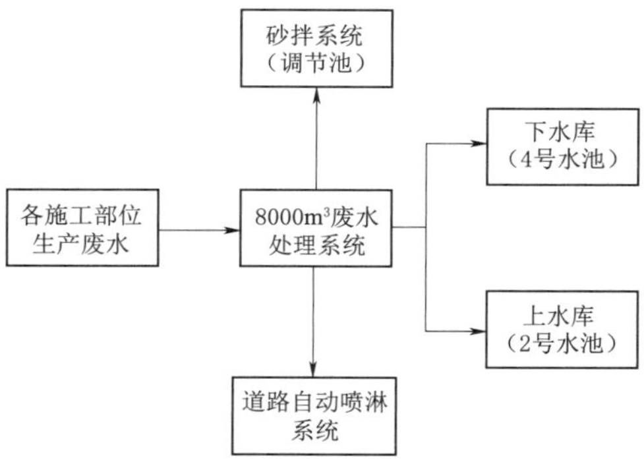

图 1　废水处理及回用流程图

图 2　道路喷淋降尘

处理设备[2]。污水处理设备主要由格栅井、调节池、接触氧化池、MBR 膜池、配电间、清水池等组成，主要设备包括各类风机、泵、紫外线消毒仪等。污水经处理后满足 GB 18918—2002《城镇污水处理厂污染物排放标准》中一级 A 标准，处理达标后全部回用为本区域绿化养护和洗车等用水。业主营地和业主办公楼距离较近，将两处污水设备处理后的生活污水集中进行进一步过滤处理，处理流程见图 3。

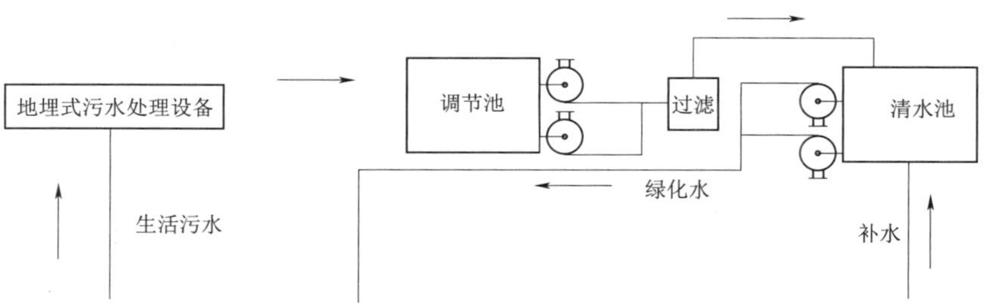

图 3　生活污水处理流程图

3　中水回用经济效益

句容抽水蓄能电站废水处理系统日处理能力为 8000m³，回收各施工部位生产废水，为上水库、下水库、砂石拌和系统、道路喷淋系统提供用水，减少施工从水库取水，施工期废水回用管路布置见图 4。电

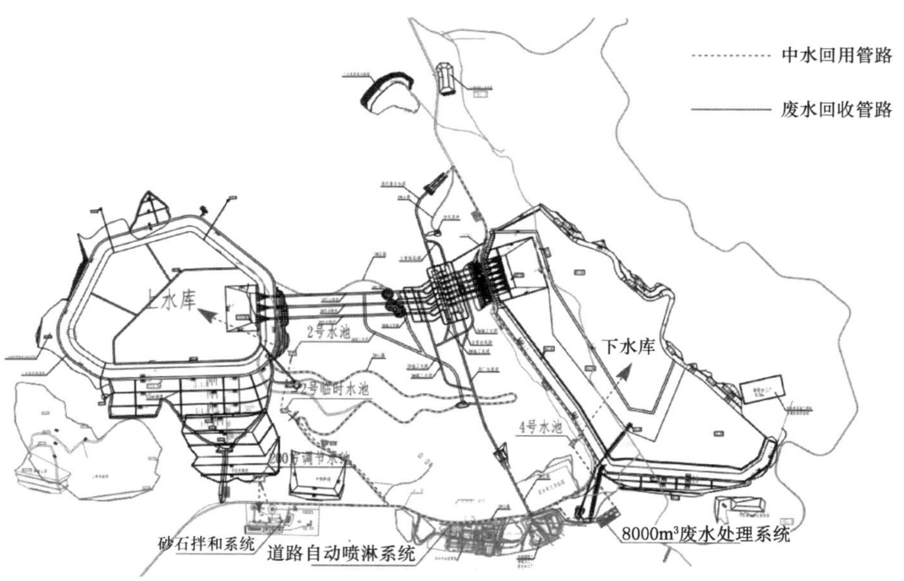

图 4　施工期废水回用管路布置图

站生活区和办公区域生活污水处理设备收集处理本区域的生活污水，为本区域的绿植养护、车辆冲洗等提供用水，避免使用自来水进行绿植养护。污废水处理及回用可以极大节约水资源和减少用水费用，具有较大的经济效益。

句容抽水蓄能电站上水库所需中水主要用于坝料填筑、施工临时道路喷淋降尘、结构混凝土养护等。上水库填筑总量达 2900 多万 m^3，其中上游堆石料、过渡料等填筑料碾压前需要加 10%的水量，填筑量大约 1300 万 m^3，填筑加水量约 130 万 m^3。使用废水处理系统生产的中水，仅电站上水库主坝土石方填筑工程可以节省施工用水费用约 225 万元（施工用水以 1.73 元/m^3 计，下同）。上水库日均用水约 4000m^3，使用废水处理系统生产的中水后，每月可以节约水 12 万 m^3，每月可以减少施工用水费用约 20.8 万元。

句容抽水蓄能电站下水库所需中水主要用于坝料填筑、施工临时道路洒水降尘、结构混凝土养护等。下水库日均用水约 400m^3，使用废水处理系统生产的中水后，每月可以节约水 1.2 万 m^3，每月可以减少施工用水费用约 2.1 万元。

句容抽水蓄能电站场内主干道路每日喷淋降尘用水约 200m^3，使用废水处理系统生产的中水后，每月可以节约水 0.6 万 m^3，每月可以减少施工用水费用约 1.0 万元。

句容抽水蓄能电站砂石拌和系统所需中水主要用于砂石料冲洗、道路喷淋降尘及混凝土拌和楼洗楼等，砂石拌和系统废水经处理后回收利用，不足部分由供水系统进行补水，平均日补水约 280m^3，使用废水处理系统生产的中水后，每月可以节约水 0.8 万 m^3，每月可以减少施工用水费用约 1.4 万元。

句容抽水蓄能电站生活区和办公区所需中水主要用于绿植养护、车辆冲洗等，使用污水设备处理合格的中水后，每月可节约水 0.6 万 m^3，每月可以减少水费约 2.2 万元（市政自来水以 3.6 元/m^3 计）。

根据以上统计分析，句容抽水蓄能电站工程上、下水库、砂石拌、系统及场外主干道喷淋降尘、绿植养护等用水使用中水后，每月可以节约水 15.2 万 m^3，每月可以减少施工用水费用约 27.5 万元。

截至 2021 年 6 月，句容抽水蓄能电站已处理污废水超过 250 万 m^3，中水回用节省费用超过 430 万元，预计工程建设期累计可以减少施工用水费用超过 1000 万元。

4 结语

句容抽水蓄能电站将施工期废水纳管集中进行处理，将生活污水处理设备分区处理，避免了臭味、污泥等二次污染，降低工程施工对环境的影响。开展中水回用平衡分析研究，将污废水回用于工程施工、道路降尘、绿化等，实现了污废水“零排放”，极大节约水资源和减少施工费用，具有显著的经济效益和社会效益。

参考文献

[1] 楚凯锋，傅利，王俊，等. 溧阳抽水蓄能电站污废水处理设计 [J]. 水力发电，2013 (3)：12-15.
[2] 张黎庆. 福建仙游抽水蓄能电站水环境保护设计 [J]. 水电站设计，2016 (1)：57-62.

抽水蓄能电站上、下水库闸门井灌浆优化改进施工工艺应用

刘 亿[1] 孙建设[2] 王 波[1]

(1. 中国水利水电建设工程咨询北京有限公司，北京市 100024)

(2. 山东药品食品职业学院，山东省威海市 264200)

【摘 要】 金寨抽水蓄能水电站上下库原进/出水口设计要求灌浆采取混凝土面水平灌浆工法，为降低上下库进/出水口检修闸门井井身段固结灌浆的安全风险，经四方研究确定采取在闸门井平台新增2排竖直灌浆孔，分布在闸门井周边，实践证明，该工艺有效地提高了灌浆质量，质量得到了有效控制，缩短施工工期，减少了施工难度，降低了安全风险等优点。可为今后抽水蓄能电站持续推广应用。

【关键词】 上下事故闸门井 闸门井外竖直深孔固结灌浆 抽水蓄能电站

1 引言

安徽金寨抽水蓄能电站（以下简称金寨电站）位于安徽省金寨县张冲乡境内，电站工程属大（1）型一等工程，主要由上水库、输水系统、地下厂房系统、地面开关站及下水库等建筑物组成。金寨电站为日调节纯抽水蓄能电站，装机容量1200MW（4×300MW），平均年发电量20.10亿kW·h，建成后承担安徽电网调峰、填谷、调频、调相及紧急事故备用等任务，主体工程施工玥约52个月，动态总投资约75亿元。

金蓄电站上下库闸门井，采用闸门竖井式，上库进/出水口事故闸门井位于进/出水口下游检修平台内，共两个，平台高程598.7m。单个井深35m（高程563.7m以下为引水洞正洞开挖范围），开挖断面为不规则方形（六边形），闸门井开挖断面10.2m×7.3m，2号事故闸门井井身均为Ⅲ类围岩，1号事故闸门井井身以Ⅲ类围岩为主，部分井身段为Ⅳ类围岩。下库检修闸门井位于尾水隧洞的末端下库进/出水口检修平台内，共两个，分别为1号、2号检修闸门井。闸门井为不规则多边形，顶部高程262.7m，底部高程215.5m，井深47.2m，井筒10m×6.85m。2号事故闸门井井身均为Ⅲ类围岩，1号事故闸门井井身以Ⅲ类围岩为主，部分井身段为Ⅳ类围岩。

导井采取“吊炮法”开挖方法，即采取自上而下一次完成钻孔，自下而上分层爆破，钻孔角度为90°，且由测量采取用全站仪按照爆破设计精确布孔。钻孔采取直眼掏槽，设置空心孔。导井开挖直径3.0m。全断面扩挖正井扩挖，每开挖一循环及时进行周边围岩喷锚支护。闸门竖井段采用混凝土强度等级均为C25W8F100进行井身滑模浇筑作业完成。四个进/出水口闸门井体型相同。

由原设计闸门井内水平钻孔灌浆工艺优化均采用闸门井外深孔竖直固结灌浆工艺法，经实践证明，该项工艺的应用、改进，固结灌浆的质量控制在设计范围内，提高了固结灌浆岩石的强度及防渗作用[1]，有效减少了施工难度，安全得到了保障[2]，为我国抽水蓄能电站上下库进/出水口固结灌浆开辟了一条新的工艺。

2 固结灌浆原理

金蓄电站闸门井身段采用垂直深层固结灌浆孔，上库闸门井钻孔高程599.00～564.5m高程，下库闸门井钻孔高程263.7～216.4m，第一排灌浆孔距离井口边界1.2m，第二排灌浆孔距离第一排灌浆孔2.0m；孔位呈梅花形布置，孔深均为34.50m，孔底允许最大偏差0.50m，设计灌浆压力1.0MPa。

因在基岩中存在有大量的节理和裂隙[3]，在灌浆材料的压力作用下，岩石将沿原有的节理和裂隙进一步劈裂开来[4]。固结灌浆是把一定配比的某种具有流动性和胶凝性的浆液，施加一定的压力通过钻孔压入

岩层裂隙中去，同时水泥浆通过渗入作用[5]，渗入到非常细小的裂隙或孔隙中，将其充填，经过胶结硬化以后[6]，水泥浆液就将整个破碎的、疏松的基岩胶结为完整的、稳定的且具有较高强度的统一整体[7]，从而提高岩基的强度，改善岩基的整体性和抗渗性[8]。

3　固结灌浆的作用

金蓄电站上下库闸门井地质围岩条件以Ⅲ类为主，部分为Ⅳ类围岩。结合地质围岩条件采用循环式“自上而下”灌浆法。为改善节理裂隙发育或有破碎带的岩石的物理力学性能而进行的灌浆。其主要作用是：①提高岩体的整体性与均质性；②提高岩体的抗压强度与弹性模量[9]；③减少岩体的变形与不均匀沉陷。

4　水平孔灌浆与垂直深孔灌浆优缺点

水平固结灌浆待混凝土浇筑完成后达到一定的强度进行施工[10]，混凝土浇筑成型后，通过搭设脚手架平台或者采用其他辅助平台逐层进行钻孔灌浆，该工法需要逐层进行钻孔灌浆，因此随着闸门井深度的增加，钻孔灌浆的难度随之增加，安全风险越大，并未提前预埋灌浆管，导致在钻孔时碰到钢筋时一般采用挪孔重打或者直接打断钢筋继续钻进的处理办法[11]，导致混凝土面造成不同程度的破坏，在封孔后有部分孔容易从封孔部位渗水。该种施工工艺的检查孔施工也需要逐层进行[12]，因此在施工过程中，周期相对较长[13]，且由于作业环境危险，质量不易监控。

采用闸门井外四周布灌浆孔，再进行固结灌浆施工的工艺，无须在闸门井井内搭设作业平台及其他辅助作业平台，同时采用一次钻进成孔，每孔只需支一次钻机；完成后再进行“自下而上”分段灌浆法[14]，对钻进中发现的地质缺陷可以用膨胀塞隔离，专门进行处理，灌浆之后无须钻进和清洗孔，从而提高作业效率，且提高了固结灌浆质量，同时降低了安全风险，减少了施工周期。图 1 所示施工工艺流程图。

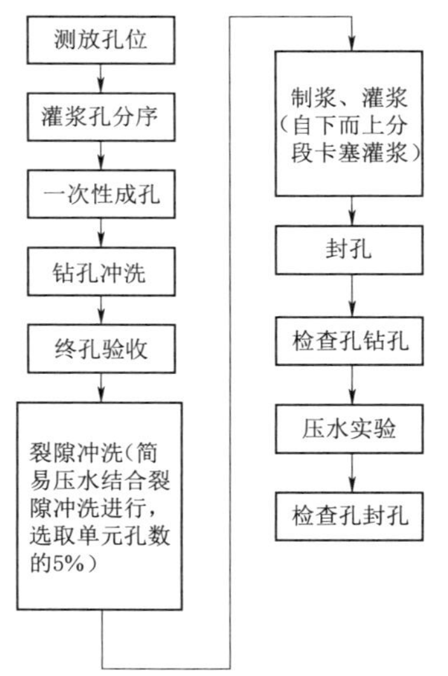

图 1　自下而上分段灌浆工艺流程图

5　金蓄电站上/下库闸门井井口周边垂直固结灌浆中的应用

金蓄电站上下库/闸门井包括上库 1 号、2 号闸门井，下库 1 号、2 号闸门井见图 2。

金蓄电站结合应用竖直深孔固结灌浆工艺法有效地提高了灌浆的质量，减少了安全风险，缩短了施工周期。

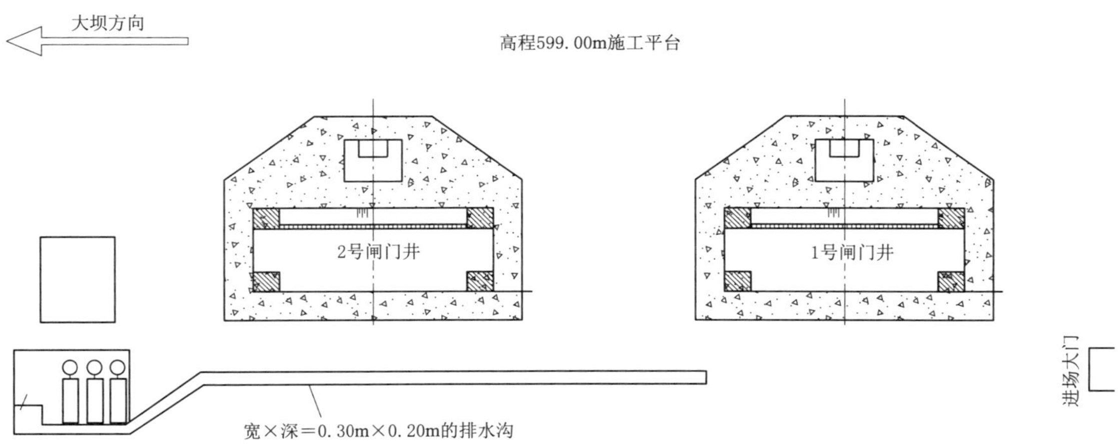

图 2　上/下库闸门井平面布置图

6　施工方法

6.1　孔位布置

闸门井井身固结灌浆第一排灌浆孔距离井口边界1.2m，第二排灌浆孔距离第一排灌浆孔2.0m；孔位呈梅花形布置，如图3所示，孔位根据岩体钻进条件可适当调整。

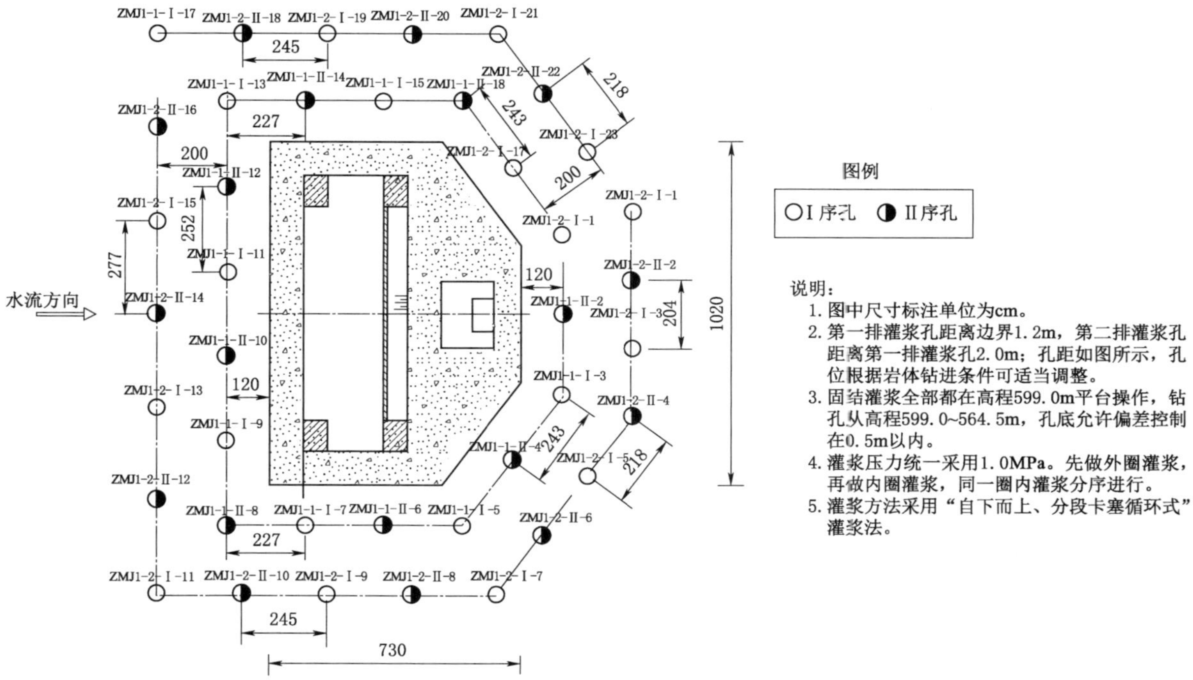

图3　孔位布置图

6.2　钻孔

钻孔选用XY-2型地质钻机配合金刚石钻头进行钻孔，钻孔孔径为不小于ϕ56mm，完成终孔后进行孔斜量测。钻孔高程599.00～564.5m，第一排灌浆孔距离井口边界1.2m，第二排灌浆孔距离第一排灌浆孔2.0m；孔位呈梅花形布置，孔深均为34.50m，闸门井井身固结灌浆孔孔底偏差不得大于规定的钻孔孔底最大允许偏差值，钻孔偏斜率按下表控制。

表1　　钻孔孔底最大允许偏差值

孔深/m	20	30	40	50	60	>60
应许偏差/m	0.25	0.45	0.70	1.00	1.30	1.50

钻进过程中进行孔斜测量，发现钻孔偏斜值超过规定时，应及时采取立轴纠偏等措施进行纠正，如果纠正无效则重新开孔。

7　闸门井井外垂直孔灌浆

灌前压水试验孔和灌后检查孔采用“自上而下”分段完成，常规孔采用“自下而上”分段卡塞灌浆，并安装射浆管，离孔底不大于50cm。闸门井井身固结灌浆孔共分为10段，自上而下段长分别为第一段2m，第二段5m，第三段5m，之后各段按5m控制，终孔段不大于7m。先进行外圈灌浆，外圈Ⅰ序孔灌浆完成后再进行Ⅱ序孔灌浆。外圈施工完成后再进行内圈Ⅰ、Ⅱ序钻孔灌浆施工。固结灌浆水灰比按设计图纸要求浆液配比由稀至浓分为4个比级，分别为2∶1、1∶1、0.8∶1、0.5∶1。开灌水灰比采用2∶1。固结灌浆压力为1.0MPa。

在设计灌浆压力下，当注入率不大于1L/min，继续灌注30min后结束灌浆。

8 垂直孔封孔

灌浆结束后，采用“全孔灌浆封孔法”封孔，采用水灰比为 0.5：1 的浆液置换孔内积水或稀浆；封孔压力及结束标准与终孔段相同。

采用上述封孔方法，待水泥浆液凝固后。灌浆孔上部空余部分大于等于 1m 时，应采用导管注浆法进行封孔，小于 1m 时进行人工砂浆回填，孔口抹平、光滑并与混凝土表面齐平。

9 单位耗灰量及频率分析

如上库闸门井深层固结Ⅰ、Ⅱ序孔单位注入量分别为 205.31kg/m、132.25kg/m，Ⅱ单位注入量＜Ⅰ单位注入量，Ⅱ序孔较Ⅰ序孔单位注入量递减 35.6%符合一般灌浆规律，见图 4。

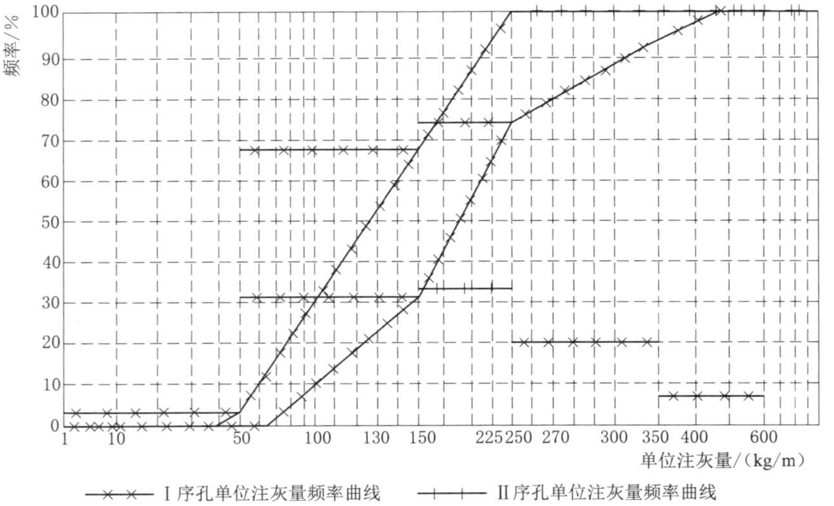

图 4 灌浆单位注灰量频率曲线图

10 透水率及声波检测成果分析

上库闸门井深孔固结检查 4 个孔共 28 段，闸门井最大透水率 0.91Lu，所有段次压水结果均满足设计标准（1.0Lu），从声波检测结果看：1 号事故闸门井灌前平均 4836m/s，灌后平均 4936m/s，平均提高率为 2.73%；2 号事故闸门井灌前平均 4823m/s，灌后平均 5035m/s，平均提高率为 4.40%。灌后平均波速大于 4000m/s 满足合同要求，如下表数据分析。

表 2 竖井固结灌浆前后声波平均速度统计表

部位	孔深/m	孔数	灌前平均 V_p/(m/s)	灌后平均 V_p/(m/s)			提高率/%	合格率/%
				平均	＜4000	≥4000		
					波速分布频数/%			
1 号事故闸门井	33.4	2	4836	4968	2.73	97.27	2.73	97.27
2 号事故闸门井	33.4	2	4823	5035	0.61	99.39	4.40	99.39
设计要求	—	灌浆孔数的 5%	—	≥4000	—	—	5	—

11 质量检查

灌浆结束后，及时整理灌浆资料经监理进行分析并布置检查孔。①质量检查包括压水试验和岩体单孔声波波速检查。②灌浆结束后 3～7d 后采用压水试验的方法进行检查，检查孔选取数量不小于本单元灌浆孔总数的 5%。检查孔采用“单点法”压水，检查结束后进行全孔封闭灌浆，封孔压力为灌浆终孔段设

表 3　　竖井固结灌浆检查孔压水试验成果表

部　位	灌浆孔数	检查孔数	压水段数	透水率/Lu			最大透水率/Lu	合格段数	合格率/%
				≤1	1～3	>3			
				分布段数/频数/%					
进出水口竖井	80	4	28	28/100	—	—	0.81	28	100
DL/T 5148—2012							≤150%设计规定值		≥85
设计要求							≤1		

计灌浆压力。③固结灌浆质量的压水试验检查合格标准为单位透水率小 1.0Lu，压水试验压力为灌浆压力的 80%。其孔段合格率在 85%以上；且不合格点不集中分布，灌浆质量可评为合格。若达不到上述合格标准的，现场进行重新布孔及补灌直至达到设计标准要求。另外，金蓄电站金寨公司还请第三方检测机构长江水利科学院用超声波及压水的检测方法对部分灌浆段的灌浆效果进行了抽检，抽检结果与监理现场布孔检查结果相同满足设计要求值。

12　结语

金蓄电站上库闸门井深孔固结灌浆施工从 2020 年 11 月—2021 年 1 月结束，完成钻孔 2760m，单位注入量 170.59m/kg；累计灌入水泥 455484kg。闸门井灌浆合格率达 99%以上，说明金蓄电站工程应用垂直深孔固结灌浆是成功的，灌浆的结果对整个闸门井安全大幅度提高，目前仙居、洪屏、沂蒙、缙云抽蓄电站成功应用该工艺，为我国水电站建设的技术进步积累了经验，垂直深孔固结灌浆工艺再金寨抽水蓄能电站工程闸门井灌浆，采用了新工艺，经过现场试验是成功的。该工艺操作便捷，可灌性好，减少了安全风险，上下库进出水口闸门井固结灌浆，引用井口四周垂直深孔灌浆试验，改革了常规井身水平固结灌浆工艺，可以在其他工程上持续应用。

参考文献

[1] 简红波. 固结灌浆在黔北地区大坝基础处理中的运用及效果分析 [J]. 红水河，2021，40 (2)：114 - 117.

[2] 王长城. 乌东德水电站右岸地下厂房不良地质段岩锚梁开挖技术 [J]. 四川水利，2021，42 (2)：56 - 59.

[3] 卢立春. 综合钻孔、灌浆方法在趾板帷幕灌浆中的运用 [J]. 四川建材，2021，47 (4)：109 - 110.

[4] 苏建江. 水利工程坝基固结灌浆施工技术质量控制研究 [J]. 珠江水运，2021，6 (5)：67 - 68.

[5] 何江，陈念辉，潘益斌. 锦屏二级水电站引水隧洞围岩固结灌浆设计与实践 [J]. 广西水利水电，2021，7 (1)：56 - 60.

[6] 肖忠礼，龙方，刘权，等. 深圳抽水蓄能电站引水系统灌浆质量控制与分析 [J]. 水力发电，2021，47 (2)：37 - 40.

[7] 马生龙. 高寒地区复杂地质条件下混凝土高拱坝基础固结灌浆技术研究与应用 [J]. 水利科学与寒区工程，2021，4 (1)：79 - 82.

[8] 马志雄. 兰州新区石门沟 2 号水库坝基灌浆生产性试验结果分析 [J]. 甘肃水利水电技术，2021，57 (1)：56 - 59，65.

[9] 代凌云. 碧湖水库工程坝基固结灌浆试验分析 [J]. 黑龙江水利科技，2020，48 (11)：15 - 17.

[10] 代凌云. 碧湖水库工程坝基固结灌浆试验分析 [J]. 黑龙江水利科技，2020，48 (11)：15 - 17.

[11] 刘志鹏. 水利水电工程中坝基固结灌浆试验研究 [J]. 水电站机电技术，2020，43 (11)：169 - 170.

[12] 房晓东. DT 水库项目固结灌浆施工技术分析 [J]. 城市建筑，2020，17 (32)：152 - 154.

[13] 罗畅，冯骏驰，董康乾，等. 三河口水利枢纽坝基固结灌浆试验研究 [J]. 人民黄河，2020，42 (10)：112 - 115，119.

[14] 王鹏. 水利水电工程大坝施工中灌浆技术的应用分析 [J]. 工程技术研究，2020，5 (18)：92 - 93.

敦化抽蓄电站地下厂房岩锚梁开挖爆破试验研究

王平教　乔　平

（中国水利水电建设工程咨询西北有限公司，陕西省西安市　710075）

【摘　要】结合敦化抽水蓄能电站地下厂房围岩节理发育状况与初始地应力场方向，进行了岩锚梁开挖原位模拟试验。通过对不同线装药密度与最小抵抗线试验设计与安全监测，确定了钻爆参数与最大单响药量。试验结果说明当周边光爆孔贯裂方向与最大水平地应力方向平行时，岩石更易开裂；当辅助孔孔深大于周边孔深时，光爆效果更好；在陡倾节理裂隙区应减少炮眼孔距，降低最小抵抗线。声波检测结果表明，拟选的钻爆参数对围岩松弛影响范围较小。

【关键词】光面爆破　线装药密度　最小抵抗线　爆破监测　岩锚梁岩台

1　引言

岩锚梁是岩壁吊车梁的简称，因具有减小厂房开挖跨度与洞挖量、有利于围岩稳定、可提前施工和缩短工期等优点，被广泛应用于抽水蓄能电站的地下厂房之中。岩锚梁的基础岩台开挖常采用光面爆破法，不仅要保证岩台体型满足设计要求，还必须减少开挖爆破振动对岩台围岩产生过度损伤破坏，确保其提供良好的基础受力条件，保证岩台基础在厂房下部开挖过程中完整稳定。而在爆破设计和理论研究中，一般将岩石视为均质体，采用经验与半经验公式进行爆破参数设计，但实际天然岩体并非连续介质的均质地质结构体，而存在着大量的断层、节理裂隙等缺陷，节理裂隙因各自几何形状复杂常无法精准测量，使得岩体具有典型的非连续性和各向异性[1]。天然岩体中节理裂隙的存在从宏观上弱化了岩体结构，严重阻碍了爆炸能量均匀分布，因此在爆破设计和施工中，炮孔布置、炮孔起爆顺序应充分考虑节理裂隙岩体中的结构弱面影响，更加合理地优化爆破设计，才能取得较好的爆破效果[2]。存在由自重应力和构造应力等构成的初始地应力场时，爆破作用力与初始应力场相叠加，对爆破效果具有加强或减弱作用[3]。初始应力场的存在改变了应力波的传播规律，同时对爆破地震波的传播和裂纹发展起着导向作用[4]。初始地应力场的压应力作用不利于爆生裂纹的萌生与扩展，但节理的存在对裂纹的扩展具有明显的导向和促进作用，有利于爆生裂纹沿节理面方向的扩展[5]。地应力越高，崩落爆破的最小抵抗线和炮孔间距减小越多，单位耗药量和循环炮孔数量增加越多[6]。因初始地应力场的存在，随着地下厂房各层、各段的开挖，洞壁顶围岩应力会不断调整释放，爆破振动不得引起围岩产生较大位移变形，否则易引起岩锚梁岩体保护层沿节理裂隙面开裂松动[7]。由于不同围岩工程地质条件的差异多变，爆破参数的合理选择比较困难，很多工程中光面爆破的效果并不理想[8]。鉴于岩锚梁的特殊性和重要性，同时受地质条件等因素影响，必须在具体施工中进行岩台爆破开挖试验研究[9]，以获得合理的开挖爆破参数，确保岩台成型质量，保证岩锚梁施工质量与运行期的安全。

2　工程概况

2.1　工程简介

吉林敦化抽水蓄能电站位于吉林省敦化市额穆镇境内，与黑龙江省海林市交界。枢纽工程主要由上水库、下水库、水道系统、地下厂房系统和地面 GIS 开关站等部分组成。地下厂房安装 4 台单机容量为 350MW 的混流可逆式水轮发电机组，总装机容量为 1400MW。安装两台 275t/50t 单小车桥机吊车，桥机轨顶高程 625.0m，跨度 24.0m，桥机最大轮压 450kN，横向最大水平刹车力 64kN。

地下厂房由主机间、安装场和副厂房组成，轴向 EW275°，总长度 158m，高度 55m，岩锚梁岩台以上跨度 26.5m，以下 25.0m。地下厂房顶拱开挖高程 638.5m，采用锚喷支护型式和岩锚梁结构。岩锚梁分别沿地下厂房上、下游边墙在厂右 0+015.5～厂左 0+122.5 范围内布置，全长 138.0m，梁顶高程 624.7m，底部高程 622.3m，台座顶部宽度 0.75m，高度 2.4m。

2.2 工程地质

地下厂房基岩为华力西晚期中粗粒正长花岗岩，抗压强度 168MPa，抗拉强度 3.75MPa，弹性模量 69GPa。厂房区 EW 向张扭性与 NNE 向压扭性断层较发育，属Ⅲ、Ⅳ级结构面，以 Fcf-1 与 f27 断层为代表。Fcf-1 断层为压扭性，产状 NE5°NW∠15°，宽度 20～50cm，充填断层泥、碎裂岩，在下游的主变室、尾调室上、下游边墙均有出露，分布范围广泛。Fcf-1 断层自厂左安装间顶拱至厂左 0+98.0 切穿上、下游岩锚梁围岩边墙，与断层上、下盘伴生的平行节理裂隙及缓、陡倾角节理裂隙组合，对边墙围岩的完整性造成较大破坏，f27 断层仅在副厂房顶拱与右端墙出露。地下厂房围岩中发育三组节理裂隙，优势节理 NW270°～300°NE∠70°～90°，间距 1～1.5m/条；次之发育 NW270°～300°SW∠70°～80°，间距 2m/条；第三组 NE70°～90°SE∠25°～30°，间距 2m/条。三组节理中陡倾角节理裂隙多与边墙平行，爆破开挖时边墙处围岩发生片帮概率较大，对岩锚梁岩台稳定不利。地下厂房埋深 405m，最大水平主应力方向为 NE70°～80°，与厂房轴向夹角 30°，最大水平主应力 19～24MPa，最小水平主应力 7～11MPa，垂直主应力 10～13MPa，属中等～高地应力区。

3 岩锚梁岩台开挖爆破试验

3.1 试验部位

地下厂房共分Ⅶ层开挖，岩锚梁位于厂房第Ⅱ层。第Ⅱ层开挖高度 9.7m（高程 629.0～619.3m）。根据施工通道按 10%坡度布置情况，爆破试验区按岩锚梁 1：1 模型选择在厂左 0+040.0～厂左 0+058.0 段中部拉槽区，两侧预留岩台保护层厚度各 4m。岩锚梁开挖爆破试验区平面布置见图 1，岩锚梁开挖爆破试验区分块示意图见图 2。

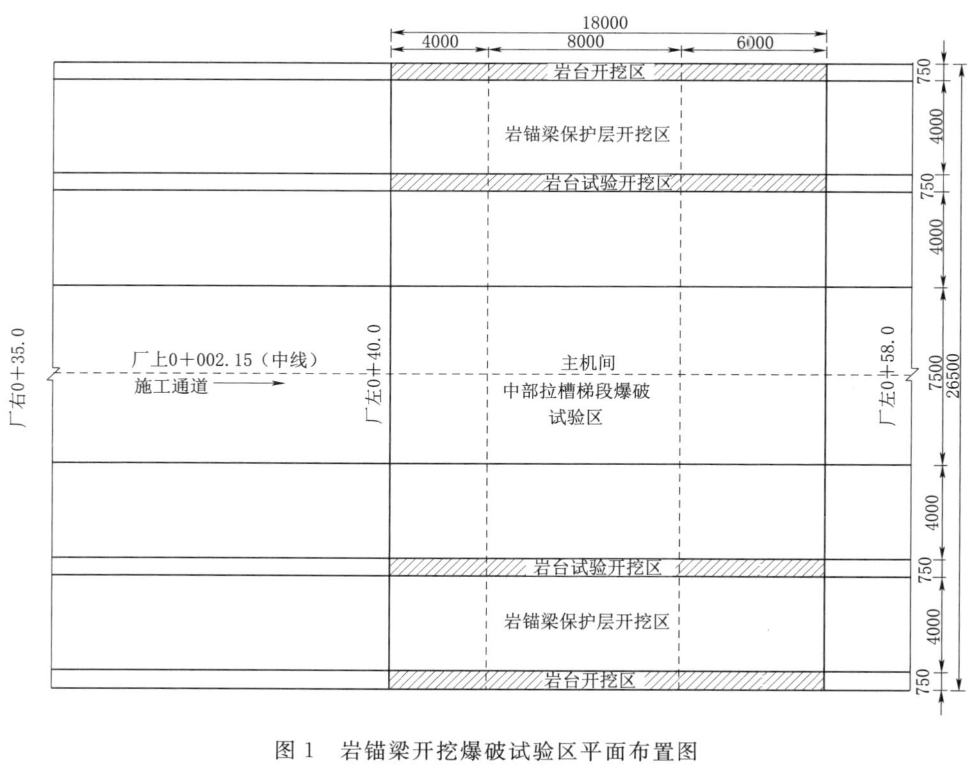

图 1　岩锚梁开挖爆破试验区平面布置图

3.2 施工程序

Ⅱ-①区为宽度 7.5m 的中部拉槽区，高度 9.7m，采用预裂与梯段爆破，预裂孔与主爆孔直径均为

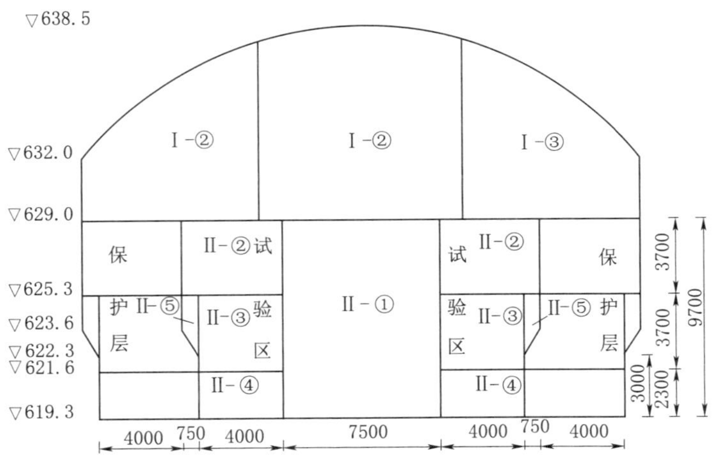

图 2 岩锚梁开挖爆破试验区分块示意图

90mm，孔深均为 10m，爆区长度 18m，预裂孔间距 0.8m，分段装药，主爆孔间排距 2.0m×2.5m，连续装药，单耗 0.45kg/m^3。Ⅱ-②、Ⅱ-③、Ⅱ-④区进行岩台保护层光面爆破开挖试验，Ⅱ-⑤区进行岩台开挖双向光爆试验，采用钻设垂直及斜向孔，选择设计的参数一次光面爆破成型。光面爆破采用孔内不耦合装药，由塑料导爆管串、并联形成爆破网络，非电毫秒延发雷管导爆。

3.3 钻爆参数设计

按岩台爆破试验分区分块位置，结合节理裂隙发育情况与地应力作用方向，依据爆破材料按经验或半经验公式，进行不同的钻爆参数设计，根据爆破效果选择最优爆破设计参数。

（1）炮孔直径（d）。一般情况下，炮孔直径选择按爆破现场条件和钻机确定。中部拉槽区预裂与梯段爆破均采用 CM351 液压钻成孔，孔径 90mm；岩台光面爆破试验采用 YT-28 手风钻钻孔，孔径 d 为 42mm。

（2）最小抵抗线（W）。不同岩石光面爆破效果通常与岩石最小抵抗线（即光面层厚度）大小有关，最小抵抗线因所在岩石的性质和爆破材料以及爆破形式而不同，选择合理的岩石抵抗线，是提高光面爆破效果的最有效途径。本次试验岩台保护层开挖 W 取值 50～80cm，岩台双向光爆开挖 W 为 75cm。

（3）炮孔间距（a）。光面爆破本质是使相邻炮孔之间产生连续贯通裂隙，以形成光滑、平整的破裂面。因此炮孔间距对形成贯通裂隙缝极为重要。本次试验 a 分别取值 35cm、40cm、45cm、50cm 进行了多次爆破试验。

（4）炮孔密集系数（m）。光面爆破炮孔密集系数是指周边孔炮孔间距（a）与最小抵抗线（W）的比值，当 m 为 0.8～1.0 时，爆破后的光面效果较好。硬岩中取小值，软岩中取大值。本次试验中 m 分别取值 0.7、0.8、0.9、1.0 进行了多次爆破。

（5）不耦合系数（D）。不耦合系数为炮孔直径（d）与药包直径（d_0）之比值。药卷在有空隙的炮眼中（不耦合装药）爆炸时，随着不耦合系数的增大，炮孔的压碎区和裂隙区范围及爆破介质应变均呈现减小趋势[10]，一般情况下不耦合系数在 2.0～4.0 范围内。试验区正长花岗岩的抗压强度是抗拉强度的 45 倍，当不耦合系数增大到一定值时，可使作用于孔壁的爆破压应力等于或小于岩石的极限抗压强度，确保孔壁发生破坏的同时使相邻炮孔之间产生连续贯通的拉裂缝[11]。本次岩台双向光爆试验不耦合系数为 3.5。

（6）线装药密度（Q）。光面爆破周边孔的装药量应刚好能克服岩石的抵抗阻力，形成拉伸裂隙，而不造成岩石破坏或粉碎。本次爆破采用 2 号岩石乳化炸药，周边孔取药卷直径的 1、1/2 倍按单卷长度的 1/4、1/6、1/8 在竹片上绑扎固定间隔装药进行试验。各试验段线装药密度见表 1、表 2。

4 试验成果

4.1 岩台保护层开挖试验

岩台保护层开挖试验选择在Ⅱ-②、Ⅱ-③、Ⅱ-④区进行，岩台保护层各区开挖光面爆破参数见表 1。

表 1　　岩台保护层各区开挖光面爆破参数表

试验区	炮孔类型	钻孔参数				装药参数				备注
		孔径/mm	孔深/cm	孔距/cm	排距/cm	药径/mm	线装药密度/(g/m)	单孔装药量/g	堵塞长度/cm	
Ⅱ-②	水平孔	42	400	40	—	ϕ25	220	800	50	水平、底边光爆孔，间隔 60cm 装药
	底边孔	42	400	50	—	ϕ25	220	800	50	
	辅助孔	42	400	100	80	ϕ32	—	2000	100	连续装药
Ⅱ-③	周边孔	42	370	35	—	1/4ϕ25	110	400	40	间隔 30cm 装药
	辅助孔	42	370	120	50	ϕ32	—	2000	60	连续装药
Ⅱ-④	周边孔	42	250	45	—	1/6ϕ25	95	270	40	间隔 25m 装药
	辅助孔	42	300	120	50	ϕ32	70	1400	100	连续装药

Ⅱ-②区沿厂房岩台轴线方向，按开挖规格线采用水平开挖，水平孔及底边孔均为光面爆破，炮眼轴向与缓倾角结构面法向平行，共进行了 2 次长度均为 4m 的试验。试验结果对比说明，在线装药密度不变条件下，若将光爆孔间距由 50cm 调整为 40cm，辅助孔间排距各减小 20cm 时，光爆面不平整度更小。

在Ⅱ-③、Ⅱ-④区保护层开挖试验时，周边孔均采用竖向光爆孔＋辅助孔结构，炮眼轴向与缓倾角节理面法向垂直，周边孔采用搭设钢管样架施钻。爆后检查周边孔采用竖向布置时较水平向布置光爆效果好，炮孔痕迹均匀分布，半孔率不小于 96%，不平整度不大于 10cm。试验结果表明周边孔贯裂方向若与最大水平地应力方向平行，则岩石更易开裂，断面更光滑；在边墙陡倾角节理裂隙发育、光爆孔平行陡节理面时，应减少炮孔孔距，降低最小抵抗线，可减小爆后岩石的拉裂或片帮情况发生；在岩石完整区，当辅助孔孔深大于周边光爆孔深时，光爆面更平顺。

4.2　岩台开挖双向光面爆破试验

Ⅱ-⑤区岩台开挖爆破试验在保护层爆破设计的孔间距参数基础上，通过设计 3 种不同线密度爆破参数进行试验。光爆孔采取均匀微量装药结构，竖向孔与斜向孔放样后搭设钢管样架施钻，竖向孔外偏角 3°，超深 3cm，斜向孔不超深。岩台开挖双向光面爆破参数见表 2。

表 2　　岩台开挖双向光面爆破参数表

试验区	炮孔类型	钻孔参数				装药参数				备注
		孔径/mm	孔深/cm	孔距/cm	孔数/个	药径/mm	线装药密度/(g/m)	单孔装药量/g	堵塞长度/cm	
1	竖向孔	42	170	35	13	1/8ϕ25	70	125	46	间隔 28cm 装药
	斜向孔	42	150	35	13	1/8ϕ25	50	75	42	间隔 42.5cm 装药
2	竖向孔	42	170	35	14	1/8ϕ25	80	137.5	38	间隔 24cm 装药
	斜向孔	42	150	35	14	1/8ϕ25	60	87.5	36	间隔 34cm 装药
3	竖向孔	42	170	35	15	1/8ϕ25	90	150	42	间隔 20cm 装药
	斜向孔	42	150	35	15	1/8ϕ25	70	100	36	间隔 28cm 装药

第 1 段线装药密度过小，原生节理裂隙张开不明显，但岩面炮孔间存在大量齿台；第 3 段线装药密度过大，爆后原生节理裂隙张开达 3mm 以上，原生节理面对冲击波导向作用明显，斜向孔局部存在爆破裂纹；第 2 段爆破试验原生节理裂隙面微弱张开，不平整度≤10cm，竖向面半孔率≥98%，斜面半孔率≥95%，光爆孔周边裂纹不明显，最终选择第 2 段爆破参数进行岩台开挖施工。在节理密集发育区，线装药密度均减少 20g/m。

4.3　爆破振动监测

为取得最大单响药量及其爆破冲击波在正长花岗岩内的振动传播与衰减规律，采用 Miniseis24 多道信号地震仪，进行了 4 次爆破振动安全监测。在岩台保护层开挖试验时，当最大单响药量为 17.8kg、

28.0kg 时，质点最大振动速度分别为 4.75cm/s、12.32cm/s；在岩台双向光面爆破开挖时，当最大单响药量为 8.8kg、8.4kg 时，最大振动速度分别为 2.38cm/s、2.04cm/s。拟合出萨氏爆破振动经验公式 k、a 值分别为 101.8、1.42，相关系数 $\gamma=0.86$，为岩台开挖提供了控制爆破设计依据。

设计技术要求在岩台开挖时，允许的爆破质点最大振动速度为 7.0cm/s，最终确定岩台开挖的爆破设计最大单响药量不超过 18kg。

4.4 松弛深度检测

在岩台开挖双向光面爆破试验时，按三角形布置了 3 个各 3m 深声波孔，采用 RS－ST01C 智能声波仪进行了声波测试。检测结果表明，在发育缓、陡倾角裂隙集中发育区，围岩松弛达 20cm，在缓倾角裂隙发育区，松弛深度 10cm，在无裂隙的岩体完整区，岩体松弛仅 6cm，说明爆破效果受光爆孔连线与裂隙夹角大小与方向影响明显，取得的爆破试验参数符合现场实际地质状况。试验段围岩松弛平均深度 12cm，满足设计围岩松弛深度不大于 40cm 的要求。

5 结语

敦化抽水蓄能电站地下厂房上、下游岩锚梁受断层与多组不利节理裂隙组合影响，围岩岩体结构各向异性明显，局部岩体完整稳定性较差。岩锚梁开挖爆破设计时除应考虑岩石的组成、构造、物理力学指标外，还应考虑岩体结构与地应力作用方向等对爆破冲击波的影响。通过现场多次模拟开挖爆破试验比较与爆破安全振动监测，确定了合理的钻爆参数与最大单响药量。试验结果说明当周边孔贯裂方向与最大水平地应力方向平行时，岩石更容易开裂；在边墙陡倾角节理裂隙发育区、光爆孔平行陡倾角节理面时，应减少炮孔孔距，降低最小抵抗线，可减少岩石拉裂与片帮现象发生；在完整岩石区，若辅助孔孔深大于周边光爆孔深，光爆效果更明显。岩体松弛深度经声波检测满足设计与相关规范的要求，采用经现场原位模拟爆破试验取得的钻爆参数，能够保证岩锚梁开挖施工质量与运行期的安全。

参考文献

［1］ 刘迪，徐全军，温尊礼，等. 岩体的节理裂隙对爆破块度分布的影响分析［J］. 西部探矿工程，2016（3）：188－191.

［2］ 李建军，段祝平. 节理裂隙岩体爆破试验研究［J］. 爆破，2005，22（3）：12－16.

［3］ 杨栋，李海波，夏祥，等. 高地应力条件下爆破开挖诱发围岩损伤的特性研究［J］. 岩土力学，2014，35（4）：1110－1117.

［4］ 肖正学，张志呈，李端明. 初始应力场对爆破效果的影响［J］. 煤炭学报，1996，21（5）：497－501.

［5］ 魏晨慧，朱万成，白羽，等. 不同节理角度和地应力条件下岩石双孔爆破的数值模拟［J］. 力学学报，2016，48（4）：926－935.

［6］ 戴俊，钱七虎. 高地应力条件下的巷道崩落爆破参数［J］. 爆炸与冲击，2007，27（3）：272－277.

［7］ 方丹，万祥兵，陈建林，等. 锦屏二级水电站地下厂房岩锚梁设计与施工［J］. 水利水电技术，2013，44（12）：68－71.

［8］ 吴兰冬，陈灿寿，柏春伟，等. 深埋硬岩中光面爆破设计优化及经验公式［J］. 爆破，2016，33（2）：62－66.

［9］ DL/T 5198—2013 水电水利工程岩壁梁施工规程［S］.

［10］ 黄佑鹏，王志亮，毕程程. 岩石爆破损伤范围及损伤分布特征模拟分析［J］. 水利水运工程学报，2018（5）：95－102.

［11］ 李新平，徐剑，张成良，等. 溪洛渡电站地下厂房岩台开挖爆破试验研究［J］. 爆破，2008，25（2）：30－33.

运 行 与 维 护

提升大坝安全管理的基于北斗和机器视觉的智能监测技术

田　伟

（华东天荒坪抽水蓄能有限责任公司，浙江省湖州市　313302）

【摘　要】抽蓄电站由于水工管理人员少，大坝安全管理力量薄弱。天荒坪公司水工班结合北斗监测技术，实时观测水工建筑物的变形情况，研发基于机器视觉学习的巡检机器人在廊道和洞室内定时智能巡检，统计和跟踪裂缝发展，解决了大坝 24×7 全天候不受外部环境影响的有效监测；创造性的研发无 GPS 定位的基于智能飞行的无人机全息感知视觉技术对长斜井高压水道进行检查，解决了抽蓄行业内高压输水道不能有效检查的难题，有效提升了大坝的安全管理水平。

【关键词】北斗　巡检机器人　无人机　监测　大坝安全

1　实施背景

天荒坪抽水蓄能电站位于浙江省安吉县境内，距杭州 57km，距上海 175km，距南京 180km。电站安装 6 台 300MW 可逆式抽水发电机组，总装机容量 1800MW，为日调节纯抽水蓄能电站。电站枢纽主要水工建筑物由上水库、输水系统、地下厂房、地面开关站和下水库组成，输水系统连接上、下水库，采用“一洞三机”布置，平均长 1415.5m。电站主体工程于 1994 年 3 月正式施工，2000 年 12 月电站 6 台机组全面投产。

天荒坪电站运行 20 多年，埋设于大坝内部的变形监测仪器都已坏死，大坝变形观测主要采用三角测量、水准测量法、现场巡检等人工观测的方式。但上述方法存在人力成本高、观测时段受气象条件限制、观测时间长、无法全自动化观测等弊端，在台风、暴雨、大雾等恶劣天气时更是难以开展相关工作，而部分水工建筑物内部观测和巡检区域（尤其是洞室廊道）需要人工进行长时间渗水、裂缝等监测工作，费时费力且对监测巡检人员要求较高，对水工监测工作的开展在一定程度上进行了制约，从技术手段上无法满足水库安全应急管理和监督管理的新要求。天荒坪电站高压输水道斜井由于长度长（697.37m）、角度大（倾角 58°），运行 20 多年来，斜井检查尝试过采用无水的台车和蜘蛛人检查，有水的水下机器人检查等，但这些检查手段普遍安全风险高，受现场条件制约因素较多，且检查效果不明显，加上国内外对于抽水蓄能电站百米级引水隧洞检测研究仍然不够深入，没有能满足引水隧洞检测应用的成熟解决方案，也没有满足大型水电站引水隧洞检测需求的检测技术与装备，没有行之有效的成功案例。

2　主要做法和实施效果

2.1　采用北斗变形监测技术对大坝及边坡变形进行精准实时监测

天荒坪电站大坝由于运行 20 多年，埋设于大坝内部的变形监测仪器都已坏死，人工测量人力成本高、观测时段受气象条件限制、观测时间长、无法全自动化观测等，针对以上情况，天荒坪电站经过一系列的调查研究及可行性分析，决定结合北斗监测技术，研发出一套基于北斗适用于变形监测的系统，可以全天候、定时、高精度的获取大坝变形数据。北斗变形监测技术主要基于北斗高精度定位技术，依托遍布全国地基增强基站（2000 多个站点），在所需监测部位安装北斗监测终端一体化设备（见图 1），设备包含北斗高精度卫星接收机、定位天线和数据传输终端等，通过终端设备上的卫星接收机和定位天线，实现与北斗卫星和地基增强网基站的光电信号传递，根据光电测距技术确定终端的具体位置，将获取的位置信息传输至后台，运用高精定位差分算法进行后期解算，最终将通过解算后数据回传给用户，从而实现高精度水平位移和沉降量实时监测。

该北斗变形监测技术的创新点主要有以下几点：

(1) 首次将北斗监测技术运用到水电站大坝变形监测中。

(2) 北斗高精度变形监测技术实现了水电站大坝变形全自动化、实时监测，不受外部环境影响，有利于应急响应和决策。

(3) 根据水电站变形监测数据序列的结构和规律，建立动态分析和数学模型、统计模型或者混合模型等预测模型，对北斗及智能机器人收集到的数据进行提取和解算，推断变形体变化趋势，精度可达毫米级别，为大坝安全监控和预警提供依据。

该套监测系统已成功在天荒坪电站上下库大坝及3.29滑坡体等部位进行了试点应用并荣登中央电视台北斗纪录片（见图2），现场应用采集到的数据水平平均误差值为1.79mm，高程误差为0.91mm（见表1），均满足土石坝和边坡位移监测精度要求（水平位移精度为2.0mm，垂直位移精度为3.0mm）。

图1 北斗监测终端设备

图2 天荒坪北斗应用荣登中央电视台

表1 北斗测值精度分析表

序号	时 间 （月-日 时：分）	方向	坐标	实际移动/mm	北斗测值/mm	差值/mm	统计（RMS）
1	05-18 14：30	水平	X	5.0	4.55	−0.45	水平 rms=1.79mm 高程 rms=0.91mm
			Y	5.0	3.71	−1.29	
		高程	Z	5.0	4.81	−0.19	
2	05-26 15：32	水平	X	5.0	6.91	1.91	
			Y	−10.0	−10.56	−0.56	
		高程	Z	−5.0	−3.65	1.35	
3	06-01 09：00	水平	X	−3.0	−1.82	1.18	
			Y	3.0	2.93	−0.07	
		高程	Z	10.0	8.69	−1.31	
4	06-08 14：55	水平	X	−3.0	−1.92	1.08	
			Y	−3.0	−1.47	1.53	
		高程	Z	−5.0	−4.23	0.77	
5	06-17 14：10	水平	X	−2.0	0.24	2.24	
			Y	−3.0	−3.49	−0.49	
		高程	Z	−3.0	−2.91	0.09	

2.2 采用基于机器视觉深度学习的智能巡检机器人对大坝廊道及洞室等进行巡视检查

为加强大坝廊道及地下洞室的管理，减少人工巡检的成本，加强对廊道裂缝等缺陷的实时跟踪管理，天荒坪公司研发出一套适用于大坝廊道及地下洞室检查的基于机器视觉深度学习的智能巡检机器软硬件。该智能巡检装置主要利用巡检机器人的图像识别系统智能识别天荒坪抽水蓄能电站大坝廊道内的缺陷，对裂缝等缺陷进行对比分析，并基于现场采集到的图像和相关数据进行自助学习，对异常情况进行识别、判断，并精准利用计算机对图像进行处理、分析和理解，以识别各种不同模式的目标和对象，对前端获取的图像按照特定目的进行相应的处理，最终得到所需的数据，实现了巡检装置能够在廊道内自主行走，对裂缝自动采集、分析、判断，实现裂缝数据在线化，将裂缝的发展趋势直观地呈现在监控平台上（图3），同时平台还可供工作人员远程控制机器人查看疑似区域，包括重点位置人工重点确认。

该智能巡检装置的创新点主要为：

（1）开发无轨化导航的轮式巡检装置并部署实施，采用轮式自动巡检装置代替人工进行定时巡检观测和判断分析。

（2）建立可视化监测及数据分析平台，并形成有效的监测数据模型，自动巡检装置与监测平台实现双向交互通信。

（3）建立一套基于智能巡检装置的监控与分析评估方法，并在天荒坪电站成功应用相关内容。

该套巡检装置已成功在天荒坪电站上库库底廊道内应用（图4），参与廊道的巡检和缺陷跟踪、分析，将烦琐、重复性的巡检工作由机器装置代替人工完成，减少人力成本，能有效地对廊道内的裂缝等缺陷进行跟踪、分析，判断及发展趋势，能进行实时、有效的细部监测，对异常变化进行有效的识别并及时报警提醒。

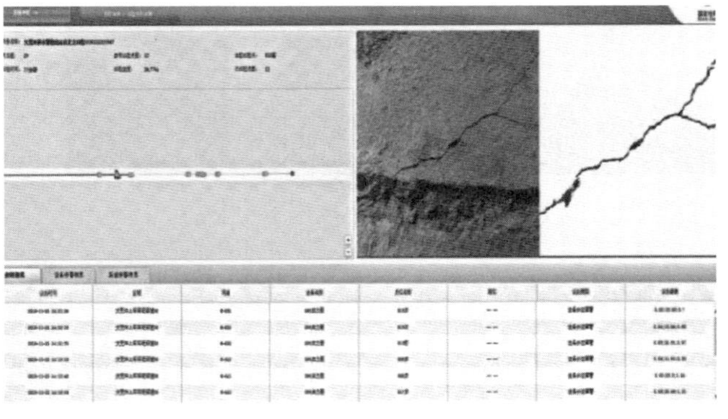

图3 监控平台上展示裂缝数据和趋势

图4 廊道内的巡检装置

2.3 采用无GPS定位的基于智能飞行的无人机全息感知技术对高压输水道进行检查

为保证超长输水管检测的人员及管道安全，天荒坪公司经过长期市场调研、比较，决定创新研发一种输水道智能检测无人机对输水道斜井进行检测，该无人机为半开源型无人机，通过在其上搭载各类设备，进行隧道环境的数据采集，经过控制器对激光雷达反馈数据和惯导单元预设轨道数据进行融合计算，实行在输水管内的定位和自主飞行；利用机身上携带的高度计、雷达和摄像设备，采集管道内部结构及图像数据，可安全快速地对输水管进行检测。无人机携带激光雷达、惯性导航器件（IMU）和下视视觉传感器，融合激光雷达、惯性导航、视觉三种方法综合实现无人机在管道内部的定位与避障问题。为保障安全，在无人机上安装有防撞杆，并在下平段设置有拦截网，以应对突发情况。由于输水道内无法接收GPS及移动信号，通过运用2.4G无线数据传输技术，实现对无人机的实时控制及视频数据的实时回传。

该无人机的研发和应用主要实现的创新点有：

（1）首次提出了基于无人机自主飞行的全息感知方法。

（2）开发了多层无线传感器异构自组织网络架构，成为信息感知和传递的双平台，既能够安装多种传感器主动感知，亦可收集飞行沿途的无线智能监测节点数据。

(3) 突破无人机在复杂环境（包括无 GPS、地磁环境下）下的智能感知和定位技术，为系统的全息感知提供稳定可靠的移动物联平台。

(4) 开发复杂环境下自主飞控技术：通过自动飞行巡检，返航自动起降，电子避障防撞，支持远程通信控制研究，不但实现了室外的自主巡航，同时也首次实现了无人机在无 GPS 和地磁的室内和地下环境的自主飞行。

(5) 场景的三维重构和全息感知：运用智能视觉识别和拼接技术实现检测区域的全景重构并以 VR 视觉展示。

通过大量的飞控策略优化、现场试验及数据分析，2019 年 4 月，在天荒坪电站两条输水道内实现了无人机自动化飞行，并完成 2 条输水道 360°全景视频数据采集，飞行作业无人机在飞行过程中安全稳定，未与洞壁发生任何擦碰，且整个检查过程耗时少，每条输水道仅用了不到 1h，且能清晰有效的发现并定位水道内的存在的渗水、裂缝、掉块等缺陷（图 5、图 6）。

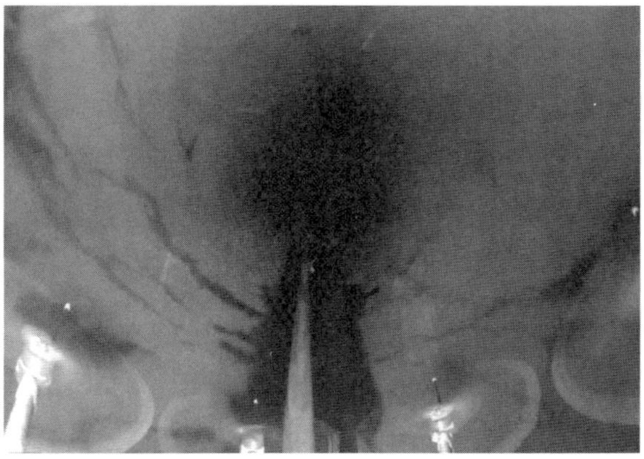

图 5　管壁部分裂缝

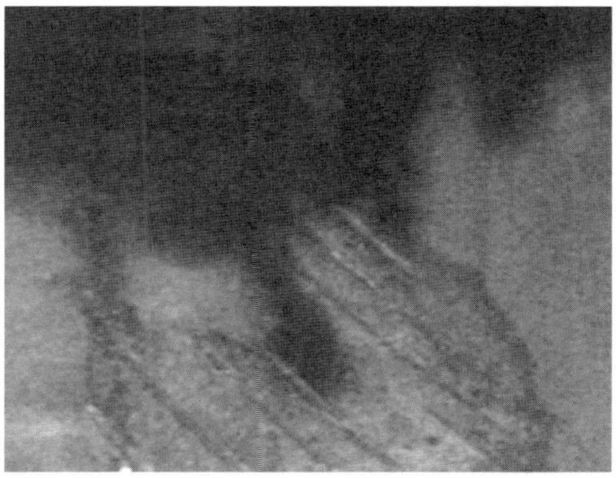

图 6　管壁部分露筋

3　结语

本文中的 3 项内容获得了 3 项国家专利，都已成功在天荒坪电站应用，且目前市场上无类似的产品，技术具有独创性。通过监测大数据的积累，后续可进一步建立行业领先的监测业务数据模型，为电厂可靠性诊断提供科学的数据支撑，通过完善的监测、分析、预判系统，合理有效的辅助水库管理者对水工建筑物缺陷做出正确的判断，对杜绝安全隐患、提高水库效益有重要的意义。北斗变形监测技术和自动巡检技术不仅可用于水库水工建筑物的监测上，还可用于其余大型建筑设备上，如大型桥梁的监测、大型建筑施工及运行期变形监测等，具有广阔的运用前景；无 GPS 定位的基于智能飞行的无人机全息感知技术已实际完成了国内首例水电站地下输水道长斜井的检查，感知检测效果良好，与此类似的室内外和地下环境下的检测和感知，包括地下空间探知抢险等，本技术均适用，市场前景广，推广价值大。

参考文献

[1] 杨诗寓. 基于深度学习的多源遥感影像目标检测技术的研究 [D]. 哈尔滨：哈尔滨工业大学，2018.

[2] 张玉雪，唐振民，钱彬. 融入视觉注意机制的路面裂缝检测与识别 [J]. 计算机工程，2018，44 (4)：287 - 293.

[3] 贾迪，宋伟东，戴激光. 面向线阵列 CCD 道路影响的裂缝识别 [J]. 中国图像图形学报，2016，21 (12)：1623 - 1633.

[4] 孙朝云，赵海伟，李伟. 基于双相扫描检测的路面三维裂缝识别算法 [J]. 中国公路学报，2015 (2)：26 - 32.

[5] 李秀洋. 基于特征点提取与点集匹配的图像匹配算法研究 [D]. 西安：西安电子科技大学，2018.

[6] 卢晓霞. 基于图像处理的混凝土裂缝宽度检测技术的研究 [D]. 成都：成都电子科技大学，2010.

非接触式灌浆智能监测技术在抽水蓄能电站工程中的应用研究

鲁恩龙[1] 叶红星[2] 王小宇[2]
(1. 黑龙江牡丹江抽水蓄能有限公司，黑龙江省牡丹江市 157000；
2. 北京大云物移智能科技有限公司，北京市 100144)

【摘 要】 灌浆工程质量直接影响电站安全。当前灌浆施工作业过程中主要依靠人工取样和传统在线灌浆监管设备实现对灌浆施工作业监控，存在监测数据精准度较差、外部环境干预较大、数据不共享、监管难度较大等诸多管理难题。本文通过研究基于伽马射线技术的非接触式灌浆智能监测技术应用，实现对灌浆施工过程质量进行监测，为灌浆施工质量监测提出了一套全新技术手段和应用实施方法，为灌浆施工质量提供实时监控和连续保障，在荒沟抽水蓄能电站工程应用实践中取得了较好的应用效果，为抽水蓄能建设工程必不可少的灌浆施工质量监测提供了一项有意义的技术实践和创新。

【关键词】 伽马射线技术 非接触式 灌浆记录仪 数字化灌浆 灌浆智能监测系统

1 引言

抽水蓄能电站上下水库大坝、地下洞室群工程建设过程中，通过水泥灌浆进行基础加固和防渗处理是提高坝基地质体密实性和减小渗漏量得一项十分重要且有效的工程措施。其灌浆质量稳事关工程全生命期运行安全，然而由于工程地质条件的复杂性和浆液扩散的不确定性，如何有效监控灌浆施工质量是工程建设质量控制的研究热点与难点。当前，灌浆施工作业过程主要依靠人工取样和传统灌浆记录仪设备实现对灌浆施工作业监控，虽实现对现场灌浆施工相关数据采集记录，但存在监测数据精准度较差、数据共享难、安装移动不便、外部环境干预影响较大等诸多管理难题。为此需要研究一套新的灌浆施工质量监测技术实现对现场灌浆施工过程质量监控，解决传统灌浆施工过程中质量控制管理难题。

2 抽水蓄能电站灌浆施工特性与管理难点

2.1 灌浆施工数据采集质量难以保障

现有灌浆施工过程大多采用质量密度桶等接触式检测技术对灌浆质量进行在线监测如图 1 所示，但由于水泥浆液具有一定的附着性，质量密度桶测量膜片极易被附着及磨损，极大地影响了灌浆质量密度测量结果。同时，传统数字灌浆技术数据多为在线采集记录，灌浆数据传输及记录的成果易受干扰，灌浆数据的时效性难以保证。

2.2 隐蔽工程施工监管难度较大

灌浆作业属于隐蔽工程，一直都是水电工程施工质量管理的核心与焦点。水泥灌浆常作为水利水电工程改善不良地基和大坝防渗处理的重要手段。但由于是隐蔽施工，施工对象的特征的不确定，灌浆技术在很大程度上操作人员的主动性及施工的复杂工艺影响，施工过程难以直观的表现，易出现违规的操作，影响灌浆工程的质量。当前，工程灌浆施工管理通常依赖于作业队伍专业素养与责任，作业质量及工程监管难度较大，效率低，响应慢，难以对工程建设过程各环节进行实时、客观、全面管控，无法满足精细化施工控制要求。

2.3 灌浆施工智能化手段缺乏，无法远程监控

目前，灌浆施工作业过程中虽采用了灌浆记录仪等监测技术手段进行管理，但多数情况下，业主及

图 1 现场灌浆记录仪系统

监理工程师还无法实时掌握和控制所有作业点的质量与进度。为提升施工管理，保证工程质量及提高工作效率，就迫切要求提高灌浆施工的自动化与智能化，实现灌浆作业的远程监控。

2.4 灌浆施工作业移动频繁，文明施工较差

文明施工是工程建设的主要内容，灌浆施工现场环境较为复杂，尤其是在洞室廊道内，施工空间狭窄，限制条件较多。传统灌浆记录仪设备常分散安装在作业地点，现场设备乱停乱放、管线布置凌乱、人员穿越行走不便等问题较为突出，不仅影响空间占用较大影响现场文明施工，同时，灌浆施工作业移动频繁，设备拆换移动搬运十分不便困难，往往给施工带来不便。

3 非接触式灌浆智能监测技术

针对抽水蓄能电站上述灌浆施工特性与管理难点，本文研发出非接触式灌浆智能监测技术，该技术主要由应用层、平台层、网络层和感知层组成，其主要系统架构图如图 2 所示。系统实现了对灌浆施工整体情况综合展示，为工程建管人员提供灌浆施工在线监管功能，包括灌浆施工进度完成、施工作业分布、灌浆质量数据及预警等信息，将现场灌浆施工过程质量数据统一在系统展示，全面展示灌浆施工情况，有效解决灌浆施工监管难题，为灌浆施工质量控制提供监管手段。

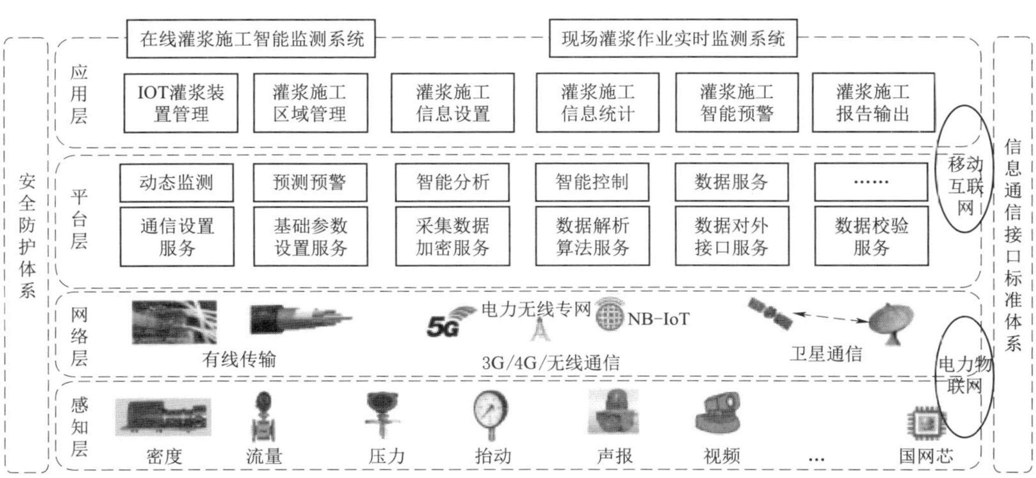

图 2 灌浆施工智能监测系统架构图

本文研发的灌浆施工智能监测系统包括：集成一体化设计、无网络数据共享和非接触式检测技术。

3.1 集成一体化设计

抽水蓄能电站现场环境条件复杂，且灌浆施工现场作业面较大、设备频繁移动，传统灌浆记录仪设备在现场灌浆施工监测过程中其设备分散布置安装在作业面内，设备较为凌乱，文明施工较差。采用非接触式智能灌浆监测技术不仅解决灌浆质量数据采集精准、数据质量可靠性难题，其装置一体化设计更

充分考虑现场灌浆施工环境复杂性，作业移动性、安装、维护便捷性等需求，基于工业化模块设计思想，构建“可移动、模块化、一体化、可维护”新型灌浆监测一体化装置，其安装使用打破传统零散式安装方法，将灌浆施工质量监测涉及的流量、压力、密度检测设备集成在一个可移动式装置内，装置两端法兰接头可与现场注浆软管衔接，更加方便现场安装实施。非接触式灌浆监测技术相比传统接触式检测具有测量精度高、易维护、安装便捷、外部环境干预性较小等特点，更适合现场复杂的工况环境，拥有较好的延展性，更加适合未来发展需要。

3.2 无网络数据共享

传统数字化灌浆监测信息系统是利用现代化通信技术（自组网、WIFI、4G等网络通信）实现异地间的监测与诊断行为，但灌浆施工现场常常面临无正常络通信条件或组网通信代价较大情况，其数据共享、集中监管难题依然存在。如图3所示，非接触式灌浆施工智能监测系统不仅实现对有网络环境下数据实时采集、传输，现场非接触式灌浆记录采集装置具有独立数据处理单元和数据防护、认证机制，对现场灌浆过程原始数据记录。在无网络环境下，可通过现场灌浆管理移动终端对现场非接触式灌浆记录采集装置进行认证，对灌浆过程记录进行离线采集，在具备网络环境地方移动终端将采集的离线数据自动传输至线上平台，实现了无网络环境下数据采集共享，实现灌浆施工统一监管，解决现场无网络环境下数据采集、共享难题，打破“信息孤岛”堡垒。

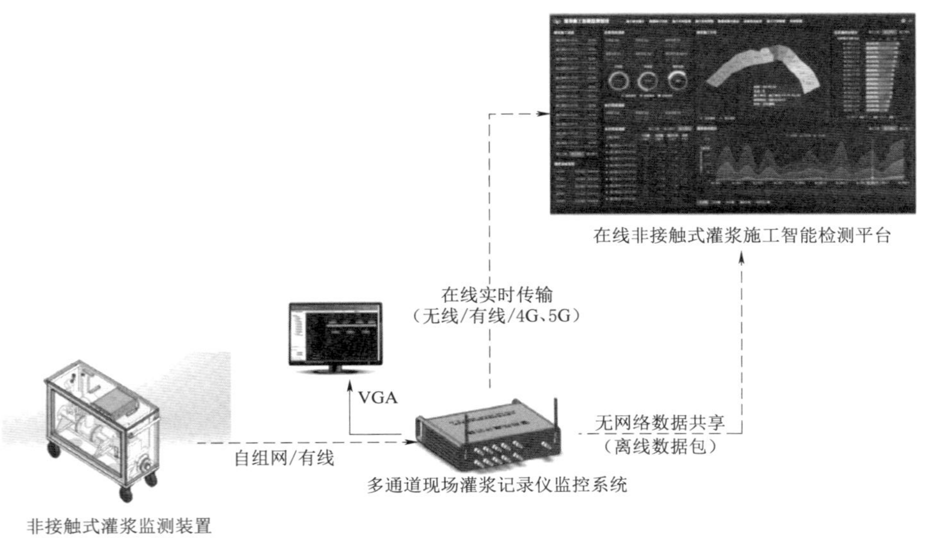

图3 非接触式灌浆数据采集共享机制

3.3 非接触式灌浆智能检测技术

3.3.1 非接触式智能灌浆检测技术结构设计

非接触式智能灌浆智能检测结构设计以“移动便携、精准采集、智能管控”为理念，在设计上充分考虑现场设备安装、移动搬运、设备维护等因素，采用模块化组装、集成一体的应用方法，现场应用实施便携，结构设计见图4。

该智能检测设备一般以外夹方法安装在所需测量介质媒介上：

（1）可根据现场灌浆管路大小情况，提前预置一个可拆卸的管路（一般与现场注浆管路尺寸一致）。

（2）预支管路两端设计为转换螺母接头，可直接用于和现场灌浆软管的连接。

（3）将非接触式检测设备外夹至预置管路上，并安装相关接收采集器。

（4）管路两端与现场灌浆软管螺头直接相连。

3.3.2 非接触式灌浆智能检测技术基本原理

图5中最核心的技术为非接触式检测设备，该设备采用γ射线进行检测，γ射线法被普遍认为是最精确的无损检测方法，在仪器的感受元件不与被测物体表面接触的情况下，即可获取被测物体的各种外表

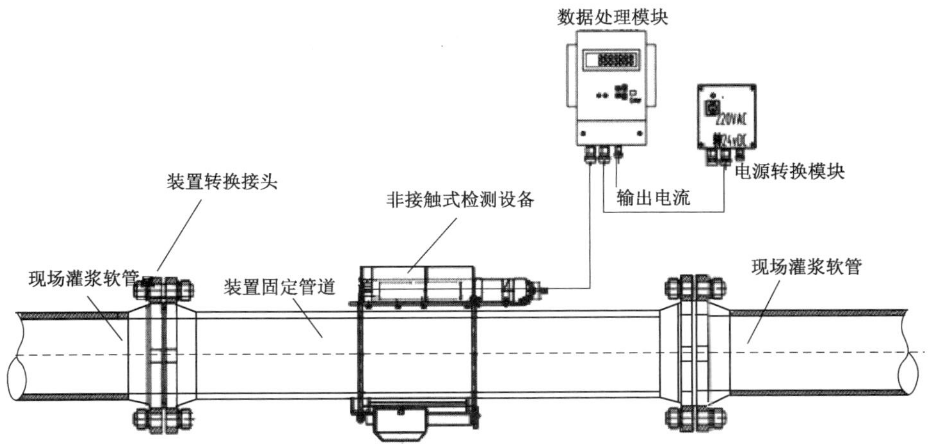

图 4 非接触式灌浆检测技术结构设计

或内在的数据特征，实现对象非接触检测。

γ射线法的检测原理建立在伽马射线与物质发生相互作用过程中，利用康普顿-吴有训散射效应，根据γ射线穿透物质能力与物质密度成反比原理而得出测量物质密度。进而检测灌浆浆液。

该检测技术是通过在管道一侧安装γ射线源，另一侧装γ射线接收装置，γ射线穿过被测管内液体或物质后部分被吸收，剩余部分射线被接收端器所接收，从而根据接收到的γ射线的衰减程度，计算出电离辐射通量的变化情况，测量计算得到被测介质的密度。

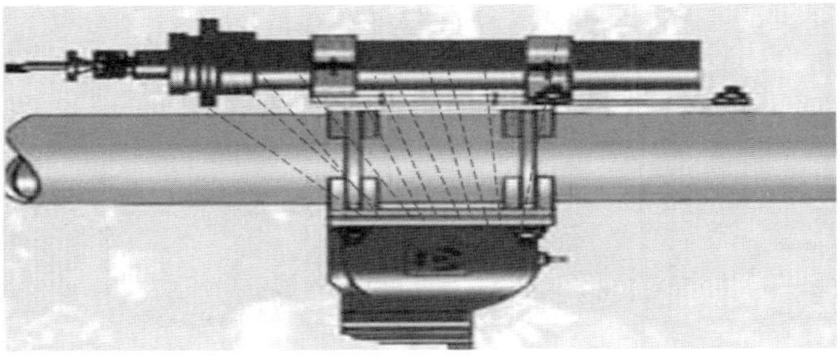

图 5 非接触式γ射线检测技术原理

(1) 放射源发出γ射线。

(2) 射线穿透仓壁和被测介质。

(3) 随着介质液面变化接收器处的γ射线强度会相应变化。

(4) 接收器将辐射转换为电信号输出。

3.3.3 非接触式伽马射线检测泥浆密度数据方法模型

放射源在衰变过程中稳定地放出一定强度的γ射线，射线穿过管道或容器中的被测介质，并被被测介质吸收后衰减，介质密度越大衰减越大。

管道被测介质密度计算公式：

$$\rho=\mathrm{STD}+\frac{1}{D\mu}\ln\frac{C_{n0}}{C_{nt}}$$

式中 C_{n0}——未穿过待测样品时的计数率；

C_{nt}——穿过待测样品后的计数率；

D——射线穿过待测样品的管径；

μ——介质质量吸收系数；

ρ——被测介质密度；

STD——标准物质密度。

本项目采用γ射线技术装置其放射源活度小于10^6 Bq，低于标准要求的豁免活度水平，符合《电离辐射防护与辐射源安全基本标准》规定，具有国家环保部门的全国豁免使用证明，可直接使用且对人体没有直接伤害。γ射线检测技术应用不仅实现了对现场灌浆质量数据快速、准确、稳定的检测，同时其检测结果不受外部环境干预影响，相比传统接触式检测技术其数据质量更高效、更精准，满足现场灌浆施工质量检测需求。

4 非接触式灌浆监测技术在荒沟电站应用

黑龙江荒沟抽水蓄能电站上库库岸、主坝、副坝等均设计有帷幕灌浆，同时洞室内也设计有固结灌浆和回填灌浆，整个工程灌浆量较大。其施工质量直接关系到电站安全和后期能否正常运行，质量管控难度较大。2019—2020年，现场分别在大坝段帷幕灌浆、进出水口段固结灌浆和回填灌浆施工部位采用了非接触式灌浆监测技术对现场灌浆质量进行监测，如图6所示。

图6 现场帷幕、固结、回填灌浆应用

图7为现场应用，通过非接触式灌浆监测技术实现灌浆施工实时监测，对影响施工质量的各种关键控制参数进行跟踪分析与预警，及时预警施工人员及管理人员采取工程措施确保施工质量，使得工程建设管理人员能全过程、实时、有效控制工程施工质量。现场非接触式灌浆记录仪系统和在线灌浆施工智能监测系统见图7。根据现场应用情况证实了非接触式灌浆监测技术在满足现场灌浆记录仪灌浆数据监测管理要求基础上，相比传统灌浆施工过程质量监测数据更精准、更高效，现场应用取得了良好效果，非接触式监测技术应用对现场灌浆施工质量过程控制起到重要作用。

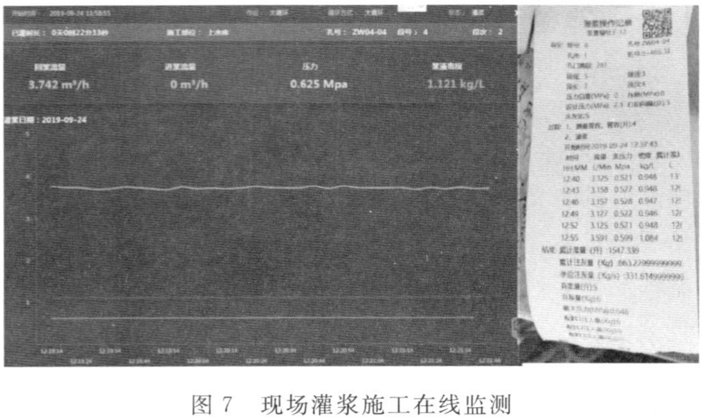

图7 现场灌浆施工在线监测

现场采用非接触式灌浆检测的水泥浆液密度数据与采用传统接触式密度检测数据对比如表 1 所示。从表中可以明显看出，与传统接触式检测相比，采用本文提出的非接触式伽马射线检测结果与试验比重测量标准值误差较小，常用水灰比下的差值均值仅为 0.00375，而传统接舯式检测结果差俥较大，其均值为 0.024，误差较大。也充分说明了本文提出的非接触式灌浆检测技术对现场灌浆质量数据采集更为精准，更加精准测量反应现场施工注浆质量情况。

表 1　　密度检测数据对比表

序号	常用水灰比	标准值	非接触式技术监测结果		传统接触式监测结果	
			测量值	差值	测量值	差值
1	5∶1	1.100	1.103	0.003	1.076	0.024
2	3∶1	1.180	1.178	0.002	1.159	0.021
3	4∶1	1.250	1.245	0.005	1.231	0.019
4	1∶1	1.470	1.475	0.005	1.502	0.032

5　结语

大型水电工程建设和运行面临更加复杂的自然环境和社会环境，需要运用数字化、信息化、智能控制技术，落实精细化管理措施，从而保证施工质量和工程全寿命周期的安全可靠运行。灌浆施工自动化、智能化是灌浆技术发展和管理管理提升的重要方向，通过在荒沟电站开展非接触式灌浆智能监测技术应用研究，证实了非接触式伽马射线技术在灌浆质量检测可行性，验证了非接触式测量数据精度，建立了非接触式灌浆智能检测成套技术方法。同时，通过开展非接触式灌浆智能监测技术研究试验与工程应用，不断创新与探索灌浆工程质量控制方法，更好地适应生产实践的现实要求，建立了新型一体化灌浆监测设备，推动灌浆监测成套设备技术革新，为提升灌浆工程施工质量控制与保障打下了良好的基础。

基于D-InSAR监测的库区变形体变形规律及成因机理研究

姜 龙[1] 宋自飞[2] 赵宇飞[1]
(1. 中国水利水电科学研究院岩土工程研究所，北京市 100038；
2. 广东省水利电力勘测设计研究院有限公司，广东省广州市 510635)

【摘 要】 合成孔径雷达差分干涉测量（D-InSAR）技术为近年来出现的区域地表变形遥感监测技术，具有监测范围广、空间分辨率高、测量精度好、全天时、全天候监测等特点。通过D-InSAR监测，研究了库区左岸变形体变形演化规律、滑坡发生发展成因及成灾区域，取得了如下成果如下：①D-InSAR技术具有监测范围广、空间分辨率高、测量精度好、全天时、全天候监测等特点，可为探讨库岸滑坡的全域识别、前期变形演化、预测及评价提供了有效手段；②库区左岸变形体微变形揭示微变形从上游侧开始逐渐贯通，直至整体变形下沉协调一致，与库水位升降波动较为吻合，且准确判别了微变形区域边界；③D-InSAR监测成果与现场踏勘所揭示情况较为一致，变形体下游断层以及后缘出现连续的裂缝，且局部已解体，整体为变形体前缘底部滑面控制的牵引式滑坡。

【关键词】 库区变形体 D-InSAR 变形演化 滑坡机理 成因机理

1 引言

随着国家基础建设的大力投入，高坝大库等水电水利工程层出不穷。尤其是目前国家提出“碳达峰、碳中和”3060战略目标及构建以新能源为主体的电力系统的重大战略决策，我国能源结构将发生重大变革，抽水蓄能行业将迎来前所未有的大好发展机遇及新一轮建设高潮。水库作为抽水蓄能电站水力发电的重要载体，在电站建设及运营过程中对电站的整体安全及经济效益的保障发挥着重要作用，占据着重要地位，承载着重要功能。随着库水位周期性涨落，库岸再造（库岸滑坡）现场时有发生。现阶段，时有滑坡的发生发展及成灾超出既有滑坡的调查评价范围及预想的危险区域。现有常规监测手段（GPS、测斜孔、三维激光扫描、微变形雷达等）只能获取指定滑坡的位移信息，更广域范围的地表位移信息较难实现。合成孔径雷达差分干涉测量（D-InSAR）为近年来出现的区域地表变形遥感监测技术，具有监测范围广、空间分辨率高、测量精度好、全天时、全天候监测等特点，为探讨库岸滑坡的全域识别、前期变形演化、预测及评价提供了有效手段。建立基于D-InSAR监测的库区变形体识别和评价体系，研究其库区变形演化规律、滑坡发生发展成因及成灾区域，为类似库区变形体的潜在危险区域、变形演化以及滑坡灾害预测、评价和预防提供科学依据和参考。

2 D-InSAR基本原理及解算精度

2.1 D-InSAR基本原理

合成孔径雷达干涉测量技术（synthetic aperture radar interferometry，InASR）将合成孔径雷达成像技术与干涉测量技术成功地进行了结合，利用传感器高度、雷达波长、波束视向及天线基线距之间的几何关系，可以测量出图像上每一点的三维位置和变化信息。

为精确分离出形变信息，剔除具有显著影响的地球形状和地形因素等信息，发展了差分干涉测量（D-InSAR）方法。1989年Gabriel最早介绍了差分干涉测量的概念，所谓差分干涉测量是指利用同一地区的两幅干涉图像，其中一幅是形变前的干涉图像，另一幅是形变后获取的干涉图像，然后通过差分处理来高精度获取地表形变的测量技术。传统的D-InSAR方法主要有两轨法（如图1）和三轨法及四轨法。其中，两轨法的基本思想是利用区域地表变化前后的两幅影像生成干涉纹图，从干涉纹图中去除地形信息，即可得到地表形变信息。这种方法的优点是无需对干涉图进行相位解缠，避免了解缠的困难。

2.2 D-InSAR 形变解算方法

对两轨法，解算流程如图 2 所示。

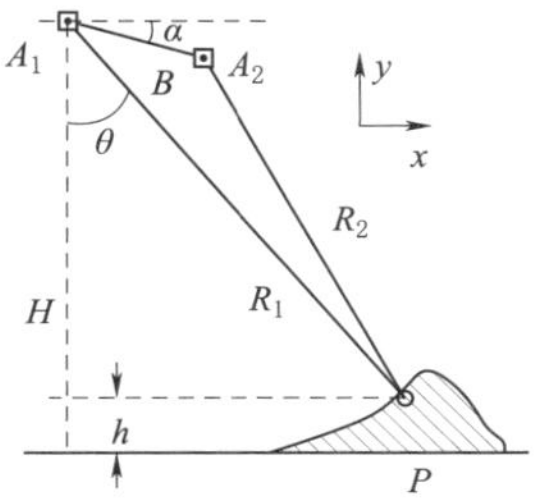

图 1　D-InSAR 监测基本原理示意图

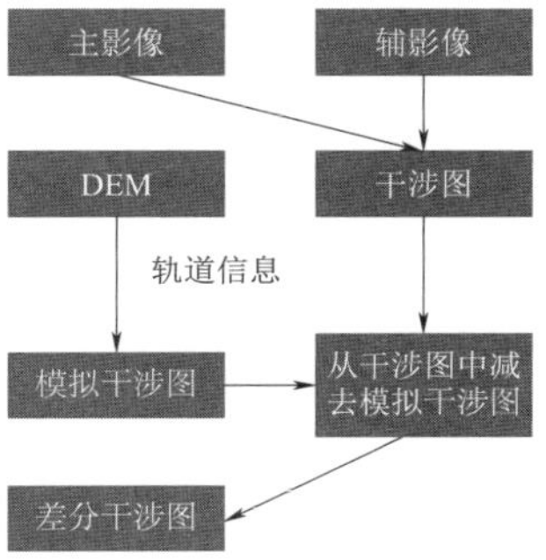

图 2　两轨法处理流程示意图

对干涉相位分解得：

$$\varphi=\varphi_{earth}+\varphi_{topo}+\varphi_{def}+\varphi_{atm}+\varphi_{noise} \tag{1}$$

式中 φ_{earth}，φ_{topo}，φ_{def}，φ_{atm}，φ_{noise} 分别表示由地球形状，地形起伏、地表形变，大气以及噪声引起的干涉相位。

由式（1）得：

$$\varphi_{def}=\varphi-\varphi_{earth}-\varphi_{topo} \tag{2}$$

其中：$\varphi_{earth}=\dfrac{4\pi}{\lambda}B_{//}$，$\varphi_{topo}=\dfrac{4\pi}{\lambda}\dfrac{B_{\perp}h}{R_1\sin\theta_0}$ 分别表示地球形状及地形起伏引起的干涉相位。

反映地表形变的斜距变化量可经如下计算得到：

$$\Delta r=-\frac{\lambda}{4\pi}\cdot\varphi_{def} \tag{3}$$

2.3 D-InSAR 解算精度

本区域遥感数据从 2014 年 10 月开始（如图 3），共收集升轨、降轨数据分别为 44 景和 55 景。经测算分析（如图 4），该区域遥感数据景数大于 30 景，地表形变精度达到亚毫米级别，满足库区左岸变形体变形演化规律分析技术要求。

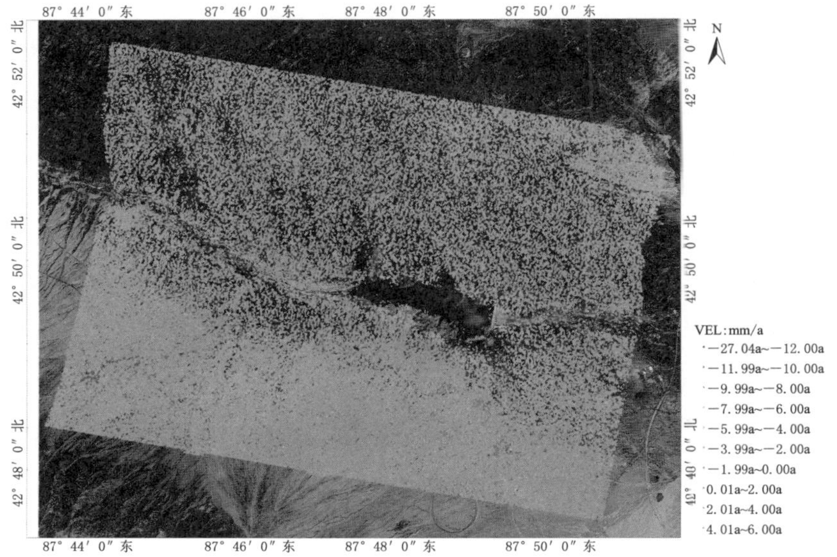

图 3　库区遥感影像识别区位置

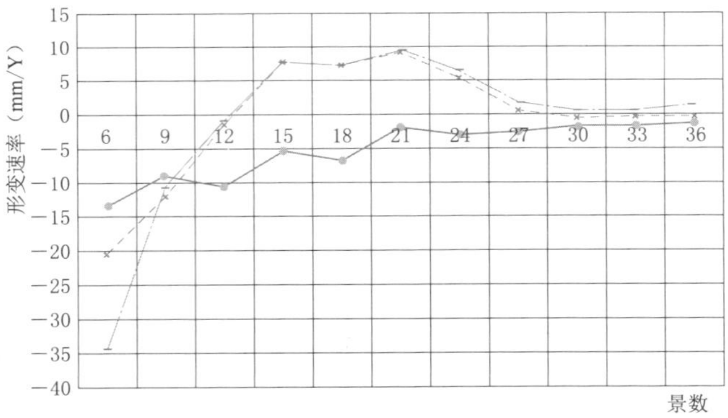

图 4　库区左岸变形体形变速率与遥感景数相关性

3　库区左岸变形体微变形

3.1　相对微变形

本工程 2014 年 10 月底下闸蓄水。其蓄水期左岸变形体变形演化趋势如图 5 所示。图中，红点表示下沉，绿点表示变形为 0 附近，蓝点表示抬升。蓄水前，左岸变形体相对微变形发生在下游山体附近，整体呈下沉趋势；蓄水过程中，左岸变形体下部先期下沉后为局部抬升，上部呈整体下沉趋势。蓄水至 933m 左右，左岸变形体相对微变形下沉趋势明显，且由局部发展为整体趋势。其一说明该区域蓄水前已处于变形过程中，地质条件不利于变形体稳定；其二左岸变形体变形与库水位升降有一定滞后性；其三随着库水位抬升，左岸变形体在库水位 922～928m 高程附近变形有一定增幅，库水位进一步软化不利结构面，使其抗滑能力下降。故左岸变形体不利结构面可能在 928m 高程以下。

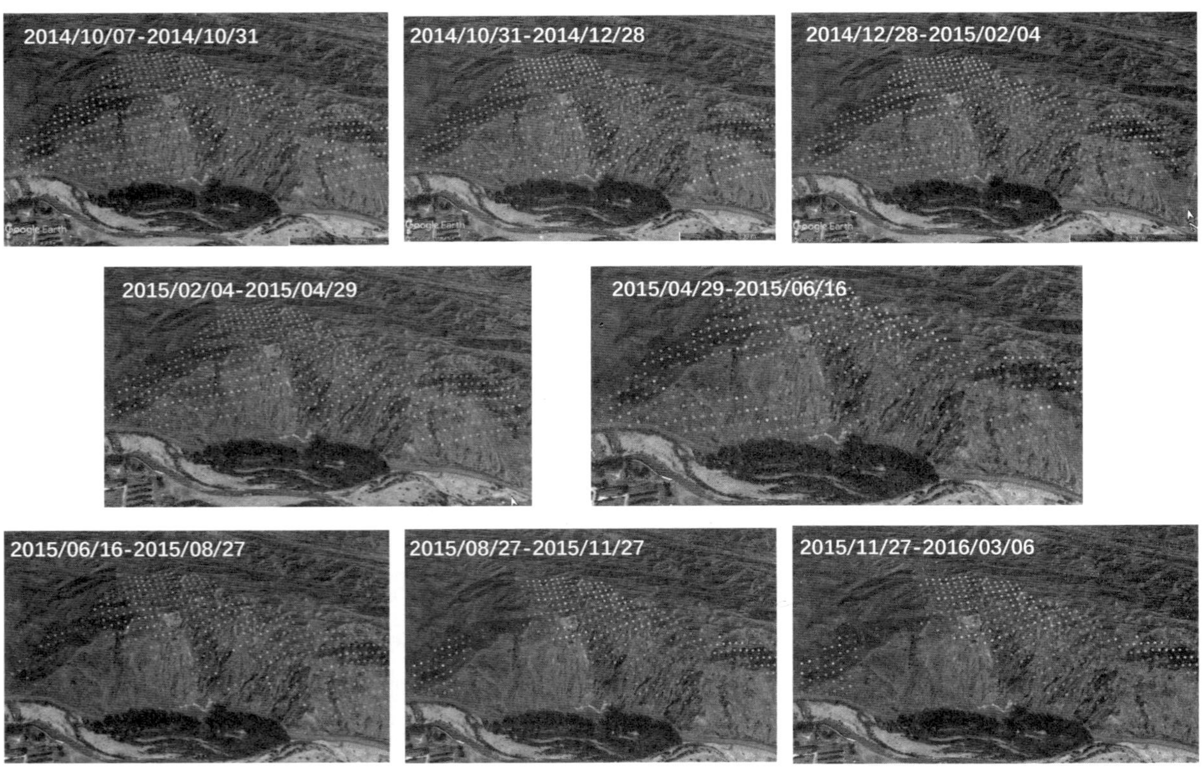

图 5　左岸变形体蓄水期相对微变形

3.2　累计微变形

蓄水期左岸变形体变形演化趋势如图 6 所示。图中，红点表示下沉，黄点表示变形＋0 附近，绿点表示变形为一0附近，蓝点表示抬升，点图缺失部位为变形超测量范围。蓄水期，左岸变形体累计微变形与相对微变形较为一致。2015年4月—2015年8月，上游侧变形明显；2016年3月—2016年6月，上游侧上部和下游侧下部变形明显；累计微变形从上游侧开始逐渐贯通，直至整体变形下沉协调一致。2016年12月—2017年8月，左岸变形体内部调整；2017年8月以后，变形体微变形区域边界基本确定。

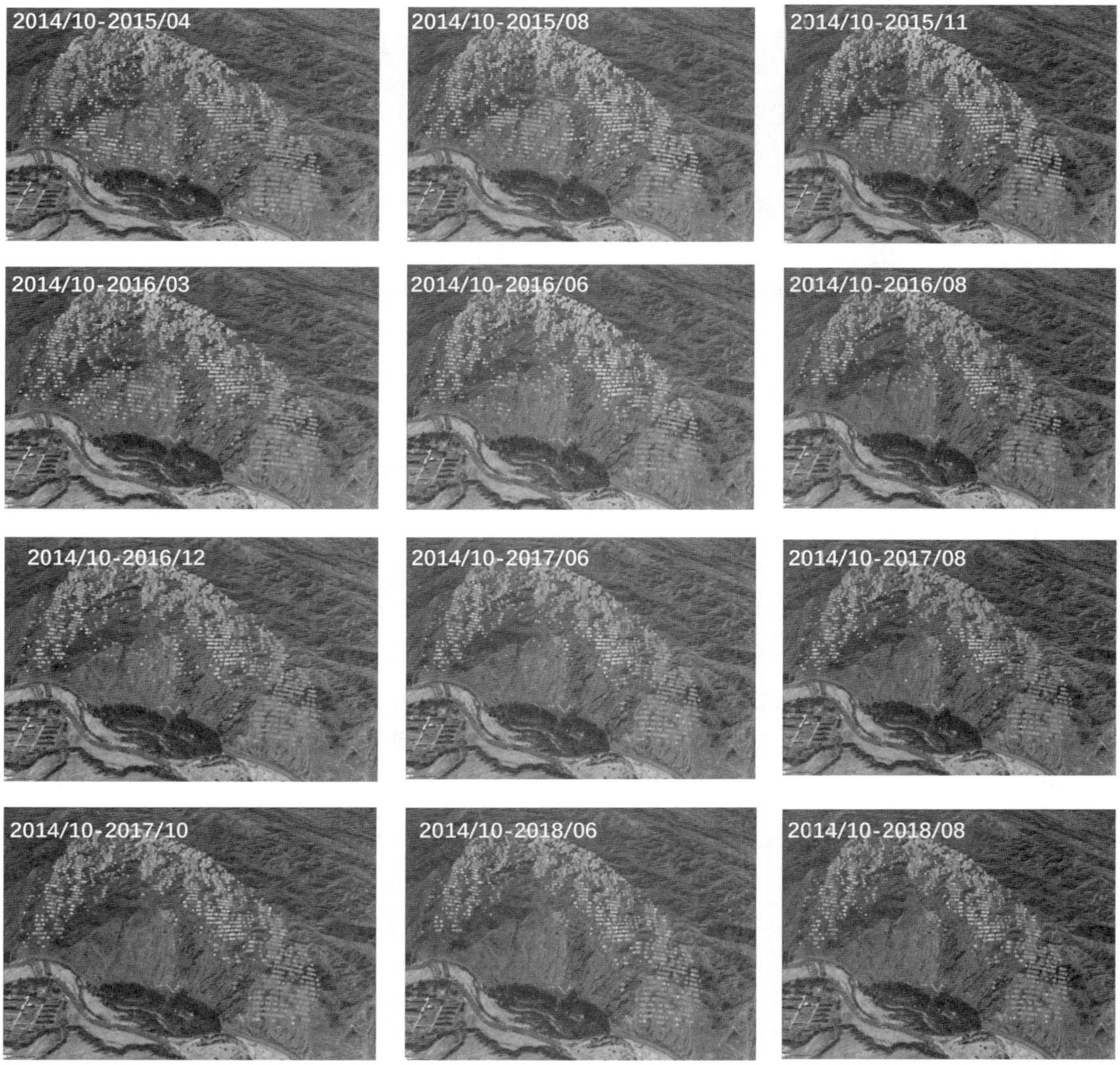

图6　左岸变形体蓄水期累计微变形

4　库区左岸变形体大变形

左岸变形体累计大变形采用卫星影像DEM，应用永久散射体固有属性，在两幅或多幅影像间匹配，计算永久散射体变形。图中距离向变形为变形体南北方向，方位向变形为变形体竖向（下沉或抬升）方向。变形体累计大变形典型点分布见图7。

从变形体典型测点距离向和方位向变形可见（图8和图9），变形体距离向和方位向变形与库水位变化较为一致，但二者变化有所滞后。水库蓄水初期，变形较小，且增幅亦较小。第一次蓄水当库水位升至920m后，变形开始出现小变形，再次升至940m后，大变形开始出现。随后，当库水位降至920m后或再次升至940m后，变形出现大变形，且随库水位波动较为吻合。变形体大变形在距离向最大变形约为5.4m，在方位向最大变形约为15m。

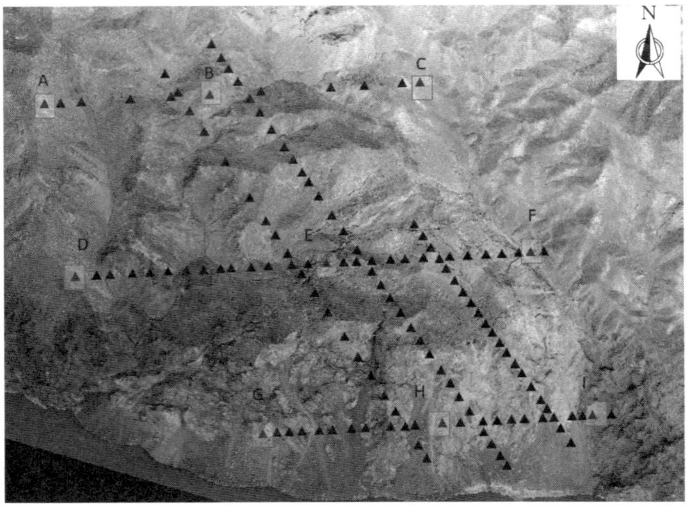

图 7　变形体典型测点分布图

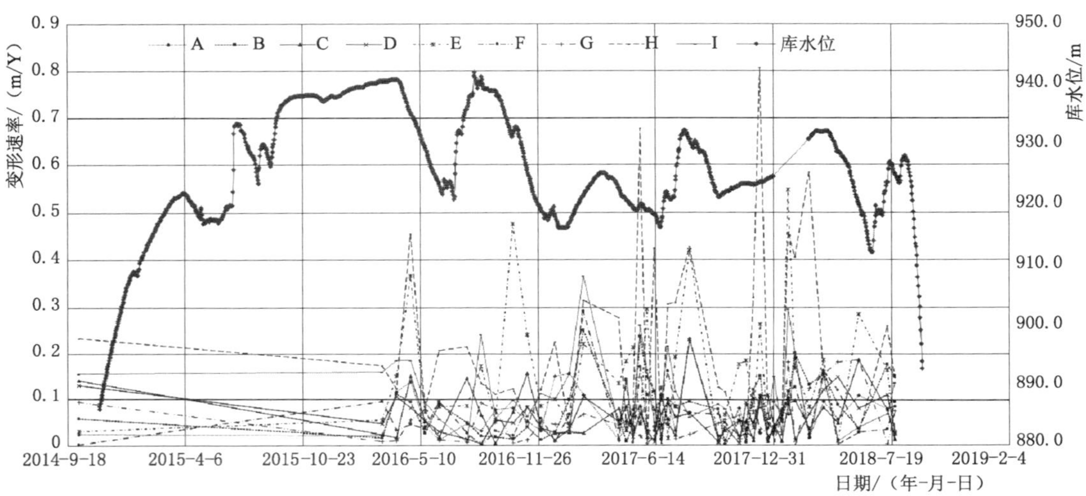

图 8　左岸变形体典型测点距离向变形

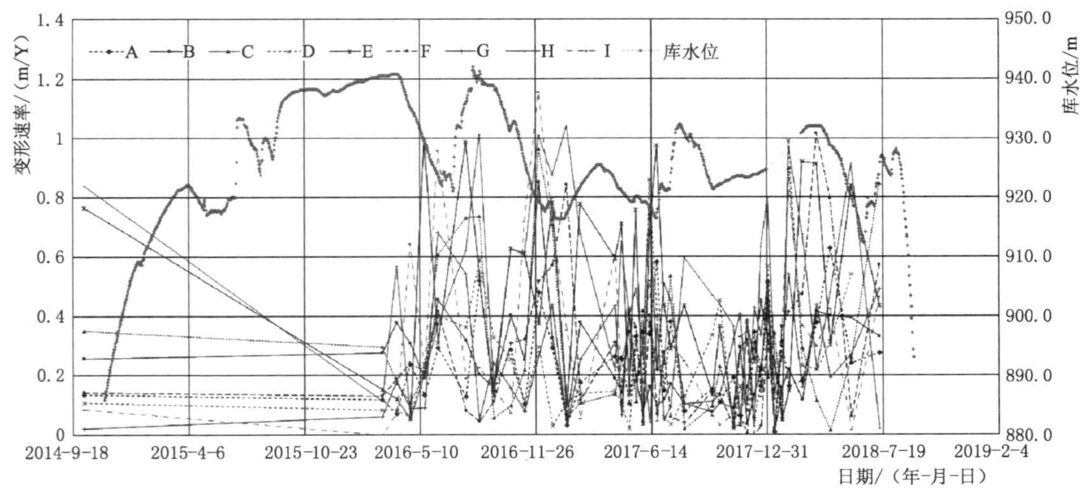

图 9　左岸变形体典型测点方位向变形

5 库区左岸变形体成因机理

5.1 基于现场踏勘揭示成果

经现场库区左岸变形体现场踏勘，该变形体变形边界较为清晰（整体见图 10）。上游以缓倾角结构面为上游边界，且存在多组缓倾角结构面，产状为 N60°W · NE∠43°。下游以断层 F1 为下游边界，该部位出露明显断层泥和滑坡擦痕。滑坡擦痕走向 140°。断层产状为 N41°W · SW∠53°。底部以近水平节理裂隙带为底边界，缓倾角的节理面 J3 发育，产状：N85°W · SW∠15°，高程为 920m 左右。后缘以拉裂缝为主，裂缝错距约 5m。左岸变形体局部解体区域拉裂缝与坡内拉裂缝倾向 180°～190°。

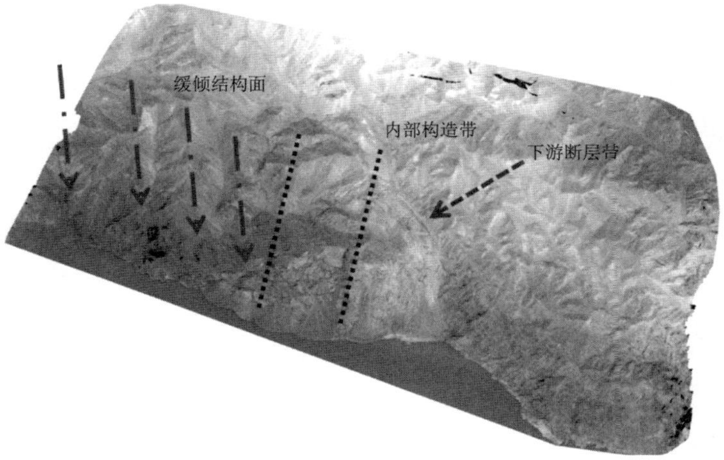

图 10 左岸变形体控制性结构面示意图

5.2 基于 D - InSAR 揭示成果

左岸变形体累计微变形在蓄水前变形不显著。2015 年 4 月—2015 年 8 月，上游侧变形明显。2016 年 3 月—2016 年 6 月，上游侧上部和下游侧下部变形明显。累计微变形从上游侧开始逐渐贯通，直至整体变形下沉协调一致。2017 年 8 月后，变形体微变形区域边界基本稳定。

左岸变形体相对微变形在蓄水初期，下沉不显著。2016 年 3 月左右，相对微变形下沉较明显。随后（2017 年 6 月前）一直处于下沉明显状态，接下来（2017 年 11 月后）整体呈减缓趋势。

左岸变形体累计大变形区域与微变形边界较为一致，左岸变形体各部位测点增幅均明显，且中间测点增幅更显著。变形体前缘增幅明显，上部、中部和下部各测点整体呈增大趋势。变形体大变形在距离向最大变形约为 5.4m，在方位向最大变形约为 15m。

5.3 左岸变形体成因机理

左岸变形体蓄水前变形存在但不显著。蓄水至 922～928m 附近，出现下沉趋势，且随着蓄水水位变化增幅显著。蓄水过程中变形体前缘高程 920m 左右的缓倾裂隙节理面软化，出现变形体前缘朝右岸偏上游滑动趋势，并受其底部滑面控制。变形体下游断层以及后缘出现连续的裂缝，出现变形体局部解体现象，整体呈受变形体前缘底部滑面控制的牵引式滑坡。

6 结论

通过合成孔径雷达差分干涉测量（D - InSAR）技术，研究了其库区左岸变形体变形演化规律、滑坡发生发展成因及成灾区域，取得了一些列可借鉴的有益结论：

（1）D - InSAR 技术具有监测范围广、空间分辨率高、测量精度好、全天时、全天候监测等特点，可为探讨库岸滑坡的全域识别、前期变形演化、预测及评价提供了有效手段。

（2）左岸变形体微变形揭示微变形从上游侧开始逐渐贯通，直至整体变形下沉协调一致，且能够准确判别微变形区域边界。

局部解体拉裂缝　　　　下 游侧断层

前缘节理带　　　　上游侧缓倾结构面

图 11　左岸变形体踏勘影像

（3）采用卫星影像 DEM 和永久散射体固有属性，左岸变形体揭示库水位升至 920m 后，变形开始出现小变形，再次升至 940m 后，大变形开始出现。随后，当库水位降至 920m 后或再次升至 940m 后，变形出现大变形，且随库水位波动较为吻合。

（4）结合现场踏勘和 D－InSAR 成果，变形体下游断层以及后缘出现连续的裂缝，出现变形体局部解体现象，整体呈受变形体前缘底部滑面控制的牵引式滑坡。

参考文献

[1]　Blanco－Sànchez P，Mallorquí J J，Duque S，et al. The Coherent Pixels Technique（CPT）：An Advanced DIn SAR Technique for Nonlinear Deformation Monitoring［M］. Earth Sciences and Mathematics. Birkhäuser Basel，2008.

[2]　王润生，熊盛青，聂洪峰，等. 遥感地质勘查技术与应用研究［J］. 地质学报，2011，（11）：1699－1743.

[3]　殷跃平. 三峡工程库区移民迁建区地质灾害与防治［J］. 地质通报，2002，（12）：876－880.

[4]　Herrera G，Gutiérrez F，García－Davalillo J C，et al. Multi－sensor advanced DIn SAR monitoring of very slow landslides：The Tena Valley case study（Central Spanish Pyrenees）［J］. Remote Sensing of Environment，2013，128（1）：31－43.

[5]　廖明生，王腾. 时间序列 InSAR 技术与应用［M］. 北京：科学出版社，2014.

[6]　涂鹏飞，谌华，甘卫军. 应用 CRInSAR 技术监测三峡库区滑坡形变［J］. 大地测量与地球动力学，2010，30（1）：126－134.

[7]　王桂杰，谢谟文，柴小庆，等. D－InSAR 技术在库区滑坡监测上的实例分析［J］. 中国矿业，2011，20（3）：94－101.

[8]　王桂杰，谢谟文，邱骋，等. D－InSAR 技术在大范围滑坡监测中的应用［J］. 岩土力学，2010，31（4）：1337－1344.

抽水蓄能电站生产准备现场运维培训实践

万正喜[1] 徐 辉[2] 陈 珏[1] 邹中林[1]
(1. 华东天荒坪抽水蓄能有限责任公司，浙江省安吉市 313302；
2. 浙江缙云抽水蓄能有限公司，浙江省缙云市 321400)

【摘 要】本文介绍一套抽水蓄能电站生产准备现场培训体系，重点说明培训的过程策划、设施建设以及典型经验等情况，为我国抽水蓄能行业快速发展提供高质量的生产准备员工现场培训实践。

【关键词】抽水蓄能电站 生产准备 现场运维培训

1 引言

我国要构建清洁低碳安全高效的能源体系和以新能源为主体的新型电力系统，进一步加快抽水蓄能开发建设是促进新能源快速发展的一项重要举措。到2030年，我国风电、光伏发电累计装机要达到12亿kW以上，抽水蓄能装机将达到1亿～1.2亿kW。当前，大规模发展抽水蓄能电站，是支持新能源大规模发展，促进多能互补，打造安全可靠、经济灵活电力系统的全球共识。

抽水蓄能电站自动化程度高、技术密集，具有高水头、高压力、高转速、高电压、大容量的特点，一般采用“无人值班，少人值守”模式，对运维人员的素质要求非常高。因此，在整个抽水蓄能行业快速发展情况下，抽水蓄能电站普遍出现了结构性缺人现象，重点缺少高水平、高素质运维生产人员。

天荒坪电站是我国快速发展时期的最早的抽水蓄能电站之一，在没有任何先例可循的情况下，经过20年不断探索和完善，形成了一套抽水蓄能电站生产准备培训体系建设和实践，为抽水蓄能行业基建单位转生产提供了有益的探索和示范。

2 现场培训实施

2.1 培训背景及现状

在“双碳”目标国家战略目标实施背景下，我国抽水蓄能电站核准开工数量和规模都达到历史新高，每年有近10个电站开工建设和投产，对成熟生产运维检修人员需求很大，行业性缺人现象明显。另一方面，抽水蓄能电站高新技术密集型企业属性决定其人员培训周期相对较长，只能选择高校应届毕业生，并在基建期就开始自行培养。

近几年才开始有少数高校开设抽水蓄能相关专业课，基本的机电专业理论课不能满足电站现场生产技术需求，相关的培训机构也存在同样的现象。因此，在已经建成抽水蓄能电站进行现场培训是必由之路。现场培训存在两个不足。一是缺乏专业的培训教材。市场上只有极少数抽水蓄能相关专业的书籍，且过于简单，缺乏系统性培训教材，缺乏运行、维护、检修、试验等方面的书籍。二是没有抽水蓄能生产准备专业培训切实可行、经过长期实践的现场培训方案。如：生产准备员工一般需要多长培训时间？如何融入实际安全生产？如何管理年轻员工？有哪些培训手段？等等。

2.2 现场培训策划

统一设置培训目标，分阶段实施。生产准备现场培训持续时间和开始培训时间是非常重要的问题，事关抽水蓄能电站机组投运进程。

2.2.1 培训目标

按照运行业务为主、维护检修业务为辅、兼顾运检管理和机电安装的运维一体化方向，适应基建转生产阶段业务，并根据送培单位确定的培训期及培训需求，设置合理的培训目标，有序推进。

2.2.2 培训期

生产准备培训开始时间应作为基建项目进度表的一个重要的时间节点固定下来。基建单位第一批生产准备人员，宜经过至少 2 年现场培训，获得中等级生产运维资格后，再全程参加本单位机电安装、调试、第一台机组投产运行。培训期 2～3 年。

2.2.3 培训过程安排

培训过程应该循序渐进，培训阶段和时间，见图 1。一般情况下初等级运维人员培训周期为 1 年，中等级运维人员培训周期为 2 年，高等级运维人员培训周期为 3 年。

（1）理论培训，2 个月。

（2）现场见习培训，6 个月。

（3）初等级运维专责（巡视人员、操作人、许可人）资格培训及工作，7 个月。

（4）中等级运维专责（中控室值班人员、工作负责人等）资格培训及工作，12 个月。

（5）运维负责人（设备主人）及高级运维资质培训及工作，6～9 个月。

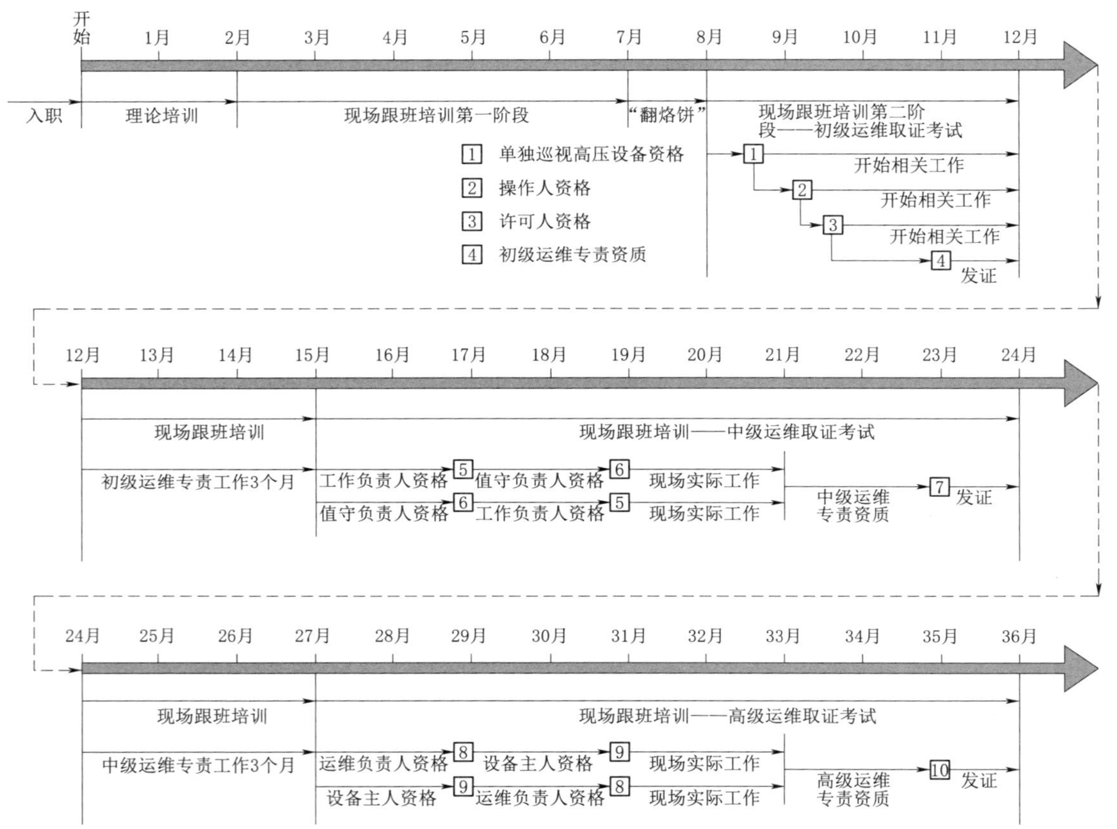

图 1 生产准备培训员工培训流程如图

2.3 培训硬件建设

2.3.1 模拟仿真系统

根据培训实践需要，建立两套模拟仿真系统：一套与电站实际监控系统相同，用于参加实际工作前培训、演练、答辩等；另一套为典型标准监控系统，与部分送培单位相同或相近。仿真机对于提高学员模拟开停机、监盘、倒闸操作、故障模拟和处理，对于学员在上岗前提高实际运行经验，提高事故处理和临场应变能力等方面都发挥了很大的作用。

具体有以下功能：

（1）提供与实际电站一致的运行环境。完整再现计算机监控系统的全部监视、操作、控制功能，能展现各种正常、异常和事故的现场情况。

（2）系统对发电机组的运行状态采用实时仿真，其运行工况能方便地设置、改变重演，方便实现故障设置。

（3）建立事故演习故障情景库。设定事故演习情景库中各演习项目，增强操作人员的事故分析和判断能力，提高实际的事故应对能力。

2.3.2 实训室

在取得相应工作资质前，为提高培训员工现场技能操作动手能力，提高设备操作、试验能力，为培训员工参加实际安全生产打下坚实基础，建成实训室。

实训室投用后，精心设置项目任务，组织学员实际完成调速器、励磁系统、控制系统、保护等专业的安装、配线、调试、运行和故障排查；同时购买相关的工器具，提高学员的动手能力和实际工作经验；通过实训室小型机组的实战，促进学员掌握技能，实现从培训到实际工作的无缝衔接。

2.3.3 运维人员虚拟现实演练系统

建立电站虚拟环境模型，用于具体研究模块的填充与拓展，并实现考核与评价功能。

如：建立球阀系统具体三维模型，利用 VR/AR 技术建立球阀大修的检修工艺模型，实现通过佩戴 AR 眼镜将虚拟环境和设备的真实场景叠加，以增强现实技术为基础的指导设备维修功能和辅助球阀系统巡检的功能。

建立机组自用配电盘着火的事故处理模型，实现虚拟环境中事故演练的功能。

建立 500kV 倒闸操作的典型作业场景，实现了虚拟环境中人员进行倒闸训练的功能等。

2.3.4 教材

为给培训员工在现场理论学习期间提供规范的学习资料，通过多年总结，编写出版诸多培训教材，如《抽水蓄能电站运行与管理》《抽水蓄能运维技术培训教程》《抽水蓄能电站典型故障处理点评》《天荒坪电站运行 20 周年总结》《抽水蓄能电站工器具使用与管理》《抽水蓄能电站运维技术文集》等。这些书籍具有较强的系统性和专业性，为技术和管理培训提供有力教材支撑。

3 现场培训典型经验

3.1 培训方式

3.1.1 “翻烧饼”培训法

“翻烧饼”培训法是指理论集中学习与现场跟班反复的过程。就是“理论集中学习—现场值班—集中学习—再现场值班—再集中学习—再回现场值班”的反复“翻炒”过程。

现场理论培训阶段学员最主要的困惑是对现场设备不了解。而现场跟班期间，对现场设备进一步熟悉，但是专业技术水平进一步提高的瓶颈在于理论知识不够深厚。学而不思则罔，思而不学则殆。鉴于此种情况，创新提出“翻烧饼”培训法。通过这种反复，让学员所学理论在实践中加深理解，加强掌握，从而实际工作技能得到更好地掌握和提升。

3.1.2 “影子跟随”培训法

“影子跟随”培训是指培训员工在不能亲手参与运维生产时，通过一套测试版生产管理系统（与真实生产版相同，当相互独立），以并行的形式参与运维生产，进行模拟运行倒班、倒闸操作、工作许可和运维消缺等生产流程，加快培养学员全设备、全业务、全流程的综合技能。

培训员工在没有取得相应资质前，无法深入了解生产工作，“影子跟随”培训法对提高培训效果发挥较大作用，培训员工在取得资质后，能马上参加实际工作。对使用相同生产管理系统的送培单位，在结业后能无缝对接本单位生产管理工作，事半功倍，深受各送培单位推崇。

3.1.3 “三同”（培养目标相同、培训方式相同、考核标准相同）培训法

生产准备培训工作最大的难点之一，是培训员工“纸上谈兵”多，“有培训，无实操”，实际动手机会少，培训员工希望真正参与实际工作。

电站实行生产准备“一体化”培训方式，坚持培训员工和本电站员工“三同”培训理念。从确立目

标、调动积极性、增加实操机会、担当岗位职责等各方面，让培训员工收获到进步和成长。

“影子”培训和“三同”培训在整个生产准备培训阶段是相辅相成，互为补充。前者适用于现场跟班未取得资质阶段，适用于认知实习阶段，后者更适用于培训的高级阶段，在学员具备一定的技术技能后，进入“实战”。两者结合，构成了一个完整而理想的现场实际业务培训过程。

3.2 培训资质评价体系

培训员工从事实际工作实行准入制度，开展职业资格培训和技能鉴定，取得相应资格后方可上岗，从事相关工作。按照“三同”理念中的“考核标准相同”原则，执行资质考评。

3.2.1 考评条件和过程

(1) 值守、操作业务跟班6个月以上，可安排培训员工进行倒闸操作、工作许可和单独巡视高压设备资格考试。资格考试合格且经电站下文认定后即可从事相应工作。不合格3个月后安排补考。

(2) 报考初等级岗位人员在通过倒闸操作、工作许可和单独巡视高压设备资格考试并满足其他资格条件后，可报名参加由电站组织的实操技能考评和综合评定。

(3) 获得初等级运维专责资质的培训员工，根据送培单位意见，选择运维业务专业方向，接受运维业务跟班培训。运维业务现场跟班满6个月后，可进行工作负责人资格考试。资格考试合格且取得经电站下文认定后即可从事相应专业的工作负责人工作。不合格3个月后安排补考。

(4) 现场跟班时间1年及以上的，生产准备培训员工一般应具备初等级运维专责资质水平，部分优秀培训员工具备中级运维专责资质水平。

(5) 凡是取得倒闸操作、工作许可和单独巡视高压设备资格且具有一篇技术论文的，电站组织对其进行初等级运维专责资质综合考评，考评合格者授予资质。

3.2.2 考评内容

(1) 实操技能考评和综合评定两项成绩占比分别为60%、40%。单项成绩均要高于80分及以上且考评总成绩在85分及以上为合格。安全考试作为否定条件，不计入总成绩。

(2) 实操技能考评。以安全行为能力测试为重点，可以采用答辩、演练等多种形式。命题由运维检修部、安全监察质量部共同命题，经人力资源部校核后，报电站分管领导审定。实操技能考评满分100分，80分及以上为合格。

(3) 综合评定。综合评定满分100分，80分及以上为合格。综合评定包括：安全意识（10分）、工作态度（15分）、工作能力（10分）、团结协作（5分）四方面。综合评定反映培训员工在培训学习和工作期间遵守劳动纪律和工作纪律的情况。“工作能力”中含技术论文考核，分值为5分。初等级运维专责资质必须有一篇技术论文，中级运维专责必须有两篇技术论文。

3.3 学员和教员管理

针对培训员工刚刚从大学毕业在各方面一时难以适应半军事化管理的电力安全生产企业的环境，经过不断积累创新，电站形成诸多精益化培训管理方法。

(1) 成立组织机构，专门成立培训部，签订责任书，明确各部门和岗位职责。

(2) 完善授课老师、带班师傅及考评事务培训员的筛选、考核和奖励机制。

(3) 加强培训目标和培训过程管理。按照培训章节进行培训，明确每个设备系统学习内容、学习提纲和目标，指定学习教材、图纸和资料。

(4) 高标准执行培训经费规范化管理。

(5) 加强培训员工考勤、培训纪律、奖惩、安全等方面管理。对培训员工违反劳动纪律和工作纪律的处罚包括：批评教育、警告、通报送培单位、退回送培单位等。

(6) 注重课堂手机管理。加强课堂学风和课堂文明建设，避免课堂玩手机、不自觉翻看手机、手机铃声干扰等现象，在教室墙上悬挂手机袋，对手机进行上课集中管理。要求在上课期间将手机放入袋中，并在手机袋上印上学员编号。通过一段时间的实行和坚持，得到培训员工接受和认同，小小手机袋，大幅地提升课堂培训质量。

（7）实行班级管理。创造健康活泼、积极向上的培训学习氛围，突出班委管理和简报管理，促进比学赶帮超，提高培训质量。

（8）做好生产准备培训员工党员管理。收到培训员工党员临时党组织关系转接证明后，根据工作实际，培训部组建培训员工党员临时党支部。

（9）加强证书管理。对具备各种资格的培训培训员工，发资格证书。对具备初等级运维专责、中级运维专责资质的培训培训员工，发资质证书。

（10）规范培训课件、培训资料、实训室、培训教室等培训资源管理。

（11）做好培训资料归档管理。对培训方案、培训员工信息和照片、理论期课程安排表、培训员工签到表、老师授课测评表、培训员工考试试卷、考试成绩、师徒协议、培训员工考勤表、培训员工请假单、培训员工获取资格文件、培训月报等资料依规保存和归档。

4 结语

生产准备现场培训是学校理论培训与参加实际工作的重要过渡阶段。天荒坪电站现场培训通过多年总结，有以下主要特点：科学设置培训目标，循序渐进、稳打稳扎，夯实基础；充分利用实训室和仿真机，提高实际操作技能；实施“影子跟随”培训和“三同”培训理念，提高学员实际工作能力、掌握工作流程；实施“翻烧饼”培训法，做好现场跟班和集中培训的有机结合，提高培训质量；加强资质考核评价，让符合资质要求培训员工参加实际生产工作；加强培训员工思想和作风建设、加强纪律管理，展现人文关怀。电站经过 20 年长期探索和优化提升，夯实培训基础工作，完善现场培训体系建设，为全国近 30 家抽水蓄能电站生产准备人员提供了培训，为规范我国抽水蓄能现场培训提供有益实例参考。

参考文献

［1］ 冯伊平，等．抽水蓄能运维技术培训教程［M］．杭州：浙江大学出版社，2016．

［2］ 万正喜，王海涛．抽水蓄能电站新进员工培训标准化管理的思考［J］．企业管理，2017（S1）：40－41．

［3］ 万正喜，邹中林．抽水蓄能电站运维一体化管理［J］．企业管理，2018（S1）：110－111．

浅谈张河湾抽水蓄能电站监控系统国产化技术改造

宋庆元[1]　张　柏[1]　李世昌[2]　李　勇[2]

（1. 南瑞集团公司/国网电力科学研究院，江苏省南京市　211106；
2. 河北张河湾蓄能发电有限责任公司，河北省石家庄市　050300）

【摘　要】介绍了张河湾抽水蓄能电站计算机监控系统国产化改造过程，主要阐述了监控系统上位机改造完成阶段、监控系统下位机改造过程阶段、监控系统全部改造完成阶段的系统结构，以及改造过程中涉及的技术难点和解决方案，可为其他抽水蓄能电站国产化的改造提供借鉴。

【关键词】抽水蓄能　监控系统　国产化　OPC

1　引言

张河湾抽水蓄能电站位于河北省石家庄市井陉县测鱼镇，电站安装 4 台 25 万 kW 的单级混流可逆式水泵水轮机组，装机总容量 100 万 kW。电站计算机监控系统采用法国阿尔斯通 ALSPA P320 型分层分布式监控系统。ALSPA P320 监控系统主要由电站控制级 CENTRALOG 层（以下简称上位机）和现地单元控制级 CONTROLBLOC 层（以下简称下位机）组成。

阿尔斯通上位机设备主要包括 2 台应用数据服务器（Server）、2 台操作员工作站（OP）、1 台远方操作员工作站、2 台调度通信工作站、1 台生产实时 SIS 系统通信工作站、1 台厂长工作站、1 台工程师工作站。上位机操作系统采用 Windows XP 系统。

阿尔斯通下位机共设 9 套现地控制单元（LCU），主要包括 4 套机组现地控制单元（LCU1～4）、1 套 SFC 及 500kV 开关站现地控制单元（LCU5）、1 套公用辅机现地控制单元（LCU6）、1 套上水库现地控制单元（LCU7）、1 套下水库现地控制单元（LCU8）、1 套中控室模拟屏及 35kV 开关站现地控制单元（LCU9）。下位机各现地控制单元（LCU）的可编程控制器采用 C80－75 型 PLC。

阿尔斯通监控系统网络采用冗余光纤以太网环型和总线型混合网络结构。各现地控制单元（LCU）的可编程控制器机架之间采用 FIIELDBUS 现场总线连接。

2　系统结构

张河湾抽水蓄能电站改造后的计算机监控系统采用南瑞集团有限公司（以下简称南瑞）分层分布式计算机监控系统 NC3.0，南瑞计算机监控系统主要包括上位机和下位机。

南瑞监控系统上位机设备主要包括 2 台历史数据服务器（HIS）、2 台实时数据服务器（MAIN）、4 台操作员工作站（OP）、1 台工程师工作站（ENG）、2 台调度通信管理机（DDCOM）、1 台厂内通信工作站（CNCOM）、1 台语音告警工作站（AUDIO）、1 台 LED 屏控制管理机（LED）、1 台网络安全监测装置、1 台入侵检测装置、1 台防火墙、2 台打印机、1 套卫星时钟同步系统。上位机操作系统采用 Red Hat Linux 系统。

南瑞监控系统下位机共设 10 套现地控制单元（LCU），主要包括 4 套机组现地控制单元（LCU1～4）、1 套 500kV 开关站现地控制单元（LCU51）、1 套附属厂房公用现地控制单元（LCU52）、1 套公用辅机现地控制单元（LCU6）、1 套上水库现地控制单元（LCU7）、1 套下水库现地控制单元（LCU8）、1 套 35kV 开关站现地控制单元（LCU9）、1 套防水淹厂房系统控制柜（LCU10）。下位机各现地控制单元（LCU）的可编程控制器采用南瑞 MB80 系列 PLC。

南瑞监控系统网络采用冗余光纤快速交换式以太网环型和星型混合网络结构，即机组现地控制单元（LCU1～4）、500kV 开关站现地控制单元（LCU51）、附属厂房公用现地控制单元（LCU52）、公用辅机现地控制单元（LCU6）与主网络交换机组成双环网结构。上位机设备、上水库现地控制单元（LCU7）、下水库现地控制单元（LCU8）、35kV 开关站现地控制单元（LCU9）以星型方式直接接入主网络交换机。防水淹厂房系统控制柜独立于计算机监控系统运行。张河湾计算机监控系统网络结构示意图见图 1。

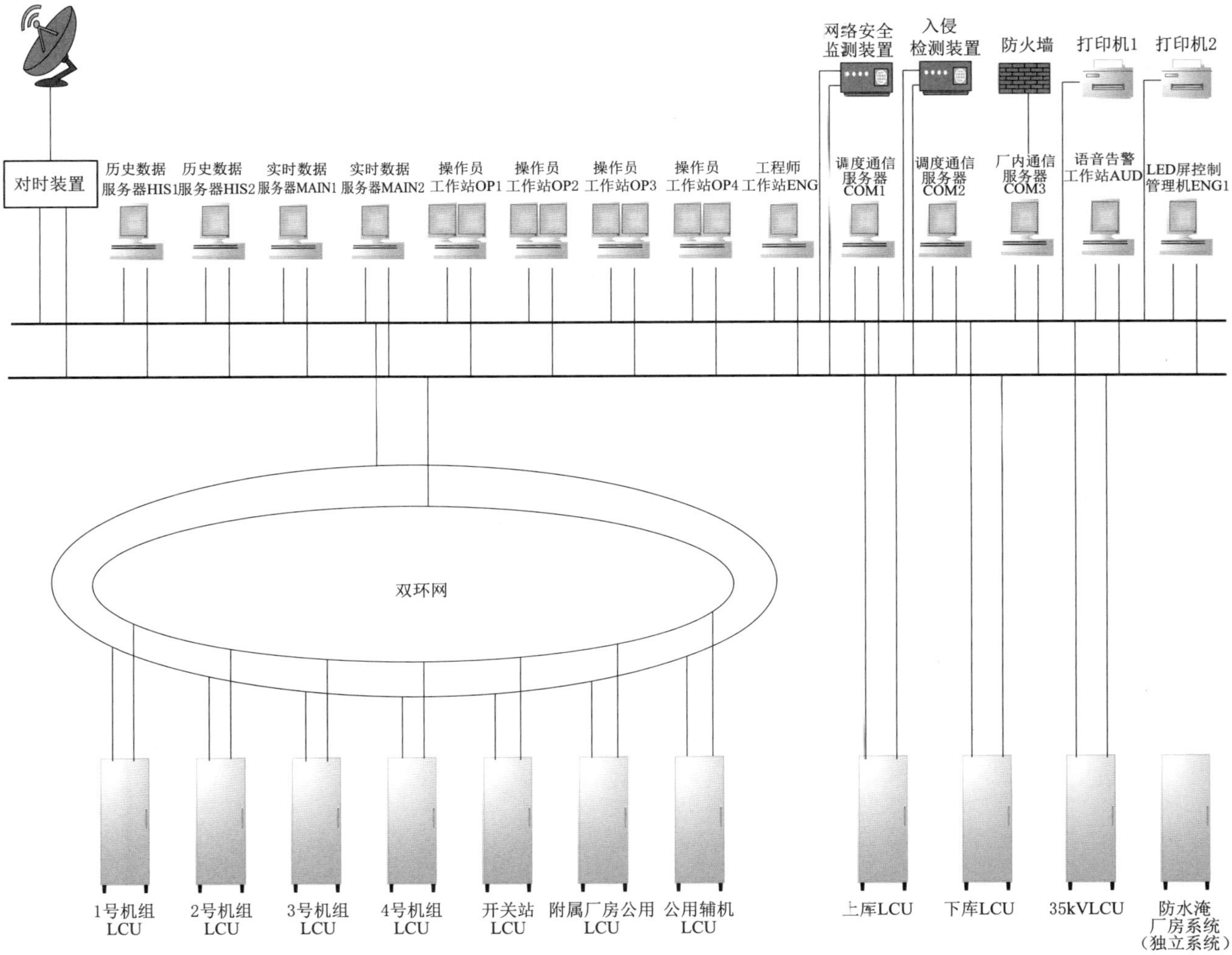

图 1　张河湾计算机监控系统网络结构示意图

3　改造过程

张河湾抽水蓄能电站计算机监控系统国产化改造主要分为三个阶段。第一阶段，监控系统上位机改造，于 2018 年完成。第二阶段，监控系统下位机改造，于 2018 年完成防水淹厂房系统控制柜（LCU10）投运工作，2019 年完成 35kV 开关站现地控制单元（LCU9）、公用辅机现地控制单元（LCU6）、1 号机组现地控制单元（LCU1）、3 号机组现地控制单元（LCU3）改造，2020 年完成上水库现地控制单元（LCU7）、下水库现地控制单元（LCU8）、2 号机组现地控制单元（LCU2）、500kV 开关站现地控制单元（LCU51）、附属厂房公用现地控制单元（LCU52）、4 号机组现地控制单元（LCU4）改造。第三阶段，自动发电控制（AGC）和自动电压控制（AVC）等功能，于 2020 年完成。具体步骤如下。

3.1　第一阶段

监控系统上位机改造。监控系统上位机改造主要包括 2 台历史数据服务器、2 台实时数据服务器、4 台操作员工作站、1 台工程师工作站、2 台调度通信管理机、1 台厂内通信工作站、1 台语音告警工作站、

1 台 LED 屏控制管理机、1 台网络安全监测装置、1 台入侵检测装置、1 台防火墙、2 台打印机、1 套卫星时钟对时系统。另外，监控系统上位机改造还包括 2 台网关服务器和 2 台 OPC 服务器。上位机改造完成后，张河湾计算机监控系统网络结构示意图见图 2。

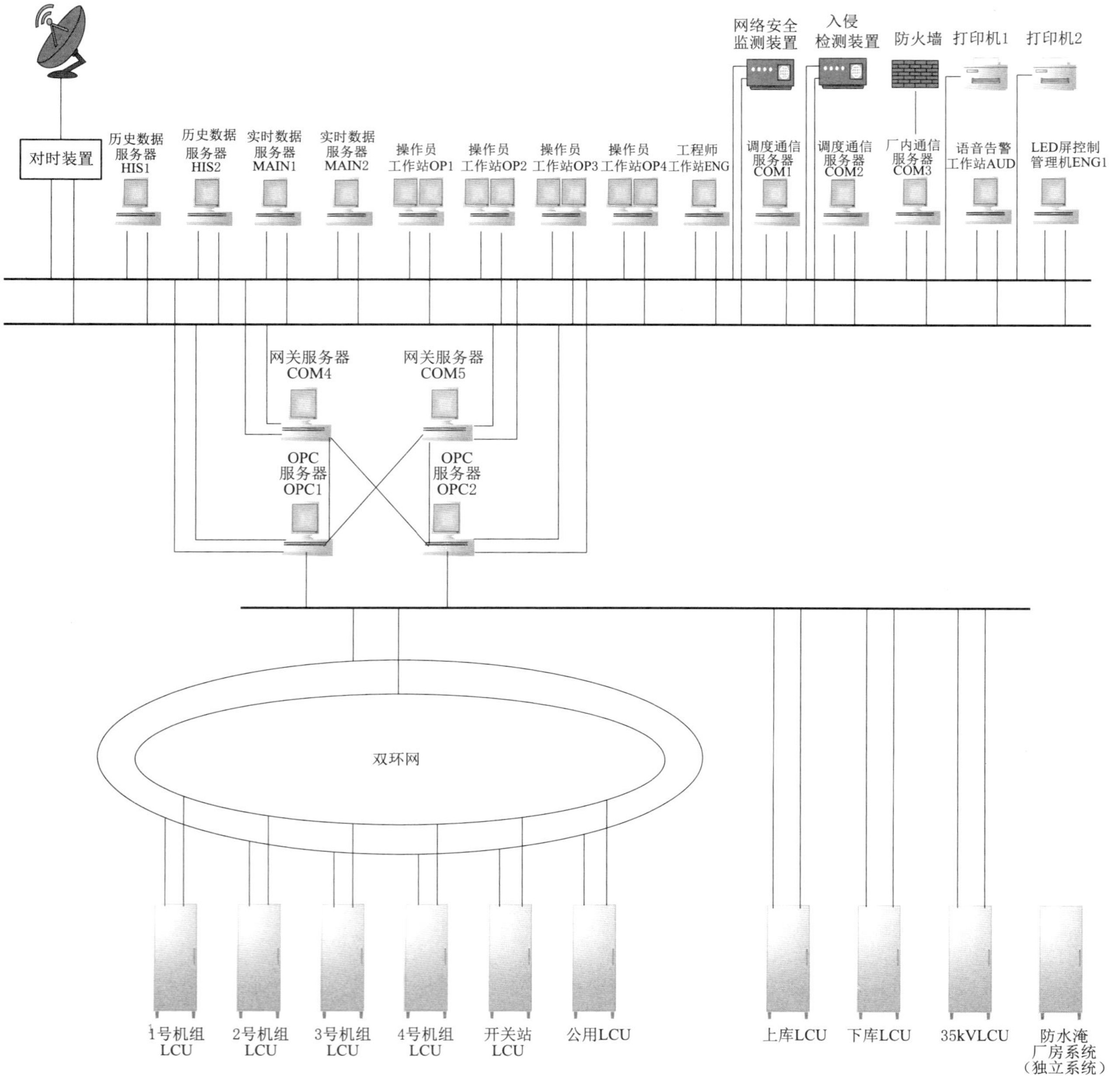

图 2 张河湾计算机监控系统第一阶段网络结构示意图

2 台历史数据服务器，采用美国 HP 公司 DL388 - Gen9 服务器。1 台布置在地下厂房计算机室，1 台布置在小岛办公楼计算机室。主要用于保存监控系统的运行数据，并支持历史数据的查询、提取等功能。服务器采用双机热备方式工作，历史数据分别存放在 2 台历史数据服务器中，服务器采用双机热备冗余配置，有 1 台服务器故障时不会影响系统的正常运行，提高了监控系统的安全性和可靠性。

2 台实时数据服务器，采用美国 HP 公司 DL388 - Gen9 服务器，布置在地下厂房计算机室，主要用于采集和处理各现地控制单元（LCU）实时数据，同时向 2 台历史数据服务器、4 台操作员工作站、2 台调度通信管理机、1 台厂内通信工作站、1 台工程师工作站、1 台语音告警工作站等组播系统实时数据。服务器采用双机热备冗余配置，有 1 台服务器故障时不会影响系统的正常运行，提高了监控系统的安全性和可靠性。

4 台操作员工作站，采用美国 HP 公司 Z440 工作站，2 台布置在地下厂房中控室，2 台布置在小岛办公楼远控室。每套操作员工作站均配置 2 个 27 英寸液晶显示器，主要用于实现值班人员与监控系统人机对话，完成实时监视和控制等功能。

1 台工程师工作站，采用美国 HP 公司 Z440 工作站，主要用于系统的日常维护，修改数据库，增减画面等。

2 台调度通信服务器，采用 NARI SJ30－664 通信管理机，主要用于与华北网调、河北省调 104 通信，接收调度中心的调度指令，并直接向电网调度中心上送电站的运行数据。服务器采用双机热备方式工作，任何一台服务器故障都不会影响系统正常运行，提高了系统的安全可靠性。

1 台厂内通信服务器，采用美国 HP 公司 Z440 工作站，主要用于与新源生产实时 mis 系统 104 通信，直接向新源上送电站的运行数据。

1 台语音告警工作站，采用美国 HP 公司 Z440 工作站，主要用于语音报警及中控室大屏投屏。

1 台 LED 屏控制管理机，采用美国 HP 公司 Z440 工作站，主要用于中控室 LED 屏投屏及投屏内容修改等。

1 台网络安全监测装置，采用 NARI 公司 ISG3000 网络安全监测装置，主要用于采集网络设备（如数据网交换机、工控交换机等）、主机设备（服务器和工作站）、通用安全设备（如防火墙、入侵检测＼防御装置等）、专用安全设备（如网络安全隔离装置）和数据库等设备和程序的运行信息和安全事件，并将运行信息和安全事件归并成告警信息上报给主站平台，并执行主站平台下发的各类管控命令。

1 台防火墙，采用 DPtach FW1000 防火墙，主要用于监控系统厂内通信机与新源生产实时 sis 系统交换数据的逻辑隔离，以及网络安全监测装置与网络安全监测装置管理机交换数据的逻辑隔离。

1 台入侵检测装置，采用启明星辰天阗 NT－4000 入侵检测装置，主要用于检测计算机监控系统数据交换网络。

2 台网关服务器，采用 HP DL388 服务器，主要用于与 OPC 服务器 104 通信，接收 OPC 服务器上送的各现地控制单元（LCU）实时数据，同时向 2 台历史数据服务器、2 台实时数据服务器、4 台操作员工作站、2 台调度通信管理机、1 台厂内通信工作站、1 台工程师工作站、1 台语音告警工作站等组播系统实时数据，接收操作员工作站下发的控制指令，将控制指令转发到 OPC 服务器，以实现南瑞监控系统上位机与阿尔斯通监控系统现地控制单元（LCU）之间的数据交互。服务器采用双机热备冗余配置，有一台服务器故障时不会影响系统的正常运行，提高了监控系统的安全性和可靠性。

2 台 OPC 服务器，采用 HP Z440 工作站，主要用于采集各现地控制单元（LCU）实时数据，将现地控制单元（LCU）实时数据上送给网关服务器，接收网关服务器控制指令，将控制指令转发到各现地控制单元（LCU）中，以实现南瑞监控系统上位机与阿尔斯通监控系统现地控制单元（LCU）之间的数据交互，以及南瑞监控系统现地控制单元（LCU）与阿尔斯通监控系统现地控制单元（LCU）之间的数据交互。服务器采用双机热备冗余配置，有一台服务器故障时不会影响系统的正常运行，提高了监控系统的安全性和可靠性。

3.2 第二阶段

第二阶段，监控系统下位机改造。监控系统下位机主要包括 4 套机组现地控制单元（LCU1～4）、1 套 500kV 开关站现地控制单元（LCU51）、1 套附属厂房公用现地控制单元（LCU52）、1 套公用辅机现地控制单元（LCU6）、1 套上水库现地控制单元（LCU7）、1 套下水库现地控制单元（LCU8）、1 套 35kV 开关站现地控制单元（LCU9）、1 套防水淹厂房控制柜（LCU10）。此处仅以 1 号机组现地控制单元（LCU1）、3 号机组现地控制单元（LCU3）和 35kV 现地控制单元（LCU9）改造完成为例。改造完成后，1 号机组现地控制单元（LCU1）和 3 号机组现地控制单元（LCU3）先组成双环网，再以星型网接入南瑞监控系统，35kV 开关站现地控制单元（LCU9）以星型网直接接入南瑞监控系统，张河湾计算机监控系统网络结构示意图见图 3。

机组现地控制单元（LCU1～4），布置在主厂房发电机层相应机组旁，主要负责监控范围包括水泵水

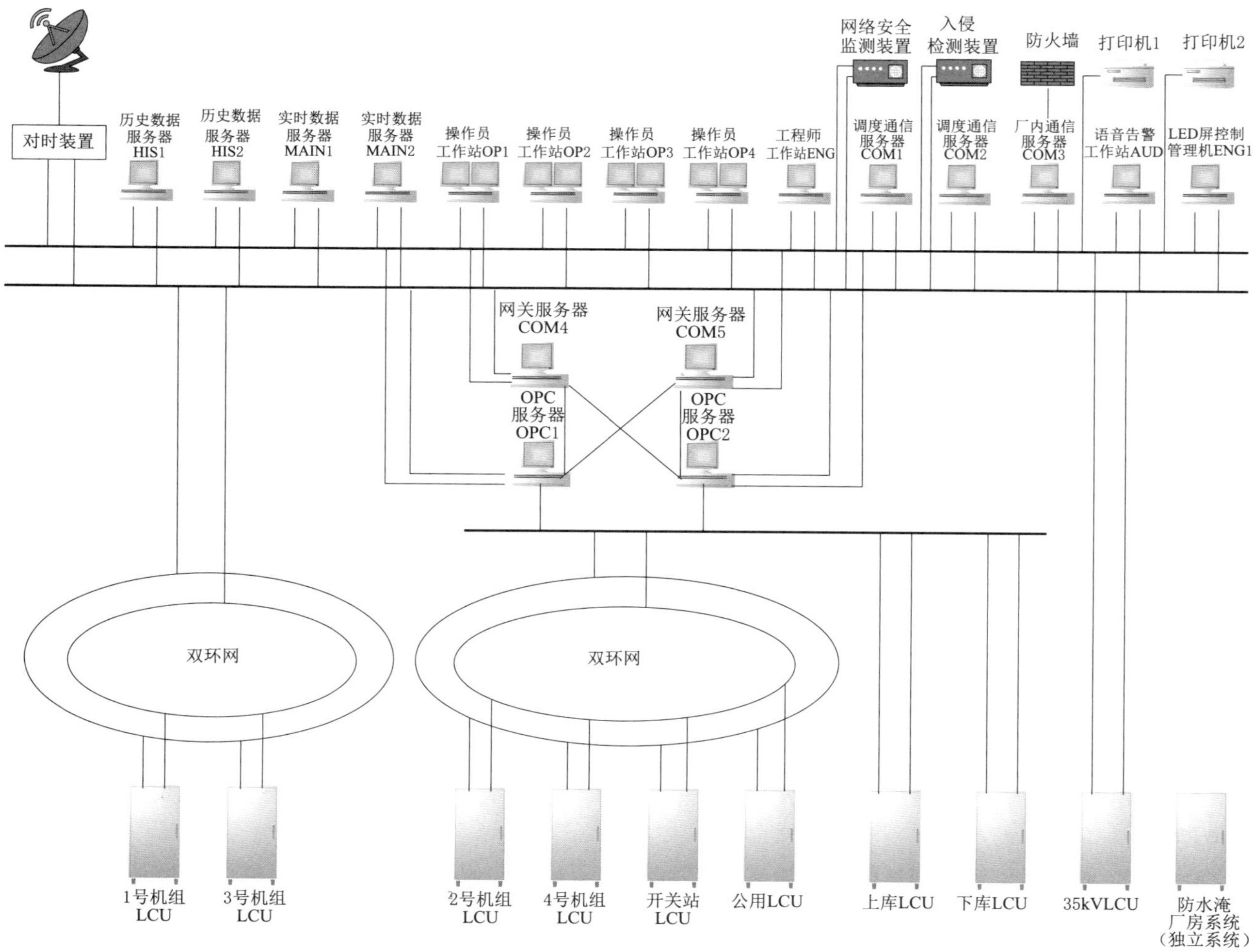

图3 张河湾计算机监控系统第二阶段网络结构示意图

轮机、发电电动机、主变压器、出口断路器、换向开关、启动刀闸、拖动刀闸、球阀、机组自用电、机组附属及其辅助设备等。

500kV 开关站现地控制单元（LCU51），布置在主变附属厂房 500kV 开关站 LCU 室，主要负责监控范围包括 500kV 出线、500kV 母线、500kV 开关设备、500kV 系统继电保护装置等。

附属厂房公用现地控制单元（LCU52），布置在主变附属厂房 500kV 开关站 LCU 室，主要负责监控范围包括 SFC 及其辅助设备、启动母线联络刀闸、主变附属厂房 220V 直流系统、主变附属厂房 10kV 和 400V 厂用电配电装置等。

公用辅机现地控制单元（LCU6），布置在副厂房计算机室，主要负责监控范围包括主厂房和副厂房内公用辅助设备、副厂房 220V 直流系统、主厂房和副厂房 10kV 和 400V 厂用电配电装置、防水淹厂房系统等。

上水库现地控制单元（LCU7），布置在上水库 LCU 室，主要负责监控范围包括进出水口事故闸门、上水库水位测量设备、上水库 220V 直流系统、上水库 10kV 和 400V 厂用电配电装置等。

下水库现地控制单元（LCU8），布置在下水库 LCU 室，监控范围包括尾水事故闸门、下水库水位测量设备、下水库 10kV 和 400V 厂用电配电装置等。

35kV 开关站现地控制单元（LCU9），布置在 35kV 开关站 LCU 室，主要负责监控范围包括 35kV 出线、35kV 母线、35kV 开关设备、35kV 系统继电保护装置等。

防水淹厂房系统控制柜（LCU10），布置在附属厂房计算机室，主要负责监控范围包括排水廊道水位测量设备、中控室紧急操作按钮箱、远控室紧急操作按钮箱、交通洞紧急操作按钮箱、逃生洞紧急操作按钮箱等。

3.3 第三阶段

第三个阶段，监控系统全部改造完成，网关服务器和 OPC 服务器退出运行，完善自动发电控制（AGC）和自动电压控制（AVC）等功能。改造完成后，张河湾计算机监控系统网络结构示意图见图 1。

自动发电控制（AGC），系统根据上级调度机构下发的全厂有功设定值，在保证电厂安全运行的前提下，以迅速、经济的方式确定电厂机组运行台数、运行机组的组合和机组间的负荷分配，通过调节发电机有功出力，达到全厂有功设定值，实现全厂多机组的有功自动控制。

自动电压控制（AVC），系统根据上级调度机构下发的全厂控制目标（电厂高压母线电压、全厂总无功等），按照控制策略（电压曲线、恒母线电压、恒无功）合理分配给每台机组，通过调节发电机无功出力，达到全厂目标控制值，实现全厂多机组的电压无功自动控制。

4 技术难点

在整个监控系统改造过程中，主要的技术难点在于上位机改造时如何实现南瑞监控系统上位机与阿尔斯通监控系统现地控制单元（LCU）之间的数据交互和下位机改造时如何实现南瑞监控系统现地控制单元（LCU）与阿尔斯通监控系统现地控制单元（LCU）之间的数据交互。

针对以上两个问题，张河湾抽水蓄能电站采用基于 OPC 的 IEC60870－5－104 通信方式实现南瑞监控系统上位机与阿尔斯通监控系统现地控制单元（LCU）之间的数据交互和南瑞监控系统现地控制单元（LCU）与阿尔斯通监控系统现地控制单元（LCU）之间的数据交互。架构冗余稳定数据刷新速率可控、下行控制稳定可靠。

5 OPC 控制策略

OPC（OLE for Process Control）控制系统由网关服务器和 OPC 服务器组成，主要用于解决过程控制系统与其数据源的数据交换问题。张河湾 OPC 网络通信结构图见图 4。网关服务器中安装南瑞监控系统上位机 NC3.0 系统和 IEC104 主站程序，OPC 服务器中安装 OPC Server 程序、OPC Client 程序和 IEC104 子站程序。OPC 服务器中 OPC Server 程序从各现地控制单元（LCU）的 PLC 中采集原始寄存器数据，OPC Server 程序采集到数据后将数据转发至 OPC Client 程序，OPC Client 程序再以 IEC104 通信方式将数据转发至网关服务器的南瑞监控系统上位机 NC3.0 中，网关机将数据组播至南瑞监控系统上位机各个节点完成采集。

南瑞监控系统通过人机接口下发控制命令（如抽水、发电等），网关服务器通过 IEC104 通信方式转发至 OPC 服务器中的 OPC Client 程序，OPC Client 程序接收到控制命令后将控制命令转发至 OPC Server 程序，OPC Server 程序将控制命令直接转发至相应的现地控制单元（LCU），控制命令最后直接写到 PLC 中的控制寄存器中，完成了控制命令的处理。

南瑞监控系统通过人机接口下发设定值（如机组有功功率、机组无功功率等），下发设定值的工作原理与下发控制命令类似，差异为下发的设定值转换为码值后再下发到相应现地控制单元（LCU）的 PLC 寄存器中，完成设定值的处理。

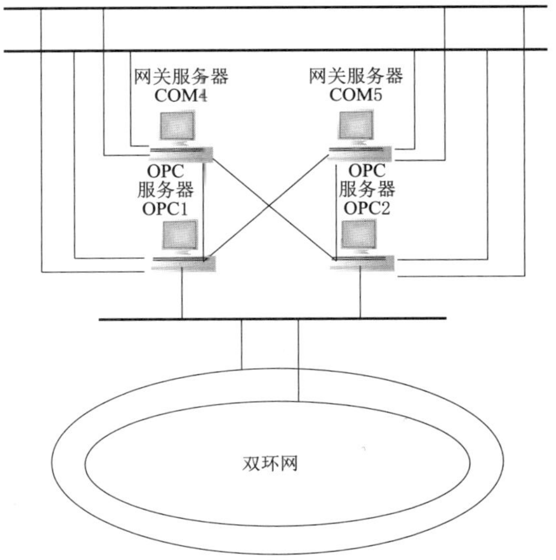

图 4 张河湾 OPC 控制系统结构示意图

南瑞监控系统现地控制单元（LCU）与阿尔斯通监控系统现地控制单元（LCU）之间的数据交互，OPC 服务器中 OPC Server 程序从各现地控制单元（LCU）的 PLC 中采集原始寄存器数据，OPC Server 程序采集到数据后将南瑞监控系统现地控制单元（LCU）与阿尔斯通监控系统现地控制单元（LCU）之间的交互数据直接转发到相应现地控制单元（LCU）的 PLC 寄存器中。

6　结语

张河湾抽水蓄能电站计算机监控系统国产化改造完成，实现了对电站主要设备的运行监视和控制，在优化电站运行，提高经济效益等方面意义显著。同时也为其他抽水蓄能电站国产化改造提供宝贵的经验。

参考文献

[1]　谷振富，张鑫，黄国平. 张河湾公司计算机集控系统国产化改造可行性研究 [J]. 水电站机电技术，2016，39（12）：9-12.

[2]　殷喆，包建东，黄镇，等. ALSPA P320 系统在张河湾水电站监控中的应用 [J]. 科技信息（学术研究），2008（30）：315-316.

[3]　朱传宗，张甜，王宗收，等. 张河湾电站监控系统改造过程中 OPC 的设计与应用 [J]. 水电站机电技术，2018，41（12）47-49.

[4]　李世昌，王晶晶，王宗收，等. OPC 协议在张河湾电站监控系统国产改造中的应用 [J]. 水电站机电技术，2020，43（12）：6-9.

[5]　单鹏珠，张柏，李勇，等. 张河湾抽水蓄能电站 AVC 子站系统设计及应用实现 [J]. 电网与清洁能源，2017，33（4）：137-142.

浙江缙云抽水蓄能电站危大工程安全管理经验探讨

王海建 邵 增
（中国水利水电建设工程咨询西北有限公司，陕西省西安市 710105）

【摘 要】 本文通过对危大工程安全管理工作经验的总结，提出了内容翔实、可操作性强的危大工程安全管控措施，可供同类型工程参考和借鉴。

【关键词】 抽水蓄能 危大工程 安全管理 程序

1 引言

水电是全世界公认的清洁、优质可再生能源。大中型水电工程还具有防洪、减灾、供水、航运、灌溉、旅游、养殖等综合利用功能，是国家经济社会发展重要的基础设施。2021 年是“十四五”开局之年，推进绿色发展，健全绿色低碳循环发展经济体系是国家建设新要求，“2030 碳达峰、2060 碳中和”是新发展理念。

风电、光伏等新能源是未来电量增长的主体，但是风电、光伏等发电具有先天不稳定性、间歇性和波动性，目前来看，抽水蓄能电站具备调节保障功能。根据中国水电发展远景规划[1]，到 2030 年水电装机容量约为 5.2 亿 kW，其中，常规水电 4.2 亿 kW，抽水蓄能 1 亿 kW，水电开发程度约 60％；到 2060 年，水电装机约 7.0 亿 kW，其中，常规水电 5 亿 kW，新增扩机和抽水蓄能 2.0 亿 kW，水电开发程度 73％。

综上，未来 10 年，抽水蓄能电站开发大有可为，必将迎来发展高峰期。

2 工程概况

浙江缙云抽水蓄能电站位于浙江省丽水市缙云县境内，上库地处缙云县大洋镇漕头村方溪源头，下库坝址位于方溪乡上游约 1.9km 的方溪干流河段上。下库坝址距丽水市、杭州市、温州市和台州市的公路里程分别为 37km、278km、163km 和 200km。电站主要由上水库、输水系统、地下厂房、地面开关站及下水库等建筑物组成。地下厂房内安装 6 台单机容量为 300MW 的混流可逆式水轮发电机组，总装机容量为 1800MW。电站上水库正常蓄水位 926.0m，死水位 899.0m，有效库容 865 万 m^3；下水库正常蓄水位 325.0m，死水位 298.0m，有效库容 823 万 m^3。工程属一等大（1）型工程，主要永久建筑物按 1 级建筑物设计，次要永久建筑物按 3 级建筑物设计。

3 危大工程的概念和法规要求

3.1 危大工程

达到一定规模的危险性较大的分部分项工程（简称“危大工程”），是指工程在施工过程中，容易（存在的、可能）导致人员群死群伤或者造成重大经济损失（重大不良社会影响）的分部分项工程。

3.2 危大工程法规要求

《建设工程安全生产管理条例》（中华人民共和国国务院令第 393 号）第二十六条规定：施工单位应当在施工组织设计中编制安全技术措施和施工现场临时用电方案，对下列达到一定规模的危险性较大的分部分项工程编制专项施工方案，并附具安全验算结果，经施工单位技术负责人、总监理工程师签字后实施，由专职安全生产管理人员进行现场监督：（一）基坑支护与降水工程；（二）土方开挖工程；（三）模板工程；（四）起重吊装工程；（五）脚手架工程；（六）拆除、爆破工程；（七）国务院建设行政主管部门或者其他有关部门规定的其他危险性较大的工程。对前款所列工程中涉及深基坑、地下暗挖工程、高大模板工程的专项施工方案，施工单位还应当组织专家进行论证、审查。

3.3 抽水蓄能电站危大工程管理主要参考规范标准

(1) 中华人民共和国水利部发布 SL 721—2015《水利水电工程施工安全管理导则》。

(2) 国家能源局发布 NB/T 10096—2018《电力建设工程施工安全管理导则》。

(3) 住房和城乡建设部发布《危险性较大的分部分项工程安全管理规定》(住房和城乡建设部令第37号)。

(4)《国家电网公司水电工程施工安全风险识别、评估及预控措施管理办法》[国网(基建/3) 792—2016]。

(5) 中国水利水电建设工程咨询西北有限公司企业标准《安全技术管理办法》(Q/NWHC. G. QHSE04. 01—2017)。

4 危大工程安全管理

4.1 危大工程前期准备

(1) 建设单位应当依法提供真实、准确、完整的工程地质、水文地质和工程周边环境等资料。

(2) 勘察单位应当根据工程实际及工程周边环境资料，在勘察文件中说明地质条件可能造成的工程风险。设计单位应当在设计文件中注明涉及危大工程的重点部位和环节，提出保障工程周边环境安全和工程施工安全的意见，必要时进行专项设计。

(3) 建设单位应当组织勘察、设计等单位在施工招标文件中列出危大工程清单，要求施工单位在投标时补充完善危大工程清单并明确相应的安全管理措施。

(4) 建设单位应当按照施工合同约定及时支付危大工程施工技术措施费以及相应的安全防护文明施工措施费，保障危大工程施工安全。

(5) 建设单位在申请办理安全监督手续时，应当提交危大工程清单及其安全管理措施等资料。

4.2 危大工程专项方案

(1) 施工单位在危大工程施工前组织工程技术人员编制专项施工方案。实行施工总承包的，专项施工方案应当由施工总承包单位组织编制。危大工程实行分包的，专项施工方案可以由相关专业分包单位组织编制。专项施工方案内容主要包括下列内容：①工程概况：危大工程概况和特点、施工平面布置、施工要求和技术保证条件；②编制依据：相关法律、法规、规范性文件、标准、规范及施工图设计文件、施工组织设计等；③施工计划：包括施工进度计划、材料与设备计划；④施工工艺技术：技术参数、工艺流程、施工方法、操作要求、检查要求等；⑤施工安全保证措施：组织保障措施、技术措施、监测监控措施等；⑥施工管理及作业人员配备和分工：施工管理人员、专职安全生产管理人员、特种作业人员、其他作业人员等；⑦验收要求：验收标准、验收程序、验收内容、验收人员等；⑧应急处置措施；⑨计算书及相关施工图纸。

(2) 专项施工方案应当由施工单位技术负责人审核签字、加盖单位公章，并由总监理工程师审查签字、加盖执业印章后方可实施。危大工程实行分包并由分包单位编制专项施工方案的，专项施工方案应当由总承包单位技术负责人及分包单位技术负责人共同审核签字并加盖单位公章。

(3) 对于超过一定规模的危大工程，施工单位应当组织召开专家论证会对专项施工方案进行论证。实行施工总承包的，由施工总承包单位组织召开专家论证会。对于超过一定规模的危大工程专项施工方案，专家论证的主要内容应当包括：①专项施工方案内容是否完整、可行；②专项施工方案计算书和验算依据、施工图是否符合有关标准规范；③专项施工方案是否满足现场实际情况，并能够确保施工安全。专家论证前专项施工方案应当通过施工单位审核和总监理工程师审查。

参加专项施工方案专家论证会的人员应当包括：专家组成员，建设单位项目负责人或技术负责人，监理单位项目总监理工程师及相关人员，总包单位分管安全的负责人、技术负责人、项目负责人、项目技术负责人、专项施工方案编制人员、项目专职安全生产管理人员、施工单位技术负责人，勘察、设计单位项目技术负责人及相关人员。

(4) 专家论证会后，应当形成论证报告，对专项施工方案提出通过、修改后通过或者不通过的一致意见。专家对论证报告负责并签字确认。专项施工方案经论证需修改后通过的，施工单位应当根据论证报告修改完善后，重新履行本规定第十一条的程序。专项施工方案经论证不通过的，施工单位修改后应当按照本规定的要求重新组织专家论证。

4.3 危大工程现场管理

(1) 施工单位在施工现场显著位置公告危大工程名称、施工时间和具体责任人员，并在危险区域设置安全警示标志。

(2) 专项施工方案实施前，编制人员或者项目技术负责人应当向施工现场管理人员进行方案交底。施工现场管理人员应当向作业人员进行安全技术交底，并由双方和项目专职安全生产管理人员共同签字确认。

(3) 施工单位应当严格按照专项施工方案组织施工，不得擅自修改专项施工方案。

(4) 施工单位应当对危大工程施工作业人员进行登记，项目负责人应当在施工现场履职。项目专职安全生产管理人员应当对专项施工方案实施情况进行现场监督，对未按照专项施工方案施工的，应当要求立即整改，并及时报告项目负责人，项目负责人应当及时组织限期整改。施工单位应当按照规定对危大工程进行施工监测和安全巡视，发现危及人身安全的紧急情况，应当立即组织作业人员撤离危险区域。

(5) 监理单位应当结合危大工程专项施工方案编制监理实施细则，并对危大工程施工实施专项巡视检查。

(6) 监理单位发现施工单位未按照专项施工方案施工的，应当要求其进行整改；情节严重的，应当要求其暂停施工，并及时报告建设单位。施工单位拒不整改或者不停止施工的，监理单位应当及时报告建设单位和工程所在地住房城乡建设主管部门。

(7) 对于按照规定需要进行第三方监测的危大工程，建设单位应当委托具有相应勘察资质的单位进行监测。监测单位应当编制监测方案。监测方案由监测单位技术负责人审核签字并加盖单位公章，报送监理单位后方可实施。监测单位应当按照监测方案开展监测，及时向建设单位报送监测成果，并对监测成果负责；发现异常时，及时向建设、设计、施工、监理单位报告，建设单位应当立即组织相关单位采取处置措施。

(8) 对于按照规定需要验收的危大工程，施工单位、监理单位应当组织相关人员进行验收。验收合格的，经施工单位项目技术负责人及总监理工程师签字确认后，方可进入下一道工序。危大工程验收合格后，施工单位应当在施工现场明显位置设置验收标识牌，公示验收时间及责任人员。

(9) 施工、监理单位应当建立危大工程安全管理档案。施工单位应当将专项施工方案及审核、专家论证、交底、现场检查、验收及整改等相关资料纳入档案管理。监理单位应当将监理实施细则、专项施工方案审查、专项巡视检查、验收及整改等相关资料纳入档案管理。

5 危大工程监理安全管理责任

(1) 监理单位有下列行为之一的，依照《中华人民共和国安全生产法》《建设工程安全生产管理条例》对单位进行处罚；对直接负责的主管人员和其他直接责任人员处1000元以上5000元以下的罚款：(一) 总监理工程师未按照本规定审查危大工程专项施工方案的；(二) 发现施工单位未按照专项施工方案实施，未要求其整改或者停工的；(三) 施工单位拒不整改或者不停止施工时，未向建设单位和工程所在地住房城乡建设主管部门报告的。

(2) 监理单位有下列行为之一的，责令限期改正，并处1万元以上3万元以下的罚款；对直接负责的主管人员和其他直接责任人员处1000元以上5000元以下的罚款：(一) 未按照本规定编制监理实施细则的；(二) 未对危大工程施工实施专项巡视检查的；(三) 未按照本规定参与组织危大工程验收的；（四）未按照本规定建立危大工程安全管理档案的。

6 结语

（1）在新时代能源供给侧改革、能源结构转型和实现高质量发展战略要求的背景下，抽水蓄能电站作为绿色电力能源充满发展机遇。

（2）通过对危大工程安全管理工作经验的总结，提出了内容翔实、可操作性强的危大工程安全管控措施，具有较高的实用性和明显的示范效应，对其他同类型危大工程管理应用具有积极的借鉴意义。

参考文献

[1] 周建平，杜效鹄，周兴波．“十四五”水电开发形势分析、预测与对策措施［J］．水电与抽水蓄能，2021（1）：2.

“互联网＋智能软件平台”在抽水蓄能电站工程中安全管理的应用

张 贺

（中国水利水电建设工程咨询北京有限公司，北京市 100020）

【摘 要】 浙江衢江抽水蓄能电站工程通过利用互联网技术和智能软件平台，在工程管理中搭建智能平台，让监理从业人员能够精准数据分析和及时发现安全管理工作中存在的问题，加强了对施工现场安全管控能力，有效提升了安全管理科技化、精细化水平。

【关键词】 互联网＋智能软件平台 安全管理 数据分析 应用 成果

1 引言

近年来，随着互联网技术在我国的快速发展，如何利用互联网平台和信息通信技术，加快推动互联网的创新成果与各行各业进行深度融合和创新发展，充分发挥“互联网＋”对促改革、防风险的作用。2015 年 7 月 4 日，国务院印发了《国务院关于积极推进“互联网＋”行动的指导意见》，就积极推进“互联网＋”行动，推动技术进步、提升效率和创新力，提出了指导意见。

在抽水蓄能电站建设中，大量涉及洞挖、地下工程、上下库环库路等地下工程较常规水电站建设安全管控难度大、施工环境复杂，安全管理“一岗双责”落实效果差，不能及时、动态、精准地分析不同施工阶段安全管理的薄弱环节，不利于施工现场的安全管理工作。如何能够实现提前预警、精准分析管理难点，达到更有效的减少违章作业的发生，全员落实“一岗双责”保证工程施工安全，“互联网＋安全管理”的推广与应用就显得愈发迫切和必要。

国家鼓励水电水利工程建设等各行各业树立互联网思维，积极与“互联网＋”相结合，具有广阔的发展前景和无限潜力，已成为不可阻挡的时代潮流。充分利用钉钉办公软件中简道云应用平台，在保证功能性成熟的同时，安全管理人员无需代码，即可构建出符合需求的业务管理应用，降低各类型在建项目推广应用“互联网＋”门槛。根据规范及工程特种属性，制定适用于现场项目工程安全管理的信息记录平台。推广应用“互联网＋安全管理”有利于促进互联网应用创新、激发创新活力，对加快推进安全生产标准化体系建设具有重要意义。

2 建设的目的

实现“互联网＋安全管理”理由简道云系统基础相关功能，设计编制适合于抽水蓄能电站建设安全管理的表单式填报系统，实现落实“一岗双责”全员化、管理台账统计分析自动化、安全旁站记录规范化、班前教育可视化、危大/超危大工程管控精准化，提高安监现场工作管理水平。

让所有岗位监理工作者，随时随地按照不同的违章事件和存在的安全隐患类型，标准化的记录到监理日志中包括施工现场巡查情况正面描述、发现的事故隐患及处理情况、危大工程检查与验收情况、设施设备验收情况、组织和参加会议情况及相关异常事件的影像资料、管理流程处理信息，并通过网络同步数据到服务端的系统之中，提高建设、监理和施工单位管理人员现场安监工作的办公效率。

充分利用钉钉办公软件中简道云应用平台，在保证功能性成熟的同时，安全管理人员无需代码，即可构建出符合需求的业务管理应用，降低各类型在建项目推广应用“互联网＋”门槛。根据规范及工程特种属性，制定适用于现场项目工程安全管理的信息记录平台。将简道云等类似成熟互联网数据处理软件，发展成 Computer Aided Designcad、Microsoft Office Word 等软件在建设工程项目管理中普遍应用。

提高实操性、拒绝假大空的现象。推进安全生产管理的创新，要在具备操作性、结合自身工程管理的前提下进行。有针对性的专项应用平台能有更好的服务安全监督管理工作，而不是为了完成创新而增加工作量，既不能保证工作质量也不能达到工程管理创新改革的效果。

3 系统功能构架设计

系统的服务对象主要是专职安全监理人员和现场监理工程师。使用智能手机终端和电脑终端接入互联网，根据不同的工作任务需求，分别访问应用（Web）服务和移动应用服务，通过应用服务器和互联网进行数据交换，最终将数据安全的返回给使用人员。使用人员可以通过登录钉钉工作台中简道云，填写安全监理记录、旁站记录（脚手架、大件吊装等）等相关记录进行填写。

通过应用设定，根据工程安全管理需求应用平台进行数据分析采集。使用智能手机终端和电脑终端接入互联网，根据不同的工作任务需求，分别访问应用（Web）服务和移动应用服务，通过应用服务器和后端的数据服务器进行数据交换，最终将数据安全的返回给使用人员。通过网络接受感知终端传输的数据内容，并对数据进行录入、抽取、转换、加载和统计分析的操作。使其更安全、稳定、高效的运行。

浙江衢江抽水蓄能电站监理部应用分五个模块，包括现场监理模块、安全监理模块、试验检测模块、工程测量模块、综合管理模块。就安全监理功能分区进行具体讲义：

（1）对程序资源的访问进行安全控制，在客户端上，为安全监理工程师提供其权限相关的用户界面，仅出现和其权限相符的菜单，操作按钮。包括安全监理记录（即安全监理日志）、旁站记录（含大件吊装、脚手架等）、衢江站班会报表（即班前教育）、年度危大工程清单、防汛值班记录及统计、安全监理工作台账（即数据分析模块）。

（2）在原有应用网络安全体系中，建立了填报人管理、审批人管理、数据备份发布管理、日志打印管理等一系列操作权限制定。

（3）设置一名安全监理作为兼职系统管理员，管理员提前设置好流程的节点，负责人和数据流转的路径。一旦数据提交后，就会进入流程，按照流程的设定进行流转。流程应用如下：安全监理工程师现场巡视检查→填写检查记录→分管副总监审批→安全监理工程师跟踪整改闭合结果→流程结束并发布数据信息→数据信息自动采集→列入安全监理工作台账并生成分析仪表盘。

（4）在表单中收集得到的数据，可通过仪表盘来进行查看、分析和处理。主要包括明细表、数据透视表、柱形图、折线图、雷达图、甘特图等图表类型。

4 系统功能应用成果

4.1 实现落实“一岗双责”全员化管理功能

在设计现场监理管控模块中，将现场监理日志中设置每日必填项目“安全隐患排查治理情况（一岗双责）”，填报内容中明确隐患部位内容、隐患类别等级、治理措施、限期整改监理发文编号、治理期限、施工单位责任人、监理单位跟踪整改闭合人、整改前后影像资料上传等。系统自动提升整改状态，便于提醒填写人跟踪整改落实情况。在规范填写监理日志的同时，将多数项目设置为下拉菜单选择项，统一规范日志行文用词；将现场监理在日常现场工作中履职情况无漏项的整体进行描述，操作方便快捷，同时有利于数据分析比对。

浙江衢江抽水蓄能电站监理部为例：在制定一岗一清单明确各岗位职责的同时，将安全隐患排查治理列入现场监理日常必备检查项目。形成了人人管安全的态势，确保安全责任体系高效运行，2020 年度通过现场工程师一岗双责落实检查发现安全问题 817 项，建立一岗双责台账，内容包含：问题描述、发生部位、整改负责人、整改期限、整改结果和相关影像资料等见图 1。

4.2 实现管理台账统计分析自动化功能

通过日常监理日子记录内容，设定重点关注项目，系统自动统计分析自动形成功能化可视图。在表

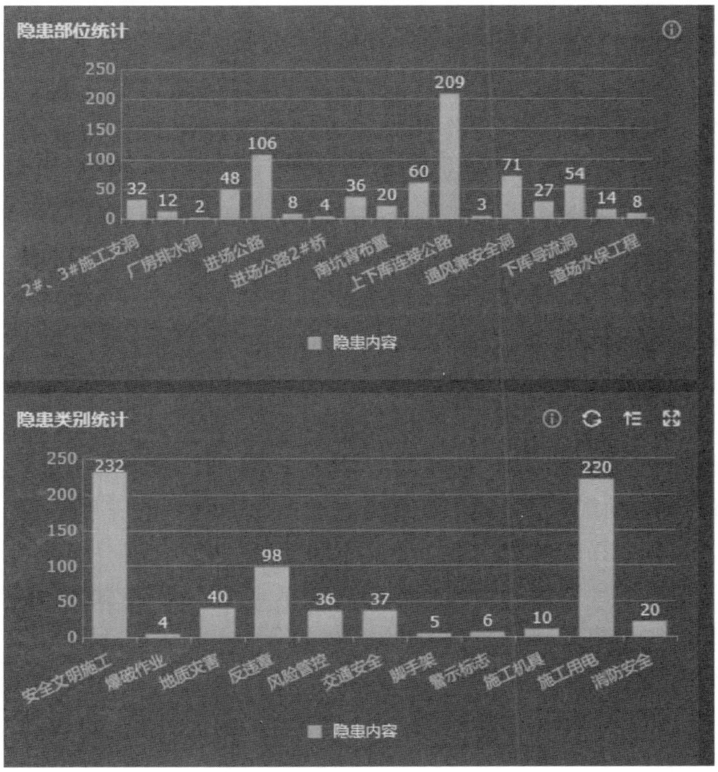

图 1　数据分析图

单中收集得到的数据，可通过设定来进行查看、分析和处理。主要包括明细表、数据透视表、柱形图、折线图、雷达图、甘特图等图表类型。根据图形呈现效果，进行有针对性的分析隐患高频发生部位、隐患类别比重、整改闭合情况等。从而实现根据工程发展趋势，制定相应措施安全管控措施，把握整体工程管理导向，起到了提前预警、提早制定措施方案，达到提升安全管理的效果，见图 2。

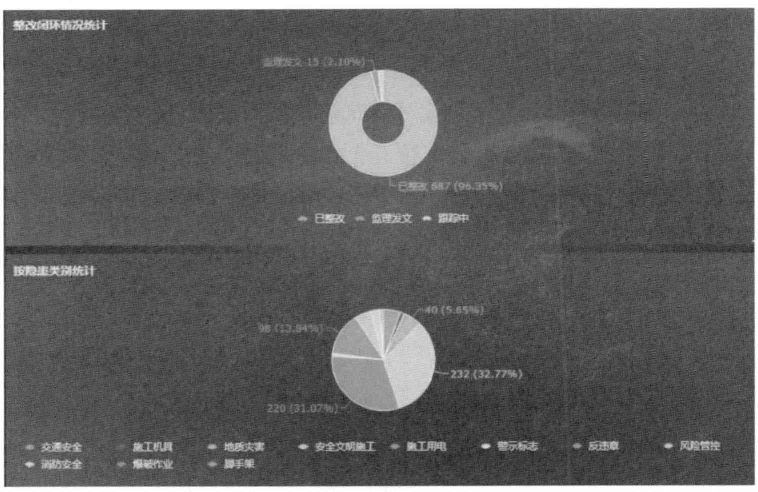

图 2　分类分析图

4.3　实现安全旁站记录规范化管理

随着我国抽水蓄能电站建设工程的迅速发展，国家及各大企业通过不断完善解决安全生产中的突出问题采取了多种措施，工程安全生产工作也取得了明显的成效和积极的改善，各类事故起数和死亡人数持续下降。但通过国内时有发生的重特大事故不难看出，安全管理形势依然严峻。正是在这样的背景下，监理项目部不仅在其中承担着重要的管理环节，同时管理团队也在急速壮大。队伍的壮大带来的是整体安全管理技术水平的下降、管理难度的增加。

浙江衢江抽水蓄能监理部通过运用系统平台，查阅安全管理技术规程规范和行业标准，结合工程实际设计编制定型安全旁站记录。以衢江抽水蓄能电站监理部脚手架旁站记录填报内容为例：

（1）基础信息栏设定：架体功能类别（作业脚手架、支撑脚手架）、脚手架构架方式（扣件落地式、悬挑式、承插型盘扣式等）、作业内容（搭设、拆除）、架体规模及架体结构信息（步距、纵距、横距）。旁站监理人员通过下拉选择的方式规范了架体信息的同时，也对架体整体信息进行核对查验。

（2）基本要求确认栏设定：施工方案编制情况、搭拆施工人员资质管理情况、脚手架材质报验情况。通过填写信息内容，正面描述的同时体现监理履职情况。

（3）人员管理检查栏设定：施工负责人、安全员、搭拆作业人员合计、特种作业人员是否持证、作业人员是否交底。通过填写此栏信息，对整体作业人员管理进行监督检查，施工单位主体管控情况进行全面排查。

（4）架体结构检查栏设定：架体基础、连墙件、杆件间排距、扫地杆、剪刀撑、脚手板。通过信息填写，逐项检查并对架体结构的主要受力杆件进行检查确认，降低漏查情况发生。

（5）架体防护检查栏设定：防护栏杆与挡脚板、安全通道、安全网、牌组设置。通过信息填写，逐项检查并对现场防护设置进行整体的排查，监督检查现场作业人员安全防护措施到位情况。

（6）作业过程情况栏设定：方案执行情况评价、施工工程评价、施工过程照片。通过填报信息，阶段性对现场作业过程进行分析，提升管理效果。

（7）作业过程问题及处置栏设定：问题简述、处置意见、处置状态、问题照片、整改完成照片。通过填报信息，完善过程中问题处置流程和管理环节体现。

4.4　实现班前教育可视化管理

抽水蓄能电站工程作业面相较常规水电站，地下洞室工程多、作业点面分散不集中，监理项目部对施工单位班前教育的开展成为较大的监管漏洞。针对此项管理难点，设计班前会填报表格。施工单位通过扫描二维码，填报日期时间、班次、施工班组、受限空间、应到实到人数、项目部管理人员信息、班前教育记录和现场教育照片、受限空间气体检测记录照片等信息。平台每天自动信息采集形成可视化图标，便于检查和核对现场作业信息，提升整体管理见图 3。

5　结语

现代安全生产理论认为，安全管理、安全技术和培训教育是实现安全生产的基本条件。全面应用“互联网＋智能软件平台”具有系统性（无死角全覆盖）、先进性（结合系统工程原理）和持续改进（PD-CA）的特点，为抽水蓄能电站工程建设及其他行业安全管理体系提供了安全、可靠的现代化移动安监机

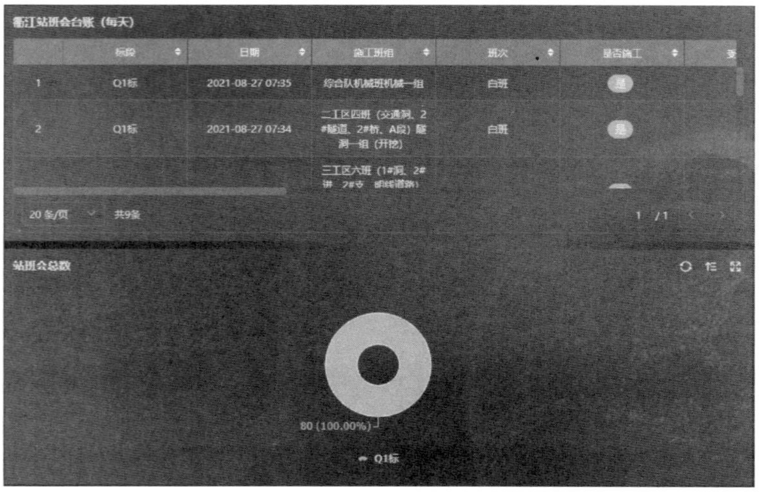

图 3（一）　班前会教育情况展示图

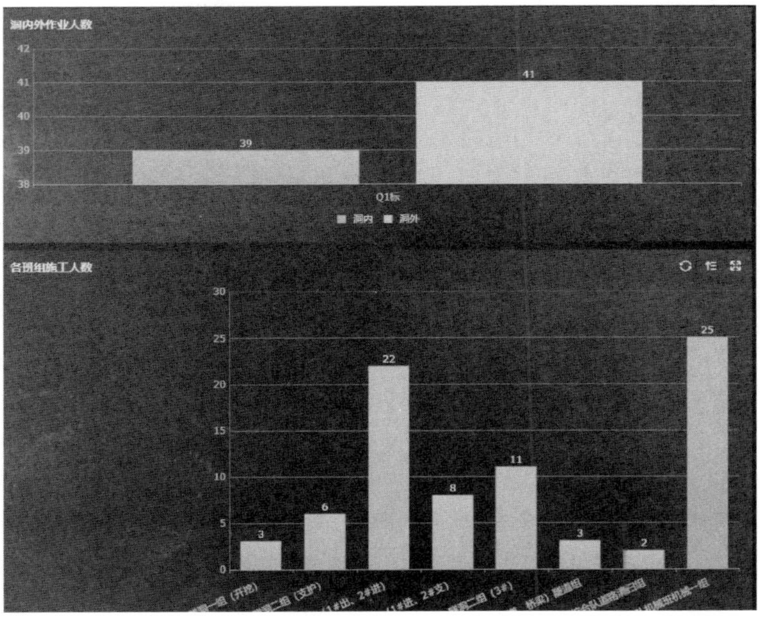

图 3（二） 班前会教育情况展示图

制，为安全管理工作推广应用新技术、新装备开拓了全新的思路和方向，创新了安全管理工作的管理模式。

参考文献

[1] 国务院关于积极推进“互联网＋”行动的指导意见（国发〔2015〕40 号）[R]. 中华人民共和国国务院，2015.

水电运检项目规范化、流程化、易用化管理模式创新与实践

姜　枫　鲍　峰
（松花江水力发电有限公司吉林白山发电厂，吉林省吉林市　132013）

【摘　要】白山电厂始终坚持“科学统筹，规范有序，精准投资”的运检项目管理原则，以问题、目标和结果为导向，以助推企业高质量发展为目标，总结历年审计、依法治企和巡视巡察发现的问题，结合水电（含抽水蓄能）运检项目管理实际，提出了项目全过程规范化、流程化、易用化新管理模式，印发了项目相关规章制度 16 项，发布了项目管理典型流程 13 项，推广了项目操作易用化手册 15 项，实现了生产大修、生产技改、委托运维、设备检测、科技研发等项目闭环管控，提高了项目实施的科学性、经济性与合规性，有力助推了企业高质量发展，项目成果在公司系统多家生产单位推广应用，为建设具有中国特色国际领先的能源互联网企业提供了支撑。

【关键词】运检项目　规范化　流程化　易用化　管理模式　创新

1　引言

白山电厂结合生产运营管理实际和项目管理短板，坚持问题、目标和结果导向，多次组织专题会议研究制定项目管理提升方案，提出了项目运作规范化、项目管控流程化、项目执行易用化的改进提升目标，从基础管理入手，狠抓问题整改和管理创新实践，大力推进项目全过程闭环管控机制建设，取得了良好成效。

2　内涵做法

2.1　项目运作规范化

2.1.1　建立项目管理专业化团队

一是针对项目管理职能交叉和管理职责不清的问题，对组织机构和职责划分进行了重新调整。成立了生产成本项目归口管理部门，并将生产技改、大修项目管理职能调整至计划管理部门归口管理，从业务层面减轻了原生产技术人员项目管理业务量，从管理层面划清了各业务部门的管理界面。

二是高度重视项目管理专业人才的培养工作。在专业归口部门设置专职项目管理人员，采取走出去请进来等多种途径开展项目管理专业知识培训，打造了年轻化、知识化、专业化的项目管理人才梯队。

三是大力推进项目管理人员实用技能锻炼。开展大修技改原则修订、项目管理手册编制、参与专业制度宣贯培训、系统内审计巡察等，既提高了项目管理人员的专业技能，又给企业项目管理提供了智力支撑。

2.1.2　建立项目制度管控体系

一是全面梳理了项目相关的业务名录。识别出适用于企业项目管理的上级规章制度 102 项（国网通用制度 60 项，公司规章制度 42 项），发布了生产项目现行有效制度名录，并定期更新，确保了制度执行的准确性和时效性。

二是严格落实依法治企管理要求，健全生产项目规章制度体系。履行交叉业务制度会签审查制，编制发布了运检业务合同承办等 16 项生产项目管理相关业务执行手册，明确了各部门职责划分，规范了项目过程管理内容、要求及标准，确保了企业规章制度体系与上级公司制度体系的有序衔接。

三是强化项目制度执行力建设。组织相关业务人员开展了项目相关制度宣贯培训和闭卷考试，促进了项目管理人员制度应用能力，确保了生产项目依法合规实施，五年来内外部审计发现问题数量呈逐年下降趋势，用制度约束管理行为的能力得到有效发挥。

2.1.3 建立项目档案清单和移交责任制

一是根据国家电网公司和公司生产项目管理规定，组织对生产项目所有过程资料进行了全面梳理。识别出不同类型项目归档资料明细，按照如有和必有的原则，编制了生产大修、技改项目归档资料清单13项、科技项目归档资料清单14项、生产运维检测项目归档资料清单7项、物资类项目归档资料清单6项，让项目管理人员对归档资料名录一目了然，确保了项目规章资料的完整性。

二是改变原有项目归档资料分散管理模式，创新建立了项目“一项一档”制度。明确各类项目归档牵头部门，由各项目资料形成部门分类提交归档牵头部门，由牵头部门按照项目从立项到关闭顺序建立项目档案并完成档案室移交，对于打捆招标采购项目，实行档案资料指向制，确保原件归档的前提下，实现其他项目档案根据指向快速查找功能，便于项目审计和技术资料查阅，极大提升了项目档案的规范性。

三是建立了项目档案移交责任制，明确各类项目档案归档时限。由档案室根据年度综合计划和预算，逐项督促项目档案移交工作，三年来累计完成项目档案整卷归档312项、516卷，3万余件，实现了全部项目档案数字化，对项目档案移交不及时的部门在企业内进行通报和考核，并限期完成资料移交，确保了项目档案移交的及时性。

2.2 项目管控流程化

2.2.1 发布项目闭环管控典型流程

一是建立了生产项目全流程横向协同管控体系。编制发布了综合计划项目储备、生产检修项目、生产技术改造项目、科技项目、信息化项目、物资计划、合同承办、物资类合同变更、运检合同承办、检修作业、固定资产报废、竣工决算、资金支付等13项典型业务流程，覆盖了生产项目从前期-立项-采购-实施-验收-决算的全流程各个环节，清晰展现了业务职能带、时间节点和各类表单，打破了业务管理壁垒，实现了横向部门间高效协作，生产项目业务沟通更加顺畅、业务流转更加高效、业务办理更加便捷，为项目安全有序实施提供了可靠支撑。

二是在企业内网标准化专栏增加典型流程模块。将行文发布的项目典型流程全部上传企业网站，便于广大职工查阅和应用，将典型流程与规章制度同步修订，确保典型流程与制度要求紧密衔接。

三是建立项目业务流程办理定期协调沟通机制。利用工程管理例会、经济活动分析会、预算执行会等专题会议，及时协调解决项目执行过程中遇到的难点问题，多个职能部门共同协商解决办法，有效提升了业务办理的流畅性和工作效率。

2.2.2 优化项目结算与支付管理模式

一是建立项目验收与结算同步推进机制。在工程现场验收阶段同步开展施工结算组织工作，计划部、审计部、项目管理部门、施工单位、监理单位共同在现场核对工程量，确保了验收质量和结算的准确性。

二是建立生产项目“一本账”。编制了生产项目合同支付台账，将合同支付比例、支付条件、支付时限全部纳入台账化管理，指定专人负责按合同约定按期付款，确保资金安全管理常态化。

三是强化往来账款清理。面对历史问题不回避、不躲避，依法合规开展历史往来账款清理工作，对不满足付款条件的签订补充协议核减合同金额，对坏账死账履行决策手续后转营业外收入，累计清理往来账款57项，彻底解决了个别项目长期往来挂账问题，降低了企业经营风险。

2.2.3 完善外包业务安全监管体制

一是建立了生产业务外包队伍管控体系，明确在所有运检业务外包合同中挂接“三协议”（廉洁协议、履约协议、安全协议），对承包单位开展合同执行全过程考核评价，严格外包单位人员资质审查和入厂教育，外包单位工作负责人经考试合格后以正式文件下发名单，未经批复的工作负责人无法办理工作票，坚持作业现场同进同出原则，确保了作业期间不间断监护。

二是编制发布了《生产业务外包安全管理执行手册》《运检业务风险辨识执行手册》，根据业务的性质、安全技术要求、风险程度等因素，将外包业务分为A、B、C三类，实行外包项目开工许可制，制定了外包业务资质和“三措”审查要求，逐项进行编号管控，严格履行入厂前安全教育培训考试和安全技术交底流程，确保了外包项目安全管理可控、在控。

三是2020年新型冠状肺炎疫情发生后，迅速启动应急响应，发布了《复工复产疫情防控工作方案》，与外包单位分别签订了《外包施工项目复工复产疫情防控告知函》和《复工企业疫情防控承诺书》，外包单位提供了首批36名复工人员《防疫统计排查表》《桦甸市省外返桦人员摸排表》《个人健康信息表》《新型冠状病毒疫情防控承诺书》和个人健康码，建立了外包人员“一人一档案”，对复工人员情况进行了逐一详细审核，确保了重大生产技改项目复工复产的顺利推进，以实际行动做到了安全生产和疫情防控两不误、双促进。

2.3 项目执行易用化

2.3.1 编制全流程信息系统易用化手册

一是梳理了生产项目全业务流程涉及的信息系统和模块。确定了15项生产项目关键业务环节，制定了易用化手册编制计划表。

二是组织生产技术部、检修中心综合管理处、发展计划部等业务部门，开展易用化手册编制工作。编制了基于生产项目信息系统易用化操作手册，手册覆盖了HPMS项目储备录入—HPMS预计划年度计划录入—HPMS工作计划录入—HPMS采购计划录入—ERP采购申请创建—经法系统合同挂接—ERP采购订单创建—HPMS实施模块录入—HPMS项目变更—ERP固定资产报废—ERP项目结算—HPMS项目结项—ERP项目技术关闭—ERP项目新增资产创建等项目实施全过程，并组织专业部门进行了详细的审查，在企业内部发布实行，有力提升了业务办理人员信息系统应用能力，对新入职员工和岗位轮换员工尽快掌握业务技能具有较大的指导意义。

三是组织项目管理各环节业务人员开展易用化手册宣贯培训。指导手册应用方法，促进应用人员熟练掌握应用技巧，大力推进易用化手册的落地执行，全面提升项目业务办理质效。

2.3.2 推进现场标准化作业精益管理

一是大力推行作业标准化7S管理模式。编制发布了《检修作业执行手册》《电站运检业务外包执行手册》，明确了拆除解体、施工修理、整体回装、隐蔽工程各阶段质量控制合验收标准，规范了检修指导手册、作业手册和作业指导书编制要求，科学设置关键工序质量控制W/H点，严格执行三级到场验收制度，有效杜绝了“官僚字”“补签字”“代签字”现象的发生，外委及检修队伍作业行为得到全面规范，工程和检修质量显著提升。

二是发布了设备主人名录。组织编制了机组A级、C级检修的“两册一书”模板，固化了机组常规检修标准项目和质量控制点，建立了督办提醒管控机制，关键点层层负责，作业人员严格按照检修指导手册、检修作业手册和检修作业指导书的要求实施检修作业，现场履行“三级验收”制度，施工质量和工作效率大幅提升。

三是强化方案报告等技术资料的日常管理工作。方案报告实行台账管理，并规范了审批流程，建立层层负责机制，方案报告质量和规范性得到大幅提升，结合设备改造实际，及时组织检修维护规程、运行规程、运行图册的编制、修订工作，先后完成两轮技术标准修订及发布，共修编检修维护规程249分册，运行规程145分册，为生产现场安全作业提供了技术支撑。

2.3.3 建立项目拆旧资产常态化管理机制

一是严格执行公司生产实物资产管理规定。建立了生产实物资产拟报废计划四级审核机制，认真履行生产实物资产分级审批流程，3年累计合规报废生产实物资产1462项，规范了生产项目拆旧物资管理。

二是自主立项开展生产实物资产专项协同监督。进一步规范生产实物资产报废管理，对生产仪器仪表零购资产台账进行专项协同监督，核对生产仪器仪表账卡物相符情况，提高了资产管理的精准性。

三是大力推进生产设备设施类固定资产清查工作。制定了清查工作方案，组织6个生产部门清理现有生产设备设施固定资产，累计排查生产类固定资产8360项，针对设备参数描述错误、保管部门保管人错误、有账无物等情况进行了彻底清理，ERP台账与现场实物相符率大幅提升，资产的准确性大幅提升，各级管理人员的资产规范管理意识大幅提升。

3 实施效果

3.1 实现了项目资金合规化管理

通过生产项目管理创新实践，企业员工经营风险意识得到显著提升，历史遗留的往来账款得到全面清理，项目资金支付流程顺畅、规范，各级管理人员严格审批把关意识得到全面改进，企业经营风险防范能力得到进一步增强。生产项目立项经济合规性日益规范，项目投资估算和概算更加贴近市场实际，项目计划调整与合同变更流程规范高效，项目合规化管控能力全面提升。

3.2 实现了项目资产精准化管理

通过生产项目管理创新实践，生产固定资产账卡物相符率大幅提升，多年遗留的ERR系统资产台账不准确问题得到彻底解决。生产固定资产报废审批流程日益规范，项目可研拆旧物资计划准确率大幅提升，实物保管部门、实物管理部门层层审核把关意识逐年增强，重大生产固定资产报废审批流程规范、移交及时。生产固定资产卡片创建准确率大幅提升，业务前端人员信息系统操作能力不断增强，生产技改项目资产转资业务办理更加高效。

3.3 实现了项目资料示范化管理

通过生产项目管理创新实践，生产项目档案资料的完整性、规范性、及时性全面提高，各资料形成部门协作能力不断提升，档案归档牵头部门的主动性和责任心持续增强，部门间共同管理项目档案的合力逐步形成。档案形成部门主动配合意识有效改善，从被动催要到主动提交，档案清单作用得到有效发挥，项目档案数字化率实现全覆盖，白山电厂项目档案管理被公司评为示范单位。

3.4 实现了业务衔接流程化管控

通过生产项目管理创新实践，各项目管理业务部门的管理界面日渐清晰，职责划分更加明确，项目管理推诿扯皮现象彻底消失，各项目管理部门联动意识不断提升，项目业务办理呈现出高效协作的良好局面。典型流程和易用化手册得到全面应用，规范性文件的指导作用得到有效发挥，制度执行的穿透力逐步显现，管理交叉、管理重复、管理冲突现象得以全面解决。

3.5 实现了项目经验全公司推广

通过生产项目管理创新实践，企业形成了一整套生产项目规范化、流程化、易用化的成熟管理经验，对推动公司项目管理整体水平提升具有较大的参考价值和借鉴意义。规章制度管理经验得到公司经法部点名表扬，典型流程、易用化手册、档案清单在公司生产单位大面积推广。作为生产项目管理较为规范单位，在公司项目管理培训班和兄弟单位做经验交流，为公司实现项目精益化管理作出了积极贡献。

4 结语

通过水电运检项目改革实践，理清了业务部门管理界限，建立了完备的项目管理制度体系和流程体系，落实了各级项目管理人员的岗位责任，提升了项目业务流转质效，筑牢了项目实施安全质量管控基础，扭转了管理“自转”的被动局面，搬开了压在企业头上的“三座大山”（电缆治理、水轮机改造、转轮修复），项目管理水平逐年提升，设备健康水平大幅提高，服务电网能力不断增强，企业保持了高质量发展的强劲势头。

NFV和SDN技术在抽水蓄能电站的应用场景探析

姜海亮　杜文军　蒋梦莹　王奎钢

（浙江仙居抽水蓄能有限公司，浙江省台州市　317300）

【摘　要】国网新源控股有限公司作为国家电网公司直属单位，主要负责开发建设和经营管理抽水蓄能电站和常规水电站，下属单位分布在20个省，公司办公网络具有分布地区广、复杂度高、故障定位难、运维力量分散等特点，同时公司正在进行数字化转型，对高带宽、快速访问、新业务快速部署等有较高的需求。本文主要结合企业目前信息网络部署现状，阐述企业能够通过NFV（网络功能虚拟化）技术和SDN（软件定义网络）技术，实现设备软硬件功能解耦合，降低设备投资成本；实现公司网络集中管理，优化网络环境，改变现有网络部署和运营模式，降低整体运营成本。

【关键词】NFV（网络功能虚拟化）　SDN（软件定义网络）　抽水蓄能企业网　运维优化

1　引言

近年来，信息化的飞速发展，使信息网络成为企业运营不可或缺的部分，信息作为企业的一种资源，是企业的核心。信息安全防护成为企业不可忽视的问题，随着公司“两型两化”的推进，物联网、大数据、云桌面等一批新技术的应用，促使信息网络设备更新巨大，给公司乃至各单位的传统工作模式带来了挑战。切实提升设备资源的利用率、优化系统运维以及提升业务管理，已迫在眉睫。NFV和SDN等新技术作为网络技术环境转型实践的工具，作用日渐突出，其能够将传统通信机房改造为灵活开放的网络云，从而实现通信技术（Communication Technology，CT）和信息技术（Information Technology，IT）的有机结合和良性互补[1]。

2　抽水蓄能企业网现状

目前公司各下属单位办公内网数据链路主要承载在网省公司通信网络中，多通过MPLS-VPN（多协议标签交换虚拟专网技术）接入新源公司总部，覆盖了ERP、OA、财务管理、视频会议等业务，是公司各单位生产、经营管理的重要基础设施。

公司各下属单位的传统网络架构一般为三层结构，分别为接入层、汇聚层和核心层。接入层主要接入底层的基础设施，汇聚层是把各接入层的流量进行汇聚转发，核心层负责边界路由，将业务数据上送到公司总部，核心层设备运行OSPF路由协议或静态路由进行流量转发。同时，在运维过程中，为保证企业的信息安全，还会在网络中部署防火墙、入侵检测、准入控制和日志审计等安全设备。典型网络拓扑见图1。

在传统运维模式和网络架构下，由于电站运维人员紧张，下属单位至多配备1～2名信息技术人员对单位内部进行信息网络运维和信息安全保障。随着信息化应用的逐步深化、数字化智能电站的逐步转型，单位内部的自建信息系统逐渐增多，信息安全工作的压力逐年增加，同时信息技术人员人数较少，信息人员对信息技术的掌握是“一里宽一寸深”，对信息技术不能“专而精”，信息运维专业化程度不够，最终导致信息安全工作风险较大。

传统三层模式网络架构，其三个层面都具有对接入用户控制和管理的部分功能，网络管理员需要对各层设备支持的功能逐一配置，还需考虑各设备的支持性能，这就导致在网络中部署新的业务系统变得非常复杂和困难。由于下属单位至公司骨干网层级较多，各层管理分散，如出现问题，故障定位相对困难，业务恢复时间长，同时下属单位部署物联网、大数据应用等对网络带宽需求较高，网络带宽成了新

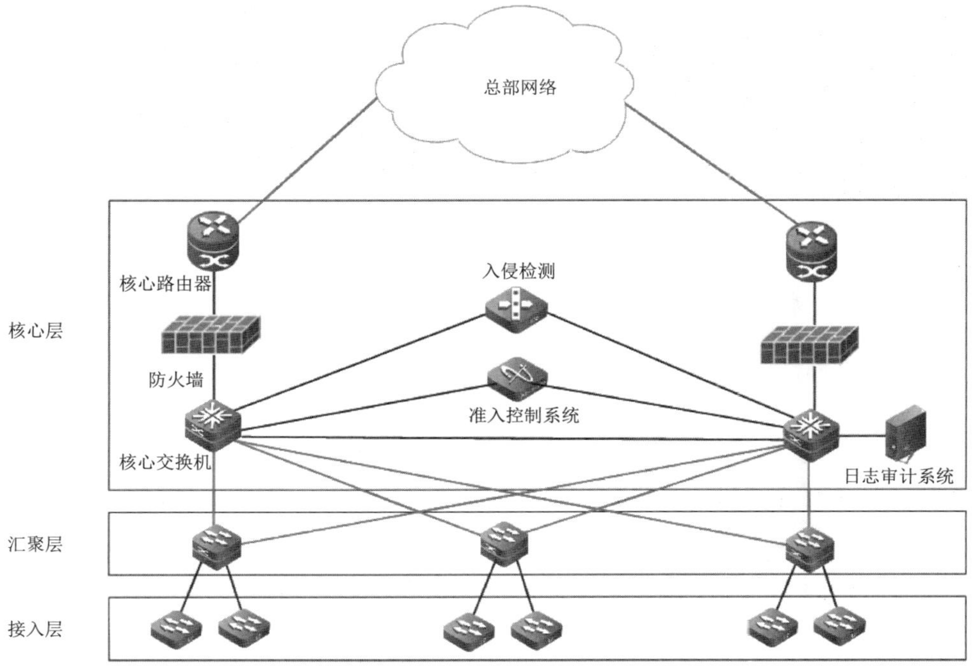

图 1 各单位典型网络拓扑图

应用部署的“拦路虎”。因此，需对下属单位接入带宽进行扩容升级。

传统业务系统上线部署，需要经过基础资源创建（电源敷设、硬件上架等）、中间件安装（开发人员现场部署）、应用发布（开发人员现场部署）、试运行和验收培训等，其中基础资源创建和中间件安装往往需要耗费大量的人力和时间，阻碍了新业务推广的进程，因此一个全自动化的业务系统环境部署平台是非常必要的。

3 基于 NFV 和 SDN 优化的网络架构

3.1 网络功能虚拟化

NFV（网络功能虚拟化技术）是 ETSI（欧洲电信标准协会）标准组织提出的，是通过使用 X86 等通用性硬件以及虚拟化技术，建立标准化的计算平台，将网络设备软硬件解耦并将网络功能封装成虚拟网络功能，并根据业务需求动态组合成面向应用的服务功能链，从而使网络设备功能不再需要依赖专用硬件，资源可以充分灵活共享和分配，既能满足业务多变的网络需求，又能减少因采用网络专用硬件设备引入的投资成本和运营成本。NFV 体系框架见图 2。

3.2 软件定义网络

软件定义网络（Software Defined Network，SDN）诞生于学院派环境，它起源于美国斯坦福大学所组织的“Clean Slate”网络数据转发项目组。Clean Slate 项目组的设计理念是将网络的控制平面与数据转发平面进行分离，从而使得网络的灵活性大大加强，通过控制器中的软件模块去实现可编程化控制底层硬件，实现对网络资源的按需分配。在 SDN 网络中，当控制平面判断转发路径时，除了考虑下一跳的方向之外还会全盘衡量当前全网链路的状况。如果网络中某一台设备

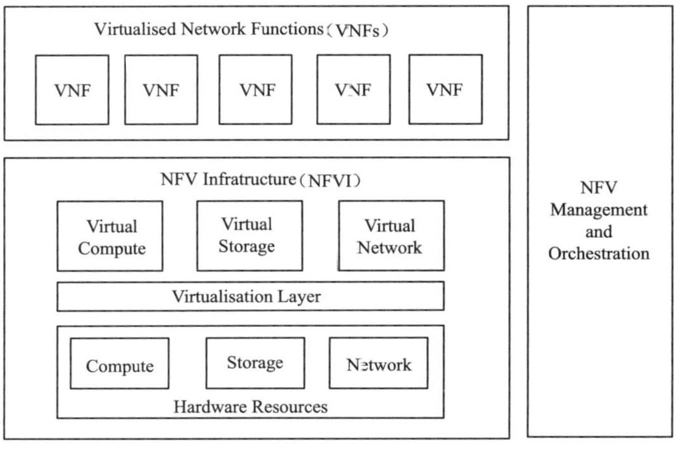

图 2 NFV 体系框架图

出现过载，控制器可以提前好几跳在交换机的 Flow Table（流表）中做出调整，让流量绕过这个隐患节点[3]。

3.3 基于 NFV 和 SDN 的网络架构

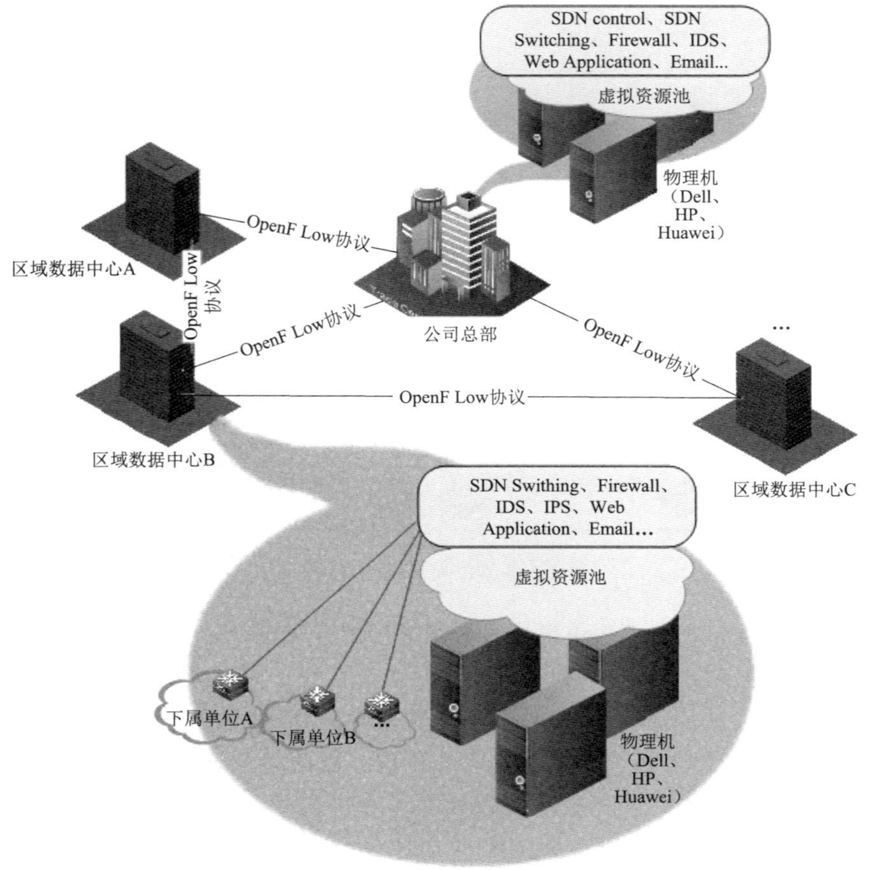

图 3 NFV/SDN 网络架构图

3.4 场景应用设计

（1）基于 SDN/NFV 的网络架构见图 3，公司各下属单位网络就近融合，形成区域数据中心，各区域数据中心均部署 NFV 运营的基础设施。利用 NFV 的特性，将各类物理硬件的 CPU、内存、存储虚拟化，形成云平台，根据需求将 CPU、内存、存储空间按需的分配给不同的网络服务和业务系统，替代传统的专用硬件设备。

（2）在基于 NFV 构建的云平台之上，各区域数据中心部署基于 SDN 的虚拟路由器和虚拟交换机，公司总部云平台部署 SDN 控制器（Controller），各区域数据中心与总部形成 SDN 骨干网络。总部控制器通过 OpenFlow 协议与各区域 SDN 转发设备进行交互，根据具体的组网业务需求下发流表，指导转发设备转发。

（3）下属单位只用部署汇聚交换机和接入交换机，其他的网络、安全设备均统一部署于区域数据中心，各单位网络就近上联区域数据中心网络。

（4）公司生产管理、杀毒、桌面管控等系统采用分布式的架构部署于各数据中心的云平台之上，使用 CDN（Content Delivery Network，内容分发网络）保证各单位用户的访问响应速度和命中率，以提高统推系统的服务质量，各区域自建系统就近部署于区域数据中心，由数据中心托管运行和信息安全加固。

4 SDN/NFV 网络优势分析

（1）降低 CAPEX（Capital Expenditure，资本性支出）和 OPEX（Operating Expense，运营成本），

NFV 借用虚拟化的技术，将 x86 等通用硬件虚拟化，虚拟资源可以根据需求合理分配，提高硬件资源利用率，并且网络设备、安全设备直接使用虚拟资源，与专用硬件解耦，减少基于专用硬件的设备生命周期较短带来的资本投入。NFV 使用标准接口和管理模块，如 NFVI（网络功能虚拟化基础设施）、VIM（虚拟化基础架构管理）、VNFM（虚拟化网络功能管理器）等，具备网络弹性伸缩、故障隔离和自愈等功能，能够一定程度的简化设备管理，降低运营成本。

（2）各单位网络归集于区域数据中心，公司整体网络架构扁平化和更集中，易于管理，信息技术人员相对集中，人员力量充足降低了信息安全的风险；各区域网络呈网状联接，提高网络可靠性，由于 SDN 的使用在网络管理上可以摒弃复杂的路由策略管理，SDN 控制器能够根据当前网络流量信息，实时的控制网络中的交换机和路由器，自动化的调整网络路由策略，最大化的保证网络利用率。

（3）各区域数据中心业务系统与 SDN 北向接口进行协议通信，业务系统能够感知数据网络状态、优化业务应用设计、改善业务服务质量。并且基于 NFV 的云平台具有业务快速部署上线的特点，缩短业务系统上线周期，节省人力和时间。

5 结语

随着公司大力推进数字化智能电站建设和企业数字化转型，推动电站技术与信息技术的深度融合，给传统的信息网络基础设施带来了巨大的挑战。网络环境复杂、可拓展性差和系统上线周期长已经逐渐成为企业数字化转型的“绊脚石”，打造新型数字化基础设施成为当务之急。基于 SDN/NFV 的企业网架构，其转控分离、硬件解耦和快速部署等特点，将进一步加快数字化转型步伐，给信息网络运维管理、信息安全管理提供新的模式。

参考文献

[1] 李亭萦. NFV 和 SDN 技术在油田企业网中的部署探讨 [J]. 中国管理信息化，2018（20）：55-56.

[2] 王姝懿，聂轰. 基于 SDN/NFV 的校园网络建设方案研究 [J]. 信息技术与信息化，2019（9）：153-155.

[3] 漆鸿波. 浅谈软件定义网络（SDN）技术 [J]. 视听，2016（4）：218.

钢筋混凝土衬砌双输水道充水技术总结

吴军锋　姜泽界　杨　鑫　何张进　钱中伟
（华东天荒坪抽水蓄能有限责任公司，浙江省湖州市　313000）

【摘　要】天荒坪电站输水道回充水分为机组尾水充水和输水道充水两部分，输水道类型为钢筋混凝土衬砌双输水道，本文根据不同设备的回充水要求和输水道的特性，对输水道回充水详细阐述，为类似输水道回充水提供参考。

【关键词】输水道　充水速率　球阀　回充水

1　引言

天荒坪电站为解决球阀枢轴偏磨和密封漏水问题，将1号、2号输水道放空并将1～6号球阀拆除并运往工厂进行改造，待球阀升级改造完成后运回现场安装，6台球阀全部安全完成后需进行输水道回充水工作，本文重点对输水道回充水过程进行阐述分析。其中输水道放空过程中，接近放空时为方便检查输水道实际水位在3号、4号机组球阀压力管道测压环管处分别接有一透明软管，为减少上库闸门漏水在上库闸门处进行了堵漏工作，在输水道水位500m高程处的水密封门进行了密封更换等工作。

2　前期准备

2.1　明确输水道回充水速率

天荒坪电站为“一管三机”钢筋混凝土衬砌双输水道结构，且电站山体地质情况较为特殊存在断层现象，高压内水会通过混凝土及岩体中的裂隙向外渗漏。经各方研讨并参考以往输水道回充水经验，两条输水道需同时回充水且本次回充水速率不大于10m/h，两条输水道水压差不大于10m，同时输水道内外水压差不大于100m。

2.2　球阀回装及试验

球阀升级改造完成运回现场后先进行球阀的回装工作，待球阀回装完成后再进行液压操作管路的配管安装，输水道排水角阀和排水隔离阀完成回装。所有工作完成后开展球阀无水调试工作，无水调试工作结束后，每一输水道需指定一台机组球阀处于全开状态，以方便输水道施工检查。

2.3　回充水设备验收检查

（1）机组尾水系统验收检查：检查机组蜗壳、转轮室、尾水管、球阀伸缩节段等过流部件清理干净无异物，将机组尾水管进入门关闭。

（2）输水道系统验收检查：检查输水道水密门关闭牢固，检查输水道叉管段清理干净无异物，将球阀密封防护设备及输水道挡水设备拆除，关闭1～6号球阀蜗壳进入门。

2.4　机组球阀可靠关闭

1～6号球阀压力油罐建压并关闭球阀，投入球阀工作/检修密封，密封水源取自公用供水系统，球阀检修密封投入腔接入手动打压泵作为备用，关闭机组球阀工作/检修旁通阀并投入机械锁定螺栓。

2.5　机组尾水管回充水

机组尾水管回充水是通过机组尾水闸门旁通管路将下库水回充至机组尾水，主要包括以下步骤：

（1）输水道充水前检查工作完成后，机组及输水道具备充水条件后，打开1～6号机组尾闸旁通阀向机组尾水管充水，充水完成后尾闸保持关闭位置，旁通阀保持打开位置。

（2）机组尾水管充水完成后，对上库闸门进行维护，确保上库闸门能正常提落，保证输水道回充水安全。

3 输水道回充水

输水道回充水由机组尾水水源和上库水源充水两部分组成，在输水道水位低于下库水位时通过输水道排水角阀向输水道充水，在输水道水位高于下库水位时通过上库闸门充水阀向输水道充水。

3.1 第一阶段：充至下库齐平水位

(1) 机组尾水充水完成后，打开机组高压钢管排水角阀及排水隔离阀，向 1 号、2 号输水道充水，充水速率按不超过 10m/h 控制，同时保持两引水隧道水位差不超过 10m。

(2) 水位到达 227m 高程拆除低水位检查输水道实际水位的透明软管（见图 1）。

(3) 水位高于叉管段高程后拆除上库闸门堵漏材料。

(4) 输水道水位与下库齐平后，关闭高压钢管排水角阀和排水隔离阀停止充水，并将 1～6 号机球阀工作及检修密封操作腔的水源切换至压力管道水源供水。

(5) 将机组尾闸提至全开位置。

此阶段充水要密切关注各部件渗漏情况，重点检查球阀密封水管路、高压钢管取水阀、球阀止口处等有无渗漏情况，安排人员每小时检查一次。

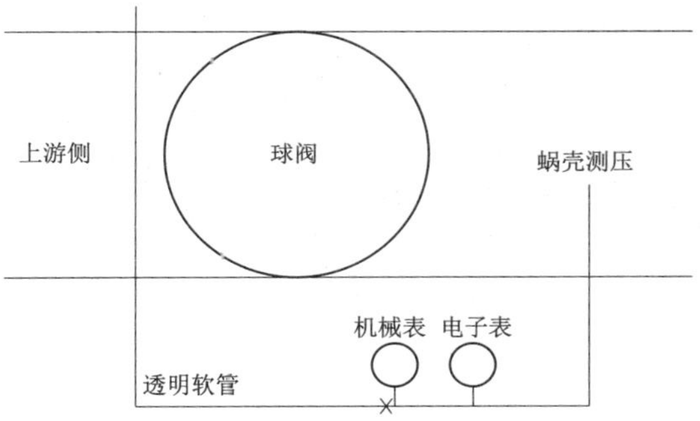

图 1 输水道测压回路安装透明软管

3.2 第二阶段：充至高程 600m

(1) 进行上库闸门充水阀试提工作，综合充水阀开启速度和充水量，最终确定 1 号、2 号上库闸门提门压力调整为 4MPa 左右，1 号上库闸门充水阀开度显示为 28cm 停止提门，2 号上库闸门充水阀开度显示为 14cm 停止提门。同时在进行充水阀开启过程中要密切监视接力器下腔油压，若超过 5MPa 则立即停止操作。充水过程要保证充水速率不超过 10m/h，且应保持两引水隧道水位差不超过 10m。

(2) 利用上水库闸门充水阀进行充水，充水至 520m 高程，检查 1 号、2 号输水道水密门密封情况。

(3) 输水道充水至高程 600m 由于电站山体存在断层，需在此高程稳压 12h 以平衡输水道内外水压。期间再次检查水密门密封情况，并进行 1～6 号球阀阀体充水，同时关小输水道叉管段外排水阀（以关小后外排水管内压力约为电站正常运行期间外排水管内压力的约 1/3 为宜），全部工作完成后继续充水。

3.3 第三阶段：充至上库齐平

(1) 继续回充水至 750m 高程时，关小外排水管出口阀门（外排水管内压力值按设计院给出的压力值为准）。

(2) 水位高程超过 846m 以后，输水道已全部充满水，由于上库闸门充水阀存在漏水情况，当输水道水位高程超过 846m 后无需打开充水阀即可将上库闸门通风孔水位充至上库水位齐平。

(3) 输水道水位与上水库齐平后，将上库闸门提至全开位置，并打开一段时间机组球阀阀体补水阀对球阀阀体进行补压操作。

(4) 输水道充水完成后还需数次调整输水道叉管段外排水管出口阀门，将外排水内压力调整至正常运行期间外排水管内压力。

4 存在的问题及处理措施

4.1 球阀工作旁通阀锁定不严导致充水过程中被小开度冲开

输水道通过尾水水源充水过程中检查发现 3 号球阀处有异常声响，并且球阀本体存在轻微震动，立即停止 1 号、2 号输水道充水工作。检查 1 号上库闸门通气孔未堵塞，1～3 号球阀外观检查无异常未发现漏水情况，发现 3 号水车室有吸气声响，3 号球阀旁通管声响较大，关闭 3 号机组尾闸旁通阀后异常消失，打开尾闸旁通阀后异常现象出现，且球阀检修密封为投入状态，球阀油回路截止，综合判断为球阀工作旁通阀锁锭螺栓未拧紧被小开度冲开所致，将球阀工作旁通阀锁锭螺栓拧紧后异常情况消失。

4.2 1号上库闸门充水阀漏水量变大

输水道通过上库充水阀充水至高程435m时，发现1号上库闸门充水阀关闭以后，人员在上库闸门位置还能听到漏水声，与此同时1号输水道漏水量从0.5m/h上升至6m/h。多次开关充水阀后无明显变化，初步分析可能为充水阀漏水导致，要求严格控制1号闸门提门时间，保证1号输水道每小时上升不超过10m，同时加强1号输水道漏水量的计算。次日上午停止1号上库闸门充水阀开关操作，2号上库闸门根据1号输水道每小时的漏水量开关充水阀，保证1号、2号输水道水位同步上升。1号上库闸门多次提落门未发现明显改变，后将1号上库闸门提至30cm并落下，发现1号上库闸门漏水声音变小，漏水量也下降至1.5m/h，判断是由于充水阀反复操作倾斜所致。

5 结语

本文总结天荒坪电站钢筋混凝土双输水道回充水的技术要求和充水过程，分三阶段详细叙述了输水道回充水的流程和注意事项，叙述了充水初期机组球阀产生异响和上库闸门充水漏水增大的原因和应对措施，对其他抽蓄单位具备钢筋混凝土双输水道的回充水工作具有一定的借鉴意义。

参考文献

[1] 李浩良，孙华平．抽水蓄能电站运行与管理［J］．杭州：浙江大学出版社，2013．

基于数字化电站工程管控系统推动电子档案“单套制”归档研究与探索

何颖珊[1] 焦利民[2,3] 万海军[1] 穆小红[1]
（1. 河北丰宁抽水蓄能有限公司，河北省承德市 068350；
2. 中国电建集团北京勘测设计研究院有限公司，北京市 100024；
3. 华北水利水电大学水利学院，河南省郑州市 450046）

【摘 要】 云计算、大数据、人工智能、5G、区块链等信息技术科学成果不断改变着人们的工作生活方式，档案管理方式已从传统的纸质管理逐步转向数字化管理，在档案收集、保管、利用等各方面都有着巨大的改变。本文主要针对丰宁抽水蓄能电站在探索电子档案“单套制”归档过程中如何依托数字化电站工程管控系统推动电子档案“单套制”归档探索及未来实现电子档案“单套制”归档的研究方向进行阐述。

【关键词】 抽水蓄能工程 数字化电站工程管控系统 电子档案 “单套制”归档

1 引言

档案是公司核心资源和重要资产，传统的基建档案管理采用了纸质档案、电子文件的双套制归档，实体档案整理和库房管理占用了大量的人力、物力资源，工作效率较低，档案数据资源开发较为受限。近年来，信息技术的飞速发展和广泛应用为档案事业的发展带来了前所未有的机遇和挑战。2002 年，国家档案局发布《全国档案信息化建设实施纲要》，全国档案信息化建设进入全面推进阶段，制定了《电子文件归档与管理规范》《纸质档案数字化技术规范》等标准，为规范开展档案信息化建设提供了保障。档案信息化纳入信息化建设的总体框架之中，与电子政务建设紧密结合，成为国家信息化战略的重要组成部分。2005 年 4 月 1 日，《中华人民共和国电子签名法》正式施行，明确了电子签名的法律效力。国家档案局主编的 GB/T 18894—2016《电子文件归档与电子档案管理规范》于 2017 年 3 月 1 日起实施。2019 年 4 月 26 日，国务院颁布《国务院关于在线政务服务的若干规定》，进一步强调了电子签名、电子印章、电子证照、电子档案的法律效力。

国家档案局“建设项目电子文件归档和电子档案管理”试点项目工作是构建信息化管理、推动数字化转型、迈向智慧化管控的“探路者”和“先行官”，具有里程碑式的意义。国家档案局为推动该项工作健康有序发展，提升建设项目电子文件和电子档案管理效率，自 2018 年起，组织在电力、交通、石油等行业开展试点工作。丰宁抽水蓄能电站作为国家档案局 5 家试点单位之一，紧密结合工程建设及经营管理实际，基于数字化电站工程管控系统开展电子档案“单套制”归档方式研究和探索，制定年度工作方案、明确工作目标，取得阶段性成果，已完成了电子签章管理系统、电子文件流程全过程记录、电子文件归档范围编制、单元工程质量验评标准化表单等内容的研发和部署应用，进一步推动了电子档案“单套制”归档，实现了电子文件真实、可靠、完整、可用，实现了档案管理电子文件“预立卷”功能[1]。

2 基本定义

电子文件：指国家机构、社会组织或个人在履行其法定职责或处理事务过程中，通过计算机等电子设备形成、办理、传输和存储的数字格式的各种信息记录。

电子档案：具有凭证、查考和保存价值并归档保存的电子文件。

真实性：电子文件、电子档案的内容、逻辑结构和形成背景与形成时的原始状况相一致的性质。

可靠性：电子文件、电子档案的内容完全和正确地表达其所反映的事务、活动或事实的性质。

完整性：电子文件、电子档案的内容、结构和背景信息齐全且没有破坏、变异或丢失的性质。

可用性：电子文件、电子档案可以被检索、呈现或理解的性质。

3 数字化电站工程管控系统

数字化电站工程管控系统是丰宁公司委托技术单位专门研发设计的项目管理平台，是以BIM技术为核心，以工程设计、建设、运营全生命周期管理为目标，以标准化管理为抓手，云计算为平台架构，移动互联为传输结构，建立的统一开放的工程信息化管理平台。在数字化电站平台上主要进行施工质量管理、进度管理和档案管理等内容，基于竣工模型融合项目信息完成抽蓄电站数字移交，形成可视化、虚实结合的工程管控系统[2]。

4 电子档案"单套制"功能需求分析

为实现电子档案"单套制"归档，数字化电站工程管控系统需满足以下基本功能需求：

(1) 开发档案"预立卷"模块，参照国家电网公司档案管理系统框架设置待整理文件、待整理案卷、已整理案卷、已归档等层级，为后期电子档案数据迁移做好接口。同时建立与系统质量管理等模块的对应链接关系，质量验评等文件可自动归集至该模块。

(2) 嵌入项目档案相关内容，包括项目档案层级、分类表、数据库结构、检索界面和统计报表等内容，对档案的操作和使用权限等都可以根据需要定制化设计和配置。

(3) 可制作符合国家电子档案归档规范的光盘，用于数据交换以及重要数据的备份保存；可自动导出数据库中的档案目录信息；可将电子文件的内容、目录转换成标准的双层PDF、文本或其他标准格式，以便于数据交换。

(4) 具有多级安全管理机制，权限可针对某一个人或一个文件。

(5) 具有条件组合检索、卡片检索、分类检索等多种检索手段，可进行各种模糊的检索查询对查全率、查准率能够提供可靠保证。对档案可以按项目、案卷和文件进行检索。

(6) 可对档案数据库中的所有内容进行自定义格式的打印和统计。

(7) 项目文件的格式模板可定制并自动生成，必须符合档案的材质要求和边距要求。

(8) 满足电子文件的真实性、完整性、可用性及安全性（即"四性"）检测要求。

(9) 可实现与国家电网公司、国网新源公司在用的企业级档案管理系统、基建管理信息系统等信息系统对接和数据共享。

5 电子档案"单套制"归档研究进展

基于数字化电站工程管控系统开展电子档案"单套制"归档探索和研究，如何保障电子文件"四性"要求，确保电子档案"来源可靠、程序规范、要素合规"，已成为档案电子信息化管理中亟待解决的问题，针对这一问题，丰宁抽水蓄能电站档案工作者和数字化电站工程管控系统研发人员结合系统定制化研发部署，选定了3个主体土建工程的7个分部14类单元，以及机电安装工程进行了初步实践。

(1) 应用电子签章技术。为满足合法合规性的要求，在数字化电站工程管控系统中嵌入电子签章数字认证证书平台，为各级参建单位相关技术人员颁发电子签名数字证书。该平台以PKI公共密钥体系为技术基础的信息安全应用支持平台，采用由第三方权威机构颁发CA数字证书的形式，即PKI－Public Key Infrastructure公开密钥基础架构技术，所有数字证书采用"用户名＋密码"方式进行验证登陆方式，电子签名数字证书与系统通过编号代码实现数据逐一对接，实现电子文件防伪造、防篡改、防抵赖，确保电子文件信息原始、可靠。

目前在系统内经过电子签章认证签署审批的电子文件生成后，已经具备电子文件归档的基本条件，如需纸质归档，一键输出即可，实现电子档案"来源可靠、要素合规"。

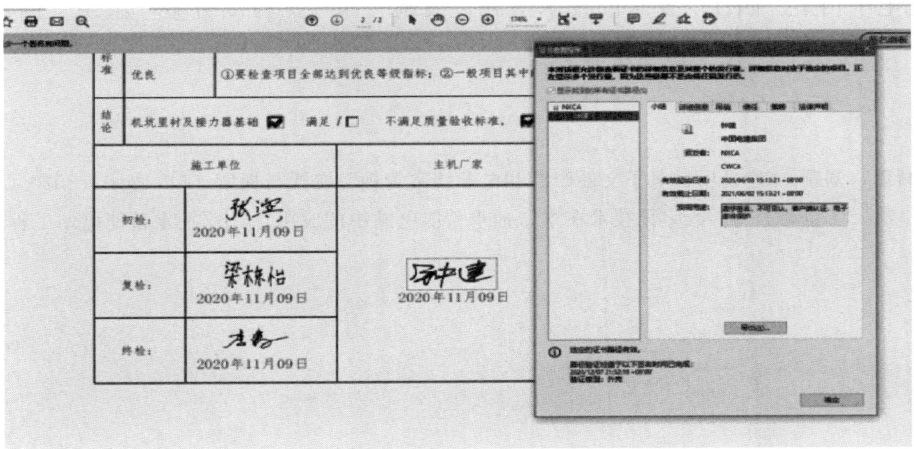

图 1 电子签名和 CA 数字证书

（2）实现电子文件在线生成和全过程记录。基于电子签章认证技术的电子文件可以充分利用数字化电站工程管控系统质量管理模块，在基建工程施工现场采用移动终端，实现单元工程质量验评等项目文件的在线采集和流转审批、生成，有效提升现场工作效率。同时研发全过程记录功能，即电子文件从生成、采集到审批的全流程操作信息痕迹化的完整记录，实现电子档案“程序规范”。

（3）实现电子文件“预立卷”。电子档案数据来源于施工一线，前身是实时生成的电子文件，做好档案管理工作，要从后期接收前移到前端管控，在数字化电站工程管控系统架构搭建策划伊始，即充分考虑业务管控模块与档案模块的对应关系，在系统中配置《抽水蓄能电站档案分类导则》和保管期限，重点在以下方面开发“档案预立卷”模块与质量验评模块条目对应链接关系，确定电子文件元数据方案与取值方式，在单元生成时其工程信息即与档案信息相对接，可直接选择档案项目代号和分类号。文件审批完成后，点击归档按钮，相关信息可自动归集至“预立卷”模块，如单位工程、分部工程、单元工程名称、桩号高程和表单名称等信息能按内置规则自动对接生成文件题名等。

1）新增单元验评文件时：设置必选项“目录代号”“分类号”。

2）新增单元验评文件时：按照已嵌入的项目划分表，单元验评文件编号可选到“单元类别编号”。

3）新增单元验评文件时：必选工程部位信息，包括单位/分部/单元类别。

4）上述 3 项形成后，档案待整理案卷模块内自动生成新的案卷信息。

5）新增单元验评文件时：设置单元验评文件排列顺序“桩号/高程/仓号”（标准化的可直接选取，另设可填写栏“其他”）。此项信息需对应到待整理案卷单卷内验评文件排列顺序。

6）电子文件归档流程：监理为单元验评文件最后审批环节，审批后返回施工单位终审环节，在施工单位终审人员此环节处设置“档案预立卷”选项。点击后自动跳出此单元信息表（单位/分部/单元名称、编号、桩号、高程等），表中单元验评文件编号“流水号”可默认累加生成，同时也可手动修改。填写后选择点击“保存”或“保存并处理”。点击“保存并处理”后自动对应归入档案待整理案卷。

7）档案待整理案卷显示内容为“编号：目录代号—分类号—单元类别编号”“工程部位：单位/分部/单元类别名称”。

8）在档案待整理案卷单卷内的验评文件显示顺序按“桩号/高程/仓号/其他”等现场施工部位排序。

9）文件题名自动命名规则：单元验评表单名称［单位/分部/单元/桩号/高程/仓号/其他工程］。

6 电子档案“单套制”归档下一步研究方向

综上所述，丰宁抽水蓄能电站所承担的国家档案局“建设项目电子文件归档和电子档案管理”试点项目已取得了阶段性成果，具备了电子档案“单套制”归档的基本要求，下一步需持续利用新一代信息科学技术研究探索电子档案“单套制”归档的技术路线，例如：电子签章合法有效性的留存方式和信息导出功能，研究电子档案“四性”要求的技术措施，编制“四性”检测方案，组织“四性”检测论证等工作内容。

参考文献

[1] 万海军，何颖珊，刘颖.“建设项目电子文件归档和电子档案管理”实践与探索［J］. 卷宗，2020（12）：123.
[2] 焦利民，赵玉凯，丁世奇，等. 数字化技术在丰宁抽水蓄能电站中的应用［C］//抽水蓄能电站工程建设文集，2020.

推动抽水蓄能电站档案标准化建设，提升监理服务质量

王 波 袁自纯

（中国水利水电建设工程咨询北京有限公司，北京市 100024）

【摘 要】 抽水蓄能工程档案管理是抽水蓄能工程建设与管理工作的重要组成部分，在蓄能工程的建设、运行管理和维修养护中发挥了重要作用。本文阐述了抽水蓄能工程档案管理的价值和意义，对当前抽水蓄能工程档案管理工作存在的问题进行了初步分析探讨，通过咨询公司档案标准化建设实践经验，进一步总结提出了以档案标准化助推提升监理服务质量的建议与举措。

【关键词】 抽水蓄能工程 档案管理 档案标准化 监理服务质量

1 引言

近年来，国家不断加大抽水蓄能工程建设投资，抽水蓄能工程项目数量越来越多。我国抽水蓄能电站装机容量逐年增长，近年来增长较快。根据国家能源局的信息统计，目前，全国运行抽水蓄能电站 31 座，装机规模达到 2999 万 kW，在建抽蓄装机 4545 万 kW，预计 2025 年抽水蓄能装机规模 6500 万～7000 万 kW。中国水利水电建设工程咨询北京有限公司（以下简称“咨询公司”）成立之初即开展了国内抽水蓄能电站工程技术咨询与建设监理业务。1989 年开始，咨询公司承担了北京十三陵抽水蓄能电站全部地面工程施工监理，由此开始，咨询公司便与中国抽水蓄能电站工程结下了不解之缘。

截至今日，咨询公司已相继承担了北京十三陵、山东泰安、河北张河湾、江苏宜兴、句容、浙江仙居、宁海、衢江、磐安、内蒙古呼和浩特、黑龙江荒沟、河南宝泉、天池、安徽响水涧、金寨 15 座抽水蓄能电站的施工监理业务和其中部分电站的设计监理，监理的电站装机规模达到 1765 万 kW，占国内抽蓄已建在建电站数量和总装机规模的 1/5，在国内大型抽水蓄能电站监理业务领域的市场份额超过 30%，技术水平和管理能力日益成熟，成为国内抽水蓄能电站领域监理的骨干企业。

日益增多的抽水蓄能工程项目对项目管理水平提出了高要求，作为项目管理重要组成部分的档案管理工作越发重要。记录和反映建设过程的工程档案资料的意义重大，人们必须高度重视档案管理工作，促进档案管理水平走上新台阶是监理人的责任义务。

2 抽水蓄能工程档案管理的意义和价值

2.1 抽水蓄能工程档案关系到工程的建设使用

抽水蓄能工程档案是指在抽水蓄能工程建设过程中直接产生的对社会和国家可以保存的文件材料，包括有价值的文字、图表、图纸、声音、影像等材料。抽水蓄能工程档案不仅是对抽水蓄能工程建设施工时进行质量评定的凭证，而且是工程完工后对工程进行维护、检查、使用和管理的依据，对工程项目的监督和验证有着重大的作用。抽水蓄能工程档案工作贯穿抽水蓄能工程的决策阶段、实施阶段和使用阶段，对于抽水蓄能工程的正常运转承担着基础性的保障工作。

2.2 抽水蓄能工程档案是参建各方维护自身利益的重要依据

抽水蓄能工程通常投资规模大、建设周期长、风险隐患多、技术要求高，在长时间的施工过程中各参建单位难免会遇到合同纠纷等事宜。作为客观记录工程建设过程的档案资料，是参建各方主张自身权益，进行事故索赔和反索赔的重要依据。特别是现在建立了工程质量终身制，抽水蓄能工程档案作为证据的作用将要更为凸显。

3 现阶段抽水蓄能工程档案管理工作中存在的问题

3.1 缺乏足够认识

抽水蓄能建设项目的各参建单位存在重视现场建设忽视档案资料管理的现象。水电工程的参建单位常常认为档案管理仅仅是资料的保留与保管，将大部分力量都投入到了解决实体工程建设所碰到的问题上，对基本的抽水蓄能工程档案管理非常不重视，经常是在工程基本竣工时才召集部分人员对整个抽水蓄能工程档案进行资料整理，造成档案信息错误、不准确等问题。对档案管理工作的不够重视，严重阻碍了档案管理工作质量的提高，从而影响了工程建设的质量。

3.2 未实现制度化管理

抽水蓄能工程档案管理工作烦琐庞杂，档案整理归档不规范、资料欠缺残损等问题层出不穷，对抽水蓄能工程档案管理工作质量产生了严重影响。而产生上述现象的原因很大程度上是因为档案管理体制不完善，没有可行的档案管理制度，或制定的制度仅仅是为了应付检查，内容流于形式。另外，单位体系不够健全，组织分工不明确，没有有效的监督机制对制度的执行情况进行制约，从而导致对制度的执行力度不强。最终，档案管理工作松散无力，不能有效发挥对工程建设的保障性作用。

3.3 管理人员业务水平不高

抽水蓄能工程档案管理是一项专业性极强的工作，要求档案管理人员兼有抽水蓄能工程和档案管理2个专业的业务知识。然而，目前建设单位的档案管理人员对行政档案管理比较了解，对项目建设档案管理没有经验。大部分施工、监理等参建单位均较少配备专职档案员，一般是由新参加工作的同志担任或由工程技术员兼任档案员，造成抽水蓄能工程档案管理水平参差不齐。

3.4 基础硬件差，信息化程度不够

抽水蓄能工程档案的专业性强，涉及的内容多，如抽水蓄能工程图纸、变更、索赔质量评定、验收等，档案资料的类型更是十分丰富，包含了文字、图纸、照片、音像等，这要求在档案资料收集时，资料提供人员需要配备满足要求的摄像设备和照相设备，档案管理人员在进行资料整理时有电脑、硬盘或光盘等电子设备。另外，对于大型抽水蓄能工程项目，项目周期长，产生的资料多，施工单位必须设置专门的档案室，并按照标准配齐防虫、除湿、温控和档案存放等设施设备。但是目前部分抽水蓄能工程项目对档案管理工作还是实行粗放的管理模式，硬件条件普遍不达标，进而导致档案管理信息化程度不高，没有建立信息化管理系统，限制了档案资料的使用价值和利用效率。

4 加强和改进抽水蓄能工程档案管理工作的对策

4.1 加强对抽水蓄能工程档案管理工作重要性的认识

要加强对档案管理工作的宣传教育力度。一是监理加强对参建单位的宣传教育力度。组织深入学习与贯彻档案管理工作相关的法律法规、部门规章及相关文件精神，让参建人员认识到档案管理工作在项目建设各个阶段的重要作用和所能发挥的社会效益和经济效益，提升参建人员，特别是档案管理人员对档案管理工作重要性的认识，激发他们主动做好档案管理工作的积极性。二是监理加强对档案管理工作的监督检查力度。要建立完善的抽水蓄能工程档案监管标准，实现档案管理工作检查的常态化，用检查来督促各参建单位重视档案管理工作，把做好档案管理工作的责任层层传导，树立档案管理工作重在平时的观念。

4.2 加强抽水蓄能工程档案管理工作的制度化建设

抽水蓄能工程建设项目投资巨大、建设周期长、参建单位多、归口部门多，因此，抽水蓄能工程档案管理工作离不开完善的规章制度体系。做好档案管理工作，必须对档案管理工作和工程整体工作进行全盘考量，使其嵌入工程建设管理的活动中，做到领导和专人各负其责，相关部门配合密切，相互协调。与此同时，要加强档案管理人员岗位制度的建设，特别是档案资料的收集制度、档案资料的使用与管理制度等，使档案管理的收集、整理、归档、保管工作都有规可循，为工程项目建设工作服务。

4.3 提高档案资料管理人员的业务素质

抽水蓄能工程档案工作需要专业的人才实施，业务能力强、专业素质高的档案管理人才是确保档案管理工作顺利进行的前提条件。为达到抽水蓄能工程档案整理规范化的要求，相关单位要加大人才队伍建设力度。首先，监理组织开展形式多样的抽水蓄能工程档案管理培训。培训可以采取讲座的方式，由老师授课来传授档案管理经验与技能，也可通过网络课堂、视频资料的形式，组织档案业务人员进行自学。要充分利用先进的技术手段，注重理论与实践相结合，针对不足和短板，进行有目的性的培训，提高信息技术能力和计算机操作能力。做到在学习中解决实际工作中遇到的问题，不断提高档案管理水平。其次，要重视不同地域、不同单位、类似工程项目的档案管理人员的业务交流与合作，通过相互借鉴、相互学习，可以取长补短，提升抽水蓄能工程档案管理人员的业务素养，进而提高抽水蓄能工程档案的管理质量。

4.4 加强抽水蓄能工程档案管理工作的硬件建设，提升信息化水平

在抽水蓄能工程档案管理的过程中，要注重基础硬件条件的建设，如要建设专门的档案管理室，要保持常温，要防火、防潮及防虫等，要配备专职或兼职档案管理人员．对档案室进行规范管理。同时，要在预算中为档案管理工作设立专项资金，用于采购电脑、照相机、摄像机、硬盘、光盘、档案架等设备，为抽水蓄能工程档案工作提供基础性的保障。还要广泛做好对档案管理信息化的普及工作，通过宣传普及，让参建各方了解到信息化的优势与便利，从而改变思想，转变观念，让信息化技术深入人心。

5 抽水蓄能工程档案管理标准化工作实施与推广

5.1 源头控档，全力保障档案质量

咨询公司建立了全面的档案管理体系，注重制度建设，形成行之有效的档案管理制度。从各抽蓄电站开工伊始，规范各参建单位项目档案管理。从结算源头强化参建单位档案意识，将月度结算与单元工程验评资料形成情况挂钩，将合同工程投运款、尾款档案资料移交挂钩，档案收集整理经考评合格后方予结算。从验评源头确保档案真实性，监理单位制定质量验评及施工工序表格填写模板，每月组织资料检查小组到各施工单位进行检查，不合格者需整改闭环，保证验评资料真实反映工程建设过程。从验收源头控制档案完整性，分部、单位工程实体完成后，由监理、工程管理部门、档案管理部门三方会审验收资料准确性和完整性，审查通过后方允许进入实体工程验收程序。

5.2 管理强档，深入开展过程管控

严格检查反促工程管理，档案管理部门认真检查参建单位档案资料内容，对于反映出的工程管理问题，及时召开专题协调会沟通解决，在推进档案工作开展过程中有效提高了工程管理质量。建立奖惩机制，制定工程项目竣工档案资料过程管理考核细则，并以此为依据开展档案管理劳动竞赛，激发档案人员的责任感和进取心，营造比学赶帮超良好氛围。持续优化管理模式，每年定期召开工程项目档案管理网络会议，组织各参建单位对年度档案工作进行总结、反思和探讨，不断调整管理思路和策略，为次年工作开展建立良好开端。

5.3 过程归档，稳步推进档案移交

实行“导向指引制”。编制《施工资料归档目录指引》等制度，明确各项目归档范围和保管期限，细化表格设置等档案整理具体操作方式，引导参建单位对项目档案进行规范有序管理。实行“分部归档制”，对分部工程工序资料实行“抽屉式管理”，按施工工序设置档案盒，建设过程中将工序资料放入对应档案盒中，确保一抽即得，通过此种预立卷方式实现“完成一个分部工程，归档一套分部资料”，大幅提高了整体项目档案归档效率。实行“集中审查制”，合同完工验收后，组织业务部门及参建单位集中审查暂移交资料和完工资料，当场整改存在的问题，所有归档资料审查无误后，签署移交清册，极大提高了工程竣工档案移交效率。

5.4 布置施工任务的同时布置竣工文件编制

工程在开工之前，监理就在竣工文件编制工作会议上要求各施工单位均由项目总工负责抓这项工作，

专职工程师或档案人员做具体工作。各施工单位对竣工文件的管理基本上形成了网络，层层都有专人负责，并根据工程进度安排，督促将竣工文件的编制与施工任务一起下达到施工基层，并把竣工文件编制要求等纳入到施工组织设计中。

5.5 将档案预立卷贯穿于档案管理的全过程

传统的档案管理模式是，工程建设期的文件资料分散在各单位、各部门，没有统一进行管理，资料零散容易丢失，也没有按照档案标准进行整理，整理归档工作放在竣工验收阶段进行。咨询公司在抽水蓄能工程推动实行了档案预立卷制度，在工程实施阶段，根据档案自身的规律，按照形成、收集、整理、移交四个阶段进行规范化、流水化作业模式管理，一个分部工程或单位工程施工完成后的半年内，文件资料同步达到档案归档移交标准，随时具备移交条件。档案预立卷是全过程档案管理思想的重要制度安排，避免了传统模式下资料丢失后补漏、人员离职签字困难、验收阶段集中整理带来的诸多缺点，保证了档案资料的真实性、完整性、及时性。

5.6 工程验收交接与竣工文件交接同步进行

建设单位、施工单位、监理单位、设计单位严格把好质量关，在各自范围内，加强对建设项目中文件材料的形成、积累、整理环节的指导。发现问题，及时纠正，做到图物相符，严格把握技术数据准确可靠、签字手续完备质量关。逐项查看竣工文件的质量，把存在的问题以书面形式反馈给施工单位进行修改，并由监理单位逐一进行监督检查，经检查确认符合要求后，才能进行交接，确保竣工文件的数量和质量。

通过多年的档案标准化推广实施，国家档案局组织对泰安、宜兴、宝泉、响水涧、仙居抽水蓄能电站项目档案进行了专项验收。验收组专家通过听取汇报、观看工程建设档案宣传片、现场查勘、查验资料、专业质询等方式，对工程项目档案进行了全面检查。验收组一致认为：上述电站项目档案管理体系健全、管理制度完备、过程管控严格、竣工图编制符合规范、项目档案整理规范、保管设施设备完备，项目档案信息化工作成效显著。经综合评议，验收组同意上述电站工程项目档案通过验收。中国水利水电建设工程咨询北京有限公司通过二十年来的探索和实践，在项目档案管理上形成了一套行之有效的档案管控方法。这一切证明了制定的这些制度是切实可行的，并在竣工资料的归档工作中起到了重要的作用。

6 结语

档案管理工作是抽水蓄能工程项目建设管理工作的重要组成部分，事关工程的建设施工和运营管理。做好档案管理工作，不仅可以提高工程建设的质量和效率，而且可以为以后留下参考依据。要做好新时代的抽水蓄能工程档案管理工作，就要提高对此项工作的认识，加速人才培养，建立健全管理制度，利用信息化技术，实现抽水蓄能工程档案管理对各类抽水蓄能工程的全覆盖，提高档案管理的价值，促进档案管理工作的不断发展。监理通过工程档案管理的实践，创新档案管理新机制，不断推动提升抽水蓄能档案管理标准化、规范化、信息化水平，为加快建设具有中国特色国际领先的能源互联网企业做出积极贡献！

参考文献

[1] 赵环利. 浅析水电项目档案全过程管理——以桐子林水电站为例 [J]. 四川档案，2020，3 (6)：37-38.

[2] 陆娅琼. 大型水电站建设工程项目档案管理实践 [J]. 云南水力发电，2020，36 (3)：117-119.

[3] 刘业霞. 江坪河水电站特殊历程档案管理成功经验 [J]. 水力发电，2020，46 (6)：12-14，112.

[4] 田浩. 建设工程档案管理的重要性及其规范化探析 [J]. 城建档案，2019，6 (7)：50-51.

[5] 夏巧荣. 浅谈如何提高水电站项目档案管理的水平 [J]. 四川水力发电，2018，37 (3)：194-195.

[6] 谭建敏. 浅议建设工程档案规范化管理 [J]. 科技信息，2008，7 (32)：129.

[7] 罗坤琴. 浅析如何做好水电站工程建设项目档案管理工作 [J]. 办公室业务，2018，5 (2)：124.

[8] 字继仙. 论如何做好水电站工程项目档案管理 [J]. 科技创新导报，2015，12 (8)：195.
[9] 李庆梅，向志刚. 金沙江白鹤滩水电站筹建工程监理档案管理的实践与思考 [J]. 水利水电技术，2015，46 (S1)：27-29，34.
[10] 程荣娟. 浅析水电工程项目档案管理存在的问题及措施 [J]. 城市建设理论研究（电子版），2017，4 (21)：37-38.
[11] 杨竹兰. 糯扎渡水电站档案管理工作的思考 [J]. 环球市场信息导报，2017，1 (6)：125.
[12] 邬新华. 论如何做好水电站工程项目档案管理 [J]. 四川水泥，2016，6 (9)：128.
[13] 旷剑萍. 谈新形势下的水电站工程项目档案管理 [J]. 知识文库，2016，5 (12)：283.
[14] 曾秀莲. 浅谈新时期水电站档案管理工作 [J]. 办公室业务，2014，7 (19)：190.

清洁能源未来的发展路径将对抽水蓄能电站档案工作模式带来革新

次　鹏

（中国电建集团北京勘测设计研究院有限公司，北京市　100024）

【摘　要】 清洁能源未来的发展路径，将对抽水蓄能电站档案工作模式带来变革，体现在档案工作与电站核心价值链的融合，使电站档案知识资源成为电站利润的核心来源，保持电站的竞争力和生命力，实现电站创新力的持续与增强，深化档案工作改革，提高应对未来远景端的变化，推动档案自身业务革新，从而实现高质量发展，成为档案工作者思考和改革的重中之重。

【关键词】 清洁能源　工业互联网　区块链　智能档案馆　智慧档案馆

1　清洁能源未来发展对抽水蓄能产业带来的影响

近年来，全球能源领域正面临新一轮深刻变革，能源发展清洁化、低碳化、智能化、多元化正在成为世界能源变革转型的战略方向。我国作为世界上最大的能源生产国和消费国，随着可再生能源的快速发展，我国能源转型变革步伐明显加快，能源生产和消费方式发生深刻变化，构建以清洁能源为主导的全新能源供应格局，正在对能源供给、能源消费、能源创新、能源产业产生重大影响，能源转型和发展呈现崭新局面。

《中共中央关于制定国民经济和社会发展第十四个五年规划和二〇三五年远景目标的建议》中，明确提出加快推动绿色低碳发展。加快布局绿色智能电网、能源互联网等能源基础设施，加强“水风光储”一体化多能互补基地建设，建设适应经济社会发展的信息网络基础设施，系统布局建设新型基础设施，大力发展 5G、工业互联网、物联网、大数据中心等，有序推进数字设施化、设施数字化。这些必然给抽水蓄能产业带来重大发展机遇，随之电站的档案工作模式也将发生一系列深远的革新。[1]

国家电网指出，要统筹设计、施工、监理、制造力量，推进标准化设计，提升机械化施工水平，深化全过程节约集约，优化建设工期，保护生态环境，把每个电站都建设成为优质工程、生态电站。面对国家电网对抽水蓄能的总体规划部署，只有对工程管理、降本增效、资源利用、技术创新、生态环保等方面实施全面优化，加快提高资源运营水平，不断增强内生性发展能力、市场竞争能力和抵御风险能力，全力推动抽水蓄能电站产业转型升级，才能实现可持续发展。[2]

在国家推动发展水电、风电、核电、氢能等清洁能源，建设清洁低碳、安全高效、智能创新的现代化能源体系的大背景下。抽水蓄能电站也必将加速清洁低碳技术研发推广，推动“云、大、物、移、智”技术在节能、业务数字融合创新与电站各项工作有效衔接。[3]积极发展蓄能电站的绿色低碳转型和可持续发展，倡导简约适度、绿色低碳的生产、建造、运营方式，在电站全生命周期开展绿色创建活动。

2　抽水蓄能电站的管理模式革新

2.1　电站管理模式革新

运用云、大、物、移、智等新一代信息技术的突破和发展，对设计、施工、监理、制造力量等领域全方面，以及电站运营管理全过程各方信息进行汇集和管控。将数智技术这一最大的变量转变为抽蓄电站建设和运营的最大增量，不断提高工作的效率和质量，充分将现代数智技术与抽水蓄能行业对接融合，最大限度地调动了电站体系中的各个要素，通过在质量和安全 PDCA 管控循环中，持续从人、机、物、法、环等方面进行改善，提高电站的建设质效，提升电站运营的服务品质；充分发挥行业引领作用，着力推进管理创新，在创新中发展、在发展中创新，在激烈的市场竞争中赢得主动、抢占先机，切实提高电站核心竞争力，最大限度地获取社会效益和经济效益，为电站可持续发展注入新动能。

2.2 档案工作模式的革新

2.2.1 确保档案单套管理顺利推行

数字档案馆（室）建设是《关于加强和改进新形势下档案工作的意见》和《国家电子文件管理“十三五”规划》作出的重要部署，是新形势下加强档案工作、开展电子文件和电子档案管理的一项重要举措。以数字档案馆（室）建设为契机，探索电子档案管理新方式。开展部署电子档案的单套保存工作，积极完善元数据规范，在数字档案馆（室）系统内增加电子文件“四性”检测等措施，确保单套管理顺利进行。

数字档案馆（室）是智慧档案馆（室）的初级阶段，也是最重要、最关键的一步；中级阶段是智能档案馆（室），运用最新的科技手段及设备，使档案的管理和利用实现人工管理向现代化、科学化、智能化、人性化、智慧化管理的跨越；高级阶段是智慧档案馆（室），强调档案信息感知和协同处置，主要任务是利用新技术实现资源开发，管理和利用的智慧化，人性化。

2.2.2 为最终建成智慧档案馆（室）需要转变管理思路

建设清洁低碳电站的远景目标提出，也正从根源上重塑人们的行为偏好和习惯，如何为建设和管理者提供更具效率、更顺畅的线上线下档案体验，加强其与电站间的互动，成为档案工作需要面对的崭新课题。在这一背景下，深化档案工作改革，提高应对清洁能源未来远景端的变化，推动自身业务革新，从而实现高质量发展，成为档案工作者思考和改革的重中之重。

在一定的环境中生活工作久了，往往容易形成一套固定的思维模式、行为方式。在这种背景下，一些人担心改变会带来不必要的麻烦，宁愿固守在无形的思维高墙之内，任由自己被惯性思维左右。长此以往，当思维日益僵化、停滞，一个人就会失去发现更好自我、遇见更佳选择的时机，拆除禁锢思维的高墙，将会迎来更多可能性。习近平总书记多次对档案工作作出重要指示批示，指示要顺应数字化、规范化、智能化的发展趋势，为抽水蓄能电站档案工作指明了发展方向。档案工作者需要跳出日常经验、惯性思维的拘囿，勇于突破自我，管理思路逐步从数字、智能阶段向智慧阶段迈进，才可能掌握应对未来发展远景端的变化的能力。

2.2.3 扎实制定档案工作创新机制

完善抽水蓄能电站档案工作机制。编制工作机制过程中，及时做好沟通对接和技术服务，协助电站各部门做好每一阶段档案工作任务、工作重点和工作内容的衔接。广泛征求抽水蓄能电站内外各组织机构的意见。制定规划过程中，要加强调查研究，对规划的方案进行科学论证。要通过专题研讨、座谈研讨、专家论证和公开征求意见等方式，广泛听取各方意见和建议，确保每一阶段的档案工作规划研究论证充分。

2.2.4 实现档案馆（室）科学、智能、智慧发展的举措

档案建设是一项系统工程，包括基础设施建设、应用系统建设、数字档案资源建设、保障体系建设，需要档案部门、信息化部门、业务部门和保密部门共同参与实施。主要包括：按照基础网络架构、主要技术路线与软硬件配置基本要求，建设适应未来一定时期数字档案资源管理要求、满足数字档案室各项管理与服务需求的基础设施。开发或采用功能完善、安全可靠、性能良好、扩展性良好的数字档案应用系统，实现档案管理各业务环节的自动化、网络化、智能化。严格遵循标准规范，全面进行传统载体档案数字化转换，积极推进电子文件归档和电子档案管理，全面推进数字档案资源建设。应用先进技术和手段，保证数字档案资源真实、完整、可用和安全，满足各类用户共享需求。系统评估每一阶段档案资源开发条件。全面梳理抽水蓄能电站开发布局与清洁能源发展路径的关系，系统分析可能影响档案开发建设的制约因素，研究提出解决办法。结合清洁能源技术进步趋势，深入评估档案开发潜力及实现路径。同时，为抽水蓄能电站档案中长期战略发展预留开发空间。

科学论证每一阶段档案发展目标。全面评估档案规划实施进展情况，总结规划实施成效和面临的问题。认真分析档案资源开发条件和特点，综合考虑技术进步、发展经济性、创新发展、系统优化等因素，统筹提出每一阶段档案发展目标。认真研究每一阶段档案发展主要任务和技术手段的深度融合策略。结合国家清洁能源改革，创新档案发展方式，推动档案管理与电站融合发展的新模式。

加快推进档案技术装备建设。围绕技术创新、产业发展和档案服务体系配套等方面，研究进一步完善相关技术与档案产业融合发展趋势。以技术进步为核心，着力提升档案智能化、智慧化管理能力，重点突破一批关键技术难点，研究建立电站、电厂和各参建方等共同构成的多层次档案技术创新模式，培育连通抽水蓄能电站上下游产业组织的档案管理体系。

根据每一阶段档案资源建设要求，修订完善档案工作流程、文件材料以及声像（照片、录音、录像）电子文件归档范围和保管期限表，以及适合电子档案管理、利用、安全保障、应急处置等各项规章制度，明确要求和权限，确保数字档案资源的规范管理，保证各阶段档案建设工作运行顺畅。

2.2.5 档案新业务情景概述

清洁能源大发展时代也为档案行业在“客户体验”方面提出了更加严苛的要求。云大物移智高速发展，消弭了传统定义中档案场景的边界，令参与者的互动通过数据的形式越来越深入地渗透到了电站的运营与管理逻辑之中。我们越来越深刻地认识到，档案工作的以服务为中心绝不是仅仅停留在产品和服务这个层级，而是一个全方位立体化的战略布局。通过对档案数据的深度分析和提炼，我们将有机会更加贴近客户需求，从而为电站运营、后台体系的设计、开发以及服务升级提供精准的指导。党的十八大以来，习近平总书记对人才工作做出了一系列重要指示，强调要聚天下英才而用之。可见，人才建设之重要。档案部门专业性较强，智慧档案馆（室）是采用物联网技术、移动互联网技术、云计算、区块链和大数据等新一代信息技术实现信息感知、智能处理、业务协同服务功能的新一代档案馆（室）。唯有专注复合性档案人才的培养，才能驱动档案的业务实现高质量发展。

3 清洁低碳发展背景下抽水蓄能电站的核心竞争力

3.1 知识创新的重要性

习近平总书记七次在重大国际场合就“中国力争于2030年前二氧化碳排放达到峰值、2060年前实现碳中和”发表重要讲话。《中共中央关于制定国民经济和社会发展第十四个五年规划和二〇三五年远景目标的建议》和2021年3月李克强总理《政府工作报告》中，均明确提出加快推动绿色低碳发展。碳达峰与碳中和又为抽水蓄能电站改革发展设定了目标和约束。知识和信息正在逐步取代资本和能源成为最主要的资源，知识经济迫切要求管理创新，抽水蓄能电站建设和运营可以通过知识共享、运用集体的智慧提高应变和创新能力，建立激励管理者和一线员工共同参与知识共享的机制，培养知识创新和集体创造力。倒逼电站建设者、经营者、管理者不断在工作实践中创新和改进，加速从高碳到低碳再到零碳的工作模式转变，在改革创新中推进清洁能源发展远景目标的落实。

同样，抽水蓄能电站的档案知识管理，就是在档案管理过程中运用知识管理的理念、方法和手段，对档案信息收集和一次处理的基础上，借助云大物移智技术，深入挖掘电站档案中蕴含的有用知识单元，并对其进行组织、整理、分类等二次加工，使需要的人能及时方便地获得，同时能对信息进行深入加工，创造新的信息，共同为电站建设、管理、运营服务。[4]

3.2 档案数据与电站的融合

档案知识管理不再是档案专门管理人员的事情，而更多的是由电站所有参与者共同来完成的。一方面应用档案知识资源，另一方面也让自己实际工作的成果和经验及时转换成知识资源。对于档案知识资源，所有产生、传递、处理和表现都是基于这些档案知识资源具有元数据，并参照规范和标准来完成并实现的。知识资源（数据、信息、知识）参照规范和标准体系就是建立电站电子档案元数据，元数据是电站电子档案的基础，又被叫作“关于数据的数据”，是记录各种电站电子文件全部信息的重要工具，通过元数据可以实现对电站各种重要的电子文件的完整性、真实性的保护。并要求各个环节（IT存储系统、传输、处理、显示、与电站其他IT系统的接口）都要遵循这种元数据及应用规范和标准。[5]

为了把档案知识资源管理的方法、组织、过程管控在电站经营管理中固化，也为了激励电站员工积极参与并高效服务，就有必要建立电站档案知识资源管理的制度体系，依据资源之间的实际关系、资源操作与人的关系、资源变动的事实和数据，科学地规划设计组织制度、创新制度、质量制度、安全制度、规范制度、激励制度，保证其合理性和权威性，并以此构成电站的知识资源创新体系。这样电子档案就可以贯穿电站建设、管理、运营全过程，真正形成抽水蓄能电站的核心资源和核心竞争力。

4 结语

伴随清洁能源未来发展远景规划，抽水蓄能电站智能化、智慧化的建设理念不断涌现，也在不断推动着抽水蓄能产业链中各参建方的转型发展。档案工作模式也逐渐呈现由数字化向智能化、智慧化管理模式转变。智慧档案馆（室）作为未来电站档案馆（室）的新形态，是档案知识资源智能化、精准化这一发展目标的深化，同时电站档案馆（室）的创新转型也对知识管理与知识服务业务提出了更高的要求。我们更应该鼓励和引导档案工作者注重知识资源智能化、精准化、系统化的探索，推动数字档案馆向智慧档案馆建设的延伸与发展，进一步提升抽水蓄能电站档案管理的创新能力和知识管理水平。

参考文献

[1] 王海洋，荣建. 碳达峰、碳中和目标下中国核能发展路径分析 [J]. 中国电力，2021 (6)：86-94.

[2] 王继业，杜蜀薇. 激活电力大数据价值 服务实现碳达峰、碳中和目标 [N]. 国家电网报，2021-05-20.

[3] 高一鹏. 碳达峰碳中和目标下的能源产业发展路径 [J]. 现代营销（经营版），2021 (5)：56-57.

[4] 王文强. 企业智慧档案馆（室）建设构想 [J]. 机电兵船档案，2021 (6)：62-64.

[5] 商圣坤. 智慧档案全生命周期中大数据技术的运用分析 [J]. 中国新通信，2021 (7)：137-138.

清原抽水蓄能电站EPC模式下档案管理探讨

强丽君　王　瑞　尹丽娟
（辽宁清原抽水蓄能有限公司，辽宁省抚顺市　113300）

【摘　要】 辽宁清原抽水蓄能电站（以下简称清原电站）工程是国家电网公司首批两个抽水蓄能电站 EPC 总承包试点工程之一，也是其中唯一一个完整意义的 EPC 总承包项目，采用以 EPC 总承包方为主导的工程档案管理模式，由 EPC 总承包方负责工程档案专项验收，验收通过后移交给建设单位。工程档案作为工程建设过程中不可或缺的一项基础性、支撑性工作，探索 EPC 项目工程档案管理模式，如何要求 EPC 总承包方发挥主导作用，切实提高 EPC 工程档案管理水平。

【关键词】 EPC 总承包　工程档案管理

1　工程概况

辽宁清原抽水蓄能电站位于辽宁省抚顺市清原满族自治县北三家乡境内，距清原县公路里程约 30km，距抚顺市、沈阳市的直线距离分别为 70km、100km。电站总装机容量 1800MW，安装 6 台单机容量为 300MW 单级混流可逆式水泵水轮机，总工期 84 个月。辽宁清原抽水蓄能电站由中国电建集团北京勘测设计研究院有限公司、中国水利水电第六工程局有限公司、中国水利水电第八工程局有限公司组成的“中国电建辽宁清原抽水蓄能电站 EPC 总承包联合体”承担辽宁清原抽水蓄能电站的建设及工程管理；招标设计、施工详图设计阶段勘察设计，以及所需的科研试验；设备和材料采购、保管及运输；施工辅助工程、建筑工程、环境保护工程和水土保持工程、机电设备及安装工程、金属结构设备及安装工程等；设备调试、机组启动试运行及性能试验；阶段验收、专项验收、竣工验收；达标投产、工程创优；缺陷责任期内的质量保证等。施工监理由广东省科源工程监理咨询公司、广东省水利电力勘测设计研究院、湖南水利水电工程监理承包总公司组成的“广东院清原蓄能联合体”承担工程建设监理职责。

2　概述

EPC 模式下，建设单位与总承包方之间职责发生了很大变化，建设单位承担的主要档案管理责任是：明确总承包方档案管理责任、执行标准、归档要求，并定期对总承包方的文件归档进展进行监督、检查、指导。总承包方项目档案管理责任主要是：按照建设单位档案管理标准和要求负责工程档案资料的建立、维护、竣工验收等一切工作，负责永久档案室的管理和移交工作。如何理顺二者职责，建立 EPC 模式工程档案管理思路，使总承包方有效管控工程档案及时、完整、准确，确保工程档案达到日后专项验收标准和要求。

3　工程档案管理模式的构建

3.1　EPC 项目档案管理特点

EPC 管理模式下由 EPC 总承包部负责工程建设全过程档案的管理及归档工作，通过国家档案局验收后移交清原公司。EPC 总承包合同中约定“业主负责对各参建单位形成的工程档案进行监督、检查、指导”。如何在国内首个完整意义上的 EPC 项目上开展工程档案管理工作，是摆在清原公司档案管理人员面前的一道课题。要做好工程档案的管理工作需要参建单位各方目标一致、共同努力。

3.2　EPC 项目档案管理组织机构

辽宁清原抽水蓄能电站建设项目档案工作实行统一领导、分级管理；按照“谁形成、谁整理”“谁主管、谁负责”的原则开展档案工作。为规范档案管理工作，提高档案管理水平，保证辽宁清原抽水蓄能电站工程建设档案的完整、准确、系统，根据国网新源控股有限公司工程总承包管理手册规定，成立辽宁清原抽水蓄能电站工程建设档案管理委员会，工程建设档案管理委员会主任为EPC总承包部总经理，副主任为清原公司档案分管领导、监理单位总监、EPC总承包部总工程师，成员为清原公司档案负责人、档案人员，监理单位负责人、档案人员、EPC总承包部经营层其他领导、部门负责人以及二级项目部经理、技术负责人。

3.3 EPC项目档案管理过程管控措施

3.3.1 提高政治站位，切实强化责任担当

EPC模式下，建设单位与EPC总承包方是一种合作关系，基于这种合作关系，两者应相互促进，相互信任，共担责任，同享成果。在顶层设计上，进一步厘清建设单位、EPC总承包方职责，理顺两者关系，明确建设方、总承包方、分包方、监理方对项目文件和竣工文件应负的责任[1]，原建设单位档案管理主导及专项验收职责划分为EPC总承包方职责，EPC总承包方行使项目档案管理主导职责，完善档案工作机制，健全清原电站档案工作网络，建立档案管理制度体系。由于清原项目EPC档案管理主体责任在EPC总承包部，为明确开展项目档案管理各方工作界面，由EPC总承包部编制适合于本工程的《工程项目档案管理执行手册（试行）》并由参建各方讨论通过后发布执行。手册中明确建设、监理、总承包方管理职责，项目文件分类和归档范围、质量要求及归档时间，同时在实施过程中及时修订、完善并持续改进。为规范清原电站项目EPC档案管理打下坚实基础。

3.3.2 坚持高标准，确保档案管理高水平

为进一步完善项目档案管理制度体系，确保清原电站项目档案管理质量，建设单位牵头组织EPC总承包方编制项目档案管理执行手册，要求各参建单位统一对文件进行收集，明确各参建单位专职档案人员要按照归档范围、保管期限等要求及时整理归档各类文件材料，确保档案完整、安全，并按规定定期向EPC总承包方移交。

2018年，EPC总承包方修订了项目档案管理执行手册，进一步明确规定了项目档案管理职责和归档、借阅、检查、验收等内容，进一步细化了项目文件归档范围。以开展各参建单位档案月度履约检查为契机，不断加强档案基础业务工作规范化标准化建设，不断加强档案基础管理，规范各类档案管理，存放有序，扎实开展档案规范化创建工作。

3.3.3 精心指导，在业务监管上措施到位

制定项目档案监督检查机制，全过程指导项目档案工作。严把项目文件过程管控质量。编制并印发往来函件编号原则，规范清原项目文件用表格式。按月开展档案检查，重点对单元验评、影像资料、施工日志等文件进行重点关注，强化问题整改落实，做到问题归零，实现闭环管理。建立分部工程归档制，总承包方应定期或不定期地安排人员到各分部工程档案管理一线进行指导和督察，发挥整体功能，提升各分部工程全过程档案管理质量[2]。邀请档案专家现场进行指导及验收，促进各参建单位加强项目文件形成质量控制，查找档案管理薄弱环节，及时解决相关问题。适时开展分部工程/单位工程档案预验收，档案预验收不合格，则不进行分部工程/单位工程验收。确保项目文件归档质量符合要求。

3.3.4 开展档案培训，提升档案人员业务水平

及时开展档案管理培训。清原电站建设周期长，档案整理难度大，为提升档案人员业务水平，EPC总承包部设置专职档案部门负责人1人，管理EPC总承包部档案工作。适时召开档案业务交流培训会，对项目文件的完整性、系统性、准确性进行强化培训，并就重点突出问题进行统一规范梳理和解答。

3.3.5 紧贴中心，在工程建设中主动作为

坚持按照“电站建设到哪里，档案工作就跟进到哪里”的要求，围绕工程建设实施，提前谋划、主动介入，全过程跟踪指导人员配备、档案标准制定、分部工程档案验收等工作，对项目实施档案全过程服务、全方位监管，切实做到档案工作与工程建设同部署同安排。建设单位要督导EPC总承包方定期召开档案工作会议，研究解决档案工作中存在的困难和问题，各参建单位坚持高标准编制年度档案管理工

作策划，以策划编制为引领，推动各参建单位档案事业高质量发展。

4 结语

EPC 模式下，建立以 EPC 总承包方为主导管控清原电站项目档案工作，要注重发挥 EPC 模式下总承包方带动、引领作用，各参建单位应凝聚共识，同时要加强项目管理中各部门的协调与沟通，为档案管理提供有保障的人力资源紧密联系[3]，强化良好工作氛围，积极探索档案管理新模式、新方法，力争打造 EPC 档案管理的“清原品牌”，争创优质档案品牌展现档案工作的价值。

EPC 模式下，各参建单位需进一步梳理各自档案管理工作职责，明确各自工作界面，尤其是 EPC 总承包部作为清原项目档案归档主体责任单位，应细化档案管理要求，明确各参建单位竣工档案移交时间等，并进一步就如何充分发挥其职能、指导其他参建单位按照建设单位档案管理要求做好档案管理工作进行研究。

参考文献

[1] 黄巧芳. 火电 EPC 总承包项目档案管理实践 [J]. 中国档案. 2019 (8): 70-71.

[2] 孙庆楠. EPC 模式下的项目文档前端控制和企业档案管理模式构建 [J]. 兰台内外，2019 (30): 17-18.

[3] 张新元. 电力行业 EPC 项目档案管理探讨 [J]. 工程技术研究，2019 (6): 155-156.